TRAITÉ MÉTHODIQUE

DE

SCIENCE OCCULTE

PARIS. — IMPRIMERIE P. MOUILLOT, 13, QUAI VOLTAIRE. — 44902.

ELIPHAS LEVI

LE GRAND OCCULTISTE FRANÇAIS

sur son lit de mort

TRAITÉ MÉTHODIQUE

DE

SCIENCE OCCULTE

PAR

PAPUS

DIRECTEUR DE *L'INITIATION*
PRÉSIDENT DU GROUPE INDÉPENDANT D'ÉTUDES ÉSOTÉRIQUES
OFFICIER D'ACADÉMIE

LETTRE-PRÉFACE

DE

AD. FRANCK

MEMBRE DE L'INSTITUT
PRÉSIDENT DE LA LIGUE NATIONALE CONTRE L'ATHÉISME

PARIS
GEORGES CARRÉ, ÉDITEUR
58, RUE SAINT-ANDRÉ-DES-ARTS, 58
1891

A monsieur PAPUS, directeur de l'Initiation.
Auteur du *Traité méthodique de Science occulte.*

PRÉFACE

Monsieur,

Avant de livrer au public votre Traité méthodique de Science occulte, *vous avez bien voulu le soumettre à mon jugement en me priant de vous dire ce que je pense de l'esprit général de ce livre et de celui de vos autres travaux à moi connus, dans le cas où vos opinions ne me paraîtraient pas contraires à l'idée que je me fais des conditions et des exigences de la science philosophique dans l'état actuel de la pensée humaine.*

Je n'ai aucune raison de me refuser à la satisfaction de votre désir, pourvu que vous me permettiez de fixer avec précision les limites et l'intention dans lesquelles je me plais à vous l'accorder.

Je ne crois pas à l'existence d'une science occulte

distincte par essence de la science ordinaire, affranchie des conditions imposées à celle-ci et qui devrait cependant être considérée comme l'origine, la source et la base permanente de toutes nos connaissances. Cette idée, quoiqu'elle ait trouvé dans le passé et qu'elle compte encore dans le présent de nombreux partisans, est absolument irrationnelle, c'est-à-dire antiscientifique. C'est une pure idole dont le culte appartient aux temps fabuleux.

Mais si, sous le nom de science occulte, vous entendez parler des premiers efforts et des premières découvertes de la science, de ces découvertes qui reposent sur l'analogie plutôt que sur le raisonnement et sur l'analyse, qui ont été provoquées par l'intuition qu'a l'homme de l'ordre universel de la nature et par la similitude des lois de l'univers avec celles de sa propre pensée, je vous donne complètement raison. Ces lois dont nous parlons étant toujours les mêmes, ont été soupçonnées et, si l'on peut parler ainsi, réclamées avant d'être démontrées. Puis la tradition s'en est emparée et les a transmises de siècle en siècle en son propre nom. C'est ainsi que la plus haute antiquité a possédé des notions vraies de physique, d'astronomie, d'histoire naturelle, d'agriculture, de métallurgie, de mathématiques, d'architecture, de chimie même et de médecine. C'est ainsi, exemple mémorable entre tous, que les pythagoriciens ont reconnu la rotation de la terre et des autres planètes, non pas autour du soleil, mais autour d'un feu central..

Toutes les lois de la pensée, comme toutes les lois de la nature, existent à la fois, les unes dans la pensée, les autres dans l'univers, mais plus ou moins développées, plus ou moins claires et toujours unies, toujours mêlées entre elles dans la proportion de la connaissance dont elles sont l'objet.

Ce qu'il faut répudier absolument, c'est une manière de comprendre le progrès qui tend à détruire l'unité de l'esprit humain et celle de l'humanité elle-même. C'est cette idée chère aux positivistes, soutenue comme un dogme par Auguste Comte, que l'esprit humain est d'abord absorbé tout entier par les conceptions théologiques, que de la théologie il passe à la métaphysique qui l'envahit à son tour et qu'enfin ce n'est que dans les temps modernes, sans doute à partir du XIXe *siècle, qu'il s'élève à la possession et même à la notion de la science.*

En réclamant en faveur de la science antique, en attestant les connaissances et l'expérience féconde des âges les plus reculés de notre espèce, vous avez, monsieur, fait justice d'une des erreurs capitales du positivisme, d'une des prétentions les plus obstinées de l'esprit moderne. Je regrette seulement que, à titre de garants de la science de l'antiquité, vous citiez habituellement des écrivains dont l'érudition est plus aventureuse que solide.

Mais vous ne prenez pas seulement sous votre protection la science des anciens, vous croyez aussi à l'existence d'un sens caché, ou, pour me servir de votre langage, d'un sens ésotérique des faits, des textes vénérés des livres religieux et de la nature elle-même prise dans son ensemble et dans ses détails ; en un mot, vous êtes un défenseur du mysticisme. Il faut que vous sachiez que je ne suis pas mystique quoique j'aie écrit le livre de la Kabbale. Mais le mysticisme m'a toujours inspiré, dès mes premières années de réflexion, et m'inspire surtout aujourd'hui, dans un âge très avancé, le plus profond respect, j'oserai même dire un culte mêlé de tendresse. C'est qu'il est à mes yeux une protestation éloquente et absolument justifiée en principe contre tous les systèmes qui rétrécissent l'intelligence et font descendre l'âme de sa hauteur originelle. Ces systèmes, je n'ai pas besoin de les nommer, ils règnent presque en maîtres dans le temps où nous vivons, ils règnent principalement sur l'esprit de la jeunesse, qui, n'osant ni choisir entre eux, ni les admettre tous à la fois, parce qu'ils se contredisent, se trouve réduite à une sorte de nihilisme spéculatif. Heureusement que le cœur, dans ces nouvelles générations, vaut mieux que la tête et neutralise en partie les effets des mauvaises doctrines. Mais qu'est-ce que le cœur sinon une des formes, tout au moins un des éléments du mysticisme, c'est-à-dire le sentiment et les intuitions spontanées, jusqu'à un certain point irrésistibles de la conscience? « Dieu sensible au cœur : » quel sens profond dans cette parole de Pascal! C'est que, en effet, si Dieu ne nous touche pas, ne pénètre pas en nous, n'est pas le moteur secret de nos pensées et de nos actions, il n'est pas ce que la Bible appelle si bien le Dieu vivant. Il se réduit à une formule algébrique ou logique telle que l'Inconnaissable de Herbert Spencer, l'Inconscient de Hartmann ou même les Postulats de la raison pure inventés par Kant.

Cependant la protestation plus ou moins vague, plus ou moins flottante du sentiment contre l'athéisme, le positivisme et le pessimisme me paraît insuffisante. On ne connaît pas Dieu, et si je puis parler ainsi, on ne le possède pas et l'on n'est pas possédé par lui, tant qu'on ne va pas au fond des choses, dont il est non seulement l'auteur et le législateur, mais la suprême réalité, la dernière essence, dans lesquelles il réside et qu'il enveloppe en nous enveloppant nous-mêmes. C'est dans ces profondeurs que vous et vos collaborateurs de l'Initiation, *en appelant à votre aide toutes les formes du mysticisme, celles de l'Orient comme celles de l'Occident, celles de l'Inde comme celles de l'Europe, vous aimez à vous abîmer! Ces profondeurs ont leurs ténèbres et leurs dangers : je ne serais pas sincère si je vous disais que vous réussissez toujours à les éviter et que notamment la liberté humaine n'est jamais compromise avec vous ni les exigences de la vie et de la science proprement dite. Mais je préfère de beaucoup ces audacieuses spéculations à la myopie du positivisme, au néant de la science athée et au désespoir plus ou moins hypocrite du pessimisme. Elles sont à mes yeux comme un appel énergique au sérieux de la vie, au réveil du sens du divin. Elles me représentent un salutaire révulsif pour l'âme humaine engourdie, menacée de s'éteindre.*

Je ne puis donc que vous engager, sous les réserves que je viens de faire, à persévérer dans la voie que vous parcourez avec tant d'ardeur, où malgré votre jeunesse vous avez déjà acquis tant d'autorité.

Mon intention est de vous y suivre avec un intérêt toujours croissant.

Ad. FRANCK.

Paris, le 15 février 1891.

INTRODUCTION
A L'ÉTUDE DE L'OCCULTISME

I

Les plus grands des hommes de génie qu'ont vus naître les derniers siècles se sont intéressés à ce monde du merveilleux représenté par la Magie. Sans parler des Anciens, tous épris d'amour du mystère, il est facile de vérifier notre assertion dans l'œuvre mystique du Dante, construite d'après les clefs septénaires de la Kabbale; dans les manuscrits de cet artiste prodigieux, doublé d'un savant éminent, qui fut Léonard de Vinci; dans les œuvres purement magiques de Shakespeare, *Macbeth, Hamlet* ou *la Tempête;* dans les écrits de Gœthe avouant qu'il s'est beaucoup occupé d'alchimie, et jusque dans la musique du grand Richard Wagner à qui le monde des enchantements a livré tous ses secrets. Et notre liste serait fort longue si nous voulions citer un à un tous ceux de notre siècle qui furent attirés par cette étude, depuis Balzac jusqu'à Edgar Poë.

Et qu'on ne vienne pas dire que les littérateurs ou

les philosophes seuls ont pris goût à ces rêveries. Newton n'a-t-il pas passé plusieurs années de sa vie à la recherche d'un mystère de la Kabbale chrétienne : le chiffre 666? Képler n'avoue-t-il pas que c'est la méthode analogique qui, par le rapprochement entre les lois musicales et l'astronomie, l'a conduit à son admirable découverte? Enfin Bacon, le défenseur de la méthode expérimentale, ne s'est-il pas occupé d'astrologie ?

Il est vrai qu'on prétend communément que tous les grands hommes perdent la tête sur la fin de leur vie. Pourquoi ? Parce qu'ils s'intéressent à ces études.

Pour nous, qu'un préjugé de plus ou de moins n'effraye guère, cette recherche indique surtout le besoin qu'a l'esprit humain de raisonner la foi et d'appliquer aux données sentimentales les froides méthodes de la science.

La Science occulte prétend réaliser cet idéal.

Qu'est-ce que la Science occulte ?

* * *

Un corps de doctrine enseigné dans les Universités d'Égypte et transmis d'âge en âge, non sans subir de sérieuses mutilations. Ce qui constitue essentiellement la Science occulte, ce sont moins ses enseignements que sa méthode d'investigation.

Il est certes fort intéressant de constater que les anciens avaient une science tout comme nous autres, que cette science était enseignée sous le sceau du secret et après de sérieuses épreuves physiques et morales aux futurs membres des « classes dirigeantes ». Mais ce sont là en somme des recherches dont l'utilité ne semble pas immédiate.

Ce qui nous intéresse surtout au point de vue pratique, c'est cette méthode de l'*analogie* qui, maniée avec prudence, peut nous être de la plus grande utilité.

Nous ne saurions trop insister sur ce point. La Science occulte vient offrir à ses disciples une méthode nouvelle, c'est-à-dire un merveilleux outil de travail.

On comprend de suite que si cet outil est manié par des ouvriers inhabiles, il ne pourra, malgré sa précision, que donner de très faibles résultats. Si, au contraire, celui qui tient en main cet instrument d'investigation sait l'employer avec intelligence, le résultat sera surprenant.

Avons-nous à l'heure actuelle réellement besoin de méthodes nouvelles? n'en possédons-nous pas assez pour nos besoins ?

Non ; et l'on verra de suite pourquoi.

* * *

L'amour de l'analyse à l'excès a conduit nos savants dans un domaine où la spécialisation s'impose de très bonne heure.

Les connaissances de détail accumulées à propos de chaque science sont telles qu'il faut se résoudre, ou à ne connaître que des données générales, ou à se spécialiser immédiatement.

Nous ne parlons pas de la nécessité de n'étudier qu'une seule science, les divisions vont bien plus loin et celui qui veut par exemple étudier « la Médecine » est bien obligé, s'il désire se donner tout entier à cet art, de se spécialiser bientôt dans « la Clinique » ou dans « la Physiologie » ou dans « l'Histologie » sans compter les mille spécialités que contient la clinique elle-même, etc., etc.

Le domaine qu'embrasse l'étude de l'Univers, d'après les procédés rigoureux de notre époque, apparaît donc à l'observateur impartial comme une immense cité où s'élèveraient des temples somptueux, image de chacune de nos grandes sciences. Dans ces temples une infinité de petites chapelles sont remplies de fervents qui luttent d'influence ou de mérite pour entrer dans le sanctuaire. Ces chapelles sont l'image de ces mille spécialités pour lesquelles se trouvent toujours des étudiants et des professeurs.

Mais de plan d'ensemble aucun. Les chapelles sont élevées au hasard dans chaque temple, les temples élevés sans aucun ordre dans la cité, si bien que l'étranger ne peut plus se reconnaître dans ce fouillis inextricable.

* * *

Pas de système d'ensemble. PAS DE SYNTHÈSE. C'est là ce qui manque vraiment à notre époque.

Est-il impossible de découvrir les jalons intermédiaires qui doivent réunir toutes les branches du savoir humain?

Est-il impossible de trouver en *sciences naturelles* une classification qui suive à tel point les lois de la nature qu'elle soit applicable aussi bien aux minéraux qu'aux végétaux et aux animaux qui semblent régis tous par la loi d'évolution ?

Les minéraux sont classés d'après leurs propriétés chimiques, les végétaux d'après leurs organes génitaux et les animaux d'après leur charpente. Comment voulez-vous vous y reconnaître ?

Oken a donné un système bien curieux à ce propos rattachant directement les sciences naturelles aux sciences physiques par une classification basée *sur les quatre éléments*.

Oui, en plein XIXe siècle, sur les quatre éléments ; mais si ces mots choquent trop nos chimistes, je dirai sur quatre façons dont se comportent les corps simples d'après leur constitution atomique. En effet le CARBONE correspondant à la *Terre* est tétratomique, L'AZOTE correspondant à *l'Eau* est triatomique, L'OXYGÈNE correspondant à *l'Air* est diatomique et L'HYDROGÈNE correspondant au *Feu* est monoatomique[1].

Les alchimistes, dont M. Berthelot étudie avec tant de compétence les travaux à l'heure actuelle, faisaient de la chimie vivante et concevaient les corps chimiques un peu comme nous concevons aujourd'hui les êtres organisés ; de là leur idée de la transmutation des métaux qui n'était, après tout, que du transformisme en action.

Un corps chimique était pour eux un être entier constitué comme tous les êtres par *des organes* et exerçant *des fonctions*.

Qu'avons-nous fait à l'heure actuelle ? Nous avons disséqué ces êtres minéraux, nous avons fouillé la constitution de l'élément *Eau*, et nous avons mis dans des bocaux séparés les deux *organes* ou corps simples constituants : l'hydrogène et l'oxygène, et ainsi pour tous les autres.

Nous avons constitué, sous le nom de chimie, une *anatomie du règne minéral;* quand nous en serons à la physiologie nous reconnaîtrons que les alchimistes étaient encore nos maîtres.

Cette alliance des sciences physiques et des sciences naturelles, nous la trouverons, si nous voulons bien la

1. Cette correspondance étant basée sur les propriétés *physiques* des éléments ne répond pas en tous points aux rapports établis par l'ésotérisme.

chercher, dans les livres de ces vieux fous qui s'occupaient de Magie.

Toujours la Magie.

On avouera que j'y tiens ; mais j'aurais peine à faire autrement si je ne veux pas sortir de mon sujet.

* * *

LA SCIENCE OCCULTE

On désigne par ce nom de Magie les pratiques en apparence surnaturelles exercées par les thaumaturges, initiés des temples de l'Inde ou de l'Égypte. La science enseignée dans ces temples était cachée aux profanes, de là son nom de *Science occulte*.

La Science occulte, avons-nous dit, peut être conçue comme un corps de doctrine enseigné dans les Universités de l'Égypte et transmis d'âge en âge, non sans subir de sérieuses mutilations.

Cette définition soulève de suite de très nombreuses objections.

Nos études classiques nous ont habitués à considérer les hommes éminents de l'antiquité comme de doux rêveurs, faisant beaucoup de philosophie et adorant aveuglément une foule de dieux aussi divers que les étoiles du ciel.

Aussi cette idée d'un corps de doctrine à tournure scientifique, d'une organisation hiérarchique de l'enseignement dans le monde païen, d'une transmission de cet enseignement à travers les âges, etc., bouleverse-t-elle nos conceptions à un tel point que, malgré tout, nous ne voulons y prêter aucune attention.

Voilà pourquoi nous avons consacré la plus grande partie de notre travail à accumuler en divers chapitres tout ce que nous avons pu trouver de *positif* à ce sujet.

Les prolégomènes (chapitres 1 et 2) sont consacrés à l'étude de ce *corps de doctrine* à tournure synthétique, basé sur le raisonnement par analogie.

Cette science existe, mais elle est du tout au tout différente de la nôtre par ses résultats. Ce serait folie que de rechercher dans l'antiquité l'existence des appareils *perfectionnés* que nous possédons aujourd'hui ; aussi M. Franck a-t-il cent fois raison de s'élever, dans la lettre qu'il nous fait l'honneur de nous adresser, contre cette tendance à considérer la Science occulte comme l'origine et le point fatal d'arrivée de toutes nos connaissances. Mais en revanche, l'application de la méthode analogique à nos découvertes actuelles pourra produire des résultats fort curieux et surtout fort inattendus.

Si l'on n'accorde aux anciens que le mérite d'avoir connu les principes généraux de nos sciences, ce serait faire une injustice que de ne pas insister sur l'admirable façon dont était pratiquée l'unité de l'enseignement dans ce monde dit païen.

On sait bien que chaque peuple et même chaque cité avait ses dieux et ses prêtres, on sait encore que ces prêtres étaient des savants, ingénieurs, astronomes, ou médecins; mais on ignore trop que ces savants étaient tous rattachés à un même centre et se reconnaissaient tous grâce à une langue sacrée connue dans tous les temples alors existants.

Chacun de ces temples représente une faculté régionale, une école préparatoire de philosophie, de droit, d'art ou de médecine. Mais toutes ces écoles sont reliées à une université qui seule confère les hauts grades, c'est-à-dire donne les connaissances nécessaires pour la direction des peuples ou des forces subtiles de la nature. Quelle preuve pouvons-nous donner de cette assertion ?

Ouvrez le premier livre d'histoire venu, le plus élémentaire des dictionnaires biographiques et cherchez où Lycurgue est allé apprendre l'art de gouverner les hommes : en Égypte ; où Pythagore est allé acquérir sa science prodigieuse ; en Égypte ; où Platon a connu les fondements de son admirable philosophie : en Égypte. Voilà la réponse à notre question de tout à l'heure.

Et s'il s'élève quelque doute au sujet de l'existence d'une langue sacrée commune à tous les prêtres de tous les pays, les affirmations unanimes de trente-deux auteurs anciens collationnés par de Brière (voy. p. 388) viendront prévenir victorieusement toute objection possible.

Moïse est aussi un initié des temples d'Égypte et cette langue sacrée que nous pouvons croire perdue, nous la retrouverons, encore intacte après de longs siècles, dans le livre pour la conservation duquel Moïse sélecta un peuple indomptable et farouche.

La *Kabbale* nous enseigne les principes de l'enseignement occulte des sanctuaires de l'antiquité ; la *Gnose* renouvelle cet enseignement, et les efforts de toutes les sociétés hermétiques : *Alchimistes*, *Templiers*, *Rose-Croix* ou *Francs-Maçons* ne tendent que vers un seul but : la reconstitution de cette unité d'enseignement, de cette fraternité des intelligences, figurées sous le symbole de l'édification d'un temple universel.

***

LA MÉTHODE ANALOGIQUE

Il peut être fort intéressant, me direz-vous, pour un historien ou un philosophe de chercher ce qu'il y a de vrai dans ces affirmations ; mais de quelle utilité ces données peuvent-elles bien être pour un adepte de la science expérimentale?

C'est ici qu'il nous faut aborder la question sous un tout autre point de vue, celui de la méthode employée par les anciens initiés.

Quand vous voulez connaître la hauteur d'une tour, le procédé le plus simple consiste à monter sur la tour et à dérouler une corde portant des divisions établies d'avance. C'est là le moyen expérimental par excellence, celui qu'emploieront les gens les plus ignorants.

Mais allez chercher un ingénieur. Croyez-vous qu'il se donnera la peine de faire cette ascension pénible? La trigonométrie lui permet de trouver exactement la hauteur de la tour grâce à un calcul très simple. Connaissant un côté et deux angles du triangle rectiligne, il résoudra rapidement le triangle tout entier et trouvera ainsi la hauteur cherchée.

Deux éléments connus lui suffisent pour trouver l'élément inconnu.

Cet exemple permet de comprendre l'emploi des deux méthodes d'investigation : *la méthode expérimentale* correspondant au premier moyen d'obtenir la hauteur de la tour et *la méthode analogique* correspondant au second de ces moyens.

Un expérimentateur qui veut se rendre compte de la façon dont la sensation se transforme en mouvement dans la moelle épinière, multipliera les procédés d'investigation sur de pauvres animaux et fera de véritables hécatombes sans arriver souvent à un résultat bien sérieux.

Un occultiste déterminera d'abord l'unité d'action qui préside aux transformations opérées dans l'organisme, montrant qu'une même loi explique la circulation du sang, la circulation des aliments (digestion) et la circulation du fluide nerveux (innervation)[1]. Établissant ainsi la formule générale qui servira à la résolution des inconnues, il n'aura pas de peine à faire voir que la transformation de la sensation en mouvement dans la moelle *est analogue* à la transformation du sang noir en sang rouge dans le poumon ou à la transformation de l'aliment en chyle dans les organes digestifs. Connaissant une seule de ces transformations, la méthode analogique lui permettra de découvrir les autres.

Mais les points connus, fondements des recherches ultérieures, ne peuvent être fournis à l'analogiste que par l'expérimentateur. Bien plus, les données déterminées par l'analogie ne deviennent véritablement scientifiques que lorsqu'elles ont été sanctionnées par l'expérience.

Claude Bernard se vantait de n'en appeler à l'expérimentation que pour vérifier une idée préconçue. L'analogie a pour première qualité de fournir méthodiquement cette idée préconçue qui deviendra le phare de l'expérimentateur.

L'analogie n'aspire donc pas à remplacer la méthode expérimentale, elle vient au contraire offrir à cette méthode un nouveau champ d'action, elle permet au poète d'être aussi précis dans ses développements et dans ses comparaisons qu'un algébriste, sans gêner davantage la liberté nécessitée par l'imagination du poète que la rigueur demandée par la raison du mathématicien.

Voilà pourquoi tous les poètes anciens étaient en même temps des savants profonds et ne se contentaient pas d'avoir une vague teinture de science, acquise à la hâte et sans application.

Aussi cette méthode sérieusement étudiée par nos savants

1. Voy. Gérard Encausse, *Essai de Physiologie synthétique*. — Paris 1890 in-8°.

peut-elle leur rendre d'importants services. Il est clair toutefois que les chercheurs ne demanderont à la Science occulte que sa méthode et n'auront aucune attention à prêter aux données historiques et philosophiques qui caractérisent l'occultisme considéré comme un corps de doctrine transmis sans interruption à travers les âges.

La science a réalisé des progrès considérables depuis l'origine de cette tradition, l'analyse a été poussée partout jusqu'aux plus extrêmes limites; une synthèse est nécessaire. Nous pensons que la méthode analogique, reprenant les milliers de faits établis et les groupant d'après un procédé tout nouveau, est seule capable de constituer cette synthèse; puissions-nous ne pas nous tromper!

*
* *

LE MOUVEMENT ACTUEL

Si quelque chose peut nous faire espérer en l'avenir de ces études, c'est le succès croissant du mouvement commencé il y a quelques années à peine.

Il y a sept ans la Science occulte n'était connue qu'à titre de philosophie très originale et par quelques-uns seulement, disciples d'Eliphas Lévi ou de Fabre d'Olivet. La tradition occidentale n'était pas interrompue; mais elle était conservée très secrète. Les écoles spirites et magnétiques continuaient leurs études, mais cantonnées chacune dans leur domaine spécial.

A l'heure actuelle, la Science occulte est prise en sérieuse considération par une pléiade de chercheurs appliquant la méthode analogique aux diverses branches de l'activité intellectuelle. Généralement la naissance d'une école est caractérisée par l'application de théories plus ou moins révolutionnaires à la littérature, à l'art ou à la science pris séparément. Ce qui constitue le caractère tout particulier de ce mouvement déterminé par la Science occulte, c'est que partout il tend à faire preuve de vitalité.

En littérature c'est Joséphin Péladan initié par le docteur Péladan son frère, et répondant par une série d'écrits magiques, commencée en 1883, aux attaques féroces dont il est l'objet; c'est Léon Hennique appliquant dans *Un Caractère* les données du spiritisme et dans sa pièce *Amour* les enseignements de la Science occulte; c'est Paul Adam rééditant le Sabbat et vivifiant de sa conception la tradition enseignée par Eliphas Levi; c'est George Montière cachant les plus profondes vérités de la philosophie sous les ironiques plaisanteries du docteur Selectin; c'est Léonce de Larmandie, l'ami et le disciple de Péladan, étudiant l'ésotérisme de la forme en maints volumes.

En poésie c'est Émile Goudeau, c'est Jean Rameau, c'est Albert Jhouney, rendant les profonds enseignements du Zohar en d'admirables vers, c'est Paul Marrot, Robert de la Villehervé, Ch. Dubourg, et Lucien Mauchel appliquant l'analogie aux développements les plus poétiques.

Émile Michelet fait une étude transcendantale d'esthétique: l'*Ésotérisme dans l'art* (1890).

Les romanciers s'intéressent aussi à ces données nouvelles et nous devons à Jules Lermina, outre deux études littéraires: *A Brûler* et *l'Élixir de vie*, le résumé le plus clair qui ait été fait de la Science occulte : *La Magie pratique*. M. Lermina est un exemple de ce qu'on peut faire quand on veut joindre le travail assidu aux qualités du littérateur. Désirant connaître à fond ces questions, cet auteur n'hésite pas à travailler l'hébreu et le sanscrit en même temps que les livres les plus ardus des maîtres de l'occultisme. Aussi en est-il aujourd'hui un des représentants les plus instruits.

Enfin notre liste serait fort longue s'il nous fallait mentionner tous les littérateurs contemporains rattachés à ces idées comme Guy de Maupassant (*le Horla*), Anatole France (*Thaïs*), Gilbert-Augustin Thierry (*la Tresse blonde*), R. de Maricourt (*l'Œil du dragon*, *Batracien mélomane*), ou Huysmans (*Là-bas*), etc., etc.

L'esthétique, dans toutes ses branches, compte des représentants parmi les étudiants de la Science occulte. Signalons pour mémoire les travaux d'Augusta Holmès, les morceaux de Ch. de Sivry et de Henri Welch sur la musique et les études de Joséphin Péladan et de son disciple F. Vurgey sur la peinture.

Et qu'on ne vienne pas me dire que les défenseurs de l'imagination s'occupent seuls de ces questions. Le mouvement, avons-nous dit, manifeste les traces de son action dans toutes les branches de l'activité intellectuelle même les plus rigoureusement techniques. C'est ainsi que Charles Henry, qui a étudié sérieusement Wronski, applique ces données à ses travaux mathématiques; Gérard Encausse applique la méthode analogique dans son *Essai de physiologie synthétique*. Albert Faucheux obtient un prix de l'Académie en appliquant cette même méthode à la pédagogie tandis que Horace Lefort revendique, d'après la tradition ésotérique, le retour au génie national dans son *Erreur latine*.

Partout le mouvement s'accentue ; en PHILOSOPHIE c'est F. Ch. Barlet, le plus savant et le plus modeste de tous les occultistes français, qui montre la profondeur de l'ésotérisme dans son *Essai sur l'évolution de l'idée ;* en SOCIOLOGIE c'est Julien Lejay qui met au jour son *Essai de sociologie analogique,* œuvre vraiment magistrale; en ORIENTALISME c'est Augustin Chaboseau qui écrit l'*Essai sur la philosophie du bouddhisme*, montrant les rapports des deux traditions orientale et occidentale; en HISTOIRE enfin, c'est Jules Doinel, l'archiviste du Loiret, ressuscitant la Gnose, c'est Marcus de Vèze étudiant l'Égyptologie dans ses rapports avec la science ésotérique, c'est Napoléon Ney dévoilant la possession de l'occultisme par *les Sociétés secrètes musulmanes*, c'est le docteur Delézinier restituant les origines de la chimie par l'étude approfondie de la philosophie hermétique, c'est Albert Poisson expliquant enfin les théories et les symboles des Alchimistes.

Nous n'avons parlé que de ceux qui étudient la Science occulte au point de vue de ses applications; rendons maintenant justice aux occultistes militants, aux représentants les plus autorisés de la tradition occidentale.

La marquis de Saint-Yves d'Alveydre, disciple de Fabre d'Olivet, ne peut être considéré comme un partisan absolu des idées défendues par l'occultisme. Cet auteur éminent s'occupe principalement de la science ésotérique dans ses rapports avec le gouvernement des peuples.

Eliphas Lévi a trouvé un successeur de la plus haute envergure dans la personne de Stanislas de Guaita. Le style irréprochable et coloré de l'auteur de *Au seuil du Mystère* et du *Serpent de la Genèse*, sa science profonde et sa merveilleuse érudition en font le représentant le plus élevé de la Science occulte considérée dans ses développements philosophiques.

Les études de Lavater et de Desbarolles sont renouvelées sous le point de vue synthétique par Gary de Lacroze dans son *Traité exotérique de Divination*, et G. Vitoux dans son *Occultisme scientifique* établit au mieux l'état de la question en ces dernières années. Signalons au dernier moment l'apparition prochaine d'un livre de vulgarisation de la Science occulte par *Plytoff*. Nous ne savons ce que vaut le livre; nous le signalons pour montrer que la vulgarisation, hélas! s'est aussi abattue sur cette question.

Enfin si nous mentionnons les noms des savants autorisés qui ont abordé l'étude de l'occultisme pratique : le colonel de Rochas (de l'École polytechnique), M. Lemerle (ancien élève de la même école) et le docteur Gibier, nous aurons montré rapidement l'état actuel de ce mouvement encore très peu connu.

LA PRESSE

Quand nous disons « peu connu », nous faisons preuve d'ingratitude envers les membres les plus éminents de la presse qui ont signalé aux lecteurs étonnés les progrès accomplis journellement par ces idées en apparence si curieuses.

C'est ainsi que Maurice Barrès et Émile Gautier dans *le Figaro*, Aurélien Scholl dans ses journaux, L. de Meurville et Émile Michelet dans *le Gaulois*, Harry Alis dans *les Débats*, Anatole France dans *le Temps* et dans la *Revue illustrée*, Montorgueil dans *Paris* et dans *l'Éclair*, Jules Huret dans l'*Écho de Paris*, Des Houx et Le Duc dans *le Matin*, Paul Ginisty et G. Vitoux dans *le XIXe Siècle*, Le Parisien dans *le Mot d'Ordre*, Mlle Marie-Anne de Bovet dans la presse étrangère, ont fait qui des chroniques, qui des interviews, qui des articles de fond sur ce mouvement et ses conséquences. Depuis ces dernières années il ne s'est pas passé un mois sans que quelque étude d'un des grands journaux de Paris vînt insister sur l'importance de ces nouvelles idées.

ADVERSAIRES ET DÉFENSEURS

Aussi comprend-on facilement que des adversaires déterminés n'aient pas tardé à naître, cherchant à défigurer, par tous les moyens, le caractère des idées défendues et des défenseurs eux-mêmes. Je ne m'attarderai pas à réfuter les arguments invoqués par des feuilletonnistes peu instruits, bouddhistes d'opéra-comique, par des docteurs sans clientèle et jaloux des succès d'autrui, par tous les impuissants de l'intelligence et du travail, par tous les perroquets qui « sifflent bien, mais ne chantent pas », suivant la remarque du fabuliste. Les chiffres sont faciles à établir : *trente et un* volumes de littérature et une pièce de théâtre, *trente-cinq* ouvrages scientifiques ont été produits depuis moins de six ans par ceux qui s'adonnent à l'étude de la Science occulte et de ses applications.

Ajoutez à cela les encouragements donnés à ce mouvement par des esprits aussi éminents que M. Ad. Franck et vous comprendrez la cause de toutes les attaques dont nous sommes l'objet et qui ne cesseront pas de sitôt, espérons-le, un ennemi parlant d'une œuvre généralement dix fois plus qu'un ami, fût-il des plus intimes.

Ce serait du reste faire preuve d'une certaine naïveté que d'attendre une protection ouverte de la masse des intellectuels. Lancés en avant à la recherche d'idées nouvelles, on peut nous comparer à des éclaireurs chargés d'explorer des régions inconnues et souvent d'essuyer les premiers le feu de l'ennemi. Les éclaireurs ne doivent compter que sur eux-mêmes, ils n'ont rien à attendre du gros de l'armée qui s'avance dans le lointain. Ce sont des soldats sacrifiés d'avance, mais ils savent qu'on choisit les meilleurs soldats pour ce sacrifice, trop heureux si leur dévouement peut être de quelque utilité pour sauver la masse de leurs frères en marche derrière eux et pour donner à l'Humanité, une fois de plus, la victoire dans la lutte contre le Mal, contre l'Erreur et contre l'Injustice.

II

NOTRE TRAVAIL

Lorsqu'un homme indépendant, comprenant tout ce qu'on peut tirer de ces études, veut approfondir les données de la Science occulte, mille obstacles entravent la réalisation de son désir.

Les livres les plus importants sont introuvables dans le commerce, il faut aller dans les bibliothèques publiques et là se briser au maniement des mots techniques et d'obscurités, insolubles si l'on consulte les encyclopédies contemporaines.

Notre *Traité élémentaire de Science occulte*, fort incomplet, du reste, a eu quatre éditions depuis son apparition. Nous avons résolu de transformer ce petit volume en une sorte de recueil méthodique contenant, résumés, les ouvrages et les traités techniques qu'on ne peut se procurer que très difficilement. De là la grosseur de l'ouvrage présent.

COMPOSITION DE CE VOLUME — PROCÉDÉS DE LECTURE

Il fallait résoudre, dans la confection de ce volume, à la fois plusieurs problèmes.

Ainsi les personnes qui désirent avoir une idée générale

de la question doivent pouvoir satisfaire leur goût sans être dans l'obligation de parcourir d'un bout à l'autre les points les plus techniques de la Science occulte.

D'autre part, ceux qui veulent approfondir un point particulier, Kabbale, Alchimie ou même Chiromancie, n'ont souvent ni le temps ni les moyens d'aller dans les bibliothèques et de prendre connaissance des traités spéciaux.

Ajoutez à cela les gens pressés, obligés de faire rapidement un article ou d'exprimer une opinion qui s'efforce d'être précise, et vous comprendrez les difficultés qui se sont présentées dans la création de ce travail.

Nous ne prétendons pas les avoir toutes résolues, mais nous avons fait de notre mieux, et nous allons indiquer comment nous nous y sommes pris à cet effet.

Aux lecteurs en général nous avons consacré le GROS TEXTE, sauf les chapitres précédés du mot *technique*.

Il suffit donc de lire le gros texte en sautant méthodiquement tous les chapitres ou passages en petit texte, pour éviter les questions trop abstraites ou trop spéciales et pour avoir une idée, en somme très complète, de la Science occulte et de son histoire.

Aux étudiants de l'Occultisme nous fournissons une série de chapitres techniques en PETIT TEXTE, qui représentent la reproduction ou le résumé d'ouvrages spéciaux devenus fort rares. Le *Traité méthodique de Science occulte* reproduit presque in extenso plus de dix de ces ouvrages qui coûtent (quand on les trouve) de douze à quinze francs en moyenne.

L'analyse des travaux de Lenain et de Kircher à propos de la *Kabbale*, la traduction correcte de la Genèse, de

Fabre d'Olivet, le traité de Cyliani sur *l'alchimie*, les travaux de Wronski sur *les nombres*, rentrent dans ce cas.

Aux lecteurs pressés nous offrons une collection de documents introuvables dans les « encyclopédies » contemporaines, source principale des articles dits *étudiés*. La *table alphabétique des matières*, située à la fin du volume, permet de se reporter de suite au point spécial qu'on veut connaître; la table du mouvement de la Science occulte depuis 1750 permet de juger d'un seul coup d'œil le côté historique de la question.

Ainsi l'on peut se rendre compte d'un détail technique, aussi rapidement qu'au moyen d'un dictionnaire et d'une façon bien plus complète.

OBJECTIONS

Au sujet de la composition du volume en lui-même, je tiens à répondre d'avance à plusieurs objections qui ne manqueront pas de se produire.

Citations :

Ce qui frappera tout d'abord les lecteurs superficiels, c'est le nombre et la diversité des citations intercalées dans le volume.

Il nous eût certes été facile d'éviter de suite cette objection en nous assimilant tant bien que mal les ouvrages que nous avons été à même de consulter et en résumant la pensée de l'auteur sans prendre la peine de le nommer.

C'est là un procédé trop souvent employé dans les livres dits de vulgarisation ou dans les encyclopédies, pour que nous ayons eu jamais la pensée d'en user. Mais il est une considération qui prime toutes les autres à cet égard.

Depuis longtemps un certain nombre d'auteurs se sont voués à l'étude des diverses parties de la Science occulte. Ces auteurs placés, de par leurs travaux mêmes, en dehors du courant habituel, ont rarement vu le succès mérité couronner leurs efforts et sont morts pour la plupart inconnus ou incompris.

C'est donc un devoir de justice que nous venons remplir en groupant de notre mieux des extraits de ces ouvrages ignorés aujourd'hui. Nous tenons à montrer la persistance de la tradition ésotérique à travers les siècles et, pour ce faire, y a-t-il un moyen meilleur que ces citations tirées de l'original?

Compilation :

On peut donc dire que c'est une compilation que nous présentons au public; mais c'est *une compilation d'auteurs inconnus*, se rattachant tous à la doctrine ésotérique et dont chacun demande une étude bien spéciale. Si l'un de nos lecteurs veut se rendre compte du travail nécessité par ce genre de compilation, qu'il ouvre le *Larousse* et qu'il y cherche le nom de *Louis Lucas*. Il ne l'y trouvera pas, non plus qu'en aucun dictionnaire biographique; qu'il cherche de même l'analyse des travaux de *Lenain*, de *Barrois*, de *de Brière*, de *Fabre d'Olivet* et de *Wronski*, etc., etc.; il verra combien ces auteurs ont été incompris ou dénigrés de parti pris.

Travail personnel :

Toutefois il est important de répondre par avance à cette objection en résumant les points où notre travail personnel a été particulièrement mis en œuvre. Ainsi l'application des doctrines de l'ésotérisme à nos sciences expérimentales, qui forme la presque totalité de la première partie du *Traité*, les considérations sur les rapports de l'embryologie et de la physiologie avec les données de la Science occulte, les rapports de l'hypnotisme et du spiritisme sont particulièrement intéressants à ce point de vue. Si l'on veut y joindre la reproduction de plusieurs de nos études sur la Franc-Maçonnerie, sur l'Alchimie, sur la Kabbale, etc., parues dans ces derniers temps et actuellement épuisées, on verra que l'objection de tout à l'heure ne peut avoir une valeur sérieuse pour un lecteur impartial[1].

Le sujet traité :

Au point de vue du sujet traité, on dit souvent que la Science cesse d'être occulte dès qu'on en publie les éléments. Cette objection aurait quelque valeur si la Science occulte formait quelque chose de distinct de la Science ordinaire. M. Ad. Franck a fait justice de cette prétention. Les procédés d'enseignement ont fait donner le nom d'*occulte* à ce corps de doctrine professé dans l'antiquité. Nous avons tenu à conserver ce nom. Nous avons même été plus loin.

La divination tenait une grande place dans les temples de l'antiquité. Notre travail aurait été incomplet sans au moins un exemple d'une de ces sciences de divination ; voilà pourquoi l'on trouvera dans cet ouvrage un traité de *Chiromancie*, réduit du reste autant que possible à ses éléments scientifiques.

Ainsi nous espérons fournir à tous ceux qui s'intéressent à ces questions, le moyen d'étudier de la façon la plus rapide cette Science occulte dans toutes ses branches et à travers toutes ses transformations.

1. La somme de travail *entièrement personnel,* à l'exclusion de toute citation, se monte à 687 pages. Les citations, les extraits, les résumés, etc., se montent à 423 pages, tout compris.

III

RÉSUMÉ GÉNÉRAL

En résumé la Science occulte peut être considérée sous deux points de vue distincts :

1° *Comme doctrine traditionnelle*, elle fournit des éléments d'étude tout nouveaux au philosophe et à l'historien.

Elle permet de considérer l'antiquité à sa juste valeur et d'affirmer l'existence de découvertes générales touchant nos sciences appliquées, à une époque très reculée.

Les enseignements ésotériques sur la constitution de l'Univers et de l'Homme, sur les êtres invisibles et leur existence permettent de comprendre sous un jour plus scientifique une foule de faits réputés miraculeux.

Enfin, les luttes du Gnosticisme et du Cléricalisme en Occident, les triomphes sans cesse plus complets de celui-là sur celui-ci, mettent l'historien à même de voir clair dans les actions produites par les sociétés secrètes toujours en œuvre depuis la destruction de l'Ordre du Temple.

2° *Comme méthode*, la Science occulte vient donner à tous les chercheurs contemporains un nouvel outil de travail.

Il n'est point besoin d'approfondir les théories philosophiques de l'ésotérisme pour bien comprendre cette méthode de l'analogie qui fournit aux expérimentateurs des éléments multiples de recherches.

En associant les données théoriques fournies par l'analogie aux preuves fournies par la méthode expérimentale on peut refaire sur un plan tout nouveau la plupart de nos traités de Physique, de Chimie, d'Histoire naturelle et même de Philosophie et de Psychologie. Il y a là une source de travaux dont quelques-uns ont été déjà entrepris, mais dont la plus grande partie reste à la disposition de qui voudra s'en emparer.

La Morale :

« Dans l'antique Orient il n'y avait ni récompense ni « punition après la mort ; l'homme était récompensé dans « ce monde-ci, soit sur sa personne, soit sur celle de ses « descendants et toujours dans les intérêts matériels.

« La théologie égyptienne accordait deux âmes à « l'homme ; l'une, l'âme intelligente et pensante, au sortir « du corps se rejoignait à l'intelligence suprême dont elle « était émanée ; l'autre, l'âme sensitive, rentrait par la *porte « des dieux* ou le *Capricorne*, dans *l'Amenthès*, le ciel aqueux « où elle habitait toujours avec plaisir, jusqu'à ce que, des- « cendant par la *porte des hommes* ou le *Cancer*, elle vînt « animer un nouveau corps[1]. »

Cet extrait résume une grande partie des arguments invoqués par l'ésotérisme en faveur de la *foi rationnelle*, source de la morale.

La science prétendait tuer à jamais toute possibilité d'une foi quelconque, grâce à la rigueur de ses démonstrations. Cette rigueur même est venue étendre le domaine de la foi, abandonnant les affirmations creuses de la théologie pour s'éclairer par les découvertes sans cesse plus étonnantes de l'expérimentalisme.

La vérité ne saurait plus être l'apanage exclusif d'un

1. Porphyre, *De antro nympharum* cité par de Brière.

culte ou d'une secte. Les principes de l'ésotérisme sont identiques au fond du bouddhisme comme au fond du christianisme, il ne peut y avoir qu'une Science et qu'une Morale comme il n'y a qu'une Vérité, aucun de ces termes ne saurait être l'opposé des deux autres.

La science montrant que, dans l'embryon, le cœur bat rythmiquement avant que les nerfs qui l'animeront aient pris naissance ou même que le tissu musculaire soit différencié, proclame l'existence d'un principe inconnu d'elle et fabriquant le corps physique d'après un plan fatal.

La science montrant que les cellules nerveuses disparaissent cent fois sans que la mémoire perde un seul de ses souvenirs, avoue implicitement l'existence de *quelque chose* qui coordonne les sensations en dehors du monde matériel. Et nous ne parlerons ni des phénomènes de l'hypnotisme ni de la télepsychie constatés plusieurs fois par le professeur Richet, toutes les découvertes convergent, unanimes, vers cette affirmation : l'âme existe.

Mais cette âme est-ce l'entité scholastique des théologiens ou des rêveurs de toute école? Est-ce ce principe ennemi de la chair qui subira des peines ou des félicités éternelles après la mort? A l'invention du cléricalisme tendant à permettre aux vautours sociaux d'exploiter, moyennant une dîme, les pauvres et les humbles, l'ésotérisme répond par une loi qui manifeste la justice la plus terrible mais aussi la plus clémente : la loi des réactions égales et de sens contraire aux actions produites.

Allons, messieurs de la finance, sus au gain. Ruinez sans crainte les humbles, torturez les mères, écrasez les enfants de durs travaux et d'impôts toujours croissants; le prêtre, fonctionnaire salarié par vous, est là pour leur inspirer le courage au nom du Dieu tout-puissant qui vous protège et qui les tue. Vous vous riez des peines éternelles, comme des félicités infinies. Le bonheur c'est la possession du million par tous les moyens, connus ou inconnus, et la morale c'est l'art d'empêcher les naïfs de devenir vos concurrents en condamnant les procédés que vous employez. Ceux qui s'occupent des problèmes de l'au-delà sont de doux farceurs, dilettantes de l'imprévu, ou des exploiteurs hardis de la bêtise humaine. Voilà votre morale à vous.

Mais s'il était vrai que les plaintes impuissantes des malheureux que vous massacrez deviennent des énergies cosmiques d'un ordre inconnu, qui vous demanderont compte de leur existence? Si aucun Dieu personnel ne répondait à la voix salariée du prêtre qui chante pour votre corps une « première classe »? Si vraiment vous récoltiez dans vos enfants les graines d'égoïsme et de haine que vous avez semées? Si vraiment vous aviez une âme? Savez-vous que ce serait terrible!

Songez donc aux conséquences qu'aurait la démonstration de l'existence de la morale comme science positive, réglée par les lois les plus élémentaires de la mécanique! Vous blessez moralement ou socialement votre prochain, cela augmente d'autant plus l'empire du malheur sur vous, non pas seulement... là-bas, mais ici *d'abord*. Vous êtes heureux, votre famille vous comble de joie. Un jour votre enfant chéri meurt malgré les soins des « princes de la science »; votre femme, naguère compagne éclairée et active, s'éteint lentement, râlant sous l'étreinte du cancer qui la ronge, et pendant ce temps les millions s'amassent dans vos caisses, les laquais se pressent plus nombreux sous vos pas.

Vous cherchez, éperdu, la source des malheurs qui s'abattent sur vous, oubliant qu'elle est en vous-même et que vous récoltez, insensé, les fruits dont vous avez semé la graine, par vos désirs.

Mais tout cela c'est le domaine du rêve. Ce sont des jeux de l'imagination destinés à troubler la quiétude des honnêtes financiers, constructeurs de synagogues[1]. Votre docteur se chargera de vous démontrer que quand on est mort tout est fini. Croyez-moi, écoutez votre docteur, et laissez les rêveurs divaguer à leur aise. L'étude de la Science occulte et des problèmes de l'au-delà n'est-elle pas trop métaphysique pour être vraie ; à moins qu'elle ne soit trop vraie pour être métaphysique?

PAPUS.

1. Voy. Kalixt de Wolski, *la Russie Juive*.

TRAITÉ MÉTHODIQUE

DE

SCIENCE OCCULTE

PROLÉGOMÈNES

CHAPITRE PREMIER

LA SCIENCE ET L'INSTRUCTION DANS L'ANTIQUITÉ

DÉFINITION DE LA SCIENCE OCCULTE

§ 1. — LA SCIENCE DE L'ANTIQUITÉ

De tous nos livres modernes de philosophie, de tous nos traités scientifiques se dégage une idée capitale qui influe malgré tout sur l'intellectualité du XIXe siècle : c'est l'idée du Progrès.

Notre siècle est en progrès sur les précédents, nos découvertes surpassent en puissance toutes celles de l'antiquité et cela non seulement dans le domaine industriel, mais encore dans le domaine philosophique, scientifique et social.

Nos dictionnaires sont construits sur ce plan, nos livres

classiques aussi ; si bien qu'on en arrive peu à peu à passer rapidement sur l'histoire de l'antiquité et que bientôt quelques vieux professeurs d'humanités et quelques archéologues se livreront seuls à ce genre d'études considérées comme inutiles aux générations futures.

Or, si l'on examine froidement la question, si l'on se donne la peine de réfléchir un peu, quelques remarques significatives ne tardent pas à faire naître en nous tout au moins de grandes réserves sur la généralisation donnée à ce terme de Progrès.

Ainsi Pythagore, Platon et Aristote, quoique bien « classiques », feraient encore assez bonne figure devant MM. X, Y et Z, professeurs actuels de philosophie. Mais la Philosophie appartient à cette variété d'occupations réservées comme l'étude des hiéroglyphes à certains hommes qu'on croit inutiles à la société. Il est vrai que Newton n'a pas encore trouvé son remplaçant malgré le Progrès, alors qu'il s'agit cette fois de questions très scientifiques, et que les architectes de Notre-Dame de Paris passeraient un bon quart d'heure à constater les « progrès » accomplis dans l'art des constructions (art éminemment utile) par les constructeurs de l'église du Sacré-Cœur ou du palais du Trocadéro, sans parler des autres réalisations « monumentales » de l'art contemporain.

Les utilitaires à tous crins ne peuvent non plus nier, je pense, l'utilité sociale de l'amour et cependant (je suis peut-être fort ignorant en cette matière) comment raconter à nos gentes lectrices les progrès accomplis en cette branche spéciale depuis les mythologiques travaux d'Hercule ? La parole est aux évolutionnistes ; à moins qu'un médecin ne la demande avant eux.

L'existence de la Loi de Progrès ne saurait toutefois être mise un instant en doute. Il faut savoir la portée exacte de cette loi et la courbe réelle décrite par sa marche. Le Progrès ne suit pas une ligne droite, ainsi qu'on se le figure généralement, fait qui amènerait les générations suivantes à toujours progresser sur les précédentes et M. Prud'homme à écraser Homère de tout le poids de sa supériorité, ce qui est faux intellectuellement et physiquement. La Nature nous montre que, si l'homme physique progresse de la naissance à l'âge viril, il déprogresse (pardon du néologisme) de l'âge viril à la vieillesse ; il en est de même pour les familles, les cités, les états et aussi les planètes et les mondes. La Naissance et la Mort marquent les deux termes d'une évolution circulaire formée d'une période d'ascension ou de Progrès et d'une période de descente ou de Décadence.

Il résulte de cette considération que l'Humanité peut avoir parcouru plusieurs fois ce cercle et que notre croyance au progrès fatal dérive tout simplement de notre ignorance touchant les connaissances antérieures à notre période historique. Nous verrons tout à l'heure quelques détails à ce sujet.

Pour l'instant restons dans le domaine scientifique.

On a peut-être aujourd'hui trop de tendances à confondre la Science avec les Sciences. Autant l'une est immuable dans ses principes, autant les autres varient suivant le caprice des hommes ; ce qui était scientifique il y a un siècle, en physique par exemple, est bien près de passer maintenant dans le domaine de la fable[1], car ces connaissances sur des sujets particuliers constituent le domaine des sciences, domaine dans lequel, je le répète, les seigneurs changent à chaque instant.

Nul n'ignore que ces sujets particuliers sont justement ceux sur qui s'est portée l'étude des savants modernes, si

1. Le phlogistique, par exemple.

bien qu'on applique à la Science les progrès réels accomplis dans une foule de branches spéciales. Le défaut de cette conception apparaît cependant quand il s'agit de tout rattacher, de constituer réellement la Science dans une synthèse, expression totale de l'éternelle Vérité.

Cette idée d'une synthèse embrassant dans quelques lois immuables la masse énorme des connaissances de détail accumulées depuis deux siècles, paraît aux chercheurs de notre époque se perdre dans un avenir tellement éloigné que chacun souhaite à ses descendants d'en voir poindre le lever à l'horizon des connaissances humaines.

Nous allons paraître bien audacieux en affirmant que cette synthèse a existé, que ses lois sont tellement vraies qu'elles s'appliquent exactement aux découvertes modernes, théoriquement parlant, et que les Égyptiens initiés, contemporains de Moïse et d'Orphée, la possédaient dans son entier.

Dire que la Science a existé dans l'antiquité, c'est passer auprès de la plupart des esprits sérieux pour un sophiste ou un naïf, et cependant je vais tâcher de prouver ma paradoxale prétention et je prie mes contradicteurs de me prêter encore quelque attention.

Tout d'abord, me demandera-t-on, où pouvons-nous trouver quelque trace de cette prétendue science antique ? Quelles connaissances embrassait-elle? Quelles découvertes pratiques a-t-elle produites? Comment apprenait-on cette fameuse synthèse dont vous parlez ?

Tout bien considéré, ce ne sont pas les matériaux qui nous font défaut pour reconstituer cette antique science. Les débris de vieux monuments, les symboles, les hiéroglyphes, les rites des initiations diverses, les manuscrits se pressent en foule pour aider nos recherches.

Mais les uns sont indéchiffrables sans une clef qu'on se

soucie fort peu de posséder, l'antiquité des autres (rites et manuscrits) est loin d'être admise par les savants contemporains qui les font remonter tout au plus à l'École d'Alexandrie.

Il nous faut donc chercher des bases plus solides et nous allons les trouver dans les œuvres des écrivains antérieurs de beaucoup à l'École d'Alexandrie, Pythagore, Platon, Aristote, Pline, Tite-Live, etc., etc. Cette fois il n'y aura plus à chicaner sur l'antiquité des textes.

Ce n'était certes pas une chose facile que de rechercher cette science antique pièce à pièce dans les auteurs anciens, et nous devons toute notre reconnaissance à ceux qui ont entrepris et mené à bonne fin cette œuvre colossale.

Trois écrivains surtout ont eu le courage de passer la plus grande partie de leur vie à collationner l'antiquité dans les textes latins, grecs, hébreux, arabes ou sanscrits; ce sont Dutens, Fabre d'Olivet, Saint-Yves d'Alveydre.

Nous allons examiner séparément l'œuvre de chacun d'eux et la méthode employée afin de bien montrer la valeur certaine et l'autorité des nombreuses citations que nous serons amené à faire par la suite.

Dutens.

Dutens est né à Tours en 1730 (mort en 1812). De bonne heure il quitta la France et adopta l'Angleterre pour patrie. Celui de ses ouvrages qui nous intéresse le plus est ainsi intitulé :

Origine des Découvertes attribuées aux Modernes,
par M. L. Dutens;

Historiographe du roi de la Grande-Bretagne; recteur d'Elsdon en Northumberland; de la Société Royale de

Londres ; de l'Académie des Inscriptions et Belles-Lettres de Paris, et de l'Académie Royale des Sciences de Turin.

(Seconde édition, considérablement augmentée.)

Londres, 1796, in-4° (Bibliothèque nationale, Z, 4.986).

Voici le plan de ce travail considérable :

1° Au commencement une table de tous les auteurs cités avec l'édition exacte de chacun des ouvrages consultés.

2° Dans le corps du volume une série de chapitres détaillant quatre grandes parties :

La première traite de la Philosophie ;

La seconde de la Physique générale et de l'Astronomie ;

La troisième des Sciences particulières, Médecine, Anatomie, Botanique, Mathématiques, Optique et Mécanique;

La quatrième enfin de Théodicée et de Métaphysique.

3° A la fin de cette troisième édition l'auteur a ajouté une table alphabétique des découvertes attribuées aux modernes et connues des anciens avec renvois aux citations.

Chaque fois que Dutens affirme qu'une découverte considérée généralement comme moderne était enseignée dans l'antiquité, il ne se contente pas de renvoyer simplement à l'auteur ancien. Il publie en note le texte tout entier dans la langue de l'auteur et si ce texte est grec ou hébreu, il en donne la traduction latine en regard, la traduction française se trouvant généralement dans le cours du chapitre.

Plusieurs critiques et des plus sérieux m'ayant prié d'insister sur la valeur des textes que j'appelle à mon aide[1], je citerai désormais les auteurs originaux, prévenant

1. Voy. surtout l'excellente étude d'Anatole France dans le numéro du 15 février 1890 de la *Revue Illustrée* (Baschet, éditeur).

que ces citations sont tirées en partie du travail de Dutens.

Telle est en résumé l'œuvre capitale d'un des auteurs à qui nous devons le plus pour la réhabilitation de la Science antique. Voyons les autres.

FABRE D'OLIVET.

Fabre d'Olivet est né à Ganges (Hérault) en 1767. Obligé par des considérations politiques de vivre dans une retraite presque absolue, il consacra tout son temps à l'étude de l'antiquité. C'est à lui que nous devons la reconstitution presque entière des sciences enseignées dans les sanctuaires de l'Inde et de l'Égypte où les plus grands des penseurs de l'antiquité allèrent puiser leurs connaissances.

Fabre d'Olivet connaissait presque toutes les langues parlées en Europe. En outre ses études approfondies sur la comparaison de l'hébreu avec le samaritain, le chaldaïque, le syriaque, l'arabe, le grec et le chinois sont restées sans rivales jusqu'aujourd'hui.

Voici les titres de ses principales œuvres :

LA LANGUE HÉBRAIQUE RESTITUÉE. — 2 vol. in-4°, 1815-1816.

La langue hébraïque restituée, et le véritable sens des mots hébreux, rétabli et prouvé par leur analyse radicale.

Ouvrage dans lequel on trouve réunies :

1° *Une Dissertation introductive sur l'origine de la Parole*, l'étude des langues qui peuvent y conduire et le but que l'auteur s'est proposé.

2° *Une grammaire hébraïque* fondée sur de nouveaux principes et rendue utile à l'étude des langues en général.

3° *Une série de Racines hébraïques*, envisagées sous des rapports nouveaux et destinées à faciliter l'intelligence du langage et celle de la science étymologique.

4° *Une dissertation préliminaire.*

5° *Une traduction en français des dix premiers chapitres du Sépher*, contenant la Cosmogonie de Moïse.

Cette traduction, destinée à servir de preuve aux principes posés dans la *Grammaire* et dans le *Dictionnaire*, est précédée d'une *Version littérale* en français et en anglais, faite sur le texte hébreu présenté en original avec une transcription en caractères modernes et accompagnée de notes grammaticales et critiques, où l'interprétation donnée à chaque mot est prouvée par son analyse radicale, et sa confrontation avec le mot analogue samaritain, chaldaïque, syriaque, arabe ou grec.

HISTOIRE PHILOSOPHIQUE DU GENRE HUMAIN. — Paris, 2 vol. in-8°, 1822.

LES VERS DORÉS DE PYTHAGORE (*Un des monuments d'érudition les plus considérables du* XIX° *siècle*), 1813, in-8°.

CAIN, 1823, in-8°.

Saint-Yves d'Alveydre.

Le marquis de Saint-Yves d'Alveydre a aujourd'hui conquis une place des plus importantes parmi les savants en appliquant les lois universelles à la solution des problèmes politiques et sociaux.

Parmi les œuvres remarquables et nombreuses de cet auteur[1] nous signalerons principalement la *Mission des Juifs* dans le chapitre IV de laquelle se trouve une étude sur la *Science de l'Antiquité*, fruit de longues recherches personnelles de l'auteur au British Museum. Nous aurons aussi à citer quelques-unes de ses conclusions.

*
* *

On voit par ces quelques détails préliminaires que si nous affirmons que la Science a existé dans l'antiquité il

1. *Mission des souverains ; Mission des Juifs ; Mission des Français ; Jeanne d'Arc victorieuse.*

ne s'agit pas uniquement de baser notre dire sur des considérations sentimentales ou sur des déductions philosophiques. Nous ferons nos efforts pour prouver au mieux chacune de nos affirmations afin de convaincre tout lecteur impartial de l'importance de la Science Occulte.

Nous allons donc chercher à savoir :

1° Si les anciens possédaient quelques-unes de nos plus importantes découvertes contemporaines en énumérant les principales ;

2° Comment on apprenait la Science dans l'antiquité ;

3° Quel était le caractère primordial de cette Science.

Tout ceci nous conduira à la définition de la Science Occulte.

Découvertes scientifiques de l'antiquité.

Qu'il soit tout d'abord bien entendu qu'il faudrait être fou pour prétendre que les anciens aient jamais possédé la plupart des instruments perfectionnés que nous connaissons aujourd'hui. Le Phonographe Edison non plus que les Tramways électriques n'étaient pas, à notre avis, connus des anciens. Ce que nous allons essayer de démontrer c'est qu'aucune des *découvertes générales* touchant l'Astronomie, la Physique ou la Chimie dans leurs principales applications expérimentales ne leur était étrangère. Pour cela nous examinerons les prétendues découvertes modernes touchant nos sciences et nous chercherons leur rapport avec les connaissances antiques.

---

§ 2. — DÉCOUVERTES DES MODERNES CONNUES DES ANCIENS. — SCIENCE DES CHINOIS

PHYSIQUE GÉNÉRALE. — ASTRONOMIE.

Ouvrez un traité classique de physique ou d'astronomie et vous y lirez, dans les quelques pages consacrées à l'histoire de cette science, que les anciens se figuraient que le Soleil tournait autour de la Terre et que le ciel était semblable à un dôme de cristal dans lequel seraient enchâssées les étoiles.

Depuis le « Progrès » a permis de déterminer la vérité sur ce sujet, et la découverte des lois de l'Univers sous l'influence des travaux de Copernic, de Képler, de Newton et des autres mathématiciens philosophes, est la caractéristique de notre « siècle de lumière ».

Ces affirmations dérivent d'une connaissance imparfaite de l'antiquité. La simple logique aurait dû montrer de suite que des cerveaux de la valeur de ceux de Pythagore, de Platon et d'Aristote, pour ne prendre que les plus connus, ne pouvaient s'arrêter longtemps à des hypothèses puériles comme celles qu'on leur attribue touchant les lois de la Nature.

Nous allons donc citer les textes les plus importants qui prouvent péremptoirement que les anciens ont parfaitement connu la marche de la Terre autour du Soleil, la Pluralité des Mondes, l'Attraction Universelle, la Cause des Marées et les lois de Newton, sans compter d'autres points relatifs à l'astronomie.

Mouvement de la Terre autour du Soleil [1].

Plutarque rapportant les opinions des Pythagoriciens dit à la page 67 du tome premier de ses œuvres [2] :

« *Pythagore croyait que la Terre était mobile et n'occupait point le centre du monde, mais qu'elle avait un mouvement circulaire autour du Soleil (la région du feu) et formait ainsi les jours et les nuits.* »

On peut voir aussi à ce sujet Clément d'Alexandrie, *Strom.*, liv. V, p. 556, et Aristote, *De Cœlo*, liv. II, chap. XIII et XIV [3].

Philolaüs, Timée de Locres, Aristarque et Seleucus enseignent également la même opinion. On trouvera les textes grecs et latins relatifs à tout cela aux pages 197 et 198 de la première édition de l'œuvre de Dutens.

Nous nous bornons à donner dans ce chapitre une citation à propos de chaque découverte, le manque d'espace nous obligeant à renvoyer aux auteurs originaux.

Pluralité des Mondes. — Voie lactée [4].

Démocrite dit que cette partie du ciel que nous nommons la voie lactée, contenait une quantité innombrable d'étoiles fixes dont le mélange confus de lumière occasionnait cette blancheur que nous désignons ainsi.

(Plutarque. — *De Placit.*, liv. III, chap. 1.)

Anaximène croyait que les étoiles étaient des masses immenses de feu autour desquelles certains corps terres-

1. Voyez Dutens, *op. cit.*, 1re édit., p. 193 et suiv., du tome Ier.
2. *Plutarchi opera*, grec et latin, Paris 1624, 2 vol. in-fol. (Bibliothèque nationale, J. 716 et 717).
3. *Aristotelis opera*, édit. Duval, Paris 1629, 2 vol. in-fol.
4. Dutens, *op. cit.*, chap. VII du tome Ier.

tres que nous ne pouvions apercevoir, accomplissaient des évolutions périodiques [1].

Héraclite et tous les Pythagoriciens enseignaient de même que chaque étoile était un Monde, ou un système solaire qui était composé comme le nôtre d'un Soleil et de planètes, auxquelles ils paraissaient même accorder un air, une atmosphère qui les environne et un fluide appelé éther dans lequel elles étaient soutenues [2].

Aristote, Alcinoüs le Platonicien, Plotin ont défendu la même opinion.

Pesanteur universelle [3].

« Plutarque, qui a connu presque toutes les vérités brillantes de l'astronomie, a aussi entrevu la force réciproque qui fait graviter les planètes les unes sur les autres, « et, après avoir entrepris d'expliquer la raison de la tendance des corps terrestres vers la Terre, il en cherche l'origine dans une attraction réciproque entre tous les corps qui est cause que la Terre fait graviter vers elle les corps terrestres, de même que le Soleil et la Lune font graviter vers leurs corps toutes les parties qui leur appartiennent et, par une force attractive, les retiennent dans leur sphère particulière. » Il applique ensuite ces phénomènes particuliers à d'autres plus généraux et, de ce qui arrive sur notre globe, il déduit, en posant le même principe, tout ce qui doit arriver dans les corps célestes respectivement à chacun en particulier, et les considère

1. *Stobæi Ecolgæ physicæ*, grec et latin, Aurel., Allobr. 1609 in-fol. (liv. I, p. 53).

2. Plutarque, *De placitis*, Phil. l. II, c. XIII.

3. Pesanteur universelle, force centripète et centrifuge. Lois des mouvements des planètes suivant leur distance du centre commun. Dutens, *op. cit.*, chap. VI, t. I, p. 145.

ensuite dans le rapport qu'ils doivent avoir, suivant ce principe, les uns relativement aux autres.

« Il parle encore dans un autre endroit de cette force inhérente dans les corps, c'est-à-dire dans la Terre et dans les autres planètes, pour attirer sur elles tous les corps qui leur sont subordonnés [1]. »

Outre Plutarque, Pline [2], Macrobe [3] et Censorinus [4] expriment la même idée sur ce point et sur le suivant.

Lois de Newton (Loi du Carré des Distances).

« Une corde de musique, dit Pythagore, donne les mêmes sons qu'une autre corde dont la longueur est double, lorsque la tension ou la force avec laquelle la dernière tendue est quadruple ; *et la gravité d'une planète est quadruple de la gravité d'une autre qui est à une distance double.* En général, pour qu'une corde de musique puisse devenir à l'unisson d'une corde plus courte de même espèce, sa tension doit être augmentée dans la même proportion que LE CARRÉ DE SA LONGUEUR EST PLUS GRAND et, afin que la gravité d'une planète devienne égale à celle d'une autre planète plus proche du Soleil, elle doit être augmentée à proportion que le CARRÉ DE SA DISTANCE au Soleil est plus grand. Si donc nous supposons des cordes de musique tendues du Soleil à chaque planète, pour que ces cordes devinssent à l'unisson, il faudrait augmenter ou diminuer leur tension dans les mêmes proportions qui seraient nécessaires pour rendre les gravités des planètes égales. » C'est de la similitude de ces rapports que Pythagore a tiré sa doctrine de l'harmonie des sphères [5].

1. Plutarchus, *De facie in orbe lunæ*, p. 924.
2. Plinius, lib. II, chap. XXII.
3. Macrobius, *In somnium Scipionis*, lib. II, ch. I, lib. I. ch. XIX.
4. Censorinus, *De die natali*, cap. X, XI et XIII.
5. Gregorii, *Astronomiæ elementa*.

Éclipses.

Comment les prêtres égyptiens et chaldéens avaient découvert la période de 6.585 jours 1/3 qui ramène les éclipses, tant de Lune que de Soleil, les mêmes et dans le même ordre pendant un long intervalle de temps[1].

INSTRUMENTS.

Le XIXe siècle est surtout remarquable par la perfection apportée dans la construction des machines et des instruments divers. Ce serait folie pure que de prétendre que l'antiquité ait possédé des instruments comparables aux nôtres par leur puissance et leur merveilleuse disposition. Cependant si les anciens connaissaient les lois générales de l'Astronomie, on peut supposer qu'ils possédaient aussi quelques moyens d'examiner le ciel autres que la vue ou le raisonnement.

Télescopes.

Dutens, rapportant l'opinion de Démocrite sur ce que cet auteur attribuait les taches de la Lune « aux ombres formées par la hauteur excessive de ses montagnes », remarque que la vue seule ne suffit pas à déterminer l'existence de ces montagnes[2].

On ne peut admettre l'existence de télescopes dans l'antiquité que d'après certaines descriptions dont le sens

1. *Journal des Savants*, 1883, p. 643-656, article retrouvé dans les papiers de Biot et publié par son petit-gendre, Lefort; l'exposé était achevé, la démonstration mathématique a été reconstituée par Lefort (note communiquée par Augustin Chaboseau).
2. Chap. X, *op. cit.*

nous échappe en partie puisque nous ignorons ce que l'auteur cherche à décrire.

Ainsi Aristote remarque *qu'en se servant d'un tube* pour regarder les objets on évite la dispersion des rayons qui partent de l'objet pour venir à l'œil.

En raisonnant donc d'après son principe, Aristote jugeait qu'en isolant l'objet que l'on voulait observer et en interceptant la trop grande lumière qui éblouissait la vue, on pouvait découvrir les objets à une plus grande distance; il en allègue pour exemple l'observation déjà connue de son temps, que du fond d'un puits (que l'on peut considérer comme la lunette primitive) on voyait les étoiles en plein midi; ce que l'on sait bien n'avoir lieu que dans cette circonstance, ou avec l'aide d'un télescope, comme il l'observe lui-même; ou bien, dit-il, en regardant à travers un tube. Ce tube dont il parle est l'enfance du télescope. Il jugeait même que plus on prolongerait ce tube, et plus on rapprocherait l'objet, et il en répète la raison qu'il trouve être dans la moindre dispersion des rayons visuels venant de l'objet[1].

Mais une expression tout à fait claire pour montrer l'existence du télescope est celle tirée de Strabon.

En parlant de l'observation, qu'il dit se faire en mer, de la grandeur apparente du diamètre du Soleil à l'horizon, qui surpasse celle qu'il a lorsqu'il est plus élevé, il en rend raison parce qu'il est aperçu, dit-il, à travers le milieu épais des vapeurs qui s'élèvent de l'Océan, comme lorsqu'il est vu à travers les nuages ou bien, ajoute-t-il, *comme lorsque nous regardons à travers un tube; les rayons étant brisés nous font apercevoir les objets* PLUS GRANDS[2].

1. Aristoteles, *De generati. animal*, lib. V, c. I., cité par Dutens, chapitre X.
2. Strabon, édit. Amot., lib. III, c. 138.

Remarquez le mot *plus grand* qui indique l'action nécessaire du verre dans le tube.

Verres grossissants. — *Microscopes*[1].

Voici le résumé des recherches de Dutens en cette question, qui vient éclairer la précédente.

Il est naturel de s'informer ici si les anciens avaient les mêmes secours que nous avons pour les aider dans les entreprises que nos plus habiles ouvriers ne peuvent exécuter sans microscope. Et le résultat de nos recherches sera de nous convaincre qu'ils avaient connaissance de plusieurs moyens de soulager la vue, de la fortifier et de grossir les objets.

Jamblique dit que Pythagore s'était appliqué à chercher des instruments qui fussent d'un secours aussi efficace à l'ouïe que la règle, le compas *ou plus particulièrement les verres optiques le sont à la vue*[2]. Plutarque parle des instruments de mathématiques dont Archimède se servait *pour démontrer aux yeux la grandeur du Soleil*[3], ce qui peut encore s'appliquer à l'invention du télescope. Aulu-Gelle, après avoir fait mention des miroirs qui multiplient les objets, parle de ceux qui *renversent l'image des objets;* ce qui ne peut se faire que par les verres concaves ou convexes[4]. Enfin Sénèque s'explique là-dessus avec la plus grande clarté en disant que *l'écriture la plus fine et la plus imperceptible était aperçue par le moyen d'un globe rempli d'eau qui la rendait plus claire et plus grosse*[5]. Ajou-

1. Dutens, *op. cit.*, chap. x, t. II.
2. Jamblic., *De vita Pythagori*, p. 97.
3. Plutarque, *Vita Marcelli*, p. 3-309, lin. 4, et Strabon, lib. III, c. 138.
4. Aulus Gellius, *Noct. Attic.*, lib. XVI, c. 18 et Sénèque, *Quest. Nat.*, lib. I, ch. v-viii.
5. Sénèque, *Quest. Nat.* lib. I, ch. vi, et lib. I, ch. iii, p. 834, lin. 53. Voyez aussi chap. vi.

tez à ceci *les verres ardents* dont l'effet de grossir les objets ne pouvait leur avoir échappé.

On trouve un passage dans la comédie des *Nuées* d'Aristophane qui traite clairement des effets de ces deux verres. L'auteur introduit Socrate interrogeant Strépisiade sur le moyen qu'il se flatte d'avoir trouvé pour être désormais dispensé de payer ses dettes; et celui-ci lui répond *qu'il a trouvé un verre ardent dont on se sert pour allumer le feu et que, si on lui apporte une assignation, pour payer, il présentera aussitôt son verre au soleil, à quelque distance de l'assignation, et y mettra le feu*[1].

Réfraction de la lumière. — Isochronisme des vibrations du pendule[2].

Comme conséquence de la découverte des lentilles les anciens devaient aussi connaître l'action de ces lentilles sur la lumière, c'est-à-dire la réfraction. En effet, Ptolémée et après lui Alhazen disaient que « quand un rayon de lumière passait d'un milieu plus rare, pour entrer dans un milieu plus dense, il changeait de direction et commençait à décrire une ligne dont la direction était entre sa première direction droite et la ligne perpendiculaire tombante dans le milieu plus dense. » Bacon dit encore d'après Ptolémée « que l'angle formé par la différence de ces deux lignes n'est pas toujours divisé en deux parties égales, parce que, suivant la plus ou moins grande densité des différents milieux, le rayon de lumière est plus ou moins réfracté et forcé à s'écarter davantage de sa première direction »[3].

1. *Aristophanes in Nubilibus*, act. II, sc. 1, v. 140.
2. Dutens, *op. cit.*, p. 222.
3. Roger Bacon, *Opus majus*, p. 207-297 (édit. Venet, 1750), et Plutarchus, *De facie in orbe lunæ*, p. 930, lin. 40.

Voici l'extrait des observations d'un savant d'Oxford qui avait examiné les manuscrits arabes de la bibliothèque de cette université :

« Une lettre ne suffit pas, dit-il, pour faire connaître ce que les astronomes arabes ont trouvé à redire dans Ptolémée et leurs tentatives pour le corriger; quel soin ils ont pris pour mesurer le temps par des clepsydres, par d'immenses horloges solaires et même, ce qui surprendra, *par les vibrations du pendule;* avec quelle industrie enfin et avec quelle exactitude ils se sont portés dans ces tentatives délicates et qui font tant d'honneur à l'esprit humain, savoir, de mesurer les distances des astres et la grandeur de la terre[1]. »

*
* *

Il est certes curieux de constater les traces de toutes ces connaissances chez les Anciens; mais peut-on prouver qu'ils possédaient aussi quelques idées concernant ce que nous appelons aujourd'hui : « *Les sciences appliquées* »?

Je vois d'ici le docte professeur de l'Université me demander quelque texte touchant la Vapeur, l'Électricité, la Photographie, j'irai même plus loin et j'ajouterai le Téléphone!

Je n'ai pas l'intention de prouver que les locomotives fussent employées au transport des pierres de la grande Pyramide, non. Mais je suis heureux de montrer comment un initié, l'architecte de Sainte-Sophie, s'amusait à faire des farces à ses ennemis..... au moyen de la force motrice tirée de la vapeur mise en pression!

Voici l'histoire telle à peu près qu'elle est rapportée

1. *Edwardi Bernardi epistola ad Huntingtonem transact. Philosoph. ann.* 1684, n° 158, p. 567 et n° 163.
Vid. et Epistolas Huntingtonianas, Londini 1704, in-8°.

dans un livre écrit au VIe siècle de notre ère et imprimé en 1660[1].

La Vapeur.

Anthème de Tralle avait un voisin, homme du monde de l'époque assez riche, recevant beaucoup et complètement brouillé avec lui. Leurs deux maisons se touchaient.

Un jour que ledit voisin donnait une grande réception, Anthème de Tralle disposa chez lui un appareil destiné à jouer à son ennemi le plus mauvais tour qui fût.

Cet appareil se composait d'une série de tubes métalliques assez gros venant s'appuyer hermétiquement par une de leurs extrémités contre le toit du voisin sur une certaine étendue.

L'autre extrémité des tubes était en rapport avec une chaudière à moitié pleine d'eau et disposée de telle sorte que la vapeur produite ne pouvait s'échapper que par les tubes.

Quand les invités furent réunis dans la maison voisine et que le festin fut bien en train, Anthème de Tralle alluma du feu sous sa chaudière et en augmenta progressivement l'intensité.

On devine facilement l'effet produit. La vapeur mise en pression dans les tubes et ne pouvant s'échapper nulle part agit avec force sur la résistance la plus faible. Cette résistance c'était le toit du voisin. Ce toit fut tout à coup enlevé tout entier par une force terrible en même temps que des torrents de vapeur envahissaient avec un bruit épouvantable la salle du festin.

La Science était tenue très secrète à cette époque. Aussi les malheureux convives terrifiés ainsi que le pro-

1. Agathias, *Rebus Justinis*. Paris, 1660, in-fol. (Bib. Nat., 107, p. 150 et 151).

priétaire et croyant à une vengeance de Jupiter s'enfuirent épouvantés et personne ne mit plus jamais les pieds dans cette maison mal vue des dieux. Anthème de Tralle fut tranquille pour toujours.

L'enseignement à tirer de cette histoire en apparence amusante est très grand. Les détails dans lesquels entre Agathias montrent une connaissance approfondie des effets dynamiques de la vapeur, effets entrevus plus tard par Léonard de Vinci qui donna le plan d'un *canon à vapeur*.

Saint-Yves d'Alveydre cite, dans sa *Mission des Juifs*, le volume d'Agathias à propos de la vapeur.

*
* *

L'Électricité.

Nos électriciens feraient bien triste mine devant ces prêtres égyptiens et leurs initiés (grecs et romains) qui maniaient la foudre comme nous employons la chaleur et la faisaient descendre et tomber à leur gré. C'est Saint-Yves qui va nous montrer la mise en œuvre de ce secret qui constituait une des pratiques les plus occultes du sanctuaire.

« Dans l'*Histoire ecclésiastique* de Sozomène (liv. IX, ch. VI) on peut voir la corporation sacerdotale des Étrusques défendant à coups de tonnerre, contre Alaric, la ville de Narnia qui ne fut pas prise[1]. »

Tite-Live (liv. I, chap. XXXI) et Pline (*Hist. nat.*, liv. II, chap. LIII, et liv. XXVIII, chap IV) nous décrivent la mort de Tullus Hostilius voulant évoquer la force électrique

1. *Miss. des Juifs*, chap. IV.

d'après les rites d'un manuscrit de Numa et mourant foudroyé pour n'avoir pas su prévoir le choc en retour.

On sait que la plupart des mystères parmi les prêtres égyptiens n'étaient que le voile dont ils couvraient les sciences et qu'être initié dans leurs mystères était être instruit dans ces sciences qu'ils cultivaient. De là on donnait à Jupiter le nom d'Élicius ou Jupiter électrique, le considérant comme la foudre personnifiée, et qui se laissait attirer sur la terre par la vertu de certaines formules et pratiques mystérieuses; car *Jupiter Élicius* ne signifie autre chose que Jupiter susceptible d'attraction, Elicius venant d'*elicere*, suivant Ovide et Varron[1].

> Eliciunt cœlo te, Jupiter; unde minores
> Nunc quoque te celebrant, Eliciumque vocant.
>
> (Ovid., *Fast.*, liv. III, v. 327 et 328.)

Le Téléphone. — Télégraphie psychique.

Les rapports anglais au sujet de la guerre des Indes à propos de la révolte des cipayes signalent un fait bien curieux.

Les bazars indiens savaient toujours les nouvelles des batailles et de leur issue *deux heures* avant que le télégraphe ne les eût apportées.

Cela tient à un procédé de communication psychique employé par tous les Orientaux, procédé qui leur permet de supprimer le temps et l'espace.

A l'appui de ce fait voici le récit d'une aventure arrivée à M. Ferdinand de Lesseps :

« La rapidité avec laquelle les nouvelles se transmettent en pays arabe est merveilleuse. Voici un exemple frap-

1. Dutens, t. Ier, p. 275.

pant dont nous avons été témoin. En mars 1883, M. Ferdinand de Lesseps, lors de son exploration des chotts du sud de la Tunisie pour la Mer Intérieure, débarqua le matin à Sfax. Je le conduisis à la mosquée et lui présentai les notables musulmans. Nous fîmes ensemble la prière. Puis M. de Lesseps leur annonça qu'il était porteur d'une lettre d'Abd-el-Kader recommandant le projet du colonel Roudaire. Il en donna lecture. Le soir il se rembarqua et le lendemain à la première heure il débarquait à Gabès. Or, de Sfax à Gabès, il y a sept jours de marche par terre.., Pourtant, quand le soir même de son arrivée à Gabès M. de Lesseps visita le village de Menzel où l'attendait la *djemmâa*, le chef des anciens le félicita sur la lettre de l'émir. La bonne nouvelle, dit-il, leur était parvenue de Sfax dans la journée[1]. »

Photographie.

« Le manuscrit d'un moine de l'Athos, Panselenus, révèle, d'après d'anciens auteurs ioniens, l'application de la chimie à la photographie. Ce fait a été mis en lumière à propos du procès de Niepce et de Daguerre. La chambre noire, les appareils d'optique, la sensibilisation des plaques métalliques y sont décrits tout au long. » (SAINT-YVES D'ALVEYDRE, *Mission des Juifs*, chap. IV.)

*
* *

Chimie.

On avait pris l'habitude dans les traités classiques de considérer la Chimie comme une science de création toute

1. Napoléon Ney, *Les Sociétés secrètes musulmanes*. Paris 1890, in-18, p. 34 et 35.

récente. L'Alchimie était regardée comme un amas de recettes empiriques déterminées tant bien que mal par ces fous chercheurs de Pierre philosophale. Dans ces dernières années un de nos plus éminents chimistes, M. Berthelot, publia une série de travaux sur l'Alchimie[1]. Ce savant constate que les alchimistes possèdent une théorie philosophique très profonde et des connaissances chimiques réelles quoique peu connues. Cependant M. Berthelot se refuse à faire remonter l'Alchimie plus haut que le IIe siècle de notre ère. Inutile de dire que nous différons totalement d'avis avec lui, bien que notre opinion soit d'un bien mince poids à l'heure qu'il est vis-à-vis de MM. les universitaires.

Admettons donc que le « Progrès » se soit particulièrement fait sentir au sujet de cette science ; mais constatons cependant que les anciens connaissaient beaucoup de nos corps chimiques et quelques autres dont nous avons perdu notion depuis.

Si vous croyez à l'authenticité des « livres saints » en tant que textes, rappelez-vous d'abord la petite opération chimique à laquelle se livre Moïse dissolvant rapidement le Veau d'Or. Cette dissolution suppose une connaissance assez profonde des manipulations chimiques.

Or Moïse était un prêtre d'Osiris, c'est-à-dire un docteur ès sciences physiques et théurgiques d'Égypte, et de ce fait il connaissait parfaitement la chimie d'alors. Nous verrons tout à l'heure comment on apprenait ces sciences; pour l'instant contentons-nous de faire tous nos efforts pour établir leur existence.

Si cependant le nom de Moïse vous paraît représenter un mythe, ouvrez un livre d'histoire quelconque et cherchez-y le nom d'un des grands génies de l'antiquité:

1. *Les Origines de l'Alchimie,* par M. Berthelot, Paris 1886, in-8°, et articles divers se rapportant à cette question dans la *Grande Encyclopédie.*

Lycurgue, Solon, Pythagore, Platon, vous verrez mentionner leur voyage en Égypte, à tous, et leur séjour dans les temples pour compléter leur instruction[1].

Le procédé de préparation des *momies* indique de profondes connaissances chimiques et n'a pu être retrouvé.

Il en est de même du *ciment* employé alors pour les monuments.

Afin de résumer au mieux le chapitre de Dutens consacré à la chimie des anciens, je diviserai cette énumération en trois parties :

1° Chimie générale ; 2° Chimie médicinale ; 3° Chimie industrielle.

Si je cite toujours Dutens c'est que j'ai vérifié ses citations dans les textes et qu'il a passé la plus grande partie de sa vie dans ces recherches. Je juge inutile de refaire son travail et je croirais malhonnête de ne pas rendre à ce savant ce qui lui est dû, d'autant plus que ses immenses travaux sont presque inconnus.

Chimie générale. — Les alkalis et les acides étaient parfaitement connus des anciens.

Le sel alkali signifie proprement ce sel tiré, par l'action du feu, d'une plante égyptienne appelée *Kali;* mais comme on en tire aussi, quoiqu'en moins grande quantité, des autres végétaux, les chimistes entendent par ce mot tous les sels qui, comme celui de cette plante, attirent les acides. Aristote en parle et dit « qu'en Ombrie les cendres de joncs et de roseaux brûlés, cuites dans l'eau, donnent une grande quantité de sels »[2].

1. *Profectus est in Egyptum Orphæus, Museus, Dædalus, Homerus, Lycurgus, Solon, Plato, Pythagoras, Eudoxus, Democritus Abderites; hi in Ægypto certe perceperunt omnia quæ apud Græcos fecere admirabilia.* (Diod. Sicul., lib. 1, p. 86). (Hannoviæ 1604, 2 vol. in-fol., édit. Wechel). Voyez aussi Dutens, p. 178.

2. Aristoteles, *Meteor,* lib. II, c. III.

Théophraste avait observé la même chose en Ombrie[1].

C'était au « mélange des alkalis avec les acides » que Platon attribuait la cause des effervescences[2].

Salomon sur le même sujet cite comme exemple « l'effet du vinaigre sur le nitre » des anciens[3].

Pline, Strabon, Vitruve, Dioscorides, nous prouvent encore que les Égyptiens connaissaient « toutes les différentes manières de faire le sel, le nitre et l'alun ainsi que le sel ammoniac[4].

Chimie médicinale. — Le litharge d'argent, la rouille de fer, l'alun calciné étaient employés pour guérir les ulcères, les coupures, les furoncles, les fluxions des yeux, etc.

Les Égyptiens savaient extraire l'huile et préparer l'opium dont ils faisaient usage pour calmer les grandes douleurs du corps, ou bannir de la mémoire les grands chagrins[5]. Homère paraît avoir eu ce dernier en vue lorsqu'il dit qu'Hélène fit prendre à Télémaque d'une drogue qui avait ces propriétés[6].

Enfin, pour terminer sur ce sujet, rappelons que d'après Dioscorides les emplâtres et les collyres des Égyptiens étaient faits avec le « plomb brûlé, la céruse, le vert-de-gris et l'antimoine brûlé » tout comme en 1890.

Chimie industrielle. — On sait aujourd'hui partout que les anciens connaissaient au mieux la métallurgie, aussi n'en parlerons-nous pas.

1. Plinius, lib. XXXI, c. VII.
2. Plato, Timaeus, *Harum passionum causæ acida qualitas appelatus.*
3. *Proverb.*, c. XXV, v. 20.
4. Plin., lib. XXXI, c. VII; lib. XXXI, c. XXII et 46; lib. XXXV, c. XV; Strabon, lib. XVII; p. 552-556 (édit. Casaille); Vitius, lib. VIII, c. III; Dioscorides, lib. V, c. CXXIII.
5. Diod. Sicul., lib. I, p. 87-88; Plin., lib. XXI, c. XXI.
6. Odyssea, δ. V. 221.

Citons pour mémoire le procédé « pour tirer le vif argent du cinabre, qui est une description exacte de la distillation[1] ».

Le *cristal taillé* devait leur être connu si l'on en croit l'empereur Adrien écrivant au consul en lui envoyant « trois coupes d'un verre très curieux qui, comme le col d'un pigeon, avait la propriété de réfléchir différentes couleurs, étant vues dans un sens différent[2] ».

Enfin voici ce que dit Dutens à ce propos (p. 182) :

« Cet art de contrefaire les pierres précieuses n'était pas particulier aux Égyptiens seuls ; les Grecs, qui le tenaient à la vérité de ces grands maîtres, étaient aussi fort entendus dans cette branche de la chimie ; ils savaient donner à un cristal composé les teintures des différentes pierres fines qu'ils voulaient imiter. Pline[3], Théophraste[4] et plusieurs autres en citent quelques exemples que je rapporte ci-dessous et dont les plus remarquables étaient leurs succès à imiter parfaitement les rubis, les hyacinthes, les émeraudes et les saphirs[5]. »

Au point de vue encore plus utile les Égyptiens avaient « l'art de faire éclore des œufs de poule, d'oie, ou de toute autre volaille, en toutes saisons et par différents moyens[6].

La *bière* leur était parfaitement connue comme le montrent Diodore de Sicile[7], Pline[8] et Dioscorides[9].

1. Dioscorides, lib. V, c. cx, et Vitrurius, lib. VII, c. viii.
2. *Flav. Vopiscus Syracusius ex Adrian. Imperator. Epistol. in Saturnino.* Augustæ. Histor. Scriptor, p. 723, édit. 8.
3. Plin. *Hist. Nat.*, lib. XXXVI, c. xxvi, sect. LXVII.
4. Throphrastes, *De Lapidibus. Plin.*, lib. LVII, c. ix, sect. XXXVIII.
5. Seneca, *Epist.* 90, *De Democrito.*
6. Aristoteles, *Hist. Anima.*, lib. VI, c. ii et Flav. Vopiscus, *Saturni*, p. 727.
7. Diod. Sicul., lib. I, p. 17 et 31.
8. Plin., lib. XIII, c. v.
9. Plin., lib. II, c. cx et cix.

Enfin le *sucre*, ils l'ont aussi connu. Théophraste en parle dans son fragment du miel, où il l'appelle *miel des roseaux*, χαλαμοις. Pline l'a connu aussi et en parle sous le nom de sel des Indes. Galien et Dioscorides l'ont nommé sacchar[1].

« Dans Plutarque (*Vie d'Alexandre*, chap. XXXIX), dans Hérodote, dans Sénèque (*Questions naturelles*, liv. III, chap. XXV), dans Quinte-Curce (liv. X, chap. dernier), dans Pline (*Histoire naturelle*, liv. XXX, chap. XVI), dans Pausanias (*Arcad.*, chap. XXV) on peut retrouver nos acides, nos bases, nos sels, l'alcool, l'éther, en un mot les traces certaines d'une chimie organique et inorganique dont ces auteurs n'avaient plus ou ne voulaient pas livrer la clef. »

Telle est l'opinion de Saint-Yves venant renforcer celle de Dutens[2].

Aux chapitres cités par cet auteur on trouvera surtout la description de poisons et de composés toxiques divers.

Découvertes inconnues de nous. — Voilà pour les découvertes que nous connaissons. Il est facile, me direz-vous, quand on parvient à trouver quelque chose de nouveau, de sortir quelques vieux textes prouvant plus ou moins bien que c'était connu depuis longtemps. Mais pouvons-nous trouver dans lesdits textes quelques découvertes faites par les anciens et ignorées totalement de notre époque?

Oui, certes. Je vais en citer deux au hasard, le verre malléable et un curieux procédé de teinture sur étoffe.

1. Saumaise, *Excercitationes super Solin*; Guy Patin, *Litt.*, p. 417.
2. Saint-Yves d'Alveydre, *Mission des Juifs*, c. IV.

Verre flexible.

L'assertion de la flexibilité et de la ductilité du verre est fondée sur les témoignages de Pline[1], de Pétrone[2], de Ibn-Ald-Alhokm, de Jean de Salisbury, d'Isidore et de quelques autres. Voici le récit de Pétrone :

« Du temps de Tibère il y avait un ouvrier qui faisait des vases de verre d'une consistance aussi forte que s'ils eussent été d'or ou d'argent et ayant été admis en la présence de l'empereur, il lui offrit un vase de ce verre qu'il jugeait digne d'être présenté à un si grand prince. Ayant reçu les éloges que son invention méritait, et son présent étant accepté avec bienveillance, il voulut encore augmenter l'étonnement des spectateurs et son mérite auprès de l'Empereur ; et reprenant le vase de verre à ce dessein, il le jeta avec tant de force contre le plancher, qu'un vase d'airain même se fût ressenti de la violence du coup ; et, le relevant ensuite entier mais tout bosselé, il en redressa sur-le-champ les bosses avec un marteau qu'il tira de son sein, et dans le temps qu'il paraissait s'attendre à la plus haute récompense pour une telle invention, l'Empereur lui demanda si aucun autre que lui ne connaissait cette manière d'apprêter le verre et étant assuré qu'il était le seul, il ordonna sur-le-champ qu'on lui tranchât la tête, de crainte, ajouta-t-il, que l'or et l'argent ne vinssent à être réputés plus vils que la boue. »

Procédé des Égyptiens pour peindre.

« Après avoir tracé leur dessin sur une toile blanche, ils remplissaient chaque partie de ce dessin avec diffé-

1. Pline, lib. XXXVI, c. XXVI.
2. Petronius Arbiter, p. 189 et 190, et Dutens, *op. cit.*, p. 190 et 191.

rentes sortes de gommes propres à absorber différentes sortes de couleurs, lesquelles gommes ne s'apercevaient pas sur la blancheur de la toile ; ensuite ils trempaient cette toile un moment dans une chaudière pleine d'une liqueur bouillante préparée à cet effet *et l'en retiraient peinte de toutes les couleurs qu'ils avaient eu l'intention de lui donner*. Et ce qu'il y avait de remarquable, était que ces couleurs ne passaient point avec le temps et ne s'en allaient point à la lessive, le caustique employé dans cette liqueur pénétrant intimement la toile[1]. »

Guerre. — Canons.

Il est convenu que dans l'art de la guerre la « civilisation » a porté la science à son apogée. C'est possible, du moins les quelques citations suivantes montrent qu'en tout, même en l'art de tuer leurs semblables scientifiquement, les anciens nous ont précédés.

« Porphyre, dans son livre sur l'*Administration de l'Empire*, décrit l'artillerie de Constantin Porphyrogénète.

« Valerianus, dans sa *Vie d'Alexandre*, nous montre les canons de bronze des Indiens.

« Dans Ctésias on retrouve le fameux feu grégeois, mélange de salpêtre, de soufre et d'un hydrocarbure employé bien avant Ninus en Chaldée, dans l'Iran, dans les Indes sous le nom de feu de Bharawa. Ce nom qui fait allusion au sacerdoce de la race rouge, premier législateur des noirs de l'Inde, dénote à lui seul une immense antiquité.

« Hérodote, Justin, Pausanias parlent des mines qui engloutissent, sous une pluie de pierres et de projectiles

1. Plinius, *Hist. Natur.*, lib. XXXV, c. XI, sect. XLII; Plinius, lib. XXXIII, c. IX, sect. XLVI; Heliodor. Œthiop., lib. III.

sillonnés de flammes, les Perses et les Gaulois envahisseurs de Delphes.

« Servius, Valérius Flaccus, Jules l'Africain, Marcus Grœcus décrivent la poudre d'après les anciennes traditions; le dernier donne même nos proportions d'aujourd'hui. » (SAINT-YVES D'ALVEYDRE, *loc. cit.*, chap. IV.)

Voici d'après Dutens (p. 197) l'extrait du manuscrit de Marcus Græcus :

La Poudre.

Mais ce qui met cette question (de la poudre) hors de doute, est un passage clair et positif d'un auteur appelé Marcus Græcus dont on voit un ouvrage manuscrit à la Bibliothèque du Roi à Paris, intitulé *Liber Ignium*. Le docteur Mead avait un manuscrit du même ouvrage dont j'ai eu une copie entre les mains. L'auteur « y décrit plusieurs moyens de combattre l'ennemi en lançant des feux sur lui et entre autres il propose celui-ci : *de mêler une livre de soufre vif, deux livres de charbon de saule et six livres de salpêtre;* et de réduire le tout ensemble en une poudre très fine dans un mortier de marbre. Il ajoute qu'en mettant une certaine quantité de cette poudre dans une enveloppe longue, étroite et bien foulée, on la fait voler en l'air (ce qui est la fusée) et que l'enveloppe au contraire avec laquelle on veut imiter le tonnerre, doit être courte et grosse, à moitié pleine et fortement liée d'une ficelle. Il donne ensuite différentes méthodes de préparer la mèche et enseigne aussi le moyen de faire lancer une fusée par une autre fusée en l'air en renfermant l'une dans l'autre. »

HISTOIRE NATURELLE. — PHILOSOPHIE.

Dans le chapitre consacré à la *Kabbale*, on trouvera un traité : *Les cinquante portes de l'Intelligence*, sur lequel

G. Poirel s'est appuyé pour prouver la connaissance des lois de l'évolution dès la plus haute antiquité. Quant à la Philosophie, nous pensons ce point assez connu pour échapper à toute discussion.

LA SCIENCE EN CHINE

LES BOUSSOLES ASTRONOMIQUES ET ASTROLOGIQUES
LE CHAR MAGNÉTIQUE

Les Chinois ont conservé intacte la plus grande partie de la tradition scientifique de l'antiquité.

Le Chinois *invente* mais ne *perfectionne pas;* de là la supériorité de l'Européen dans les sciences appliquées dont on retrouve l'origine en Chine.

Nous tirons les extraits suivants d'un livre très peu connu: *Lettre à M. de Humboldt sur l'invention de la boussole* par M. J. Klaproth. Paris, Librairie Orientale, 1834, in-8°.

Boussole chinoise.

* * *

Une autre manière de diviser l'horizon est celle en douze rumbs, désignés par les signes du cycle de douze, ou par les noms des douze animaux du même cycle, de la manière suivante :

TSU, ou le rat; le NORD.

Tcheou, ou le bœuf, nord 1/3 est.

In, ou le tigre; nord 2/3 est.

MAO, ou le lièvre ; l'Est.

Chîn, ou le dragon ; est 1/3 sud.

Szu, ou le serpent ; est 2/3 sud.

OU, ou le cheval ; le Sud.

Wei, ou le mouton ; sud 1/3 ouest.

Chin, ou le singe ; sud 2/3 ouest.

YEOU, ou la poule ; l'Ouest.

Siu, ou le chien ; ouest 1/3 nord.

Haï, ou le porc ; ouest 2/3 nord.

Cette division de l'horizon en douze rumbs est généralement usitée au Japon. Voici le cadran d'une boussole chinoise du même genre :

Il y a aussi beaucoup de boussoles chinoises sur lesquelles on emploie cette division des douze signes cycliques, en y ajoutant les figures des animaux qui leur correspondent.

Souvent les boussoles chinoises réunissent plusieurs subdivisions. C'est ainsi que celle représentée sur la planche II, fig. C, contient d'abord dans le premier cercle qui entoure son aiguille les huit *koua* de Fou hi ; dans le suivant les douze signes du cycle, ou les douze heures chinoises, dont deux font une des nôtres. Dans le troisième on voit les douze animaux correspondant à ces douze signes, de sorte que la *souris* indique le nord, le *cheval* le sud, la *poule* l'ouest, le *lapin* l'est, etc. Le quatrième cercle contient les noms de ces animaux en caractère chinois ; enfin dans le cinquième sont marqués les noms des huit rumbs principaux de la boussole, savoir : le nord, le sud, l'ouest, l'est, et les quatre directions intermédiaires entre celles-ci.

« La *boussole astrologique* des Chinois, dit le *Grand Miroir de la langue mandchoue et de la langue chinoise* (rédigé par ordre et sous la direction de l'empereur Khian loung), est un instrument de bois fait comme un miroir (c'est-à-dire comme un plat rond) ; au milieu est placée une aiguille aimantée, autour de laquelle sont écrites les lettres des *branches* et des *troncs* cycliques [1]. Quand on veut construire une maison, les prestigiateurs se servent de cet instrument pour déterminer si l'emplacement est heureusement situé [2]. »

Mais outre les vingt-quatre Tcheou, la boussole astrologique contient encore un grand nombre d'autres divisions

1. C'est-à-dire les signes du cycle de douze, huit de celui de dix, et des quatre *koua* ou trigrammes qui désignent les quatre points cardinaux. Voyez plus haut.

2. *Thseng ting Thsing wen kian*, Kiv. VII, fol. 57 *recto*.

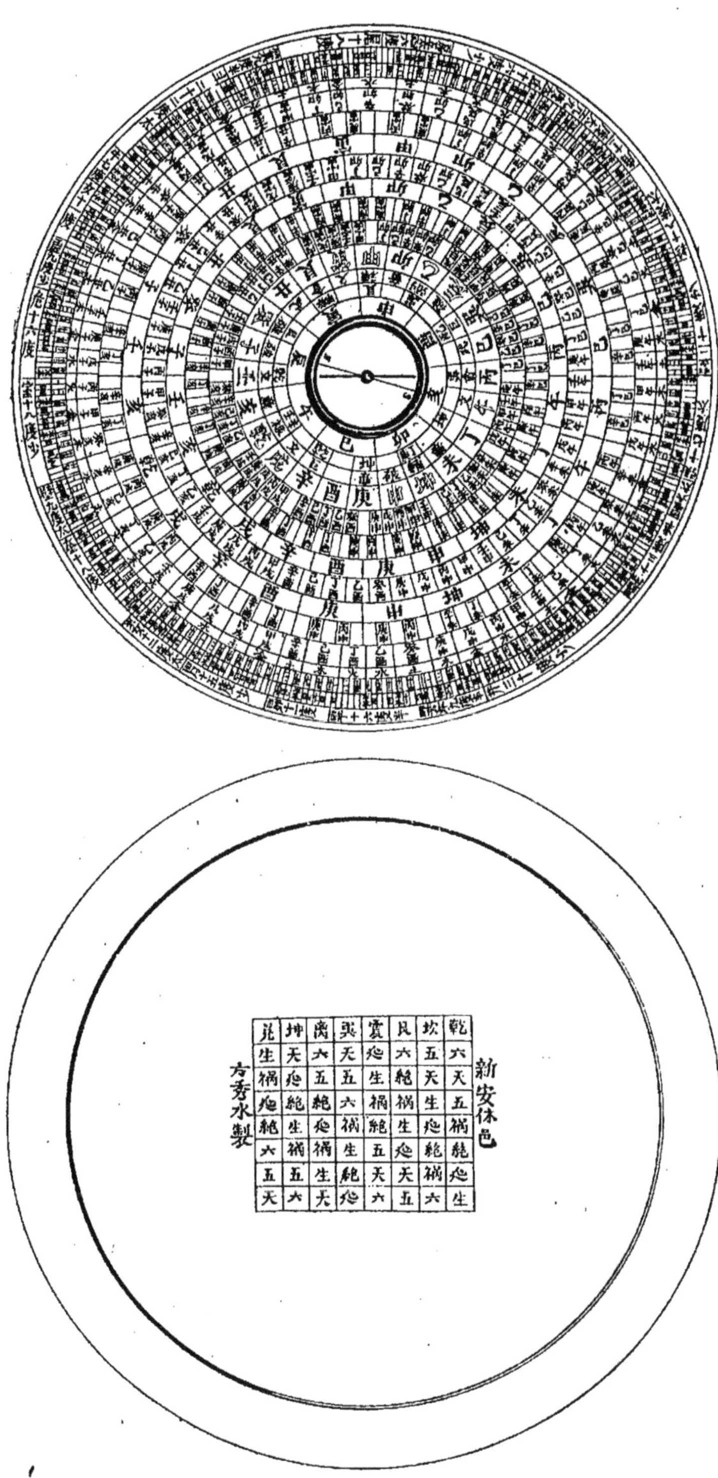

Boussole astrologique des Chinois. — 1. Recto. — 2. Verso.

concentriques partagées par une infinité de lignes dans la direction du centre à la circonférence, comme on peut le voir par celle que j'ai fait lithographier sur la planche III.

La première division concentrique qui entoure l'enfoncement dans lequel se meut l'aiguille, contient huit caractères du cycle de douze, placés de la manière suivante: *Tchin*, au nord; *In*, au nord-est; *Chin*, à l'est; *Yeou*, au sud-est; *Haï*, au sud; *Mao*, au sud-ouest; *Ki*, à l'ouest; Ou, au nord-ouest.

Le second cercle contient vingt-quatre compartiments, dont trois correspondent toujours à un des huit du premier cercle. Les compartiments pris trois à trois contiennent alternativement un ou deux vides, de sorte qu'il n'y en a que douze dans lesquels on voit, ou un des quatre caractères des *Koua* qui entrent dans la rose des vingt-quatre vents, ou deux caractères des cycles de douze et de treize.

Le troisième cercle montre dans vingt-quatre compartiments, où sont répétés diversement les neuf caractères: *Pho*, rompre, détruire; *Wen*, orné, lettré; *Wou*, guerre, militaire; *Lian*, angle; *Lou*, félicité, bonheur; *Kiu*, grand, ample; *Fou*, aider; *Than*, concupiscence, avidité; *Py*, assister, assistance.

Le quatrième cercle a encore vingt-quatre compartiments avec les *vingt-quatre Tcheou* ou rumbs de la boussole ordinaire.

Le cinquième cercle contient soixante-douze compartiments, dont douze restent en blanc, tandis que les autres soixante sont remplis de combinaisons des caractères des deux cycles de douze et de dix, de manière que tous les six *Tsu*, tous les six *Tcheou*, tous les six *In*, etc., restent ensemble et sont placés sous les mêmes caractères qui se trouvent dans le cercle précédent.

Le sixième cercle contient cent vingt compartiments, dont soixante-douze sont vides ; dans les autres on voit quarante-huit combinaisons des caractères des deux cycles de douze et de dix.

Le septième cercle se compose de vingt-quatre compartiments, contenant les *vingt-quatre Tcheou*, mais qui ne correspondent pas tout à fait en ligne droite à ceux du quatrième cercle ; ils sont portés à un demi-compartiment plus à gauche, quand on a le sud devant soi.

Le huitième cercle contient les mêmes soixante combinaisons cycliques sans compartiments en blanc, mais placées un peu plus à gauche.

Le neuvième cercle montre, en vingt-quatre compartiments, les *vingt-quatre Tcheou* placés d'un demi-compartiment plus à droite que ceux du quatrième cercle.

Le dixième cercle est divisé en cent vingt compartiments, dont soixante-douze restent en blanc, les autres quarante-quatre contiennent les mêmes quarante-quatre combinaisons cycliques que le sixième cercle, mais placés un peu plus à droite.

Le onzième cercle a, dans soixante compartiments, les combinaisons du cycle de soixante, placées un peu plus à gauche que celles du huitième cercle, et encore plus que celles du cinquième.

Le douzième cercle contient, dans soixante combinaisons, les noms douze fois répétés des cinq éléments chinois, savoir : *Mou*, le bois ; *Ho*, le feu ; *Thou*, la terre ; *Kin*, le métal ; *Choui*, l'eau. Ces cinq éléments correspondent, de la manière suivante, aux cinq époques de l'année, aux cinq régions du monde et aux cinq couleurs principales :

Le bois.	Le printemps.	L'orient.	Le vert.
Le feu.	L'été.	Le sud.	Le rouge.

La terre.	Le milieu de l'année.	Le milieu.	Le jaune.
Le métal.	L'automne.	L'occident.	Le blanc.
L'eau.	L'hiver.	Le nord.	Le noir.

Le treizième cercle contient, en trois cent soixante compartiments, le nombre des degrés occupés par chacun des vingt-huit Palais célestes qui sont indiqués dans le quinzième cercle.

Le quatorzième a autant de compartiments, et contient des signes qui ont rapport à ces degrés, mais que je ne sais expliquer.

Le quinzième cercle, enfin, contient les *vingt-huit Sou* ou *Palais* de l'écliptique chinoise, qui sont :

A l'orient.

1. *Kio*, la corne, ayant plus de 12 degrés[1].
2. *Kang*, le cou, ayant plus de 9 degrés.
3. *Ti*, l'origine, ayant moins de 16 degrés.
4. *Fang*, la maison, ayant plus de 5 degrés.
5. *Sin*, le cœur, ayant 6 degrés.
6. *Wei*, la queue, ayant 18 degrés.
7. *Ki*, le crible, ayant 9 degrés et demi.

Au nord.

8. *Teou*, le boisseau, ayant plus de 22 degrés.
9. *Nieou*, le bœuf, ayant 7 degrés.
10. *Niu*, la femme, ayant 11 degrés.
11. *Hiu*, le vide, ayant moins de 9 degrés.
12. *Ouei*, le péril, ayant 16 degrés.
13. *Chy*, l'édifice, ayant moins de 18 degrés.
14. *Py*, le mur, ayant plus de 9 degrés.

A l'occident.

15. *Khouei*, le milieu entre les hanches, ayant 18 degrés.
16. *Leou*, le vide, ayant plus de 12 degrés.
17. *Wei*, l'estomac, ayant moins de 15 degrés.

1. Ces indications sont fort vagues et souvent peu exactes. Conf. *Mémoires concernant les Chinois*, vol. XVI, p. 6 du *Traité de la Chronologie chinoise*, du P. Gaubil.

18. *Mao*, les Pléiades, ayant 11 degrés.
19. *Py*, cesser, finir, ayant 16 degrés et demi.
20. *Tse*, le bec, ayant un demi-degré.
21. *Thsan*, ajouter, augmenter, ayant 9 degrés et demi.

Au sud.

22. *Tsing*, le puits, ayant moins de 30 degrés.
23. *Kouei*, le mauvais génie, ayant 2 degrés et demi.
24. *Lieou*, le saule, ayant 13 degrés et demi.
25. *Sing*, l'étoile, ayant plus de 6 degrés.
26. *Tchang*, l'arc bandé, ayant plus de 17 degrés.
27. *Y*, la clarté, ayant moins de 20 degrés.
28. *Thin*, le mouvement, ayant plus de 18 degrés.

Sur le revers des boussoles astrologiques chinoises que j'ai eu occasion de voir, on lit toujours la même formule cabalistique de soixante-quatre caractères, dont les huit de la ligne supérieure sont les noms des huit *koua* ou trigrammes de Fou hi. Ces soixante-quatre caractères ne donnent aucun sens raisonnable ; ils doivent avoir une signification mystique. Des deux côtés de ce morceau on lit : « Fait par *Fang sieou choui Hieou y*, district de *Sin ngan.* »

Voilà tout ce que je peux dire sur un instrument dont je ne connais nullement l'usage. La moitié méridionale de l'aiguille de toutes ces boussoles est enduite d'un vernis rouge, pour qu'on puisse toujours distinguer le pôle sud, qui, comme nous l'avons vu, est le principal pour les Chinois.

QUELQUES AUTRES DÉCOUVERTES SCIENTIFIQUES DES CHINOIS

Les Chinois ont connu également la cause du flux et du reflux de la mer, longtemps avant la découverte de *Kepler*, qui l'attribue à la force attractive que la lune exerce sur notre globe, et par laquelle elle attire les eaux de la mer. *Yu ngan khi*, auteur de l'encyclopédie intitulée *Thang loui han*, écrivit cet ouvrage sous la dynastie des Thang, et par conséquent au moins avant la fin du IXe siècle. Il y cite un traité nommé *We li lun*, ou *Discours sur la nature des choses*, dans lequel il est dit que « la lune, étant le principe le plus pur de l'eau, influe sur les marées, qui sont petites ou grandes, selon la diminution ou la croissance de la lune ».

Yu tao ngan, auteur du XIIe siècle, dit dans la préface de son *Tableau des marées :* « Que la marée s'accroisse ou se retire, les eaux de la mer n'augmentent ni ne diminuent. La cause de ce phénomène est dans la proximité de la lune, car les eaux vont ou viennent selon l'époque de la journée ; la lune tourne à droite, et le ciel a sa rotation vers la gauche ; chaque jour il y a une révolution complète, dans laquelle cet astre s'approche des quatre points cardinaux. Ainsi, quand la lune est dans le voisinage des points de la boussole nommés *mao* (l'est) et *yeou* (l'ouest), les eaux croissent à l'est ou à l'ouest, et quand elle s'approche des points *tsu* (le nord) et *ou* (le sud), la marée reflue tranquillement vers le nord ou le sud. Ces changements et ces accroissements, qui vont et viennent en se succédant sans cesse, dépendent entièrement de la lune et nullement du soleil. » — Le même auteur ajoute : « Quand la lune, en marchant, s'éloigne du soleil, les marées sont hautes ; mais vers la fin de la nouvelle lune, elles commencent à diminuer peu à peu, et c'est pour cette raison qu'on ne peut alors connaître leur force (ou mesure). »

Tcheou chouang, qui vivait du temps de l'empereur Kao tsoung, de la dynastie des Soung, composa, dans les années *Khian tao* (de 1165 à 1173 de J.-C.), le *Ling ngan tchi*, ou la description de la ville de Ling ngan[1] et de son territoire. Il y cite, sur le phénomène des marées, les différentes explications qui ont eu cours en Chine. « On lit, dit-il, dans le *Kao li thou king* (qui est une description de la Corée) : Le flux et le reflux, qui vont et viennent à des époques fixes, sont produits par l'attraction que le ciel et la terre exercent mutuellement l'un sur l'autre. C'est de cette manière que les anciens ont toujours expliqué ce phénomène. Selon le *Chan hai king* (qui est une ancienne cosmographie fabuleuse), il provient du mouvement du poisson *thsieou* quand il sort et quand il rentre[2]. Les livres bouddhiques veulent qu'il soit occasionné par les métamorphoses du dragon divin (le dieu de la mer) ; mais *Theou chu moung*, dans son traité sur les mers et les pics, dit que le flux et le reflux sont causés par l'influence plus ou moins grande de la lune. »

L'origine de l'imprimerie date, en Chine, des premières années du xe siècle. Cet art fut inventé dans le petit royaume de *Chou*, situé dans la province de Szutchhouen, lequel subsista depuis 891 jusqu'en 925 de J.-C., époque à laquelle il fut détruit par l'empereur *Tchouang tsoung* des Thang postérieurs. Les rois de Chou avaient déjà fait imprimer des éditions soigneusement revues des quatre livres de Confucius et quelques autres ouvrages et traités élémentaires destinés à l'instruction de la jeunesse. Sous le règne de l'empereur Ming tsoung des Thang postérieurs, dans la 2e des années *Tchhang hing*, ou 932 de J.-C., les

1. *Ling ngan* est la ville actuelle de *Hang tcheou fou* dans le Tchhe kiang. Elle était à cette époque la résidence des empereurs des Soung méridionaux. C'est le *Quinsaï* de Marco Polo.

2. Poisson fabuleux qui passe pour avoir plusieurs milliers de *li* de longueur, et habiter dans une caverne au fond de la mer. Quand il en sort, la marée monte, et quand il y rentre, elle baisse.

ministres *Fung tao* et *Li yu* proposèrent à ce prince d'ordonner à l'académie *Kouc tsu kian* de revoir les *neuf King*[1], de les faire graver sur des planches, imprimer et vendre. L'empereur adopta cet avis; mais ce ne fut que sous *Tai tsou*, de la dynastie des Tcheou postérieurs, dans la 2e des années *Kouang chun*, ou en 952, que la gravure des planches des neuf King fut achevée. On les distribua alors, et ils eurent cours dans tous les cantons de l'empire[2]. Ce n'est donc pas à *Fung tao* qu'il faut attribuer l'invention de l'imprimerie, quoique les imprimeurs chinois le révèrent comme leur patron.

Au Japon, cet art ne fut introduit que dans la 2e des années *Ghen kiu* (Yuan kieou), sous le règne du 83e Daïri *Tsoutsi mikado-no in,* c'est-à-dire en 1205. Les caractères furent alors faits en cuivre, et on garde encore une quantité considérable de ces types à la cour du Daïri. On se servit aussi du bois de l'arbre *Adzousa* (en chinois *Tsu,* Dryaædra cordata), mais, comme il était trop mou, on le remplaça dans la 19e des années *Kei tsiô* (Khing tchhang), sous le règne du 108e Daïri *Go yô zei in*, ou en 1614, par des tablettes de bois de cerisier, sur lesquelles on grave les ouvrages destinés à l'impression. Cette méthode est encore aujourd'hui la seule dont on se serve au Japon. Le papier fut importé de la Corée dans ce pays, l'an 601 de notre ère, par un prêtre bouddhiste nommé *Don teô* (Than tching), qui présenta du papier et de l'encre au 34e Daïri *Soui ko ten o*. Auparavant les Japonais se servaient de l'écorce intérieure de l'arbre *Finoki* (Thuya orientalis),

1. Sous la dénomination des *neuf King* ou livres classiques, on comprenait à cette époque le *Y king*, le *Chou king*, le *Chi king*, le *Li ki*, le *Yo king*, le *Tchhun thsieou*, le *Lun yu*, le *Hiao king* et le *Siao hio*.
2. Voyez *Thoung kian kang mou*, édition de 1707, Kiv. LVI, fol. 21 *verso*. — *Encyclopédie japonaise*, vol. VII, fol. 31. — *Kiun chou pi khao* de *Yuan liao fan*, édition de 1642, vol. I, fol. 46 *verso*.

sur laquelle ils traçaient les caractères avec une pointe de bois trempée dans du vernis.

L'imprimerie, originaire de la Chine, aurait pu être connue en Europe environ cent cinquante ans avant qu'elle n'y fût découverte, si les Européens avaient pu lire et étudier les historiens persans, car le procédé de l'impression employé par les Chinois se trouve assez clairement exposé dans le *Djema'a et-tewarikk*, de Râchid-eddin, qui termina cet immense ouvrage historique vers l'an 1310 de J.-C. En rendant compte des matériaux dont il s'est servi pour composer l'histoire des rois du Khataï, il dit : « Tous les livres qu'on y publie (au Khataï) sont très élégamment écrits, car chaque page de ces livres est nettement tracée sur une planche, et y est confrontée avec la plus grande exactitude par des savants, qui en confirment le contenu par leur propre signature sur le dos de cette planche, qu'on remet alors aux meilleurs sculpteurs avec ordre de la graver. Quand les pages d'un livre sont terminées de cette manière, on ajoute à chaque feuille son numéro. Ces planches sont déposées dans les bibliothèques, et gardées, dans des boîtes cachetées, par des employés très circonspects et fidèles, exactement comme les poinçons de la monnaie. Ces employés y apposent leur cachet. Si quelqu'un désire avoir une copie du livre, il faut qu'il se rende à cet établissement, et paie une certaine somme aux gardiens, qui sortent alors les planches, et en impriment une copie sur du papier, comme s'ils se servaient d'un sceau d'or, et la lui remettent. De cette manière, il est impossible qu'un exemplaire d'un livre contienne plus ou moins que l'autre, etc. »

*
* *

De tout cet amas de citations sur des objets si divers quelles conclusions devons-nous tirer ?

1° *Que les anciens possédaient une science*, fait inconnu de nos jours.

2° *Que la partie historique de tous nos livres de physique, de chimie, d'histoire naturelle et de médecine est à refaire en rendant à l'antiquité la justice qui lui est due.*

Les extraits de Dutens que nous avons accumulés en les groupant le mieux que nous avons pu, suffiront-ils à faire comprendre ces deux conclusions?

L'avenir nous le montrera.

---

§ 3. — L'INSTRUCTION DANS L'ANTIQUITÉ INITIATION AUX MYSTÈRES SACRÉS

L'INSTRUCTION DANS L'ANTIQUITÉ

Maintenant que nous connaissons l'existence d'une science dans l'antiquité il est temps de voir comment l'instruction était donnée.

Aujourd'hui l'instruction se divise en trois grandes parties : instruction primaire, instruction secondaire, instruction supérieure.

L'instruction primaire est donnée généralement par la commune dans les écoles, l'instruction secondaire est donnée dans les collèges et les lycées, l'instruction supérieure dans les facultés.

Or le caractère qui spécialise tous nos degrés d'enseignement c'est l'horreur de l'originalité. On détruit par tous les moyens possibles toutes les facultés actives et productrices de l'être humain : *la volonté* sous le prétexte d'infuser l'idée de discipline, *l'imagination* pour fuir ses écarts possibles et l'on remplace ces merveilleuses facultés par d'autres absolument improductives personnellement ou socialement : *l'inertie intellectuelle*, la peur d'avoir des idées à soi et la *mémoire*.

L'antiquité possédait également trois degrés principaux d'instruction, ainsi que nous le verrons tout à l'heure; mais ce que nous tenons à bien faire remarquer de suite, c'est l'horreur des anciens pour la médiocrité collective décorée du nom « d'instruction générale ». Leurs procédés tendaient tous à *originaliser* les hommes, à séparer chacun d'eux de son voisin par des idées et des procédés tout personnels. Voilà pourquoi les Athéniens étaient tous artistes, à quelque classe sociale qu'ils appartinssent, les artistes étant des êtres personnels avant tout.

Aussi est-ce avec le plus grand étonnement que nous avons lu dans l'ouvrage classique d'un professeur de l'Université (que nous nous abstiendrons de nommer par respect pour elle) que l'instruction de Pythagore était équivalente à celle d'un bachelier actuel ! Ils sont rares, ce me semble, les bacheliers et même les docteurs ès lettres ou ès sciences capables d'organiser un peuple et de lui donner des lois justes tout en enrichissant l'humanité des plus belles découvertes scientifiques.

Si l'on veut retrouver intacte l'organisation de l'enseignement telle qu'elle existait dans l'antiquité, il suffit d'étudier avec soin les institutions de la Chine qui a tout conservé religieusement mais (heureusement ou malheureusement) n'a rien perfectionné. L'excellent ouvrage de M. Simon[1] donne de précieuses indications à cet égard.

L'enfant recevait sa première instruction dans la

1. *La Cité chinoise*, par L. Simon, consul de France en Chine. Paris 1888, in-8°.

famille, puis apprenait une profession s'il ne voulait pas s'instruire davantage.

Dans chaque grand centre il y avait un *temple*. Les prêtres n'étaient pas comme aujourd'hui ignorants de toutes les sciences. Le titre de prêtre dans l'antiquité correspondait au moins au grade de docteur actuel, si bien que chaque temple renfermait les médecins, les ingénieurs, les législateurs nécessaires aux besoins des populations environnantes, en même temps que les évocateurs et les théurges nécessaires aux œuvres mystiques (inconnues des modernes). Les prêtres de tous les dieux sortant tous de la même école étaient unis sur toute la terre par les signes mystérieux des initiés. Cette grande communion universelle des savants qu'on retrouve aujourd'hui chez les *lettrés* de la Chine, explique pourquoi les « guerres religieuses » étaient inconnues de ces prétendus païens. C'est dans le temple métropolitain qu'allaient s'instruire les jeunes gens désireux de perfectionner leur instruction.

Enfin ceux qui aspiraient à faire partie des « classes dirigeantes » devaient faire le voyage d'Égypte où se trouvait le centre intellectuel de l'Occident, où était donnée l'instruction supérieure après de terribles épreuves. Cette instruction constituait *les Mystères*.

*
* *

L'instruction dans l'antiquité. — Divisions.

« L'éducation et l'instruction élémentaires étaient, après la callipédie, données par la famille.

« Celle-ci était religieusement constituée selon les rites

de l'ancien culte des Ancêtres et des Sexes au foyer, et bien d'autres sciences qu'il est inutile de nommer ici[1].

« L'éducation et l'instruction professionnelles étaient données par ce que les anciens Italiens appelaient la *gens* et les Chinois la *jin*, en un mot par la tribu, dans le sens antique et très peu connu de cette expression.

« Des études plus complètes, analogues à notre instruction secondaire, étaient le partage de l'adulte, l'œuvre des temples, et se nommaient Petits Mystères.

« Ceux qui avaient acquis, au bout d'années quelquefois longues, les connaissances naturelles et humaines des Petits Mystères prenaient le titre de Fils de la Femme, de Héros, de Fils de l'Homme et possédaient certains pouvoirs sociaux, tels que la Thérapeutique dans toutes ses branches, la Médiation auprès des gouvernants, la Magistrature arbitrale, etc... etc...

« Les Grands Mystères complétaient ces enseignements par toute une autre hiérarchie de sciences et d'arts, dont la possession donnait à l'initié le titre de Fils des Dieux, de Fils de Dieu, selon que le temple n'était pas ou était métropolitain et, en outre, certains pouvoirs sociaux appelés sacerdotaux et royaux[2]. »

Les mystères. — Conditions d'admission.

C'est donc dans le Temple que se trouvait renfermée cette science dont nous avons d'abord cherché l'existence et que nous allons maintenant poursuivre de plus en plus près. Nous sommes parvenus à ces mystères dont tous parlent et que si peu connaissent.

Mais pour être admis à subir ces initiations fallait-il

1. Voir comme preuve *la Cité antique* de Fustel de Coulanges.
2. Saint-Yves d'Alveydre, *Mission des Juifs*, p. 79.

être d'une classe spéciale, une partie de la nation était-elle forcée de croupir dans une ignorance exploitée par les initiés recrutés dans une caste fermée?

Pas le moins du monde : tout homme, de quelque rang qu'il fût, pouvait se présenter à l'initiation et, comme mon affirmation pourrait ne pas suffire à quelques-uns, je renvoie à l'ouvrage de Saint-Yves pour le développement général et je cite un auteur instruit entre tous dans ces questions, Fabre d'Olivet, pour élucider ce point particulier :

« Les religions antiques, et celle des Égyptiens surtout, étaient pleines de mystères. Une foule d'images et de symboles en composaient le tissu : admirable tissu! ouvrage sacré d'une suite non interrompue d'hommes divins, qui, lisant tour à tour, et dans le livre de la Nature et dans celui de la Divinité, en traduisaient en langage humain le langage ineffable. Ceux dont le regard stupide, se fixant sur ces images, sur ces symboles, sur ces allégories saintes, ne voyaient rien au delà, croupissaient, il est vrai, dans l'ignorance ; mais leur ignorance était volontaire. Dès le moment qu'ils en voulaient sortir, ils n'avaient qu'à parler. Tous les sanctuaires leur étaient ouverts; et s'ils avaient la constance et la vertu nécessaires, rien ne les empêchait de marcher de connaissance en connaissance, de révélation en révélation, jusqu'aux plus sublimes découvertes. Ils pouvaient, vivants et humains, et suivant la force de leur volonté, descendre chez les morts, s'élever jusqu'aux Dieux, et tout pénétrer dans la nature élémentaire. Car la religion embrassait toutes ces choses ; et rien de ce qui composait la religion ne restait inconnu au souverain pontife. Celui de la fameuse Thèbes égyptienne, par exemple, n'arrivait à ce point culminant de la doctrine sacrée, qu'après avoir parcouru tous les grades inférieurs, avoir alternativement épuisé la dose de science dévolue à chaque grade, et s'être montré digne d'arriver au plus élevé.

. . . .

« On ne prodiguait pas les mystères parce que les mystères étaient quelque chose ; on ne profanait pas la connaissance de la Divinité, parce que cette connaissance existait ; et pour conserver la vérité à plusieurs, on ne la donnait pas vainement à tous [1]. »

L'INSTRUCTION SUPÉRIEURE

Les grands mystères. — Les épreuves.

Afin de bien montrer la différence entre les procédés actuels et les procédés anciens en usage pour l'instruction supérieure, nous allons énumérer en détail l'initiation aux grands mystères.

Nous publions presque *in extenso* le chapitre de Delaage [2] consacré à cette question. Ce chapitre est une traduction fidèle des écrits de Jamblique [3]. On trouvera encore des renseignements à ce sujet dans *l'Ane d'Or* d'Apulée et actuellement dans les rites secrets de la Franc-Maçonnerie.

1. Fabre d'Olivet, *La Langue hébraïque restituée*, p. 7, 2e vol.
2. Delaage, *La Science du Vrai*, Paris 1884, in-8°.
3. Jamblichus, *De Mysteriis Ægyptiorum*, Chaldeorum, Assyriorum. — Lugduni 1652, in-12 (Bibliothèque nationale, O³ A-491).

Initiation aux mystères de l'antique Orient.

Savoir, pouvoir, oser, se taire.
ZOROASTRE.

Le fait de l'initiation est d'élever l'homme à Dieu.
SALLUSTE.

L'initiation sert à retirer l'âme de la vie matérielle en y répandant la lumière.
PROCLUS.

Moïse, ayant été instruit dans toute la sagesse des Égyptiens, était puissant en œuvres et en paroles. (*Actes des apôtres*, ch. VII, v. 22.)

En Égypte, depuis quarante siècles, les pyramides révèlent par leur forme, aux générations qui passent, le dogme éternellement immuable de la Trinité sainte. Ancien temple d'initiation, elles ont été traversées par tous les grands génies des temps antiques, elles ont donné des législateurs et des civilisateurs à tous les peuples; immobiles comme la tradition qui y était pieusement déposée, elles ont vu sans frémir les convulsions et les bouleversements des empires; elles sont restées debout dans la majestueuse attitude de l'éternelle vérité. Aussi les âmes qui souffrent du scepticisme de ce siècle, se reportent avec bonheur au temps de foi ardente où les fondateurs de religion venaient y puiser l'eau vive de la vérité et la connaissance des destinées immortelles de l'homme; car suivant la remarque de saint Augustin, Moïse était versé dans toutes les sciences de l'initiation des Égyptiens. Nous allons considérer ces mystères à leur véritable point de vue : la régénération de l'âme. Aussi nous croyons du plus haut intérêt, pour tous les esprits sérieux, d'étudier de quelle manière l'homme y était mis en état d'entrer en communication immédiate avec son Dieu.

On nous reprochera peut-être de venir ruiner l'influence du clergé, en datant plus haut que lui, qui ne remonte que jusqu'à Moïse, tandis que nous, nous prenons ces sciences quatre cents ans avant son initiation. Pour répondre, nous affirmons que si un adversaire de la publicité que nous donnons aujourd'hui peut, comme les mages, supprimer l'imprimerie, quand elle leur a été offerte par des Phéniciens, nous livrons ce livre au feu.

Lorsqu'un homme sentait en son âme une soif ardente de la vérité, en son cœur le courage nécessaire pour braver les terribles épreuves de l'initiation, il gravissait jusqu'à la seizième assise de la grande pyramide de Memphis, où se trouvait une fenêtre taillée dans le granit qui jour et nuit restait ouverte. Cette ouverture, seule entrée du temple d'initiation, d'environ trois pieds carrés, était située au nord ; côté du froid, des ténèbres, de l'ignorance ; là, s'ouvrait devant l'aspirant une galerie froide, humide, basse et voûtée comme un caveau funéraire, où, une lampe à la main, il s'avançait en rampant péniblement ; après de longs détours, il atteignait enfin un puits à large orifice, enduit partout d'un asphalte très sombre et poli comme une glace. L'ouverture de ce gouffre d'où sortait une fumée noire et épaisse, semblait un des soupiraux de l'enfer ; aussi en présence de cet abîme béant, souvent le cœur défaillait à l'aspirant, qui, se glissant de nouveau sur le ventre, retournait sur ses pas, renonçant à sa périlleuse entreprise. L'homme, au contraire, qui avait le courage de persévérer, voyait alors l'initié qui l'accompagnait mettre sur sa tête la lampe, puis disparaître dans ce ténébreux précipice à l'aide d'un escalier intérieur dont l'obscurité profonde dissimulait les échelons de fer ; le candidat l'y suivait en silence. Après avoir descendu environ soixante degrés, il rencontrait une ouverture qui servait d'entrée à un chemin taillé dans le roc, et descendait en spirale pendant un espace d'environ quarante mètres ; à l'extrémité se trouvait une porte d'airain à deux battants, qui s'ouvrait devant lui sans effort et sans bruit, mais qui, se refermant d'elle-même, produisait un son éclatant qui, répercuté par les échos de ces profonds souterrains, allait avertir les prêtres qu'un profane venait de s'engager dans la galerie qui menait aux épreuves.

En cet instant, l'initié, qui accompagnait l'aspirant, lui déclarait qu'il ne pouvait l'accompagner plus loin, lui faisait écrire son testament en lui faisant pressentir la mort comme probable dans les épreuves périlleuses qu'il allait entreprendre, en sorte qu'il fallait une grande audace de cœur pour oser persévérer. Les aspirants, qui continuaient leur route, suivaient de nouveau la galerie. Des deux côtés, s'ouvraient des niches creusées; dans ces parois, dans ces caveaux, étaient placées des statues de basalte disposées de manière que, projetant à la lueur vacillante de la lampe de l'aspirant leurs images fantastiques, il se crût environné des ombres des trépassés, accourus pour contempler la vue étrange d'un homme descendu vivant aux enfers. Enfin, il arrivait à une porte gardée par trois hommes armés d'épées et coiffés de casques en forme de tête de chacal. Ces gardiens, dont la Fable a fait Cerbère, s'avançaient vivement sur lui ; un d'eux, le prenant à la gorge, lui disait : Passe, si tu l'oses, mais garde-toi de reculer, car nous veillons jour et nuit à cette porte, pour nous opposer à la retraite de ceux qui l'ont franchie et pour les retenir à jamais renfermés dans ces lieux souterrains. Si ces paroles n'ébranlaient pas la résolution de l'aspirant, les gardes s'écartaient pour lui livrer passage. Il n'avait pas fait cinquante pas, qu'il apercevait devant lui une lumière très vive. Bientôt il se trouvait dans une salle voûtée, qui avait plus de cent mètres de long et de large. A droite et à gauche s'élevaient deux bûchers formés de branches de baumes arabiques, d'épine d'Égypte et de tamarin, trois sortes de bois très souples, très odoriférants, très inflammables. Il fallait que l'aspirant traversât cette fournaise, dont la flamme se réunissait en berceau au-dessus de sa tête. A peine sorti de ce brasier ardent, il se trouvait en présence d'un torrent alimenté par le Nil, qui lui barrait le passage. Alors, se dépouillant de ses vêtements, il les roulait, les attachait sur sa tête, en ayant soin de fixer au-dessus sa lampe dont la clarté, dissipant les ténèbres qui l'enveloppaient, devait indiquer à sa vue la rive opposée. A peine avait-il abordé au rivage, qu'il trouvait devant lui une arcade élevée, conduisant à un palier de six pieds carrés, dont le plancher dérobait à sa vue le mécanisme sur lequel il reposait. Une porte d'ivoire, garnie de deux filets d'or qui indiquaient qu'elle s'ouvrait en dedans, lui barrait de nouveau le passage. Vainement essayait-il de se frayer un chemin en forçant cette porte ; elle résistait à tous ses efforts. Tout à coup, deux anneaux très brillants s'offraient à ses regards, mais, à peine y avait-il porté la main, que le plancher se dérobait sous ses pieds, le laissant suspendu aux anneaux au-dessus d'un abîme, d'où s'échappait un vent furieux qui éteignait sa lampe. Assourdi par le bruit, glacé par le froid, ballotté par le vent, il restait dans cette cruelle suspension plus d'une minute. Peu à peu, cependant, ces anneaux descendaient, et le récipiendaire sentait de nouveau le plancher sous ses pieds. La porte s'ouvrait, il se trouvait dans un temple étincelant de lumière.

Ces épreuves n'avaient pas seulement pour but de s'assurer du courage de l'aspirant, mais, par un symbolisme effrayant, de lui enseigner que l'homme qui, dès cette vie, aspire à posséder la vie éternelle, doit commencer par mourir au monde, descendre vivant dans le tombeau, séjourner assez longtemps dans le sein de la terre pour s'y dépouiller de son corps mortel et n'en ressortir que converti et régénéré, pour renaître à une vie nouvelle après avoir triomphé des quatre éléments de la nature, dont, par le péché originel, il était devenu l'esclave. L'idée que les peuples de l'antiquité se faisaient de l'initiation était si haute, que nous voyons les poètes épiques faire descendre leurs héros aux enfers, qui n'étaient que la révélation de l'initiation aux mystères d'Isis. Nous avons montré l'aspirant victorieux dans sa lutte avec la nature ; nous allons assister à un duel éperdu entre son âme et son corps, afin que, enfant de ténèbre, il soit fait enfant de lumière et demi-dieu. Les héros de l'antiquité étaient des initiés, comme l'indique la racine étymologique du mot qui, en grec, veut dire *amour*, ils avaient l'âme embrasée, non de l'amour borné d'une femme, mais de l'amour infini de la divinité et de l'humanité qui crée ici-bas les héros et les saints. La porte par laquelle l'aspirant entrait dans le sanctuaire, était pratiquée dans le piédestal de la triple statue d'Isis, d'Osiris et d'Orus, trinité auguste, image des trois manifestations du Dieu créateur de l'univers. Là, le néophyte était reçu par les prêtres rangés sur deux lignes, parés de riches ornements, sur lesquels il distinguait un triangle rayonnant de lumière, au milieu duquel brillait un œil en diamant, pour indiquer qu'ils étaient prêtres d'Osiris, dont le nom signifie *œil de Dieu*. A leur tête était le porte-flambeau, tenant dans ses mains un vase d'or en forme de vaisseau nommé *Baris*, d'où jaillissait une clarté éblouissante, symbole de la lumière incréée. Un second portait le *van* mystique ; tous avaient à la main des symboles d'épuration, de force et de puissance. Le hiérophante l'embrassait trois fois, le faisait mettre à genoux devant la triple statue, et l'engageait à s'unir de cœur à cette prière qu'il prononçait à haute voix : « O grande déesse Isis, éclaire de tes lumières ce mortel, qui a surmonté tant de périls, accompli tant de travaux, et fais-le triompher encore dans les épreuves de l'âme afin qu'il soit tout à fait digne d'être initié à tes mystères. » Quand tous les assistants avaient répété ces paroles en se frappant la poitrine, le grand prêtre lui tendait la main pour le relever, puis le conduisait à une porte, qui s'ouvrait au fond de ce premier temple. Là, il invitait l'aspirant à frapper trois fois ; alors, une voix sévère, sortant de l'intérieur, demandait au profane ce qu'il voulait. D'après les conseils des prêtres, celui-ci répondait qu'il était un pénitent descendu vivant dans le sein de la terre pour y confesser ses fautes, les expier et obtenir la lumière. Alors il entendait un bruit terrible de chaînes, et, la porte glissant sur ses gonds, il se trouvait dans un lieu faiblement éclairé, en présence d'un tribunal composé de trois prêtres ; leur robe blanche d'initié était couverte d'une large tunique d'un rouge de sang. Celui du milieu avait la tête couverte d'une mitre sur laquelle était gravé en pierreries un œil rayonnant, image de l'œil de Dieu qui voit tout. Une chaîne d'or ornait son cou et laissait pendre sur sa poitrine un saphir, sur lequel se voyait une femme nue se contemplant dans un miroir : cette femme, c'est l'âme prenant connaissance d'elle-même dans le miroir de la Vérité ; c'est la conscience. Ces trois prêtres, dont la Fable a fait les trois juges des enfers, Minos, Éaque et Rhadamante, ordonnaient à l'aspirant de confesser les fautes de sa vie. L'aspirant devait déclarer, non seulement les actions coupables qu'il avait commises, mais les circonstances dans lesquelles il les avait commises, enfin, terminer par un exposé exact de ses bonnes ou mauvaises inclinations. Quand il avait terminé sa confession, les prêtres le faisaient conduire dans une salle d'attente et examinaient si ses aveux coïncidaient avec les renseignements recueillis à l'avance et confirmés par la configuration phrénologique de son crâne, l'air de son visage, le jeu de sa physionomie. Quand les juges, dont l'œil sondait les replis les plus intimes de sa conscience, avaient reconnu sa franchise, ils l'admettaient au bienfait de leur initiation ; mais, avant de le faire passer par ses formidables épreuves, on lui présentait une coupe contenant le breuvage de l'oubli, dont les poètes ont fait le fleuve Léthé. Après qu'il avait bu cette première coupe, on lui en présentait une seconde, contenant le breuvage de la mémoire, pour lui apprendre qu'il fallait oublier les erreurs de ce monde et ne se souvenir que des vérités auxquelles il allait être initié. Les bords de la coupe d'oubli étaient frottés de miel, mais le vin qu'elle contenait avait l'amertume du fiel, tandis que les bords de la coupe de mémoire étaient enduits de fiel, mais contenait un nectar exquis, symbole profond et éternellement vrai. Aujourd'hui encore, le monde nous présente à notre entrée la coupe des voluptés au fond de laquelle sont les maladies et la mort. La religion nous présente le calice d'amertume du Dieu martyr, au fond duquel se trouvent la force, la santé, le bonheur. L'expiation contenait deux parties : la contrition du corps et l'ascension de l'âme. Avant de conduire l'aspirant dans la salle des tortures, les prêtres le prévenaient qu'il lui était permis de poursuivre sa route vers la lumière, mais qu'avant d'y parvenir, il lui restait de terribles souffrances à endurer. Les supplices de l'expiation consistaient à remplir des tonneaux percés, à rouler un cylindre de pierre au haut d'une espèce de colline placée en travers, à l'extrémité orientale du lieu des tourments, surnommé Champ des larmes. Ces tortures, qui étaient aussi pénibles que stériles, lui enseignaient qu'il ne faut jamais déshonorer la majesté d'un travail utile, en l'infligeant comme punition. Suivant la tradition, le péché avait été la révolte de la raison orgueilleuse contre Dieu ; on la combattait par l'humilité, en la soumettant à un travail aussi déraisonnable, en apparence, qu'inutile en réalité. Sa raison terrassée, restait le corps à broyer, en mortifiant la chair par un long jeûne et une héroïque chasteté. La sagesse des hiérophantes, pour souffler en ses veines la flamme phosphorescente de l'amour, le livrait sans vêtements à des femmes armées de verges, qui, en flagellant sa chair, faisaient rapidement circuler son sang bouillonnant de tous les feux de la plus ardente passion. Car, pour arriver à l'héroïsme, il faut avoir surmonté les terribles tentations de la chair révoltée, qui se débattait avec des rugissements farouches sous la main qui les châtiait avec une cruelle furie. Les poètes ont donné à ces femmes furieuses, qui mettaient le corps de l'aspirant en sang, le nom d'Euménides, mot qui veut dire *bienveillantes*. Les pédants de collège n'y voient qu'une antithèse, nous y voyons une appellation d'une profonde justesse, car, dans ce châtiment infâme, qui faisait, pour ainsi dire, voltiger la chair en lambeaux sanglants, nous apercevons la renaissance de l'âme et sa souveraineté sur les sens surexcités, mais matés. Plusieurs ordres ont emprunté aux mystères d'Isis la flagellation. De nos jours, elle est restée en usage chez les Pères de saint Dominique, appelés plus ordinairement Frères prêcheurs, et l'on cite plusieurs d'entre eux, qui se font donner la discipline sanglante au moins une fois chaque semaine.

La renaissance spirituelle de l'aspirant commençait par le chant d'hymnes religieux et le son d'instruments à cordes qui, en vertu de la loi de l'harmonie, communiquaient sympathiquement leur vibration à la lyre intérieure de son cœur. A cet appel mélodieux, l'âme endormie se réveillait et, pour la première fois, se sentait vivante. Après l'enchantement spirituel de l'aspirant, venait son édification, dont l'étymologie latine veut dire : faire un temple ; et qui avait pour but de concentrer en l'âme, par un recueillement intérieur, l'esprit de lumière et de vie qui surabondait en lui, par suite du régime de mortification que lui imposaient les hiérophantes. L'aspirant, de la sorte, au lieu de verser sa vie dans la jouissance enivrante d'une volupté bestiale, l'arrachait courageusement de sa chair et la portait en son âme, pour en faire un sanctuaire digne d'être le tabernacle de l'esprit de Dieu. Le troisième terme de l'ascension de l'âme était la fixation, pour que l'esprit de Dieu, qui souffle où il veut, daignât résider en lui et y rester ; de même que le feu sacré était confié à des vierges romaines, du nom de Vestales, chargées, sous peine de mort, de l'entretenir éternellement, ce feu vivant était entretenu par trois Vertus : la Foi, l'Espérance et la Charité, qui lui faisaient trouver Dieu dans tous les membres de l'humanité souffrante. Jour et nuit, la prière, en élevant l'âme vers la divinité, la faisait converser avec elle et la mettait en état d'être ici-bas l'intermédiaire entre Dieu et sa créature.

Quand le corps de l'aspirant avait été mortifié par une contrition expiatoire et son âme vivifiée par l'esprit saint, des prêtres le conduisaient dans un lieu de délices appelé Élysée ; c'était un jardin de quatre lieues de longueur, sur deux de large ; on entrait par des chemins plantés d'arbustes odoriférants ; là, régnait un air tiède et parfumé qui mêlait aux fleurs du printemps les fruits de l'automne ; sur des gazons fins étoilés de fleurs, paraissaient des génisses blanches, destinées aux sacrifices ; des jeunes filles et des jeunes garçons s'y exerçaient dans une lutte pleine de grâce, propre à déployer leurs membres charmants dans d'attrayantes proportions ; ce qui achevait de changer ce lieu en un paradis de séduisante volupté, c'étaient des corbeilles artistement arrangées, qui présentaient d'elles-mêmes à l'aspirant mourant de faim leurs fruits savoureux ; des coupes d'or, qui, remplies d'un vin exquis, tentaient sa soif ; enfin, des bosquets retirés, où des femmes vêtues d'une gaze légère, à demi couchées sur des lits de pourpre, l'appelaient près d'elles, par leur regard amoureux, leur doux sourire et la pose alanguie de leur corps voluptueusement modelé ; la tentation, comme un serpent de feu, s'insinuait dans tous ses sens, et s'efforçait en ce moment dernier de remporter la victoire, car, s'il succombait, le fruit de tous ses travaux antérieurs était perdu ; il restait pour jamais enfermé dans les pyramides, où il pouvait devenir un officier de second ordre ; si, au contraire il sortait victorieux de cette dernière épreuve dont la fable a fait le supplice de Tantale, on proclamait dans toute la ville qu'un initié était sorti triomphant des épreuves de l'initiation. Entré par la fenêtre du nord, il en sortait le jour de sa manifestation triomphale, par la grande porte du midi, précédé d'une longue procession de prêtres revêtus d'ornements magnifiques, et portant en leur main différents symboles figuratifs de la religion égyptienne. Le grand prêtre, habillé en soleil, donnait la main à l'initié vêtu de blanc, le front ceint d'une couronne de myrte, et portant à la main la palme de la victoire ; il était suivi d'un char de triomphe dans lequel il ne montait jamais, pour montrer qu'il dédaignait les honneurs de ce monde. C'était une fête pour la ville de Memphis ; de toutes les fenêtres, on l'accablait de fleurs, on répétait son nom avec acclamation ; le roi venait sur son balcon, accompagné de sa cour, pour le complimenter ; de retour dans le temple, il faisait ses adieux aux prêtres qui l'avaient initié, et souvent dès le lendemain, il retournait dans son pays. Nous avons vu l'initié descendre dans le puits de la pyramide pour y chercher la vérité. Après l'avoir reçue, il la revoilait par des mythes et des symboles; de là le nom de révélateur qu'on lui donnait, dont la racine étymologique veut dire voiler à nouveau.

Il était fort rare que l'initié d'Osiris, avant de retourner en son pays, n'allât pas en Perse et dans l'Inde, pour étudier la haute sagesse des brahmanes et des mages. Son titre d'initié le dispensait des épreuves physiques et des pratiques de contrition expiatoire; faisons comme lui, entrons d'abord dans le temple de Mithra.

Après avoir triomphé des épreuves physiques, l'aspirant aux mystères de Mithra avait sept grades ou degrés à franchir pour être mage; les épreuves terminées, on le conduisait dans un antre qui représentait le monde; le plafond était arrondi en dôme peint en couleur azur, pour simuler la voûte du firmament; les astres étaient figurés par des étoiles ciselées en or; là, on le plongeait dans l'eau pour l'y purifier, puis un prêtre lui soufflait sur le front comme pour lui inspirer l'esprit de lumière en prononçant ces mots: « Que l'esprit de Dieu soit avec vous, et qu'il y réside comme dans un temple. » On lui plaçait sur le cœur la pointe d'une épée nue et une couronne était déposée sur sa tête, il devait la rejeter en disant: « C'est Mithra qui est ma couronne. » Cette cérémonie est d'un très profond enseignement en nous montrant que tout homme qui aspirera à posséder la lumière de la vérité ne doit pas craindre la mort et rejeter les richesses et les honneurs de ce monde, comme sur la montagne, le Christ les rejeta quand Satan les lui offrit.

L'aspirant était alors déclaré soldat de Mithra, premier grade des mystères; le second était celui de lion, le troisième celui de prêtre, le quatrième de Perse, le cinquième celui de Brominos, le sixième d'Élios, le septième celui de mage. C'étaient donc des initiés du septième grade, que ces hommes experts dans la connaissance du divin qui quittèrent leur sanctuaire, pour venir se prosterner devant un petit enfant couché dans une crèche, parce qu'ils avaient vu son astre et avaient reconnu que c'était l'astre du fils de Dieu. Cette démarche démontre à tout esprit supérieur que Dieu a voulu qu'au berceau de son fils, se rencontrassent les deux manières de connaître l'avenir, les bergers par les anges et l'esprit de lumière par les mages.

Comme Melchisédech, les mages offraient à Dieu, en sacrifice, le pain et le vin, le priant de l'avoir pour agréable et de le bénir. Puis après, se passant de lèvres en lèvres cette coupe remplie de vin, ils disaient ces sublimes paroles : « Buvez et donnez à boire à ceux qui ont soif », puis ils se passaient ensuite le pain en disant : « Mangez et donnez à manger à ceux qui ont faim ». Nous trouvons dans les musées d'antiquité orientale un bas-relief intitulé *torobole*. On y voit un jeune guerrier sortant d'une grotte, le front coiffé d'un bonnet phrygien qui, les traits inspirés d'un sublime courage, terrasse un taureau et plonge un couteau en son cœur saignant. Devant lui se trouve un homme portant une torche ardente élevée. Voilà le sens sacré de cette sculpture magique ; il représente par le jeune homme au bonnet phrygien, l'initié, quittant le monde des ténèbres, symbolisé par la grotte, tuant en lui, par la mortification, la chair, figurée par le taureau, pour arriver à la lumière supra intelligente, qui est tenue devant lui sous la forme d'une torche allumée.

L'initié d'Osiris, après avoir étudié cette haute sagesse des mages, que nous avons été heureux de faire connaître à nos lecteurs, se rendait chez les brahmanes de l'Inde, pour y assister à leurs prodiges, qui ont une grande analogie avec les phénomènes du somnambulisme et les merveilles du médianimisme moderne. Accompagnons chez eux Apollonius de Tyane. Philostrate, qui a écrit la vie d'Apollonius, rapporte que lorsqu'il se présenta chez les brahmanes, Iarchas, leur chef, dès qu'il vit Apollonius, lui demanda la lettre du roi de l'Inde. Comme Apollonius s'étonnait de la prescience d'Iarchas, celui-ci ajouta: « Il y a dans cette lettre une omission qui a échappé au roi, il y manque un *D* », et cela se trouva vrai. Aujourd'hui, ce genre de vue à travers les corps opaques se nomme lucidité.

Puis il vit ces hommes prodigieux s'élever dans l'air à la hauteur de deux coudées et y planer.

Cette élévation de terre, très habituelle à certains médiums, se nomme aujourd'hui *lévitation*.

Enfin, il vit des tables et des sièges marcher tout seuls.

Mais ce qui l'émerveilla davantage, fut un démon chassé par Iarchas, un boiteux, un aveugle et un sourd-muet, guéris rien que par l'attouchement de ce brahmane, qui possédait non seulement *la science du vrai*, comme nous l'avons constaté par ses opinions philosophiques, mais, de plus, avait le don d'opérer des guérisons miraculeuses; car cette science, comme nous le prouverons, non seulement vous soustrait à la maladie, mais vous donne le pouvoir de guérir les autres.

Antiquité des mystères.

Quelle était donc l'antiquité de ces mystères?

Quelle était leur origine?

On les retrouve à la base de toutes les grandes civilisations antiques, à quelque race qu'elles appartiennent. Pour

l'Égypte seule, dont l'initiation a formé les plus grands hommes hébreux, grecs et romains, nous pouvons remonter à plus de dix mille ans, ce qui montre assez combien sont fausses les chronologies classiques.

Voici les preuves de cette assertion :

« S'agit-il de l'Égypte[1] ?

« Platon, initié à ses mystères, a beau nous dire que dix mille ans avant Ménès a existé une civilisation complète, dont il a eu les preuves sous les yeux ;

« Hérodote a beau nous affirmer le même fait tout en ajoutant, lorsqu'il s'agit d'Osiris (Dieu de l'ancienne Synthèse et de l'ancienne Alliance Universelle), que des serments scellent ses lèvres et qu'il tremble de dire mot ;

« Diodore a beau nous certifier qu'il tient des prêtres d'Égypte que, bien avant Ménès, ils ont les preuves d'un état social complet, ayant duré jusqu'à Horus dix-huit mille ans.

« Manéthon, prêtre égyptien, a beau nous tracer, rien qu'à partir du seul Ménès, une chronologie consciencieuse nous reportant six mille huit cent quatre-vingt-trois ans en arrière de la présente année ;

« Il a beau nous prévenir qu'avant ce souverain vice-roi indien plusieurs cycles immenses de civilisation s'étaient succédé sur la terre et en Égypte même ;

« Tous ces augustes témoignages, auxquels on peut ajouter ceux de Bérose et de toutes les bibliothèques de l'Inde, du Thibet et de la Chine, sont nuls et non avenus pour le déplorable esprit de sectarisme et d'obscurantisme qui prend le masque de la Théologie. »

1. Saint-Yves d'Alveydre, *Mission des Juifs*, p. 95.

Science antique et Science moderne. — La Science occulte.

Arrivés en cet endroit de nos recherches, jetons un coup d'œil d'ensemble sur les points que nous avons abordés, et voyons les conclusions auxquelles il nous est permis de nous arrêter.

Nous avons d'abord déterminé l'existence dans l'antiquité d'une science aussi puissante dans ses effets que la nôtre, et nous avons montré que l'ignorance des modernes à son égard provenait de la nonchalance avec laquelle ils abordaient l'étude des anciens.

1° *La science existait* (*Scientia*).

Nous avons ensuite vu que cette science était enfermée dans les temples, centres de haute instruction et de civilisation.

Enfin nous avons pu savoir que personne n'était exclu de cette initiation dont l'origine se perdait dans la nuit des cycles primitifs.

2° *La Science était cachée* (*Scientia occulta*).

Trois genres d'épreuves étaient placées au début de toute instruction : des épreuves physiques, des épreuves morales et des épreuves intellectuelles. Jamblique, Porphyre et Apulée parmi les anciens, Lenoir[1], Christian[2], Delaage[3] parmi les modernes, décrivent tout au long ces épreuves sur lesquelles je crois inutile d'insister davantage. Notons simplement que des serments terribles empêchaient les initiés de révéler au dehors ce qu'ils savaient autrement que par des symboles. Jésus se conforme à cette règle quand il parle aux profanes par paraboles qu'il

1. *La Franc-Maçonnerie rendue à sa véritable origine* (1814).
2. *Histoire de la Magie* (1863).
3. *La Science du Vrai* (Dentu, 1884).

explique ensuite à ses élèves dans le sermon sur la montagne, et dont il révèle le troisième sens tout à fait secret seulement à l'un d'eux, son disciple favori saint Jean, l'auteur de l'*Apocalypse*.

Cette méthode nous montre qu'un des caractères de la Science d'alors était de cacher les enseignements, de les voiler.

3° *La Science cachait aux profanes ses enseignements (Scientia occultans).*

Enfin :

4° C'était avant tout la *Science du caché* (*Scientia occultati*), ainsi que nous allons le voir.

Une étude même superficielle des écrits scientifiques que nous ont laissés les anciens permet de constater que si leurs connaissances atteignaient la production des mêmes effets que les nôtres, elles en différaient cependant beaucoup quant à la méthode et à la théorie.

Pour savoir ce qu'on apprenait dans les temples, il nous faut chercher les restes de ces enseignements dans les matériaux que nous possédons et qui nous ont été en grande partie conservés par les alchimistes. Nous ne nous inquiéterons pas de l'origine plus ou moins apocryphe (d'après les savants modernes) de ces écrits. Ils existent et cela doit nous suffire. Si nous parvenons à découvrir une méthode qui explique le langage symbolique des alchimistes et en même temps les histoires symboliques anciennes de la conquête de la Toison d'Or, de la Guerre de Troie, du Sphinx, nous pourrons sans crainte affirmer que nous tenons un morceau de la science antique.

Voyons tout d'abord la façon dont les modernes traitent un phénomène naturel pour mieux connaître par opposition la méthode antique.

Que diriez-vous d'un homme qui vous décrirait un livre ainsi :

« Le livre que vous m'avez donné à étudier est placé sur « la cheminée à deux mètres quarante-neuf centimètres « de la table où je suis, il pèse trois cent quarante-cinq « grammes huit décigrammes, il est formé de cent qua- « rante-deux petites feuilles de papier sur lesquelles « existent cent dix-huit mille deux cent quatre-vingts ca- « ractères d'imprimerie, qui ont usé quatre-vingt-dix « grammes d'encre noire. »

Voilà la description expérimentale du phénomène.

Si cet exemple vous choque, ouvrez les livres de science moderne et voyez s'ils ne répondent pas exactement comme méthode à la description du Soleil ou de Saturne par l'astronome qui décrit la place, le poids, le volume et la densité des astres, ou à la description du spectre solaire par le physicien qui compte le nombre des raies !

Ce qui vous intéresse dans le livre ce n'est pas le côté matériel, physique, mais bien ce que l'auteur a voulu exprimer par ces signes, ce qu'il y a de caché sous leur forme, le côté métaphysique pour ainsi dire.

Cet exemple suffit à montrer la différence entre les méthodes anciennes et les méthodes modernes. Les premières, dans l'étude du phénomène, s'occupent toujours du côté général de la question, les autres restent *a priori* cantonnées dans le domaine du fait.

Pour montrer que tel est bien l'esprit de la méthode antique, je rapporte un passage très significatif de Fabre d'Olivet sur les deux façons d'écrire l'histoire[1].

1. Je fais mes excuses au lecteur pour les citations dont je surcharge ce traité; mais je suis obligé de m'appuyer à chaque pas sur des bases solides. Ce que j'avance paraît si improbable à beaucoup, et j'ignore pourquoi, que le nombre de preuves servira à peine à combattre une incrédulité de parti pris.

« Car il faut bien se souvenir que l'histoire allégorique de ces temps écoulés, écrite dans un autre esprit que l'histoire positive qui lui a succédé, ne lui ressemblait en aucune manière et que c'est pour les avoir confondues qu'on est tombé dans de si graves erreurs. C'est une observation très importante que je fais ici de nouveau. Cette histoire, confiée à la mémoire des hommes, ou conservée parmi les archives sacerdotales des temples en morceaux détachés de poésie, ne considérait les choses que du côté moral, ne s'occupait jamais des individus, et voyait agir les masses; c'est-à-dire les peuples, les corporations, les sectes, les doctrines, les arts même et les sciences, comme autant d'êtres particuliers qu'elle désignait par un nom générique.

« Ce n'est pas, sans doute, que ces masses ne pussent avoir un chef qui en dirigeait les mouvements. Mais ce chef, regardé comme l'instrument d'un esprit quelconque, était négligé par l'histoire qui ne s'attachait jamais qu'à l'esprit. Un chef succédait à un autre chef, sans que l'histoire allégorique en fît la moindre mention. Les aventures de tous étaient accumulées sur la tête d'un seul. C'était la chose morale dont on examinait la marche, dont on décrivait la naissance, les progrès ou la chute. La succession des choses remplaçait celle des individus. L'histoire positive, qui est devenue la nôtre, suit une méthode entièrement différente, les individus sont tout pour elle : elle note avec une exactitude scrupuleuse les dates, les faits que l'autre dédaignait. Les modernes se moqueraient de cette manière allégorique des anciens, s'ils la croyaient possible, comme je suis persuadé que les anciens se seraient moqués de la méthode des modernes, s'ils avaient pu en entrevoir la possibilité dans l'avenir. Comment approuverait-on ce qu'on ne connaît pas? On n'approuve que ce qu'on aime ; on doit toujours connaître tout ce qu'on doit aimer[1]. »

Reprenons maintenant ce livre imprimé qui nous a servi à établir notre première comparaison en notant bien qu'il y a deux façons de le considérer :

Par ce que nous voyons, les caractères, le papier, l'encre, c'est-à-dire par les signes matériels qui ne sont que la représentation de quelque chose de plus élevé, et par ce quelque chose que nous ne pouvons pas voir physiquement : les idées de l'auteur.

Ce que nous voyons manifeste ce que nous ne voyons pas.

Le visible est la manifestation de l'Invisible. Ce principe, vrai pour ce phénomène particulier, l'est aussi pour tous les autres de la nature, comme nous le verrons par la suite.

Nous voyons encore plus clairement la différence fondamentale entre la science des anciens et la science des modernes.

La première s'occupe du visible uniquement pour découvrir l'invisible qu'il représente.

La seconde s'occupe du phénomène pour lui-même sans s'inquiéter de ses rapports métaphysiques.

La science des anciens, c'est la science du caché, de l'ésotérique.

La science des modernes, c'est la science du visible, de l'exotérique.

Rapprochons de ces données l'obscurité voulue dont les anciens ont couvert leurs symboles scientifiques et

1. Fabre d'Olivet, *Vers dorés de Pythagore*, p. 26 et 27.

nous pourrons établir une définition acceptable de la science de l'antiquité qui est :

La science cachée	—	*Scientia occulta.*
La science du caché	—	*Scientia occultati.*
La science qui cache ce qu'elle a découvert	—	*Scientia occultans.*

Telle est la triple définition de la :

SCIENCE OCCULTE.

Char magnétique des Chinois (Voy. p. 31).

CHAPITRE II

LA MÉTHODE DE LA SCIENCE OCCULTE ET SES APPLICATIONS

---

§ 1. — LA MÉTHODE DE LA SCIENCE OCCULTE

L'ANALOGIE

LA MÉTHODE DANS LA SCIENCE ANTIQUE. — L'ANALOGIE. — LES TROIS MONDES. — LE TERNAIRE. — LES OPÉRATIONS THÉOSOPHIQUES. — LES LOIS CYCLIQUES.

Après avoir déterminé l'existence dans l'antiquité d'une science réelle, son mode de transmission, les sujets généraux sur lesquels elle portait de préférence son étude, essayons de pousser notre analyse plus avant en déterminant les méthodes employées dans la Science antique que nous avons vue être la Science occulte (*Scientia occulta*).

Le but poursuivi était, comme nous le savons, la détermination de l'invisible par le visible, du noumène par le phénomène, de l'idée par la forme.

La première question qu'il nous faut résoudre, c'est de savoir si ce rapport de l'invisible au visible existe vraiment et si cette idée n'est pas l'expression d'un pur mysticisme.

Je crois avoir assez fait sentir par l'exemple du livre, énoncé précédemment, ce qu'était une étude du visible, du phénomène, comparée à une étude de l'invisible, du noumène.

Comment pouvons-nous savoir ce que l'auteur a voulu dire en voyant les signes dont il s'est servi pour exprimer ses idées?

Parce que nous savons qu'il existe un rapport constant entre le signe et l'idée qu'il représente, c'est-à-dire entre le visible et l'invisible.

De même que nous pouvons, en voyant le signe, déduire sur-le-champ l'idée, de même nous pouvons en voyant le visible en déduire immédiatement l'invisible. Mais pour découvrir l'idée cachée dans le caractère d'imprimerie, il nous a fallu apprendre à lire, c'est-à-dire employer une méthode spéciale. Pour découvrir l'invisible, l'occulte d'un phénomène, il faut apprendre aussi à lire par une méthode spéciale.

La méthode principale de la Science occulte c'est l'Analogie. Par l'analogie on détermine les rapports qui existent entre les phénomènes.

L'ANALOGIE

Deux méthodes préférées guident actuellement la plupart des chercheurs qui passent alternativement des excès de l'une aux excentricités de l'autre : *l'induction* et *la déduction*.

L'induction part des faits pour remonter à des lois tirées du groupement d'un certain nombre de ces faits. C'est la méthode essentiellement scientifique, méthode toujours préférée des écoles teintées de matérialisme.

La déduction, au contraire, part d'axiomes considérés

comme des lois, axiomes qu'on applique ensuite en groupant les faits suivant leur concordance avec ces affirmations. C'est la méthode essentiellement religieuse, toujours préférée des écoles teintées de métaphysique.

Or de même que le caractère fondamental de la Science occulte est la découverte du lien qui réunit la Science et la Foi, de même la méthode de l'occultisme participe des deux précédentes et ne peut se passer du concours d'aucune d'entre elles.

Edgar Poë montre avec son génie ordinaire comment il est nécessaire d'admettre une source de raisonnements autre que l'induction ou la déduction. (Voyez *Eureka.*)

L'analogie peut indifféremment partir du fait ou de l'axiome.

Si elle part du fait elle doit découvrir de suite en lui une loi assez générale pour constituer une formule synthétique applicable à tous les faits possibles. Le fait doit lui fournir immédiatement l'axiome.

Si elle part de l'axiome au contraire elle doit déterminer une loi telle qu'elle s'applique de suite à un fait quelconque pris au hasard.

Cette idée revient à dire que la Nature est construite d'après un *type primitif* qu'on trouvera répété, sinon dans sa forme du moins dans son essence, partout. De là la formule des alchimistes énonçant l'analogie : εν το παν. (Tout est dans tout.)

Un exemple ou deux vont éclairer tout cela. *La Marche du Soleil.* — Certains auteurs ont cru découvrir le clef de toute la mythologie antique dans la Marche du Soleil et ses diverses phases. Si l'on veut bien prendre garde à ce que nous allons développer on verra de suite l'erreur capitale des partisans de la théorie du « Mythe Solaire », qui ont confondu une loi générale avec un fait particulier.

Le Soleil considéré vulgairement par un profane comme tournant autour de la Terre subit des alternatives de chaleur ou de froid sous l'influence desquelles naissent *les saisons*.

Au Printemps la Nature semble naître à nouveau sous l'influence des baisers de l'Astre du Jour. En Été l'ardeur productrice est à son maximum en Automne arrive l'époque des récoltes, l'époque de calme général; enfin en Hiver tout semble mort à jamais. Le Soleil est froid et n'a plus d'action bienfaisante.

Telle est en quelques lignes la description générale du phénomène. Cette Marche de Soleil est une manifestation de la *Loi générale d'évolution* et nous allons voir comment les mythologues auraient pu prendre à la place de ce fait n'importe quel autre reproduisant *analogiquement* la même loi.

Résumons les faits qui se présentent à nous pendant les saisons :

1. Naissance du Soleil (Sa croissance)	*Le Printemps*
2. Puissance du Soleil (Maximum d'effet)	*L'Été*
3. Décroissance de force du Soleil	*L'Automne*
4. Cessation des effets bienfaisants du Soleil. — (Mort apparente)	*L'Hiver*
5. Retour du printemps, etc.	

On peut donc figurer les saisons par un cercle ainsi.

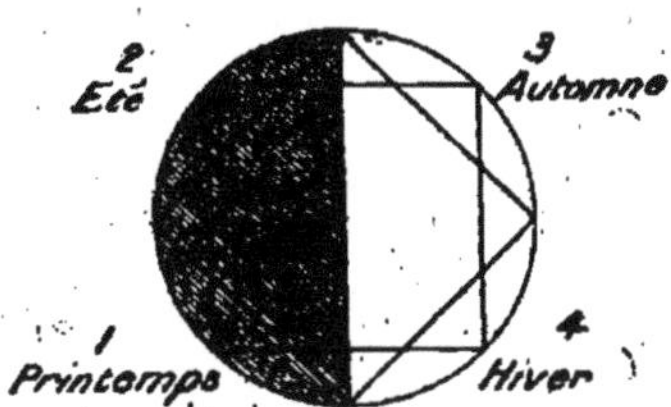

La première moitié du cercle indique la période de croissance, la seconde moitié la période de décroissance.

La théorie du Mythe solaire serait vraie si cette loi ne s'appliquait qu'au soleil.

Mais faut-il méditer bien longtemps pour voir qu'elle s'applique aussi exactement *à la vie humaine?*

L'enfance c'est le printemps, *la jeunesse* l'été, *l'âge mûr* l'automne et *la vieillesse* l'hiver.

Il ne s'agit pas ici d'une comparaison poétique, il s'agit d'une loi vraie, la loi d'évolution dont nous trouverons l'application partout.

Le même cercle peut figurer cette évolution en changeant les noms.

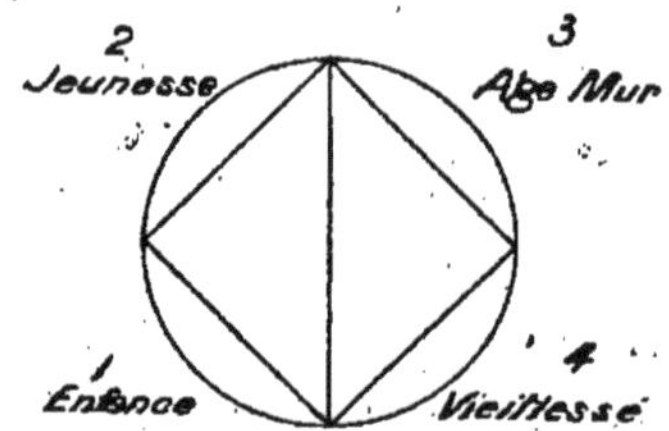

On peut appliquer à cette loi une foule d'autres faits. Signalons en passant *l'évolution d'un jour* qui reproduit ces phases comme toutes les évolutions possibles dans ses quatre périodes.

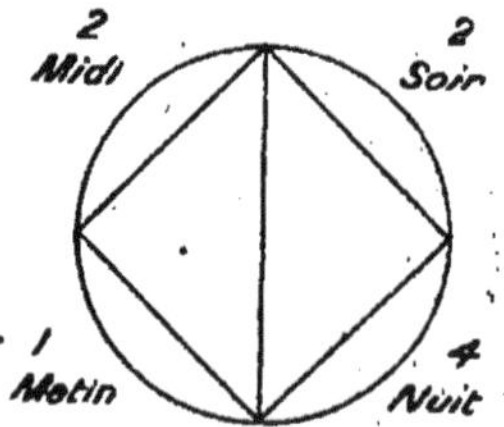

On peut de même considérer sous le même aspect *l'évolution du mois* en quatre phases lunaires, le matin correspondant au *premier quartier*, le midi à la *pleine lune*, le soir au *dernier quartier* et la nuit à la *nouvelle lune*.

Partout nous verrons une période de croissance et une période de décroissance, telle est la formule véritable de la loi d'évolution applicable au « Progrès » comme à tout le reste.

En considérant la Marche du Soleil nous pouvons donc découvrir la loi d'évolution générale applicable à tout.

Mais cette loi nous pouvons aussi bien la découvrir en considérant la Vie humaine ou bien la Marche de la Lune pour former le mois ou bien la Marche de la Terre pour former le jour.

Cette loi générale nous pouvons aussi bien la tirer d'un fait que d'un autre, et bien plus un seul des faits suffit à nous la donner.

Mais il serait ridicule de prétendre qu'un de ces faits a plus d'importance que les autres, puis cette loi « la Marche du Soleil » n'est pas davantage la clef de la mythologie que la Marche de la Lune ou celle de la Terre. — La clef véritable ce n'est pas, encore une fois, un fait, c'est une loi et c'est cette *loi d'évolution* que les anciens ont symbolisée dans tous ses détails en leur merveilleuse et savante mythologie.

L'année, la vie humaine, le jour, le mois sont donc *analogues*, suivant tous une même loi. Il ne viendra à l'idée de personne qu'ils sont « semblables », erreur dont il faut bien se garder en appliquant l'analogie.

Dans chaque fait quelque minime qu'il soit, il y a donc une loi générale cachée comme en chaque homme il y a Dieu d'après les maîtres mystiques. Mais pour trouver cette loi générale il ne faut pas s'arrêter à des constatations de détail, ainsi que nous le montre la figure suivante.

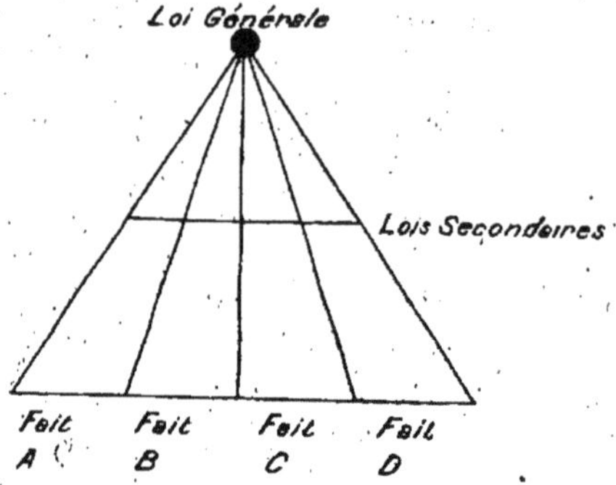

Les faits A, B, C, D, situés à la base du triangle, ne présentent aucune similitude entre eux. Si l'on s'arrête aux lois secondaires situées au milieu du triangle on ne pourra non plus les réunir, mais si l'on monte jusqu'au sommet on verra que là tous viennent converger, tous sont unis en un point. Ce point d'union de tous les faits c'est *la loi générale*, *l'unité* qui est dans *le tout* (ἐν το παν).

Prenons comme exemple deux faits bien opposés, la marche d'un coucou et la circulation du sang dans l'homme. Nous allons chercher la loi qui les identifie, qui démontre leur analogie.

Nous choisissons le coucou comme instrument de mécanique très simple pour ne pas prendre comme exemple la machine à vapeur ou toute autre de description plus compliquée.

Le coucou se compose d'une roue garnie de dents dans lesquelles passe une chaîne. Au bout de cette chaîne est un poids qui fournit la force nécessaire à la marche, l'échappement de la chaîne est de plus réglé par un balancier rattaché à un pendule.

Comment peut-on *généraliser* ce fait?

En montrant que les principes en action sont :

1° Quelque chose qui *reçoit* de la force : la roue dentée ;

2° Quelque chose qui *condense* et *distribue* cette force : le balancier et le pendule.

Nous avons donc dans le coucou :

Une force ;

Un centre récepteur ;

Un centre condensateur et distributeur.

Pourquoi le pendule est-il un condensateur ?

Parce qu'on peut enlever subitement le poids, c'est-à-dire enlever la force sans que le pendule s'arrête tout à coup. Il continue à marcher sous l'influence de la force qu'il a emmagasinée.

Dans l'autre phénomène, dans la circulation du sang, que voyons-nous ?

Une force amenée par l'air : l'oxygène.

Un centre dans lequel se fait l'apport de cette force : le poumon.

Un autre centre dans lequel va s'emmagasiner la force pour être ensuite distribuée : le cœur [1].

En résumé nous trouvons :

1° Quelque chose qui *reçoit* la force : le poumon.

2° Quelque chose qui *condense et distribue* : le cœur.

La roue dentée du coucou joue donc le même rôle que le poumon vis-à-vis de l'homme tandis que le balancier et le pendule jouent le même rôle que le cœur.

Qu'arrive-t-il si vous arrêtez net votre respiration ?

Ce qui arrivait quand vous avez enlevé le poids du coucou. Le cœur continue à battre comme le balancier continuait à marcher.

1. Voir pour développement et justification de tout cela : Louis Lucas, *Médecine Nouvelle*, Paris, 1863, in-8°, et Gérard Encausse, *Essai de Physiologie synthétique*. Paris, 1890, in-18.

Qu'arrive-t-il au contraire quand vous respirez plus vite, quand vous faites entrer plus d'air dans vos poumons sous l'influence d'une montée rapide, d'une course ou de toute autre excitation ?

Ce qui arrivait quand vous augmentez la force du poids du coucou : le balancier battait beaucoup plus fort, de même le cœur bat plus fort aussi.

Quand on veut appliquer l'analogie on ne sait où s'arrêter. En effet dans la machine à vapeur (que nous aurions pu prendre comme exemple) *le piston* est le récepteur et *le volant*, le condensateur. Quand on arrête le piston, le volant continue à tourner sous l'influence de la force emmagasinée comme le balancier continue à marcher quand on enlève le poids et comme le cœur continue à battre quand la respiration s'arrête.

Nous avons pris ces exemples d'analogie en apparence étranges pour bien insister sur ce point : *l'analogie n'est pas la similitude.*

Suivant une heureuse expression de Louis Lucas dans le *Roman alchimique*, Dieu a fait l'homme à son image et pourtant Dieu n'est pas un animal vertébré.

Rappelons, en terminant cet exposé, que Gœthe a défendu cette idée de l'unité du type de composition de l'être humain en considérant *la vertèbre* comme point de départ de cette unité. Depuis, nombre d'auteurs ont soutenu l'existence des vertèbres céphaliques[1]. Foltz et le docteur Adrien Peladan [2] ont fait à ce sujet des découvertes fort curieuses.

Rappelons aussi que la *théorie cellulaire* de Virchow est une autre manière de considérer synthétiquement les êtres organisés.

1. Bertrand, *Anatomie philosophique.*
2. *Anatomie homologique.*

Enfin à ceux qui ne verraient dans l'analogie qu'une méthode purement poétique je ferai remarquer que tous les travaux des embryologistes modernes, étudiant le développement des organismes inférieurs pour en déduire celui de l'embryon humain, sont tout simplement un superbe exemple d'application scientifique de la méthode de la Science occulte : l'analogie.

La méthode analogique n'est donc ni la déduction, ni l'induction ; c'est l'usage de la clarté qui résulte de l'union de ces deux méthodes.

Si vous voulez connaître un monument, deux moyens vous sont fournis :

1° Tourner ou plutôt ramper[1] autour du monument en étudiant ses moindres détails. Vous connaîtrez ainsi la composition de ses plus petites parties, les rapports qu'elles affectent entre elles, etc., etc. ; mais vous n'aurez aucune idée de l'ensemble de l'édifice. Tel est l'usage de l'induction ;

2° Monter sur une hauteur et regarder votre monument le mieux qu'il vous sera possible. Vous aurez ainsi une idée générale de son ensemble ; mais sans la moindre idée de détail.

Tel est l'usage de la méthode de déduction.

Le défaut de ces deux méthodes saute aux yeux sans qu'il soit besoin de nombreux commentaires. A chacune d'elles il manque ce que possède l'autre : réunissez-les et la vérité se produira, éclatante ; étudiez les détails puis montez sur la hauteur et recommencez tant qu'il le faudra, vous connaîtrez parfaitement votre édifice ; unissez la méthode du physicien à celle du métaphysicien et vous donnerez naissance à la méthode analogique, véritable expression de la synthèse antique.

1. Voyez Edg. Poë, *Eureka*, p. 10 à 29 (Traduction Baudelaire).

Faire de la métaphysique seule comme le théologien, c'est aussi faux que de faire de la physique seule comme le physicien ; édifiez le noumène sur le phénomène et la vérité apparaîtra !

« Que conclure de tout cela?

« Il faut en conclure que le livre de Kant, dans sa partie critique, démontre à tout jamais la vanité des méthodes philosophiques en ce qui concerne l'explication des phénomènes de haute physique, et laisse voir la nécessité où l'on se trouve de *faire constamment marcher de front l'abstraction avec l'observation des phénomènes*, condamnant irrévocablement d'avance tout ce qui resterait dans le phénoménalisme ou le rationalisme pur[1]. »

Nous venons de faire un nouveau pas dans l'étude de la science antique en déterminant l'existence de cette méthode absolument spéciale ; mais cela ne doit pas encore nous suffire. N'oublions pas en effet que le but que nous poursuivons est l'explication, quelque rudimentaire qu'elle soit d'ailleurs, de tous ces symboles et de toutes ces histoires allégoriques réputées si mystérieuses.

§ 2. — LE TERNAIRE. — OPÉRATIONS INCONNUES SUR LES NOMBRES. — SENS MYSTIQUE DES NOMBRES

TRAVAUX DE WRONSKI ET DE CHARLES HENRY.

LE TERNAIRE. — LES TROIS MONDES

Il suffit de considérer le triangle que nous avons pris comme exemple à propos de la *loi générale* pour voir qu'il existe une certaine gradation entre les faits, les causes secondes et la cause première.

Un principe ou une cause générale gouverne plusieurs

1. Louis Lucas, *Chimie nouvelle*.

causes secondes ou *lois* et un très grand nombre de *faits*.

Ainsi les causes secondes sont gouvernées par un nombre très restreint de *causes premières*. L'étude de ces dernières est du reste parfaitement dédaignée par les sciences contemporaines qui, reléguées dans le domaine des *vérités sensibles*, abandonnent aux rêveurs de toute école et de toute religion leur recherche. Et pourtant c'est là que réside la Science.

Nous n'avons pas à discuter pour l'instant qui a raison ou qui a tort, il nous suffit de constater l'existence de cette triple gradation :

1° Domaine infini des FAITS ;

2° Domaine plus restreint des LOIS ou des causes secondes ;

3° Domaine plus restreint des PRINCIPES ou des causes premières.

Résumons tout cela dans une figure [1]:

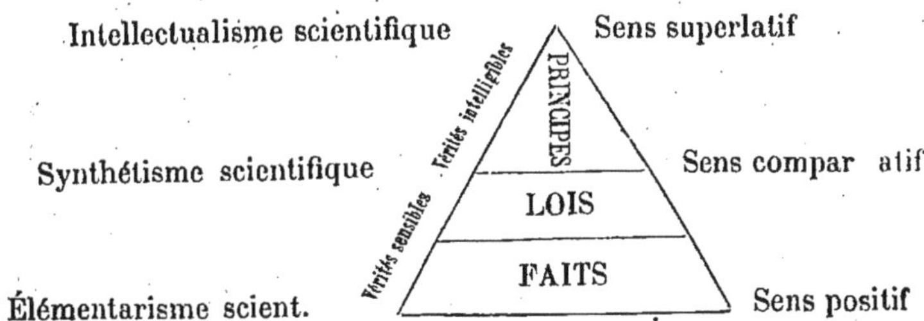

Cette gradation basée sur le nombre Trois joue un rôle considérable dans la science antique. C'est sur elle qu'est en grande partie fondé le domaine de l'analogie. Aussi devons-nous prêter quelque attention à ses développements.

Ces trois termes se retrouvent dans l'homme, dans le corps, la vie et la volonté.

1. Tirée de la *Mission des Juifs*, p. 32.

Une partie quelconque du corps, un doigt, par exemple, peut être soustrait à l'influence de la volonté sans qu'il cesse pour cela de vivre (paralysie radiale ou cubitale); il peut de même être, par la gangrène, soustrait à l'influence de la vie sans cesser de se mouvoir.

Voilà donc trois domaines distincts : le domaine du corps; le domaine de la vie exerçant son action au moyen d'une série de conducteurs spéciaux (le grand sympathique, les nerfs vaso-moteurs) et localisée dans le globule sanguin; le domaine de la volonté agissant par des conducteurs spéciaux (nerfs volontaires) et n'ayant pas d'influence sur les organes essentiels à l'entretien de la vie.

Nous pouvons, avant d'aller plus loin, voir l'utilité de la méthode analogique pour éclairer certains points obscurs, et voici comment :

Si une chose quelconque est analogue à une autre, toutes les parties dont cette chose est composée sont analogues aux parties correspondantes de l'autre.

Ainsi les anciens avaient établi que l'homme était analogue à l'Univers. Ils appelaient pour cette raison l'homme microcosme (petit monde) et l'Univers macrocosme (grand monde). Il s'ensuit que, pour connaître la circulation de la vie dans l'Univers, il suffit d'étudier la circulation vitale chez l'homme; et réciproquement, pour connaître les détails de la naissance, de l'accroissement et de la mort d'un homme, il faut étudier les mêmes phénomènes dans un monde.

Tout ceci paraîtra bien mystique à quelques-uns, bien obscur à quelques autres; aussi je les prie de prendre patience et de se reporter au chapitre suivant où ils trouveront toutes les explications nécessaires à ce sujet.

L'idée *des trois mondes* reparaît trop souvent dans les auteurs d'occultisme pour ne point mériter un aperçu spécial.

Qu'entend-on par ces trois mondes? Quels sont-ils?

On désigne sous ce nom de mondes trois plans particuliers, trois *états* spéciaux d'existence et non pas *trois endroits*.

Il y a trois de ces mondes ou états :

1° Le monde physique;
2° Le monde astral;
3° Le monde intellectuel.

Un exemple bien grossier, mais assez suggestif, est celui de l'eau.

A l'état de *glace*, alors qu'elle est solide, l'eau représente bien le monde physique.

Augmentez la puissance de la force emprisonnée dans cette glace en chauffant un peu et vous allez voir l'*état* changer. L'eau se liquéfie, *ses conditions d'existence changent*. Le morceau de glace se tenait tout seul où vous le placiez et avait une forme à lui, tandis que maintenant l'eau liquide a besoin d'un vase pour la contenir et prend la forme de ce vase.

Chauffez encore et l'état va changer; l'eau, tout à l'heure encore visible, va devenir invisible sous forme de vapeur et va s'élever dans les airs.

Cette image est grossière, mais elle met en garde contre une erreur qui empêche beaucoup de lecteurs de comprendre la Science occulte : la croyance que les mondes sont des endroits.

Ainsi à la mort, l'homme passe dans le plan astral, dans le monde astral.

Cela ne veut pas dire qu'il change pour cela de lieu. Comme l'eau tout à l'heure, en passant de l'état solide à l'état liquide, changeait très peu de place, de même l'homme, en passant « en astral », change d'*état*. Ses conditions d'existence varient, voilà tout. Il en sera de même quand il passera plus tard dans le monde intellectuel.

A ces états particuliers correspondent bien des domaines délimités; mais ces domaines sont inclus en partie les uns dans les autres comme nous voyons chez l'homme le sang, dont le centre se trouve dans la poitrine, circuler dans tout l'organisme. Il en est de même de la Lymphe qui correspond au Ventre et de la Force nerveuse correspondant à la Tête. Chacun de ces centres (Ventre, Poitrine, Tête) a bien ses actions propres, mais il subit quand même l'influence des deux autres.

Voici deux extraits développant quelques-uns des principes dérivant de cette idée des trois mondes :

« Cette application (du nombre 12) à l'Univers n'était point une invention arbitraire de Pythagore, elle était commune aux Chaldéens, aux Égyptiens, de qui il l'avait reçue, et aux principaux peuples de la Terre : elle avait donné lieu à l'institution du zodiaque dont la division en douze astérismes a été trouvée partout existante de temps immémorial.

« La distinction des trois mondes et leur développement en un nombre plus ou moins grand de sphères concentriques, habitées par les Intelligences d'une pureté différente, étaient également connus avant Pythagore, qui ne faisait en cela que répandre la doctrine qu'il avait reçue à Tyr, à Memphis et à Babylone. Cette doctrine était celle des Indiens.

« Pythagore envisageait l'homme sous trois modifications principales, comme l'Univers; et voilà pourquoi il donnait à l'homme le nom de microcosme ou de petit monde.

« Rien de plus commun chez les nations anciennes que

de comparer l'Univers à un grand homme et l'homme à un petit univers.

« L'Univers considéré comme un grand Tout animé, composé d'intelligence, d'âme et de corps, était appelé Pan ou Phanès. L'homme ou le microcosme était composé de même, mais d'une manière inverse, de corps, d'âme et d'intelligence ; et chacune de ces trois parties était à son tour envisagée sous trois modifications, en sorte que le ternaire, régnant dans le tout, régnait également dans la moindre de ses subdivisions. Chaque ternaire, depuis celui qui embrassait l'immensité jusqu'à celui qui constituait le plus faible individu, était, selon Pythagore, compris dans une unité absolue ou relative et formait ainsi le quaternaire ou la tétrade sacrée des pythagoriciens. Ce quaternaire était universel ou particulier.

« Pythagore n'était point, au reste, l'inventeur de cette doctrine : elle était répandue depuis la Chine jusqu'au fond de la Scandinavie. On la trouve élégamment exprimée dans les oracles de Zoroastre :

Le Ternaire partout brille dans l'Univers,
Et la Monade est son principe[1].

« Ainsi, selon cette doctrine, l'homme, considéré comme une Unité relative contenue dans l'Unité absolue du grand Tout, s'offrait, comme le Ternaire universel, sous les trois modifications principales de corps, d'âme et d'esprit ou d'intelligence. L'âme, en tant que siège des passions, se présentait à son tour sous les trois facultés d'âme raisonnable, irascible et appétante. Or, suivant Pythagore, le vice de la faculté appétante de l'âme, c'était l'intempérance ou l'avarice ; celui de la faculté irascible, c'était la lâcheté ; et celui de la faculté raisonnable, c'était la folie.

1. Fabre d'Olivet, *Vers dorés*, p. 239.

Le vice qui s'étendait sur ces trois facultés, c'était l'injustice. Pour éviter ces vices, le philosophe recommandait quatre vertus principales à ses disciples, la tempérance pour la faculté appétante, le courage pour la faculté irascible, la prudence pour la faculté raisonnable, et pour ces trois facultés ensemble, la justice, qu'il regardait comme la plus parfaite des vertus de l'âme. Je dis de l'âme, car le corps et l'intelligence, se développant également au moyen des trois facultés instinctives ou spirituelles, étaient, ainsi que l'âme, susceptibles de vices et de vertus qui leur étaient propres. »

Technique.

LES NOMBRES

De nouvelles difficultés viennent de naître sous nos pas. A peine avons-nous traité de l'analogie que l'étude des trois mondes venait s'imposer; maintenant ce sont les nombres qui demandent des éclaircissements.

D'où vient donc cet usage du Trois si répandu dans l'antiquité?

Cet usage, qui s'étendait depuis le sens de leurs écritures[1] jusqu'à leur métaphysique[2] et qui, franchissant les

1. Les prêtres égyptiens avaient *trois* manières d'exprimer leur pensée. La première était claire et simple, la seconde symbolique et figurée, la troisième sacrée ou hiéroglyphique. Ils se servaient à cet effet de trois sortes de caractères, mais non pas de trois dialectes, comme on pourrait le penser (Fabre d'Olivet, *la Lang. héb. rest.*, p. 24).

2. Les anciens Mages ayant observé que l'équilibre est en physique la loi universelle et qu'il résulte de l'opposition apparente de deux forces, concluant de l'équilibre physique à l'équilibre métaphysique, déclarèrent qu'en Dieu, c'est-à-dire dans la première cause vivante et active, on devait reconnaître deux propriétés nécessaires l'une à l'autre, la stabilité et le mouvement, équilibrées par la couronne, la force suprême (Eliphas Levi, *Dogme et Rituel*, p. 79).

siècles, vient se retrouver dans un de nos plus célèbres écrivains : Balzac[1] ?

Il vient de l'emploi d'une langue spéciale qui est complètement perdue pour la science actuelle : la langue des nombres.

« Platon, qui voyait dans la musique d'autres choses que les musiciens de nos jours, voyait aussi dans les nombres un sens que nos algébristes n'y voient plus. Il avait appris à y voir ce sens d'après Pythagore qui l'avait reçu des Égyptiens. Or les Égyptiens ne s'accordaient pas seuls à donner aux nombres une signification mystérieuse. Il suffit d'ouvrir un livre antique pour voir que, depuis les limites orientales de l'Asie jusqu'aux bornes occidentales de l'Europe, une même idée régnait sur ce sujet[2]. »

Nous ne pouvons peut-être pas reconstituer dans son entier cette langue des nombres, mais nous pouvons en connaître quelques-uns, ce qui nous sera d'un grand secours par la suite. Étudions d'abord un phénomène quelconque de la Nature dans lequel nous devons retrouver le nombre Trois et connaître sa signification.

Puis nous étudierons les opérations inconnues des modernes et pratiquées par toute l'antiquité sur les nombres.

Enfin, nous verrons si nous pouvons découvrir quelque chose de leur génération.

Voyons si la formule des anciens alchimistes, ἐν τό πᾶν (tout est dans tout), est vraie dans ses applications.

Prenons le premier phénomène venu, la lumière du jour par exemple, et cherchons à retrouver en lui des lois

1. Il existe trois mondes : le Naturel, le Spirituel, le Divin. Il existe donc nécessairement un culte matériel, un culte spirituel, un culte divin, trois formes qui s'expriment par l'action, par la parole, par la prière, autrement dit, le fait, l'entendement et l'amour (Balzac, *Louis Lambert*).

2. Fabre d'Olivet (*Lang. héb. rest.*, p. 30, 2e vol.).

assez générales pour s'appliquer exactement à des phénomènes d'ordre entièrement différent.

Le jour s'oppose à la nuit pour constituer les périodes d'activité et de repos que nous retrouverons dans la nature entière. Ce qui frappe surtout dans ce phénomène, c'est l'opposition entre la Lumière et l'Ombre qui s'y manifeste.

Mais cette opposition est-elle vraiment si absolue?

Regardons de plus près et nous remarquerons qu'entre la Lumière et l'Ombre, qui semblaient à tout jamais séparées, existe quelque chose qui n'est ni de la Lumière ni de l'Ombre et qu'on désigne en physique sous le nom de pénombre. La pénombre participe et de la Lumière et de l'Ombre.

Quand la Lumière diminue, l'Ombre augmente. L'Ombre dépend de la plus ou moins grande quantité de la Lumière, l'Ombre est une modification de la Lumière.

Tels sont les FAITS que nous pouvons constater. Résumons-les :

La Lumière et l'Ombre ne sont pas complètement séparées l'une de l'autre. Entre elles deux existe un intermédiaire : la pénombre, qui participe des deux.

L'Ombre, c'est de la Lumière en moins.

Pour découvrir les LOIS cachées sous ces FAITS, il nous faut sortir du particulier (étude de la Lumière) et aborder le général; il nous faut *généraliser* les termes qui sont ici *particularisés*. Pour cela employons un des termes les plus généraux de la langue française : le mot *chose*, et disons :

Deux choses opposées en apparence ont toujours un point commun intermédiaire entre elles. Cet intermédiaire résulte de l'action des deux opposés l'un sur l'autre et participe des deux.

Deux choses opposées en apparence ne sont que des degrés différents d'une seule et même chose.

Si ces LOIS sont vraiment *générales*, elles doivent s'appliquer à beaucoup de phénomènes ; car nous avons vu que ce qui caractérise une loi, c'est d'expliquer seule beaucoup de FAITS.

Prenons des opposés d'ordres divers et voyons si nos lois s'y appliquent.

Dans l'ordre des sexes, deux opposés bien caractérisés : c'est le mâle et la femelle.

Dans l'ordre physique nous pourrions prendre les opposés dans les forces (chaud-froid, positif-négatif, etc.); mais comme c'est une force qui nous a servi d'exemple, considérons les deux états opposés de la matière, état solide, état gazeux.

LOI :

Deux opposés ont entre eux un intermédiaire résultant des deux.

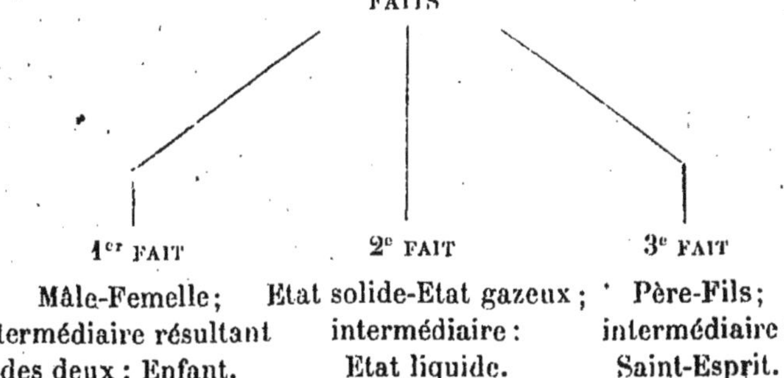

J'ai ajouté un phénomène d'ordre intellectuel, conception de Dieu d'après les Chrétiens, pour montrer l'application de la Loi dans ses sphères les plus étendues.

AUTRE LOI :

Les opposés ne sont que la conception à degrés différents d'une seule chose.

			FAITS			
Mâle Femelle Enfant	Conception à divers degrés de la Famille		Solide Gaz Liquide	La Matière	Père Fils St-Esprit	DIEU

Si, reprenant notre exemple de la Lumière et de l'Ombre, nous l'étudions encore, nous pourrons voir que la Lumière agit, l'Ombre s'oppose, tandis que la Pénombre, neutre, flotte entre les deux.

Résumons notre loi d'après ces données.

L'Actif et le Passif
(Lumière) (Ombre)
Produisent par leur action réciproque le Neutre
qui participe des Deux (Pénombre)

Pour présenter dans un ensemble clair les trois FAITS énoncés ci-dessus, nous dirons :

L'ACTIF	LE PASSIF	produisent par leur action réciproque..	LE NEUTRE
Mâle	Femelle	—	Enfant
État gazeux	État solide	—	État liquide
LE PÈRE	LE FILS	—	LE St-ESPRIT
La Lumière	L'Ombre	—	La Pénombre
Le Chaud	Le Froid	—	Le Tiède
Le Positif	Le Négatif	—	Le Neutre
L'Attraction	La Répulsion	—	L'Équilibre
L'Acide	La Base	—	Le Sel

J'ai allongé la liste en citant de nouveaux FAITS pour montrer la vérité de la LOI.

Cette LOI forme, sous le nom de LOI de la Série, la base des travaux de Louis Lucas [1], qui l'applique à presque

1. Voy. *l'Occultisme contemporain.*

tous les phénomènes chimiques, physiques et même biologiques de la science contemporaine.

Nous n'en finirions pas si nous voulions citer tous les auteurs anciens et modernes qui en ont parlé sous le nom des TROIS termes qui la constituent :

LOI DU TERNAIRE

Il suffit de se reporter aux exemples ci-dessus pour voir que les trois termes qui constituent le ternaire sont :

1° Un terme actif;

2° Un terme passif;

3° Un terme neutre résultant de l'action des deux premiers l'un sur l'autre.

Comme cette loi doit s'appliquer partout, cherchons les nombres qui, agissant l'un sur l'autre, produisent 3.

Ces nombres sont 1 et 2, car $1 + 2 = 3$.

Nous pouvons du même coup comprendre le sens des trois premiers nombres.

Le nombre 1	représente	l'Actif,
Le nombre 2	—	le Passif,
Le nombre 3	—	la Réaction de l'Actif sur le Passif.

Vous pouvez remplacer le mot ACTIF par tel terme que vous voudrez des tableaux ci-dessus placés sous ce mot et vous voyez de suite que, d'après la méthode analogique, le chiffre 1 représente toutes les idées gouvernées par ce principe l'ACTIF, c'est-à-dire l'Homme, le Père divin, la Lumière, la Chaleur, etc., etc., suivant qu'on le considère dans tel ou tel des 3 mondes.

	1
Monde Matériel :	La Lumière, l'État gazeux.
Monde Moral ou Naturel :	L'Homme.
Monde Métaphysique ou Archétype :	Dieu le Père.

Il en est de même des mots PASSIF que vous pouvez remplacer par 2, et NEUTRE par 3.

Vous voyez que les calculs appliqués aux chiffres s'appliquent mathématiquement aux idées dans la science antique, ce qui rend ses méthodes si générales et par là même si différentes des méthodes modernes.

Je viens de donner là les éléments de l'explication de la ROTA de Guillaume Postel[1].

Il s'agit maintenant de montrer que ce que j'ai dit jusqu'ici sur les nombres était vraiment appliqué dans l'antiquité et n'est pas tiré totalement de mon imagination.

Nous retrouverons d'abord ces applications dans un livre hébraïque dont M. Franck lui-même ne conteste pas l'antiquité[2], *le Sepher Jesirah*, dont j'ai fait la première traduction française. Mais comme ce livre est surtout kabbalistique, je préfère citer des philosophes anciens :

« L'essence divine étant inaccessible aux sens, employons pour la caractériser, non le langage des sens, mais celui de l'esprit ; donnons à l'intelligence ou au principe *actif* de l'Univers le nom de monade ou d'unité, parce qu'il est toujours le même ; à la matière ou au principe *passif* celui de dyade ou de multiplicité, parce qu'il est sujet à toutes sortes de changements ; au monde enfin celui de triade, parce qu'il est le résultat de l'intelligence et de la matière. » (*Doctrine des Pythagoriciens — Voyage d'Anacharsis*, t. III, p. 181, édition de 1809.)

« Qu'il me suffise de dire que, comme Pythagore désignait Dieu par 1, la matière par 2, il exprimait l'Univers par 12, qui résulte de la réunion des deux autres. » (Fabre d'Olivet, *les Vers dorés de Pythagore*.)

1. Voir pour l'explication de ce terme les œuvres de Postel, de Christian et surtout d'Eliphas Levi, ainsi que *le Tarot des Bohémiens* de Papus.

2. Franck, *la Kabbale*, 1863.

On a vu ci-dessus dans maint passage que la doctrine de Pythagore résume celles des Égyptiens, ses maîtres, des Hébreux et des Indiens; par suite, de l'antiquité tout entière ; c'est pourquoi je cite ce philosophe de préférence chaque fois qu'il s'agit d'élucider un point de la Science antique.

Nous connaissons le sens que les anciens donnaient aux nombres 1, 2 et 3 ; voyons maintenant quelques-uns des autres nombres.

Comme on a pu le voir dans la note de Fabre d'Olivet sur le Microcosme et le Macrocosme, le Quaternaire ramenait dans l'unité les termes 1, 2, 3 dont nous venons de parler.

J'aurais l'air d'écrire en chinois si je n'élucidais pas ceci par un exemple.

Le Père, la Mère et l'Enfant forment trois termes dans lesquels le Père est actif et répond au nombre 1, la Mère est passive et répond au nombre 2, l'Enfant n'a pas de sexe, est neutre, et répond à 1 plus 2, c'est-à-dire au nombre 3.

Quelle est l'Unité qui renferme en elle ces trois termes?

C'est la Famille.

Père
Mère } Famille.
Enfant

Voilà la composition du Quaternaire : un ternaire et l'Unité qui le renferme.

Quand nous disons une Famille, nous énonçons en un seul mot les trois termes dont elle est composée, c'est pourquoi la Famille ramène le 3 à 1 ou, pour parler le langage de la science occulte, le Ternaire à l'Unité.

L'explication que je viens de donner est, je crois, facile

à comprendre. Cependant Dieu sait combien il y a peu de gens qui auraient pu comprendre avant cet exemple la phrase suivante tirée d'un vieux livre hermétique : *afin de réduire le Ternaire par le moyen du Quaternaire à la simplicité de l'Unité*[1].

LE CYCLE DANS LES NOMBRES. — LES OPÉRATIONS THÉOSOPHIQUES

Si l'on comprend bien ce qui précède, on verra que 4 est une répétition de l'unité, et qu'il doit agir comme agit l'unité.

Ainsi dans la formation de 3 par 1 plus 2 comment est formé le deux?

Par l'unité qui s'oppose à elle-même ainsi $\frac{1}{1} = 2$.

Nous voyons donc dans la progression 1, 2, 3, 4 :
D'abord l'unité 1 ;

Puis une opposition $\frac{1}{1} = 2$;

Puis l'action de cette opposition sur l'unité $1 + 2 = 3$;

Puis le retour à une unité d'ordre différent, d'une autre octave, si j'ose m'exprimer ainsi.

1.2.3
4

Ce que je développe me semble compréhensible ; cependant, comme la connaissance de cette progression est un des points les plus obscurs de la science occulte, je vais répéter l'exemple de la Famille.

Le premier principe qui apparaît dans la Famille, c'est le Père, l'unité active. $= 1$

1. *L'Ombre idéale de la sagesse universelle*, par le R. P. Esprit Sabathier (1679).

Le deuxième principe, c'est la Mère, qui représente l'unité passive. = 2

L'action réciproque, l'opposition produit le troisième terme, l'Enfant. = 3

Enfin tout revient dans une unité active d'ordre supérieur, la Famille. = 4

Cette famille va agir comme un père, un principe actif sur une autre famille, non pas pour donner naissance à un enfant, mais pour donner naissance à la caste d'où se formera la tribu, unité d'ordre supérieur[1].

La genèse des nombres se réduirait donc à ces quatre conditions et, comme, d'après la méthode analogique, les nombres expriment exactement des idées, cette loi est applicable aux idées.

Voici quels sont ces quatre termes :

Unité ou Retour à l'Unité	Opposition Antagonisme	Action de l'opposition sur l'unité
1	2	3
4	5	6
7	8	9
10	11	12
(1)	(2)	(3) etc.

J'ai séparé la première série des autres pour montrer qu'elle est complète en quatre termes et que tous les termes suivants ne font que répéter *dans une autre octave* la même loi.

Comme nous allons découvrir dans cette loi une des meilleures clefs pour ouvrir les mystères antiques, je vais l'expliquer davantage en l'appliquant à un cas particulier

1. Voy. le chapitre suivant pour développements.

quelconque, le développement social de l'homme par exemple :

Unité ou Retour à l'unité	Opposition Antagonisme	Résultat de cette opposition Distinction
1 La première molécule sociale, l'Homme.	2 Opposition à cette molécule. Femme	3 Résultat. Enfant.
4 Unité d'ordre supérieur, la Famille résumant les trois termes précédents.	5 Opposition entre les familles. — Rivalités de familles.	6 Distinction entre les familles. — Castes.
7 Unité d'ordre supérieur, la Tribu résumant les trois termes précédents.	8 Opposition entre les Tribus,	9 Distinction entre les Tribus. — Nationalités.
10 La Nation.		
—		
1		

Cette loi que j'ai donnée en chiffres, c'est-à-dire en formule générale, peut s'appliquer à une foule de cas particuliers. Le chapitre suivant le montrera du reste.

Mais ne remarquons-nous pas quelque chose de particulier dans ces chiffres? Que signifient les signes $\frac{10}{1}$ $\frac{11}{2}$ $\frac{12}{3}$ placés à la fin de mon premier exemple?

Pour le savoir, il nous faut dire quelques mots des opérations employées par les anciens sur les chiffres.

Deux de ces opérations sont indispensables à connaître :

1° La *Réduction théosophique ;*
2° L'*Addition théosophique.*

1° La *Réduction théosophique* consiste à réduire tous les

nombres formés de deux ou plusieurs chiffres en nombres d'un seul chiffre, et cela en additionnant les chiffres qui composent le nombre jusqu'à ce qu'il n'en reste plus qu'un.

Ainsi :

$$10 = 1 + 0 = 1$$
$$11 = 1 + 1 = 2$$
$$12 = 1 + 2 = 3$$

et pour des nombres plus composés, comme par exemple $3{,}221 = 3 + 2 + 2 + 1 = 8$, ou $666 = 6 + 6 + 6 = 18$ et comme $18 = 1 + 8 = 9$ le nombre 666 égale neuf.

De ceci découle une considération très importante, c'est que tous les nombres, quels qu'ils soient, ne sont que des représentations des neuf premiers chiffres.

Comme les neuf premiers chiffres, ainsi qu'on peut le voir par l'exemple précédent, ne sont que des représentations des quatre premiers, tous les nombres sont représentés par les quatre premiers.

Or ces quatre premiers chiffres ne sont que des états divers de l'Unité. Tous les nombres, quels qu'ils soient, ne sont que des manifestations diverses de l'Unité.

2° *Addition théosophique :*

Cette opération consiste, pour connaître la valeur théosophique d'un nombre, à additionner arithmétiquement tous les chiffres depuis l'unité jusqu'à lui.

Ainsi le chiffre 4 égale en addition théosophique $1 + 2 + 3 + 4 = 10$.

Le chiffre 7 égale $1 + 2 + 3 + 4 + 5 + 6 + 7 = 28$.

28 se réduit immédiatement en $2 + 8 = 10$.

Si vous voulez remplir d'étonnement un algébriste, présentez-lui l'opération théosophique suivante :

$$4 = 10$$
$$7 = 10$$
$$\text{Donc } 4 = 7$$

Ces deux opérations, réduction et addition théosophiques, ne sont pas difficiles à apprendre. Elles sont indispensables à connaître pour comprendre les écrits hermétiques et représentent d'après les plus grands maîtres la marche que suit la nature dans ses productions.

Vérifions mathématiquement la phrase que nous avons citée précédemment.

Réduire le ternaire par le moyen du quaternaire à la simplicité de l'unité.

$$\text{Ternaire} = 3 \qquad \text{Quaternaire} = 4$$
$$3 + 4 = 7$$

par réduction théosophique ;

$$7 = 1 + 2 + 3 + 4 + 5 + 6 + 7 = 28 = 10$$

par addition théosophique, et réduction du total ;

Enfin :

$$10 = 1 + 0 = 1$$

L'opération s'écrira donc ainsi :

$$4 + 3 = 7 = 28 = 10 = 1$$
$$4 + 3 = 1$$

Reprenons maintenant l'exemple chiffré donné en premier lieu (page 94) :

1.	2.	3.
4.	5.	6.
7.	8.	9.
10.	11.	12.
(1)	(2)	(3)

et faisons quelques remarques à son sujet en nous servant des calculs théosophiques.

Nous remarquons d'abord que l'unité reparaît, c'est-à-dire que le cycle recommence après trois progressions $\frac{10}{1}\frac{11}{2}$; 10, 11, 12, etc., réduits théosophiquement, donnent naissance de nouveau à 1, 2, 3, etc.[1].

Ces trois progressions représentent LES TROIS MONDES dans lesquels tout est renfermé.

Nous remarquons ensuite que la première ligne verticale 1, 4, 7, 10, que j'ai considérée comme représentant l'Unité à diverses Octaves, la représente en effet, car :

$$1 = 1$$
$$4 = 1 + 2 + 3 + 4 = 10 = 1$$
$$7 = 1 + 2 + 3 + 4 + 5 + 6 + 7 = 28 = 10 = 1$$
$$10 = 1$$
$$13 = 4 = 10 = 1$$
$$16 = 7 = 28 = 10 = 1$$

On peut ainsi continuer la progression jusqu'à l'infini et vérifier ces fameuses lois mathématiques qu'on va traiter, je n'en doute pas, de mystiques faute d'en comprendre la portée.

Je conseille à ceux qui croiraient que ce sont là de nébuleuses rêveries la lecture des ouvrages sur la physique et la chimie de Louis Lucas[2] où ils trouveront la loi précédente désignée sous le nom de *série* et appliquée à des démonstrations expérimentales de chimie et de biologie.

Je leur conseille encore si la Chimie et la Physique ne leur paraissent pas assez positives de lire les ouvrages mathématiques de Wronski[2] sur lesquels l'Institut fit un rapport très favorable, ouvrages dont les principes sont entièrement tirés de la Science antique ou Science occulte.

1. Voir, pour l'application de cette loi dans Moïse, Fabre d'Olivet, *la Lang. heb. rest.*

2. Voir la liste de ses ouvrages dans *l'Occultisme contemporain.*

LE SYSTÈME DE L'ABSOLU DE HOENÉ WRONSKI.

De 1800 à 1853, le Polonais Hoëné Wronski a publié une série d'ouvrages synthétisés en quelques-uns de ses derniers travaux, notamment :

Le Messianisme, réforme absolue du savoir humain (3 vol. in-fol.) ;

L'Apodictique Messianique (ouvrage posthume 1877).

Wronski prétend avoir découvert l'*absolu*, c'est-à-dire une formule applicable à toutes les recherches possibles. Il ne prétend nullement empêcher par sa « loi de l'absolu » les recherches ; il affirme seulement qu'il simplifie considérablement le travail des chercheurs de vérité.

Pour faire comprendre le mieux possible son système nous avions eu l'idée, lors de la première édition de ce livre, de publier l'application de cette méthode à la génération des nombres.

Nous ignorions alors l'existence d'un livre de Wronski publié en 1877, *l'Apodictique Messianique*, qui contient des renseignements inédits fournis par l'auteur lui-même.

Nous allons développer l'exemple de la génération des nombres puis nous citerons quelques extraits de Wronski.

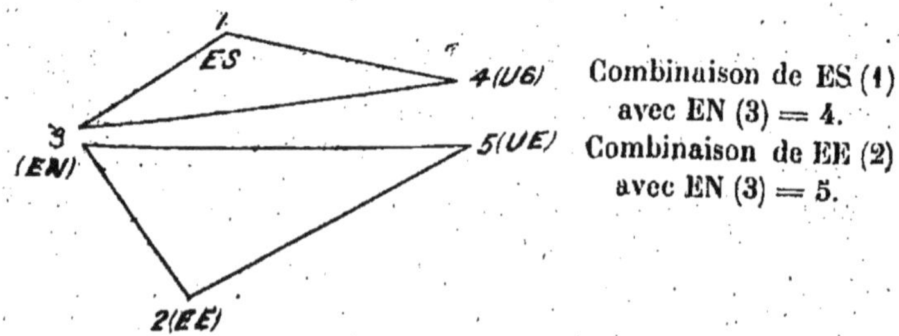

Combinaison de ES (1) avec EN (3) = 4.
Combinaison de EE (2) avec EN (3) = 5.

A l'origine du système l'auteur place un élément qu'il nomme *élément neutre* (E. N.) et deux éléments dérivés du précédent, l'*élément savoir* (E. S.) et l'*élément être* (E. E.).

Prenons le chiffre 3 comme élément neutre (E. N.) et nous aurons la figure ci-dessus qui nous montre 1 et 2 dont la réunion donne le 3 primitif.

Ces trois éléments (E. N., E. S. et E. E.) sont les trois principes primitifs de toute réalité.

Combinons ces nombres et nous allons obtenir les *principes dérivés* qui sont au nombre de quatre.

Deux de ces principes, l'*Universel Savoir* (U. S.) et l'*Universel Être* (U. E.) dérivent de la combinaison de chacun des deux premiers éléments *Etre* et *Savoir* avec l'*élément neutre*. Ainsi :

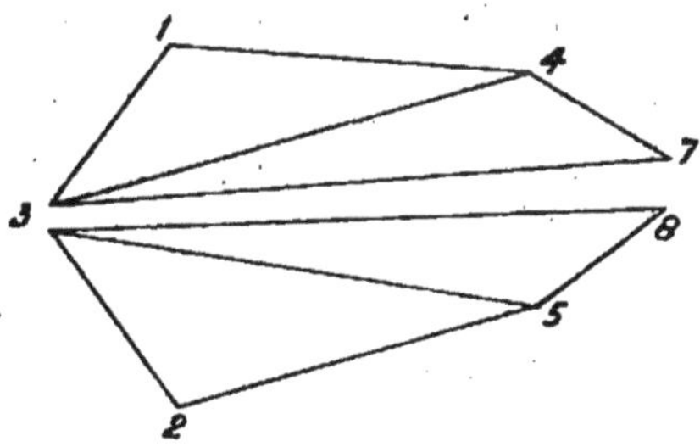

Ces éléments nouveaux ainsi obtenus se combinent avec l'élément neutre pour donner naissance à deux nouveaux produits le Savoir et l'Être (S. et E.) et l'Être et le Savoir (E. et S.).

Avant ces dérivés sont placés deux autres éléments que nous ne pouvons représenter dans les combinaisons arithmétiques ; ce sont deux éléments *transitifs* ***T. E.*** et ***T. S.***

Enfin l'élément 7 et l'élément 8 se combinent pour donner naissance à un élément nouveau le *Concours Final* (C. F.) $8 + 7 = 15 = 1 + 5 = 6$.

De même les deux éléments universels (U. S. et U. E.) 4 et 5 se combinent aussi pour produire un nouvel élément synthétique, la *Parité coronale* (P. C.) $= 4 + 5 = 9$.

De toutes ces combinaisons résulte la figure suivante :

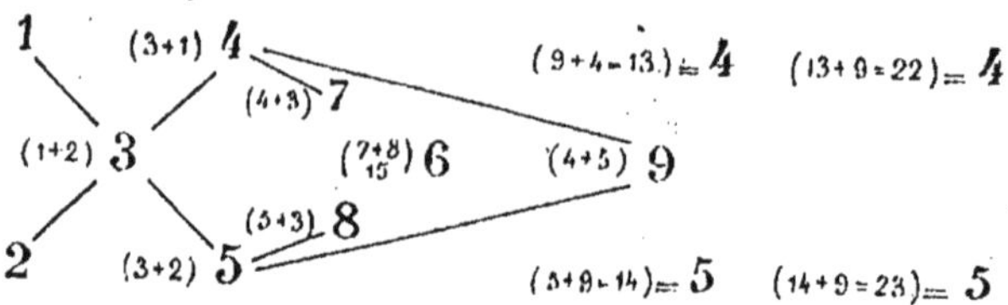

On voit dans ce tableau l'application de la loi chiffrée 1, 2, 3, 4, etc., dont j'ai déjà tant parlé.

Un et deux donnent naissance à trois et de ces trois nombres sortent tous les autres jusqu'à 9 d'après les mêmes principes. A partir de 9 tous les nombres, quels qu'ils soient, se réduisent, par réduction théosophique, aux nombres d'un seul chiffre.

Les nombres sont du reste disposés par colonnes dont trois principales et deux secondaires, je les indique par des chiffres de grosseurs différentes.

Colonne principale **1** —— **4** — (13) **4** — (22) **4** — (31) **4**

+

Colonne secondaire 7 (16) = 7 (25) = 7 (34) = 7

Colonne principale **3** ———— **6** ———— **9** —

∞

Colonne secondaire 7 (17) = 8 (26) = 8 (35) = 8

Colonne principale **2** —— **5** — (14) **5** (23) = **5** — (32) = **5**

Comme nous tenons à citer toutes les obscurités à propos de cet auteur nous donnons ci-dessous le *schéma pur de la loi de Création* par lui-même suivi du *système général de lecture* et d'une application au *schéma de la colorisation*. J'espère que ces divers exemples serviront à éclairer au mieux le merveilleux système de Wronski.

Système général de Lecture.

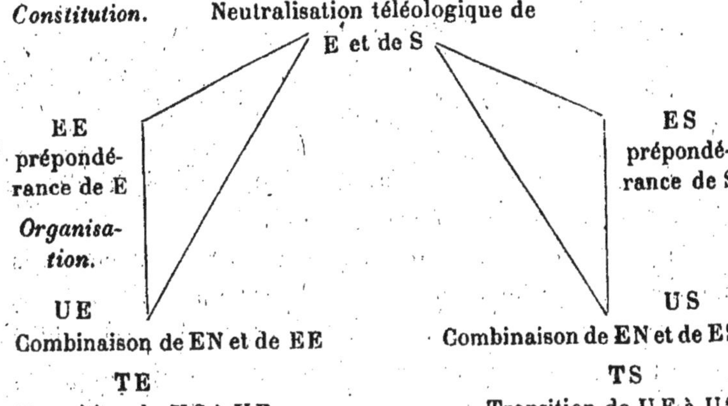

TE
Transition du US à UE
S en E
Influence de S en E

TS
Transition de UE à US
E en S
Influence de E en S

C. F.

Influence réciproque de ces éléments primordiaux, harmonie systématique entre ES et EE par leur concours téléologique à la création de Elément.

P. C.

Identité finale dans la réunion systématique des deux éléments dérivés distincts, de US et de UE, par le moyen de EN qui leur est commun.

CRÉATION DE LA COLORISATION

Ce qu'il y a de donné dans l'identité finale de la diaphanéité et de l'opacité pour établir les colorisations.

◐
EN
Jaune

△
EE
Bleu

▲
ES
Rouge

◻
UE
Vert
(Jaune combiné au bleu)

◼
US
Orange
(Jaune combiné avec le rouge)

TE
Violet
(Fonction du vert qui égale orange)

TS
Cramoisi
(Fonction d'orange qui égale vert)

S en E
Lilas
(Rouge en bleu)

E en S
Hortensia
(Bleu en rouge)

C. F.
Influence réciproque du rouge dans le bleu et du bleu dans le rouge.
Pourpre
(couleur de sang)

P. C.
Identité finale dans la réunion systématique du vert et de l'orange moyennant le jaune qui leur est commun
Vert doré

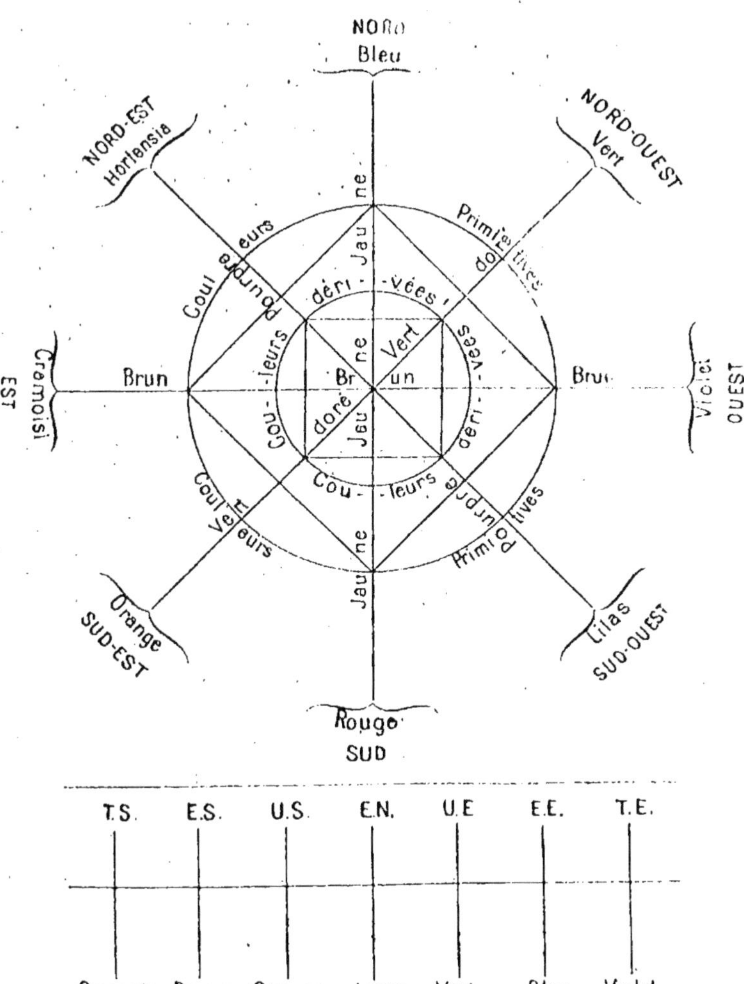

Création de la Colorisation.

CRÉATION DE LA RÉALITÉ

EN
Réalité
Détermination

3
EE
Être
Fixité

2
ES
Savoir
Déterminabilité

5
UE
Le Bien
Essentialité

4
US
Le Vrai
Moralité

7°
TE
Préceptes
ou vies morales
Législativité

6°
TS
Dogmes
ou problèmes religieux
Créativité

9°
S en E
Choses
Axiomes

C. F.
Finalité
Convenance
P. C.
Monde
Oeuvre

8°
E en S
Pensée
Syllogisme

Subordination de l'Être
à des causes finales

L'Être est l'*Objet* du Savoir et le Savoir la *Condition* de l'Être.

CRÉATION DE LA RÉALITÉ. — ANALYSE DE LA LOI DE WRONSKI PAR LUI-MÊME

En résumant ces résultats, nous voyons que ce principe absolu est composé de *sept principes élémentaires :* la réalité, le savoir, l'être, le vrai, le bien, les dogmes et les lois morales et de *quatre principes systématiques :* la pensée, les choses, la finalité (objective *l'ordre,* et subjective, *le beau et le sublime)* et le monde ou œuvre créée.

Nous savons de plus que parmi les sept principes élémentaires il existe *trois principes primitifs :* la réalité, le savoir et l'être, et *quatre principes dérivés :* le vrai, le bien, les dogmes et les lois morales ; et que, parmi les trois principes primitifs, le premier, la réalité, est le *principe fondamental* et les deux autres, le savoir et l'être, sont les *deux principes primordiaux;* et de même, que parmi les quatre principes dérivés, les deux premiers, le vrai et le bien, sont les *deux principes universels* et les deux derniers, les dogmes et les lois morales, sont les deux *principes transitifs*. Nous savons également que, parmi les principes systématiques, les trois premiers, la pensée, les choses et la finalité (l'ordre et le beau) constituent la *diversité systématique* qui existe dans les deux éléments primordiaux et le dernier, le monde (œuvre créée), constitue *l'identité systématique* qui existe dans les deux éléments universels, moyennant l'élément fondamental; et que, parmi les trois principes systématiques qui combinent la diversité des éléments, les deux premiers, la pensée et les choses, n'offrent qu'une *influence partielle* de l'un dans l'autre, des deux éléments primordiaux et la troisième, la finalité, offre une *influence réciproque* de ces éléments primordiaux, en préparant ainsi la clôture du système; et enfin que le quatrième et dernier principe systématique, le monde, qui reproduit, dans la combinaison des deux éléments universels, l'identité primitive qui a lieu dans l'essence même de l'absolu, accomplit définitivement ce système des principes de la raison en rendant manifeste l'intime essence de l'absolu lui-même.

SIGNIFICATION DE QUELQUES NOMBRES

La connaissance de ces tableaux n'est du reste d'aucune importance pour la compréhension de ce qui suit ; aussi je prie ceux que cet amas de chiffres effrayerait de ne pas s'en occuper davantage et de passer outre.

Avant de terminer ce chapitre, déjà fort long, je tiens à signaler une chose d'une extrême importance pour comprendre le tétragramme sacré des Hébreux dont nous parlerons par la suite.

La progression :

1. 2. 3
4. 5. 6
7. etc.

est formée de quatre chiffres disposés seulement en trois colonnes parce que le quatrième chiffre n'est que la répétition du premier. C'est comme s'il y avait 1. 2. 3. 1, etc. Les Hébreux expriment le nom le plus auguste de la divinité par quatre lettres dont une est répétée deux fois, ce qui réduit le nom divin à trois lettres ainsi : IEVE = IVE. Cette remarque aura sa place dans la suite.

Pour résumer nous donnons la signification des dix premiers nombres d'après un élève d'Éliphas Levi, Desbarolles :

1. L'unité c'est le principe de tout ; mais l'unité lumière ne peut rester une lumière sans ombre, l'unité voix ne peut rester une voix sans écho. Un est un principe sans comparaison ; le nombre, c'est l'harmonie, et sans l'harmonie, rien n'est possible ; l'unité est nécessairement active et son besoin d'action la fait se répéter elle-même ; elle se partage, ou plutôt elle se multiplie pour produire *deux*.

2. Mais deux c'est l'antagonisme, c'est l'immobilité momentanée lorsque les forces sont égales, mais c'est la lutte, le principe du mouvement. Saint Martin en désignant le nombre deux comme mauvais et funeste a prouvé qu'il ne connaissait pas un des plus grands arcanes de la magie.

Deux c'est l'antagonisme, mais trois c'est l'existence. Avec trois la vie est trouvée.

3. Trois c'est le pendule qui va tantôt à droite tantôt à gauche, pour équilibrer et faire mouvoir.

Trois utilise ainsi la lutte des binaires et a, lui, le mouvement qui est la vie.

Deb (308).

Trois est la formule des mondes créés, il est le signe *spirituel* de la création comme il est le signe *matériel* de la circonférence.

Balzac (*Louis Lambert*).

⁂ TROIS C'EST DIEU *(Deb.)*

Le nombre trois c'est le mouvement qui fait équilibre en passant successivement d'un point à un autre; le nombre quatre c'est l'équilibre parfait, c'est le carré, le positivisme, le réalisme.

4. Quatre en magie c'est le cube, le carré. C'est l'image de la terre ; le quaternaire est la conséquence du ternaire; le ternaire c'est l'esprit, le mouvement, la résistance qui amènent naturellement le quaternaire : la stabilité, l'harmonie.

Oui et non de la lumière
Oui et non de la chaleur

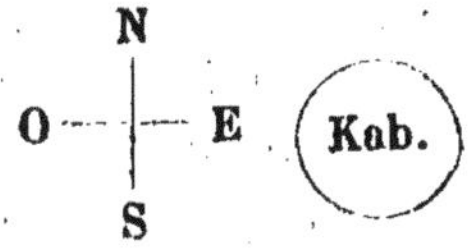

N
O — E
S

(Kab.)

4 (Suite). Tendez une corde (disaient les disciples de Pythagore) divisez-la successivement en deux, trois, quatre parties, vous aurez dans chaque moitié l'octave de la corde totale.

Dans les $\frac{3}{4}$ la quarte.

Dans les $\frac{2}{3}$ la quinte.

L'octave sera donc comme.	1 à 2
La quarte comme.........	3 à 4
La quinte comme.........	2 à 3

L'importance de cette observation fit donner aux nombres 1, 2, 3, 4 le nom de sacré quaternaire. D'après ces découvertes, il fut aisé de conclure que les lois de l'harmonie sont invariables et que la nature a fixé d'une manière irrévocable la valeur et les intervalles des tons.

(*Voyage d'Anacharsis*, t. III, p. 185, Paris 1809.)

Bientôt dans les nombres 1, 2, 3, 4, on découvrit non seulement un des principes du système musical, mais encore ceux de la physique et de la morale, tout devint proportion et harmonie : le temps, la justice, l'amitié, l'intelligence, ne furent que des rapports de nombres et, comme les nombres qui composent le sacré quaternaire produisent en se réunissant le nombre 10, le nombre quatre fut regardé comme le plus parfait de tous par cette réunion même.

5. Nous avons dit que le nombre quatre représente les quatre éléments reconnus par les Kabbalistes; quatre, c'est donc la terre, la forme; un, est le principe de vie, l'esprit.

Par conséquent 5 c'est 4 et 1, cinq c'est donc l'esprit dominant les éléments, c'est la quintessence.

Aussi le pentagramme est-il le nombre de Jésus dont le nom a cinq lettres, c'est le fils de Dieu se faisant homme, c'est Jéhova incarné.

Cinq c'est l'esprit et ses formes
donc bien ou mal
droit ou renversé

Pouce + esprit, *intelligence* }
Quatre doigts — matière } Humains

Les quatre membres sont régis par la tête comme les quatre doigts par le pouce.

6. Le nombre 6 représente 2 trois fois.

C'est l'image des rapports du ciel et de la terre, c'est le triangle céleste dont le triangle terrestre est le reflet à rebours (comme le reflet d'un objet dans l'eau).

C'est l'axiome gravé sur la table d'émeraude.

C'est la preuve de notre correspondance avec le ciel, c'est le nombre de la liberté et du travail divin; la liberté est en haut, le travail est en bas, il faut passer par tous les échelons du travail pour arriver à la liberté.

Le nombre six est si parfait de lui-même qu'il semble le même nombre de l'assemblage de ses parties.

Agrippa.

6 = 21 = 1 + 2 = 3 : 1 + 2 + 3 = 6

7. Le nombre sept est le nombre sacré dans tous les symboles parce qu'il est composé du ternaire et du quaternaire. Il représente le pouvoir magique dans toute sa force, c'est l'esprit assisté de toutes les puissances élémentaires; c'est comme cinq l'esprit dominant la matière; mais ici l'esprit n'est plus représenté par *un* qui signifie l'esprit humain; mais par *trois* qui représente Dieu, l'esprit de Dieu.

8. Le binaire du quaternaire.
Balance universelle des choses.
L'harmonie dans l'analogie des contraires.

9. 3 fois trois,
C'est le triangle du ternaire.
L'image la plus complète des trois mondes.
La base de toute raison.
Le sens parfait de tout verbe.
La raison d'être de toutes les formes.
Le nombre neuf est celui des reflets divins il exprime l'idée divine dans toute la puissance abstraite.

10. Le nombre dix est composé de l'unité qui signifie l'être et du zéro qui exprime le non être; il renferme donc Dieu et la création, l'esprit et la matière; il est le *nec plus ultra* de l'intelligence humaine qui compte tout par ce nombre.

(*Harmonies de l'Être*, t. II, p. 234.)

Emblème : Un serpent montant après une borne, le mouvement et l'immobilité, l'idée et la matière.

Travaux de Charles Henry.

Dans ces dernières années un philosophe ayant approfondi tous les mystères des mathématiques et admirateur sincère de Wronski, M. Charles Henry, a publié une série de travaux dont nous ne pouvons donner qu'un court résumé. On trouvera les œuvres complètes de cet auteur au siège du Groupe, 29 rue de Trévise.

UNE IMPORTANTE DÉCOUVERTE

Communication de M. Charles Henry à l'Académie.

M. Charles Henry a présenté à l'Académie des Beaux-Arts, dans sa séance du 22 décembre, trois instruments nouveaux : un *Cercle chromatique*, un *Rapporteur* et un *Triple décimètre esthétiques* et il a résumé la théorie qui doit prochainement être publiée en même temps que ces appareils :

M. Charles Henry fait observer que la science n'a point fourni jusqu'ici au peintre, des ressources techniques aussi complètes qu'au musicien. Les peintres ont très souvent besoin de la teinte complémentaire, c'est-à-dire de la lumière colorée qui, mélangée avec une autre, donne la sensation de blanc : ils doivent à chaque instant résoudre rapidement des problèmes de pouvoir éclairant, d'harmonies, de mélanges de lumières colorées et de pigments. Leurs solutions, parfois laborieuses, sont toujours empiriques, car elles dépendent, dans une certaine mesure, de l'individualité de l'artiste. Il était essentiel de pouvoir fixer les lois *normales* des compléments, des mélanges, des harmonies de lumières colorées et de pigments. C'est l'objet du *Cercle Chromatique*.

L'auteur pose le problème esthétique sous une forme nouvelle. Nos sensations et nos idées n'offrant aucune prise au calcul, il était urgent de les rattacher à des phénomènes susceptibles de mesure. Or, s'il est un fait bien établi par l'observation psychologique, c'est qu'il n'y a pas de sensation d'idée sans mouvement du sujet. Si on empêche les mouvements des organes des sens, on empêche la sensation qui correspond à un arrêt de ces mouvements ; si on impose au sujet une attitude, on lui suggère l'idée corrélative. On peut donc considérer les fonctions psychiques comme des mouvements virtuels de l'être vivant.

Par des considérations évidentes et une esquisse schématique de notre mécanique naturelle, l'auteur prouve que l'être vivant, ne pouvant décrire que des cycles (circonférences décrites dans un sens) de rayon défini, exprime ses diverses excitations, au moyen de changements de direction, virtuels ou réels, de sa force, le sens de ces directions (en haut ou en bas, à droite ou à gauche), marquant la nature agréable ou non des excitations. La direction est donc l'élément représentatif commun à toutes les sensations.

Les directions diffèrent plus ou moins, au maximum ou au minimum, successivement ou simultanément : c'est la fonction de *contraste*.

Lorsque les directions diffèrent de certains angles réalisables continûment par notre mécanique naturelle, qui est celle du compas, il y a *rythme*.

Lorsque les directions appartiennent à des cycles de rayon trop grand pour être décrits continûment, et que les nombres d'unités de mesure de ces directions considérées comme des dénominateurs de fractions de cycle sont réalisables continûment pour notre organisation, il y a *mesure*.

Les procédés généraux de réaction de l'être vivant une fois établis et mathématiquement étudiés, M. Charles Henry peut aborder scientifiquement les problèmes de couleurs, fixer les trois couleurs-lumières fondamentales, les quatre pigments fondamentaux, construire son cercle chromatique d'après les principes rigoureux et non d'après des conventions, comme les dispositifs adoptés jusqu'à ce jour, exposer les principes d'une polychromie rationnelle, déduire les phénomènes d'irradiation et les moyens de les empêcher, déterminer le pouvoir éclairant des différentes parties du spectre, fixer l'ordre dans lequel il faut ranger les couleurs au point de vue de la fatigue. Il énonce ensuite les lois du contraste des lumières et des couleurs, les relations de ces lois avec la vision binoculaire et la théorie du relief; il déduit les oscillations de la fonction de complémentaire observées pour les couleurs-lumières par M. de Helmholtz et pour les intensités de pigments par M. Rood. Il explique les apparences colorées et la sensibilité différentielle de la lumière blanche, l'influence réciproque des couleurs les unes sur les autres et leurs apparences rentrantes ou saillantes dans les vitraux. Il donne une règle qui permet de retrouver les différences des mélanges de pigments et de lumières : ce qu'aucun point de vue théorique n'avait permis de faire jusqu'ici; enfin, après des développements sur le problème de l'éclairage et les lois des mouvements des yeux, il énonce les formules différentes auxquelles sont soumises les harmonies de lumières-couleurs et les harmonies de pigments.

La nécessité de trouver l'entière généralité des principes de dynamique vivante que l'auteur avait appliqués à la sensation visuelle lui faisait un devoir d'étendre ces principes à la solution de quelques problèmes accessoires. M. Charles Henry a donc consacré un chapitre à la sensation auditive; traitant de l'origine du tempérament, de l'origine des gammes (la gamme mineure n'a jamais été expliquée), déduisant les variations des valeurs des intervalles musicaux suivant la mélodie, l'harmonie, la nature de l'accord, exposant un procédé rigoureux d'analyse rythmique des phrases mélodique et harmonique, énonçant la formule générale des accords possibles, et quelques considérations nouvelles sur le timbre.

D'autre part, le problème esthétique sous sa forme nouvelle se confond avec le problème du mécanisme de ces excitations appelées par les physiologistes dynamogènes ou inhibitoires, qui, en exagérant ou en empêchant les fonctions, jouent un rôle si considérable dans la pathogénie. M. Charles Henry explique clairement ces phénomènes paradoxaux, déduit en particulier et complète en dehors des limites de l'expérience la courbe d'accroissement de vitesse de locomotion en fonction des nombres de pas à la minute, explique l'origine de la droiterie et de la gaucherie, les perturbations bien connues à la loi de Fechner. Il précise une loi d'évolution qui lui permet d'expliquer le mécanisme mystérieux de la mort et de caractériser la forme des fonctions du temps ; il rapproche les phénomènes de dynamogénie des dégagements d'électricité, positive et négative, les phénomènes d'inhibition des dégagements de chaleur, déduisant réciproquement des nouvelles fonctions subjectives ou des lois de nos représentations de chaque ordre d'actions, les mesures d'électriques absolues, l'expression des températures vraies, le théorème de Carnot qu'il démontre ne point s'appliquer à la matière vivante, enfin le principe de vitesses virtuelles.

Cette œuvre est le premier pas du calcul dans le monde de la vie. Par des déductions directes d'un fait fondamental de l'organisation, l'auteur a pu préciser le *normal* (ce qu'aucune méthode observationnelle ou expérimentale ne pouvait faire connaître). Par la preuve d'une corrélation profonde entre trois ordres de phénomènes jusqu'ici sans liaison : phénomènes physiques, électricité et chaleur ; phénomènes mécaniques, mouvements virtuels continus et discontinus de l'être vivant ; phénomènes subjectifs, plaisir et douleur : il est parvenu à fonder sur les lois de nos représentations une méthode qui offre aux hypothèses fondamentales de la science, toute la certitude dont elles sont susceptibles et nous permet de pénétrer dans la physique et dans les mathématiques par des déductions de points de vue supérieurs.

L'auteur publiera prochainement des échelles dynamométriques, permettant de doser rigoureusement les forces des sujets, d'après la nature de leurs illusions d'optique et leur préférence pour telle combinaison de lignes, avec une introduction sur la théorie de la pathogénie; il fait construire des haltères dynamogènes, des thermomètres et manomètres normaux, applicables au traitement des névroses.

Le nouveau rapporteur, dit *Rapporteur Esthétique*, au moyen de tables et d'une notice explicative, très facile à comprendre, permet de réaliser à volonté des formes agréables pour les sujets normaux. Les spécimens produits à l'aide de cet instrument ont toujours, sous des formes diverses, été jugés d'accord avec la théorie, et ne laissent aucun doute sur la solution pratique du problème.

Ces résultats n'intéressent pas seulement l'art industriel : en précisant ce qu'il faut entendre par le normal, la nouvelle théorie imprime à la biologie et à la médecine une direction rationnelle; en dosant le caractère normal ou pathologique des réactions vivantes enregistrées par la méthode graphique, le *Rapporteur Esthétique* devient un instrument indispensable au clinicien. L'auteur présente plusieurs exemples de cette importante application.

D'après la théorie, le caractère agréable ou non d'une forme est lié au nombre qui la caractérise. C'est ce nombre que l'œil précise inconsciemment en parcourant un contour. Le *Rapporteur Esthétique* servant à convertir les nombres en formes et les formes en nombres, habitue l'œil à une exactitude rigoureuse. Son emploi est donc en lui-même une méthode scientifique de dessin industriel; cette méthode a produit déjà d'excellents résultats. Le nouvel instrument peut également servir à améliorer l'écriture et par là le rythme des actions nerveuses; il peut modifier rationnellement la forme des caractères typographiques et par là favoriser l'exercice normal de la vue. Indispensable dans la technique de la nouvelle polychromie et pour l'interprétation de la méthode graphique, le nouveau Rapporteur est, en un mot, l'instrument scientifique de la morphologie, considérée dans son sens subjectif le plus abstrait, qu'il s'agisse de formes inorganiques ou organisées, mortes ou vivantes, naturelles ou artificielles, historiques ou actuelles.

Le *Triple-Décimètre Esthétique* permet, sans recourir aux tables, de trouver dans les limites usuelles toutes les mesures convenables.

*
* *

Saint-Martin a fait aussi un travail sur les nombres[1], mais ce qu'on a publié de lui sous ce nom n'est qu'un ensemble de notes réunies au hasard après sa mort; aussi n'en parlerons-nous pas davantage.

§ 3. — CONCLUSION

Arrivés en ce point, jetons un rapide coup d'œil sur le chemin parcouru, afin de nous rendre compte des aspects sous lesquels la Science antique se présente maintenant à notre esprit.

1. Saint-Martin, *les Nombres* (œuvre posthume).

Après avoir déterminé l'existence de cette science renfermée dans les sanctuaires, nous avons vu qu'elle employait pour parvenir à ses conclusions une méthode spéciale que nous avons appelée méthode par analogie.

Puis nous avons découvert que cette méthode reposait sur une hiérarchie naturelle comprenant trois grandes divisions, celle des phénomènes, celle des causes secondes et celle des causes premières, ou, d'après Saint-Yves d'Alveydre, celle des FAITS, celle des LOIS et celle des PRINCIPES, divisions désignées par les anciens sous le terme de: LES TROIS MONDES.

L'emploi de ce nombre trois nous a forcément conduit à l'étude de la conception spéciale sous laquelle la science primitive envisageait les nombres et, par la façon dont se forme le Ternaire, nous avons découvert une Loi cyclique présidant à l'évolution des nombres et par suite à celle de la nature entière.

L'analyse de cette loi nous a fait étudier deux procédés de calcul inconnus des algébristes modernes, procédés employés par toute l'antiquité depuis Homère jusqu'aux alchimistes en passant par Moïse, Pythagore et l'École d'Alexandrie : la réduction et l'addition théosophiques.

Nous sommes maintenant en possession de méthodes qui vont peut-être nous permettre d'aller plus loin ; aussi n'hésitons-nous pas à pénétrer avec elles dans les mystères antiques pour savoir le grand secret que les initiés conservaient couvert d'un triple voile.

PREMIÈRE PARTIE

LA DOCTRINE

CHAPITRE III

LA VIE

§ 1. — LA VIE UNIVERSELLE

Lorsqu'il s'agit d'édifier rapidement un édifice l'on fait appel aux divers corps de métier qui participent généralement à la construction.

Les charpentiers, les maçons, les menuisiers, les serruriers, les peintres arrivent au lieu du travail.

Chacun de ces groupes, le plus souvent vêtu différemment, représente une spécification particulière de la main-d'œuvre et pourtant, en dernière analyse, chacun de ces groupes est composé d'éléments similaires : les hommes.

Ce sont des hommes, tous constitués de même, en tant qu'êtres humains, qui se sont d'abord groupés entre eux puis se sont appliqués chacun à différents métiers pour assurer, grâce à cette division, la rapidité du travail.

Ces hommes identiques comme constitution se nourrissent d'aliments semblables et nous voyons ces aliments identiques absorbés par tous se transformer ici en travail appliqué à la pierre, là en travail appliqué au bois ou au fer ou à l'ornementation; enfin l'élément réparateur (l'aliment) semblable pour tous se transforme en forces différentes suivant l'éducation du récepteur (ouvrier) qui le reçoit.

Il en est de même dans la constante édification de ce monument si compliqué qui s'appelle l'organisme humain.

Des groupements cellulaires dénommés *organes* accomplissent chacun une fonction différente, montrant par là leur analogie avec les corps de métier.

Et de même que ces corps de métier étaient, en dernière analyse, composés d'éléments identiques, les hommes; de même tous les organes sont composés en dernière analyse d'éléments identiques, les *cellules*.

Si nous décomposons donc l'organisme humain nous trouverons à la base la cellule comme terme ultime d'analyse.

Chaque cellule se modifie suivant le métier (fonction) qu'elle est chargée d'exécuter de même que nos ouvriers s'habillent en blouse blanche s'ils sont maçons, en bleu s'ils sont menuisiers, en noir et bleu s'ils sont serruriers, etc., etc.

Une fois la modification obtenue, les cellules se groupent entre elles d'après leur métier et chacun de ces groupements, correspondant à un corps professionnel, prend le nom d'*organe*.

Les organes s'unissent à leur tour quand ils ont un même but général à accomplir et *les appareils* prennent alors naissance. C'est ainsi que la construction d'une maison demande l'union de différents corps de métier correspondant à *un appareil organique*, tandis que la confection d'un livre demande l'union de corps de métier différents des premiers (imprimeur, fabricant de papier, d'encre, brocheur, relieur, etc., etc.).

Le but pour lequel sont unis les différents corps de métier ou organes prend le nom de *fonction*.

Ainsi la construction d'une maison demande la réunion d'une certaine catégorie de travailleurs (appareil). Ces travailleurs sont divisés par corps de métier (organes), chacun de ces corps de métier est en définitive composé d'éléments similaires : les hommes (cellules).

	Cellule	Ex. : Cellule musculaire, globule sanguin, etc., etc.
Groupement des cellules ou	Organe	Ex. : Un muscle, un os, le cœur, le foie.
Groupement des organes ou	Appareil	L'appareil de respiration : poumons, cœur, vaisseaux et bronches.
But général ou	Fonction	Fonction de circulation, de nutrition, etc., etc.

Telles sont les idées générales que nous fournit une première considération de l'organisme humain.

Cependant il est un point qui demande une attention particulière.

Nous avons vu, à propos des ouvriers, que chacun d'eux, recevant une nourriture identique, la transformait en travail de résultats différents.

Existe-t-il pour toutes les cellules du corps humain un élément semblable de réparation?

Oui.

Un seul et même principe réparateur circule dans l'organisme, charrié par le sang, et ce principe est transformé en forces différentes suivant la cellule sur laquelle il agit.

Ainsi la cellule du foie produira sous l'influence de l'influx sanguin de la bile et de la matière glycogène ; la cellule d'une glande salivaire produira de la salive tandis que la cellule nerveuse donnera naissance à des phénomènes excito-moteurs.

Résumons ces rapports dans une figure :

Nourriture identique	Maçons	Bâtisse.
	Charpentiers	Charpente.
	Serruriers	Travail de fer.
	Menuisiers	Travail de bois.
	Peintres	Peinture.

Élément réparateur uniquе (charrié par le sang)	Glande salivaire	Salive.
	Estomac	Suc gastrique.
	Foie	Bile.
	Rein	Urine.
	Moelle	Force nerveuse.

Comment appellerons-nous l'élément réparateur qui vient redonner *la force*[1] aux organes au fur et à mesure des besoins? nous l'appellerons LA VIE.

La vie, élément réparateur universel, circule autour des diverses cellules. Celles-ci s'approprient ce qu'il leur faut de force et l'individualisent suivant leurs besoins.

Si nous voulions figurer cette action par un schéma très simple nous représenterions la circulation de la vie par une ligne continue sur le parcours de laquelle les diverses

1. Le sang charrie deux sortes d'aliments réparateurs :

1° Un élément qui répare *la substance* des organes à mesure qu'elle est usée. Cet élément est constitué par les matières albuminoïdes dissoutes dans la partie liquide du sang (*liquor*);

2° Un élément qui répare *la force* des organes. Cet élément localisé dans les organes figurés du sang et surtout dans le globule rouge (*hématies*) est celui que nous appelons : *la Vie*. Voy. Gérard Encausse, *Physiologie synthétique* (circulation de *la Force*).

cellules individualisant la force générale la transforment en forces particulières.

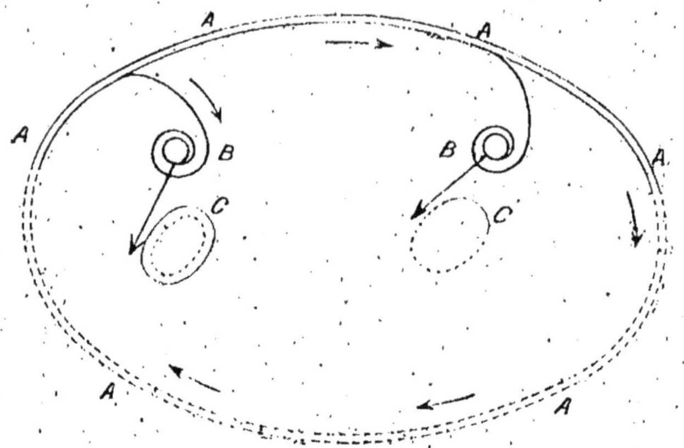

A. — Courant général (le sang).
B. — Individualisation du courant par la cellule (nutrition).
C. — Force particulière dérivée du courant général sous l'influence de la cellule.

Notons donc bien ce point :

La vie de chaque cellule provient de l'individualisation par cette cellule de la vie générale de l'être humain.

Mais d'où provient donc cette force que transporte le sang dans tout l'organisme? Comment entre-t-elle dans l'homme et d'où vient-elle?

Les cellules sont baignées par le sang. C'est de lui qu'elles tirent leur force. Qu'arrive-t-il si le sang vient à manquer? La cellule ne tarde pas à périr ; les éléments qui la composaient, jadis utiles, deviennent nuisibles et sont éliminés au plus vite.

Nous avons vu que chacun des ouvriers de notre édifice représentait exactement une cellule du corps humain. Il doit exister quelque chose de laquelle sont entourés ces ouvriers et qui cause leur mort dès qu'elle vient à manquer. Cette chose c'est l'*Air*.

L'air est pour les hommes ce que le sang est pour les cellules. Les hommes aspirent dans leurs poumons cet air, le même pour tous, et le transforment en la vie particulière de chacun d'eux.

La même figure que tout à l'heure nous servira donc en changeant simplement quelques noms. Au lieu de *sang*, nous dirons *air atmosphérique*, au lieu de *cellule* nous dirons *homme*.

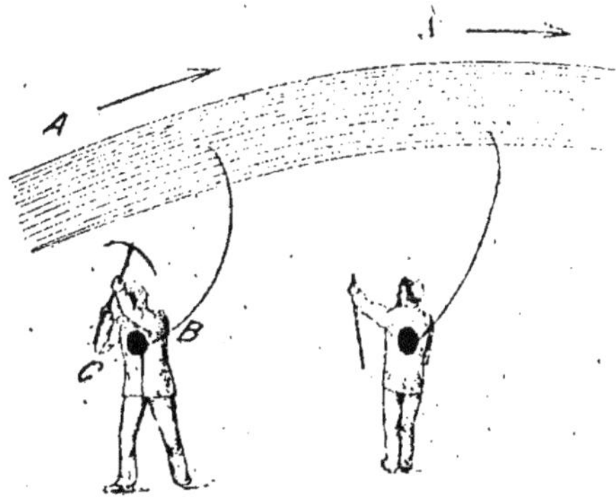

Cette figure, en apparence très naïve, montre que l'homme après sa naissance est *attaché* par la respiration à la Terre, comme le fœtus était attaché, avant la naissance, à sa mère par le cordon ombilical.

Cette idée que l'air est pour l'individu humain ce que le sang est pour les cellules, nous conduit à de nouvelles considérations. L'homme n'est pas, en effet, le seul être de la Terre qui puise dans l'air ambiant les éléments nécessaires à l'entretien de sa vie particulière.

Tous les êtres vivants à peu près se comportent comme l'homme vis-à-vis de cet air ambiant. De là découle tout naturellement l'idée que ces êtres représentent des cellules tout aussi bien que l'homme ; mais cellules de quoi ?

C'est ici que prend place une des idées de la Science Occulte qui semble des plus bizarres à nos contemporains.

Cette idée c'est que, de même que les cellules de l'homme, après s'être groupées en organes et en appareils, constituent les fonctions de cet homme, et par là même son existence matérielle, de même tous les êtres vivants situés sur notre planète sont des cellules de cette planète qui est *un être vivant*.

Tous les êtres terrestres sont attachés à l'atmosphère par la respiration.

Ainsi le règne minéral constitue l'appareil général qui forme la charpente de l'être uni à quelques représentants du règne suivant.

Le règne végétal constitue la vie végétative de la Terre et le règne animal tout entier constitue sa vie sensitive, son système nerveux.

Chaque représentant de ce règne animal est une cellule nerveuse de la Terre, chaque famille un organe, et enfin l'animalité tout entière préside à la fonction de l'innervation.

Chacun des êtres humains représente une des cellules

nerveuses les plus élevées. La partie féminine de l'humanité est réceptrice, sensitive et la partie masculine est volontaire, motrice ; si bien que l'ensemble de tous les hommes situés sur notre planète, l'humanité terrestre, est le *cerveau de la Terre*.

J'ai fait mes efforts pour expliquer de mon mieux une des idées défendues par tous les disciples de l'École Pythagoricienne, par tous ceux des Écoles Platonicienne ou néo-Platonicienne, l'idée que tout est vivant dans l'Univers, même les planètes. Cela peut sembler étrange au XIXe siècle et pourtant tout n'est pas fini.

Résumons ce que nous avons dit avant d'aller plus loin.

Dans l'organisme le sang identique pour toutes les cellules fournit à chacune d'elles la force dont elle a besoin. (Rappelons-nous à ce sujet que les aliments identiques pour tous les ouvriers de notre édifice sont transformés en forces diverses suivant le métier de l'ouvrier qui les reçoit.)

Sur la Terre, l'air atmosphérique, courant général, est absorbé par chacun des êtres vivants *individualisé en la vie particulière de chacun de ces êtres*. La même figure nous servira toujours à exprimer schématiquement cette idée.

Il suit de là que l'air atmosphérique agit vis-à-vis des êtres situés sur la Terre comme le sang agissait vis-à-vis des cellules situées dans l'organisme. L'air est le sang de la Terre.

Mais chez l'homme le sang tire sa force de l'atmosphère par la respiration. D'où proviennent donc les principes de force que possède le sang de la Terre? Pour découvrir le principe vivifiant apporté à la cellule, nous avons cherché dans quoi cette cellule était plongée et nous avons vu que c'était dans le sang.

Pour découvrir le principe vivifiant apporté à l'homme,

nous avons cherché dans quoi cet homme était plongé et nous avons vu que c'était dans l'air atmosphérique.

Enlever l'apport de sang à une cellule ou l'apport d'air respirable à un homme, c'est les tuer.

Dans quoi la Terre est-elle plongée ?

Dans de la *lumière solaire* ainsi que tous les astres de notre monde.

Enlever l'influence du Soleil à une planète c'est détruire du coup toutes les forces qui agissent sur elle et la retiennent dans l'espace, c'est la tuer.

Nous voilà parvenus à une idée encore plus curieuse pour les contemporains que celles que nous avons énoncées tout à l'heure : c'est que *les planètes ne sont que des cellules de l'Univers*. Elles suivent la loi de toutes les cellules et reçoivent leurs principes vivifiants d'un fluide régénérateur, *le même pour toutes*, la lumière solaire.

De même que le sang baignant toutes les cellules était transformé en la vie propre de chacune de ces cellules, de même que l'air baignant tous les êtres vivants était transformé en la vie propre de chacun de ces êtres, de même la lumière solaire identique pour toutes les planètes est transformée en l'atmosphère de chacune de ces planètes, c'est-à-dire en la vie particulière de chacune de ces planètes. Le même schéma qui nous avait servi pour les ouvriers et pour nos autres déductions vient encore s'appliquer exactement ici :

		Forces diverses
Lumière solaire identique pour toutes les planètes	**La Terre**	**(Air).**
	Saturne	**Vie saturnienne.**
	Jupiter	**Vie de Jupiter.**
	Mars	**Vie de Mars.**
	Vénus	**Vie de Vénus.**
	Mercure	**Vie de Mercure.**

Arrivés à ce point, résumons encore les résultats acquis, car on ne saurait trop résumer et répéter toutes ces idées, courantes chez les anciens, totalement inconnues chez les modernes.

Notre point de départ a été *la cellule,* terme ultime de l'analyse de l'homme physique. Figurons cette cellule par un point.

La cellule

La cellule se groupe pour former des organes. Indiquons ceci par trois points enveloppés dans un cercle. Chacun des points est une cellule. Le cercle indique schématiquement l'organe

L'organe

dérivant du groupement de ces cellules.

Les organes se groupent pour former des appareils.

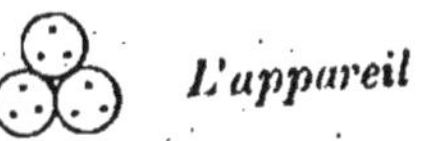
L'appareil

L'ensemble des appareils forme l'individu. (Le cercle indique schématiquement l'individu, synthèse des appareils.)

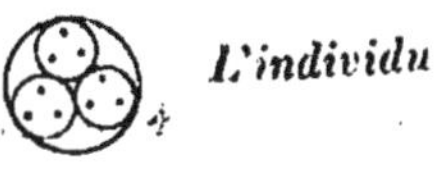
L'individu

Mais cet individu n'est qu'*une cellule* par rapport à la planète. Si bien qu'on peut recommencer la série en mettant la figure de l'individu à la place de celle du point (la cellule).

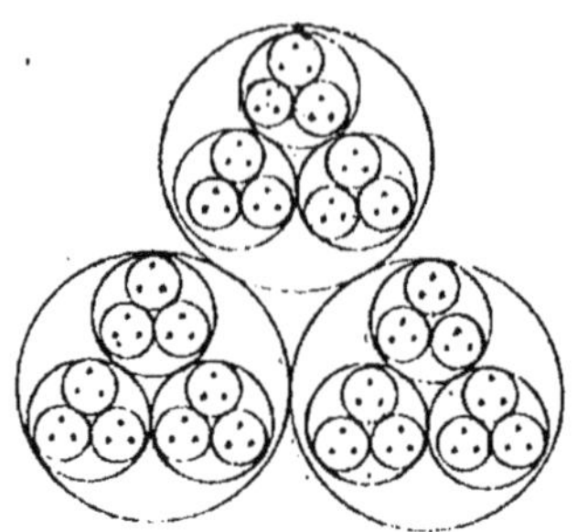

On obtiendra ainsi une série nouvelle de groupements correspondant à la réunion des individus (famille), à la réunion des familles (tribu), à la réunion des tribus (race), pour arriver à l'humanité.

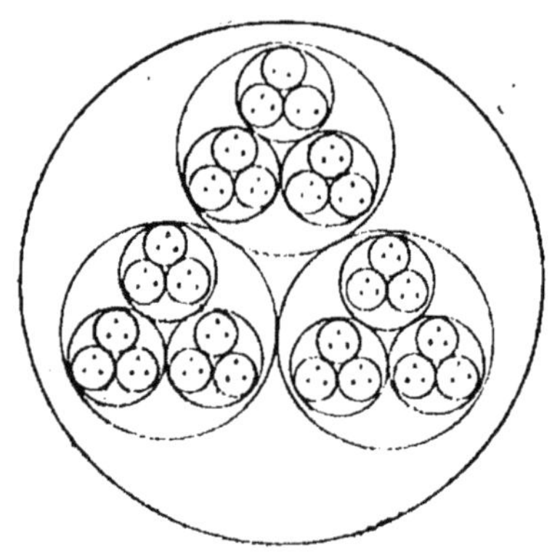

On pourrait continuer ainsi la progression, arriver à l'Humanité nouvelle cellule, puis à la Terre, puis au Monde, puis à l'Univers. Les exemples ci-dessus suffiront, je pense, à donner une idée de cette progression.

*
* *

En dernière analyse le corps humain se réduit à la cellule, l'humanité se réduit à la molécule sociale qui est l'homme, le monde se réduit à l'astre et l'Univers au Monde.

Mais cellule, humanité, astre, monde, Univers, ne sont que des *octaves* de l'Unité toujours la même.

N'allons-nous pas voir les cellules se grouper pour former un organe, les organes se grouper hiérarchiquement pour former les appareils et ceux-ci se grouper pour former l'individu ?

Cellule,
Organe,
Appareil,
Individu,

telle est la progression qui constitue l'homme physiquement parlant.

Mais cet individu, qu'est-ce sinon une cellule de l'humanité ?

La loi que suit la nature est si vraie que partout nous la retrouvons identique, quelle que soit l'étendue des objets considérés.

L'homme se groupe pour former la famille, la famille se groupe pour former la tribu, les tribus établissent le groupement hiérarchique pour constituer la nation, reflet de l'Humanité.

Homme,
Famille,
Tribu,
Nation-Humanité.

Mais qu'est donc l'humanité sinon une cellule de l'animalité ? Cette animalité n'exprime qu'un des degrés des règnes existant sur la planète.

Voyez les satellites se ranger autour des planètes, les planètes autour des Soleils pour constituer les Mondes; les Mondes qui ne sont eux-mêmes que des cellules de l'Univers marquent en traits de feu dans l'infini les lois éternelles de la Nature.

Partout éclate cette mystérieuse progression, cet arrangement des unités inférieures devant l'Unité supérieure, cette sériation[1] universelle qui part de l'atome pour monter d'astre en Monde jusqu'à cette UNITÉ PREMIÈRE autour de qui gravitent les Univers.

Tout est analogue, la loi qui régit les Mondes régit la vie de l'insecte.

Étudier la façon dont les cellules se groupent pour former un organe, c'est étudier la façon dont les Règnes de la Nature se groupent pour former la Terre, cet organe de notre Monde; c'est étudier la façon dont les individus se groupent pour constituer une famille, cet organe de l'Humanité.

Étudier la formation d'un appareil par les organes, c'est apprendre la formation d'un monde par les planètes, d'une nation par les familles.

Apprendre enfin la constitution d'un homme par les appareils, c'est connaître la constitution de l'Univers par les Mondes et de l'Humanité par les Nations.

Tout est analogue : connaître le secret de la cellule c'est connaître le secret de Dieu.

L'absolu est partout. — Tout est dans tout.

D'après tout ce qui précède on voit que la définition de la Vie qui semble facile au premier abord est bien plus générale qu'on ne le pense ordinairement.

Pour l'homme la vie est bien cette force charriée par le

1. Terme employé par Louis Lucas.

globule sanguin et qui vient régénérer les organes ; mais c'est là *la vie humaine*, ce n'est pas LA VIE.

En effet, cette force n'est qu'une modification de l'air qui renferme la vie de tous les êtres sur la Terre.

Si l'on ne veut, comme la plupart des savants actuels, voir l'origine de la vie que dans l'atmosphère terrestre, on peut s'arrêter là.

Mais nous avons vu que l'atmosphère terrestre, tout comme le sang humain, tire ses principes vivifiants de plus haut, du Soleil lui-même.

Nous pourrions remonter ainsi à l'infini ; mais comme nos connaissances scientifiques générales s'arrêtent à notre monde, n'allons pas plus loin et, constatant que la force du sang vient de l'Air, la force de l'Air de la Terre, et la force de la Terre du Soleil, disons :

LA VIE C'EST DE LA FORCE SOLAIRE TRANSFORMÉE.

§ 2. — MARCHE DE LA VIE

L'INVOLUTION ET L'ÉVOLUTION

Si nous nous reportons à notre analogie première de l'édifice et des ouvriers nous pourrons en tirer encore de nouvelles idées.

En effet, nous avons bien fait appel à une série de corps de métiers pour bâtir notre monument ; mais il existe une hiérarchie intellectuelle entre ces différents métiers.

Ainsi, le sculpteur qui viendra donner à la pierre des figures diverses est supérieur intellectuellement au maçon qui ne fait que poser ces pierres d'après un ordre déterminé par avance.

Le corps humain reproduit la même hiérarchie. Il existe

différents degrés entre les diverses forces émanées toutes de l'élément unique : le sang.

Lorsque cette force apportée par le sang se trouve en contact avec les organes, elle subit certaines modifications déterminées par la constitution intime de l'organe.

Il est clair que la cellule nerveuse tire du sang une force différente de celle qu'en extrait la cellule musculaire ou la cellule osseuse.

Il y a donc dans l'homme une hiérarchie de cellules matérielles qui composent son corps.

Quelques-unes de ces cellules sont constituées par des principes plus matériels comme les cellules osseuses ; d'autres, au contraire, sont constituées par des éléments se rapprochant plus de la phosphorescence comme les cellules nerveuses. Si nous voulions représenter cette constitution de l'homme physique nous ne pourrions même le faire que par une figure mince en haut pour indiquer le moins de matérialité des cellules élevées et épaisse en bas pour montrer le contraire.

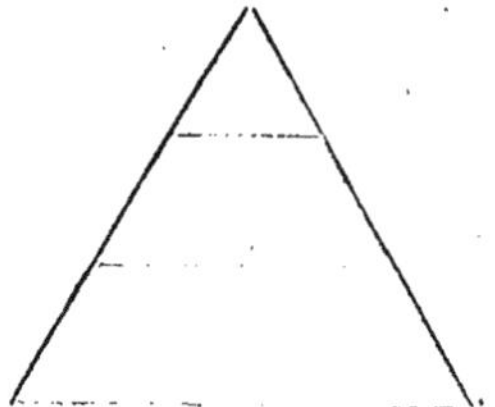

Nous obtiendrons ainsi la figure d'un *prisme*.

Une force identique, celle du sang, la *vie*, se brisant contre ce prisme, se trouve donc immédiatement hiérarchisée et transformée en forces différentes suivant l'épaisseur de ce prisme, c'est-à-dire suivant la matérialité des cellules.

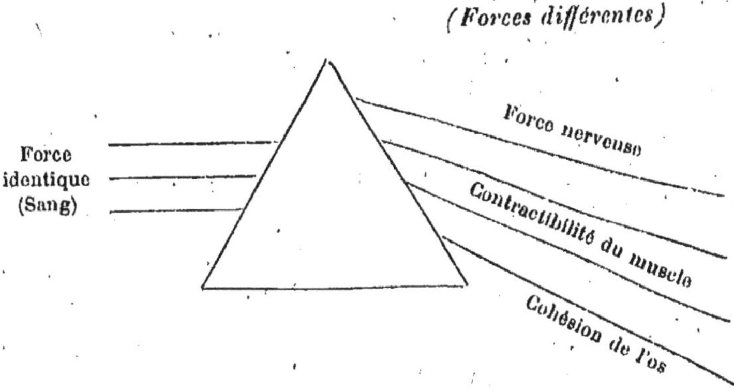

Une autre image encore plus suggestive explique ce phénomène, c'est celle d'une *harpe*.

La longueur différente des cordes de la harpe indique les différents degrés de matérialité des cellules organiques. Un même ébranlement produira un son grave matériel sur les longues cordes, tandis qu'il produira un son aigu spirituel sur les cordes les plus courtes.

Cette transformation que subit la force a un but : *l'évolution*.

Certaines des forces produites subissent une telle action de la part des organes qu'elles sont plus élevées dans la hiérarchie générale que la force initiale.

Ainsi, la vie de l'être humain se transforme successivement en force nerveuse du grand sympathique qui fait marcher les divers organes extra-volontaires, puis en intelligence dans le cerveau.

Il était entré de l'air dans l'homme ; il en ressort, après un travail spécial, de l'idée ou du fluide nerveux ; on voit qu'il y a eu progrès.

Il en est ainsi dans toute la Nature.

Si nous considérons la Terre comme un être vivant,

nous verrons que sur elle aussi les êtres vivants, c'est-à-dire les cellules, sont groupés par hiérarchies.

En bas, nous trouvons le règne minéral dans toutes ses modifications qui forme la charpente générale correspondant au système osseux de l'homme.

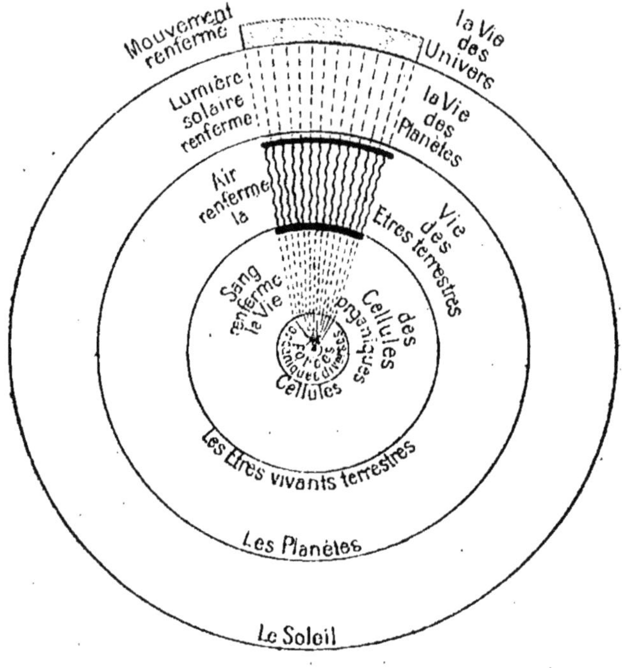

Origine de la Vie.

Au milieu nous voyons le règne végétal, la distribution générale des forces de la Terre analogue au système sanguin de l'homme.

Enfin, en haut, nous voyons le règne animal couronné par la race humaine, analogue au système nerveux couronné par le cerveau.

La force solaire vient se briser contre les différents

règnes comme la force du sang contre les différents organes. Des résultats nouveaux prennent alors naissance.

Cette force solaire se brisant contre la partie matérielle de la Terre donne naissance aux forces physiques, chaleur, lumière, électricité, magnétisme.

L'action du Soleil sur le règne végétal donne au contraire naissance aux forces chimiques et entre autres à la partie vivifiante de l'atmosphère.

Enfin, l'action de ces forces spéciales sur le règne animal donne naissance aux puissances psychiques, instinct — intelligence, idée — qui forment au-dessous de l'âme la portion la plus sublimée de la vie.

La Terre avait donné à l'homme de la force vitale, l'homme lui rend en échange de l'intelligence ; le Soleil avait donné à la Terre de la lumière, la Terre renvoie au Soleil de l'âme. Comment cela se produit-il ?

Claude Bernard a démontré que chaque fois qu'une idée était produite par l'homme cela voulait dire qu'une cellule nerveuse venait de périr. Or, si l'on se souvient que nous avons dit que chaque être humain était une cellule nerveuse de la Terre, on comprendra pourquoi chaque fois qu'un être humain meurt, la Terre manifeste une idée (l'âme de cet homme), idée bonne si l'âme est bonne, mauvaise si l'âme est mauvaise. De même que la cellule nerveuse de l'homme est un moyen de transformation de l'air en idée, de même l'homme est un moyen de transformation de la lumière solaire en âme.

Nous voyons donc que si l'Esprit s'incarne dans la Matière c'est pour évoluer et pour remonter conscient par l'épreuve alors qu'il était émané à l'état de force inconsciente.

Résumé.

Nous avons montré dans tout ce qui précède deux courants : l'un, caractérisé par la descente de la Force dans la Matière, c'est *l'involution*; l'autre, caractérisé par la rentrée progressive de la Matière dans la Force, c'est *l'évolution*.

L'esprit s'embrouille dans tous ces mots de force et de matière, d'involution et d'évolution ; aussi un exemple est-il absolument nécessaire pour éclaircir tout cela.

S'il est vrai qu'il s'agit là d'une loi générale, elle doit, d'après l'analogie, se retrouver en réduction partout. Nous allons voir qu'il en est effectivement ainsi.

Prenons par exemple une bûche, un morceau de bois quelconque et raisonnons sa fabrication.

A l'origine ce morceau de bois était un germe dans une graine.

La graine fut mise en terre et bientôt naquit une tige fragile. Le but de cette tige était de mettre en contact deux éléments : la matière tirée de la terre et la force tirée du soleil et de ses dérivés (air entre autres).

La fonction du végétal se borne donc à ceci : puiser dans la terre des sucs particuliers tirés principalement des minéraux ; puis combiner dans l'intimité de ses tissus ces sucs avec des rayons solaires. C'est ainsi que se forme le bois. *Le bois constitue donc un morceau de soleil enfermé dans de la matière* (pardonnez-moi l'imperfection de l'image). Si nous voulions figurer tout cela par un schéma nous représenterions la force du Soleil par sa triple spécialisation Chaleur-Lumière-Électricité sur une ligne droite.

Chaleur Lumière Électricité

Nous représenterions l'action de cette force sur un

arbre par un point matériel de concentration sur lequel viendraient se réunir ces forces.

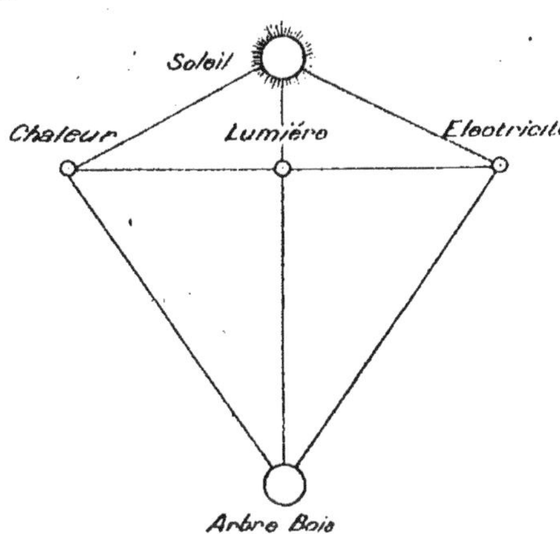

D'après cette figure, notre bûche contient donc en elle de la force emmagasinée. C'est là *l'involution*, la descente de la force dans la matière.

Tout cela est-il vrai?

L'expérience contraire va vous le montrer.

Soumettons notre morceau de bois à un condensateur de force très grande de manière à délivrer les rayons solaires enfermés en lui : *allumons notre bûche.*

Aussitôt un phénomène bien curieux pour l'observateur se produit. La chaleur, la lumière, l'électricité prennent naissance et se réunissent en un principe tout spirituel : la flamme. La figure suivante nous montre les diverses phases du phénomène.

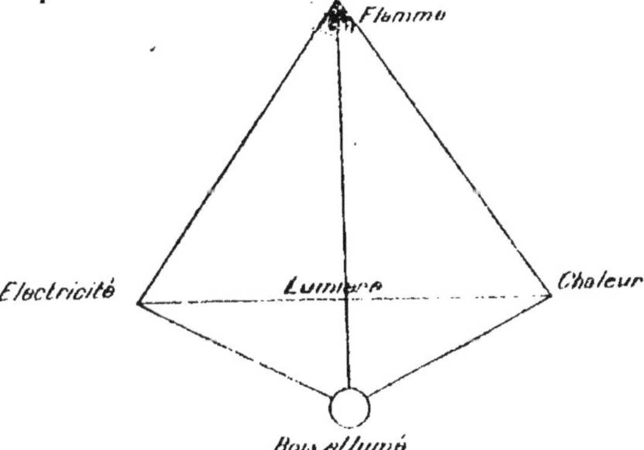

La flamme est en petit l'image du Soleil; c'est le Soleil jadis enfermé qui retourne à sa source.

Si nous rapprochons les deux figures nous verrons que la première représente la façon dont le Soleil devient Matière, la seconde la façon dont la Matière devient Soleil.

Si nous réunissons ensemble la figure de la matérialisation de l'Esprit et celle de la spiritualisation de la Matière, nous obtiendrons l'image suivante :

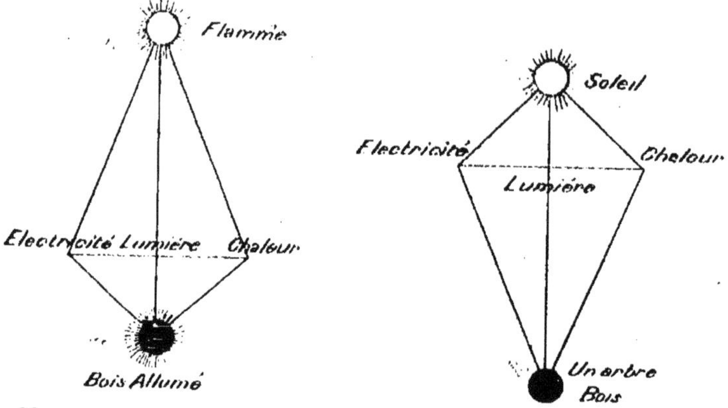

Nous pouvons résumer encore mieux le tout en une seule figure qui aura l'avantage de représenter les deux phases du phénomène.

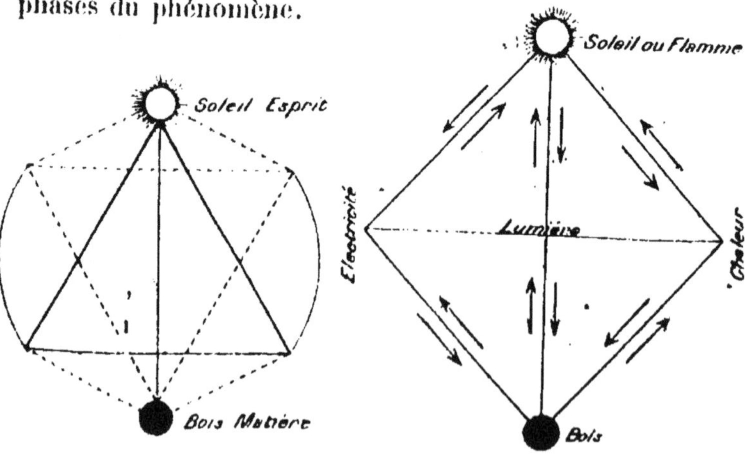

Les flèches descendantes indiquent le premier courant (descente du Soleil sur le Bois); les flèches ascendantes indiquent le second (remontée du Bois dans le Soleil).

*
* *

Deux considérations importantes doivent être tirées dès maintenant de tout ce qui précède : la première c'est que l'évolution quelle qu'elle soit, qu'il s'agisse de la montée du minéral par le végétal vers l'animalité ou de la montée de la matière vers la force, est précédée d'un courant opposé inconnu des transformistes actuels : l'involution.

La seconde que ces deux courants passent l'un et l'autre par la même voie, l'un pour descendre (l'involution), l'autre pour monter (l'évolution).

*
* *

La vie circule dans la cellule, la vie circule dans l'homme, d'où vient-elle?

La cellule humaine est immobilisée dans l'organe, mais voici que le courant vital porté par le sang passe rapide au-devant d'elle ; elle prend de ce courant ce qu'il lui faut et accomplit sa fonction; le courant est le même partout et chaque cellule le transforme différemment.

Ici c'est la cellule d'une glande qui va puiser sa force dans la vie que le sang lui apporte, et la salive, le suc gastrique ou la bile vont être sécrétés.

Là c'est la cellule musculaire qui va emprunter le moyen de se contracter à ce même courant qui a fourni tout à l'heure des sécrétions diverses.

Là enfin c'est la cellule nerveuse qui va transformer en Intelligence ce même agent producteur de phénomènes si différents.

Est-il possible qu'une même force : la vie, soit transformée en forces d'ordres si différents et cela par la forme différente des organes?

A cette question le chercheur se renferme dans son laboratoire et voit un faisceau de lumière blanche venir se briser contre un prisme et se transformer en couleurs variées.

Les couleurs dépendent de l'épaisseur du verre traversé. Cet essai suffit. — Il comprend.

La vie toujours la même qui circule dans l'homme peut être comparée à la lumière blanche, chacun des organes à un morceau différent du prisme. Le courant de lumière blanche passe et chacun des organes agit en lui. Ici c'est un organe dont la matière est grossière, il représente la base du prisme, les couleurs inférieures vont apparaître ou plutôt les sécrétions les plus grossières.

Là c'est un organe où la matière est à son maximum de perfection, il représente le sommet du prisme, les couleurs supérieures se forment, l'intelligence va naître.

Telles sont les bases de la Médecine occulte [1]. Mais ce courant vital, d'où vient-il encore?

De l'air où le globule sanguin va le chercher pour le charrier à travers l'organisme.

Mais l'Unité magnifique des productions d'Osiris-Isis apparaît encore plus éclatante.

Un même courant circule à travers la Planète et chacun des Individus qui est sur elle y prend sa vie.

L'homme aspire et transforme la Vie terrestre en Vie humaine, comme dans lui le cerveau transformera cette Vie humaine en Vie cérébrale, le foie en Vie hépatique, etc.

1. Voy. pour développement *la Médecine nouvelle*, de Louis Lucas.

L'Animal transforme la Vie terrestre en la sienne propre, selon son espèce.

Le Végétal puise aussi à pleines feuilles sa vie spéciale dans celle de la mère commune la Terre.

Le Minéral et tous les êtres transforment en force personnelle cette force terrestre.

Toujours l'analogie mathématiquement exacte, avec la lumière blanche et le prisme dont chaque être représente un morceau.

Mais la Terre ne prend-elle pas sa vie et par suite celle de tout ce qu'elle porte dans ce courant lumineux et vital dans lequel elle plonge ?

Le Soleil déverse à pleins flots sa Vie solaire sur les planètes de son système et chacune d'elles transforme la Vie solaire en sa vie propre. La Terre en fait la Vie terrestre; Saturne la Vie saturnienne, sombre et froide; Jupiter sa vie propre, et ainsi pour chacune des autres planètes et de leurs satellites.

Mais le Soleil lui-même ne tire-t-il pas sa Vie solaire, cette lumière-chaleur-électricité qu'il déverse, de l'Univers dont il fait partie?

Alors le chercheur, saisissant dans son auguste ensemble la Synthèse de la vie, se prosterne et adore.

Il adore la Vie qui est en lui, cette Vie que la Terre lui a donnée, cette Vie que le Soleil a donnée à notre Monde, que celui-ci a tirée de l'Univers et que l'Univers a tirée du centre mystérieux et ineffable où l'Être des Êtres, l'Univers des Univers, l'UNITÉ VIE, OSIRIS-ISIS, réside dans son éternelle union.

Il se prosterne et il adore DIEU en lui, DIEU dans le Monde, DIEU dans l'Univers, DIEU en DIEU.

La vie que nous avons trouvée partout saurait-elle échapper aux lois communes?

Le phénomène, quel qu'il soit, révèle toujours et partout son origine trinitaire. Les séries pour aussi grandes qu'elles apparaissent se rangent toutes suivant la mystérieuse loi :

Actif	Passif	Neutre
Positif	Négatif	Équilibré
+	–	∞

Cet homme qui commande en maître dans la famille où il représente le positif va se courber devant la loi de la tribu, et par là devenir négatif.

La Terre qui attire à elle, qui réunit dans son absorbante unité, tous les êtres et les objets situés à sa surface, agissant ainsi comme active, obéit *passivement* à l'attraction du Soleil, son supérieur.

Nous voyons par là apparaître l'absorption des séries inférieures par les séries supérieures, et de celles-ci, considérées comme séries inférieures, par une série supérieure, etc., à l'infini[1].

La Chaleur apparaît positive dans le Chaud, négative dans le Froid, équilibrée dans le Tempéré.

La Lumière apparaît positive dans la Clarté, négative dans l'Ombre, équilibrée dans la Pénombre.

L'Électricité se montre positive dans le Positif, négative dans le Négatif, équilibrée dans le Neutre.

Mais la Chaleur, la Lumière et l'Électricité ne représentent-elles pas trois phases d'une chose plus élevée[2]?

Cette chose dont la Chaleur représente le Positif, la Lumière l'Équilibre, l'Électricité le Négatif, c'est la Force de notre Monde.

1. Louis Lucas, 3e loi du *Mouvement*.
2. Dans la nature, l'électricité n'est qu'un détail comme dans le spectre solaire le rouge n'est qu'une nuance.
Électricité, Chaleur, Lumière sont trois *phases générales* du mouvement dont les nuances intermédiaires sont infinies (Louis Lucas).

Remontons expérimentalement à travers les phénomènes; après la physique traversons la chimie, voyons dans une expérience connue : l'oxigène se rendre au pôle du Mouvement, l'hydrogène au pôle de la Résistance et l'azote tantôt à l'un, tantôt à l'autre de ces deux pôles suivant le rôle qu'il joue dans les combinaisons. Voyons qu'il en est de même absolument des autres corps métalloïdes et métalliques ; retrouvons partout le mouvement acidifiant, le repos alcalinisant et l'équilibre entre les deux représenté par l'azote et ses nuances[1] Quand de progression en progression, d'Univers en Univers nous aurons remonté à la plus haute abstraction, nous verrons une force unique s'opposant à elle-même pour créer dans son activité le Mouvement, dans sa passivité la Matière[2] et dans son équilibre tout ce qui est compris entre la divisibilité et l'unité, les échelons infinis par lesquels la force remonte depuis l'état solide[3] jusqu'aux formes les plus élevées de l'intelligence, du génie, et enfin jusqu'à son origine Dieu, dont l'activité s'appelle le Père ou Osiris, la passivité le Fils ou Isis, et l'équilibre, cause de Tout, image de la TRI-UNITÉ qu'il constitue, se nomme Saint-Esprit ou Horus.

Nous tenons maintenant un des plus grands secrets du Sanctuaire, la clef de tous les miracles passés, présents et futurs, la connaissance de cet agent toujours le même et toujours diversement désigné, le Telesma d'Hermès, le

1. Louis Lucas, *Chimie nouvelle*, p. 282.

2. La matière présente une résistance, une résistance c'est-à-dire une force. Car les forces seules sont capables de résistance, et, par cette considération, la matière décèle son origine UNITAIRE identique avec le mouvement initial et élémentaire. Le mot Matière exprime la passivité du mouvement comme le mot Force en désigne l'activité. (Louis Lucas.)

3. La matière révèle son origine par ses trois principales nuances : Matière positive ou Etat gazeux, Matière négative ou Etat solide, Matière équilibrée ou Etat liquide.

Serpent de Moïse et des Indous, l'Azoth des alchimistes, la Lumière astrale des Martinistes et d'Eliphas Levi, enfin le Magnétisme de Mesmer et le Mouvement de Louis Lucas qui a découvert les trois lois qui le dirigent et en a montré l'application aux sciences positives contemporaines.

Nous aurons à parler dans le chapitre suivant de cette « Lumière astrale » dont nous venons de retrouver la trace. Pour nous cantonner dans la description de la Vie nous devons, maintenant que nous avons vu les deux courants de son mouvement, descendant ou involutif et ascendant ou évolutif parler des deux voies qu'elle suit dans sa marche, ce qui nous amène à dire quelques mots du Transformisme.

§ 3. LE TRANSFORMISME — LA CHAINE PLANÉTAIRE LA VAGUE DE VIE DANS UN MONDE

TRANSFORMISME — LA CHAINE PLANÉTAIRE

A la théorie de l'évolution, de la montée progressive de l'Esprit vers la Matière se rattache une idée chère à nos contemporains : celle du *Transformisme*.

D'après cette idée, admise presque universellement aujourd'hui dans le monde scientifique, les êtres vivants se transforment progressivement les uns dans les autres depuis les espèces les plus inférieures jusqu'à l'homme.

La Nature se présente à nous sous l'aspect d'une éternelle élaboratrice perfectionnant sans cesse les types créés pour atteindre un idéal qui sera le couronnement définitif de la Loi de Progrès.

Depuis longtemps les écoles d'occultisme enseignent le transformisme ; mais cependant avec d'autres considérations que les savants contemporains.

Ceux-ci ont cru trouver dans cette théorie de l'évolution tous les éléments nécessaires à la destruction définitive des religions et de leurs enseignements ; ils n'ont réussi qu'à montrer une chose, c'est jusqu'à quel point d'erreur on peut pousser une idée vraie quand on veut l'appliquer outre mesure.

Le matérialisme ne concevant pas qu'il existe trois plans adéquats d'évolution agissant ensemble a voulu faire sortir tout du principe de l'inertie : la Matière.

La Matière génère l'intelligence, génère la mémoire, etc., etc., affirmations soutenues sans songer que les cellules organiques ont changé cent fois alors qu'un fait enregistré dans la mémoire n'a pas été oublié[1].

Les positivistes, partisans fanatiques du transformisme donné de la seule matière, accusent les créateurs de religions d'avoir inventé une série de fables ridicules pour expliquer l'origine de l'homme et se font fort de tout démontrer *scientifiquement* à l'aide de la Géologie, de l'Anthropologie, de l'Anatomie comparée, etc., etc.

Or ouvrez les livres de ces messieurs et amusez-vous à faire la liste des hypothèses données comme de pures vérités qui expliquent l'origine du langage parlé, l'usage de la main droite universellement plus répandu sur la terre à toutes les époques et dans tous les climats que celui de la main gauche, l'origine de la morale et des idées religieuses et vous me demanderez bientôt quels sont les plus imaginatifs des mauvais traducteurs de Moïse à qui nous devons l'histoire de la Pomme ou des positivistes démontrant qu'un de nos ancêtres ayant eu l'idée ingénieuse de se moucher un jour avec un mouchoir et de la main

1. Voy. à ce sujet le beau travail de Maldau, *Matière et Force*. Paris, in-8°, travail basé sur une foule d'expériences physiologiques de F. Flourens, de Claude Bernard, etc., etc.

droite, cette idée s'est multipliée par l'évolution et l'hérédité au point d'envahir toute la race blanche ou à peu près.

D'un côté « la Science » prouve que les maladies s'atténuent par l'hérédité ; de l'autre les positivistes affirment que les habitudes croissent et multiplient sous l'influence de cette hérédité. Qui croire ?

Deux occultistes ont étudié spécialement l'évolution pour démontrer la réalité de la plupart de ses données, et l'enseignement de l'ésotérisme à ce sujet ; ce sont *Louis Dramard*[1] et *G. Poirel*[2].

Poirel s'appuyant sur le Ternaire Hérédité-Transformisme-Évolution montre l'antiquité de ces idées en citant un ouvrage que nous reproduisons en entier[3], *Les cinquante portes de l'Intelligence*.

Le défaut capital de la conception du Transformisme par les contemporains c'est l'ignorance de cette loi d'évolution qui n'est pas figurée par une ligne éternellement ascendante ; mais bien par un cercle avec deux périodes, une de montée et une de décadence ou de repos, suivie d'une montée plus rapide, ainsi que nous l'avons dit à propos du « Progrès ».

D'après la théorie actuellement reçue il est impossible d'expliquer comment, tous les hommes ayant pris naissance sur les plateaux de l'Asie, les races de couleurs différentes ont pris naissance.

On ne sait pas non plus pourquoi, alors qu'il est indéniable qu'il existe des preuves évidentes de transformation d'un organe dans un autre à travers l'espèce animale ou

1. Louis Dramard, *La Science Occulte*. Paris, 1886, in-8° (8, R. Pièce, 3360, *Bib. Nat.*).

2. G. Poirel, *Le Transformisme et la Science occulte*, conférence à la Loge Travail et Vrais amis fidèles.

3. Voy. page 583.

ne voit pas ces transformations s'accomplir comme cela se produit pourtant dans le règne végétal où il est facile de se rendre compte de la transformation des feuilles en éléments constitutifs des fleurs et des fruits.

Or non seulement l'ésotérisme admet le transformisme, mais il donne à ce sujet des théories très générales et d'une portée beaucoup plus grande que celles qui sont généralement admises en Europe. Ces théories sont résumées dans l'idée de la *Chaîne planétaire*. Pour bien faire comprendre cette idée nous la ferons précéder selon notre habitude de quelques exemples pouvant servir analogiquement de point d'appui.

*
* *

Supposons que nous avons non pas une mais quatre maisons à bâtir sur des terrains situés l'un près de l'autre.

Le nombre de nos ouvriers est cependant tel que nous ne pouvons les utiliser que pour construire une seule maison à la fois. Nous commençons donc par les appeler tous, toujours par corps de métier.

Voici les *terrassiers*, ceux qui seront chargés de préparer le terrain pour recevoir les constructions. A côté d'eux viennent les *charpentiers* qui dresseront la carcasse du bâtiment puis les *maçons* qui construiront, enfin les *forgerons* et *serruriers* qui travailleront en même temps que les maçons et les *peintres* qui viendront tout terminer.

La construction de la Maison demande trois grandes phases :

Celle du commencement, de l'établissement des travaux avec les terrassiers et les charpentiers, celle de l'exécution proprement dite avec les maçons, les serruriers, les menuisiers, les parquetiers, les couvreurs, etc., etc., enfin celle de l'ornementation avec les peintres.

Pour éviter les énumérations inutiles nous prendrons un seul des métiers pour caractériser chaque période et nous diviserons ces périodes en trois : celle des terrassiers, celle des maçons, celle des peintres.

Voici donc nos ouvriers tout prêts à commencer et placés devant nos quatre terrains.

Repos
3 — *Peintres*
2 — *Maçons*
1 — *Terrassiers* | — 1er terrain — 2e — 3e — 4e

1er *Temps*. — L'ordre de commencer les travaux arrive. Les maçons et les peintres ne bougent pas ; seuls les terrassiers se mettent à l'ouvrage sur le premier des terrains. C'est ce qu'indique la disposition suivante :

Repos
3 — Peintres
2 — Maçons
1 — .... *Terrassiers*
1er terrain — 2e — 3e — 4e

2e *Temps*. — Mais quand les terrassiers ont préparé le premier terrain vont-ils rester oisifs ? Pas du tout, ils vont passer dans le deuxième et commencer à y travailler.

Mais va-t-on laisser ainsi préparé le premier terrain? Vous pensez bien que non. Quand les maçons voient le terrain prêt ils s'y rendent et commencent aussi les travaux. A ce moment on travaille sur deux des terrains comme nous l'indique la disposition suivante :

Repos
3 — Peintres
2 — .... Maçons
1 — .... Terrassiers
(*terrasse faite*)
1er terrain — 2e — 3e — 4e

3e *Temps.* — Au moment où les terrassiers ont fini de préparer le deuxième terrain il se trouve que les maçons ont fini de bâtir la maison située sur le premier terrain.

Alors on comprend ce qui se produit. Les terrassiers passent au troisième terrain, les maçons au deuxième et les peintres qui jusque-là s'étaient reposés viennent dans le premier terrain et ornent la maison.

A ce moment tout le monde travaille chacun dans son terrain ainsi que l'indique la disposition suivante :

Repos				
3 —	Peintres			
2 —	....	Maçons		
1 —	....	....	Terrassiers	
	1er terrain —	2e —	3e —	4e

4e *Temps.* — Quand les terrassiers ont achevé de préparer le troisième terrain les maçons ont fini la seconde maison et les peintres ont entièrement orné la première qui est prête pour l'usage. Tout le monde passe alors sur le terrain suivant ainsi que l'indique cette disposition :

Repos			
3........	Peintres		
2........	....	Maçons	
1........	....	....	Terrassiers
1er Terrain	2e	3e	4e

5e *Temps.* — Quand les terrassiers ont terminé leur travail de préparation dans le quatrième terrain, il ne leur reste plus rien à faire. Ils ont été les premiers à travailler, ils sont les premiers à aller se reposer de nouveau, ce qui est justice.

Pendant ce temps les autres ouvriers avancent tous d'un terrain, ce qui nous donne la figure suivante :

Repos					*Repos*
3	....	....	Peintres		
2	....	....	....	Maçons	
1	....	....	....	....	
	1er Terrain	2e	3e	4e	*Terrassiers*

Nous nous contentons de donner les figures de ce qui se passe aux deux temps suivants jugeant inutile après ce qui précède de les expliquer encore.

6e *Temps.*

Repos				*Repos*
3	....	....	Peintres	
2	....	....	....	Maçons
1	....	....	....	Terrassiers
1er Terrain	2e	3e	4e	

7e *Temps.*

Repos				*Repos*
3	....	....	....	Peintres
2	....	....	....	Maçons
1	....	....	....	Terrassiers
1er Terrain	2e	3e	4e	

On voit qu'au 7e temps les terrassiers, les maçons et les peintres sont rentrés de nouveau dans le repos.

Ont-ils quelque chose de plus qu'à leur départ?

Sûrement. Ils ont été payés chaque fois et maintenant ils sont tous plus riches qu'auparavant. Mais sont-ils également riches?

On sait bien que non. D'abord certains métiers font gagner moins d'argent que d'autres; ensuite, dans le même métier les uns sont économes et ont gardé beaucoup de l'argent gagné, les autres plus vicieux ont plus ou moins dépensé.

Telle est l'histoire de la construction des quatre maisons. C'est le récit de la construction d'un monde que nous venons de faire et maintenant nous sommes, grâce à cet exemple, à même de comprendre ce qui nous eût été fort difficile à concevoir auparavant.

LA VAGUE DE VIE DANS UN MONDE

En effet, nos trois métiers représentent les trois courants de force qui se trouvent à l'origine de chaque monde. Ces trois courants de force sont :

1° La force minérale qui créera toutes les espèces de minéraux existant sur les planètes (nos terrassiers).

2° La force végétale qui créera toutes les espèces de végétaux. (Nos maçons).

3° La force animale qui créera toutes les espèces d'animaux. (Nos peintres).

Les terrains dont nous avons parlé ce sont les planètes d'un monde. Le nombre des planètes d'un monde serait constant d'après l'occultisme. Mais certaines d'entre elles sont visibles ; d'autres invisibles, de là les nombres différents pour chaque monde. Pour le nôtre, le raisonnement s'établit sur sept planètes. Nous aurions donc sept terrains au lieu de quatre.

Ce que nous avons dit des ouvriers s'applique exactement ici. De même que les terrassiers ne peuvent que faire la terrasse et quand ils ont fini sur un terrain passent sur un autre, de même la *force minérale* ne peut faire que des minéraux et quand elle a fini sur une planète elle passe sur une autre. Quand elle a passé sur toutes les planètes, elle fait comme nos terrassiers, elle rentre au repos.

Il en est ainsi pour les forces végétales et animales donnant chacune sur chaque planète naissance à toutes les espèces de végétaux et d'animaux. Le tableau suivant donne une idée de cette évolution de cette *vague de vie* se répandant périodiquement sur les mondes.

Repos 3 Force animale.. 2 Force végétale.. 1 Force minérale.								*Repos*
	1re planète	2e	3e	4e	5e	6e	7e	

Un monde au départ.

*
* *

Repos								*Repos*
3....	....	....	Force animale					
2....	....	....	....	Force végétale				
1....	....	....	....	....	Force minérale			
	1re planète	2e	3e	4e	5e	6e	7e	

Un monde en évolution.

Ce second tableau montre la *vague de vie* en action dans un monde.

Toutes les espèces de tous les règnes sont développées dans les deux premières planètes. Dans la troisième les minéraux et les végétaux sont développés, mais les espèces animales commencent à peine à naître.

Dans la quatrième planète les minéraux sont tous développés, mais les végétaux commencent à peine; enfin dans la cinquième, les minéraux naissent à peine.

La sixième et la septième sont encore à l'état chaotique; aucun germe d'être ne s'y trouve encore.

Repos								*Repos*
3....	....	......	......	......	.. ...	......	......	Force animale
2....	....	......	......	......	....	......	......	Force végétale
1....	....	......	......	......	....	......	......	Force minérale
	1re planète	2e	3e	4e	5e	6e	7e	

Fin d'une période d'évolution.

Enfin la figure précédente montre l'arrivée des forces à la fin de la course.

Nous ne voyons pas d'évolution dans tout cela, me direz-vous. Attendez, c'est maintenant que nous allons comprendre comment se fait la véritable évolution.

Rappelons-nous qu'à la fin de leurs travaux les ouvriers étaient plus riches qu'au début. La somme possédée par chacun d'eux variait cependant suivant le métier et suivant l'économie plus ou moins grande de l'ouvrier.

Toutefois un terrassier ne pouvait faire que de la terrasse dans quelque terrain qu'on le plaçât. Il en est de même de la force minérale, elle ne peut donner naissance qu'à des minéraux dans quelque monde qu'elle évolue, elle ne peut se transformer quoi qu'elle fasse en force végétale. Comment l'évolution des minéraux aux végétaux se fait-elle donc? Voici :

Quand les ouvriers ont achevé complètement une maison, ils passent tous sur les terrains suivants. On ne travaille plus pendant un certain temps sur ce terrain. On peut dire que tout y dort.

De même chacune des planètes que quitte la *vague de vie* pour passer sur un autre, entre dans un repos temporaire jusqu'à l'arrivée de la force supérieure. Quand toutes les forces ont produit leurs réalisations sur toutes les planètes d'un système, les planètes sont entrées l'une après l'autre dans le repos à mesure que les forces allaient plus loin, si bien qu'à ce moment le système tout entier *dort*, c'est l'époque du repos universel : *Le Pralaya*.

Quand nos ouvriers ont joui pendant un certain temps du repos mérité par leurs travaux, ils ne tardent pas à redemander du travail. C'est maintenant qu'il nous faut faire une nouvelle supposition.

Un soldat qui sait bien son métier monte en grade après un certain temps. De même un terrassier a pu partir simple ouvrier au premier terrain et arriver contremaître au quatrième, il n'a pas changé de métier, il y a simplement eu accroissement de bien dans le cours de son travail. Il en est de même des principes constituant les forces minérales, végétales ou animales ; il peut y avoir dans le courant de la marche d'une planète à l'autre montée en grade, évolution d'une famille animale dans une autre famille animale voisine, il peut même y avoir *sur la même planète* montée d'une espèce à l'autre. C'est ce qui explique les expériences de Darwin sur les pigeons[1], celles de nos horticulteurs sur les végétaux[2], c'est la montée en grade dans la même profession. Cette évolution libre dans chaque cercle secondaire enlève au système ésotérique

1. Darwin, *Œuvres*.

2. Voir à ce propos les beaux travaux du botaniste *Baillon*, professeur à la Faculté de médecine de Paris.

toute apparence de fatalisme rigoureux et mesquin. La liberté de chaque être existe dans le cercle général de sa fatalité.

Aujourd'hui un soldat ne peut devenir officier qu'après un certain stage dans une école spéciale. De même dans notre exemple ci-dessus un terrassier ne peut devenir maçon qu'après un apprentissage nouveau ; de même aussi le minéral ou plutôt le germe de tous les minéraux ne peut devenir le germe des végétaux qu'après une période spéciale. C'est ce qui a lieu pendant le fameux sommeil du monde, *le Pralaya*.

Au moment de recommencer les travaux, les terrassiers instruits par leurs expériences antérieures deviennent maçons, les maçons deviennent peintres, les peintres deviennent artisans, tout monte d'un cran dans les grandes divisions.

De même le germe qui a développé toutes les espèces minérales devient l'origine du germe qui développera toutes les espèces végétales, celui qui a développé les espèces animales devient le germe de ce qui donnera naissance à toutes les races humaines.

Deux tableaux vont nous expliquer tout cela :

	Repos actuel	*Départ*		
		4 Artisans		
....	3 Peintres →	3 Peintres		
....	2 Maçons →	2 Maçons		
....	1 Terrassiers →	1 Terrassiers		
4e Terrain	→		1er Terrain	2e T.

	Repos		Départ			
		↗	4 Germe des races humaines.			
....	3 Force animale	↗	3 Force animale			
....	2 Force végétale	↗	2 Force végétale			
....	1 Force minérale	↗	1 Force minérale			
7e Planète	Force non spécifiée			1re Planète	2e	3e

Que résulte-t-il de tout cela ?

C'est que la force qui lors du premier passage sur la planète ne donnait naissance qu'à des minéraux donne, lors du second passage, naissance aux végétaux. L'évolution se fait donc dans *ce qui fabriquera la forme des corps* et non dans ces corps eux-mêmes. C'est là un des caractères importants de l'enseignement de la Science Occulte.

La force repasse donc plusieurs fois sur la même planète, mais chaque fois qu'elle y passe elle a monté d'un grand degré, car le nouveau passage s'effectue après un repos général du système.

C'est comme l'officier qui revient après sa sortie de l'école dans la ville où il a été jadis soldat ; c'est bien la même ville, ce sont bien les mêmes habitants, mais les conditions d'existence ont changé pour lui, il se trouve dans le même lieu tout autre qu'il n'était quand il est parti.

L'humanité comprend plusieurs races qui se développent successivement sur chaque planète ; puis après le grand repos, les hommes évolués deviennent le germe des esprits directeurs d'humanités de ce que les religions exotériques appellent « des anges ».

Cela nous conduit à quitter un peu cette évolution générale d'un monde pour voir ce qui se passe dans une des planètes. Nous prendrons comme exemple celle d'entre elles qui nous intéresse le plus : *la Terre*.

§ 4. — « LA VAGUE DE VIE » DANS UNE PLANÈTE

QUELQUES MOTS DE L'HISTOIRE DE LA TERRE. — LES RACES HUMAINES

Deux Sciences se sont principalement occupées de l'histoire de la Terre, l'Histoire proprement dite s'intéressant surtout *aux faits* et la Géologie étudiant le développement des diverses couches terrestres et les êtres qu'elles renferment.

Il est assez difficile à l'heure actuelle de concilier ces deux sciences avec les seules connaissances que nous possédons en Occident. Toutefois l'occultisme nous fournit certaines indications qui peuvent être par la suite fort utiles. La plus grande difficulté pour ceux qui sont élevés dans nos écoles est de vaincre les fausses données historiques fournies par l'enseignement religieux sans tomber dans l'extravagance des positivistes matérialistes.

Le caractère particulier de l'application de la Science occulte c'est la découverte d'un type fondamental capable de montrer des causes identiques dans des effets en apparence très différents.

Nous venons de voir une certaine loi d'après laquelle la

« Vague de Vie » passe d'une planète à l'autre dans l'évolution des mondes. Voyons si cette idée de la vitalisation et de la mort successives des choses ne s'applique pas à la Terre.

Une des différences des traditions de l'occultisme avec les enseignements contemporains, c'est cette idée que l'humanité terrestre n'est pas née en même temps et en un même lieu, ce qui rend impossible la diversité des couleurs.

D'après l'occultisme, chaque continent développe, comme dans le monde chaque planète, ses minéraux, ses végétaux et ses animaux, le tout couronné par une race humaine particulière.

L'évolution d'un continent comprend donc quatre grandes périodes :

1° Assise et développement du règne minéral ;

2° Développement du règne végétal ;

3° Développement du règne animal ;

4° Développement et perfectionnement d'une race humaine.

Chacune de ces périodes se subdivise à son tour en une foule de périodes secondaires. Ainsi chaque race humaine comprend trois ou sept sous-races (suivant les écoles). Chacune d'elles a son évolution spéciale.

Avec les éléments que nous possédons maintenant nous pouvons dresser le tableau de l'évolution des continents.

Cette question a été particulièrement abordée par Fabre d'Olivet, qui donna dès 1825 certaines idées très curieuses à ce sujet[1].

Les traditions de tous les peuples sur presque tous les points du globe sont unanimes pour affirmer que dans une époque très éloignée, une masse énorme de la Terre s'est

1. Fabre d'Olivet, *Histoire philosophique du genre humain*

effondrée dans les eaux, alors que naissaient d'autre part des continents nouveaux.

Certains auteurs anciens, parmi lesquels *Platon,* rapportent qu'il existait un continent occupant la place de l'océan Atlantique actuel; ce continent se serait appelé l'*Atlantide.* Des critiques sérieux hésitent sur la place à donner à ce continent. Les uns veulent le placer dans l'océan Atlantique actuel entre l'Europe et l'Amérique, d'autres au contraire ont de fortes raisons de supposer l'existence d'un continent occupant l'espace situé entre l'Amérique et l'Asie, c'est-à-dire la place actuelle de l'océan Pacifique. D'après la Science occulte, tous deux auraient raison.

A la naissance presque de la planète, à l'ère de l'humanité, surgit un continent situé là où se trouve l'océan Pacifique; ce continent est nommé *la Lémurie.*

Lors de la destruction cyclique de ce continent, un autre naquit entre l'Amérique et l'Europe actuelle : *l'Atlantide* (Race Rouge).

Lorsque le cataclysme cosmique désigné sous le nom de *déluge* par les traditions religieuses engloutit en un seul jour l'Atlantide et toute la haute civilisation des Rouges qu'elle contenait, l'Afrique, berceau des noirs, se peuplait déjà.

Nous avons vu dans l'étude de l'évolution d'un Monde la « Vague de Vie » passer d'une planète à l'autre; nous retrouvons cette loi pour les continents qui représentent pour la Terre l'équivalent d'une planète pour le Monde. Quelques tableaux vont nous montrer ces applications.

D'après ce qui précède, les continents évolués l'un après l'autre sur la Terre sont au nombre de quatre :

1° La Lémurie (les Océaniens actuels en sont les restes);

2° L'Atlantide (les Peaux-Rouges actuels en sont les restes);

3° L'Afrique (les nègres actuels en sont les restes) ;
4° L'Europe-Asie (Race blanche et Race jaune).

Ces continents représentent bien nos quatre terrains de l'exemple des ouvriers.

	1er continent Lémurie	2e continent Atlantide	3e Afrique	4e Europe Asie
5 Civilisation....				
4 Race humaine..				
3 Animaux......				
2 Végétaux......				
1 Force minérale et assise.....				

Ce tableau nous montre que, pendant que la civilisation allait naître sur la Lémurie, les assises de l'Europe actuelle commençaient à émerger des mers. L'Afrique était déjà plus formée et couverte des premiers végétaux, l'Atlantide possédait les espèces animales outre les minéraux et les végétaux, et la Race humaine se perfectionnait dans la Lémurie.

Au moment où la civilisation atteignait son apogée dans le premier continent, une nouvelle Race humaine (la Race rouge) naissait dans l'Atlantide.

Rappelons-nous qu'à mesure que la « Vague de Vie » quitte une planète, cette planète entre en repos jusqu'au retour de l'évolution, la planète s'obscurcit. Il en est de même pour un continent. Au moment où la civilisation meurt de pléthore dans un continent, une race humaine solide paraît dans le suivant. Quand ce suivant est assez évolué, le premier continent est anéanti par un cataclysme cosmique, le second hérite des rudiments de civilisation qu'il a pu s'assimiler.

	1 Lémurie	2 Atlantide	3 Afrique	4 Europe Asie
5 Civilisation				
4 Race humaine..				
3 Animaux				
2 Végétaux				
1 Assise et Force minérale.....				

Englontissement d'un continent (état de la Terre à ce moment).

Ainsi la Race noire aurait eu la suprématie sur la Terre dans l'époque qui a précédé immédiatement le développement de notre Race blanche[1]. De là la science de Moïse qui, après son crime, se retira pour subir les terribles épreuves de l'expiation aux confins du désert, dans le temple de son futur beau-père, le nègre Jéthro.

En quoi peut bien consister ce cataclysme cosmique? Quelle en est la cause?

Si l'on prend un globe terrestre, on remarque de suite un fait assez curieux, c'est qu'actuellement les pointes de tous les continents qui existent sont tournées vers le sud.

Or ce fait ne se serait produit que depuis l'englontissement de l'Atlantide survenu par suite de l'inclinaison de l'axe de la Terre sur l'écliptique. De ce cataclysme sont résultés les changements de saison dans les différents pays.

1. Voy. Saint-Yves d'Alveydre, *Mission des Juifs*, et Fabre d'Olivet, *Histoire du genre humain*, introduction.

Les tableaux précédents font comprendre assez le chemin suivi par la « Vague de Vie » sur la Terre dans la création des continents. Retenons ces deux points :

1° Que chaque continent génère une flore et une faune spéciales couronnées par une race humaine ;

2° Que les prétendus sauvages (Océaniens, nègres, Peaux-Rouges, etc.) sont d'anciens civilisés *régressés*.

Terminons cet exposé par un autre tableau figurant l'état de la Terre au moment de l'engloutissement de l'Atlantide.

(L'engloutissement d'un continent aurait lieu tous les 432.000 ans.)

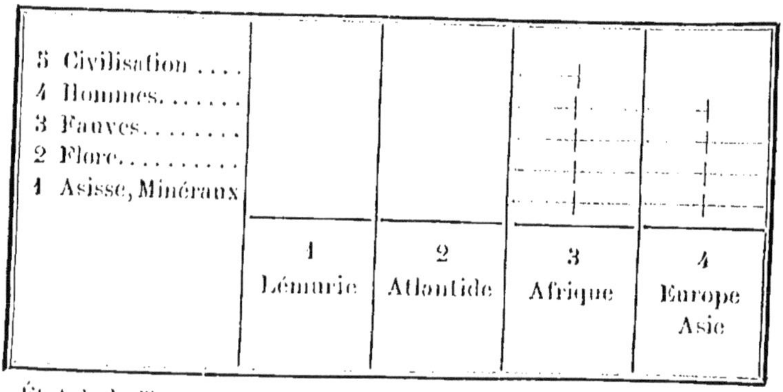

5 Civilisation				
4 Hommes.......				
3 Fauves........				
2 Flore..........				
1 Asisse, Minéraux				
	1 Lémurie	2 Atlantide	3 Afrique	4 Europe Asie

État de la Terre au moment de l'engloutissement de l'Atlantide.

§ 5. — LA « VAGUE DE VIE » DANS UNE RACE

QUELQUES MOTS DE L'HISTOIRE DE LA RACE BLANCHE

La loi de vitalisation successive des différents segments d'un même tout ne s'arrête pas là.

Nous en avons vu l'application à un monde, puis à une planète, puis à un continent. Cherchons si les différents peuples constituant une race ne subissent pas aussi cette loi.

Nous prendrons comme exemple la race blanche, la dernière venue sur la planète, évoluée dans les régions septentrionales, développée peu à peu au contact de la civilisation noire, puis victorieuse de celle-ci non seulement en Europe, son continent d'origine, mais encore dans l'Inde où une colossale émigration, sous la conduite du druide *Ram,* chassa les noirs tout puissants pour fonder une nouvelle civilisation (voy. le *Ramayana*)[1].

L'histoire de la race blanche commence, pour les professeurs ès Universités d'Occident, en Égypte pour passer de suite à la guerre de Troie. On ne soupçonne même pas l'existence de civilisations noires antérieures. Peut-être les quelques lignes précédentes sembleront-elles du roman à nos historiens. Qu'importe? la tradition occulte nous enseigne ces données; notre devoir est de les reproduire scrupuleusement.

Au début de cette étude de l'évolution d'un fragment de l'Humanité, une question se pose, fort importante. Comment se déterminent les conditions sociales?

Si nous nous reportons à la légende des ouvriers et des terrains à construire, nous nous souviendrons qu'à la fin des travaux, l'acquis de chacun des ouvriers variait selon le métier d'une part, selon les économies réalisées d'autre part.

Cette image s'applique exactement à l'évolution des forces. Quand le germe des races humaines est développé, ces races évoluent peu à peu les divers éléments des perfections futures. Ainsi, d'après certaines traditions de l'occultisme, le développement du corps physique et de ses sens demande plusieurs générations, puis d'autres races sont encore nécessaires pour donner nais-

1. Saint-Yves d'Alveydre, *Mission des Juifs.*

sance aux divers principes de plus en plus spirituels qui constituent chaque homme. Cela suppose que le courant de force génératrice d'humanité revient plusieurs fois sur la planète, progressant d'un degré chaque fois, c'est-à-dire que le principe immortel de l'homme est susceptible de subir diverses *réincarnations*.

Chacune de ces réincarnations représente la rentrée au travail après un repos suivant un travail antérieur. Les ouvriers entreprennent un nouveau cycle de labeur; riches ou pauvres, directeurs ou dirigés, suivant le résultat de leur travail précédent, ils récoltent dans ce second parcours les résultats qu'ils ont semés dans le premier en étant économes ou dépensiers; mais ils ont la faculté d'agir dans ce second parcours de telle sorte qu'ils possèdent à la fin de la course des économies qu'ils n'avaient pas au début. Cette loi s'applique exactement à la marche de l'humanité. Les hommes recommencent un nouveau parcours dans le monde matériel, riches ou pauvres, heureux socialement, ou malheureux, suivant les résultats acquis dans les parcours antérieurs, dans les incarnations précédentes. Cette loi : « chacun récolte ce qu'il a semé, chacun sème ce qu'il récoltera », c'est la loi du mérite et du démérite, *la loi de Karma* des Indous. Elle a été nettement formulée par Orphée, par Pythagore et par tous les initiés.

Nous aurons à revenir bientôt sur le développement des facultés humaines; pour l'instant résumons l'action de la « Vague de Vie » dans la race blanche.

Sans vouloir remonter plus loin que notre docte mère l'Université, nous considérerons la civilisation dans sa marche à travers l'Asie, l'Égypte, la Grèce, Rome, l'Europe actuelle et l'Amérique.

Un travailleur du plus grand mérite, le capitaine

Young[1], a découvert avec étonnement que la civilisation évoluait d'Orient en Occident, passant d'un peuple à l'autre dans une période fixe qu'on peut estimer à 520 ans environ.

Comment expliquer alors la durée colossale de la civilisation égyptienne ? D'après une communication orale que nous fit M. de Saint-Yves, il faudrait expliquer cette longue durée par une action exercée par les initiés d'Égypte sur cette force cosmique, susceptible, comme toutes les forces, d'obéir aux incitations de la volonté humaine magiquement dirigée.

Un peuple passant, comme tout être vivant, par les quatre phases d'*enfance ou barbarie, de jeunesse ou organisation, d'âge mûr ou civilisation et de vieillesse ou décadence,* il nous est facile de dresser un tableau de l'évolution de ces phases dans la Race blanche.

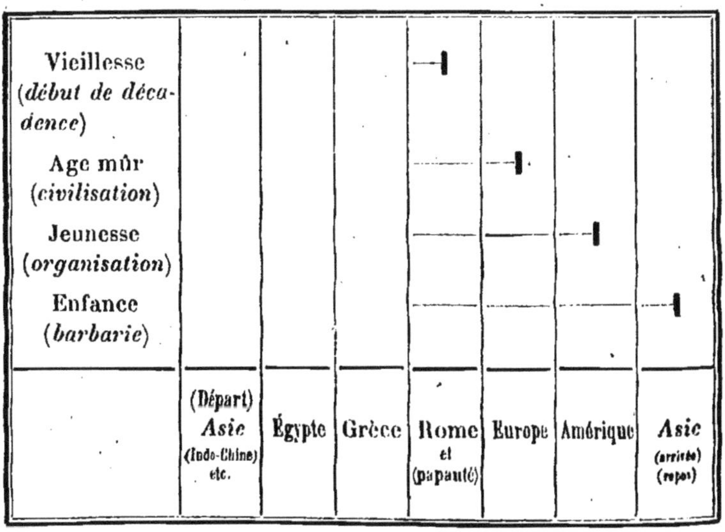

	(Départ) *Asie* (Indo-Chine) etc.	Égypte	Grèce	Rome et (papauté)	Europe	Amérique	*Asie* (arrêtée) (repos)
Vieillesse (*début de décadence*)				—			
Age mûr (*civilisation*)				—	—		
Jeunesse (*organisation*)				—	—	—	
Enfance (*barbarie*)				—	—	—	—

État actuel de la Race blanche.

1. Young, *le Magnétisme terrestre*, in-8. Bruxelles, 1853.

D'après les plus anciennes traditions, la civilisation partit d'abord de l'Orient. L'Égypte développa cette civilisation et la poussa au plus haut point. Pendant que l'Égypte était dans toute sa prospérité, la Grèce, sous son influence, naissait à la civilisation, Rome naissait à peine à l'existence.

Au moment où la civilisation passe en Grèce, Rome était déjà dans la maturité de sa force, et lorsque, après avoir illuminé le monde, la décadence grecque commença pour finir par l'école d'Alexandrie, Rome prenait la tête du mouvement général du monde, alors que l'Europe occidentale commençait sous son influence à se développer.

Ce développement dure encore. La civilisation fait des progrès énormes en Europe, l'intellectualité y brille d'un merveilleux éclat ; mais déjà l'Amérique se développe d'une façon prodigieuse. Le jour où la civilisation atteindra son apogée en Europe, la décadence commencera pour elle en même temps que la suprématie générale passera au Nouveau-Monde. Puis la civilisation occidentale, riche de tous les résultats acquis, reviendra régénérer son point d'origine, l'Asie, de toutes ses découvertes analytiques. C'est alors qu'aura lieu la fusion de la tradition d'Orient avec la science d'Occident. Ce sera le premier tour du grand cycle de la race blanche.

La civilisation suivante ne se produit qu'en détruisant impitoyablement son initiatrice.

La race noire initia la race blanche à ses découvertes, la race blanche détruisit la puissance de la race noire sur toute la Terre.

L'Asie initia l'Égypte et fut écrasée plus tard, de par la loi fatale, et par l'Égypte et par la Grèce.

La même chose arriva à l'Égypte pour prix de son enseignement aux grands génies de la Grèce.

Rome paya de même la civilisation et les sciences apportées d'Orient par les prêtres étrusques.

L'Europe, pour récompenser Rome des routes innombrables et des travaux prodigieux qu'elle exécuta partout, détruisit à jamais toute trace de la puissance de l'antique dominatrice. — Une puissance subsiste encore, vestige et image vivante du pouvoir universel de jadis : la Papauté.

La destruction fatale de cette puissance aujourd'hui en pleine décadence marquera, malheureusement peut-être, le moment où commencera la décadence glorieuse de la civilisation du Nouveau-Monde, en attendant que celui-ci vienne à son tour faire subir à son initiatrice la loi terrible et inexorable inscrite au début de toute étude ésotérique :

L'INITIÉ TUERA L'INITIATEUR !

Avis aux apôtres passés, présents et futurs.

§ 6. — LA « VAGUE DE VIE » DANS L'HOMME LA SAINTETÉ — LE NIRVANA

« VAGUE DE VIE » DANS L'HOMME — APPLICATION A L'HOMME

L'homme n'échappe pas plus que le reste des êtres à l'application de cette loi d'évolution. Pendant que croissent certaines de ses facultés, d'autres décroissent.

Nous verrons tout à l'heure la constitution de l'homme d'après la Science occulte ; pour l'instant, voyons comment on peut résumer en quelques mots cette constitution.

Ce qui se développe d'abord en l'homme, c'est le corps physique. L'Enfance tout entière est consacrée au développement de ce corps et à l'éclosion des divers sens.

Avec le deuxième âge, la Jeunesse, nous voyons apparaître un nouvel élément, *la Passion*. Les Sens, qui ne faisaient que se dessiner, prennent un développement important et concourent pour une grande part à la création du deuxième élément.

Mais l'Age mûr arrive, celui qu'on appelle à juste titre *l'âge de raison;* car ce nouvel élément commence à se manifester. Alors la Passion se développe encore avec toutes ses conséquences, enthousiasme, dévouement, etc., éclairée qu'elle est par l'intellectualité. Les Sens, parvenus au summum de leur développement, sont sous la dépendance des éléments qui les dominent. On voit pourquoi il eût été dangereux que les Sens atteignissent leur apogée avant la naissance de l'intellectualité.

Puis le temps passe encore. Le tournant de la Vieillesse arrive, tournant difficile à franchir, car il jette définitivement l'homme dans le gouffre qu'ont creusé ses vices, et alors l'égoïsme, l'envie et l'avarice se montrent, « ou la monade humaine est sauvée pour longtemps ». Les Sens sont endormis, mais le cœur vibre plus que jamais aux nobles sentiments; la faculté de comprendre la Nature et les Sciences, *l'Intellectualité*, s'est développée en même temps que prend naissance une des facultés les plus élevées que puisse évoluer la race humaine dans le temps actuel : *la Spiritualité*, grâce à laquelle l'homme, perdant pour un instant conscience de son individualité, est susceptible de se laisser sacrifier consciemment pour le développement moral de ses semblables.

Après arrive la mort, à la suite de laquelle se continue l'évolution.

Dans des cas exceptionnels l'homme peut, de par sa Volonté toute puissante, pousser plus loin ce développement durant la Vie. C'est ainsi que prend naissance une faculté à peine en germe dans l'humanité actuelle, *la Sainteté*. Cet état hypernaturel (je n'ose employer le mot *surnaturel*) se produit dans des cas d'ascétisme exceptionnels.

Enfin j'ose à peine parler, vu sa rareté, de l'état appelé par les Indous état de *Nirvâna*, état dans lequel *la Spiritualité*, poussée à son apogée, développe au plus haut point la *Sainteté*, de telle façon que la fusion de la monade humaine dans la monade divine est presque accomplie.

Les tableaux suivants indiquent et résument toutes ces phases.

Les chiffres qui suivent les principes énumérés dans les derniers de ces tableaux se rapportent aux théories ésotériques sur la constitution de l'homme, théories qu'il nous faut maintenant passer en revue[1].

L'évolution de l'Homme — 1 — Enfance.

	Commencement	Développement	Apogée	Décrépitude
Spiritualité				
Intellectualité				
Passion..........				
Sens	—			

L'évolution de l'Homme — 2 — Jeunesse.

	Commencement	Développement	Apogée	Décrépitude
Spiritualité.......				
Intellectualité				
Passion..........	—			
Sens		—		

1. Voy. les oeuvres de Christian, Eliphas Levi et surtout Lacuria citées dans *l'Occultisme contemporain*.

L'évolution de l'Homme — 3 — Age mûr.

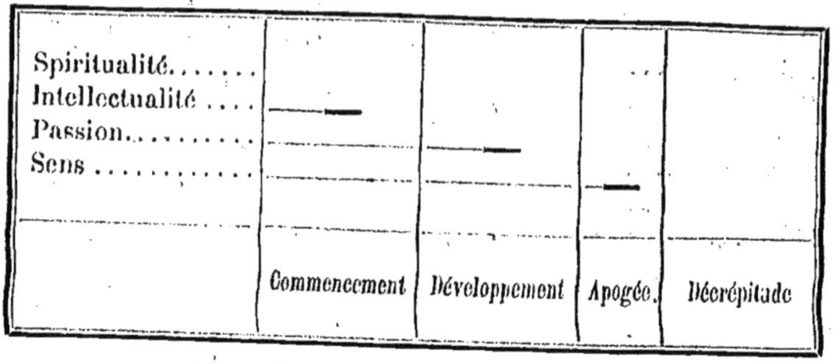

	Commencement	Développement	Apogée	Décrépitude
Spiritualité.......				
Intellectualité	——			
Passion..........		——		
Sens			——	

L'évolution de l'Homme — 4 — Vieillesse.

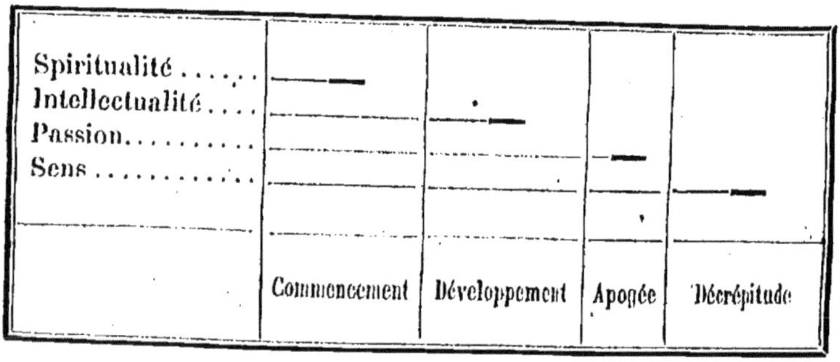

	Commencement	Développement	Apogée	Décrépitude
Spiritualité	——			
Intellectualité		——		
Passion..........			——	
Sens				——

Évolution de l'Homme — État hypernaturel — Sainteté.

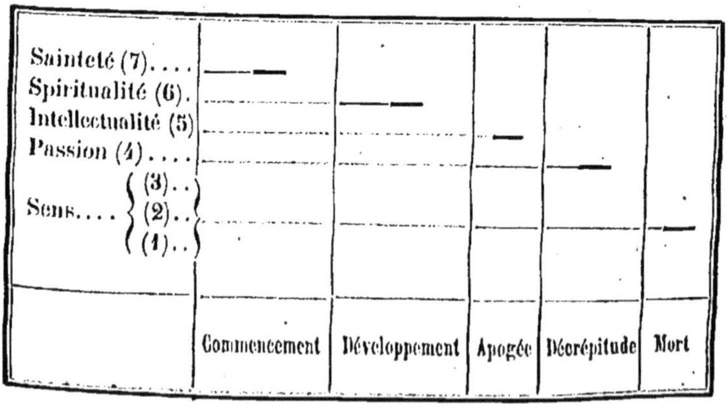

	Commencement	Développement	Apogée	Décrépitude	Mort
Sainteté (7)....	——				
Spiritualité (6).		——			
Intellectualité (5)			——		
Passion (4)....				——	
Sens.... (3)..					
Sens.... (2)..					——
Sens.... (1)..					

Évolution de l'Homme — État hypernaturel — Nirvâna.

	Commencement	Développement	Apogée	Décrépitude	Mort
Sainteté (7)....		— ▬			
Spiritualité (6).		—	▬		
Intellectualité (5)		—	—	▬	
Passion (4).....		—	—	—	▬
Sens.... 3...					
Sens.... 2...		—	—	—	▬
Sens.... 1...					

§ 7. — RÉSUMÉ DE LA CHAINE PLANÉTAIRE

Déjà nous connaissons les modifications diverses par suite desquelles l'agent universel devient la vie de chaque être. Etudions maintenant son évolution.

Cette émanation suivra universellement trois phases de développement :

Dans une première phase, le passif l'emportera sur l'actif et le résultat sera une passivité, une matérialisation, un éloignement de l'Unité vers la Multiplicité[1].

Dans une seconde phase, l'actif et le passif s'équilibreront ; la hiérarchie, la série, apparaîtra, les inférieurs graviteront autour du terme supérieur.

Dans une troisième phase, enfin, l'actif l'emportera sur le passif, l'évolution de la Multiplicité vers l'Unité s'effectuera.

Involution ou Matérialisation progressive,

1. Voy. *Eureka* d'Edgar Poë et *Chimie nouvelle* de L. Lucas.

Equilibre,

Evolution ou spiritualisation progressive,

Telles sont les trois lois du Mouvement.

Du centre mystérieux dans lequel se tient l'ineffable, l'inconcevable En Soph-Parabrahm, une force émane dans l'Infini.

Cette force constituée active-passive, comme ce qui lui a donné naissance, va produire un résultat différent suivant que l'actif ou le passif dominera dans l'action.

La force s'éloigne de l'Unité pour gagner le Multiple, la Division ; aussi le passif, créateur du Multiple, domine-t-il à ce moment. La production est surtout passive, matérielle ; la force se matérialise.

L'intelligence s'écorcifie peu à peu, se revêt d'enveloppes qui représentent d'abord l'état de la matière le plus proche des essences, la matière radiante.

A ce moment une masse, énorme pour les conceptions humaines, infime aux yeux de l'Infini, traverse l'Espace. Sur les planètes inférieures des Mondes qu'elle fend dans sa course, les instruments se dressent, et du haut des observatoires les mortels annoncent : Une comète traverse notre système.

Sur les planètes supérieures de ces Mondes les immortels se prosternent et adorent religieusement la divine lumière qui accomplit le sacrifice d'où doit naître son retour à l'Unité. Ils s'inclinent et s'écrient : L'esprit de Dieu traverse notre Monde.

Cependant, plus la masse s'éloigne de l'Unité, plus la matérialisation s'accentue. La Matière à l'État gazeux apparaît, remplissant en grande partie la masse qui ralentit sa course en un point de l'espace. Le savant qui l'aperçoit annonce aux mortels une nébuleuse, la Naissance d'un système planétaire ; l'Immortel conçoit la Naissance d'un Dieu.

L'état le plus passif a pris naissance, les agglomérations solides sont nées ; mais en même temps la force active se dégage peu à peu et vient équilibrer la force passive. La vie se concentre au centre du système dans un Soleil, et les planètes reçoivent d'autant plus son influence qu'elles en sont plus proches, qu'elles sont moins matérielles, de même que le Soleil reçoit une influence d'autant plus active qu'il est plus près de la VIE-PRINCIPE d'où il est émané.

C'est alors que la force active l'emporte définitivement sur la force passive ; les planètes se sont groupées autour du centre prépondérant, l'être vivant qu'on appelle un Monde a pris naissance ; il est organisé et lentement il évolue vers l'Unité d'où il était parti.

Sur chacune des planètes la loi qui a donné naissance au Monde se répète, identique. Le Soleil agit vis-à-vis des planètes comme l'UNITÉ-VIE agissait vis-à-vis du Soleil. La planète est d'autant plus matérielle qu'elle est plus éloignée de lui.

D'abord en ignition, puis gazeuse, puis liquide, quelques agglomérations solides apparaissent au sein de cette masse liquide, les continents prennent naissance.

Puis l'évolution de la Planète vers son Soleil commence et la Vie planétaire s'organise. La force active l'emporte ici encore sur la force matérielle, passive.

Les productions qui vont naître sur la planète suivront les mêmes phases que celle-ci a subies vis-à-vis du Soleil.

Les continents, en se solidifiant, condensent dans leur sein la force en ignition qui formait primitivement la planète. Cette force vitale terrestre, qui n'est qu'une émanation de la force vitale solaire, agit sur la Terre et les rudiments vitaux se développent en constituant les métaux plus inférieurs[1].

De même que ce Monde évolue vers la Vie de son Univers en se créant une âme[2], ensemble de toutes les âmes planétaires renfermées en lui ; de même que chaque planète évolue vers l'âme de son monde en créant son âme planétaire, ensemble des âmes que cette planète renferme ; de même le métal, premier terme de la vie sur la planète, évolue à travers ses divers âges une âme vers l'âme de la Terre. Ce métal d'abord inférieur se perfectionne de plus en plus, devient capable de fixer plus de force active et en quelques centaines d'années la vie qui circulait jadis dans le plomb circule maintenant dans une masse d'or[3], le Soleil des métaux agissant vis-à-vis d'eux comme le Soleil vis-à-vis de la Terre.

La vie progresse de même à travers le végétal et, quelques milliers d'années après, la production la plus élevée du continent apparaît, l'Homme qui représente le Soleil de l'animalité comme l'Or représentait le Soleil de la minéralité.

La loi progressive va se retrouver dans l'homme comme dans tout le reste de la nature ; mais ici quelques considérations sont nécessaires à propos de la simultanéité des progressions.

Reportons-nous en arrière et nous nous rappellerons qu'au moment de la Naissance d'un Monde d'autres existaient déjà qui avaient accompli à des degrés différents

1. Ici commence l'évolution conçue d'après les modernes qui n'ont pas vu son *côté descendant* connu parfaitement des anciens.

2. Voir pour éclaircissement de cette assertion la création de l'âme humaine.

3. Fondement de la doctrine alchimique. Voy. pour cette idée d'évolution de la *même* vie dans des corps de plus en plus parfaits la loi indoue du KARMA.

l'évolution vers l'Unité. Si bien qu'il y avait des Mondes plus ou moins vieux.

Il y a de même différents âges dans les planètes, différents âges dans leurs productions. Quand une planète évolue pour la première fois le premier vestige du règne minéral, une autre plus âgée dans ses productions vitales a déjà évolué le premier règne animal, une autre enfin plus âgée encore a déjà évolué le premier règne de l'homme.

De même qu'il y a des planètes de divers âges, de même il y a des continents plus ou moins âgés sur une même planète.

Chaque continent est couronné par une race d'hommes comme chaque monde est couronné par un Soleil.

Comme la progression existe aussi parmi les hommes, il s'ensuit qu'au moment où la deuxième race d'hommes apparaît sur le second continent évolué par la planète, la première race d'hommes évoluée sur le premier continent y est en plein développement intellectuel, tandis que la dernière venue est sauvage et abrutie [1].

Le même fait se retrouve éclatant de vérité dans la famille où nous voyons le fondateur, l'aïeul, rempli d'expérience, mais abattu par la vieillesse, tandis que le dernier né est aussi ignorant que plein de vie. Entre eux deux existent toutes les gradations et le père représente la virilité dans tout son développement tandis que le grand-père établit la transition entre lui et l'aïeul.

Enfant, Père, Grand-Père, Aïeul

représentent donc dans la famille cette évolution que nous retrouvons dans la nature entière.

1. Voy. *la Mission des Juifs*.

CHAPITRE IV

L'HOMME

(ANDROGONIE)

CONSTITUTION DE L'HOMME

§ 1. — LES TROIS PRINCIPES. — LE CORPS. — LE CORPS ASTRAL, MÉDIATEUR PLASTIQUE. — LA VIE

Pour comprendre les théories diverses enseignées par les écoles d'occultisme sur l'homme, son passé et son avenir, il est important tout d'abord de voir comment on peut connaître les divers principes qui constituent l'être humain.

L'homme est constitué de manière bien différente si l'on s'adresse aux théologiens et aux philosophes spiritualistes, ou si l'on étudie les travaux des matérialistes.

Pour les écoles tirant leur enseignement des données religieuses, l'homme est composé de deux principes opposés l'un à l'autre : *le corps* et *l'âme;* le corps, sujet à toutes les tentations et cause de toutes les déchéances ; l'âme, immortelle et pure, origine de la conscience et des facultés psychiques. Ces théories ont un défaut, c'est qu'elles sont dans l'impossibilité d'expliquer une grande partie des faits produits par l'être humain et qu'on en arrive par leur application à dire qu'un homme est phtisique parce « qu'il a une âme phtisique », ce qui est un peu forcé, comme on voit.

Comme toujours, c'est à l'école matérialiste que nous sommes redevables des travaux les plus solides sur la question de la constitution de l'homme. — Cette école n'admet qu'un seul principe : *le corps ;* mais au moins a-t-elle le mérite d'étudier sérieusement et surtout expérimentalement les données qu'elle avance. Exagéré dans le sens de la réaction, le matérialisme s'est laissé choir dans un grave défaut et en est arrivé à nier *à priori* tous les phénomènes du pressentiment, de la vision à distance, du dédoublement possible de l'être humain, etc., phénomènes constatés souvent et dans des conditions excluant toute supercherie.

Or, parcourez les œuvres de tous les initiés, adressez-vous aux traditions de tous les peuples, et vous verrez que de tout temps l'on enseigne que l'homme était composé non pas d'un, ni de deux, mais de *trois principes* parfaitement étudiés.

Platon en fait ses trois âmes, localisées dans les trois grands segments de l'organisme : tête, poitrine et ventre, origine réelle en effet de ces trois principes.

Le catholicisme lui-même, affirmant que Dieu fit l'homme à son image, et enseignant d'autre part que Dieu est un en *trois personnes*, donne par cela même la constitution de l'être humain déjà présentée par saint Paul qui enseignait l'existence du corps astral[1].

1. La Trinité a fait l'homme à son image et à sa ressemblance. Le corps humain est double et son unité ternaire se compose de deux moitiés; l'âme humaine est aussi double ; elle est *animus* et *anima*, elle est esprit et tendresse.

Elle a deux sexes. Le sexe paternel siège dans la tête, le sexe maternel

Les trois principes.

Les trois principes désignés par la Science Occulte comme formant l'homme sont :

1° Le corps ;

2° Le médiateur plastique (corps astral) ;

3° L'âme.

L'occultisme se différencie donc des théologiens en admettant un nouveau principe intermédiaire entre le corps et l'âme.

Il se différencie des matérialistes en enseignant l'existence et le fonctionnement de deux principes échappant, chez l'homme, aux lois de la matière. On comprend de suite que le côté original des théories de la Science Occulte réside tout entier dans l'étude de ce principe intermédiaire qui a reçu des noms variés :

Corps astral, Périsprit, Vie, etc., etc., mais qui est identiquement étudié par toutes les écoles.

Eliphas Levi résume fort exactement la constitution de l'homme dans la définition suivante :

L'homme est un être intelligent et corporel, fait à l'image de Dieu et du Monde, UN *en essence,* TRIPLE *en substance, immortel et mortel.*

Il y a en lui une âme spirituelle, un corps matériel et un médiateur plastique.

Il faut donc bien prendre garde de s'avancer à la légère dans une étude aussi importante ; aussi allons-nous demander aux connaissances contemporaines s'il est réellement

dans le cœur; l'accomplissement de la rédemption doit donc être double dans l'humanité; il faut que l'esprit par sa pureté rachète les égarements du cœur : puis il faut que le cœur, par sa générosité, rachète les sécheresses égoïstes de la tête.

GUILLAUME POSTEL.

permis d'établir chez l'homme, tel que le connaît le physiologiste, trois principes indépendants et distincts.

IDÉE GÉNÉRALE DE LA CONSTITUTION PHYSIOLOGIQUE DE L'HOMME

La méthode de la Science Occulte, l'*Analogie*, permet de déterminer la constitution physiologique de l'homme en considérant la moindre de ses parties constituantes. Le globule sanguin seul nous donnerait cette loi fondamentale encore inconnue des physiologistes actuels ; cependant, comme l'étude des globules sanguins nous entraînerait dans des considérations d'histologie trop techniques, nous allons prendre comme base d'étude *une phalange*, sûr d'y trouver les principes constituants de l'homme tout entier.

Considérons donc la phalange de notre index qui porte l'ongle (phalangette) et voyons en quelques mots sa construction.

L'anatomie nous enseigne que cette phalange contient des os, des muscles, des vaisseaux sanguins et lymphatiques et des nerfs. Chacun de ces organes est formé de cellules de formes très différentes. Posons donc tout d'abord l'existence *du corps* de notre phalange, corps formé par des éléments matériels variés.

La partie fondamentale, le support de ce corps, est formée par *des os*, sur ces os viennent se greffer *des muscles* qui les mettent *en mouvement*, le mouvement est entretenu par *la vie* de tous les organes situés dans notre phalange.

MOUVEMENT et VIE, voilà donc deux termes nouveaux dont il nous faut déterminer l'origine. Commençons par le dernier : la Vie.

Dans l'intérieur ou au pourtour des os, des muscles et

des nerfs, rampent les vaisseaux sanguins apportant le sang oxygéné par les artères, emportant le sang désoxygéné par les veines. Que vient faire là ce sang et quel est son but?

Pour le savoir, mettons à contribution la science expérimentale et empêchons le sang d'arriver à la phalange en liant l'artère. Que se produit-il?

La phalange se nécrose et MEURT, sans toutefois cesser un instant d'être mue sous l'influence de la volonté. Si la phalange meurt quand on empêche le sang d'arriver, il est clair que le sang est le *siège de la vie*.

Voilà donc deux éléments bien déterminés dans notre phalange :

1° Le corps constituant;

2° La vie grâce à qui l'existence et les fonctions de ce corps persistent.

Nous n'avons pas ici à entrer dans le détail et à démontrer si la vie est une entité réelle ou le résultat chimique de l'oxydation et de la désoxydation de l'hémoglobine. Ces démonstrations nous entraîneraient trop loin. Restons donc à la simple détermination de nos deux premiers éléments : le corps et la vie.

Un dernier élément reste à étudier : *le Mouvement*.

Si le sang n'arrive plus à la phalange, celle-ci meurt, nous l'avons vu; mais *sans cesser de se mouvoir*. Réciproquement, si une *paralysie* vient empêcher les nerfs d'agir, la phalange ne peut plus se mouvoir; mais *sans cesser de vivre*.

La Vie et le Mouvement sont donc indépendants; l'une est amenée par les vaisseaux sanguins, l'autre par *les nerfs*.

Les Nerfs placés dans notre phalange sont de deux sortes : les uns *la font mouvoir* sous l'influence de notre volonté, et manifestent à notre conscience ce qui se passe dans la phalange ; ce sont les nerfs moteurs et les nerfs sensitifs ; les autres *font vivre* cette phalange en faisant contracter les vaisseaux qui apportent le sang et l'emportent ou en permettant aux diverses cellules osseuses, musculaires ou nerveuses d'exercer leurs diverses fonctions, le tout indépendamment de cette volonté et tout à fait à l'insu de la conscience : ce sont *les nerfs vaso-moteurs* émanés du *grand sympathique*. — C'est sous l'influence de ce nerf que des portions de phalange enlevées par une blessure peuvent se reconstituer *dans la forme primitive ;* mais le cadre de notre étude ne nous permet pas d'entrer dans des détails complémentaires à ce sujet.

Contentons-nous de résumer ce que nous avons dit jusqu'ici en montrant :

1° Que la partie matérielle de notre phalange ou corps est constituée d'une foule de cellules de formes et de fonctions différentes.

2° Que ce corps de la phalange VIT sous la double influence du sang et des filets nerveux du grand sympathique. La vie est sans cesse apportée par le sang ; mais une partie est en réserve dans les *ganglions du grand sympathique*.

3° Que la phalange SE MEUT, sous l'influence de la volonté, et se révèle à la conscience par la sensation. La volonté et la sensation sont respectivement transmises par les nerfs moteurs ou centrifuges et les nerfs sensitifs ou centripètes analogues aux artères et aux veines.

Le Corps,
La Vie,
La Volonté,

Tels sont les trois éléments principaux que nous venons

de déterminer dans l'étude de notre phalange. — Voyons l'origine. — Nous allons ici énumérer nos conclusions sans développement, sous peine de transformer cette courte étude en un véritable volume.

Les éléments nécessaires à la réparation des pertes *matérielles* de l'organisme sont fabriqués dans le VENTRE. On peut dire, en deux mots : Le Ventre fabrique le corps.

La vie nécessaire à la réparation des pertes *vitales* de l'organisme est fabriquée dans LA POITRINE (fonction de respiration). En deux mots : La Poitrine fabrique la vie.

La volonté nécessaire *au mouvement conscient* de l'organisme tire son origine de LA TÊTE. La Tête fabrique la volonté.

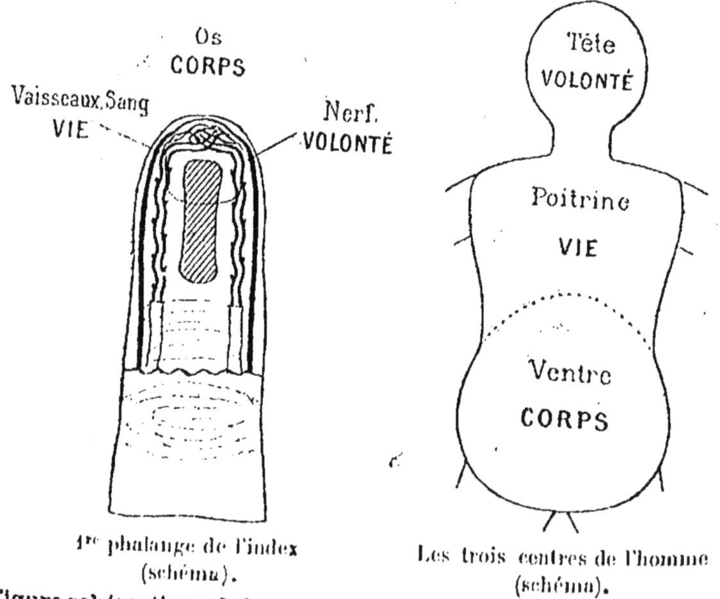

1re phalange de l'index (schéma).

Les trois centres de l'homme (schéma).

Figure schématique de la constitution physiologique de l'homme

Voilà donc trois centres, le Ventre, la Poitrine et la Tête, correspondant absolument à nos trois éléments : le Corps, la Vie, la Volonté. La façon d'agir de ces centres doit donc toujours être *analogue*. Voyons si cette déduction est vraie.

*
* *

Si l'on saisit bien le jeu de ces principes, on verra que la Vie est l'intermédiaire obligé ; sans elle, le corps ne peut obéir aux incitations de l'âme, l'âme ne peut recevoir les impressions du corps.

Voilà une théorie bien amenée, ne manqueront pas de dire certains philosophes. Ne pouvant concilier ces deux opposés : le corps et l'âme, ne pouvant expliquer comment le subjectif devient objectif, vous éludez la question, messieurs les occultistes, en inventant un soi-disant principe intermédiaire doué justement de toutes les propriétés nécessaires à votre cause[1].

Il suffit d'ouvrir un traité quelconque de physiologie pour apprendre que ce principe qui fait marcher notre cœur et notre foie malgré notre volonté et à l'abri de son influence, existe bien, quelle qu'en soit d'ailleurs l'origine. Le grand tort des occultistes a été jusqu'ici de vouloir rester cantonnés dans leur domaine sans s'occuper des découvertes de la science expérimentale.

Dites à un médecin : *le corps astral* fait marcher les organes splanchniques, le médecin vous regardera comme un doux aliéné ; dites-lui au contraire : la vie organique meut ces organes, il vous répondra de suite : parbleu ! je le sais bien. Montrez ensuite que ce qu'il appelle *vie organique* vous l'appelez *corps astral*, et l'on pourra déjà commencer à s'entendre.

Quand vous voulez être compris d'un étranger, vous

1. Voy. *Dict. philosophique* de Franck, articles Paracelse et R. Fludd.

savez fort bien qu'il est inutile de lui parler votre langue pour aussi fort que vous criiez. Cette règle élémentaire semble naïve. Que de fois cependant elle est inconnue de part et d'autre !

Pour bien faire saisir le jeu de ces trois principes, je vais encore une fois sacrifier à la manie qui m'est si chère en me servant d'une analogie d'origine très vulgaire. Voulez-vous bien comprendre la constitution de l'homme : mettez-vous à la fenêtre et voyez passer une voiture quelconque dans la rue ; vous y verrez plus clair qu'en lisant tous les traités encombrés de mots sanscrits ou hébreux.

Une voiture qui marche comprend trois éléments principaux :

1° La voiture ;

2° Un cheval attelé à cette voiture et la mettant en mouvement ;

3° Un cocher guidant le cheval.

La voiture. Image analogique des trois principes de l'homme.

La voiture est inerte par elle-même. Elle est incapable de se mouvoir sans un autre élément, voilà bien le caractère fondamental du *corps matériel*.

Le cocher sur son siège a beau s'agiter, faire claquer son fouet, crier aussi haut qu'il lui plaît ; s'il n'y a pas de cheval attelé, rien ne la mettra en mouvement. Le cocher est bien l'élément directeur, c'est lui qui conduira au but indiqué, mais pour cela un auxiliaire indispensable lui est utile : le cheval. Le cocher nous montre bien par analogie les caractères généraux de l'élément supérieur de l'homme : l'âme.

Le corps astral.

Relié d'une part à la voiture par les brancards, d'autre part au cocher par les guides, nous voyons le principe intermédiaire général : le cheval.

Le cheval est plus fort physiquement que le cocher, mais il est malgré cela guidé, bon gré mal gré, par celui-ci. Aux philosophes nous demandant à quoi bon ce corps astral, nous pouvons répondre : à agir en l'homme comme le cheval agit pour la voiture; c'est-à-dire à tout conduire ou à peu près sous la direction du principe supérieur : le cocher.

*
* *

Des Passions.

Le cheval représente la vie de l'être humain, centre *des passions,* comme nous le verrons plus loin. Le caractère commun des passions est d'étouffer les efforts de la raison et d'entraîner l'être tout entier à sa perte, malgré l'action de l'âme devenue impuissante.

La colère est surtout remarquable à cet égard. Dès qu'elle prend naissance chez un être faible, il semble que la circulation sanguine se localise en entier dans la tête. Une bouffée de chaleur monte au visage, les yeux se congestionnent, la raison essaye en vain de maîtriser la vie organique devenue maîtresse du terrain ; l'homme *voit rouge, il ne sait plus ce qu'il fait*, il est capable de tout à ce moment. Le corps astral a vaincu l'âme.

Le cheval s'emporte. Envahissement de l'âme par le corps astral. La colère.

Voyez si ce n'est pas exactement ce qui arrive pour la voiture quand le principe intermédiaire, le cheval, n'obéissant plus aux efforts du cocher, s'emporte.

La force physique a tout envahi dans ce cas. Le cocher, plus faible, mais mieux armé, est vaincu ; la voiture qui le porte roule avec une rapidité effrayante là où la conduit le cheval devenu le maître, jusqu'au moment où celui-ci, dans son aveuglement, vienne se briser contre un obstacle insurmontable, détruisant en même temps que lui l'appareil tout entier, voiture et cocher compris.

*
* *

La clarté donnée aux questions les plus abstraites par la méthode analogique est telle que cette figure de la voiture, qui semblait naïve au premier abord, peut nous être fort utile pour comprendre certaines données de l'occultisme concernant les propriétés mystérieuses attribuées au corps astral.

Constatons en passant l'action du cocher activant l'allure de son cheval au moyen du fouet, image frappante de l'action des excitants (alcool, café, etc.,) sur le corps astral. Un cheval de race qu'on bat trop fort peut s'emporter ; de même un corps astral trop fortement actionné par l'alcool peut conduire l'organisme à sa perte[1].

Le Magnétisme.

Voulez-vous savoir comment se produisent les phénomènes du magnétisme ?

Un étranger est venu qui a mis le cocher (l'âme, la volonté) dans l'impossibilité de prendre les guides (liens du cerveau au corps astral).

Le cocher est ligotté sur son siége. — Un étranger s'est emparé des guides et dirige la voiture. — *Magnétisme.*

C'est lui (le magnétiseur) qui s'est emparé des guides, et le pauvre cocher, ahuri, assiste à la direction de la voiture par une volonté qui n'est pas la sienne et contre laquelle il ne peut lutter.

1. L'ivresse est une folie passagère et la folie est une ivresse permanente. L'une et l'autre sont causées par un engorgement phosphorique

Le corps astral (cheval) obéira toujours à celui qui tiendra les guides, que ce soit le propriétaire effectif de la voiture ou un étranger.

Cependant le cocher, quoique ligotté et incapable d'agir effectivement, peut encore faire entendre sa voix et arrêter net le cheval, quoiqu'il ne tienne aucune guide. C'est ce qui explique comment, chez certains sujets à qui l'on a donné des suggestions criminelles, la conscience du sujet lutte contre la suggestion, et l'individu s'évanouit (le cheval se cabre et tombe) plutôt que d'exécuter l'ordre donné.

La Sortie du Corps Astral. Magie. Spiritisme.

Un autre phénomène, souvent cité en occultisme, est clairement expliqué par cette analogie. Il s'agit de la *sortie du corps astral.*

Plusieurs faits en apparence surnaturels sont expliqués grâce à cette action. Sous l'influence d'un régime particulier et de l'emploi raisonné de certains excitants PSYCHIQUES[1], l'être humain entre dans un état mixte qui tient de l'état de veille et de l'état somnambulique.

Le corps astral quitte momentanément le corps comme le cheval dételé quitterait la voiture. Le corps refroidi reste immobile mais l'âme veille. Elle dirige le corps astral vers l'endroit où elle veut qu'il se rende car alors le temps et l'espace n'existent plus pour lui.

des nerfs du cerveau qui détruit notre équilibre lumineux et prive l'âme de son instrument de précision.

L'âme fluidique et personnelle est alors emportée par l'âme fluidique et matérielle du monde (comme Moïse sur les eaux).

L'âme du monde est une force qui tend toujours à l'équilibre : il faut que la volonté triomphe d'elle ou qu'elle triomphe de la volonté.

ELIPHAS LEVI.

1. Entre autres la prière faite magiquement.

Le cocher dont les guides pourraient s'allonger à volonté et qui guiderait ainsi son cheval dételé donne une idée assez juste de la *sortie consciente* du corps astral. Dans ce cas le corps est absolument immobile, le corps astral n'étant lié qu'à l'âme.

Dans un autre cas, le cocher (l'âme) s'endort. Le cheval dételé (le corps astral sorti) erre à l'aventure.

Il n'est plus tenu à l'appareil qu'il a quitté par les guides, mais bien par les liens qui le rattachent à la voiture (liens du corps astral au corps physique). D'après l'occultisme, c'est le phénomène qui se produit dans *la médiumnité* (*sortie inconsciente du corps astral*). Le corps astral est alors à la disposition des influences diverses qui peuvent s'en emparer (esprits ou suggestions[1]).

Les guides s'allongent. Le cheval dételé continue sa course guidé par le cocher. (Sortie consciente du corps astral.)

La figure ci-dessus indique bien ces phases de la sortie consciente du corps astral.

1. La substance du Médiateur plastique est lumière en partie volatile et en partie fixée.

Partie volatile — fluide magnétique.

Partie fixée — corps fluidique ou aromal.

Le Médiateur plastique est formé de lumière astrale ou terrestre et il en transmet au corps humain la double aimantation.

L'Âme en agissant sur cette lumière par sa volition peut la dissoudre

Mort.

Enfin il est un phénomène qui nous intéresse tous plus ou moins, car nous sommes appelés à l'étudier de près : c'est *la mort*.

Le cocher sommeille. Les liens qui attachent le cheval à la voiture s'allongent. Le cheval erre à l'aventure, ne subissant plus la direction du cocher. Des êtres rôdant autour du cheval cherchent à s'en emparer. (Sortie inconsciente du corps astral.)

La voiture (le corps physique) est brisée et gît sur la route, l'âme (le cocher) chevanche et le corps astral (le cheval) part pour le voyage de l'au-delà.

ou la coaguler, la projeter ou l'attirer. Elle est le miroir de l'imagination et des rêves. Elle réagit sur le système nerveux et produit ainsi les mouvements du corps.

Cette lumière peut se dilater indéfiniment et communiquer son image à des distances considérables; elle aimante les corps soumis à l'action de l'homme et peut, en se resserrant, les attirer vers lui. Elle peut prendre toutes les formes évoquées par la pensée et, dans les coagulations passagères de sa partie rayonnante, apparaître aux yeux et offrir même une sorte de résistance au contact.

Eliphas Levi.

C'est ce qu'exprime la figure suivante :

Abandon de la voiture par le cheval et le cocher. Abandon du corps par le corps astral portant l'âme. (La Mort.)

*
* *

Ainsi nous avons choisi une image que nous croyons très claire, malgré sa naïveté, pour expliquer le jeu des trois principes qui constituent l'homme d'après l'occultisme.

L'analogie fournie par cet exemple est à tel point exacte qu'on pourrait l'appliquer à toutes les parties de la philosophie. Un de mes amis me faisait remarquer justement qu'elle répond assez spirituellement aux diverses opinions philosophiques.

Le Matérialisme fait générer le cheval par la voiture et le cocher par le cheval.

Le Panthéisme met le cheval dans la voiture qu'il fait traîner par le cocher.

Enfin le Catholicisme, comme la philosophie spiritualiste de l'Université, place bien un cocher sur la voiture, mais sans admettre l'existence du cheval. Le corps et l'âme doivent suffire à tout. Malheureusement, ce fameux principe, soi-disant inventé pour les besoins de leur cause par les occultistes, le cheval, est si nécessaire que rien ne marche sans lui, à la Sorbonne comme sur la plus vulgaire de nos routes.

Les données qui précèdent mettront le lecteur à même de saisir dans tous leurs détails les développements suivants dus à *Fabre d'Olivet*, sur la constitution de l'homme et sur le jeu des trois grands éléments constituants.

IDÉE GÉNÉRALE DE LA CONSTITUTION PSYCHOLOGIQUE DE L'HOMME

C'est maintenant que nous allons faire appel à l'occultisme occidental dans la personne d'un de ses plus illustres représentants : Fabre d'Olivet, en montrant comment les données anatomiques et physiologiques que nous venons de déterminer, éclairent d'un jour tout nouveau ses données psychologiques. C'est en partant de cette double concordance que nous ferons appel tout à l'heure à l'occultisme oriental pour montrer son unité avec toutes les données précédemment acquises.

Nous avons vu que le corps se manifestait à la conscience par la *sensation*. Par quoi se manifestent à cette conscience les deux autres éléments : la Vie et la Volonté?

La Vie a son siège principal, nous l'avons vu, dans la Poitrine. Or, quand vous avez un chagrin violent ou un amour intense, où vous sentez-vous touché ? *au cœur*, vulgairement parlant; *au grand sympathique* (plexus cardiaque), scientifiquement parlant [1] ; *au corps astral*, ésotériquement parlant ; et là se trouve en effet le siège du SENTIMENT, qui est pour la vie ce que la sensation est pour le corps.

1. Claude Bernard, *la Science expérimentale*.

La volonté se manifeste de même à la conscience par la liberté de faire ou de ne pas faire, appelée par Fabre d'Olivet : Assentiment.

La sensation caractéristique du corps se manifeste par *le besoin*.

Le sentiment se peint par *la passion*. L'assentiment par *l'inspiration*.

L'homme est donc nécessité, passionné ou inspiré suivant le centre qui se réfléchit à sa conscience. Mais là ne doit pas s'arrêter notre analyse.

La sensation nous cause *du Plaisir* ou *de la Douleur*, suivant la façon dont notre corps est impressionné.

Eh bien, le sentiment nous cause aussi de *l'Amour* ou de *la Haine*, suivant la façon dont la vie est impressionnée.

L'assentiment nous révèle aussi *la Vérité* ou *l'Erreur*, suivant la façon dont la Volonté est impressionnée.

La Sensation, le Sentiment et l'Assentiment, n'est-ce pas *une même chose* diversement « colorée » suivant les milieux d'où elle émane?

De même le Plaisir, l'Amour et la Vérité sont *une même chose* considérée *positivement* à divers points de vue, comme la Douleur, la Haine et l'Erreur sont cette même chose considérée *négativement* à ces points de vue.

Arrêtons là ces digressions sur le Corps, la Vie et la Volonté, digressions que nous pourrions pousser fort loin avec Fabre d'Olivet. Il nous suffit, pour l'instant, d'avoir déterminé l'unité de ces principes triplement différents.

Nous allons pouvoir en tirer d'importantes conclusions.

Avant de passer à d'autres considérations, il nous faut résumer ce que nous avons dit en trois figures. C'est la même figure originelle : *le triangle* qui sert de base à nos trois schémas pour bien montrer qu'ils expriment la même chose considérée en trois aspects différents, corps, vie ou volonté suivant le cas.

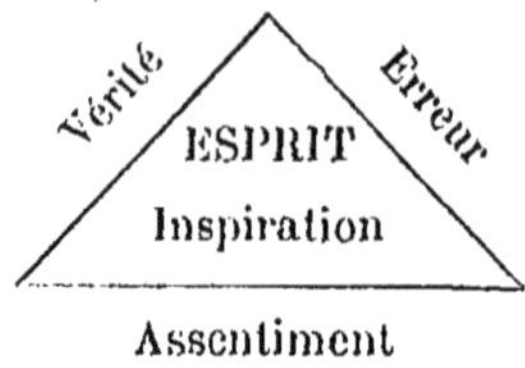

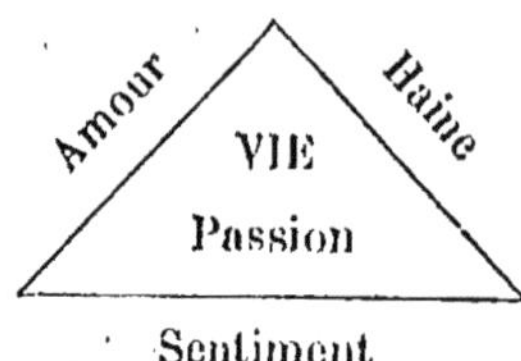

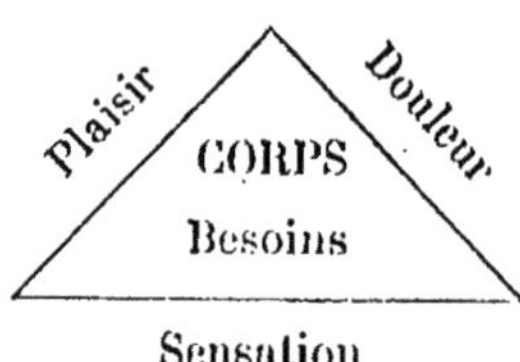

Figure schématique résumant la constitution de l'Homme, d'après Fabre d'Olivet.

(Manque la 4e sphère, sphère du libre arbitre; voy. plus loin.)

Les Êtres, quels qu'ils soient, sont formés en dernière analyse de trois parties constituantes : le corps, la vie ou l'esprit, et l'âme.

L'évolution d'un corps produit une vie, l'évolution d'une vie produit une âme.

Vérifions ces données en les appliquant à l'homme.

Chaque continent se couronne, je le répète, d'une race différente d'hommes représentant le terme supérieur de l'évolution matérielle sur la planète.

Dans chaque homme trois parties se montrent : le ventre, la poitrine, la tête. A chacune de ces parties sont attachés des membres. Le ventre sert à fabriquer le corps, la poitrine sert à fabriquer la vie, la tête sert à fabriquer l'âme.

Le but de chaque être que la nature crée est de donner naissance à une force d'ordre supérieur à celle qu'il reçoit. Le minéral reçoit la vie terrestre et doit la transformer en vie végétale par son évolution ; le végétal donner naissance à la vie animale et celle-ci à la vie humaine.

La vie est donnée à l'homme pour qu'il la transforme en une force plus élevée : l'âme. — L'âme est une résultante[1] d'après certains occultistes.

Le but de l'homme est donc avant tout de développer en lui cette âme qui ne s'y trouve qu'en germe et, si une existence ne suffit pas, plusieurs seront nécessaires[2].

Cette idée, cachée par les initiations aux profanes, se retrouve dans tous les auteurs qui ont pénétré profondément dans la connaissance des lois de la nature. C'est une des principales divulguées par l'étude du Bouddhisme ésotérique dans les temps modernes ; mais l'antiquité ainsi que quelques écrivains occidentaux ne l'ont jamais ignorée.

1. L'âme est une création originale nous appartenant en propre et présentant à l'éternité le flanc de sa responsabilité (Louis Lucas, *Médecine nouvelle*, p. 33).

Le son représentant la force vitale produit autre chose dans sa diversité extrême : il produit la TONALITÉ, d'où naît l'effet *général* ou l'âme : avec sa valeur spéciale et relative. Un orchestre est un organisme matériel, avec tous ses appareils composés ; les sons, leurs HARMONIES, leurs combinaisons immenses ; c'est le jeu des forces vitales ; c'est l'étoffe du corps d'où l'âme se *crée* et s'élève, comme de la tonalité se crée un sentiment *général*, définitif et *résultantiel*. Ainsi la tonalité GENERALE qui est étrangère et à l'instrument inerte par lui-même, et aux harmonies *croisées* qui sont en jeu : voilà l'AME du concert, etc. (Id.).

2. En lisant les divers auteurs qui traitent de l'âme, il faut bien prendre garde au sens qu'ils attribuent à ce mot. Les uns appellent âme ce que j'appelle ici *vie et esprit*, et esprit le troisième terme que j'appelle âme. L'idée est la même partout, l'emploi des termes seuls varie.

« C'est ainsi en effet que Dieu lui-même, par la connaissance intime de l'absolu qui est son essence, identifie perpétuellement avec son savoir l'être qui lui correspond dans son essence absolue ; et c'est ainsi manifestement que Dieu opère sans cesse sa création propre ou son immortalité. Et par conséquent, puisque l'homme est créé à l'image de Dieu, c'est par le même moyen qu'il doit conquérir son immortalité, en opérant ainsi sa création propre par la découverte de l'essence de l'absolu, c'est-à-dire des conditions elles-mêmes de l'existence de la vérité [1]. »

Fabre d'Olivet, dans l'admirable résumé qu'il a fait de la doctrine de Pythagore, nous montre en quelques pages le résumé de la psychologie antique. Il suffit de le lire et de le comparer aux doctrines du Bouddhisme ésotérique pour connaître un des plus grands secrets renfermés dans les sanctuaires.

Voici ce résumé :

« Pythagore admettait deux mobiles des actions humaines, la puissance de la Volonté, et la nécessité du Destin ; il les soumettait l'un et l'autre à une loi fondamentale appelée la Providence, de laquelle ils émanaient également.

« Le premier de ces mobiles était libre et le second contraint ; en sorte que l'homme se trouvait placé entre deux natures opposées, mais non pas contraires, indifféremment bonnes ou mauvaises, suivant l'usage qu'il savait en faire. La puissance de la Volonté s'exerçait sur les choses à faire ou sur l'avenir ; la nécessité du Destin, sur les choses faites ou sur le passé ; et l'une alimentait sans cesse l'autre, en travaillant sur les matériaux qu'elles se fournissaient réciproquement.

1. Wronski, *Lettre au pape*. — Voir la liste des œuvres de Wronski dans *l'Occultisme contemporain*, chap. 22.

« Car, selon cet admirable philosophe, c'est du passé que naît l'avenir, de l'avenir que se forme le passé et de la réunion de l'un et de l'autre que s'engendre le présent toujours existant, duquel ils tirent également leur origine : idée très profonde, que les stoïciens avaient adoptée. Ainsi, d'après cette doctrine, la Liberté règne dans l'avenir, la Nécessité dans le passé et la Providence sur le présent. Rien de ce qui existe n'arrive par hasard, mais par l'union de la loi fondamentale et providentielle avec la volonté humaine qui la suit ou la transgresse, en opérant sur la Nécessité.

« L'accord de la Volonté et de la Providence constitue le bien, le mal naît de leur opposition. L'homme a reçu, pour se conduire dans la carrière qu'il doit parcourir sur la terre, trois forces appropriées à chacune des trois modifications de son être, et toutes trois enchaînées à sa volonté.

« La première, attachée au corps, est l'instinct ; la seconde, dévouée à l'âme, est la vertu ; la troisième, appartenant à l'intelligence, est la science ou la sagesse. Ces trois forces, indifférentes par elles-mêmes, ne prennent ce nom que par le bon usage que la volonté en fait, car, dans le mauvais usage, elles dégénèrent en abrutissement, en vice et en ignorance. L'instinct perçoit le bien ou le mal physiques résultant de la sensation ; la vertu connaît le bien et le mal moraux existant dans le sentiment ; la science juge le bien ou le mal intelligibles qui naissent de l'assentiment. Dans la sensation le bien et le mal s'appellent plaisir ou douleur ; dans le sentiment, amour ou haine ; dans l'assentiment, vérité ou erreur.

« La sensation, le sentiment et l'assentiment résidant dans le corps, dans l'âme et dans l'esprit, forment un ternaire qui, se développant à la faveur d'une unité relative, constitue le quaternaire humain ou l'Homme considéré abstractivement.

« Les trois affections qui composent ce ternaire agissent et réagissent les unes sur les autres, et s'éclairent ou s'obscurcissent mutuellement ; et l'unité qui les lie, c'est-à-dire l'Homme, se perfectionne ou se déprave, selon qu'elle tend à se confondre avec l'Unité universelle ou à s'en distinguer.

« Le moyen qu'elle a de s'y confondre ou de s'en distinguer, de s'en rapprocher ou de s'en éloigner, réside tout entier dans sa volonté, qui, par l'usage qu'elle fait des instruments que lui fournissent le corps, l'âme et l'esprit, s'instinctifie ou s'abrutit, se rend vertueuse ou vicieuse, sage ou ignorante et se met en état de percevoir avec plus ou moins d'énergie de connaître et de juger avec plus ou de rectitude ce qu'il y a de bon, de beau et de juste dans la sensation, le sentiment ou l'assentiment ; de distinguer avec plus ou moins de force et de lumière le bien et le mal ; et de ne point se tromper enfin dans ce qui est réellement plaisir ou douleur, amour ou haine, vérité ou erreur.

« L'homme tel que je viens de le dépeindre, d'après l'idée que Pythagore en avait conçue, placé sous la domination de la Providence, entre le passé et l'avenir, doué d'une volonté libre par son essence et se portant à la vertu ou au vice de son propre mouvement, l'Homme, dis-je, doit connaître la source des malheurs qu'il éprouve nécessairement et, loin d'en accuser cette même Providence qui dispense les biens et les maux à chacun selon son mérite et ses actions antérieures, ne s'en prendre qu'à lui-même s'il souffre par une suite inévitable de ses fautes passées ; car Pythagore admettait plusieurs existences successives et soutenait que le présent qui nous frappe et l'avenir qui nous menace ne sont que l'expression du passé qui a été notre ouvrage dans les temps antérieurs. Il disait que la plupart des hommes perdent, en revenant à la vie, le souvenir de ces existences passées ; mais que, pour lui, il devait à une faveur particulière des Dieux d'en conserver la mémoire.

« Ainsi, suivant sa doctrine, cette nécessité fatale dont l'Homme ne cesse de se plaindre, c'est lui-même qui l'a créée par l'emploi de sa volonté ; il parcourt, à mesure qu'il avance dans le temps, la route qu'il s'est déjà tracée à lui-même ; et, suivant qu'il la modifie en bien ou en mal, qu'il y sème, pour ainsi dire, ses vertus et ses vices, il la retrouvera plus douce et plus pénible lorsque le temps sera venu de la parcourir de nouveau[1]. »

Je joins à cette importante citation un tableau qui permettra de voir le système dans son ensemble. J'ai fait mon possible pour être clair ; si quelque erreur s'est glissée dans ce travail, il sera facile d'y remédier en se reportant au texte.

La partie gauche du tableau représente les principes positifs désignés par le signe (+).

La partie droite, les signes négatifs désignés par le signe (—).

Enfin la partie médiane, les signes équilibrés ou supérieurs désignés par le signe (∞).

En bas et à gauche du tableau est le résumé du ternaire humain : AME, — INTELLIGENCE — CORPS, indiqué par les signes ci-dessus.

1. Fabre d'Olivet, *Vers dorés*, p. 249 et 251.

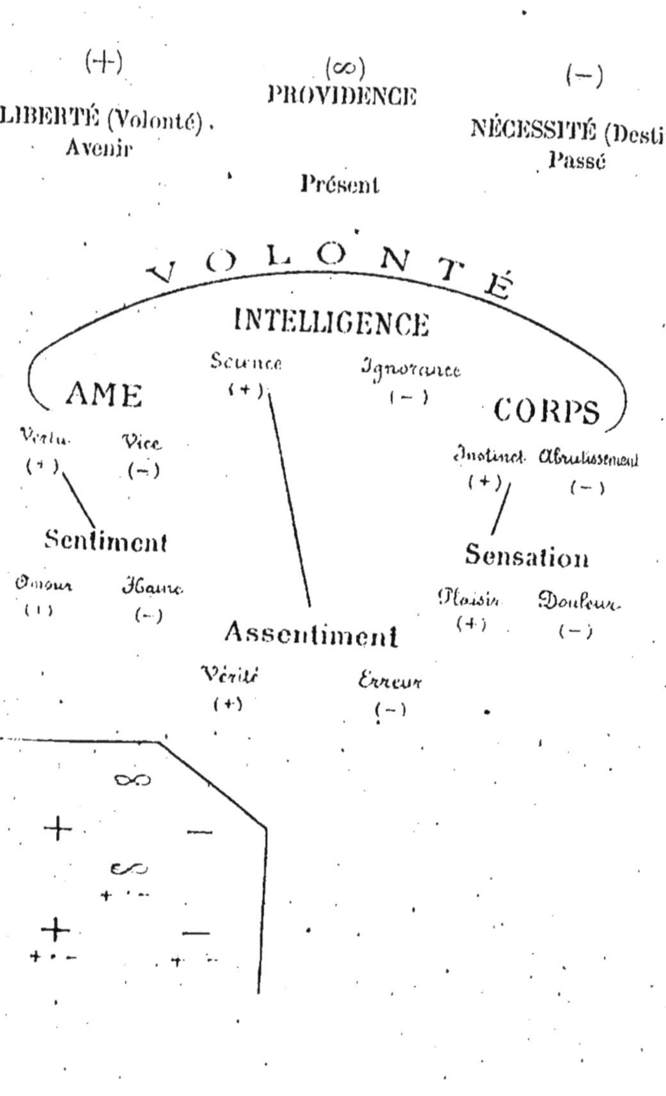
(+)
LIBERTÉ (Volonté)
Avenir
(∞)
PROVIDENCE
Présent
(−)
NÉCESSITÉ (Destin)
Passé
VOLONTÉ
INTELLIGENCE
Science
(+)
Ignorance
(−)
AME
Vertu
(+)
Vice
(−)
CORPS
Instinct
(+)
Abrutissement
(−)
Sentiment
Amour
(+)
Haine
(−)
Sensation
Plaisir
(+)
Douleur
(−)
Assentiment
Vérité
(+)
Erreur
(−)
∞
+
−
∞
+ · −
+
−
+ · −
+ · −

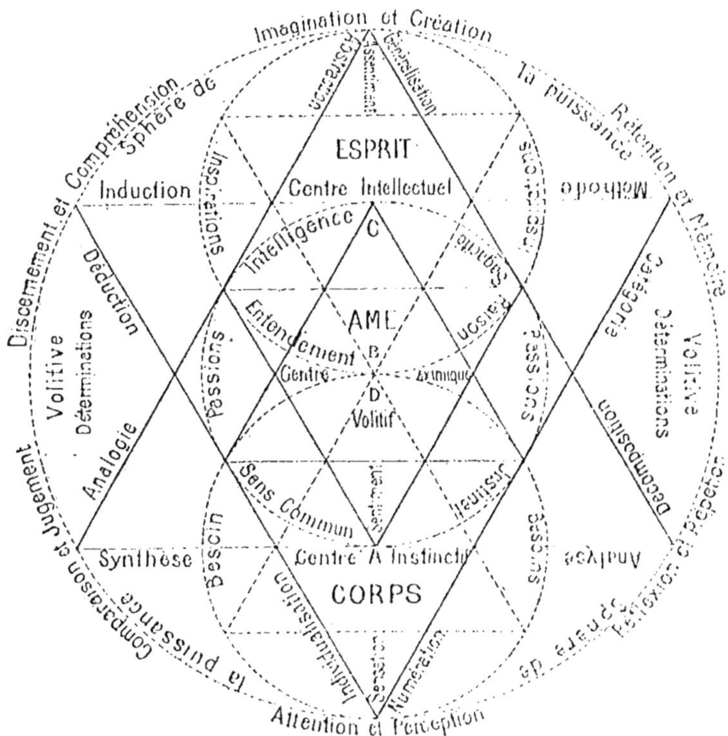

Constitution de l'Homme.
Résumé de la doctrine pythagoricienne par Fabre d'Olivet.

CONSTITUTION DU MICROCOSME

§ 1. — LES SEPT PRINCIPES

Constitution de l'Homme. — Analyse des trois principes généraux. — Les sept principes de l'Homme.

Si l'on a bien compris ce qui précède, on verra que l'homme peut être considéré comme composé essentiellement de trois principes : le corps, la vie, la volonté : ou, le corps, l'esprit et l'âme, suivant les écoles.

Une accusation qu'on fait souvent aux théories de l'occultisme, c'est cette tendance à faire entrer tous les phénomènes de la nature sous la dépendance d'un chiffre particulier. Cette objection aurait quelque valeur si la Science occulte n'admettait qu'un seul chiffre, le 2, le 3 ou le 4, comme règle unique et toujours observée des phénomènes naturels. Il n'en est pas ainsi.

Chaque nombre a une signification spéciale et peut être appliqué dans certains cas. Ainsi, l'homme physique est bien composé de *trois* segments : ventre, poitrine et tête. Chacun des membres est bien aussi composé de trois segments (bras, avant-bras, main, etc.) ; mais il y a *cinq* doigts à chaque main et *sept* trous à la tête (2 yeux, 2 oreilles, 2 narines, 1 bouche).

De même, il y a une foule de couleurs dans le monde et ces couleurs se ramènent toutes à trois fondamentales : le rouge, le jaune et le bleu.

Les trois principes de l'homme obéissent à la même loi et peuvent être décomposés en plusieurs autres principes, ainsi que le montre *Amaravella* dans une série d'études sur la Constitution du Microcosme parues dans les numéros 8, 9 et 10 du *Lotus*.

Le nombre sept est généralement assigné aux éléments composant l'homme. Ce nombre a été généralisé outre mesure dans ces derniers temps par un auteur théosophique qui a voulu tout expliquer grâce au septénaire dans deux indigestes volumes écrits sans méthode et sans connaissances scientifiques sérieuses: *la Doctrine Secrète*.

Sans aller jusqu'aux subtilités des sept sous-races de sous-races humaines ou des sept états de la Matière considérés *ésotériquement* comme la véritable explication des sept planètes, il faut savoir que la division de l'homme en sept principes éclaire d'un jour tout nouveau certaines questions d'anthropologie, de psychologie et de religion.

*
* *

Les sept principes de l'homme sont donc des subdivisions des trois principes primitifs. Sur quoi portent ces subdivisions? Quel est leur caractère? C'est ce que nous allons voir.

Rapports des principes et des nombres.

Le Corps, la Vie et l'Esprit, anatomiquement générés par le Ventre, la Poitrine et la Tête, représentent en somme un seul principe diversement évolué. Si nous voulions les désigner par *des nombres*, il nous faudrait trouver trois chiffres représentant l'unité de différents degrés. Or, l'emploi des méthodes de calcul pythagoriciennes, méthodes totalement perdues de nos jours et que nous avons reconstituées un des premiers, permet de voir que 1, 4 et 7 représentent bien l'unité à différents degrés. En effet, en addition théosophique, $4=1+2+3+4=10$; $10=1+0=1$; $7=1+2+3+4+5+6+7=28$; $28=2+8=10=1$.

Voilà donc 3 nombres : 1, 4 et 7, qui représentent le même nombre 1 diversement considéré. Nous pouvons donc établir un rapport de suite et dire :

1	représentera	le Corps
4	—	la Vie
7	—	l'Esprit

Disons tout de suite que ces nombres représentent effectivement l'ordre des 3 principes de l'homme qui portent ces noms d'après l'occultisme oriental.

∴

Le corps correspondant au chiffre	1	prend le nom de	*Rupa.*
La vie —	4	—	*Kama Rupa.*
L'âme —	7	—	*Atma.*

L'étude de chacun de ces principes nous conduira à la connaissance des principes intermédiaires.

LE CORPS PHYSIQUE

Le corps physique, objet de l'étude des anatomistes contemporains, donne à lui seul la clef de la Science occulte tout entière. *L'Homologie* montre, en effet, que tous les organes ne sont que la reproduction à degrés différents d'un type fondamental unique[1]; la *Physiologie synthétique* vient, de son côté, prouver que toutes les fonctions destinées à l'entretien de ce corps physique et à la production des forces nerveuses obéissent à une loi unique et fondamentale : la loi de circulation[2].

1. Voy. les travaux de Foltz, du Dr Adrien Peladan et les *Traités d'Anatomie philosophique*, science toute nouvelle restaurée par Gœthe.
2. Voy. *la Physiologie synthétique* de Gérard Encausse avec trente-sept schémas explicatifs. Carré, éditeur, 1890.

Le corps physique est formé de cellules matérielles. Chacune de ces cellules est fixée à sa place et y accomplit ses fonctions. Prenons pour exemple la cellule musculaire du muscle qui fait contracter notre doigt. Pourquoi cette cellule se contracte-t-elle? Parce qu'elle est *vivante* et qu'elle manifeste ainsi sa fonction; l'origine de la propriété de se contracter réside dans la vie que cette cellule a fixée.

Mais cette force vitale qu'elle vient d'user en travaillant, comment la renouvelle-t-elle?

En allant la puiser dans le sang qui passe à côté d'elle et qui la baigne de ses principes régénérateurs. Ce qu'il y a dans la cellule fixée en place c'est bien de la vie — ce qu'il y a dans le globule sanguin qui court dans l'organisme c'est bien aussi de la vie. Nous voilà donc obligés de distinguer ces deux spécifications de la force vitale par des noms différents.

Nous allons appeler la Vie fixée en place dans la cellule de l'organe VITALITÉ, 2e principe (le 1er étant la matière) et ce principe s'appelant en sanscrit *Jiva*.

La portion de force vitale qui court dans l'organisme portée par le globule sanguin, appelons-la pour l'instant *la force vitale circulante* et étudions un peu ses modes d'action. Cette force vitale circulante est contenue en deux portions de l'organisme :

1° Dans les globules rouges de sang qui vont toujours reprendre de cette force dans l'atmosphère qui nous entoure (Respiration).

2° Les globules rouges ne contenant qu'une portion minime en somme de force et l'organisme ne voulant jamais être pris au dépourvu, des magasins de cette force ont été disséminés un peu partout ; ce sont de petites masses grises de substance nerveuse, les ganglions du grand sympathique. Toute la force que les globules n'ont pas utilisée pour réparer l'organisme va se mettre en réserve là.

Par ce qui précède on voit que ces principes de l'homme ne sont pas aussi métaphysiques qu'on pourrait le croire, et qu'on peut parfaitement en admettre l'existence, serait-on le plus positiviste des médecins.

La Vie circulante, le troisième de nos principes, peut être considérée de deux façons, soit lorsqu'elle circule portée par les globules, soit lorsqu'elle est en réserve dans les ganglions nerveux. De toutes manières, c'est toujours un même principe dans les deux cas ; aussi ne lui a-t-on donné qu'un seul nom :

LINGA SCHARIRA — LE CORPS ASTRAL.

*
* *

Avant d'aller plus loin, résumons la génération de ces trois principes.

Je mange un morceau de pain [1]. Ce morceau de pain, après avoir subi l'élaboration digestive, se transforme en la *matière* d'une cellule quelconque de mon organisme ; il devient partie intégrante de mon corps : *Rupa* (1er principe).

Le morceau de pain peut devenir une cellule d'un muscle ou une cellule de mon poumon, ou un globule errant. Prenons ce dernier cas.

Le globule fabriqué par le Ventre, grâce aux éléments absorbés, est *blanc* (leucocyte). Ce globule contient beaucoup de matière, mais peu de force. Le Ventre, après l'avoir fabriqué, l'envoie par le canal thoracique dans la

1. Voy. *l'Histoire de la Bouchée de Pain* de J. Macé.

Poitrine où il est jeté dans la circulation sanguine. Le cœur envoie notre globule blanc dans le Poumon où il se trouve mis en contact avec l'air extérieur apporté par l'aspiration [1].

C'est alors que ce globule tout matériel se charge de *force* au contact de cet air. La force qu'il a prise, il en use une partie pour son usage particulier en la fixant dans son intérieur; cette partie de la force ainsi fixée c'est le second principe: la Vitalité, *Jiva* (2e principe).

La force que ce globule a de plus, il s'en va la porter, maintenant qu'il est devenu globule rouge, à toutes les cellules immobilisées dans le corps où elle devient la Vitalité (Jiva) de chacune de ces cellules.

Si après son voyage le globule rouge possède encore de la force en excès, il va la déposer dans un magasin quelconque (ganglion nerveux) soit directement, soit par l'intermédiaire du cervelet [2]. Cette force ainsi condensée sert à soutenir et à diriger la marche de tous les organes qui n'obéissent pas à la Volonté (principaux organes splanchniques et vaisseaux). Ainsi débarrassé de sa force, le globule rouge revient au cœur, qui le renvoie dans le poumon où il se charge de nouveau pour recommencer sa course.

Ainsi, notons ce point que le résultat du travail du Ventre c'est de la Matière du Corps: 1° *Rupa*.

Cette matière ne sert qu'à une chose, A SUPPORTER LA FORCE *amenée directement de l'extérieur* par le travail de la Poitrine. Le résultat de ce travail de la Poitrine c'est la production de deux nouvelles forces.

1. Cette idée que les globules rouges sont produits par l'évolution des globules blancs, donna lieu à des discussions contradictoires dans le monde savant en ces dernières années. Nous nous y rattachons jusqu'à meilleure information.

2. Théorie du Dr Luys (1865).

2° *La Vitalité*, combinaison de la Vie avec le corps matériel.

3° *Le Corps Astral*, la portion la plus élevée de la production corporelle, *la force nerveuse* courant dans l'organisme susceptible de se condenser, mais aussi de se dilater tellement qu'elle PEUT SORTIR HORS DE L'ÊTRE HUMAIN [1].

La Matière servait de support à la Vie ; la force nerveuse, spiritualisation de la Vie, va servir de support à l'Ame.

Tels sont les échelons que parcourt la matière dans son évolution et dans son contact avec la force de l'atmosphère terrestre. Résumons ces trois degrés se rattachant tous au Corps Physique.

Constitution du Corps Physique.

1. — Partie matérielle du corps se renouvelant par les fonctions diverses exercées par le ventre, charriée par le liquor du sang.

LE CORPS MATÉRIEL. — La matière du corps physique.
1er principe : *Rupa*.

2. — Partie médiatrice du corps. — Combinaison du corps matériel avec le principe immédiatement supérieur. — Vie propre des cellules organiques.

LA VITALITÉ. — La vie du corps physique.
2e principe : *Jiva*.

Cet élément ne SORT JAMAIS hors du corps.

3. — Partie animatrice du corps. — Spiritualisation du sang sous l'influence du système nerveux de la vie végétative. — Élément localisé dans les ganglions du grand sympathique et *qui peut sortir hors du corps physique*. — Élément se renouvelant matériellement grâce aux fonctions exercées dans la poitrine.

LE CORPS ASTRAL. — L'âme du corps physique.
3e principe : *Linga sharira*.

1. Voy. à ce propos l'étude précédente sur le corps astral.

Avant d'aller plus loin, nous tenons à mettre le lecteur en garde contre un danger. Pour être aussi clair que nous le pouvons, nous montons de la matière à l'esprit, et nous aurions l'air de faire générer progressivement celui-ci par celle-là. Nous avons assez dit combien il était amusant de prétendre que la voiture donne naissance au cheval et celui-ci au cocher, pour qu'une simple remarque suffise à ce propos.

*
* *

Le corps astral

L'analyse du Corps nous a conduits à la connaissance de trois principes représentant la matière, la vie et l'âme de ce corps matériel ; en est-il de même pour la Vie ?

Nous avons vu que la Matière produite par le Ventre servait uniquement de support à cette force que la Poitrine va puiser dans l'atmosphère extérieure et qui constitue la Vie.

De même, ce corps astral, produit ultime de la Poitrine, sert de support à quelque chose qui vient directement de l'extérieur, mais dans un plan différent du plan matériel ; ce quelque chose est ce qui fait que nous avons des pressentiments, que l'amour ou la haine dilatent ou contractent notre cœur[1], en un mot, que nous sommes passionnés. Cet élément nouveau localisé, non plus dans le ganglion, mais dans les plexus (réunion de ganglions) voisins du cœur, c'est le 4e principe : l'ame animale, *Kama Rupa*. c'est là que siège *l'instinct*. Ce principe est plus développé chez les animaux que chez l'homme, plus chez l'homme non cultivé que chez l'homme instruit. L'ana-

1. La réalité de cette influence morale sur le physique a été prouvée par Claude Bernard, *Science expérimentale*.

tomie comparée vient encore nous montrer la réalité de ceci par le nombre de ganglions abdominaux et thoraciques qui forment les véritables cerveaux des animaux inférieurs, surtout des insectes.

Le Corps Astral est donc l'intermédiaire entre deux mondes différents ; c'est bien l'élément le plus élevé du corps physique, l'âme du corps physique : mais en même temps c'est l'élément le plus inférieur de la Vie proprement dite ; c'est le corps de la Vie, la matière du corps vital. Ce 3e principe est commun aux deux mondes, celui de la matière et celui de la vie.

L'Ame animale constitue l'élément central de l'être, l'origine de son égoïsme et de ses passions. Fabre d'Olivet, dans le tableau ci-dessus, a mieux analysé ce principe que tous les théosophes modernes réunis, sous le nom de *Centre volitif*.

L'étude de l'évolution du système nerveux à travers l'espèce animale nous montre un fait bien curieux. Le système nerveux est d'abord représenté par un simple filet dans les êtres inférieurs (Ex. : le tænia). A ce moment, trois des principes sont développés, les autres sont en germe. Les principes développés sont le CORPS PHYSIQUE (*Rupa*), LA VITALITÉ (*Jiva*) et les rudiments du CORPS ASTRAL (*Linga sharira*). Ces êtres-là appartiennent donc presque exclusivement au monde physique.

Si l'on monte dans la série animale, on voit ce filet nerveux présenter le long de son parcours quelques ganglions (fig. 2). Le corps astral est alors plus développé. Ces ganglions peuvent être considérés théoriquement comme produits par le repliement du filet nerveux sur lui-même.

Chez les insectes, les ganglions réunis forment deux couronnes, une couronne thoracique et une couronne abdominale. Il y a donc réunion de ganglions, c'est-à-dire plexus et par suite développement du 4ᵉ principe, l'origine de l'instinct : L'AME ANIMALE (*Kama Rupa*). Ces êtres appartiennent donc presque exclusivement au monde astral.

Cependant, on voit une petite masse ganglionnaire qui pointe à la partie supérieure de l'animal : dans la tête. Ceci indique que le 5ᵉ principe est là en germe.

Qu'est-ce donc que le 5ᵉ principe ?

C'est celui qui se développe en même temps que le cerveau, le principe caractéristique de l'être humain, celui qui permet d'apprendre les sciences quand il est développé, le principe de l'intellectualité dans tous ses ordres : L'AME HUMAINE (*Manas*).

Le fluide nerveux constituant le corps astral et renfermé dans les ganglions sympathiques s'est condensé sur lui-même dans les plexus pour recevoir le principe de l'instinct ; il se spiritualise dans le cerveau pour recevoir le principe de l'intelligence.

Les figures suivantes montrent cette évolution des prin-

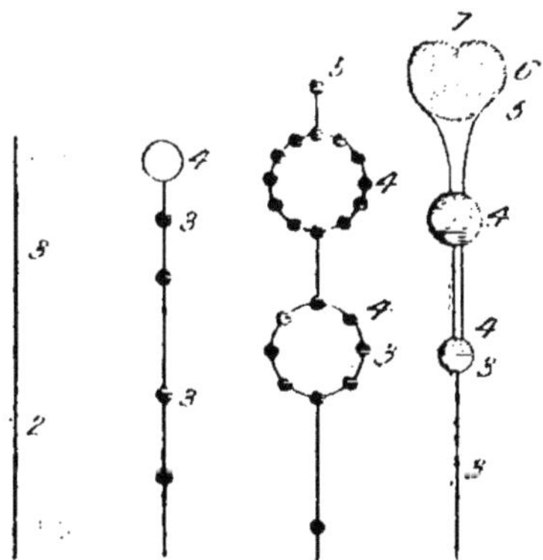

cipes dans la série animale, et permettent d'affirmer que l'intelligence se manifeste au moment où le premier ganglion cérébral naît dans un être quelconque.

Résumons la constitution du corps astral d'après les données précédentes.

Constitution du corps astral.

3. — Partie matérielle du corps astral localisée dans les ganglions du grand sympathique. — Support des principes suivants. — Élément commun au monde précédent (physique) et à celui-ci (astral).

LE CORPS ASTRAL. — La matière du corps astral.

3e principe : *Linga sharira.*

4. — Partie médiatrice du corps astral. — Combinaison du corps astral avec le principe immédiatement supérieur. — Vie propre du corps astral. — Élément localisé dans les plexus du grand sympathique. — Origine de l'instinct et des passions.

L'AME ANIMALE. — La vie du corps astral.

4e principe : *Kama Rupa.*

5. — Partie animatrice du corps astral. — Spiritualisation du fluide nerveux sous l'influence du système nerveux conscient. — Élément localisé dans les ganglions du cerveau (circonvolutions cérébrales). — Siège de l'intelligence et de la mémoire. — Élément se renouvelant matériellement grâce aux fonctions de la tête.

L'AME HUMAINE. — L'âme du corps astral.

5e principe : *Manas.*

*
* *

LE CORPS PSYCHIQUE

Nous avons vu l'élément le plus élevé fabriqué par le ventre, le globule matériel, servir d'appui à la vie.

Nous avons vu l'élément le plus élevé fabriqué par la poitrine, le corps astral, servir de point d'appui à l'âme animale. Nous avons pu localiser anatomiquement et physiologiquement le corps, la vitalité, le corps astral, l'âme animale et l'âme humaine.

A quoi peut bien servir de point d'appui cette âme humaine, produit supérieur de l'évolution de la force nerveuse? Où localiser les principes qui sont au-dessus de cette âme humaine ?

D'après l'ésotérisme, cette intelligence, cette faculté d'apprendre les sciences qui peuple nos sociétés de diplômés et nos académies d'immortels, est la faculté la plus inférieure, la plus grossière de l'être humain, c'est la *matière du corps psychique*. De même que le troisième principe, le corps astral, était commun au monde physique et au monde astral, de même le cinquième principe, l'âme humaine, est commun au corps astral et au corps psychique. Supérieur pour celui-là, inférieur pour celui-ci. C'est toujours l'idée de l'absorption des séries inférieures par les séries supérieures, le Père, roi chez lui et sujet du gouvernement.

Les circonvolutions moyennes du cerveau servent bien de moyen de manifestation à l'intellectualité, mais les circonvolutions supérieures servent de moyen de manifestation à une faculté bien plus élevée, celle qui causera l'élévation de la vie psychique de l'être : LA MORALITÉ ou L'AME SPIRITUELLE, *Buddhi*, le 6e principe, la vie réelle de l'être psychique[1].

1. Cette faculté merveilleuse dont nous sommes si fiers n'est cependant que la plus inférieure de l'Esprit lui-même. Le savant, pour aussi célèbre qu'il soit, peut, après sa mort, être moins bien traité par son Karma qu'un ignorant vertueux. L'ésotérisme place en effet *la Sagesse* au-dessus de *la Science*; la *Spiritualité* au-dessus de l'*Intellectualité*. Un sage ou être spirituel est celui qui a évolué au 6e principe, tandis que le savant n'a évolué qu'au 5e. Où est donc localisé le 6e principe?

Il n'est pas localisé, ou du moins il l'est fort peu, dans les cellules nerveuses du sommet de la tête. A lui s'arrêtent en effet *la Science* et ses méthodes. Le savant ne peut le comprendre.

L'occultiste seul peut en saisir toute la portée.

Ce 6e principe, est-il utile de le dire? est à peine développé dans les races humaines actuelles ; il en est de même du suivant.

Au-dessus de tous ces principes et les dominant tous se trouve le germe *de divinité* que chaque homme peut développer et qui le conduirait au Nirvâna de suite :

L'AME DIVINE — *Atma*, le 7e principe — L'esprit.

Mais cet esprit *n'entre jamais complètement* dans l'être. Il reste au-dessus de lui et constitue son *higher-self*, *son idéal*, *son Dieu*, ainsi que l'a vu M. Sinnet, et, avant lui, Wronski, ainsi que le fait est également décrit dans les

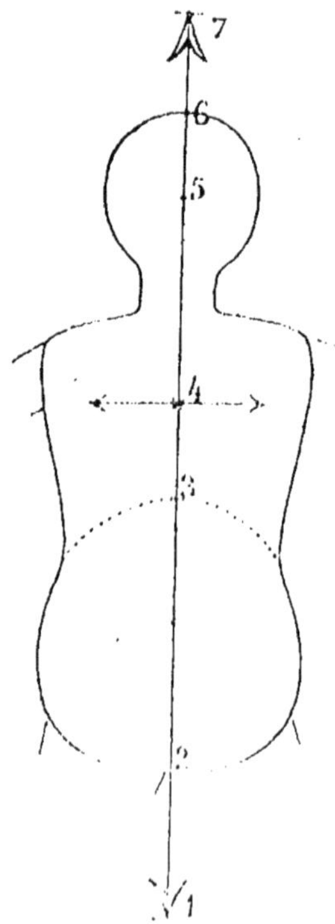

Figure schématique montrant la situation du 7e principe par rapport à l'homme.

communications spirites intitulées *les Dualités de l'espace*, récemment publiées par les soins d'Eugène Nus. Si nous voulons donc figurer la place occupée par nos trois principes, nous placerons le principe 1, le corps, *dans le Ventre*, le principe 4, la vie, *dans la Poitrine* et le principe 7, l'Esprit, *au-dessus de la tête* (voyez page 217).

Le tableau suivant résume la constitution du corps psychique.

Constitution du corps psychique (l'Esprit).

5. — Partie inférieure du corps psychique. — Élément localisé dans le cerveau. — Siège de l'*intellectualité*. — Intermédiaire entre le monde précédent (astral) et celui-ci (psychique). — Support des principes supérieurs.

L'AME HUMAINE. — La matière du corps psychique.

5e principe : *Manas*.

6. — Partie médiatrice. — Combinaison de l'âme humaine avec le 7e principe. — Influence partielle de ce 7e principe sur le 5e. — Élément localisé dans quelques cellules nerveuses supérieures. — En germe seulement dans les races actuelles. — Siège de l'inspiration, de la double vue consciente (prophétie) et de la moralité.

AME ANGÉLIQUE OU AME SPIRITUELLE. — Vie du corps psychique.

6e principe : — *Buddhi*.

7. — Partie animatrice du corps psychique. — Spiritualisation des facultés humaines sous l'influence du Verbe divin. — Élément non localisé en l'homme. — Principe du Nirvâna et de l'immortalité définitive.

L'AME DIVINE (l'Esprit). — L'âme du corps psychique.

7e principe : *Atma*.

RÉSUMÉ DES SEPT PRINCIPES DE L'HOMME

(Par Papus)

7 L'ESPRIT (*Inspiration*) Corps psychique	7	Ame divine Atma	*Ame du Corps psychique*
	6	Ame angélique Buddhi	*Vie du Corps psychique*
	5	L'Ame humaine	*Matière du Corps psychique*
4 LA VIE (*Passions*) Corps astral		Manas	*Ame du Corps astral*
	4	L'Ame animale Kâma Rupa	*Vie du Corps astral*
	3	Le Corps astral	*Matière du Corps astral*
1 LE CORPS (*Besoins*) Corps physique		Linga Sharira	*Ame du Corps physique*
	2	La Vitalité Jiva	*Vie du Corps physique*
	1	Le Corps Rupa	*Matière du Corps physique*

PLANCHE SYNTHÉTIQUE DE L'ORGANISME

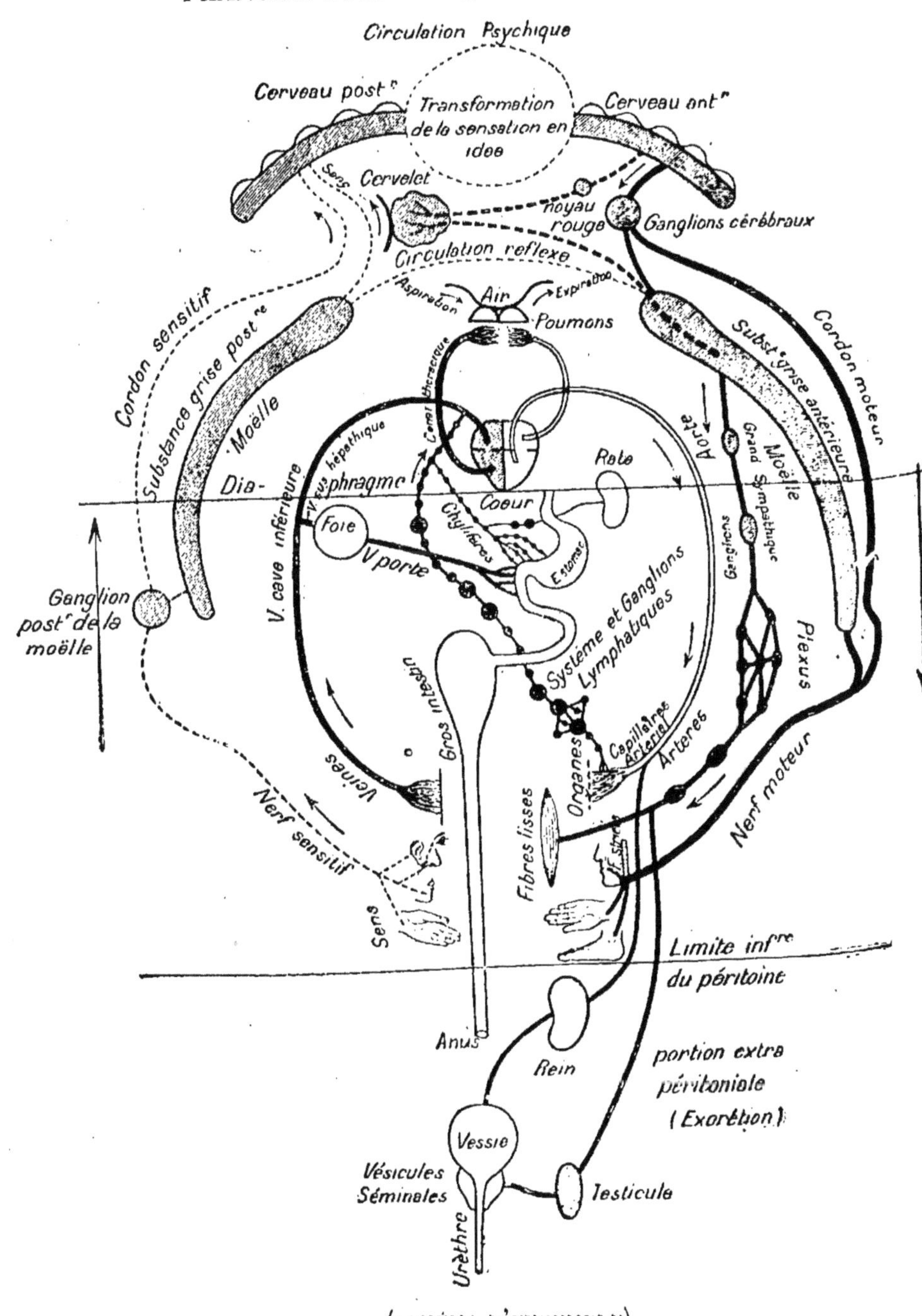

(SCHÉMA D'ENSEMBLE)

Cette figure contient, à très peu d'exceptions près, tous les organes splanchniques du corps humain, groupés de façon à donner une idée de leur fonction et des rapports de ces fonctions entre elles.

Trois segments concentriques constituent la figure : Extérieurement le système nerveux — au milieu, le système sanguin ; au centre, le système lymphatique et les organes de la digestion ; enfin en bas les organes d'excrétion. On peut noter en passant les rapports de ce groupement avec les feuillets blastodermiques de l'embryon.

1° *Segment central.*

Au centre de la figure *l'estomac* et *l'intestin grêle* présentent l'origine de l'entrée de la substance dans le corps. — *Les chylifères* aboutissant au *canal thoracique* avec *la rate* comme centre de condensation (hypothèse de Malfatti) et les veines aboutissant à la *veine porte* avec *le foie* comme centre condensateur, figurent la circulation du renouvellement des éléments matériels de l'organisme.

La chaîne de *ganglions* et de *plexus* de la circulation lymphatique commençant au niveau des *capillaires artériels* et allant gagner le système veineux près du cœur montrent schématiquement la circulation de la lymphe, véritable drainage de la substance qui n'a pas trouvé son emploi pendant la circulation du sang.

Enfin, en bas, le gros intestin montre les voies d'excrétion des aliments non assimilés.

2° *Segment médian.*

Au milieu nous voyons le schéma si connu de la circulation du sang. — A gauche, la circulation du sang rouge, du sang chargé de matière et de force, circulation figurée par un trait double. — Parti du poumon, le sang aboutit aux organes en allant passer par le cœur gauche, grand régulateur de cette circulation.

A droite, la circulation centripète du sang noir, figuré par un trait noir.

Parti des organes par les capillaires veineux, le sang gagne le cœur droit en se chargeant en route de matière sous l'influence de la veine sus-hépatique et du canal thoracique. — Du cœur droit, le sang passe par le ventricule dans le poumon où il va se charger de force, et enfin repart du poumon chargé cette fois de deux éléments qu'il avait perdus : la force et la matière.

3° *Segment périphérique.*

La force sanguine, sublimée par le cervelet (théorie du docteur Luys), est transformée en fluide nerveux et prend deux grandes directions suivant le point d'incitation.

Si ce point d'incitation est dans *le sens*, le courant produit est centripète. L'excitation traverse le ganglion médullaire postérieur et gagne soit le cerveau postérieur (circulation consciente), soit la substance grise postérieure de la moelle et, de là, la substance grise antérieure (circulation réflexe).

Si l'excitation a gagné le cerveau, un courant nerveux s'établit, courant dont la physiologie n'a pas encore déterminé toutes les conditions, et la *circulation psychique* prend naissance.

Le résultat de cette circulation psychique est la production d'une *idée*, agissant du dedans au dehors comme l'objet matériel, origine de la sensation, agissant du dehors au dedans.

Le courant part du cerveau antérieur par les fibres de projection de premier ordre, traverse les ganglions cérébraux où il se renforce, suit les cordons moteurs de la moelle antérieure, puis les nerfs moteurs et arrive aux organes à fibres striées.

Dans le cas où l'excitation passe directement de la moelle postérieure (substance grise) dans la moelle antérieure (substance grise) il n'y a rien de correspondant à la circulation psychique. La sensation se transforme en mouvement, mais la puissance du mouvement et sa diffusion dépendent *uniquement* de la grandeur de l'excitation.

La force nerveuse en excès est drainée et condensée par le système spécial du grand sympathique dont les ganglions et les plexus répondent en tous points aux ganglions et aux plexus lymphatiques. C'est encore grâce à ce drainage parti des parties grises antérieures de la moelle, que la force nerveuse, agissant par saccade dans les circulations précédentes, est transformée en une force continue, agissant sur les organes à fibres lisses.

Enfin au bas des trois segments nous trouvons :

1° La portion extra-péritonéale du gros intestin avec l'anus, organe d'excrétion de la circulation alimentaire et de l'abdomen en général ;

2° Le rein et la vessie avec leurs conduits, organes d'excrétion de la circulation sanguine et de la poitrine en général ;

3° Les testicules, les vésicules séminales et les conduits annexes que nous sommes amené à considérer comme les organes d'excrétion rapide et instantanée de la force nerveuse.

On peut suivre un à un tous ces détails sur le schéma d'ensemble qu'on trouvera dans la planche ci-jointe.

Il résume, aussi bien que faire se peut, notre *essai* tout entier, et nous espérons qu'on voudra bien excuser les fautes de détail qui pourraient s'y trouver, eu égard à l'idée d'ensemble que nous nous sommes efforcé de représenter.

REMARQUES

A cette étude nous ajouterons quelques mots.

On remarquera que le schéma montre, dans le microcosme même, l'existence des trois mondes; chacun des mondes correspond à l'une des lettres du tétragramme sacré יהוה (*iod*, *hé*, *vau*, *hé*).

En haut *le monde de l'idée* comprenant le cerveau, et ses ganglions, le cervelet et la circulation psychique. Ce monde correspond à la lettre *iod* (י).

Au milieu *le monde de la Vie* comprenant les poumons, le cœur, les organes de circulation avec le grand sympathique comme centre de réserve *du corps astral* (fluide nerveux mis en réserve). Ce monde correspond à la lettre *vau* (ו) qui veut dire lien.

En bas, entre le diaphragme supérieurement et le péritoine inférieurement, *le monde de la matière* comprenant les organes situés dans l'abdomen et les réservoirs matériels de l'organisme. Ce monde correspond à la lettre *hé* (ה).

Voici donc trois des lettres du tétragramme : le iod (*tête*), le hé (*ventre*), le vau (*poitrine*). Où se trouve le second hé?

A propos de notre étude du Tarot, nous avons montré que les arcanes mineurs indiquaient la constitution du corps humain. L'originalité de notre travail provient surtout de la découverte des fonctions du deuxième *hé* agissant comme centre de transition, de *génération* d'un monde à l'autre.

Or, voyez dans le corps humain, tous les organes extrapéritonéaux, situés sous le péritoine, tout à fait en bas du schéma, représentent ce deuxième *hé* du tétragramme sacré.

Voilà donc une de nos sciences exactes venant appuyer de tous ses enseignements les données de la Science occulte sur le mot *iod*, *hé*, *vau*, *hé*.

Technique.

LES THÉORIES THÉOSOPHIQUES

Exposé du Bouddhisme ésotérique par Mme la *Duchesse de Pomar*.

Nous ne pouvons mieux résumer tout ce que nous venons de développer qu'en reproduisant in extenso l'étude sur le Bouddhisme ésotérique de Sinnett publié par Lady Caithness, duchesse de Pomar[1]. Le lecteur sera mis à même par cette lecture de voir quels sont les développements originaux que nous avons produits dans notre étude précédente. Plusieurs des théories données ici en germes ont été développées considérablement par leur rapprochement avec les connaissances scientifiques actuelles d'une part et avec la tradition occidentale résumée par Fabre d'Olivet d'autre part.

On verra en comparant ces deux exposés avec les écrits d'*Origène* d'une part et les véritables théories du bouddhisme[2] d'autre part que les doctrines présentées sous ce nom de Théosophie constituent un alliage parfois grossier de Bouddhisme vrai, de Gnosticisme (pour la plus grande part) et de Kabbale.

Le passage de Jacob Boehm cité par lady Caithness montre de plus que des théosophes n'ayant jamais eu aucun rapport avec l'Orient ont connu et développé la théorie des sept principes dans la nature et dans l'homme.

LE BOUDDHISME ÉSOTÉRIQUE.

Le Bouddhisme sous sa forme ésotérique est, dit on, identique à l'ancienne *Religion Sagesse*, Bouddhisme préhistorique ou la théosophie hermétique qui, selon nous, se retrouve dans tous les mythes mythologiques et les allégories occultistes de l'antiquité.

Supposant que nos lecteurs connaissent ou connaîtront l'ouvrage de M. Sinnett, intitulé : *Bouddhisme ésotérique*, notre seule intention, dans ces pages, est d'attirer l'attention sur la doctrine de la constitution septénaire de l'homme et de son évolution graduelle à travers la chaîne planétaire septénaire, puis d'indiquer sa correspondance avec les autres enseignements ésotériques qui traitent ce sujet profondément intéressant.

1. *La Théosophie universelle*, Théosophie bouddhiste.
2. *Essai de Philosophie bouddhique*, par Augustin Chaboseau, l'admirable ouvrage de Sir Edwin Arnold *Light of Asia* et les travaux du capitaine Pfoundes.

Nous commencerons donc par mettre sous les yeux du

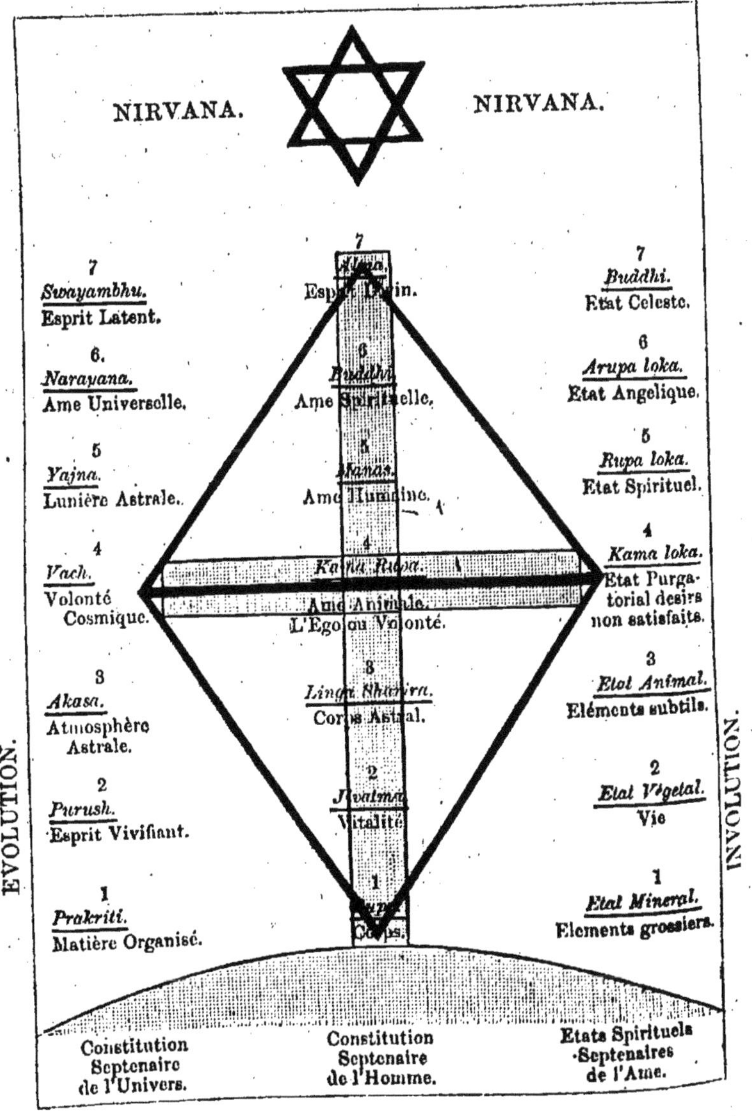

lecteur le tableau de cette constitution tel que nous le trouvons dans le livre de M. Sinnett, en y ajoutant celui des états spirituels de l'âme et de la constitution septénaire de l'univers. Ce dernier tableau a été fait d'après des indications de l'un des chefs spirituels de la Société théosophique de Madras. Il est bon de rappeler ici que psychiquement, aussi bien que physiquement, l'homme est un microcosme ou univers et que l'Univers ou le macrocosme est semblable à l'homme.

Constitution de l'Homme.

FRANÇAIS	SANSCRIT
1. Le Corps.	Rupa.
2. Le principe de vie vitalité. . .	Jivatma.
3. Le corps Astral.	Linga Sharira.
4. L'âme animale ou volonté le Ego	Kama Rupa.
5. L'âme humaine ou l'Intellect. .	Manas.
6. L'âme spirituelle .	Buddhi.
7. L'Esprit divin. . . .	Atma.

Constitution de l'Univers.

FRANÇAIS	SANSCRIT
1. Terre ou matière. . . .	Prakriti.
2. Esprit universel vivifiant. .	Purush
3. Atmosphère astrale ou cosmique. .	Akasa.
4. Volonté cosmique.	Vach.
5. Lumière Astrale ou illusion universelle.	Yajna.
6. Intellect universel	Narayana.
7. Esprit latent.	Swayambu.

Ce tableau a pour but de donner au lecteur une idée claire et simultanée des enseignements du Bouddhisme ésotérique sur ces trois doctrines importantes : — la Constitution de l'Univers, la Constitution de l'Homme et ses états spirituels pendant et après la vie terrestre.

On remarquera que ces principes sont énumérés en commençant par l'extérieur et en allant vers l'intérieur, le premier n'étant que l'extérieur de l'enveloppe qui contient dans ses replis intérieurs les sept autres, le Joyau de Grand Prix, le Shekinah. Mais, afin de rendre ces sept États, Principes et Sens apparents à l'œil extérieur, aussi bien qu'à l'intelligence, nous avons pris la liberté de les représenter s'élevant de la terre sous la forme d'une croix qui est le véritable symbole de l'homme indiqué par l'architecture de l'Église chrétienne[1]. Ce signe a déjà été employé comme *Symbole* sacré longtemps avant l'ère chrétienne, il est même si ancien qu'on le retrouve sur les monogrammes de quelques-unes des planètes. Le mystère de ce double emblème pourrait remplir des volumes ; disons seulement qu'il est le véritable emblème de l'homme et de la femme. La figure de la croix, dit Platon, existe dans l'Univers ; ses quatre espaces intérieurs s'étendent à l'Infini — au nord, au sud, à l'est, à l'ouest. Et ainsi, s'élevant de la terre au ciel, comme l'Arbre de vie, l'homme se tient debout avec l'Infini autour de lui et l'Éternité au dedans. Le rayon transversal qui représente les armes de la *puissance* et de la *gloire* peut aussi représenter l'arbre de la Connaissance du Bien et du Mal (ce qui est le cas dans la Théosophie hermétique), dont le fruit est à sa portée ; il se tient au milieu du jardin séparant les principes les plus élevés des principes inférieurs.

On remarquera que nous avons enfermé ladite croix dans

1. Le signe de la croix fait par les catholiques en prononçant les dernières paroles de la prière du Seigneur a une signification plus profonde qu'ils ne s'en doutent. En disant « *car à toi appartient le royaume* », ils touchent *d'abord* le front avec le revers du pouce, puis *alors* la région vitale du cœur; indiquant par là que le *premier* est le trone « le Siège de la Miséricorde », la demeure du Seigneur du Royaume (ou la Sagesse divine, la femme). Au moment de dire « *la puissance et la gloire* », le pouce touche d'abord l'épaule droite, puis la gauche « (la main droite de la puissance » — « la main gauche de la gloire) ». « *Pour toujours et toujours, amen,* » le pouce se place sur le premier doigt de la même main en forme de croix, puis s'élève jusqu'aux lèvres qui le scellent d'un baiser signifiant « *Ainsi soit-il* » ou Amen!

un double triangle de deux couleurs qui, lorsqu'il est entrelacé, comme celui qui est au-dessus de la croix, représente le « mystère des mystères », la synthèse géométrique de toute la doctrine occulte. Sous cette forme, il est appelé par les Juifs Cabalistes le « sceau de Salomon » et il est le Sri Antara du Temple Archaïque Arien. Il représente la Divinité dans son Essence suprême « mâle et femelle », « l'Amour et la Sagesse », et contient la quadrature du Cercle, la soi-disant Pierre Philosophale, les grands problèmes de la vie et de la mort, le mystère du bien et du mal (Viz, la matière unie ou séparée de l'Esprit), etc., etc.

Lorsqu'on considère les triangles autour de la Croix, on voit qu'ils sont *séparés* et ils ne s'uniront, ne s'entrelaceront, ne se croiseront que petit à petit ; le triangle inférieur s'élève de degré en degré à mesure que l'homme arrive aux états supérieurs. La nature sombre, ou la nature du feu grossier, s'élève de la terre pour rencontrer le triangle lumineux qui descend (la sagesse qui vient d'en haut), comme parfois la lumière d'un flambeau que l'on vient d'éteindre apparaît au-dessus de lui et le rallume.

Lorsque, enfin, la ligne Rouge atteint la ligne Bleue, ou sixième principe, — l'âme spirituelle (la fiancée céleste ou l'état du Christ), les triangles se trouvent complètement entrelacés et l'Union est parfaite comme dans le Double Triangle divin qui représente le Nirvâna.

Ce centre correspond au Principe central dans l'homme qui est l'axe sur lequel son caractère doit tourner. Ce quatrième principe s'appelle *Kama Rupa*, c'est la VOLONTÉ ou l'Ame animale, parce que les animaux le possèdent aussi bien que l'homme.

Il correspond aussi physiquement au grand centre ganglionique, appelé le Plexus solaire (ou Soular), et par les anciens le « *cerveau mâle* » ou le « *cerveau du ventre* »[1], qui est le premier à vivre et le dernier à mourir dans le système nerveux, le réceptable, le véhicule et le centre de la vitalité, de la sensation, de l'instinct et du sentiment, aussi bien que de l'intuition, de la nutrition, des mouve-

1. « *Majupperikos* (ou cerveau derrière le diaphragme). C'est ainsi que les anciens Grecs appelaient le Plexus Solaire et ils lui attribuaient une large part dans nos sensations intérieures, en plus des fonctions généralement assignées à ces organes nerveux appelés Centre Épigastrique (sur l'estomac), bien qu'à proprement parler ils soient situés *derrière* l'estomac, ou ce qui s'appelle le creux de l'estomac. C'est ce Plexus Organique qui *meut le cœur*.

« Dans tous les temps et dans tous les pays, on a supposé que ces organes étaient le siège et le centre de l'émotion et du sentiment ; ainsi, dans la conversation, on parle de sensations et de sentiments qui frappent au cœur ou à la poitrine et les gens y portent les mains en disant que leur cœur « saute de joie », « palpite de plaisir », « est aussi léger qu'une plume » ou « pesant comme du plomb », mais en tant qu'il s'agit du *cœur*, nous pourrions aussi bien dire l'estomac, le foie ou la rate.

« La cause se trouve plus au fond que cela, derrière ces organes où le « Génie » se tient, surveillant tous les organes et toutes les fonctions ; le mot de cœur n'est qu'une expression figurée. Ce Génie s'appelle le Plexus Solaire, c'est un tissu de nerfs qui portent et distribuent la force vitale à tous les organes. Jour et nuit, l'action du cœur et la circulation du sang est entretenue par ce seul centre organique, la source de l'énergie vitale, de la chaleur vitale, de la puissance motrice ; ce moteur de l'action fonctionne jour et nuit sans s'arrêter, indépendamment de la volonté. Sans lui, le sommeil serait la mort et nous pourrions commettre un suicide par notre seul désir ; en arrêtant l'action du cœur, nous arrêterions le balancier de l'horloge. De ce centre sympathique jaillit, en premier lieu, ce courant de force vitale, dont l'action commence avec la vie et ne cesse qu'avec elle ; car ces organes, dont les fibres possèdent une force motrice ou un stimulant qui en dérive, accomplissent le plus dur travail, vivent le plus longtemps et sont les derniers à mourir. Lorsque le lien qui les unissait au corps est brisé, la force ou l'impulsion vitale entretient encore pendant quelque temps le principe de la vie en nous ; chez les animaux, elle adhère au corps et le fait vibrer parfois pendant plusieurs heures après la mort.

« La supposition que ce centre ganglionique est un cerveau, appelé *cerveau mâle* par les anciens, est encore prouvée par le fait du rapport que présente sa structure avec celle du cerveau. Certains physiologistes savent que l'on trouve enfouis dans sa substance les mêmes corpuscules nerveux qui existent dans le cerveau lui-même et que plusieurs philosophes croient être la source d'où émane la faculté de penser.

« Il est bien reconnu que l'intelligence ou la volonté n'ont pas de part dans toutes nos fonctions, ni même dans tous nos sentiments, et surtout dans la classe de nos sensations internes. La sensation peut être mentale.

ments du cœur, de la circulation du sang, et, en outre, ce qui constitue la vie dans le sommeil; autrement nous mourrions.

Cette âme, ou Soleil, est le germe de la vie, le premier organe créé dans l'état intra-utérin ou fœtus, et le *seul*

physique ou tous les deux à la fois. Des deux espèces de sentiment dont nous avons conscience, l'une concerne l'*intelligence*, l'autre les *sens* ou le médium sensitif. C'est, en premier lieu, par un sens ou une sensation, au moyen de laquelle le sentiment se fait connaître, que nous rassemblons les matériaux de toute la connaissance que nous possédons, bien que, généralement, on attribue cela à un acte de l'esprit.

« La sensation, en elle-même, est plutôt un pouvoir primitif dont le cerveau intelligent peut user ou non, ou sur laquelle il peut se réfléchir; en sorte qu'il est possible que nous *sentions sans penser* ou, en d'autres termes, que le médium sensitif reçoive seul l'impression. On appelle parfois cela des perceptions *sensuelles* pour les distinguer des phénomènes purement mentaux. C'est une force nerveuse d'une nature différente de celle que dégage le cerveau et la moelle épinière et un principe qui n'est fourni par aucune autre partie du corps vivant; mais, comme nous l'avons déjà fait observer, nous trouvons enfouis, dans la substance de ces corps ganglioniques, exactement les mêmes corpuscules nerveux que dans le cerveau lui-même et que plusieurs philosophes croient être la source d'où émane la faculté de penser. »

Dr Henry Scott M. D.

J'ai écrit les lignes qui précèdent, il y a quelques années, sous la dictée du Dr Scott lui-même et en me servant de la première feuille de papier venue. C'est seulement après avoir fini que je remarquai, sur ce même papier, quelques notes prises par moi sur l'Anacalypsis de Higgins. Ces mots semblaient être le début de la dictée du Dr Scott, les voici :

Emmanuel, Dieu avec nous.

Alma-Vierge — la pensée conçue et qui procède de, — le cerveau femelle ou la Sagesse Divine (c'est là le nom dans l'hébreu moderne); le même que pour le cerveau (Alma, en espagnol, signifie âme).

Alma-Mater — Mère nourricière; nom d'une Université (où l'on enseigne la Sagesse).

On verra de suite combien cette coïncidence est extraordinaire et comme cette simple circonstance est significative, en confirmant silencieusement, mais éloquemment, l'hypothèse des anciens sur le cerveau mâle et femelle. Il est dit que la *génération* présente est celle du *cou*, la suivante sera le développement de la *tête*, et elle est destinée à compléter la stature de l'homme sous la *Forme humaine divine*, lorsque les sens les plus élevés seront développés en lui.

Quelle profonde signification, par conséquent, dans la construction de la forme humaine, faite à l'image de Dieu (« il les créa mâle et femelle »); ainsi *Deux en Un* spirituellement et physiquement. Cette idée est remar-

cerveau dans le corps de quelques animaux inférieurs. C'est aussi le Centre télégraphique du corps humain avec ses fils qui se dirigent dans toutes les directions et qui le relient spécialement au « *Cerveau Féminin* » ou système cérébro-spinal par deux cordons nerveux situés de chaque côté de la moelle épinière. On l'appelle *Plexus solaire* à cause de sa forme ronde. Il constitue le centre des nerfs organiques ou vitaux et préside aux fonctions organiques intérieures; c'est pour cela qu'on l'appelle aussi la sphère organique, comme le *cerveau féminin* qui préside aux fonctions intellectuelles est appelé organe de l'intelligence.

D'après ce qui vient d'être dit on comprendra facilement que ce quatrième principe est le siège de la vie comme le

quablement exprimée sous le symbole de la déesse de la Sagesse de l'ancienne mythologie, qui s'élance tout armée et cuirassée du *cerveau* de Jupiter. Quelle signification également dans la forme de l'Arche de l'Alliance construite par Moïse, d'après le modèle *Céleste*, avec ses chandeliers à sept Branches et son bassin qui correspond si évidemment au *quatrième* Principe, tandis que le Sanctuaire des Sanctuaires correspond au cinquième et le Propitiatoire au *sixième*, comme nous le voyons dans le dessin ci-joint. Le Seigneur lui commande de mettre le Propitiatoire « au-dessus de l'Arche », disant : « C'est là que je te rencontrerai et que je communierai avec toi de dessus le Propitiatoire. » (Exode XXI, 21, 22.)

L'Arche de l'Alliance était pour les enfants de cette première génération, le symbole des choses meilleures qui devaient venir et qui sont aujourd'hui à notre porte. L'Arche symbolique a disparu depuis longtemps, mais l'idée réelle et vivante qu'elle représentait, doit apparaître maintenant comme la véritable Arche de l'Alliance de Dieu, faite avec les enfants des hommes. Cette alliance voulait dire que la semence de la *femme* devait écraser la tête du serpent.

Le Serpent représente la Matérialité ou les trois principes inférieurs du Bouddhisme Ésotérique qui dérivent de la terre; la semence de la femme est l'humanité parfaite ou le Fils de Dieu conçu du Saint-Esprit dans le sein immaculé de la Vierge pure ou *Abaa, l'âme féminine*, le sixième principe, le BUDDHI ou l'âme spirituelle du Bouddhisme Ésotérique; le *Son* divin, ou la sixième essence de la Théosophie Hermétique; la « PAROLE » ou le souffle vivant, l'expression de la Pensée Divine des chrétiens. Ainsi Christ était appelé la Parole, parce qu'il était le rejeton de la semence de la femme, ou le *Cerveau femelle, l'expression* de la Sagesse Divine.

« L'amour est masculin, parce qu'il engendre par impulsion et sans travail, la Sagesse est féminine parce qu'elle engendre par le travail. »

M. C.

cœur, qui est aussi au centre, est appelé le Siège de l'Amour, et cela est moralement vrai, car ce qu'un homme aime il le *veut*, et le but de ses efforts durant la vie terrestre devrait être d'élever son amour et sa volonté au-dessus des trois principes animaux ou terrestres inférieurs, en sorte que, par le développement de son *cinquième* principe, MANAS (âme humaine), qui est sa véritable *personnalité*, il puisse après la mort s'élever au-dessus du *quatrième* état spirituel appelé KAMA LOCA. Le Kama Loca est cette sphère astrale qui entoure immédiatement la terre et correspond au *quatrième* principe, *Kama Rupa* (âme animale)[1], demeure de tous les « Esprits » liés à la terre que l'on devrait plutôt désigner par le terme d'âmes.

Le Ego ou le Moi est centralisé dans ce principe du milieu qui est la volonté ou l'amour, décrit par les Théosophes hermétiques comme la nature Feu qui peut aller en avant et en arrière dans la première ou la seconde triade, suivant le désir de son amour dominant. Il peut retourner vers les états inférieurs dont il est sorti comme âme animale ou s'élever par un développement successif jusqu'aux états supérieurs auxquels il est destiné.

On comprendra mieux ce quatrième Principe (ou état) si l'on étudie la Kabbale avec sa doctrine de sept esprits de Dieu, son œuvre des sept jours, ses sept planètes, etc.

Il sera bon de lire aussi les mystiques Théosophes qui adoptent la doctrine de la nature septénaire de toutes choses résultant de la nature septénaire de l'Essence divine et qu'ils expliquent comme suit[2].

1. Voir la planche coloriée.

2. Cette théorie septénaire est celle développée par Jacob Behm, cordonnier visionnaire (1575-1624). Ses œuvres écrites en allemand ont été en partie traduites par Claude de Saint-Martin, le philosophe inconnu, à la fin du XVIIIe siècle (Papus).

1. *Astringence.*
2. *Mobilité.*
3. *Angoisse.*
4. Feu.
5. *Lumière Amour.*
6. *Son.*
7. *Substantialité (spirituelle).*

Le *premier*, l'Astringence, est le principe de toute force contractive ; c'est le Désir et il attire. Les rochers sont durs parce que cette première qualité n'est pas encore éveillée en eux.

La *seconde*, Mobilité, cette douce qualité, est le principe de l'expansion et du mouvement ; les formes simples des plantes, des fluides, etc.

La *troisième*, Angoisse, la qualité amère, est générée par le confit des deux premières ; elle est manifeste dans l'angoisse et la lutte de l'être ; elle peut devenir un ravissement céleste ou un tourment de l'enfer ; son influence est dominante dans le soufre.

La quatrième, le feu, est la transition ou la qualité intermédiaire.

Dans la qualité du feu, la lumière et l'obscurité se rencontrent. C'est la racine de l'âme de l'homme, la source du ciel et de l'enfer, entre lesquels notre nature se trouve placée. L'esprit-feu est l'âme inférieure de l'homme, ou l'*Anima Bruta*, que les animaux possèdent aussi bien que les hommes, car c'est du centre de la nature avec ses quatre formes qu'émane sa puissance ardente. Il fait jaillir le feu lui-même, il est la « roue de l'essence ». Les trois premières qualités relèvent plus spécialement de la nature du Père ou de Dieu dans sa colère lorsqu'il est décrit comme « un feu consumant » ; séparées de la seconde triade, elles engendrent la mort spirituelle, la colère, la lutte, la nécessité, en d'autres mots le mal. Les trois dernières qualités appartiennent à la nature de la mère (ou nature féminine) lorsque le feu terrible qui couve rencontre la douce tendresse de la qualité de l'amour et éclate en une flamme brillante et joyeuse, source de la lumière et de l'Amour, de la sagesse et de la gloire, en d'autres mots du BIEN, produit par l'union des qualités mâles et femelles, de même que leur *séparation* est l'origine et la cause du MAL.

L'homme est l'arbitre de sa propre destinée; il développe volontairement des profondeurs de sa propre nature son ciel ou son enfer, tandis que, en se dominant ou en cédant à ses passions, il augmente le bonheur ou la souffrance de ceux qui l'entourent. La véritable cause du péché et des cruelles misères que nous voyons autour de nous est dans l'égoïsme, dans ce terrible amour de soi, dans cette personnalité qui accentue si violemment et si insidieusement le *je* et le *vous* et qui est le résultat de la prédominance des trois principes (ou qualités) inférieurs. Ceux-ci ne pourront être dominés et élevés que par le développement des principes spirituels supérieurs. Les Théosophes hermétiques ont décrit cette évolution comme étant l'union du dur et du sombre avec l'amour et la lumière, ou des qualités mâles avec les qualités femelles; dans l'ancienne Religion-Sagesse, cela s'appelle le cinquième et le sixième principe, l'âme spirituelle et l'âme humaine.

La *sixième* qualité est décrite par les Hermétistes comme le *Son*. Dans le ciel, l'harmonie des sphères; dans l'homme, les cinq sens et le *don* de la parole, ou plutôt le VERBE, la *manifestation* de la Divinité. Ainsi Christ est appelé LE VERBE, le langage du Nom Divin, *nom* signifiant la nature *expressive* ou sa *manifestation extérieure*. Lorsque nous atteindrons le sixième Principe ou l'Esprit de Christ, il développera en nous le *sixième* sens, ou l'âme spirituelle qui est l'Intuition, la perception des choses spirituelles et éternelles ; l'homme alors prendra connaissance du monde subjectif qui l'entoure comme il a connu le monde objectif ou monde des sens, au moyen de ses premiers sens.

Le *septième* principe est l'Esprit Divin lui-même, décrit comme étant la substantialité spirituelle.

Jusqu'à présent l'homme n'a développé que cinq sens, mais le Bouddhisme Ésotérique nous enseigne que lorsqu'il atteindra le sixième et le septième état, il développera le sixième et le septième sens. On peut dire que l'aurore du sixième sens a déjà lui dans quelques esprits avancés ; et certains livres de publication récente semblent indiquer clairement que le temps est proche où le sixième sens se développera. Nous faisons allusion aux ouvrages intitulés : « The Perfect Way », « Morgenrothe », « les Deux en Un », « Sympneumata », etc.

Le véritable Sympneumata, c'est l'homme dans sa dualité, mâle et femelle, *Deux en un*, tel qu'il a été créé au commencement à « *l'image de Dieu* » et tel qu'il est destiné à redevenir à mesure qu'il s'élèvera et développera le sixième sens ou l'Ame spirituelle. C'est ce que l'Église a symbolisé sous l'image du retour de l'Épouse et du Mariage du Fils du Roi.

Par rapport à l'état spirituel de l'homme, immédiatement après la mort, le Bouddhisme Ésotérique enseigne que les trois Principes inférieurs qui appartiennent au corps extérieur, sont abandonnés et retournent à la terre d'où ils procèdent et à qui ils appartiennent. Ce qui constitue l'homme réel, c'est-à-dire les quatre Principes supérieurs, passe dans le monde spirituel qui entoure immédiatement le nôtre et qui en est de fait le plan astral, c'est le Purgatoire de l'Église catholique romaine, appelé en sanscrit Kama Loca (voyez la planche coloriée). Ici une séparation a lieu : d'un côté, les deux Principes les plus élevés entraînent le cinquième (l'Ame Humaine), la véritable personnalité, dans une direction, tandis que le quatrième (Ame animale) l'attire vers la terre. Les parties les plus pures, les plus élevées, les plus spirituelles du cinquième Principe, restent attachées au sixième et sont élevées par lui; ses instincts, ses impulsions, ses souvenirs inférieurs adhèrent au quatrième Principe et restent dans le KAMA LOCA, le « PURGATOIRE », ou la sphère astrale qui entoure immédiatement la terre.

Ainsi les meilleurs éléments, ou la véritable essence de la dernière personnalité, s'élèvent à l'état appelé, dans la Théosophie Bouddhiste, le DEVACHAN, et qui correspond en quelque manière à notre idée européenne du ciel. Il ne faudrait cependant pas confondre le Devachan avec ce Royaume des cieux, supérieur et absolu, le NIRVANA, qui est le centre du Bouddhisme comme du Christianisme, et de toutes les religions. En effet, le grand but de cette effrayante évolution de l'humanité est de développer les âmes humaines pour les rendre aptes à cette condition, que nous ne pouvons pas même concevoir aujourd'hui et qui existera seulement lorsque l'homme sera « parfait comme son Père est parfait » et que le Fils de l'homme sera devenu le Fils de Dieu. Cet état ne peut être atteint que par des incarnations innombrables où l'Entité individuelle progresse à travers les sept Ronds Planétaires. Ainsi cette Religion-Sagesse Éternelle confirme les paroles du Christ et nous enseigne, selon l'exemple de l'amour et de l'intelligence éternels, à pardonner à nos ennemis et à leur donner l'occasion de réparer leurs torts jusqu'à « septante fois sept fois ».

Il est vrai qu'à chaque naissance la personnalité diffère de la précédente et de la suivante, mais le Bouddhisme ésotérique nous enseigne que, bien que les personnalités changent sans cesse, la ligne unique de la vie sur laquelle elles sont enfilées comme des perles sur un fil, se poursuit sans interruption ; c'est toujours *cette ligne spéciale* et non pas une autre. La ligne ou le fil de la vie constitue par conséquent notre véritable individualité ; c'est une ondulation vitale individuelle, « Deux en Un » double et *indivisible* pour toujours.

Ce fil de la vie sur lequel sont enfilées nos innombrables personnalités dans notre carrière à travers les âges, cette dualité *indivisible*, cet éternel « Deux en Un », est en réalité notre sixième et notre septième principe. Ils ont débuté dans le Nirvâna du côté subjectif de la Nature, comme l'ondulation de la Lumière et de la Chaleur à travers l'éther a débuté à sa source dynamique, court à travers le côté objectif de la nature et tend à revenir au Nirvâna après plusieurs changements cycliques.

L'ondulation de la vie est donc notre véritable individualité, c'est notre Moi divin et spirituel, tandis que chacune de ses manifestations natales est une personnalité séparée, le nouveau vêtement ou la nouvelle forme que revêt l'individualité pour continuer son développement progressif ou, selon un langage poétique, une des nombreuses perles de l'unique rosaire de notre vie.

Tandis que sur la chaîne infinie de la vie nous laissons tomber perle après perle pour passer à une autre et que les changements se succèdent incessamment, nous comprenons que chaque vie avec son poids de soucis et de chagrins n'est en réalité qu'un anneau de l'immense chaîne, et nous reconnaissons à la fois la valeur et la nullité, la signification profonde et l'indifférence de cette existence passagère.

La valeur et la signification profonde, puisque chaque

acte, chaque pensée survit par ses effets dans notre prochaine carrière, produisant un Karma, soit pour le bien, soit pour le mal. Lorsque *nous* souffrons, c'est de notre *propre* souffrance attirée par *nous-mêmes*, sinon dans cette vie, du moins dans celle qui a précédé, car chaque existence antérieure est génératrice du bonheur ou du malheur présent. Le Karma est la loi inévitable des conséquences, en d'autres mots « ce que nous semons, nous le moissonnerons ».

Ainsi chaque vie terrestre a sa valeur par la leçon qu'elle nous enseigne, par l'impulsion qu'elle nous donne pour avancer et nous élever, si elle est bien comprise et utilisée. Mais elle ne vaut certainement pas le souci et l'agonie que nous éprouvons trop souvent, à propos de chaque chagrin et de chaque désappointement que nous rencontrons sur notre route, comme s'ils devaient causer notre misère éternelle. Nous oublions que le prochain mouvement de la lunette qui tourne incessamment changera le dessin de notre Kaléidoscope et que toutes les couleurs trouveront leur vraie place et s'harmoniseront sur le triangle éternel qui leur sert de base. Chaque tour du verre aura pour résultat de produire une forme plus complète que la dernière, ou, en d'autres mots, d'ajouter une perle, probablement plus pure et plus blanche, à notre rosaire.

Notre vie est éternelle, mais elle est composée d'une éternité d'existences ou de manifestations à travers lesquelles court le fil de la VIE UNE. Pour être vraiment heureux, il faut que nous cherchions à bien nous rendre compte de notre condition de changements perpétuels, et alors nous apprendrons à vivre dans le MAINTENANT et à comprendre que le temps nous appartient en entier, car nous sommes les enfants de l'Éternel aux yeux de qui « mille ans sont comme un jour et un jour comme mille ans ».

Le présent est infini et l'infini est notre présent, un futur serait limité. Par conséquent, le jour dure éternellement, il nous appartient aujourd'hui et nous appartiendra toujours de même, car il est un éternel MAINTENANT[1].

Cependant nous-mêmes et toutes choses nous changeons perpétuellement. D'un instant à l'autre nous ne sommes pas les mêmes. Chaque respiration, chaque aspiration de notre souffle nous change physiquement autant que chaque ligne que nous lisons; chaque pensée qui traverse notre cerveau nous change mentalement. En réalité, à la fin de chaque jour, nous ne sommes ni moralement ni matériellement les mêmes que nous étions au commencement; mais, si nous savions utiliser le MAINTENANT qui est à nous, ce changement nous conduirait de gloire en gloire.

Il est difficile de nous rendre compte de ce MAINTENANT qui dure toujours, tout en changeant perpétuellement et en produisant d'incessantes transformations. Cela nous sera plus facile si nous embrassons par la pensée une période de temps moins longue et que nous appelions à notre souvenir une seule année de notre vie qui se compose de mois, ces mois de semaines, ces semaines de jours, ces jours d'heures, ces heures de minutes, ces minutes de secondes, marquées par l'incessant battement de l'éternelle horloge du temps.

Ainsi nous verrons que tout homme parfait est régénéré ou né deux fois et qu'il tire chaque fois son origine du centre de la *croix*, ou de l'Union du mâle et du femelle ; d'*abord* matériellement en prenant racine en bas et en tirant de la terre les matériaux nécessaires pour former et nourrir le corps ; puis de l'atmosphère vitale

1. « Les rideaux d'hier tombent, les rideaux de demain se relèvent, mais hier et demain sont tous les deux. »

(SARTER RESARTUS.)

(décrite sur la Planche comme esprit vivifiant) il tire le Jivatma ou vitalité qui lui donne la vie, et de là il construit la forme astrale qui existe avant que le corps extérieur ne devienne visible.

Chaque molécule de matière, quelque petite qu'elle soit, possède un esprit vital ou participe de ce JIVATMA qui n'est en aucune façon le même que l'esprit divin de l'homme l'*Atma* ou le septième Principe, celui-ci étant « Dieu ». Sans le *troisième* principe, le LINGA SHARIRA, ou forme astrale, que les animaux possèdent aussi bien que l'homme, il n'y aurait point de corps extérieurs, car il est évident que les particules ou les atomes de la matière ne pourraient construire d'eux-mêmes sans avoir une forme sur laquelle bâtir.

« *Le simple grain comme il se rencontre, soit de blé, soit de quelque autre semence ; mais Dieu lui donne le corps comme il lui plaît et à chaque semence le corps qui lui est propre* » (I Cor. XV, 38). Le troisième principe est donc le même pour tous, car les particules de la matière ont besoin d'une forme d'homme ou d'animal : à chaque semence son propre corps.

« *Il y a un corps animal, il y a un corps spirituel. Le premier homme étant de la terre est terrestre ; et le second homme qui est le Seigneur est du ciel. Mais ce qui est spirituel n'est pas le premier, c'est ce qui est animal ; et ce qui est spirituel vient après* (I Cor. XV, 44, 46, 47).

Pour devenir spirituel, pour devenir le « Seigneur du ciel », il faut que l'homme naisse une seconde fois, naisse du centre de la croix, du centre de l'Amour, de l'union des principes mâles et femelles, mais cette fois il naît de l'*Union spirituelle* de ces principes dans sa propre nature. C'est le sein de la Vierge *dans notre cinquième* principe, MANAS ou « l'âme humaine », qui conçoit directement du

Saint-Esprit. C'est la semence *de la femme* ou le principe féminin dans l'homme qui est destiné à « écraser la tête du serpent », en d'autres mots à surmonter la matérialité par la spiritualité.

Lorsque cette âme vierge sera prête à la recevoir, la semence prendra racine et germera. Alors le fils de l'homme sera « élevé » et, comme l'arbre de vie dont les branches se dirigent vers le ciel, il tirera sa nourriture d'en haut, de la lumière spirituelle répandue par l'âme universelle et dispensée par l'Esprit divin, notre éternel père-mère, « Dieu ».

Jusqu'au moment où les substances premières sont organisées, l'homme n'existe pas en tant que personnalité ; par conséquent, il naît en premier lieu physiquement, et ses principes inférieurs tirent leur subsistance matérielle de la terre et prennent racine *en bas*. Il faut alors qu'il « *naisse de nouveau* » spirituellement. L'être spirituel doit prendre racine au centre de l'amour (volonté), et pour que la bonté, la sagesse, l'amour universel se substituent à l'*amour de soi*, il faut qu'il s'élève vers le ciel, qu'il tire sa nourriture intellectuelle de l'entendement et la nourriture de son cœur de la source spirituelle qui ne fait jamais défaut.

Il y a un état spirituel qui n'est pas indiqué sur notre tableau, parce qu'il ne rentre pas dans les sept ; mais, de même que le Nirvâna est au-dessus et au delà de ceux-ci, étant l'état suprême de la Divinité, son antithèse qui s'appelle en sanscrit « Avitchi » [1] peut être définie comme étant au-dessous et au delà dans la direction opposée, s'il était possible de localiser un *État*.

1. Selon nous, l'Avitchi serait plutôt l'antithèse du Devachan et l'annihilation ou la « seconde mort » dont parle l'Évangile, l'antithèse du Nirvâna. (*Note du traducteur.*)

Il y a encore une autre échelle de *sept degrés* ou étapes qui indique l'ascension de la terre au ciel.

L'échelle de Jacob occupe une place importante dans les symboles de la franc-maçonnerie. Sa véritable origine s'est perdue parmi les adorateurs des rites païens, mais le symbole est resté. Chez eux on l'a toujours considérée comme composée de sept ronds qui, comme le docteur Oliver le fait remarquer, pouvaient être une allusion aux sept étages de la tour de Babel ou à la période sabbatique. Dans les mystères persans de Mithras, l'échelle à sept ronds était le symbole de l'approche de l'âme vers la perfection. Ces ronds s'appelaient *portails* et, par allusion à cela, le candidat devait passer à travers sept cavernes sombres et tortueuses, ce qui s'appelait faire l'ascension de l'échelle de la perfection. Chacune de ces cavernes représentait un état d'existence à travers lequel l'âme était supposée passer dans sa route progressive en s'avançant vers l'état de la vérité. Chaque rond de l'échelle était censé composé d'un métal toujours plus pur et prenait le nom de sa planète protectrice.

On peut se faire une idée de cette échelle symbolique par le tableau suivant :

7 Or.	*Soleil*.	AMOUR.
6 Argent.	*Lune*.	SAGESSE.
5 Mercure. . . .	*Mercure*.	COMPRÉHENSION.
4 Cuivre. . . .	*Vénus*.	BEAUTÉ.
3 Plomb. . . .	*Terre*.	CHAIR.
2 Fer.	*Mars*.	PUISSANCE.
1 Étain.	*Jupiter*.	CONSEIL.

Chez les Hébreux, on supposait que les ronds de l'échelle étaient infinis. Les Esséniens les réduisirent d'abord à sept, qu'ils appelèrent les Séphirottes, et dont les noms étaient : Force, Miséricorde, Beauté, Éternité, Gloire, Fondement et Royaume.

« A sa base, cette échelle touche à la terre et les anges qui sont dessus indiquent les âmes descendant dans l'incarnation et même, dit la Cabale, jusqu'aux degrés les plus bas de l'univers, jusqu'au point le plus infime de la matière, pour remonter de nouveau au ciel. Jacob (l'âme voyageuse) est *endormi* la *nuit* au pied de l'échelle, avec une pierre pour oreiller, symbole de la matière dans son état le plus bas. Le lieu a été appelé Luza ou *séparation*, ce qui signifie la place de la plus grande obscurité et de la séparation d'avec Dieu. Cependant, lorsque Jacob *s'éveille*, l'âme sait que, même dans l'abîme le plus profond de la matière, il n'y a pas de séparation réelle avec la vie divine, de là son exclamation : « En vérité, le Seigneur est dans ce lieu ! » et il l'appela Béthel (maison de Dieu) et son nom était auparavant Luza (séparation). » (Conférence du docteur A. Kingsford, président de la Société Hermétique.)

Mais pour en revenir à la constitution de l'homme, qui nous intéresse si spécialement, il faut nous souvenir que la doctrine ésotérique enseigne que les trois principes supérieurs, sur les sept qui contituent l'homme, ne sont pas encore complètement développés dans l'état actuel de l'humanité. Lorsque l'homme atteindra la perfection sur la terre, il sera doué des sept principes et de sept sens correspondants, ce qui a été le cas pour quelques hommes véritablement divins et qui ont apparu comme messagers sur cette planète.

L'état que nous appelons la *mort* n'a d'influence que sur les trois premiers principes, — le corps, la vitalité et la forme astrale. Le premier, nous le savons, vient de la terre et retourne à la terre pour s'y décomposer et entrer avec le temps dans de nouvelles combinaisons, d'où sortiront de nouveaux corps matériels.

La vitalité qui, comme les molécules du corps, n'est pas limitée par un principe individuel, mais relève du principe cosmique universel, se disperse également à la mort et va animer d'autres organismes.

La forme astrale, qui est une réflexion du corps physique, reste pendant un temps plus ou moins long autour de la demeure qu'elle a quittée. Parfois, elle apparaît comme l'ombre du mort, présentant exactement la même apparence, mais elle finit cependant par s'évaporer après avoir accompli sa mission, qui est de guider le Jivatma dans son œuvre de construction de groupement des atomes moléculaires sur la forme voulue.

Ces trois principes inférieurs, provenant uniquement de la terre et de son atmosphère, sont périssables en tant que *forme*, bien qu'indestructibles quant aux molécules qui les composent, et, à la mort, ils se séparent entièrement de l'Être pour aller animer d'autres organismes.

De même que l'homme, l'Univers est composé de sept principes et c'est le principe suprême ou le septième d'où émane ce courant non interrompu de vie à travers la nature qui unit en une série continue les transformations innombrables de la VIE UNE.

La grande pyramide d'Égypte bâtie d'après le *triangle* et le *carré* est le symbole de cet Arcane. Sa septième pointe, « *la pierre de l'angle qui a été rejetée*[1] », s'élève glorieusement vers le ciel comme pour percer les nues, symbole, dans tous les temps, de la perfection du Christ ou du septième principe dans l'homme.

1. Voy. Matth. XXI, 42.
Luc, XX, 17.
Marc, XII, 10.
Psaumes CXVIII, 22.

Pour comprendre cette doctrine des plus anciennes, qui semble jeter tant de lumière sur l'histoire de l'humanité et rendre compte des différences, autrement inexplicables, existant entre les hommes, et qui réconcilie ces inégalités avec la justice de Dieu, il nous faut fixer notre attention sur les trois principes les plus élevés — le quatrième, le cinquième et le sixième — et voir comment l'homme sensuel s'élève graduellement à travers l'humain vers l'Être divin, ou l'humanité parfaite (en d'autres mots le Fils de Dieu). Et ne dites pas que cette perfection est impossible, qu'elle ne pourra jamais être atteinte, car alors cette injonction serait sans but et vains ces mots : « *Soyez parfait comme votre Père qui est aux cieux est parfait.* »

Le cinquième principe, ou l'âme humaine, est la véritable personnalité de l'homme, bien que trop souvent, dans la vie terrestre, celui-ci place le centre de son être, comme nous l'avons vu, dans le quatrième principe, la VOLONTÉ, qui n'est que l'âme animale ou l'âme que les animaux possèdent aussi bien que l'homme. Ce quatrième principe ou centre des sept principes qui constituent l'homme, est l'axe sur lequel tournent les autres.

Lorsqu'on a dépassé ce quatrième principe, qui est le principe le plus élevé chez l'animal, on entre dans la région de l'Être Psychique. C'est l'avènement du cinquième principe qui élève l'homme au-dessus de la bête. Si la compréhension ne prédominait pas sur la volonté, l'homme suivrait son instinct et ne pourrait penser et agir d'après la raison.

L'amour lui-même et les affections qui en dépendent ont leur siège dans le KAMA RUPA, — le quatrième principe, la volonté ou l'égoïsme, tandis que la science, l'intelligence, la compréhension ont leur siège dans le MANAS, — le cinquième principe, l'âme humaine. Il en résulte que tout bien et tout mal appartiennent à la volonté ; ce qui procède de l'amour est considéré comme bien alors même que ce serait mal, car ce qu'un homme aime, il le veut et cela lui apparaît comme bon. La volonté est donc l'axe sur lequel tournent les autres principes, et tels sont l'amour et la sagesse, telles seront la volonté et la compréhension.

La volonté est le réceptacle de l'amour, et la compréhension le réceptacle de la sagesse, et les deux réunis déterminent la qualité de l'homme.

D'après ce qui précède, on peut s'apercevoir que le Manas, ou cinquième principe, n'est encore que faiblement développé dans l'humanité actuelle où prédomine grandement le quatrième principe, le Kama Rupa (l'âme animale, l'amour de soi). Si le cinquième principe, Manas (l'âme humaine, l'intelligence ou la compréhension), est si peu développé parmi les hommes, le sixième l'est encore moins et on peut même dire qu'il n'existe en eux qu'à l'état embryonnaire.

C'est là le but auquel doivent tendre tous les efforts de notre nature intérieure et supérieure et c'est à cette perfection que nous convie Celui qui y est lui-même parvenu.

Comme nous l'avons vu, le quatrième principe, le Kama Rupa, est l'axe sur lequel tournent tous les autres. Dans son état primitif et naturel, il n'est qu'*animal*, mais à mesure qu'il s'unit au cinquième principe il arrive à être guidé par la raison et la compréhension, et il devient *humain*.

Avec le temps, il arrivera à être suffisamment développé pour s'unir au sixième principe, le Bouddhi (la conscience spirituelle ou l'âme Christ).

Alors, éclairé par la sagesse et la pureté divines, la nature de son amour changera ; il passera de l'amour de soi, qui engendre trop souvent la haine, à l'amour universel, la charité ou l'amour de Dieu, qui est l'amour de l'humanité.

Le septième principe, l'ATMA, est L'ESPRIT DIVIN LUI-MÊME.

En considérant la chose sous un autre point de vue, on pourrait dire, avec une égale vérité, que le sixième principe (l'âme spirituelle) ou *anima divina*, est le véhicule de l'esprit divin, tandis que le quatrième (l'âme animale), *anima bruta*, est le véhicule du cinquième (l'âme humaine, la compréhension).

Ou bien nous pourrions regarder chacun des principes supérieurs en commençant par le quatrième comme le véhicule de la Vie-Une ou de l'Esprit.

La division de la constitution de l'homme en sept principes explique d'une manière satisfaisante les grandes inégalités qui existent entre les hommes. Elle montre que ces inégalités ne sont pas le fait d'une distribution arbitraire des faveurs divines, mais qu'elles résultent de l'état d'avancement ou de développement auquel chacun est parvenu. Par là, nous comprenons que toute l'humanité marche sur la route qui lui permettra d'atteindre le principe le plus élevé, l'âme divine, et d'entendre une fois ces paroles ineffables :

« Tu es mon Fils bien-aimé. »

Tous les hommes se trouvent et doivent nécessairement être sur des degrés divers de la même échelle qui conduit au ciel, tous sont à la même École. Mais chaque élève doit commencer par se placer sur le siège le plus bas de la dernière classe, il passe à la suivante. Il n'y a pas d'exception, tous doivent parcourir le même chemin. Il y en a qui resteront à l'École plus longtemps que les autres, et ceux qui ne pourront pas dépasser la classe inférieure finiront par être bannis et seront condamnés à porter des oreilles d'âne s'ils se refusent à progresser.

Dans certains cas, les oreilles d'âne pourraient signifier

une véritable rétrogression, un recul jusqu'au plan animal, doctrine qui a été professée par quelques anciennes religions. Et même, si l'âne s'endurcit dans sa méchanceté, s'il rue sous le bâton et préfère les chardons à l'avoine alors qu'il a atteint la *connaissance* d'une meilleure nourriture, il peut tomber encore plus bas et être condamné à ramper dans ses mauvais désirs sur l'échelle *descendante* des existences comme un être malfaisant et vil! (« Tu ramperas sur ton ventre et tu mangeras la poussière. »)

Une excellente définition du mal serait de dire qu'il est la LOI de la *nature inférieure* opérant encore chez ceux qui ont atteint une place supérieure.

D'après cela, les formes rampantes les plus basses ont leur utilité. Elles sont comme le réceptacle des mauvaises tendances et des mauvaises passions et servent, en quelque sorte, à purifier l'atmosphère qui, sans cela, serait empoisonnée au point que les bons et les purs ne pourraient respirer.

Le mal se trouverait ainsi graduellement éliminé de la planète sur l'échelle descendante, retournant finalement à la poussière d'où il est venu, pour subir de nouveaux procédés de purification.

« Le mal est le fils obscur de la terre (matière) et le bien la ravissante fille du ciel (esprit) », dit le philosophe chinois, par conséquent « le lieu de punition de la plupart de nos péchés est bien la terre, c'est leur lieu de naissance et le théâtre de leur activité. »

En traitant du Bouddhisme ésotérique, notre intention a seulement été de faire un tableau de la constitution de l'homme et de l'univers et de montrer de quelle manière cette théorie concorde avec les enseignements spirituels et physiques des différentes écoles ou religions. Nous serions fortement tenté de citer, comme corollaire et complément de ce que nous venons de dire, des passages du remarquable volume de M. Sinnett, qui traite de la chaîne planétaire septénaire où se déroulent nos vies successives, mais le sujet est d'un si grand intérêt qu'il risquerait de nous entraîner au delà des limites que nous nous sommes fixées. Nous devons donc nous borner à indiquer rapidement ce qu'est ce circuit, ou cette ronde, à travers laquelle toutes les entités individuelles spirituelles doivent passer et qui constitue l'évolution de l'homme.

Ce mouvement du progrès en spirale (ou spirituel), par impulsion vitale, développe en même temps les différents règnes de la nature et donne l'explication des vides ou (liens manquants) que l'on peut observer parmi les formes qui couvrent la terre de nos jours[1].

« La spire d'une vis qui est un plan uniforme incliné ressemble, de fait, à une succession de degrés, si on l'examine à côté d'une ligne parallèle à son axe. Les monades spirituelles qui arrivent par le circuit du système au niveau de l'animalité, passent à d'autres mondes lorsqu'elles ont accompli leur tour d'incarnation animale... Quand vient le temps où elles reparaissent, elles sont prêtes pour l'incarnation humaine et il n'y a plus de nécessité alors pour le développement supérieur des *formes* animales en *formes* humaines, puisque celles-ci attendent déjà leurs habitants spirituels.

« ... C'est pour ne pas s'être rendu compte de cette idée que la spéculation au sujet de l'existence physique se trouve si souvent arrêtée par des murs. Elle cherche les

1. « Spirale, dans son étymologie, est analogue à esprit ou spirituel. Esprit et mouvement ont un rapport intime; dans un sens, ce sont des idées identiques. La spirale est le type du progrès spirituel, de la *volution;* en latin *volvos*, rouler ou tourner; de là évolution, enroulement extérieur, et involution, enroulement intérieur. »

(*Universologie*, par Stephen Pearl Andrews.)

anneaux qui manquent dans un monde où elle ne pourra plus les trouver aujourd'hui, car leur utilité n'a été que temporaire et ils ont disparu. L'homme, disent les Darwiniens, était autrefois un singe. C'est vrai, mais le singe, connu par les Darwiniens, ne deviendra jamais un homme, c'est-à-dire sa *forme* ne changera pas d'une génération à l'autre avant que sa queue n'ait disparu, que ses mains inférieures ne soient devenues des pieds, et ainsi de suite.

« Ces formes intermédiaires ont été nécessaires à une époque, mais il était inévitable qu'elles fussent temporaires et qu'elles disparussent, autrement le monde serait encombré de ces « liens manquants » de toutes sortes et la vie animale rampante, à tous les degrés, se mélangerait dans une confusion indescriptible avec les formes humaines... Les formes qui, jusqu'alors, s'étaient bornées à se répéter pendant des milliers de siècles, prennent un nouvel élan de croissance et fournissent des habitations de chair pour les entités spirituelles qui arrivent sur chaque plan de l'existence, et comme il n'y a plus de demande pour les formes intermédiaires, elles disparaissent inévitablement... L'homme, tel que nous le connaissons sur cette terre, n'est qu'à mi-chemin du processus évolutionnaire auquel il doit son développement actuel. Avant que la destinée de notre système soit accomplie, il y aura autant de distance entre ce qu'il sera et ce qu'il est maintenant qu'entre l'homme actuel et le lien disparu. Ce progrès s'accomplira même sur cette terre tandis que dans d'autres mondes de la série ascendante il y a encore des pics plus élevés à escalader. Il est tout à fait impossible, avec des facultés qui n'ont pas appris à discerner les mystères occultes, de se figurer la vie que l'homme mènera avant que le zénith du grand cycle soit atteint. »

(*Esoteric Bouddhism*, pages 37 et 43).

« L'homme est évolué à travers une succession de rondes (progression autour de la série des mondes) et sept de ces rondes sont nécessaires pour accomplir la destinée de notre système. La ronde actuelle est la *quatrième*. Il y a des considérations du plus grand intérêt qui se rapportent à la connaissance de cette question, parce que chaque ronde est, pour ainsi dire, *spécialement chargée* de faire prédominer l'un des sept principes dans l'homme selon l'ordre régulier de leur gradation ascendante... Une unité individuelle qui, au cours d'une ronde, arrive pour la première fois sur une planète, doit traverser sept races sur cette même planète avant de passer à la suivante, et chacune de ces races occupe la terre pour un temps très long...

« Nous qui vivons maintenant sur la terre, — c'est-à-dire la grande masse de l'humanité, car il y a des cas exceptionnels que nous considérerons plus tard, — nous traversons la cinquième race de la quatrième ronde. Et cependant l'évolution de cette cinquième race a commencé il y a environ un millier d'années... Chaque race se subdivise en sept sous-races et chaque sous-race en sept branches de races... Chaque fois qu'une unité individuelle humaine, dans la ronde du progrès à travers le système planétaire, touche à la terre, elle doit traverser toutes ces races. »

(*Bouddhisme Ésotérique*, pages 48, 49).

« Il est facile de comprendre que tous les mondes de la chaîne à laquelle appartient cette terre ne sont pas préparés pour une existence matérielle exactement semblable, ou même approchant de la nôtre. Une chaîne de mondes organisés qui seraient tous semblables et pourraient aussi bien se fondre en un seul, n'aurait aucune raison d'être.

En réalité, les mondes auxquels nous sommes liés sont très différents les uns des autres, non seulement quant à leur situation extérieure, mais sous le rapport de cette caractéristique suprême — la proportion dans laquelle l'esprit et la matière se trouvent mélangés dans leur constitution. Notre monde nous présente des conditions où l'esprit et la matière sont, après tout, suffisamment équilibrés, mais il ne faut pas en conclure qu'il soit très élevé sur l'échelle de la perfection ; au contraire, il y occupe une place très inférieure. Les mondes les plus élevés sur l'échelle sont ceux où l'esprit prédomine dans une large mesure..... ; celui qui est le plus en arrière, comme celui qui est le plus en avant, sont les plus immatériels, les plus éthérés de toutes les séries. On trouvera que ceci est tout à fait rationnel en réfléchissant que le monde le plus avancé n'est pas une région de finalité, mais la marche qui conduit au plus arriéré, comme le mois de décembre nous ramène à janvier. Il ne s'agit cependant pas d'un point de développement où la monade individuelle tombe, comme par une catastrophe, dans l'état d'où elle avait évolué lentement des millions d'années auparavant. Il n'y a pas descente, mais toujours montée et progrès. L'entité spirituelle qui s'est frayé son chemin autour du cycle d'évolution, quelles que soient les étapes de développement dans lesquelles les diverses existences qui nous entourent puissent être groupées, commencera son prochain cycle à l'étape suivante supérieure, et, par conséquent, elle accomplit encore un progrès lorsqu'elle revient en arrière du monde Z au monde A. Plusieurs fois elle décrit ainsi un cercle autour du système, mais il ne faut pas considérer ce passage comme une simple révolution circulaire dans un orbite. Dans l'échelle de la perfection spirituelle l'entité monte constamment....

« Le processus s'accomplit de la manière suivante dont le lecteur se rendra mieux compte s'il construit, soit sur le papier, soit dans son esprit, un diagramme composé de sept cercles (représentant les mondes) arrangés sous forme d'anneau.

« Nous les appellerons A, B, C, D, etc. On remarquera, d'après ce qui a déjà été dit, que le cercle (ou globe) D représente notre terre (étant le quatrième sur les sept). Il ne faut pas oublier que les règnes de la Nature, selon les occultistes, sont au nombre de sept, trois ont affaire avec les forces astrales et élémentaires qui précèdent les règnes de la matière grossière. Le premier règne évolue sur le globe A et passe à B lorsque le second règne recommence à évoluer sur A. En poursuivant le calcul sur cette base, on verra que le premier règne évolue encore sur le globe G, tandis que le septième règne, le règne humain, passe du globe A au globe B. Mais alors, qu'arrive-t-il lorsque le septième règne passe du globe A au globe B? Il n'y a pas de huitième règne pour absorber les activités du globe A.

« Le grand processus de l'évolution atteint son apogée avec la marée finale de l'humanité qui, après avoir passé, laisse derrière elle une léthargie temporaire de la Nature.

« Lorsque la vague de la vie arrive sur B, le globe A tombe alors dans un état d'obscuration. Ce n'est pas un état de décomposition, de dissolution, ni rien que l'on puisse proprement appeler la mort.

« La décomposition, dont l'aspect peut parfois induire l'esprit en erreur, est une condition d'activité dans une certaine direction. Cette observation peut jeter beaucoup de jour sur certains points de la mythologie hindoue ayant rapport aux divinités qui président à la destruction et qui, sans cela, n'auraient aucun sens.

« L'obscuration d'un monde est une suspension totale de ses activités.

« D'énormes périodes de temps sont nécessaires pour ce long processus qui plonge le monde dans le sommeil, car on verra que, dans chaque cas, l'obscuration dure six fois aussi longtemps que la période pendant laquelle la marée humaine a occupé le monde.

« Le processus qui s'accomplit, comme nous venons de le décrire, par rapport au passage de la vague de la vie du globe A sur le globe B se répète tout le long de la chaîne. Lorsque la vague passe à C, B tombe en obscuration aussi bien que A. Alors D reçoit le flot de la vie et A, B, C, sont en obscuration. Lorsque la vague atteint G, les six mondes précédents sont en obscuration. Pendant ce temps la vague de la vie passe, selon une certaine progression régulière dont le caractère symétrique est très satisfaisant pour les instincts scientifiques. En ne perdant pas de vue l'explication qui vient d'être donnée, le lecteur sera préparé à saisir de suite l'idée de la manière dont l'humanité évolue à travers sept grandes races pendant chaque période de Rondes sur une planète, c'est-à-dire pendant que la vague de la vie occupe cette planète. La quatrième race est évidemment la race du milieu des séries. Aussitôt que le point est tourné et que l'évolution de la cinquième race sur une planète donnée commence, la préparation à l'humanité débute sur la suivante. Par exemple, l'évolution de la cinquième race sur E est proportionnée à l'évolution, ou plutôt au renouvellement du règne minéral sur D et ainsi de suite. En conséquence, l'évolution de la sixième race sur D coïncide avec le renouvellement du règne végétal sur E, la septième race sur D avec le renouvellement du règne animal sur E ; et alors, lorsque les dernières monades de la septième race sur D ont passé à l'état subjectif, ou monde des effets, la période humaine débute sur E, et la première race commence à s'y développer. Pendant ce temps, la période crépusculaire du monde qui précède D s'est accentuée de la même manière progressive jusqu'à la nuit, et l'obscuration a été définitive lorsque la période humaine sur D a dépassé le milieu de son évolution. Le Réveil de la Planète est un processus plus vaste que sa descente dans le repos, car, avant le retour de la vague humaine, elle doit arriver à un degré de perfection supérieur à celui qu'elle avait atteint lorsque, pour la dernière fois, la vague a quitté son rivage. Mais à chaque nouveau commencement, la nature est pénétrée d'une vigueur qui lui est propre. C'est la fraîcheur du matin. De même que, si l'on considère la chaîne des mondes comme une Unité, elle a ses pôles Nord et Sud ou spirituel et matériel, c'est-à-dire évoluant de la spiritualité pour descendre à travers la matérialité et remonter à la spiritualité, ainsi les rondes de l'humanité constituent une série semblable dont la chaîne des Globes peut être prise comme le symbole. Dans l'évolution de l'homme sur un plan, comme sur tous les autres, il y a de fait un Arc descendant et un Arc ascendant ; l'esprit s'enveloppant, pour ainsi dire, dans la matière et la matière se développant jusqu'à l'esprit. Le point le plus bas et le plus matériel du cycle devient ainsi le sommet interverti de l'intelligence physique qui est la manifestation voilée de l'intelligence spirituelle. Chaque Ronde de l'humanité évoluée sur l'Arc descendant (comme chaque race de chaque Ronde si nous allons jusqu'au plus petit plan du Cosmos), doit, par conséquent, être *physiquement* plus intelligente que celle qui l'a précédée, tandis que chaque Ronde de l'Arc ascendant doit posséder des conditions mentales plus raffinées, unies à une intuition *spirituelle* plus grande.

« Par conséquent, dans la première Ronde, nous trouvons

que l'homme est un être relativement éthéré, même comparé sur la terre à l'état qu'il a atteint ici, il n'est pas intellectuel, mais supra-spirituel.

« De même que les formes animales et végétales qui l'entourent alors, il habite un corps immense, mais dont l'organisation est peu condensée. Dans la seconde ronde, il est encore gigantesque et éthéré, mais son corps se resserre et devient plus ferme — en un mot, il devient plus physique, mais toujours moins intelligent que spirituel. Dans la troisième ronde, il a développé un corps tout à fait concret et compact, qui ressemble plutôt à un singe géant qu'à un véritable homme, mais dont l'intelligence progresse de plus en plus. Dans la seconde moitié de la troisième ronde, son immense stature décroît, la texture de son corps se perfectionne, et il commence à être un homme rationnel.

« Dans la quatrième ronde, l'intelligence, alors complètement développée, fait d'énormes progrès. Les premières races de cette ronde commencent à acquérir ce que nous appelons le langage humain. Le monde abonde en résultats de l'activité intellectuelle et du déclin spirituel. A mi-chemin de la quatrième ronde, *on a passé le point polaire de toute la période septénaire des mondes*[1]. C'est alors que le Ego spirituel commence à livrer sa véritable bataille entre le corps et l'esprit pour manifester ses puissances transcendantales. Le combat continue dans la cinquième ronde, mais les facultés transcendantales se sont grandement développées par leur lutte avec les ten-

1. On nous dit que nous sommes maintenant à mi-chemin de la cinquième race de la quatrième ronde, en sorte que nous aurions passé le point polaire du développement de l'humanité. Il est aussi affirmé sur la foi des autorités occultistes les plus élevées que *la race* actuelle de l'humanité, la *cinquième* race de la quatrième ronde, a commencé à évoluer il y a environ un million d'années.

dances et l'intelligence physique, lutte qui est plus terrible que jamais, car dans la cinquième ronde l'intellect aussi bien que la spiritualité sont en avance sur ceux de la quatrième. Dans la sixième ronde, l'humanité atteint à un degré de perfection du corps et de l'âme, de l'intelligence et de la spiritualité que les mortels de l'époque actuelle ne peuvent se représenter.

« Le type ordinaire de l'humanité d'alors réalisera la combinaison la plus élevée de sagesse, de bonté et d'illumination transcendantale que le monde ait jamais vue ou pu s'imaginer. Les facultés qui, aujourd'hui, — par une rare efflorescence de la génération, permettent à quelques êtres exceptionnellement doués [1] d'explorer les mystères de la Nature et de posséder des connaissances dont quelques miettes sont offertes ici (et ailleurs) au monde ordinaire, — seront alors l'apanage de tous. Quant à ce que sera la septième ronde, nous n'en avons pas la plus petite idée, car les maîtres occultistes les plus disposés à faire part de leur science sont absolument silencieux sur ce point. »

Comme M. Sinnett le fait remarquer, celui qui étudie le Bouddhisme ésotérique doit se préparer à traiter d'estimations qui se comptent par des millions d'années et plus. Il

1. Les Mahatmas (grandes âmes) sont les adeptes les plus élevés dans l'occultisme et dans toute la science et la sagesse théosophiques. Partout dans le monde il a toujours existé des occultistes, ou des fraternités occultes, mais la fraternité du Thibet, dont le quartier général se trouve dans les parties les plus inaccessibles des monts Himalaya, est, à ce que l'on nous dit, la plus élevée de ces associations. Le degré d'élévation qui constitue un Mahatma, un frère, ou un maître, comme on les appelle, n'est atteint qu'à la suite de longues et pénibles épreuves d'une grande sévérité. Le but suprême de l'Adeptat, c'est d'atteindre le développement spirituel. Les connaissances ésotériques orientales sont bien antérieures au passage de Gautama Bouddha sur la terre.

Jusqu'à présent, elles ont été gardées avec un soin jaloux, mais il semble qu'aujourd'hui le monde est considéré mûr pour une partie de leur divulgation. Une chose digne de remarque, c'est que le grand mystique européen Swedenborg parle des « *Livres perdus de Jehovah* » qui, si on les cherche, « se trouveront dans le Thibet ».

résulte des passages que nous venons de citer, que nous traversons maintenant la *cinquième* race de la *quatrième* ronde et que, par conséquent, nous venons seulement de dépasser le milieu ou le pôle de toutes les sept rondes. Lorsque nous nous souvenons qu'à chaque ronde est spécialement dévolue la tâche de « faire prédominer un des sept principes dans l'homme, selon l'ordre régulier de leur gradation ascendante », nous serions heureux de penser que le pire du voyage est maintenant passé. Mais, hélas! il est aisé de s'apercevoir que la race actuelle de l'humanité appartient encore au quatrième principe, le Kama Rupa ou l'âme animale, la *Volonté* ou le *Ego*, qui est de la race de l'égoïsme ou de l'amour de soi, c'est-à-dire l'opposé de l'amour divin ou de l'humanité, alors que le moi se perd dans l'universel, que l'humain est absorbé dans le divin. Au point central du développement de la race auquel nous sommes arrivés, ce point tournant de l'histoire du monde, l'Ame spirituelle ou sixième principe, commence sa véritable lutte de l'esprit contre le corps, autrement dit du quatrième et du cinquième principe, de la volonté animale avec l'intellect humain, et elle manifestera graduellement ses puissances transcendantales, car sa destinée est de transformer nos êtres terrestres en êtres célestes, de faire des fils de l'homme ou de la terre des fils de Dieu ou du ciel. Ne peut-on pas considérer cela comme l'immaculée conception, la naissance de l'Enfant divin dans la crèche ou l'étable, qui sont la demeure de la nature animale? A en juger par le temps que nous avons mis depuis notre point de départ (quel qu'il soit), pour devenir ce que nous sommes aujourd'hui, on peut supposer qu'il s'écoulera des millions d'années avant que cette gestation ou cette naissance divine soit accomplie. Nous pouvons néanmoins nous consoler par la pensée que le plus mauvais est passé et que, quelle que doive être encore la durée de nos jours d'école, ils se passeront cependant dans de meilleures conditions, puisque la cinquième ronde, celle du cinquième principe, MANAS, ou l'*intellect*, la *compréhension de la vérité*, approche ; alors l'Esprit de vérité nous guidera en toutes choses, et ce sera l'avènement de la NOUVELLE DISPENSATION.

Dans le Bouddhisme ésotérique, nous trouvons une explication scientifique des plus complètes de toutes les phases de l'existence. Nous y voyons comment la doctrine la plus ancienne de la transmigration, combinée avec la théorie moderne de l'évolution, peut rendre compte de tous les événements et de toutes les circonstances physiques, mentales et morales. Bien loin que l'univers ait été le produit du *fiat* d'un Être omnipotent, on voit qu'il a été le résultat d'une croissance, d'une décomposition et d'une renaissance éternelles. Nous n'essayerons pas de chercher ici dans quelle mesure ces idées, recueillies parmi les annales d'une « Religion éternelle » que l'on dit avoir été conservée à travers les siècles par les Mahatmas, paraîtraient acceptables à la théologie moderne.

En tout cas, elles semblent de nature à pouvoir être favorablement accueillies par la science.

Toutes les lois de la nature manifestent une intelligence infinie et une exactitude mathématique, et si nous examinons soigneusement les étapes successives de la nature, nous trouverons que toutes ses opérations s'accomplissent dans un esprit aussi sérieux que tendre, qui est même, dirons-nous, l'essence de la pensée et de l'amour.

Dans notre compréhension limitée, le principe suprême de l'existence ne peut être défini que comme une intelligence omnipotente dont l'omnipotence est toujours dirigée par son amour et par une sagesse infinie.

Plus nous chercherons à approfondir les lois de l'existence, plus nous trouverons qu'elles sont les lois de la sagesse, de la justice et de l'amour absolus[1].

1. D'une série de documents publiés par le journal américain le *Sun* du 20 juillet 1890, il résulte que cette doctrine est l'œuvre de *M. de Palmes*, qui avait longuement étudié la Science ésotérique, et dont les manuscrits ont tous été achetés par les fondateurs de la Société Théosophique.

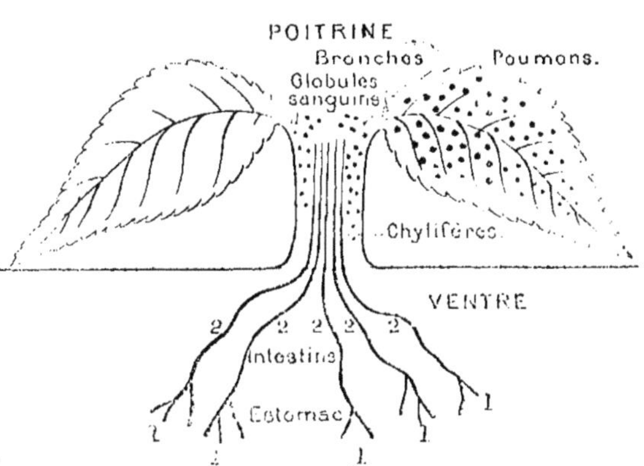

CORPS PHYSIQUE (*Besoins*)	3	Partie animatrice du corps localisée dans les globules. Origine : les feuilles et leurs fonctions.	L'âme de la plante. *Linga sharira*
	2	Partie médiatrice du corps. Combinaison du corps avec le principe supérieur. Vie propre des cellules de la Plante.	La vie de la plante. *Jiva.*
	1	Partie matérielle du corps de la plante se renouvelant par le Ventre (racines) de la plante, qui fabrique *la Sève.*	La matière de la plante. *Rupa.*

Les trois principes constituant une Plante.
(Rapport sur le principe ésotérique, voyez page 270).

CHAPITRE V

LA NAISSANCE

PSYCHURGIE

PREMIÈRE PARTIE

LA NAISSANCE. — L'INCARNATION DE L'AME D'APRÈS LA SCIENCE

§ 1. — LE DÉVELOPPEMENT D'UN VÉGÉTAL

L'exposé précédent nous a permis de déterminer la façon dont l'homme est constitué pendant la vie. Quelques données à peine nous ont été fournies sur les transformations ultérieures des sept principes par l'extrait du Bouddhisme ésotérique. Il nous faut maintenant résumer de notre mieux ce qu'on peut dire touchant l'état de l'homme avant la Naissance et après la Mort.

Les théories actuellement admises par les écoles spiritualistes d'Occident se ramènent toutes à des exposés théologiques plus ou moins déguisés. Dieu a créé des âmes en nombre infini ou déterminé (selon les écoles); chacune de ces âmes vient subir des épreuves sur la Terre et crée de par sa conduite ici-bas son salut ou sa perte éternels en gagnant le Paradis ou l'Enfer, avec le Purgatoire pour ceux qui sont condamnés avec circonstances atténuantes.

L'illogisme profond qui se dégage de cette doctrine, les naïvetés et les erreurs scientifiques dont elle est accompagnée n'ont pas tardé à en réserver l'usage aux disciples fanatiques des curés de campagne.

L'Expérimentalisme contemporain a trouvé un moyen radical de trancher la difficulté : c'est la négation de tout principe immatériel. Il n'y a rien avant la naissance ; il n'y aura rien après la vie gardant la trace de notre personnalité ; par conséquent inutile aux gens sérieux de s'occuper de l'âme et des phénomènes psychiques.

Comme partout, le matérialisme est parvenu, de par son scepticisme même, à d'importantes découvertes en partant de ce point de vue. Mais les faits sont venus arrêter à propos ces conclusions, et le merveilleux a fait savoir malgré tout qu'on devait compter avec lui.

Comment concilier l'injustice révoltante de la distribution des facultés ici-bas avec la théorie d'un Dieu juste et bon? comment expliquer l'existence du mal sur la terre marchant de pair avec l'existence du bien dans les cieux?

C'est à ces doutes divers que vient répondre la théorie des réincarnations.

Cette théorie, soutenue par toutes les révélations d'Orient, exposée par Orphée, par Pythagore et par tous les initiés à la Science ésotérique, peut se résumer en quelques mots:

L'âme humaine subit pendant son incarnation dans le corps matériel l'effet des causes bonnes ou mauvaises qu'elle a générées dans l'existence précédente ; elle génère, par la façon dont elle supporte ces épreuves, les causes bonnes ou mauvaises qui déterminent son état ultérieur dans la suivante incarnation. Entre deux existences, l'âme jouit d'un repos accompagné de la félicité inhérente à son essence.

D'après cette théorie de l'incarnation, le lieu des souffrances n'est plus un endroit accessible aux seules conceptions théologiques, c'est dans le monde de la Matière, sur la Terre ou sur une autre planète, que, revêtus d'un corps matériel, nous éprouverons les effets de nos actes antérieurs. Notre enfer, notre purgatoire et notre paradis ce sera la Terre suivant que nous l'aurons voulu.

Nous sommes maintenant à même de comprendre cette description de la Terre et de son action sur l'âme qui vient s'incarner :

« C'est la Terre, l'une des mille citadelles du Royaume « de l'Homme, Fils immortel et mortel de Dieu les Dieux, « c'est Demeter, c'est *Adamah*, le monde des effigies et « des Réalités physiques, l'Enfer, le Purgatoire, le Paradis « selon l'âme qui s'incarne, selon l'Esprit qui règne dans « la chair des âmes incarnées, selon la Foi, la Loi, les « Mœurs de l'État Social[1]. »

Cette théorie soulève d'importants problèmes.

1° Si l'âme s'incarne en l'homme, à quel moment a lieu cette incarnation ?

2° A-t-on le souvenir dans une incarnation des existences antérieures ?

3° Comment est constituée l'âme au moment de l'incarnation ?

Nous avons toujours fait nos efforts pour concilier les théories métaphysiques avec les enseignements positifs de nos sciences ; aussi nous est-il nécessaire maintenant, si nous voulons ne pas faire du galimatias triple[2], d'exposer

1. *Les clefs de l'Orient*, par Alexandre Saint-Yves.
2. Définition de la Métaphysique par Voltaire.

rapidement la manière dont se forme l'être humain depuis l'instant de la conception jusqu'à celui de la naissance.

*
* *

Pour comprendre convenablement les phénomènes qui accompagnent le développement de l'embryon humain et leur raison d'être, nous allons examiner la croissance d'une plante, puis nous aborderons celle de l'homme après quelques déductions analogiques.

*
* *

Un arbre comme une tige de blé sont composés de trois parties essentielles:

1° Une partie qui plonge dans la Terre: *la racine*.

2° Une partie située au contact de l'air et de la lumière: *les feuilles*.

3° Une partie intermédiaire servant à la circulation de divers principes: *la tige*.

Quel est le but de ces trois parties?

La racine plongeant dans la Terre est le véritable *estomac* de la plante. Elle va chercher *la matière* nécessaire à l'accroissement de cette plante, sa nourriture grossière.

Les feuilles plongées dans l'air (libre ou dissous) sont *les poumons* de la plante. Elles s'en vont chercher la lumière et les gaz nécessaires au renouvellement de *la force* de la plante, de cette force qui utilisera la matière dans l'intimité des tissus.

La tige contient des vaisseaux dans certains desquels monte le résultat de la digestion de la plante, un liquide généralement d'aspect laiteux: *c'est la sève*.

Cette sève est l'analogue du chyle chez l'homme. Dans

d'autres vaisseaux de cette tige descend le produit de l'action des poumons (les feuilles) : l'air absorbé : dans d'autres le résultat de l'action de cet air sur la sève : la sève descendante.

La plante peut donc être synthétiquement conçue comme un être qui posséderait *un ventre* (la racine) producteur de matière, *des poumons* (les feuilles) producteurs de force et un système rudimentaire de circulation, tout cela constituant une sorte de *poitrine*.

Si nous remarquons de plus que les grains colorés en vert de la plante et auxquels elle doit elle-même sa coloration (chlorophylle) sont de véritables *globules sanguins* de cette plante ; si nous ajoutons encore que cet être végétal possède des organes de reproduction, nous aurons fait l'analyse complète de cette plante, physiologiquement parlant.

En résumé : un ventre (racine), une poitrine (feuilles), des vaisseaux, des globules (chlorophylle), de la matière de réserve (sève).

Pas de cœur. Pas de rate, ni de système nerveux.

Quels sont les principes de l'ésotérisme qui entrent dans la composition de cet être végétal ?

1. Le corps. — *Rupa*.
2. La vitalité. — Vie propre des cellules végétales. — *Jiva*.
3. La partie matérielle du corps astral. — La portion de corps astral condensée dans les globules du chlorophylle, ou leur analogue *Linga sharira*.

Ces considérations préliminaires étaient indispensables pour comprendre la suite.

∴

L'élément qui va donner naissance à une nouvelle plante.

la graine, est composé ainsi qu'il suit dans un grain de haricot (outre des enveloppes diverses) :

1° Un petit corps formé de trois parties (la véritable plante) : *le germe*.

2° Un amas de matériaux destinés à la nourriture de ce corps pendant son développement : *cotylédons*.

Les trois parties constituant le petit corps en question sont ainsi formées :

1° Une portion inférieure qui deviendra la racine, c'est-à-dire l'ensemble des organes digestifs et abdominaux de la plante : *la radicelle*.

2° Une partie supérieure qui deviendra les feuilles, c'est-à-dire l'ensemble des organes respiratoires et thoraciques de la plante : *la gemmule*.

3° Une partie intermédiaire qui diviendra la tige de la plante, c'est-à-dire l'ensemble des organes circulatoires, centre général d'évolution de la plante : *la tigelle*.

Toutes ces parties très rudimentaires sont entourées, nous le répétons, d'un amas de matière qui remplit presque tout. Cet amas de matière constitue *les cotylédons*.

La figure suivante indique bien ces différentes parties qu'on peut facilement vérifier en coupant un haricot en deux (voy. p. 273).

Que faut-il pour obtenir au moyen de cette graine le développement d'une plante?

Quelles sont les phases de ce développement? C'est ce que nous allons voir.

*
* *

La première condition c'est de placer cette plante en un lieu où elle ne subira aucune action nuisible à son développement. Ce lieu, nous pourrons l'appeler la matrice (le centre maternel par excellence) de la plante.

Mais nous aurons beau mettre notre grain de blé ou notre haricot dans une boîte bien fermée et bien chauffée, rien ne se développera.

Il faut que cette matrice dans laquelle nous plaçons notre plante contienne un élément essentiel : l'humidité. Ceci est si vrai qu'on peut parfaitement faire germer des plantes dans du verre pilé recouvert d'eau.

Généralement on met la graine dans la terre (sa véritable matrice) et on arrose cette terre convenablement.

Donc 1er *point*. Placer les grains dans une matrice possédant les conditions voulues.

Que se passe-t-il alors ?

Si l'on se reporte à notre étude sur l'évolution et l'involution, on se rendra compte que ce germe c'est du *soleil fixé*.

Au contact de l'eau, les matériaux de nutrition augmentent de volume et deviennent assimilables par les éléments de la plante. Le germe s'éveille, le soleil contenu en lui commence à se dégager en produisant de la chaleur : les trois parties de la plante se développent (1er stade).

La partie inférieure du germe, la radicelle, se dirige vers la terre en empruntant aux réserves de matériaux (cotylédons) les éléments de ce développement.

La partie intermédiaire du germe, la tigelle, croît également se dirigeant en haut vers le ciel et portant à son sommet la gemmule qui donne naissance aux feuilles.

Les matières de réserve, les cotylédons, se placent peu à peu des deux côtés de la tigelle.

A ce moment la plante ne peut encore vivre que sur ses propres matériaux de réserve, elle n'emprunte encore aucun élément de nutrition au milieu extérieur (2e stade).

Ce stade dure jusqu'à l'instant où la racine, assez développée, commence à digérer les substances contenues dans la terre et où la gemmule, assez développée d'un autre côté, commence à fixer les produits du ciel (air et lumière). Les éléments de réserve, maintenant inutiles, les cotylédons, se flétrissent et tombent. La plante vient de naître, elle va vivre par elle-même (3e stade).

Il est important de bien retenir ces trois stades :

1° Fixation dans la Matrice. Réveil du Germe.

2° Développement du Germe aux dépens des matériaux de réserve.

3° Chute des matériaux de réserve. La plante respire et digère par elle-même (Naissance).

§ 2. — L'EMBRYON VÉGÉTAL ET L'EMBRYON HUMAIN

Si nous avons commencé cette étude par l'exposé du développement de l'embryon végétal, c'est à dessein.

Nous allons voir en effet qu'on peut établir une analogie stricte entre la constitution de l'embryon du végétal et celle de l'être humain au début de son développement.

Le fait qui domine tous les autres dans la considération précédente c'est que le futur végétal trouve le point de départ de son évolution dans trois sources.

Le système digestif (racine), le système circulatoire (tige) et le système récepteur et respiratoire (feuilles) dérivent de trois organes nettement différenciés, la radicule, la tigelle et la gemmule.

Un fait bien curieux pour ceux qui ne veulent pas admettre le même plan d'évolution pour toutes les manifestations de la Nature, c'est que les trois grands systèmes correspondants chez l'homme : le système digestif, le système circulatoire et le système nerveux (et peut-être aussi respiratoire), dérivent également de trois organes nettement différenciés dans l'embryon humain ; ces trois organes sont trois feuillets qui apparaissent à une époque déterminée dans l'œuf humain en voie de développement.

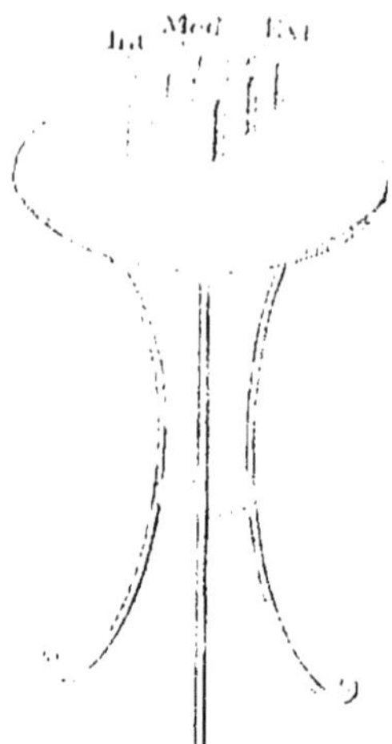

Pour avoir une idée nette du phénomène, il faut se figurer le dessus d'une table ronde, d'un guéridon quelconque représentant l'œuf.

Sur un point quelconque de la circonférence placez trois volumes reliés debout le dos en haut, l'un à côté de l'autre.

Ces trois volumes représentent les trois feuillets en question, feuillets dont nous verrons tout à l'heure le mode de développement.

Ces trois feuillets sont nommés scientifiquement d'après leur situation :

Le feuillet externe (*l'ectoderme*).
Le feuillet médian (*le mesoderme*).
Le feuillet interne (*l'endoderme*).

Le feuillet externe (ectoderme) donne naissance au système nerveux central et périphérique et à quelques organes annexes (peau, poumon) (d'après la plupart des auteurs). (*Image de la gemmule.*)

Le feuillet moyen (mésoderme) donne naissance au système circulatoire et à ses annexes. (*Image de la tigelle.*)

Le feuillet interne (endoderme) donne naissance au système digestif et à ses annexes. (*Image de la radicelle.*)

Le tableau comparatif suivant établit encore plus clairement ces rapports :

La radicelle évolue les organes nécessaires à l'apport de matière dans la plante : le ventre de la plante.	Le feuillet interne évolue les organes nécessaires à l'apport de matière dans l'individu : le ventre de l'individu.
La gemmule évolue les organes nécessaires à l'apport de force dans la plante (air et lumière) : poumon et système nerveux récepteur de la plante.	Le feuillet externe évolue les organes nécessaires à l'apport de force dans l'individu (air et sensations) : poumon (d'ap. la plupart des auteurs) et système nerveux de l'individu.
La tigelle, partie intermédiaire, assure la distribution et la circulation des sucs et des gaz de la plante : poitrine.	Le feuillet moyen évolue les organes nécessaires à la distribution et à la circulation de la force et de la matière dans l'individu : poitrine et organes de la circulation.

Il y a donc un moment où l'embryon humain est en tout point analogue à l'embryon végétal non encore évolué, à la graine.

Cette analogie existe quand les trois feuillets sont différenciés dans l'œuf humain.

C'est ce qu'indique la figure ci-jointe.

Notre but, il ne faut pas l'oublier, est de voir si l'on peut déterminer scientifiquement l'incarnation progressive des principes de l'ésotérisme indou, puis de savoir si l'on peut assigner une date quelconque à l'entrée de ces principes dans l'Être humain.

Nous sommes obligé à des développements préliminaires assez longs, mais nous espérons que ces longueurs forcées seront profitables au sujet.

Nous venons de voir que les trois portions principales

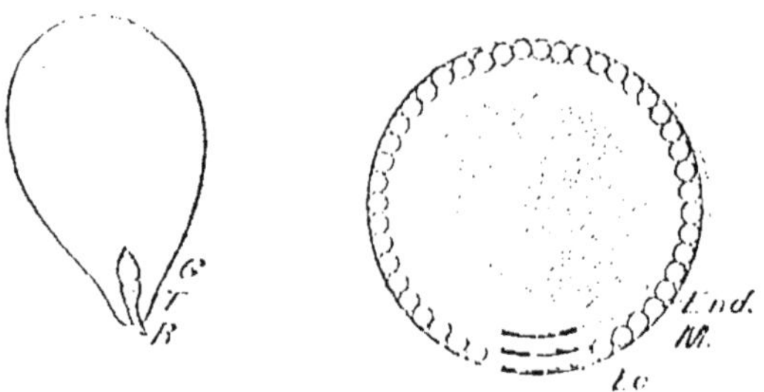

Embryon végétal et Embryon humain (analogie).

de l'être humain (ventre-poitrine-tête) dérivaient, quant à leurs organes caractéristiques, de trois feuillets embryonnaires. Nous avons vu de plus que ces trois feuillets correspondaient exactement aux trois portions de l'embryon végétal.

Deux études nous restent à faire :

1° Savoir les transformations que subit l'œuf humain depuis la fécondation jusqu'à la production des trois feuillets susdits.

2° Une fois arrivé là, reprendre notre étude en cherchant à décrire rapidement les principales transformations de ces feuillets jusqu'à la naissance.

§ 3. DÉVELOPPEMENT DE L'EMBRYON HUMAIN

Omne vivum ex ovo, dit un ancien axiome : *tout ce qui vit vient d'un œuf*. Cette formule s'applique exactement à l'espèce humaine. L'être humain provient en effet d'un œuf qui subit certaines transformations, comme le chêne provient d'une graine, œuf végétal.

Chaque mois la femme donne naissance à un petit corps rond de la grosseur d'un petit pois ordinaire. C'est l'œuf humain.

Cet œuf est constitué comme tous les œufs qui doivent se développer dans les organes maternels :

1° D'une légère réserve matérielle : *le vitellus*[1] (le jaune de l'œuf de poule) qui occupe presque tout l'espace de l'œuf ;

2° D'un point d'où partira l'évolution de l'embryon : la vésicule germinative et la tache germinative, situées dans le vitellus ;

3° D'enveloppes diverses[2].

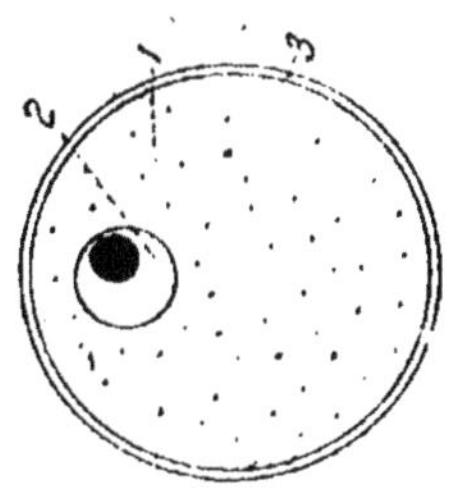

D'une façon générale cet œuf représente donc *la substance* de l'être futur.

Abandonné à lui-même après sa production, cet œuf est expulsé et se détruit si rien ne vient agir sur lui.

Pour que l'évolution d'un être prenne naissance en lui, il faut qu'un nouvel élément vienne le pénétrer ; cet élément, représentant *la force* qui vient animer (donner une âme) la

1. Au point de vue physiologique le vitellus est un véritable grenier d'abondance où le germe puise les matériaux nécessaires à son premier développement.

A. DEBIERRE, *Manuel d'Embryologie*.

2. Chez les êtres qui se développent hors de leur mère (comme les poules) la réserve matérielle est de beaucoup augmentée. De là les nouveaux éléments constituants, entre autres le blanc de l'œuf.

substance, est fourni par le Père. D'après nos idées cet élément spécial, le spermatozoïde, ne serait qu'une cellule nerveuse transformée[1], ce qui expliquerait une foule de ses propriétés en apparence mystérieuses.

L'œuf abandonné à lui-même ne tarde pas à mourir.

L'œuf mâle, le spermatozoïde, fait de même.

L'union de ces deux éléments produit l'évolution qui donne naissance au nouvel être.

Lorsque l'œuf humain se trouve arrivé dans l'endroit où doit se passer son développement, dans sa Matrice future : l'Utérus, il se trouve mis en contact avec les spermatozoïdes, c'est-à-dire avec les éléments dynamiques d'impulsion vitale. Par un phénomène qui cause l'étonnement des observateurs, le plus fort, c'est-à-dire le plus vite arrivé près de l'œuf, des spermatozoïdes pénètre seul en cet œuf.

L'union de la Force et de la Substance est alors opérée. Le nouvel être va prendre naissance.

∴

Au point de vue de la science ésotérique quels principes renferment ces deux éléments : l'œuf et le spermatozoïde ?

L'œuf renferme de la Matière organisée, du Corps (Rupa) et la provision vitale nécessaire à la conservation de cette matière pendant un certain temps (Jiva).

Corps et vitalité, pas autre chose.

On peut le comparer au doigt d'un individu paralysé. Le doigt vit bien mais il ne peut se mouvoir (l'influx nerveux n'existant plus).

Comme l'œuf ne reçoit pas d'aliments nécessaires au

1. *La Physiologie synthétique*, par G. Encausse.

renouvellement de sa réserve de vitalité, s'il n'est pas fécondé il meurt, c'est-à-dire que sa substance se décompose et retourne à la matière de la Terre et sa Vitalité se répand dans la Vie universelle et va animer d'autres organismes.

Le spermatozoïde en lui-même contient de la substance

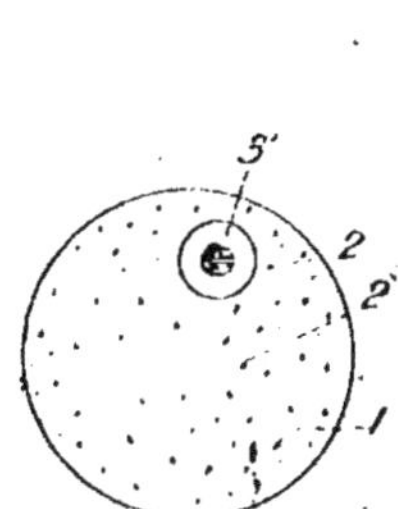

Œuf non fécondé. Spermatozoïde.

Localisation des principes de l'Ésotérisme.

(Œuf)

1. — Vitellus (Corps).
2. — Granulation du vitellus (Vitalité).
3'. — Germe de corps astral (Tache et vésicule germinatives).

(Spermatozoïde)

1. — Substance albuminoïde ambiante (Corps).
2'. — Germe de Vitalité (Partie intermédiaire du spermatozoïde).
3. — Tête du spermatozoïde (Corps astral).

en très faible proportion et de la force nerveuse condensée (corps astral) en proportion très grande. Par contre il contient à peine de la vitalité. C'est une cellule nerveuse détachée de sa source de nutrition.

Corps et Corps astral. *Rupa* et *Linga sharira*, tel est le résumé de la constitution du spermatozoïde.

On peut le comparer au doigt d'un individu à qui on a fait une ligature artérielle. Le doigt bouge bien et reçoit l'influx nerveux ; mais comme il ne reçoit pas d'influx vital, il est destiné à périr vite, si les conditions ne changent pas.

Un de ces éléments renferme donc ce qui manque à l'autre. Leur réunion donne naissance de suite à un être constitué de trois principes :

Du corps et des réserves matérielles	Fournis par l'oeuf.
De la vitalité	Fournie par l'oeuf et développée par le spermatozoïde.
Du corps astral (Force dynamique nerveuse) et des réserves de force	Fournies par le spermatozoïde.

L'œuf fécondé est donc en tous points analogue à un être végétal vivant, comme constitution.

Œuf	1° Corps et réserve de matière. — *Vitellus.*	1er principe *Rupa*
	2° Vitalité. — *Granulation du vitellus.*	2e principe *Jiva*
	3° Un centre particulier, lieu d'action futur de la force, logement préparé pour le corps astral, vide quand l'oeuf n'est pas fécondé. — *Tache et vésicule germinatives.*	

Localisation des principes de l'Ésotérisme dans l'oeuf humain non fécondé.

Spermatozoïde	1° Corps et réserve de matière. — (*Liquide albuminoïde annexe*).	1er principe. *Rupa*
	2° Corps astral. — Force nerveuse condensée. *Tête du spermatozoïde.*	3e principe *Linga sharira*
	3° Un centre de réserve vitale peut être considéré comme existant dans la, portion intermédiaire entre la tête et la queue du spermatozoïde. Cette réserve est du reste très faible.	

Localisation des principes de l'Ésotérisme dans le spermatozoïde humain.

	PRINCIPES	ORIGINES	NOMS INDOUS	QUALITÉ de ces principes
Œuf fécondé	Corps et réserves matérielles	Œuf (mère)	Rupa (1er principe)	Matière du corps
	Vitalité	Œuf et spermatozoïde unis	Jiva (2e principe)	Vie du corps
	Corps astral et réserves de force	Spermatozoïde (père)	Linga sharira (3e principe)	Ame du corps

Constitution de l'œuf fécondé.

L'œuf une fois fécondé se fixe dans l'Utérus et une nouvelle série de phénomènes prend naissance.

La vésicule et la tache germinatives, la réserve et le lien d'élection du corps astral donné par le père disparaissent et se fondent dans la masse matérielle (vitellus).

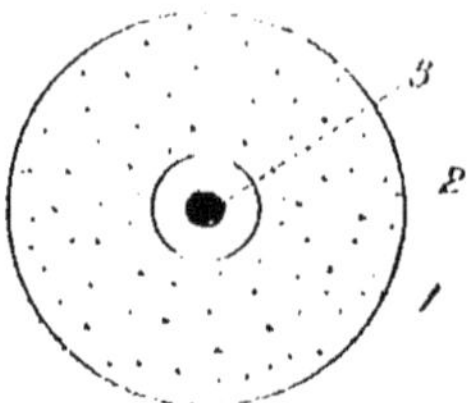

Œuf fécondé. — Localisation des trois principes.

Ce vitellus primitivement homogène se divise en deux cellules. Les cellules se subdivisent aussi chacune en deux et la subdivision continue jusqu'au moment où l'œuf est entièrement rempli de cellules ainsi formées.

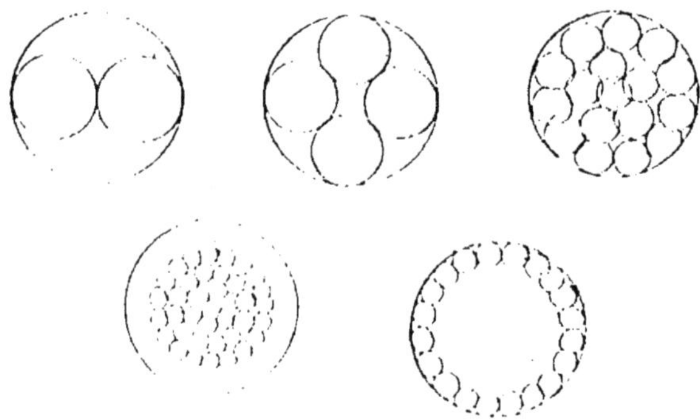

Au point de vue philosophique que s'est-il produit là? L'être primitif, l'œuf non fécondé, a donné naissance sous l'influence de l'élément dynamique du corps astral à une foule d'êtres semblables à lui. Ces êtres cellulaires (cellules blastodermiques) sont nés par la division successive de l'être primitif. C'est là un mode de génération qui rend l'œuf analogue à la fois à certains végétaux et à certains animaux inférieurs.

Pour nous figurer cela souvenons-nous de la comparaison que nous avions prise tout à l'heure. Un guéridon de forme ronde représente l'œuf humain.

Après le travail de segmentation le guéridon est encombré de pelotes de laine représentant les cellules nouvellement nées.

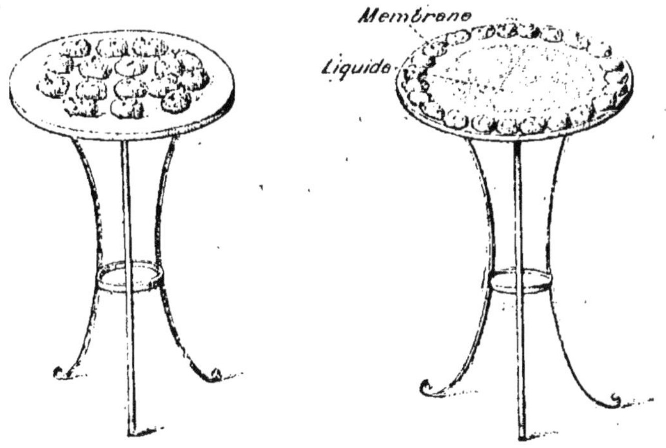

C'est alors que les cellules se groupent toutes autour de l'œuf laissant le milieu libre. Ces cellules, groupées bout à bout, constituent une véritable membrane continue, un feuillet qui entoure complètement l'œuf.

Dans l'exemple déjà cité les pelotes de laine se seraient toutes réunies tout autour de la circonférence du guéridon.

Telle est la fin de cette première phase, ainsi caractérisée :

1° Fécondation de l'œuf. Entrée d'un corps astral ;

2° Segmentation du vitellus. Constitution d'une série d'êtres particuliers (les cellules) dans l'œuf tout entier ;

3° Groupement de ces cellules au pourtour de l'œuf pour constituer une membrane.

Cette membrane à peine constituée, on voit apparaître en un point de son étendue une tache sombre. C'est l'origine de l'être futur.

En ce point la membrane s'est partagée en deux feuillets, un externe formé par elle-même, un interne qui vient de naître. Entre ces deux feuillets, une nouvelle couche de cellules prend naissance, couche formée par l'action réciproque de ces deux feuillets, ainsi paraît le feuillet médian situé entre les deux précédents. Encore une merveilleuse application de la Loi du Ternaire.

C'est donc en un point seul de l'œuf que prennent naissance les trois feuillets, origines de l'être futur; c'est de là que va partir l'évolution ultérieure.

Un liquide occupe l'intérieur de l'œuf laissé libre par les cellules.

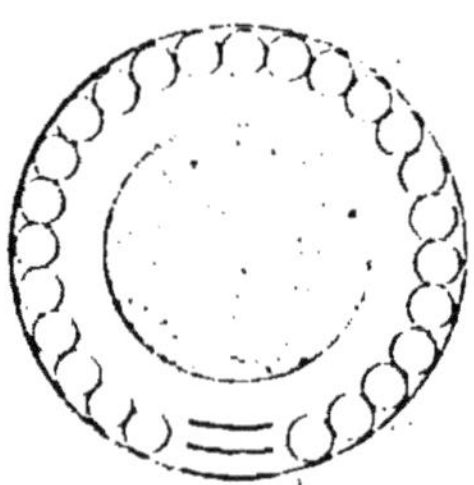

Nous voilà revenus à notre point de départ; nous venons de voir comment se sont créés par la combinaison de l'œuf et du spermatozoïde ces trois feuillets, analogues aux trois organes de l'Embryon végétal que nous avons étudiés tout d'abord.

Ces feuillets, feuillet externe, feuillet moyen, feuillet interne, donnent naissance le premier au système cutané et au système nerveux (feuille), le second au système circulatoire (tige), le troisième au système digestif (racine).

Afin qu'on ne croie pas que tout cela est de notre invention, nous citons le passage suivant d'un traité classique d'Embryologie pour donner le détail de ces diverses transformations.

L'analogie avec l'embryon végétal nous est personnelle quoique Oken ait indiqué déjà un rapprochement dans le même genre.

« Pour constituer cet édifice si compliqué les simples feuillets blastodermiques suffisent pourtant. C'est dire toute la variété de leurs métamorphoses. Nous aborderons l'étude de celle-ci plus tard en traitant du développement des organes et des systèmes, disons ici seulement à quels organes donne naissance chacun des feuillets blastodermiques.

« *Le feuillet externe* (ectoderme, épiblaste, feuillet sensorial cutané ou encore nervoso-cutané) donne par son involution médullaire les centres nerveux, moelle et encéphale et certaines de leurs dépendances (rétine, couche pigmentaire de la choroïde et de l'iris); par ses lames cornées il donne l'épiderme et ses nombreuses dépendances, ongles, cheveux et poils, canaux épithéliaux des glandes sébacées, mammaires et sudoripares, couche épithéliale de la cornée, celle du labyrinthe membraneux et des cavités qui s'ouvrent à la surface de la peau, bouche, fosses nasales, conjonctives et voies génitales externes, le cristallin et les dents (dépendances de l'épithélium buccal). L'ectoderme donne peut-être même les tubes épithéliaux du rein primordial.

« *Le feuillet interne* (endoderme, hypoblaste, feuillet intestino-glandulaire) donne l'épithélium de l'intestin avec ses dépendances épithéliales (glandules intestinales, foie, pancréas, glandes de l'estomac, glandes salivaires et

1. *Oken.*

poumons, et peut être l'origine des organes génitaux internes.

« *Le feuillet moyen* (mésoderme, mésoblaste, ou feuillet moteur germinatif) fournit tout le reste.

« Par sa portion ectodermique ou somato-pleurique, il est l'origine du derme, des muscles de la vie animale, des tissus conjonctifs et cartilagineux, du squelette, de l'épithélium péritonéal tapissant la paroi viscérale ou pariétale du cylindre pectoro-abdominal.

« Par sa portion endodermique ou splanchno-pleurique le feuillet moyen fournit l'épithélium cœlomatique revêtant la surface du tube intestinal, le cœur, les vaisseaux, le sang, les muscles lisses et le tissu cellulaire des intestins, le mésentère. »

A. Debierre. *Manuel d'Embryologie humaine et comparée* (1886) (pages 139, 140, 141).

Des feuillets, la naissance.

Avant d'aller plus loin résumons l'état des trois principes ésotériques que nous connaissons au moment où viennent d'apparaître les trois feuillets.

Le corps, la vitalité, le corps astral existaient dans l'œuf fécondé. Mais ces principes n'avaient rien encore de personnel étant eux seuls en action dans une masse non encore évoluée.

Le corps astral d'abord condensé au centre de l'œuf ne tarde pas à se répandre dans la masse de cet œuf; de là la segmentation.

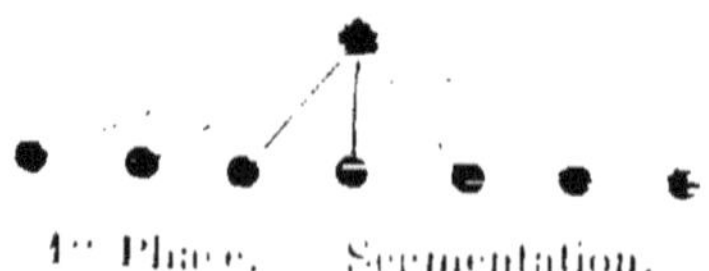

1re Phase. Segmentation.

Chacun des globules ainsi formés est constitué des trois principes : corps, vitalité et corps astral; c'est un être véritable quoique de nature inférieure.

Quand la membrane enveloppante est formée par l'union de tous les globules à la périphérie de l'œuf, la vitalité se concentre en un point particulier de cette membrane et les premières divisions prennent naissance (feuillets).

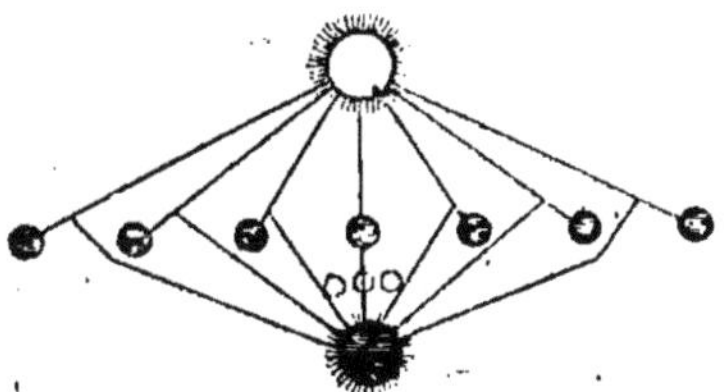

2e Phase. — Naissance des feuillets.

Le corps astral se concentre bientôt à son tour dans l'un de ces feuillets qui va devenir le centre général de direction de la construction de l'organisme. Cette phase est marquée par la naissance d'une mince *ligne nerveuse* dans le feuillet externe, c'est *la ligne primitive,* le véritable point de départ de l'être individuel.

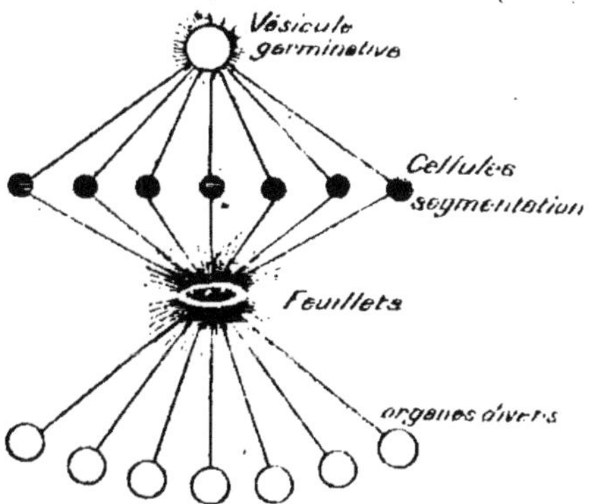

3e Phase. — Formation du nouveau centre. Individualisation de l'être.

A ce moment l'embryon est déjà plus qu'un végétal, le

système nerveux vient de naître, le corps astral est complet, l'embryon entre dans la série animale qu'il va parcourir.

§ 4. INCARNATION DE L'AME DANS LE CORPS — DÉTERMINATION DE L'ÉPOQUE DU PHÉNOMÈNE

« L'homme parcourt, dans son développement embryonnaire, une étonnante échelle morphologique, tour à tour pourvu d'une queue et de branchies, à une période sans crâne ni cerveau, à une autre avec un cœur d'ascidie ou un cloaque de monotrème ou d'oiseau[1]. »

Notre intention, on le comprend facilement, n'est pas de faire un cours d'embryologie. Nous cherchons dans quel ordre s'incarnent les principes de l'homme. Aussi ne nous occuperons-nous que de l'évolution d'un seul système : le système nerveux.

En poursuivant l'évolution du système nerveux dans la série animale (voy. p. 214) nous avons pu suivre la naissance progressive des principes de l'ésotérisme.

Or l'homme passant par toutes les phases de cette série animale va nous montrer en lui-même le développement progressif de ces mêmes principes et nous pourrons facilement, de même que nous avons déterminé la localisation des principes dans l'œuf fécondé, déterminer la localisation de ces mêmes principes dans l'enfant au moment de la naissance.

Nous serons mis par là à même de voir que l'*âme n'est pas incarnée encore quand l'enfant est mis au jour*. Nous saurons bientôt pourquoi.

A peine les trois feuillets sont-ils nés qu'apparaît chez

1. Debierre, *op. cit.*, p. 7.

l'embryon humain l'origine du système nerveux futur sous forme d'une ligne dénommée *ligne primitive*.

L'évolution du système nerveux nous intéresse seule; car c'est là que se localisent les principes supérieurs.

Les organes du corps humain autres que les organes nerveux, n'ont qu'un but: la production de forces diverses destinées toutes, de spécification en spécification, à aboutir à la force nerveuse et à ses modalités[1].

Rappelons-nous que l'existence d'un système nerveux, aussi rudimentaire soit-il, implique l'existence complète du corps astral (3e principe).

L'existence de ganglions abdominaux ou œsophagiens implique l'existence de l'âme animale, principe de l'instinct (4e principe).

L'existence de ganglions cérébraux implique l'existence d'intelligence, de faculté de raisonner (5e principe).

Enfin l'existence de circonvolutions cérébrales très développées à la partie supérieure implique la possibilité du développement du 6e principe.

Ces principes existent *en germe* dès que les organes correspondants, leurs moyens de manifestation existent aussi. Mais ces principes peuvent rester toujours à l'état de germe ou bien se développer par la suite chacun d'une façon spéciale.

La ligne primitive indique donc l'existence complète du centre général du *corps astral* dans l'embryon.

Le système nerveux évolue ensuite rapidement. Plusieurs ganglions naissent et se développent à la partie antérieure de l'embryon; ces ganglions, sortes de vésicules, sont primitivement au nombre de trois, un antérieur, un moyen et un postérieur, et donnent naissance

1. Voy. *Physiologie synthétique*, par G. Encausse.

par leur évolution aux divers centres nerveux encéphaliques, de même que les trois feuillets avaient donné naissance aux divers organes du corps.

*
* *

Pour nous résumer et pour éviter d'entrer dans des détails trop techniques auxquels nous sommes enclin par nos études de médecine, voyons quelle est la constitution de l'être humain un peu avant sa naissance.

Quelques heures avant la naissance voici la constitution définitive de l'être humain :

Le corps est entièrement développé dans toutes ses parties, tous les organes existent, prêts à fonctionner ; mais tous *ne fonctionnent pas.*

Le système digestif fonctionne à peu près complètement quoique tirant les principes de son action du milieu intérieur seul.

Le sang de l'Embryon circule, le cœur fonctionne mais LE POUMON NE FONCTIONNE PAS. C'est le poumon maternel qui va chercher à l'extérieur les éléments réparateurs de force et qui les apporte, par le sang maternel, à un organe qui est le véritable poumon de l'Embryon avant sa naissance : *le placenta.*

Le cordon ombilical relie l'Embryon au centre maternel et c'est ce cordon qui préside aux divers échanges.

Le système nerveux de l'inconscient fonctionne puisque les organes splanchniques marchent. Le corps astral accomplit donc toutes ses fonctions.

Mais le système nerveux de relation, le système nerveux conscient *fonctionne encore moins que le poumon,* les organes des sens sont fermés. Les appartements de l'âme sont prêts ; mais rien ne les habite encore.

C'est maintenant qu'il nous faut bien prendre garde à l'une de nos considérations antérieures. Les sept principes ne sont que des divisions de *trois* principes essentiels, divisions créées pour le développement complet de certaines données de l'occultisme. Le corps, la vie, la volonté sont les caractéristiques des trois principes constituant réellement l'être humain.

Or, au moment de la naissance, quel est celui de ces principes qui fonctionne complètement? C'est le principe inférieur : *le corps matériel.*

La première phase du développement de l'être humain allant depuis la fécondation de l'œuf jusqu'à la naissance peut se résumer à ceci : Fabrication *du corps matériel*, dont le centre d'action est dans *le ventre* et qui correspond à la matière dans la nature.

Ce corps matériel est composé de trois principes : matière, vie, âme, comme tous les êtres vivants ; il suffit de se reporter à l'analyse du corps chez l'homme[1] pour savoir que ces trois principes sont :

1° Le corps matériel lui-même (Rupa), la matière du corps physique ;

2° La vie de ce corps physique (Jiva), la vitalité ;

3° L'âme de ce corps physique (Linga sharira), le corps astral.

Voilà pourquoi tous les principes dont nous venons de parler se réduisent en somme au développement du seul corps matériel.

La preuve de tout cela c'est qu'avant la naissance l'embryon est relié à la source de ses réserves vitales par un cordon matériel qui vient plonger *dans le ventre :* le cordon ombilical.

1. Voy. p. 179.

La phase de développement de l'embryon dans le sein maternel n'aboutit donc, nous ne saurions trop le répéter, qu'au développement d'un des trois principes : *le corps.*

Si le ventre est le centre d'action de ce corps physique, la poitrine est le centre d'action du second des principes : la vie ou le corps astral. — On sait que la partie inférieure de ce second principe est commune au précédent.

*
* *

Au moment de la naissance le cœur seul fonctionne, le poumon ne fonctionne pas, c'est-à-dire que l'être humain n'est pas encore en rapport avec la vie planétaire directement.

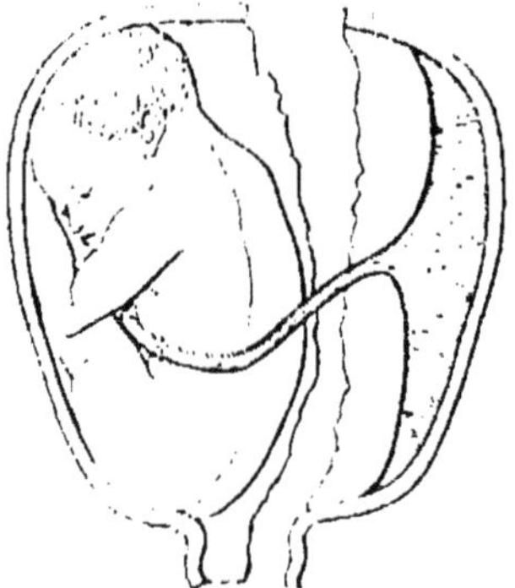

Le cordon ombilical matériel. — Lien du Ventre à la source de vitalisation et de nutrition.

Lorsque le moment de naître à la vie planétaire est arrivé pour cet être humain, un phénomène sur lequel on n'a pas assez insisté se produit.

L'œuf qui contenait l'homme futur se brise. L'enfant naît à la vie terrestre, c'est-à-dire qu'au même moment *ses poumons fonctionnent.* Une relation étroite vient de s'établir entre le nouvel être et la Terre grâce à l'atmosphère.

Le cordon ombilical matériel, inutile maintenant, est définitivement coupé. La bouche entre en action ainsi que les organes digestifs et le remplacent en partie. L'enfant qui vient de naître n'est plus lié visiblement au monde matériel ; mais un lien, invisible pour le profane, vient de naître. Ce lien est plus nécessaire encore que le cordon ombilical à la vie de l'homme ; c'est *la respiration* qui constitue un *cordon ombilical astral* dont le centre est dans la poitrine.

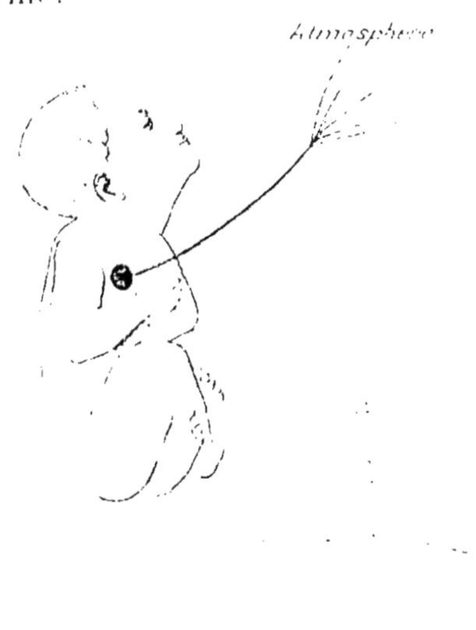

Le second cordon ombilical. — Lien de l'homme à la terre par l'atmosphère. — La respiration. — Naissance à la vie planétaire.

Un axiome médical courant c'est qu'on ne *meurt jamais que d'asphyxie*, quelle que soit la cause apparente de la *mort*. L'arrêt des fonctions pulmonaires est en effet la seule caractéristique inévitable de cette mort.

Qu'est-ce que cet arrêt sinon la rupture du cordon ombilical astral qui détermine une nouvelle naissance appelée mort, naissance dont nous allons avoir à nous occuper bientôt?

L'histoire de la Vague de Vie dans les planètes, puis dans les continents, puis dans les races et enfin dans l'homme vivant, nous a montré un fait constant : que le terme supérieur d'une série ne paraît qu'au moment où le terme immédiatement inférieur a terminé son action.

Nous trouvons ici une preuve éclatante de cette donnée. C'est quand la construction du corps est achevée que la vie fait son entrée. Nous venons de le voir.

Mais de là découle une considération de la plus haute importance. C'est au moment où cette vie, déjà en germe, prend son développement que l'âme s'incarne *en germe* dans le corps humain. Nous allons voir ce qu'on peut entendre par cette incarnation « en germe » de l'âme.

Le fait capital à retenir de suite, c'est que *c'est au moment de la naissance et après la première aspiration seulement que le germe du principe supérieur de l'homme s'incarne en lui.*

L'Être humain immédiatement avant la naissance.
(État des trois grands principes.)

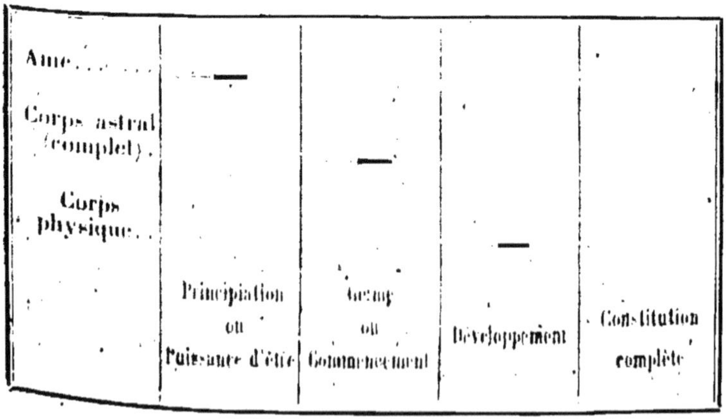

Ame.	—			
Corps astral (complet).		—		
Corps physique. .			—	
	Principiation ou Puissance d'être	Germe ou Commencement	Développement	Constitution complète

L'Être humain immédiatement après sa naissance.
(État des trois grands principes.)

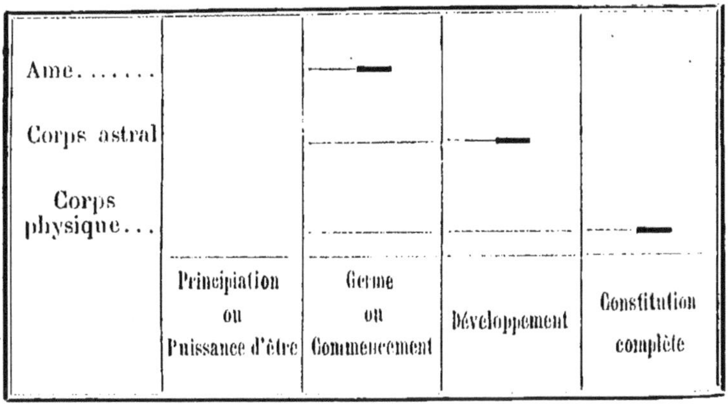

	Principiation ou Puissance d'être	Germe ou Commencement	Développement	Constitution complète
Ame.......				
Corps astral				
Corps physique...				

L'homme quelque temps après la naissance.
(État des sept principes.)

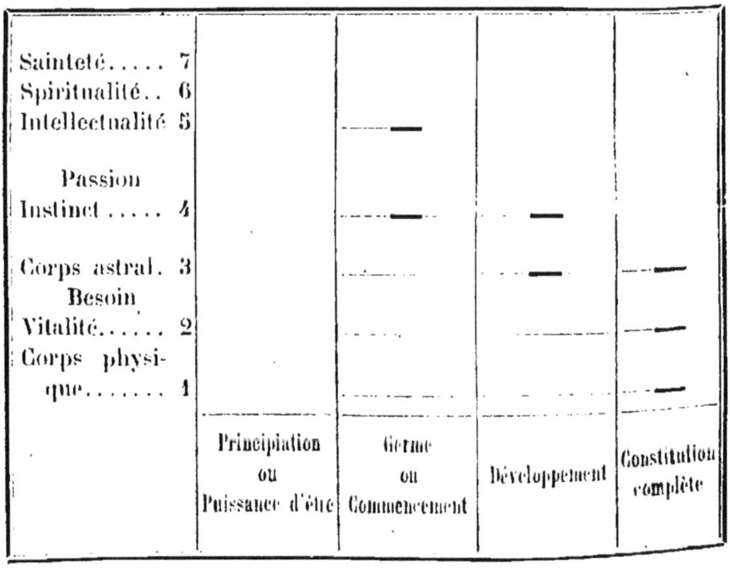

		Principiation ou Puissance d'être	Germe ou Commencement	Développement	Constitution complète
Sainteté.....	7				
Spiritualité..	6				
Intellectualité	5				
Passion Instinct.....	4				
Corps astral.	3				
Besoin Vitalité......	2				
Corps physique.......	1				

Les tableaux précédents nous montrent bien toutes ces phases.

Le premier représente l'être humain un peu avant la naissance. La vie est en germe; mais l'âme *n'est pas encore incarnée*. Elle est dans le monde de la principiation; elle est *en puissance d'être*, c'est l'état dans lequel se trouvent les êtres avant d'être manifestés. Fabre d'Olivet a mis son immense érudition à contribution pour démontrer que le premier mot de la Genèse ce n'était pas AU COMMENCEMENT, ce qui indiquerait que le monde est déjà manifesté; mais bien EN PRINCIPE, ce qui indique l'état antérieur. Dieu crée en principe ce qui commence ensuite au temps voulu. Saint Jean a suivi la règle commune de tous les grands initiés en débutant le livre de l'ésotérisme chrétien par ce mot IN PRINCIPIO ERAT VERBUM. Le Verbe était en PRINCIPE, EN PUISSANCE D'ÊTRE.

La colonne de la principiation est vide dans les tableaux précédents pour indiquer justement cet état spécial.

Un peu avant la naissance, l'âme est donc *en principiation*. A ce moment la vie (le corps astral complet) est *en commencement* ou *en germe*. Quant au corps, il est en plein *développement*.

Voilà ce qu'indique le premier tableau.

Le second tableau nous présente l'état de l'être humain quand le cordon ombilical matériel est coupé, et que la première aspiration d'air vient de lier l'enfant à la Terre qu'il ne quittera qu'à la rupture de ce lien nouveau.

A ce moment *le corps* a acquis sa constitution complète[1], *la vie* est en plein développement et l'âme vient de s'incarner, de s'attacher à la vie développée et par là aux organes. L'âme est en germe.

1. Autant que cette constitution est compatible avec l'âge de l'enfant. Ainsi certains organes constitués à ce moment ne termineront leur développement complet que bien plus tard.

*
* *

Veut-on un phénomène qui indique le moment précis où l'âme est définitivement liée au corps?

C'est l'ouverture à la lumière *des yeux de l'enfant*, c'est-à-dire l'ouverture des fenêtres de l'âme.

Le troisième tableau indique que ce mot âme ne désigne qu'un des principes inférieurs de l'âme proprement dite; l'incarnation, même partielle, de l'âme d'une façon active n'ayant lieu qu'au moment de l'âge mûr ainsi que l'indiquent les tableaux qui terminent l'étude sur « la Vague de Vie dans l'homme », étude dont ce chapitre est un complément.

L'âme, dont la qualité essentielle est l'horreur de la matière, ne s'incarne que progressivement; certains hommes peuvent même vivre plusieurs existences sans incarner en eux aucun des principes supérieurs.

Ces principes supérieurs, extérieurs à l'individu, constituent son idéal, son dieu personnel. L'immortalité totale de l'individu n'est atteinte qu'autant que ces principes supérieurs s'incarnent complètement, ce qui constitue l'état de Nirvâna, l'état de divinité pour la cellule de l'humanité.

Cela explique pourquoi Louis Lucas et Hoëne Wronski prétendent que l'âme est *une création propre de l'individu, présentant à l'éternité le flanc de sa responsabilité*[1].

*
* *

On voit par ce qui précède que l'être humain présente trois stades de développement :

1° Création du corps (période embryonnique).

1. Louis Lucas.

2° Création de la vie (période d'évolution sur la Terre) *(beaucoup d'hommes en restent là).*

3° Création de l'âme commençant sur terre pour se développer après la mort.

Nous connaissons maintenant assez la naissance, d'autre part nous avons développé précédemment l'évolution pendant la vie, occupons-nous un peu de la Mort.

Mais auparavant je tiens à citer un très beau passage d'Eliphas Levi où l'analogie entre la naissance et la mort est établie d'une façon fort suggestive.

∴

Jeté par les lois de la nature dans le sein d'une femme, l'esprit incarné s'y éveille lentement et se crée avec effort des organes indispensables plus tard, mais qui, à mesure qu'ils croissent, augmentent son malaise dans sa situation présente.

Le temps le plus heureux de la vie de l'embryon est celui où, sous la simple forme d'une chrysalide, il étend autour de lui la membrane qui lui sert d'asile et qui nage avec lui dans un fluide nourricier et conservateur. Alors il est libre et impassible, il vit de la vie universelle et reçoit l'empreinte des souvenirs de la nature qui détermineront plus tard la configuration de son corps et la forme des traits de son visage. Cet âge heureux pourrait s'appeler l'enfance de l'embryonnat.

Vient ensuite l'adolescence. La forme humaine devient distincte et le sexe se détermine; un mouvement s'opère dans l'œuf maternel semblable aux vagues rêveries de l'âge qui succède à l'enfance. Le placenta, qui est le corps extérieur et réel du fœtus, sent germer en lui quelque chose d'inconnu qui déjà tend à s'échapper en le brisant. L'enfant alors entre plus distinctement dans la vie des rêves, son cerveau renversé comme un miroir de celui de sa mère, en reproduit avec tant de force les imaginations, qu'il en communique la forme à ses propres membres. Sa mère est pour lui alors ce que Dieu est pour nous ; c'est une providence inconnue, invisible, à laquelle il aspire au point de s'identifier à tout ce qu'elle admire.

Il tient à elle, il vit par elle et il ne la voit pas, il ne saurait même la comprendre et, s'il pouvait philosopher, il nierait peut-être l'existence personnelle et l'intelligence de cette mère qui n'est encore pour lui qu'une prison fatale et un appareil conservateur.

Peu à peu, cependant, cette servitude le gêne, il s'agite, il se tourmente, il souffre, il sent que sa vie va finir.

Arrive une heure d'angoisse et de convulsion, ses liens se détachent, il sent qu'il va tomber dans le gouffre de l'inconnu.

C'en est fait, il tombe, une sensation douloureuse l'étreint, un froid étrange le saisit, il pousse un dernier soupir qui se change en un premier cri ; il est mort à la vie embryonnaire, il est né à la vie humaine.

∴

Un dernier point nous reste à traiter avant d'aborder l'étude de la Mort : ce sont les conditions qui déterminent l'entrée d'une âme dans un corps plutôt que dans un autre, d'où naissent les inégalités sociales et la chance ou la malechance de l'être futur.

D'une façon générale la vie présente dépend de la conduite de l'être dans sa vie antérieure, si l'on en croit les enseignements de l'occultisme sur la réincarnation. Mais, d'après la science ésotérique, une âme ne peut se réincarner qu'au bout de 1500 ans environ[1] sauf dans quelques exceptions très nettes[2].

Quoi qu'il en soit, la théorie de l'horoscope est basée sur ce fait que les courants de lumière astrale influent d'une façon considérable sur l'incarnation de l'âme, et qu'on peut savoir les grandes lignes de la vie future de l'enfant si l'on connaît la position des divers astres à l'instant de la naissance.

Au point de vue scientifique nous ne pouvons suggérer qu'une seule explication : c'est que le corps astral fabrique le corps physique d'après les qualités intrinsèques de l'ovule et du spermatozoïde, c'est-à-dire des corps astraux du père et de la mère. Ce corps astral exerce d'autre part une attraction d'autant plus grande sur l'âme qu'il est plus fort lui-même. Voilà pourquoi à un corps rachitique généré par des ivrognes correspond un corps astral de faible puissance et par suite une attraction également très faible sur le principe supérieur : l'âme. Ce fils d'ivrognes ne donne à l'âme que des moyens d'action très inférieurs, de là un travail double à accomplir par cet être humain s'il veut se racheter et reconquérir son intelligence obscurcie par ses fautes antérieures ou la condamnation à l'abrutis-

1. Cette considération est importante, car on rencontre dans certains milieux spirites de pauvres hères qui prétendent froidement être une réincarnation de Molière, de Racine ou de Richelieu, sans compter les poètes anciens, Orphée ou Homère. Nous n'avons pas pour l'instant à discuter si ces affirmations ont une base solide ou sont du domaine de l'aliénation mentale au début ; mais rappelons-nous que Pythagore, faisant le récit de ses incarnations antérieures, ne se vanta pas d'avoir été grand homme, et constatons que c'est une singulière façon de défendre le progrès incessant des âmes dans l'infini (théorie du spiritisme) que celle qui consiste à montrer Richelieu ayant perdu toute trace de génie et Victor Hugo faisant des vers de quatorze pieds après sa mort. Les spirites sérieux et instruits, et il y en a plus qu'on ne croit, devraient veiller à ce que de pareils faits ne se produisent pas.

2. Mort dans l'enfance. Mort violente (crime ou suicide). Adeptat.

sement fatal pendant sa vie s'il n'a pas le courage de lutter assez pour vaincre la fatalité.

On peut du reste parfaitement accorder cette théorie avec la théorie de l'horoscope, si l'on admet que les âmes sont envoyées à l'incarnation par séries correspondant à leur genre futur de vie, et que l'envoi des séries d'âmes devant être heureuses coïncide avec la position dominante des planètes dites bénéfiques, et la série malheureuse avec la situation contraire de ces planètes. Nous reviendrons du reste dans un des chapitres suivants sur l'incarnation et ses conséquences.

CHAPITRE VI

LA MORT

PSYCHURGIE

DEUXIÈME PARTIE

LA MORT

LE CIEL ET L'ENFER D'APRÈS LA SCIENCE

La naissance nous a montré que les principes de l'homme entrent en action dans l'ordre suivant : 1° le corps ; 2° la vie ; 3° l'âme.

Pouvons-nous faire pour l'étude de la mort ce que nous avons fait pour celle de la naissance, c'est-à-dire nous efforcer d'établir quelques bases scientifiques capables d'étayer les divers enseignements théologiques?

D'après les idées qui représentent l'homme comme composé de deux principes opposés : l'âme et le corps, rien de plus simple que la mort.

L'élément immortel, l'âme, subit un jugement de la part du Dieu anthropomorphe, puis s'en va souffrir éternellement dans les flammes de l'Enfer, ou bien jouir pour l'éternité des bonheurs mystiques réservés aux bienheureux dans le Paradis, ou bien encore laver ses fautes (l'oubli d'une confession *in extremis* ou d'un don généreux à l'église voisine) dans le Purgatoire. Le corps mis en terre retourne à la poussière d'où il était venu.

Ces enseignements, donnés comme l'expression de la plus haute vérité qui ait été révélée à l'homme sur ses destinées, n'ont pas satisfait certains chercheurs, sceptiques de nature et s'en rapportant plus à eux-mêmes qu'à la tradition.

Les télescopes braqués sur l'Infini n'ont pas décelé la moindre trace du lieu spécial réservé au châtiment ou à la récompense des âmes; les microscopes fouillant les créations les plus subtiles de la nature, n'ont pas non plus révélé d'enfer ou de purgatoire, et les savants positivistes se sont fait une théorie à eux sur les destinées de l'homme.

Après la mort le corps se dissout et, comme ce corps est la seule cause des phénomènes attribués à une soi-disant âme, il n'y a plus à s'occuper autrement de cette entité métaphysique. Les cellules de ce corps entrent, d'après les lois de l'affinité chimique, dans diverses combinaisons organiques ou inorganiques, et... tout est dit.

En vain la philosophie spiritualiste de l'Université est-elle venue corriger les non-sens de la Théologie, le *credo quia absurdum* de Tertullien, par l'idée que le Paradis, le Purgatoire et l'Enfer sont des états, idée empruntée du reste aux religions orientales; en vain la Science a-t-elle voulu se concilier les faveurs des Religions en admettant les existences successives dans les planètes de notre Univers et des autres, tout cela est demeuré lettre morte pour la généralité du public.

En ces dernières années un vulgarisateur de grand

mérite, M. Camille Flammarion, reprenant les idées du Bouddhisme et d'Allan Kardec, a composé de fort beaux livres qui ont beaucoup aidé à la compréhension de deux points de Science occulte fort importants : 1° la composition trinitaire de l'homme ; 2° les existences successives de l'âme dans divers mondes. Ces idées ainsi que celles de Jean Reynaud ont été résumées avec d'heureux commentaires par un autre vulgarisateur doublé d'un travailleur infatigable : M. Louis Figuier[1].

Ces études diverses montrent avec évidence qu'après avoir cherché à établir une nouvelle doctrine, de par la Métaphysique pure ou de par la Science expérimentale la plus rigoureuse, on en arrive toujours, bon gré mal gré, aux conclusions de l'antique Science des mystères égyptiens : la Science occulte ; les conclusions peuvent recevoir un jour tout nouveau de nos sciences contemporaines, c'est incontestable, mais être modifiées essentiellement : jamais.

Nous allons donc chercher ce que deviennent les divers éléments qui composent l'homme en partant d'abord de la doctrine synthétique des trois principes ; ensuite nous entrerons dans une analyse plus rigoureuse en développant cette étude par l'analyse des sept principes et de leur destinée après la mort.

Les trois principes de l'homme se désagrègent dans un ordre inverse de celui qui a présidé à leur réunion.

Quand le phénomène de la Mort va se produire, voici les phases que l'on constate généralement.

La conscience, la volonté, l'intelligence s'éteignent soit progressivement, soit tout à coup. La disparition de toute communication possible avec l'être qui s'en va de la part

1. Louis Figuier, *le Lendemain de la mort*. Paris, Hachette, 1871, in-18.

des assistants est souvent considérée comme la mort véritable, et vous entendez dire souvent : « Il a gardé toute son intelligence jusqu'au dernier moment. » Ce « dernier moment » est celui où les relations cessent entre l'âme et le corps astral.

Les extrémités (mains et pieds) se refroidissent peu à peu ; la vie se concentre dans la poitrine, autour des ganglions thoraciques, dans son sanctuaire véritable.

C'est au moment où l'influx vital cesse de se porter au cerveau que l'âme, privée de moyens de communication, semble à jamais disparue pour ceux qui ne se rendent pas compte du phénomène produit.

Dès que la rupture entre la vie et l'âme est opérée, un *changement d'état* se produit pour l'être humain et non pas un changement véritable de lieu.

Pour bien comprendre les phases diverses de la mort, nous allons considérer encore la constitution ternaire de l'homme et les fonctions réciproques des trois principes.

Le plus inférieur de ces principes : *le corps*, a son centre dans le ventre. De là il vient se relier au principe supérieur : la vie dans la poitrine[1].

Le principe médiateur : *la vie*, a son centre dans la poitrine. Il se relie dans la tête au principe supérieur : l'âme[2].

Enfin le principe supérieur : *l'âme*, a son centre hors de l'être humain (sauf dans le cas des adeptes). La portion la plus inférieure de ce principe plonge seule dans l'homme et vient se mettre en relation avec le principe médiateur dans la tête.

1. Physiologiquement ce fait se produit quand les matériaux de nutrition transformés en chyle viennent former des globules sanguins, véritables supports de la Vie. (Voy. *Physiologie synthétique*, par Gérard Encausse.)

2. Cette liaison s'opère par l'action du globule sanguin agissant sur la cellule nerveuse.

La figure suivante nous montre bien ces divers rapports.

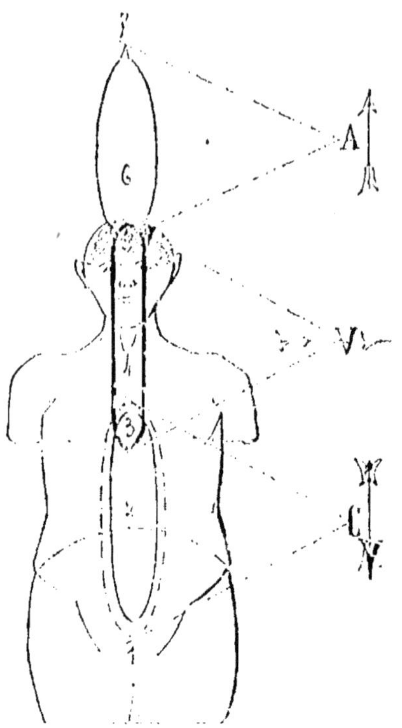

Les sept principes de l'homme.
Analyse de l'Ame (A), de la Vie (V) et du Corps (C).

On peut considérer le principe médiateur : *la vie*, comme terminé par deux crochets : un supérieur pour l'âme, un inférieur pour le corps.

Au moment de la mort le crochet supérieur se détache : l'âme brise ses relations avec le corps de ce fait, puis la vie en fait bientot autant.

Alors l'âme s'élève vers la région supérieure (vers les états plus psychiques), le corps retourne à la Terre, au monde matériel, et la vie se répand dans la Nature.

La figure suivante indique très grossièrement ces changements.

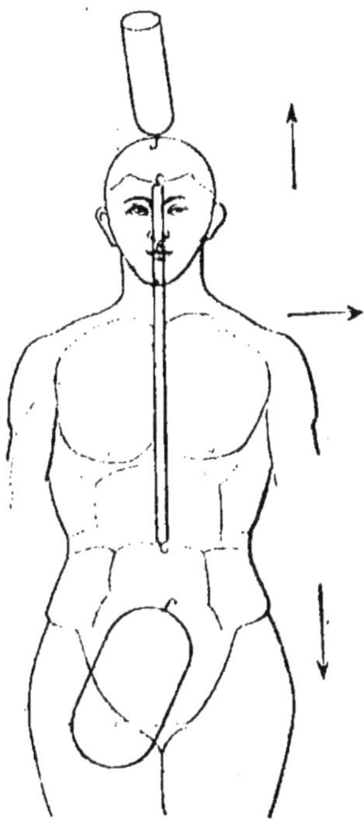

L'essence de l'âme conçue exotériquement étant de monter, celle de la vie de se répandre horizontalement et celle du corps de descendre, nous allons choisir une nouvelle image analogique qui va nous éclairer sur les transformations de nos divers principes.

Un ballon figurera l'âme : car la qualité essentielle de ce ballon est de monter.

Un crochet double figurera la vie, enfin un poids de plomb figurera le corps.

A l'état ordinaire tous ces principes sont mis ensemble : la pesanteur du poids matériel (corps) corrige la légèreté du ballon (âme). L'existence du double crochet (vie) maintient les deux opposés dans un équilibre harmonique.

Voilà ce que montre bien la figure suivante.

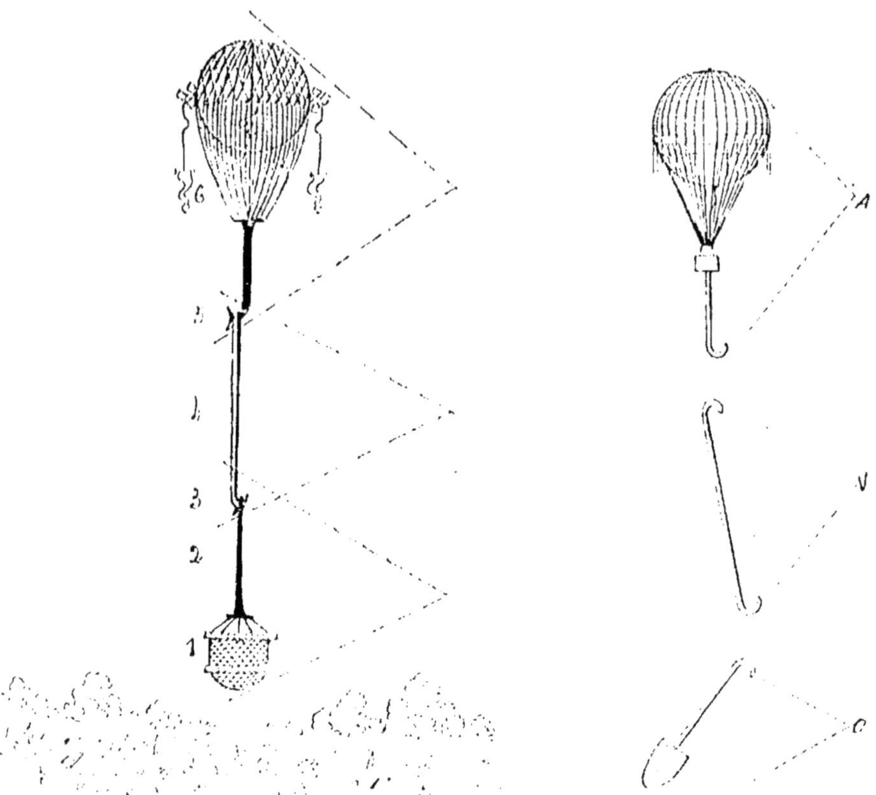

Figure analogique de la constitution de l'être humain.

Si d'après cette figure on veut expliquer la mort, rien de plus simple : chaque principe part de son côté. C'est là l'idée qui vient d'abord ; mais elle est fausse d'après l'occultisme.

Cette idée est fausse parce que le principe intermédiaire, le corps astral, se partage en deux ; sa partie supérieure reste reliée à l'âme et s'élève avec elle ; sa partie inférieure reste attachée au corps et se dissout avec lui ; bien plus, elle aide le corps dans sa dissolution comme elle l'a aidé dans sa construction.

Si nous nous souvenons que les sept principes sont des divisions de ces trois primordiaux, il nous sera on ne peut plus facile de les classer d'après notre figure analogique.

Le poids de plomb, c'est *le corps*.......	1	*Rupa.*
La tige reliant ce poids au principe supérieur, c'est *la vitalité*....................	2	*Jiva.*
Le crochet reliant cette vitalité au principe plus élevé, c'est *le corps astral*.......	3	*Linga sharira.*
La portion médiane du crochet double intermédiaire, c'est *l'âme animale*.........	4	*Kama rupa.*
Le crochet reliant cette âme animale à la division supérieure, c'est *l'intelligence*....	5	*Manas.*
Enfin le filet du ballon, c'est la substance enveloppant immédiatement le principe divin; c'est *la spiritualité, l'âme angélique.*	6	*Buddhi.*
Le ballon c'est le principe.............	7	*Atma.*

Au moment de la mort le principe intermédiaire : la vie, se partage en deux. Cette division se fait au niveau du quatrième principe : *l'instinct*, *l'âme animale*, et la facilité avec laquelle cette division s'opère dépendant de l'attraction ou de l'indifférence de l'homme pour les choses d'ici-bas, explique les souffrances symbolisées par les religions exotériques sous le nom de *Purgatoire*.

L'extrait suivant du chapitre déjà cité ci-dessus montre bien que la déduction nous a naturellement conduit à l'explication d'un des enseignements de la Théosophie :

« Par rapport à l'état spirituel de l'homme, immédiatement après la mort, le Bouddhisme ésotérique enseigne que les trois principes inférieurs qui appartiennent au corps extérieur, sont abandonnés et retournent à la Terre d'où ils procèdent et à qui ils appartiennent. Ce qui constitue l'homme réel, c'est-à-dire les quatre principes supérieurs, passe dans le monde spirituel qui entoure immédiatement le nôtre et qui en est de fait le plan astral, c'est le Purgatoire de l'Église catholique romaine, appelé en sanscrit Kama loca. Ici une séparation a lieu : d'un côté, les deux principes les plus élevés entraînent le cinquième (l'Ame humaine), la véritable personnalité, dans une direction ; tandis que le quatrième (l'Ame animale) l'attire vers la Terre. Les parties les plus pures, les plus élevées, les plus spirituelles du cinquième principe, restent attachées au sixième et sont élevées par lui ; ses instincts, ses impulsions, ses souvenirs inférieurs adhèrent au quatrième principe et restent dans le Kama loca, le « Purgatoire » ou la sphère astrale qui entoure immédiatement la Terre ».

La figure suivante montre ces diverses séparations.

Rappelons qu'au moment de la naissance le cordon ombilical qui reliait l'enfant à sa mère *par son ventre* a été coupé.

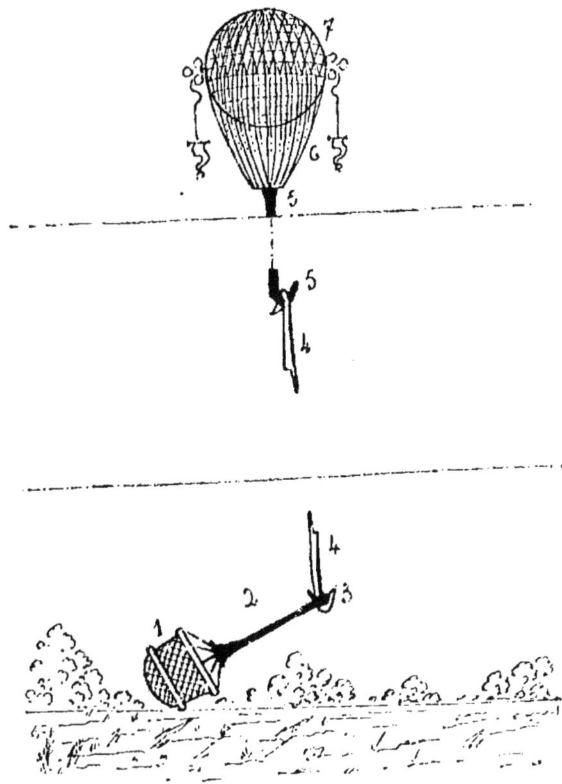

État de l'homme après la mort.

Un nouveau lien est né — invisible — qui rattachait l'homme à la Terre par la Respiration (*Poitrine*). A la mort l'asphyxie se produit, c'est-à-dire que ce lien se coupe à son tour. Qu'arrive-t-il? l'analogie nous montre qu'un cordon ombilical psychique vient de naître, ayant cette fois son centre *dans la tête*[1], lieu de développement des facultés

1. Voy. fig. page 310.

psychiques. Les théories ci-dessus développent au mieux cette donnée du cordon ombilical psychique (4e et 5e principes) qu'éclairent les figures suivantes.

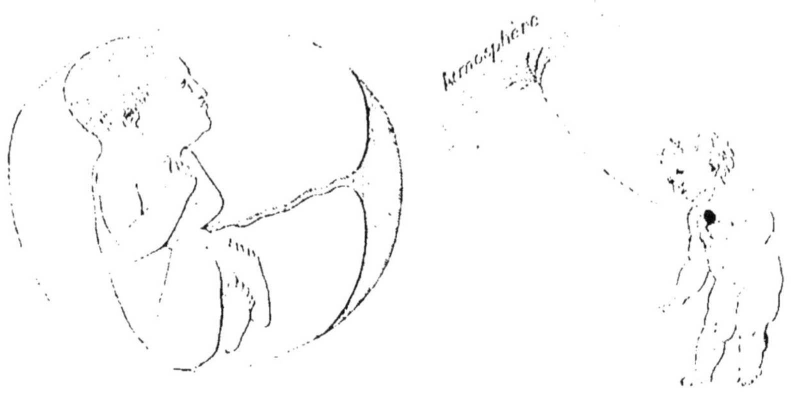

Cordon ombilical abdominal. Lien atmosphérique (respiration).

Les mauvaises pensées, les actions égoïstes, la pratique des passions développent au plus haut point la matérialité des quatrième et cinquième principes (instinct et âme humaine); aussi au moment de la mort la séparation de ces principes d'avec les supérieurs est-elle fort difficile et l'état de souffrance est-il plus long.

∴

Voilà en résumé ce qui se passe au moment immédiat de la mort. Que devient l'homme ensuite? C'est ce que nous allons nous efforcer de développer.

Immédiatement après la mort, l'homme est dans un état de trouble inversement analogue à son état immédiatement avant la naissance.

Cependant un phénomène remarquable se produirait alors, de l'avis de certains occultistes indous. La dernière bouffée vitale qui monte au cerveau illuminerait tellement celui-ci au moment de la séparation des deux principes, l'âme et la vie, que *tous les faits* emmagasinés dans la mémoire se présenteraient subitement à la conscience du mourant avec une intensité et une vivacité remarquables.

Ce phénomène, qui a la durée d'un éclair, se produit,

Cordon céphalique (astral).

nous le savons tous, au moment où le noyé va mourir totalement asphyxié. Plusieurs personnes tombées à l'eau, repêchées et ramenées à la vie après de longs soins, ont raconté ce fait, qu'elles avaient éprouvé à leur grand étonnement.

A cette phase de lucidité succède, par réaction fatale, une phase de torpeur qui dure plus ou moins longtemps.

A ce moment l'homme est comme plongé dans un rêve tantôt agréable, tantôt cauchemar affreux, suivant les cas. Il n'a pas conscience de son nouvel état ; il ignore le plus souvent comment user des nouvelles facultés, essentiellement spirituelles, dont il est pourvu, et est surtout guidé par ses passions antérieures.

Un avare restera attaché aux biens matériels, son seul amour ici-bas. Mais il sera dans l'état du pauvre hère qui se réveille affamé après avoir rêvé qu'il était devenu subitement riche et jetait l'or à poignées à ses nombreux courtisans. Les biens matériels sont devenus aussi insaisissables à l'avare et à l'égoïste que l'or du rêve pour le pauvre hère. Avec cette différence que l'avare a conscience de la dilapidation de son trésor par ses héritiers, tout joyeux de cette aubaine, et qu'il assiste impuissant et souffrant mille tortures à la dispersion de ses chers écus, semblable au paralytique, cloué sur son fauteuil qui assiste à un crime, mais qui, rendu muet par la maladie, ne peut proférer une seule parole[1].

La situation d'un suicidé est encore plus épouvantable. Attaché au corps dont il a cru se débarrasser à jamais, il éprouve les mêmes besoins qu'il éprouvait étant vivant, mais le moyen de satisfaire ces besoins a disparu. Le récit des divers supplices de Tantale ne peut donner qu'une faible idée des tortures qu'éprouve le suicidé, assistant malgré lui à la décomposition lente de ce corps qu'il croyait le plus souvent exister seul.

Mais dans les cas les plus généraux, quand les lois de la Nature n'ont pas été violées par la volonté humaine, toujours libre de son choix, la période de trouble passe bientôt et peu à peu, le nouveau-né au monde astral s'habitue à l'usage des organes inconnus pour lui dont il est doté.

C'est à ce moment qu'il est libre de choisir entre deux voies :

Ou l'évolution progressive, le perfectionnement continué au delà de la mort. Ou le dévouement conscient à une œuvre ou à un objet.

De même que l'avare peut rester attaché à son trésor

1. Voy. *Thérèse Raquin*, par Émile Zola.

enterré dont il devient le mauvais démon, gardien d'autant plus sûr qu'il est invisible aux yeux des profanes, de même l'être exalté par l'amour peut sacrifier le bonheur qui l'attend à l'objet aimé et rester invisiblement attaché à celui qui vit encore sur la terre.

L'époux inconsolable voit se produire autour de lui des phénomènes étranges; le courant de ses idées, s'il est sceptique, se modifie sans qu'il sache pourquoi, et peu à peu une vie nouvelle commence pour lui, et l'être cher qu'il croyait à jamais disparu se manifeste de plus en plus activement.

Un père peut de même sacrifier son évolution à la protection d'un enfant aimé resté sur terre, et cela ne s'arrête pas là.

Celui qui meurt consciemment pour son idée, devient l'âme directrice de cette idée dans l'invisible, et telle religion qui semblait au premier abord puérile apparaît tout à coup formidable aux adversaires qui ont mis à mort le fondateur. Les bourreaux ont donné la vie éternelle à l'œuvre qu'ils espéraient détruire à jamais.

C'est sur ce point qu'on peut faire la critique la plus sévère aux théories de l'ésotérisme indou. Méconnaissant l'amour dans toutes ses conséquences, elles n'ont vu partout qu'un aveugle fatalisme, n'ont pu comprendre la réhabilitation de l'être par l'affection et le dévouement et en sont arrivées à nier l'utilité même de la prière, le plus puissant agent magique dont dispose une âme incarnée.

La tradition transmise par la kabbale hébraïque est seule intacte à cet égard. Elle enseigne que de même que les êtres se sont divisés progressivement avant l'incarnation, ils peuvent se synthétiser progressivement de par l'amour, et de synthèse en synthèse remonter à l'originelle unité.

Platon dans le *Banquet*, *Swedenborg* dans ses œuvres, *Jacob Bœhm* dans ses *Trois principes*, *La Kabbale* dans plusieurs passages (voy. l'étude d'Ad. Franck), sont unanimes sur cette question.

*
* *

En résumé l'âme, immédiatement après la mort, est plongée dans un état de trouble particulier, état suivi d'un réveil progressif dans le monde, nouveau pour elle, des astres.

Nous allons bientôt suivre cette âme dans son évolution; pour l'instant nous ne saurions mieux résumer les enseignements de la Science occulte à ce sujet, qu'en donnant l'extrait suivant d'un petit livre devenu très rare : *les Clefs de l'Orient :*

Ainsi, partout où l'ombre combat la lumière, partout la Mort, puissance cosmogonique, du Père, est présente, quoique invisible, active, bien que latente.

Reine des épouvantements, quand elle va s'abattre sur une famille, les ancêtres s'émeuvent longtemps avant qu'elle ait frappé ; pendant le sommeil, ils projettent des images prophétiques dans le cerveau nerveux des femmes ; et bien que neutres le plus souvent dans la vie spirituelle, les hommes sont parfois profondément troublés par des songes.

Il arrive quelquefois qu'un des ancêtres apparaît aux yeux corporels.

Dans la veille, une tristesse accablante flotte dans l'air, oppresse les poitrines, étrangle la gorge, angoisse les cœurs.

Les animaux familiers eux-mêmes sentent l'approche de la destruction ; les chiens hurlent lugubrement, et on a vu l'émotion qui agite les ancêtres entraîner jusqu'aux choses inanimées du foyer qui leur est cher.

Nul œil profane n'a vu la Mort; personne ne semble appelé à mourir; et pourtant elle est proche.

Quand cette puissance cosmogonique du *Père* veut entrer en acte, avant qu'elle ait suscité les causes mortelles du trépas, *la Nature* s'émeut, *l'Éternel Féminin* s'agite; *Jonah*, la substance cosmogonique de la vie, frissonne sur la terre et dans les cieux, et les âmes des morts courent avertir les vivants et volent au secours de ce qui va mourir.

Cependant la Mort n'est implacable et sourde que pour les profanes et les profanateurs.

L'initié l'appelle ou la repousse, l'arme ou la désarme, l'excite ou la combat, la déchaîne ou l'entrave.

Ces choses, en dehors des autels, doivent demeurer voilées et n'être révélées que derrière eux.

Pourtant, par la puissance de son amour, la femme, image humaine de la Nature, a fait parfois frissonner ce voile noir et reculer la Mort.

J'ai vu un médecin désespéré dire à une mère : « Hélas ! il faudrait un miracle ! »

La mère est demeurée seule au chevet de son enfant : le miracle s'est fait.

Si vous voulez mourir, appelez la Mort. Si vous voulez l'éloigner d'un être cher, priez de toute la puissance de votre âme.

Mais lorsque quelqu'un doit absolument succomber, lorsque l'heure fatale est venue, courage.

Veillez encore sur ce qui va s'endormir; jamais, jamais, le dévouement ne fut plus nécessaire.

Le médecin, sentant son art vaincu, s'éloigne à tort.

Au traitement de la maladie doit succéder celui de

l'agonie, à la thérapeutique corporelle, la psychurgie des anciens Thérapeutes.

Le prêtre, quand il a administré ses admirables sacrements et récité ses formules, se retire : pourtant, il reste beaucoup à faire.

A l'exorcisme administratif des sens physiques doit s'ajouter un enchantement réel de la sensibilité, une conjuration précise des ancêtres présents.

Si le prêtre et le médecin, forcés de multiplier leurs services, ne peuvent disposer d'assez de temps pour les prolonger ainsi dans chaque foyer, l'initiation graduée des sexes et des âges est donc nécessaire à l'assistance du mourant, comme à la religion du vivant.

Ainsi, mère ou père, femme ou mari, fille ou fils, sœur ou frère pourront donner à qui s'en va toute l'aide dont la Mort impose le besoin.

Et quand le dernier soupir est rendu, quand vous avez fermé les yeux de l'être bien-aimé, ne croyez pas l'âme partie au loin, n'abandonnez pas ce cadavre à la veillée des mercenaires : jamais ce qui l'habitait n'eut plus soif de votre intelligence et faim de votre amour.

Écoutez et puisse votre cœur tressaillir! Celui qui veille pieusement un mort aimé, avec la science et l'art du Psychurgue, l'âme du mort l'enveloppe dans ses tourbillons désespérés.

Pleine encore des pensées, des sentiments et des sensations de l'existence physique, plus souffrante d'avoir quitté son effigie que de s'y tordre de douleur, cette âme qui, dépourvue d'initiation, se sent brisée dans ses attaches corporelles et n'en peut trouver d'autres, s'effare, frissonne, s'élance et retombe sans initiative dans une nouvelle agonie d'épouvantements.

En vain, si elle vient des sphères divines, son génie

céleste lui fait signe ; en vain les ancêtres l'exhortent.

Sa clairvoyance lumineuse demeure frappée de cécité par habitude des yeux, son entendement de surdité par habitude des oreilles.

Plus, dans l'existence, cette âme s'est enracinée à ses instincts, plus elle s'est oubliée dans sa chair, moins elle a repris science, amour et conscience de sa vie immortelle, plus aussi elle est prisonnière de son cadavre, possédée par lui et travaillée par son anéantissement et sa décomposition.

L'état des aliénés les plus désespérés ne donne qu'une faible idée de ces souffrances posthumes qui peuvent durer des siècles.

Soulevez *la Nature* de tous les battements de votre cœur, priez-*la*, priez *Dieu* près de ce cadavre, vous ne pouvez pas savoir quel bien vous faites.

Cette âme ne voit plus que la nuit, n'entend plus que l'inouï, ne mesure plus que l'insondable, n'a plus qu'une pensée, qu'un sentiment, qu'une sensation : le vertige des épouvantements.

La raison et la morale, ces deux rapports avec le milieu humain d'ici bas, sont bouleversées en elle.

Son moi souffre alors le commencement de la Mort seconde sans pouvoir s'y engloutir; son individualité se cherche dans ces viscères dissociés, sans pouvoir s'y retrouver; sa personne, étrangère à elle-même, se poursuit à travers ce cerveau et ce cœur inanimés sans pouvoir s'atteindre.

Suspendu sur l'*Horeb*, sur ce puits dévorant de l'abîme que rouvre l'absence du Soleil, frissonnante, ahurie, sans poumons pour crier, sans bras pour faire un geste, sans yeux pour les ouvrir et pleurer, elle veut à toutes forces se replonger dans ce cadavre qui, sauf de lugubres exceptions, lui demeure fermé comme le sera la tombe.

Elle reste vaguante dans l'horreur.

Alors le psyeurgue doit l'attirer.

S'il le fait, palpitante, elle cherche dans les ténèbres de son aveuglement, dans le silence de sa surdité.

Que cherche-t-elle? Elle ne le sait : une épave, un point d'appui, une lumière, une voix dans sa propre tourmente.

Et, tout imprégné des effluves de la vie, le survivant l'attire peu à peu vers son cœur comme vers un foyer rayonnant, vers un asile sacré.

Frémissante, elle y vient lentement et s'y réfugie avec ivresse.

Dans cette clairvoyante et chaude sympathie, elle puise avec avidité du courage, de la force, de la vie psychurgique.

Elle peut attendre enfin, s'accoutumer, regarder avec sa vue, écouter avec son entendement que l'usage des sens a perverti.

Elle peut briser peu à peu les liens rationnels et moraux de ses passions et de ses facultés, entrevoir distinctement le monde intelligible, déployer ses innéités engourdies depuis la naissance, retrouver son principe ontologique, reprendre possession de sa volonté. Quand elle s'est ainsi reconnue comme un ramier qui se repose avant de repartir, lorsqu'elle se sent capable d'affronter l'*Horeb* et de s'y orienter, quand elle perçoit les âmes, les ancêtres et le génie ailé qui l'appelle pour descendre et pour monter, alors, prête, elle se retourne vers l'être aimant qui la porte, la caresse de l'âme, prie pour elle et la pleure de l'autre côté de la vie.

Longuement, lentement, l'exilée baise ce cœur pieux et

désolé, l'emplit d'une douce chaleur éthérée, d'une irradiation délicieuse, le presse d'une étreinte spiritueuse, exquise, lui disant ainsi dans le verbe ineffable des âmes et de Dieu : « Merci! Adieu! Non! au revoir en Dieu[1] ! »

L'âme après la mort.

Une des phases d'occultisme pratique les plus difficiles à traverser c'est, paraît-il, celle de la sortie consciente du corps astral. A l'état normal, dans le corps physique, nous ne sentons pas le courant d'attraction exercé par les astres voisins, le Soleil surtout, sur la Terre. Tout être plongé dans l'auto-hypnotisme conscient et qui se met en rapport avec les forces cosmiques voit se dérouler devant lui les phénomènes suivants :

Tout d'abord il se voit assailli par une foule d'êtres à demi formés qui prennent des aspects horribles et qui se jettent avec impétuosité sur lui. Un sang-froid très grand est nécessaire à ce moment, car un simple regard suffit pour tout écarter. Ces êtres forment l'atmosphère vivante des invisibles qui entourent immédiatement la terre. Ce sont eux qu'on appelle en occultisme « esprits des éléments » ou *élémentals*.

Mais ce n'est pas le seul danger. A peine sorti de cette couche, l'audacieux se trouve en présence d'un courant lumineux aux mille replis, courant effroyable d'intensité. L'idée d'un homme plongé subitement au centre des cataractes du Niagara peut à peine figurer cette sensation.

Ce courant lumineux c'est la grande force qui maintient les attractions harmoniques entre tous les astres de notre

1. Alexandre Saint-Yves, *Clefs de l'Orient*. Paris, Didier, 1877 (p. 98 et 107). (*Bibliothèque Nationale*, 8, 2. 56.)

l'Univers, de là son nom de *lumière astrale*. A ce moment le danger est des plus grands.

L'initié est comparable au navire qui se trouve tout à coup devant une véritable montagne d'eau sans cesse naissant, sans cesse s'écroulant avec fracas.

Si le capitaine prend bien son temps, le navire saisi par la vague est élevé à une hauteur prodigieuse, puis il redescend doucement sur l'autre versant de cette vague. Mais si le capitaine se trompe, la vague entraîne bien le navire, mais s'affaissant avant qu'il soit parvenu au faîte, elle l'engloutit sous son poids avec tout l'équipage. Il en est de même pour l'initié.

S'il est guidé par un maître expert en la matière, il se lancera dans le courant formidable de lumière astrale qui se présente à lui, et se retrouvera porté vers le Soleil dans le monde de la lumière.

Si l'expérience lui manque ou qu'il n'ait pas le sang-froid nécessaire, il peut être englouti et porté dans le courant des ténèbres, vers la Lune.

Ce n'est pas de la métaphysique que nous faisons en ce moment. C'est de l'astronomie élémentaire.

Notre Terre a toujours une de ses moitiés, un hémisphère, éclairée par le Soleil, c'est-à-dire où il fait jour, et une autre moitié éclairée par la Lune, c'est-à-dire où il fait nuit.

La moitié du côté du Soleil forme un cône de lumière dont le Soleil est le sommet.

La moitié éclairée par la Lune forme un cône de ténèbres dont cette Lune est le sommet.

Il suit de là que la Terre traîne toujours après elle un cône de lumière et un cône d'ombre entre lesquels tourne le grand serpent astral, qui figure ce courant dont nous avons parlé.

Quand l'initié avait franchi ce courant et qu'il revenait à lui sur la Terre, se souvenant de tout ce qu'il avait vu, il prenait le titre de *Deux fois né;* là il connaissait les mystères de la vie et ceux de la mort. Il avait éprouvé vivant les phases que l'âme traverse après la mort.

En effet, cette âme est saisie par le grand serpent, le

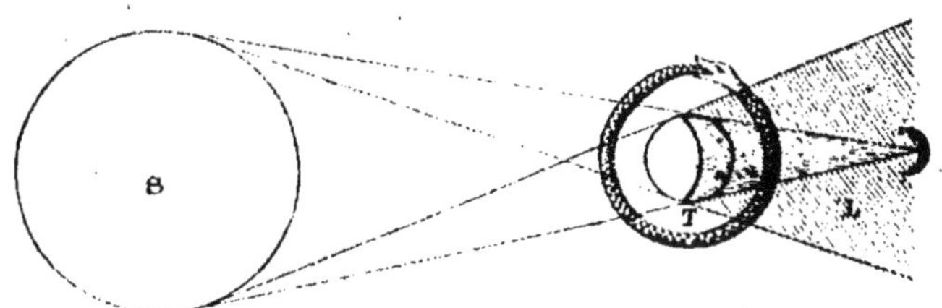

La Terre. — Le cône de lumière dominé par le Soleil. — Le cône d'ombre dominé par la Lune. — Le serpent astral.

courant de lumière astrale, et jetée dans le cône d'ombre où, sucée par la Lune, elle éprouvera les peines enseignées par les religions exotériques comme se passant dans le *Purgatoire*. Quand sa volonté sera assez forte pour vaincre ce courant d'attraction lunaire, elle pourra se plonger dans la lumière astrale et passer dans le courant d'attraction solaire, dans le cône de lumière d'où elle évoluera dans l'espace.

On trouvera des détails à ce sujet dans le *Zanoni* de Bulwer Lytton.

C'est par la Lune et son cône de lumière que viennent sur la Terre les courants *d'involution*, de descente d'esprits dans la matière.

C'est par le Soleil que s'échappent les courants d'évolution de notre univers sur un autre.

De ces consi[illegible] découle un fait important : c'est que, chaque fois qu'on voudra bien s'en donner la peine, on verra que les enseignements théologiques ne sont que des enseignements scientifiques incompris de la caste sacerdotale devenue ignorante et sectaire.

La figure ci-contre montre schématiquement les lieux occupés par les principes de l'homme après la mort. Il faut toujours se rappeler qu'il s'agit là d'un simple schéma et que *ces lieux* sont en réalité des *états différents* et non des endroits différents.

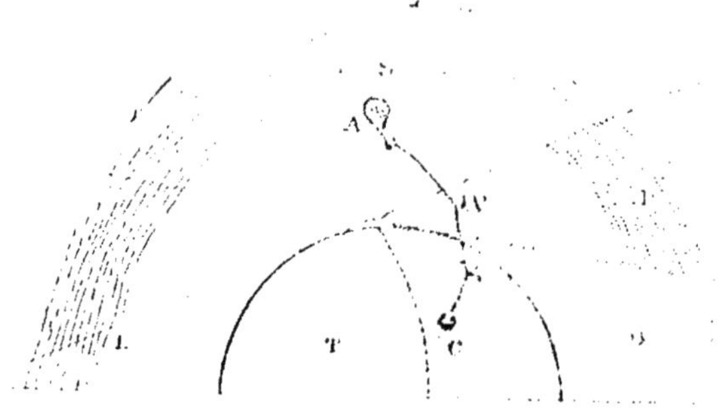

Figure schématique montrant l'état de l'âme après la mort.

T. — La Terre.
O. — Cône d'ombre dominé par la Lune (Purgatoire).
L. — Cône de lumière dominé par le Soleil (Paradis).
S. — Courant de lumière astrale (l'âme de la Terre).
P. — Pénombre.
A. — Une âme humaine figurée par un ballon se tournant vers la lumière.
V. — La Vie humaine attachant encore l'âme au cône d'ombre.
C. — Le Corps resté sur la Terre.

CHAPITRE VII

COMMUNICATION AVEC LES MORTS

LE SPIRITISME ET SES THÉORIES

Quand l'être une fois revenu à lui se retrouve enfin dans un nouvel état peut-il communiquer avec ceux qui sont restés sur Terre ?

A cette question 40.000 adhérents de toutes les écoles réunis par leurs délégués en Congrès en septembre 1889 ont répondu affirmativement.

Les poètes anciens, les livres saints nous montrent la possibilité de l'évocation des mânes. Mais de grandes précautions doivent être prises pour éviter de prendre le reflet de ses idées personnelles pour une manifestation de l'âme du défunt.

L'Occultisme enseigne que, d'une façon générale, l'être qui veut entrer en communication avec un défunt doit se mettre dans le même état psychique que celui qu'il évoque, c'est-à-dire doit donner en lui la prépondérance au monde astral sur le monde physique. Un initié entre dans l'astral consciemment par l'auto hypnotisme, un profane se sert d'un intermédiaire inconscient, un être endormi magnétiquement : sujet ou médium.

Tout être endormi magnétiquement se met en rapport avec le corps astral du consultant et par suite avec le cerveau de ce consultant. Aussi le premier des dangers à éviter est-il de prendre pour une communication du défunt la réflexion de vos idées dans cette glace psychique qu'est un médium.

La Science doit être vraie et non sentimentale, aussi n'a-t-elle cure de cet argument qui veut que la communication avec les morts ne puisse être discutée parce qu'elle constitue une idée « très consolante ».

Au milieu du XIXe siècle une philosophie primaire s'est constituée sous l'influence des travaux remarquables d'un ancien instituteur : *Allan Kardec*. La nouvelle doctrine a pris le nom de SPIRITISME.

Dans l'antiquité toutes les pratiques de l'occultisme étaient enfermées dans l'étude de la Magie. Cette science comprenait plusieurs divisions correspondantes à divers ordres d'études dont deux seulement sont connus de nos jours : l'action de la vie humaine sur l'homme et la Nature (magnétisme actuel) et l'évocation des morts (spiritisme actuel). Vouloir enseigner que le magnétisme ou le spiritisme renferment toute la Science Occulte comme prétendent le faire certains fanatiques est aussi ridicule que de vouloir prétendre que la Chimie constitue à elle seule toute la Science.

L'étude de la Science Occulte fournit sur l'évocation des morts des données complètement inconnues de la plupart des spirites actuels en plus de celles qu'ils commencent à connaître.

Comme nos affirmations pourraient donner lieu à quelques polémiques dans la presse spirite, nous allons insister sur ce point.

Nous essayons dans ce livre de résumer de notre mieux

les enseignements de la *Science Occulte* sur les diverses idées qui se présentent à nous. Il est donc de la plus grande utilité de bien définir tout ce qui a rapport au spiritisme.

Avant tout disons quelques mots du spiritisme et de ses théories, puis nous développerons les idées de la Science Occulte touchant ces mêmes questions.

A la suite de certains phénomènes, inexplicables par les données scientifiques usuelles, produits en Amérique vers 1846, une théorie philosophique nouvelle sur l'état de l'âme après la mort prit naissance. Un instituteur français, Allan Kardec, réduisit les principaux éléments de cette théorie en une véritable encyclopédie constituée par ses divers ouvrages [1].

Les œuvres d'Allan Kardec sont remarquables par la simplicité de la doctrine philosophique expliquée et par la netteté dans l'exposition de points toujours obscurs à comprendre dans les livres spéciaux.

Voici le résumé de la doctrine spirite tel que nous l'avons fait pour le volume du Congrès spirite et spiritualiste de 1889.

ÉCOLES SPIRITES

Pour bien saisir les données de chaque école au sujet des phénomènes produits, quelques considérations préliminaires sont indispensables.

Le spiritisme expose un système philosophique bien défini, ainsi du reste que les écoles d'occultisme. L'*homme*, son passé, sa raison d'être et son avenir, tels sont les sujets principaux qu'aborde cette philosophie spirite. L'*Univers* et *Dieu* sont étudiés par quelques écoles, mais

1. Allan Kardec, *Œuvres*.

sans jamais entrer dans des considérations aussi profondes.

Tout d'abord comment doit-on considérer l'homme vivant, tel que nous le voyons autour de nous sur cette terre?

L'*homme* est composé de trois principes bien distincts:

1° Le corps matériel, support et moyen d'action des deux autres principes;

2° L'esprit, cause de la conscience, de l'intelligence et de la volonté;

3° Entre ces deux principes opposés le périsprit ou lien fluidique qui relie l'esprit au corps, et qui accompagne l'esprit après la mort terrestre et lui sert de nouveau corps.

Allan Kardec étudie avec grand détail ce périsprit qui constitue le point le plus important des doctrines spirites.

Le corps, le périsprit et l'esprit, tels sont les trois principes qui forment l'homme incarné.

D'où vient cet homme et où va-t-il?

D'après la majorité des écoles spirites, l'âme humaine *tend* au perfectionnement indéfini. Le *moyen* de réaliser ce perfectionnement, ce sont les incarnations successives. L'âme, accompagnée de son périsprit, se réincarne autant de fois qu'il est nécessaire à son progrès.

Entre chaque incarnation, elle flotte dans les espaces interplanétaires et peut entrer en communication avec ceux qui l'appellent.

Ceci nous amène à décrire ce qui se passe *à la mort.*

Au moment de la mort, le périsprit se détache progressivement du corps matériel, qu'il abandonne sur la terre comme un vêtement désormais inutile. Quand le lien qui unissait le périsprit au corps est définitivement rompu, l'homme est mort pour les gens de la terre ; il vient de naître pour ceux de l'espace.

Pendant les premiers moments de cette séparation, l'esprit ne se rend pas compte du nouvel état où il est ; *il est dans le trouble, il ne croit pas être mort*, et ce n'est que progressivement, souvent au bout de plusieurs jours et même de plusieurs mois, qu'il a conscience de son nouvel état. Il se voit alors entouré de ses parents d'autrefois, de ses amis, de tous ceux qu'il croyait *morts* et qui sont maintenant les seuls vivants pour lui. Les vivants de la terre sont *morts* à ses nouveaux yeux. Doué par son périsprit d'organes plus subtils qu'avant sa désincarnation, il voit sa famille de la terre ou ses amis, il cherche à leur montrer qu'il est encore près d'eux, et pour cela il agit au moyen de son périsprit sur les objets matériels qui les environnent.

Il ne peut leur apparaître tel qu'il est sans qu'eux-mêmes ne s'y prêtent en alliant leur fluide magnétique (leur périsprit encore incarné) à son propre périsprit. Voilà pourquoi il en est réduit à agir sur la matière. De là ces coups, ces craquements multiples, ces phénomènes inexplicables, attribués machinalement à la chaleur, au froid ou aux influences météorologiques générales par ceux qui ne se doutent pas de la vérité.

Dans son nouvel état l'esprit progresse d'abord par ce qu'il voit, ensuite par les enseignements des autres esprits, enfin sous l'influence des bonheurs, des bonnes pensées et des prières de ses proches restés sur terre.

Cet échange des joies et des progrès entre le monde visible et le monde invisible constitue le fond de la morale du spiritisme, morale reconnue très élevée, même par les pires ennemis de ces doctrines.

Le monde invisible est donc formé par des esprits plus ou moins avancés, bons ou méchants, ignorants ou savants, ayant à leur disposition *des fluides* plus ou moins puissants au moyen desquels ils peuvent entrer en relations avec les vivants.

Ces relations s'établissent en général au moyen d'objets matériels que les esprits font mouvoir en se servant de leur périsprit combiné avec les fluides des assistants et surtout de l'être humain qui sert de médium.

Pour qu'un esprit se communique, il faut qu'il ait à sa disposition le périsprit d'un vivant et des organes matériels. C'est en alliant son périsprit à lui avec celui du médium que l'esprit peut se servir des objets matériels.

Ces objets matériels peuvent être des meubles (tables, chaises, etc.), qu'il met en mouvement. C'est le moyen généralement employé (phénomènes *physiques*).

D'autres fois l'esprit agit directement sur le médium endormi et se sert des organes matériels du médium pour se manifester. Dans ce cas on voit le médium changer l'expression générale de sa physionomie, le timbre de la voix habituelle change également ; c'est un esprit qui *parle* en se servant du larynx et des organes du médium en son lieu et place (phénomènes *psychiques, incarnations*).

D'autres fois encore l'esprit peut *se montrer* aux vivants en condensant autour de lui de la matière. Il se matérialise (phénomènes *fluidiques, matérialisations* ; voyez les expériences à ce sujet de William Crookes).

Enfin dans d'autres cas l'esprit laisse des traces visibles de sa venue. Des objets matériels sont apportés à travers les murailles, des écritures sont directement projetées dans des ardoises ou sur du papier, et une foule d'autres phénomènes du même genre sont produits.

Ce sont là les principaux moyens qu'emploient les « es-

M. James Tissot, l'auteur de cette magnifique gravure, a bien voulu nous prêter [illegible] le droit de reproduction, [illegible] de notre ouvrage.

F.

On trouvera [illegible] *Maternisation* [illegible]

prits désincarnés » pour communiquer avec les vivants et pour montrer la réalité de leur existence.

Les personnes peu au courant de tous ces phénomènes se demanderont, en lisant ces lignes, si décidément ce ne sont pas des aliénés dangereux à qui est confiée la tâche d'exposer ici les idées des membres du congrès.

Quelques mots sont nécessaires pour rassurer ces susceptibles personnes.

Voir des choses que le commun des mortels ne voit pas journellement, entendre des paroles quand on est seul, voir apparaître des revenants et croire à leur réalité, ce sont là des signes évidents de dérangement cérébral pour nos bons médecins.

Ils *ont* raison s'ils veulent rester sur le terrain scientifique, et c'est aux spirites à leur répondre sur ce même terrain. Voilà pourquoi tous ceux qui ont étudié sincèrement ces phénomènes ont pris soin de remplacer les organes humains par des instruments enregistreurs purement mécaniques.

Là plus d'hallucination possible : le curseur qui grave des courbes sur le noir de fumée, ou la plaque sensibilisée qui enregistre une image, ne peuvent être hallucinés. Nous insistons longuement sur ces sortes de preuves, et c'est bien volontairement. Il n'y a pas en effet d'autre argument à opposer aux médecins contemporains, qui savent tous que l'hallucination d'un aliéné devient une *réalité* quand elle est contrôlée par des appareils mécaniques.

Toute personne qui à l'heure actuelle nie systématiquement les phénomènes du spiritisme (quelle qu'en puisse être du reste l'explication) *fait preuve d'ignorance ou de mauvaise foi.*

*
* *

Revenons maintenant aux *théories* que nous avons abandonnées pour faire cette digression.

Nous avons montré les principales données de la doctrine spirite sur l'homme. Il nous reste peu de chose à dire.

L'*Univers* est conçu comme formant une série d'étapes que parcourt l'esprit qui se perfectionne. Les espaces interplanétaires sont peuplés d'esprits désincarnés, et les différentes planètes de tous les systèmes sont peuplées d'esprits incarnés dans des corps plus ou moins parfaits suivant leur élévation.

L'unité de tous les univers et de toutes les humanités est ainsi proclamée par le spiritisme.

La question de *Dieu* est traitée d'une manière différente par presque toutes les écoles. Aussi nous abstiendrons-nous d'entrer dans aucun détail à ce sujet, nous bornant à constater que la presque unanimité des spirites croit à l'existence de Dieu.

*
* *

L'exposé très succinct d'ailleurs que nous venons de faire du spiritisme montre de suite quelles sont ses grandes qualités et quels sont aussi ses défauts.

Ses qualités proviennent de la simplicité, de la limpidité même avec lesquelles peuvent s'expliquer tous ces phénomènes inconnus des savants. Elles proviennent plus encore que de toute autre cause *de la réalité absolue des phénomènes*.

C'est là le point où le spiritisme est vraiment invulnérable. Les académies ont beau dire que ceux qui s'occupent de ces sciences sont fous, MM. L. Hahn et L. Thomas ont beau consacrer au spiritisme dans le Dictionnaire encyclopédique des Sciences médicales une étude quelque peu méprisante, ils sont bien forcés de constater que cette « folie épidémique » a gagné à l'heure actuelle plusieurs millions d'adhérents.

Les défauts du spiritisme proviennent surtout des exagérations auxquelles se sont livrés ses adeptes. Ne recrutant que peu de croyants dans les milieux scientifiques, cette doctrine s'est rabattue sur la quantité d'adhérents que lui fournirent les classes moyennes et surtout le peuple. Les « groupes d'études », tous plus « scientifiques » les uns que les autres, sont formés de personnes toujours très honnêtes, toujours de grande bonne foi, anciens officiers, petits commerçants ou employés, dont l'instruction scientifique et surtout philosophique laisse beaucoup à désirer. Les instituteurs sont des « lumières » dans ces groupes. Telle est l'origine de ces théories exagérées venant se greffer sur des phénomènes absolument vrais, nous ne saurions trop le répéter.

Nous verrons tout à l'heure qu'il semble incontestable que les âmes des morts aimés puissent être évoquées et puissent venir dans certaines conditions. — Partant de ce point vrai, les expérimentateurs à imagination active n'ont pas été longs à prétendre que les âmes de tous les morts, anciens et modernes, étaient capables de subir l'action d'une évocation mentale.

C'est alors que l'on imprima des « communications » de Caïphe, de Pilate et d'Hérode discutant contradictoirement avec Jésus-Christ. C'est alors que la « Vierge Marie » vint diriger en personne une série de groupes d'études. C'est aussi de par cette idée qu'on voit Victor Hugo perdre subitement tout sens de la poésie huit jours après sa mort et venir dicter des communications en vers de treize pieds pleins de hiatus sur l'état actuel de son âme et le bonheur qu'il éprouve à converser avec ses « chers spirites ».

Il est dans le monde du spiritisme des hommes sérieux et instruits s'il s'y trouve des sectaires ignorants : ceux-là rougissent de ces exagérations outrées et cherchent à éviter le ridicule dont les couvrent les « frères » trop zélés. Ces hommes ont pour la plupart leur opinion faite et savent bien que l'âme de Platon n'a que faire des évocations d'un représentant de notre industrie nationale, ancien épicier ou concierge en retraite.

Les phénomènes spirites seraient-ils susceptibles d'être produits par d'autres influences que les âmes des morts?

Si ces influences existent, d'où proviennent-elles?

Telles sont les questions auxquelles la Science occulte nous permettra de répondre, lorsque nous aurons à étudier de notre mieux la question de savoir dans quels cas la communication avec les esprits est possible, étant admis que cette communication est possible.

Pour bien prouver que nous n'exagérons rien et que c'est dans l'intérêt même du spiritisme que nous signalons les excentricités de certains groupes nous citons in extenso le compte rendu d'une séance dans laquelle saint Jean, Jésus-Christ et Allan Kardec, sans compter Marceau, firent leur apparition. On verra par cet extrait si nous avons raison ou non.

La *Vie Posthume* n'a cessé dès son premier numéro de crier guerre au mysticisme. Elle persiste plus que jamais à voir dans l'usage des prières à formules cataloguées, une aberration propre à déconsidérer le spiritisme. Vainement nous demandons-nous quels bons fruits peuvent bien attendre les partisans de ce mystique usage qui transforme en chapelles certains groupes spirites dits consolateurs ; quant à ses dangers, le récit suivant suffirait à lui seul à en démontrer l'évidence.

UNE SÉANCE DE SPIRITISME PIÉTISTE

Au moment où de l'avis des écrivains spirites les plus autorisés, la *nécessité* s'impose pour tous de prendre parti pour l'une des deux écoles, dogmatique ou progressiste, il ne sera pas sans intérêt pour ceux des lecteurs de la *Vie Posthume* qui n'ont pas eu à traverser la période mystique des débuts, de lire le compte rendu d'une séance spirite à laquelle j'ai assisté, il y a quelque temps, en pleine ville de Marseille. Il leur sera facile de se faire une idée de ce que peut être le spiritisme piétiste ou consolateur en rapprochant de ce compte rendu les équipées cérébrales de M. Jules-Edouard Bérel, dont notre directeur, M. George, a fait une si juste appréciation dans le dernier numéro.

Nous étions réunis au nombre de vingt-deux dans un petit salon dont le milieu était occupé par une table ronde assez massive. Les dames étaient en grande majorité et, pendant les quelques instants qui précédèrent la séance, je remarquai que plusieurs d'entre elles étaient affligées de mouvements convulsifs très prononcés ; le lambeau suivant de conversation me fit connaître la cause de cette affection.

— Est-ce toujours le même esprit qui vous tourmente ? demanda quelqu'un à une jeune fille qui paraissait fort agitée.

— Oui, monsieur, j'ai beau prier, il ne veut pas me laisser en repos.

— Il ne faut pas vous décourager, mon enfant, il n'y a que la prière qui puisse vous délivrer de lui.

La séance ayant été ouverte, M. le Président lut, au milieu d'un silence religieux, une prière dans laquelle on demandait au bon Dieu une foule de choses et principalement de ne permettre qu'à de bons esprits de se communiquer. Puis quelques personnes ayant placé leurs mains sur la table, on entendit distinctement frapper quelques coups dans le bois.

— Est-ce un esprit? demanda le chef du groupe.

— Oui.

— Avez-vous quelque chose à nous dire?

— Oui.

— Quel est votre nom? Mais, avant, croyez-vous en Dieu ?

— Non.

— Alors, allez-vous-en.

C'est textuellement par ces charitables paroles qu'étaient reçus, ou plutôt chassés, les désincarnés qui ne croyaient pas en Dieu, alors qu'on interrogeait avec douceur et déférence ceux qui accusaient une foi aveugle en la divinité. Tous ces derniers se trouvaient dans un état lamentable de ténèbres et de souffrances, juste punition, disaient-ils, des fautes qu'ils avaient commises ici-bas. Tous, invariablement, quêtaient des prières et soupiraient après une nouvelle incarnation qui leur permettrait de réparer le mal qu'ils avaient fait.

Pour témoigner tout l'intérêt que l'assistance prenait aux souffrances de ces âmes pieuses, M. le Président reprit son livre d'heures et lut une nouvelle prière appropriée à la circonstance.

Après un repos de quelques minutes, le chef du groupe *mit les corps de tous les assistants à la disposition des esprits qui voudraient bien s'en emparer et se communiquer par ce mode plus expéditif.* Aussitôt une dame se leva brusquement comme mue par un ressort, ferma les yeux, jeta violemment les bras en avant, les ramena sur la poitrine par un geste saccadé et commença à mimer une scène militaire (?) avec des poses et des gestes dont je cherchais vainement la signification, quand mon voisin me dit à voix basse :

— Nous allons voir si elle tombera aussi bien que jeudi dernier.

— Comment? ce n'est donc pas la première fois qu'a lieu cette scène?

— Non, toutes nos séances de *possession* commencent par la mort de Marceau.

Je compris dès lors la mimique du médium. Il venait d'être frappé d'une balle fluidique ; il se mit à genoux, simula une courte prière, se releva en chancelant et tomba raide mort sur le parquet avec une grande vérité d'imitation.

Après cette scène, j'allais dire ce lever de rideau, le Président fut à son tour saisi par l'Esprit. Il se leva avec les mêmes gestes saccadés, et, s'approchant d'une jeune fille, auprès de laquelle il prit place, lui tint un discours en vers, ou mieux en phrases rimées de l'effet le plus bizarre. Ce n'était plus Marceau, c'était un jeune habitant de la planète Mars qui venait visiter sa fiancée spirituelle, dont il avait été séparé par un crime dont l'expiation le retenait pendant plusieurs incarnations sur une planète inférieure. Il avait tué une chèvre, ce qui, paraît-il, est le forfait le plus exécrable qu'on puisse commettre sur Mars. Incidemment et entre autres choses utiles à la science et à l'avancement de l'être, le bon jeune homme nous apprend que chez lui le lait est du plus beau noir et que le café est d'un blanc de neige, ce qui paraît assez naturel pour que le café au lait conserve la même nuance que sur terre.

Au milieu d'une foule de détails de cette force, l'Esprit nous ouvre quelques horizons nouveaux et nous donne, toujours en vers libres, des conseils excellents, nous promettant que si nous avons le repentir final :

Nous irons sur les *asphères* élevées et puis, arrivés sur les hauteurs,
Nous ferons un paquet de nos fautes et les jetterons dans les profondeurs.

Cet Esprit nous quitte enfin et fait place à saint Jean, qui veut bien emprunter le corps d'une jeune fille. Celle-ci se lève avec les mêmes symptômes d'agitation que les médiums précédents et essaye, mais inutilement, de captiver l'attention de l'auditoire par des tronçons intermittents de phrases hachées et sans suite ; soit que saint Jean n'ait pas l'habitude de notre langue, soit que le médium ne possède pas les cordes vocales nécessaires pour émettre certains sons, le cher Esprit balbutie et ânonne comme un écolier qui veut réciter une leçon qu'il n'a lue qu'une seule fois. Au cours d'une pause, pendant laquelle l'orateur s'escrime à courir après le mot qui fuit, le Président de nouveau saisi par l'Esprit s'apprête à parler, lorsque saint Jean, qui a rejoint son expression, reprend le fil de sa harangue. Le Président se rassied et s'empare sur la table d'un porte-plume et d'un crayon qu'il met en croix, et qu'il élève en les promenant de droite et de gauche à l'instar de l'officiant qui donne la bénédiction de l'ostensoir. En même temps avec un léger mouvement d'épaules il montre du doigt le pauvre saint Jean empêtré dans une phrase sans issue et fait de la main un geste qui signifie très clairement : « Que voulez-vous ? il n'en sait pas davantage, prenez patience, je vais parler. » Et aussitôt dans l'auditoire on entend chuchoter avec un soupir de satisfaction : c'est Jésus-Christ.

Ici, je dois m'arrêter un instant pour affirmer avec toute l'énergie dont je suis capable que, quelque énormes que ces choses puissent paraître, je ne fais nullement de la fantaisie ; je me borne à raconter avec la plus scrupuleuse exactitude ce que j'ai vu et entendu. Le seul reproche de lèse-vérité qu'on puisse m'adresser est d'omettre des détails que la gravité pourtant bien connue de la *Vie Posthume* ne suffirait pas à faire accepter par le lecteur.

Je reprends mon récit : Saint Jean, profitant de l'inattention générale, se rassied en épongeant les larges gouttes de sueur dont son front est inondé. Le Christ se lève et s'étant assis sur la table, les yeux fermés, promène autour de lui un regard qui, à en juger par le sourire qui l'accompagne, doit être d'une douceur infinie. Puis, au milieu d'un silence solennel, il commence son discours. La tenue de notre sauveur est digne et correcte, la voix onctueuse et sympathique, le geste sobre et la diction facile ; seulement on reconnaît, aux premiers mots, qu'il est beaucoup plus familiarisé avec l'hébreu qu'avec la langue française, et que le fond se ressent parfois de la forme par suite de la tâche qu'il s'est imposée d'emprisonner sa pensée dans un certain nombre de syllabes, dont quelques-unes semblent avoir quelque ressemblance euphonique avec d'autres placées plus loin et à intervalles presque égaux, car, hélas ! Jésus-Christ, je ne comprends pas bien pourquoi, a adopté l'usage qui paraît prévaloir en haut de parler en vers. Est-ce un progrès ?

Toujours est-il que cette forme de langage n'empêche pas le Christ de trouver parfois des images aussi sublimes que pleines d'à-propos, la suivante par exemple :

Ainsi que la mouche qui a volé pendant toute la chaleur de l'été,
Et qui, lorsque viennent les premiers froids de l'hiver, *elle* se trouve matée.

La harangue de notre rédempteur se poursuit ainsi pendant près d'une heure, et cela sans la moindre hésitation.

Elle est du reste parfaitement orthodoxe et pourrait, sans inconvénients, être prononcée dans une chaire catholique sans en défalquer autre chose que les rimes par à peu près et les licences grammaticales qu'un Dieu seul peut se permettre. Elle se termine par ces mots qui me paraissent jeter un froid sur la partie masculine de l'auditoire :

Si vous voulez progresser rapidement et n'être jamais malheureux,
N'oubliez jamais ce beau discours *que pour le faire nous se sommes mis deux.*

Vos guides : JÉSUS-CHRIST et ALLAN KARDEC

O Allan Kardec, grand et noble Esprit, si tu assistais réellement à cette séance, tu as pu juger si c'est nous, libres spirites, qui bafouons ta mémoire et amoindrissons ton œuvre!

Il semblait qu'après une pareille chute, il ne restait plus qu'à aller se coucher. Il n'en était, hélas! rien. Après avoir proclamé les auteurs de ce beau discours, Jésus-Christ se renversa en arrière, les bras en croix, sur la table au bord de laquelle il était assis. En même temps, une dame dans le corps de laquelle venait de s'incarner l'esprit de Marie, se levait au pied de la croix improvisée et psalmodiait un cantique qui donnait raison au proverbe « Ce qui ne vaut pas la peine d'être dit, se chante » ; au bout de quelques minutes, une grimace de dégoût indiquait que Jésus venait d'effleurer des lèvres l'éponge de vinaigre et de fiel, puis une contraction subite des membres et un cri étouffé rappelaient le coup de lance traditionnel.

Le plus intéressant du spectacle n'était pas sur la scène, ou du moins sur la table ; il était dans la salle. Toutes les femmes, sans exception, s'étaient précipitées à genoux et priaient en versant d'abondantes larmes. Quant aux hommes, ils étaient restés assis dans une attitude recueillie et respectueuse, mais il était facile de voir qu'ils étaient gênés et surtout qu'ils évitaient de se regarder. Je remarquai même que quelques-uns d'entre eux n'attendirent pas, pour décrocher leur pardessus, que le défilé fût terminé, car il y eut un défilé. Chaque femme vint à son tour s'agenouiller près de la table et baiser le côté gauche de la redingote du Christ, qui s'était retourné sur le côté et qui dit à chacune quelques mots à l'oreille. Je sus, après la séance, les confidences que le Sauveur n'avait pas osé faire à haute voix ; à l'une il avait dit :

« Je suis le berger de Sion et je veille sur mon troupeau. »

A une autre :

« Quand le berger veille, le troupeau est en sûreté. »

A une troisième :

« Il faut que le berger veille, s'il ne veut pas perdre ses brebis. » Et ainsi de suite.

L'idée est peut-être un peu vulgaire et la paraphrase monotone, mais on a beau être le Christ, des souffrances telles que celles de la Passion laissent toujours un peu de trouble dans l'esprit.

Je sortis de cette séance le cœur d'autant plus attristé que je savais que tous les membres du groupe, sans exception, étaient remplis de conviction et de bonne foi.

Si c'est là le vrai spiritisme, pensais-je, vite, qu'on nous ramène au catholicisme, car, ainsi que l'a si judicieusement dit Alpha : « Au moins le catholicisme a ses dogmes, et ses saints restent muets. Dans le spiritisme, les saints parlent et Dieu sait comment. Chaque groupe a ses auréoles, ses doctrines locales, ses invocations, ses patenôtres, et comme les fantômes en imposent plus que les principes, on arrive à croire aux plus fantastiques sornettes. »

A. Martelin.

*
* *

Lorsqu'un sujet somnambulique veut établir une communication quelconque entre lui et une personne éloignée, le sujet demande quelque chose ayant appartenu à la personne pour laquelle on vient le consulter.

Cet objet sert de crochet, de point d'appui au sujet pour conduire ses recherches. Sans cet objet les rapports sont presque impossibles à établir.

Voilà, en passant, la raison pour laquelle il est impossible presque généralement à un sujet « voyant » de dire les cours de la bourse du lendemain ou le nom du gagnant dans une course. Ces faits peuvent arriver, mais c'est alors une exception amenée par certains points de rapport généralement absents.

Partant de cette donnée toute simple, on comprend pourquoi tous les occultistes sérieux admettent qu'on peut parfaitement communiquer avec l'âme d'un être qu'on a connu et surtout qu'on a aimé. Ainsi qu'on l'a vu au début de ce chapitre, l'âme après la mort cherche un cœur aimant où se réfugier. Rien d'impossible par suite à la communication dans ce cas.

Quand le sujet somnambulique n'a pas de point d'appui pour exercer son activité, il prend des points d'appui dans le cerveau du consultant et lui récite ses pensées.

Le consultant se figure-t-il être appelé à un brillant avenir?

Le sujet subit malgré lui son influence et raconte au questionneur que telle ou telle magnifique affaire se réalisera et que la richesse lui viendra subitement de ce chef.

Le consultant sort ravi en s'écriant : « Quelle merveille ! le sujet m'a dit des choses que moi seul savais ! ! »

C'est justement là le danger à éviter.

Aussi, quand vous pénétrez dans un milieu spirite et que vous assistez à une communication de saint Jean, l'auteur de l'apocalypse ou de la Vierge Marie, cherchez dans l'assistance non pas l'esprit invisible, mais bien le *cerveau* d'où vient cette communication.

Cette enquête facile à faire vous instruira sur une des causes les plus fréquentes du phénomène, et vous verrez pourquoi l'on a pu avoir dans certains milieux des communications de la *mère d'Homère* (!) ou de *d'Artagnan* (!!), le héros d'un roman d'Alexandre Dumas.

Si nous n'hésitons pas à dévoiler les erreurs commises par certains fanatiques dangereux, dans le genre de M. Henry Lacroix[1], c'est que ces erreurs nuisent à une cause que nous croyons juste et bonne, et que nous sommes désolé de voir exploiter de cette façon. Il ne faut pas que les travailleurs consciencieux subissent les conséquences de certaines théories outrées qui inspirent de suite une juste méfiance à tous les gens raisonnables.

Un autre point qui montre cette exagération, c'est celui de la réincarnation.

D'après la Science occulte, l'âme ne peut se réincarner que très longtemps après la vie précédente. Les chiffres donnés ordinairement, 1500 ans, sont tirés de calculs astronomiques par l'ésotérisme indou. Certaines exceptions très limitées existent à cette règle, parmi lesquelles nous citerons :

La mort avant la jeunesse ;

Le suicide ou la mort violente ;

La réincarnation consciente d'un adepte, etc.

Toutefois on peut discuter le nombre exact d'années

1. Henry Lacroix, *Mes expériences avec les Esprits*. Librairie spirite (1889). La lecture de ce livre suffit à éloigner à jamais du spiritisme tous les hommes sensés.

s'écoulant entre chaque incarnation et, personnellement, nos expériences ne nous permettent pas d'affirmer scientifiquement un certain nombre. Mais ce nombre doit être, malgré tout, très élevé.

Or, certains spirites, exagérant cette doctrine, se donnent comme la réincarnation de tous les grands hommes quelque peu connus.

Un brave employé est Voltaire réincarné... moins l'esprit. Un capitaine en retraite c'est Napoléon revenu de Sainte-Hélène, quoique ayant perdu l'art de parvenir depuis. Enfin il n'y a pas de groupe où Marie de Médicis, Mme de Maintenon, Marie Stuart ne soient revenues dans des corps de bonnes bourgeoises souvent enrichies, et où Turenne, Condé, Richelieu, Mazarin, Molière, Jean-Jacques Rousseau ne dirigent quelque petite séance.

Là est le danger, là est la cause réelle de l'état stationnaire du spiritisme depuis cinquante ans, il ne faut pas chercher d'autre raison que celle-là ajoutée à l'ignorance et au sectarisme des chefs de groupe.

Dès 1853, Eliphas Lévi avait donné certaines pratiques de l'évocation des morts et avait même fait une expérience montrant comment, en appliquant les données de la magie, et en faisant corps, par une étude prolongée, avec l'œuvre d'un grand homme, on pouvait faire appel à lui ou plutôt à son image astrale.

Ceci m'amène à dire ce qu'on entend en occultisme par *image astrale*.

Il est curieux de savoir quels sont les principes qui se manifestent dans une séance de nécromancie, alors que le défunt répond lui-même à l'évocation.

D'après la doctrine des trois principes constituants de l'être humain, voici ce qui se produit :

L'attraction exercée par l'évocateur agit sur le corps

astral de l'évoqué, et la communication s'opère par la fusion du médiateur plastique du sujet servant de médium avec le corps astral de l'esprit évoqué, ou plutôt avec la portion du corps astral qui entoure encore l'âme après la mort (voy. chapitre précédent).

Le phénomène étant considéré sous ce point de vue général, c'est bien l'âme, le principe supérieur du défunt, qui se manifeste.

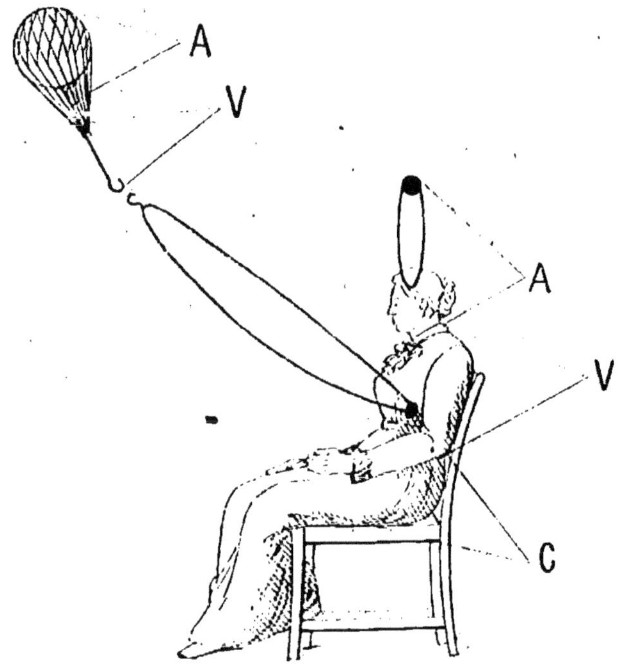

Les spirites, ne tenant compte que des données très générales, ont donc raison de prétendre que c'est bien l'âme du défunt qui vient répondre à l'appel de son parent ou de son ami.

Quand les théories, jusque-là tenues secrètes, de la Science occulte ont commencé à être connues du grand public et à faire de nombreux adeptes, les spirites ont été très scandalisés en apprenant que les principes supérieurs de l'homme (l'âme spirituelle et l'âme divine) n'ont rien à voir avec les communications entre les vivants et les morts.

Des données aussi abstraites, formulées devant les partisans d'une philosophie tout élémentaire, produisirent exactement l'effet d'un livre de Kant ou de Leibniz lu devant les élèves d'une école primaire.

La première accusation portée contre la Science occulte c'est d'être « bien trop difficile à comprendre et bien trop compliquée pour les lecteurs habituels des livres spirites ».

Une autre objection est la suivante : « Les occultistes osent prétendre que l'être humain se scinde en plusieurs entités après la mort et que ce qui vient se communiquer n'est pas l'être tout entier, mais un débris de l'être — une coque astrale ! »

Pour bien éclairer cette question et pour éviter tout malentendu, il suffit pourtant d'un peu de réflexion.

De combien de principes est constitué l'homme d'après le spiritisme?

De trois :

Le Corps, le Périsprit et l'Ame.

Où sont logés ces principes?

Dans les trois segments de l'organisme :

Ventre, Poitrine, Tête.

Compulsez tout Allan Kardec, parcourez les œuvres de tous les philosophes spirites, nulle part vous ne trouverez mention qu'il existe en *dehors de l'homme des principes non encore incarnés*.

Si l'on voulait figurer la constitution de l'homme d'après le spiritisme, on le ferait ainsi :

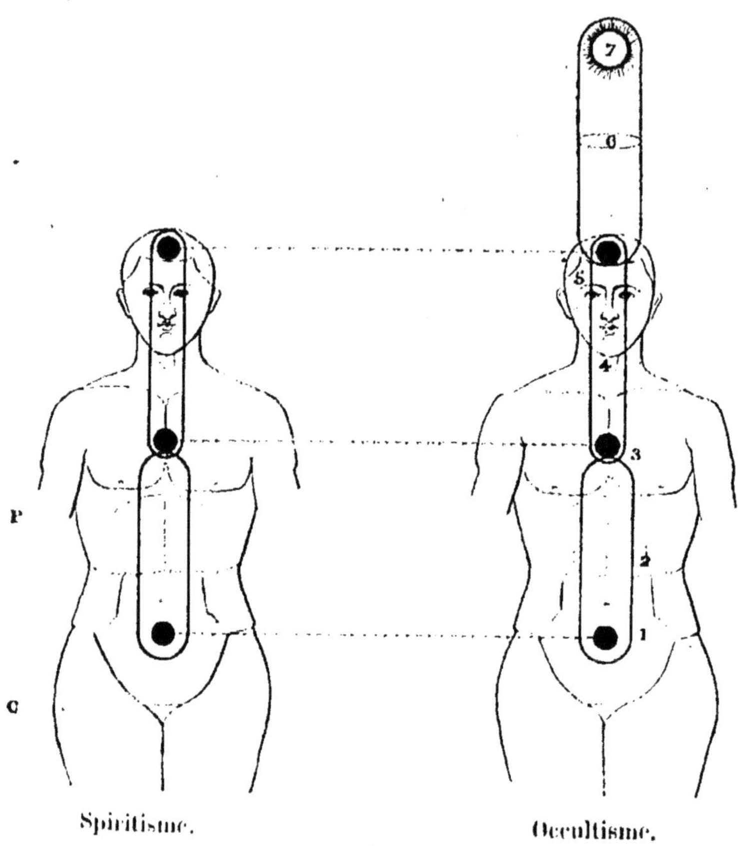

Spiritisme. Occultisme.

La figure placée à côté de celle-là montre au contraire l'origine de cette discussion basée sur un malentendu.

Le 6e et le 7e principe, n'étant pas incarnés dans l'homme, NE FONT PAS PARTIE DE SON MOI, ils constituent ce qu'on appelle l'*inconscient supérieur*, le moi étant contenu dans le 4e et le 5e principe correspondant exactement à ce qu'un spirite appelle *un esprit*.

Après la mort chacun de ces groupes évolue dans un

plan particulier, le corps physique évolue dans le monde matériel, le corps astral (3e, 4e et 5e principes) dans le monde astral, et le corps psychique (5e, 6e et 7e principes) dans le monde divin.

Ce qui vient dans une séance spirite, c'est toute la partie de l'être qui constitue sa personnalité, son MOI, c'est-à-dire les 4e et 5e principes. Les spirites, qui ne connaissent pas d'autres éléments supérieurs constituant l'homme, ont raison de dire que le MOI se communique dans son intégrité.

Mais l'inconscient supérieur, les 6e et 7e principes n'ont que faire dans tout cela et les occultistes sont aussi dans le vrai.

Toutes les figures qui précèdent feront comprendre la vérité de chacune des opinions et montreront bien que ce que le spirite appelle un *esprit*, c'est-à-dire un MOI, l'occultiste l'appelle un ELÉMENTAIRE, *une coque astrale*. Les mots ne doivent jamais effrayer un homme vraiment intelligent ; c'est ici le cas de s'en souvenir.

*
* *

On peut voir par ce qui précède que la réalité des phénomènes spirites non plus que la possibilité de la communication entre les vivants et ceux qui ne sont plus sur la Terre ne sont pas mises en doute par la Science occulte.

Nous ne parlerons que pour mémoire d'une certaine classe de fanatiques qui, sous le nom de membres de la Société Théosophique, sont venus nier l'action des âmes, dans quelques phénomènes que ce fût. Cette opinion, aussi extrême que celle de ceux qui voient l'action des esprits partout, a trouvé de par les faits un flagrant démenti. Nous reviendrons en détail sur ces questions dans le *Traité élémentaire de Magie pratique*; pour l'instant nous allons résumer tout ce qui précède en citant l'analyse des opinions courantes des écoles d'occultisme, telle que nous l'avons publiée lors du Congrès spirite et spiritualiste de 1889.

ÉCOLE D'OCCULTISME

Ainsi que nous l'avons dit précédemment, les kabbalistes et les théosophes sont d'accord sur le fond de la doctrine ésotérique.

Leurs enseignements se présentent tout d'abord à l'esprit comme beaucoup plus compliqués que ceux du spiritisme. L'analyse a été poussée dans ces doctrines aussi loin que possible à propos de chaque question ; de là l'impossibilité presque absolue d'en faire un résumé tant soit peu complet.

L'occultisme admet comme absolument réels tous les phénomènes du spiritisme. Cependant il restreint considérablement l'influence des esprits dans la production de ces phénomènes, et les attribue à une foule d'autres influences en action dans le monde invisible.

Nous aurons donc à voir successivement :

1° *Comment est conçue la constitution de l'homme ;*

2° *Quel est l'état de l'homme après sa mort ;*

3° *Quelles sont la constitution de l'Univers et celle de Dieu*, d'après ces écoles.

Nous exposerons tous ces enseignements de notre mieux, mais sans jamais prendre parti pour l'une ou l'autre des deux doctrines.

Notre devoir consiste à exposer et non à critiquer.

Constitution de l'homme.

L'homme est composé de trois principes fondamentaux :

1° Le corps matériel ;

2° Le corps astral ou médiateur plastique (la vie), le *périsprit* des spirites ;

3° L'âme (l'*esprit* des spirites).

Mais ce sont là les principes vus dans leur généralité. Chacun d'eux est composé de plusieurs éléments distincts. La connaissance de ces éléments est indispensable pour bien comprendre ce qui se passe à la mort.

Le corps est formé d'une foule de cellules *matérielles*. Mais chacune de ces cellules a une *vitalité* propre, est vivante. Cette vie spéciale de chaque cellule est indépendante de la vie générale de l'être.

Le périsprit ou corps astral se présente ainsi composé :

La *vie* purement matérielle de l'homme, qui fait croître ses organes à mesure qu'ils s'usent. Cette vie charriée incessamment dans l'organisme par les globules du sang et localisée comme centre de réserve dans les ganglions du nerf grand sympathique.

C'est cette partie du périsprit ainsi localisée *qui peut sortir* hors de l'homme à l'état somnambulique ou à l'état de médiumnité, et qui contribue beaucoup à la production des phénomènes.

Cet élément est le siège même de l'*instinct*, de l'*inconscient* et de toutes ses actions.

Enfin le périsprit, dans sa combinaison supérieure avec l'âme, produit l'*intelligence*, d'où dérive la faculté d'apprendre pour l'homme (*intellectualité*).

Pour résumer, voici comment les écoles d'occultisme analysent le périsprit[1] :

PÉRISPRIT ou VIE *composé de 3 éléments*

- Élément localisé dans les cellules du corps matériel et qui ne SORT JAMAIS hors du corps. — **Vitalité.**
  (Combinaison du périsprit avec le corps matériel.)
- Élément localisé dans les ganglions du nerf grand sympathique, élément qui PEUT SORTIR hors du corps matériel dans certaines conditions. — **Corps astral. Ame animale.**
- Élément localisé en partie dans le cerveau, qui peut diriger le précédent consciemment (magie). — Siège de la science de l'homme. **Ame humaine.**
  (Combinaison du périsprit avec l'esprit.)

On voit de suite à quel raffinement analytique les écoles d'occultisme ont poussé leurs enseignements. Voyons de même l'autre principe.

Ce que les spirites appellent l'*esprit*, et certains occultistes l'*âme*, est ainsi analysé par ces derniers :

ESPRIT *composé de 3 éléments*

1° Partie inférieure de l'Esprit, siège de la mémoire des choses terrestres et de leur intelligence. — **Ame humaine.**

2° Partie moyenne de l'Esprit, siège de l'inspiration, de la double vue consciente et de la moralité. — **Ame angélique.**

3° Partie supérieure de l'Esprit, siège de la prévision consciente de l'avenir. — **Ame divine.**

Les deux derniers éléments de l'esprit ne sont pas développés dans les races actuelles. Ils prendront progressivement naissance dans les races futures de l'humanité terrestre.

Connaissant ces données indispensables, il nous est très facile de voir ce que devient l'homme après la mort.

1. Voy. la conférence sur la localisation physiologique du périsprit dans le volume du Congrès spirite de 1889.

État de l'homme après la mort.

La *fin* de l'homme, c'est la fusion en Dieu dans la totale conscience, et la totale puissance ou *Nirvâna*.

Le *moyen* d'atteindre cette fin, c'est l'*évolution morale*, l'évolution libre et consciente des principes supérieurs latents en chacun de nous.

Un Dieu tout despotique n'a pas à intervenir dans l'état de notre vie future. Nous sommes nous-mêmes nos seuls juges, et l'ensemble des mérites et des démérites (*Karma*) de notre dernière existence détermine seul notre avenir, d'après les lois de la réaction toujours équivalente à l'action.

A la mort le *corps matériel* reste attaché à la terre, d'où il provient. La *vitalité* des cellules de ce corps se répand dans la nature, où elle devient la vie des êtres sans cesse générés (plantes, vers, etc.).

Un être fluidique se détache peu à peu de l'être matériel : maintenant inerte, cet être fluidique est formé des éléments suivants :

Le *corps astral* comme corps ;

L'*ame animale* comme vie (instinct) ;

Les *principes supérieurs*, âme humaine, âme spirituelle, comme esprit, âme divine.

Cet être fluidique est saisi par les courants d'attraction de la terre. Les principes supérieurs cherchent à l'attirer en haut, les principes inférieurs (instinct et corps astral) cherchent à l'attirer en bas.

L'être franchit les courants d'autant plus vite que les principes supérieurs sont plus puissants. C'est la souffrance particulière qui accompagne cette lutte que toutes les religions exotériques ont symbolisée par le purgatoire.

Cependant la séparation des principes s'effectue progressivement ; les principes inférieurs restent dans l'atmosphère occulte de la terre et les principes supérieurs se détachent des inférieurs, auxquels ils ne sont plus liés que par un lien fluidique. A ce moment l'être est ainsi constitué :

	Principes supérieurs.	Ame angélique. Ame divine.	Inconscient supérieur.
		Lien fluidique.	
Élémentaire.	L'homme conscient (le moi).	Science. Mémoire des choses terrestres. Intelligence inférieure.	Ame humaine.
		Lien fluidique.	
	Ame animale	Instincts grossiers. Passions.	Inconscient inférieur
		CORPS ASTRAL PÉRISPRIT	

Les principes inférieurs illuminés par l'intelligence de l'âme humaine forment ce que les occultistes appellent *un élémentaire*, et flottent autour de la terre dans le monde invisible, tandis que les principes supérieurs évoluent sur un autre plan.

Voilà la première différence qui sépare les occultistes des spirites ; les spirites admettant que l'esprit reste toujours enveloppé du périsprit, les occultistes enseignant que l'esprit se sépare progressivement du périsprit.

D'après les occultistes, dans la plupart des cas, l'esprit qui vient dans une séance est l'élémentaire de la personne évoquée, c'est-à-dire un être qui ne possède du défunt que les instincts et la mémoire des choses terrestres (voyez ci-dessus). Mais même cet esprit élémentaire ne vient pas dans tous les cas et d'autres influences agissent. Ceci nous amène à étudier la façon dont l'occultisme conçoit le monde invisible.

D'après le spiritisme, le monde invisible est peuplé seulement d'*esprits* et de *fluides*.

D'après l'occultisme, d'autres éléments s'y trouvent.

Ce sont d'abord :

Les *Élémentaires*, principes inférieurs des êtres décédés à la vie terrestre, puis :

Les *Corps astraux des êtres vivants*, périsprits des médiums sortis inconsciemment hors de l'être, ou périsprits des adeptes sortis consciemment du corps dans un but déterminé ;

Les *Élémentaux*, êtres inférieurs n'ayant jamais été incarnés, ne possédant aucune intelligence propre et subissant l'influence de toutes les volontés humaines bonnes ou mauvaises : ces êtres agissent dans les *éléments ;*

Les *Idées des hommes*. Autour de chaque homme ses idées se trouvent, constituant, par la fusion de chacune d'elles avec un élémental, un être réel qui reste là plus ou moins longtemps suivant la tension cérébrale qui lui a donné naissance et qui agit bien ou mal sur l'homme, suivant que l'idée est bonne (enthousiasme) ou mauvaise (remords).

Expliquer en détails la constitution de tous ces êtres, le moyen de les distinguer et de montrer la réalité de leur existence, ce serait faire un traité complet de magie pratique. Nous n'en avons pas le loisir ici[1].

Le spiritisme comme le magnétisme forment en effet, d'après les occultistes, deux branches de l'antique *Magie*, science profonde enseignée dans les temples antiques après de terribles épreuves.

Un point important à noter tout d'abord, c'est que la

1. Depuis trois ans nous avons commencé un volume sur ce sujet. Ce volume paraîtra sans doute cette année.

querelle entre les occultistes et les spirites à propos des esprits et des élémentaires est une pure querelle de mots.

Le spiritisme n'ayant pas établi l'existence des principes supérieurs admis par l'occultisme, il s'ensuit que ce que le spirite appelle un esprit correspond absolument à ce que l'occultiste appelle un élémentaire. Ce sont des mots différents pour désigner la même chose.

L'occultisme enseigne aussi que *dans certains cas* on peut évoquer les principes supérieurs de l'être ; mais qu'alors on court le risque de perpétrer le plus grand des crimes. On fait perdre en effet à l'être ainsi rappelé dans ce monde le bénéfice de tous ses efforts pour s'en éloigner spirituellement. L'expérience seule permettra d'infirmer ou de confirmer cette observation.

En terminant cette étude sur le monde invisible, rappelons qu'outre les êtres dont nous avons parlé, on y rencontre des *courants fluidiques* de lumière astrale, courants non perceptibles à notre être physique, mais qui deviennent immédiatement perceptibles à l'être qui par la sortie de son corps astral a acquis le *sixième sens* humain, sens encore inconnu de la plupart des hommes actuels.

Cette Lumière astrale est la *force-substance universelle* dont toutes les autres forces et toutes les autres substances sont des modalités. Elle suit, à très peu de chose près, les mêmes lois que l'électricité, une de ses manifestations supérieures.

Pour tout résumer, voici ce qu'on rencontre dans le monde invisible aux yeux matériels, visible à l'état médianimique :

1° Les Courants fluidiques de lumière astrale charriant les :

2° Élémentals, forces inconscientes des éléments ;

3° Élémentaires, restes des défunts, *Esprits* des spirites ;

4° Idées devenues des Êtres, êtres collectifs (Eugène Nus) ;

5° Corps fluidiques des médiums ou des adeptes.

La personnalité après la mort.

Remarquons bien les localisations des entités psychiques.

Le moi est placé entre deux inconscients.

1° Un inconscient supérieur, le non-moi supérieur ou le soi.

2° Un inconscient inférieur, le non-moi inférieur ou la Vie organique.

Le Ballon représente le soi (7e et 6e principes).

Le Crochet inférieur du Ballon et le Crochet supérieur du Corps Astral représentent le moi (5e et 4e principes).

Enfin les autres parties de la figure représentent les autres éléments plus inférieurs.

Que se passe-t-il à la mort ?

Ces divers principes se séparent et continuent chacun leur évolution *sur un plan différent*.

Nous savons tous qu'après la mort le corps matériel évolue sur le plan matériel, que ses cellules organiques s'en vont animer de nouveaux organismes et que la vitalité se répand dans la Nature.

Le moi continue également son évolution dans le plan astral. C'est là un point parfaitement défini dans les différents ouvrages s'occupant de spiritisme.

D'autre part le soi poursuit de même son évolution dans le plan divin, essentiellement impersonnel. Ces deux derniers principes sont toutefois toujours reliés l'un à l'autre, nous verrons tout à l'heure comment.

Pour résumer disons que, de même qu'il existe trois plans bien distincts dans l'Univers, il existe trois évolutions correspondant à ces plans :

1° Le Plan Matériel.	Dans lequel le corps physique suivra son évolution.
2° Le Plan Astral. Plan Personnel ou Moral.	Dans lequel le MOI poursuit son évolution.
3° Le Plan Divin ou impersonnel.	Dans lequel le SOI poursuit son évolution.

La figure suivante résume ces données.

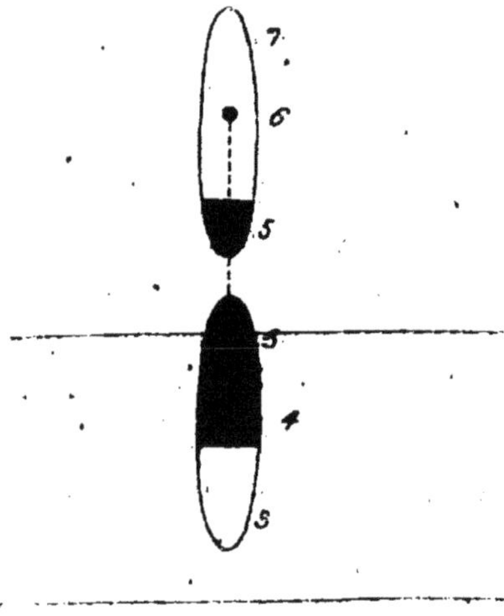

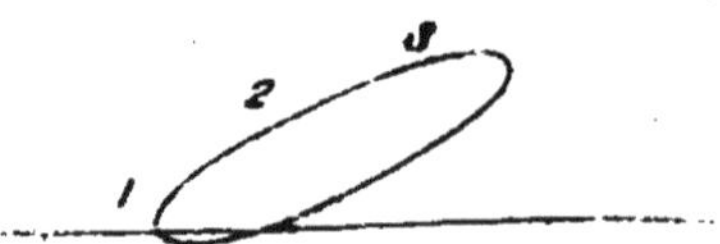

État de l'homme après la mort.

A quoi bon, nous dira-t-on, ce soi qui se distingue du MOI? C'est là une source de galimatias où personne ne peut s'entendre. Nous allons montrer un seul côté de la question, les autres nécessitant plus d'espace que nous ne pouvons en consacrer à cette étude.

*
* *

La doctrine primaire de l'occultisme nous enseigne la théorie de la réincarnation. L'homme se réincarne plusieurs fois dans son évolution progressive.

Si maintenant nous supposons que *Jean* soit mort, que son Esprit, après avoir accompli son évolution astrale, se soit réincarné avec son périsprit, comme le veulent certains spirites, dans l'individualité de *Pierre*, que se produira-t-il si l'on évoque Jean par les procédés de la Nécromancie et du Spiritisme?

Pierre devra-t-il s'endormir à l'instant et renvoyer hors de lui l'individualité primitive de Jean avec son périsprit?

Le problème se complique encore si, au lieu de l'incarnation immédiatement antérieure, on cherche celle qui précède de 10 à 12 échelons dans la série.

C'est parce que l'occultisme répond au mieux à toutes ces difficultés que nous avons tenu à exposer ses enseignements à cet égard.

*
* *

D'après la doctrine du *Karma* et de la Réincarnation, l'évolution de l'homme peut être comparée à une longue tige verticale coupée par de petites tiges horizontales.

La grande tige verticale représente ce principe divin le soi qui passe à travers toutes les personnalités et qui porte la chance ou la malchance dans l'individualité suivante, selon la conduite de l'individualité précédente.

Chacune des petites barres horizontales représente un des nombreux MOI traversés par le Principe divin en évolution.

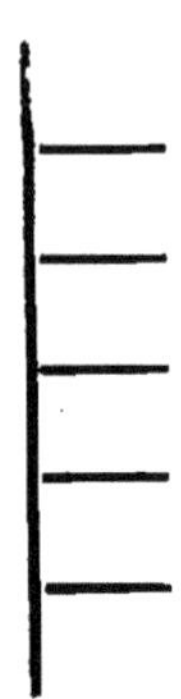

Ainsi si j'ai été *Jean* dans une existence antérieure et que je sois *Pierre* dans celle-ci, ce n'est pas la personnalité de Jean qui a servi à constituer ma personnalité actuelle ; le principe divin seul qui était dans Jean est dans moi, ou plutôt est au-dessus de moi, et constitue mon idéal, de même que ce principe sera dans la personnalité future que j'aurai.

La position sociale et la « chance » de chacune des personnalités dépendra donc de la conduite de la personnalité antérieure ; mais cela n'empêche pas chacune des personnalités ainsi générées de conserver intacte toute son individualité, tout son MOI dans le plan astral.

Le Principe supérieur, évoluant dans un sens différent, ne peut gêner en rien l'évolution des diverses personnalités auxquelles il est toujours lié, de même que le fil est lié aux grains du chapelet qu'il traverse.

Au moment où le système solaire va entrer dans sa période de repos, le Principe supérieur, le SOI, peut voir se manifester à lui tous les MOI qu'il a évolués et faire la synthèse totale des mérites et des démérites acquis pendant son évolution. Mais nous abordons là une question qui sort de notre sujet.

Pour tout résumer, notons bien la facilité avec laquelle l'objection de tout à l'heure se trouve résolue par la théorie de la conservation indéfinie des vibrations générées, à un moment quelconque, dans le plan astral. Chacune des personnalités persiste, liée à toutes les autres par le Principe supérieur, mais indépendante des autres dans son évolution particulière.

La croix égyptienne qu'on trouve sur le Tarot représente au mieux cette théorie, la branche verticale figurant le soi et chacune des branches horizontales un MOI particulier avec son plan spécial d'évolution.

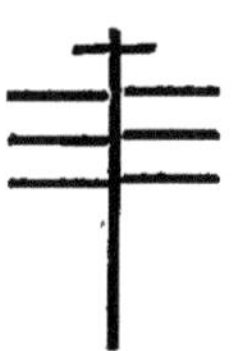

L'Univers et Dieu.

L'occultisme entre dans des détails aussi nombreux à propos de l'Univers et à propos de Dieu. Les spirites dont la doctrine n'aborde que fort peu ces problèmes, ont été quelque peu intrigués par les conclusions de la section de l'occultisme du Congrès au sujet de l'Univers et de Dieu.

Nous ne pouvons pas, faute de place, entrer dans de grands détails à ce sujet ; cependant deux mots sont nécessaires pour déterminer les éléments primordiaux de cet enseignement.

L'occultisme enseigne que *tout est vivant*, depuis la matière la plus solide jusqu'à Dieu.

Un échange perpétuel se fait entre tous les êtres, la

matière évolue à travers les règnes de la nature et les races humaines vers l'Esprit. Cette évolution, connue de toute l'antiquité dans l'Inde, vient à peine d'être découverte par les savants occidentaux. Mais réciproquement l'esprit *involue* vers la matière dans des conditions déterminées.

L'évolution n'a jamais lieu sur la même planète dans un même âge. Ainsi l'animal est bien un végétal évolué, mais jamais, au grand jamais, on ne peut voir sur la terre un végétal devenir animal. Cette transformation s'opère dans le monde invisible, entre les grands cycles, et porte non sur le corps lui-même, mais *sur ce qui fabriquera le nouveau corps matériel.*

De même que l'homme, chaque système solaire naît, vit, *pense* et meurt. Les âges exacts d'un Univers sont mathématiquement déterminés par les Brahmanes indiens. Les personnes désireuses d'approfondir ces questions pourront prendre connaissance de toute la littérature qui traite de ces questions[1].

La place nous manque pour détailler davantage et nous renvoyons le lecteur aux conclusions des six sections d'occultisme, où il trouvera tous les détails complémentaires.

RÉSUMÉ

Terminons ici l'exposé des théories générales des diverses écoles représentées au Congrès. Comme il est facile de le voir, les théories du spiritisme sont les mêmes que celles de l'occultisme; mais en *moins détaillé*. La portée des enseignements du spiritisme est par suite plus grande, puisqu'il peut être compris par un bien plus grand nombre de personnes. Les enseignements, même théo-

1. Surtout *l'Essai sur la Philosophie bouddhique* d'Augustin Chaboseau.

riques, de l'occultisme sont, de par leur complication même, réservés aux cerveaux pliés à toutes les difficultés des conceptions abstraites.

Mais au fond c'est une doctrine identique qu'enseignent les deux grandes écoles.

Nous venons de nous occuper beaucoup des rapports des vivants et des morts. Il serait temps de revenir à notre étude véritable et de voir quelle destinée attend l'âme après la mort.

L'être, une fois désincarné, n'a pas à subir de jugement de la part d'un Dieu plus ou moins anthropomorphe. Ses actions et ses pensée constituent l'origine d'un mouvement déterminé par lui-même.

Après la mort le repos commence donc, repos dans lequel sont réalisés tous les désirs de bonheur imaginés par l'être qui vient de naître à la vie psychique. Chacun se crée donc un Paradis à sa fantaisie entre chaque incarnation. Dans cet état l'être arrivé à un certain degré de supériorité intellectuelle pourrait se souvenir, si l'on en croit la tradition ésotérique, de ses deux ou trois existences précédentes.

Ce n'est que quand cet être a évolué à travers toutes les races dans toutes les planètes d'une chaîne, ce n'est qu'au moment où la dernière planète entre en repos et où l'Univers lui-même va s'anéantir dans le grand sommeil qui précédera sa renaissance, que l'être humain peut avoir conscience de toutes ses incarnations antérieures et en mesurer les mérites et les démérites, source de son avenir dans l'éternité qui commence pour lui!

∴

Cette idée de l'évolution progressive met fin à toutes les conceptions plus ou moins profondes des théologies sur le

Ciel et l'Enfer. Aussi ne saurions-nous mieux terminer ce chapitre que par la spirituelle critique des divers Paradis faite par l'auteur de *Nos Bêtises*, le philosophe Eugène Nus.

LE PÈRE ÉTERNEL EN TOURNÉE

— Tiens! dit le bon Dieu au directeur général de la voie lactée, qu'est-ce que c'est que cette petite machine, là-bas ? Je ne l'avais pas encore aperçue.

— Seigneur, répondit le haut fonctionnaire, il y a quelques milliers de siècles que vous n'êtes venu visiter ces parages, et, depuis ce temps, nos soleils ont fait des petits.

— Celui-là me paraît assez mal conformé, fit observer le Père éternel.

— Ce n'est pas, il est vrai, le mieux venu de la famille, et il va de mal en pis, depuis que l'homme y a poussé.

— Ah! ah! fit le bon Dieu.

— J'ai même été sur le point de supprimer radicalement cette espèce qui provient évidemment d'un germe défectueux.

— Ne soyons pas radicaux, dit le Créateur de toutes choses.

— Je sais, Père suprême, que vous n'aimez pas les moyens violents. Pourtant, je n'ai pas voulu prendre sur moi de laisser circuler une boule qui donne le mauvais exemple aux autres, sans demander l'avis du grand conseil des constellations. Toutes, sauf le Scorpion, ont opiné pour la patience.

— Il en faut, et beaucoup, soupira l'auteur des mondes. Voilà une éternité que j'attends l'achèvement de mon œuvre, et elle recommence tous les matins. Il parait que je ne me reposerai jamais.

— Il y en a cependant qui assurent là-bas que vous n'avez travaillé qu'une semaine dans tout le cours de votre existence, et qu'à partir du premier dimanche, vous vous êtes croisé les bras.

— On voit bien que ces gens-là n'ont pas l'immensité à remplir. Qui a pu leur débiter de pareilles bourdes?

— Un homme qui prétend que vous lui avez parlé dans un buisson de feu.

— Je n'ai, de ma vie, parlé à qui que ce soit dans un buisson que par la voix des chardonnerets et des merles, et je n'ai vu de buissons de feu que dans les décors d'opéra. Cet individu a abusé de la simplicité de ses frères. S'ils ont inventé beaucoup de choses comme celles-là sur mon compte, voilà un petit avorton de planète à la surface de laquelle on doit se faire une singulière idée de moi.

— C'est bien là ce qui me révolte. J'ai beau leur envoyer de temps en temps des professeurs capables, choisis par moi dans les mondes voisins, pour éclairer leurs sentiments et redresser leurs idées, ils me les renvoient pendus, empoisonnés, brûlés, écartelés, martyrisés de toutes les façons.

— Diable!

— Les plus acharnés, les plus enragés de tous sont les prêtres.

— Ah! s'ils ont des prêtres, s'écria le bon Dieu, je ne m'étonne plus de rien.

— Ils en ont de toutes les couleurs : des blancs, des noirs, des gris, des jaunes, des verts, des rouges, des bleus... Je passe les nuances intermédiaires. Je ne sais pas de quels aromes est formé ce damné soleil, un petit soleil de troisième classe, il est vrai : tous ses enfants sont atteints de cette maladie dans leur jeunesse. Nous venons de guérir Jupiter à force de purgations. Saturne est encore en traitement, un procédé nouveau imaginé par la faculté de médecine du Capricorne, un bandeau cosmique qui entoure le crâne du malade et qu'on arrose de lumière par une pompe à jets continus. Nous en espérons de bons résultats. Mais nous n'avons pu sauver la Lune, morte en bas âge, rongée par les moines qui s'étaient répandus partout. Les comètes elles-mêmes, malgré la rapidité de leur course, ne peuvent échapper à la contagion, quand elles passent près des planètes infectées. Nous serons forcés de couper leur chevelure.

— Coupez! dit le souverain Père. La propreté avant tout. Quant à cette petite boule, voyons d'abord à quel degré d'insanité morale le morbus sacerdotal l'a conduite.

— Faites venir le sous-préfet du sept million trois cent vingt-quatre mille sept cent quarante-sixième soleil jaune, dit le directeur général à une étoile filante, qui se tenait à distance respectueuse, attendant les ordres de son chef.

Une seconde après, paraissait le fonctionnaire en sous-ordre.

— Il s'agit de la Terre, lui dit le directeur général.

— Voyons votre rapport et faites vite, dit le bon Dieu. Je suis pressé.

— Père suprême, répondit le sous-préfet du petit soleil jaune, dans le tourbillon que j'administre, cette planète est celle qui me donne le plus de mal. Il est impossible d'y faire la police. Tous les commissaires que j'y envoie donnent leur démission au bout de quelques siècles. Vos sublimes volontés y sont méconnues sur tous les points. On y foule aux pieds, sans vergogne et sans pudeur, les lois les plus élémentaires de votre admirable nature. Seuls, les animaux inférieurs les respectent encore, à condition toutefois que la main de l'homme ne s'appesantisse pas sur eux. Et, comble d'abomination, c'est en invoquant votre sublime puissance qu'on vous outrage. Leurs plus horribles attentats sont perpétrés en votre nom. C'est vous, affirment-ils, qui prescrivez toutes ces noirceurs, toutes ces lâchetés, tous ces meurtres et tous ces crimes ; si bien que les meilleurs en sont réduits à vous maudire, et que la seule consolation des malheureux est d'espérer que vous n'existez pas, car on pousse le raffinement de la barbarie jusqu'à s'efforcer de leur faire croire que, non content de les torturer sur leur petite terre, vous vous proposez encore de leur infliger des supplices éternels, auprès desquels leurs souffrances de là-bas sembleront d'ineffables douceurs.

— J'en ai bien vu d'autres depuis le commencement des âges, dit le Père éternel. Continuez et ne gazez rien. J'ai l'expérience de ces choses... Mais, puisque c'est en m'invoquant qu'ils ont fait toutes leurs sottises, ils ont dû me donner de bien drôles de noms.

— Toutes sortes de noms, Seigneur. Il en est qui vous ont appelé Moloch et qui enfermaient, pour vous plaire, des jeunes filles et des petits enfants dans une grande statue d'airain où ils les faisaient cuire à petit feu, les jours de fête ; d'autres vous faisaient demander, sous le nom de Teutatès, qu'on saignât les humains sur de grandes pierres ; ceux-ci vous prenaient pour une femme, terrible déesse, qui leur ordonnait d'étrangler tous ceux qui leur tombaient sous la main. A ceux-là qui vous nommaient Jéhovah, vous commandiez expressément d'égorger telles ou telles populations, jusqu'aux enfants à la mamelle, et, quand ils en épargnaient un seul, vous les faisiez massacrer eux-mêmes par vos anges exterminateurs. La dernière religion venue, s'intitulant de paix et d'amour, a brûlé sur des bûchers je ne sais combien de millions de pauvres gens, pour célébrer votre gloire. De nos jours encore, la même religion, pacifique et amoureuse, vous proclame le Dieu des armées, et chaque vainqueur court dans ses temples vous offrir des drapeaux criblés de balles, et vous chanter des actions de grâces pour le grand nombre d'ennemis que vous lui avez permis de mettre à mort. Je ne parle pas des innombrables idiots qui se privent, pour vous complaire, de toutes les pures joies que vous avez semées dans la vie, de ceux qui se macèrent, se mutilent et s'immolent pour mériter vos faveurs. De nos jours encore, dans certaines parties de cet affreux petit globe, on vous promène, chaque année, sur un char dit sacré, dont la fonction sacerdotale consiste à écraser sous ses roues les fidèles qui se couchent à terre en rangs pressés sur son passage; ailleurs, on élève au grade de saint, à grand renfort de trompettes, un malheureux qui n'a pas trouvé d'autre moyen de vous glorifier dans vos œuvres, que de se faire dévorer par les poux. Plus loin, l'idéal de la piété consiste à s'abîmer, jusqu'à ce que mort s'ensuive, dans la contemplation de son nombril.

— Voilà une singulière invention, dit le bon Dieu. C'est, je crois, le premier globe où l'on ait eu l'idée d'une chose pareille. Et l'on dit, pour déprécier mon œuvre, qu'il n'y a rien de nouveau sous les soleils! Que diable peuvent-ils regarder sur leur nombril?

— Sans compter, reprit le sous-préfet, toutes les sottises qu'on vous a prêtées à vous-même. Saturne, vous avez voulu manger vos propres enfants, et ce repas contre nature aurait été consommé, si leur mère ne vous eût fait avaler des quartiers de rocher à leur place ; Jupiter, vous êtes descendu sur la terre pour y faire toutes sortes de polissonneries ; Jéhovah, vous avez donné à Abraham le conseil immoral de prostituer sa femme pour de l'argent, en la faisant passer pour sa sœur; sous le même nom, bien avant ce temps-là, ils vous ont fait condamner tous les hommes, jusqu'à la dernière génération, pour punir l'un d'entre eux qui vous avait volé une pomme; plus tard, il est vrai, vous leur avez permis de racheter cette faute en crucifiant votre fils unique que, dans cette intention, vous aviez fait descendre parmi eux. Depuis cette époque, non contents de l'avoir crucifié, ils le mangent tous les matins.

— Tout cela est absolument insensé, dit le Père éternel; cette planète est atteinte d'une affection mentale de la pire espèce. Quel remède employez-vous contre ce dérèglement cérébral?

— Seigneur, nous leur administrons, en ce moment, quelques infusions de science.

— Très bien. Cela opère-t-il?

— Cela opère assurément. Mais ces cerveaux, trop affaiblis par les terreurs religieuses, ne peuvent supporter les réactions de la science, même absorbée à faible dose, et ils commencent à délirer d'une autre façon.

— Ils vont vouloir me supprimer tout à fait pour me punir de leur avoir fait de si belles peurs, dit l'auteur de tout avec son bon sourire. Dieu merci, je suis habitué à cela. Il n'y a guère de nébuleuses où pareille chose ne m'arrive. Prenez garde seulement que leurs savants ne deviennent aussi intolérants et aussi enragés que leurs prêtres. Mais ne vous effrayez pas si ces symptômes se manifestent, et surtout ne changez pas le médicament. Continuez la science à haute dose. Elle finit toujours par guérir le mal qu'elle a fait. C'est la meilleure drogue de ma pharmacie. Ont-ils déjà découvert le protoplasma?

— Oui, Père éternel, et si vous saviez les conséquences qu'ils en tirent?

— Si je ne le savais pas, je ne saurais pas tout, et, si je

ne savais pas tout, je ne serais pas le bon Dieu, le leur et le vôtre, quoi qu'ils en disent. Parbleu, ils en tirent la conséquence que la vie est un simple mécanisme produit par des forces complètement avengles qui opèrent à l'aventure, sans savoir ce qu'elles font. C'est aussi bête que les religions dans lesquelles ils me représentent comme un fabricant de poteries, confectionnant un homme en terre glaise et soufflant dessus pour le faire mouvoir; aussi bête, mais pas davantage. Sauf l'aberration de l'aveugle mécanique, ils sont même plus près de la vérité. Certes, je ne méprise pas la mécanique. Je l'emploie même volontiers dans certaines parties de mes opérations. Il en est de même pour la physique et la chimie. Si je n'étais pas le grand mécanicien, le grand chimiste, le grand physicien, ni chimie, ni physique, ni mécanique n'existeraient, et si réellement je n'y voyais goutte, ainsi qu'ils le crient, les imbéciles, comment ferais-je pour leur ouvrir les yeux? Les malheureux ne se doutent pas qu'à chaque pas qu'ils font, c'est moi qu'ils découvrent, et qu'au bout de leur lorgnette, ils apercevront : quoi? le bon Dieu. — Qui sera attrapé ce jour-là? De toute éternité, j'en ris d'avance.

Le directeur de la voie lactée et le sous-préfet du tourbillon jaune se mirent à rire, comme doit le faire tout subalterne, quand il voit le maître en gaîté.

— Mais j'y pense, reprit le Seigneur, que faites-vous de leurs âmes, quand elles vous arrivent? J'espère que vous ne les mêlez pas à celles des mondes en bon état.

— J'ai donné ordre de les parquer dans un endroit réservé, répondit le directeur. Là on s'efforce de nettoyer leurs immondices. Mais cette lessive est presque impossible, à tel point les idées fausses et les penchants vicieux sont enracinés dans ces êtres. Les uns se scandalisent de ce qu'il n'y ait pas un enfer pour ceux qu'ils ont damnés; les autres s'indignent de ne pas trouver dans l'autre monde le paradis qu'on leur avait annoncé. Tous réclament à cor et à cri la réalisation de leurs chimères, et clabaudent contre vous, Père éternel, vous accusant de les avoir trompés. Quant à ceux qui ne croyaient à rien, ils prétendent qu'on ne les fourrera pas dedans, qu'ils ne sont pas morts du tout, et que tout cela n'est qu'un rêve.

— Laissez ceux-là rêver tant qu'ils voudront, et donnez aux autres tout ce qu'ils demandent.

— Quoi! Seigneur...

— J'ai fait essayer ce procédé dans plusieurs univers, et il a parfaitement réussi.

— Leur donner tous leurs paradis! s'écria le sous-préfet. Mais vous n'imaginez pas, Père suprême, combien il y en a de stupides.

— Plus leurs paradis sont stupides, plus vite ils en seront dégoûtés. Cela les déterminera à chercher mieux, et, de cette façon, ils arriveront à se faire de la vie éternelle une idée à peu près raisonnable.

— Mais il en est qui rêvent de ne rien faire absolument pendant toute l'éternité, si ce n'est de contempler les douze apôtres et les quatre évangélistes, et d'entendre à perpétuité chanter le chœur des anges.

— Eh bien! qu'ils regardent les apôtres tant que cela leur fera plaisir, et qu'ils écoutent chanter les anges jusqu'à ce qu'ils en aient par-dessus les oreilles. Un jour viendra où ce seront eux qui hurleront en chœur : « Assez! assez! ouvrez la porte! que je m'en aille! » Vous les laisserez cuire dans leur paradis, quelques milliers d'années encore, pour leur apprendre à en inventer d'aussi ridicules; après quoi vous leur donnerez la clé des champs, et je vous réponds qu'ils n'y reviendront plus.

— Et ceux qui réclament des houris, dans des jardins enchantés, sur la promesse d'un certain Mahomet?

— Donnez-leur des jardins et des houris tant qu'ils en voudront. On se lasse de tout, même des jolies filles.

Ayant ainsi réglé le sort des habitants de la terre, et fait tourner à notre profit nos plus déplorables erreurs, le Père de tous les êtres continua son inspection dans l'Empyrée.

RÉSUMÉ GÉNÉRAL DU CHAPITRE

Nous ne pouvons mieux résumer tout ce qui précède qu'en citant les conclusions de la section d'occultisme du Congrès de 1889, section dont nous eûmes l'honneur de diriger les débats.

IIIe SECTION

OCCULTISME

Théosophie. — Kabbale. — Franc-Maçonnerie.

La section d'occultisme présente au Congrès le résumé de ses travaux. Ce résumé est établi dans le but de montrer les nombreux points où l'occultisme et le spiritisme sont d'accord, ainsi que les divergences qui peuvent exister entre les deux enseignements.

Les travaux ont duré du 9 au 13 septembre inclusivement.

Les théories ont été présentées par M. Papus; les discussions ont été soutenues par :

MM. Jules Lermina; Lemerle; Mac-Nab; Reybaud; Dr Chazarain; Gabriel Delanne; Varchawsky; Mr Raymond Pognon; M. Bosc; le Dr Foveau; le Dr C. Dariex et Papus.

OCCULTISME

Constitution de l'homme.

1° La constitution de l'homme est enseignée identiquement par toutes les écoles spirites et spiritualistes, quoique par des termes différents.

Voici ces noms :

Spiritisme	*Kabbale*	*Théosophie*
1. Le corps.	Le corps (Nephesh).	Le corps (Rupa).
2. Le périsprit.	Le corps astral (Ruah).	Le corps astral (Linga sharira).
3. L'âme.	L'esprit (Neschâmah).	L'esprit (Atma).

2° La divergence entre les doctrines enseignées par le spiritisme et par les occultistes porte sur la transformation de ces principes après la mort, l'occultisme croyant à la dissolution totale du périsprit au bout d'un certain temps.

Phénomènes spirites.

3° L'occultisme n'a jamais nié la possibilité ou la réalité de la communication des vivants et des morts. Les phénomènes obtenus dans les séances spirites sont cependant expliqués de plusieurs manières par les occultistes.

4° L'affirmation que la *vie humaine* peut sortir de l'être humain consciemment ou inconsciemment (sortie du corps astral) explique un grand nombre de phénomènes dits mystérieux obtenus dans les séances spirites ou par les Fakirs de l'Inde.

5° L'alliance consciente ou inconsciente des corps astraux du médium et des assistants, avec ou sans influence d'êtres psychiques extérieurs, explique une autre partie de ces phénomènes.

6° Enfin l'influence réelle des esprits est jusqu'à présent incontestable dans un grand nombre de cas. Cependant toutes réserves doivent être faites sur les précautions à prendre pour éviter les mauvaises influences tant pour les manifestations elles-mêmes que pour les médiums.

11 septembre. — *Le périsprit.*

7° La physiologie et l'embryologie modernes confirment les données de l'occultisme en montrant que le corps astral (fluide nerveux organique) précède l'âme et fabrique le corps matériel, physiologiquement parlant.

8° De ces considérations on peut tirer une théorie scientifique de l'incarnation de l'âme dans le corps. D'après l'occultisme, l'âme n'est jamais totalement incarnée dans le corps. L'idéal de l'être humain est formé par la partie extérieure à son corps (*higher-self* des Anglais).

La réincarnation.

9° Les écoles d'occultisme qui enseignent la réincarnation prétendent toutes que l'âme seule (partie la plus élevée de l'être, *Neschâmah*, *Atma*) se réincarne et que le périsprit se dissout avec le temps et passe à l'état d'image astrale.

La réincarnation est cependant contestée par quelques écoles (H. B. of L.).

10° Le corps et la partie du corps astral (périsprit) en rapport avec lui, peuvent être analysés par la science matérialiste ; mais les fonctions intimes du corps astral et ses rapports avec l'âme échappent à l'analyse des seules méthodes du matérialisme et lui échapperont toujours.

12 septembre. — *L'humanité.*

11° Le périsprit se renouvelle incessamment quant à ses parties constituantes par l'action toute spéciale du nerf grand sympathique sur la vie apportée par le globule sanguin qui la puise lui-même dans l'air ambiant.

12° L'homme présente une véritable hiérarchie cellulaire couronnée par la cellule nerveuse. De même la terre présente une série hiérarchique d'êtres couronnés par l'humanité.

13° L'humanité est le cerveau de la terre. Chaque être humain est une cellule nerveuse de la terre; chaque âme humaine est une idée de la terre. Nous sommes tous solidaires comme les cellules d'un même organe. L'évolution individuelle de l'être humain est, par suite, liée à l'évolution collective de toute l'humanité. Le malheur des uns retombe par suite sur le bonheur des autres. Tant qu'il y aura des humains malheureux, il n'en peut exister aucun de complètement heureux.

L'univers.

14° La vie est portée à tous les points de l'organisme humain par les globules sanguins sous l'action dirigeante du périsprit (grand sympathique). Chacun de ces globules sanguins est un être réel constitué analogiquement comme l'organisme lui-même.

15° L'être humain puise la force nécessaire à vitaliser ces globules et par suite à organiser le périsprit dans l'air ambiant. Les organes de l'homme puisent la force nécessaire à se vitaliser eux-mêmes dans le milieu sanguin ambiant. Le sang est donc pour les organes ce que l'air est pour l'être entier.

16° La terre puise les éléments nécessaires à vitaliser tous les êtres qui sont à sa surface (êtres qui sont ses véritables organes) dans la lumière solaire au sein de laquelle elle baigne comme toutes les planètes de notre système.

17° La lumière solaire agit vis-à-vis des planètes comme le sang vis-à-vis des organes et, comme le sang contient une foule d'êtres réels, sous le nom de globules sanguins, de même les flôts de lumière contiennent une foule d'êtres perceptibles aux voyants, êtres constituant des forces inconscientes (élémentals) ou êtres conscients et volontaires (élémentaires — esprits).

18° Toutes ces considérations tendent à montrer que chaque planète est un être réel et vivant, possédant un corps, un périsprit ou médiateur et une âme. Bien plus, que chaque planète ainsi constituée n'est qu'un organe d'un être également vivant : l'Univers.

19° Enfin si nous considérons que l'homme est formé d'une immense quantité de cellules de formes et de fonctions différentes, sans que la soustraction d'une partie quelconque de ces cellules (Ex. : l'amputation) enlève quoi que ce soit à l'intégrité de la conscience de cet homme, nous verrons que le corps matériel ne peut pas agir sur cette conscience intime, indépendante de lui et immortelle, en rapport seulement avec le périsprit, corps astral des occultistes, médiateur plastique de Paracelse et de Van Helmont.

20° De même l'Univers matériel conçu dans sa totalité forme le Corps de l'Être suprême nommé Dieu par les Religions. L'Humanité de toutes les planètes, le grand Adam-Ève de l'Ésotérisme, est la vie ou l'âme de cet être suprême. Enfin l'Esprit de cet Être ou des Êtres est indépendant du reste de la création, comme la conscience de l'homme, son âme, est indépendante de son organisme matériel. L'occultisme définit ainsi Dieu :

Synthèse des mondes visibles et invisibles formée :

Par l'Univers comme Corps (objet de l'étude des Matérialistes) ;

Par l'humanité comme Vie (objet de l'étude des Panthéistes) ;

Par lui-même comme Esprit (objet de l'étude des Théistes).

RÉSUMÉ

Pour résumer tous les enseignements en ce qui regarde l'homme, nous dirons que la naissance et la mort, ces deux énigmes qui ont toujours arrêté les matérialistes néantistes, sont les clefs de l'occultisme et du spiritisme.

21° La naissance nous apparaît comme la mort de l'âme au monde des causes et sa rentrée dans le monde matériel ou des effets. La mort, au contraire, nous apparaît comme la véritable naissance de l'âme au monde spirituel. A la rentrée de l'âme dans le monde charnel, on détache le lien qui retenait l'enfant à sa mère, comme à la rentrée de l'âme dans le monde spirituel, se détache du corps matériel le périsprit qui servait à lier et à assujettir l'âme à ce corps.

22° Telles sont les considérations qui ont conduit les représentants de la Science occulte dans toutes ses branches à venir s'unir fraternellement aux spirites de toutes les écoles. Une même doctrine nous unit tous contre l'ennemi commun, le néantisme. Ne tenons pas compte des divergences de détails ou des mots qui peuvent nous séparer, et affirmons notre union sur les deux principes fondamentaux de la doctrine spiritualiste :

Persistance de moi conscient après la mort ;

Rapports possibles entre les vivants et les morts.

DIVISION DE LA SCIENCE

L'enseignement du Temple se réduisait uniquement à l'étude de la force universelle dans ses diverses manifestations.

Étudiant d'abord la Nature naturée, la nature des phénomènes, des effets, l'aspirant à l'initiation apprenait les sciences physiques et naturelles. Quand il avait constaté que tous ces effets dépendaient d'une même série de causes, quand il avait réduit la multiplicité des faits dans l'unité des Lois, l'initiation ouvrait pour lui le Monde des Causes. C'est alors qu'il pénétrait dans l'étude de la Nature naturante en apprenant les Lois de la Vie toujours la même dans ses diverses manifestations ; la connaissance de la Vie des Mondes et des Univers lui donnait les clefs de l'Astrologie, la connaissance de la Vie terrestre lui donnait les clefs de l'Alchimie.

Montant encore d'un degré dans l'échelle de l'initiation, l'aspirant retrouvait dans l'homme la réunion des deux natures, naturante et naturée, et pouvait de là s'élever à la conception d'une force unique dont ces deux natures représentaient les deux pôles.

Peu d'entre les hommes atteignaient la pratique et la connaissance des sciences supérieures qui conféraient des pouvoirs presque divins. Parmi ces sciences, qui traitaient de l'essence divine et de sa mise en action dans la Nature par son alliance avec l'homme, se trouvaient la Théurgie, la Magie, la Thérapeutique sacrée et l'Alchimie, dont l'aspirant avait entrevu l'existence au 2e degré de son initiation.

« Il n'y a pas eu qu'un seul ordre, l'ordre naturel, d'étudié dans la science antique ; il y en a eu quatre, comme je l'ai indiqué dans les chapitres précédents.

« Trois d'entre eux embrassaient la Nature naturante

la Nature naturée et enfin la Nature humaine qui leur sert de lien ; et leur hiérogramme était ÈVÉ, la Vie.

« Le quatrième, représenté dans la tradition moïsiaque par la première lettre du nom de IEVE, correspondait à une tout autre hiérarchie de connaissances, marquée du nombre dix[1]. »

« Un fait certain, c'est que dans ce cycle de civilisation, l'Unité du Genre humain dans l'Univers, l'Unité de l'Univers en Dieu, l'Unité de Dieu en Lui-Même étaient enseignées non pas comme une superstition primaire, obscure et obscurantiste, mais comme le couronnement lumineux, éblouissant, d'une quadruple hiérarchie de sciences, animant un culte biologique, dont le Sabéisme était la forme.

« Le nom du Dieu suprême de ce cycle, Iswara, Époux de la Sagesse vivante, de la Nature naturante, Pracriti, est le même que Moïse tira, près de cinquante siècles ensuite, de la Tradition Kaldéenne des Abramides et des sanctuaires de Thèbes pour en faire le symbole cyclique de son mouvement : Iswara-El, ou, par contraction, Israël, Intelligence ou Esprit royal de Dieu[2]. »

D'après ce qui précède, on voit que l'enseignement de la science antique se réduisait aux quatre degrés suivants :

1° Étude de la force universelle dans ses manifestations vitales.	Sciences physiogoniques	ה
2° Étude de cette force dans ses manifestations humaines.	Sciences androgoniques	ו
3° Étude de cette force dans ses manifestations astrales.	Sciences cosmogoniques	ה
4° Étude de cette force dans son essence et mise en pratique des principes découverts.	Sciences théogoniques	י

1. Saint-Yves d'Alveydre, p. 121.
2. Saint-Yves d'Alveydre, p. 99.

DEUXIÈME PARTIE

LA TRADITION

A

DES ORIGINES AU CHRISTIANISME

CHAPITRE VIII

LA SCIENCE DES ÉGYPTIENS ET LA GENÈSE DE MOISE

§ 1. LA TRADITION

MOÏSE ET LA SCIENCE D'ÉGYPTE
LE SYSTÈME DE CHAMPOLLION ET L'OCCULTISME.

Au début de notre ouvrage, nous avons constaté l'existence d'une science complète dans l'antiquité. La seconde partie nous a permis de résumer la doctrine générale de l'ésotérisme en éclairant ces enseignements par nos sciences expérimentales elles-mêmes. Nous devons maintenant pénétrer davantage dans l'étude de cette science occulte en déterminant l'origine possible de la Tradition.

Ce mot de tradition a le don de faire immédiatement hausser les épaules à tous les hommes de science. Qu'avons-nous besoin, disent-ils, de l'histoire d'Adam et d'Ève et du serpent pour comprendre les lois de la Nature? — C'est en réunissant toutes les données traditionnelles dans le grenier où sont enfouis tous les vieux préjugés que nous sommes parvenus à édifier un monument scientifique auprès duquel restent muets tous les mythes moïsiaques.

Les hommes de science ont raison. On ne connaît généralement en Europe que la tradition qui nous est transmise par la Religion catholique dont l'Église est la représentante chez nous. — Or l'ignorance cléricale est telle, ses procédés d'oppression de l'esprit scientifique sont si néfastes que le jour où la Pensée occidentale a pris son essor, son premier devoir était de rejeter cet amas de superstitions transformées par les conciles en articles de foi, et c'est ce qu'elle a fait.

Mais, comme toujours, on a dépassé la mesure. — On a voulu assimiler aux légendes de la bible que nous connaissons, toutes les religions anciennes et modernes ; on a voulu voir dans les prêtres anciens de l'Égypte l'analogue de nos prêtres catholiques modernes, oubliant que ceux-là étaient les instituteurs de Pythagore et de Platon, que c'étaient de véritables savants et non des inquisiteurs, et l'on a frappé l'antiquité tout entière de l'anathème de naïveté qui pesait sur le cléricalisme actuel.

Ne voulant pas croire à l'existence d'une science renfermée dans les mystères égyptiens, nos savants n'ont même pas songé à en étudier les méthodes ni les applications. Aussi la connaissance de l'antiquité est-elle fort imparfaite, et les efforts des occultistes actuels ne tendent qu'à un seul but : rendre à nos pères la justice qui leur est due.

Dans une étude magistrale sur *le symbolisme antique d'Orient*, un occultiste doublé d'un grand savant, M. de Brière, résume ainsi les causes principales qui rendent l'antiquité incompréhensible pour les savants ; nous aurons du reste à revenir longuement sur ce travail[1].

1. Tout dernièrement, M. Marcus de Vèze a fait, dans la *Revue l'Initiation* (2e, 3e, 4e année), une étude très complète sur l'Égypte et ses mystères, sous ce titre : *l'Égyptologie sacrée*.

*
* *

C'est parce que les savants ont tous, en général, une idée fausse de la méthode hiéroglyphique, qu'ils n'ont pu parvenir à mettre d'accord les auteurs anciens qui en ont parlé. Cette idée fausse tient à plusieurs causes.

1° La plupart des savants ne sont point assez avancés dans l'étude des religions anciennes, pour leur reconnaître une commune origine[1], et ils ne comprennent nullement la raison des dogmes et des cultes de l'antiquité. Les uns n'ont pu parvenir qu'à une métaphysique obscure et inintelligible, qui ne se rapporte à rien, et qui n'explique rien ; les autres ne voient partout que le soleil et la lune ; avec cette seule donnée, ils expliquent tout. Mais en toutes choses, on voit toujours les uns et les autres prendre le sens mystique et vague, de préférence au sens littéral et rationnel.

2° Ils ne connaissent nullement les *Sciences sacerdotales*, qui formaient le patrimoine exclusif et la puissance des prêtres ; et le peu que quelques-uns d'entre eux en savent, est trop peu étendu, pour en faire une application utile à l'explication des religions anciennes[2].

1. Les religions anciennes ne différaient guère que par le culte; mais la croyance était la même partout, parce qu'elle reposait sur des doctrines scientifiques, communes à tous les prêtres d'Orient.

Le culte différait, parce qu'il s'adressait à des êtres plus ou moins directement en rapport avec les choses qu'on voulait produire. Les Egyptiens rendaient un culte aux dieux et aux esprits inférieurs, tels que les anges, les démons, etc. Les Chaldéens ne rendirent de culte qu'à l'ordre seul des dieux. De là provint facilement le culte d'un seul Dieu, du chef, du Dieu des dieux, du Dieu Seigneur, ainsi que le dit la Bible.

2. Cette ignorance, née du peu d'importance qu'ils attachent à la connaissance des sciences sacerdotales, produit un effet déplorable. Tandis que les savants explorateurs en Orient recherchent des recueils de poésies, qui sont sans intérêt; des traités d'histoire, qui n'apprennent rien de nouveau; des inscriptions monumentales, que personne ne sait lire; et des bas-reliefs, que personne ne comprend, ils négligent les recher-

3° Ils ignorent presque tous que les prêtres de l'Orient avaient entre eux un idiome commun, de haute antiquité, et que c'était la langue de la science et de la religion ; que cet idiome passait pour une langue théurgique, magique et efficace ; qu'elle était la cause première des effets surnaturels, et l'instrument de la puissance des prêtres sur les divinités. L'influence des paroles magiques ayant cessé depuis longtemps d'être reconnue parmi nous, je n'ai jamais trouvé un savant à qui je pusse faire entendre ce point important de l'histoire du Paganisme. J'aurais été beaucoup mieux compris, il y a deux ou trois cents ans, qu'aujourd'hui ; parce que, dans ce temps-là, une grande partie des idées antiques circulaient encore dans le monde.

4° Ils ne savent pas que cette langue était reproduite par les hiéroglyphes, et que les hiéroglyphes étaient aussi théurgiques et magiques, à cause de la langue qu'ils représentaient.

5° Ils ignorent que les prêtres avaient deux méthodes pour exprimer les principes de leurs sciences, principalement de la théologie. La première méthode, *imitative des paroles*, complète et détaillée, au moyen de laquelle les propositions étaient exprimées *in extenso;* c'est ce que nous appelons les hiéroglyphes des textes. L'autre, sommaire et mnémonique, *imitative des pensées;* où les préceptes des sciences n'étaient indiqués que par des images composées : cette dernière employait les grandes images, les idoles, et était à l'usage des savants consommés. Ce sont les figures emblématiques des dieux.

ches sur les superstitions antiques, conservées dans les traités d'astrologie et de magie, et dans une foule de pratiques et d'opinions en vigueur encore dans l'Orient. C'est là cependant que se trouve une mine d'observations curieuses, et de comparaisons utiles pour l'étude des religions anciennes. Mais point : les savants méprisent toutes ces choses, à peu près comme le font les mahométans ; mais ils n'ont pas comme ceux-ci le motif du fanatisme.

6° Ils ne savent pas que la langue sacrée et l'écriture hiéroglyphique existaient chez tous les peuples où les sciences sacerdotales et la magie s'étaient introduites : chez les Phéniciens et les Chaldéens, par exemple [1].

Cette seule citation nous fait de suite entrevoir la sûreté et la profondeur de la science enfermée dans les Pyramides.

Or, qu'est-ce que la Bible ou plutôt qu'est-ce que la portion la plus importante de la Bible : la Genèse ?

L'ŒUVRE DE MOÏSE

Moïse était un prêtre d'Osiris, c'était un de ces prodigieux savants élevés dans les temples et détenteurs de connaissances redoutables. Moïse avait franchi tous les degrés de la hiérarchie sacerdotale, c'est-à-dire qu'il avait appris tous les ordres de science, et c'est cet homme qui, après soixante ans d'études, n'aurait pas trouvé de meilleure façon de nous faire connaître son savoir que le récit d'un homme et d'une femme conversant avec un serpent au sujet d'une pomme dans un jardin potager !

La simple logique nous montre qu'il y a malentendu dans cette question, et comme nous ne possédons, pour juger cet homme, que quelques traductions de son œuvre, il nous reste à savoir si les traducteurs n'ont pas fait œuvre

1. L'existence d'une langue et d'une écriture sacrées, communes aux prêtres des diverses nations, et véhicule des sciences sacerdotales, dérange beaucoup les savants du jour, qui ne rêvent que le copte, et voient dans les hiéroglyphes un copte ancien, qui n'a presque pas de rapport avec le moderne. C'est un copte de convention, retrouvé dans un système du même genre. La langue sacrée faisait des miracles; ce pauvre copte n'en a pas fait jusqu'à ce jour. Le monument de Rosette est toujours là, avec sa grande page hiéroglyphique tout à fait incomprise. Mais voici quelque autre chose. Les Ethiopiens, pères des Egyptiens, avaient les hiéroglyphes et n'avaient pas le copte. Eh bien, on dira que jadis il en était autrement, et que les Ethiopiens ont donné le copte tout entier aux Egyptiens, sans en rien garder pour eux.

de trahison et ne nous ont pas induits en erreur sciemment ou inconsciemment.

C'est donc une histoire de la Bible que nous allons esquisser ; mais auparavant il est indispensable d'étudier de très près les procédés égyptiens, puisque ce sont ces procédés mêmes qu'emploiera le prêtre d'Osiris surnommé Moïse.

Ce surnom donné aux initiés a fait croire à quelques critiques modernes que Moïse, ni Homère, ni Orphée n'avaient jamais existé. Cette idée vient, comme toutes ses congénères, de l'ignorance des choses de l'antiquité. Tous les noms d'initiés sont des noms particuliers donnés après coup, comme nous le montre l'extrait suivant :

Je suis tenté de croire que *Pythagore* n'est pas plus le véritable nom du philosophe de Samos, que Zoroastre celui du philosophe de la Bactriane. *Pythagore* signifie qui *parle python*, c'est-à-dire qui parle du ventre, un *engastrymithe*, de *bithen* (ventre). On a confondu ce dernier avec *pethen*, serpent, parce que les magiciens, par leurs murmures modulés, charmaient les serpents. *Pythagore* signifie donc un ventriloque ; et c'était une attribution des prophètes ; *Pythagore* était évidemment un prophète égyptien ; il en portait le costume.

On peut en dire à peu près autant de *Porphyre* et de *Jamblique*. On sait que le nom syriaque du premier de ces philosophes était *Malk*, et qu'il changea ce nom en celui de *Porphyre*, qui signifie *pourpre*. On a expliqué *Malk* par roi ; je pense qu'il y a erreur. *Malk*, l'opérateur, surnom donné à Mercure, s'appliquait à l'hiérogrammate ; celui-ci portait un *ruban rouge* autour de la tête et des ailes au dos. Donc *Malk* et *Porphyre* signifient un hiérogrammate.

Quant à *Jamblique*, il vient de la même racine, *Malak*; on l'écrit *Iamlikh : ia* pour l'article oriental *ha : Hama-*

lak, *Porphyre et Jamblique* sont donc des noms de fonctions.

(DE BRIÈRE, *Symbole d'Orient*, p. 64.)

§ 2. L'ORIGINE DU LANGAGE ET LES TROIS LANGUES MÈRES

L'HÉBREU EST LA LANGUE DES MYSTÈRES ÉGYPTIENS

La tradition occidentale constituée en grande partie par la *Kabbale* vient, ainsi que nous le verrons tout à l'heure, de Moïse et par suite des mystères égyptiens.

Connaissons-nous ces mystères ?

Pas le moins du monde. L'habitude prise par le monde scientifique de considérer les anciens comme de grands enfants est telle qu'on ne veut pas admettre l'existence dans l'antiquité de données totalement perdues de nos jours comme celles qui ont rapport à l'existence d'une *langue sacrée* commune à tous les initiés de tous les cultes.

Un égyptologue des plus savants, M. de Brière, a fait plusieurs études sur ce système[1]. Comme son ouvrage sur ces questions est des plus rares, nous allons en citer quelques extraits qui serviront à éclairer au mieux nos affirmations sur la science qui fut enseignée à Moïse.

Ce qui fait de M. de Brière un auteur de grand poids, à notre avis, c'est qu'il avait retrouvé scientifiquement l'existence de la science occulte en Égypte et il résume ses recherches sur ce sujet dans ce qu'il nomme *les Idées antiques*.

1. *Essai sur le symbolisme antique d'Orient*, principalement sur le symbolisme égyptien, par M. DE BRIÈRE, lauréat de l'Institut, etc. Paris, 1847, in-8°.

*
* *

C'est ce manque de principes, et surtout de principes communs à tous, qu'on doit reprocher aux ouvrages dont je parlais tout à l'heure (les ouvrages des savants officiels). Certains de ces ouvrages ne sont que des abîmes ténébreux d'une philosophie nébuleuse, dont l'œil le plus pénétrant et le plus exercé a peine à apercevoir le fond : d'autres sont des labyrinthes de faits dans lesquels les auteurs se sont embarrassés, et dont ils n'ont sû comment se tirer, faute d'un fil conducteur qui les aidât à en sortir : d'autres encore ne sont que des amas énormes de monuments de tous genres, et surtout, de *longues enfilades* de médailles ; livres immenses, composés à propos d'une question de détail, qui pourrait tenir dans quelques pages ; tandis que la question principale n'est point résolue, et même est tout à fait négligée : enfin d'autres, plus compréhensibles, plus saisissables, mieux entendus, établis avec art, où les faits sont exposés avec méthode et clarté, mais où la doctrine porte à faux, parce qu'elle repose sur des opinions préconçues, et non pas sur l'examen intime et la juste appréciation des choses.

Or, que manque-t-il aux auteurs de ces ouvrages ? les IDÉES ANTIQUES.

J'appelle IDÉES ANTIQUES, les opinions qu'avaient les Orientaux sur la nature, les propriétés, l'action et la relation des choses. Ces opinions, qui s'étaient infiltrées en partie dans l'Occident, mais qui n'existent plus nulle part, à cause de la disparition du paganisme, sont formulées très nettement dans les sciences sacerdotales, et se dégagent aisément par l'examen attentif et la comparaison des choses. Ces opinions sont en quelque sorte l'âme et la vie des faits religieux et scientifiques : c'est l'oxygène, extrait de l'air et absorbé par la respiration, qui entretient l'existence. Réduites en préceptes, elles forment un corps de doctrine, indispensable pour entendre l'histoire des temps primitifs, et les religions anciennes.

Il faut donc s'identifier avec les anciens, et en quelque sorte penser comme eux ; c'est aussi ce que j'ai fait. Mais on doit vraiment déplorer la légèreté avec laquelle des hommes, recommandables par leur savoir et leurs talents, traitent ces hautes questions archéologiques.

La *Philologie comparée* (non pas seulement celle qui se borne à nous dire qu'un mot passé d'une langue dans une autre se termine en *t*, tandis que dans la première il se terminait en *s*, mais encore celle qui s'attache aux *idées représentées par les mots*, et qui les suit dans leurs diverses phases) est un grand moyen d'explication des religions anciennes ; malheureusement, les explicateurs des religions, plutôt hellénistes ou latinistes qu'orientalistes, et plutôt grammairiens que philologues, négligent cet utile moyen. Ils ne dépassent jamais le sens historique, et ne peuvent pénétrer dans les mystères de la linguistique sacrée. Dès lors leurs études sont tout à fait stériles pour nous, et ne nous apprennent rien de nouveau et d'utile. Nous n'en savons pas plus qu'auparavant [1].

1. L'étude des langues se divise en deux genres : en grammaticale et en philologique. Les grammairiens, occupés à traduire et à composer, ne voient dans une langue que des mots et des phrases, la grammaire et le dictionnaire, des thèmes et des versions : ils déclinent et conjuguent; voilà tout. Pour eux, un idiome est une chose parfaitement invariable. Les philologues, au contraire, étudient les effets du temps sur les langues, et comparent les divers idiomes entre eux, pour connaître leurs rapports, et les transformations qu'ils ont subies. C'est aux grammairiens coptes qu'est échu le lot d'appliquer le système de Champollion au déchiffrement des hiéroglyphes. Aussi, on les voit transportés de joie, lorsque, à l'aide de ces *tortures* violentes qu'ils donnent aux symboles, ils sont parvenus à retrouver quelqu'une des *formes intimes* du copte moderne, dans des inscriptions qu'ils supposent appartenir aux temps voisins du déluge : ils croient avoir véritablement saisi le sens des symboles.

Dirigée par les *idées antiques*, la philologie comparée sera un auxiliaire puissant pour retrouver la LANGUE SACRÉE, sans laquelle on ne peut rien entendre aux symboles. Je donnerai tout à l'heure un exemple de la comparaison des langues, à propos des sources de la langue sacerdotale ; et l'on verra là un aperçu des avantages de la philologie comparée. J'en ferai usage aussi dans mes recherches sur *la Croix* et *Sérapis*, et sur les monuments de *Mithras*.

∴

On comprend de suite l'importance que peut avoir la démonstration de l'existence de cette *langue sacrée, de cette langue des mystères* dont parlent toutes les traditions et qui est niée par nos savants contemporains. A cette question nous ne pouvons mieux répondre que par l'unanimité de tous les auteurs de l'antiquité cités dans le tableau suivant que nous donnons *in extenso* vu son importance.

RÉSUMÉ *des passages d'auteurs anciens, relatifs aux langues et aux figures sacrées en usage parmi les prêtres et les initiés.*

	LANGUES et ÉCRITURES NATIONALES	LANGUES, ÉCRITURES et FIGURES SACRÉES
Héliodore.	Chez les ÉTHIOPIENS. Écriture populaire.	Écriture royale ou peut-être angélique (la même que l'écriture hiéroglyphique).
George le Syncelle.	EN ÉGYPTE. αἱ δύο γλῶσσαι τῶν Αἰγυπτίων Les deux langues des Égyptiens du temps de Cécrops.	ἱερὰ φωνή, Langue sacrée.

	LANGUES et ÉCRITURES NATIONALES	LANGUES, ÉCRITURES et FIGURES SACRÉES
Manethon.	κοινη διαλεκτος. Langue vulgaire.	διαλεκτος ἱερα. Langue sacrée. ἱερα γλωσσα. Langue sacrée.
Diodore de Sicile.		ιδια διαλεκτος των Αιγυπτιων. Langue propre des Égyptiens. ἱεροι λογοι. Discours sacrés.
Jamblique (*de Mysteriis*).	οικεια. La langue propre de la nation. (Le passage de Jamblique, appartenant à la 7e section, est fort long et fort explicatif; j'en ai tiré un grand parti dans mon cours.) La langue sacrée est dite étrangère par Jamblique, et préférée par les dieux à la langue du pays. Il dit que cet idiome est fort ancien et de première origine.	διαλεκτος ὁλη των ἱερων εθνων, ὡσπερ Αιγυπτιων και Ασσυριων. La langue entière de l'ordre des prêtres, tels que les prêtres égyptiens et ceux des Assyriens. γλωσσα των φιλοσοφων. La langue des philosophes (ou des prêtres). φωνη των ἱερεων. La langue des prêtres.
	Quand on a lu ce passage, on ne comprend plus l'obstination des savants qui nient l'existence d'un idiome sacré, et qui ne rêvent que le copte. L'absurdité est trop sensible.	
Jamblique et Plutarque.		ἀμουν signifie *caché* dans la langue des Égyptiens (c'est le nom donné aux prêtres).
Porphyre.		πατρια φωνη. La langue héréditaire ou la langue des Pères (nom donné aux prêtres) : la même que parlaient entre eux les disciples de Pythagore. γλωσσα των Αιγυπτιων. La *langue des Égyptiens*, apprise chez les prêtres, et qui servit à Pythagore de moyen de communication avec les prêtres chaldéens, hébreux et arabes.

	LANGUES et ÉCRITURES NATIONALES	LANGUES, ÉCRITURES et FIGURES SACRÉES
Lucien.		ἱερα ονοματα. Noms ou paroles sacrées.
Tacite. Hermès.		*Patrius sermo.* Langage des Pères ou antique. πατρια φωνη. La langue des Pères, très claire et très énergique.
Saint Clément, d'Alexandrie.		Αιγυπτιων (ἱερεων) φωνη. La langue (des prêtres) égyptiens (usitée dans les temples). θεολογουμενοι μυθοι. Histoires ou récits en langue sacrée.
Lucain.		*Magicæ linguæ.* Langue ou paroles magiques (exprimées par les hiéroglyphes).
Origènes.		τα πατρια γραμματα. Les lettres des Pères. τα γραμματα θεια. Les lettres divines, les figures des dieux, sur lesquelles les prêtres dissertaient.
Inscription de Rosette, désignant les trois langues en usage en Égypte.	εγχωρια γραμματα. Les caractères des habitants, représentant la langue vulgaire. ἑλληνικα γραμματα. Les caractères grecs, exprimant la langue grecque.	ἱερα γραμματα. Les caractères sacrés, représentant la langue sacrée.

(Les trois langues, hébraïque, grecque et latine, de l'écriteau de Jésus-Christ, sont désignées par leurs écritures; voyez l'évangile de saint Luc.)

	LANGUES et ÉCRITURES NATIONALES	LANGUES, ÉCRITURES et FIGURES SACRÉES
Synesius.	γλωσσα εςια. La langue domestique (ne peut pas faire agir les dieux.)	ὑποβαρβαριζων ελκυσε οσα των θεων. En parlant une langue étrangère on fait agir les dieux.
Philon le Juif.	A Babylone et en Assyrie.	(Voyez plus haut Jamblique.) ἀλλογενης και ἀλλοφυλος γλωσσα χαλδαιζουσα των μετεωρολεσχων περι ἀστρονομιαν. La langue étrangère employée par les Chaldéens astronomes.
Daniel.	Langue syriaque.	Langue des Chaldéens. Écriture des Chaldéens.
Cassiodore.		(Écriture chaldéenne), les hiéroglyphes des obélisques communs aux Égyptiens et aux Chaldéens.
Hygin.		Les Chaldéens et les Égyptiens ont les mêmes signes du zodiaque.
Aristote.		Ils ont les mêmes signes symboliques. (Voyez le vase de Caylus.)
Philon de Biblos.	Chez les Phéniciens. Livres écrits dans les caractères secrets des Ammonéens (nom donné aux prêtres). Voyez le monument de Carpentras, et des médailles de Cossira, portant des figures égyptiennes et des légendes phéniciennes.	
Josèphe.	Chez les Hébreux.	Le nom de Dieu écrit en caractères sacrés.
Chr. d'Alexandrie.		(Scarabée trouvé dans le temple.)
Isaïe.	Écriture claire.	Langue des érudits.
Jonathas.	Langue vulgaire, langue troisième.	Langue du sanctuaire.
Saint Paul.	Langue des hommes.	Langue des anges. Langue du troisième ciel, incompréhensible aux hommes.

	LANGUES et ÉCRITURES NATIONALES	LANGUES, ÉCRITURES et FIGURES SACRÉES
Eustathe.	Chez les SCYTHES.	Figures hiéroglyphiques.
J. Lydus.	Chez les ÉTRUSQUES.	Écriture antique et religieuse.
Homère. Platon.	Chez les GRECS. Langue des hommes.	Langue des dieux. Tablette hiéroglyphique du tombeau d'Alcmène.
J. de Meurs.	(Les trois mots *conx*, *om*, *pax*, prononcés par les initiés aux mystères de Cérès, et communs aux Grecs, aux Égyptiens et aux Indiens.)	
Mahomet.	Chez les MAHOMÉTANS. La langue arabe, dans laquelle le Coran a été traduit par Dieu.	La langue céleste, dans laquelle le Coran est écrit sur une table gardée par des anges.

A tous ces témoignages, une question va nous être immédiatement posée :

Mais vous semblez ne pas admettre la validité des travaux sur l'Égypte et ses mystères faits par Champollion qui porta si haut l'esprit d'analyse et de critique?

Personnellement nous ne sommes pas autorisé à discuter la validité de ces travaux. Une seule chose nous frappe pourtant, c'est que dans les traductions des manuscrits ou d'inscriptions monumentales faites par cette école nous ne voyons jamais trace d'un enseignement sur la Science Occulte. Partout il y a des noms de rois ou des qualificatifs du Soleil et jamais de phrases formant un véritable ensemble.

D'autre part deux savants éminents, quoique non officiels, MM. de Brière que nous avons déjà cité et Barrois, l'auteur des principes de *Dactylologie*, ont attaqué et renversé à notre avis tout le système de Champollion.

Voulant éviter d'entrer dans ces discussions nous allons donner les conclusions de M. de Brière et nous sommes persuadé que le lecteur tant soit peu imbu des premiers *éléments de Science Occulte* sera de l'avis de cet auteur contre Champollion.

*
* *

Il y avait donc, chez les Égyptiens, quatre espèces d'écritures différentes : 1° l'écriture épistolographique ou démotique, alphabétique très probablement, à l'usage de ceux qui cultivaient les arts, et de ceux qui étudiaient la langue sacrée ; 2° l'écriture hiéroglyphique ou monumentale, toute en *rébus*, imitative des paroles ; et représentant les choses, soit sous leur nom propre et naturel, soit sous un autre nom[1] ; 3° l'écriture hiératique, dérivée de la précédente, cursive à l'usage des prêtres, pour la composition des ouvrages en langue sacrée ; 4° l'écriture symbolique, composée des figures divines, [illegible] [illegible], sujet de dissertation pour les prêtres. On appelait ces dernières figures *éléments* ou lettres, dont les signes de textes étaient les éléments, à cause des nombreux attributs que les divinités portaient. C'est pour cela que les signes de texte ont été appelés *éléments des lettres, premières lettres*, premiers éléments, c'est-à-dire éléments des éléments, comme Platon appelle [illegible] [illegible] les noms qui ont servi d'éléments à des mots composés ; c'est donc ainsi qu'on doit expliquer l'origine de l'expression [illegible] [illegible] [illegible] [illegible] [illegible], laquelle a été appliquée ensuite aux signes de l'écriture alphabétique, dérivée des symboles égyptiens.

1. Voy. *l'Étude sur les travaux de Barrois*, à la fin de ce chapitre (p. 409).

Ce sont là les quatre écritures qu'Abénéfi, cité par Kircher, reconnaissait chez les Égyptiens ; il donnait à la première le nom d'écriture des ignorants ; à la seconde, d'écriture mêlée ; à la troisième, d'écriture des philosophes ; à la quatrième, d'écriture des *oiseaux ;* cette dernière dénomination vient de ce qu'elle exprimait des idées astrologiques. Et qu'on ne dise pas que ceci soit une supposition de Kircher : de son temps, les monuments en écriture hiératique n'étaient pas connus, et lui-même avait une idée très fausse des symboles : donc il n'a pas pu supposer la mention d'une écriture, dont rien ne lui faisait soupçonner l'existence.

Tout cela se réduisait à deux méthodes : à une méthode *imitative* des paroles, pour transcrire les textes ; et à une méthode *imitative* des pensées, allusive et mnémonique, pour rappeler par une image composée, un tableau divin à l'esprit, ainsi que le disent Plotin et Porphyre.

Ainsi nous avons pour résultat :

Par les traditions anciennes.	*Par M. Champollion et M. Letronne.*
1° *Une langue sacrée* et magique, commune aux prêtres des divers pays.	1° Point de langue sacrée : un idiome national, le copte.
2° *Une écriture hiéroglyphique*, très simple, *imitative* des paroles, et s'expliquant d'une seule manière, comme toute écriture de langue parlée ; produisant les mêmes effets magiques que la langue sacrée, à cause qu'elle la représente, et par conséquent irréductible. *Les symboles expriment chacun plusieurs idées, lesquelles sont déterminées par des noms explicatifs.*	2° Un *système alphabétique* et *idéographique*, justement ce qu'il ne devrait pas être. Une méthode compliquée et embrouillée ; des interversions, des abréviations, etc. *Les symboles n'expriment chacun qu'une seule idée.* Des signes muets et parasites pour expliquer les *mots mal écrits.*

3° Un système religieux reposant sur la cosmologie astrologique; système très clair, où chaque être divin a un rôle marqué et compréhensible. *Communauté d'origine des religions anciennes.*	3° Une théologie obscure, sans ensemble, éloignée de tout rapport avec les sciences sacerdotales : *isolement complet des diverses religions.*
4° Des figures d'idoles exprimant, par des tableaux allégoriques, les idées cosmico astrologiques, et produisant des effets magiques.	4° Des figures inertes, dont le sens est à peu près arbitraire, et ne repose sur aucun ensemble théologique.

Si le système de Champollion est vrai, il n'est pas vraisemblable; car il est d'une complication excessive : au lieu qu'en proposant, sur la foi de toute l'antiquité, un *idiome sacré* et une *écriture imitatice du langage* je simplifie, comme Copernic, la mécanique céleste, et la rends beaucoup plus rationnelle : de plus, j'explique la cause des prodiges, l'apparition des dieux, etc., attribuée par l'antiquité à la puissance magique des prières en langue sacrée; tandis que M. Champollion et ses disciples n'ont point de *paroles* pour cela. (DE BRIÈRE.)

∴

Toute l'école de Champollion s'appuie sur un passage de saint Clément pour asseoir ses prétentions. Or ce passage est d'une très grande utilité pour nous car il nous montre la manière dont étaient enseignées les trois sortes d'écritures aux futurs initiés. Aussi n'hésitons nous pas à donner ce passage avec les deux traductions faites, appelant l'attention de nos lecteurs sur la traduction de Brière, la seule se rapportant aux données de la Science Occulte.

J'en viens maintenant au passage des *Stromates*.

M. Letronne a donné deux traductions de ce fameux passage, dans les deux éditions du Précis hiéroglyphique de M. Champollion ; mais ces deux traductions ne diffèrent guère que par l'interprétation des mots τα πρωτα ζοιχεια.

Voici la dernière traduction, et celle qui exprime le mieux la pensée du célèbre académicien : je la donne en regard du texte et de ma traduction, afin de bien faire sentir la différence qui existe entre les deux traducteurs.

Je fais précéder et suivre le texte comparé de saint Clément de quelques phrases de cet auteur, qui expliquent et fixent sa pensée, et qui, n'étant nullement sujet de controverse, n'ont pas besoin du texte grec pour se justifier.

Préambule du passage de saint Clément.

Comparons les choses spirituelles aux choses spirituelles ; c'est pour cela que, par un mode de mystère qui est vraiment divin, et qui nous est fort utile, les Égyptiens marquèrent par les choses qu'on nomme chez eux *impénétrables*, et les Hébreux par celui de *voile*, le Verbe naturellement sacré, et qui repose dans le sanctuaire de la vérité. Chez les Hébreux, il n'était permis d'entrer dans le sanctuaire qu'à ceux qui étaient consacrés, c'est-à-dire voués à Dieu ; et dont les mauvais penchants étaient circoncis par leur amour pour Dieu seul. Platon prétendait qu'il ne fallait pas que ce qui était pur fût touché par ce qui était impur. De là vient que les prophéties et les réponses des oracles sont données sous forme d'allusion. Les mystères ne sont pas révélés sans respect au premier venu ; mais avec des préparations et des expiations : *car la muse ne cherche pas le gain, elle n'est pas mercenaire ; elle ne rend pas des sons doux et des vers mielleux avec un visage argenté.*

(Pindare.)

CONTINUATION DU TEXTE DE SAINT CLÉMENT D'ALEXANDRIE

Passage traduit par M. Letronne.

TEXTE *de saint Clément*	TRADUCTION *de M. de Brière*	TRADUCTION *de M. Letronne*
Ἀυτίκα οἱ παρ Αἰγυπτίοις παιδευόμενοι,	Ceux qui sont admis à s'instruire chez les prêtres égyptiens, se mettent sur-le-champ	*Ceux qui, parmi les Égyptiens, reçoivent de l'instruction,*
Πρώτην (1) μὲν πάντων τὴν αἰγυπτίων γραμμάτων μέθοδον ἐκμανθάνουσι, τὴν ἐπιστολογράφικην καλουμένην· δευτέραν δὲ, τὴν ἱερατικήν, ᾗ χρῶνται οἱ ἱερογραμματεῖς· ὑστάτην δὲ καὶ τελευταίαν, τὴν ἱερογλυφικήν.	A apprendre complètement les principes et l'usage des trois écritures égyptiennes; d'abord, et avant toutes les autres, de l'*épistolographique*[2]; ensuite de l'*hiératique*, dont se servent les hiérogrammates[3]; et en dernier lieu de l'*hiéroglyphique*[4].	*Apprennent avant tout le genre de lettres égyptiennes, qu'on appelle épistolographiques; en second lieu, l'hiératique, dont se servent les hiérogrammates; et enfin l'hiéroglyphique.*
ἧς.	Cette dernière méthode comprend :	*L'hiéroglyphique est de deux genres :*
ἡ μὲν ἐστι, διὰ τῶν πρώτων στοιχείων, κυριολογική·	1° Celle où les SIGNES DE L'ÉCRITURE se prennent	*L'un emploie les* PREMIÈRES LETTRES ALPHABÉ-

1. Je crois qu'il y a erreur dans le texte de saint Clément, et que c'est πρώτην, et non πρῶτον qu'on doit lire : δευτέραν et ὑστάτην décident la chose, et font voir *que l'épistolographique* était la *première* écriture, dans l'ordre d'étude.

2. Jamblique (*De Mysteriis*, S. 7, ch. 4) nous apprend que les principes *de la langue sacrée* étaient enseignés dans la langue *vulgaire*; par conséquent avec des livres écrits en caractères *épistolographiques*. Ainsi donc, l'usage de l'écriture vulgaire devait précéder celui des écritures hiéroglyphiques : c'est aussi par celle-là que Pythagore commença ses études. Pour comprendre les hiéroglyphes et en faire usage, il fallait savoir d'abord la langue qu'ils reproduisaient. Ceci prouve que l'écriture sacrée n'était ni alphabétique, ni idéographique; pour la prononcer, il fallait connaître la langue : c'est tout le contraire de ce que font les savants d'aujourd'hui.

3. C'était une expression générale pour désigner tous ceux qui composaient des ouvrages scientifiques : c'était aussi une fonction particulière. L'écriture hiératique était indispensable à connaître pour l'étude des sciences; parce que ces sciences étaient exposées dans des ouvrages écrits de cette manière. (Ceux qui s'instruisaient, n'étaient pas encore hiérogrammates.)

4. Parce qu'elle était la plus difficile à tracer, et que les images symboliques des dieux, dont on ne donnait l'explication qu'aux initiés du premier ordre, en faisaient partie.

ἡ δε (εξι, διὰ τῶν πρώτων ζοιχείων), συμβολική·	DANS LE SENS PROPRE et A LA LETTRE. 2° Celle où ces mêmes SIGNES sont pris dans un sens FIGURÉ OU MÉTAPHORIQUE.	TIQUES (première traduction : *exprime au propre les objets par les lettres*); L'AUTRE EST SYMBOLIQUE (première traduction : *l'autre les représente par des symboles*).
Τῆς δὲ συμβολικῆς,	Dans le sens MÉTAPHORIQUE, les SIGNES s'interprètent de trois manières différentes.	*La méthode symbolique se subdivise en plusieurs espèces.*
ἡ μὲν, κυριολογεῖται κατὰ μίμησιν·	Selon la première, la métaphore s'interprète par le nom propre d'une chose, conformément à l'IMITATION DE CE NOM (par le SIGNE).	*L'une représente les* OBJETS *au propre par* IMITATION (*des objets*).
ἡ δ' ὥσπερ τροπικῶς γράφεται·	Selon la deuxième, le SIGNE s'interprète d'une manière qui se RAPPROCHE DE LA MÉTAPHORE.	*L'autre les explique d'une* MANIÈRE TROPIQUE *figurée*).
ἡ δὲ ΑΝΤΙΚΡΥΣ ἀλληγορεῖται κατά τινας αἰνιγμούς.	Dans la troisième, le signe s'interprète CLAIREMENT par un autre objet, en raison de certains rapports ALLUSIFS, (résultats de comparaisons préalables)[1].	*La troisième se sert* ENTIÈREMENT *d'allégories exprimées* PAR CERTAINES ÉNIGMES.
ἥλιον γοῦν γράψαι[2] βουλόμενοι, κύκλον ποιοῦσι· σελήνην δὲ, σχῆμα μηνοει-	Ainsi, selon la manière LITTÉRALE, et selon l'IMITATIVE, lorsque les prêtres	*Ainsi, d'après ce mode les Égyptiens veulent-ils écrire le soleil, ils for-*

1. Tout ce qui précède se rapporte à l'étude du déchiffrement des hiéroglyphes, lorsqu'on avait appris la langue sacrée; c'était la tâche des élèves. Ce qui suit est la manière dont l'écriture était employée par ceux qui en connaissaient déjà les propriétés : c'était le talent des prêtres instruits.

2. L'aoriste γραψαι doit-il se prendre absolument dans le sens du présent γραφειν? Je ne le crois pas. Le parfait et l'aoriste marquent, lorsqu'ils se rapportent à une époque indéterminée, ce qui se fait *habituellement*, ce qui a lieu selon l'*usage ordinaire*. (Voyez les grammaires grecques de Gail et de Burnouf.) Dès lors nous comprenons que βουλομενοι γραψαι ηλιον, signifie que lorsque les prêtres écrivaient le mot *soleil*, par la méthode *ordinaire et naturelle*, c'était par la représentation du soleil lui-même. Cette observation peut s'appliquer à tous les cas que l'on rencontre dans Horapollon. Par là, nous reconnaissons la différence qui existe entre les représentations ordinaires, et celles qui ne sont qu'accidentelles; telles que le *tropique* et l'*allégorique*.

δὲ, κατὰ τὸ κυριολογούμενον εἶδος·	égyptiens veulent écrire le mot *soleil*, ils font ordinairement un *cercle* (ils figurent le soleil); le mot *lune*, ils font ordinairement la figure de la lune (un croissant).	*ment un cercle; lorsqu'ils veulent écrire la lune, ils forment un croissant*[1].
Τροπικῶς δὲ, κατ' οἰκειότητα μετάγοντες καὶ μετατιθέντες· τάδε ἐξαλλάττοντες, τάδε πολλαχῶς μετασχηματίζοντες, χαράττουσιν.	Selon la manière qui se rapproche du TROPE, les prêtres égyptiens, *changeant la signification habituelle des signes (par rapport à leurs figures, à leurs noms)*, et lui en substituant une autre accidentelle, diversifient ces signes par des additions, ou modifient leur apparence de plusieurs manières.	*Dans la méthode tropique, changeant et détournant le sens des objets par voie d'analogie, ils les expriment, soit en modifiant leur image, soit en lui faisant subir divers genres de transformation.*
Τοὺς γοῦν τῶν βασιλέων ἐπαίνους θεολογουμένοις μύθοις παραδιδόντες,	C'est avec cette méthode, qu'exposant leurs TÉMOIGNAGES de RECONNAISSANCE envers leurs rois, dans des RÉCITS (racontant les bienfaits des monarques), et conçus dans la LANGUE THÉOLOGIQUE (c'est-à-dire, la langue sacrée).	*C'est ainsi qu'ils emploient les* ANAGLYPHES (bas-reliefs allégoriques), *quand ils veulent transmettre les louanges de leurs rois, sous forme de* MYTHES RELIGIEUX.
ἀνεγράφουσι διὰ τῶν αναγλύφων.	Ils les publient au moyen d'une inscription solennelle, sur des STÈLES (portant des BAS-RELIEFS, ALLUSIFS au sujet de l'inscription).	
Τοῦδε, κατὰ τοὺς αἰνιγμοὺς, τρίτου εἴδους, δεῖγμα ἔζω τόδε.	La troisième manière, L'ALLÉGORIQUE, celle qui s'explique par d'autres objets, en raison de certaines ALLUSIONS CLAIRES, est ainsi.	*Voici un exemple de la troisième espèce d'écriture hiéroglyphique, qui emploie des* ALLUSIONS ÉNIGMATIQUES.
Τὰ μὲν γὰρ τῶν ἄλλων αστρων, διὰ τὴν πορείαν τὴν λοξὴν, ὄφεων σωμασιν	Ils COMPARENT LES ASTRES autres que le soleil, à des corps de serpents, à cause	*Les Égyptiens figurent les autres astres par des serpents, à cause de l'obli-*

[1]. Je ne suis pas si l'on peut dire : écrire le soleil; il me semble que l'on représente sa figure, mais que l'on n'écrit que son nom.

ἀπείκαζον· τὸν δὲ ἥλιον, τῷ τοῦ κανθάρου. κ. τ. λ.	de l'obliquité de leur mouvement; et le soleil à celui d'un scarabée, parce que celui-ci fait une figure en forme de globe, et la roule en reculant. On dit que cette espèce d'animal vit six mois sur terre et six mois sous terre; et que, lançant son sperme dans le globe, il engendre : mais qu'il ne naît point de femelle [1].	*quité de leur course, mais le soleil est figuré par le scarabée.*

Donc, pour le dire en un mot, tous ceux qui traitèrent des choses sacrées, les théologiens, tant barbares que grecs, cachèrent les principes des choses ; ils ne firent connaître la vérité que par des allusions, des allégories, des métaphores, et autres espèces de figures : tels sont, chez les Grecs, les oracles ; et Apollon pythien est appelé *loxias*, c'est-à-dire *louche*. Les apophthegmes des philosophes grecs sont certainement de ce genre ; ils expriment en peu de mots de grandes choses. Ainsi, *épargnez le temps*, veut dire, ou bien, comme la vie est brève, il ne faut pas perdre le temps; ou bien, qu'il faut être économe, afin de se conserver le nécessaire, si l'on vit longtemps.... C'est pourquoi les poètes, qui apprirent la théologie des prophètes, exprimèrent leurs enseignements par des allégories ; tels furent Orphée, Linus, Musée, Homère et Hésiode ; et ceux qui, par cette raison, furent appelés *sages*.

∴

La suite du fameux passage fait voir que saint Clément comprenait sous le nom d'allégorique, tout ce qu'il croyait

1. Les rapports vrais ou supposés, entre le soleil et le scarabée, selon l'opinion ancienne, nous sont exposés plus au long et d'une manière concordante, par Horapollon, Eusèbe et Ælien. Cela prouve qu'il n'y avait dans le choix du symbole aucune obscurité.

contenir un sens plus étendu que ce que les paroles expriment, ou un sens différent.

Nous n'en finirions pas si nous voulions discuter en détail les critiques présentées par de Brière au système de Champollion. Cependant nous tenons à citer encore le passage suivant qui éclairera fort bien nos lecteurs sur les procédés des savants qui accusent les occultistes de se laisser aller à l'imagination (!) :

« Ce sont ces caractères de divinités qu'inventa Hermès. Plutarque dit : On prétend qu'*Hermès fut le premier, en Egypte, qui connut les caractères des dieux* ; Ερμης λεγεται θεων εν Αιγυπτω γραμματα πρωτος ευρειν ; c'est pour cela que l'*ibis, qui lui est consacré, fut placé à la tête des lettres* (des dieux). Les savants, ignorant ce que c'est que les *caractères des dieux*, ont dit : *Hermès fut le premier des dieux qui connut les lettres*. Hermès n'était pas le premier des dieux, il était le seul ; il était hiérogrammate, les autres dieux ne l'étaient pas. Il ne s'agit point là des lettres de l'alphabet, que les savants voient partout : mais de figures désignant par *antonomase* les divinités suprêmes. Dans les *Comasies*, l'ibis paraissait à la tête des autres animaux. Il y avait sans doute pour cela une autre raison que Plutarque ne connaissait pas.

« Je ne finirais pas si je voulais relever toutes les erreurs que les savants ont commises, faute de connaître le fond des choses ; je n'en indiquerai ici qu'une seule : nous en verrons plus tard, dans mes traités sur la *Croix* et *Sérapis*, sur *Mithra*, sur l'*Origine des lettres* et sur l'*Origine des chiffres*.

« Plutarque (*de Iside*) nous dit qu'en égyptien sacré, *Athyri* désigne la *maison cosmique d'Horus* ; c'est un des surnoms d'Isis. Les savants, qui ignorent ce que c'est qu'une *maison cosmique*, ont cru que Plutarque voulait dire que le mot *athyri* était composé, et signifiait dans son ensemble *maison d'Horus*. En conséquence, ils se sont mis à l'analyser ainsi : *ath*, maison (ce mot n'a pas cette signification en copte), et *yr* ou *or*, Horus ; *ath-or*, maison d'Horus. Fort de cette opinion qui circule partout, M. Champollion, ayant trouvé quelque part un *carré long* renfermant un *petit oiseau*, a jugé que le *carré long* était la maison, et le *petit oiseau*, *Horus*; et il a fait de tout cela le symbole idéographique d'Athyr ou *Athor*, Vénus ou Isis. Autant de mots, autant d'erreurs. Il faut savoir qu'en astrologie, les signes du zodiaque, qui s'appliquent aux mois, sont ce qu'on appelle des *maisons de planètes*. Le signe de la *Vierge*, auquel correspond le mois d'*athyr* ou de *Vénus*, est une des deux *maisons* ou *domiciles* de la planète *Mercure-Apollon*, nommée *Horus* ou *Orion*, qui en prit le surnom d'*Athyr* ou d'*Athor*; ainsi *Athyri* ou la *Vierge* est réellement la *maison cosmique* d'Horus. (Voyez l'*Etymologicum magnum* au mot *Athyr*.)

« Les savants ont donc pris le nom de la maison pour sa définition ; et cela, parce qu'ils ne savaient pas ce que c'était qu'une *maison cosmique* : c'est comme si l'on disait que le mot *Tuileries* signifie *palais du roi*. »

∴

Pouvons-nous avoir des détails plus précis sur *la langue sacrée* des Égyptiens ?

Voici certains passages très instructifs sur ce sujet.

Horapollon nous donne, sur cette langue sacrée, certains renseignements qui sont précieux, et confirment tout ce que nous avons vu ci-dessus. Il dit (liv. I, 27) que les prêtres égyptiens désignaient la parole par une *langue* et un *œil rouge* ou une *main* ; indiquant par la *langue* la première partie d'un mot qui contient sa prononciation ; et par l'œil ou la main, sa signification. Dès lors, nous voyons qu'il en est de l'égyptien sacré comme du chinois. Dans cette dernière langue, on appelle *li* un poirier et une carpe ; mais pour déterminer qu'il s'agit plutôt de l'un que de l'autre, on dit *mo* pour l'arbre, et *yu* pour le poisson ; *li-yu*, le poisson *li*, sera la carpe ; et *li-mo*, l'arbre *li*, sera le poirier ; les Anglais disent *pear-tree*, l'arbre-poire. Cette addition était nécessaire pour fixer le sens précis que devait avoir un symbole susceptible de plusieurs interprétations[1].

Ainsi, dans l'écriture sacrée, tout devait se prononcer. Il est impossible d'admettre les déterminatifs muets et inutiles que présente M. Champollion ; aussi, il ne leur attribue de nécessité qu'à cause de l'*imperfection* de l'écriture.

Pourquoi saint Clément et Porphyre n'ont-ils pas parlé du système de l'écriture vulgaire, ni de celui de l'écriture hiératique ? D'abord, quant à l'écriture vulgaire, elle était connue de tout le monde, et il n'était nullement nécessaire d'en parler. Pour ce qui concerne l'écriture hiératique, elle était secrète et réservée pour les ouvrages des prêtres ; et, comme elle reproduisait les mêmes figures que l'écriture hiéroglyphique, elle n'avait pas un autre système que celle-ci ; elle devait nécessairement être comprise par Por-

1. Notez bien que les [illegible] d'*arbre* ou de *poisson*, qui entrent dans les [illegible] chinois, sont purement orthographiques, et ne [illegible] pas de marquer le nom et le genre *arbre* ou *poisson* [illegible] leur origine aux nomenclatures encyclopédiques.

[illegible]

phyre dans les lettres imitatives. Si les deux auteurs ont parlé des hiéroglyphes, ce n'a été que pour établir une différence entre les deux genres, et pour faire connaître le moyen de transcription usité par les prêtres pour la communication des sciences. Tel est aussi le motif pour lequel saint Clément la place au dernier rang.

Il suit de tout ce que j'ai dit que les signes hiéroglyphiques de texte, dans leurs divers emplois, faisaient toujours la fonction de ce que nous appelons *rébus*, et cette fonction toute simple, toute naturelle, est la seule qui soit compatible avec l'apparence des monuments, et qui puisse se lier à la reproduction de la langue sacrée ; de cette langue dont la puissance était telle, que par le seul son de ses mots, elle faisait mouvoir et agir les dieux, et qu'il n'était pas possible d'en altérer les formules, et qu'enfin aucun idiome humain ne pouvait lui être substitué. Cette puissance résidait aussi dans les hiéroglyphes imitatifs et allusifs. Saint Jérôme cite, à l'occasion de l'histoire de saint Hilarion, l'aventure d'un jeune homme de Memphis qui séduisit une fille chrétienne, en plaçant sous le seuil de sa porte une plaque magique, sur laquelle il y avait des mots barbares, *portenta verborum*, et des figures monstrueuses, *portentosæ figuræ*[1].

1. Toutes les amulettes reposent sur la connaissance de l'astrologie, de la langue sacrée et de l'écriture hiéroglyphique. Ce sont effectivement les bases sur lesquelles sont fondées toutes les sciences sacerdotales et les religions anciennes. Mais la puissance générale de toutes les prières, paroles et talismans, est attribuée à la nature imitative des mots et des signes : il n'y a que l'ignorance qui puisse nier cela.

Champollion connaissait mal l'astrologie et la religion égyptienne. Son explication d'un tableau prétendu astrologique est trop contraire aux règles de la science pour être vraie. Ces constellations qui agissent à des heures déterminées sur certains membres du corps, auxquels l'astrologie les déclare complètement étrangères, sont des anomalies dans la science, qui ne peuvent être admises par les personnes douées de la plus faible connaissance en astrologie. Mais les ignorants, qui prennent tout de

Les symboles de divinités jouaient un très grand rôle dans les amulettes, les abraxas, et dans toutes les opérations magiques et théurgiques ; les statues des dieux étaient considérées comme douées d'intelligence, et on les appelait λίθοι ἔμψυχοι, des pierres animées. J'ai lieu de croire que l'on donnait aussi aux signes de texte le nom de lettres animées ou vivantes.

J'ai dit qu'il y avait chez les prêtres égyptiens deux manières d'exprimer le discours : la première, en l'expri-

confiance et sans examen ont accepté le tableau astrologique, avec les cartouches alphabétiques et idéographiques.

Quant à la religion, l'insuffisance de Champollion se montre clairement, lorsqu'il peint avec des couleurs très vives le *paradis* et l'*enfer* égyptiens, qu'il appelle *amenthes;* les *jouissances* des bienheureux et les *tourments* des damnés. (*Huitième lettre à M. le duc de Blacas.*) Il ignorait que, dans l'antique Orient, il n'y avait ni récompense ni punition après la mort; que l'homme était récompensé ou puni dans ce monde-ci, soit sur sa personne, soit sur celle de ses descendants ; et, toujours dans les intérêts matériels. Il ignorait que la théologie égyptienne accordait deux âmes à l'homme; que l'une, l'âme intelligente et pensante, au sortir du corps, se rejoignait à l'intelligence suprême, dont elle était émanée : et que l'autre, l'âme sensitive et mobilisante, rentrait par la *porte des dieux*, ou le *Capricorne*, dans l'*amenthes*, le ciel aqueux, où elle habitait toujours avec plaisir; jusqu'à ce que, descendant par la *porte des hommes*, ou le *Cancer*, elle vint animer un nouveau corps. (Voyez Porphyre, *De antro nympharum.*)

Je ne quitterai pas ce sujet sans parler de cet *Ammon-ré*, qui joue un si grand rôle dans le Panthéon de M. Champollion. Ce nom divin est pris d'une inscription grecque, où il est question d'*Amoun ra-sonter;* M. Champollion n'a jamais lu en hiéroglyphes ce nom allongé; mais il a vu un groupe qu'il pouvait lire *amoun ré*, ou *soleil caché* (toujours le soleil). Mais *ré* n'est pas *ra;* et *ra* et *rô* signifient, non le soleil, mais une *porte : Amon ra* n'est donc pas le soleil caché, mais la porte invisible, secrète, noire, la *porte de la mort*, par où les âmes entraient dans l'*amenthès*. C'était la véritable cause de l'horreur qu'inspiraient les fèves. En copte *rô* désigne la *fève* et une *porte ;* et l'on disait que la fleur de fève portait des *taches noires* qui représentaient les *portes de la mort*. *Amoun* signifie aussi *père ;* et de là l'opinion qu'il valait autant manger la tête de son *père* qu'une *fève*. On voit que les idées antiques, mises en contact avec les opinions de M. Champollion, les repoussent toujours.

J'en dirai autant de cette prétendue déesse *Tphé*, ou déesse du ciel, dont les savants n'ont pas compris la nature, parce qu'ils ne montent jamais plus haut que le ciel; c'est tout simplement le *Spiritus* qui entraîne la machine céleste dans son mouvement perpétuel.

mant dans tous ses détails, par le moyen de l'écriture imitative des paroles; et la deuxième, en ne représentant qu'une idée théologique par une seule image, plus ou moins composée, une espèce de tableau; en raison des allusions que cette image offrait avec le sujet du discours. Élien établit les propriétés de cette dernière méthode en parlant de l'ibis. « Les plumes noires de cet oiseau peuvent être comparées avec le discours qui n'est point proféré (l'image vue et nommée seulement) : les plumes blanches peuvent l'être avec l'énonciation du *sens intime* (l'explication orale). »

Jamblique (*De mysteriis*, S. 7. ch. I et II) nous explique ce fait, et nous en donne un exemple.

(Ch. Ier.) « Je veux d'abord vous faire connaître la manière dont les Égyptiens procèdent en matière théologique. IMITANT la nature de l'univers et les opérations des divinités, ils représentent, par des symboles composés, les notions qu'ils ont des intelligences secrètes, cachées, invisibles : de cette manière, la nature reproduit, sous des formes apparentes, les causes cachées des choses. Ensuite, la puissance opératrice des dieux y a exprimé les images vraies (ou cachées) par des images sensibles. Les Égyptiens, comprenant que tous les êtres supérieurs étaient charmés de trouver de la RESSEMBLANCE avec eux, dans les choses d'ici-bas, tâchèrent de leur plaire et d'*obtenir* d'eux *tous les biens*, en les IMITANT : et c'est avec raison qu'ils considérèrent comme convenable aux dieux la méthode d'exprimer les mystères au moyen de symboles. »

(Ch. II.) *Un dieu assis sur un lotus* désigne le *grand dieu*, la puissance infinie, la suprême éminence, qui ne touche point la matière; et l'*intelligence motrice et ignée*; car, dans le lotus, tout est *circulaire*, les feuilles et les fruits, et cette propriété RÉPOND à l'unique opération de l'intelligence, qui *meut tout circulairement*, d'une seule manière, dans un seul ordre et dans un seul rapport. Mais le dieu suprême, dans son isolement, est au-dessus de cette intelligence motrice : saint et vénérable, il repose en lui-même : ce qui est MARQUÉ par sa position assise (Voy. fig. 22. Le dieu tient un fouet et montre du doigt sa coiffure : le *fouet* pourrait bien exprimer son *nom*, et la *coiffure* sa dignité.)

Pour expliquer l'origine de ces tableaux symboliques, il faut savoir que les Égyptiens ne figuraient jamais le monde organisé par des images compliquées, et montrant les choses sous leur propre forme, vraie ou supposée ; comme lorsque nous représentons le système du monde, ou la sphère céleste ; ou bien, lorsque nous montrons Dieu dans sa gloire, entouré de ses anges et de ses saints, qui chantent ses louanges, en s'accompagnant de la harpe. Comme ils voulaient dépeindre en même temps les choses et leurs propriétés, telles que le mouvement, la puissance, la fonction, etc., ils ne purent y parvenir qu'en substituant symboliquement aux images intellectuelles, des objets sensibles dont les propriétés avaient de l'analogie avec celles des choses qu'ils voulaient dépeindre. Les images sensibles par lesquelles ils désignaient les choses célestes n'étaient donc pas, comme le dit Jamblique, les *véritables* ou les *invisibles* (*amoun* a ces deux sens)[1], que les prophètes voyaient en songe (ce qui leur avait fait donner le titre de VOYANTS). Les peuples n'allaient pas plus loin que la figure, ce qui est assez ordinaire ; et de là naquit l'idolâtrie. De là vint encore que les Grecs, ignorant la signification des figures des divinités et des attributs qui les accompagnent, donnèrent à ces images, en

1. Les Égyptiens invoquaient le dieu *Amoun* et l'invitaient à se manifester, à se rendre visible.

TABLEAU COMPARATIF

DES RAPPORTS DES AUTEURS ANCIENS, SUR LES ÉCRITURES ÉGYPTIENNES

ÉCRITURES HIÉROGLYPHIQUES, divisées en deux branches.

1re Branche, divisée en deux espèces : 1re espèce : *écriture monumentale ;* 2e espèce : *écriture hiératique* ou *des philosophes*, selon Abénéfi, et dont les signes portent les noms de :

Τα πρωτα ζοιχεια, les premiers éléments ; *elementa litterarum*, les éléments des lettres ; τα πρωτα γραμματα, les premiers éléments ; τα πατρια γραμματα, les lettres des Pères ; ιερα γραμματα, les lettres sacrées.

SAINT CLÉMENT D'ALEXANDRIE	Κυριολογικη, le signe s'interprétant par le nom propre de l'objet ou de la chose.			
		Συμβολικη, *métaphorique*, le signe s'expliquant comme nom d'une chose, ou d'un autre objet que celui qui est représenté.	Ωσπερ τροπικῶς γραφομενον. *écrit en manière de* TROPE.	Αλληγορικη, *s'interprétant par* UN AUTRE NOM.
	Pris comme nom propre de l'OBJET FIGURÉ.	*Pris comme nom propre d'*UNE CHOSE. Κατα μιμησιν, selon l'*imitation* de ce nom, par celui de l'objet : identité parfaite des deux noms, par suite d'un rapport entre les choses.	Κατ' οικειοτητα μεταγοντες και μετατιθεντες, changeant la propriété d'un symbole, en lui en donnant une autre, en raison d'un rapport *de nom* HOMOPHONES, PARONYMES. Tout objet portant un nom voisin de celui de *soleil*. *de figure* Εξαλλαττοντες, en distinguant par l'application d'un autre signe, ου μετασχηματιζοντες, en modifiant la forme ou l'apparence. HÉTÉRONYMES. Noms différents de celui de la figure.	Désignant un objet ou une chose par une autre figure, et par un autre nom, en raison d'allusions claires : κατα τινας αινιγμους αντικρυς. MÉTONYMES, ANTONOMASES. *Scarabée*, pris pour le *soleil*, mais portant toujours le nom de *scarabée*.
	IDIONYMES. *Soleil* (exprimé par son image).	HOMONYMES. Toutes les choses portant le nom de *soleil*, et exprimées par l'image du soleil.		

AUTEURS INCONNUS A M. CHAMPOLLION, OU REJETÉS PAR LUI

DIODORE DE SICILE	L'écriture n'exprime pas le discours par des *réunions combinées de lettres*, ουκ αποδιδουσα η γραμματικη τον υποκειμενον λογον εκ της των συλλαβων συνθεσεως, mais par			
	la signification propre des images décrites ; εξ εμφασεως των μεταγραφομενων. *Épervier*, oiseau.	une métaphore propre du nom de l'objet, secondée par l'action de la mémoire (à cause de la communauté de ce nom avec la chose) : εκ μεταφορας οικειας μνημη συνηθλημενης (δια κοινοτητα). *Épervier*, rapide.		
PLUTARQUE	Ος, sceptre : σηθ, âne : ιρι, œil.	Ος, plusieurs : Σηθ, nom du dieu à tête d'âne (Typhon).	Οσ-ιρι, sceptre et œil, *plusieurs yeux* (nom d'Osiris).	Ιερακι τον θεον φραζουσι. Ils désignent le dieu (Osiris) par le nom d'*épervier*.
HORAPOLLON	*Baihet*, épervier, oiseau. Le jonc, l'encre et le crible, *Amrés*.	*Amrés*, malade.	*Bai-het*, épervier, *âme-cœur*. *Thaust*, épervier (selon Élien) : autre nom à distinguer.	
RUFFIN	CROIX, *instrument*.	CROIX, *vie future*.	*Litteræ-vocabula*, lettres-mots. *Elementa litterarum*, éléments des lettres.	
AMMIEN-MARCELLIN	VAUTOUR, *oiseau*.	VAUTOUR, *nature*.		
	Non præstitutus numerus litterarum ; sed singulæ litteræ singulis nominibus et verbis seu vocabulis inservientes, et nonnunquam integros sensus significantes ; non un nombre déterminé de lettres, mais chaque lettre désignant un nom et un mot, et quelquefois un sens complet.			
PLOTIN	Τυποι γραμματων διεξοδευοντες λογους και προτασεις, και μιμουμενοι φωνας και προφορας αξιωματων. Des figures de lettres exprimant en détail les discours et les propositions, et *imitant* les paroles et les énoncés des préceptes.			
PORPHYRE	Κοινολογουμενα κατα μιμησιν ; exprimant le discours ordinaire *par imitation* (des paroles).			
APULÉE	*Figuris cujuscemodi animalium, compendiosa verba suggerentes concepti sermonis libri ;* livres rappelant à la mémoire et exprimant les mots brefs d'une formule, au moyen de figures d'animaux.			
LUCIEN	Le nom du sauveur de la ville écrit en caractères hiéroglyphiques sur le théâtre (à Alexandrie). Donc les symboles ne sont pas *idéographiques*.			
TACITE	*Patrius sermo*, la langue des Pères était représentée par les hiéroglyphes.			
LUCAIN	Les figures d'animaux conservaient les paroles magiques.			

IIe BRANCHE,

dont les signes portent les noms de Γραμματα, lettres ; ζοιχεια, éléments ; αγαλματα, images ; ειδωλα (ειδη-ολα), idoles (images complètes) ; μονογραμμοι, monogrammes ; τερατα, monstres ; σημεια, signes ; χαρακτηρες, sculptures ; γραμματα θεια, lettres divines.

FIGURES OU TABLEAUX

Imitant, par des allusions, l'organisation des mondes éthérés et célestes. (Voyez Porphyre et Jamblique.)

Ce sont les éléments de l'écriture primitive, qui sont composés des signes de l'écriture du langage : lesquels sont ainsi les *premiers éléments de l'écriture*.

Abénéfi appelle cette écriture *écriture des oiseaux* (à cause des représentations astrologiques) ; *elle représente*, dit-il, *les puissances de Dieu ;* Plotin dit que les figures qui la composent représentent en masse des phrases, des discours. Porphyre lui donne le nom de *symbolique* ou *métaphorique*, s'interprétant au moyen d'*allusions* (il ne faut pas la confondre avec l'*allusive claire* de saint Clément d'Alexandrie). C'est la même qu'Ammien-Marcellin désigne comme exprimant, PAR UN SEUL SIGNE, *un sens complet*. Ruffin appelle ses signes des *lettres sacerdotales*. Aristote prétend qu'elle était commune aux Égyptiens et aux Chaldéens : c'était un genre de mnémonique.

ÉCRITURE NATIONALE

Cette écriture porte les noms de *démodé*, *démotique*, *enchoriale*, *commune*, *épistolographique*. Abénéfi l'appelle l'*écriture des ignorants ;* on croit qu'elle réunit les consonnes aux voyelles à notre manière, ou comme l'écriture *zend*.

les modifiant, une signification tout à fait étrangère à celle que leur avait attachée le créateur du système. C'est cette signification grecque qui a servi seule jusqu'ici pour expliquer les fables.

Selon mon opinion, cette écriture en tableaux, l'écriture des éléments ou lettres symboliques, est la plus ancienne, et a dû précéder de beaucoup l'écriture des textes et l'alphabet. C'est par suite de leur postériorité, que les signes des textes se sont appelés les *éléments des éléments*, ou les *premiers éléments*, ou les *éléments des lettres*, et que l'alphabet qui en est dérivé a pris le même nom.

Je demanderai aux savants qui me nieront ce fait, de vouloir bien expliquer l'expression *elementa litterarum*, appliquée par Ruffin aux signes de textes représentant des mots entiers; et celle d'*éléments*, appliquée aux grandes images par Sanchoniaton.

On voit, par ces deux passages, que les symboles théologiques des Égyptiens étaient *imitatifs* de l'organisation de l'univers. Ce n'est pas cette imitation sotte et niaise des objets; mais le grand principe de l'Imitation des choses, principe immense, et qui se reproduit de mille manières diverses dans l'étude de l'antiquité orientale. Ce principe dépendait du *lien universel*, et en appelait à lui trois autres : le principe de l'*efficacité*, celui de la *fatalité*, et enfin, le principe de la *périodicité*. Ce dernier était une espèce d'imitation; tout ce qui s'était fait dans une période se reproduisait dans les suivantes, de la même manière et dans le même ordre. Le principe de l'*imitation* était contraire à cette obscurité que nous reprochons mal à propos au symbolisme égyptien, parce que nous ne le comprenons pas.

Je suppose que l'explication que nous donne Jamblique

n'était pas confiée uniquement à la mémoire des prêtres, mais qu'elle était aussi conservée dans l'écriture imitative : une fois reçue, cette explication était facilement rappelée à la mémoire par la vue des grandes images.

Ce sont ces figures complexes qui, souvent réunies à la suite les unes des autres, forment ce que nos savants appellent des *scènes*, c'est-à-dire des espèces d'actions, dont les objets figurés sont censés être les acteurs. Les savants, ne comprenant rien à cet assemblage, se sont imaginé qu'on leur jouait une pièce de théâtre ; tandis qu'il ne s'agissait en réalité que de certaines idées cosmologiques et théologiques reproduites par des symboles, et qui se déduisent de chaque groupe séparé.

***

Il ne faudrait pas croire que de Brière seul se soit élevé contre le système de Champollion. *Lacour*[1] combat en passant ce système, mais un auteur très original et très peu connu, BARROIS[2], est parvenu à expliquer couramment non seulement les hiéroglyphes, mais même les cunéiformes en donnant raison à l'une des idées défendues par M. de Brière alors qu'il ne connaît pas cet auteur.

Barrois prétend que chaque signe hiéroglyphique représente la première lettre d'un mot qu'il faut deviner. Les hiéroglyphes seraient ainsi de véritables moyens mnémotechniques, servant à aider la mémoire des initiés. Mais où l'auteur est curieux, c'est quand il prétend que les hiéroglyphes doivent se lire en *grec prohellénique* et que

1. Lacour, *Les Æloim ou dieux de Moïse.*
2. Barrois, *Dactylologie et langage primitif restitués d'après les Monuments.* Paris, 1850, in-4° faisant suite aux *Lectures littérales des hiéroglyphes et des cunéiformes*, in-4° avec fig. *Éléments carlovingiens*, 1846. Paris, mai 1853, in-fol.

cette langue dérive elle-même du *geste* qui a été fixé par l'écriture. De là son idée de la *dactylologie*, origine de toutes les langues. Nous conseillons vivement l'étude de cet auteur aux chercheurs consciencieux ; personne ne connaît ses travaux pourtant très importants.

Voici plusieurs extraits de cet auteur qui viennent confirmer les données de M. de Brière.

L'Égypte

La Sagesse des Égyptiens est proverbiale dans l'antiquité[1].

Les Pharaons étaient fiers de s'intituler fils des sages[2] et nourriciers des peuples.

Le législateur du Sinaï était initié à la sagesse, aux sciences et aux arts des Égyptiens[3].

Macrobe appelle l'Égypte mère des sciences[4] et les Égyptiens pères des connaissances philosophiques[5].

C'est en Égypte que les hommes les plus illustres puisèrent les connaissances par lesquelles ils se sont immortalisés[6].

(Barrois, p. 10.)

Le mot sacré

Les Indiens et surtout la nation chinoise, stationnaire par excellence, puisqu'elle emploie encore aujourd'hui la

1. Et praecedebat sapientia Salomonis sapientiam omnium orientalium et Ægyptiorum. *Regum*, IV, 30.
2. *Isaias*, XXX, 11 et 12.
3. Et eruditus est Moises omni sapientia Ægyptiorum, et erat potens in verbis et operibus suis (*Acta*, VII, 22).
4. *Saturn*, lib. I, c. XV.
5. *De Somnio Scipionis*, lib. I, c. XIX.
6. Dédale, Mélampe, Pythagore, Homère, Solon, Musée, Démocrite, Apollonius de Tyane du *Cœlius Rhodiginus*, lib. XVI, c. V.

dactylologie primitive[1], ont conservé ce premier nom du Créateur que l'homme ne devait jamais prononcer[2], IAO[3], nom biblique et trinitaire, יהוה, qui, avec les aspirations archaïques, fit chez le peuple de Dieu *Jehuho*, *Jehova*, tandis que chez les infidèles il devint *Jovis*, d'où *Jovis Pater*[4].

Le primitif I O A enfanta par l'analogie la triple divinité égyptienne *Isis*, *Osiris*, *Anubis*. Les noms et la forme sont l'ouvrage des hommes ; l'esprit, le prototype, c'est l'omnipotence éternelle.

(BARROIS, p. 13.)

LE ZODIAQUE

L'antique Bithynie conservait la langue prohellénique comme *langue savante ;* les Bithyniens imaginèrent douze signes acrologiques représentant les mois de l'année à la même époque où s'introduisit chez eux le culte des douze grands dieux. Chaque signe rappelait le nom d'une des divinités, et cette série reçut plus tard la dénomination de *zodiaque*. Les mois de l'année, chez les Bithyniens, portaient, suivant leur ordre, les désignations suivantes en langue prohellénique :

Αφροδισιος	Δημητριος	Ηραιος	Ερμαιος	Μητρωος	Διονυσιος
Vénus	Cérès	Junon	Mercure	Cybèle	Bacchus
Ηρακλειος	Διος	Βενδιδαιος (prohell.)	Ζερατειος	Αρειος	Περεεπιος
Hercule	Jupiter	Diane	Minerve	Mars	Priape

1. Mandarinorum lingua, *Dactylolog.*, p. 70.

2. Composé de trois sons aériens, figurés eux-mêmes par des plumes chez les anciens, afin de le spiritualiser autant que possible.

3. Il était naturel de penser que ce premier nom de la Divinité devait se reconnaître dans quelque composé de la langue primordiale, et cela existe en effet. Ιας a fait Ιασμαι, *guérir*, parce que le grand guérisseur est Dieu lui-même et qu'on attribuait quelque chose de divin à celui qui soulageait ses semblables.

4. Dont s'est formé par contraction *Jupiter* : « Quod est in elisis aut immutatis quibusdam litteris *Jupiter*, id plenum atque integrum est *Jovis pater*. » Aulu-Gelle, N. A. V. 12.

Le zodiaque se compose des douze signes suivants :

Capricorne	Αιγοκερως	Αρεσκω	plaire	VÉNUS
Verseau	Λευω	Δημητηρ	moisson	CÉRÈS
Bélier	Κριος	Κοιρανη	reine	JUNON
Taureau	Ταυρος	Τεχνη	ruse	MERCURE
Gémeaux	Διοσκουροι	Δαμαρ	mère	CYBÈLE
Ecrevisse	Καρκινος	Κωμος	orgie	BACCHUS
Poissons	Ιχθυς	Ις	force	HERCULE
Lion	Λεω	Λαγετης	maître	JUPITER
Vierge	Παρθενος	Βενδις (probell.)	vierge	DIANE
Balance	Ζυγος	Στρατηγια	commandement	MINERVE (PALLAS)
Scorpion	Σκορπιος	Στειβω	se battre	MARS
Sagittaire	Τοξοτης	Τελλω	faire naître	PRIAPE

D'où il suit que le zodiaque n'est autre chose que la nomenclature hiéroglyphique des noms des mois formant le calendrier bithynien[1].

Nous pourrions faire tout un volume sur cette science des Égyptiens que dut savoir Moïse, et sur les méthodes des unités pour rendre leurs idées ; mais il est temps de clore nos citations.

Comme notre ouvrage a pour but, avant tout, d'être utile aux chercheurs, occultistes ou non, tout en mettant au jour les œuvres des auteurs peu connus qui ont étudié la science antique, nous allons, pour terminer ce paragraphe, citer deux documents très instructifs.

Le premier est le programme du cours de M. de Brière. Le second est le tableau synthétisant les divisions de l'écriture égyptienne de la page 408.

Voici le plan général de mon cours : il se divise en deux parties; chacune d'elles se partage en deux divisions, et chaque division en plusieurs sections.

1re PARTIE : SACERDOCE ANCIEN. 1re *division* : PERSONNEL : *Origine, hiérarchie* et *mœurs* des prêtres, philosophes et initiés des divers peuples. 2e *division* : SCIENCES ET ARTS ARTS CULTIVÉS

1. Barrois, *Dactylologie*, p. 14.

PARTICULIÈREMENT PAR LES PRÊTRES (sciences dites *hammonéens*) : — 1° *Langue sacrée*, ou langue des prêtres et des initiés, ou *Hammunéens*, commune aux prêtres des diverses nations. — 2° *Écritures égyptiennes* : leur division, leurs systèmes. — 3° *Recherche* des éléments de la langue sacrée. — 4° *Physique sacrée* : Cosmologie, météorologie, histoire naturelle, alchimie. — 5° *Astrologie* et *astronomie* : développement de leurs principes, conjonctions ; grandes périodes, *croix astrologique*. — 6° *Chronologie ancienne*. — 7° *Magie*. — 8° *Divination* : leurs diverses branches. — 9° *Mystères*. — 10° *Cabale* et *nombres pythagoriques*.

2e PARTIE : RELIGIONS. 1re *division* : DOGMES (sciences dites *divines*). — 1° Systèmes religieux. — 2° Divinités, les animaux sacrés, les plantes sacrées. — 3° Psychologie. — 4° Mythologie. — 5° *Théologie, théosophie*. — 6° *Origine de la philosophie occidentale*. — 2e *division* : CULTE. — 1° Édifices et ustensiles consacrés au culte. — 2° Actes religieux et objets symboliques employés dans les cérémonies du culte.

Ainsi, le prêtre est le créateur des religions païennes : les sciences sacerdotales sont ses moyens : les dogmes formulent sa pensée ; le culte est l'action résultant de cette pensée.

Au milieu de ces immenses recherches, sont jetées des considérations sur les propriétés du langage et de l'écriture, par rapport à l'expression des idées ; des recherches sur l'origine des écritures ; des critiques de tout genre, etc.

Voilà comment il faut procéder, lorsqu'on veut raisonner avec justesse sur les religions anciennes, et parvenir à établir une doctrine positive. Il est facile de voir combien cette méthode est différente de celle que suivent les savants du jour.

∴

Ce qui se dégage de l'étude précédente, c'est l'existence en Égypte et dans tous les centres d'initiation *d'une langue sacrée commune à tous les peuples*, quoi qu'en dise l'Académie[1].

1. Or, voyez ce que fait l'Académie ; elle condamne *la langue sacrée*, l'*écriture* [illegible], *les* [illegible], *les idées antiques*, *les tables sacrées du* [illegible], etc. Toutes choses de premier ordre, nettement [illegible] et attestées par [illegible], je dirais presque de notoriété publique ; et elle prend son [illegible] point d'appui dans *l'alphabet* et les *signes idéo-*

Quelle était cette langue?

Moïse l'employa-t-il ?

C'est ce qu'il nous faut voir maintenant.

Nous ne pouvons avoir de sérieuses données sur la langue sacrée des Égyptiens qu'en parcourant les théories différentes énoncées pour expliquer l'origine du langage et les langues mères de l'humanité, ou plutôt des races actuelles.

Cette question de l'origine de la Parole est une de celles sur lesquelles les positivistes ont avancé les hypothèses les plus imaginaires, hypothèses considérées comme des certitudes peu après avoir été formulées.

Les contes de fées racontés à ce sujet dans les livres modernes d'Anthropologie ne méritent même pas la peine d'être pris un seul moment en considération par un lecteur qui a parcouru les travaux de *Court de Gébelin*[1] et de son disciple, devenu lui-même un maître de première force, *Fabre d'Olivet*[2]. Autant nous admirons les travaux de la Science positiviste appliquée à l'Anatomie et à la Physiologie, autant nous sommes opposé aux conceptions creuses qui prennent le manteau de l'expérimentation pour égarer les chercheurs.

Voici une des meilleures explications qui aient été fournies sur l'origine de la Parole. Cette étude est de Fabre d'Olivet.

Nous y joignons quelques remarques de Claude de Saint-Martin, le célèbre théosophe.

graphiques, la langue copte, l'interprétation amphigourique des monuments; et tous ces noms si ridiculement déchiffrés, tels que : le roi *Soleil-Junon*, et *Remenkakaka* et *Tholmès* et *Tmaatot* et *Amoun-Mai Ramsès* et *Phtha-i-méné* et *Pipi* ou *Epip* (au choix) et *Amenhichopchf*, etc. C'est toujours à peu près ainsi qu'agissent les corps savants lorsqu'ils se laissent conduire par certains membres influents. De Brière, *Op. cit.*, p. 57.

1. Court de Gébelin, *le Monde primitif*.

2. Fabre d'Olivet, *la Langue hébraïque restituée*.

Quel plus beau sujet de recherches pour le penseur que celui de l'origine des langues humaines?

Il est curieux de voir deux hommes d'une pénétration et d'une érudition remarquables, Claude de Saint-Martin, le philosophe inconnu, et Fabre d'Olivet[1], arriver par des voies différentes à des conclusions presque identiques au sujet de cette importante question.

Tous deux se révoltent contre le système des sensualistes, repris dans ces derniers temps par les positivistes, affirmant que les langues sont le résultat arbitraire des caprices humains, et tous deux ont été conduits dans leur étude par la connaissance profonde de la langue hébraïque.

Qui faut-il croire? Ceux qui ne savent à peine qu'une ou deux langues modernes sans connaître leurs origines, ou ceux qui se sont élevés par l'étude de toutes les langues antiques jusqu'à la connaissance des trois langues mères, le Chinois, le Sanscrit et l'Hébreu[2], ceux qui de l'origine des races humaines proclament l'existence d'une **RAISON** élevée?

« De quelque manière que l'on envisage l'origine du genre humain, le germe radical de la pensée n'a pu lui être transmis que par un signe, et ce signe suppose une idée mère[3].

« Oui, si je ne suis point trompé par la faiblesse de mon talent, je ferai voir que les mots qui composent les langues, en général, et ceux de la langue hébraïque en particulier, loin d'être jetés au hasard et formés par l'explosion d'un caprice arbitraire, comme on l'a prétendu, sont, au contraire, produits par une raison profonde ; je

1. Fabre d'Olivet, *Lang. héb. rest.* Voy. aussi Claude de Saint-Martin, *le Crocodile*.
2. Fabre d'Olivet, *Lang. héb. rest.*, Dissertation, introd.
3. Saint Martin, *les Signes et les Idées* (dans *le Crocodile*).

prouverai qu'il n'en est pas un seul qu'en ne puisse, au moyen d'une analyse grammaticale bien faite, ramener à des éléments fixes, d'une nature immuable pour le fond, quoique variable à l'infini pour la forme.

« Ces éléments, tels que nous pouvons les examiner ici, constituent cette partie du discours à laquelle j'ai donné le nom de *Signe*. Ils comprennent, je l'ai dit, la voix, le geste et les caractères tracés[1].

« Remontons encore plus haut et nous allons voir l'origine de ces Signes :

« J'ai désigné comme éléments de la Parole la voix, le geste et les caractères tracés ; comme moyens, le son, le mouvement et la lumière ; mais ces éléments et ces moyens existeraient vainement, s'il n'existait pas en même temps une puissance créatrice, indépendante d'eux, qui se trouve intéressée à s'en emparer et capable de les mettre en œuvre. Cette puissance, c'est la Volonté.

« Je m'abstiens de nommer son principe ; car outre qu'il serait difficilement conçu, ce n'est pas ici le lieu d'en parler. Mais l'existence de la Volonté ne saurait être niée, même par le sceptique le plus déterminé, puisqu'il ne pourrait la révoquer en doute sans le vouloir, et par conséquent sans la reconnaître.

« Or, la voix articulée, et le geste affirmatif ou négatif, ne sont et ne peuvent être que l'expression de la Volonté. C'est elle, c'est la Volonté, qui, s'emparant du son et du mouvement, les force à devenir ses interprètes, et à réfléchir au dehors ses affections intérieures.

« Cependant si la Volonté est une, toutes ses affections, quoique diverses, doivent être identiques, c'est-à-dire être respectivement les mêmes pour tous les individus qui les

1. Fabre d'Olivet, *la Lang. héb. restituée.*

éprouvent. Ainsi, un homme voulant, et affirmant sa volonté par le geste, ou par l'inflexion vocale, n'éprouve pas une autre affection que tout homme qui veut et affirme la même chose. Le geste et le son de voix qui accompagnent l'affirmation ne sont point ceux destinés à peindre la négation ; et il n'est pas un seul homme sur la terre auquel on ne puisse faire entendre par le geste, ou par l'inflexion de la voix, qu'on l'aime ou qu'on le hait, qu'on veut ou qu'on ne veut pas une chose qu'il présente. Il ne saurait là y avoir de convention. C'est une puissance identique, qui se manifeste spontanément, et qui, rayonnant d'un foyer volitif, va se réfléchir sur l'autre.

« Je voudrais qu'il fût aussi facile de démontrer que c'est également sans convention, et par la seule force de la Volonté, que le geste ou l'inflexion vocale, affectés à l'affirmation ou à la négation, se transforment en des mots divers ; et comment il arrive, par exemple, que les mots *oui* et *non* [1], ayant le même sens et entraînant la même inflexion et le même geste, n'ont pourtant pas le même son ; mais si cela était aussi facile, comment l'origine de la Parole serait-elle restée jusqu'à présent inconnue ?

« Comment tant de savants, armés tour à tour de la synthèse et de l'analyse, n'auraient-ils pas résolu une question aussi importante pour l'homme ? Il n'y a rien de conventionnel dans la Parole, j'espère le faire sentir à ceux de mes lecteurs qui voudront me suivre avec attention ; mais je ne promets pas de leur prouver une vérité de cette nature à la manière des géomètres ; sa possession est d'une trop haute importance pour qu'on doive la renfermer dans une équation algébrique.

« Revenons. Le son et le mouvement mis à la disposi-

1. כה et לא.

tion de la Volonté sont modifiés par elle ; c'est-à-dire qu'à la faveur de certains organes appropriés à cet effet, le son est articulé et changé en voix; le mouvement est déterminé et changé en geste. Mais la voix et le geste n'ont qu'une durée instantanée, fugitive. S'il importe à la volonté de l'homme de faire que le souvenir des affections qu'elle manifeste au dehors survive aux affections elles-mêmes, — et cela lui importe presque toujours, — alors, ne trouvant aucune ressource pour fixer ni peindre le son, elle s'empare du mouvement, et à l'aide de la main, son organe le plus expressif, trouve, à force d'efforts, le secret de dessiner sur l'écorce des arbres, ou de graver sur la pierre, le geste qu'elle a d'abord déterminé.

« Voilà l'origine des caractères tracés, qui, comme image du geste et symbole de l'inflexion vocale, deviennent l'un des éléments les plus féconds du langage, étendent rapidement son empire et présentent à l'homme un moyen inépuisable de combinaisons. Il n'y a rien de conventionnel dans leur principe, car *non* est toujours non et *oui* est toujours oui : un homme est un homme. Mais comme leur forme dépend beaucoup du dessinateur, qui éprouve le premier la volonté de peindre ses affections, il peut s'y glisser assez d'arbitraire, et elle peut varier assez pour qu'il soit besoin d'une convention pour assurer leur authenticité et autoriser leur usage. Aussi n'est-ce jamais qu'au sein d'une peuplade avancée dans la civilisation et soumise aux lois d'un gouvernement régulier qu'on rencontre l'usage d'une écriture quelconque. On peut être sûr que là où sont les caractères tracés, là sont aussi les formes civiles. Tous les hommes parlent et se communiquent leurs idées, tels sauvages qu'ils puissent être, pourvu qu'ils soient des hommes; mais tous n'écrivent pas, parce qu'il n'est nullement besoin de convention pour l'établissement d'un langage, tandis qu'il en est toujours besoin pour celui d'une écriture.

« Cependant, quoique les caractères tracés supposent une convention, ainsi que je viens de le dire, il ne faut point oublier qu'ils sont le symbole de deux choses qui n'en supposent pas, l'inflexion vocale et le geste. Celles-ci naissent de l'explosion spontanée de la Volonté. Les autres sont le fruit de la réflexion[1]. »

Court de Gébelin[2] donne l'alphabet suivant comme type de l'alphabet primitif qu'il applique au chinois. Le lecteur est prié de comparer ces caractères avec les lettres hébraïques correspondantes, et il verra l'étroite analogie existant entre tous ces signes. L'étude du Tarot[3] fournit encore de curieuses indications à ce sujet.

M. de Brière, cherchant l'origine de la langue des Égyptiens, tend à considérer le *sanscrit* ou plutôt le *pali* comme constituant cette origine.

Mais aucun auteur n'a plus d'autorité en cette matière que Fabre d'Olivet.

Fabre d'Olivet considère trois langues mères : le Chinois, le Sanscrit et l'Hébreu.

L'espace nous manque pour analyser comme elle le mériterait cette étude magistrale ; contentons-nous de résumer les idées de l'auteur en citant les passages suivants.

∴

Maintenant passons à la Langue hébraïque. On a débité un si grand nombre de rêveries sur cette langue, et le préjugé systématique ou religieux qui a guidé la plume de

1. Fabre d'Olivet, *Lang. héb. rest.*, chap. IV, § 1.
2. *Histoire naturelle de la Parole ou Grammaire universelle*. Paris, 1816, in-8°.
3. Papus, *le Tarot du Bohémien.*

nos historiens, a tellement obscurci son origine, que j'ose à peine dire ce qu'elle est, tant ce que j'ai à dire est simple. Cette simplicité pourra cependant avoir son mérite; car si je ne l'exalte pas jusqu'à dire avec les rab-

ALPHABET PRIMITIF Fig. 1					CORRECTIONS de la Figure 1	
Lettres.	Sens qu'elles désignent.	Objets qu'elles peignent.	Les mêmes au simple trait.	Caractères Chinois correspondans.	Caractères Chin. modernes.	Caractères Chinois anciens.
A 1°	MAITRE Colui qui A			Jin Homme	人 Jin	Homme
B	BŒUF			Bœuf	牛 Nieou	Bœuf
H	CHAMP. 2° Source de la vie			Champ	田 Thien	Champ
E	EXISTENCE VIE			Être Vie	生 Seng	Vie
I	MAIN autrement ID d'où AIDE			Main	手 Cheou	Main
O	ŒIL			Œil	目 Mou	Œil
OU	OUIE Oreille ?			Oreille ou Chu	耳 Eul	Oreille
P	LE PALAIS			Bouche	口 Kheou	Bouche
B	BOITE Maison			Boîte Boîte ou qui contient	Hi	Boîte
M	ARBRE Être Productif			Plante Montagne	Tche 山 Chan	Plante Montagne

bins de la synagogue ou les docteurs de l'Église, qu'elle a présidé à la naissance du monde, que les anges et les hommes l'ont apprise de la bouche de Dieu même, et que cette langue céleste, retournant à sa source, deviendra celle que les bienheureux parleront dans le ciel; je ne dirai pas non plus avec les philosophistes modernes que c'est le jargon misérable d'une horde d'hommes maliceux, opiniâtres, défiants, avares, turbulents, je dirai, sans partialité aucune, que *l'hébreu renfermé dans le Sepher* EST LE PUR IDIOME DES ANTIQUES ÉGYPTIENS[1].

	ALPHABET PRIMITIF Fig. 2				CORRECTIONS de la Figure 2.	
Lettres	Sens [illegible]	Objets [illegible]	Les mêmes ou [illegible] le trait	Caractères Chinois correspondans	Caractères Chinois modernes	Caractères Chinois anciens
N	[illegible]	[illegible]	[illegible]	[illegible]	[illegible]	[illegible]
G	Gorge Cou Canal	[illegible]	[illegible]	[illegible]	喉 [illegible]	[illegible]
C	[illegible]	[illegible]	[illegible]		[illegible]	[illegible]
Q	[illegible]	[illegible]	[illegible]	[illegible]	[illegible]	[illegible]
S	[illegible]	[illegible]	[illegible]	[illegible]	[illegible]	[illegible]
T	[illegible]	[illegible]	[illegible]	[illegible]	[illegible]	[illegible]
T	[illegible]	[illegible]	[illegible]	[illegible]	[illegible]	[illegible]
D	[illegible]	[illegible]	[illegible]	[illegible]	[illegible]	[illegible]
R	[illegible]	[illegible]	[illegible]	[illegible]	[illegible]	[illegible]
L	[illegible]	[illegible]	[illegible]	[illegible]	[illegible]	[illegible]

J'ai dit que le chinois, isolé dès sa naissance, parti des plus simples perceptions des sens, était arrivé de développements en développements aux plus hautes conceptions de l'intelligence ; c'est tout le contraire de l'hébreu : cet idiome séparé, tout formé, d'une langue parvenue à sa plus haute perfection, entièrement composé d'expressions

1. Fabre d'Olivet, *Lang. héb.*, p. 1, p. XVII.

universelles, intelligibles, abstraites, livré en cet état à un peuple robuste, mais ignorant, est tombé entre ses mains de dégénérescence en dégénérescence, et de restriction en restriction, jusqu'à ses éléments les plus matériels ; tout ce qui était esprit y est devenu substance ; tout ce qui était intelligible est devenu sensible, tout ce qui était universel est devenu particulier[1].

Les caractères sanscrits ne disent rien à l'imagination, et l'œil qui les parcourt n'y fait pas la moindre attention ; c'est à l'heureuse composition de ses mots, à leur harmonie, au choix et à l'enchaînement des idées, que cet idiome doit son éloquence.

Le plus grand effet du chinois est pour les yeux ; celui du sanscrit est pour les oreilles.

L'hébreu réunit les deux avantages, mais dans une moindre proportion. Issu de l'Egypte, où l'on se servait à la fois et des caractères hiéroglyphiques et des caractères littéraux[2], il offre une image symbolique dans chacun de ses mots, quoique sa phrase conserve dans son ensemble toute l'éloquence de la langue parlée. Voilà la double faculté qui lui a valu tant d'éloges de la part de ceux qui la sentaient, et tant de sarcasmes de la part de ceux qui ne la sentaient pas[3].

∴

Ainsi cette *langue des mystères*, *cette langue sacrée* voilée sous son triple sens, est celle dont Moïse va se servir pour la composition de son livre. Nous sommes maintenant à même de saisir une des causes qui font des traductions de ce livre des trahisons flagrantes. C'est qu'on ne donne qu'*un*

1. Fabre d'Olivet, *Lang. héb. restituée*, p. XVI et XVII.
2. Clém. Alex., *Strom*, LV. ; *Hérodote*, l. II, 36.
3. Fabre d'Olivet, p. XIX.

seul des trois sens que Moïse a groupés dans certains hiéroglyphes constituant la langue hébraïque[1].

Nous connaissons certains des moyens dont disposait le prêtre initié d'Osiris. Passons donc à *l'histoire de la Bible* pour saisir le caractère initial de la Tradition et ses changements depuis ses origines jusqu'à nous[2].

1. En choisissant la langue hébraïque, je ne me suis dissimulé aucune des difficultés, aucun des dangers auxquels je m'engageais. Quelque intelligence de la Parole et des langues en général, et le mouvement inusité que j'avais donné à mes études, m'avaient convaincu dès longtemps *que la langue hébraïque était perdue, et que la Bible que nous possédons était loin d'être l'exacte traduction du Sepher de Moïse.*

Parvenu à ce Sepher original par d'autres voies que celle des Grecs et des Latins, porté de l'orient à l'occident de l'Asie par une impulsion contraire à celle que l'on suit ordinairement dans l'exploration des langues, je m'étais bien aperçu que la plupart des interprétations vulgaires étaient fausses, et que, pour restituer la langue de Moïse dans sa grammaire primitive, il me faudrait heurter violemment des préjugés scientifiques ou religieux que l'habitude, l'orgueil, l'intérêt, la rouille des âges, le respect qui s'attache aux erreurs antiques, concouraient ensemble à consacrer, à raffermir, à vouloir garder.

2. Fabre d'Olivet, *Lang. héb.*, p. XXI, 2, t. I.

CHAPITRE IX

HISTOIRE DU SEPHER DE MOISE

(*La Genèse*)

Depuis sa rédaction jusqu'à nos jours, d'après Fabre d'Olivet

1. — MOISE. — LE SEPHER

Les quelques extraits qui précèdent montrent déjà, quoique très superficiellement, les éléments dont disposait Moïse pour l'édification de son œuvre.

L'ouvrage que composa le prêtre d'Osiris était le résumé de la science des principes dans toutes ses manifestations, telle qu'elle était alors connue. A la science des Égyptiens, Moïse ajouta la plus grande partie des traditions primitives des initiateurs des Égyptiens eux-mêmes, les descendants de cette race nègre qui précéda la race blanche dans la voie de la civilisation, comme nous l'a montré l'étude de la « Vague de vie » en action sur les divers continents.

Cette science des Éthiopiens, Moïse l'acquit après qu'il était déjà grand initié, chez son beau-père Jéthro, où le futur législateur d'Israël s'était retiré pour subir les épreuves d'expiation nécessitées par le meurtre qu'il avait fait d'un soldat égyptien.

Pour bien montrer que cette origine de la civilisation transmise par la race noire n'est pas une invention de Fabre d'Olivet, rapportons l'opinion des Égyptiens eux-mêmes.

Le nom d'*égyptien*, reconnu identique avec celui de *copte*, vient-il, comme on le croit généralement, de *khemia*, prunelle de l'œil, que Plutarque nous annonce être le nom par lequel les prêtres égyptiens désignaient leur pays, voulant indiquer par là le sol noir du pays; ou bien, selon Horapollon, que l'Egypte était le centre du monde, comme la prunelle est le milieu de l'œil? Je ne le crois pas. Je pense que le nom copte ou d'égyptien vient plutôt de l'éthiopien *Ghébé*, devenu en arabe *Habech*, prononcé *khabech*, et qui est le nom général de l'Ethiopie et de l'Abyssinie. (Le mot *Ethiopie* est grec.)

Les Egyptiens, se disant descendus des Ethiopiens, en ont pris le nom. Les Thébains d'Egypte s'appellent *Khabach* en arménien, et le pays ou le Saïd, *Khabachtan*. En éthiopien, on dit *Ghebets*, pour Egypte, et *Ghebetsri* pour Egyptien. Nous savons que le Nil, originaire de l'Ethiopie, s'est appelé Egyptus, c'est-à-dire l'Ethiopien. Ce nom vient de l'éthiopien *Ghébé*, *réunion* ou *multitude d'hommes* : en arabe, *Habech* ou *Khabes*. Il paraît que les nations habitant la même contrée et appartenant à la même race, mais divisées par tribus, portaient le nom de *multitude* ou mélange d'hommes. Telle est la signification du nom de l'*Arabie*. Abraham est expliqué par la Bible, *le père d'une multitude de nations*, parce qu'il est regardé comme le principal ancêtre des tribus israélites, ou de la plaine, et des tribus ismaélites, ou du désert; et son nom, qui est probablement l'origine de celui des Hébreux, et qui lui fut appliqué à cause de ses pérégrinations, a sans doute de l'analogie avec le nom d'*Arabe*.

Habech s'est prononcé ensuite *Khabes*, qui a la même signification; puis *Kebt*, toutes lettres du même organe. Ainsi l'hébreu *bouch*, rougir et pudeur, du persan *pouj*, lèvre, d'où l'arménien *bots* (*muliebria pudenda*), et l'italien *potta*, est devenu le syriaque *beth*, qui a la même signification. De même *bacha*, puer, du persan *bouz*, un bouc, a formé le grec πυθω, pourrir; et le latin *putere*, *fœtere*, puer (puer comme un bouc).

Le nom de *Misraïm* ou de *Misr*, par lequel les Hébreux désignaient l'Égypte, et par lequel les Arabes la nomment ordinairement, n'est autre que l'arabe *Misr*, qui signifie une *ville capitale*. C'est le nom particulièrement attribué à la ville du Caire, ou *Cahira*, la grande, qui a remplacé Memphis, près des ruines de laquelle elle est située. Comme capitale de l'Egypte, Memphis portait le nom suprême de *Misr*, et a donné ce nom à l'Egypte, comme Naples au royaume napolitain, et Rome à l'empire romain, et par suite à tout l'Occident. Thèbes était beaucoup plus ancienne que Memphis, et a dû primitivement s'appeler *Misr*. Le nom de *Misraïm*, les deux villes, supposait que les Hébreux connaissaient Thèbes et Memphis. *Misr* signifie aussi *limite*, peut-être parce que Memphis était située dans la basse Egypte. Ce nom vient de *sor*, former, entourer comme une ville forte. *Misr* signifie aussi *milieu* : de là, je le suppose, *Mithras*.

(De Brière, *op. cit.*)

Synthétisant donc les traditions des deux races, Moïse se servit des manuscrits qu'il put trouver, entre autres, d'après Fabre d'Olivet (que nous nous contentons de résumer dans cet historique), du *Livre des Générations d'Adam*, du *Livre des Guerres de IOAH* et du *Livre des Prophéties*.

« Moïse créait en copiant : voilà ce que fait le vrai génie. Est-ce qu'on pense que l'auteur de l'Apollon Pythien n'avait point de modèles? Est-ce qu'on a imaginé, par hasard, qu'Homère n'a rien imité? Le premier vers de l'*Iliade* est copié de la *Démétréide* d'Orphée. L'histoire d'Hélène et de la guerre de Troie était conservée dans les archives sacerdotales de Tyr, où le poète la prit. On assure même qu'il la changea tellement, que d'un simulacre de la Lune il fit une femme et des Éons ou Esprits célestes qui s'en disputaient la possession, des hommes qu'il appela Grecs et Troyens[1]. »

« Je crois avoir assez fortement exposé mon opinion touchant l'origine du *Sepher :* ce livre est, selon les preuves que j'en ai données dans une dissertation introductive, *un des livres géniques des Égyptiens*, sorti, quant à sa première partie appelée *Bereschit*, du fond des temples de Memphis ou de Thèbes : Moïse, qui en reçut les extraits dans le cours de ses initiations, ne fit que les lier entre eux et y ajouter, selon la volonté providentielle qui le guidait, les lumières de sa propre inspiration, afin d'en confier le dépôt au peuple dont il était reconnu pour le prophète et le législateur théocrate[2]. »

C'est ainsi que fut établi le Sepher quant à ses sources.

Par rapport au travail lui-même, le Sepher fut écrit en hiéroglyphes (chaque lettre hébraïque ayant trois sens), d'après la méthode toujours suivie par les initiés. Si l'on se

1. Beausobre, *Hist. de Manich*, t. II, p. 328, cité par Fabre d'Olivet.
2. Fabre d'Olivet, *Lang. héb. restituée*, t. II, p. 11.

reporte à l'étude sur la langue hébraïque comparée au sanscrit et au chinois, on verra que ce qui fait la supériorité de l'hébreu, c'est d'être en même temps formé d'hiéroglyphes et de sons donnant chacun des sens spéciaux aux mots ainsi composés. C'est justement à cause de cela que d'Olivet a choisi le Sepher hébraïque de préférence aux autres livres sacrés.

« Si j'avais espéré d'avoir le temps et les secours nécessaires, je n'aurais pas balancé à prendre d'abord le chinois pour base de mon travail, me réservant de passer ensuite du sanscrit à l'hébreu, en appuyant ma méthode d'une traduction originale du King, du Veda et du Sepher; mais dans la presque certitude du contraire et poussé par des raisons importantes, je me suis déterminé à commencer par l'hébreu, comme offrant un intérêt plus direct, plus général, plus à la portée de mes lecteurs et promettant d'ailleurs des résultats d'une utilité plus prochaine[1]. »

Or, après avoir passé plus de vingt années sur le texte de Moïse, après avoir rétabli le sens de cette triple langue des mystères d'Égypte, sens totalement perdu, Fabre d'Olivet ne tarit pas d'éloges enthousiastes sur ce livre dans lequel nous ne voyons que quelques histoires enfantines.

« Fils du passé et gros de l'avenir, ce livre, héritier de toute la science des Égyptiens, porte encore les germes des sciences futures. Fruit d'une inspiration divine, il renferme en quelques pages et les éléments de ce qui fut, et les éléments de ce qui doit être. Tous les secrets de la nature lui sont confiés. Tous. Il rassemble en lui, et dans le seul *Berœschit*, plus de choses que tous les livres entassés dans les bibliothèques européennes. Ce que la

1. Fabre d'Olivet, *La Langue hébraïque restituée*, XX, t. I.

nature a de plus profond, de plus mystérieux, ce que l'esprit peut concevoir de merveilles, ce que l'intelligence a de plus sublime, il le possède[1]. »

Je cite toujours et je citerai le plus possible, pour appuyer mes affirmations sur des bases aussi stables que possible. Mon rôle actuel est des plus simples, il consiste à guider le lecteur au milieu d'extraits que je groupe le plus harmonieusement possible, après les avoir cherchés moi-même assez laborieusement, je l'avoue. Il nous reste à présent à voir *le plan* de l'œuvre de Moïse ; le voici :

« Dans cette seconde partie, j'aborde la *Cosmogonie de Moïse*. Or, ce que j'appelle la *Cosmogonie de Moïse* est compris dans les dix premiers chapitres du *Beræschit*, le premier des cinq livres du Sepher. Ces dix chapitres forment une espèce de décade sacrée, où chacun des dix chapitres porte le caractère de son nombre, ainsi que je le montrerai. On a prétendu que ces divisions du Sepher tant en livres qu'en chapitres et en versets, étaient l'ouvrage d'Esdras. Je ne le pense pas. Ces dix chapitres qui renferment un tout, et dont le nombre indique le sommaire, me prouvent que la science des nombres était cultivée longtemps avant Pythagore, et que Moïse, l'ayant apprise des Égyptiens, s'en servit dans la division de son ouvrage.

« La Cosmogonie entière, c'est-à-dire l'origine de l'Univers, celle des Êtres, depuis le principe élémentaire jusqu'à l'homme, leurs principales vicissitudes, l'histoire générale de la Terre et de ses habitants, est contenue dans ces dix chapitres. Je n'ai point jugé nécessaire d'en traduire davantage, d'autant plus que cela suffit pour prouver tout ce que j'ai avancé ; que c'était assez m'imposer de travaux pour une fois, et que rien n'empêchera que

1. Fabre d'Olivet, t. II, p. 6.

tout autre, appliquant mes principes grammaticaux, ou moi-même reprenant la plume, nous ne puissions continuer l'exploration du Sepher. La base étant solidement posée, l'édifice ne coûtera plus rien à élever[1]. »

2. — DE MOISE A ESDRAS.

Une fois son livre sacré construit, Moïse sélecta un peuple qui devait le garder précieusement, le transmettre aux générations futures. Comme tous les initiateurs religieux, comme Bouddha, comme Jésus plus tard, Moïse confia *la clef* de son œuvre à des disciples choisis, laissant au peuple le sens grossier, exotérique, du Sepher. Telle est l'origine de la doctrine traditionnelle d'Israël, de la Kabbale sainte dont nous avons parlé longuement tout à l'heure.

C'est environ 1500 ans avant Jésus-Christ que Moïse confia le dépôt sacré à son peuple, après l'avoir éprouvé et l'avoir guidé lui-même à la conquête de la Terre promise.

Après la mort du grand législateur commencent les phases historiques grâce auxquelles les Juifs devaient peu à peu perdre le sens précis du *livre sacré* pour n'en garder que les caractères incompris.

Résumons rapidement ces phases; elles sont importantes à connaître.

L'esclavage auquel fut soumise la nation juive permit, grâce à l'esprit d'opposition, de conserver les traditions assez intactes. Il n'en fut pas de même lors de l'acquisition de la liberté.

Au moment de la formation d'Israël en royaume indépendant, une rivale s'éleva vis-à-vis de Jérusalem, élevant

1. Fabre d'Olivet, *Lang. héb.*, t. II, p. 16.

autel contre autel et tradition contre tradition : c'était Samarie.

« Mais enfin après quatre siècles de désastres un jour plus doux semble luire sur Israël. Le sceptre théocratique est partagé : les Hébreux se donnent un roi, et leur empire, quoique resserré par de puissants voisins, ne reste pas sans éclat. Ici un nouvel écueil se montre. La prospérité va faire ce que n'ont pu les plus effroyables revers. La mollesse assise sur le trône s'insinue jusque dans les derniers rangs du peuple. Quelques froides chroniques, quelques allégories mal comprises, des chants de vengeance et d'orgueil, des chansons de volupté, décorés des noms de Josué, de Ruth, de Samuel, de David, de Salomon, usurpent la place du Sepher. Moïse est négligé et ses lois sont méconnues. Les dépositaires de ses secrets, investis par le luxe, en proie à toutes les tentatives de l'avarice, vont oublier leurs serments. La Providence lève le bras sur ce peuple indocile, le frappe au moment où il s'y attendait le moins. Il s'agite dans des convulsions intestines, il se déchire. Dix tribus se séparent et gardent le nom d'*Israël*. Les deux autres tribus prennent le nom de *Juda*. Une haine irréconciliable s'élève entre ces deux peuples rivaux ; ils dressent autel contre autel, trône contre trône. Samarie et Jérusalem ont chacun leur sanctuaire. La sûreté du Sepher naît de cette division[1]. »

3. — Esdras.

Les additions au Sepher. — Perte de la langue sacrée.

Chaque peuple invoqua en effet le Sepher à l'appui de ses prétentions, mais aucun ne possédait plus ce livre.

[1] Fabre d'Olivet, *Lang. héb. rest.*, p. 30, t. I.

C'est par un hasard providentiel que l'œuvre de Moïse est retrouvée au fond d'un vieux coffre et qu'*Esdras* comprend peu après tout le parti qu'il peut tirer du livre sacré.

Samarie avait été détruite, les tribus dispersées; le Sepher avait groupé autour de lui les Juifs de Jérusalem emmenés soixante-dix ans en captivité.

Aussi quand Esdras, accomplissant une seconde fois l'œuvre de Moïse, obtient la liberté des Juifs et les ramène à Jérusalem, il lui faut renverser une foule d'obstacles sans cesse renaissants.

Samarie était secrètement reconstituée, grâce à des éléments hétérogènes, par Babylone pour s'opposer à Jérusalem. Une copie du Sepher hébraïque avait été envoyée avec un prêtre dévoué à la cour.

Esdras vint à bout de tout.

Frappant ses adversaires d'anathème, il réunit une imposante assemblée de rabbins, constituant la Grande Synagogue, qui approuve l'anathème et prête son aide au réformateur pour donner un caractère moins archaïque aux lettres du livre sacré, lettres déchiffrées avec peine par les Juifs revenant de captivité. Esdras joint au Sepher un recueil fait par lui-même et ainsi se constitue la Bible des Juifs. La grande Synagogue, qui avait déjà décidé la création des points voyelles dans l'usage vulgaire de l'écriture, approuva ce recueil.

Deux points sont dès maintenant importants à établir :

1° La preuve qu'Esdras n'est pas lui-même l'auteur du Sepher de Moïse ;

2° La perte de la connaissance réelle des caractères hébraïques du Sepher de Moïse par les Juifs à leur retour de captivité.

« 1° Cette revision et ces additions ont donné lieu de

penser, par la suite, qu'Esdras avait été l'auteur de toutes les écritures de la Bible. Non seulement les philosophistes modernes ont embrassé cette opinion[1] qui favorisait leur scepticisme, mais plusieurs Pères de l'Église, et plusieurs savants l'ont soutenue avec feu, la croyant plus conforme à leur haine contre les Juifs[2]; ils s'appuyaient surtout d'un passage attribué à Esdras lui-même[3].

« Je pense avoir assez prouvé par le raisonnement que le Sepher de Moïse ne pouvait être une supposition ni une compilation de morceaux détachés, car on ne suppose ni ne compile jamais des ouvrages de cette nature ; et quant à son intégrité du temps d'Esdras, il existe une preuve de fait qu'on ne peut récuser : c'est le texte samaritain. On sent bien, pour peu qu'on réfléchisse, que dans la situation où se trouvaient les choses, les Samaritains, ennemis mortels des Juifs, frappés d'anathème par Esdras, n'auraient jamais reçu un livre dont Esdras aurait été l'auteur. Ils se sont bien gardés de recevoir les autres écritures, et c'est aussi ce qui peut faire douter de leur authenticité[4] ».

2° Appuyons bien sur cette importante vérité : la langue hébraïque, déjà corrompue par un peuple grossier, et d'intellectuelle qu'elle était à son origine, ramenée à ses éléments les plus matériels, fut entièrement perdue après la captivité de Babylone. C'est un fait historique dont il est impossible de douter de quelque scepticisme qu'on fasse profession. La Bible le montre[5], le Thalmud l'affirme[6], c'est le sentiment des plus fameux rabbins[7]; Walton ne

1. Brolinbroke, Voltaire, Fréret, Boulanger, etc.
2. Saint Basile, *Epist. ad. Child.* Saint Clément d'Alexandrie, *Strom.* I. Tertull, *De habit mulier*, c. xxxx. Saint Irénée, l. XXXIII, c. xxv, etc.
3. Esdras IV, c. xiv. Ce livre est regardé comme apocryphe.
4. Rech. sem., *Hist. crit.*, l. I, c. x.
5. *Nehem*, c. viii.
6. *Thalm.*, Dual, c. iv.
7. Elias, Kimhi, Ephod, etc.

peut le nier[1]; le meilleur critique qui ait écrit sur cette matière, Richard Simon, ne se lasse point de le répéter[2]. Ainsi donc, près de six siècles avant Jésus-Christ les Hébreux, devenus des Juifs, ne parlaient ni n'entendaient plus leur langue originelle. Ils se servaient d'un dialecte syriaque, appelé araméen, formé par la réunion de plusieurs idiomes de l'Assyrie et de la Phénicie, et assez différent du nabathéen qui, selon d'Herbelot, était le pur chaldaïque[3].

4. — LES VERSIONS DU SEPHER.

Les Targums. — La version samaritaine.

C'est à partir de ce moment que le Sepher fut toujours paraphrasé dans les Synagogues. On sait qu'après la lecture de chaque mot il y avait un interprète chargé de l'expliquer au peuple en langue vulgaire. De là vinrent les *Targums*, rédaction de ces diverses paraphrases[4].

Trois sectes naquirent alors au sein des Juifs, d'après les différentes valeurs attribuées aux mots.

1° Les Pharisiens se prétendant seuls détenteurs de la loi orale ne voulaient admettre que le sens *mystique* de l'écriture.

Ils croyaient à l'immortalité de l'âme et à la résurrection[5].

2° Les Sadducéens ne voulaient admettre que le sens le plus vulgaire et professaient le matérialisme.

3° Entre ces deux sectes, une autre formée par des hommes de la plus haute vertu, vivant en ermites loin des

1. *Prolog.* III et XII.
2. *Hist. crit.*, l. I, c. VIII, XVI, XVII, etc., etc.
3. *Biblioth. ori.*, p. 514.
4. Fabre d'Olivet, *Op. cit.*, p. 35.
5. Fabre d'Olivet, *op. cit.*, p. 36.

villes : LES ESSÉNIENS, retirés autour du mont Moria, admettaient dans l'écriture deux sens, un exotérique pour les profanes, un ésotérique pour les initiés[1].

« Je prie le lecteur curieux des secrets antiques de faire attention à ce nom (d'Esséniens) ; car s'il est vrai, comme tout l'atteste, que Moïse ait laissé une loi orale, c'est parmi les Esséniens qu'elle s'est conservée. Les Pharisiens, qui se flattaient si hautement de la posséder, n'en avaient que les seules apparences, ainsi que Jésus le leur reproche à chaque instant. C'est de ces derniers que descendent les Juifs modernes, à l'exception de quelques vrais savants dont la tradition secrète remonte jusqu'à celle des Esséniens. Les Sadducéens ont produit les Karaïtes actuels autrement appelés *Scripturaires*[2].

Les Samaritains ne restaient pas inactifs de leur côté. Encore plus incapables que les Juifs d'entendre la langue sacrée, ils avaient fait une version du Sepher en langue vulgaire avant même que les *Targums* eussent pris naissance. Cette version est, par suite, la première qui ait été faite, nous la possédons aujourd'hui en entier.

Après les victoires d'Alexandre le Grand sur Cyrus tout tomba au pouvoir des Grecs. Les Juifs sont placés sous le joug des Selleucides.

« La langue grecque, portée en tout lieu par les conquérants, modifie de nouveau l'idiome de Jérusalem et l'éloigne de plus en plus de l'hébreu. Le Sepher de Moïse, déjà défiguré par les paraphrases chaldaïques, va disparaître tout à fait dans la version des Grecs[3]. »

1. M. Adolphe Franck (de l'Institut) a fait dans les nos 41, 42 et 43 de l'*Alliance Scientifique* (juin, juillet, août 1890) une fort importante étude sur ces trois sectes.

2. Fabre d'Olivet, t. I, § 3, p. 37.

3. Fabre d'Olivet, *op. cit.*, t. I, p. 38.

5. — LA VERSION GRECQUE.

Les Esséniens.

Ptolémée, fils de Lagus, eut l'idée de faire traduire le Sepher pour le placer dans la Bibliothèque d'Alexandrie. Le monarque fit appel au souverain pontife Éléazar qui envoya une copie du Sepher.

Mais il fallait trouver des traducteurs.

C'est alors qu'on s'adressa aux Esséniens du mont Moria qui jouissaient d'une réputation méritée de science et de sainteté.

Ces sectaires (les Esséniens du mont Moria) vivaient en anachorètes, retirés dans des cellules séparées, s'occupant, comme je l'ai déjà dit, de l'étude de la Nature. Le Sepher était, selon eux, composé d'esprit et de corps : par le corps ils entendaient le sens matériel de la langue hébraïque ; par l'esprit, le sens spirituel perdu pour le vulgaire[1]. Pressés entre la loi religieuse qui leur défendait la communication des mystères divins, et l'autorité du prince qui leur ordonnait de traduire le Sepher, ils surent se tirer d'un pas si hasardeux ; car, en donnant le corps de ce livre, il obéirent à l'autorité civile ; et en retenant l'esprit, à leur conscience. Ils firent une version verbale aussi exacte qu'ils purent dans l'expression restreinte et corporelle ; et pour se mettre encore plus à l'abri des reproches de profanation, ils se servirent du texte et de la version samaritains en beaucoup d'endroits, et toutes les fois que le texte hébraïque ne leur offrait pas assez d'obscurité[2].

Les traducteurs furent d'abord, ainsi que l'assure le

1. Josephe, *De Bello Jud.*, l. II, c. XII. Phil. *De vita contempl.* Budd. *Introd. ad phil. hebr.*
2. Fabre d'Olivet, *op. cit.*, p. 40.

Thalmud, au nombre de cinq. Ils s'occupèrent seulement de la traduction des livres de Moïse sans s'inquiéter des additions d'Esdras.

Mais les Juifs répandus en Égypte et dans la Grèce ayant oublié le dialecte araméen dans lequel étaient écrits leurs Targums adoptèrent la traduction grecque de la Bibliothèque d'Alexandrie et joignirent à ce travail une traduction des additions d'Esdras. Ils envoyèrent le tout à Jérusalem pour être approuvé.

Le sanhédrin accueillit leur demande, et, comme ce tribunal se trouvait alors composé de soixante-dix juges, conformément à la loi[1], cette version en reçut le nom de *Version des Septante*, c'est-à-dire approuvé par les Septante[2].

Telle est l'origine de la Bible. C'est une copie en langue grecque des écritures hébraïques, où les formes matérielles du Sepher de Moïse sont assez bien conservées pour que ceux qui ne voient rien au delà n'en puissent pas soupçonner les formes spirituelles[3].

6. — LE CHRISTIANISME.

La Vulgate de saint Jérôme.

C'est alors que la Providence voulant changer la face du monde, suscita Jésus.

La diffusion rapide du christianisme secoue un peu la torpeur des Juifs. Le texte grec étant considéré par les apôtres comme « inspiré », de violentes discussions s'élevèrent dans les deux camps. C'est à ce moment que naquirent une série de protestantismes décorés du nom d'hérésies et

1. Sepher, l. IV, c. II, v, XVI. Elias Levita, *in Thisbi*.
2. Fabre d'Olivet, *op. cit.*, p. 41.
3. Fabre d'Olivet, p. 41.

professés par Valentin, Basilide, Marcion, Arpelles, Bardesane et Manès.

Les Pères de l'Église cherchent à répondre de leur mieux à toutes ces attaques par des explications ambiguës; l'un d'eux, *saint Jérôme,* voulut remédier aux défauts de la version des hellénistes et, croyant remonter à la source du mal, se mit à apprendre l'hébreu.

Un *tolle* général s'éleva à cette nouvelle dans toute l'Église chrétienne. Saint Jérome continue son travail tout en s'inclinant devant ses adversaires. C'est alors que le traducteur s'aperçoit que les Juifs eux-mêmes ont perdu le sens de l'hébreu et n'ont pour tout lexique que cette version des hellénistes qu'il voulait justement réformer. C'était un cercle vicieux.

Quel est donc le résultat du travail de saint Jérôme?

Une nouvelle traduction de la Bible grecque, faite dans un latin un peu moins barbare que les traductions précédentes, et confrontée avec le texte hébraïque, sous le rapport des formes littérales.

Saint Jérôme ne pouvait pas faire davantage. Eût-il pénétré dans les principes les plus intimes de l'hébreu; le génie de cette langue se fût-il dévoilé à ses yeux, il aurait été contraint par la force des choses, ou de se taire, ou de se renfermer dans la version des hellénistes. Cette version jugée le fruit d'une inspiration divine, dominait les esprits de telle sorte, qu'il fallait se perdre comme Marcion, ou la suivre dans son obscurité nécessaire.

Voilà quelle est la traduction latine qu'on appelle ordinairement *la Vulgate*[1].

Les versions que ces trois religions (catholique, musulmane, judaïque) possèdent, sont toutes faites dans l'esprit

1. F. d'Olivet, p. 41, t. I.

de celle des hellénistes qui leur a servi de modèle : c'est-à-dire qu'elles livrent, avec les formes extérieures de l'ouvrage de Moïse, seulement le sens le plus grossier et le plus matériel, *celui que ce théocrate avait destiné à servir de voile au sens spirituel* dont il réservait la connaissance aux initiés [1].

7. — FABRE D'OLIVET.

La traduction correcte.

Depuis saint Jérôme jusqu'à nos jours c'est sur ces textes de traductions erronées d'un livre dont le sens est toujours ignoré des clergés que s'élevèrent toutes les discussions.

On voit de suite leur inanité, on voit l'erreur des savants qui accusent d'ignorance et de naïveté les prêtres, forcés de défendre des textes ridicules dont aucune idée n'a jamais germé dans le cerveau du fondateur de la tradition occidentale, le prêtre égyptien Moïse.

Il a fallu les immenses travaux de Fabre d'Olivet pour retrouver une partie des trésors perdus et le clergé a tellement l'amour de ses erreurs qu'il a récompensé ce savant EN METTANT SON ŒUVRE A L'INDEX [2]. C'est là un grand honneur pour d'Olivet comme pour tous ceux sur qui daigne frapper la sainte congrégation au XIXe siècle. Être mis à l'*Index* à notre époque par cette sainte collection d'ignorants fanatiques, c'est en effet obtenir un brevet de savoir et d'indépendance d'autant plus méritoire qu'il est accordé de meilleure grâce. Quoi qu'il en soit, résumons les travaux de d'Olivet par ce qu'il en dit lui-même.

« Dans quelque langue qu'on tourne la Bible c'est tou-

1. Fabre d'Olivet, *Lang. héb. restit.*, t. II, p. [illegible]
2. Voy. le *Dict. Bouillet*, article, Fabre d'Olivet.

jours la version des hellénistes qu'on traduit, puisque c'est elle qui sert de lexique à tous les traducteurs de l'hébreu.

« Il est impossible de sortir jamais de ce cercle vicieux si l'on n'acquiert une connaissance vraie et parfaite de la langue hébraïque. Mais comment acquérir cette connaissance? Comment?

« En rétablissant cette langue perdue dans ses principes originels : en secouant le joug des hellénistes ; en reconstituant son lexique ; *en pénétrant dans le sanctuaire des Esséniens;* en se méfiant de la doctrine extérieure des Juifs; en ouvrant enfin cette arche sainte, qui, depuis plus de trois mille ans, fermée à tous les profanes, a porté jusqu'à nous, par un décret de la Providence divine, les trésors amassés par la sagesse des Égyptiens.

« Voilà le but d'une partie de mes travaux[1]. »

RÉSUMÉ

Marchant vers l'origine de la parole, j'ai trouvé sur mes pas le chinois, le sanscrit et l'hébreu.

J'ai examiné leurs titres, je les ai exposés à mes lecteurs.

Forcé de faire un choix entre ces trois idiomes primordiaux, j'ai choisi l'hébreu.

J'ai dit comment, composé à son origine d'expressions intellectuelles, métaphoriques, universelles, il était insensiblement revenu à ses éléments les plus grossiers, en se restreignant à des expressions matérielles, propres et particulières.

J'ai montré à quelle époque et comment *il s'était entièrement perdu*. J'ai suivi les révolutions du Sepher de Moïse. unique livre qui le renferme. J'ai développé l'occasion et la manière dont se firent les principales versions.

1. Fabre d'Olivet, *op. cit.*, p. 48.

J'ai réduit ces versions au nombre de quatre, savoir :

1° Les paraphrases chaldaïques ou targums ;

2° La version samaritaine ;

3° La version des hellénistes appelée la version des Septante ;

4° Enfin celle de saint Jérôme ou *la Vulgate*.

J'ai assez indiqué l'idée qu'on en devait prendre. C'est maintenant à ma grammaire à rappeler les principes oubliés de la langue hébraïque, à les établir d'une manière solide, à les enchaîner à des résultats nécessaires : c'est à ma traduction de la Comosgonie de Moïse, et aux notes qui l'accompagnent, à montrer la force et la concordance de ces résultats.

Je vais me livrer sans crainte à ce travail difficile, autant certain de son succès que de son utilité si mes lecteurs daignent m'y suivre avec l'attention et la confiance qu'il exige.

FABRE D'OLIVET.

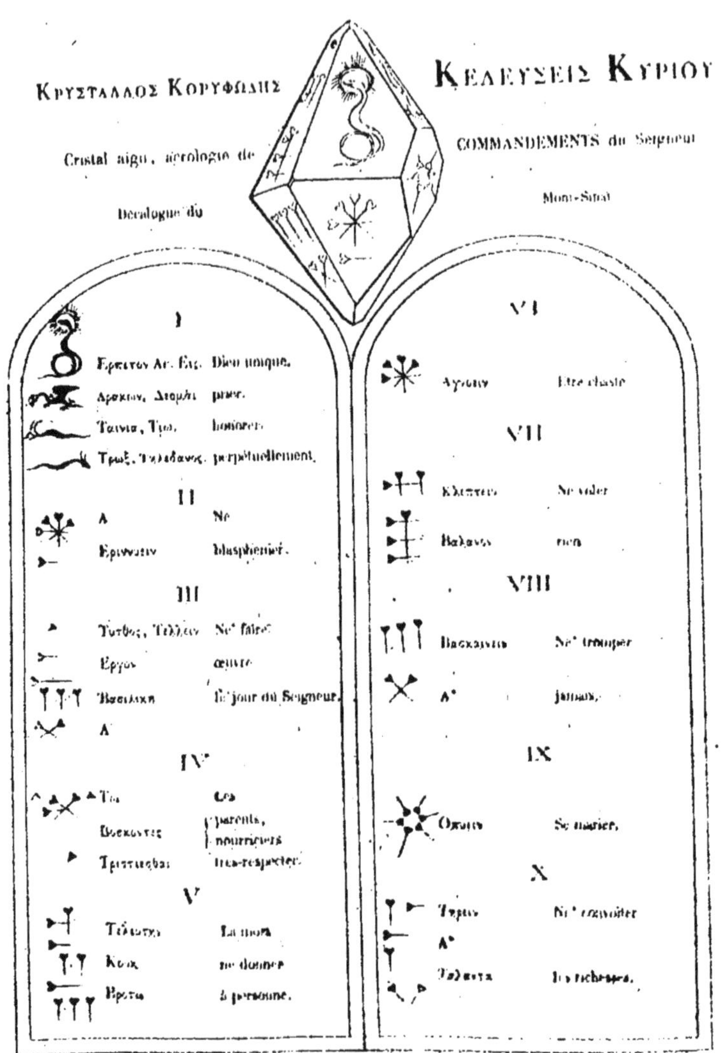

Caractères cunéiformes. Traduction Barrois

CHAPITRE X

LA GENÈSE

§ 4. — LES TROIS SENS DÉVOILÉS

Traduction correcte par Fabre d'Olivet

Les 10 premiers chapitres

Les œuvres de Fabre d'Olivet étant devenues fort rares, nous allons donner *in extenso* la traduction correcte des dix premiers chapitres du Sepher de Moïse tel qu'il l'a faite.

Nous devons prévenir le lecteur que d'Olivet n'a pas voulu révéler tous les sens de ce livre sacré. Il a donné généralement le second sens dans sa traduction.

Pour garder secrètes certaines des vérités cachées par Moïse, d'Olivet a employé un procédé très simple. Il a laissé tous les noms propres.

Il faut bien se souvenir en lisant que ces noms propres sont des noms d'êtres cosmogoniques, des forces générales de l'Univers ; c'est comme si nous disions Monsieur *Espace* et Madame *Temps*.

Il faut aussi savoir que nos forces physiques actuellement connues sont les plus inférieures que mentionne Moïse seulement au chapitre 10. L'initié égyptien a donc poussé ses études bien plus loin que les plus forts philosophes naturalistes contemporains.

Les lecteurs qui voudraient des détails complémentaires à ce sujet doivent, de toute nécessité, lire les notes qui expliquent chacun de mots traduits par d'Olivet, dans l'ouvrage original de cet auteur.

Comme nous ne saurions trop insister sur le sens à accorder aux noms propres, nous allons citer un extrait d'un auteur contemporain, disciple de Fabre d'Olivet, ainsi qu'il le proclame lui-même dans la « France vraie », c'est *Saint-Yves d'Alveydre.*

*
* *

« Pour délivrer le législateur des Hébreux des calomnies théologiques dont il a été l'objet au sujet du Père du Genre Humain, je prie le lecteur de soulever avec moi le triple voile dont j'ai parlé.

« Similitude de IEVE masculin et féminin comme lui, Adam a une signification bien plus vaste encore que ce que les naturalistes formulent malgré eux, quand, voulant exprimer la Puissance cosmogonique qui spécifie l'homme, en tant qu'individu physique, ils appellent cette puissance le Règne Hominal.

« Adam est l'hiérogramme de ce principe universel ; il représente l'âme intelligente de l'Univers lui-même, Verbe Universel animant la totalité des systèmes solaires non seulement dans l'Ordre visible, mais aussi et surtout dans l'Ordre invisible.

« Car lorsque Moïse parle du principe animateur de notre Système solaire, ce n'est plus Adam qu'il mentionne, mais Noah.

« Ombre de IEVE, pensée vivante et Loi organique des Ælohim, Adam est l'Essence céleste d'où émanent toutes les Humanités passées, présentes, futures, non seulement ici-bas, mais à travers l'immensité des cieux.

C'est l'Ame universelle de Vie, Nephesh Haiah, de cette substance homogène, que Moïse appelle Adamah, ce que Platon nomme la Terre supérieure.

« Or ici je n'interprète nullement, j'exprime littéralement la pensée cosmogonique de Moïse ; car, tel est l'Adam des sanctuaires de Thèbes et du Baereschit, le grand Homme céleste de tous les anciens temples, depuis la Gaule jusqu'au fond des Indes[1]. »

« Le fameux serpent du prétendu jardin de délices ne signifie pas autre chose, dans le texte égyptien de Moïse, que ce que Geoffroy Saint-Hilaire vient d'exprimer (l'attraction de soi pour soi) : Nahash, l'Attraction originelle dont l'hiéroglyphe était un serpent dessiné d'une certaine manière.

« Le mot Haroum dont le législateur des Hébreux fait suivre l'hiérogramme précédent, est le fameux Hariman du premier

1. Saint-Yves d'Alveydre, p. 135. *Adam.*

Zoroastre et exprime l'entraînement *universel* de la *Nature naturée*, causé par le principe précédent. »

« Quant au prétendu Éden, voici ce qu'il signifie dans le texte hermétique de Moïse, prêtre d'Osiris :

« Gan-Bi-Héden, séjour d'Adam-Ève, représente l'Organisme de la Sphère universelle du Temps, l'Organisation de la Totalité de ce qui est temporel.

« Les fameux fleuves qui sont au nombre de quatre en un, c'est-à-dire qui forment un quaternaire organique, n'expriment pas plus le Tigre et l'Euphrate, que le Tibre, la Seine ou la Tamise, car, encore une fois, les dix premiers chapitres de Moïse sont une Cosmogonie et non une géographie.

« Aussi ces prétendus fleuves sont en réalité des fluides universels qui, partant de Gan, la Puissance organique par excellence, inondent la Sphère temporelle, Heden, le Temps sans borne de Zoroastre, placée elle-même entre deux Éternités, l'une antérieure, Kaedem, l'autre postérieure, Ghôlim [1]. »

Pour bien montrer comment on peut interpréter le Sepher *en trois sens*, nous donnons l'importante étude faite sur cette question, également par Saint-Yves d'Alveydre.

Cette étude montrera que cet auteur est bien un écrivain original et ne contribuera pas peu à le délivrer de la calomnie de plagiat portée contre lui par quelques jaloux de ses travaux.

LES TROIS SENS DU SEPHER DE MOÏSE

Après les avoir lus (des livres de Moïse) on en dira peut-être : comment est-il possible que trois ordres de vérités et de réalités exprimés par un seul hiérogramme ne s'altèrent pas entre eux?

J'irai au devant de ce légitime souci, en rappelant que les cinquante chapitres de Moïse, les vingt premiers surtout, roulent sur des Principes.

Non seulement cette *manière* d'écrire ne les confond pas dans leur mode propre; mais elle est la seule qui puisse les rendre intelligibles.

Un Principe est chose simple en soi.

On ne le décompose pas par l'analyse; on le prouve en synthétisant ce qui lui est identique.

Mais l'homme de chair ne peut rien concevoir de simple, sans le

1. Saint-Yves d'Alveydre, *Mission des Juifs*, Ouroboros.

décomposer virtuellement, comme le prisme de notre atmosphère décompose le rayon blanc, l'unité sonore, etc., etc.

C'est que l'individu est triple en nous, et que le Ternaire est la seule Unité relative qui puisse s'y comprendre ou s'y réfracter.

Intellectuel, moral, instinctif, l'homme ne verra par la pensée un Principe qu'à travers sa propre constitution ramenée, à force de vertu et de science, à sa plus grande simplicité, à sa plus grande Unité, simplicité relative, Unité harmonique encore une fois.

Selon la méthode des sciences divines ou doriennes, Moïse procède de haut en bas, du grave à l'aigu, de l'universel au particulier, de l'intelligible au sensible, de l'occulte au manifeste.

Mais, dans tous leurs modes, l'évolution des Principes est mathématiquement la même, de Cycle en Cycle, que le Cycle soit l'Univers entier ou un seul Système solaire, le Règne hominal de cette Planète ou les constitutions nécessaires de la planète elle-même.

∴

CAÏN — ABEL — SETH

Je développerai encore l'exemple cité plus haut de Kaïn, Cham et Khanaan avant d'entraîner le lecteur plus loin derrière le voile.

1er sens. — Hiérogramme cosmogonique Kaïn est le *Principe du Temps* opposé à celui de *l'Espace éthéré*, Abel.

Voilà, sans voile, un des sens hiéroglyphiques.

Leur père est *l'Univers animé*, inséparablement uni à *la faculté d'animation :* Adam, Eve.

Leur milieu est la Terre céleste de Platon, Adamah, *sa substance universelle.*

Mais qu'est-ce en lui-même que Kaïn?

Qu'est-ce dans son principe que le Temps qui nous le rend sensible?

Dans son Unité qualitative, c'est-à-dire dans son Universalité, dans son Essence vivante (puisqu'il s'agit de l'Univers vivant), qu'est-ce, encore une fois, que ce Principe qui va bientôt accabler l'Espace pour y faire apparaître autre chose?

Moïse conçoit le Temps comme la *Cause de la Force centripète universelle.*

Il dévore et transforme, et très certainement il est en lui-même quelque chose, dont la connaissance positive conduirait loin.

Moïse l'oppose à l'Espace éthéré, *Cause de la Force centrifuge universelle.*

Abel ainsi conçu est un Principe libérateur et spirituel par excellence.

Mais Moïse n'est pas dualiste, témoin Seth, troisième fils d'Adam-Ève, né de l'accablement virtuel d'Abel par Kaïn.

Seth, qui participe de ses deux frères symboliques, signifie l'*Espace pondéral, sidéral*, double et sextuplé, ce qui a une grande signification dans la Mathématique qualitative.

Mais ces Principes ne sont pas matériels, encore une fois, car il s'agit ici de la biologie de l'Univers, ou de la Cosmogonie.

Descendons le triple Cycle dans lequel chacun de ces hiérogrammes exerce son action.

2e sens. — Dans l'ordre androgonique, Kaïn, Kronos, s'appellera le *Centralisateur universel*, le Couronné.

Abel accablé sera la *Décentralisation*.

Seth sera la *Vie locale*, établissant le rapport du centre à la circonférence et réciproquement.

3e sens. — Descendons encore un degré, allons jusqu'à l'anthropomorphisme pur et simple.

Kaïn n'est plus qu'un simple *Romulus* accablant le premier Remus, le type de tous les Khans, de tous les Khongs, de tous les Kaïsers, de tous les Kings, de tous les Césars et de tous les rois.

Il subjugue la Vie libre, il fonde la Cité centrale, il asservit les collectivités disséminées, il les ramène à l'Unité physique ou politique, par la Force.

Au lieu de l'Uærus il porte une couronne de tours, au lieu de l'Orbs, le symbole de l'Urbs.

C'est toujours le même Principe dans un monde différent.

C'est toujours l'opposé du Principe de la *restitution à l'Infini par la liberté*.

Seth, là encore, tient le milieu, participe de l'Un et de l'Autre, et c'est en lui que s'effectue la conciliation possible de la centralisation avec son principe antagonique.

Vous retrouverez ces trois fils d'Adam, expliqués hiéroglyphiquement, dans toutes les Cosmogonies de la Terre.

Cela ne signifie pas, encore une fois, que Moïse a copié ses devanciers, mais qu'il y a une Constitution biologique du Cosmos, et qu'à certains moments de la vie de l'Humanité, la Science correspondante doit être remise à jour, dans certaines vues de synthèse présente ou future.

SEM, CHAM ET JAPHET

Quand il s'agit de Noah, Noé, le *Principe biologique de* NOTRE *Système solaire*, Sem, Cham et Japhet sont la réapparition, sur un autre plan et dans un autre ordre, du Quaternaire primordial.

1er sens. — Sem correspond à Abel, et signifie l'*Espace éthéré*, *l'Esprit radiant* de notre Tourbillon dans sa Zone zodiacale, dans ce que les Égyptiens appelaient le Ciel des Akhimons-Sekons.

Kam exprime *l'Attraction*, le Principe du Temps propre à notre tourbillon, le centre de son grand cycle ou de sa grande année.

Japhet exprime l'Espace occupé, avec sa gravitation sidérale et intersidérale, sa division équilibrée, ou sa dualité sextuple.

Il correspond au principe des Akhimons-Ourdons.

2e sens. — Au sens moyen, Sem sera la Lumière même ou plutôt *la radiation de toute lumière* intellectuelle, morale, physique.

Kam sera la *Résorption de toute chaleur*.

Japhet sera la *Division* et *l'Équilibre de toutes les affinités locales*, électives et électriques, entre un centre et une circonférence quelconque du Tourbillon biologique de notre Système solaire.

3e sens. — Enfin, au point de vue anthropomorphique pur et simple, Sem signifiera *un homme éclairé* ou *un homme jaune*, Kam *un homme du Feu ou de l'Équateur* (un nègre), Japhet un homme aux yeux bleus comme l'éclair ou tout simplement *un blanc*.

CHANAAN

De même en Géogonie, Kanaan exprimera, au superlatif ou à l'intellectuel pur, *le Principe de l'Agrégation*, de la Morphologie physique du Globe et de ses quatre Règnes, ainsi que leur rapport dynamique à leur chaleur latente.

En Androgonie, ce sera le principe de *l'Économie des Sociétés*, dans son rapport à leur Énergie intrinsèque.

Dans la symbolique du langage courant, Kanaan n'exprimera plus qu'*un simple marchand*.

⁂

Cette manière de condenser la pensée par la science et l'art idéographiques et de peindre l'action des principes depuis l'ordre le plus universel jusqu'au plus particulier, depuis le plus intellectuel jusqu'au plus sensible, cette magie du langage humain, devenant le prisme parfait du Verbe divin, se soutient sans se démentir à travers les cinquante chapitres de Moïse [1].

On comprendra donc, je l'espère, qu'un homme de chair et d'os ne sera relaté dans un tel livre que comme symbole du Principe qu'il représentera essentiellement et en fonction duquel il agira.

Autrement ce ne serait plus à un livre sacré de l'ordre dorique que nous aurions affaire, mais à une histoire plus ou moins légendaire, à un conte d'école primaire écrit en langue phonétique, vulgaire.

Mais du même coup, tous les théologiens du Monde auraient beau faire intervenir sous la forme de toutes les colombes possibles le Saint-Esprit, tel que leur matérialisme se l'imagine, une œuvre de ce genre cesserait d'être l'expression scientifique de la Vérité, et dès lors, elle serait sans Vie, sans Puissance organique de Synthèse vis-à-vis des sciences humaines et naturelles [2].

∴

Avant de poursuivre, appelons l'attention du lecteur sur le mot qui commence la Cosmogonie de Moïse. Les traducteurs ont traduit « *Au commencement* » et ont ainsi rendu nécessaires toutes les interprétations fantaisistes de la suite.

Saint Jean, l'initié le plus avancé du christianisme, le disciple chéri de Jésus, commence l'évangile de l'ésotérisme chrétien par le même mot que Moïse quoique dans une langue différente : ***In principio*** « εν αρχῃ ».

Saint Augustin avait également découvert le véritable sens de cette clef de voûte de la Cosmogonie moïsiaque.

« Il est dit : *dans le principe, Dieu fit le ciel et la terre ;* non pas que cela fût en effet ; mais parce que cela était en puissance d'être ; car il est écrit que le ciel fut fait ensuite. C'est ainsi que, considérant la SEMENCE d'un arbre, nous disons qu'il y a là des racines, un tronc, des rameaux, le fruit et les feuilles ; non pas que toutes ces choses y soient formellement, mais virtuellement et destinées à en éclore. De même, il est dit : ***dans le principe, Dieu fit le ciel et la terre*** ; c'est-à-dire la semence du ciel et de la terre ; puisque la matière du ciel et de la terre était alors dans un état de confu-

1. Saint-Yves d'Alveydre, *Mission des Juifs*, p. 568.
2. Saint-Yves d'Alveydre, p. 136, *op. cit.*

sion. Or, comme il était certain que de cette matière devaient naître le ciel et la terre, voilà pourquoi cette même matière était déjà potentiellement appelée le ciel et la terre [1]. »

Ceci dit, passons à la traduction de Fabre d'Olivet.

LA COSMOGONIE DE MOISE

CHAPITRE PREMIER

La Principiation.

v. 1. Dans le Principe, *Ælohim*, LUI-les-Dieux, l'Être des êtres, avait créé en principe ce qui constitue l'existence des Cieux et de la Terre.

2. Mais la Terre n'était qu'une puissance contingente d'être dans une puissance d'être; l'Obscurité, force astringente et compressive, enveloppait l'Abîme, source infinie de l'existence potentielle; et l'Esprit divin, souffle expansif et vivifiant, exerçait encore son action génératrice au-dessus des Eaux, image de l'universelle passivité des choses.

3. Or, il avait dit, LUI-les-Dieux : la Lumière sera, et la Lumière avait été.

4. Et, considérant cette essence lumineuse comme bonne, il avait déterminé un moyen de séparation entre la Lumière et l'Obscurité.

5. Désignant, LUI-les-Dieux, cette Lumière, élémentisation intelligible, sous le nom de *Jour*, manifestation phénoménique universelle, et cette Obscurité, existence sensible et matérielle, sous le nom de *Nuit*, manifestation négative et nutation des choses : et tel avait été l'occident, et tel avait été l'orient, le but et le moyen, le terme et le départ, de la première manifestation phénoménique.

6. Déclarant ensuite sa volonté, il avait dit, LUI-les-Dieux : il y aura une expansion éthérée au centre des eaux; il y aura une force raréfiante opérant le partage de leurs facultés opposées.

1. Saint Augustin, l. I, c. III, n° 11.

7. Et LUI, l'Être des êtres, avait fait cette Expansion éthérée; il avait excité ce mouvement de séparation entre les facultés inférieures des eaux, et leurs facultés supérieures; et cela s'était fait ainsi.

8. Désignant, LUI-les-Dieux, cette expansion éthérée du nom de *Cieux*, les eaux exaltées : et tel avait été l'occident, et tel avait été l'orient, le but et le moyen, le terme et le départ, de la seconde manifestation phénoménique.

9. Il avait dit encore, LUI-les-Dieux : les ondes inférieures et gravitantes des cieux tendront irrésistiblement ensemble vers un lieu déterminé, unique; et l'Aridité paraîtra : et cela s'était fait ainsi.

10. Et il avait désigné l'aridité sous le nom de *Terre*, élément terminant et final, et le lieu vers lequel devaient tendre les eaux, il l'avait appelé *Mers*, immensité aqueuse : et considérant ces choses, LUI, l'Être des êtres, il avait vu qu'elles seraient bonnes.

11. Continuant à déclarer sa volonté, il avait dit, LUI-les-Dieux : la Terre fera végéter une herbe végétante, et germant d'un germe inné, une substance fructueuse portant son fruit propre, selon son espèce, et possédant en soi sa puissance sémentielle : et cela s'était fait ainsi.

12. La Terre avait fait pousser de son sein une herbe végétante et germant d'un germe inné, selon son espèce, une substance fructueuse possédant en soi sa puissance sémentielle selon la sienne : et LUI, l'Être des êtres, considérant ces choses, avait vu qu'elles seraient bonnes.

13. Et tel avait été l'occident, et tel avait été l'orient, le but et le moyen, le terme et le départ, de la troisième manifestation phénoménique.

14. Déclarant encore sa volonté, il avait dit, LUI-les-Dieux : il y aura dans l'Expansion éthérée des cieux, des Centres de lumière, destinés à opérer le mouvement de séparation entre le jour et la nuit, et à servir de signes à venir, et pour les divisions temporelles, et pour les manifestations phénoméniques universelles, et pour les mutations ontologiques des êtres.

15. Et ils seront, ces Centres de lumière, comme des foyers sensibles chargés de faire éclater la Lumière intelligible sur la terre : et cela s'était fait ainsi.

16. Il avait déterminé, LUI, l'Être des êtres, l'existence potentielle de cette Dyade de grands foyers lumineux; destinant le plus grand à la représentation du jour, et le plus petit à celle de la nuit; et il avait déterminé aussi l'existence des facultés virtuelles de l'Univers, les étoiles.

17. Les préposant dans l'expansion éthérée des cieux, ces foyers sensibles, pour faire éclater la Lumière intelligible sur la terre.

18. Pour représenter dans le jour et dans la nuit, et pour opérer le mouvement de séparation entre la lumière et l'obscurité : et considérant ces choses, LUI, l'Être des êtres, il avait vu qu'elles seraient bonnes.

19. Et tel avait été l'occident, et tel avait été l'orient, le but et le moyen, le terme et le départ, de la quatrième manifestation phénoménique.

20. Ensuite, il avait dit, LUI-les-Dieux : les Eaux émettront à foison les principes vermiformes et volatiles d'une âme de Vie, mouvante sur la terre, et voltigeante dans l'expansion éthérée des cieux.

21. Et LUI, l'Être des êtres, avait créé l'existence potentielle de ces immensités corporelles, légions de monstres marins, et celle de toute âme de Vie, animée d'un mouvement reptiforme, dont les eaux émettaient à foison les principes, selon leur espèce, et celle de tout oiseau à l'aile forte et rapide, selon son espèce : et considérant ces choses, LUI-les-Dieux, il avait vu qu'elles seraient bonnes.

22. Il avait béni ces êtres, et leur avait déclaré sa volonté, disant : propagez-vous et multipliez-vous, et remplissez les eaux des mers; afin que l'espèce volatile se multiplie sur la terre.

23. Et tel avait été l'occident, et tel avait été l'orient, le but et le moyen, le terme et le départ, de la cinquième manifestation phénoménique.

24. Et LUI-les-Dieux avait dit encore : la Terre émettra de son sein un souffle de vie selon son espèce, animé d'un mouvement progressif, quadrupède et reptile, Animalité terrestre, selon son espèce : et cela s'était fait ainsi.

25. Il avait donc déterminé, LUI, l'Être des êtres, l'existence potentielle de cette Animalité terrestre, selon son espèce, et celle du Genre quadrupède, selon son espèce; et considérant ces choses, il avait jugé qu'elles seraient bonnes.

26. Continuant ensuite à déclarer sa volonté, il avait dit, LUI-les-Dieux : nous ferons *Adam*, l'Homme universel, en notre ombre réfléchie, suivant les lois de notre action assimilante; afin que, puissance collective, il tienne universellement l'empire, et domine à la fois, et dans le poisson des mers, et dans l'oiseau des cieux, et dans le quadrupède, et dans toute l'animalité, et dans toute vie reptiforme se mouvant sur la terre.

27. Et LUI, l'Être des êtres, avait créé l'existence potentielle d'*Adam*, l'Homme universel, en son ombre réfléchie; en son ombre

divine il l'avait créé; et puissance collective, l'avait identifié ensemble mâle et femelle.

28. Il avait béni son existence collective, et lui avait déclaré collectivement sa volonté, disant : propagez-vous et multipliez-vous; remplissez la Terre et subjuguez-la; tenez universellement l'empire et dominez dans le poisson des mers, et dans l'oiseau des cieux, et dans toute chose jouissant du mouvement vital sur la Terre.

29. Et il lui avait également déclaré, LUI-les-Dieux, voici : je vous ai donné, sans exception, toute herbe germant d'un germe inné, sur la face de la Terre entière, ainsi que toute substance portant son fruit propre, et possédant en soi sa puissance sémentielle, pour vous servir d'aliment.

30. Et à toute animalité terrestre, à toute espèce de volatile, d'être reptiforme se mouvant sur la terre, et possédant en soi le principe inné d'un souffle animé de vie, j'ai donné en totalité l'herbe verdoyante pour aliment. Et cela s'était fait ainsi.

31. Alors considérant toutes ces choses qu'il avait faites en puissance, comme présentes devant lui, il avait vu, LUI-les-Dieux, qu'elles seraient bonnes selon leur mesure. Et tel avait été l'occident, et tel avait été l'orient, le but et le moyen, le terme et le départ, de la sixième manifestation phénoménique.

CHAPITRE II

La Distinction.

v. 1. Ainsi, devant s'accomplir en acte, s'accomplirent en puissance et les Cieux et la Terre, et la Loi régulatrice qui devait présider à leurs développements.

2. Et l'Être des êtres ayant terminé à la septième manifestation phénoménique, l'acte souverain qu'il avait conçu, revint à son état primitif dans cette septième période, après l'entier accomplissement de l'œuvre divine qu'il avait effectuée.

3. C'est pourquoi il bénit, LUI-les-Dieux, cette septième manifestation phénoménique, et en sanctifia à jamais l'existence symbolique comme étant l'époque de son retour à son état primitif, après l'entier accomplissement de l'acte souverain dont il avait créé le dessein selon sa puissance efficiente.

4. Tel est le type des générations des Cieux et de la Terre, suivant le mode de leur création, au jour où IHÔAH, LUI-les-Dieux, dé-

ployant sa puissance créatrice, fit en principe les Cieux et la Terre.

5. Et la conception entière de la Nature, avant que la Nature existât sur la Terre, et sa force végétative, avant qu'elle eût végété : car IHÔAH, l'Être des êtres, ne faisait point pleuvoir sur la Terre, et l'universel *Adam* n'existait point encore en substance actuelle, pour ellaborer et servir l'Élément adamique.

6. Mais une émanation virtuelle, s'élevant avec énergie du sein de la Terre, abreuvait toute l'étendue de ce même élément.

7. Or, IHÔAH, l'Être des êtres, ayant formé la substance d'*Adam*, de la sublimation des parties les plus subtiles de l'Élément adamique, inspira dans son entendement une essence exhalée des Vies, et dès lors *Adam*, l'Homme universel, devint une similitude de l'Ame vivante, universelle.

8. Ensuite il traça, IHÔAH, LUI-les-Dieux, une enceinte organique dans la sphère de la sensibilité temporelle, extraite de l'antériorité universelle des temps; et il y plaça ce même *Adam*, qu'il avait formé pour l'éternité.

9. Ordonnant à l'Élément adamique de faire croître toute espèce de substance végétative, aussi belle à la vue, selon sa nature, que bonne au goût; et voulant en même temps que le principe substantiel des Vies se développât au centre de l'enceinte organique avec la substance propre du bien ou du mal.

10. Cependant une émanation lumineuse, telle qu'un vaste fleuve, coulait de la sphère sensible pour la vivification de l'enceinte organique; s'y divisait, et paraissait au dehors selon la puissance quaternaire multiplicatrice, en quatre principes.

11. Le nom du premier de ces principes émanés était *Phishôn*, c'est-à-dire, la réalité physique, l'être apparent : il enveloppait toute la terre de *Hawila*, l'énergie virtuelle, lieu natal de l'or.

12. Et l'or de cette terre-là, emblème de la réflexion lumineuse, était bon. C'était encore le lieu natal de *Bedolla*, division mystérieuse, et de la pierre *Shôam*, sublimation universelle.

13. Le nom du second de ces principes émanés était *Gihôn*, le mouvement formatif : il enveloppait toute la terre de *Choush*, le principe inné.

14. Le nom du troisième de ces principes émanés était *Hiddekel*, le rapide propagateur, servant de véhicule au principe de la félicité. Le quatrième, enfin, recevait le nom de *Phrath*, à cause de la fécondité dont il était la source.

15. Ainsi donc, IHÔAH, l'Être des êtres, ayant pris *Adam*, l'Homme universel, le plaça dans l'enceinte organique de la sensibilité temporelle, pour qu'il l'ellaborat et la gardât avec soin.

16. Et il lui recommanda fortement, IHÔAH, LUI-les-Dieux, en lui déclarant ainsi sa volonté : « De toute la substance végétative de l'enceinte organique, tu peux t'alimenter sans crainte :

17. « Mais de la substance propre de la connaissance du bien et du mal, garde-toi de faire aucune consommation : car au jour même où tu t'en alimenteras, tu deviendras muable, et tu mourras. »

18. Ensuite il dit, IHÔAH, l'Être des êtres : il n'est pas bon qu'*Adam* soit dans la solitude de lui-même : je lui ferai une compagne, une aide élémentaire, émanée de lui-même, et formée dans la réflexion de sa lumière.

19. Or, il avait formé hors de l'Élément adamique, toute l'animalité de la nature terrestre, et toute l'espèce volatile des cieux ; il les fit venir vers *Adam* pour voir quel nom relatif à lui-même, cet Homme universel assignerait à chaque espèce ; et tous les noms qu'il assigna à ces espèces, dans leurs rapports avec lui, furent l'expression de leurs rapports avec l'Ame vivante universelle.

20. Ainsi donc, *Adam* assigna des noms à l'espèce entière des quadrupèdes, à celle des oiseaux, et généralement à toute l'animalité de la nature ; mais il fut loin d'y trouver cette compagne, cette aide élémentaire, qui, émanée de lui-même, et formée dans la réflexion de sa lumière, devait lui présenter son image réfléchie.

21. Alors IHÔAH, l'Être des êtres, laissa tomber un sommeil profond et sympathique sur cet Homme universel, qui s'endormit soudain ; et rompant l'unité de ses enveloppes extérieures, il prit l'une d'elles, et revêtit de forme et de beauté corporelle, sa faiblesse originelle.

22. Ensuite il rétablit cette enveloppe qu'il avait extraite de la substance même d'*Adam*, pour la faire servir de base à celle d'*Aïsha*, sa compagne intellectuelle ; et il l'amena vers lui.

23. Et *Adam*, déclarant sa pensée, dit : celle-ci est véritablement substance de ma substance, et forme de ma forme ; et il l'appela *Aïsha*, faculté volitive efficiente, à cause du principe volitif intellectuel *Aïsh*, dont elle avait été tirée en substance.

24. Voilà pourquoi l'homme intellectuel, *Aïsh*, doit quitter son père et sa mère, et se réunir à sa compagne intellectuelle, *Aïsha*, sa faculté volitive ; afin de ne faire avec elle qu'un seul être sous une même forme.

25. Or, ils étaient l'un et l'autre entièrement découverts, sans aucun voile corporel qui déguisât leurs conceptions mentales, l'universel *Adam*, et sa faculté volitive *Aïsha* ; et ils ne se causaient entre eux aucune honte.

CHAPITRE III

L'Extraction.

v. 1. Cependant; *Nahash*, l'Attract originel, la Cupidité, cette ardeur interne, appétante, était la passion entraînante de la vie élémentaire, le principe intérieur de la Nature, ouvrage de IHÔAH. Or, cette Passion insidieuse dit à *Aïsha*, la faculté volitive d'*Adam* : pourquoi vous a-t-il recommandé, LUI-les-Dieux, de ne pas vous alimenter de toute la substance de la sphère organique?

2. Et la Faculté volitive répondit à cette Ardeur cupide : nous pouvons sans crainte nous alimenter du fruit substantiel de l'enceinte organique.

3. Mais quant au fruit de la substance même qui est au centre de cette enceinte, il nous a dit, LUI-les-Dieux : vous n'en ferez pas aliment; vous n'y aspirerez pas votre âme, de peur que vous ne vous fassiez inévitablement mourir.

4. Alors *Nahash*, l'attract originel, reprit : non, ce n'est pas de mort que vous vous ferez inévitablement mourir.

5. Car, sachant bien, LUI-les-Dieux, que dans le jour où vous vous alimenterez de cette substance, vos yeux seront ouverts à la lumière, il redoute que vous ne deveniez tels que LUI, connaissant le bien et le mal.

6. *Aïsha*, la faculté volitive, ayant considéré qu'en effet cette substance, mutuellement désirée par le sens du goût, et par celui de la vue, paraissait bonne, et la flattait agréablement de l'espoir d'universaliser son intelligence, détacha de son fruit, s'en nourrit; et en donna aussi avec intention à son principe intellectuel, *Aïsh*, auquel elle était étroitement unie; et il s'en nourrit.

7. Et soudain leurs yeux s'ouvrirent également; et ils connurent qu'ils étaient dénués de vertu, de lumière propre, stériles, révélés dans leur obscur principe. Ils firent alors naître au-dessus d'eux une élévation ombreuse, voile de tristesse mutuelle et de deuil; et se firent des vêtements passagers.

8. Cependant ils entendirent la voix même de IHÔAH, l'Être des êtres, se portant en tous sens dans l'enceinte organique, selon le souffle spiritueux de la lumière du jour. L'universel *Adam* se cacha de la vue de IHÔAH, avec sa faculté volitive, au centre de la substance même de l'enceinte organique.

9. Mais IHÔAH, l'Être des êtres, se fit entendre à *Adam*, et lui dit : où t'a porté ta volonté?

10. Et *Adam* répondit : j'ai entendu ta voix dans cette enceinte; et voyant que j'étais dénué de vertu, stérile, révélé dans mon obscur principe, je me suis caché.

11. Et l'Être des êtres reprit : qui t'a donc enseigné que tu étais ainsi dénué, si ce n'est l'usage de cette même substance dont je t'avais expressément recommandé de ne t'alimenter nullement?

12. Et *Adam* répondit encore : *Aïsha*, la faculté volitive que tu m'as donnée pour être ma compagne, c'est elle qui m'a offert de cette substance, et je m'en suis alimenté.

13. Alors, IHÔAH, l'Être des êtres, dit à la Faculté volitive : pourquoi as-tu fait cela? et *Aïsha* répondit : *Nahash*, cette passion insidieuse, a causé mon délire, et je me suis alimentée.

14. Et IHÔAH, l'Être des êtres, dit à *Nahash*, l'attract originel : puisque tu as causé ce malheur, tu seras une passion maudite au sein de l'espèce animale et parmi tout ce qui vit dans la Nature : d'après ton inclination tortueuse tu agiras bassement, et d'exhalaisons élémentaires tu alimenteras tous les moments de ton existence.

15. Je mettrai une antipathie profonde entre toi, Passion cupide, et entre *Aïsha*, la faculté volitive; entre tes productions et ses productions : les siennes comprimeront en toi le principe du mal, et les tiennes comprimeront en elle les suites de sa faute.

16. S'adressant à *Aïsha*, la faculté volitive, il lui dit : je multiplierai le nombre des obstacles physiques de toutes sortes, opposés à l'exécution de tes désirs, en augmentant en même temps le nombre de tes conceptions mentales et de tes enfantements. Avec travail et douleur tu donneras l'être à tes productions; et vers ton principe intellectuel, entraînée par ton penchant, tu subiras son empire, et il se représentera en toi.

17. Et à l'Homme universel, *Adam*, il dit ensuite : puisque tu as prêté l'oreille à la voix de ta faculté volitive, et que tu t'es nourri de cette substance, de laquelle je t'avais expressément recommandé de ne t'alimenter nullement, maudit! soit l'élément adamique, homogène, et similaire à toi, relativement à toi : avec angoisse tu seras forcé d'en alimenter tous les moments de ton existence.

18. Et les productions tranchantes, et les productions incultes et désordonnées, germeront abondamment pour toi : tu te nourriras de fruits âcres et desséchés de la Nature élémentaire.

19. Tu t'en nourriras dans l'agitation continuelle de ton esprit, et jusqu'au moment de ta réintégration à l'Élément adamique, homogène et similaire à toi : car, comme tu as été tiré de cet élément, et que tu en es une émanation spiritueuse, ainsi c'est à cette émanation spiritueuse que tu dois être réintégré.

20. Alors l'universel *Adam* assigna à sa faculté volitive *Aïsha*, le nom de *Heva*, existence élémentaire; à cause qu'elle devenait l'origine de tout ce qui constitue cette existence.

21. Ensuite IHÔAH, l'Être des êtres, fit pour *Adam* et pour sa compagne intellectuelle, des sortes de corps de défense dont il les revêtit avec soin.

22. Disant, IHÔAH, LUI-les-Dieux : voici *Adam*, l'Homme universel, devenu semblable à l'un d'entre nous, selon la connaissance du bien et du mal. Mais alors, de peur qu'il n'étendît la main, et qu'il ne se saisît aussi du principe substantiel des Vies, qu'il ne s'en nourrît, et qu'il ne vécût en l'état où il était, durant l'immensité des temps;

23. IHÔAH, l'Être des êtres, l'isola de la sphère organique de la sensibilité temporelle, afin qu'il ellaborât et servît avec soin cet Élément adamique, hors duquel il avait été tiré.

24. Ainsi il éloigna de son poste cet Homme universel, et fit résider du principe de l'antériorité des temps, à la sphère sensible et temporelle, un être collectif appelé *Cherubim*, semblable à la puissance multiplicatrice universelle, armé de la flamme incandescente de l'extermination, tourbillonnant sans cesse sur elle-même, pour garder la route de la substance élémentaire des Vies.

CHAPITRE IV

La Multiplication divisionnelle.

v. 1. Cependant, *Adam*, l'Homme universel, connut *Heva*, l'existence élémentaire, comme sa faculté volitive efficiente; et elle conçut, et elle enfanta *Kaïn*, le fort et le puissant transformateur, celui qui centralise, saisit et assimile à soi; et elle dit : j'ai formé, selon ma nature, un principe intellectuel de l'essence même, et semblable à IHÔAH.

2. Et elle ajouta à cet enfantement celui de son frère *Habel*, le doux et pacifique libérateur, celui qui dégage et détend, qui évapore, qui fuit le centre. Or, *Habel* était destiné à diriger le développement du Monde corporel; et *Kaïn*, à ellaborer et servir l'Élément adamique.

3. Or, ce fut de la cime des mers, que *Kaïn* fit monter vers IHÔAH une oblation des fruits de ce même élément :

4. Tandis qu'*Habel* offrit aussi une oblation des prémices du Monde qu'il dirigeait, et des vertus les plus éminentes de ses pro-

ductions : mais Ihôah s'étant montré sauveur envers *Habel* et envers son offrande,

5. Ne reçut point de même *Kaïn*, ni son oblation ; ce qui causa un violent embrasement dans ce fort et puissant transformateur, décomposa sa physionomie, et l'abattit entièrement.

6. Alors, Ihôah dit à *Kaïn* : pourquoi cet embrasement de ta part? et d'où vient que ta physionomie s'est ainsi décomposée et abattue?

7. N'est-ce pas que si tu fais le bien, tu en portes le signe? et que si tu ne le fais pas, au contraire, le vice se peint sur ton front? qu'il t'entraîne dans son penchant qui devient le tien ; et que tu te représentes sympathiquement en lui?

8. Ensuite, *Kaïn* déclarant sa pensée à *Habel*, son frère, lui manifesta sa volonté. Or, c'était pendant qu'ils étaient ensemble dans la Nature productrice, que *Kaïn*, le violent centralisateur, s'éleva avec véhémence contre *Habel* son frère, le doux et pacifique libérateur, l'accabla de ses forces, et l'immola.

9. Et Ihôah dit à *Kaïn* : où est *Habel* ton frère? A quoi *Kaïn* répondit : je ne le sais pas. Suis-je donc son gardien, moi?

10. Et Ihôah lui dit encore : qu'as-tu fait? la voix des générations plaignantes, qui devaient procéder de ton frère, et lui, être homogène, s'élève jusqu'à moi de l'Élément adamique.

11. Maintenant, sois maudit! toi-même par ce même élément, dont l'avidité a pu absorber par ta main ces générations homogènes qui devaient procéder de ton frère.

12. Lorsque tu le travailleras, il ne joindra point sa force virtuelle à tes efforts. Agité d'un mouvement d'incertitude et d'effroi, tu seras vaguant sur la Terre.

13. Alors, *Kaïn* dit à Ihôah : que mon iniquité doit être grande, d'après la purification!

14. Vois! tu me chasses aujourd'hui de l'Élément adamique ; je dois me cacher avec soin de ta présence ; agité d'un mouvement d'incertitude et d'effroi, je dois être vaguant sur la Terre : ainsi donc, tout être qui me trouvera pourra m'accabler.

15. Mais Ihôah, déclarant sa volonté, lui parla ainsi : tout être qui croira accabler *Kaïn*, le fort et puissant transformateur, sera, au contraire, celui qui l'exaltera sept fois davantage. Ensuite, Ihôah mit à *Kaïn* un signe, afin que nul être qui viendrait à le trouver, ne pût lui nuire.

16. Et *Kaïn* se retira de la présence de Ihôah, et il alla habiter dans la terre de l'exil, de la dissension et de l'effroi, le principe antérieur de la sensibilité temporelle.

17. Cependant *Kaïn* connut sa faculté volitive efficiente, et elle conçut, et elle enfanta *Henoch*, la force centrale et fondatrice; ensuite il se mit à édifier un circuit sphérique, une enceinte fortifiée, à laquelle il donna le nom de son fils *Henoch*.

18. Et il fut accordé à ce même *Henoch* de produire l'existence de *Whirad*, le mouvement excitateur, la cause motrice; et *Whirad* produisit celle de *Mehoujâel*, la manifestation physique, la réalité objective; et *Mehoujâel* produisit celle de *Methoushâel*, le gouffre appétant de la mort; et *Methoushâel* produisit celle de *Lamech*, le nœud qui arrête la dissolution, le lien flexible des choses.

19. Or, *Lamech* prit pour lui, comme ses épouses corporelles, deux facultés physiques : le nom de la première était *Whada*, l'évidente; et celui de la seconde, *Tzilla*, la profonde, l'obscure, la voilée.

20. *Whada* donna naissance à *Jabal*, principe aqueux, celui d'où découlent l'abondance et la fertilité physique, père de ceux qui habitent les demeures fixes et élevées, et qui reconnaissent la propriété.

21. Et *Jabal* eut pour frère *Jubal*, fluide universel, principe aérien, d'où découlent la joie et la prospérité morale, père de ceux qui se livrent aux conceptions lumineuses et dignes d'amour : les sciences et les arts.

22. Et *Tzilla* aussi donna naissance à *Thubal-Kaïn*, la diffusion centrale, principe mercuriel et minéral, instructeur de ceux qui s'adonnent aux travaux mécaniques, qui fouillent les mines et forgent le fer. Et la parenté de *Thubal-Kaïn* fut *Nawhoma*, le principe de l'aggrégation et de l'association des peuples.

23. Alors *Lamech*, le nœud qui arrête la dissolution, dit à ses deux facultés physiques, *Whadah* et *Tzilla* : écoutez ma voix, épouses de *Lamech*, prêtez l'oreille à ma parole : car, de même que j'ai détruit l'intellectuel individualisé par sa faculté volitive, pour me dilater et m'étendre; de même que j'ai détruit l'esprit de lignée pour me constituer en corps de peuple :

24. Ainsi, comme il a été dit que celui qui voudrait accabler *Kaïn*, le puissant transformateur, en septuplerait les forces constitutives centralisantes; celui qui voudra accabler *Lamech*, le flexible lien des choses, en augmentera septante-sept fois la puissance ligatrice.

25. Cependant *Adam*, l'Homme universel, avait encore connu sa faculté volitive efficiente; et elle avait enfanté un fils auquel elle avait donné le nom de *Sheth*, la base, le fond des choses; parce qu'elle avait dit : il a placé en moi, LUI-les-Dieux, la base

d'une autre génération, émanée de l'affaissement d'*Habel*, au moment où il fut immolé par *Caïn*.

26. Or, il fut accordé aussi à *Sheth* de générer un fils auquel il donna le nom d'*Enosh*, c'est-à-dire l'être muable, l'homme corporel; et dès lors il fut permis d'espérer et d'attendre un soulagement à ses maux dans l'invocation du nom de IHÔAH.

CHAPITRE V

La Compréhension facultative.

v. 1. Ceci est le Livre des caractéristiques générations d'*Adam*, l'Homme universel, dès le jour où le créant, LUI-les-Dieux, suivant les lois de son action assimilante, il en détermina l'existence potentielle :

2. Le créant d'une manière collective mâle et femelle, cause et moyen; le bénissant sous ce rapport collectif, et lui donnant le nom universel d'*Adam*, au jour même où il l'avait universellement créé.

3. Or, *Adam* existait depuis trois décuples et une centaine de mutations ontologiques temporelles, lorsqu'il lui fut accordé de générer, au moyen de sa faculté assimilatrice, en son ombre réfléchie, un être émané auquel il donna le nom de *Sheth*, comme étant destiné à être la base et le fond même des choses.

4. Et les périodes lumineuses d'*Adam*, après qu'il lui eut été accordé de produire l'existence de *Sheth*, furent au nombre de huit centaines de mutation; et il produisit d'autres êtres émanés.

5. Ainsi, le nombre total des périodes lumineuses d'*Adam*, pendant lesquelles il exista, fut de neuf centaines entières et de trois décuples de mutation ontologique temporelle; et il passa.

6. Cependant *Sheth*, la base des choses, existait depuis cinq mutations temporelles et une centaine de mutation, lorsqu'il généra *Enosh*, l'être muable, l'homme corporel.

7. Et *Sheth* exista encore après cette génération, sept mutations temporelles et huit centaines entières de mutation; et il produisit d'autres êtres émanés.

8. Or, les périodes lumineuses pendant lesquelles *Sheth* exista, furent ensemble au nombre de deux mutations temporelles, un décuple et neuf centaines entières de mutation; et il passa.

9. Cependant *Enosh*, l'homme corporel, existait depuis neuf décuples de mutation temporelle, lorsqu'il produisit l'existence de

Kaïnan, c'est-à-dire celui qui s'approprie, qui envahit, qui enveloppe la généralité des choses.

10. Et *Ænosh* exista encore après cette génération, cinq mutations temporelles, un décuple et huit centaines entières de mutation ; et il produisit d'autres êtres émanés.

11. Ainsi le nombre total des périodes lumineuses d'*Ænosh* s'éleva à cinq mutations temporelles, et neuf centaines entières de mutation ; et il passa.

12. Cependant *Kaïnan*, l'envahissement général, existait depuis sept décuples de mutation temporelle lorsqu'il produisit l'existence de *Mahollâel*, l'exaltation puissante, la splendeur.

13. Et *Kaïnan* exista encore, après cette génération, quatre décuples de mutation temporelle, et huit centaines entières de mutation ; et il produisit d'autres êtres émanés.

14. Or, les périodes lumineuses de *Kaïnan* furent ensemble au nombre de dix mutations temporelles, et de neuf centaines entières de mutation ; et il passa.

15. Cependant *Mahollâel*, l'exaltation puissante, la splendeur, existait depuis huit mutations et six décuples de mutation temporelle, lorsqu'il généra *Ired*, le mouvement persévérant en exaltation ou en dégénérescence.

16. Et *Mahollâel* exista encore après cette génération, trois décuples de mutation temporelle, et huit centaines entières de mutation ; et il produisit d'autres êtres émanés.

17. Ainsi le nombre total des périodes lumineuses de *Mahollâel*, l'exaltation glorifiée, fut de cinq mutations temporelles, de neuf décuples, et de huit centaines entières de mutation ; et il passa.

18. Cependant *Ired*, le mouvement persévérant, avait existé pendant deux mutations temporelles, six décuples, et une centaine entière de mutation lorsqu'il produisit l'existence de *Henoch*, le mouvement de centralisation et de contrition, qui rend stable et consolide le bien ou le mal.

19. Or, *Ired* exista encore après cette génération, huit centaines entières de mutation temporelle ; et il produisit d'autres êtres émanés.

20. Ainsi toutes les périodes lumineuses d'*Ired*, le mouvement persévérant en exaltation ou en dégénérescence, furent au nombre de deux mutations temporelles, six décuples et huit centaines entières de mutation ; et il passa.

21. Cependant *Henoch*, le mouvement de centralisation, avait déjà existé pendant cinq mutations temporelles et six décuples, lorsqu'il produisit l'existence de *Methoushalé*, l'émission de la mort.

22. Or, *Henoch*, mouvement de contrition et sentiment de pénitence, suivit constamment les traces d'*Ælohîm*, LUI-les-Dieux, après cette génération, et il produisit d'autres êtres émanés.

23. Et le nombre de ses périodes lumineuses fut de cinq mutations temporelles, six décuples, et trois centaines de mutation.

24. Comme il continua toujours à suivre les traces d'*Ælohîm*, LUI-les-Dieux, il cessa d'exister sans cesser d'être; car, l'Être des êtres le retira à LUI.

25. Cependant *Methoushalê*, le trait de la mort, existait depuis sept mutations temporelles, huit décuples, et une centaine entière de mutation, lorsqu'il produisit l'existence de *Lamech*, le nœud qui lie la dissolution, et l'arrête.

26. Or, *Methoushalê* exista encore, après cette génération, deux mutations temporelles, huit décuples, et sept centaines entières de mutation; et il produisit d'autres êtres émanés.

27. Ainsi les périodes lumineuses de *Methoushalê*, l'émission de la mort, furent ensemble au nombre de neuf mutations temporelles, six décuples, et neuf centaines de mutation; et il passa.

28. Cependant *Lamech*, le flexible lien des choses, avait existé pendant deux mutations temporelles, huit décuples, et une centaine entière de mutation, lorsqu'il généra un fils.

29. Il lui assigna le nom même de *Noé*, le repos de la Nature élémentaire, en disant : celui-ci reposera notre existence, et allégera les travaux dont le poids insupportable accable nos facultés, à cause de l'Élément adamique dont IHÔAH a maudit avec force le principe.

30. Or, *Lamech* exista encore, après avoir donné naissance à ce fils, cinq mutations temporelles, neuf décuples, et cinq centaines entières de mutation : et il généra d'autres êtres émanés.

31. Et le nombre total des périodes lumineuses de *Lamech*, le flexible lien des choses, fut de sept mutations temporelles, sept décuples, et sept centaines entières de mutation; et il passa.

32. Ainsi *Noé*, le repos de l'existence élémentaire, était le fils de cinq centuples de mutation temporelle ontologique, lorsqu'il produisit l'existence de *Shem*, ce qui est élevé et brillant, celle de *Cham*, ce qui est courbe et chaud, et celle de *Japheth*, ce qui est étendu.

CHAPITRE VI

La Mesure proportionnelle.

v. 1. Mais c'était une suite nécessaire de la chute d'*Adam*, et de la dissolution de cet Homme universel, que des formes sensibles et corporelles naquissent de ses divisions sur la face de la Terre, et en fussent abondamment produites.

2. Or, les êtres émanés d'*Ælohîm*, LUI-les-Dieux, effluences spirituelles, ayant considéré ces formes sensibles, les trouvèrent agréables, et s'unirent comme à des facultés génératrices, à toutes celles qui leur plurent de préférence.

3. Cependant IHÔAH avait dit : mon souffle vivifiant ne se prodiguera plus désormais durant l'immensité des temps, chez l'Universel *Adam*, dont la dégénérescence est aussi rapide que générale; puisqu'il est devenu corporel, ses périodes lumineuses ne seront plus qu'au nombre d'une centaine et de deux décuples de mutation temporelle.

4. Dans ce temps-là, les *Néphilêens*, les élus parmi les hommes, les Nobles, existaient sur la Terre; ils étaient issus de la réunion des effluences spirituelles aux formes sensibles, après que les êtres émanés de LUI-les-Dieux eurent fécondé les productions corporelles de l'Universel *Adam* : c'étaient ces illustres *Ghiboréens*, ces héros, ces hyperboréens fameux, dont les noms ont été célèbres dans la profondeur des temps.

5. Alors IHÔAH, considérant que la perversité d'*Adam* s'augmentait de plus en plus sur la Terre, et que cet être universel ne concevait plus que des pensées mauvaises, analogues à la corruption de son cœur, et portant avec elles la contagion du vice sur toute cette période lumineuse :

6. Renonça entièrement au soin conservateur qu'il donnait à l'existence de ce même *Adam*, sur la Terre, et se réprimant lui-même en son cœur, il se le rendit sévère :

7. Disant : j'effacerai l'existence de cet Homme universel que j'ai créé, de dessus la face de l'Élément adamique : je l'effacerai depuis le règne hominal jusqu'au quadrupède, depuis le reptile jusqu'à l'oiseau des cieux ; car j'ai renoncé tout à fait au soin conservateur à cause duquel je les avais faits.

8. *Noé* seul, le repos de la Nature élémentaire, trouva grâce aux yeux de IHÔAH.

9. Or, telles avaient été les générations caractéristiques de *Noé* : de *Noé*, principe intellectuel, manifestant la justice des vertus universelles dans les périodes de sa vie : de *Noé*, toujours occupé à suivre les traces d'*Ælohim*, LUI-les-Dieux.

10. *Noé*, le repos de l'existence, avait généré une triade d'êtres émanés; *Shem*, l'élévation brillante; *Cham*, l'inclination obscure; et *Japheth*, l'étendue absolue.

11. Ainsi donc, la Terre avilie, ravalée, se dégradait aux yeux de l'Être des êtres, en se remplissant de plus en plus d'une ardeur ténébreuse et dévorante.

12. Et considérant la Terre, LUI-les-Dieux, il vit que sa dégradation avait pour cause l'avilissement de toute corporéité vivante, dont la loi s'y était dégradée.

13. Alors manifestant sa parole, il dit à *Noé* : le terme de toute corporéité vivante s'approche à mes yeux : la Terre s'est comblée d'une ardeur ténébreuse et dévorante qui la dégrade et l'avilit d'une extrémité à l'autre : me voici, laissant naître de cette même dégradation, l'avilissement qu'elle entraîne et la destruction.

14. Fais-toi une *Thebah*, une enceinte sympathique : fais-la d'une substance élémentaire conservatrice; compose-la de chambres et de caveaux de communication ; et lies-en la circonférence tant intérieure qu'extérieure, avec une matière corporisante et bitumineuse.

15. C'est ainsi que tu feras cette demeure mystérieuse, cette *Thebah* : tu lui donneras trois centuples de mesure-mère en longitude, cinq décuples en latitude, et trois décuples en solidité.

16. Selon la même mesure régulatrice, tu feras l'étendue orbiculaire de cette enceinte sympathique, en sa partie supérieure, accessible à la lumière et la dirigeant ; tu mettras sa dilatation en la partie opposée; et tu feras les parties basses, doubles et triples.

17. Et me voici, moi-même, conduisant sur la Terre la grande intumescence des eaux pour y détruire et consumer entièrement toute substance corporelle possédant en soi le souffle des Vies : tout ce qui est sur la Terre, au-dessous des Cieux, expirera.

18. Mais je laisserai subsister ma force créatrice auprès de toi : et tu viendras en la *Thebah*, toi et tes fils, les êtres émanés de toi : et ta faculté volitive efficiente, et les facultés corporelles des êtres émanés de toi, ensemble toi.

19. Et tu feras aussi venir en la *Thebah*, en cette demeure mystérieuse, couple à couple, les êtres de toute existence, de toute forme, afin qu'ils continuent d'exister en toi : ils seront, tous ces êtres, mâle et femelle.

20. Du genre volatile et du quadrupède, selon leur espèce, et de tout animal reptiforme provenu de l'élément adamique, les couples de chaque espèce, viendront près de toi pour y conserver l'existence.

21. Et toi, cependant, prends de tout aliment capable d'alimenter; rassemble-le en toi, afin qu'il te serve de nourriture et pour toi-même et pour eux.

22. Et *Noé*, en faisant toutes ces choses, se conforma en tout à ce que lui avait sagement prescrit *Ælohîm*, LUI-les-Dieux.

CHAPITRE VII

La Consommation des choses.

v. 1. Ensuite, IHÔAH dit à *Noé* : viens toi! et tout l'intérieur à toi, en la *Thebah*, l'asile mutuel; car ta nature s'est montrée juste à mes yeux en cet âge de perversion.

2. Prends, du genre quadrupède, sept couples de chaque espèce pure, chaque couple composé du principe et de sa faculté volitive efficiente : et deux couples de chaque espèce non pure, chaque couple également composé du principe et de sa faculté volitive efficiente.

3. Prends aussi du genre volatile des cieux, sept couples de chaque espèce, mâle et femelle, afin d'en conserver l'existence sémentielle sur la Terre.

4. Car, dans la septième période actuelle des manifestations phénoméniques, moi-même je vais faire mouvoir l'élément aqueux sur la Terre, quatre décuples de jour, et quatre décuples de nuit; afin d'effacer entièrement de l'Élément adamique cette Nature substantielle et plastique que j'y ai faite.

5. Et *Noé* se conforma avec exactitude à tout ce que lui avait sagement recommandé IHÔAH.

6. Or, *Noé* était fils de six centaines entières de mutation temporelle ontologique; c'est-à-dire qu'il en émanait comme repos de la Nature élémentaire, lorsque la grande intumescence des eaux commença d'avoir lieu sur la Terre.

7. Et *Noé*, accompagné des êtres émanés de lui, de sa faculté volitive efficiente, et des facultés physiques dépendantes de ses productions, alla vers la *Thebah*, la demeure mystérieuse, afin d'éviter les eaux de la grande intumescence.

8. Du genre quadrupède pur, et du genre quadrupède non pur, et

du genre volatile, et de tout ce qui est animé d'un mouvement reptiforme sur l'Élément adamique :

9. Les couples de toute espèce se rendirent vers *Noé*, le repos de l'existence, en l'asile mutuel de la *Thebah*, mâle et femelle, selon ce qu'avait sagement recommandé l'Être des êtres.

10. Ainsi ce fut à la septième des manifestations phénoméniques, que les eaux de la grande intumescence furent sur la Terre.

11. Dans la mutation ontologique des six centuples de mutation des vies de *Noé*, en la seconde Néoménie, en la dix-septième période lumineuse de cette Néoménie, en ce jour même, furent ouvertes toutes les sources de l'abîme potentiel, furent déliées dans les Cieux les forces multiplicatrices des eaux livrées à leur propre mouvement de dilatation.

12. Et la chute de l'atmosphère aqueuse, tombant en masse et sans discontinuité sur la Terre, fut de quatre décuples de jour, et de quatre décuples de nuit.

13. Dans le principe même de cette septième manifestation phénoménique, *Noé*, le repos de l'existence élémentaire, s'était retiré ainsi que *Shem*, l'élévation brillante, et *Cham*, l'inclination ténébreuse, et *Japheth*, l'espace étendu, productions émanées de lui, sa faculté volitive efficiente, et les trois facultés physiques de ses productions, vers la *Thebah*, l'enceinte mutuelle, la plage de refuge.

14. Et avec eux, la Vie entière de la Nature animale, selon son espèce ; tout quadrupède, tout reptile rampant sur la terre, tout volatile ; chacun selon son espèce : tout être courant, tout être volant :

15. Tous, couple à couple, s'étaient rendus auprès de *Noé*, en la *Thebah*, de quelque forme qu'ils fussent, possédant en soi le souffle des Vies ;

16. S'avançant ensemble mâle et femelle, de toute figure extérieure, docile à suivre le mouvement imprimé par l'Être des êtres, et dont IHÔAH marqua la conclusion par son éloignement.

17. Cependant la grande intumescence continuant d'avoir lieu sur la Terre, quatre décuples de jour, les eaux grossirent de plus en plus et portèrent dans leur sein la *Thebah*, exhaussée au-dessus de la Terre.

18. Elles envahirent, elles dominèrent la Terre entière ; elles s'y multiplièrent en tous sens ; tandis que, suivant tous leurs mouvements, la *Thebah* flottait à la face des ondes.

19. Les eaux prévalurent enfin, selon toute l'étendue de leurs forces, et tellement que les montagnes les plus élevées qui se trouvent sous les cieux, en furent couvertes.

20. Elles dominèrent au-dessus de leurs sommets de cinq et un décuple de mesure-mère, et couvrirent entièrement les montagnes.

21. Ainsi fut dissoute et s'évanouit, toute forme corporelle se mouvant sur la Terre, dans l'oiseau et dans le quadrupède, et dans l'existence animale, et dans la Vie originelle et vermiforme, issue de la Terre, et dans tout l'Homme universel, tout *Adam !*

22. Tout ce qui possédait une essence émanée de l'esprit des Vies dans sa compréhension spirituelle, atteint par le fléau destructeur, passa.

23. La trace même de la nature substantielle et plastique fut effacée de l'Élément adamique, depuis le règne hominal jusqu'au quadrupède, depuis le reptiforme jusqu'à l'oiseau des cieux : et tous ces êtres, également effacés, disparurent de la Terre. Il ne resta que *Noé* seul, le repos de la Nature élémentaire, et ce qui était ensemble lui dans la *Thebah*, la retraite sacrée.

24. Et les eaux prévalurent sur la Terre, et y dominèrent cinq décuples et une centaine de périodes lumineuses.

CHAPITRE VIII

L'Entassement des espèces.

v. 1. Mais il se souvint, LUI-les-Dieux, de l'existence de Noé, et de celle de la vie animale, et de tout le genre quadrupède, renfermés ensemble dans la *Thebah*, cet asile sacré : et il fit passer de l'Orient à l'Occident, un souffle sur la Terre qui réprima la dilatation des eaux.

2. Les sources de l'abîme potentiel indéfini furent fermées, les forces multiplicatrices des eaux s'arrêtèrent dans les cieux : et l'atmosphère aqueuse tombant en masse, s'épuisa.

3. Agitées d'un mouvement périodique de flux et de reflux, les eaux balancées sur la Terre, revinrent enfin à leur premier état : elles se retirèrent en elles-mêmes au bout de cinq décuples et une centaine entière de périodes lumineuses.

4. Et dans le septième renouvellement lunaire, au dix-septième jour de ce renouvellement, la *Thebah* s'arrêta sur les hauteurs de l'*Ararat* ; c'est-à-dire aux premières lueurs du cours réfléchi de la lumière.

5. Mais les eaux, toujours agitées d'un flux et reflux continuel, furent en proie à ce double mouvement de se porter en avant et de se retirer en elles-mêmes, jusqu'au dixième renouvellement lunaire.

Ce ne fut que le premier de cette dixième Néoménie, que parurent les prémices des éléments, les principes des enfantements naturels, les sommets des montagnes.

6. Là se terminèrent les quatre décuples de jour; et *Noé*, dégageant la lumière qu'il avait faite à la *Thebah*,

7. Lâcha l'Érebe, l'obscurité occidentale, qui, prenant un mouvement alternatif de sortie et de rentrée, suivit et suivra ce mouvement périodique jusqu'à l'entier dessèchement des eaux de dessus la Terre.

8. Ensuite, il laissa aller d'avec lui, l'*Iôna*; la force plastique de la Nature; afin de reconnaître si les eaux s'allégeaient sur la face de l'Élément adamique.

9. Mais l'*Iôna*, ne trouvant point de lieu de repos pour communiquer son action génératrice, revint vers lui, ver la *Thebah*, parce que les eaux occupaient encore toute la surface terrestre; il déploya donc sa puissance, et l'ayant retirée, la fit venir à lui vers la *Thebah*.

10. Et lorsqu'il eut attendu un septénaire d'autres périodes lumineuses, il émit de nouveau l'*Iôna* hors de la *Thebah*.

11. Mais elle ne revint à lui, cette faculté plastique de la Nature, qu'au temps même de l'Érebe, telle qu'une colombe fuyant le noir corbeau : une sublimation de l'essence ignée avait été saisie par sa faculté conceptive : en sorte que *Noé* reconnut à ce signe que les eaux s'étaient allégées sur la Terre.

12. Néanmoins il attendit encore un septénaire d'autres jours, après lesquels il émit de nouveau l'*Iôna*; mais cette faculté génératrice étant sortie, ne revint plus vers lui.

13. Ce fut donc dans l'unité et six centaines de mutation temporelle, dans le principe principe, au premier du renouvellement lunaire, que les eaux se défirent et s'usèrent sur la Terre : alors *Noé* élevant le faite de la *Thebah*, considéra, et vit qu'en effet, les eaux s'étaient séparées et défaites à la surface de l'Élément adamique.

14. Ainsi la Terre étant séchée au second renouvellement lunaire, au vingt septième jour de ce renouvellement,

15. Il parla, LUI le Dieux, à *Noé*, disant :

16. Sors de la *Thebah*, toi! et ensemble avec toi, ta faculté volitive efficiente, tes productions émanées, et les facultés physiques de tes productions.

17. Et fais sortir ensemble toi, toute Vie animale, de toute forme corporelle, en oiseau, en quadrupede, en toute sorte de reptile serpentant sur la Terre : qu'ils y pullulent, y fructifient, y multiplient en abondance.

18. *Noé* sortit donc de la *Thebah*, lui et les productions émanées de lui, sa faculté volitive, et les facultés physiques de ses productions ; ensemble lui.

19. Toute l'espèce animale, reptiforme ou volatile, tout ce qui se meut d'un mouvement contractile sur la Terre ; ces êtres divers se produisirent hors de la *Thebah*, selon leurs tribus diverses.

20. Alors *Noé* édifia un autel à IHÔAH, et prenant de toute espèce pure de quadrupède, et de toute espèce pure d'oiseau, il fit exhaler vers les cieux une exhalaison sainte de ce lieu de sacrifice.

21. Et IHÔAH, respirant l'esprit odorant de cette suave offrande, dit au fond de son cœur : Je ne maudirai plus désormais l'Élément adamique dans le seul rapport d'*Adam ;* car le cœur de cet être universel a conçu le mal dès ses premières impulsions. Je ne frapperai pas non plus toute l'existence élémentaire aussi violemment que je l'ai fait.

22. Pendant que les périodes lumineuses se succéderont sur la Terre, la semence et la récolte, le froid et le chaud, l'été et l'hiver, le jour et la nuit, ne cesseront point de s'entre-suivre.

CHAPITRE IX

La Restauration cimentée.

v. 1. Ensuite, il bénit, LUI-les-Dieux, l'existence de *Noé*, et celle des êtres émanés de lui, et il leur dit : fructifiez et multipliez-vous, et remplissez entièrement l'étendue terrestre.

2. Que la splendeur éblouissante, que l'éclat terrifiant qui vous entourera, frappe de respect l'animalité entière, depuis l'oiseau des régions les plus élevées jusqu'au reptile qui reçoit le mouvement originel de l'Élément adamique, et jusqu'au poisson des mers : sous votre puissance ils sont tous également mis.

3. Usez pour aliment de tout ce qui possède en soi le principe du mouvement et de la vie : je vous l'ai donné sans exception de même que l'herbe verdoyante :

4. Mais quant à la substance corporelle qui possède en son âme même le principe homogène de son assimilation sanguine, vous n'en ferez pas aliment :

5. Car je poursuivrai la vengeance de cette assimilation sanguine, dont le principe réside en vos âmes, de la main de tout être vivant ; j'en poursuivrai la vengeance et de la main de l'Homme universel, et de la main de son frère, l'homme individualisé par son principe

volitif ; je leur demanderai compte à l'un et à l'autre de cette âme adamique.

6. Celui qui répandra l'assimilation sanguine d'*Adam*, l'Homme universel, verra son sang répandu par le moyen même d'*Adam* : car c'est en son ombre universellement réfléchie, que LUI-les-Dieux a fait l'existence d'*Adam*, l'Homme universel.

7. Et vous, existence universelle, fructifiez et multipliez-vous, propagez-vous sur la Terre, et étendez-vous en elle.

8. Ensuite, l'Être des êtres, déclarant sa volonté à *Noé* et aux êtres émanés de lui, leur dit :

9. Voici que, selon ma promesse, je vais établir substantiellement ma force créatrice en vous, et en la postérité à naître de vous, après vous.

10. Je vais l'établir également en toute âme de vie qui se trouvait avec vous, tant volatile que quadrupède ; en toute l'animalité terrestre, en tous les êtres enfin issus de la *Thebah*, selon leur nature animale et terrestre.

11. Je la ferai exister en vous, cette Loi créatrice, dans l'ordre corporel ; en sorte que l'eau de la grande intumescence ne pourra plus, comme autrefois, briser la forme corporelle et la détruire, ni causer encore un déluge qui oppresse la Terre et la dégrade entièrement.

12. Et il ajouta, LUI-les-Dieux : voici le signe caractéristique de cette Loi créatrice que j'établis entre moi et entre vous, et entre toute âme vivante : Loi pour jamais inhérente en vous, dans les âges de l'immensité des temps.

13. Cet arc que j'ai mis dans l'espace nébuleux, sera le signe caractéristique de cette force créatrice existante entre moi et la Terre.

14. Lorsque j'obscurcirai la Terre et que je la couvrirai de nuages, cet arc paraîtra dans l'espace nébuleux.

15. Je me rappellerai cette Loi créatrice établie entre moi et entre vous, et entre toute âme vivante, en toute corporéité : et il n'y aura point une révolution nouvelle des eaux de la grande intumescence, pour la suppression entière de la substance corporelle.

16. Cet arc, paraissant dans l'espace nébuleux, je le considérerai en mémoire de la Loi créatrice établie pour l'immensité des temps entre l'Être des êtres et toute âme de vie, et toute forme corporelle existante sur la Terre.

17. Ensuite, il dit de nouveau, LUI-les-Dieux : voici le signe de la force créatrice que j'ai fait exister substantiellement entre moi et entre toute forme corporelle existante sur la Terre.

18. Or, tels avaient été les enfants de *Noé*, repos de la Nature élémentaire, sortant de la *Thebah*, l'enceinte sacrée : *Shem*, ce qui est élevé et brillant ; *Cham*, ce qui est courbe, incliné, obscur et chaud ; et *Japheth*, ce qui est étendu : et ce fut *Cham*, lui-même, qui fut le père de *Chanahan*, l'existence physique et matérielle.

19. Ainsi les êtres émanés de *Noé*, par qui la Terre fut partagée, furent donc au nombre de trois.

20. Ce fut *Noé*, qui, dégageant avec effort le principe volitif intellectuel, de l'Élément adamique, le rendit à la liberté, et cultiva les productions élevées de la spiritualité.

21. Mais s'étant trop abreuvé de l'esprit de cette production, il enivra sa pensée, et dans son exaltation, se révéla au centre même et dans le lieu le plus secret de son tabernacle.

22. Et *Cham*, père de l'existence physique et matérielle, ayant considéré les mystères secrets de son père, les divulga à ses deux frères, et les profana à l'extérieur.

23. Alors *Shem* prit avec *Japheth*, le vêtement de gauche, et l'ayant élevé au-dessus d'eux, ils allèrent à reculons en couvrir les mystères secrets de leur père : en sorte que, comme ils avaient le visage tourné en arrière, ils ne virent pas ces mystères qui devaient leur rester cachés.

24. Cependant *Noé*, étant sorti de son ivresse spiritueuse, connut ce qu'avait fait le moindre de ses enfants.

25. Et il dit : maudit soit *Chanahan*, l'existence physique et matérielle ; il sera le serviteur des serviteurs de ses frères :

26. Et bénit soit IHÔAH, LUI-les-Dieux de *Shem* : et que *Chanahan* soit le serviteur de son peuple.

27. Qu'il étende, LUI-les-Dieux, l'étendue de *Japheth*, et le fasse habiter dans les tabernacles de *Shem*, l'élévation brillante : et que *Chanahan*, l'existence physique et matérielle, le serve lui et son peuple.

28. Or, *Noé* exista encore après la grande intumescence des eaux, trois centaines entières de mutation temporelle, ontologique, et huit décuples de mutation.

29. Ainsi les périodes lumineuses de *Noé*, le repos de la Nature élémentaire, furent ensemble au nombre de neuf centaines de mutation temporelle, et de huit décuples de mutation, et il passa.

CHAPITRE X

La Puissance aggrégative et formatrice.

v. 1. Maintenant voici quelles furent les générations caractéristiques des enfants de *Noé*, repos de la Nature élémentaire : *Shem*, *Cham*, et *Japheth*; et les productions émanées d'eux, après la grande intumescence des eaux.

2. Or, les productions émanées de *Japheth*, l'Étendue absolue, furent : la Cumulation élémentaire ou la force aggrégative, l'Élasticité, la Divisibilité, la Ductilité générative, la Diffusibilité, la Perceptibilité, et la Modalité ou la faculté de paraître sous une forme déterminée.

3. Et les productions émanées de la Cumulation élémentaire, furent : le Feu latent ou le calórique, la Rarité ou la cause de l'expression, et la Densité ou la cause de la corporisation universelle.

4. Et les productions émanées de la Ductilité générative, furent : la Force délayante et pétrissante, et le Principe sympathique des Répulsions et des Affinités naturelles.

5. C'est au moyen de ces deux dernières facultés, l'une répulsive, et l'autre attractive, que les centres de volontés furent différenciés sur la Terre, dans les corps organisés tant particuliers que généraux, intelligibles ou naturels.

6. Et les productions émanées de *Cham*, l'inclinaison ténébreuse et chaude, furent : la Force ignée ou la combustion, les Facultés subjugantes et captivantes, la Mofete ou l'azote, et l'Existence physique et matérielle.

7. Et les productions émanées de la Force ignée, furent : l'Humide radical, cause universelle de toute sapidité, l'Énergie naturelle, le Mouvement déterminant ou la cause, le Tonnerre, et le Mouvement déterminé ou l'effet. Le Tonnerre enfanta à son tour la Réintégration des principes, et l'affinité élective ou l'Électricité.

8. Et la Force ignée donna aussi naissance au Principe de la Volonté désordonnée, principe de rébellion, d'anarchie, de despotisme, de toute-puissance, tant particulière que générale, n'obéissant qu'à sa propre impulsion : lui qui fit de violents efforts pour être le dominateur de la Terre.

9. Lui qui, superbe adversaire au yeux de IHÔAH, donna lieu à ce proverbe : semblable au Principe de la volonté anarchique, superbe adversaire aux yeux de IHÔAH.

10. Or, l'origine de son empire fut au sein des Révolutions civiles, la Vanité, la Mollesse ou le relâchement des mœurs, l'Isolement ou l'égoïsme, et l'Ambition ou le désir de tout posséder.

11. Mais ce fut du sein de ces mêmes Révolutions civiles, que sortit le Principe harmonique, le Principe éclairé du gouvernement, l'ordre, le bonheur résultant de ce principe ; lequel établit ce qui concerne l'accroissement extérieur, la Colonisation, l'éducation de la jeunesse; et ce qui concerne les Institutions intérieures de la Cité; et ce qui concerne le perfectionnement des lois, le rassemblement des vieillards, le Sénat :

12. Et ce qui concerne la Puissance législative, ou les Rênes du gouvernement, placée entre la force extérieure et intérieure, l'action et la délibération, la jeunesse et le sénat : Puissance très grande, et boulevard de la société.

13. Cependant les Facultés subjugantes et captivantes, nées de la Force ignée, produisirent l'existence des Propagations physiques, celle des Appesantissements matériels, celle des Exhalaisons enflammées, et celle des Cavernosités.

14. Elles produisirent aussi le principe des Brisures infinies, et celui des Épreuves expiatoires, d'où sortirent les Rejetés et les Convertis.

15. Et l'Existence physique et matérielle produisit l'Insidieux adversaire ou la Ruse, son premier né, et l'Affaissement moral ou l'avilissement.

16. Elle produisit aussi les Refoulements intérieurs, les Exprimations extérieures, et les Remâchements réitérés :

17. Elle donna naissance aux Vies animales, aux Passions brutales, aux Passions haineuses :

18. Elle enfanta enfin, les Ardeurs du butin, la Soif du pouvoir, et l'Avarice insatiable : ensuite ses tribus furent dispersées.

19. Or, voici les limites générales qu'atteignirent les émanations de l'Existence physique et matérielle, depuis la naissance de l'Insidieux adversaire : à force de convulsion intestine, elles parvinrent à l'affermissement de leur empire : à force de détours obscurs, d'intrigues, de sourdes menées, de tyrannie, d'insensibilité et de guerres, elles devinrent le gouffre des richesses.

20. Voilà tous les enfants de *Cham*, ce qui est courbe, incliné, ténébreux et chaud; selon leurs tribus, leurs langues, leurs régions, leurs organisations diverses.

21. Et voici quels furent ceux de *Shem*, l'élévation brillante, frère aîné de *Japheth*, l'Étendue absolue ; auquel il fut accordé d'être le père de toutes les productions ultra-terrestres.

22. Or, les productions émanées de *Shem*, furent donc : la Durée infinie ou l'Éternité; le Principe du pouvoir légal, et l'orde immuable, l'harmonie, la béatitude qui en résultent ; le Principe médiateur de la Providence, la Propagation intellectuelle, et l'Universelle Élémentisation.

23. Et les productions émanées de l'Universelle Élémentisation, furent : la Substantiation, le Travail virtuel, la Pression abondante, et la Récolte des fruits spirituels.

24. Et le Principe médiateur de la Providence donna naissance à l'Émission active : et l'Émission active ou la grâce divine produisit ce qui est Ultra-terrestre ; c'est-à-dire ce qui passe au delà de ce Monde.

25. Or, il fut accordé à ce qui est Ultra-terrestre, de générer deux enfants. Le premier reçut le nom de *Phaleg*, c'est-à-dire la dialection, la classification ; à cause que ce fut à l'époque de son apparition que la Terre fut divisée en différentes classes : et le second fut appelé *Juktan*, c'est-à-dire l'Atténuation ou la réduction en atomes spirituels.

26. Et la Réduction en atomes spirituels donna l'existence à la Mensuration probatoire et divine, à l'Émission réfléchie, à la Scission opérée par la mort, à la Manifestation radieuse et fraternelle ou la Lune.

27. Cette Atténuation spirituelle produisit la Splendeur universelle, le Feu épuré et divin, la Raréfaction éthérée et sonore :

28. Elle enfanta l'Orbe infini, le Père de la Plénitude, et la Réintégration ou la Rédemption :

29. Et enfin, elle fut l'origine de la Fin Élémentaire, de la Vertu éprouvée, et de la Jubilation céleste.

30. Et tel fut le cours et le lieu de la Réintégration de ses produits, depuis l'époque de la Récolte des fruits spirituels, à force de travail d'esprit, jusqu'au principe générateur de l'Antériorité des Temps.

31. Voilà tous les enfants de *Shem*, ce qui est direct, élevé, sublime et brillant ; selon leurs tribus, leurs langues, leurs régions, leurs organisations diverses.

32. Voilà les tribus entières des Enfants de *Noé*, repos de l'Existence élémentaire, selon leurs générations caractéristiques, et leurs organisations constitutionnelles ; et c'est par leur moyen que les organisations particulières et générales ont été diversifiées sur la Terre, après la grande intumescence des eaux.

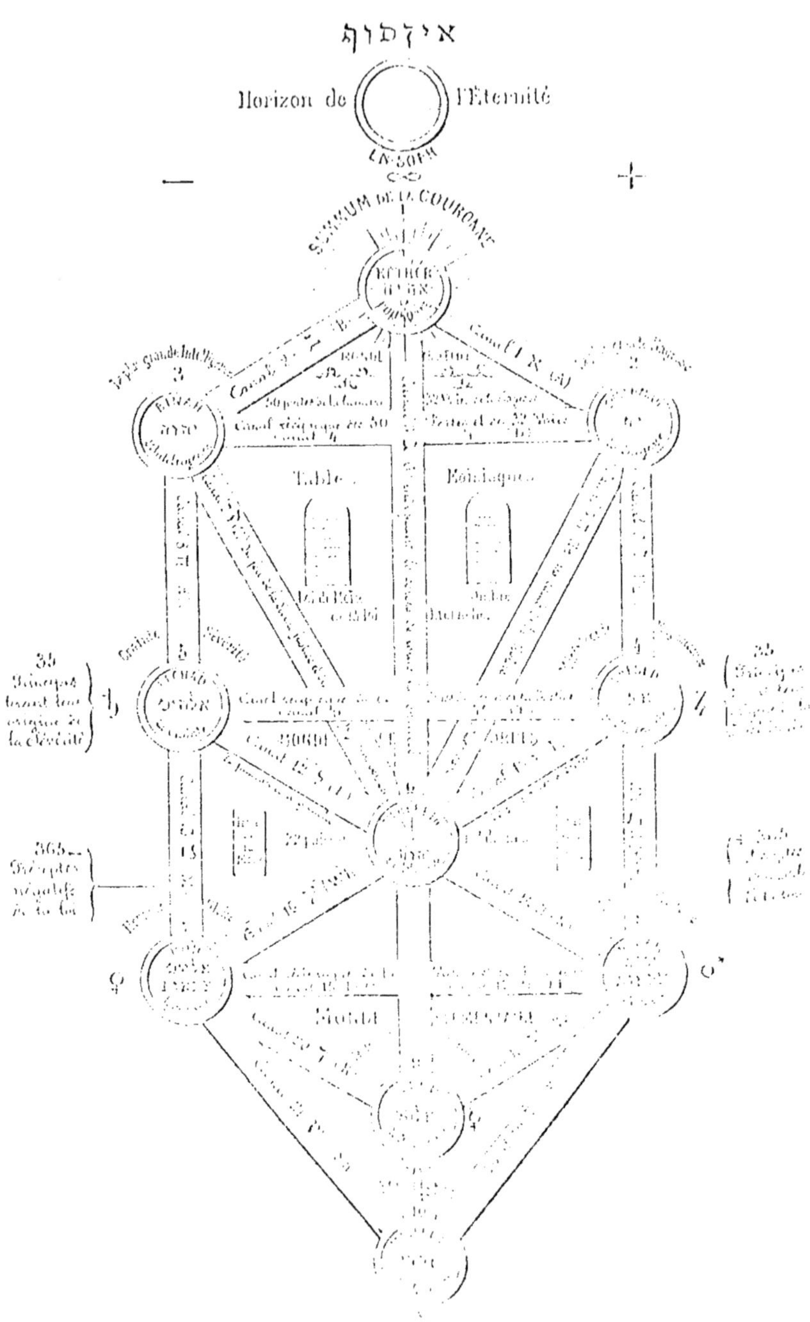
אינסוף
Horizon de l'Éternité
Table
35
365

CHAPITRE XI

RÉSUMÉ MÉTHODIQUE DE LA KABBALE

§ 1. EXPOSÉ PRÉLIMINAIRE. — DIVISION DU SUJET

Dans l'étude suivante nous allons résumer de notre mieux les enseignements et les traditions de la Kabbale.

La tâche est assez difficile, car la Kabbale comprend, d'une part, tout un système bien particulier basé sur l'étude de la langue hébraïque, et d'autre part, un enseignement philosophique de la plus haute importance, dérivant de ce système.

Nous allons faire tous nos efforts pour aborder ces divers points de vue l'un après l'autre en les séparant bien nettement. Notre étude comprendra donc :

1° Un exposé préliminaire sur l'origine de la Kabbale;

2° Un exposé sur le système kabbalistique et ses divisions, *véritable cours de kabbale* en quelques pages;

3° Un exposé sur la philosophie de la Kabbale et sur ses applications;

4° Les textes principaux de la Kabbale sur lesquels sont bâties les données précédentes.

C'est la première fois qu'un travail de ce genre est présenté au public. Aussi nous efforcerons-nous de toujours nous appuyer sur des auteurs compétents lorsque les développements ne nous seront point personnels.

La Kabbale est la clef de voûte de toute la tradition occidentale. Tout philosophe abordant les conceptions les plus élevées que puisse atteindre l'esprit humain aboutit forcément à la Kabbale, qu'il s'appelle Raymond Lulle[1], Spinosa[2], ou Leibniz[3].

Tous les alchimistes sont kabbalistes, toutes les sociétés secrètes religieuses ou militantes qui ont paru en Occident : Gnostiques, Templiers, Rose-Croix, Martinistes ou Francs-Maçons, se rattachent à la Kabbale et enseignent ses théories. Wronski, Fabre d'Olivet et Eliphas Levi doivent à la Kabbale le plus profond de leurs connaissances et le déclarent plus ou moins franchement.

D'où vient donc cette doctrine mystérieuse?

L'étude, même superficielle des religions, nous montre que l'initiateur d'un peuple ou d'une race divise toujours son enseignement en deux parties :

Une partie voilée sous les mythes, les paraboles ou les symboles à l'usage des foules. C'est la partie exotérique.

Une partie dévoilée à quelques disciples favoris qui ne doit jamais être écrite clairement, si elle est écrite, mais qui doit être transmise *oralement* de génération en génération. C'est la doctrine ésotérique.

Jésus n'échappe pas à la règle générale pas plus que Bouddha ; l'Apocalypse en est la preuve ; pourquoi Moïse serait-il le seul qui ait failli à cette règle ?

Moïse, sauvant le plus pur des mystères d'Égypte, sélecta un peuple pour garder son livre, une tribu, celle de Lévi, pour garder le culte ; pourquoi n'aurait-il pas transmis la clef de son livre à des disciples sûrs ?

Nous verrons en effet que la Kabbale enseigne surtout le maniement des lettres hébraïques considérées comme des idées ou même comme des puissances effectives. C'est dire que Moïse indiquait par là le sens véritable de son Sepher.

Ceux qui prétendent que la Kabbale vient d'*Adam* racontent tout simplement l'histoire symbolique de la transmission de la tradition d'une race à l'autre, sans insister sur une tradition plus que sur une autre.

1. Les adeptes de cette science (Kabbale) parmi lesquels il faut comprendre plusieurs mystiques chrétiens, tels que Raymond Lulle, Pic de la Mirandole, Reuchlin, Guillaume Postel, Henri Morus, la regardent comme une tradition divine aussi ancienne que le genre humain (*Dictionnaire philosophique* de Franck).

2. Les ouvrages de Spinosa attestent une connaissance profonde de la Kabbale.

3. Leibniz fut initié à la Kabbale par Mercure van Helmont, fils du célèbre alchimiste, et grand kabbaliste lui-même.

Quelques savants contemporains, ignorant tout de l'antiquité, sont étonnés d'y trouver des idées profondes sur les sciences, et placent l'origine de tout le savoir au second siècle de notre ère, d'autres daignent aller jusqu'à l'école d'Alexandrie.

Des critiques prétendent même que la Kabbale a été *inventée* au XIIIe siècle par Moïse de Léon. Un véritable savant, digne de toute notre admiration, M. Franck, n'a pas eu de peine à remettre ces critiques à la raison en les battant sur leur propre terrain[1].

Nous nous rangerons donc à l'avis de Fabre d'Olivet plaçant l'origine de la Kabbale à l'époque même de Moïse.

⁂

Il paraît, au dire des plus fameux rabbins, que Moïse lui-même, prévoyant le sort que son livre devait subir et les fausses interprétations qu'on devait lui donner par la suite des temps, eut recours à une loi orale, qu'il donna de vive voix à des hommes sûrs dont il avait éprouvé la fidélité, et qu'il chargea de transmettre dans le secret du sanctuaire à d'autres hommes qui, la transmettant à leur tour d'âge en âge, la fissent ainsi parvenir à la postérité la plus reculée. Cette loi orale que les Juifs modernes se flattent encore de posséder se nomme Kabbale, d'un mot hébreu qui signifie ce qui est reçu, ce qui vient d'ailleurs, ce qui se passe de main en main.

Les livres les plus fameux qu'ils possèdent, tels que ceux du *Zohar*, le *Bahir*, les *Medrashim*, les deux *Gemares* qui composent le *Talmud*, sont presque entièrement kabbalistiques.

Il serait très difficile de dire aujourd'hui si Moïse a réellement laissé cette loi orale, ou si, l'ayant laissée, elle ne s'est point altérée comme paraît l'insinuer le savant Maimonides, quand il écrit que ceux de sa nation ont perdu les connaissances d'une infinité de choses sans lesquelles il est presque impossible d'entendre la Loi. Quoi qu'il en soit, on ne peut se dissimuler qu'une pareille institu-

1. Quand on examine la Kabbale en elle-même, quand on la compare aux doctrines analogues, et qu'on réfléchit à l'influence immense qu'elle a exercée, non seulement sur le judaïsme, mais sur l'esprit humain en général, il est impossible de ne pas la regarder comme un système très sérieux et parfaitement original. Il est tout aussi impossible d'expliquer sans elle les nombreux textes de la Mischna et du Talmud qui attestent chez les Juifs l'existence d'une doctrine secrète sur la nature de Dieu et de l'univers, au temps où nous faisons remonter la science kabbalistique (Ad. Franck).

tion ne fût parfaitement dans l'esprit des Égyptiens, dont on connaît assez le penchant pour les mystères.

La Kabbale, telle que nous la concevons, est donc le résumé le plus complet qui nous soit parvenu de l'enseignement des mystères d'Égypte. Elle contient la clef des doctrines de tous ceux qui allèrent se faire initier, au péril de leur vie, philosophes-législateurs et théurges.

De même que la langue hébraïque, cette doctrine a pu subir les vicissitudes nombreuses dues à la longue suite des âges qu'elle a traversés ; toutefois ce qui nous en reste est encore digne d'une sérieuse considération.

Telle que nous la possédons aujourd'hui, la Kabbale comprend deux grandes parties. La première constitue une sorte de clef basée sur la langue hébraïque et capable de nombreuses applications, la seconde expose un système philosophique tiré analogiquement de ces considérations techniques.

On désigne dans la plupart des traités sur cette question la première partie seule sous le nom de *Kabbale ;* l'autre étant développée dans les livres fondamentaux de la doctrine.

Ces livres sont au nombre de deux : 1° le Sepher Jesirah, le livre de la formation qui contient sous forme symbolique l'histoire de la Genèse *Maasseh bereschit.*

2° Le Zohar, le livre de la lumière, qui contient également sous forme symbolique tous les développements ésotériques synthétisés sous le nom d'Histoire du char céleste : *Maasseh merkabah*[1].

C'est encore au symbolisme qu'il faut rapporter les deux *cabales* des Juifs, la cabale *Mercava*, et la cabale *Bereschit*. La cabale *Mercava* faisait pénétrer le Juif illuminé dans les mystères les plus profonds et les plus intimes de l'essence et des qualités de Dieu et des anges ; la cabale *Bereschit* lui montrait dans le choix, l'arrangement et le rapport numérique des lettres exprimant les mots de sa langue, les grands desseins de Dieu, et les hauts enseignements religieux que Dieu y avait placés. Ém. B[illegible].

Merkabah et Bereschit, telles sont les deux grandes divisions classiques de la Kabbale adoptées par tous les auteurs.

Pour aborder les enseignements de la *Merkabah*, il faut connaître déjà la *Bereschit* et, pour ce faire, il faut connaître l'alphabet hébraïque et les mystères de sa formation.

Partant donc de cet alphabet, nous allons aborder successivement

1. Fabre d'Olivet, *Lang. héb.*, p. 29, t. I.

les diverses parties qui constituent cette clef générale dont nous avons parlé, ensuite nous parlerons du système philosophique.

On peut diviser les kabbalistes en deux catégories. Ceux qui ont appliqué les principes de la doctrine sans s'attarder à développer les fondements élémentaires et ceux qui, au contraire, ont fait des traités classiques de la Kabbale.

Parmi ces derniers nous pouvons citer Pic de la Mirandole, Kircher et Lenain.

Pic de la Mirandole divise l'étude de la Kabbale en étude des numérations (ou *Sephiroth*) et étude des noms divins (ou *Schenroth*). C'est en effet à ces deux points que se réduit toute la clef.

Kircher, R. P. Jésuite, est un des auteurs les plus complets sur cette question; il adopte la division générale en trois grandes parties :

1° *Gématrie* ou étude des transpositions;
2° *Notaria* ou étude de l'art des signes;
3° *Thémurie* ou étude des commutations et des combinaisons.

Lenain, auteur de la *Science cabalistique*, traite surtout des noms divins et de leurs combinaisons.

Nous donnerons les plans suivis dans ces divers ouvrages après notre exposition, car, actuellement, la plupart des divisions ne seraient pas bien comprises.

§ 2. L'ALPHABET HÉBRAIQUE

LES VINGT-DEUX LETTRES ET LEUR SIGNIFICATION

Le point de départ de toute la Kabbale c'est l'alphabet hébraïque.

L'alphabet des Hébreux est composé de vingt-deux lettres; les lettres ne sont pas cependant placées au hasard les unes à la suite des autres. Chacune d'elles correspond à un nombre d'après son rang, à un hiéroglyphe d'après sa forme, à un symbole d'après ses rapports avec les autres lettres.

Toutes les lettres dérivent d'une d'entre elles, le *iod*, ainsi que nous l'avons déjà dit[1]. Le iod les a générées de la façon suivante (Voy. *Sepher Jesirah*).

1° Trois mères :

L'A	(Aleph)	א
L'M	(Le Mem)	מ
Le Sh	(Le Schin)	ש

1. Voy. l'étude sur le mot *iod, hé, vau, hé* (page 498.)

2° Sept doubles (doubles parce qu'elles expriment deux sens, l'un positif fort, l'autre négatif doux) :

Le B (Beth) ב
Le G (Ghimel) ג
Le D (Daleth) ד
Le Ch (Caph) כ
Le Ph (Phé) פ
L'R (Resch) ר
Le T (Thau) ת

3° Enfin douze simples formées par les autres lettres.

Pour rendre tout cela plus clair donnons l'alphabet hébreu en indiquant la qualité de chaque lettre ainsi que son rang.

Nos. d'ordre	HIÉROGLYPH.	NOMS	VALEURS EN LETTRES romaines	VALEURS DANS L'ALPHABET
1	א	aleph	A	mère
2	ב	beth	B	*double*
3	ג	ghimel	G	*double*
4	ד	daleth	D	*double*
5	ה	hé	E	simple
6	ו	vau	V	simple
7	ז	zaïn	Z	simple
8	ח	heth	H	simple
9	ט	teth	T	simple
10	י	iod	I	simple et principe
11	כ	caph	CH	*double*
12	ל	lamed	L	simple
13	מ	mem	M	mère
14	נ	noun	N	simple
15	ס	samech	S	simple
16	ע	haïn	GH	simple
17	פ	phé	PH	*double*
18	צ	tsadé	TS	simple
19	ק	coph	K	simple
20	ר	resch	R	*double*
21	ש	shin	SH	mère
22	ת	thau	TH	*double*

Chaque lettre hébraïque représente donc trois choses :

1° Une lettre, c'est-à-dire un hiéroglyphe;

2° Un nombre, celui de l'ordre qu'occupe la lettre;

3° Une idée.

Combiner des lettres hébraïques c'est donc combiner des nombres et des idées; de là la création du *Tarot*[1].

Chaque lettre étant *une puissance* est liée plus ou moins étroitement avec les forces créatrices de l'Univers. Ces forces évoluant dans trois mondes, un physique, un astral et un psychique, chaque lettre est le point de départ et le point d'arrivée d'une foule de correspondances. Combiner des mots hébraïques c'est par suite agir sur l'Univers lui-même, de là les mots hébreux dans les cérémonies magiques.

Maintenant que nous connaissons l'alphabet en général il nous faut étudier la signification et les rapports de chacune des vingt-deux lettres de cet alphabet. C'est ce que nous allons faire. On verra dans cette étude faite d'après Lenain, les correspondances de chaque lettre avec les noms divins, les anges et le sephiroth.

⁂

Les anciens rabbins, les philosophes et les cabalistes expliquent, selon leur système, *l'ordre*, *l'harmonie* et les *influences des cieux sur le monde*, par les 22 lettres hébraïques que comprend l'alphabet mystique des Hébreux[2].

EXPLICATION DES MYSTÈRES DE L'ALPHABET HÉBREU.

Cet alphabet désigne :

1° Depuis la lettre aleph א jusqu'à la lettre י iod *le monde invisible*, c'est-à-dire *le monde angélique* (intelligences souveraines recevant les influences de la première lumière éternelle attribuée au Père de qui tout émane).

2° Depuis la lettre כ caph jusqu'à celle nommée tsadé צ désigne différents ordres d'anges qui habitent le monde *visible*, c'est-à-dire le monde astrologique attribué à Dieu le Fils qui signifie la divine sagesse qui a créé cette infinité de globes circulant dans l'immensité de l'espace dont chacun est sous la sauvegarde d'une intelligence spécialement chargée par le créateur de les conserver

1 et 2. Voy. le *Tarot des Bohémiens*, par Papus.

et les maintenir dans leurs orbes, afin qu'aucun astre ne puisse troubler l'ordre et l'harmonie qu'il a établis.

3° A partir de la lettre tsadé צ jusqu'à la dernière, nommée ת thau, l'on désigne le monde élémentaire attribué par les philosophes au Saint-Esprit. C'est le souverain Être des êtres qui donne l'âme et la vie à toutes les créatures.

Explication séparée des 22 lettres.

1 א *Aleph*

Correspond au premier nom de Dieu, Eheieh אהיה que l'on interprète essence divine.

Les cabalistes l'appellent celui que l'œil n'a point vu à cause de son élévation.

Il siège dans le monde appelé Ensophe qui signifie l'infini, son attribut se nomme Kether כתד interprété couronne ou diadème; il domine sur les anges appelés par les Hébreux Haioth-Nakodisch היתנהקודש c'est-à-dire les animaux de sainteté, il forme les premiers chœurs des anges que l'on appelle séraphins.

2 ב *Beth*

2ᵉ nom divin correspondant à cette lettre : Bachour בהיך (clarté, jeunesse), désigne anges de 2ᵉ ordre. Ophanim אופנים.

Formes ou roues.

Chérubins (par leur ministère Dieu débrouilla le chaos).

Numération הכמה Hoschma, sagesse.

3 ג *Ghimel*

Nom Gadol גבול (magnus), désigne anges Aralym אראלים c'est-à-dire *grands et forts*, trônes (par eux Dieu tetragrammaton Elohim entretient *la forme de la matière*).

Numération Binach בינה providence et intelligence.

4 ד *Daleth*

Nom Dagoul דגול (insignes), anges Hasmalim השמלים.

Dominations.

C'est par eux que Dieu EL אל *représente* les effigies des corps et toutes les diverses formes de la matière.

Attribut חסד (hœsed), clémence et bonté.

5 ה *Hé*

Nom Hadom חדור (formosus, majestuosus). Seraphim שרפים, puissances (par leur ministère Dieu Elohim Lychir produit les éléments).

Numération פחד (pachad), crainte et jugement, *gauche de Pierre.*

Attribut גבורה Geburah, force et puissance.

6 ו *Vau*

A formé וזיו Vezio (cum splendore), 6e ordre d'anges מראכנם Malakim, chœur des vertus (par leur ministère Dieu Eloah *produit les métaux et tout ce qui existe dans le règne minéral*).

Attribut תפארת Tipherith, Soleil, splendeur.

7 ז *Zaïn*

A formé זבי Zakai (purus mundus), 7e ordre d'anges, principautés, enfants d'Elohim (par leur ministère Dieu tétragrammaton Sabahot produit les plantes et tout *ce qui existe en végétal*).

Attribut הנצ wezat, triomphe, justice.

8 ח *Heth*

Désigne chased חסיד (misericors), anges de 8e ordre Bené Elohim fils des Dieux (*chœur des archanges*) (*Mercure*) ; par leur ministère Dieu Elohim Sabahot produit *les animaux et le règne animal.*

Attribut חיד Hod, louange.

9 ט *Teth*

Correspond au nom טיד Tehor (mundus purus), anges de 9e ordre qui président à la naissance des hommes (par leur ministère Saday et Elhoi envoient des anges gardiens aux hommes).

Attribut יסוד Jesod, fondement.

10 י *Iod*

D'où vient Iah יה (Deus).

Attribut : royaume, empire et temple de Dieu ou influence par les héros. C'est par leur ministère que les hommes reçoivent l'intelligence, l'industrie et la connaissance des choses divines.

Ici finit le monde angélique.

---

11 כ *Caph*

Nom כביר (potens). Désigne 1er ciel, 1er mobile correspondant au nom de Dieu י exprimé par une seule lettre, c'est-à-dire la 1re cause qui met tout ce qui est mobile en mouvement. La première intelligence souveraine qui gouverne le premier mobile, c'est-à-dire le premier ciel du monde astrologique attribué à la deuxième personne de la Trinité, s'appelle מטטרון Mittatron.

Son attribut signifie prince des faces : sa mission est d'introduire tous ceux qui doivent paraître devant la face du grand Dieu ; elle a sous elle le prince Orifiel avec une infinité d'intelligences subalternes ; les cabalistes disent que c'est par le ministère de Mittatron que Dieu a parlé à Moïse ; c'est aussi par lui que toutes les puissances inférieures du monde sensible reçoivent les vertus de Dieu.

Caf, lettre finale ainsi figurée ך, correspond aux deux grands noms de Dieu, composés chacun de deux lettres hébraïques, El אל, Iah יה ; ils dominent sur les intelligences du deuxième ordre qui gouvernent le ciel des étoiles fixes, notamment les douze signes du Zodiaque que les Hébreux appellent Galgol hammazeloth ; l'intelligence du deuxième ciel est nommée Raziel. Son attribut signifie vision de Dieu et sourire de Dieu.

12 ל *Lamed*

D'où vient Lamined למד (doctus), correspond au nom Sadaï, nom de Dieu en cinq lettres, nommé emblème du Delta, et domine sur le troisième ciel et sur les intelligences de 3e ordre qui gouvernent la sphère de Saturne.

13 מ *Mem*

Meborake מבדן (benedictus), correspond au 4e ciel et au 4e nom Jehovah יהוה, domine sur la sphère de Jupiter. L'intelligence qui gouverne Jupiter se nomme Tsadkiel.

Tsadkiel reçoit les influences de Dieu par l'intermédiaire de Schebtaïel pour les transmettre aux intelligences du 5e ordre.

Mem ם, lettre *capitale,* correspond au 5e ciel et au 5e nom de Dieu; c'est le 5e nom de prince en hébreu. Domine *la sphère de Mars.* Intelligence qui gouverne Mars : Samaël. Samaël reçoit les influences de Dieu par l'intervention de Tsadkiel et les transmet aux intelligences du 6e ordre.

14 נ *Noun*

Nun Nora נורא (formidabilis); correspond aussi au nom Emmanuel (nobiscum Deus), 6e nom de Dieu; domine 6e ciel. *Soleil*; 1re intelligence du Soleil, Raphaël.

Nom ן finale ainsi figurée, se rapporte au 7e nom de Dieu Ararita, composé de 7 lettres (Dieu immuable). Domine le 7e ciel et *Vénus*, Intelligence de Vénus : Haniel (l'amour de Dieu, justice et grâce de Dieu).

15 ס *Samech*

Nom Someck סומך (fulciens, firmans), 8e nom de Dieu; étoile Mercure; 1re intelligence de Mercure, Mikael.

16 ע *Haïn*

Nom עזד Hazaz (fortis); correspond à Jehova-Sabahot. Domine 9e ciel; Lune; intelligence de la Lune, Gabriel.

Ici finit le monde archangélique.

---

17 פ *Phé*

18e nom lui correspond; פודה Phodé (redemptor), *âme intellectuelle (Kircher,* II, *227).*

Cettre lettre désigne le *Feu*, l'élément où habitent les salamandres. Intelligence du Feu, Seraphin et plusieurs sous-ordres. *Domine en été sur le Sud ou Midi.*

La finale ת ainsi figurée désigne *l'air*, où habitent les Sylphes. Intelligences de l'air, Chérubin et plusieurs sous-ordres. Les intelligences de l'air dominent au printemps *sur l'Occident ou l'Ouest.*

18 צ *Tsade*

Matière universelle (K). Nom צדק Tsedek (justus). Désigne *l'Eau* où habitent les nymphes. Intelligence, Tharsis. Domine en automne sur l'Ouest ou l'Occident.

Finale ץ forme des éléments (A. E. T. F.) (K).

19 ק *Coph*

Nom dérivé קדש Kodesch (sanctus). *Terre* où habitent les *Gnomes*. Intelligence de la Terre. Ariel. En hiver vers le Nord. *Minéraux*, inanimé (Kircher).

20 ר *Resch*

Nom רדה (imperans) Rodeh. Végétaux (Kircher) ; attribué au 1er principe de Dieu qui s'applique au règne animal et donne la vie à tous les animaux.

21 ש *Shin*

Nom Schaday שדי (omnipotens) qui signifie Dieu tout-puissant, attribué au second principe de Dieu (animaux, ce qui a vie Kircher), qui donne le germe à toutes les substances végétales.

22 ת *Thau*

Nom Thechinah תחנה (gratiosus), Microcosme (Kircher). 3e principe de Dieu qui donne le germe à tout ce qui existe dans le règne minéral.

Cette lettre est le symbole de l'homme parce qu'elle désigne la fin de tout ce qui existe de même que l'homme est la fin et la perfection de toute la création.

Division de l'alphabet.

	9	8	7	6	5	4	3	2	1
Unité 1er monde	ט	ח	ז	ו	ה	ד	ג	ב	א
	90	80	70	60	50	40	30	20	10
Dizaine 2e monde	צ	פ	ע	ס	נ	מ	ל	כ	י
	900	800	700	600	500	400	300	200	100
Centaine 3e monde	ע	פ	ז	ם	ד	ת	ש	ר	ק

Voici comment il faut ranger ces lettres et quelle est leur signification mystique.

1re CONNEXION	2e CONNEXION	3e CONNEXION
אלח aleph c'est-à-dire poitrine. בית beth, maison. ג ghimel, plenitude, rétribution. ד daleth, table et porte. Il indique quelle est la maison de Dieu qui dans les livres divins se trouve nommée plénitude.	h é (ista, rue), ainsi celle-ci. ו vau, uncinus. ז zaïn (Hæc), celle-là, armes. ח vie. Il indique analogiquement l'une et l'autre vie, et quelle peut être l'autre vie sous la même des écritures par laquelle le Christ lui-même annonce la vie des croyants.	ט thet, bien, bon, déclinaison. י iod, principe. Il indique analogiquement que, quoique maintenant nous sachions l'universalité des choses écrites, cependant nous n'en connaissons qu'une partie et nous n'en prophétisons qu'une partie, cependant quand nous aurons mérité d'être avec le Christ alors cessera la doctrine des livres et alors nous aurons face à face le bon principe tel qu'il est.

Monde angélique.

4e CONNEXION	5e CONNEXION	6e CONNEXION
כ caph, main, conduite. ל lamed (discipline), cœur. Ils contiennent ceci : Les mains sont comprises dans l'œuvre, le cœur et la conduite sont compris dans les sens parce que nous ne pouvons rien faire qu'auparavant nous ne sachions ce qu'il faut faire.	מ mem, ex ipsis. נ noun, sempiternum. ס samech, adjutorium. Il indique analogiquement que c'est des écritures que les hommes doivent tirer uniquement les sources nécessaires à la vie éternelle.	ע haïn, source, œil. פ phé, bouche. צ tsadé, justice. Il indique analogiquement que l'écriture est la source ou l'œil et la bouche de la justice, qui contient l'origine de toutes les œuvres de la partie constituée par la bouche divine.

Monde des orbes.

7e CONNEXION	
ק coph	Vocation, voix.
ר resch	Tête.
ש shin	Dents.
ת thau	Signe, microcosme.

C'est comme si l'on disait : la vocation de la tête est le signe des dents, en effet la voix articulée dérive des dents et c'est par ces signes qu'on parvient à la tête de tous qui est le Christ et au Royaume éternel.

Monde des 4 éléments.

§ 3. LES NOMS DIVINS

Si le lecteur a bien compris les données qui précèdent, s'il sait bien que chaque lettre a trois fins et exprime un hiéroglyphe, un nombre et une idée, il connaît les fondements de la Kabbale. Il nous suffira maintenant de nous occuper des combinaisons.

Si chacune des lettres est une puissance effective, le groupement de ces lettres d'après certaines règles mystiques donne naissance à des centres actifs de force qui peuvent agir d'une manière efficace lorsqu'ils sont mis en action par la volonté de l'homme.

De là les *dix noms divins*.

Chacun de ces noms exprime un attribut spécial de Dieu, c'est-à-dire une *loi active de la Nature* et un centre universel d'action.

Comme toutes les manifestations divines, c'est-à-dire tous les actes et tous les êtres, sont liées entre elles autant que les cellules de l'homme sont liées à lui, mettre une de ces manifestations en jeu c'est créer un courant d'action réel qui se répercutera dans tout l'Univers; de même qu'une sensation perçue par l'homme en un point quelconque de sa peau fait vibrer l'organisme tout entier.

L'étude des noms divins comprend donc :

1° D'une part les qualités spéciales attribuées à ce nom;

2° D'autre part les rapports de ce nom avec le reste de la Nature.

Nous allons aborder ces points l'un après l'autre.

Tout d'abord énumérons ces dix noms qu'on retrouve sur tous les talismans et dans toutes les formules d'évocation.

Nous mettons les lettres françaises sous les lettres hébraïques, *à l'envers* pour indiquer le sens de la lecture de l'hébreu.

1	אהיה ƎHIƎA	*Ehieh.*
2	יה AI	*Iah*
3	יהוה ƎVƎI	*Iehovah.*
4	אל ⅃A	*El.*
5	אלוה ƎHO⅃Ǝ	*Eloha.*
6	אלהים MIƎ⅃A	*Elohim.*

TABLEAU

résumant le Symbolisme de tous les Arcanes majeurs et permettant de déterminer immédiatement la définition du sens de l'un quelconque de ces Arcanes (*Voir son emploi ci-contre.*)

PRINCIPE CRÉATEUR (י) Actif י	Dieu le Père	Volonté	Le Père	Nécessité	Principe transformateur universel	La Destruction	Les Éléments
	1	4	7	10	13	16	19
PRINCIPE CRÉATEUR Passif ה	Adam	Pouvoir	Réalisation	La Force en puissance	La Mort	La Chute adamique	La Nutrition
PRINCIPE CRÉATEUR Équilibrant ו	La Nature naturante	créateur Fluide universel	Lumière astrale	de manifestation Puissance magique	La Force plastique universelle	Le Monde visible	Le Règne minéral
PRINCIPE CONSERVATEUR (ה) Actif י	Dieu le Fils	Intelligence	La Mère	La Liberté	L'Involution	L'Immortalité	Le Mouvement propre
	2	5	8	11	14	17	20
PRINCIPE CONSERVATEUR Passif (ה)	Ève	Autorité	Justice	Le Courage (oser)	La Vie corporelle	L'Espérance	La Respiration
PRINCIPE CONSERVATEUR Équilibrant ו	La Nature naturée	La Vie universelle	L'existence élémentaire	La Vie réfléchie et passagère	La Vie individuelle	Les Forces physiques	Le Règne végétal
PRINCIPE RÉALISATEUR (ו) Actif י	Dieu le Saint-Esprit	Beauté	Amour	Charité	Le Destin	Le Chaos	Le Mouvement de durée relative
	3	6	9	12	15	18	0
PRINCIPE RÉALISATEUR Passif ה	Adam-Ève, l'Humanité	Amour	Prudence (se taire)	Espérance (savoir)	La Destinée	Le Corps matériel	L'Innervation
PRINCIPE RÉALISATEUR Équilibrant ו	Le Cosmos	Attraction universelle	Fluide astral (AOUR)	Force équilibrante	Nahash Lumière astrale en circulation	La Matière	Le Règne animal
	Lui-même (י) Manifesté		Lui-même (ה) Manifesté		Lui-même (ו) Manifesté		Retour (ה) à l'Unité
	1				1		
	DIEU (21)		L'HOMME (21)		L'UNIVERS (21)		
			L'HUMANITÉ				

7	יהוה[1]	*Tetragrammaton.*
	HVHI	
	צבאות	*Sabaoth.*
	TOABST	
8	אלהים	*Elohim.*
	MIHLA	
	צבאות	*Sabaoth.*
	TOABST	
9	שדי	*Shadaï.*
	IDS	
10	אדני	*Adonaï.*
	INDA	

La Kabbale est si merveilleusement construite que tous les termes qui la constituent ne sont que des faces diverses les unes des autres. Ainsi nous sommes obligé, vu la pauvreté d'abstraction de nos langues européennes, d'étudier séparément la signification et les rapports des dix noms divins, puis la signification et les rapports des dix nombres, le tout dans leurs diverses acceptions. Or, tout cela, *nom, idée et nombre*, se trouve synthétisé dans chacun des hiéroglyphes, soit qu'on parle du nom divin soit qu'on énonce la Sephiroth. Les tableaux analogiques placés à la fin de notre étude serviront à peine à donner une idée de cet esprit synthétique de l'antiquité.

Ces noms (qui tous ont un sens secret développé en détail dans les écrits des kabbalistes) méritent d'attirer particulièrement notre attention.

∴

Le premier d'entre eux *Ehieh* s'écrit souvent par la simple lettre י (iod). Dans ce cas il signifie simplement MOI.

Lacour dans son livre des Æloïm ou Dieux de Moïse montre que ce mot a donné naissance au grec ἀεί *toujours*. *Ehieh* signifie donc exactement LE TOUJOURS et l'on comprend comment la lettre *iod* qui exprime le commencement et la fin de tout puisse le représenter.

1. Le nom IEVE ou IOHA ne devant jamais être prononcé par les profanes est remplacé par le mot *tetragrammaton* ou le mot *adonaï* (Seigneur).

Ce nom écrit mystiquement en triangle par trois *iod* ainsi :

י

י י

représente les trois principaux attributs de la divinité émanant la création, du *Toujours* donnant naissance aux mesures temporelles.

Le premier *iod* montre en effet l'Éternité donnant naissance *au Temps* dans sa triple division : Passé, Présent et Avenir.

C'est *le nombre.*

C'est *le Père.*

∴

Le second *iod* montre *l'Infini* donnant naissance à *l'Espace* dans sa triple division de longueur, largeur et profondeur.

C'est *la Mesure.*

C'est *le Fils.*

∴

Le troisième *iod* représente la Substance éternelle donnant naissance à *la Matière* dans sa triple spécification de Solide, Liquide et Gazeuse.

C'est *le Poids.*

C'est *le Saint-Esprit.*

∴

Réunissez en un tout le Temps, l'Espace et la Matière et la *Substance éternelle et infinie*, LE TOUJOURS se manifestera.

De là la représentation suivante de ce nom divin par les kabbalistes :

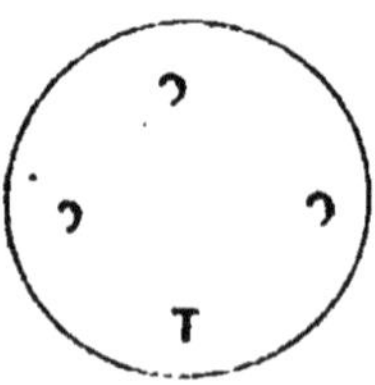

Les correspondances de ce nom sont ainsi données par Agrippa, l'un des plus forts kabbalistes connus[1].

1° *Eheie*, le nom d'essence divine :

Numération : keter (couronne, diadème), signifie l'être très simple de la divinité, il s'appelle ce que l'œil n'a point vu. On l'attribue à Dieu le Père et il influe sur l'ordre des Séraphins, ou, comme parlent les Hébreux, *Haioth Hacadosch*, c'est-à-dire en latin *animalia sanctitatis*, les fameux animaux de sainteté, et de là, par le premier mobile, donne libéralement le nom de l'être à toutes choses remplissant l'Univers par toute sa circonférence jusqu'au centre. Son intelligence particulière s'appelle Mithatron (Prince des Faces) dont l'office est d'introduire les autres devant la face du Prince et c'est par le ministère de celui-ci que le Seigneur a parlé à Moïse.

2° Nom *Iah* :

Iod ou Tetragrammaton joint avec Iod ; numération Hochema (*sapientia*).

Signifie divinité pleine d'idées et premier engendré et s'attribue au fils. Il influe par l'ordre des chérubins (que les Hébreux nomment Ophanim) sur les formes ou les roues et de là sur le ciel des étoiles y fabriquant autant de figures qu'il contient d'idées en soi, débrouillant le chaos ou confusion des matières, par le ministère de son intelligence particulière nommée *Raziel* qui fut le gouverneur d'Adam.

3° Nom : IEVE (יהוה).

Ce nom, l'un des plus mystérieux de la théologie hébraïque, exprime une des lois naturelles les plus étonnantes que nous connaissions.

C'est grâce à la découverte de quelques-unes de ses propriétés que nous avons pu donner l'explication complete du Tarot[2], explication qui n'avait jamais été donnée jusqu'à present.

Voici comment nous analysons ce nom divin :

LE MOT KABBALISTIQUE יהוה (*iod-hé-vau-hé*).

Si l'on en croit l'antique tradition orale des Hébreux ou *Kabbale*, il existe un mot sacré qui donne, au mortel qui en découvre la véritable prononciation, la clef de toutes les sciences divines et

1. H. C. Agrippa, *Philosophie occulte*, t. II, p. 36 et suiv.
2. Voyez la signification des lettres précédemment.

humaines. Ce mot que les Israélites ne prononcent jamais et que le grand prêtre disait une fois l'an au milieu des cris du peuple profane, est celui qu'on trouve au sommet de toutes les initiations, celui qui rayonne au centre du triangle flamboyant au 33e degré franc-maçonnique de l'Écossisme, celui qui s'étale au-dessus du portail de nos vieilles cathédrales, il est formé de quatre lettres hébraïques et se lit *iod-hé-vau-hé* יהוה.

Il sert dans le *Sepher Bereschit* ou Genèse de Moïse à désigner la divinité, et sa construction grammaticale est telle qu'il rappelle par sa constitution même[1] les attributs que les hommes se sont toujours plu à donner à Dieu.

Or, nous allons voir que les pouvoirs attribués à ce mot sont, jusqu'à un certain point, réels, attendu qu'il ouvre facilement la porte symbolique de l'arche qui contient l'exposé de toute la science antique. Aussi nous est-il indispensable d'entrer dans quelques détails à son sujet.

Ce mot est formé de quatre lettres, *iod* (י) *hé* (ה) *vau* (ו) *hé* (ה). Cette dernière lettre *hé* est répétée deux fois.

A chaque lettre de l'alphabet hébraïque est attribué un nombre. Voyons ceux des lettres qui nous occupent en ce moment.

י Le hé = 10
ה Le hé = 5
ו Le vau = 6

La valeur numérique totale du mot יהוה est donc

10 + 5 + 6 + 5 = 26

Considérons séparément chacune des lettres.

1. « Ce nom offre d'abord le signe indicateur de la vie, doublé, et formant la racine essentiellement vivante EE (הה). Cette racine n'est jamais employée comme nom et c'est la seule qui jouisse de cette prérogative. Elle est, dès sa formation, non seulement un verbe, mais un verbe unique dont tous les autres ne sont que des dérivés : en un mot le verbe הוה (EVE) être-étant. Ici, comme on le voit, et comme j'ai eu soin de l'expliquer dans ma grammaire, le signe de la lumière intelligible ו (VÔ) est au milieu de la racine de vie. Moïse, prenant ce verbe par excellence pour en former le nom propre de l'Être des Êtres, y ajoute le signe de la manifestation potentielle et de l'éternité י (I) et il obtient יהוה (IEVE) dans lequel le facultatif étant se trouve placé entre un passé sans origine et un futur sans terme. Ce nom admirable signifie donc exactement l'Être-qui-est-qui-fut-et-qui-sera. »

(Fabre d'Olivet, *Langue hébraïque restituée.*)

LE IOD

Le *iod*, figuré par une virgule, ou bien par un point, représente *le principe* des choses.

Toutes les lettres de l'alphabet hébraïque ne sont que des combinaisons résultant de différents assemblages de la lettre *iod*[1]. L'étude synthétique de la nature avait conduit les anciens à penser qu'il n'existait *qu'une seule loi* dirigeant les productions naturelles. Cette loi, base de l'analogie, posait l'unité-principe à l'origine des choses et ne considérait celles-ci que comme *des reflets* à degrés divers de cette unité-principe. Aussi *le iod*, formant à lui seul toutes les lettres et par suite tous les mots et toutes les phrases de l'alphabet, était-il justement l'image et la représentation de cette *Unité-Principe* dont la connaissance était voilée aux profanes.

Ainsi la loi qui a présidé à la création de la langue des Hébreux est la même que celle qui a présidé à la création de l'univers, et connaître l'une c'est connaître implicitement l'autre. Voilà ce que tend à démontrer un des plus anciens livres de la Kabbale : *le Sepher Jesirah*[2].

Avant d'aller plus loin, éclairons par un exemple cette définition que nous venons de donner du iod. La première lettre de l'alphabet hébreu l'aleph (א) est formée de quatre iod opposés deux à deux (א). Il en est de même pour toutes les autres.

La valeur numérique du *iod* conduit à d'autres considérations. L'Unité-Principe, d'après la doctrine des kabbalistes, est aussi l'Unité-Fin des êtres et des choses et l'éternité n'est, à ce point de vue, qu'un éternel présent. Aussi les anciens symbolistes ont-ils figuré cette idée par un point au centre d'un cercle, représentation

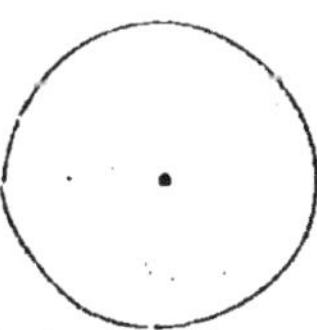

1. Voy. la *Kabbala Denudata*.
2. Traduit en français récemment pour la première fois. (Se trouve chez l'éditeur Carré.)

de l'Unité-Principe (*le point*) au centre de l'éternité (*le cercle* ligne sans commencement ni fin[1]).

D'après ces données, l'Unité est considérée comme *la somme* dont tous les êtres créés ne sont que *les parties constituantes;* de même que l'Unité-Homme est formée de la somme de millions de cellules qui constituent cet être.

A l'origine de toutes choses la Kabbale pose donc l'affirmation absolue de l'être par lui-même, du Moi-Unité dont la représentation est le *iod* symboliquement, et le nombre 10 numériquement. Ce nombre 10 représentant le *Principe-Tout*, 1, s'alliant au *Néant-Rien*, 0, répond bien aux conditions demandées[2].

LE HÉ

Mais le Moi ne peut se concevoir que par son opposition avec le Non-Moi. A peine l'affirmation du Moi est-elle établie, qu'il faut concevoir à l'instant une réaction du Moi-Absolu sur lui-même, d'où sera tirée la notion de son existence, par une sorte de division de l'Unité. Telle est l'origine de la *dualité*, de l'opposition, du Binaire, image de la féménéité comme l'unité est l'image de la masculinité. Dix se divisant pour s'opposer à lui-même égale donc $\frac{10}{2} = 5$, cinq nombre exact de la lettre *Hé*, seconde lettre du grand nom sacré.

Le Hé représentera donc le *passif* par rappord au *iod* qui symbolisera *l'actif, le non-moi* par rapport au *moi*, *la femme* par rapport à *l'homme; la substance* par rapport à *l'essence; la vie* par rapport à *l'âme*, etc., etc.

LE VAU

Mais l'opposition du *Moi* et du *Non-Moi* donne immédiatement naissance à un autre facteur, c'est *le Rapport* existant entre ce Moi et ce Non-Moi.

Or, le *Vau*, 6e lettre de l'alphabet hébraïque, produite par 10

1. Voy. Kircher, *Œdipus Ægyptiacus;*
Lenain, *la Science kabbalistique;*
J. Dée, *Monas Hieroglyphica.*
2. Voy. Saint-Martin, *Des rapports qui existent entre Dieu, l'Homme et l'Univers.*
Lacuria, *Harmonies de l'être exprimées par les nombres.*

(iod) + 5 (hé) = 15 = 6 (ou 1 + 5), signifie bien *crochet*, *rapport*. C'est le crochet qui relie les antagonistes dans la nature entière, constituant le 3e terme de cette mystérieuse trinité.

Moi — Non-Moi.

Rapport du Moi avec Non-Moi.

LE 2e HÉ

Au delà de la Trinité considérée comme loi, rien n'existe plus.

La Trinité est la formule synthétique et absolue à laquelle aboutissent toutes les sciences et cette formule, oubliée quant à sa valeur scientifique, nous a été intégralement transmise par toutes les religions, dépositaires inconscients de la SCIENCE SAGESSE des primitives civilisations[1].

Aussi trois lettres seulement constituent-elles le grand nom sacré. Le quatrième terme de ce nom est formé par la seconde lettre, *le Hé*, répétée de nouveau[2].

Cette répétition indique le passage de la loi Trinitaire dans une nouvelle application, c'est à proprement parler *une transition* du monde métaphysique au monde physique ou, en général, d'un monde quelconque au monde immédiatement suivant[3].

La connaissance de cette propriété du second *Hé* est la clef du nom divin tout entier, dans toutes les applications dont il est susceptible. Nous en verrons clairement *la preuve dans la suite*[4].

RÉSUMÉ SUR LE MOT IOD-HÉ-VAU-HÉ

Connaissant séparément chacun des termes composant le nom sacré, faisons la synthèse et totalisons les résultats obtenus.

1. Voy. Eliphas Levi, *Dogme et Rituel de haute magie; la Clef des grands mystères;* — Lacuria, *op. cit.*
2. Voy. Fabre d'Olivet, *la Langue hébraïque restituée.*
3. Voy. Louis Lucas, *le Roman alchimique.*

Præter hæc tria numera non est alia magnitudo, quod tria sunt omnia, et ter undecunque, ut pythagorici dicunt; omne et omnia tribus determinata sunt. (Aristote) cité par Ostrowski, page 24 de sa *Mathèse.*

4. Malfatti a parfaitement vu cela : « Le passage de 3 dans 4 correspond à celui de la Trimurti dans Maïa et comme cette dernière ouvre le deuxième ternaire de la décade prégénésétique, de même le chiffre 4 ouvre celle du deuxième ternaire de notre décimale génésétique. »

(*Mathèse*, p. 25.)

Le mot *iod-hé-vau-hé* est formé de quatre lettres signifiant chacune :

Le Iod Le principe actif par excellence.
Le Moi = 10.

Le Hé Le principe passif par excellence.
Le Non-Moi = 5.

Le Vau Le terme médian, *le crochet* reliant l'actif au passif.
Le Rapport du Moi au Non-Moi = 6.

Ces trois termes expriment la loi trinitaire de l'absolu.

Le 2e Hé Le second Hé marque le passage d'un monde dans un autre. La Transition.

Ce second *Hé* représente l'Être complet renfermant dans une Unité absolue les trois termes qui le constituent Moi-Non-Moi-Rapport.

Il indique le passage du noumène au phénomène ou la réciproque, il sert à monter d'une gamme dans une autre.

FIGURATION DU MOT SACRÉ

Le mot *iod-hé-vau-hé* peut se représenter de diverses manières, qui toutes ont leur utilité.

On peut le figurer en cercle de cette façon :

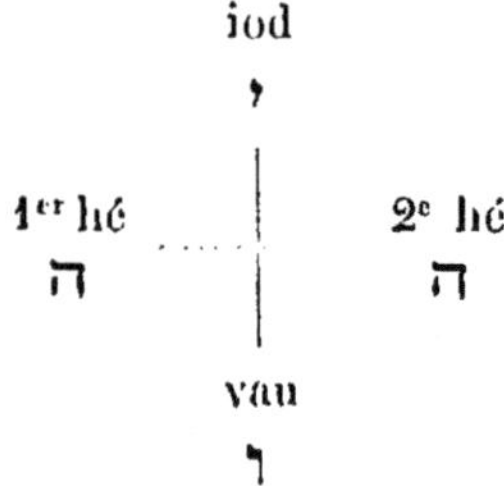

Mais comme le second *Hé*, terme de transition, devient l'entité active de la gamme suivante, c'est-à-dire comme ce *Hé* ne représente en somme qu'un *iod* en germe[1], on peut représenter le mot sacré en mettant le second Hé *sous le* premier *iod* ainsi :

iod *1e hé* *vau*
2e hé

Enfin une troisième façon de représenter ce mot consiste à envelopper la trinité, *iod hé vau*, du terme tonalisateur ou second *hé*, ainsi :

2e hé

iod
2e hé △ 2e hé
hé vau

2e hé

L'étude du Tarot n'est que l'étude des transformations de ce nom divin, ainsi qu'on le voit par la figure synthétique suivante :

1. Ce 2e Hé, sur lequel nous insistons volontairement si longtemps, peut être comparé *au grain de blé* par rapport à l'épi. L'épi, trinité manifestée ou *iod hé vau*, résout toute son activité dans la production du grain de blé ou 2e *Hé*. Mais ce grain de blé n'est que *la transition* entre l'épi qui lui a donné naissance et l'épi auquel il donnera lui-même naissance dans la génération suivante. C'est la transition entre une génération et une autre qu'il contient en germe, c'est pourquoi le deuxième *Hé* est un *iod* en germe.

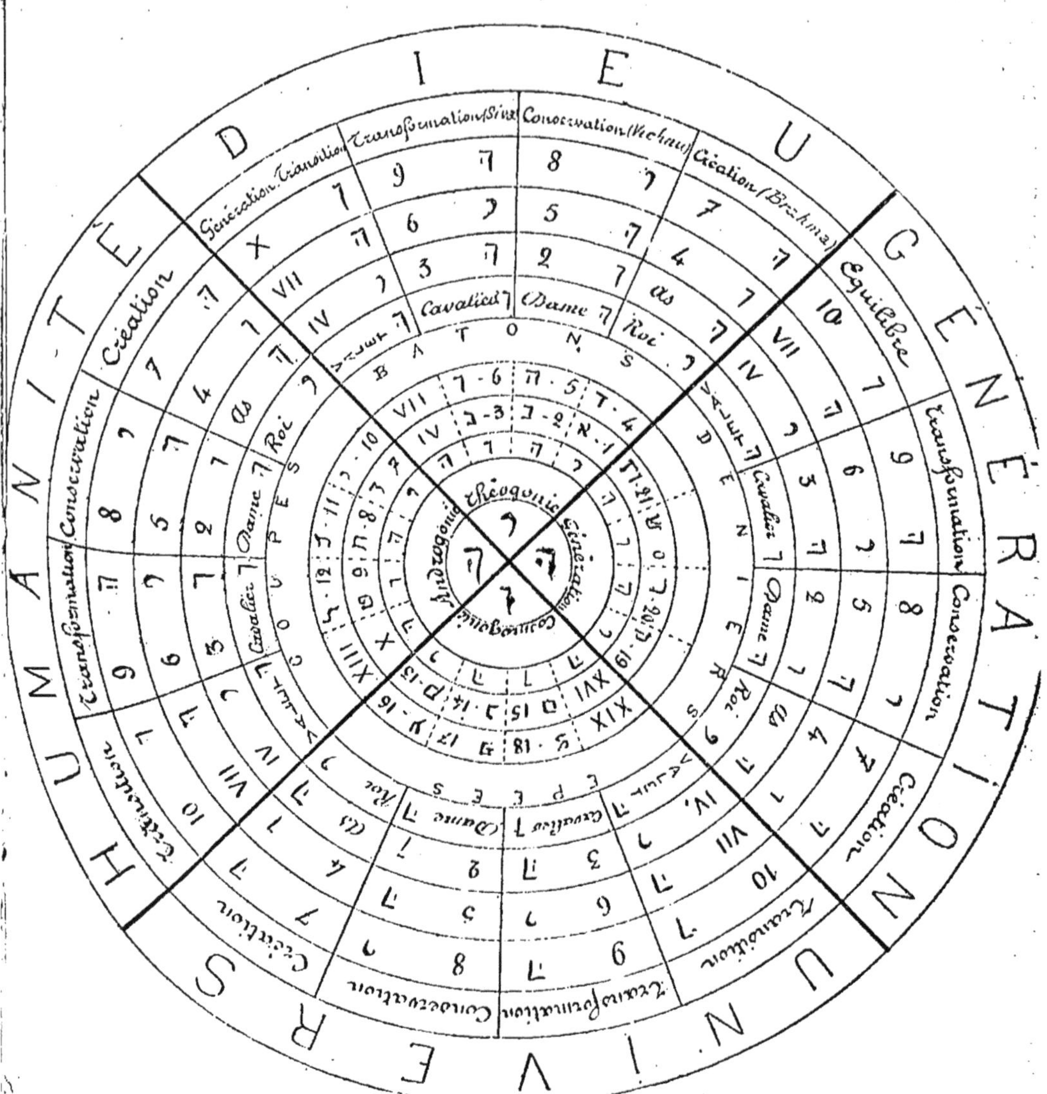

LE TAROT

Cycle des Révolutions de Ieve (יהוה)

Clef absolue de la Science occulte

par

PAPUS

Enfin si nous voulions *même résumer* les déductions des kabbalistes sur ce 3e nom, un volume nous serait nécessaire. *Eliphas Levi* fournit de merveilleux développements à ce sujet dans tous ses ouvrages. *Kircher* développe aussi longuement ses diverses acceptions. Citons les rapports hiéroglyphiques de יהוה d'après cet auteur.

L'hiéroglyphe suivant est ainsi expliqué par Kircher.

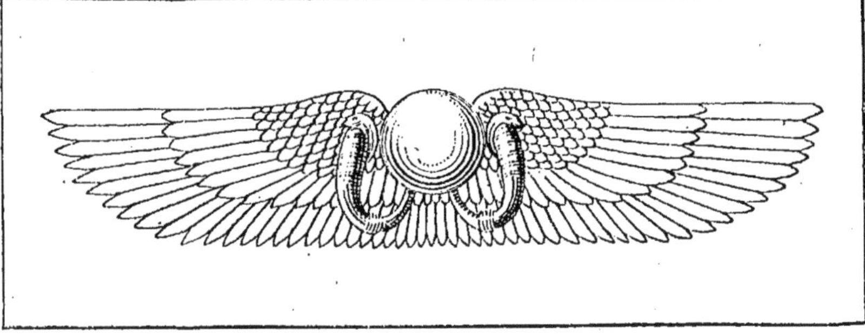

Le globe central représente l'essence de Dieu inaccessible et cachée.

L'× image du *denaire* indique le *iod*.

Les deux serpents s'échappant du globe en bas sont les deux *hé*.

Enfin les deux ailes symbolisent l'esprit le *Vaô*.

∴

Le nom de 72 lettres. — Les 72 génies.

C'est encore de ce nom divin qu'on tire le nom kabbalistique de 72 lettres par le procédé suivant :

On écrit le mot IEVE dans un triangle ainsi qu'il suit :

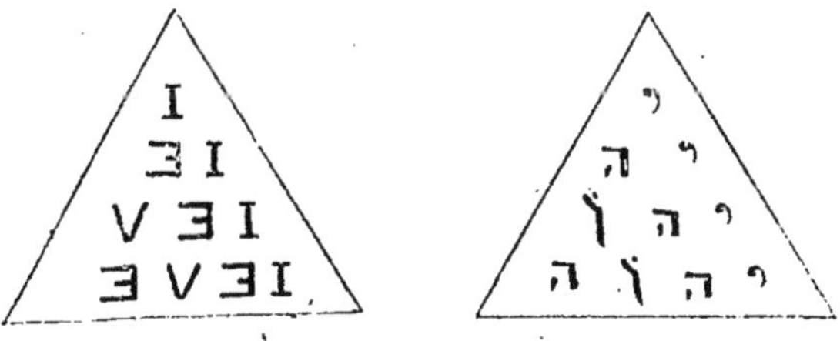

Le mot sacré. — 1re manière de l'écrire.

Voici l'explication de ces deux façons d'écrire le nom de 72 lettres.

Pour la première :

Additionnez les nombres correspondant à chaque lettre hébraïque, vous trouverez le résultat suivant :

י	= 10	= 10
יה	= 10 + 5	= 15
יהו	= 10 + 5 + 6	= 21
יהוה	= 10 + 5 + 6 + 5	= 26
	Total...	72

Pour la seconde :

Comptez le nombre de boules couronnées qui forment le mot יהוה écrit de cette manière, vous trouverez 24 boules (les 24 vieillards de l'Apocalypse).

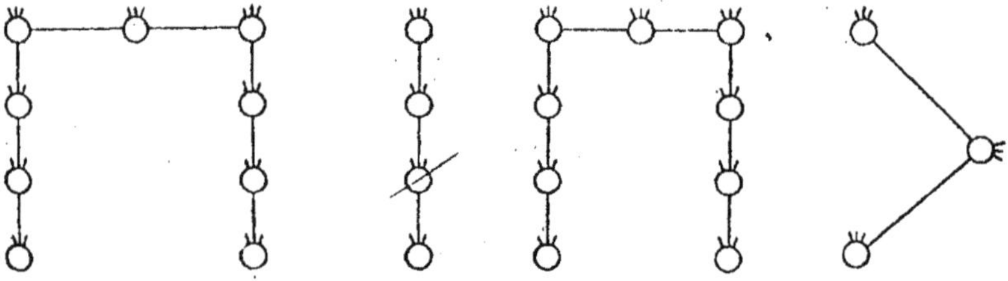

Le mot sacré. — 2e manière de l'écrire.

Chaque couronne ayant trois fleurons il suffit de multiplier 24 par 3 pour obtenir les 72 lettres mystiques :

$$24 \times 3 = 72$$

∴

Dans la *Kabbale pratique* (magie universelle) on se sert des 72 noms des Génies tirés de la Bible par les procédés suivants :

Les noms des 72 anges sont formés des trois versets mystérieux du chapitre 14 de l'Exode sous les 19, 20 et 21, lesquels versets suivant le texte hébreu se composent chacun de 72 lettres hébraïques.

Manière d'extraire les 72 noms.

Écrivez d'abord séparément ces versets, formez-en trois lignes, composées chacune de 72 lettres, d'après le texte hébreu, prenez la première lettre du 19e et du 20e verset en commençant par la gauche, ensuite prenez la première lettre du 20e verset qui est celui du milieu en commençant par la droite; ces trois premières lettres forment l'attribut du génie. En suivant le même ordre jusqu'à la fin vous avez les 72 attributs des vertus divines.

Si vous ajoutez à chacun de ces noms un de ces deux grands noms divins Iah יה ou El אל alors vous aurez les 72 noms des anges composés de trois syllabes, dont chacun contient en lui le nom de Dieu.

D'autres kabbalistes prennent la première lettre de chaque diction qui compose un verset.

Mais nous ne devons pas oublier que c'est un *résumé* de la Kabbale que nous présentons à nos lecteurs; aussi terminons ce qui se rapporte à ce troisième nom pour passer aux sept autres..

3e nom *Tetragrammaton Elohim :*

Numerata Bina (*providentia et intelligentia*) signifie jubilé, rémission et repos, rachat ou rédemption du monde et la vie du siècle à venir; il s'applique au Saint-Esprit et influe par l'ordre des Trônes (ceux que les Hébreux appellent *Arabim*, c'est-à-dire anges grands, forts et robustes) et après par la sphère de Saturne fournissant la forme de la matière fluide, son intelligence particulière est Zaphohiel, gouverneur de Noé, et l'autre intelligence est Jophiel, gouverneur de Sem, et voilà les trois numérations souveraines et les plus hautes qui sont comme les Trônes des personnes divines par les commandements desquelles toutes choses se font et arrivent; mais l'exécution s'en fait par le ministère des autres sept numérations appelées pour cela les numérations de la fabrique.

4e nom *El* :

Numération *Hesed* (*clementia*, *bonitas*), signifie grâce, miséricorde, piété, magnificence, sceptre et main droite; il influe par l'ordre des Dominations (celui que les Hébreux appellent *Hasmalim*) sur la sphère de Jupiter et forme les effigies ou représentations des corps, donnant à tous les hommes la clémence, la justice pacifique, et son intelligence particulière se nomme Zadkiel, gouverneur d'Abraham.

*
* *

5e nom *Elohim Gibor* (*Deus robustus puniens culpas improborum*) :

Numération *Geburah* (puissance, gravité, force, pureté, jugement, punissant par les ravages et les guerres). On l'adapte au tribunal de Dieu, à la ceinture, à l'épée et au bras gauche de Dieu ; il s'appelle aussi Pechad (crainte) et il influe par l'ordre des Puissances (ou celui que les Hébreux nomment *Seraphim*) et de là ensuite par la sphère de Mars à qui appartient la force, et il envoie la guerre, les afflictions et change de place les éléments.

Son intelligence particulière est Camael, gouverneur de Samson.

*
* *

6e nom *Eloha* (ou nom de quatre lettres) joint avec Vaudabat :

Numération *Tiphereth* (ornement, beauté, gloire plaisir), il signifie Bois de vie. Il influe par l'ordre des Vertus (ou par celui que les Hébreux appellent *Malachim*, c'est-à-dire anges) sur la sphère du Soleil, lui donnant la clarté et la vie et ensuite produisant les métaux, et son intelligence particulière est *Raphael*, qui fut gouverneur d'Isaac et du jeune Tobie, et l'ange Feliel, gouverneur de Jacob.

*
* *

7e nom *Tetragrammaton Sabaoth* ou *Adonaï Sabaoth*, c'est-à-dire le Dieu des armées :

La numération est *Nezah* (triomphe, victoire), on lui attribue la colonne dextre et il signifie éternité et justice du Dieu vengeur. Il influe par l'ordre des Principautés (et par celui que les Hébreux nomment *Elohim*, c'est-à-dire des Dieux) sur la sphère de Vénus et signifie zèle et amour de justice, il produit les végétaux et son intelligence s'appelle *Haniel* et son ange *Cerirel*, conducteur de David.

*
* *

8e nom *Elohim Sabaoth*, qu'on interprète aussi Dieu des armées, non pas de la guerre et de la justice, mais de la piété et de la concorde ; car tous les deux noms, celui-ci et le précédent, ont chacun leur terme d'armée :

Numération *Hod* (louange et confession, bienséance et grand renom), on lui attribue la colonne gauche. Il influe par l'ordre des Archanges (ou par celui que les Hébreux appellent *Bene Elohim*, c'est-à-dire fils des Dieux) sur la sphère de Mercure, il donne l'éclat et la convenance de la parure et de l'ornement et produit les animaux. Son intelligence est *Michael*, qui fut gouverneur de Salomon.

* * *

9ᵉ nom *Sadaï* (tout puissant et satisfaisant à tout) ou *Elhai* (Dieu vivant) :

Numération *Jesod* (fondement). Il signifie bon entendement, alliance, rédemption et repos. Il influe par l'ordre des Anges (ou par celui que les Hébreux appellent *Cherubim*) sur la sphère de la Lune qui donne l'accroissement et le déclin à toutes choses, qui préside au génie des hommes et leur distribue des anges gardiens et conservateurs. Son intelligence est *Gabriel*, qui fut conducteur de Joseph, de Josué et de Daniel.

* * *

10ᵉ nom *Adonaï Melech* (Seigneur et Roi) :

Numération *Malchut* (royaume et empire), signifie Église et Temple de Dieu et porte. Il influe par l'ordre animastique, c'est-à-dire des âmes bienheureuses, nommé par les Hébreux *Issim*, c'est-à-dire nobles, *Eliros* et *Prince;* elles sont au-dessous des Hiérarchies, elles influent la connaissance aux enfants des hommes et leur donnent une science miraculeuse des choses, l'industrie et le don de prophétie ou, comme d'autres disent, l'intelligence *Metalhin* qui porte le nom de première création ou âme du monde, elle fut conductrice de Moïse.

§ 4. — LES SÉPHIROTH (D'APRÈS STANISLAS DE GUAITA)

LE TABLEAU DES CORRESPONDANCES

Les Séphiroth. — Exposé de Stanislas de Guaita.

Il nous reste, pour terminer ce qui a rapport à cette partie de la Kabbale, à parler des *numérations* ou *Sephiroth*. Dans ce travail extrêmement remarquable un des plus instruits parmi les kabbalistes contemporains, *Stanislas de Guaita*, a condensé d'importantes données tant sur les noms divins que sur les Séphiroth.

Ce travail n'est que l'analyse d'une planche kabbalistique de *Khunrath*. Nous donnons d'abord cette planche sur laquelle le lecteur pourra suivre les développements donnés par de Guaita.

LA PLANCHE DE KHUNRATH SUR LA ROSE-CROIX

NOTICE SUR LA ROSE-CROIX

La planche kabbalistique offerte en prime aux abonnés de l'*Initiation* est extraite d'un petit in-folio rare et singulier, bien connu des collectionneurs de bouquins à gravures et très recherché de tous ceux que préoccupent, à des titres divers, l'ésotérisme des religions, la tradition de la doctrine secrète sous les voiles symboliques du christianisme, enfin *la transmission du sacerdoce magique* en Occident.

« AMPHITHEATRUM SAPIENTIÆ ÆTERNÆ, SOLIVS VERÆ, *christiano-kabalisticum, divino-magicum, necnon physico-chemicum, tertriunum, katholikon, instructore* HENRICO KHUNRATH, *etc.*, HANOVIÆ, 1609, in-folio. »

Unique en son genre, inestimable surtout pour les chercheurs curieux d'approfondir ces troublantes questions, ce livre est malheureusement incomplet dans un grand nombre de ses exemplaires. On nous saura gré peut-être de fournir ici quelques rapides renseignements, grâce auxquels l'acheteur puisse prévoir et prévenir une déception.

***

Les gravures, en *taille douce* (l'*Initiation* compte en reproduire plusieurs en faveur de ses abonnés), les gravures au nombre de douze sont ordinairement reliées en tête de l'ouvrage. Elles sont groupées d'une sorte arbitraire, l'auteur ayant négligé — à dessein peut-être — d'en préciser la suite. L'essentiel est de les posséder au complet, car leur classement varie d'exemplaire à exemplaire.

Trois d'entre elles, en format simple : 1° le frontispice allégorique encadrant le titre gravé ; 2° le portrait de l'auteur, entouré d'attributs également allégoriques ; 3° enfin, une orfraie armée de besicles, magistralement perchée entre deux flambeaux allumés, avec deux torches ardentes en sautoir. Au-dessous, une légende rimée en haut allemand douteux, et que l'on peut traduire :

A quoi servent flambeaux et torches et besicles
Pour qui ferme les yeux, afin de ne point voir ?

Puis viennent neuf superbes figures magiques, très soigneuse-

ment gravées, en format double et montées sur onglets. Ce sont : 1° *Le grand androgyne hermétique**; 2° *le Laboratoire* de Khunrath*; 3° *l'Adam-Ève* dans le triangle verbal; 4° *la Rose-Croix*[1], pentagrammatique* (dont nous allons parler en détail); 5° *les Sept degrés du sanctuaire et les sept rayons;* 6° *la Citadelle alchimique* aux vingt portes sans issue*; 7° *le Gymnasium naturæ*, figure synthétique et très savante sous l'aspect d'un paysage assez naïf; 8° *la Table d'émeraude* gravée sur la pierre ignée et mercurielle; 9° enfin, *le Pantacle de Khunrath**, enguirlandé d'une caricature satirique, dans le goût de Callot; c'est même un Callot avant la lettre. (V. ce qu'en dit Eliphas Levi, *Histoire de la magie*, p. 368.)

Cette dernière planche, d'une sanglante ironie et d'un art sauvage vraiment savoureux, manque à peu près dans tous les exemplaires. Les nombreux ennemis du théosophe, qui s'y voient caricaturés d'un génie âpre et que sans peine on devine triomphalement soucieux des ressemblances, s'acharnèrent à faire disparaître une gravure d'un si scandaleux intérêt.

Pour les autres pantacles, ceux dont nous avons fait suivre l'énoncé d'une astérique font également défaut dans nombre d'exemplaires.

*
* *

Occupons-nous, à cette heure, du texte divisé en deux sections. Les soixante premières pages, numérotées à part, comprennent un privilège impérial (en date de 1598), puis diverses pièces : discours, dédicace, poésies, prologue, arguments. Enfin le texte des proverbes de Salomon, dont le reste de l'*Amphitheatrum* est le commentaire ésotérique.

Vient ensuite ce commentaire, constituant l'ouvrage proprement dit, en sept chapitres, suivis eux-mêmes d'éclaircissements très curieux sous ce titre : *Interpretationes et Annotationes Henrici Khunrath*. Total de cette seconde partie : 222 pages. Un dernier feuillet porte le nom de l'imprimeur : G. Antonius, et la date : Hanoviæ, M DC. IX.

Nous terminerons cette description par une note importante du savant bibliophile G.-F. de Bure, qui dit, au tome II de sa *Biblio-*

1. Cette figure, ainsi que celle marquée dans ces notes au numéro 1 (l'*Androgyne hermétique*) seront reproduites en taille-douce avec un commentaire détaillé, en tête d'une nouvelle édition refondue et considérablement augmentée que nous allons donner chez Carré de notre ouvrage paru en 1886 : *Essais de sciences maudites : I. Au seuil du mystère.*

graphie : « Il est à remarquer que dans la première partie de cet ouvrage, qui est de soixante pages, on doit trouver, entre les pages 18 et 19, une espèce de table particulière imprimée sur une feuille entière à onglets, et qui est intitulée : *Summa Amphitheatri sapientiæ*, etc..., et dans la deuxième partie, de deux cent vingt-deux pages, l'on doit trouver une autre table, pareillement imprimée sur une feuille entière, à onglets, et qui doit être placée à la page 151, où elle est rappelée par deux étoiles que l'on a mises dans le discours imprimé. — Nous avons remarqué que ces deux tables manquaient dans les exemplaires que nous avons vus ; c'est pourquoi il sera bon d'y prendre garde... » (page 248).

Passons maintenant à l'étude de la planche kabbalistique que l'*Initiation* a offerte à ses abonnés.

∴

ANALYSE DE LA ROSE-CROIX

d'après HENRY KHUNRATH

Cette figure est un merveilleux pantacle, c'est-à-dire le résumé hiéroglyphique de toute une doctrine : on trouve là synthétisés, comme la revue l'a annoncé précédemment, tous les mystères pentagrammatiques de la Rose-Croix des adeptes.

∴

C'est d'abord le point central déployant la circonférence à trois degrés différents, ce qui nous donne les trois régions circulaires et concentriques figurant le processus de l'*Émanation* proprement dite.

∴

Au centre, un Christ en croix dans une rose de lumière : c'est le resplendissement du Verbe ou de l'*Adam Kadmôn* אדם קדמין ; c'est l'emblème du Grand Arcane : jamais on n'a plus audacieusement révélé l'identité d'essence entre l'Homme-Synthèse et Dieu manifesté.

[Ce n'est pas sans les raisons les plus profondes que l'hiérographe a réservé pour le milieu de son pantacle le symbole qui figure l'incarnation du Verbe éternel. C'est en effet *par* le Verbe, *dans* le Verbe et *à travers* le Verbe (indissolublement uni lui-même à la Vie), que toutes choses, tant spirituelles que corporelles, ont été créées. — « *In principio erat Verbum* (dit saint Jean), et Verbum erat apud Deum, et Deus erat Verbum... *Omnia per ipsum facta sunt* et sine ipso factum est nihil quod factum est. *In ipso vita erat...* » Si l'on veut prendre garde à quelle partie de la figure humaine est attribuable le point central déployant la circonférence, on comprendra avec quelle puissance hiéroglyphique l'Initiateur a su exprimer ce mystère fondamental.]

Le rayonnement lumineux fleurit alentour ; c'est une rose épanouie en cinq pétales, — l'astre à cinq pointes du *Microcosme* kabbalistique, l'*Étoile flamboyante* de la Maçonnerie, le symbole de la volonté toute-puissante, armée du glaive de feu des Keroubs.

Pour parler le langage du Christianisme exotérique, c'est la sphère de *Dieu le fils*, placée entre celle de *Dieu le Père* (la Sphère d'ombre d'en haut où tranche *Aïn-Soph* אין סוף en caractères lumineux), et celle de *Dieu le Saint-Esprit*, *Rûach Hakkadôsh* רוה הקדיש (la sphère lumineuse d'en bas où l'hiérogramme *Œmeth* אמת tranche en caractères noirs).

Ces deux sphères apparaissent comme perdues dans les nuages d'*Atziluth* אצלות, pour indiquer la nature occulte de la première et de la troisième personne de la Sainte-Trinité : le mot hébreu qui les exprime se détache en vigueur, lumineux ici sur le fond d'ombre, là ténébreux sur le fond de lumière, pour faire entendre que notre esprit, inapte à pénétrer ces principes dans leur essence, peut seulement entrevoir leurs rapports antithétiques, en vertu de l'analogie des contraires.

*
* *

Au-dessus de la sphère d'*Aïn-Soph*, le mot sacré de *Iéhovah* ou *Ihoâh* se décompose dans un triangle de flamme, comme il suit :

Sans nous engager dans l'analyse hiéroglyphique de ce vocable sacré, sans prétendre surtout à exposer ici les arcanes de sa génération — ce qui voudrait d'interminables développements, — nous pouvons dire qu'*à ce point de vue spécial*, *Iod* י symbolise le Père, *Iah* יה le Fils, *Iahô* יהו l'Esprit-Saint, *Iahôah* יהוה l'Univers vivant : et ce triangle mystique est attribué à la sphère de l'ineffable *Aïn-Soph*, ou de Dieu le Père. Les Kabbalistes ont voulu montrer par là que le Père est la source de la Trinité tout entière, et bien plus, contient en virtualité occulte tout ce qui est, fut ou sera.

*
* *

Au-dessus de la sphère d'*Œmeth* ou de l'Esprit-Saint, dans l'irradiation même de la rose-croix et sous les pieds du Christ, une colombe à tiare pontificale prend son vol enflammé : emblème du double courant d'amour et de lumière qui descend du Père au Fils, — de Dieu à l'Homme — et remonte du Fils au Père, — de l'Homme à Dieu, — ses deux ailes étendues correspondent exactement au symbole païen des deux serpents entrelacés au caducée d'Hermès.

Aux seuls initiés l'intelligence de ce rapprochement mystérieux.

*
* *

Revenons à la sphère du *Fils*, qui demande des commentaires plus étendus. Nous avons marqué ci-dessus le caractère impénétrable du *Père* et de l'*Esprit-Saint*, envisagés dans leur essence.

Seule, la *seconde personne* de la Trinité, — figurée par la Rose-Croix centrale, — perce les nuages d'*Atziluth*, en y dardant les dix rayons séphirotiques.

Ce sont comme autant de fenêtres ouvertes sur le grand arcane du Verbe, et par où l'on peut contempler sa splendeur à dix points de vue différents. Le Zohar compare, en effet, les dix *Séphires* à autant de vases transparents de couleur disparate, à travers lesquels resplendit, sous dix aspects divers, le foyer central de l'Unité-synthèse. — Supposons encore une tour percée de dix croisées et au centre de laquelle brille un candélabre à cinq branches ; ce lumineux quinaire sera visible à chacune d'entre elles ; celui qui s'y arrêtera successivement pourra compter dix candélabres ardents aux cinq branches... (Multipliez le pentagramme par dix, en faisant rayonner les cinq pointes à chacune des dix ouvertures, et vous aurez les *Cinquante Portes de Lumière*).

Celui qui prétend à la synthèse doit entrer dans la tour ; celui qui ne sait que la contourner est un analytique pur. On voit à quelles erreurs d'optique il s'expose, dès qu'il veut raisonner sur l'ensemble.

***

Nous dirons quelques mots plus loin du système séphirotique ; il faut en finir avec l'emblème central. Réduit aux proportions géométriques d'un schéma, il peut se tracer ainsi :

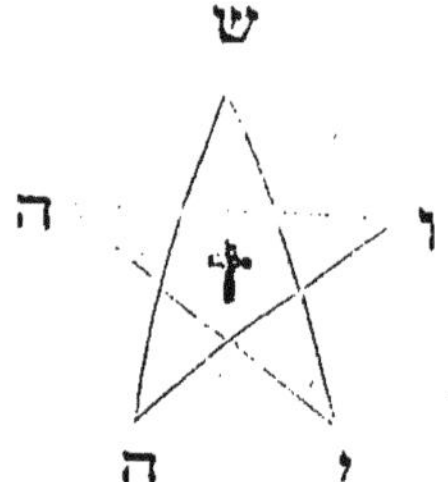

Une croix renfermée dans l'étoile flamboyante. C'est le quaternaire qui trouve son expansion dans le quinaire ; c'est l'Esprit qui se sous-multiplie pour descendre au cloaque de la matière où il s'embourbera pour un temps, mais son destin est de trouver dans son avilissement même la révélation de sa personnalité et déjà — présage de salut — il sent, au dernier échelon de sa déchéance, sourdre en lui la grande force de la Volonté. C'est le *Verbe*, יהוה, qui s'incarne et devient le *Christ douloureux* ou l'homme corporel, יהשוה, jusqu'au jour où, assumant avec lui sa nature humaine régénérée, il rentrera dans sa gloire.

C'est là ce qu'exprime l'adepte Saint-Martin au premier tome d'*Erreurs et Vérité*, quand il enseigne que la chute de l'homme provient de ce qu'il a interverti les feuillets du Grand Livre de la Vie et substitué la cinquième page (celle de la corruption et de la déchéance) à la quatrième (celle de l'immortalité et de l'entité spirituelle).

En additionnant le quaternaire crucial et le pentagramme étoilé, l'on obtient 9, chiffre mystérieux dont l'explication détaillée nous ferait sortir du cadre que nous nous sommes tracé. Nous avons ailleurs (*Lotus*, tome II, n° 12, p. 327-328) détaillé fort au long et démontré par un calcul de kabbale numérique, comme quoi 9 est le nombre *analytique* de l'homme. Nous renvoyons le lecteur à cette exposition...

Notons encore, — car tout se tient en Haute Science et les concordances analogiques sont absolues, — notons que dans les figures sphériques de la *Rose-Croix*, la rose est traditionnellement formée de *neuf* circonférences entrelacées, à l'instar des anneaux d'une chaine. Toujours le nombre analytique de l'homme : 9!

*
* *

Une importante remarque et qui sera une confirmation nouvelle de notre théorie. Il est évident, pour tous ceux qui possèdent quelques notions ésotériques, que les quatre branches de la croix intérieure (figurée par le Christ les bras étendus) doivent être marquées aux lettres du tétragramme ; *Iod*, *hé*, *vau*, *hé*. — Nous ne saurions revenir ici sur ce que nous avons dit ailleurs[1] de la composition hiéroglyphique et grammaticale de ce mot sacré : les commentaires les plus étendus et les plus complets se trouvent communément dans les œuvres de tous les kabbalistes. (V, de préférence ROSENROTH, *Kabbala denudata;* LENAIN, *la Science kabbalistique* ; FABRE D'OLIVET, *Langue hébraïque restituée;* ÉLIPHAS LEVI, *Dogme et Rituel*, *Histoire de la magie*, *Clef des grands mystères*, et PAPUS, *Traité élémentaire de la science occulte*.) Mais considérons un instant l'hiérogramme Jeschua יהשוה ; de quels éléments se trouve-t-il composé? Chacun peut y voir le fameux tétragramme יהוה écartelé par le milieu יה־וה, puis ressoudé par la lettre hébraïque ש *schin*. Or, יהוה exprime ici l'*Adam-Kadmôn*, l'Homme dans sa synthèse intégrale, en un mot, la divinité manifestée par son *Verbe* et figurant l'union féconde de l'Esprit et de l'Ame universels. Scinder ce mot, c'est emblématiser la désintégration de son unité et la multiplication divisionnelle qui en résulte pour la génération des sous-multiples. Le *schin* ש, qui rejoint les deux tronçons, figure (Arcane 21 ou 0 du Tarot) le feu générateur et subtil, le véhicule de la vie non différenciée, le *Médiateur plastique universel* dont le rôle est d'effectuer les incarnations en permettant à l'Esprit de descendre dans la matière, de la pénétrer, de l'évertuer, de l'éla-

1. *Au seuil du mystère*, 1 vol. gr. in-8, Carré, 1886, page 12. — *Lotus*, tome II, n° 12, pages 321-347, passim...

borer à sa guise enfin. Le ש en trait d'union aux deux parties du tétragramme mutilé est donc le symbole de la chute et de la fixation, dans le monde élémentaire et matériel, de יהוה désintégré de son unité.

C'est ש enfin, dont l'addition au *quaternaire* verbal de la sorte que nous avons dite, engendre le *quinaire* ou nombre de la déchéance. Saint-Martin a très bien vu cela. Mais 5, qui est le nombre de la chute, est aussi le nombre de la volonté, et la volonté est l'instrument de la réintégration.

Les initiés savent comment la substitution de 5 à 4 n'est que transitoirement désastreuse; comment, dans la fange où il se vautre déchu, le sous-multiple humain apprend à conquérir une personnalité vraiment libre et consciente. Felix culpa ! De sa chute, il se relève plus fort et plus grand ; c'est ainsi que *le mal* ne succède jamais *au bien* que temporairement et en vue de réaliser *le mieux !*

Ce nombre 5 recèle les plus profonds arcanes ; mais force nous est de faire halte ici, sous peine de nous trouver engagé dans d'interminables digressions. — Ce que nous avons dit du 4 et du 5 dans leurs rapports avec la Rose-Croix suffira aux *Initiables*. Nous n'écrivons que pour eux.

⁂

Disons quelques mots à cette heure des rayons, au nombre de dix, qui percent la région des nuages ou d'*Atziluth*. C'est le dénaire de Pythagore qu'on appelle en Kabbale *émanation séphirotique*. Avant de présenter à nos lecteurs le plus lumineux classement des Séphiroths kabbalistiques, nous tracerons un petit tableau des correspondances traditionnelles entre les dix séphires et les dix principaux noms donnés à la divinité par les théologiens hébreux : ces noms, que Khunrath a gravés en cercles dans l'épanouissement de la rose flamboyante, correspondent chacun à l'une des dix Séphires. (Voir le tableau à la page 521.)

Quant aux noms divins, après avoir donné leur traduction en langage vulgaire, nous allons, aussi brièvement que possible, déduire de l'examen hiéroglyphique de chacun d'eux, la signification ésotérique moyenne qui peut leur être attribuée :

אהיה. — Ce qui constitue l'essence immarcessible de l'Être absolu où fermente la vie.

יה. — L'indissoluble union de l'Esprit et de l'Ame universels.

יהוה. — Copulation des Principes mâle et femelle qui engendrent éternellement l'Univers-vivant. (Grand arcane du Verbe.)

אל. — Le déploiement de l'Unité-principe. — Sa diffusion dans l'Espace et le Temps.

אלהים גבור. — Dieu-les-dieux des géants ou des hommes-dieux.

אלוה. — Dieu reflété dans l'un des dieux.

יהוה צבאות. — Le *Iod-hévé* (voir plus haut) du septénaire ou du triomphe.

אלהים צבאות. — Dieu-les-dieux du septénaire ou du triomphe.

שדי. — Le fécondateur, par la Lumière astrale en expansion quaternisée, puis son retour au principe à jamais occulte d'où elle émane. (Masculin de שדה, la Fécondée, la Nature).

אדני. — La multiplication quaterne ou cubique de l'Unité-principe, pour la production du Devenir changeant sans cesse (le παντα ρει d'Héraclite); puis l'occultation finale de l'objectif concret, par le retour au subjectif potentiel.

מלך. — La Mort maternelle, grosse de la vie : loi fatale se déployant dans tout l'Univers, et qui interrompt avec une force soudaine son mouvement de perpétuel échange, chaque fois qu'un être quelconque s'objective.

Tels sont ces hiérogrammes dans l'une de leurs significations secrètes.

***

Notons à cette heure que chacune des dix séphires (aspects du Verbe) correspond, dans le pantacle de Khunrath, à l'un des chœurs angéliques ; idée sublime, quand on sait l'approfondir. Les anges, en Kabbale, ne sont pas des êtres d'une essence particulière et immuable : tout vit, se meut et se transforme dans l'Univers-vivant ! En appliquant aux hiérarchies célestes la belle comparaison par laquelle les auteurs du Zohar tâchent d'exprimer la nature des séphires, nous dirons que les chœurs angéliques sont comparables à des enveloppes transparentes et de couleurs diverses, où viennent briller tour à tour d'une lumière de plus en plus splendide et pure, les Esprits qui, définitivement affranchis des formes temporelles, montent les suprêmes degrés de l'échelle de Jacob, dont l'Ineffable יהוה occupe le sommet.

SÉPHIROTHS		NOMS DIVINS QUI S'Y RAPPORTENT		
כתר *Kether*	La Couronne.	אהיה *Acte*.	L'Etre.	
הכמה *Hochmah*.	La Sagesse.	יה *Jah*.	Jah.	
בינה *Binah*.	L'Intelligence.	יהוה *Jhóah*.	Jehouah. L'Éternel.	
הסד *Hesed*	La Miséricorde.	אל *Æl*.	Æl.	
גבירה *Geburah*	La Justice.	אלהים גבור *Ælohim Ghibbor*.	Ælohim Ghibbor.	
תפאדת *Tiphereth*. . . .	La Beauté.	אלוה *Æloha*.	Æloha.	
נצה *Netzah*	L'Éternité.	אלהים צבאות *Ælohim Zebaoth*.	Ælohim Sabaoth.	Dieu des Armées.
הוד *Hod*	Le Fondement.	יהוה צבאות *Jhóah Zebaoth*.	Jehovah Sabaoth.	
יסד *Jesod*.	La Victoire.	שדי *Schaddai*.	Le Tout-Puissant.	
מלכות *Malkuth*.	Le Royaume.	אדנימלך *Adonai Meleck*.	Le Seigneur Roi.	

A chacun des chœurs angéliques, Khunrath fait correspondre encore l'un des versets du décalogue : c'est comme si l'ange recteur de chaque degré ouvrait la bouche pour promulguer l'un des préceptes de la loi divine. Mais ceci semble un peu arbitraire et moins digne de fixer notre attention.

* * *

Une idée plus profonde du théosophe de Leipzig est de faire sortir les lettres de l'alphabet hébreu de la nuée d'Aziluth criblée des rayons séphirotiques.

Faire naître des contrastes de la Lumière et des Ténèbres les vingt-deux lettres de l'alphabet sacré hiéroglyphique, — lesquelles correspondent, comme on sait, aux vingt-deux arcanes de la Doctrine absolue, traduits en pantacles dans les vingt-deux clefs du *Tarot* samaritain, — n'est-ce pas condenser en une image frappante toute la doctrine du *Livre de la Formation, Sepher-Yetzirah?* (ספר יצירה). Ces emblèmes, en effet, tour à tour rayonnants et lugubres, mystérieuses figures qui symbolisent si bien le *Fas* et le *Nefas* de l'éternel Destin, Henry Khunrath les fait naître de l'accouplement fécond de l'Ombre et de la Clarté, de l'Erreur et de la Vérité, du Mal et du Bien, de l'Être et du Non-Être! Tels soudain surgissent à l'horizon d'imprévus fantômes, au visage souriant ou lugubre, splendide ou menaçant, quand sur l'amoncellement des nuages denses et sombres, Phœbus, une fois encore vainqueur de Python, darde ses flèches d'or.

* * *

Le tableau que voici fournira, avec le sens réel des séphiroths, les correspondances qu'établit la kabbale entre elles et les hiérarchies spirituelles :

LES SÉPHIRES DE		CORRESPONDENT A	
כתר *Kether*	La Providence équilibrante.	היות הקדוש *Haïoth Hakkadósh*	Les Intelligences providentielles.
הכמה *Hochmah*	La divine Sagesse.		
בינה *Binah*	L'Intelligence toujours active.	אופנים *Ophanim*	Les Moteurs des roues étoilées.
הסד *Hesed*	La Miséricorde infinie.	אראלים *Aralim*	Les Puissants.
גבירה *Geburah*	L'absolue Justice.	השמלים *Hasmalim*	Les Lucides.
תפארת *Tiphereth*	L'immarcessible Beauté.	שרפים *Seraphim*	Les Anges brûlant de zèle.
נעה *Netzah*	La Victoire de la Vie sur la Mort.	מלאכים *Malachim*	Les Rois de la splendeur.
הוד *Hod*	L'Éternité de l'Être.	אלהים *Ælohim*	Les dieux (envoyés de Dieu).
יבוד *Jesod*	La génération, pierre angulaire de la stabilité,	בני אלהים *Bené-Ælohim* . .	Les fils des dieux.
		כרבים *Cheroubim*	Les ministrants du feu astral.
מלכות *Malkuth*	Le principe des Formes.	אישים *Ischim*	Les Ames glorifiées.

Pour compléter les notions élémentaires que nous avons pu fournir touchant le système séphirotique, nous terminerons ce travail par le schéma bien connu du triple ternaire ; ce classement est le plus lumineux, selon nous, et le plus fécond en précieux corollaires.

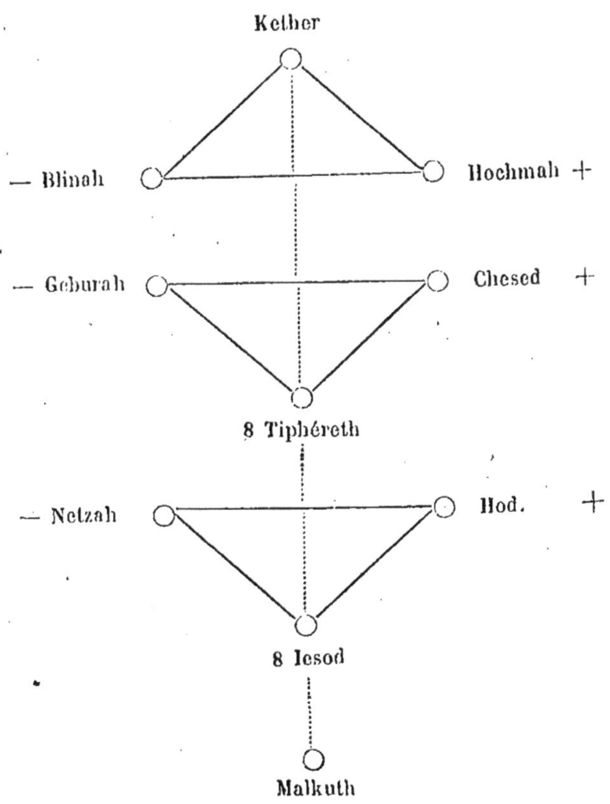

Les trois ternaires figurent la trinité manifestée dans les trois mondes.

Le premier ternaire, — celui du monde intellectuel, — est seul la représention absolue de la trinité sainte : la *Providence* y équilibre les deux plateaux de la Balance de l'ordre divin : la *Sagesse* et l'*Intelligence*.

Les deux ternaires inférieurs ne sont que les reflets du premier dans les milieux plus denses des mondes moral et astral. Aussi sont-ils *inversés*, comme l'image d'un objet qui se reflète à la surface d'un liquide.

Dans le monde moral, la *Beauté* (ou l'Harmonie ou la Rectitude) équilibre les plateaux de la balance : la *Miséricorde* et la *Justice*.

Dans le monde astral, la *Génération*, instrument de la stabilité des êtres, assure la *Victoire* sur la mort et le néant, en alimentant l'*Éternité* par l'intarissable succession des choses éphémères.

Enfin, Malkuth, le *Royaume* des formes, réalise en bas la synthèse totalisée, épanouie et parfaite des séphiroths, dont en haut Kether, la *Providence* (ou la couronne) renferme la synthèse germinale et potentielle.

* * *

Bien des choses nous resteraient encore à dire de la Rose-Croix symbolique de Henry Khunrath. Mais il faut nous borner.

Au demeurant, ce ne serait pas trop d'un livre entier pour le développement logique et normal des matières que nous avons cursivement indiquées en ces quelques notes ; aussi le lecteur nous trouvera-t-il fatalement trop abstrait et même obscur. Nous lui présentons ici toutes nos excuses.

Peut-être, s'il prend la peine d'approfondir la kabbale à ses sources mêmes, ne sera-t-il pas fâché de retrouver, au cours de cet exposé massif et de si fatigante lecture, l'indication précise et même l'explication en langage initiatique d'un nombre assez notable d'arcanes transcendants.

Comme l'algèbre, la kabbale a ses équations et son vocabulaire technique. Lecteur, c'est une langue à apprendre, dont la merveilleuse précision et l'emploi coutumier vous dédommageront assez par la suite des efforts où votre esprit a pu se dépenser dans la période de l'étude.

STANISLAS DE GUAITA.

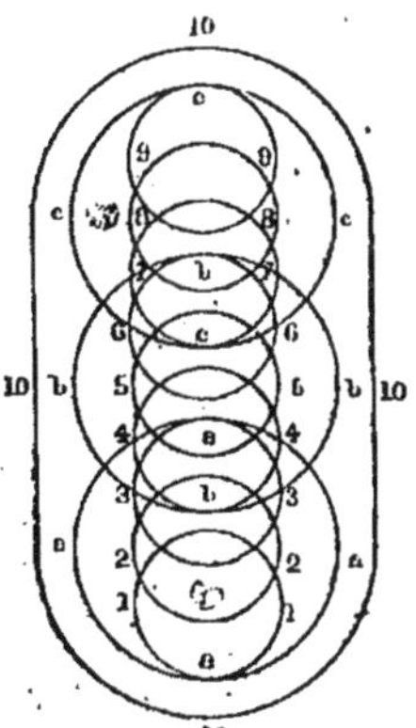

Cercle résumant l'enseignement de la Kabbale
(voir pages 557 et 566).

***

§ 3

DÉRIVATION DES CANAUX

Voir le tableau pour les sept qu'ils joignent. Je n'indique ici que le nom divin qu'ils désignent.

1	א	Dieu de l'Infinité	איה
2	ב	Dieu de la Sagesse	ביה
3	ג	Dieu de la Rétribution	גיה
4	ד	Dieu des Portes de Lumière	ריה
5	ה	Dieu de Dieu	היה
6	ו	Dieu fondateur	ויה
7	ז	Dieu de la Foudre (fulgoris)	זיה
8	ח	Dieu de la Miséricorde	חיה
9	ט	Dieu de la Bonté	טיה
10	י	Dieu principe	ייה
11	ב	Dieu immuable	ביה
12	ל	Dieu des 30 voies de la Sagesse	ליה
13	מ	Dieu arcane	מיה
14	נ	Dieu des 50 portes de la Lumière	ניה
15	ס	Dieu foudroyant	סיה
16	ע	Dieu adjurant	עיה
17	פ	Dieu des discours	פיה
18	צ	Dieu de Justice	ציה
19	ק	Dieu du Droit	קיה
20	ר	Dieu tête	ריה
21	ש	Dieu Sauveur	שיה
22	ת	Dieu fin de tout	תיה

Tous les noms ont la même terminaison יה. Leur signification dépend uniquement de la lettre initiale et, par suite, peut servir à établir la signification de la lettre initiale elle-même.

RÉSUMÉ

Il existe donc entre les nombres, les noms divins, les lettres et les séphiroths d'étroits rapports; *Stanislas de Guaita* vient d'en énumérer quelques-uns; les deux tableaux suivants, extraits l'un de *Kircher*, l'autre du R.-P. *Esprit Sabbathier*, vont développer encore toutes ces concordances et résumer tout ce que nous avons dit jusqu'ici. Nous plaçons ici une table générale montrant non seulement les Séphiroths et les noms divins, mais encore la Kabbale tout entière dans un coup d'œil d'ensemble.

TABLE DU DENAIRE KABBALISTIQUE PAR KIRCHER

10 PRÉCEPTES de la Loi	Membres DE L'HOMME terrestre	Membres mystiques de L'HOMME CÉLESTE	Membres mystiques DE L'HOMME archétype	Membres mystiques auprès DES ORTHODOXES	NOMS de DIEU	SÉPHIROTH correspondantes
1	Cerveau	Ciel empyrée	Haroth	Séraphins	אהיה Sum qui Sum	Couronne
2	Poumon	1er mobile	Ophanim	Chérubins	יה Essence essentialisante	Sagesse
3	Cœur	Firmament	Aralim	Trônes	יהוה Dieu les Dieux	Intelligence
4	Estomac	Saturne	Haschemalim	Dominations	אל Dieu créateur	Grandeur
5	Foie	Jupiter	Seraphim	Vertus	אלוה Dieu puissant	Force
6	Fiel	Mars	Melachim	Puissances	אלהים Dieu fort	Beauté
7	Rate	Soleil	Elohim	Principautés	יהוהצבאות Dieu des Armées	Victoire
8	Reins	Vénus	Ben Elohim	Archanges	אלהים Seigneur des Armées	Gloire
9	Genitaires	Mercure	Cherubim	Anges	שדי Tout-Puissant	Fondement
10	Matrice	Lune	Ischim	Ames	אדני Seigneur	Royaume

3ᵉ MONDE (DIVIN), par le R. P. Esprit SABBATHIER (Ombre idéale de la Sagesse universelle).

M. S.	INTELLIGENCES DES SPHÈRES	ORDRES DES BIENHEUREUX	SÉPHIROTH	NOMS DE DIEU SELON LE NOMBRE DE LETTRES	NOMS DE DIEU KABBALISTIQUES
ד ע	Prince du Monde פמטרוד: Mittation	Séraphins Saints Animaux ם־וחחקורש: Bakkodest haroth	Couronne כפר: Kether	Moi :י I	Je serai אה־ה Ehie
ה פ	Courrier de Dieu בציאל: Ratsiel	Chérubins Roues אופנים: Ophanim	Sagesse חכמה Hochma	Dieu Être de soi אל יה El Iah	L'Être des Êtres Moi יהוה י Jehova I
י צ	Contemplation de Dieu צפקיאל Tsaphkiel	Trônes Puissants אוארים: Erelim	Intelligence ביכה Bina	Jésus Tout-puissant ישר: שדי Jeschou Schaddai	Dieu Être des Êtres אלהים יהוה Elohim Être des Êtres
ז ם	Justice de Dieu צדקיאל Tsadkiel	Dominations Étincelants םשמרים Haschmalim	Libéralité הסר: Hesed	Être des Êtres יהוה: Jehova	Dieu אל: El
ח ♂ י	Punition de Dieu סמאל Sammael	Puissances Enflammés שופים Seraphim	Force גבורה Gevoura	Sauveur Dieu Très haut יהשוה אלהים עליוד Jehoschouha Elohim Helim	Fort Dieu גברד אלהים Gilbora Elohim
ט ש	Qui est semblable à Dieu מיכאל Michael	Vertus Rois מלכים Melachim	Beauté פפאה Tiphereth	Dieu fort אל־גבור El Gilbora	Dieu אלוה Eloah
ו ♀ פ	Grâce de Dieu האכיאל Hanniel	Principautés Dieux אלהים Eloïm	Victoire כצה Netsah	Immuable אראריפא Ararita	Des armées Seigneur צבאופ יהרה Tseraoth Jehovah
כ ☿ י	Médecin de Dieu רפאל Raphael	Archanges Enfants de Dieu אלהים כבי Elohim Bené	Louanges הוד Hod	La Science de Dieu ודעפ יחוה Uedahath Jehova	Des armées Dieu צבאוח אלהים Tseraoth Jehovah
ד ס	Homme Dieu גבריאל Gavriel	Anges Base des enfants כובים Kervurim	Établissement יטוד Jesod	Des armées Seigneur צכאופ יהיה Tsevaoth Jehovah	Tout-puissant שדי Schaddaï
מ	Messie מטטרוד: Mittation	Ames bienheureuses Hommes אשם Ischim	Royauté כלכפה Malchouth	Des armées Dieu [illegible] Tsevaoth Elohim	Seigneur ארני Adonai
י ב	PAS DE NOM DE 11 LETTRES, MAUVAIS NOMBRE		D'APRÈS LES HÉBREUX		Lieu פקום Makom
ה כ ג			Saint-Esprit ש Rohk	Père Fils הקד ורוה אכ כד Odesh Veronah Ben Af	Dieu Uni Trinité אבלא Agla

Nous avons promis de finir notre exposé en donnant les plans des deux principaux traités qui ont été faits sur la question ; celui de *Kircher* et celui de *Lenain*. Le lecteur comprendra maintenant ces plans grâce à l'exposé qu'il vient de parcourir et il verra que nous avons fait tous nos efforts pour résumer au mieux cette partie de la kabbale hébraïque.

PLAN DE L'ÉTUDE DE KIRCHER

Ch. 1. Les noms divins. — Les divisions de la kabbale.
— 2. Histoire et origines de la kabbale.
— 3. Premier fondement de la kabbale. — L'alphabet, ordre mystique de ses caractères.
— 4. Les noms et surnoms de Dieu.
— 5. Les tables Zimph ou des combinaisons des alphabets hébraïques.
— 6. Du nom de 72 lettres (יהוה).
— 7. Le nom tétragrammatique de l'antiquité.
— 8. Très sainte théologie mystique des Hébreux. — Kabbale des dix Séphiroths ou numérations divines.
— 9. Des diverses représentations des Séphiroths et de leurs canaux, les 32 voies de la Sagesse.
— 10. Les 50 portes de l'Intelligence.

PLAN DE L'ÉTUDE DE LENAIN

Ch. 1. Du nom de Dieu et de ses attributs.
— 2. De l'origine des noms divins, leurs attributs et leur influence sur l'Univers. (Alphabet et sens des lettres.)
— 3. Explication des 72 attributs de Dieu et des 72 anges qui dominent sur l'Univers.
— 4. Les 72 noms.
— 5. Explication du calendrier sacré.
— 6. Les influences des 72 génies, leurs attributs et leurs mystères.
— 7. Les mystères (Kabbale pratique). Magie.

§ 5. — LA PHILOSOPHIE DE LA KABBALE

L'AME D'APRÈS LA KABBALE

2°. — *La philosophie de la Kabbale.*

La partie systématique de la Kabbale se trouve exposée dans le paragraphe précédent. Il nous reste à parler de la partie philosophique.

Nous avons fait, lors de la réédition de l'excellent livre de M. Ad. Franck, une critique de cet ouvrage dans laquelle nous résumions de notre mieux les enseignements doctrinaux de la Kabbale, en rattachant ces enseignements à quelques points de science contemporaine, selon notre habitude.

Nous ne pouvons mieux faire que de reproduire ce travail en le faisant suivre de la lettre que M. Franck nous adresse à ce propos. Ensuite, pour bien indiquer la profondeur des données kabbalistiques en ce qui concerne l'homme et ses transformations et l'identité de ces données avec la tradition orientale, nous terminerons ce paragraphe par une étude d'un kabbaliste allemand contemporain : *Carl de Leiningen.*

I

ANALYSE DU LIVRE DE M. FRANCK

LA KABBALE

M. Franck a fait de la Kabbale une étude très sérieuse et très approfondie mais au point de vue particulier des philosophes contemporains et de la critique universitaire. Il nous faudra donc résumer de notre mieux ses opinions à ce sujet; mais en mettant à côté celles des kabbalistes contemporains connaissant plus ou moins l'Ésotérisme. Ces deux points de vue quelque peu différents ne peuvent qu'éclairer d'un jour tout nouveau une question si importante en Science Occulte.

Ces considérations indiquent par elles-mêmes le plan que nous suivrons dans cette étude. Nous résumerons successivement les opinions de M. Franck sur la Kabbale elle-même, sur son antiquité et sur ses enseignements en discutant chaque fois les conclusions de cet auteur comparativement à celles des occultistes contemporains.

Nous devrons toutefois nous borner aux questions les plus générales, vu le cadre restreint dans lequel doit se développer notre article,

*
* *

Voyons d'abord le plan sur lequel est construit le livre de M. Franck.

La méthode suivie dans sa disposition est remarquable par la clarté avec laquelle des sujets si difficiles se présentent au lecteur.

Trois parties, une introduction et un appendice forment la charpente de l'ouvrage.

L'introduction et la préface donnent une idée générale de la Kabbale et de son histoire.

La première partie traite de l'antiquité de la Kabbale d'après ses deux livres fondamentaux, le Sepher Jesirah et le Zohar dont l'authenticité est admirablement discutée.

La seconde partie, la plus importante sans contredit, analyse les doctrines contenues dans ces livres, base des études kabbalistiques.

Enfin la *troisième partie* étudie les rapprochements du système philosophique de la Kabbale avec les écoles diverses qui peuvent présenter avec elle quelque analogie.

L'appendice est consacré à deux sectes de Kabbalistes.

En résumé, toutes ces matières peuvent se renfermer dans les questions suivantes :

1° *Qu'est-ce que la Kabbale et quelle est son antiquité?*

2° *Quels sont les enseignements de la Kabbale :*

Sur Dieu;

Sur l'Homme;

Sur l'Univers?

3° *Quelle est l'influence de la Kabbale sur la philosophie à travers les âges?*

Il nous faudrait un volume pour traiter comme il le mérite un tel sujet; mais nous devons nous contenter de ce que nous avons et nous borner aux indications strictement nécessaires à cet effet.

I

QU'EST-CE QUE LA KABBALE ET QUELLE EST SON ANTIQUITÉ ?

Se plaçant sur le terrain strict des faits établis sur une solide érudition, M. Franck définit ainsi la Kabbale :

« Une doctrine qui a plus d'un point de ressemblance avec celles de Platon et de Spinosa ; qui, par sa forme, s'élève quelquefois jusqu'au ton majestueux de la poésie religieuse ; qui a pris naissance sur la même terre et à peu près dans le même temps que le christianisme ; qui, pendant une période de douze siècles, sans autre preuve que l'hypothèse d'une antique tradition, sans autre mobile apparent que le désir de pénétrer plus intimement dans le sens des livres saints, s'est développée et propagée à l'ombre du plus profond mystère : voilà ce que l'on trouve, après qu'on les a épurés de tout alliage, dans les monuments originaux et dans les plus anciens débris de la Kabbale. »

Sur la première partie de cette définition tous les occultistes sont d'accord : la Kabbale constitue bien en effet *une doctrine traditionnelle,* ainsi que l'indique son nom même[1].

Mais nous différons entièrement d'avis avec M. Franck sur la question de *l'origine* de cette tradition.

Le critique universitaire ne peut s'écarter dans ses travaux de certaines règles établies dont la principale consiste à n'appuyer l'origine des doctrines qu'il étudie que sur les documents bien authentiques pour lui, sans s'occuper des affirmations plus ou moins intéressées des partisans de la doctrine étudiée.

C'est la méthode suivie par M. Franck dans ses recherches historiques au sujet de la Kabbale. Il détermine au mieux l'origine

1. « Il paraît, au dire des plus fameux rabbins, que Moyse lui-même, prévoyant le sort que son livre devait subir et les fausses interprétations qu'on devait lui donner par la suite des temps, eut recours à une loi orale, qu'il donna de vive voix à des hommes sûrs dont il avait éprouvé la fidélité, et qu'il chargea de transmettre dans le secret du sanctuaire à d'autres hommes qui, la transmettant à leur tour d'âge en âge, la fissent ainsi parvenir à la postérité la plus reculée. Cette loi orale que les Juifs modernes se flattent encore de posséder se nomme Kabbale, d'un mot hébreu qui signifie ce qui est reçu, ce qui vient d'ailleurs, ce qui se passe de main en main. »

(FABRE D'OLIVET, *Langue hébraïque restituée*, p. 29.)

des deux ouvrages fondamentaux de la doctrine : *le Sepher Jesirah* et le *Zohar* et infère de cette origine même celle de la Kabbale tout entière.

L'occultiste n'a pas à tenir compte de ces entraves. Un symbole antique est pour lui un monument aussi authentique et aussi précieux qu'un livre, et la tradition orale ne peut que transmettre des formules à forme dogmatique que la raison et la science doivent contrôler et vérifier ultérieurement.

Wronski définit les dogmes des *porismes*, c'est-à-dire des *problèmes à démontrer*[1], c'est pourquoi nous devons poser d'abord les dogmes traditionnels mais sans jamais les admettre avant de les avoir scientifiquement vérifiés.

Or, nous allons voir ce que la tradition occulte nous enseigne au sujet de l'origine de l'Ésotérisme et par suite de la Kabbale ellemême, en posant comme *problème à démontrer* ce que la science n'a pu encore éclaircir, mais en indiquant par contre les points où elle vient confirmer les conclusions de la tradition orale ou écrite de la Science Occulte.

∴

Chaque continent a vu se générer progressivement une flore et une faune couronnées par une race humaine. Les continents sont nés successivement de telle sorte que celui qui contenait la race humaine qui devait succéder à celle existante, naissait au moment où cette dernière était en pleine civilisation. Plusieurs grandes civilisations se sont ainsi succédé sur notre planète dans l'ordre suivant :

1° La civilisation colossale de l'Atlantide, civilisation créée par la *Race Rouge*, évoluée d'un continent aujourd'hui disparu, qui s'étendait à la place de l'océan Pacifique, suivant les uns, à la place de l'océan Atlantique suivant les autres ;

2° Au moment où la Race Rouge était en pleine civilisation, naissait un continent nouveau qui constitue l'*Afrique d'aujourd'hui*, générant, comme terme ultime d'évolution, la *Race Noire*.

Quand le cataclysme qui engloutit l'Atlantide se produisit, cataclysme désigné par toutes les religions sous le nom de *Déluge universel*, la civilisation passa rapidement aux mains de la Race

1. Wronski, *Messianisme ou réforme absolue du Savoir humain*, t. II, Introduction.

Noire, à qui les quelques survivants de la Race Rouge transmirent leurs principaux secrets.

3° Enfin, alors que les Noirs furent eux-mêmes arrivés à l'apogée de leur civilisation, naquit avec un nouveau continent (Europe-Asie) la *Race Blanche*, à qui devait passer postérieurement la suprématie sur la planète.

∴

Les données que nous venons de résumer là ne sont pas nouvelles. Ceux qui savent lire ésotériquement le Sepher de Moïse en trouveront la clef dans les premiers mots du livre, ainsi que nous l'a montré Saint-Yves d'Alveydre ; mais sans aller si loin, Fabre d'Olivet, dès 1820, dévoilait cette doctrine dans l'*Histoire philosophique du Genre Humain*. D'autre part, l'auteur de la *Mission des Juifs* nous fait voir l'application de cette doctrine dans le *Ramayana* lui-même.

La Géologie est venue prouver de concert avec l'Archéologie et l'Anthropologie la réalité de plusieurs points de cette tradition.

De plus, certains problèmes encore obscurs de la théorie de l'évolution, entre autres celui de la *diversité des couleurs* de la Race Humaine, trouvent là de précieuses données encore inconnues de nos jours de la Science officielle.

C'est donc de la Race Rouge que vient originairement la *tradition* et, si l'on veut bien se souvenir qu'*Adam* veut dire *terre rouge*, on comprendra pourquoi les Kabbalistes font venir leur science d'Adam lui-même.

Cette tradition eut donc comme sièges principaux de transmission : l'*Atlantide*, l'*Afrique*, l'*Asie* et enfin l'*Europe*.

L'Océanie et l'Amérique sont des vestiges de l'Atlantide, et d'un continent antérieur ; la Lémurie.

Beaucoup de ces affirmations dogmatiques étant encore pour le savant contemporain des *porismes* (problèmes à démontrer), nous nous contentons de les poser, sans discussion, et nous allons maintenant partir du point où en est arrivée la science officielle comme origine de l'Humanité : l'*Asie*.

∴

Toutes les traditions, celles des *Bohémiens*[1], des *Francs-*

1. Voy. la *Kabbale des Bohémiens*, n° 2 de l'*Initiation*.

Maçons[1], des *Égyptiens* et des *Kabbalistes*[2], corroborées par la Science officielle elle-même, sont d'accord pour considérer l'Inde comme l'origine de nos connaissances philosophiques et religieuses.

Le mythe d'*Abraham* indique, ainsi que l'a montré Saint-Yves d'Alveydre, le passage de la tradition indoue ou orientale en Occident; et comme la *Kabbale* que nous possédons aujourd'hui n'est autre chose que cette tradition adaptée à l'esprit occidental, on comprend pourquoi le plus vieux livre kabbalistique connu, le *Sepher Jesirah*, porte en tête la notice suivante :

LE LIVRE KABBALISTIQUE DE LA CRÉATION

EN HÉBREU, SEPHER JESIRAH

Par ABRAHAM

Transmis successivement oralement à ses fils; puis, vu le mauvais état des affaires d'Israël, confié par les sages de Jérusalem à des arcanes et à des lettres du sens le plus caché[3].

Pour prouver la vérité de cette affirmation, il nous faudra donc montrer les principes fondamentaux de la Kabbale et particulièrement *les Séphiroths* dans l'ésotérisme indou. Ce point qui a échappé à M. Franck, nous permettra de poser l'origine de la filiation bien au delà du premier siècle de notre ère. C'est ce que nous ferons tout à l'heure.

Pour le moment, contentons-nous de dire quelques mots de l'existence de cette tradition ésotérique dans l'antiquité, tradition qui existe réellement malgré l'avis de Littré[4], avis partagé en partie par un des auteurs du dictionnaire philosophique de Ad. Franck[5].

Chaque réformateur religieux ou philosophique de l'antiquité divisait sa doctrine en deux parties : l'une voilée à l'usage de la foule ou *exotérisme*, l'autre claire à l'usage des initiés ou *ésotérisme*.

Sans vouloir parler des Orientaux, Bouddha, Confucius ou

1. Voy. Ragon, *Orthodoxie Maçonnique*.
2. Voy. Saint-Yves d'Alveydre, *Mission des Juifs*.
3. Papus, le *Sepher Jesirah*, p. 5.
4. Préface à la 3e édit. de *Salverte* (Sciences occultes).
5. Article *Esotérisme*.

Zoroastre, l'histoire nous montre Orphée dévoilant l'ésotérisme aux initiés par la création des *mystères*, Moïse sélectant une tribu de prêtres ou initiés, celle de Lévi, parmi lesquels il choisit ceux à qui peut être confiée *la tradition*. Mais la transmission ésotérique de cette tradition devient indiscutable vers l'an 550 avant notre ère, avec Pythagore initié aux mêmes sources qu'Orphée et Moïse, en Égypte.

Pythagore avait un enseignement secret basé principalement sur les nombres, et les quelques bribes de cet enseignement que nous ont transmises les alchimistes[1], nous montrent son identité absolue avec la Kabbale dont il n'est qu'une traduction.

Cette tradition se perd d'autant moins parmi les disciples du grand philosophe qu'ils vont se retremper à sa source originelle, en Égypte, ou dans les mystères grecs. Tel est le cas de Socrate, de Platon et d'Aristote.

La lettre d'Alexandre le Grand adressée à son maître et l'accusant d'avoir dévoilé l'enseignement ésotérique, prouve que cet enseignement traditionnel et oral subsistait toujours à cette époque.

Nous en retrouverons encore mention dans Plutarque quand il dit que les serments scellent ses lèvres et qu'il ne peut parler; enfin il est inutile d'allonger notre travail de toutes les citations que nous pourrions encore faire, ces détails sont assez connus des occultistes pour qu'il ne soit pas nécessaire d'insister davantage.

Signalons en dernier lieu l'existence de cette tradition orale dans le christianisme alors que Jésus dévoile à ses disciples seuls le véritable sens des paraboles dans le discours sur la montagne et qu'il confie le secret total de la tradition ésotérique à son disciple favori, saint Jean.

L'*Apocalypse* est entièrement kabbalistique et représente le véritable ésotérisme chrétien.

L'antiquité de cette tradition ne peut donc faire aucun doute et *la Kabbale* est bien plus ancienne que l'époque que lui assigne M. Franck, du moins pour nous autres, occultistes occidentaux. En outre, elle a pris naissance sur une terre très éloignée de celle où est né le christianisme ainsi que nous le montreront *les Séphiroths indous*.

Mais il est temps d'arrêter là le développement de notre première question et de dire quelques mots des *enseignements de la Kabbale*.

1. Voy. Jean Dée, *Monas hieroglyphica in Theatrum Chemicum*.

II

ENSEIGNEMENTS DE LA KABBALE

On peut faire à M. Franck quelques critiques au sujet de la manière dont il présente les enseignements de la Kabbale. En effet, si les données kabbalistiques sur chaque sujet particulier sont analysées avec une science merveilleuse, aucun renseignement n'est fourni sur l'ensemble du système considéré synthétiquement. Par exemple, après avoir lu le chapitre IV, intitulé : *Opinions des Kabbalistes sur le Monde*, le lecteur connaît certains points de la tradition concernant les Anges, l'Astrologie, l'unité de Dieu et de l'Univers ; mais il est impossible de se faire, d'après ces données, une idée générale de la constitution du Cosmos.

Nous allons nous efforcer de présenter à nos lecteurs un résumé aussi clair que possible de ces traditions kabbalistiques, si bien analysées d'ailleurs par notre auteur. Pour être compréhensible dans des sujets aussi ardus, nous partirons dans notre analyse de l'étude de l'Homme, plus facilement appréciable pour la généralité des intelligences et nous n'aborderons qu'en dernier lieu les données métaphysiques sur Dieu.

1° *Enseignements de la Kabbale sur l'Homme.*

La Kabbale enseigne tout d'abord que l'homme représente exactement en lui la constitution de l'Univers tout entier. De là le nom de *Microcosme* ou *Petit Monde* donné à l'homme en opposition au nom *Macrocosme* ou *Grand Monde* donné à l'Univers.

Quand on dit que l'Homme est l'image de l'Univers, cela ne veut pas dire que l'Univers soit un animal vertébré. C'est des principes constitutifs, *analogues* et *non semblables*, qu'on veut parler.

Ainsi des cellules de formes et de constitution très variées se groupent chez l'Homme pour former *des organes*, comme l'estomac, le foie, le cœur, le cerveau, etc.,. Ces organes se groupent également entre eux pour former *des appareils* qui donnent naissance à *des fonctions*. (Groupement des poumons, du cœur, des artères et des veines pour former l'*appareil de la circulation*, groupement des lobes cérébraux, de la moelle, des nerfs sensitifs et des nerfs moteurs pour former l'*appareil de l'innervation*, etc.).

Eh bien, d'après la méthode de la Science Occulte : l'analogie, les objets qui suivront *la même loi* dans l'Univers seront analogues aux organes et aux appareils dans l'Homme. La Nature nous montre des êtres, de formes et de constitution très variées (êtres minéraux, êtres végétaux, êtres animaux, etc.,) se groupant pour former *des planètes*. Ces planètes se groupent entre elles pour former *des systèmes solaires. Le jeu des Planètes* et de leurs satellites donne naissance à *la Vie de l'Univers* comme *le jeu des organes* donne naissance à *la Vie de l'Homme*. L'organe et les Planètes sont donc deux êtres analogues, c'est-à-dire agissant d'après *la même loi;* cependant Dieu sait si le Cœur et le Soleil sont des formes différentes ! Ces exemples nous montrent l'application des données kabbalistiques à nos sciences exactes, ils font partie d'un travail d'ensemble en cours d'exécution depuis bientôt cinq ans et qui n'est pas près d'être terminé. Aussi bornons là ces développements sur l'analogie et revenons à la constitution du Microcosme, maintenant que nous savons pourquoi l'Homme est appelé ainsi.

La Kabbale considère la Matière comme une adjonction créée postérieurement à tous les êtres, à cause de la chute adamique. Jacob Boehm et Saint-Martin ont suffisamment développé cette idée parmi les philosophes contemporains pour qu'il soit inutile de s'y attarder trop longtemps. Cependant il fallait établir ce fait pour expliquer pourquoi dans la constitution de l'Homme aucun des trois principes énoncés ne représente *la matière* de notre corps.

L'Homme, d'après les Kabbalistes, est composé de trois éléments essentiels :

1° *Un élément inférieur*, qui n'est pas le corps matériel puisque essentiellement la matière n'existait pas, mais qui est le principe déterminant la forme matérielle :

NEPHESCH.

2° *Un élément supérieur*, étincelle divine, l'âme de tous les idéalistes, l'esprit des occultistes :

NESCHAMAH.

Ces deux éléments sont entre eux comme l'huile et l'eau. Ils sont d'essence tellement différente qu'ils ne pourraient jamais entrer en rapports l'un avec l'autre, sans un *troisième terme*, participant de leurs deux natures et les unissant [1].

1. Comme en chimie les carbonates alcalins unissent l'huile et l'eau par la saponification.

3° *Ce troisième élément*, médiateur entre les deux précédents, c'est la vie des savants, l'esprit des philosophes, l'âme des occultistes :

RUAH.

Nephesch, Ruah et Neschamah sont les trois principes *essentiels*, les termes ultimes auxquels aboutit l'analyse, mais chacun de ces éléments est lui-même *composé de plusieurs parties*. Ils correspondent à peu près à ce que les savants modernes désignent par :

Le Corps, la Vie, la Volonté.

Ces trois éléments se synthétisent cependant dans *l'unité de l'être*, si bien qu'on peut représenter l'homme schématiquement par trois points (les trois éléments ci-dessus) enveloppés dans un cercle ainsi :

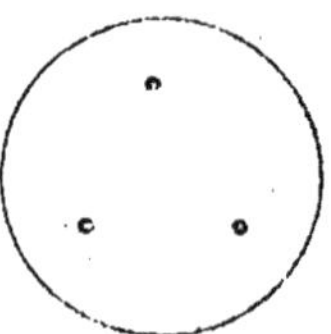

Maintenant que nous connaissons l'opinion des Kabbalistes sur la constitution de l'Homme, disons quelques mots de ce qu'ils pensent des deux points suivants : D'où vient-il ? Où va-t-il ?

* * *

M. Franck développe très bien ces deux points importants. L'Homme vient de Dieu et y retourne. Il nous faut donc considérer trois phases principales dans cette évolution :

1° Le point de Départ ;

2° Le point d'Arrivée ;

3° Ce qui se passe entre le Départ et l'Arrivée.

1° *Départ*. — La Kabbale enseigne toujours la doctrine de l'Émanation. L'homme est donc *émané* primitivement de Dieu à l'état d'Esprit pur. A l'image de Dieu constitué en Force et Intelligence (Chocmah et Binah) c'est-à-dire en positif et négatif, il est constitué en mâle et femelle, Adam-Ève, formant à l'origine *un seul être*. Sous l'influence de la chute [1] deux phénomènes se produisent :

1. Le cadre trop restreint de notre étude ne nous permet pas d'approfondir ces données métaphysiques et de les analyser scientifiquement. Voy. pour plus de détails, le *Cain* de Fabre d'Olivet.

1° La division de l'être unique en une série d'êtres-androgynes Adams-Èves ;

2° La matérialisation et la subdivision de chacun de ces êtres androgynes en deux êtres matériels et de sexes séparés, un homme et une femme. C'est l'état terrestre.

Il faut cependant remarquer, ainsi que nous l'enseigne le Tarot, que chaque homme et chaque femme contiennent en eux une image de leur unité primitive. Le cerveau est Adam, le Cœur est Ève en chacun de nous.

2° *Transition du Départ à l'Arrivée.* — L'homme matérialisé et soumis à l'influence des passions doit *volontairement et librement* retrouver son état primitif; il doit recréer son immortalité perdue. Pour cela il se *réincarnera* autant de fois qu'il le faudra jusqu'à ce qu'il ait su se racheter par la force universelle et toute-puissante entre toutes : l'Amour.

La Kabbale, à l'image des centres indous d'où nous vient le mouvement néo-bouddiste, enseigne donc la *réincarnation* et par suite la *préexistence*, ainsi que le remarque M. Franck ; mais elle s'écarte totalement des conclusions théosophiques indoues sur le moyen du rachat et nous ne pouvons ici que reproduire l'avis d'un des occultistes les plus instruits que possède la France : *F. Ch. Barlet.*

« S'il m'est permis de hasarder ici une opinion personnelle, je dirai que les doctrines hindoues me semblent plus vraies au point de vue *métaphysique*, abstrait, les doctrines chrétiennes au point de vue *moral*, sentimental, concret : le Christianisme, le Zohar, la Kabbale, dans leur admirable symbolisme laissent plus d'incertitude, de vague dans l'intelligence philosophique (par exemple, quand ils représentent la *chute* comme source du *mal*, sans définir ni l'un ni l'autre, car cette définition donnerait un tout autre tour intellectuel à la question).

« Mais ce Panthéisme indien, qu'il soit matérialiste comme dans l'école du Sud, ou idéaliste comme dans celle du Nord, arrive à négliger, à méconnaître, à repousser même tout sentiment et spécialement l'*Amour* avec toute son immense portée mystique, occulte.

« L'un ne parle qu'à l'intelligence, l'autre ne parle qu'à l'âme.

« On ne peut donc posséder complètement la doctrine théosophique qu'en interprétant le symbolisme de l'un par la métaphysique de l'autre. Alors et alors seulement les deux pôles ainsi animés l'un par l'autre font resplendir, par les splendeurs du monde divin, l'incroyable richesse du langage symbolique, seul capable de rendre pour l'homme les palpitations de la Vie absolue ! »

3° *Arrivée.* — L'homme doit donc constituer d'abord son androgynat primitif pour réformer synthétiquement l'être premier provenant de la division du grand Adam-Ève.

Ces êtres androgynes reconstitués doivent, à leur tour, se synthétiser entre eux jusqu'à s'identifier à leur origine première : Dieu. La Kabbale enseigne donc, aussi bien que l'Inde, la théorie de l'involution et de l'évolution et le retour final au *Nirvâna.*

Malgré mon désir de ne pas allonger ce résumé par des citations, je ne puis résister ici au plaisir de citer d'après M. Franck (p. 189) un passage très explicatif :

« Parmi les différents degrés de l'existence (qu'on appelle aussi les sept tabernacles), il y en a un, désigné sous le titre de saint des saints, où toutes les âmes vont se réunir à l'âme suprême et se compléter les unes par les autres. Là tout rentre dans l'unité et dans la perfection, tout se confond dans une seule pensée qui s'étend sur l'univers et le remplit entièrement ; mais le fond de cette pensée, la lumière qui se cache en elle ne peut jamais être ni saisie, ni connue, on ne saisit que la pensée qui en émane. Enfin, dans cet état, la créature ne peut plus se distinguer du créateur ; la même pensée les éclaire, la même volonté les anime ; l'âme aussi bien que Dieu commande à l'Univers, et ce qu'elle ordonne. Dieu l'exécute. »

En résumé, toutes ces données métaphysiques sur la chute et la réhabilitation se réduisent exactement à des lois que nous voyons chaque jour en action expérimentalement, lois qui peuvent s'énoncer à trois termes :

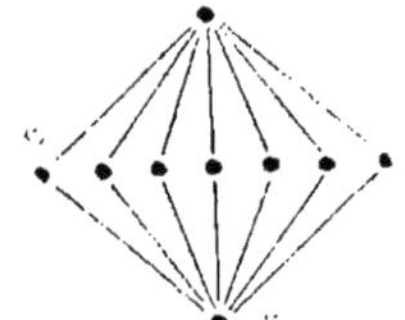

I. Unité.

II. Départ de l'Unité. Multiplicité.

III. Retour à l'Unité.

Edgar Poë dans son *Eureka* a fait une application de ces lois à l'Astronomie. Si nous avions la place nécessaire nous pourrions les appliquer aussi bien à la Physique et à la Chimie expérimentale, mais notre étude est déjà fort longue et il est grand temps d'en venir à l'opinion des Kabbalistes sur l'Univers.

2° *Enseignements de la Kabbale sur l'Univers.*

Nous avons vu que les Planètes formaient les organes de l'Univers et que de leur jeu résultait la vie de cet Univers.

Chez l'homme la vie s'entretient par le courant sanguin qui baigne tous les organes, répare leur perte et entraîne les éléments inutiles.

Dans l'Univers la vie s'entretient par les courants de lumière qui baignent toutes les planètes et y répandent à flots les principes de génération.

Mais, dans l'homme, chacun des globules sanguins, récepteur et transmetteur de la vie, est un être véritable, constitué *à l'image* de l'homme lui-même. Le courant vital humain contient donc des êtres en nombre infini.

Il en est de même des courants de lumière et telle est l'origine *des anges, des forces personnifiées* de la Kabbale et aussi de toute une partie de la tradition que M. Franck n'a pas abordée dans son livre : *la Kabbale pratique.*

La Kabbale pratique comprend l'étude de ces êtres invisibles, récepteurs et transmetteurs de la Vie de l'Univers, contenus dans les courants de lumière. Les Kabbalistes s'efforcent d'agir sur ces êtres et de connaître leurs pouvoirs respectifs ; de là toutes les données d'Astrologie, de Démonologie, de Magie contenues dans la Kabbale.

Mais dans l'Homme la force vitale transmise par le sang et ses canaux n'est pas la seule qui existe. Au-dessus de cette force et la dirigeant dans sa marche, il en existe une autre : c'est la force nerveuse.

Le fluide nerveux, qu'il agisse à l'insu de la conscience de l'individu dans le système de la Vie Organique (Grand-Sympathique, Corps Astral des Occultistes) ou qu'il agisse consciemment par la Volonté (cerveau et nerfs rachidiens), domine toujours les phénomènes vitaux.

Ce fluide nerveux n'est pas porté, comme la Vie, par des êtres particuliers (globules sanguins). Il part d'un être situé dans une retraite mystérieuse (la cellule nerveuse) et aboutit à un centre de réception. Entre celui qui ordonne et celui qui reçoit il n'y a rien qu'un canal conducteur.

Dans l'Univers il en est de même d'après la Kabbale. Au-dessus ou plutôt au dedans de ces courants de lumière, il existe un fluide mystérieux indépendant des êtres créateurs de la Nature comme la force nerveuse est indépendante des globules sanguins. Ce fluide est directement émané de Dieu, bien plus, il est le corps même de Dieu. C'est l'*esprit de l'Univers*

L'Univers nous apparaît donc constitué comme l'Homme :

1° D'*un Corps*. Les Astres et ce qu'ils contiennent ;

2° D'*une Vie*. Les courants de lumière baignant les astres et contenant les *Forces actives* de la Nature, les Anges ;

3° D'*une Volonté* directrice se transmettant partout au moyen du fluide invisible aux sens matériels, appelé par les Occultistes : Magnétisme Universel, et par les Kabbalistes *Aour* אור, c'est l'*Or* des Alchimistes, la cause de l'Attraction universelle ou *Amour des Astres*.

Disons de plus que l'Univers, comme l'Homme, est soumis à une involution et à une évolution périodiques et qu'il doit finalement être réintégré dans son origine : Dieu, comme l'Homme.

Pour terminer ce résumé sur l'Univers, montrons comment *Barlet* arrive par d'autres voies aux conclusions de la Kabbale à ce sujet :

Nos sciences positives donnent pour dernière formule du monde sensible :

Pas de matière sans force ; pas de force sans matière.

Formule incontestable, mais incomplète, si l'on n'y ajoute le commentaire suivant :

1° La combinaison de ce que nous nommons *Force* et *Matière* se présente en toutes proportions depuis ce que l'on pourrait appeler la *Force* matérialisée (la roche, le minéral, le corps chimique simple) jusqu'à la *Matière subtilisée* ou *Matière Force* (le grain de pollen, le spermatozoïde, l'atome électrique) ; la *Matière* et la *Force*, bien que nous ne puissions les isoler, s'offrent donc comme les limites mathématiques extrêmes et opposées (ou de signes contraires) d'une série dont nous ne voyons que quelques termes moyens ; limites abstraites mais indubitables ;

2° Les termes de cette série, c'est-à-dire les individus de la nature, ne sont jamais stables ; la *Force*, dont la mobilité infinie est le caractère, entraîne comme à travers un courant continuel d'un pôle à l'autre la matière essentiellement inerte qui s'accuse par un contre-courant de retour. C'est ainsi, par exemple, qu'un atome de phosphore emprunté par le végétal aux phosphates minéraux deviendra l'élément d'une cellule cérébrale humaine (matière subtilisée) pour retomber par désintégration dans le règne minéral inerte.

3° Le mouvement, résultat de cet équilibre instable, n'est pas désordonné ; il offre une série d'harmonies enchaînées que nous appelons *Lois* et qui se synthétisent à nos yeux dans la loi suprême de l'*Évolution*.

La conclusion s'impose : Cette synthèse harmonieuse de phénomènes est la manifestation évidente de ce que nous nommons *une Volonté*.

Donc, d'après la science positive, le monde sensible est l'expression d'une volonté qui se manifeste par l'équilibre instable, mais progressif de la Force et de la Matière.

Il se traduit par ce quaternaire :

I. Volonté (source simple)
III. Force (Éléments de la Volonté polarisés) —
II. Matière — IV. Le Monde Sensible
(Résultat de leur équilibre instable, dynamique)[1].

3° *Enseignement de la Kabbale sur Dieu.*

L'Homme est fait à l'image de l'Univers, mais l'Homme et l'Univers sont faits à l'image de Dieu.

Dieu en lui-même est inconnaissable pour l'Homme, c'est ce que proclament aussi bien les Kabbalistes par leurs *Ain-Soph* que les Indous par leur *Parabrahm*. Mais il est susceptible d'être compris dans ses manifestations.

La première manifestation Divine, celle par laquelle Dieu créant le principe de la Réalité crée par là même éternellement sa propre immortalité : c'est la Trinité [2].

Cette Trinité première, prototype de toutes les lois naturelles, formule scientifique absolue autant que principe religieux fondamental, se retrouve chez tous les peuples et dans tous les cultes plus ou moins altérée.

Que ce soit *le Soleil, la Lune et la Terre ; Brahma, Vichnou, Siva ; Osiris-Isis, Horus* ou *Osiris, Ammon, Phta ; Jupiter, Junon, Vulcain ; le Père, le Fils, le Saint-Esprit* ; toujours elle apparaît identiquement constituée.

La Kabbale la désigne par les trois noms suivants :

Chocmah, Binah,
Kether.

1. F.-Ch. Barlet, *Initiation*.
2. Voy. Wronski, *Apodictique Messianique* ; ou Papus, *le Tarot* où le passage de Wronski est cité *in extenso*.

Ces trois noms forment la première trinité des Dix *Sephiroth* ou Numérations.

Ces dix Sephiroth expriment les attributs de Dieu. Nous allons voir leur constitution.

Si nous nous rappelons que l'Univers et l'Homme sont chacun composés essentiellement d'un Corps, d'une Ame ou Médiateur et d'un Esprit, nous serons amenés à rechercher la source de ces principes en Dieu même.

Or les trois éléments ci-dessus énoncés: *Kether*, *Chocmah* et *Binah* représentent bien Dieu ; mais comme la conscience représente à elle seule l'homme tout entier, en un mot ces trois principes constituent l'analyse de l'*esprit de Dieu*.

Quelle est donc la *Vie de Dieu ?*

La Vie de Dieu c'est le ternaire que nous avons étudié tout d'abord, le ternaire constituant l'Humanité, dans ses deux pôles, Adam et Ève.

Enfin le *Corps de Dieu* est constitué par cet Univers dans sa triple manifestation.

En somme, si nous réunissons tous ces éléments nous obtiendrons la définition suivante de Dieu :

Dieu est *inconnaissable dans son essence*, mais il est *connaissable dans ses manifestations*.

L'Univers constitue SON CORPS, *Adam-Ève* constitue SON AME, et *Dieu lui-même* dans sa double polarisation constitue SON ESPRIT, ceci est indiqué par la figure suivante :

	—	∞	+	
Esprit de Dieu	*Binah*	KETHER	*Chocmah*	Monde Divin *Le Père,* BRAHMA
Ame de Dieu	*Ève*	ADAM-ÈVE *Humanité*	*Adam*	Monde Humain *Le Fils,* VICHNOU
Corps de Dieu	*La Nature Naturée*	L'UNIVERS[1]	*La Nature Naturante*	Monde Naturel *Le St-Esprit,* SIVA

Ces trois ternaires, tonalisés dans l'Unité, forment *les Dix Sephiroth.*

Ou plutôt ils sont l'image des Dix Sephiroth *qui représentent le développement des trois principes premiers de la Divinité dans tous ses attributs.*

Ainsi Dieu, l'Homme et l'Univers sont bien constitués en dernière analyse par *trois termes;* mais dans le développement de tous leurs attributs ils sont composés chacun de *Dix termes* ou d'*Un ternaire* ayant acquis son développement dans le *Septénaire* ($3 + 7 = 10$).

Les Dix Sephiroth de la Kabbale peuvent donc être prises dans plusieurs acceptions :

1° Elles peuvent être considérées comme représentant Dieu, l'Homme et l'Univers, c'est-à-dire l'Esprit, l'Ame et le Corps de Dieu ;

2° Elles peuvent être considérées comme exprimant le développement de l'un quelconque de ces trois grands principes.

C'est de la confusion entre ces diverses acceptions que naissent les obscurités apparentes et les prétendues contradictions des Kabbalistes au sujet des Sephiroth. Un peu d'attention suffit pour discerner la vérité de l'erreur.

On trouvera des détails nombreux sur ces Sephiroth dans le

1. Cette figure est tirée du *Tarot des Bohémiens*, par Papus, où l'on trouvera des explications complémentaires.

livre de M. Franck (chap. III), mais surtout dans le remarquable travail kabbalistique publié par *Stanislas de Guaita* dans le n° 6 de l'*Initiation* (p. 210-217). Le manque de place nous oblige à renvoyer le lecteur à ces sources importantes.

Il ne faudrait pas croire cependant que cette conception d'un ternaire se développant dans un septénaire fût particulière à la Kabbale. Nous retrouvons la même idée dans l'Inde dès la plus haute antiquité, ce qui est une preuve importante de l'ancienneté de la tradition kabbalistique.

***

Pour étudier ces *Sephiroth indous*, il ne faut pas s'en tenir uniquement aux enseignements transmis dans ces dernières années par la *Société Théosophique*. Ces enseignements manquent en effet presque toujours de méthode et, s'ils sont lumineux sur certains points de détail, ils sont en échange fort obscurs dès qu'il s'agit de présenter une synthèse bien assise dans toutes ses parties. Les auteurs qui ont essayé d'introduire de la méthode dans la doctrine théosophique, *Soubba-Rao*, *Sinnet* et le *Dr Harttmann*, n'ont pu aborder que des questions fort générales quoique très intéressantes et leurs œuvres, pas plus que celles de *Mme H. P. Blavatsky*, ne fournissent des éléments suffisants pour établir les rapports entre les Sephiroth de la Kabbale et les doctrines indoues.

Le meilleur travail, à notre avis, sur la Théogonie occulte de l'Inde a été fait en Allemagne vers 1840 [1] par le *Dr Jean Malfatti de Montereggio*. Cet auteur est parvenu à retrouver l'Organon mystique des anciens Indiens et par là-même à tenir la clef du Pythagorisme et de la Kabbale elle-même. Il arrive ainsi à reconstituer une *synthèse véritable*, alliance de la Science et de la Foi, qu'il désigne sous le nom de MATHÈSE.

Or voici, d'après cet auteur, la constitution de la décade divine (p. 18) :

« Le premier acte (encore en soi) de révélation de Brahm fut celui de la *Trimurti*, trinité métaphysique des forces divines (procédant à l'acte créateur) de la création, de la conservation, et de la destruction (du changement) qui sous le nom de Brahma, Wishnou et Schiwa ont été personnifiées et regardées comme étant dans un accouplement intérieur mystique (*e circulo triadicus Deus egreditur*).

1. La date de cet ouvrage indique l'orthographe des noms indous employés par l'auteur. Cette orthographe s'est modifiée aujourd'hui.

« Cette première Trimurti divine passe alors dans une révélation extérieure, et dans celle des sept puissances précréatrices, ou dans celle du premier développement métaphysique septuple personnifié par les allégories de *Maïa*, *Oum*, *Haranguerbehah*, *Porsh*, *Pradiapat*, *Prakrat* et *Pran*. »

Chacun de ces dix principes est analysé dans ses acceptions et dans ses rapports avec les nombres pythagoriciens. De plus, l'auteur examine et analyse dix statues symboliques indiennes qui représentent chacune un de ces principes. L'antiquité de ces symboles prouve assez l'antiquité de la tradition elle-même.

Nous ne pouvons que résumer pour aujourd'hui les rapports des Sephiroth indous et kabbalistiques avec les nombres. Peut-être ferons-nous bientôt une étude spéciale sur un sujet si important.

Un rapprochement bien intéressant peut encore être fait entre la trinité alphabétique du Sepher Jesirah EMeS אמש et la trinité alphabétique indoue AUM. Mais ces sujets demandent un trop grand développement pour être traités dans ce résumé.

SEPHIROTH KABBALISTIQUES	NOMBRES	SEPHIROTH INDOUS
Kether.	1	Brahma.
Chocmah.	2	Vichnou.
Binah	3	Siva.
Chesed.	4	Maïa.
Geburah	5	Oum.
Tiphereth	6	Haranguerbehah.
Hod	7	Porsch.
Netzah.	8	Pradiapat.
Iesod	9	Prakrat.
Malchut	10	Pran.

Une dernière considération qu'on peut faire est tirée de cette définition de Dieu donnée ci-dessus, définition corroborée par les enseignements du Tarot qui représente la Kabbale égyptienne.

La philosophie matérialiste étudie le *corps de Dieu* ou l'Univers et adore à son insu la manifestation inférieure de la divinité dans le Cosmos : le Destin.

C'est en effet *au Hasard* que le matérialisme attribue le groupement primitif des atomes, proclamant ainsi, quoique athée, un principe créateur.

La philosophie panthéiste étudie *la vie de Dieu* ou cet être collectif appelé par la Kabbale Adam-Ève[1] (יהוה). C'est l'humanité qui s'adore elle-même dans un de ses membres constituants.

Les Théistes et les Religions étudient surtout l'*Esprit de Dieu*. De là leurs discussions subtiles sur les trois personnes et leurs manifestations.

Mais la Kabbale est au-dessus de chacune de ces croyances philosophiques ou religieuses. Elle synthétise le Matérialisme, le Panthéisme et le Théisme dans un même total dont elle analyse les parties sans cependant pouvoir définir cet ensemble autrement que par la formule mystérieuse de Wronski :

X.

III

INFLUENCE DE LA KABBALE SUR LA PHILOSOPHIE

Cette partie du livre de M. Franck est forcément très remarquable. La profonde érudition de l'auteur ne pouvait manquer de lui fournir de précieuses sources et des rapprochements instructifs et nombreux au sujet de l'influence de la Kabbale dans les systèmes philosophiques postérieurs.

La doctrine de Platon est d'abord envisagée à ce point de vue. Après quelques points de contact, M. Franck conclut à l'impossibilité de la création de la Kabbale par des disciples de Platon. Mais le contraire ne serait-il pas possible?

Si, ainsi que nous l'avons dit à propos de l'antiquité de la tradition, la Kabbale n'est que la traduction hébraïque de ces vérités traditionnelles enseignées dans tous les temples et surtout en Égypte, qu'y a-t-il d'impossible à ce que Platon ne se soit fortement inspiré non pas de la Kabbale elle-même, telle que nous la connaissons aujourd'hui, mais de cette philosophie primordiale origine de la Kabbale?

Qu'allaient donc faire tous ces philosophes grecs en Égypte et qu'apprenaient-ils dans l'Initiation aux mystères d'Isis? C'est là un point que la critique universitaire devrait bien éclaircir.

Imbu de son idée de l'origine de la Kabbale au commencement

1. Voy. à ce sujet le travail de Stanislas de Guaita dans le *Lotus* et Louis Lucas, *Chimie nouvelle*, Introduction.

de l'ère chrétienne, M. Franck compare avec la tradition *la philosophie néo-platonicienne d'Alexandrie*, et conclut que ces doctrines sont sœurs et émanées d'une même origine.

L'étude *de la doctrine de Philon*, dans ses rapports avec la Kabbale, ne montre pas non plus l'origine de la tradition (chap. III).

Le Gnosticisme, analysé dans le chapitre suivant, présente de remarquables similitudes avec la Kabbale, mais n'en peut être non plus l'origine.

C'est *la religion des Perses* qui est pour M. Franck le *rara avis* tant cherché, le point de départ de la doctrine kabbalistique.

Or, il suffit de parcourir le chapitre IX d'un livre trop peu connu de nos savants : *la Mission des Juifs* de Saint-Yves d'Alveydre pour y trouver résumée au mieux l'application de la tradition ésotérique aux divers cultes antiques, y compris celui de Zoroastre. Mais ce sont là des points d'histoire qui ne seront universitairement connus que dans quelque vingt ans, aussi attendons-nous avec patience cette époque.

Nous avons dit déjà l'opinion des occultistes contemporains sur l'origine de la Kabbale. Inutile donc d'y revenir.

Rappelons seulement l'influence de la tradition ésotérique sur Orphée, Pythagore, Platon, Aristote et toute la philosophie grecque d'une part, sur Moïse, Ézéchiel et les prophètes hébreux de l'autre, sans compter l'école d'Alexandrie, les sectes gnostiques et le christianisme ésotérique dévoilée dans *l'Apocalypse* de saint Jean ; rappelons tout cela, et disons rapidement quelques mots de l'influence qu'a pu exercer la tradition sur la philosophie moderne.

Les Alchimistes, les Rose-Croix et *les Templiers* sont trop connus comme kabbalistes pour en parler autrement. Il suffit à ce propos de signaler la grande réforme philosophique produite par *l'Ars Magna* de *Raymond Lulle.*

Spinosa a beaucoup étudié la Kabbale, et son système se ressent au plus haut point de cette étude, ainsi que du reste l'a fort bien vu M. Franck.

Un point d'histoire moins connu, c'est que *Leibniz* a été initié aux traditions ésotériques par Mercure Van Helmont, le fils du célèbre occultiste, savant remarquable lui-même. L'auteur de la Monadologie a été aussi en rapports très suivis avec les Rose-Croix.

La philosophie allemande touche du reste par bien des points à la Science Occulte, c'est un fait connu de tous les critiques.

Signalons en dernier lieu la *Franc-Maçonnerie* qui possède encore de nombreuses données kabbalistiques.

*
* *

CONCLUSION

Nous avons voulu, tout en analysant l'œuvre remarquable et désormais indispensable de M. Franck, résumer chemin faisant l'opinion des Kabbalistes contemporains sur cette importante question.

Nous ne différons d'opinion avec M. Franck que sur l'origine de cette tradition. Les savants contemporains ont une tendance à placer au second siècle de notre être le point de départ de la Science Occulte dans toutes ses branches. C'est l'avis de notre auteur au sujet de la Kabbale, c'est aussi l'avis d'un autre savant éminent, *M. Berthelot*, au sujet de l'alchimie [1]. Ces opinions viennent de la difficulté qu'éprouvent les critiques autorisés à consulter les sources véritables de l'Occultisme. Un symbole n'est pas considéré comme une preuve de la valeur d'un manuscrit; mais prenons patience et l'une des plus intéressantes branches de la Science, l'Archéologie, fournira bientôt de précieuses indications dans cette voie aux chercheurs sérieux.

Quoi qu'on en dise, l'Occultisme a bien besoin d'être un peu étudié par nos savants; ceux-ci apportent dans cette étude leurs préjugés, leurs convictions toutes faites; mais ils apportent aussi des qualités bien rares et bien précieuses : leur érudition et leur amour de la méthode.

Il est désolant pour les chercheurs consciencieux de constater l'ignorance étrange que beaucoup de partisans de la Science Occulte ont de nos sciences exactes. Il faut cependant mettre hors de cause à ce sujet les Kabbalistes contemporains comme Stanislas de Guaita, Joséphin Péladan, Albert Jhouney. La Science Occulte ne forme que le degré synthétique, métaphysique de notre science positive et ne peut vivre sans son appui, ainsi que l'a montré, dans le nº 8 de l'*Initiation* [2], un savant doublé d'un remarquable occultiste, *M. F. Ch. Barlet*.

La réédition du livre de M. Franck constitue donc un véritable événement pour la révélation des doctrines qui nous sont chères à tous, et nous ne pouvons que remercier bien vivement l'auteur du courage et de la patience qu'il a déployés dans l'étude de si arides

1. Berthelot, *Des Origines de l'Alchimie*, 1886, in-8°.
2. *Cours méthodique de Science Occulte*.

sujets, tout en conseillant fortement à tous nos lecteurs de réserver une place dans leur bibliothèque à *la Kabbale* de Ad. Franck, qui est un des livres fondamentaux de la Science Occulte.

LETTRE DE M. AD. FRANCK, DE L'INSTITUT

A Monsieur Papus, directeur de l'*Initiation*.

Monsieur,

Je vous suis très reconnaissant de la manière dont vous avez rendu compte dans l'*Initiation* de mon vieux livre de la *Kabbale*. J'ai été d'autant plus susceptible à vos éloges qu'ils attestent une connaissance approfondie et un grand amour du sujet.

Mais ce qui m'a charmé dans votre article, ce n'est pas seulement la part personnelle que vous m'y faites, c'est la manière dont vous rattachez mon modeste volume à toute une science fondée sur le symbolisme et la méthode ésotérique. Je n'ai pu, en vous lisant, m'empêcher de penser à Louis XIV, conservant à Versailles le modeste rendez-vous de chasse de son père en l'encadrant dans un immense palais.

Bien que mon esprit, que vous qualifiez d'universitaire, mais qui veut simplement rester fidèle aux règles de la critique, se refuse à vous suivre dans vos magnifiques développements, je vois avec plaisir qu'en face du positivisme et de l'évolutionisme de notre temps, il se forme, il s'est déjà formé une vaste gnose qui réunit dans son sein, avec les données de l'ésotérisme juif et chrétien, le bouddhisme, la philosophie d'Alexandrie et le panthéisme métaphysique de plusieurs écoles modernes.

Ce réactif est nécessaire contre les déchéances et les dessèchements dont nous sommes les victimes et les témoins. La *Mission des Juifs*, que vous citez souvent dans votre *Revue*, est un des grands facteurs de ce mouvement.

Je vous recommanderai seulement, dans ma vieille expérience, de ne pas aller trop loin. Les symboles et les traditions ne doivent pas être négligés comme ils le sont généralement par les philosophes; mais le génie, la vie spontanée de la conscience et de la raison doivent aussi être comptés pour quelque chose, sans cela l'histoire de l'humanité n'est rien qu'une table d'enregistrement.

Veuillez agréer, monsieur, l'assurance de mes sentiments les plus distingués.

AD. FRANCK.

∴

Nous venons d'exposer la doctrine kabbalistique sans entrer dans aucun détail.

Aussi donnons-nous *in extenso* l'étude suivante pour montrer qu'il existe encore en plein XIXe siècle d'éminents kabbalistes et que leurs travaux résument au mieux les données de la tradition ésotérique.

*
* *

COMMUNICATION FAITE A LA SOCIÉTÉ PSYCHOLOGIQUE DE MUNICH A LA SÉANCE DU 5 MARS 1887 PAR C. DE LEININGEN.

L'AME D'APRÈS LA QABALAH

1. — *L'âme pendant la vie.*

Parmi toutes les questions dont s'occupe la philosophie en tant que science exacte, celle de notre propre essence, de l'immortalité et de la spiritualité de notre Moi interne, n'a jamais cessé de préoccuper l'humanité. Partout et en tout temps les systèmes et les doctrines sur ce sujet se sont succédé rapidement, variés et contradictoires, et le mot « Ame » a servi à désigner les formes d'existences ou les nuances d'êtres les plus variées. De toutes ces doctrines antagonistes, c'est, sans contredit, la plus ancienne — la philosophie transcendante des Juifs — la Qabalah[1] qui est aussi la plus rapprochée peut-être de la vérité. Transmise oralement — comme son nom l'indique — elle remonte jusqu'au berceau de l'espèce humaine, et, ainsi, elle est encore peut-être en partie le produit de cette intelligence non encore troublée, de cet esprit pénétrant pour la vérité que, selon l'antique tradition, l'homme possédait dans son état originaire.

Si nous admettons la nature humaine comme un tout complexe nous y trouvons, d'après la Qabalah, trois parties bien distinctes : le corps, l'âme et l'esprit. Elles se différencient entre elles comme le concret, le particulier et le général, de sorte que l'une est le reflet

1. Nous avons adopté cette orthographe comme la seule solution authentique de tous les doutes entre les formes vraiment fantaisistes proposées jusqu'ici pour ce mot, telles que *Cabbala, Cabala, Kabbala, Kabbalah*, etc... C'est un mot hébreu qui se compose des consonnes *q, b, l* et *h*. Or la lettre qui dans les noms grecs correspond au *k* et dans les noms latins au *c*, paraît être véritablement dans ce mot hébreu la lettre *q*. Cette orthographe vient aussi d'être introduite récemment dans la littérature anglaise par *Mathers* dans sa *Kabbala denudata* parue il y a peu de temps chez George Redway à Londres.

de l'autre, et que chacune d'elles offre aussi en soi-même cette triple distinction. Ensuite, une nouvelle analyse de ces trois parties fondamentales y distingue d'autres nuances qui s'élèvent successivement les unes sur les autres depuis les parties les plus profondes, les plus concrètes, les plus matérielles, le corps externe, jusqu'aux plus élevées, aux plus générales, aux plus spirituelles.

La première partie fondamentale, le corps, avec le principe vital, qui comprend les trois premières subdivisions, porte dans la Qabalah le nom de *Nephesch;* la seconde, l'âme, siège de la volonté, qui constitue proprement la personnalité humaine, et renferme les trois subdivisions suivantes, se nomme *Ruach;* la troisième, l'esprit avec ses trois puissances, reçoit dans la Qabalah le nom de *Neschamah.*

Ainsi que nous l'avons déjà remarqué, ces trois parties fondamentales de l'homme ne sont pas complètement distinctes et séparées, il faut au contraire se les représenter comme passant l'une dans l'autre peu à peu ainsi que les couleurs du spectre qui, bien que successives, ne peuvent se distinguer complètement étant comme fondues l'une dans l'autre. Depuis le corps, c'est-à-dire la puissance la plus infime de Nephesch, en montant à travers l'âme, — Ruach — jusqu'au plus haut degré de l'esprit — Neschamah — on trouve toutes les gradations, comme on passe de l'ombre à la lumière par la pénombre; et réciproquement, depuis les parties les plus élevées de l'esprit jusqu'à celles physiques les plus matérielles, on parcourt toutes les nuances de radiation, comme on passe de la lumière à l'obscurité par le crépuscule. — Et, par-dessus tout, grâce à cette union intérieure, à cette fusion des parties l'une dans l'autre, le nombre Neuf se perd dans l'Unité pour produire l'homme, esprit corporel, qui unit en soi les deux mondes.

Si nous essayons maintenant de représenter cette doctrine par un schéma, nous obtenons la figure ci-jointe (Voir p. 526) :

Le cercle *a*, *a*, *a*, désigne Nephesch, et 1, 2, 3 sont ses subdivisions; parmi celles-ci, 1, correspond au corps, comme à la partie la plus basse, la plus matérielle chez l'homme. — *b*, *b*, *b*, c'est Ruach (l'âme) et 4, 5, 6 sont ses puissances. Enfin *c*, *c*, *c*, c'est Neschamah (l'esprit) avec les degrés de son essence, 7, 8, 9. Quant au cercle extérieur 10, il représente l'ensemble de l'être humain vivant.

Considérons maintenant de plus près ces différentes parties fondamentales, en commençant par celle du degré inférieur, NEPHESCH. C'est le principe de la vie, ou forme d'existence concrète, il constitue la partie externe de l'homme vivant ; ce qui y domine principalement c'est la sensibilité passive pour le monde extérieur; par contre, l'activité idéale s'y trouve le moins. — Nephesch est directement en relation avec les êtres concrets qui lui sont extérieurs, et ce n'est que par leur influence qu'il produit une manifestation vitale. Mais en même temps, il travaille aussi au monde extérieur, grâce à sa puissance créatrice propre, faisant ressortir de son existence concrète, de nouvelles forces vitales, rendant ainsi sans cesse ce qu'il reçoit. — Ce degré concret constitue un tout parfait, complet en soi-même et dans lequel l'être humain trouve sa représentation extérieure exacte. — Regardée comme un tout parfait, en elle-même, cette vie concrète comprend également trois degrés, qui sont entre eux comme le concret, le particulier et le général ou comme la matière effectuée, la force effectuante et le principe, et qui en même temps sont les organes dans et par lesquels l'interne, le spirituel opère et se manifeste extérieurement. Ces trois degrés sont donc de plus en plus élevés et intérieurs, et chacun d'eux renferme en soi des nuances différentes. Les trois puissances de Nephesch en question sont disposées et agissent absolument de la façon qui va être exposée tout à l'heure pour les trois subdivisions de Ruach.

Ce second élément de l'être humain Ruach (l'âme) n'est pas aussi sensible que Nephesch aux influences du monde extérieur; la passivité et l'activité s'y trouvent en proportions égales; il consiste plutôt en un être interne, idéal, dans lequel tout ce que la vie corporelle concrète manifeste extérieurement comme quantitatif et matériel, se retrouve intérieurement à l'état virtuel. Ce second élément humain flotte donc entre l'activité et la passivité, ou l'intériorité et l'extériorité; dans sa multiplicité objective, il n'apparaît clairement ni comme quelque chose de réel, passif et extérieur, ni comme quelque chose d'intérieur intellectuel et actif; mais comme quelque chose de changeant, qui du dedans au dehors se manifeste comme actif bien que passif; ou comme donnant, bien que de nature réceptive. Ainsi l'intuition et la conception ne coïncident pas exactement dans l'âme, bien qu'elles n'y soient pas assez nettement séparées pour ne pas se fondre aisément l'une dans l'autre.

Le mode d'existence de chaque être dépend exclusivement du degré plus ou moins élevé de sa cohésion avec la nature, et de l'activité ou de la passivité plus ou moins grande qui en est la conséquence; l'aperception de l'être est en proportion de son activité. Plus un être est actif, plus il est élevé, et plus il lui est possible d'examiner dans les profondeurs intimes de l'être.

Ce Ruach, composé des forces qui sont à la base de l'être matériel objectif, jouit encore de la propriété de se distinguer de toutes les autres parties comme un individu spécial, de disposer de soi-même et de se manifester au dehors par une action libre et volontaire. Cette « âme » qui représente également le trône et l'organe de l'esprit est encore l'image de l'homme entier, comme nous l'avons dit ; de même que Nephesch elle se compose de trois degrés dynamiques qui sont, l'un par rapport à l'autre, comme le Concret, le Particulier et le Général, ou comme la matière actionnée, la force agissante et le principe : de sorte qu'une affinité existe non seulement entre le concret dans Ruach qui est son degré le plus bas et le plus extérieur (le cercle 4 du schéma), et le général dans Nephesch, qui forme sa plus haute sphère (cercle 3), mais aussi entre le général dans Ruach (cercle 6) et le concret dans l'esprit (cercle 7).

En même temps que Ruach, ainsi que Nephesch, renferme trois degrés dynamiques, ceux-ci ont leurs trois correspondants dans le monde extérieur, comme il apparaîtra plus clairement par la comparaison du Macrocosme et du Microcosme. Chaque forme d'existence particulière dans l'homme vit de sa vie propre dans la sphère du monde qui lui correspond, avec laquelle elle est en rapport d'échanges continuels, donnant et recevant, au moyen de ses sens et de ses organes internes spéciaux.

En outre, ce Ruach, en raison de sa partie concrète, a besoin de communiquer avec le concret qui est au-dessous de lui, de même que sa partie générale lui donne une tendance vers les parties générales qui lui sont supérieures. Nephesch ne pourrait pas se relier à Ruach s'il n'y avait pas ainsi quelque affinité entre eux, non plus que Ruach ne se relierait à Nephesch et à Neshamah s'il n'y avait pas entre eux quelque parenté.

Ainsi l'âme puise d'une part dans le concret qui la précède la plénitude de sa propre réalité objective, et d'autre part dans le général qui la domine l'intériorité pure, l'Idéalité qui se constitue elle-même dans son activité indépendante. Ruach est donc le lien entre le Général ou Spirituel, et le Concret ou Matériel, unissant en l'homme le monde interne intelligible avec le monde externe réel ; c'est à la fois le support et le siège de la personnalité humaine.

L'âme se trouve de cette façon en un double rapport avec ses trois objets, savoir : 1° avec le concret qui est au-dessous d'elle ; 2° avec le particulier qui répond à sa nature et est en dehors d'elle ; 3° avec le général qui est au-dessus d'elle. Il se fait en elle, en deux sens contraires, une circulation de trois courants entremêlés, car :

1° elle est excitée par Nephesch qui est au-dessous d'elle et à son tour elle agit sur lui en l'inspirant; 2° elle se comporte de même activement et passivement avec l'extérieur correspondant à sa nature, c'est-à-dire le Particulier; 3° et cette influence qu'elle transforme dans son sein après l'avoir reçue ou d'en bas ou du dehors, elle lui donne la puissance de s'élever assez pour aller stimuler Neschamah dans les régions supérieures. Par cette opération active, les facultés supérieures excitées produisent une influence vitale plus élevée, plus spirituelle, que l'âme, reprenant son rôle passif, reçoit pour la transmettre au dehors ou au-dessous d'elle.

Ainsi, bien que Ruach ait une forme d'existence particulière, soit un être d'une consistance propre, il n'en est pas moins vrai que la première impulsion de son activité vitale lui vient de l'excitation du corps concret qui lui est inférieur. Et de même que le corps par un échange d'actions et de réactions avec l'âme, est, grâce à son impressionnabilité, pénétré par elle, tandis qu'elle-même devient comme participante du corps; de même, l'âme, par son union avec l'Esprit, en est remplie et inspirée.

La troisième partie fondamentale de l'être humain, NESCHAMAH, peut être désignée par le mot Esprit, dans le sens où il est employé dans le Nouveau Testament. En elle, la sensibilité passive envers la nature du dehors ne se retrouve plus; l'activité domine la réceptivité. L'esprit vit de sa vie propre, et seulement pour le Général ou pour le monde spirituel avec lequel il se trouve en rapport constant. Cependant, comme Ruach, Neschamah n'a pas seulement besoin, en raison de sa nature idéale, du Général absolu ou Infini divin ; il lui faut aussi, à cause de sa nature réelle, quelque relation avec le particulier et le concret qui sont au-dessous de lui, et il se sent attiré vers les deux.

L'Esprit aussi est en un double rapport avec son triple objet; vers le bas, vers l'extérieur et vers le haut, il se fait donc encore en lui, en deux sens contraires, un triple courant entrelacé tout à fait semblable à celui décrit plus haut pour Ruach. — Neschamah est un être purement intérieur, mais aussi passif et actif à la fois, dont Nephesch, avec son principe vital et son corps, Ruach avec ses forces, représentent une image extérieure. Ce qu'il y a de quantitatif dans Nephesch et de qualitatif dans Ruach, vient de l'esprit — Neschamah — purement intérieur et idéal.

Maintenant de même que Nephesch et Ruach renferment trois degrés différents d'existence, ou potentialité de spiritualisation, de sorte que chacun est une image plus petite de l'être humain entier (voir le schéma), de même la Qabalah distingue encore trois degrés dans Neschamah.

C'est particulièrement à cet élément supérieur que s'applique ce qui a été dit au début, que les différentes formes d'existence de la constitution humaine ne sont pas des êtres distincts, isolés, séparés, mais qu'ils sont, au contraire, entremêlés les uns dans les autres ; car ici tout se spiritualise de plus en plus, tend de plus en plus vers l'unité.

Des trois formes supérieures d'existence de l'homme qui sont réunies, dans la plus large acception du mot Neschamah, la plus inférieure peut se désigner comme le Neschamah proprement dit. Celle-là a encore au moins quelque parenté avec les éléments supérieurs de Ruach; elle consiste en une connaissance intérieure et active du qualitatif et du quantitatif qui sont au-dessous d'elle. — La seconde puissance de Neschamah, qui est le huitième élément dans l'homme, est nommée par la Qabalah, « *Chaijah* ». Son essence consiste dans la connaissance de la force interne supérieure, intelligible, qui sert de base à l'être objectif manifesté et qui, par conséquent, ne peut être perçue ni par Ruach ni par Nephesch et ne pourrait être reconnue par Neschamah proprement dit. — La troisième puissance de Neschamah, le neuvième élément et le plus élevé dans l'homme, est « *Jechidad* » (c'est-à-dire l'Unité en soi-même); son essence propre consiste dans la connaissance de l'Unité fondamentale absolue de toutes les variétés, de l'Un absolu originaire.

Maintenant, ce rapport signalé dès le début, de Concret, de Particulier et de Général qui relie Nephesch, Ruach et Neschamah de sorte que chacun offre l'image du tout, va se retrouver en résumant tout cet exposé : Premier degré de Nephesch, le corps — le concret dans le concret; second degré, le particulier dans le concret; troisième, le général dans le concret.

De même dans Ruach : première puissance, le concret dans le particulier; deuxième, le particulier dans le particulier; troisième, le général dans le particulier.

Enfin, dans Neschamah, premier degré, le concret dans le général; second degré (Chaijah), le particulier dans le général; troisième (Jechidad), le général dans le général.

C'est ainsi que se manifestent les diverses activités et les vertus de chacun de ces éléments de l'être.

L'Âme (Ruach) a sans doute une existence propre, mais elle est cependant incapable d'un développement indépendant sans la participation de la vie corporelle (Nephesch), et il en est de même vis-à-vis de Neschamah. En outre Ruach est avec Nephesch dans un double rapport; influencée par lui, elle est en même temps tournée au dehors pour exercer une libre réaction, de sorte que la vie corporelle concrète participe au développement de l'âme; il en est de même de l'esprit par rapport à l'âme ou de Neschamah par rapport à Ruach; par Ruach il est même en double rapport avec Nephesch. Toutefois, Neschamah a en outre dans sa propre constitution la source de son action, tandis que les actions de Ruach et de Nephesch ne sont que les émanations libres et vivantes de Neschamah.

De là même manière, Neschamah se trouve en une certaine mesure en ce même double rapport avec la Divinité, car l'activité vitale de Neschamah est déjà en soi une excitation pour la divinité d'entretenir celui-ci, de lui procurer l'influence nécessaire à sa subsistance. Ainsi l'esprit ou Neschamah, et par son intermédiaire Ruach et Nephesch, vont puiser tout à fait involontairement à la source divine éternelle, faisant rayonner perpétuellement l'œuvre de leur vie vers le haut; tandis que la Divinité pénètre constamment en Neschamah et dans sa sphère pour lui donuer la vie et la durée en même temps qu'à Ruach et à Nephesch.

Maintenant d'après la doctrine de la Qabalah, l'homme, au lieu de vivre dans la Divinité et de recevoir d'elle constamment la spiritualité dont il a besoin, s'est enfoncé de plus en plus dans l'amour de soi-même et dans le monde du péché, du moment où après sa « chute » (voir la Genèse, III, 6-20), il a quitté son centre éternel pour la périphérie. Cette chute et l'éloignement toujours plus grand de la divinité, qui en est résulté, ont eu pour conséquence une déchéance des pouvoirs dans la nature humaine, et dans l'humanité tout entière. L'étincelle divine s'est retirée de plus en plus de l'homme, et Neschamah a perdu l'union intime avec Dieu. De même Ruach s'est éloignée de Neschamah et Nephesch a perdu son union intime avec Ruach. Par cette déchéance générale et le relâchement partiel des liens entre les éléments, la partie inférieure de Nephesch, qui était originairement chez l'homme un corps lumineux éthéré, est devenue notre corps matériel; par là l'homme a été assujetti à la dissolution dans les trois parties principales de sa constitution.

Ceci est traité dans la doctrine de la Qabalah sur l'âme *pendant et après la mort*.

2. — L'AME DANS LA MORT

La mort de l'homme, d'après la Qabalah, n'est que son passage à une forme nouvelle d'existence. L'homme est appelé à retourner finalement dans le sein de Dieu, mais cette réunion ne lui est pas possible dans son état actuel, en raison de la matérialité grossière de son corps; cet état, comme aussi tout ce qu'il y a de spirituel dans l'homme, doit donc subir une épuration nécessaire pour l'obtention du degré de spiritualité que requiert la vie nouvelle.

La Qabalah distingue deux causes qui peuvent amener la mort : la première consiste en ce que la Divinité diminue successivement ou supprime brusquement son influence continuelle sur Neschamah et Ruach, de sorte que Nephesch perd la force par laquelle le corps matériel est animé, et celui-ci meurt. Dans le langage du Sohar, on pourrait appeler ce premier genre « la mort par en haut, ou du dedans au dehors ».

En opposition à celle-là, la seconde cause de la mort est celle que l'on pourrait nommer « la mort par en bas, ou du dehors au dedans ». Elle consiste en ce que le corps, forme d'existence inférieure et extérieure, se désorganisant sous l'influence de quelque trouble ou quelque lésion, perd la double propriété de recevoir d'en haut l'influence nécessaire et d'exciter Nephesch, Ruach et Neschamah afin de les faire descendre à lui.

D'ailleurs, comme chacun des trois degrés d'existence de l'homme a, dans le corps humain, son siège particulier et sa sphère d'activité correspondant au degré de sa spiritualité, et qu'ils se sont trouvés tous trois liés à ce corps à différentes périodes de la vie[1], c'est aussi à des moments différents, et d'après un ordre inverse, qu'ils abandonnent le cadavre. Il en résulte que le travail de la mort s'étend à une période de temps beaucoup plus longue qu'on ne le pense communément.

Neschamah, qui a son siège dans le cerveau et qui, en sa qualité de principe de vie spirituel, supérieur, s'est uni en dernier lieu au corps matériel — cette union commençant à l'âge de la puberté — Neschamah est le premier à quitter le corps; ordinairement déjà avant le moment que nous désignons du nom de « Mort ». Elle ne

1. Ce n'est pas ici le lieu d'expliquer comment les principes spirituels s'unissent à la matière par l'acte de la génération, sujet que la Qabalah traite très explicitement.

laisse dans sa *Merkahab*[1] qu'une illumination; car la personnalité de l'homme peut, comme il est dit dans Esarah Maimoroth, subsister encore sans la présence effective de Neschamah.

Avant le moment qui nous apparaît comme celui de la mort, l'essence de l'homme est augmentée d'un Ruach plus élevé d'où il aperçoit ce qui, dans la vie, était caché à ses yeux ; souvent sa vue perce l'espace, et il peut distinguer ses amis et ses parents défunts. Aussitôt qu'arrive l'instant critique, Ruach se répand dans tous les membres du corps et prend congé d'eux ; de là résulte une secousse, l'*agonie*, souvent fort pénible. Puis toute l'essence spirituelle de l'homme se retire dans le cœur et là se met à l'abri des Masikim (ou mauvais esprits) qui se précipitent sur le cadavre, comme une colombe poursuivie se réfugie dans son nid.

La séparation de Ruach d'avec le corps est fort pénible parce que Ruach ou l'âme vivante flotte, comme dit l'Ez=ga=Chaiim, entre les hautes régions spirituelles, infinies (Neschamah) et celles inférieures corporelles, concrètes (Nephesch), penchant tantôt vers l'une, tantôt vers l'autre, elle qui, en tant qu'organe de la volonté, constitue la personnalité humaine. Son siège est dans le cœur ; celui-ci est donc comme la racine de la vie ; c'est le מלך (Melekh, Roi), le point central, le trait d'union entre le cerveau et le foie[2] ; et comme c'est dans cet organe que l'activité vitale se manifeste à l'origine, c'est aussi par lui qu'elle finit. Ainsi, au moment de la mort Ruach s'échappe, et d'après l'enseignement du Talmud, sort du cœur par la bouche, dans le dernier souffle.

Le Talmud distingue neuf cents espèces de morts différentes plus ou moins douloureuses. La plus douce de toutes est celle qu'on nomme le « baiser » ; la plus pénible est celle dans laquelle le mourant éprouve la sensation d'une épaisse corde de cheveux arrachée du gosier.

Une fois Ruach séparé, l'homme nous semble mort ; cependant Nephesch habite encore en lui. Celui-ci, vie corporelle du concret,

1. Merkabah signifie proprement *char* ; c'est donc l'organe, l'instrument, le véhicule par lequel Neschamah agit.

2. La Qabalah dit : « Dans le mot מלך (Roi) le cœur « est comme le point central entre le cerveau et le foie ». Ce qu'il faut interpréter par le sens mystique des lettres ; le cerveau, מח est représenté par la première lettre du mot מלך ; le foie, כבד par sa dernière lettre, et enfin le cœur, לב par le ל, qui est dans le milieu ; la lettre כ à la fin d'un mot fait ך.

est chez l'homme, l'âme de la vie élémentaire, et a son siège dans le foie. Nephesch, qui est la puissance spirituelle inférieure, possède encore une très grande affinité, et par suite beaucoup d'attraction pour le corps. C'est le principe qui s'en sépare le dernier, comme il a été aussi le premier uni à la chair. Cependant, aussitôt après le départ de Ruach, les Masikim prennent possession du cadavre (d'après Loriah, ils s'amoncellent jusqu'à une hauteur de quinze aunes au-dessus de lui) ; cette invasion jointe à la décomposition du corps oblige bientôt Nephesch à se retirer ; il reste pourtant longtemps encore auprès de sa dépouille, pour en pleurer la perte. Ordinairement, ce n'est que quand survient la putréfaction complète qu'il s'élève au-dessus de la sphère terrestre.

Cette désintégration de l'homme, consécutive à la mort, n'est cependant pas une séparation complète ; car ce qui a été une fois un seul tout ne peut pas se désunir absolument ; il reste toujours quelque rapport entre les parties constitutives, Ainsi une certaine liaison subsiste entre Nephesch et son corps même, déjà putréfié. Après que ce récipient matériel, extérieur, a disparu avec ses forces vitales physiques, il reste encore quelque chose du principe spirituel de Nephesch, quelque chose d'impérissable, qui descend jusque dans le tombeau, dans les ossements, comme dit le Sohar ; c'est ce que la Qabalah nomme « *le souffle des ossements* » ou « l'*esprit des ossements* ». Ce principe intime, impérissable, du corps matériel, qui en conserve complètement la forme et les allures, constitue le *Habal de Garmin*, que nous pouvons traduire à peu près par « le corps de la résurrection » (corps astral lumineux).

Après que les diverses parties constitutives de l'homme ont été séparées par la mort, chacune se rend dans la sphère vers laquelle l'attirent sa nature et sa constitution ; et elles y sont accompagnées des êtres qui lui sont semblables et qui entouraient déjà le lit de mort. Comme dans l'Univers entier tout est dans tout, naissant, vivant et périssant d'après une seule et même loi, comme le plus petit élément est la reproduction du plus grand, comme les mêmes principes régissent également toutes les créatures depuis la plus infime jusqu'aux êtres les plus spirituels, aux puissances les plus élevées, l'Univers entier, que la Qabalah nomme AZILUTH et qui comprend tous les degrés depuis la matière la plus grossière jusqu'à la spiritualité — jusqu'à l'Un — l'Univers, se partage en trois mondes : ASIAH, JEZIRAH et BRIAH, correspondant aux trois divisions fondamentales de l'homme : *Nephesch*, *Ruach* et *Neschamah*.

Asiah est le monde où nous nous mouvons ; toutefois, ce que nous percevons de ce monde par nos yeux corporels n'en est que la sphère la plus inférieure, la plus matérielle, de même que nous ne percevons par les organes de nos sens que les principes les plus inférieurs, les plus matériels de l'homme : son corps. — La figure donnée précédemment[1] est donc un schéma de l'Univers aussi bien que de l'homme, car d'après la doctrine de la Qabalah, le Microcosme est absolument analogue au Macrocosme ; l'homme est l'image de Dieu qui se manifeste dans l'Univers. Ainsi donc, le cercle *a, a, a* représente le monde *Asiah*, et 1, 2, 3 sont ses sphères correspondant à celles de Nephesch (Voy. p. 526).

b, b, b représente le monde *Jesirah* analogue à Ruach, et 4, 5, 6 en sont les puissances.

Enfin le cercle *c, c, c* figure le monde *Briah*, dont les sphères 7, 8, 9 atteignent, comme celles de Neschamah, la plus haute puissance de la vie spirituelle.

Le cercle enveloppant, 10, est l'image du Tout d'*Aziluth*, comme il représentait aussi l'ensemble de la nature humaine.

Les trois mondes qui correspondent, selon leur nature et le degré de leur spiritualité, aux trois principes constitutifs de l'homme représentent aussi les différents séjours de ces principes. Le corps, comme forme d'existence la plus matérielle de l'homme, reste dans les sphères inférieures du monde Asiah, dans la tombe ; l'esprit des ossements reste seul enseveli en lui, constituant, comme nous l'avons dit, le Habal de Garmin. Dans la tombe il est dans un état de léthargie obscure qui, pour le juste, est un doux sommeil ; plusieurs passages de Daniel, des Psaumes et d'Isaïe y font allusion. Et comme le Habal de Garmin conserve dans la tombe une sensation obscure, le repos de ceux qui dorment de ce dernier sommeil peut être troublé de toutes sortes de manières. C'est pourquoi il était défendu chez les Juifs d'enterrer l'une auprès de l'autre des personnes qui, pendant leur vie, avaient été ennemies, ou de placer un saint homme auprès d'un criminel. On prenait soin, au contraire, d'enterrer ensemble des personnes qui s'étaient aimées, parce que dans la mort, cet attachement se continuait encore. Le plus grand trouble pour ceux qui dorment dans la tombe est l'évocation ; car, alors même que Nephesch a quitté la sépulture, « l'esprit des ossements » reste encore attaché au cadavre, et peut être évoqué ; mais cette évocation atteint aussi Nephesch, Ruach et Neschamah. Sans doute, ils sont déjà dans des séjours distincts, mais ils n'en restent pas moins unis l'un à l'autre sous certains rapports, de sorte que

1. Voyez page 526.

l'un ressent ce que les autres éprouvent. Voilà pourquoi l'Écriture Sainte (5, Moïse, 18, 11) défendait d'évoquer les morts[1].

Comme nos sens matériels ne peuvent percevoir que le cercle le plus bas, la sphère la plus inférieure du monde Asiah, il n'y a que le corps de l'homme qui soit visible pour nos yeux matériels, celui qui, même après la mort, reste dans le domaine du monde sensible; les sphères supérieures d'Asiah ne sont plus perceptibles pour nous, et de la même manière, le Habal de Garmin échappe déjà à notre perception; aussi le Sohar dit-il : « Si cela était permis à nos yeux, nous pourrions voir dans la nuit, quand vient le Schabbath, ou à la lune nouvelle ou aux jours de fêtes, les Diuknim (les spectres) se dresser dans les tombeaux pour louer et glorifier le Seigneur. »

Les sphères supérieures du monde Asiah servent de séjour à Nephesch. Le *Ez-ha-Chaiim* dépeint ce séjour comme le *Gan-Eden* inférieur[2], « qui, dans le monde Asiah, s'étend au sud du pays Saint, au-dessus de l'Équateur ».

Le second principe de l'homme, Ruach, trouve dans le monde Jesirah un séjour approprié à son degré de spiritualité. Et comme Ruach constituant la personnalité propre de l'homme, est le support et le siège de la Volonté, c'est en lui que réside la force productive et créatrice de l'homme; aussi le monde Jesirah est-il, comme l'indique son nom hébreu, le *mundus formationis*, le monde de la formation.

Enfin Neschamah répond au monde Briah que le Sohar nomme « le monde du trône divin », et qui renferme le plus haut degré de la spiritualité.

De même que Nephesch, Ruach et Neschamah ne sont pas des formes d'existence complètement distinctes, mais qu'au contraire elles se déduisent progressivement l'une de l'autre en s'élevant en spiritualité, de même les sphères des différents mondes s'enchainent l'une dans l'autre et s'élèvent depuis le cercle le plus profond, le plus matériel, du monde Asiah, qui est perceptible à nos sens, jusqu'aux puissances les plus élevées, les plus immatérielles du monde Briah. On voit par là clairement que, bien que Nephesch, Ruach et Neschamah trouvent chacun son séjour dans le monde qui

1. Et voilà pourquoi, entre autres raisons, la pratique du spiritisme est condamnable. (*N. du Tr.*)

2. Gan-Eden signifie jardin de volupté. Dans le Talmud et dans la Qabalah, d'après le *Cantique des Cantiques*, 4, 13, il est aussi nommé *Pardes*, ou jardin de plaisir; d'où est venu le mot *Paradis*.

lui convient, ils n'en restent pas moins unis en un seul tout. C'est spécialement par les « *Zelem* » que ces rapports intimes des parties séparées sont rendus possibles.

Sous le nom de « Zelem » la Qabalah entend la figure, le vêtement sous lequel les divers principes de l'homme subsistent, par lequel ils opèrent. Nephesch, Ruach et Neschamah, même après que la mort a détruit leur enveloppe corporelle extérieure, conservent encore une certaine forme qui répond à l'apparence corporelle de l'homme originaire. Cette forme, au moyen de laquelle chaque partie persiste et opère dans son monde, n'est possible que par le Zelem ; ainsi il est dit dans le psaume 39, 7 : « Ils sont donc comme dans le Zelem (le fantôme) ».

D'après Loriah, le Zelem, par analogie avec toute la nature humaine, se partage en trois parties : une lumière intérieure spirituelle, et deux *Makifim* ou lumières enveloppantes. Chaque Zelem et ses Makifim répondent, dans leur nature, au caractère ou au degré de spiritualité de chacun des principes auxquels il appartient. C'est seulement par leurs Zelem qu'il est possible à Nephesch, à Ruach et à Neschamah de se manifester au dehors. C'est sur eux que repose toute l'existence corporelle de l'homme sur terre, car tout l'influx d'en haut sur les sentiments et les sens internes de l'homme se fait par l'intermédiaire de ces Zelem, susceptibles d'ailleurs d'être affaiblis ou renforcés.

Le processus de la mort se produit uniquement dans les divers Zelem, car Nephesch, Ruach et Neschamah ne sont pas modifiés par elle. Aussi la Qabalah dit-elle que trente jours avant la mort de l'homme, c'est d'abord dans Neschamah que les Makifim se retirent; pour disparaître ensuite, successivement, de Ruach et de Nephesch - ce qu'il faut comprendre en ce sens qu'ils cessent alors d'opérer dans leur force : cependant, à l'instant même où Ruach s'enfuit, ils se raccrochent, comme dit la Mischnath Chasidim, au processus de la vie, « pour goûter le goût de la mort ». Toutefois, il faut regarder les Zelem comme des êtres purement magiques; c'est pourquoi le Zelem de Nephesch même ne peut agir directement dans le monde de notre perception sensible externe.

Ce qui s'offre à nous dans l'apparition de personnes mortes c'est, soit leur Habal de Garmin, soit la subtile matière aérienne ou éthérée du monde Asiah, dont se revêt le Zelem de Nephesch, pour se rendre perceptible à nos sens corporels.

Cela s'applique à toute espèce d'apparition, que ce soit celle d'un ange ou de l'âme d'un mort, ou d'un esprit inférieur. Ce n'est pas alors le Zelem lui-même que nous pouvons voir et percevoir par nos yeux ; ce n'en est qu'une image, qui, construite avec la « vapeur » subtile de notre monde extérieur, prend une forme susceptible de se redissoudre immédiatement.

Autant la vie des hommes sur la terre offre de variétés, autant est varié aussi leur sort dans les autres mondes ; car, plus on a commis ici-bas d'infractions à la loi divine, plus il faut subir dans l'autre monde de châtiments et de purifications.

Le Sohar dit à ce sujet :

« La beauté du Zelem de l'homme pieux dépend des bonnes œuvres qu'il a accomplies ici-bas » ; et plus loin : « Le péché souille le Zelem de Nephesch. » — Loriah dit aussi : « Chez l'homme pieux, ces Zelem sont purs et clairs, chez le pécheur, ils sont troublés et sombres. » — C'est pourquoi chaque monde a, pour chacun des principes de l'homme, son *Gan-Eden* (Paradis), son *Nahar Dinur* (fleuve de feu pour la purification de l'âme) et son *Gei-Hinam* [1], lieu de torture pour le châtiment ; de là aussi la doctrine chrétienne du ciel, du purgatoire et de l'enfer.

Notre intention n'est pas d'exposer ici la théorie de la Qabalah sur l'état de l'âme après la mort, et notamment sur les châtiments qu'elle subit. On en trouvera une exposition très claire dans l'œuvre célèbre du Dante, *la Divine Comédie*.

(Traduit du *Sphinx*, par CH. BARLET.)

§ 6. — LES TEXTES

Toutes les données scientifiques, philosophiques ou religieuses de la Kabbale sont tirées de deux livres fondamentaux, *le Zohar* et le *Sepher Jesirah*.

Le premier de ces livres est très volumineux. Il est traduit en latin dans la *Kabbala denudata* et en anglais dans la *Kabbala unveiled* de M. A. Matthers.

Nous donnons ci-joint la traduction du second de ces ouvrages telle que nous l'avons publiée en 1887 avec les commentaires et les notes. En plusieurs endroits on trouvera des répétitions de ce que nous avons développé dans les paragraphes précédents ; mais

1. Gei-Hinam était proprement le nom d'un endroit situé près de Jérusalem où se faisaient autrefois les sacrifices d'enfants à Moloch ; la Qabalah entend par ce nom le lieu de damnation.

ces répétitions mêmes montreront quels sont les points sur lesquels le lecteur doit de préférence porter son attention.

Cette traduction du *Sepher Jesirah* est suivie de celle de deux ouvrages kabbalistiques très postérieurs comme composition : *les 32 voies de la sagesse* et *les 50 portes de l'intelligence*. Les remarques qui précèdent ces ouvrages indiquent leur caractère.

LE SEPHER JESIRAH

LES 50 PORTES DE L'INTELLIGENCE

LES 32 VOIES DE LA SAGESSE

Avant-propos.

A la base de toutes les religions et de toutes les philosophies, on retrouve une doctrine obscure, connue seulement de quelques-uns et dont l'origine, malgré les travaux des chercheurs, échappe à toute analyse sérieuse. Cette doctrine est désignée sous des noms différents suivant la religion qui en conserve les clefs; mais une étude même superficielle permet de la reconnaître partout la même quel que soit le nom qui la décore. Ici le critique montre avec joie l'origine de la doctrine dans l'Apocalypse, résumé de l'ésotérisme chrétien; mais bientôt il s'arrête, car derrière la Vision de saint Jean apparaît celle de Daniel et l'ésotérisme des deux religions, Juive et Chrétienne, se montre identique dans la Kabbale. Cette doctrine secrète tire son origine de la religion de Moïse, dit l'historien et, saluant son triomphe, il s'apprête à donner ses conclusions, quand les quatre animaux de la vision du Juif se fondent en un seul, et le Sphinx égyptien dresse silencieusement sa tête d'Homme au-dessus des disciples de Moïse. Moïse était un prêtre égyptien, c'est donc en Égypte que se trouve la source de l'ésotérisme symbolique, dans ces mystères où toute la philosophie grecque à la suite de Platon et de Pythagore vint puiser ses enseignements. Mais les quatre personnifications mystérieuses se séparent de nouveau et Adda Nari la déesse indoue se dresse et nous montre la tête d'ange équilibrant la lutte entre la Bête féroce et le Taureau paisible avant la naissance de l'Égypte et de ses mystères sacrés.

Poursuivez vos recherches, et sans cesse cette origine mystérieuse fuira devant vous : vous traverserez toutes ces civilisations antiques si péniblement reconstituées, et quand enfin, las de la course, vous reposerez votre esprit en pleine race rouge, sur la première civilisation qu'a produite le premier continent, vous entendrez le prophète inspiré chanter les habitants divins de l'orbe supérieur qui révélèrent à ceux-ci le secret symbolique du sanctuaire.

Laissons là ce Protée insaisissable qui s'appelle l'origine de l'Ésotérisme, et considérons la Kabbale dans laquelle, avec un peu de travail, nous pourrons retrouver le fonds commun, la Religion Unique dont tous les cultes sont des émanations. Pour savoir ce qu'est la Kabbale, écoutons un homme profondément instruit, aussi savant que modeste et qui ne parle jamais qu'une fois sûr de ce qu'il avance : Fabre d'Olivet.

« Il paraît, au dire des plus fameux rabbins, que Moïse luimême, prévoyant le sort que son livre devait subir et les fausses interprétations qu'on devait lui donner par la suite des temps, eut recours à une loi orale, qu'il donna de vive voix à des hommes sûrs dont il avait éprouvé la fidélité, et qu'il chargea de transmettre dans le secret du sanctuaire à d'autres hommes qui, la transmettant à leur tour d'âge en âge, la fissent ainsi parvenir à la postérité la plus reculée. Cette loi orale que les Juifs modernes se flattent encore de posséder se nomme Kabbale, d'un mot hébreu qui signifie ce qui est reçu, ce qui vient d'ailleurs, ce qui se passe de main en main[1] ».

Deux livres peuvent être considérés comme la base des études kabbalistiques : le Zohar et le Sepher Jesirah. Aucun d'eux n'a été, que je sache, complètement traduit en français; je vais m'efforcer de combler une partie de cette lacune en traduisant le Sepher Jesirah le mieux qu'il me sera possible. Je prie le lecteur de pardonner d'avance les erreurs qui pourraient s'être glissées dans mon travail auquel je joins une bibliographie permettant au chercheur de consulter les originaux, et des remarques qui éclairent, autant que possible, les passages par trop obscurs du texte.

1. Fabre d'Olivet, *la langue hébr. restituée*, p. 29.

LE LIVRE KABBALISTIQUE DE LA CRÉATION, EN HÉBREU, SEPHER JESIRAH *

Par Abraham

Transmis successivement oralement à ses fils; puis, vu le mauvais état des affaires d'Israël, confié par les sages de Jérusalem à des arcanes et à des lettres du sens le plus caché.

CHAPITRE I

C'est avec les Trente-deux voies de la Sagesse, voies admirables et cachées que IOAH (יהוה) DIEU d'Israël, DIEUX VIVANTS et Roi des Siècles, DIEU de miséricorde et de grâce, DIEU sublime et très élevé, DIEU séjournant dans l'Éternité, DIEU saint, grava son nom par trois numérations : SEPHER, SEPHAR et SIPUR, c'est-à-dire le NOMBRE, le NOMBRANT et le NOMBRÉ[1] contenus dans Dix Sephiroth, c'est-à-dire dix propriétés, hormis l'ineffable, et vingt-deux lettres.

Les lettres sont constituées par Trois mères, sept doubles et douze simples. Les dix Sephiroth, hormis l'ineffable, sont constituées par le nombre X celui des doigts de la main et cinq contre cinq; mais au milieu d'elles est l'alliance de l'unité. Dans l'interprétation de la langue et de la circoncision on retrouve les Dix Sephiroth hormis l'ineffable.

Dix et non neuf, Dix et non onze, comprends dans ta sagesse et tu sauras dans ta compréhension. Exerce ton esprit sur elles, cherche, note, pense, imagine, rétablis les choses en place et fais asseoir le Créateur sur son trône.

Dix Sephiroth, hormis l'ineffable, dont les dix propriétés sont infinies : l'infini du commencement, l'infini de la fin, l'infini du bien, l'infini du mal, l'infini en élévation, l'infini en profondeur, l'infini à l'Orient, l'infini à l'Occident, l'infini au Nord, l'infini au Midi et le Seigneur seul est au-dessus; Roi fidèle, il les domine toutes du haut de son trône dans les siècles des siècles.

Dix Sephiroth, hormis l'ineffable; leur aspect est semblable à celui des flammes scintillantes, leur fin se perd dans l'infini. Le

1. Abendana traduit ces trois termes par l'Écriture, les Nombres et la Parole.

verbe de Dieu circule en elles; sortant et rentrant sans cesse, semblables à un tourbillon, elles exécutent à l'instant la parole divine et s'inclinent devant le trône de l'Éternel.

Dix Sephiroth, hormis l'ineffable; considère que leur fin est jointe au principe comme la flamme est unie au tison, car le Seigneur est seul au-dessus et n'a pas de second. Quel nombre peux-tu énoncer avant le nombre un?

Dix Sephiroth, hormis l'ineffable. Ferme tes lèvres et arrête ta méditation, et, si ton cœur défaille, reviens au point de départ. C'est pourquoi il est écrit : Sortir et revenir, car c'est pour cela que l'alliance a été faite : Dix Sephiroth, hormis l'ineffable.

La première des Sephiroth, un, c'est l'Esprit du Dieu vivant, c'est le nom béni et rebéni du Dieu éternellement vivant. La voix, l'esprit et la parole, c'est l'Esprit Saint.

Deux, c'est le souffle de l'Esprit, et avec lui sont gravées et sculptées les vingt-deux lettres, les trois mères, les sept doubles et les douze simples, et chacune d'elles est esprit.

Trois, c'est l'Eau qui vient du souffle, et avec eux il sculpta et grava la matière première inanimée et vide, il édifia TOHU, la ligne qui serpente autour du monde et BOHU, les pierres occultes enfouies dans l'abîme et desquelles sortent les Eaux.

Quatre, c'est le Feu qui vient de l'Eau, et avec eux il sculpta le trône d'honneur, les Ophanim (roues célestes), les Séraphins, les animaux saints et les anges Serviteurs, et de leur domination il fit sa demeure comme dit le texte : C'est lui qui fit ses anges et ses esprits ministrants en agitant le feu.

Cinq, c'est le sceau duquel il scella la hauteur quand il la contempla au-dessus de lui. Il la scella du nom IEV (יהו).

Six, c'est le sceau duquel il scella la profondeur quand il la contempla au-dessous de lui. Il la scella du nom IVE (יוה).

Sept, c'est le sceau duquel il scella l'Orient quand il le contempla devant lui. Il le scella du nom EIV (היו).

Huit, c'est le sceau duquel il scella l'Occident quand il le contempla derrière lui. Il le scella du nom VEI (והי).

Neuf, c'est le sceau duquel il scella le Midi quand il le contempla à sa droite. Il le scella du nom VIE (ויה).

Dix, c'est le sceau duquel il scella le Nord quand il le contempla à sa gauche. Il le scella du nom EVI (הוי).

Tels sont les dix Esprits ineffables du Dieu vivant : l'Esprit, le Souffle ou l'Air, l'Eau, le Feu, la Hauteur, la Profondeur, l'Orient, l'Occident, le Nord et le Midi.

CHAPITRE II

Les vingt-deux lettres sont constituées par trois mères, sept doubles et douze simples.

Les trois mères sont : E M e S (אמש) c'est-à-dire l'Air, l'Eau et le Feu. L'Eau M (מ) muette, le Feu S (ש) sifflant, l'Air A (א) intermédiaire entre les deux comme le langage de la loi OCH (חק) tient le milieu entre le mérite et la culpabilité. A ces vingt-deux lettres il donna une forme, un poids, en les mêlant et les transformant de diverses manières, il créa l'âme de tout ce qui est à créer ou le sera.

Les vingt-deux lettres sont sculptées dans la voix, gravées dans l'Air, placées dans la prononciation en cinq endroits : dans le gosier, dans le palais, dans la langue, dans les dents et dans les lèvres.

Les vingt-deux lettres, les fondements, sont placées sur la sphère au nombre de 231. Le cercle qui les contient peut tourner directement, et alors il signifie bonheur, ou en rétrograde, et alors il signifie le contraire. C'est pourquoi il les rendit pesantes et les permuta, Aleph (א) avec toutes et toutes avec Aleph, Beth (ב) avec toutes et toutes avec Beth, etc...

C'est par ce moyen que naissent 231 portes, qu'on trouve que tous les idiomes et toutes les créatures dérivent de cette formation et que par suite toute création procède d'un nom unique. C'est ainsi qu'il fit (את), c'est-à-dire l'Alpha et l'Oméga, ce qui ne changera ni ne vieillira jamais[1].

Le signe de tout cela c'est vingt-deux totaux et un seul corps.

CHAPITRE III

Trois mères E M e S (אמש) sont les fondements. Elles représentent le plateau de l'affirmation, le plateau de la contradiction et le langage de l'examen OCH (חק) qui est au milieu.

Trois mères E M e S. Secret insigne, très admirable et très caché gravé par six anneaux desquels sortent le feu, l'eau et l'air qui se divisent en mâles et femelles. Trois mères E M e S et d'elles trois Pères ; avec ceux-ci toutes choses sont créées.

1. Voir aux remarques pour l'explication de ce passage.

Trois mères E M e S dans le monde, l'Air, l'Eau, le Feu, Dans le principe, les Cieux furent créés du Feu, la Terre de l'Eau et l'Air de l'Esprit qui est au milieu.

Trois mères E M e S dans l'année, le Chaud, le Froid et le Tempéré. Le Chaud a été créé du Feu, le Froid de l'Eau et le Tempéré de l'Esprit, milieu entre eux.

Trois mères E M e S dans l'Homme, la Tête, le Ventre et la Poitrine. La Tête a été créée du Feu, le Ventre de l'Eau et la Poitrine, milieu entre eux, de l'Esprit.

Trois mères E M e S. Il les sculpta, les grava, les composa et avec elles furent créées trois mères dans le monde, trois mères dans l'année, trois mères dans l'homme, mâles et femelles.

Il fit régner Aleph (א) sur l'Esprit, il les lia par un lien et les composa l'un avec l'autre, et avec eux il scella l'air dans le monde, le tempéré dans l'année et la poitrine dans l'homme, mâles et femelles. Mâles en E M e S (אמש) c'est-à-dire dans l'Air, l'Eau et le Feu, femelles en A S a M [1] c'est-à-dire dans l'Air, le Feu et l'Eau.

Il fit régner Mem (מ) sur l'Eau, il l'enchaîna de telle façon et les combina l'un avec l'autre de telle sorte qu'il scella avec eux la terre dans le monde, le froid dans l'année, le fruit du ventre dans l'homme, mâles et femelles.

Il fit régner le Schin (ש) sur le Feu et l'enchaîna et les combina l'un avec l'autre, de telle sorte qu'il scella avec eux les cieux dans le monde, le chaud dans l'année et la tête dans l'homme, mâles et femelles.

CHAPITRE IV

Sept doubles	T	R	PH	CH	D	G	B
	ת	ר	פ	כ	ד	ג	ב

constituent les syllabes : Vie, Paix, Science, Richesse, Grâce, Semence, Domination.

Doubles parce qu'elles sont réduites en leurs opposés, par la permutation; à la place de la Vie est la Mort, de la Paix, la Guerre, de la Science, l'Ignorance, des Richesses, la Pauvreté, de la Grâce, l'Abomination, de la Semence, la Stérilité et de la Domination, l'Esclavage. Les sept doubles sont opposées aux sept termes;

1. אשמ

l'Orient, l'Occident, la Hauteur, la Profondeur, le Nord, le Midi et le Saint Palais fixé au milieu qui soutient tout.

Ces sept doubles, il les sculpta, les grava, les combina et créa avec elles les Astres dans le Monde, les Jours dans l'Année, et les Portes dans l'Homme, et avec elles il sculpta sept ciels, sept éléments, sept animalités vides depuis l'œuvre. Et c'est pourquoi il choisit le septenaire sous le ciel.

Deux lettres construisent deux maisons, trois en bâtissent six ; quatre, vingt-quatre; cinq, cent vingt; six, sept cent vingt; et de là, le nombre progresse dans l'inénarrable et l'inconcevable[1]. Les astres dans le monde sont le Soleil, Vénus, Mercure, la Lune, Saturne, Jupiter et Mars. Les jours de l'année sont les sept jours de la création, et les sept portes de l'homme sont deux yeux, deux oreilles, deux narines et une bouche.

CHAPITRE V

Douze simples { K Ts Gh S N L I T H Z V E
ה ו ך ח ט י ל בּ ס ץ צ ק

Leur fondement est le suivant : La Vue, l'Ouïe, l'Odorat, la Parole, la Nutrition, le Coït, l'Action, la Locomotion, la Colère, le Rire, la Méditation, le Sommeil. Leur mesure est constituée par les douze termes du monde :

Le Nord-Est, le Sud Est, l'Est-hauteur, l'Est-profondeur.

Le Nord-Ouest, le Sud-Ouest, l'Ouest-hauteur, l'Ouest-profondeur.

Le Sud-hauteur, le Sud-profondeur, le Nord-hauteur, le Nord-profondeur.

Les bornes se propagent et s'avancent dans les siècles des siècles et ce sont les bras de l'Univers.

Ces douze simples, il les sculpta, les grava, les assembla, les pesa et les transmua et il créa avec elles douze signes dans l'Univers, savoir : le Bélier, le Taureau, etc., etc...

Douze mois dans l'année.

Et ces lettres sont les douze directrices de l'homme, ainsi qu'il suit :

Main droite et main gauche, les deux pieds, les deux reins, le foie, le fiel, la rate, le colon, la vessie, les artères.

1. V. aux remarques.

Trois mères, sept doubles et douze simples. Telles sont les vingt-deux lettres avec lesquelles est fait le tétragramme IEVE יהוה, c'est-à-dire Notre Dieu Sabaoth, le Dieu Sublime d'Israël, le Très Haut siégeant dans les siècles ; et son saint nom créa trois pères et leurs descendants et sept ciels avec leurs cohortes célestes et douze bornes de l'Univers.

La preuve de tout cela, le témoignage fidèle, c'est l'univers, l'année et l'homme. Il les érigea en témoins et les sculpta par trois, sept et douze. Douze signes et chefs dans le Dragon céleste, le Zodiaque et le Cœur. Trois, le feu, l'eau et l'air. Le feu au-dessus, l'eau au-dessous et l'air au milieu. Cela signifie que l'air participe des deux.

Le Dragon céleste, c'est-à-dire l'Intelligence dans le monde, le Zodiaque dans l'année et le Cœur dans l'homme. Trois, le feu, l'eau et l'air. Le feu supérieur, l'eau inférieure, l'air au milieu, car il participe des deux.

Le Dragon céleste est dans l'univers semblable à un roi sur son trône, le Zodiaque dans l'année semblable à un roi dans sa cité, le Cœur dans l'homme ressemble à un roi à la guerre.

Et Dieu les fit opposés, Bien et Mal. Il fit le Bien du Bien et le Mal du Mal. Le Bien prouve le Mal et le Mal, le Bien. Le Bien bouillonne dans les justes et le Mal dans les impies. Et chacun est constitué par le ternaire.

Sept parties sont constituées par deux ternaires au milieu desquels se tient l'unité.

Le duodénaire est constitué par des parties opposées : trois amies, trois ennemies, trois vivantes vivifient, trois tuent et Dieu, roi fidèle, les domine toutes du seuil de sa sainteté.

L'unité domine sur le ternaire, le ternaire sur le septénaire, le septénaire sur le duodénaire, mais chaque partie est inséparable de toutes les autres depuis qu'Abraham notre père considéra, examina, approfondit, comprit, sculpta, grava et composa tout cela, et de ce fait joignit la créature au créateur. Alors le maître de l'Univers se manifesta à lui, l'appela son ami et s'engagea par une alliance éternelle envers lui et sa postérité, comme il est écrit : Il crut en IOAH (והוה) et cela lui fut compté comme une œuvre de Justice. IL contracta avec Abraham un pacte entre ses dix orteils, c'est le pacte de la circoncision, et un autre entre les dix doigts de ses mains, c'est le pacte de la langue. IL attacha les vingt-deux lettres à sa langue et lui découvrit leur mystère. IL les fit descendre dans l'eau, les fit monter dans le feu, les jeta dans l'air, les alluma dans les sept planètes et les effusa dans les douze signes célestes.

REMARQUES

Notre intention n'est pas, dans ces courtes observations, de faire un commentaire du Sepher Jesirah. Ce commentaire, pour avoir quelque valeur, ne peut être basé que sur le texte hébraïque dont la langue conservant encore sa triple signification[1] permet seule de rendre tout entière la pensée de l'auteur. Du reste les maîtres les plus éminents en occultisme, Guillaume Postel et l'alchimiste Abraham, ont fait, en latin, des commentaires excellents auxquels nous renvoyons le lecteur désireux d'approfondir ces questions.

Nous voulons borner notre ambition à éclaircir de notre mieux les passages trop obscurs, par des notes et par la traduction de deux ouvrages kabbalistiques trop peu connus : Les cinquante portes de l'Intelligence et Les trente-deux voies de la Sagesse.

D'une façon générale on pourrait appeler le Sepher Jesirah le livre de la création kabbalistique plutôt que le livre kabbalistique de la création. C'est en effet sur le nom mystérieux IOAH (יהוה) que le livre tout entier repose, et la création du monde par LUI-LES-DIEUX[2] se borne à la création toute kabbalistique des nombres et des lettres. Par là l'auteur du Sepher proclame, dès le début, la méthode caractéristique des Sciences Occultes : l'Analogie.

La forme que l'artiste donne à son œuvre exprime exactement la grandeur de l'idée productrice, il existe un rapport mathématique entre la forme visible et l'idée invisible qui lui a donné naissance, entre la réunion des lettres formant un mot et l'idée que ce mot représente ; aussi créer des mots c'est créer des idées et l'on comprend pourquoi le Sepher Jesirah se borne, pour raconter la création d'un monde, à développer la création des lettres hébraïques qui représente des idées et des lois.

« Le Sohar est une genèse de lumière, le Sepher Jesirah une

1. « Moïse a suivi en cela la méthode des Prêtres égyptiens ; car je dois dire avant tout que ces Prêtres avaient trois manières d'exprimer leur pensée. La première était claire et simple, la seconde symbolique et figurée, la troisième sacrée ou hiéroglyphique.... Le même mot prenait à leur gré le sens propre, figuré ou hiéroglyphique. Tel était le génie de leur langue. Héraclite a parfaitement exprimé cette différence en la désignant par les épithètes de *parlant*, de *signifiant* et de *cachant*. » (Fabre d'Olivet.)

2. Traduction exacte du mot אלהים (Ælohim). Du reste, on peut voir au début du Sepher Jesirah Dieu désigné au pluriel.

échelle de vérités. Là s'expliquent les trente-deux signes absolus de la parole, les nombres et les lettres ; chaque lettre reproduit un nombre, une idée et une forme, en sorte que les mathématiques s'appliquent aux idées et aux formes non moins rigoureusement qu'aux nombres, par une proportion exacte et une correspondance parfaite.

« Par la science du Sepher Jesirah l'esprit humain est fixé dans la vérité et dans la raison et peut se rendre compte des progrès possibles de l'intelligence par les évolutions des nombres. Le Sohar représente donc la Vérité absolue et le Sepher Jesirah donne les moyens de la saisir, de se l'approprier et d'en faire usage. » (Eliphas Levi, *Histoire de la Magie.*)

La loi générale qui va donner naissance au monde une fois créée sous le nom de IOAH[1], nous allons la voir se développer dans l'Univers à travers les dix Sephiroth ou Numérations.

Qu'expriment donc ces dix Sephiroth ? Peu de termes ont donné naissance à plus de commentaires ; d'après les racines hébraïques de ce mot, je crois qu'on pourrait exprimer l'idée qu'il renferme, par la définition suivante : *point d'arrêt d'un mouvement cyclique.* Les dix Sephiroth ne seraient alors que dix conceptions à degrés différents d'une seule et même chose que les Kabbalistes désignent sous le nom d'En Soph, l'ineffable, qui représente l'essence divine dans sa plus grande abstraction et qui est désignée dans le nom (IEVE) par la première lettre droite I י (יהוה).

Le Sepher nous montre l'application de ces idées en se servant du même mot (EVE) (הוה) combiné de façons différentes pour nous indiquer les six dernières Sephiroth (chap. 1er).

1. Je crois rendre service aux lecteurs en publiant une partie du commentaire de Fabre d'Olivet sur ce nom mystérieux dont l'étude est, à dessein, à peine abordée par les écrivains en occulte :

« Ce nom offre d'abord le signe indicateur de la vie, doublé, et formant la racine essentiellement vivante EE (הה). Cette racine n'est jamais employée comme nom et c'est la seule qui jouisse de cette prérogative. Elle est, dès sa formation, non seulement un verbe, mais un verbe unique dont tous les autres ne sont que des dérivés : en un mot le verbe הוה (EVE) être-étant. Ici, comme on le voit, et comme j'ai eu soin de l'expliquer dans ma grammaire, le signe de la lumière intelligible י (VÔ) est au milieu de la racine de vie. Moïse, prenant ce verbe par excellence pour en former le nom propre de l'Être des Êtres, y ajoute le signe de la manifestation potentielle et de l'éternité ו (I) et il obtient יהוה (IEVE) dans lequel le facultatif étant se trouve placé entre un passé sans origine et un futur sans terme. Ce nom admirable signifie donc exactement l'Être-qui est-qui-fut-et-qui-sera. »

M. Franck, interprétant les Kabbalistes, dit aussi : « Quoique tous également nécessaires, les attributs et les distinctions que les Sephiroth expriment ne peuvent pas nous faire comprendre la nature divine de la même hauteur; mais ils nous la représentent sous divers aspects que dans le langage des Kabbalistes on appelle des visages ou des personnes[1]. »

Mais c'est Kircher qui va nous éclairer tout à fait en nous montrant dans une seule phrase l'origine des travaux modernes sur l'unité de la force répandue dans l'Univers, travaux poursuivis avec tant de fruit par Louis Lucas[2]; écoutons notre auteur :

« *C'est pourquoi toutes les Sephiroth ou Nombres sont une seule et même force modifiée différemment suivant les milieux qu'elle traverse*[3]. »

Bientôt la substance divine va, par de nouvelles modifications, donner naissance à des conceptions encore inconnues manifestées par les vingt-deux lettres. Ici les grandes lois qui régissent la nature vont apparaître une à une dans les applications analogiques qu'emploie l'auteur du Sepher en parlant de l'Univers, de l'année et de l'homme.

La première distinction apparaît dans la division ternaire des lettres qui se partagent en mères, doubles (exprimant deux sons, l'un positif, fort, et l'autre négatif, doux) et simples (n'exprimant qu'un son).

Cette idée de la Trinité se retrouve partout dans le Sepher. Elle est surtout bien développée dans le chapitre III où l'on montre sa constitution : un positif (ש) S le Feu ; un négatif, l'Eau (מ) M ; et enfin un neutre, l'Air A (א), intermédiaire entre les deux et résultant de leur action réciproque.

Considérons chaque Trinité comme une seule personne et nous allons voir apparaître une Trinité positive, une Trinité négative et l'Unité qui les accorde dans le Septénaire comme le dit le texte :

« *Sept parties sont constituées par deux Ternaires au milieu desquels se tient l'unité.* »

De même le duodénaire est formé de quatre ternaires opposés deux à deux.

Dans ces quelques chiffres sont cependant contenues toutes les

1. Franck, *la Kabbale*.
2. Voyez l'*Occultisme contemporain*, par Papus (chez Carré).
3. Kircher, *Œdipus Ægyptiacus* (*Cabala Hebræorum*, § 11).

lois que la Science occulte considère comme les lois primordiales, les *pourquoi* de la Nature.

Et cela est si vrai que l'auteur termine son livre en synthétisant dans une seule phrase les lois qu'il a analysées précédemment.

A côté de cette évolution, partie de la Divinité pour se répandre à travers la création, dont l'idée est, en somme, assez claire, apparaissent, de place en place, des passages obscurs dont le sens se rapporte aux pratiques divinatoires, et par suite occultes, du sanctuaire.

Quelques lettres de l'alphabet suffisent pour exprimer un nombre incalculable d'idées et cela par leur simple combinaison. Ainsi voici trois lettres l'N l'M et l'O qui vont exprimer une idée entièrement différente suivant qu'on les écrira NOM ou MON. C'est à ces combinaisons des lettres et par suite des nombres et des idées que se rapportent les deux cent trente et une portes de la fin du chapitre II et les maisons du chapitre IV.

Les deux cent trente et une portes se rattachent à la pratique d'une table appelée Ziruph en Kabbale et indiquant tous les mots que peuvent former les vingt-deux lettres, substituées les unes aux autres. Mais, dans le cas qui nous occupe, voici l'explication de Guillaume Postel :

Multipliez les vingt-deux lettres par les onze nombres (les dix Sephiroth + l'ineffable), vous obtiendrez deux cent quarante-deux desquels vous retrancherez les nombres pour n'avoir plus que les portes occultes, ce qui vous donnera 242 — 11 = 231 portes.

La table des substitutions sert à remplacer la première lettre de l'alphabet par la dernière, la deuxième par l'avant-dernière et ainsi de suite.

Prenons un exemple du français, l'alphabet :

A B C D E F G H I J K L M N O P Q R S T U V X Y Z deviendra :
Z Y X V U T S R Q P O N M L K J I H G F E D C B A,

si bien que pour écrire ART on écrira en lisant l'alphabet placé au dessous ZHF. Cette méthode combinée avec la suivante est d'un grand secours pour l'usage pratique de la Rota de Guillaume Postel[1].

Le deuxième passage (fin du chapitre IV) se rapporte au nombre de combinaisons que peuvent former un certain nombre de lettres :

1. Voyez Eliphas Levi, *Rituel de Haute Magie*, chapitre XXI.

ainsi deux lettres ne peuvent former que deux combinaisons, trois peuvent en former six. Ex. :

1. A B C
2. A C B
3. B A C
4. B C A
5. C A B
6. C B A

et ainsi de suite d'après une loi mathématique. Comme on peut le voir, le Sepher Jesirah est déductif, il part de l'idée de Dieu pour descendre dans les phénomènes naturels. Les deux livres dont il me reste à parler, sont établis l'un d'après le système du Sepher Jésirah, c'est celui intitulé: Les trente-deux voies de la Sagesse. L'autre est inductif, il part de la Nature pour remonter à l'idée de Dieu, et présente un système d'évolution remarquable en cela qu'il offre une analogie digne d'intérêt avec les idées modernes et les données de la Théosophie[1]. Je veux parler des *cinquante portes de l'intelligence.*

D'après les Kabbalistes, chacun de ces deux systèmes procède d'une des premières Sephiroth. Les trente-deux voies de la Sagesse dérivent de Chochmah et les cinquante portes de l'Intelligence de Binah, comme l'enseigne Kircher:

« De même que les trente-deux voies de la Sagesse, émanées de la Sagesse, se répandent dans le cercle des choses créées, de même de Binah, c'est-à-dire de l'Intelligence que nous avons vu être l'Esprit saint, s'ouvrent cinquante portes qui conduisent auxdites voies; leur but est de conduire à l'usage pratique des trente-deux voies de la Sagesse et de la Puissance.

« On les appelle Portes parce que personne ne peut, d'après les cabalistes, parvenir à une notion parfaite des voies susdites s'il n'est d'abord entré par ces Portes. »

1. Voyez la seconde partie du *Traité élémentaire de Science occulte.*

LES 50 PORTES DE L'INTELLIGENCE

1re CLASSE

PRINCIPES DES ÉLÉMENTS

Porte 1 — (la plus infime) Matière première, Hyle, Chaos.
— 2 — Vide et inanimé : ce qui est sans forme.
— 3 — Attraction naturelle, l'abîme.
— 4 — Séparation et rudiments des Éléments.
— 5 — Élément Terre ne renfermant encore aucune semence.
— 6 — Élément Eau agissant sur la Terre.
— 7 — Élément de l'Air s'exhalant de l'abîme des eaux.
— 8 — Élément Feu échauffant et vivifiant.
— 9 — Figuration des Qualités.
— 10 — Leur attraction vers le mélange.

2e CLASSE

DÉCADE DES MIXTES

Porte 11 — Apparition des Minéraux par la disjonction de la terre.
— 12 — Fleurs et sucs ordonnés pour la génération des métaux.
— 13 — Mers, Lacs, Fleurs sécrétés entre les alvéoles (de la Terre).
14 — Production des Herbes, des Arbres, c'est-à-dire de la nature végétante.
15 — Forces et semences données à chacun d'eux.
16 — Production de la Nature sensible, c'est-à-dire
17 — Des Insectes et des Reptiles.
18 — Des Poissons } chacun avec ses propriétés
19 — Des Oiseaux } spéciales.
20 — Procréation des Quadrupèdes.

3e CLASSE

DÉCADE DE LA NATURE HUMAINE

Porte 21 — Production de l'homme.
22 — Limon de la Terre de Damas, Matière.
— 23 — Souffle de Vie, Ame ou
24 — Mystère d'Adam et d'Ève.
25 — Homme-Tout, Microcosme.

Porte 26 — Cinq puissances externes.
— 27 — Cinq puissances internes.
— 28 — Homme Ciel.
— 29 — Homme Ange.
— 30 — Homme image et similitude de Dieu.

4e CLASSE

ORDRES DES CIEUX, MONDE DES SPHÈRES

Porte 31	Ciel	De la Lune.
— 32		De Mercure.
— 33		De Vénus.
— 34		Du Soleil.
— 35		De Mars.
— 36		De Jupiter.
— 37		De Saturne.
— 38		Du Firmament.
— 39		Du premier Mobile.
— 40		Empyrée.

5e CLASSE

DES NEUF ORDRES D'ANGES, MONDE ANGÉLIQUE

Porte 41 — Animaux saints.................. Séraphins.
— 42 — Ophanim, c.-à-d. Roues............ Chérubins.
— 43 — Anges grands et forts.............. Trônes.
— 44 — Haschemalim c.-à-d................ Dominations.
— 45 — Seraphim c.-à-d.................... Vertus.
— 46 — Malachim........................... Puissances.
— 47 — Elohim.............................. Principautés.
— 48 — Ben Elohim......................... Archanges.
— 49 — Chérubin........................... Anges.

6e CLASSE

EN-SOPH, DIEU IMMENSE

MONDE SUPERMONDAIN ET ARCHÉTYPE

Porte 50 — Dieu, Souverain Bien, Celui que l'homme mortel n'a pas vu, ni qu'aucune recherche de l'esprit n'a pénétré. C'est là la 50e porte à laquelle Moïse ne parvint pas.

Et telles sont les cinquante portes par lesquelles le chemin est préparé de l'Intelligence ou l'Esprit Saint vers les 32 voies de la Sagesse au scrutateur soucieux et obéissant à la loi.

« Les 32 voies de la Sagesse sont les chemins lumineux par lesquels les saints hommes de Dieu peuvent, par un long usage, une longue expérience des choses divines et une longue méditation sur elles, parvenir aux centres cachés. » KIRCHER.

LES 32 VOIES DE LA SAGESSE

La première voie est appelée Intelligence admirable, couronne suprême. C'est la lumière qui fait comprendre le principe sans principe et c'est la gloire première ; nulle créature ne peut atteindre son essence.

La seconde voie c'est l'Intelligence qui illumine ; c'est la couronne de la Création et la splendeur de l'Unité suprême dont elle se rapproche le plus. Elle est exaltée au-dessus de toute tête et appelée par les Kabbalistes : La Gloire seconde.

La troisième voie est appelée Intelligence sanctifiante et c'est la base de la Sagesse primordiale, appelée créatrice de la Foi. Ses racines sont אמן. Elle est parente de la foi qui en émane en effet.

La quatrième est appelée Intelligence d'arrêt ou réceptrice, parce qu'elle se dresse comme une borne pour recevoir les émanations des intelligences supérieures qui lui sont envoyées. C'est d'elle qu'émanent toutes les vertus spirituelles par la subtilité. Elle émane de la couronne suprême.

La cinquième voie est appelée Intelligence radiculaire, parce que, égale plus que tout autre à la suprême unité, elle émane des profondeurs de la Sagesse primordiale.

La sixième voie est appelée Intelligence de l'influence médiane, parce que c'est en elle que se multiplie le flux des émanations. Elle fait influer cette affluence même sur les hommes bénis qui s'y unissent.

La septième voie est appelée Intelligence cachée, parce qu'elle fait jaillir une splendeur éclatante sur toutes les vertus intellectuelles qui sont contemplées par les yeux de l'esprit et par l'extase de la foi.

La huitième voie est appelée Intelligence parfaite et absolue. C'est d'elle qu'émane la préparation des principes. Elle n'a pas de racines auxquelles elle adhère, si ce n'est dans les profondeurs de la Sphère Magnificence de la substance propre de laquelle elle émane.

La neuvième voie est appelée Intelligence mondée. Elle purifie les Numérations, empêche et arrête le bris de leurs images ; car elle fonde leur unité afin de les préserver par son union avec elle de la destruction et de la division.

La dixième voie est appelée Intelligence resplendissante, parce qu'elle est exaltée au-dessus de toute tête et a son siège dans BINAH; elle illumine le feu de tous les luminaires et fait émaner la force du principe des formes.

La onzième voie est appelée Intelligence du feu. Elle est le voile placé devant les dispositions et l'ordre des semences supérieures et inférieures. Celui qui possède cette voie jouit d'une grande dignité, c'est d'être devant la face de la cause des causes.

La douzième voie est appelée Intelligence de la lumière, parce qu'elle est l'image de la magnificence. On dit qu'elle est le lieu d'où vient la vision de ceux qui voient des apparitions.

La treizième voie est appelée Intelligence inductive de l'Unité. C'est la substance de la Gloire; elle fait connaître la vérité à chacun des esprits.

La quatorzième voie est appelée Intelligence qui illumine, c'est l'institutrice des arcanes, le fondement de la Sainteté.

La quinzième voie est appelée Intelligence constitutive parce qu'elle constitue la création dans la chaleur du monde. Elle est elle-même, d'après les Philosophes, la chaleur dont l'Écriture parle (Job, 38), la chaleur et son enveloppe.

La seizième voie est appelée Intelligence triomphante et éternelle, volupté de la Gloire, paradis de la volupté préparé pour les justes.

La dix-septième voie est appelée Intelligence dispositive. Elle dispose les pieux à la fidélité et par là les rend aptes à recevoir l'Esprit-Saint.

La dix-huitième voie est appelée Intelligence ou Maison de l'affluence. C'est d'elle qu'on tire les arcanes et les sens cachés qui sommeillent dans son ombre.

La dix-neuvième voie est appelée Intelligence du secret ou de toutes les activités spirituelles. L'affluence qu'elle reçoit vient de la Bénédiction très élevée et de la gloire suprême.

La vingtième voie est appelée Intelligence de la Volonté. Elle prépare toutes les créatures et chacune d'elles en particulier à la démonstration de l'existence de la Sagesse primordiale.

La vingt et unième voie est appelée Intelligence qui plaît à celui qui cherche; elle reçoit l'influence divine et influe par sa bénédiction sur toutes les existences.

La vingt-deuxième voie est appelée Intelligence fidèle, parce qu'en elle sont déposées les vertus spirituelles qui y augmentent jusqu'à ce qu'elles aillent vers ceux qui habite sous son ombre.

La vingt-troisième voie est appelée Intelligence stable. Elle est la cause de la consistance de toutes les numérations (Sephiroth).

La vingt-quatrième voie est appelée Intelligence imaginative. Elle donne la ressemblance à toutes les ressemblances des êtres qui d'après ses aspects sont créés à sa convenance.

La vingt-cinquième voie est appelée Intelligence de Tentation ou d'épreuve, parce que c'est la première tentation par laquelle Dieu éprouve les pieux.

La vingt-sixième voie est appelée Intelligence qui renouvelle parce que c'est par elle que DIEU (béni soit-il) renouvelle tout ce qui peut être renouvelé dans la création du monde.

La vingt-septième voie est appelée Intelligence qui agite. C'est en effet d'elle qu'est créé l'Esprit de toute créature de l'Orbe suprême et l'agitation, c'est-à-dire le mouvement auquel elles sont sujettes.

La vingt-huitième voie est appelée Intelligence naturelle. C'est par elle qu'est parachevée et rendue parfaite la nature de tout ce qui existe dans l'Orbe du Soleil.

La vingt-neuvième voie est appelée Intelligence corporelle. Elle forme tout corps qui est corporifié sous tous les orbes et son accroissement.

La trentième voie est appelée Intelligence collective parce que c'est d'elle que les Astrologues tirent par le jugement des étoiles et des signes célestes, leurs spéculations et les perfectionnements de leur science d'après les mouvements des astres.

La trente et unième voie est appelée Intelligence perpétuelle. Pourquoi? Parce qu'elle règle le mouvement du Soleil et de la Lune d'après leur constitution et les fait graviter l'un et l'autre dans son orbe respectif.

La trente-deuxième voie est appelée Intelligence adjuvante parce qu'elle dirige toutes les opérations des sept planètes et de leurs divisions et y concourt.

Voici l'usage pratique de ces 32 voies.

Les Cabalistes, quand ils veulent interroger Dieu par une voie quelconque des choses naturelles, s'y prennent ainsi :

D'abord ils consultent dans une préparation antérieure les 32 endroits du 1er chapitre de la Genèse, c'est-à-dire les voies des choses créées, et exercent sur elles leur étude[1].

Puis par le moyen de certaines oraisons tirées du nom ELOIM (אלהים) ils prient Dieu de leur accorder largement la lumière nécessaire à la voie cherchée et se persuadent, par des cérémonies convenables, qu'ils sont adeptes à la Lumière de la Sagesse, si bien qu'ils se tiennent, par leur foi inébranlable et leur ardente charité, dans le cœur du monde pour l'interroger. Pour que l'oraison ait dès lors une plus grande puissance, ils se servent du nom de 42 lettres[2] et par lui pensent qu'ils obtiendront ce qu'ils demandent.

BIBLIOGRAPHIE

Sepher Jesirah (en hébreu); Montoue, 1562, in-4.......... A 996 ([3])
Artis cabalisticæ scriptores ex biblioth. Pistorii, 1587 (folio). A 970
Abrahami patriarchæ liber Jesirah ex hebræo versus et commentariis illustratus a Guillemo Postello (1552)..... A (Réserve) 6590
Cuzari libro de grande ciencia y mucha doctrina, traducido por Abendana; Amsterdam, 5423..................... A 1100
Liber Jesirah qui Abrahamo patriarchæ adscribitur, una cum commentario Rabbi Abraham; Amstelodami, 1662. A 967
Franck. — La Kabbale; Paris, 1863, in-8................ A 8853

*
* *

Les lecteurs curieux de nouveaux détails sur la Kabbale en trouveront dans les récits de tous les Kabbalistes contemporains, Éliphas Levi, Stanislas de Guaita, Joséphin Peladan, Albert Jhouney. Ceux qui désirent pénétrer au fond du système kabbalistique esquissé symboliquement dans *le Sepher Jesirah* trouveront des développements considérables dans mon étude sur le *Tarot des Bohémiens*, gros volume de près de 400 pages, basé sur le 3e nom divin.

1. Dans le 1er chapitre de la Genèse le nom divin Ælohim est mentionné 32 fois.

2. Ce nom est tiré des combinaisons du Tétragramme; voy. Kircher, *loc. cit.*

3. Les indications contenues dans cette colonne sont celles sous lesquelles les ouvrages cités sont classés à la Bibliothèque nationale.

Nous venons de résumer dans ce chapitre une doctrine très ancienne et peu connue. Nous avons fait tous nos efforts pour être clair malgré l'aridité du sujet; le lecteur voudra bien nous excuser si quelques points manquent de développement ou si quelques autres sont traités plus qu'il ne le faudrait. L'expérience nous apprendra par la suite ce qu'il faudra réformer.

DEUXIÈME PARTIE

LA TRADITION

B

DU CHRISTIANISME AUX TEMPS MODERNES

CHAPITRE XII

LES ORIGINES DU CHRISTIANISME

LE POLYTHÉISME ET LA GNOSE

LES MÉTHODES EMPLOYÉES DANS LA TRANSMISSION DE LA TRADITION

§ 1. — L'ÉSOTÉRISME. — L'EXOTÉRISME. — LE CULTE.

Les idées que nous venons de développer touchant la Science des Égyptiens et sa transmission presque totale par la Kabbale ne peuvent manquer de choquer au plus haut point la plupart des contemporains. Cela tient à ce que nous avons parlé surtout de l'enseignement ésotérique du sanctuaire de l'enseignement réservé aux prêtres, aux docteurs ès sciences de l'époque.

Il fallait atteindre deux buts dans la transmission de cette science égyptienne :

1° Transmettre la science occulte de génération en génération par le moyen des hommes instruits dans chaque peuple. L'initiation était le moyen employé pour cette transmission (*c'était là la méthode ésotérique ou du dedans, du sanctuaire*).

2° Transmettre en même temps la science occulte par le moyen des ignorants de manière que, de quelque façon qu'on s'y prît, la tradition ne pût être anéantie. Les légendes religieuses étaient employées à cet effet (*c'était là la méthode exotérique, ou du dehors, de la foule*).

Chacune de ces deux voies de transmission a ses méthodes particulières qu'il est important de bien définir.

* * *

La transmission par les hommes instruits seuls devait être surtout orale, mais, lorsque les circonstances forçaient à écrire les mystérieux enseignements, le choix des caractères était fait de telle sorte qu'il rebutait à jamais le profane.

De là l'obscurité proverbiale des livres kabbalistiques.

Cette chaîne de transmission secrète, qu'elle soit orale ou qu'elle emploie des caractères particuliers, constitue *l'ésotérisme*, — le côté intérieur de chaque doctrine, le côté véritablement occulte.

Il suffit de se reporter aux citations que nous avons faites de de Brière à propos des hiéroglyphes et de l'écriture sacrée pour voir que cette méthode mettait en jeu les facultés les plus élevées de l'homme et demandait pour être appliquée une grande instruction.

En possession des signes capables d'exprimer son idée, l'initié devait donc se plier à une considération importante : le choix de son lecteur futur.

Il fallait créer une langue s'adaptant d'avance à l'intelligence de celui à qui elle était destinée, une langue telle qu'un mot, ne présentant au vulgaire qu'un ensemble de signes bizarres, devînt pour le voyant une révélation :

« Bien autrement faisaient, au temps jadis, les sages

d'Égypte quand ils écrivaient par lettres qu'ils appelaient hiéroglyphes lesquelles nul n'entendait qui n'entendît, et un chacun entendait qui entendît la VERTU, PROPRIÉTÉ et NATURE des choses par icelles figurées.

« Desquelles Orus Apollon a en grec composé deux livres et Polyphile au songe d'amour en a davantage exposé. » (Rabelais, liv. I, chap. IX.)

L'idée théorique qui présida au choix de cette langue fut celle de la gradation hiérarchique Ternaire, les TROIS MONDES indiqués par Rabelais dans la citation ci-dessus.

Cette idée d'enfermer certaines connaissances dans un cercle spécial est tellement commune à toutes les époques que nous voyons, en ce siècle de divulgation et de diffusion à outrance, les sciences communes, mathématiques, histoire naturelle, médecine, s'entourer d'un rempart de mots techniques. Pourquoi s'étonner de retrouver le même usage en action parmi les anciens ?

Reportons-nous au triangle des trois mondes FAITS-LOIS-PRINCIPES, et nous allons voir l'initié en possession de trois moyens différents d'exprimer une idée : par le *sens positif*, le *sens comparatif* ou le *sens superlatif*.

1° — L'initié peut se servir de mots compris par tous en changeant simplement la valeur des mots suivant la classe d'intelligences qu'il veut instruire.

Prenons un exemple simple tel que l'idée suivante :

Un enfant nécessite un père et une mère.

S'adressant à tous, sans distinction aucune de classes, l'écrivain parlera au sens positif et dira :

Un enfant nécessite un père et une mère.

S'il veut retrancher de la compréhension de cette idée les gens à l'intelligence matérielle, ceux qu'on désigne sous le terme collectif de : le Vulgaire, il parlera au sens comparatif, montant du domaine des FAITS dans le domaine des LOIS en disant :

Le Neutre nécessite un positif et un négatif.

L'Equilibre nécessite un actif et un passif.

Les gens qui sont versés dans l'étude des Lois de la nature, ceux qu'on désigne en général à notre époque sous le nom de *savants*, comprendront parfaitement le sens de ces Lois inintelligibles pour le paysan.

Mais faut-il retrancher de la connaissance d'une vérité ces savants devenus théologiens ou persécuteurs, l'écrivain s'élève encore d'un degré, il pénètre de plain-pied dans le domaine de la symbolique en entrant dans le MONDE des PRINCIPES et dit :

La Couronne nécessite la Sagesse et l'Intelligence.

Le Savant, habitué à résoudre les problèmes qui se présentent à lui, comprend les mots isolément, mais ne peut saisir le rapport qui les lie. Il est capable de donner un sens à cette phrase ; mais la base solide lui manque ; il n'est pas sûr d'interpréter exactement ; aussi hausse-t-il les épaules quand des phrases analogues à celle-là lui apparaissent dans des livres hermétiques et passe-t-il outre en s'écriant : Mysticisme et Fourberie !

N'était-ce pas là le désir de l'écrivain ?

La Kabbale et ses trois divisions Gématrie, Notarie et Thémurie nous montrent un exemple de cette méthode et de ses applications.

Nous retrouverons ce procédé dans toute l'histoire de la tradition, surtout lorsque nous aurons à parler de *l'Alchimie* et des livres de Philosophie hermétique.

2° — L'initié peut employer des signes différents suivant ceux à qui il veut s'adresser.

C'était cette méthode qu'employaient de préférence les

prêtres égyptiens qui écrivaient en hiéroglyphes, ou en langue phonétique suivant le cas.

Mais éclairons encore ceci par des exemples en employant, pour plus de clarté, la même idée que dans le premier cas :

Un enfant nécessite un père et une mère.

S'adressant à la masse, l'initié dira la phrase textuelle.

S'il veut restreindre le nombre des lecteurs, il abordera le Monde des Lois, et les signes algébriques compris du savant viendront s'aligner ainsi :

Soit le signe ∞ désignant le neutre, l'enfant, on écrira :

$$\infty \text{ nécessite } + \text{ et } - \text{ ou } (+) + (-) = (\infty)$$

S'il veut encore restreindre le domaine de la compréhension, il abordera les signes idéographiques correspondant aux principes et dira :

astrologiquement : ☉ + ☽ = ☿
ou géométriquement : | + —— = +

Nous allons voir que ces signes, qui ont encore le don d'exaspérer les curieux, ne sont pas pris arbitrairement, mais qu'au contraire une raison profonde préside à leur choix.

De la géométrie qualitative.

Rien n'est plus fastidieux que la liste des rapports entre les figures géométriques et les nombres qu'on trouve un peu partout dans les auteurs qui s'occupent de la Science occulte. Cette sécheresse vient de ce qu'ils n'ont pas jugé à propos de donner la raison de ces rapports.

Pour établir l'alliance des idées aux figures géométriques, il nous faut une base de développement solide, connue déjà de nous. Le point de départ d'où nous allons partir, ce sont les nombres.

Il suffit de se reporter à la fin du chapitre II pour comprendre les développements qui vont suivre.

C'est de l'Unité que partent tous les nombres, et tous ne sont que des aspects différents de l'Unité toujours identique à elle-même.

C'est du Point que naissent toutes les figures géométriques, et toutes ces figures ne sont que des aspects différents du Point [1].

L'*unité* [1] sera analogiquement représentée par le point ·

Le premier nombre auquel donne naissance 1, c'est 2. La première figure à laquelle donne naissance le point, c'est la Ligne.

Le *deux* [2] sera représenté par la Ligne ———
simple ou double — —

Avec la ligne une autre considération entre en jeu, c'est la direction.

Les nombres se divisent en pairs ou impairs, de même les lignes affectent deux directions principales.

La direction verticale | représente l'actif.

La direction horizontale — le Passif.

Le premier nombre qui réunit les opposés 1 et 2, c'est le Ternaire 3. La première figure complète, fermée, c'est le triangle.

Le *trois* [3] sera représenté analogiquement par 

A partir du nombre 3, nous savons que les chiffres

1. *La kabbale* est fondée sur la même idée. Toutes les lettres naissent d'une seule, י, *iod*, dont elles expriment tous les aspects comme la nature exprime les divers aspects du Créateur. (Voyez le *Sepher Jesirah*.)

recommencent la série universelle 4, c'est une octave différente de 1 [1].

Les figures suivantes sont donc des combinaisons des termes précédents, et rien de plus.

Le *quaternaire* [4] sera représenté par des forces opposées deux à deux, c'est-à-dire par des Lignes opposées dans leur direction deux à deux.

4 { 2 forces actives | | = □
2 forces passives ═

Quand on veut exprimer une production produite par le 4, on fait croiser les lignes actives et passives de manière à déterminer un point central de convergence; c'est la figure de la croix, image de l'Absolu.

Au chiffre *cinq* (5) répondra l'étoile à cinq pointes symbolisant l'intelligence (la tête humaine) dirigeant les quatre forces élémentaires (les quatre membres).

Six (6) = 3 + 3 =

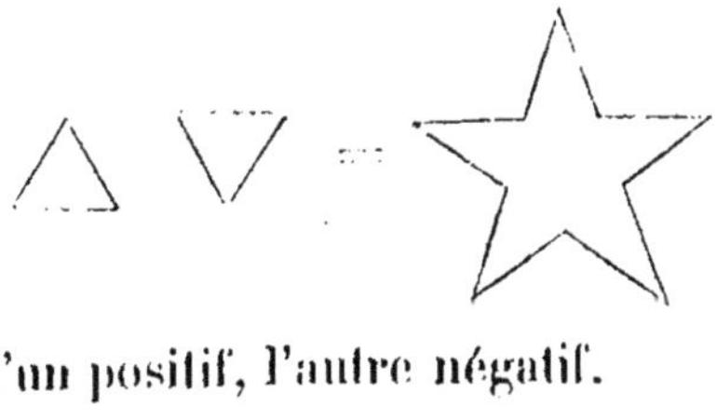

les deux ternaires, l'un positif, l'autre négatif.

Sept (7) = 4 + 3

1. Voy. chap. II.

Huit (8) = 4 + 4 = □ □ ou

Neuf (9) = 3 + 3 + 3 = △ △ △

Dix (10) = Le cycle éternel = ( )

Chaque nombre, avons-nous dit, représente une idée et une forme. Nous sommes à présent capables d'établir ces rapports :

NOMBRE	IDÉE	FORME
1	Le Principe	.
2	L'Antagonisme	— —
3	L'Idée	△
4	La Forme. L'Adaptation	
5	Le Pentagramme	
6	L'Équilibre des idées	△ ▽
7	La Réalisation. Alliance de l'Idée et de la Forme	△
8	L'Équilibre des formes	
9	Perfection des idées	△ △ △
10	Le Cycle éternel	

D'autres signes sont employés par les initiés et par cela même indispensables à connaître ; ce sont les signes qui désignent les planètes. Ils sont d'autant plus importants que chacun d'eux peut s'expliquer par la géométrie qualitative dont nous venons de parler. Je n'aborderai point ici cette étude qui nous conduirait loin sans résultat immédiat pour m'occuper uniquement de leur génération.

L'actif et le passif sont représentés dans les planètes par le Soleil (☉) et la Lune (☽).

Leur action réciproque donne naissance aux quatre éléments figurés par la croix (+).

♄ Saturne, c'est la Lune dominée par les éléments.

♃ Jupiter, ce sont les éléments dominés par la Lune.

♂ Mars, c'est la partie ignée du signe zodiacal du Bélier agissant sur le Soleil.

♀ Vénus, c'est le Soleil dominant les éléments.

Enfin la synthèse de tous les signes précédents, c'est Mercure contenant en lui le Soleil, la Lune et les éléments.

3° — L'emploi de la géométrie qualitative permet encore une autre méthode : c'est l'emploi d'un seul et même signe qui peut être pris dans des sens différents suivant l'entendement du lecteur.

Ainsi le signe ☉ ne représentera pour l'illettré qu'un point dans un rond.

Le savant comprendra que ce signe représente une circonférence et son centre ou, astronomiquement, le Soleil et par extension la vérité (il est rare que le savant dépasse ce degré).

L'initié y verra le Principe et son développement, l'Idée

dans sa cause, Dieu dans l'Éternité outre les sens précédents. Tout à l'heure nous verrons l'origine de ces interprétations.

*
* *

A ce procédé se rattache l'usage des figures magiques appelées *pantacles* qui résument, grâce à la disposition de quelques lignes, des lois naturelles très complexes. C'était là le moyen employé par l'initiation pour conserver les enseignements toujours présents à l'esprit des initiés. Nous reviendrons plus loin sur ce point très intéressant.

*
* *

En somme, le caractère de cette méthode ésotérique, c'est l'enseignement unitaire, l'enseignement élevé correspondant aux sciences les plus hautes symbolisées dans la classification occulte par la lettre *iod* (י) du tétragramme sacré.

Moïse, en sélectant son peuple, le gouverna presque uniquement d'après cette méthode ; de là l'unitéisme des Juifs et le caractère mâle et sauvage de leur organisation.

La transmission de la tradition par l'initiation était certes excellente ; mais elle n'offrait pas toutes les garanties de durée désirables.

En effet qu'un cataclysme politique vienne saisir les dépositaires de la Science, que leurs livres soient brûlés, et tout est perdu.

Aussi à côté de la première voie de transmission, à côté de l'ésotérisme, une seconde fut créée : celle de *l'exotérisme*, à l'usage de la foule.

Les vérités du sanctuaire ne furent en rien changées ; une vérité ne se change pas sous peine de devenir une erreur :

mais elles furent voilées sous des récits légendaires propres à frapper *l'imagination* du peuple, la seule faculté à laquelle on puisse s'adresser chez les profanes.

Au XIXe siècle nous avons entièrement perdu le sens de cette curieuse méthode.

Quel meilleur moyen pour transmettre une vérité que d'intéresser l'imagination au lieu de la mémoire ? Racontez une histoire au paysan, il la retiendra et, de veillée en veillée, les aventures de Vulcain et de Vénus gagneront la postérité. En sera-t-il de même des Lois de Kepler ?

J'ai peine, je l'avoue, à me figurer une brave paysanne assise au coin du feu et énumérant les lois astronomiques. L'histoire symbolique contient cependant des vérités autrement importantes.

Le paysan n'y voit qu'un exercice agréable d'imagination ; le savant y découvre avec étonnement les lois de la marche du Soleil, et l'initié, décomposant les noms propres, y voit la clef du grand œuvre et par là comprend les trois sens que cette histoire renferme [1].

Voilà pourquoi nous verrons toutes les religions anciennes ou modernes accompagnées de légendes diverses qu'on commence seulement à étudier de nos jours au point de vue scientifique.

1. La tradition alchimiste veut que l'initiateur ne parle que par paraboles ou au moyen de fables allégoriques, mais non pas de fables inventées à plaisir. Dans le grand œuvre, il n'y a qu'un fait majeur : c'est la transmutation qui se fait suivant des phases admises. Or, comment ne peut-on pas comprendre que la description de ces phases va être abordée avec des sujets différents par tel ou tel auteur ? Remarquez que le nouveau venu se piquera toujours d'être plus fort en imagination que son devancier. Les Indous racontent l'incarnation de Vichnou ; les Égyptiens le voyage d'Osiris ; les Grecs la navigation de Jason ; les Druides les mystères de Thot ; les chrétiens, d'après Jean Dée, la passion de Jésus-Christ ; les Arabes, les péripéties d'Aladin et de la lampe merveilleuse. » (Louis Lucas, *Roman alchimique*, p. 171.

* * *

Cependant sentant bien que, par la suite, les savants à imagination active donneraient aux histoires symboliques et même à tous ces symboles des sens ultra-fantastiques, les initiés mirent dans chacune de ces histoires une clef infaillible, guide sûr du sens véritable de la fable : cette clef c'est le *nom propre*.

Analysez, grâce au dictionnaire des racines donné dans le premier volume de la *Langue hébraïque* de Fabre d'Olivet, chacun des noms propres composant une légende mythologique, et vous serez frappé d'étonnement en découvrant la profondeur de vue cachée sous l'apparence badine de la fable.

Nous jugeons inutile de donner de suite un exemple d'Histoire symbolique ; nous aurons tout à l'heure à en détailler un grand nombre auxquelles le lecteur peut se reporter facilement.

La méthode exotérique porte surtout sur *l'imagination* et par suite sur *la diversité,* en opposition à la méthode ésotérique qui s'adresse à la volonté et qui cherche l'unité.

Aussi l'exotérisme correspond-il dans la classification occulte aux deux lettres semblables du tétragramme sacré יהוה, images de la diversité, aux deux *hé* (הה).

Orphée, contemporain de Moïse et instruit dans le même temple égyptien que ce dernier, gouverna son peuple d'après cette méthode exotérique, tout en laissant un ésotérisme profond caché dans les sanctuaires. De là le polythéisme des Grecs et le caractère féminin et poétique de leur organisation.

La transmission de la tradition se présente donc à nous sous deux caractères bien différents :

1° *L'Esotérisme* réservé aux initiés et apanage de l'initiation, avec tout son cortège d'écritures secrètes;

2° *L'Exotérisme* réservé aux profanes et apanage de la foule, avec tout le charme de ses histoires symboliques.

N'existe-t-il aucun lien entre ces deux méthodes?

Il en existe un très net : c'est *le culte*. Le culte réunit les enseignements philosophiques de l'ésotérisme aux légendes imaginatives de l'exotérisme; on y trouve toujours mélangées l'unité du Monothéisme à la diversité du Polythéisme; aussi M. Louis Ménard[1] remarque-t-il très justement qu'un initié aux mystères sacrés pouvait voir, dans une danse des prêtres, les lois de la marche du soleil dans le zodiaque ou celles de la marche de l'idée dans le cerveau; alors qu'un profane assistant à la même danse n'y voyait qu'une adoration à Jupiter ou à Apollon.

Là, d'après ce que nous avons dit précédemment, l'ésotérisme correspond au *iod* de *iod, hé, vau, hé*, יהוה;

L'exotérisme correspond aux deux *hé* (הה);

Le culte, union des deux méthodes, correspond au *vaö*, union des deux segments du tétragramme.

*
* *

Tout enseignement traditionnel complet nous apparaîtra donc formé des éléments suivants :

1° *Une partie ésotérique*	iod	י	(âme)
2° *Une partie exotérique*	hé	ה	(corps)
3° *Un culte*	vaô	ו	(vie)
formant un tout complet	hé	ה	(corps total).

1. Louis Ménard, *du Polythéisme hellénique.*

§ 2. — LA TRADITION EXOTÉRIQUE DE MOISE A LA NAISSANCE DU CHRISTIANISME.

LES MYTHOLOGIES.

Grâce aux données qui précèdent, nous sommes mis à même de comprendre de suite le caractère de toutes les mythologies à quelque peuple qu'elles appartiennent.

Nous pouvons même résoudre un certain nombre de problèmes qui inquiètent fort nos savants contemporains.

Ainsi sachant que l'histoire symbolique, *le mythe*, comme on l'appelle aujourd'hui, traduit des enseignements de source identique à des peuples divers, nous comprenons pourquoi les diverses mythologies dérivent l'une de l'autre, quoique les légendes soient parfois différentes par la forme.

Ainsi la mythologie grecque, la plus connue des milieux classiques, dérive de la mythologie égyptienne, fait constaté par M. Franck dans son étude sur la Sagesse des Egyptiens, qu'il discute du reste faute de preuves[1].

∴

Si nous nous rappelons qu'Orphée est un prêtre d'Osirés pourvu d'un nom d'initiation tout comme Moïse, nous posséderons la clef de ce mystère.

Notre étude sur la Science occulte, sur *l'ésotérisme*, ne doit comporter que peu de détails sur ces mythologies qui forment le domaine de l'exotérisme.

Cependant quelques mots sont nécessaires touchant certaines idées courantes des contemporains.

Plusieurs fois déjà nous nous sommes élevé contre

1. *Dict. philosophique*, art. *Egyptiens (Sagesse des)*.

l'interprétation exclusive des histoires symboliques par la théorie du *mythe solaire*.

Le Soleil et la Révolution planétaire sont l'effet d'une *loi générale* tout comme une foule d'autres faits tant physiques que moraux et les nombres de 4 (saisons), 12 (mois), 30 (jours), 365 (jours de l'année), sans compter ceux de 432.000 et quelques autres, ont bien d'autres applications que les seules applications astronomiques.

L'ignorance de la valeur primordiale des *noms propres* pour indiquer le vrai sens de la fable populaire, a fait commettre d'assez belles erreurs aux partisans du mythe solaire quand même.

Nous citerons comme exemple de ce sectarisme un ouvrage qui atteste une grande érudition en même temps qu'une grande ignorance de l'antiquité: *la Nouvelle symbolique* de Paul Renand[1].

Cet auteur arrive à prouver par l'analyse d'une foule de mythes leur unité originelle. Son livre comprend une introduction sur *la Loi du développement religieux de l'Humanité* dont toutes les bases sont empruntées aux plus amusantes des hypothèses positivistes, puis trois grandes études.

La première, intitulée *Dualisme, Tri-théisme, Ages du monde*, analyse le dualisme en Perse, en Inde et chez les Scandinaves, puis la triade dualistique des Grecs, celle des Égyptiens, et finit par des considérations sur la *Mythologie des livres mosaïques* et sur les Ages du Monde.

La deuxième étude, intitulée *Heliosisme*, prétend démontrer l'existence unique du mythe solaire dans les histoires symboliques de *Siva*, *Mithras*, *Sérapis*, *Adonai*, *Dyonisios*, *Apollon*, *Balder*, *Wischnou*, *Prométhée*.

1. Christianisme et paganisme. Identité de leurs origines ou *Nouvelle symbolique*, par Paul Renand, Paris 1864, in-8°.

La troisième étude s'occupe du *Mythe héroïque*. Le Soleil fait toujours les frais des histoires *d'Œdipe*, *de Persée*, *de Thésée*, *de Cyrus*, *de Moïse*, *de Romulus*, *de Djemchid*, *de Lal*, *de Sigurd*, *d'Achille*, *de Jason*, *d'Orphée* et *d'Hercule*.

Les raisons différentes de tous ces noms propres indiquent à première vue que, si toute la partie cosmogonique des légendes traduit bien les phases solaires, les parties androgoniques et théogoniques de ces légendes doivent avoir d'autres significations.

Nous allons énumérer les différentes mythologies qui perpétuèrent exotériquement la tradition ; nous ne nous attarderons au développement d'aucun mythe, renvoyant le lecteur curieux aux traditions des Bohémiens à la fin de ce chapitre.

Les mythes égyptiens exotériques sont, en grande partie, constitués par les histoires symboliques d'Osiris, d'Isis et d'Horus formant la trinité religieuse.

L'histoire d'Osiris, le civilisateur, tué par trahison et coupé en douze morceaux semés par toute l'Égypte, le dévouement d'Isis qui reconstitue le corps du dieu sauf un morceau, forment le fond de beaucoup des mythes grecs (Adonis entre autres) et se retrouvent encore dans la légende maçonnique de la mort et de la résurrection d'Hiram. (Voy. Franc-Maçonnerie.)

A propos de l'Égypte où tout avait un profond enseignement, même la mythologie, certains auteurs, ceux qui accusent Pythagore et Platon d'être des *païens*, écrivent très gravement que les Égyptiens adoraient des animaux.

Voilà où peut conduire l'ignorance de l'antiquité.

Donnons-nous donc la peine d'entrer dans une église chrétienne, catholique, apostolique et romaine, qu'y verrons-nous, supposant que nous ignorions la valeur des symboles tout autant que nos critiques contemporains?

Un mouton couché sur un livre est l'objet d'une vénération particulière de la part des prêtres.

Du reste *un pigeon* figuré sur l'autel partage en partie cette vénération.

Un vieux bonhomme et un supplicié sont adorés également avec ferveur.

Le mouton est quelquefois tenu par une jeune femme qui marche sur *un serpent*.

Voilà pour l'ensemble des dieux supérieurs.

Sur les côtés de l'église, de petites chapelles sont élevées à d'autres dieux moins puissants que le mouton ou le pigeon.

Un lion est adoré en compagnie d'un dieu dit évangéliste.

Quatre autres dieux également évangélistes partagent la vénération des fidèles en compagnie *d'un bœuf, d'un aigle et d'un ange.*

Dans certaines églises on adore aussi *le chien* en compagnie du Dieu saint Roch et même *le Porc* en compagnie d'un autre Dieu saint Antoine.

Que dirions-nous pourtant du critique qui prétendrait:

1° Que les chrétiens sont polythéistes à l'excès et ont une foule de dieux, décorés du nom de *saints* à qui ils élèvent des temples?

2° Que les chrétiens adorent les animaux et surtout le mouton et le pigeon?

Nous dirions que le critique est un naïf et un singulier ignorant. Mais quand ce même critique vient écrire que les initiateurs de Platon adoraient des crocodiles vivants, on l'acclame.

Il en est du reste ainsi pour toute l'antiquité.

La mythologie grecque créée par Orphée en grande partie constitue un enseignement initiatique complet.

On peut y deviner une *théogonie* cachée sous les mythes de Dionysios et d'Apollon, une *androgonie* dans les mythes d'Œdipe, de Prométhée, une *cosmogonie* dans l'histoire des guerres de Jupiter contre les Titans; enfin diverses études des forces physiques dans les mythes héroïques entre autres dans celui d'Hercule.

L'application du mythe solaire a fait fureur à propos de cette mythologie; si on veut voir comme cette application est souvent forcée, il suffit de parcourir le résumé suivant tiré de Renand :

Uranus, dieu du ciel et de la lumière; Titan, dieu des enfers et des ténèbres.

Tous deux sont fils du Chaos.

Création de l'Univers par Uranus (printemps). Son mariage avec sa sœur Titée (la Terre) dont il a douze fils (les douze mois de l'année). Été. Uranus renversé du trône est précipité aux enfers par Titan. Naissance de Saturne. Uranus remonte au ciel après avoir refoulé Titan aux enfers.

Saturne ou Chronos (le Temps-Zervane), fils d'Uranus et de Titan. Saturne obligé de se cacher pour éviter la colère d'Uranus qu'il devait déposséder de l'empire du ciel. Il se réfugie en Italie près de Janus et fait naître l'âge d'or sur la terre (printemps). Peinture de cet âge et de Janus, le saint Pierre des chrétiens. Saturne épouse Rhéa (la terre) dont il a trois enfants (printemps-été-automne) qu'il dévore successivement. Saturne devient dès lors un dieu farouche et cruel (hiver).

Naissance de Jupiter dans la grotte de Dictée de l'île de Crète (antre de l'hiver). Saturne veut aussi dévorer ce quatrième enfant, mais il est renversé du trône et précipité aux enfers par les Titans, frères de Rhéa.

Jupiter et les Titans. Jupiter, devenu grand, livre un terrible combat aux Titans qu'il refoule aux enfers. Saturne sort des enfers pour chercher à faire périr le nouveau Dieu ; mais Jupiter l'y replonge après lui avoir fait rendre les enfants qu'il avait avalés (les trois saisons qui commencent l'année). Le printemps vient de triompher des forces désordonnées de l'hiver. Maître du ciel, Jupiter épouse sa sœur Junon (l'air), construit contre les Titans la citadelle céleste, élève le palais des dieux sur le mont Olympe et place dans le ciel sa nourrice, la chèvre Amaltée, qui verse avec profusion sur la terre les fruits de *sa corne d'abondance* (le soleil entre au capricorne ou solstice d'été). Prométhée, père des hommes, est précipité au Tartare pour avoir tenté de les égaler aux dieux.

Les Titans, ayant à leur tête le serpent Typhon, détrônent Jupiter qu'ils précipitent aux enfers (triomphe de l'hiver). Jupiter s'en échappe, rallie les dieux, et triomphe à son tour des Titans qu'il refoule aux enfers. Il remonte au ciel[1].

Les *noms propres* peuvent seuls, encore une fois, mettre sur la voie véritable ; aussi allons-nous donner quelques-uns des sens des noms les plus connus, renvoyant le lecteur pour plus de détails encore à l'étude de la tradition des *Bohémiens* où plusieurs mythes grecs sont analysés.

EURIDICE

Euridice (ευρυδικη) ראה (*rohe*), Vision, Clarté, Évidence.
דוש (*dich*), ce qui montre ou enseigne, précédés de ευ (bien).

Le nom de cette épouse mystérieuse qu'il voulut en vain rendre à la lumière ne signifie que la doctrine de la vraie

1. P. Renand, *op. cit.*, p. 425.

science, l'enseignement de ce qui est beau et véritable dont Orphée essaya d'enrichir la terre. Mais l'homme ne peut point envisager la vérité, avant d'être parvenu à la lumière intellectuelle, sans la perdre; s'il ose la contempler dans les ténèbres de sa raison, elle s'évanouit. Voilà ce que signifie la fable que chacun connaît d'Euridice retrouvée et perdue.

HÉLÈNE — PARIS — MÉNÉLAS

Hélène (la Lune)	הלל idée de splendeur, de gloire, d'élévation [1].
Pâris Παρις	בר ou פר (*Bar* ou *Phar*) toute génération, propagation, extension יש (*Ish*). L'Être principe.
Ménélas Μενελαος	מן (*Men*) tout ce qui détermine, règle, définit une chose. La faculté rationnelle, la raison, la mesure (latin *Mens-Mensura*). ארלש (*Aôsh*) l'Être principe agissant, au-devant duquel on place le préfixe ל (L) pour exprimer la relation génitive. MENEH-L-AOSH La faculté rationnelle ou régulatrice de l'Être en général, de l'homme en particulier.

QUELQUES SENS DE NOMS PROPRES

θεος	ארלש (*Aôs*) un Être principe, précédé de la lettre hémantique ת (θ th) qui est le signe de la perfection.
Ηρωας	איש précédé de הדר (*herr*) exprimant tout ce qui domine.
Δ[illegible]ων	(Δημ) la Terre, réuni au mot ων l'existence.
Εων	(Αιων) אי (*Aï*) un principe de volonté, un point central de développement. ירך (*Iôn*) la faculté générative.

1. Cette Hélène dont le nom appliqué à la Lune signifie *la resplendissante*, cette femme que Pâris enlève à son époux Ménélas, n'est autre chose que le symbole de l'âme humaine ravie par le principe de la Génération à celui de la Pensée, au sujet de laquelle les passions morales et physiques se déclarent la guerre.

Ce dernier mot a signifié, dans un sens restreint, une colombe, et a été le symbole de Vénus. C'est le fameux *Yoni* des Indiens, et même le Yn des Chinois, c'est-à-dire la nature plastique de l'Univers. De là le nom d'Ionie donné à la Grèce.

Poésie (ποιησις)	פאה (*Phohe*) Bouche, voix, langage, discours. יש (*Ish*) Un être supérieur. Un être principe, au figuré Dieu.
Apollon	אב (*Ab* ou *Ap*) joint à *Whôlon*. Le père universel, infini, éternel.
Dionysos (Διονυσος)	Διος Le dieu vivant (génitif). νοος L'Esprit ou l'Entendement. L'Entendement du Dieu vivant.
Orphée	אור (*Aour*) Lumière. רפא (*Rophœ*) Ce qui montre ou enseigne, précédé de ευ (bien). Qui montre ou enseigne la Lumière.
Hercule	שרר ou הרר (*Harr* ou *Sharr*) Excellence souveraineté. כל (*Col*) Tout.

Fabre d'Olivet.

Rome, création ultérieure d'un collège d'initiés, bientôt révoltée contre ses fondateurs, nous montre aussi quelques mythes particuliers dont nous reparlerons à propos des Bohémiens.

*
* *

En résumé, si nous jetons un coup d'œil sur l'histoire de la tradition depuis Moïse jusqu'à la naissance du christianisme, voici ce que nous verrons :

La division de la tradition en deux courants :

1° *Un courant ésotérique* évolué sous l'impulsion de Moïse et manifesté par le peuple juif et par tous les initiés d'Égypte ;

2° *Un courant exotérique* évolué sous l'impulsion d'Orphée et manifesté par tous les peuples dits polythéistes dans leurs diverses mythologies.

Le premier de ces courants seul rentre dans le cadre de notre travail ; aussi est-ce de lui que nous allons continuer à nous occuper.

Avant d'aller plus loin, considérons bien l'état de la tradition de la Science occulte quelques années avant la naissance du christianisme.

1° Les Juifs ont perdu le sens secret de leur Sepher.

La kabbale complète est la possession unique de la secte *des Esséniens* vivant en communauté mystique autour du mont Moria.

2° Le grand centre d'initiation, l'Égypte, sent sa fin totale qui approche. Aussi la tradition secrète est-elle confiée à un assez grand nombre *d'initiés* avec mission de la sauver de la perte totale par tous les moyens possibles.

Les Esséniens et quelques initiés égyptiens possèdent donc les enseignements de la Science occulte. Nous allons voir quel parti ils vont en tirer.

§ 3. — LES ORIGINES DU CHRISTIANISME

Rien de plus difficile que de déterminer exactement l'état de la tradition de la Science occulte au moment de la naissance du Christianisme.

Nous allons cependant nous efforcer d'établir de notre mieux cet état en gardant la plus grande impartialité possible.

La plupart de ceux qui se sont occupés de cette question n'ont abordé cette étude qu'avec une idée préconçue.

Les auteurs chrétiens ne voient partout qu'influence divine ou révolte de Satan vaincu, ce qui ne peut nous satisfaire.

Les philosophes indépendants qui ont étudié le Gnosticisme ou l'École d'Alexandrie ignorent, pour la plupart, l'unité des doctrines religieuses de l'antiquité, et la fraternité universelle des initiés sortis des grands sanctuaires. De là certaines lacunes impossibles à éviter dans l'histoire de cette évolution toute spéciale.

Nous allons établir notre travail d'après le plan suivant :

1° Nous énumérerons de notre mieux les éléments d'action existant à cette époque au point de vue de la transmission de l'initiation ;

2° Nous ferons nos efforts pour étudier la création des diverses religions sorties des centres d'initiation et pour chercher l'analogie possible avec la création du christianisme ;

3° Ceci nous amènera à étudier plusieurs des philosophies de cette époque et surtout le Gnosticisme.

*
* *

Résumons ce que nous avons dit précédemment au sujet de l'origine du Sepher.

Les prêtres initiés d'Égypte conservaient la tradition d'une science profonde qui n'était livrée aux profanes qu'après de terribles épreuves, et qui ne pouvait être écrite qu'en caractères de la langue sacrée.

Moïse, surnom d'un des initiés, prêtre d'Osiris, sélecte un peuple à qui il donne à garder, pour le transmettre de génération en génération, un livre écrit en caractères sacrés : le *Sepher*. Ce livre renfermait la plus grande partie de la science traditionnelle.

Le sens véritable de ce livre est bientôt perdu pour le peuple juif, malgré les versions et les traductions qu'on en fait.

Une seule secte juive conserve encore, à l'époque qui nous occupe (c'est-à-dire vers la naissance du christianisme), la clef secrète du Sepher ou Kabbale. Cette secte est celle des *Esséniens*.

Les deux autres sectes, les Pharisiens et les Saducéens, ne comprennent plus rien à l'œuvre de Moïse et font de la politique plus qu'autre chose.

Jésus est juif. Il sortira des Esséniens .Mais n'anticipons pas et notons bien ce premier point : les Esséniens sont, en ce moment, les seuls dépositaires de la tradition ésotérique.

Mais ces Esséniens ne sont en somme que les descendants intellectuels d'un prêtre Égyptien, Moïse.

L'initiation donnée dans les mystères d'Osiris ou d'Isis ne s'est pas arrêtée à Moïse. Elle a continué depuis; Orphée a répandu les enseignements reçus en Égypte dans toute la Grèce. Successivement Pythagore, Platon et tous les grands philosophes ou législateurs de l'Occident sont venus se retremper à la source originelle. De là l'existence, parallèlement à la tradition juive et au Sepher (conservés dans une petite contrée, par un seul peuple), d'une tradition aussi profonde, quoique plus imagée : celle du Polythéisme grec.

L'Égypte et ses mystères dominent encore, au moment de la naissance du christianisme, toute l'intellectualité de l'Occident.

Les initiés, se reconnaissant à certains signes secrets, circulent à travers le monde, allant porter le mot d'ordre dans les temples de tous les dieux où enseignent les prêtres savants, représentants régionaux de l'Université d'Égypte désignée mystiquement sous le nom collectif *d'Hermès Trismegiste*[1].

1. C'est-à-dire Hermès (centre scientifique) possédant les trois ordres de Sciences (Université), science des faits, science des lois et science des principes, tandis que les facultés régionales ne possédaient qu'un ou deux de ces ordres de sciences (voy. chap. 1er).

Apulée, vers 140 après Jésus-Christ, pourra encore se faire initier aux mystères d'Osiris, preuve de leur existence à cette époque encore.

Si les Esséniens dérivés par Moïse de la souche primitive, possèdent encore la tradition, le centre primitif lui-même, l'Université d'Égypte possède aussi cette tradition qu'elle a diffusée de son mieux en Occident, grâce à Orphée et à ses disciples.

Tels sont les deux éléments en présence au moment où les Esséniens vont s'efforcer de sauver leur dépôt sacré par la création du christianisme.

Ceci nous amène à dire quelques mots de la création d'une religion telle qu'on peut la concevoir d'après les données de la Science occulte.

A propos de la méthode de transmission de la tradition, nous avons montré que tout enseignement complet se composait de trois parties :

1° Une partie exotérique en général mythologique ;

2° Une partie ésotérique ;

3° Un culte formant le lien entre ces deux parties.

Une source immédiate d'erreurs irréparables, c'est la confusion de ces trois parties. Pour le polythéisme, cette erreur n'est pas à craindre jusqu'à présent, puisqu'on ignore encore l'existence d'un ésotérisme et que le culte est à peine étudié ; l'exotérisme ou la partie mythologique est donc seule connue.

Or, l'origine de cette mythologie c'est, nous l'avons vu la matérialisation des *principes* qu'on habille en bonshommes pour les besoins de la légende.

Les anciens écrivaient souvent l'histoire d'après une méthode analogue. Ne faisant aucun cas des individus, ils racontaient l'évolution sociale des principes incarnés par ces individus, écrivant l'histoire du despotisme et l'origine d'un peuple sans s'occuper du nombre successif de despotes qui avaient incarné ce principe, et le reste à l'avenant.

Il suffit de considérer attentivement l'origine de presque toutes les religions pour y trouver l'application de la même méthode.

Un créateur, homme véritablement divinisé par le génie qu'il déploie dans les réalisations de son idée, pose les bases d'un nouveau culte qui doit avoir un triple but, scientifique, social et religieux.

L'histoire de cet homme ne saurait être contée au jour le jour comme nous le faisons à notre époque. Tout étant réglé par la loi de l'analogie, c'est le principe ésotérique plus ou moins élevé, révélé par l'initiation, qui est décrit dans son évolution.

Voilà pourquoi le début et la fin de l'histoire de *Moïse* sont purement mythiques.

Il en est de même pour l'histoire *d'Orphée*.

Il en est aussi de même, quoi qu'on semble prétendre, pour l'histoire de Jésus.

On n'a pas voulu voir la partie *exotérique*, *mythologique*, du christianisme, et on a voulu faire admettre l'existence d'une étoile mystérieuse guidant trois mages, un rouge, un noir et un blanc, vers un petit enfant qui vient de naître et qui parle déjà. Il est né d'une vierge le 25 décembre.

C'est alors que les critiques et les savants, peu enclins au mysticisme de leur nature, sont venus, textes en mains, montrer que *Jésus* et *Jason* sont bien synonymes, que *Mithras* est aussi né le 25 décembre, d'une vierge pure en compagnie d'un bœuf, que *Dionysios* est aussi né le 25 décembre et que le jeune dieu, obligé de fuir, est bientôt *emporté sur un âne en Egypte*, par le vieux Silène;

enfin qu'avant l'existence de Jésus, un certain Chrishna avait eu exactement les mêmes aventures dans l'Inde, date pour date, astronomiquement parlant.

Découvrant l'histoire d'un même principe au fond de tous ces mythes, la critique contemporaine en conclut qu'il n'y a jamais eu d'individu plus dans une religion que dans l'autre, et que le nommé Jésus a beaucoup de chances pour être né dans la cervelle de quelques philosophes en quête d'un nouveau culte.

Contre ces critiques les théologiens, privés de leur meilleur moyen de persuasion, le bûcher, veulent ergoter sur l'authenticité des textes et en arrivent à nier toute la mythologie, pour établir, comme fait historique, la légende du petit enfant qui parle philosophie et de l'étoile qui descend sur la terre, exprès pour guider des mages vers le fils d'une vierge.

L'astronome proteste alors en compagnie du physiologiste, et le théologien en arrive à ressembler à un jeune enfant qui veut soutenir mordicus à ses parents qu'il est né dans un chou, au grand amusement de ceux-ci.

Cet entêtement de l'Église à soutenir des impossibilités scientifiques conduit la Science à nier toute valeur aux religions et à considérer celles-ci comme créées par quelques fourbes, pour exploiter la bêtise humaine.

Tous les livres sacrés sont considérés comme apocryphes, et l'homme indépendant, plaisantant l'ignorance du théologien et la négation du savant, se brûle la cervelle dès qu'il se sent mal sur terre afin, sans doute, d'aller puiser ses informations aux meilleures sources.

Un peu d'expérience suffit pourtant pour faire comprendre que la fourberie bâtit rarement des œuvres durables et douées d'une résistance aussi puissante que celle d'une religion.

*
* *

Si l'on a compris ce qui précède, on verra que derrière la légende mythique, il y a un individu qui a manifesté le principe dont on raconte l'évolution et que faute de distinguer l'exotérisme de l'ésotérisme, on risque de ne plus rien comprendre à toutes ces origines.

Il est facile de nier Moïse, de dire que Pythagore n'a jamais existé et que Jésus est un mythe. Quelques rabbins inoccupés ont composé le Sepher, deux ou trois professeurs sans emploi, à l'époque, se sont cotisés pour inventer la philosophie grecque, quelques initiés ont créé le Christ entre deux danses bachiques, je veux bien; mais Israël est toujours debout, la Grèce illumine l'intellectualité occidentale de ses enseignements, et le Christianisme a pris un bel essor, pour une fourberie du temps[1].

Réfléchissons un peu et nous sentirons qu'il y a une tête unique dominant chacun de ces mouvements, comme il n'y en a qu'une pour tous les membres de l'homme. Le jour où il y aura des hommes sans tête, j'admettrai qu'une collectivité ait écrit l'Odyssée ou le Sepher, mais, jusque-là, non.

Étudiez sérieusement la Vie de l'initié qui vint manifester en Occident *le Principe de Christos*, qu'y trouverez-vous?

1° Une charpente mythique, énonçant une série *de lois ésotériques*, correspondant à la marche du Soleil si vous voulez ;

1. Les études artistiques du célèbre peintre *James Tissot* sont plus probantes en faveur de l'existence du Christ que tous les travaux réunis des critiques contemporains.

2° Une série de *faits précis* arrivés en des endroits déterminés géographiquement et faciles à contrôler;

3° L'existence d'un personnage tantôt entièrement divin, tantôt purement humain, évoluant entre cette mythologie et ces faits.

Le divin apparaît avec la mythologie, l'humain avec les faits.

Laissez de côté la naissance et la résurrection toutes symboliques de ce Jésus et vous trouverez un envoyé de ces *Esséniens*, dépositaires de la tradition kabbalistique, dans ce révélateur qui parle au peuple par *paraboles* (1er sens exotérique), qui initie ses apôtres futurs au *sens véritable* de ces paraboles (2e sens-intelligible.-Lois) et qui révèle la *totalité de sa doctrine* à son disciple favori saint Jean (3e sens).

M. Édouard Schuré a écrit en maître une admirable vie de Jésus[1], essayant de concilier la mythologie et les faits, sans pouvoir toujours y parvenir.

L'Apocalypse et le début de l'Évangile de saint Jean sont là pour prouver l'origine toute kabbalistique de cet initié parvenu à la force de manifestation de l'Éternel Christos[2].

Les évangélistes écrivent *la Vie du Maître* en la composant d'après les lois, toujours suivies à l'époque, de l'ésotérisme.

Saint Jean seul écrit l'histoire du Principe manifesté de son origine à ses fins mystiques.

Les 24 vieillards, les anges et leurs fonctions, le chiffre de la bête, c'est de la kabbale appliquée, c'est la preuve de la possession intégrale de l'ésotérisme moïsiaque.

1. Edouard Schuré, *les Grands Initiés*.

2. Un livre rabbinique, le *Sepher Toldos Jeschu*, affirme l'existence du Christ et prétend qu'il avait volé la véritable prononciation du tétragramme (יהוה); de là ses miracles; ce symbole indique que Jésus, de l'avis même des Juifs kabbalistes, est un grand initié.

Les Esséniens seuls possédaient cette tradition, c'est de chez eux que sort le Christianisme.

Au moment où les disciples de l'Essénien Jésus viennent annoncer au monde la venue du Sauveur, du Christ, de singuliers adversaires surgissent tout à coup.

Saint Pierre se trouve en présence de *Simon le Magicien,* initié à la Science occulte, faisant une partie des miracles accomplis autrefois par le Christ et venant de son côté prêcher *la Gnose.*

En face de la révélation des Esséniens se dresse celle des mystères d'Égypte ; la tradition sort à la fois des deux sanctuaires qui la renfermaient.

Les critiques fort savants qui se sont occupés de la Gnose avouent qu'ils n'en peuvent découvrir l'origine, et supposent que c'est un ramassis de quelques doctrines courantes. Ce que nous avons dit permettra de saisir ce mystère.

Les Gnostiques affirment aussi que c'est d'abord le principe Χριστος ou Christos qui s'est manifesté ; mais remontant à des sources qui ont conservé plus purement la tradition, ils établissent toute la filiation de ce Christos.

Il y aurait un bien beau travail à faire en comparant l'enseignement de la Gnose avec la traduction correcte de la Bible d'une part et l'Apocalypse d'autre part, on y trouverait, sous des noms différents, l'étude des mêmes principes, on y retrouverait l'enseignement profond des mystères primitifs.

Moïse, Pythagore, Platon, Zoroastre ont puisé leurs connaissances dans ces mystères ; aussi la Gnose renferme-t-elle du Platonisme, du Judaïsme, du Christianisme et de la religion persane même. Ce n'est pas le Gnosticisme, essentiellement synthétique, qui vient de ces cultes, ce sont eux qui proviennent de la même source.

La Gnose est donc l'essai de l'Université d'Égypte cherchant à remplacer le Polythéisme, primitivement émané d'elle, par une nouvelle révélation, plus ésotérique encore dans ses bases que le Christianisme qui venait de naître.

Les Esséniens envoient Jésus comme révélateur, l'Égypte lui oppose Apollonius de Tyane, aussi puissant par ses miracles, le véritable fondateur de la Gnose.

Simon le Mage ne sera qu'un continuateur, éminent il est vrai, d'Apollonius.

Quelques années après la mort de Jésus, la tradition se trouve donc possédée par trois courants bien nets.

1° Le Courant essénien : ésotérisme kabbalistique (*venant de l'Égypte par Moïse*).	Christianisme
2° Le Courant égyptien : ésotérisme primitif, (*venant directement des mystères sacrés ; essai d'une nouvelle révélation*).	Gnosticisme
3° Le Courant polythéiste : exotérisme apparent (*reste de l'ancienne révélation égyptienne, par Orphée*).	Néo-platonisme École d'Alexandrie

Il nous faut résumer rapidement l'histoire de ces trois courants.

§ 4. — LA GNOSE

Le courant essénien manifesté par le Christianisme est celui qui devait prendre par la suite la plus grande importance politique, tout en perdant presque totalement les clefs de la tradition.

A la suite de Jésus, ses disciples continuent son œuvre et lui assurent l'immortalité en donnant consciemment leur vie pour elle.

Une loi peu connue enseigne en effet que tout individu qui meurt injustement pour son idée devient l'âme même de cette idée qui se constitue de ce fait un être réel, quoique invisible ; aussi les martyrs assurent-ils le succès d'un mouvement d'autant plus rapidement qu'ils sont plus nombreux.

Saint Jean, relégué à Pathmos en dehors de toute lutte active après une carrière tout apostolique, écrit le livre de la Révélation, *l'Apocalypse*, et meurt peu après (101).

Saint Pierre et saint Paul, les deux réalisateurs pratiques du Christianisme, surtout le second, étaient déjà morts martyrs depuis l'an 67 après une lutte acharnée contre les deux doctrines rivales, le Polythéisme et le Gnosticisme.

Depuis l'an 33 jusqu'à l'édit de Milan (313) qui fait du christianisme la religion officielle de l'Empire définitivement formulée par le concile de Nicée en 325, ce ne sont que luttes âpres contre les hérésies et longues suites de persécutions.

Néron (64-68), Domitien (95), Trajan (106), Marc-Aurèle (166-177), Septime Sevère (199-204), Maximin (235-238), Dèce (250-252), Valérius (258-260), Aurélien (275), Dioclétien (303-313) cherchent par tous les moyens politiques en leur pouvoir à étouffer la nouvelle doctrine, mais sans y parvenir.

D'autre part les hérésies sans cesse naissantes qu'il faut combattre à tous moments ; voilà certes plus de raisons qu'il n'en faut pour justifier la perte rapide de la tradition ésotérique par les chrétiens.

Cette tradition est cependant encore bien vivante, quoique voilée :

1° Dans la partie mythologique et tout exotérique de la légende du Christ ;

2° Dans les livres sacrés, surtout dans ceux de saint Jean ;

3° Dans le culte, révélation des mystères des Ésséniens, et par suite de ceux des Égyptiens eux-mêmes.

Mais le caractère dominant du Christianisme sera toujours le côté politique et militant. De nombreux schismes prendront naissance par la suite, des hérésies nouvelles seront sans cesse un sujet d'ardentes polémiques pour les défenseurs de la nouvelle foi ; le culte suivra en cela la loi fatale qui semble poursuivre tout mouvement religieux ou philosophique.

La tradition survivra bien à tous ces bouleversements et à toutes ces luttes ; mais elle sera perdue pour ses détenteurs de même que le sens du Sepher est perdu pour les Juifs. Ce n'est donc pas là que nous pourrons en suivre la transmission totale.

∴

Nous n'avons que quelques mots à dire du courant polythéiste.

La destruction de l'Université mère d'Égypte par la louve

romaine c'était la ruine de toute l'organisation secrète des initiations et des facultés régionales.

En vain *Apulée* (120-190) dévoile-t-il dans l'admirable symbole de *Psyché*[1] l'ésotérisme de la révélation d'Orphée après avoir été s'instruire aux sources primitives en se faisant initier aux mystères d'Osiris.

En vain *Ammonius Saccas* fonde-t-il en 193 cette célèbre École d'Alexandrie, dernier rempart d'un monde qui jette une lueur grandiose avant de s'abîmer dans le néant, le courant polythéiste illustré par *Plotin* (205-270), Porphyre (233-304), Jamblique (325), Proclus (480), etc., est définitivement anéanti en 529 sous l'influence des progrès du christianisme triomphant.

Une philosophie, aussi élevée soit-elle d'ailleurs, est toujours impuissante à lutter contre un culte sérieusement organisé.

Ce n'est donc pas non plus dans ce courant que nous pourrons suivre la tradition ésotérique. Nous y trouverons cependant de précieuses indications sur le rituel secret des mystères anciens, mais rien de plus.

Que nous reste-t-il donc à considérer ?

La Gnose.

LA GNOSE

La Gnose est essentiellement un ensemble de connaissances acquises par des voies mystérieuses échappant généralement aux procédés d'instruction connus.

Le courant gnostique apparaît tout à coup au commencement du second siècle et prend de suite une très grande importance.

Révélation des enseignements ésotériques tenus jusque-là enfermés dans les sanctuaires, la Gnose vient allier le Polythéisme dans son essence aux mystères les plus profonds révélés par le christianisme.

Les gnostiques allient les procédés de calcul mystiques employés dans la Kabbale, aux déductions philosophiques d'où sont dérivées les religions diverses.

Jésus avait trouvé dans Apollonius un sérieux rival ; mais Jésus, vainqueur de la fatalité par son mépris pour la mort, n'avait pas eu de peine à garder la victoire, supérieur en vertu à Apollonius, malgré les austérités et la haute initiation de ce dernier.

Saint Pierre trouva un adversaire bien redoutable pour lui dans

1. L'*Ane d'Or* d'Apulée.

Simon le Mage qu'on considère généralement comme le créateur de la Gnose conjointement avec Cérinthe.

La doctrine révélée par ces deux hommes supérieurs renferme intégralement toutes les données de l'ésotérisme; aussi voit-elle son succès s'accroître de plus en plus en même temps que les sectes diverses se créent poursuivant chacune un point particulier de la tradition.

M. Matter, qui a fait une fort belle étude historique sur le Gnosticisme, le divise en cinq groupes principaux différant entre eux par certaines considérations doctrinales, à peu près comme les diverses sectes chrétiennes de nos jours.

Ces groupes sont :

1° *Le groupe primitif* ou palestinien fondé, ce qui est curieux, presque entièrement par des Juifs (non esséniens) :

Simon le Mage
Ménandre
Dosithée
Cérinthe

appartiennent à ce groupe.

***

2° *Le groupe syriaque* que Saturnin et Bardesane d'Édesse représentèrent.

***

3° *Le groupe égyptien*, celui qui dérive le plus directement des mystères, celui qui renferme la tradition secrète plus que tous les autres.

La théorie kabbalistique pure des *Abraxas* lui est personnelle. Ses représentants les plus illustres ont donné naissance à des groupes imposants, ce sont :

1° Basilide. — Mage, initié à tous les mystères.

2° Valentin. — Chrétien possédant l'ésotérisme complet. Révélation de la tradition dans ses plus importantes divisions.

3° Les Ophites. — Dérivent du système précédent.

***

4° *Le groupe sporadique* avec Carpocrate.

* *
*

5° *Le groupe asiatique*, un des plus importants par son ardeur à soutenir la lutte, illustré par Cerdon et Marcion.

Cette variété de doctrines vient de ce que chaque initié, chaque faculté régionale devenus libres de leur serment de silence cherchèrent à retrouver la totalité de la tradition, avec le peu qu'ils possédaient par eux-mêmes, de la Science Occulte.

C'est pour cela que le groupe égyptien directement dérivé de la source primitive est le plus avancé comme connaissances et possède presque intégralement la tradition.

Alors que le Polythéisme s'effondra sans rien laisser que ses livres et ses légendes, le Gnosticisme ne fut jamais anéanti. Quand le courant du Christianisme politiquement vainqueur s'empara de la direction intellectuelle de l'Occident, la Gnose persista à l'état de tradition secrète transmise dans les mystères des associations occultes. Nous allons la retrouver sous le nom de Philosophie hermétique dans tout le moyen âge ; les Templiers qui avaient été se faire initier au lieu d'origine étaient aussi des Gnostiques, de même que les Francs-Maçons le seront plus tard à leur insu.

De toutes les voies par lesquelles s'est conservée la tradition le Gnosticisme est donc l'une des plus puissantes.

Nous allons donner à ce propos deux études récentes de M. Jules Stany Doinel, un fervent apôtre de ces doctrines à notre époque, bien plus compétent que nous-même en ces questions.

La première de ces études expose le système de Valentin, l'autre montre *pièces en main* la survivance de la Gnose comme culte au XIe siècle. Le lecteur nous saura gré, nous l'espérons, de ces deux extraits.

LA GNOSE DE VALENTIN

A mes frères et mes sœurs de l'Église Gnostique répandus dans les ténèbres de ce monde Hylique.

I

J'aborde la gnose de Valentin.

C'est la gnose complète. Je l'aborde avec foi, enthousiasme et tremblement, car je sens que l'heure est venue où la Doctrine longtemps muette, longtemps cachée, longtemps persécutée, va jeter sur les hommes de cette fin de siècle sa clarté salutaire et libératrice.

Je remercie Papus de m'avoir ouvert l'*Initiation*, pour cet apostolat gnostique. Le jour n'est pas loin où je pourrai avec l'aide des Saints Eons exposer en public, devant les hommes de bonne volonté du grand et noble Paris, l'Évangile pour lequel ont vécu, lutté, souffert, pleuré, versé leur sang, les martyrs, les apôtres, les docteurs et les initiés depuis Simon le Mage jusqu'au glorieux Albigeois.

Notre âge est vraiment privilégié. Il voit refleurir la Kabbale, la Théosophie, l'Initiation, l'Astrologie, la Science occulte. Il assiste à un réveil prodigieux. Toute une constellation d'esprits éminents resplendit dans son ciel psychique. Des revues, des journaux, des livres, répandent la lumière de l'Orient sur notre terre occidentale. L'absolu se manifeste. N'est-il pas juste que la gnose qui a rayonné pendant plusieurs siècles et qui s'est presque éteinte, reparaisse à son tour dans le firmament des âmes? Je ne suis qu'une voix qui la proclame, cette voix ne résonnera pas dans le désert. Mais que tout profane s'écarte. Nous ne jetons pas les perles d'Ophir devant les Hyliques ignorants.

II

Le principe de la Gnose est celui-ci :

L'ABSOLU ÉMANE DES FORCES DIVINES QUI SONT SES HYPOSTASES. CES ÉMANATIONS SONT PROJETÉES PAR COUPLES (Syzygies) DE SÉRIES DÉCROISSANTES, CE SONT LES ÉONS.

Διὸς καὶ τοὺς Αἰῶνας ἐποιήσε, dit Apollos dans l'épître aux Hébreux (t. II).

Au commencement était le SILENCE, Éon éternel, source des Éons, l'invisible Silence, l'innommé, l'ineffable, l'ABIME ; la langue vulgaire l'appelle Dieu.

Principe et cause, infini, enveloppé de soi-même, il n'agissait pas. Mais dans son silence inviolé deux « générateurs », le principe mâle et le principe femelle, l'un, le mâle, illuminateur d'en Haut, l'autre, la femelle, illuminateur d'en Bas, contenaient la racine, la source de l'Être, ou plutôt étaient eux-mêmes la racine et la source.

L'ABIME (Buthor), s'enveloppant ainsi soi-même, se contemplait avec sa coéternelle épouse, la PENSÉE (Ennoia). Silencieuse comme Lui, Ennoia recevait dans cet inexprimable embrassement le germe fécond, le germe divin des Émanations. C'est par Ennoia que l'Abîme allait engendrer. Car il était amour, et l'amour aspire à se répandre. Et il n'y a pas d'amour qui ne veuille quelque chose à aimer.

III

L'Abime voulut donc se répandre, et avec la *Pensée* il émane l'Intelligence, l'Éon Noûs, le premier-né (Monogenês), seul capable de comprendre la grandeur de son Rêve. C'est le premier des Éons, l' Ἀρχή, il est mâle, et Dieu se révèle par lui. L'acte qui l'émane émane en même temps sa compagne, sa parente, l'absolue Vérité (Alêtheia), Éon femelle à côté de l'Éon mâle, subjectivité à côté de l'objectivité. C'est ainsi que se constitue la première Tétrade.

1 — 2. Sigê-Ennoia (*Silence et Pensée*).
3 — 4. Noûs-Alêtheia (*Intelligence-Vérité*).

Cette première tétrade est la manifestation intérieure, *interne*, de l'Absolu.

Les Éons sortis de Dieu émanèrent à leur tour comme Dieu. Noûs et Alêtheia engendrèrent la Parole et la Vie (Logos et Zôê). Logos et Zôê émanèrent l'Essence-Humaine (Anthropos) et l'Assemblée (Ecclêsia). On doit savoir qu'Anthrôpos est l'Homme-Type dont notre Humanité n'est qu'une copie lointaine, et qu'Ecclêsia est l'Ensemble du Cosmos. De sorte que Anthropos, mâle, et Ecclêsia, femelle, sont les deux archétypes du monde de l'Intelligence et de celui de la matière.

C'est la seconde tétrade.

5 — 6. Logos-Zôê.
7 — 8. Anthropos-Ecclêsia.

Avec la première tétrade, cette deuxième tétrade constitue l'Ogdoade qui condense les ineffables beautés de l'Un, de l'Absolu.

IV

Comme leur Père, les Éons allaient émaner, toujours par syzygie, par couple, par principe mâle et par principe femelle. Logos et Zôê émanèrent donc et projetèrent :

1 — 2. — Bythios et Mixis.
3 — 4. Ageratos et Hénosis.

5 — 6. — Autophyês et Hedonê.
7 — 8. — Akinétos et Synkrasis.
9 — 10. — Monogenês et Makana.

Ces dix Éons forment la Décade.

Anthropos et Ecclêsia émanèrent et projetèrent :

1 — 2. — Paraclutos et Pistis.
3 — 4. — Patricos et Elpis.
5 — 6. — Mêtricos et Agapê.
7 — 8. — Aeinous et Sunêsis.
9 — 10. — Ecclêsiasticos et Makaridès.
11 — 12. — Thélêtos et Sophia.

Ces douze Éons forment la Dodécade.

La réunion de l'Ogdoade, de la Décade et de la Dodécade, manifestant par degrés successifs et descendants l'Absolu, constituent la Plénitude, ou, pour parler le langage de Valentin, le Plérome.

Chacun des Éons est une hypostase de la vie de l'Abime divin, un type qui le reproduit, un échelon mystérieux pour monter jusqu'à lui. L'Ogdoade est plus élevé que la Décade, et la Dodécade moins élevée. Valentin disait avec Paul (*Colossiens*, II, 9) : « En elle habite le Plérome de la divinité. » — « Ἐν αὐτῷ κατοικεῖ πᾶν τὸ Πλήρωμα τῆς Θεότητος. »

Ces notions contiennent l'essence de la Théologie du grand Valentin. Nous devons maintenant exposer avec la même clarté simple et sans emphase la cosmogonie de ce docteur de la Gnose.

V

Tous les Éons émanés de l'Abime ne connaissaient pas son essence, sa nature. Seul, Noûs (l'intelligence) la connaissait, étant le principe mâle sorti de lui et d'Ennoia. « Personne, disent Mathieu et Luc, ne connaît le Père, si ce n'est le Fils. » (Math., xi, 27 ; Luc., x, 22.)

Cette science parfaite cependant était ambitionnée par tous les Éons. Ils émanaient de Dieu, ils tendaient à Lui, ils l'aimaient, ils étaient dévorés du désir insatiable de le connaître. Noûs leur aurait communiqué cette science parfaite si le Silence éternel le lui eût permis. Mais il ne le permit pas.

Par suite de l'émanation à mesure que les Éons émanés s'éloignaient de leur source, du foyer de l'Infini, leur ignorance de ce mystère ineffable allait croissant et leur langueur s'augmentait. Leur insatiable désir devenait une véritable souffrance. Cette souffrance, Sophia la ressentait à un degré incalculable. Elle était le dernier Éon de la Dodécade, le plus loin du Père, par là même le plus ignorant du secret de sa Nature. Unie à Thélêtos (volonté), elle ne pouvait supporter son principe mâle. Elle avait soif de l'Abîme. Elle désirait s'unir avec Lui. Elle aimait la source des émanations, le père des Éons, le premier Éon. Elle luttait ainsi contre l'impossible. Et dans la violence passionnée de cette lutte, elle se serait perdue, anéantie, si la Limite, l'Éon Horos ne lui avait été envoyée par Sigé (le Père). Horos fit rentrer Sophia dans les limites de son être, dans les bornes de sa nature. Émané pour restaurer l'harmonie du Plérome troublée par les langueurs de Sophia, Horos se sentit impuissant à remplir toute sa mission, car, dans sa passion d'amour indicible, Sophia avait déjà gravi les sublimes échelons de la Plénitude.

Il fallut aider Horos. C'est pourquoi Noûs émana un couple nouveau : Christ et Pneuma (l'Esprit). Ces deux Éons devaient pacifier le monde divin du Plérome.

Christ apparaissant aux Éons leur expliqua le déploiement de l'Absolu, ses lois, ses règles, ses exigences, sa norme. Grâce à lui, les Éons comprirent que l'Absolu, incompréhensible en soi, ne peut être perçu et saisi par ses manifestations, ses émanations, son devenir successif et que son incommunicable essence reposait dans l'éternel Sigé (Silence).

Après Christ, Pneuma parla aux Éons et leur enseigna la sainte résignation et la sainte paix de l'acquiescence.

VI

Cependant les langueurs de Sophia n'avaient pas été stériles. Sans le secours de son parent Volonté, elle avait enfanté d'elle-même, durant ses ardeurs inassouvies, un Éon femelle émané de son désir de s'unir à l'Abîme.

Cet Éon, Achamoth, ou Sophia-terrestre, précipité en naissant du Plérome, exilé dans le chaos, errait hors des limites du Monde divin que lui barrait impitoyablement Horos.

Achamoth, en tombant du Plérome, avait eu la vision rapide de la Lumière ineffable qui lui était ravie. Le sentiment de sa chute, la pensée torturante de son isolement la poursuivaient dans son exil. On pourrait lui appliquer ces beaux vers du poète ésotérique, Lamartine :

Tout mortel est semblable à l'exilé d'Éden,
Lorsque Dieu l'eut banni du céleste jardin ;
Mesurant d'un regard les fatales *Limites*,
Il s'assit en pleurant aux portes interdites.
Il entendit de loin, dans l'immortel séjour,
L'harmonieux soupir de l'Éternel amour.

Souvent l'infortunée s'élançait jusqu'aux confins de la Plénitude. Horos la repoussait, comme l'archange au glaive flamboyant de la Bible repoussait Adam et Ève des portes resplendissantes du Paradis.

Alors, Achamoth roulait dans le vide et pleurait :

Borné dans sa nature, infini dans ses vœux,
L'Homme est un Dieu tombé qui se souvient des Cieux.

De ces larmes sacrées naquit l'élément humide. De cette tristesse auguste sortit la matière.

Alors, Horos eut pitié d'Achamoth. Il émana pour la consoler l'Éon Jésus, dont elle devint la compagne et qui fit briller sur elle un reflet du Plérome.

Ainsi rachetée et réhabilitée, Achamoth émana trois éléments : le Pneumatique, le Psychique, l'Hylique. De ces trois éléments elle forma le Démiurge, ouvrier inconscient des mondes d'en Bas.

VII

Démiurge, qui avait en lui tout à la fois le reflet du Plérome et l'élément naturel, sépare le principe hylique du principe psychique, primitivement confondus dans le chaos, et en créa six mondes gouvernés par six Éons. Ces six mondes sont les sphères d'en haut, la zone sextuple du Firmament.

Avec le principe hylique, Démiurge organisa le monde matériel : « Ce monde subsiste en Dieu, disait Valentin, comme une tache sur une tunique blanche. » L'Éon de ce monde matériel est Satan, appelé aussi l'Archôn de ce monde par saint Paul. Satan est né de la matière, en même temps que son escorte d'esprits pervers.

Bientôt Démiurge voulut combattre la méchanceté de Satan. Il lui opposa un adversaire, l'homme.

L'âme de l'homme est formée d'un rayon du principe psychique ; son corps, d'un fragment hylique de la matière. Achamoth insinua alors dans l'homme un germe pneumatique. De là la triple nature de l'homme.

Démiurge fut jaloux de son œuvre quand il vit qu'elle était ennoblie par le germe pneumatique, étincelle du Plérome. Pour se venger, il imposa à l'homme l'obligation de s'abstenir du fruit savoureux de l'arbre de la Science du Bien et du Mal.

L'homme désobéit à cette loi, se révolta contre Démiurge et fut chassé du Paradis. Une triple enveloppe hylique empoisonna son âme. Démiurge le soumit aux appétits des sens et lui donna le goût des voluptés, afin d'étouffer en lui le germe de la lumière, la clarté pneumatique que lui avait donnée Achamoth.

Achamoth bienfaisante et douce, pitoyable et maternelle, Achamoth, « sel de la terre » et « lumière du monde », donna alors à l'homme la GRACE, cet invisible secours qui lui permet de résister aux natives concupiscences.

Les hommes sont divisés en trois classes :

Les Pneumatiques ou Gnostiques, esprits supérieurs et initiés, qui suivent la lumière d'Achamoth ; les Psychiques, flottant entre la lumière et les ténèbres, entre Achamoth et Démiurge ; les Hyliques, sujets de Satan, dont l'âme est matérielle et qui seront anéantis.

SETH, ABEL, CAÏN, représentent ces trois catégories.

VIII

Il nous reste à exposer la Rédemption, d'après Valentin.

Notre monde à nous Hommes a été racheté par l'Éon JÉSUS. Il est venu par le canal immaculé de l'Éon MIRIAM que nous nommons Marie. L'Éon JÉSUS n'a rien de matériel. Il est formé d'un principe psychique emprunté à Démiurge et d'un corps astral. Il est animé par CHRIST, qui quitta le Plérome et se reposa sur lui, en lui communiquant la puissance absolue sur le monde de Satan.

Son enseignement a racheté et rachète encore les Pneumatiques. Au moment de la Passion, Christos, Éon impassible, le soutint et le fortifia. La Croix (Stauros), devenue la limite qui sépare les Pneumatiques des autres hommes, est le symbole sacré de la Gnose.

Telle est, dans son ensemble, la doctrine de Valentin. Elle répond à toutes les difficultés. Jamais l'Absolu ne s'est manifesté plus lumineusement que dans cette admirable épopée qui se passe successivement dans les trois mondes. Il resterait à parler de la morale gnostique. Qu'il suffise maintenant de dire qu'elle proclame Dieu innocent du mal, de la douleur et de l'injustice.

L'origine du Mal nous fournira la matière d'une autre étude.

Veuille l'Éon qui accompagne chacun de nous nous éclairer, nous illuminer, nous purifier. 'Αμήν !

JULES STANY DOINEL.

LES GNOSTIQUES D'ORLÉANS

LE MARTYR ÉTIENNE

I

Ce ne fut pas sans une émotion profonde que je découvris cette année une charte authentique du XIe siècle, de la main d'un des martyrs de la Gnose, en 1022, le chancelier épiscopal Étienne.

Oui, de sa main, comme l'atteste cette suscription : STEPHANUS CANCELLARIUS SCRIPSIT : Étienne, chancelier, l'écrivit !

Précieuse, unique dépouille du chef de la Gnose Française ! Incomparable et rare monument ! Inappréciable relique ! Tant d'églises montrent avec orgueil les ossements des saints, des saints catholiques, des saints romains que nous pouvons bien, nous, arborer, vénérer, avec un enthousiasme légitime, les caractères respectés par le Temps que traça l'auguste main de la victime du féroce successeur de Hugues Capet et des évêques du synode d'Orléans, ses complices.

II

La charte est datée du mois de février, l'an 29 du roi Robert.

Le roi Robert a daté ses diplômes en comptant de trois manières différentes les années de son règne. D'abord, il a compté à partir de son sacre à Orléans, 25 décembre 987, puis, à partir de la captivité du carolingien Karl de Lorraine, 29 mars 991 ; enfin, à partir de la mort de Hugues Capet, 24 octobre 996 [1].

1. Ms. Ch. Pfister, *Études sur le règne de Robert le Pieux*. Paris, Vieweg. 1885, p. XLII.

C'est d'après le premier de ces systèmes qu'est daté notre précieux monument. Le mois de février de la vingt-neuvième année correspond, dans ce système, au mois de février 1017, nouveau style.

En cette année 1017, le siège épiscopal d'Orléans était occupé par un prélat auquel les hagiographes catholiques donnent le nom de saint Thierry II. Il avait été sacré en 1016, par l'archevêque de Sens, Leotheric. Étienne, notre bienheureux, fut choisi par lui pour chancelier. Ce titre conférait au chancelier le droit de valider les actes épiscopaux. Quelquefois, — c'est ici le cas — il écrivait l'acte de sa propre main. La formule *scripsit* attestait alors cette particulière intervention.

La formule *subscripsit* indiquait seulement le visa.

III

Le diplôme écrit de la main du martyr est revêtu de la signature autographe de l'évêque : S. Tehoderici epi ; c'est-à-dire : Seing de Thierry, évêque. Il porte en outre les *signa* du doyen de Sainte-Croix, Rotdulf; de l'abbé de Saint-Avit, Irfrid ; de l'archidiacre Tedduin, de l'archidiacre Gautier de Tedelm, clerc et prévôt épiscopal ; de l'archidiacre Letold et du sous-chantre Guarin.

En lui-même, ce vénérable monument n'a qu'une importance domaniale. Thierry II fait savoir que les moines de Saint-Mesmin de Micy lui ont demandé la concession, sous conditions censuelles, d'une vigne située dans son bénéfice de Saint-Pryvé, près d'Orléans. Cette vigne existe encore aujourd'hui au lieu dit *Villaine — in loco qui dicitur Villena* — à côté de l'église paroissiale, non loin de la grande route.

Mais si l'objet de l'acte ne lui donne pas d'autre prix que celui qui s'attache à une transaction féodale, sa forme le met au-dessus des documents les plus précieux, puisque le docteur gnostique d'Orléans, le martyr du bûcher de 1022, en a touché le parchemin, écrit le texte et consacré la valeur.

La charte mesure cinq centimètres de large sur vingt-cinq de long. Elle est rayée à la pointe sèche.

IV

Rappelons maintenant, pour attirer sur la sainte relique la vénération de nos frères Gnostiques, l'histoire de la passion de ceux qu'on nomme vulgairement les Manichéens d'Orléans.

La doctrine des Basilide, des Valentin et des Marcion, la Gnose reparut dans notre Occident, vers la fin du xe siècle et y comptait de nombreux adeptes dès les premières années du xie.

Deux opinions se font jour sur le mode de sa propagation.

Les uns avec Muratori, MM. Schmidt, Matter, etc., lui attribuent une origine gréco-slave et lui font traverser la Thrace, la Dalmatie, l'Italie, le midi de la France.

Les autres, et c'est l'opinion de M. Pfister, la conduisent du nord au midi.

C'est affaire de discussion érudite.

Toujours est-il qu'elle se propagea dans les écoles et se répandit dans le peuple.

Toujours est-il que la *Francia*, la France des Capétiens, lui servit d'asile et que la cité d'Orléans devint son centre d'action.

Raoul Glaber, chroniqueur de ces âges reculés, Adhémar de Chabannes, les actes du synode d'Orléans, le cartulaire de Saint-Père de Chartres, la lettre de Jean, moine de Fleury, à l'évêque de Vich, nous permettent d'exposer brièvement les faits de cette étonnante résurrection gnostique dans le domaine patrimonial des Capets.

V

Les Gnostiques Pauliciens, puis les Euchites, persécutés par les empereurs de Byzance, avaient été refoulés sur l'Occident. Sous le nom de Cathares, de Manichéens, d'Enthousiastes, ils avaient formé des communautés secrètes dans le nord et dans le midi de l'Europe. Au commencement du xie siècle, une femme d'une rare beauté et d'une haute intelligence, d'origine salve, ou gréco-slave, chassée d'Italie où elle exerçait l'apostolat de la Gnose, vint à Orléans où son prestige réunit autour d'elle, dans des assemblées secrètes, les plus pieux et les plus instruits des membres du clergé épiscopal.

Un homme qui mourut avant 1017 en odeur de sainteté et sur la tombe duquel se firent des miracles, le chantre de Sainte-Croix, l'illustre Théodat, adopta ses doctrines. Héribert, écolâtre de Saint-Pierre le Puellier, Lisois, Foucher, Étienne, chancelier de l'évêque d'Orléans, des clercs, des religieuses de Notre-Dame de Bonne-Nouvelle, des femmes, des hommes éminents reçurent de la belle sainte le *consolamentum*, l'imposition des mains et la doctrine.

Longtemps, l'église gnostique se réunit en secret, tantôt chez ces ecclésiastiques, tantôt dans les carrières de Saint-Vincent, tantôt dans les caves du quartier du Châtelet.

Officiellement les adeptes suivaient le culte romain et vaquaient à leurs affaires. Théodat siégeait dans sa stalle à la Basilique. Héribert enseignait dans son école. Étienne avait même dirigé la conscience de la reine Constancia, femme de Robert. Lisois occupait la chaire de la grande école d'Orléans.

La belle sainte mourut. Théodat la suivit de près. On l'inhuma dans la cathédrale et le peuple l'honorait comme un saint.

VI

Qu'enseignait la femme Apôtre ?

La Gnose.

La doctrine des Éons, telle que la renferme le Nouveau Testament dans son enveloppe exotérique, telle que la prêchaient saint Paul et saint Jean, telle que le génie de Basilide, l'éloquence harmonieuse de Valentin, la belle parole de Marcias l'avaient enseignée, telle que Sergius et Basilius l'avaient redite après eux :

Dieu, principe absolu, source du Bien, de qui tout émane.

L'Éon Iahveh, égaré loin du plérome sacré, créant le monde matériel d'où sort le mal, la douleur, la mort, le péché.

Elle enseignait, la défunte, l'Éon Jésus pour racheter ce pauvre monde.

Il devait ramener à son père, à Dieu, à l'ABIME, les Purs, les Élus, les Pneumatiques, ceux que remplissait le Saint-Esprit.

Elle condamnait le baptême d'eau, la présence réelle, l'efficacité des œuvres, la hiérarchie, les secondes noces, les sacrements. Elle voulait rétablir le culte en esprit et en vérité.

« Voilà quelle est notre loi, s'écriait-elle, quitter le monde, dompter la chair, vivre de travail, ne léser personne, aimer son prochain. Si nous observons cette loi, il n'est pas besoin de baptême. Si nous la violons, aucun baptême ne nous sauvera ! »

VII

Après la mort de Théodat, Étienne était devenu le chef incontesté et le docteur de la GNOSE.

Sa sainteté, sa science, sa bienfaisance étaient renommées dans tout le diocèse. La Doctrine se répandait comme un fleuve. Les âmes éprises d'idéal s'y désaltéraient.

Soudain la tempête agita ces eaux calmes et profondes.

Un clerc aux gages d'un chevalier normand, baron du duc Richard, était venu à Orléans s'asseoir sur les bancs célèbres de l'École épiscopale. Étienne et Lisois remarquèrent son intelligence, sa soif de savoir, sa candeur d'âme et l'admirent aux enseignements secrets de la GNOSE. Quand ce clerc, nommé Hériberl, revint chez son seigneur, il lui parla avec ardeur et foi vive de la céleste doctrine qu'il avait reçue dans le sein de l'École mystique. Le chevalier, le rude Aréfast, bien loin de goûter cette doctrine, dénonça au duc et au roi et l'enseignement et les Docteurs. Robert, esprit étroit, cœur douteux, nature servile, tremblait devant le soupçon d'hérésie. Il regardait, de plus, tout dogme ésotérique comme un attentat contre son pouvoir. Il ordonna au chevalier de se rendre à Orléans, d'espionner les Hérétiques et de lui révéler leurs noms, se réservant de les livrer à sa barbare justice.

Aréfast partit, s'arrêta à Chartres et y reçut d'un chanoine de Notre-Dame, les instructions qui devaient l'aider à découvrir la secte et les sectaires.

« Recommandez-vous d'Hériberl, lui dit ce prêtre. Feignez d'être un Adepte. Faites-vous initier aux mystères, puis, pour la gloire de Dieu et le salut de cette couronne et de la sainte Église, dévoilez au Roi ce que vous aurez appris. »

VIII

Aréfast entra donc dans l'Église de la GNOSE, reçut l'imposition des mains, prit place aux assemblées, à la table des Frères, donna et reçut le baiser de paix.

C'était vers la fin de l'an 1022.

Le roi Robert, qui suivait les opérations du traître, convoqua un synode de prélats et des barons. Là, siégèrent Oldoric, évêque simoniaque d'Orléans; Léotheric et Gauzlin, archevêques de Sens et de Bourges; Francon et Warin, évêques de Paris et de Beauvais,

Le 25 décembre, jour de Noël, les Gnostiques réunis dans la maison d'un des Frères célébraient la naissance spirituelle de l'Éon Christos dans les âmes des Pneumatiques; Aréfast priait et chantait avec eux. Tout à coup la maison fut cernée par les soldats, les frères et les sœurs furent saisis, couverts de chaînes, conduits sans délai devant le Synode qui, sous la présidence du roi et de la reine, délibérait dans le chœur de la cathédrale.

Aréfast dénonça les Gnostiques. Warin, évêque de Beauvais, se leva pour combattre leurs doctrines. Alors le vénérable Étienne prononça ces paroles : « Taisez-vous, seigneur Évêque ! Faites de nous ce qu'il vous plaira. Déjà — et d'un regard inspiré et d'un geste sublime, il chercha la voûte du temple et le ciel qui brillait à travers les vitraux — déjà nous voyons notre Roi qui règne dans les Cieux. Il nous tend les bras. Il nous appelle à sa gloire. Il nous montre les joies invisibles ! »

IX

Plus rudes que le fer !

C'est ainsi que les actes du Synode qualifient ces héros. Ils durent pendant neuf heures subir les interrogatoires, les outrages, les exhortations. Mais comme ils refusaient de renier la Gnose, Robert fit dégrader les prêtres et les clercs, et les évêques prononcèrent sur eux la formule d'excommunication. Au dehors la foule fanatique grondait. Des cris de mort se faisaient entendre, et, pour contenir l'émeute, la reine Constance debout devant le portail romain, une canne à la main, entourée de courtisans, s'interposait entre la basilique et le peuple affolé.

On avait dit à ce peuple que les hérétiques invoquaient le diable, brûlaient les petits enfants, donnaient leurs cendres aux malades, et se livraient entre eux dans les ténèbres des assemblées à de monstrueux accouplements, où ni le sexe, ni l'âge, ni la parenté elle-même n'étaient respectés.

Quiconque a vu les foules excitées, quiconque a lu les excès de la Saint-Barthélemy, de la Ligue, des massacres de 1792 et de la Commune sait ce que l'on peut faire des bandes brutales, crédules et cruelles.

Enfin, les portes s'ouvrent et le cortège apparut, salué par des clameurs homicides. Les soldats firent un rempart de fer aux condamnés.

Chose horrible ! quand le bienheureux Étienne passa devant la reine, sa pénitente, l'altière et détestable Constance le frappa au visage de sa canne et creva l'œil du martyr.

X

La sinistre procession d'évêques, de courtisans, de prêtres, de soldats entourant les victimes traversa les flots houleux de la multitude, se dirigeant vers la royale prison du Châtelet. On y enferma les Gnostiques. Cependant, un bûcher colossal avait été dressé à l'une des portes de la cité, probablement la porte Bourgogne.

Le 28 décembre, fête des Saints-Innocents, le pieux bourreau choisit parmi les prisonniers les chefs, les docteurs, les clercs, les laïques les plus éminents, les femmes les plus dévouées et les fit conduire à la mort épouvantable de la combustion.

Ces saints et ces saintes montrèrent une joie céleste. Ils se disputaient à qui ferait partie de la phalange élue pour le trépas. D'eux-mêmes, dit le chroniqueur, ils se présentaient aux bourreaux. Le roi en avait pris quatorze, réservant les autres à l'*in pace*, à la lente et douloureuse agonie du cachot. Sur ces quatorze, il y en eut un qui abjura. Les autres entrèrent en chantant dans les flammes. Du sein du brasier, Étienne cria qu'il ne sentait aucune douleur. Les miracles se renouvelaient pour ces martyrs. Comme le diacre Laurent, ils se voyaient sur un lit de roses. Comme les trois Hébreux, ils chantaient dans la fournaise. Leurs voix s'éteignirent dans les flammes, les uns après les autres.

Robert avait tué la Gnose, pensait-il.

Cependant, la Gnose n'était pas morte.

En 1023, elle reparaissait à Limoges. En 1025, elle renaissait à Arras. Un peu plus tard à Liège.

En 1200, elle fondait une église à Bardy près de Pithiviers.

L'atroce Robert le *premier* en France avait inventé le bûcher comme punition des hérétiques. Julien Haves l'a prouvé dans un savant mémoire. Depuis lors, le bûcher ne chôma plus.

Le roi abominable que l'Histoire menteuse surnomme le *Pieux* était si fier de sa criminelle invention, qu'en cette même année 1022, il datait ainsi l'un de ses diplômes :

« Actum Aurelianis, publice, anno Incarnationis M. XXII... quando STEPHANUS HERESIARCOS et complices ejus damnati et arsi sunt Aurelianis ». — C'est-à-dire : « Donné à Orléans, publiquement, l'an 1022 de l'Incarnation, quand l'HÉRÉSIARQUE ÉTIENNE et ses complices furent condamnés et brûlés ! »

Remarquons ce mot « Heresiarcos », — prince des Hérétiques ! Il est précieux. Il indique que notre bienheureux martyr était le chef et le docteur de la GNOSE.

Heureux qui croit, qui aime et qui enseigne comme lui !

Plus heureux qui sait, comme lui, souffrir et mourir pour la Foi ! la GNOSE sainte !

Que la date du 28 décembre devienne sacrée pour vous tous, mes frères et mes sœurs Initiés.

JULES STANY DOINEL.

CHAPITRE XIII

LA TRADITION AU MOYEN AGE

L'ALCHIMIE

RÉSUMÉ MÉTHODIQUE DE L'ALCHIMIE

L'opinion courante sur l'Alchimie c'est que c'est un art mensonger tendant à faire artificiellement de l'or et qui a ruiné pas mal de naïfs à l'époque du moyen âge.

La première question qui se pose devant nous est donc de savoir comment il faut considérer cette Alchimie au point de vue de la Science Occulte.

Pour cela nous laisserons là, si vous voulez bien, les commentaires et les dissertations écrits sur l'alchimie dans les Encyclopédies contemporaines et nous nous adresserons directement à ceux que les alchimistes considèrent comme les maîtres dans leur science.

Prenons l'œuvre de Raymond Lulle par exemple. Qu'y trouvons-nous?

Tout autre chose que les règles de cet art spécial considéré comme l'unique préoccupation des alchimistes.

Dans tout ouvrage sérieux se rapportant à la philosophie hermétique nous trouverons en effet :

1° Une philosophie profonde servant de base à une synthèse naturelle ayant comme point de départ la théorie de l'évolution étendue jusqu'au maximum et celle de l'unité de la substance et de l'unité du plan.

De là l'axiome alchimique : εν το παν. Tout est dans tout.

2° Une application judicieuse des principes de la Kabbale hébraïque alliés à la tradition égyptienne et gnostique.

3° Des pratiques nombreuses de physique, de chimie ou de biologie venant à l'appui de ces théories.

Vouloir donc ne voir dans l'Alchimie que des pratiques chimiques, c'est mutiler de la façon la plus odieuse un enseignement complet dans lequel la pratique ne venait que comme justification de la théorie scientifique.

Un véritable alchimiste c'était donc à la fois un médecin, un astronome et un astrologue, un philosophe, un kabbaliste et un chimiste. Aussi les études étaient-elles très sérieuses et fort longues, transmises par l'initiation par le maître à un ou deux disciples favoris et soigneusement cachées au profane.

A côté de ces savants, des véritables philosophes hermétiques, apparaissent des charlatans ignorants dont le but unique est l'acquisition des richesses matérielles. Ceux-là n'ont fait toujours que discréditer l'Alchimie. Les quelques milliers de volumes écrits en français qui se trouvent dans nos bibliothèques sous la rubrique de philosophie hermétique comprennent donc :

1° Des traités d'histoire naturelle ;

2° Des traités de physique et de chimie ordinaires ;

3° Des traités d'Alchimie proprement dite ou préparation de la Pierre philosophale ;

4° Des traités de philosophie et de kabbale ou d'astrologie.

5° Des sortes d'encyclopédies où tous ces genres se trouvent réunis.

Cet aperçu permet de constater que la tradition ésotérique dans toutes ses branches est représentée par la philosophie hermétique.

Comment s'est effectué le passage de cette tradition de l'Égypte en Occident?

C'est ce que nous allons voir.

L'étude des dépositaires de l'Ésotérisme nous a permis de constater que les Esséniens d'une part, les Gnostiques de l'autre avaient seuls gardé les clefs de la Science Occulte.

Les Esséniens se tenant en dehors de toute vie politique étaient restés en Palestine et avaient institué plusieurs sociétés secrètes.

Les Gnostiques avaient partout cherché à répandre leurs enseignements. Après la liberté laissée aux facultés régionales de divulguer les enseignements ésotériques, plusieurs traités concernant les pratiques de la Science Occulte avaient été écrits d'après les traditions de l'Université égyptienne elle-même.

Ces traités dont la rédaction remonte en effet environ au second siècle de notre ère, n'avaient pour but que de soulager un peu la mémoire et d'aider la transmission orale. Ils étaient divisés en deux grandes classes :

1° Ceux qui traitaient du monde invisible, de l'âme et de ses pouvoirs ; de *la psychurgie ;*

2° Ceux qui traitaient de l'application des pouvoirs de l'âme à la nature ; de la *théurgie et de l'alchimie.*

Des premiers, surtout philosophiques, nous possédons quelques fragments entièrement traduits par M. Louis Ménard [1].

Des seconds nous possédons une foule de traités constituant les ouvrages d'Alchimie proprement dits.

On s'accorde généralement à croire que toute la partie pratique de l'Occultisme est venue en Europe par les Arabes.

Les Arabes n'ont apporté chez nous les sciences qu'ils avaient reçues des gnostiques restés en Égypte, que longtemps après la prédication de la Gnose en Europe.

Or la Gnose comprenait une partie magique. Qu'on se rappelle les miracles d'Apollonius de Tyane, de Simon le Magicien et des autres gnostiques célèbres et l'on découvrira la véritable origine de cette philosophie hermétique, origine qui paraît si obscure au premier abord.

L'Alchimie représente donc bien la voie de transmission de la Science Occulte à travers l'Occident, voilà pourquoi nous allons maintenant nous occuper des travaux et des théories de ceux qui s'intitulaient les fils d'Hermès. Nous aurons donc à voir successivement :

1° Le but exotérique des alchimistes. La pierre philosophale. Sa réalité et ce qu'on peut dire de sa préparation.

2° Les textes sur lesquels les alchimistes basent leurs opinions philosophiques. — La Table d'Émeraude et ses explications.

3° L'explication des histoires symboliques qu'on trouve dans les traités d'Alchimie.

4° Comme exemple de ces applications nous donnerons *in extenso* la pratique de la préparation de la pierre philosophale écrite en style symbolique au XIXe siècle par Cyliani (vers 1837).

5° Enfin nous terminerons par quelques mots sur l'Alchimie à notre époque et ses partisans actuels.

1. Louis Ménard, *Hermès Trismégiste*, 1 vol. in-8° couronné par l'Académie.

LA PIERRE PHILOSOPHALE

Définition. — Théorie de sa préparation. — Explication des textes hermétiques. — Preuves irréfutables de son existence.

II

QU'ENTEND-ON PAR PIERRE PHILOSOPHALE?

Cette question, si simple au premier aspect, est cependant assez difficile à résoudre. Ouvrons les dictionnaires sérieux, parcourons les graves compilations des rares savants qui ont daigné traiter ce sujet. La conclusion est assez facile à poser : Pierre Philosophale, transmutation des métaux, égale *Ignorance*, *Fourberie*, *Folie*.

Si pourtant nous réfléchissons qu'en somme, pour parler *draps*, mieux vaut aller au drapier qu'au docteur ès lettres, l'idée nous viendra peut-être de voir ce que pensent les alchimistes de la question.

Or, au milieu des obscurités voulues et des symboles nombreux qui remplissent leurs traités, il est un point sur lequel ils sont tous d'accord, c'est la définition et les qualités de la Pierre Philosophale.

La Pierre Philosophale parfaite est une poudre rouge qui a la propriété de transformer toutes les impuretés de la nature.

On croit généralement qu'elle ne peut servir, d'après les alchimistes, qu'à changer du plomb ou du mercure en or. C'est une erreur. La théorie alchimique dérive de sources bien trop spéculatives pour localiser ainsi ses effets. L'évolution étant une des grandes lois de la nature, ainsi que l'enseignait il y a plusieurs siècles l'hermétisme, la Pierre Philosophale fait *évoluer* rapidement ce que les formes naturelles mettent de longues années à produire, voilà pourquoi elle agit, disent les adeptes, sur les règnes végétal et animal aussi bien que sur le règne minéral et peut s'appeler *médecine des trois règnes*.

La Pierre Philosophale est une poudre qui peut affecter plusieurs couleurs différentes suivant son degré de perfection mais qui, pratiquement, n'en possède que deux, blanche ou rouge.

La véritable Pierre Philosophale est *rouge*. Cette poudre rouge possède trois vertus :

1° Elle transforme en or le mercure ou le plomb en fusion sur lesquels on en dépose une pincée ; je dis *en or* et non en un métal qui s'en approche plus ou moins comme l'a cru, je ne sais pourquoi, un savant contemporain[1].

2° Elle constitue un dépuratif énergique pour le sang et guérit rapidement, prise à l'intérieur, quelque maladie que ce soit ;

3° Elle agit de même sur les plantes en les faisant croître, mûrir et fructifier en quelques heures.

Voilà trois points qui paraîtront bien fabuleux à beaucoup de gens, mais les alchimistes sont tous d'accord à ce sujet.

Il suffit du reste de réfléchir pour voir que ces trois propriétés n'en constituent qu'une seule : renforcement de l'activité vitale.

La Pierre Philosophale est donc tout simplement une condensation énergique de la Vie[2] dans une petite quantité de matière et elle agit comme un ferment sur le corps en présence desquels on la met. Il suffit d'un peu de ferment pour faire « *lever* » une grande masse de pain ; de même, il suffit d'un peu de Pierre Philosophale pour développer la vie contenue dans une matière quelconque, minérale, végétale ou animale. Voilà pourquoi les alchimistes appellent leur pierre : médecine des trois règnes.

Nous savons maintenant ce qu'est cette pierre philosophale, assez pour en reconnaître la description dans une histoire symbolique, et là doivent se borner nos ambitions.

FABRICATION DE LA PIERRE PHILOSOPHALE[3]

Voyons maintenant sa fabrication.

Voici quelles sont les opérations essentielles :

Tirer du mercure vulgaire un ferment spécial appelé par les alchimistes *Mercure des philosophes*.

Faire agir ce ferment sur l'argent pour en tirer également un ferment.

Faire agir le ferment du mercure sur l'or pour en tirer aussi du ferment.

1. M. Berthelot.
2. Voy., dans le chapitre III, l'*Étude sur la Vie universelle*.
3. Voy. le Traité de Cyliani à la fin de cette étude.

Combiner le ferment tiré de l'or avec le ferment tiré de l'argent et le ferment mercuriel dans un matras de verre vert très solide et en forme d'œuf, boucher hermétiquement ce matras et le mettre à cuire dans un fourneau particulier appelé par les alchimistes *athanor*. L'athanor ne diffère des autres fourneaux que par une combinaison qui permet de chauffer très longtemps et d'une façon spéciale l'œuf susdit.

Les couleurs.

C'est alors (pendant cette cuisson) et alors seulement que se produisent certaines couleurs sur lesquelles sont basées toutes les histoires alchimiques. La matière contenue dans l'œuf devient d'abord noire, tout semble putréfié, cet état est désigné par le nom de *tête de corbeau*. Tout à coup à cette couleur noire succède une blancheur éclatante. Ce passage du noir au blanc, de l'obscurité à la lumière, est une excellente pierre de touche pour reconnaître une histoire symbolique qui traite de l'alchimie. La matière ainsi fixée au blanc sert à transmuer les métaux impurs (plomb, mercure) en argent.

Si on continue le feu on voit cette couleur blanche disparaître peu à peu, la matière prend des teintes diverses, depuis les couleurs inférieures du spectre bleu, vert) jusqu'aux couleurs supérieures (jaune, orangé), et enfin arrive au rouge rubis. La pierre philosophale est alors presque terminée.

Je dis presque terminée, car à cet état dix grammes de pierre philosophale ne transmuent pas plus de vingt grammes de métal. Pour parfaire la pierre il faut la remettre dans un œuf avec un peu de mercure des philosophes et recommencer à chauffer. L'opération qui avait demandé un an ne demande plus que trois mois et les couleurs reparaissent dans le même ordre que la première fois.

A cet état la pierre transmue en or dix fois son poids.

On recommence encore l'opération. Elle ne dure qu'un mois, la pierre transmue mille fois son poids de métal.

Enfin on la fait une dernière fois et on obtient la véritable pierre philosophale parfaite, qui transmue dix mille fois son poids de métal en or pur.

Ces opérations sont désignées sous le nom de *multiplication de la pierre.*

Quand on lit un alchimiste il faut donc voir de quelle opération il parle :

1° S'il parle de la fabrication du mercure des philosophes, auquel cas il sera sûrement inintelligible pour le profane.

2° S'il parle de la fabrication de la pierre proprement dite, auquel cas il parlera clairement.

3° S'il parle de la multiplication, et alors il sera tout à fait clair.

Muni de ces données, le lecteur peut ouvrir le livre de M. Figuier et, s'il n'est pas ennemi d'une douce gaieté, lire de la page 8 à la page 52. Il déchiffrera aisément le sens des histoires symboliques qui sont si obscures pour M. Figuier et lui font hasarder de si joyeuses explications.

Témoin l'histoire suivante qu'il traite de grimoire (p. 41) :

« Il faut commencer au soleil couchant, lorsque le mari Rouge et l'épouse Blanche s'unissent dans l'esprit de vie pour vivre dans l'amour et dans la tranquilité, dans la proportion exacte d'eau et de terre.	Mise dans le matras en forme d'œuf des deux ferments, actif ou Rouge, passif ou Blanc.
« De l'Occident avance-toi à travers les ténèbres vers le Septentrion.	Divers degrés du feu.
« Altère et dissous le mari entre l'hiver et le printemps, change l'eau en une terre noire et élève-toi à travers les couleurs variées vers l'Orient où se montre la pleine Lune. Après le purgatoire apparait le soleil blanc et radieux. »	Tête du corbeau, couleurs de l'œuvre.
(Riplée.)	Blanc.

En considérant une histoire symbolique il faut toujours chercher le sens hermétique qui était le plus caché et qui s'y trouve presque sûrement. Comme la nature est partout identique, la même histoire qui exprime les mystères du grand œuvre, pourra signifier également le cours du Soleil (mythes solaires) ou la vie d'un héros fabuleux. L'initié seul sera donc en état de saisir le troisième sens (hermétique) des mythes anciens[1], tandis que le savant n'y verra que les premier et deuxième sens (physique et naturel, cours du Soleil, Zodiaque, etc.) et le paysan n'en comprendra que le premier sens (histoire du héros).

1. Voy. Ragon, *Fastes initiatiques*. — *La Maçonnerie occulte*.

Les aventures de Vénus, de Vulcain et de Mars sont célèbres à ce point de vue parmi les alchimistes[1].

D'après tout cela on voit que pour faire la pierre philosophale il faut avoir le temps et la patience. Celui qui n'a pas tué en lui le désir[2] de l'or ne sera jamais riche, alchimiquement parlant. Il suffit pour s'en convaincre de lire les biographies de deux alchimistes du XIXe siècle, Cyliani[3] et Cambriel[4].

Physiquement la Pierre Philosophale serait donc une poudre rouge assez semblable comme consistance au chlorure d'or et de l'odeur du sel marin calciné.

Chimiquement c'est une simple augmentation de densité si l'on admet l'unité de la matière, idée fort en honneur parmi les philosophes chimistes contemporains. En effet, le problème à résoudre consiste à transformer un corps de la densité de 13,6 comme le mercure, en un corps de la densité de 19,5 comme l'or. Cette hypothèse de la *transmutation* est-elle en désaccord avec les plus récentes données de la chimie?

C'est ce que nous allons voir.

III

LA CHIMIE ACTUELLE PERMET-ELLE DE NIER L'EXISTENCE DE LA PIERRE PHILOSOPHALE?

Deux chimistes contemporains ont poussé leurs investigations dans l'obscur domaine de l'alchimie; ce sont MM. Figuier, vers 1853, qui publiait l'*Alchimie et les Alchimistes*, livre dont nous aurons tout à l'heure l'occasion de parler, et M. le professeur M. Berthelot, membre de l'Institut, qui fit paraître, en 1885, les *Origines de l'Alchimie*.

Ces deux savants officiels, le dernier surtout, font autorité en la matière et leur opinion mérite d'être écoutée par toutes les personnes sérieuses.

Tous deux ils considèrent l'alchimie et son but comme de beaux rêves dignes des temps passés; tous deux ils nient formellement l'existence de la Pierre Philosophale (quoique Figuier prouve à son insu cette existence). Et cependant ils déclarent que *scientifi*

1. Voy. Ragon, *Fastes initiatiques*. — *La Maçonnerie occulte*.
2. Voy. l'admirable traité intitulé *Lumière sur le sentier* (chez Carré).
3. *Hermès dévoilé* (Voy. la fin de cette étude).
4. *Cours d'Alchimie en dix-neuf leçons*.

quement la chose ne peut pas être niée *a priori*. Ainsi Figuier dit :

« Dans l'état présent de nos connaissances, on ne peut prouver d'une manière absolument rigoureuse que la transmutation des métaux soit impossible ; quelques circonstances s'opposent à ce que l'opinion alchimique soit rejetée comme une absurdité en contradiction avec les faits. »

(*L'Alchimie et les Alchimistes*, p. 353.)

M. Berthelot, dans plusieurs passages de son livre, montre que loin d'être opposée à la chimie contemporaine, la théorie alchimique tend au contraire à remplacer aujourd'hui les données primitives de la philosophie chimique. Voici quelques extraits à l'appui :

« A travers les explications mystiques et les symboles dont s'enveloppent les alchimistes, nous pouvons entrevoir les théories essentielles de leur philosophie : lesquelles se réduisent en somme à un petit nombre d'idées claires, plausibles, et dont certaines offrent une analogie étrange avec les conceptions de notre temps. »

(Berthelot, *les Origines de l'Alchimie*, p. 280.)

« Pourquoi ne pourrions-nous pas former le soufre avec l'oxygène, former le sélénium et le tellure avec le soufre, par des procédés de condensation convenables ? Pourquoi le tellure, le sélénium ne pourraient-ils pas être changés inversement en soufre, et celui-ci à son tour métamorphosé en oxygène ?

« Rien en effet ne s'y oppose *a priori*. »

(*Ibid.*, p. 297.)

« Assurément, je le répète, nul ne peut affirmer que la fabrication des corps réputés simples soit impossible *a priori*. »

(*Ibid.*, p. 321.)

Tout cela montre assez que la Pierre Philosophale n'est pas fatalement impossible, même de l'avis des savants contemporains. C'est maintenant qu'il nous faut chercher si nous avons des preuves positives de son existence.

IV

PREUVES DE L'EXISTENCE DE LA PIERRE PHILOSOPHALE. — DISCUSSION DE LEUR VALIDITÉ

Nous affirmons que la Pierre Philosophale a donné de son existence des preuves irréfutables et nous allons exposer les faits sur lesquels se basent nos convictions.

Nous avons dit *les faits;* car on ne peut considérer comme absolument sérieuses les démonstrations tirées des raisonnements plus ou moins solides. C'est dans le domaine de l'histoire que les affirmations sont toujours faciles à contrôler à toute époque et par là même vraiment irréfutables. Nous allons donc exposer les arguments invoqués par les adversaires de l'alchimie contre la transmutation, et ce sont des *faits* qui, seuls, pourront victorieusement réfuter chacune de ces objections.

C'est Geoffroy l'aîné qui s'est chargé en 1722 de faire le procès des alchimistes devant l'Académie. Si l'on en croit son mémoire, les nombreuses histoires de transmutation sur lesquelles les adeptes basent leur foi, sont facilement explicables par la supercherie. Des philosophes incontestés tels que Paracelse ou Raymond Lulle laissaient là pour un moment les spéculations abstraites pour faire quelques tours adroits d'escamotage devant de bons naïfs ébahis. Cependant analysons les moyens de tromper dont ils disposaient, et cherchons à déterminer des conditions expérimentales mettant à néant ces arguments.

Les alchimistes se servent pour tromper les assistants de :

1° *Creusets à double fond;*

2° *Charbons ou baguettes creux et remplis de poudre d'or;*

3° *Réactions chimiques inconnues alors et parfaitement connues aujourd'hui.*

Pour qu'une de ces conditions se réalise il faut nécessairement que l'alchimiste soit présent à l'opération ou ait touché auparavant aux instruments employés.

Donc, dans la détermination expérimentale d'une transmutation, l'absence de l'alchimiste sera la première et la plus indispensable des conditions.

Il faudra de plus qu'il n'ait eu en main aucun des objets qui serviront à cette transmutation.

Enfin pour répondre au dernier argument, il est indispensable que les données de la chimie contemporaine soient impuissantes à expliquer normalement le résultat obtenu.

Pour que notre travail trouve encore une base d'évidence plus solide, il faut mettre le lecteur à même de contrôler facilement toutes nos affirmations; c'est pourquoi nous tirerons nos arguments *d'un seul ouvrage*, facile à trouver : *l'Alchimie et les Alchimistes*, de Louis Figuier.

Rappelons, avant de passer outre, les plus essentielles conditions :

1° *Absence de l'Alchimiste;*
2° *Qu'il n'ait touché à rien de ce qui sert à l'opérateur;*
3° *Que le fait soit inexplicable par la chimie contemporaine.*

Et on peut ajouter encore :

4° *Que l'opérateur ne puisse pas être soupçonné de complicité.*

***

Ouvrons le livre de M. Figuier, édition de 1854, chapitre III, page 206. Là, nous trouvons, non pas un, mais *trois* faits répondant à *toutes nos conditions* et que nous allons discuter un à un.

Non seulement l'opérateur n'est pas alchimiste; mais c'est un savant considéré, un ennemi déclaré de l'alchimie, ce qui répond encore avec plus de force à notre quatrième condition. Parlons d'abord d'Helvétius et de sa transmutation; nous citons textuellement Figuier :

« Jean-Frédéric-Schweitzer, connu sous le nom latin d'Helvétius, était un des adversaires les plus décidés de l'alchimie; il s'était même rendu célèbre par un écrit contre la poudre sympathique du chevalier Digby. Le 27 décembre 1666 il reçut à la Haye la visite d'un étranger vêtu, dit-il, comme un bourgeois du nord de la Hollande et qui refusait obstinément de faire connaître son nom. Cet étranger annonça à Helvétius que sur le bruit de sa dispute avec le chevalier Digby, il était accouru pour lui porter les preuves matérielles de l'existence de la Pierre Philosophale. Dans une longue conversation, l'adepte défendit les principes hermétiques, et pour lever les doutes de son adversaire, il lui montra dans une petite boîte d'ivoire, la Pierre Philosophale. C'était une poudre d'une métalline couleur de soufre. En vain Helvétius conjura-t-il l'inconnu de lui démontrer par le feu les vertus de sa poudre, l'alchimiste résista à toutes les instances et se retira en promettant de revenir dans trois semaines.

« Tout en causant avec cet homme et en examinant la Pierre Philosophale, Helvétius avait eu l'adresse d'en détacher quelques parcelles et de les tenir cachées sous son ongle. A peine fut-il seul qu'il s'empressa d'en essayer les vertus. Il mit du plomb en fusion dans un creuset et fit la projection. Mais tout se dissipa en fumée ; il ne resta dans le creuset qu'un peu de plomb et de terre vitrifiée.

« Jugeant dès lors cet homme comme un imposteur, Helvétius avait à peu près oublié l'aventure lorsque, trois semaines après et au jour marqué, l'étranger reparut. Il refusa encore de faire lui-même l'opération ; mais cédant aux prières du médecin il lui fit cadeau d'un peu de sa pierre, à peu près la grosseur d'un grain de millet. Et comme Helvétius exprimait la crainte qu'une si petite quantité de substance ne pût avoir la moindre propriété, l'alchimiste, trouvant encore le cadeau trop magnifique, en enleva la moitié disant que le reste était suffisant pour transmuer une once et demie de plomb. En même temps il eut soin de faire connaître avec détails les précautions nécessaires à la réussite de l'œuvre, et recommanda surtout au moment de la projection d'envelopper la Pierre Philosophale d'un peu de cire afin de la garantir des fumées du plomb. Helvétius comprit en ce moment pourquoi la transmutation qu'il avait essayée avait échoué entre ses mains ; il n'avait pas enveloppé la pierre dans de la cire et négligé par conséquent une précaution indispensable.

« L'étranger promettait d'ailleurs de revenir le lendemain pour assister à l'expérience.

« Le lendemain Helvétius attendit inutilement, la journée s'écoula tout entière sans que l'on vît paraître personne. Le soir venu, la femme du médecin ne pouvant plus contenir son impatience décida son mari à tenter seul l'opération. L'essai fut exécuté par Helvétius en présence de sa femme et de son fils.

« Il fondit une once et demie de plomb, projeta sur le métal en fusion la Pierre enveloppée de cire, couvrit le creuset de son couvercle et le laissa exposé un quart d'heure à l'action du feu. Au bout de ce temps le métal avait acquis la belle couleur verte de l'or en fusion ; coulé et refroidi, il devint d'un jaune magnifique.

« Tous les orfèvres de la Haye estimèrent très haut le degré de cet or. Povelius, essayeur général des monnaies de la Hollande, le traita sept fois par l'antimoine sans qu'il diminuât de poids. »

Telle est la narration qu'Helvétius a faite lui-même de cette aventure. Les termes et les détails minutieux de son récit excluent de sa part tout soupçon d'imposture. Il fut tellement émerveillé de ce succès que c'est à cette occasion qu'il écrivit son *Vitulus aureus* dans lequel il raconte ce fait et défend l'alchimie.

***

Ce fait répond à toutes les conditions requises. Cependant M. Figuier, sentant combien il était difficile à expliquer, ajouta quelques explications dans une édition postérieure (1860).

Voulant trouver partout *a priori* de la fraude, voici son argument principal :

L'alchimiste a soudoyé un complice qui est venu mettre dans un des creusets d'Helvétius un composé d'or facilement décomposable par la chaleur. Est-il nécessaire de montrer la naïveté de cette objection?

1° Comment choisir juste le creuset que prendra Helvétius?

2° Comment croire que celui-ci soit assez sot pour ne pas reconnaître un creuset vide d'un plein ou un alliage d'un métal?

3° Pourquoi ne pas se donner la peine de relire le récit des faits; M. Figuier aurait vu deux points importants:

D'abord la phrase suivante: *il prit une once et demie de plomb*. Ce qui indique qu'il l'a pesé, qu'il l'a manié, ce qui l'aurait mis à même de vérifier facilement si c'était vraiment du plomb.

4° Ensuite ce petit détail : *il couvrit le creuset de son couvercle*, ce qui empêche toute évaporation ultérieure.

5° Supposé même que vraiment Helvétius ait été trompé; que lui, savant expérimenté, ait pris de l'or pour du plomb, la preuve de la transmutation n'en ressort pas moins évidente, car les critiques oublient toujours le fait suivant :

S'il existe un alliage cachant l'or en lui, le lingot, après évaporation ou oxydation du métal impur, pèsera *beaucoup moins* que le métal initialement employé.

Si, au contraire, il y a adjonction par un procédé quelconque d'or, le lingot pèsera *beaucoup plus* que le métal initialement employé.

Or la transmutation de Bérigard de Pise, qu'on trouvera ci-après, prouve irréfutablement l'inanité de ces arguments.

Enfin pour détruire à tout jamais les affirmations de M. Figuier, il suffit de remarquer que les orfèvres de la Haye ainsi que l'essayeur des monnaies de la Hollande constatent la pureté absolue de l'or, ce qui serait impossible s'il y avait eu un alliage quelconque. Ainsi tombe d'elle-même l'explication que le critique donne de ce fait :

« Nous ne pouvons guère expliquer aujourd'hui ces faits qu'en admettant que le mercure dont on faisait usage ou le creuset que l'on employait recélait une certaine quantité d'or dissimulée avec une habileté merveilleuse. »

(Louis Figuier, *ibid.*, p. 210.)

Nous avons dit *qu'un seul fait* bien prouvé suffisait pour démontrer l'existence de la Pierre Philosophale, et cependant il en existe trois dans les mêmes conditions. Voyons les deux autres :

Voici le récit de Bérigard de Pise, cité de même par Figuier p. 211 :

« Je rapporterai, nous dit Bérigard de Pise, ce qui m'est arrivé autrefois lorsque je doutais fortement qu'il fût possible de convertir le mercure en or. Un homme habile, voulant lever mon doute à cet égard, me donna un gros d'une poudre dont la couleur était assez semblable à celle du pavot sauvage, et dont l'odeur rappelait celle du sel marin calciné. Pour détruire tout soupçon de fraude, j'achetai moi-même le creuset, le charbon et le mercure chez divers marchands afin de n'avoir point à craindre qu'il n'y eût de l'or dans aucune de ces matières, ce que font souvent les charlatans alchimiques. Sur dix gros de mercure j'ajoutai un peu de poudre ; j'exposai le tout à un feu assez fort, et en peu de temps la masse se trouva toute convertie en près de dix gros d'or, qui fut reconnu comme très pur par les essais de divers orfèvres. Si ce fait ne me fût point arrivé sans témoins, hors de la présence d'arbitres étrangers, j'aurais pu soupçonner quelque fraude ; mais je puis assurer avec confiance que la chose s'est passée comme je la raconte. »

Ici c'est encore un savant qui opère ; mais il connaît les ruses des charlatans et emploie toutes les précautions imaginables pour les éviter.

Enfin citons encore la transmutation de Van Helmont pour édifier en tous points le lecteur impartial :

En 1618, dans son laboratoire de Vilvorde, près de Bruxelles, Van Helmont reçut d'une main inconnue un quart de grain de Pierre Philosophale. Elle venait d'un adepte, qui, parvenu à la découverte du secret, désirait convaincre de sa réalité le savant illustre dont les travaux honoraient son époque.

Van Helmont exécuta lui-même l'expérience seul dans son laboratoire. Avec le quart de grain de poudre qu'il avait reçu de l'inconnu il transforma en or huit onces de mercure. Il faut convenir qu'un tel fait était un argument presque sans réplique à invoquer en faveur de l'existence de la Pierre Philosophale. Van Helmont, le chimiste le plus habile de son temps, était difficile à tromper ; il était lui-même incapable d'imposture, et il n'avait aucun intérêt à mentir puisqu'il ne tira jamais le moindre parti de cette observation.

Enfin, l'expérience ayant eu lieu hors de la présence de l'alchimiste, il est difficile de comprendre comment la fraude eût pu s'y glisser. Van Helmont fut si bien édifié à ce sujet qu'il devint partisan avoué de l'alchimie. Il donna en l'honneur de cette aventure le nom de Mercurius à son fils nouveau-né. Ce Mercurius Van Helmont ne démentit pas d'ailleurs son baptême alchimique. Il convertit Leibniz à cette opinion ; pendant toute sa vie il chercha la Pierre Philosophale et mourut sans l'avoir trouvée, il est vrai, mais en fervent apôtre.

Reprenons maintenant ces trois récits et nous constaterons qu'ils répondent aux conditions scientifiques posées. En effet :

Le mercure ou le plomb contenaient-ils de l'or? Je ne le pense pas, attendu :

1° Qu'Helvétius qui ne croyait pas à l'alchimie non plus que Van Helmont et Bérigard de Pise, qui étaient dans le même cas, n'allaient pas s'amuser à en mettre ;

2° Que dans aucun cas l'alchimiste n'avait touché aux objets employés ;

3° Enfin que dans la transmutation de Bérigard de Pise, si le mercure avait contenu de l'or et que celui-ci fût resté seul après la volatilisation du premier, le lingot obtenu aurait pesé beaucoup moins que le mercure employé, ce qui n'est pas.

Après ces arguments on pourrait croire que la liste est close ; pas le moins du monde, il en reste encore un, peu honnête, il est vrai, mais d'autant plus dangereux :

Tous ces récits, tirés de livres imprimés, ne sont pas l'œuvre des auteurs signataires, mais bien d'habiles alchimistes imposteurs.

Voilà certes une terrible objection qui semble détruire tout notre travail ; mais la vérité peut encore apparaître victorieusement.

En effet, il existe une lettre d'une tierce personne aussi éminente que les autres, le philosophe Spinosa, adressée à Jarrig Jellis. Cette lettre prouve irréfutablement la réalité de l'expérience d'Helvétius. Voici le passage important :

« Ayant parlé à Voss de l'affaire d'Helvétius, il se moqua de moi, s'étonnant de me voir occupé à de telles bagatelles. Pour en avoir le cœur net, je me rendis chez le monnayeur Brechtel, qui avait essayé l'or. Celui-ci m'assura que, pendant sa fusion, l'or avait encore augmenté de poids quand on y avait jeté de l'argent. Il fallait donc que cet or, qui a changé l'argent en de nouvel or, fût d'une nature bien particulière. Non seulement Brechtel, mais encore d'autres personnes qui avaient assisté à l'essai, m'assurèrent que la chose s'était passée ainsi. Je me rendis ensuite chez Helvétius lui-même qui me montra l'or et le creuset contenant encore un peu d'or attaché à ses parois. Il me dit qu'il avait jeté à peine sur le plomb fondu le quart d'un grain de blé de Pierre Philosophale. Il ajouta qu'il ferait connaître cette histoire à tout le monde. Il paraît que cet adepte avait déjà fait la même expérience à Amsterdam où on pourrait encore le trouver. Voilà toutes les informations que j'ai pu prendre à ce sujet.

« Boobourg, 27 mars 1667.

« Spinosa. »

(*Opera posthuma*, p. 553.)

Tels sont les faits qui nous ont conduit à cette conviction : La Pierre Philosophale a donné de son existence des preuves irréfutables, a moins de nier a jamais le témoignage des textes, de l'histoire et des hommes.

TEXTES HERMÉTIQUES.

La table d'Émeraude. — L'Hermès dévoilé.

TABLE D'ÉMERAUDE D'HERMÈS

« Il est vrai, sans mensonge, très véritable.

« Ce qui est en bas est comme ce qui est en haut et ce qui est en haut est comme ce qui est en bas pour faire les miracles d'une seule chose.

« Et comme toutes choses ont été et sont venues d'Un, ainsi toutes choses sont nées dans cette chose unique par adaptation.

« Le soleil en est le père, la lune en est la mère, le vent l'a porté dans son ventre, la terre est sa nourrice ; le père de tout, le Thélème de tout le monde est ici ; sa force est entière si elle est convertie en terre.

« Tu sépareras la terre du feu, le subtil de l'épais, doucement, avec grande industrie. Il monte de la terre au ciel et derechef il descend en terre et il reçoit la force des choses supérieures et inférieures. Tu auras par ce moyen toute la gloire du monde et toute obscurité s'éloignera de toi.

« C'est la force forte de toute force, car elle vaincra toute chose subtile et pénétrera toute chose solide.

« Ainsi le monde a été créé.

« De ceci seront et sortiront d'innombrables adaptations desquelles le moyen est ici.

« C'est pourquoi j'ai été appelé Hermès Trismégiste ayant les trois parties de la philosophie du monde.

« Ce que j'ai dit de l'opération du Soleil est accompli et parachevé. »

EXPLICATION DE LA TABLE D'ÉMERAUDE

LA LUMIÈRE ASTRALE

Il est vrai.

Sans mensonge.

Très véritable.

La table d'Émeraude débute par une trinité. Hermès affirme ainsi dès le premier mot la Loi qui régit la Nature entière. Nous savons que le Ternaire se réduit à une hiérarchie désigée sous le nom de : *les Trois Mondes*. C'est donc une même chose considérée sous trois aspects différents que ces mots nous présentent à considérer.

Cette chose, c'est la vérité et sa triple manifestation dans les Trois Mondes :

Il est vrai. Vérité sensible correspondant au Monde physique. — C'est l'aspect étudié par la Science contemporaine.

Sans mensonge. — Opposition de l'aspect précédent. Vérité philosophique, certitude correspondant au Monde métaphysique ou moral.

Très véritable. — Union des deux aspects précédents, la thèse et l'antithèse pour constituer la synthèse. — Vérité intelligible correspondant au Monde divin.

On peut voir que l'explication que j'ai donnée précédemment du nombre Trois trouve ici son application éclatante.

Mais continuons :

Ce qui est en haut est comme ce qui est en bas	et	Ce qui est en bas est comme ce qui est en haut
	pour faire les miracles d'une seule chose.	

En disposant ainsi cette phrase, nous retrouvons d'abord deux Ternaires ou plutôt un Ternaire considéré sous deux aspects *positif* et *négatif* :

positif	haut analogue à bas	négatif	bas analogue à haut

Nous retrouvons ensuite l'application de la méthode de la Science occulte, l'analogie. — Hermès dit que le positif (haut) est *analogue* au négatif (bas), il se garde bien de dire qu'ils sont semblables.

Enfin nous voyons la constitution du quatre par la réduction du trois à l'unité [1] :

Pour faire les miracles d'une seule chose.

Ou du *sept*, par la réduction du six (les deux Ternaires) à l'unité.

Le quatre et le sept exprimant la même chose [2], on peut prendre avec certitude l'une quelconque des deux applications.

Rapprochons l'explication de la seconde phrase de l'explication de la première, et nous verrons :

Qu'il faut considérer une Vérité dans son triple aspect physique, métaphysique et spirituel avant tout.

C'est alors seulement qu'on peut appliquer à cette connaissance la méthode analogique qui permettra d'apprendre les Lois.

Enfin qu'il faut réduire la multitude des Lois à l'unité par la découverte du Principe ou de la Cause première.

Hermès aborde ensuite l'étude des rapports du multiple à l'unité, ou de la Création au Créateur, en disant :

Et comme toutes choses ont été et sont venues d'Un, ainsi toutes choses sont nées dans cette chose unique par adaptation.

1. Voyez la fin du chapitre II.
2. *Id.*

Voilà dans quelques mots tout l'enseignement du sanctuaire sur la création du Monde. La création par adaptation ou par le quaternaire développée dans les *Sepher Jesirah* [1] et dans les dix premiers chapitres du *Bæreschit* de Moïse [2].

Cette chose unique d'où tout dérive, c'est la Force universelle dont Hermès décrit la génération :

Le Soleil (positif)	en est le Père
La Lune (négatif)	en est la Mère
Le Vent (récepteur)	l'a porté dans son ventre
La Terre (matérialisation / accroissement)	en est la nourrice.

Cette chose qu'il appelle Thélème (Volonté) est d'une telle importance qu'au risque d'allonger démesurément cette explication, je vais montrer l'opinion de plusieurs auteurs à son sujet :

LA LUMIÈRE ASTRALE (opinion de divers auteurs).

« Il existe un agent mixte, un agent naturel et divin, corporel et spirituel, un médiateur plastique universel, un réceptacle commun des vibrations du mouvement et des images de la forme, un fluide et une force qu'on pourrait appeler en quelque manière l'imagination de la nature.

« Par cette force tous les appareils nerveux communiquent secrètement ensemble ; de là naissent la sympathie et l'antipathie ; de là viennent les rêves ; par là se produisent les phénomènes de seconde vue et de vision surnaturelle. Cet agent universel des œuvres de la nature, c'est *l'od* des Hébreux et du chevalier de Reichenbach, c'est la lumière astrale des Martinistes.

« L'existence et l'usage possible de cette force sont le grand arcane de la magie pratique.

« La lumière astrale aimante, échauffe ; éclaire, magnétise ; attire, repousse ; vivifie, détruit ; coagule, sépare ; brise, rassemble toutes choses sous l'impulsion de volontés puissantes. » (E. Levi, *H. de la M.*, 19.)

« Les quatre fluides impondérables ne sont que les manifestations diverses d'un même agent universel qui est la lumière. » (E. Levi, *C. des G. M.*, 207.)

1. Voy. la traduction que j'ai faite de ce livre si important dans le n° 7 du *Lotus* (octobre 1887), et reproduite ci-dessus p. 572 et suivantes.
2. Voy. Fabre d'Olivet, *la Langue hébraïque restituée*.

« Nous avons parlé d'une substance répandue dans l'infini.

« La substance une qui est ciel et terre, c'est-à-dire, suivant ses degrés de polarisation, subtile ou fixe.

« Cette substance est ce qu'Hermès Trismégiste appelle le grand *Thelesma*. Lorsqu'elle produit la splendeur, elle se nomme lumière.

« Elle est à la fois substance et mouvement. C'est un fluide et une vibration perpétuelle. » (E. Levi, *C. des G. M.*, 117.)

« Le grand agent magique se révèle par quatre sortes de phénomènes, et a été soumis au tâtonnement des sciences profanes sous quatre noms : calorique, lumière, électricité, magnétisme.

« Le grand agent magique est la quatrième émanation de la vie-principe dont le soleil est la troisième forme. » (E. Levi, D. 152.)

« Cet agent solaire est vivant par deux forces contraires : une force d'attraction et une force de projection, ce qui fait dire à Hermès que toujours il remonte et redescend. » (E. Levi. 153.)

נ ח ש

« Le mot employé par Moïse, lu cabalistiquement, nous donne donc la description et la définition de cet agent magique universel, figuré dans toutes les théogonies par le serpent, et auquel les Hébreux donnèrent aussi le nom :

d'OD : +
OB : —
Aour : ~

א ו ר

« La lumière universelle, lorsqu'elle aimante les mondes, s'appelle lumière astrale ; lorsqu'elle forme les métaux, on la nomme azoth ou mercure du sage ; lorsquelle donne la vie aux animaux, elle doit s'appeler magnétisme animal. » (E. Levi.)

« Le Mouvement c'est le souffle du Dieu en action parmi les choses créées ; c'est ce principe tout-puissant qui, un et uniforme dans sa nature et dans son origine peut-être, n'en est pas moins la cause et le promoteur de la variété infinie des phénomènes qui composent les catégories indicibles des mondes ; comme Dieu, il anime ou flétrit, organise ou désorganise, suivant des lois secondaires qui sont la cause de toutes les combinaisons et permutations que nous pouvons observer autour de nous. » (L. Lucas, *C. N.*, p. 34.)

« Le Mouvement c'est l'état NON DÉFINI de la force générale

qui anime la nature ; le mouvement est une force élémentaire, la seule que je comprenne et dont je trouve qu'on doive se servir pour expliquer *tous* les phénomènes de la nature. Car le mouvement est susceptible de *plus* et de *moins*, c'est-à-dire de condensation et de dilatation, électricité, chaleur, lumière.

« Il est susceptible encore de COMBINAISON de condensations. Enfin on retrouve chez lui l'ORGANISATION de ses combinaisons.

« Le mouvement supposé ACTIF *matériellement* et *intellectuellement* nous donne la clef de tous les phénomènes. » Louis Lucas, *Médecine nouvelle*, p. 25.)

« Le mouvement supposé non défini est susceptible de *se condenser*, de *s'organiser*, de se concentrer ou *tonaliser*.

« En se *condensant* il fournit une *force* d'un pouvoir *relatif*.

« En *s'organisant* il devient apte à conduire, à *diriger* des *organes* spéciaux, même des faisceaux d'organes.

« Enfin en se *concentrant*, en se *tonalisant*, il lui est possible de réfléchir sur toute la machine et de diriger l'ensemble de l'organisme. » (Louis Lucas, *Médecine nouvelle*, p. 45.)

« Dans l'âme du Monde fluide ambiant qui pénètre toutes choses, il y a un courant d'amour ou d'attraction, et un courant de colère ou de répulsion.

« Cet éther électro-magnétique dont nous sommes aimantés, ce corps igné du Saint-Esprit qui renouvelle sans cesse la face de la Terre est fixé par le poids de notre atmosphère et par la force d'attraction du globe.

« La force d'attraction se fixe au centre des corps et la force de projection dans leur contour. Cette double force agit par spirales de mouvements contraires qui ne se rencontrent jamais. C'est le même mouvement que celui du Soleil qui attire et repousse sans cesse les astres de son système. Toute manifestation de la vie dans l'ordre moral comme dans l'ordre physique est produite par la tension extrême de ces deux forces. » (Christian, *l'Homme rouge des Tuileries*.)

Le lecteur curieux d'apprendre ne m'en voudra pas, j'espère, de ces notes, qui éclaircissent le sujet mieux que les plus belles dissertations du monde.

A la suite de l'affirmation de cette force universelle, Hermès aborde l'Occultisme pratique, la régénération de l'Homme par lui-même et de la Matière par l'Homme régénéré.

⁂

Les alchimistes appliquent très souvent dans leurs ouvrages les principes de l'ésotérisme que nous avons donnés précédemment.

Pour exercer les lecteurs curieux sur cette question nous donnons, comme conclusion de cette explication, la traduction de *la table d'Émeraude* d'après les procédés de la géométrie qualitative.

La vérité dans les trois mondes

Ce qui est en haut

est comme

ce qui est en bas

Pour accomplir les miracles d'une seule chose

Et comme toutes choses ont été et sont venues d'un

ainsi toutes choses sont nées dans cette chose unique par adaptation. (La croix est le signe de l'adaptation.)

UN TRAITÉ D'ALCHIMIE DU XIXe SIÈCLE

HERMÈS DÉVOILÉ

Par Cyliani.

Un alchimiste de notre siècle, Cyliani, a passé plus de 40 ans à la recherche de la Pierre philosophale. Il prétend être arrivé à ses fins en 1837 après des malheurs épouvantables.

Nous donnons à titre de document la préparation complète écrite en style symbolique par Cyliani dans son *Hermès dévoilé*. Cet ouvrage est absolument introuvable.

L'étude que nous publions est précédée de la narration d'un songe dans lequel le secret tant cherché fut révélé à notre alchimiste par un « esprit planétaire ». A la suite de ce récit commence le traité suivant qui constitue presque à lui seul l'ouvrage de Cyliani.

Première Opération. — Mercure des philosophes.

Je pris de la matière contenant les deux natures métalliques ; je commençai par l'imbiber de l'esprit astral peu à peu, afin de réveiller les deux feux intérieurs qui étaient comme éteints, en desséchant légèrement et broyant circulairement le tout à une chaleur de soleil ; puis réitérant ainsi et fréquemment en humectant de plus en plus, desséchant et broyant jusqu'à ce que la matière eût pris l'aspect d'une bouillie légèrement épaisse.

Alors je versai dessus une nouvelle quantité d'esprit astral de manière à surnager la matière et laissai le tout ainsi pendant cinq jours, au bout desquels je décantai adroitement le liquide ou la dissolution, que je conservai dans un lieu froid ; puis je desséchai derechef à la chaleur solaire la matière restée dans le vase en verre qui avait environ trois doigts de hauteur, j'imbibai, je broyai, desséchai et dissolus comme j'avais précédemment fait, et réitérai ainsi jusqu'à ce que j'eusse dissous tout ce qui était susceptible de l'être, ayant eu le soin de verser chaque dissolution dans le même vase bien bouché, que je mis pendant dix jours dans le lieu le plus froid que je pus trouver.

Lorsque ces dix jours furent écoulés, je mis la dissolution totale à fermenter dans un pélican pendant quarante jours, au bout desquels il se précipita par l'effet de la chaleur interne de la fermentation une matière noire. C'est alors que je distillai sans feu, le mieux qu'il me fut possible, le liquide précieux qui surnageait la matière contenant son feu intérieur, et le mis dans un vase en verre blanc, bien bouché à l'émeri, dans un lieu humide et froid.

Je pris la matière noire et la fis dessécher à la chaleur du soleil, comme je l'ai déjà dit, en réitérant les imbibitions avec l'esprit astral, les cessant aussitôt que j'apercevais la matière qui commençait à se sécher et la laissant ainsi se dessécher d'elle-même, et cela autant de fois qu'il fut nécessaire pour que la matière devînt comme une poix noire luisante. Alors la putréfaction fut totale, et je cessai le feu extérieur, afin de ne point endommager la matière en brûlant l'âme tendre de la terre noire. Par ce moyen la matière parvint au fumier de cheval, à son imitation ; il faut, suivant le dire des philosophes, laisser agir la chaleur intérieure de la matière elle-même.

Il faut ici recommencer le feu extérieur pour coaguler la matière et son esprit. Après l'avoir laissé dessécher d'elle-même, on l'imbibe peu à peu et de plus en plus de son liquide distillé et réservé qui contient son propre feu, la broyant imbibée et desséchant à une légère chaleur solaire, jusqu'à ce qu'elle ait bu toute son eau. Par ce moyen l'eau est changée entièrement en terre, et cette dernière, par sa dessiccation, se change en une poudre blanche que l'on appelle aussi air, qui tombe comme une cendre, contenant le sel ou le mercure des philosophes.

Dans cette première opération, on voit que la dissolution ou l'eau s'est changée en terre et celle-ci par subtilisation ou sublimation se change en air pur.

Là s'arrête le premier travail.

On prend cette cendre que l'on fait dissoudre peu à peu à l'aide du nouvel esprit astral, en laissant, après la dissolution et la décantation, une terre noire qui contient le soufre fixé. Mais en réitérant l'opération sur cette dernière dissolution, absolument comme nous venons de la décrire précédemment, on obtient une terre plus blanche que la première fois, qui est la première aigle, et l'on réitère ainsi sept à neuf fois. On obtient par ce moyen le menstrue universel ou le mercure des philosophes, ou l'azote, à l'aide duquel on extrait la force active et particulière de chaque corps.

Il est bon d'observer ici qu'avant de passer de la première aigle à la deuxième, ainsi qu'aux suivantes, il faut réitérer l'opération précédente sur la cendre restée, si le sel n'est pas, par le feu central de la matière, suffisamment élevé par la sublimation philosophique, afin qu'il ne reste après l'opération qu'une terre noire dépouillée de son mercure.

Faites bien attention ici qu'à la suite du gonflement de la matière dans la fermentation qui suit la dissolution, il se forme à la partie supérieure de la matière une espèce de peau sous laquelle se trouvent une infinité de petites bulles qui contiennent l'esprit. C'est alors qu'il faut conduire avec prudence le feu, vu que l'esprit prend une forme huileuse et passe à un certain degré de siccité.

En rendant à la terre peu à peu la quantité d'eau nécessaire à sa dissolution, il faut avoir le soin de ne pas commencer à l'imbiber avant que la terre soit convenablement arrivée à sa siccité.

Aussitôt que la matière est dissoute, elle se gonfle, entre en fermentation et rend un léger bruit, ce qui prouve qu'elle contient en elle un germe vital qui se dégage sous forme de bulles.

Pour bien faire l'opération que je viens de décrire il faut observer le poids, la conduite du feu et la grandeur du vase.

Le poids doit consister dans la quantité d'esprit astral nécessaire à la dissolution de la matière.

La conduite du feu extérieur doit être dirigée de manière à ne pas faire évaporer les bulles qui contiennent l'esprit par une trop grande quantité de feu et à ne point brûler la fleur ou le soufre en continuant le feu extérieur, de manière à pousser trop loin la siccité de la matière après sa fermentation ou sa putréfaction, afin de ne pas voir le rouge avant le noir.

Enfin la grandeur du vase doit être calculée sur la quantité de la matière, de manière que celle-ci ne contienne que le quart de sa capacité.

Entendez-moi.

N'oubliez pas aussi que la solution mystérieuse de la matière ou le mariage magique de Vénus avec Mars s'est fait dans le temple dont je vous ai précédemment parlé, par une belle nuit, le ciel calme et sans nuages, et le soleil étant dans le signe des Gémeaux, la lune étant de son premier quartier à son plein, à l'aide de l'aimant qui attire l'esprit astral du ciel, lequel est sept fois rectifié jusqu'à ce qu'il puisse calciner l'or.

Enfin la première opération étant terminée on a l'azote, ou le mercure blanc, ou le sel ou le feu secret des philosophes. Certains sages la font derechef dissoudre dans la moindre quantité d'esprit astral nécessaire pour en faire une dissolution épaisse. Après l'avoir dissoute, ils l'exposent dans un lieu froid pour obtenir trois couches de sel.

Le premier sel a l'aspect de l'aine, le deuxième d'un nitre à très petites aiguilles, et le troisième est un sel fixe alcalin.

Des philosophes les emploient séparément, d'autres les réunissent ensemble comme l'indique A. de Villeneuve dans son *Petit Rosaire* fait en 1306 à l'article des « Deux Plombs », et les font dissoudre dans quatre fois leur poids d'esprit astral, afin de faire toutes leurs opérations.

Le premier sel est le véritable mercure des philosophes ; il est la clef qui ouvre tous les métaux, à l'aide duquel on extrait leurs teintures; il dissout tout radicalement, il fixe et mûrit pareillement tout en fixant les corps par sa nature froide et figeante. Bref, c'est une essence universelle très active; c'est le vase dans lequel toutes les opérations philosophiques se font. On voit donc que le mercure des sages est un sel qu'ils nomment *eau sèche* qui ne mouille pas les mains ; mais pour s'en servir, il faut le dissoudre dans l'esprit astral, comme nous l'avons déjà dit. On emploie dix parties de mercure contre une d'or.

Le deuxième sel sert à séparer le pur de l'impur et le troisième sel sert à augmenter continuellement notre mercure.

Deuxième opération. — Confection du soufre.

La teinture extraite de l'or vulgaire s'obtient par la préparation de son soufre, qui est le résultat de sa calcination philosophique qui lui fait perdre sa nature métallique et la change en une terre pure; calcination qui ne peut avoir lieu par le feu vulgaire, mais seulement par le feu secret qui existe dans le mercure des sages, vu sa propriété double; et c'est en vertu de ce feu céleste, secondé par la trituration, qu'il pénètre dans le centre de l'or vulgaire, et que le feu central double de l'or, mercuriel et sulfureux, qui s'y trouve comme mort et emprisonné, se trouve délivré et animé. Le même feu céleste, après avoir extrait la teinture de l'or, la fixe par sa qualité froide et figeante; et elle devient parfaite pouvant se multiplier en qualité ainsi qu'en quatité.

Cette terre une fois arrivée à la fixité affecte une couleur de fleur de pêcher qui donne la teinture ou le feu qui est alors l'or vital et végétatif des sages; ce qui a lieu par la régénération de l'or par notre mercure.

Il faut donc commencer à résoudre l'or vulgaire en sa matière spermatique par notre eau de mercure ou notre azote.

Pour y parvenir il faut réduire l'or en une chaux ou oxyde d'un rouge brun très pur, et après l'avoir lavé à diverses fois avec de l'eau de pluie bien distillée à petit feu, on le fera légèrement sécher à une chaleur de soleil: c'est alors qu'on le calcinera avec notre feu secret. C'est à cette occasion que les philosophes disent: les chimistes brûlent avec le feu et nous avec l'eau.

Après avoir imbibé et broyé légèrement l'oxyde d'or bien calciné ayant son humidité et lui avoir fait boire son poids de sel ou de terre sèche qui ne mouille pas les mains, et les avoir bien incorporés ensemble, on les imbibera derechef en augmentant successivement les imbibitions jusqu'à ce que le tout ressemble à une bouillie légèrement épaisse. Alors on mettra dessus une certaine quantité d'eau de mercure proportionnée à la matière, de manière qu'elle surnage cette dernière; on laissera le tout à la douce chaleur du bain-marie des sages pendant cinq jours, au bout desquels on décantera la dissolution dans un vase que l'on bouchera bien, et que l'on mettra dans un lieu humide et froid.

On prendra la matière non dissoute, que l'on fera dessécher à une chaleur semblable à celle du soleil ; étant suffisamment sèche on recommencera les fréquentes imbibitions et triturations. comme nous l'avons précédemment dit, afin d'obtenir une nouvelle dissolution, que l'on réunira avec la première en réitérant ainsi jusqu'à ce que vous ayez dissous tout ce qui peut être et qu'il ne reste plus que la terre morte de nulle valeur. La dissolution étant terminée et réunie dans le vase en verre bien bouché dont nous avons précédemment parlé, sa couleur est semblable à celle du lapis-lazuli. On placera ce vase dans un lieu le plus froid que faire se pourra pendant dix jours, puis on mettra la matière à fermenter comme nous l'avons dit dans la première opération, et, par le propre feu interne de cette fermentation, il se précipitera une matière noire; on distillera adroitement et sans feu la matière, en mettant le liquide séparé par la distillation, qui surnageait la terre noire, dans un vase bien bouché et dans un lieu froid.

On prendra la terre noire séparée par distillation de son liquide, on la laissera se dessécher d'elle-même, puis on l'imbibera derechef avec le feu extérieur; c'est-à-dire avec le mercure philosophique, vu que l'arbre philosophique demande à être de temps en temps brûlé par le soleil et puis rafraîchi par l'eau.

Il faut donc faire alterner le sec et l'humide, afin de hâter la putréfaction, et lorsqu'on aperçoit la terre qui commence à se dessécher, on suspend les imbibitions, puis on la laisse se dessécher d'elle-même jusqu'à ce qu'elle soit parvenue à une siccité convenable et l'on réitère ainsi jusqu'à ce que la terre ressemble à une poix noire: alors la putréfaction est parfaite.

Il faut ici se rappeler ce que nous avons dit dans la première opération, afin de ne pas laisser volatiser l'esprit ou brûler les fleurs en suspendant à propos le feu extérieur lorsque la putréfaction est totale.

La couleur noire que l'on obtient au bout de quarante ou cinquante jours toutes les fois que l'on a bien administré le feu extérieur, est une preuve que l'or vulgaire a été changé en terre noire, que les philosophes appellent leur fumier de cheval.

Comme le fumier de cheval agit par la force de son propre feu, pareillement notre terre noire dessèche en elle-même sa propre humidité onctueuse par son propre double feu et se convertit après avoir bu toute son eau distillée et être devenue grise, en une poudre blanche nommée air par les philosophes, ce qui constitue la coagulation, comme nous l'avons précédemment décrit dans la première opération.

Lorsque la matière est blanche, la coagulation étant terminée, on la fixe en portant la matière à une plus grande dessiccation à l'aide du feu extérieur, en suivant la même marche que nous avons suivie dans la coagulation précédente, jusqu'à ce que la couleur blanche soit changée en couleur rouge que les philosophes appellent l'élément du feu.

La matière arrive d'elle-même à un degré de fixité si grand, qu'elle ne craint plus les atteintes du feu extérieur ou ordinaire, qui ne peut plus lui être préjudiciable.

Non seulement il faut fixer la matière comme nous venons de le faire; mais il faut encore la lapidifier, en portant la matière à avoir l'aspect d'une pierre pilée, en se servant du feu ardent, c'est-à-dire du premier feu employé, et suivant les mêmes moyens précédemment décrits, afin de changer la partie impure de la matière en terre fixe, en privant aussi la matière de son humidité saline.

Alors on procède à la séparation du pur, de l'impur de la matière; c'est le dernier degré de la régénération, qui se finit par la solution. Pour y parvenir, après avoir bien broyé la matière et l'avoir placée dans le vase sublimatoire, haut, comme nous l'avons déjà dit, de trois à quatre doigts, en bon verre blanc et d'une épaisseur double de celle ordinaire, on verse dessus de l'eau mercurielle, qui est notre azote, dissous dans la quantité d'esprit astral qui lui est nécessaire et précédemment indiquée, en graduant son feu de manière à l'entretenir à une chaleur tempérée, en lui donnant sur la fin une quantité de ce mercure philosophique comme pour fondre la matière. Par ce moyen on porte toute la partie spiritnelle de cette dernière dans l'eau et la partie terreuse va au fond; on décante son extrait, et on le met dans la glace, afin que la quintessence huileuse se rassemble et monte au-dessus de l'eau et y surnage comme une huile, et l'on jette la terre restée au fond comme inutile, car c'est elle qui tenait emprisonnée la vertu médicinale de l'or, ce qui fait qu'elle est de nulle valeur.

Observez bien ici qu'il ne faut pas pousser la lapidification de la matière trop loin afin de ne pas changer l'or calciné en une espèce de cristal. Il faut avec adresse régler le feu extérieur pour qu'il dessèche peu à peu l'humidité saline de l'or calciné, en le changeant en une terre molle qui tombe comme une cendre, par suite de sa lapidification ou plus ample dessiccation.

L'huile obtenue ainsi par la séparation est la teinture, ou le soufre, ou le feu radical de l'or, ou la véritable coloration; elle est aussi le vrai or potable ou la médecine universelle pour tous les maux qui affligent l'humanité. On prend aux deux équinoxes de cette huile la quantité nécessaire pour teindre légèrement une cuillerée à soupe de vin blanc ou de rosée distillée, vu qu'une grande quantité de cette médecine détruirait l'humide radical de l'homme en le privant de la vie.

Cette huile peut prendre toutes les formes possibles et se former en poudre, en sel, en pierre, en esprit, etc., par sa dessiccation à l'aide de son propre feu secret. Cette huile est aussi le sang du lion rouge: les anciens la représentaient sous l'image d'un dragon ailé qui se repose sur la terre.

Enfin cette huile incommuable est le mercure orifique. Étant faite, on la partage en deux portions égales; on en conserve une partie à l'état d'huile dans un petit bocal en verre blanc, bien bouché à l'émeri, que l'on conserve dans un lieu sec, pour s'en servir à faire les imbibitions dans les règnes de Mars et du Soleil, comme je le dirai à la fin de la troisième opération, et l'on fait dessécher l'autre portion jusqu'à ce qu'elle soit réduite en poudre, en suivant les mêmes moyens que j'ai indiqués précédemment pour dessécher la matière et la congeler; alors on partage cette poudre pareillement en deux portions égales; on en fait dissoudre une partie dans quatre fois son poids de mercure philosophique, pour imbiber l'autre moitié de la poudre réservée.

Troisième opération. — Conjonction du soufre avec le mercure des philosophes.

C'est ici où les philosophes commencent presque tous leurs opérations, ce qui a induit beaucoup de personnes en erreur.

C'est aussi dans cette opération où l'on réunit le soufre des philosophes avec leur mercure. Presque tous les sages ont nommé fermentation cette dernière opération, vu que c'est dans celle-ci que de nouveau le soufre se dissout, qu'il fermente, se putréfie et ressuscite par sa nouvelle régénération avec une force décuple.

Cette opération diffère des deux précédentes, ce qui fait que les philosophes la composent de sept degrés auxquels ils ont attribué une planète.

Pour faire cette opération, il faut prendre la moitié de la poudre réservée dont je vous ai déjà parlé et l'imbiber peu à peu, vu qu'en l'imbibant en trop grande quantité on résout derechef le soufre en huile, qui se sublime en surnageant l'eau, ce qui empêche la réunion du soufre et du mercure, faute grave qui s'est opposée à la réussite de plusieurs philosophes. Il faut donc imbiber la matière goutte par goutte en l'aspergeant, afin d'opérer la réunion de la

Lune avec le Soleil des Anges en formant ensemble une bouillie épaisse.

Le feu externe, qui sert à faire ces imbibitions, est celui dont nous avons déjà parlé lorsque nous avons fait dissoudre le quart de l'huile orifique réduite en poudre dans la quantité de mercure philosophique qui lui était nécessaire pour se dissoudre; ce feu extérieur se trouve réglé par la quantité de la matière.

Il faut ici avoir soin d'entretenir la matière dans un état d'onctuosité par les imbibitions réitérées autant de temps qu'il sera nécessaire pour faire gonfler la matière et la faire entrer en fermentation. Sa dissolution est terminée lorsque la matière affecte une couleur bleuâtre; on appelle cette dissolution *rebis* ou double mercure et le degré du mercure. Cette dissolution est de suite suivie de la fermentation; alors on cesse les imbibitions et le feu extérieur, en laissant agir tout seul et de lui-même le feu intérieur de la matière, jusqu'à ce que la matière soit tombée au fond du vase, où elle devient noire comme du charbon; c'est alors que commence le premier degré appelé celui de Saturne et que l'on distille sans feu, le liquide surnageant la matière noire, en suivant la marche que nous avons décrite aux deux précédentes opérations.

On laisse sécher la matière noire d'elle-même, et lorsqu'elle est parvenue à un état de siccité convenable, on l'imbibe derechef avec le feu extérieur, en cessant les imbibitions quand on voit la matière commencer à se sécher; on la laisse acquérir d'elle-même un certain degré de siccité, et l'on continue, en réitérant ainsi jusqu'à ce qu'elle soit parvenue à sa putréfaction totale: alors on cesse le feu extérieur pour ne pas endommager la matière.

Par suite de l'action du propre feu de la matière, celle-ci de noire devient grise, sans que l'on soit obligé de lui administrer le feu extérieur: on est alors rendu au degré de Jupiter. C'est dans ce degré que l'on voit paraître les couleurs de l'arc-en-ciel, qui se trouvent remplacées par une espèce de peau d'un brun noir qui acquiert de la siccité, se fend et devient grise, entourée à la paroi du vase d'un petit cercle blanc.

La matière étant parvenue à ce point, on pourrait s'en servir comme médecine. Dans ce cas, il faudrait laisser sécher la matière et la faire devenir une poudre blanche, en employant les mêmes procédés déjà décrits pour obtenir cette couleur que l'on fera devenir rouge à l'aide du feu secret.

Cette médecine aurait alors une vertu décuple de la première dont j'ai parlé. Mais désirant s'en servir pour la transmutation des métaux, après l'avoir bien desséchée, on n'attend pas qu'elle soit devenue blanche; mais on la rend telle en l'amalgamant à parties égales avec du mercure vulgaire de commerce, purifié avec soin par distillation, bien sublimé et revivifié; il est le lait ou la graisse de la terre.

En effet, lorsque le mercure vulgaire est amalgamé avec la matière, le tout se dissout sous l'aspect d'un liquide blanc comme du lait, qui se trouve fixé par la matière en un sel fixe, par l'action de son propre feu.

Alors on recommence les lavations mercurielles qui la rendent blanche comme cristal, à l'aide de sept lavations différentes, à chacune desquelles on ajoute le mercure revivifié à partie égale comme je l'ai dit ci-dessus, puis par moitié, tiers, quart, cinquième, sixième et septième partie du poids de la matière fixée, afin que le poids de la matière soit toujours plus grand que celui du mercure revivifié employé.

Mais dès la première lavation à partie égale il faut ne pas cesser ni jour ni nuit le feu, c'est-à-dire les imbibitions du liquide distillé qui contient le feu de la matière, afin que celle-ci ne soit pas saisie par le froid et perdue : le composé est le *laiton des philosophes*, qu'il faut blanchir par de fréquentes imbibitions jusqu'à ce que le mercure amalgamé soit fixé par notre matière, secondé de son propre feu; ce qui termine le degré de Jupiter.

En continuant ainsi, le laiton devient jaunâtre, puis bleuâtre et le blanc le plus beau paraît dessus: alors commence le degré de la Lune. Ce beau blanc a l'aspect du diamant pilé, il est devenu une poudre très fine et très subtile; on a obtenu le blanc fixe; on en met sur une lame de cuivre rougie; si elle fond sans fumer, alors la teinture est suffisamment fixée. Dans le cas contraire, on lui administre le feu, en le continuant jusqu'à ce qu'elle ait atteint son degré de fixité convenable, et l'on s'arrête là, si l'on ne veut faire que la teinture au blanc, dont une partie transmue cent parties de mercure vulgaire en argent meilleur que celui de minière.

Mais désire-t-on faire la teinture rouge, il faut continuer le feu à la matière; sans l'avoir laissé refroidir, si l'on veut qu'elle puisse devenir rouge.

En reprenant l'administration du feu extérieur la matière devient très fine et si subtile qu'il est difficile de se l'imaginer; c'est pourquoi il faut bien diriger son feu afin que la matière ne se volatilise pas par la force du feu qui doit la pénétrer entièrement, mais qu'elle reste au fond du vase, en devenant une poudre verte. C'est alors le degré de Vénus.

En continuant avec sagesse le feu extérieur, la matière devient jaune citron : c'est le degré de Mars. Cette couleur augmente d'intensité et devient couleur cuivre. Rendue à ce point, elle ne peut plus augmenter d'intensité d'elle-même ; c'est alors qu'il faut avoir recours au mercure orifique rouge, c'est-à-dire à notre huile réservée, et imbiber la matière avec cette huile jusqu'à ce qu'elle soit devenue rouge : alors commence le degré du Soleil.

En continuant les imbibitions avec l'huile orifique, la matière devient de plus en plus rouge, puis purpurine et finalement du rouge brun, ce qui forme la salamandre des sages, que le feu ne peut plus attaquer.

Enfin on insère la matière avec la même huile orifique, en l'imbibant goutte par goutte, jusqu'à ce que l'huile du Soleil soit figée dans la matière et que cette dernière, mise sur une lame chaude, fonde sans fumée. Par ce moyen on a obtenu la teinture rouge et l'or fixe et figeant, dont une partie transmue cent parties de mercure en or meilleur que celui de la nature.

Multiplications.

Les deux teintures dont je viens de parler, blanche et rouge, sont susceptibles d'être multipliées en qualité et en quantité, lorsque ces teintures n'ont point été soumises à l'action du feu vulgaire, qui leur fait perdre leur humidité radicale, en les fixant en terre ayant l'aspect d'une pierre. Pour faire la multiplication de ces deux teintures, blanche et rouge, il faut répéter entièrement la troisième opération.

Il faut que les deux poudres blanche et rouge soient dissoutes dans le mercure philosophique, qu'elles passent à la fermentation et à la putréfaction, ainsi qu'à la régénération. Pour y parvenir il faut réitérer les imbibitions peu à peu, conduire le feu et le régler successivement comme nous l'avons précédemment décrit. A cette seconde multiplication une partie fait projection sur mille parties du mercure et les transmue en argent ou en or selon la couleur de la poudre, en métal parfait.

La multiplication en qualité se fait en réitérant la sublimation philosophique qui a lieu en séparant le pur de l'impur à l'aide du mercure philosophique, et l'on répète ponctuellement les manipulations de la troisième opération, après avoir desséché à l'aide du feu de la matière et réduit en poudre toute l'huile blanche si l'on opère au blanc et qu'une partie de l'huile rouge, si l'on opère au rouge, afin de conserver l'autre partie pour s'en servir au degré de Mars et du Soleil, ainsi que pour insérer, comme je l'ai déjà indiqué, en opérant au rouge.

La multiplication en quantité se fait par l'addition du mercure vulgaire revivifié comme je l'ai précédemment dit. Si l'on désire faire en même temps la multiplication en qualité, il faut commencer, comme règle générale, par sublimer la matière en séparant le pur de l'impur, en desséchant en totalité, si l'on opère au blanc, ou par moitié si l'on opère au rouge, à l'aide du propre feu que l'on réglera de la même manière que je l'ai fait à la troisième opération, afin de les réduire en poudre que l'on divisera chacune en deux parties égales ; on en fera dissoudre une partie dans quatre fois son poids de mercure philosophique, qui servira à imbiber l'autre partie réservée en réitérant absolument la troisième opération.

On peut, si on le désire, réitérer ces manipulations jusqu'à dix fois: la matière acquerra à chaque fois une force décuple et sera si subtile qu'elle traversera le verre à la dernière fois en se volatilisant en totalité. On cesse ordinairement à la neuvième multiplication, où elle devient si volatile qu'à la moindre chaleur elle perce le verre et s'évapore, ce qui fait qu'il est d'usage de s'arrêter à la transmutation d'une partie sur mille ou dix mille au plus afin de ne pas s'exposer à perdre un trésor aussi précieux.

Je ne décrirai point ici des opérations très curieuses que j'ai faites, à mon grand étonnement, dans les règnes végétal et animal, ainsi que le moyen de faire le verre malléable, des perles et des pierres précieuses plus belles que celles de la nature, en suivant le procédé indiqué par Zacharie et se servant du vinaigre et de la matière fixée au blanc et de grains de perles ou de rubis pilés très fin, les moulant puis les fixant par le feu de la matière, ne voulant point être parjure et paraître ici passer les bornes de l'esprit humain.

V

L'ALCHIMISTE

Nous avons beaucoup parlé de la Pierre Philosophale; disons maintenant quelques mots de son heureux possesseur : l'Alchimiste.

On se figure généralement cet homme vivant dans une recherche perpétuelle de l'impossible au milieu des fourneaux ardents, des crocodiles empaillés, des hiboux sinistres et des chats ensorcelés. Il suffit cependant d'ouvrir leurs livres, de voir la façon dont eux-mêmes représentent leurs fourneaux et leurs laboratoires pour constater que c'est là une profonde erreur accréditée par les préjugés de la foule.

Le véritable alchimiste est un philosophe assez instruit pour traverser sans s'émouvoir les époques les plus troublées et les plus difficiles[1]. Il est le dépositaire sacré de toute cette science merveilleuse enseignée jadis dans les sanctuaires vénérés de l'Inde et de l'Égypte. Il faut qu'il sache assez la voiler pour échapper au regard jaloux du despote clérical qui flaire en lui l'ennemi et qui le surveille étroitement. C'est, quand l'Inquisition persécute impitoyablement toute trace de savoir, que le philosophe hermétique voile davantage ses écrits sous les symboles et les mystérieuses figures, pas assez cependant pour que le chercheur consciencieux ne puisse facilement comprendre. Voilà l'origine des obscurités voulues qu'on rencontre dans les ouvrages des adeptes.

Quel usage font-ils des richesses immenses que peut leur procurer la connaissance du merveilleux secret ?

Une des règles élémentaires de la science dite occulte, enseigne que, pour être maître de quelque chose, il faut savoir la considérer avec la plus grande indifférence.

Celui qui désire la Pierre Philosophale pour les richesses qu'elle procure et pour son bien matériel, a des chances considérables pour ne jamais la posséder.

Aussi la tradition ésotérique nous représente-t-elle l'alchimiste simplement vêtu et toujours en voyage, faisant l'aumône aux mendiants et aux rois et par là se montrant supérieur à ces derniers[2].

Si nous en croyons les récits des contemporains, l'alchimiste Nicolas Flamel, possesseur de richesses immenses, les employait uniquement en fondations pieuses ou charitables et mangeait, ainsi que sa femme, des légumes bouillis, dans de la grossière vaisselle de terre.

Nous trouverons ces idées mises en pratique jusqu'en plein XIXe siècle où l'alchimiste Cyliani (1832) ayant, raconte-t-il, découvert la pierre philosophale au bout de quarante ans de travaux, vécut en petit rentier bien modeste après avoir eu la tentation

1. Louis Lucas, *le Roman Alchimique*.
2. Eliphas Levi, *Histoire de la Magie*.

d'offrir le précieux secret au roi Louis XVIII ; sa femme l'en détourna[1].

Du reste, il suffit de parcourir l'ouvrage de Figuier pour avoir de nombreux détails sur ce sujet.

La doctrine enseignée par les alchimistes est en grande partie philosophique. L'expérience ne doit que servir de contrôle aux théories spéculatives énoncées dans les livres les plus vénérés. C'est pourquoi les adeptes nomment l'ensemble de leurs connaissances : Philosophie hermétique.

La Philosophie hermétique professe l'unité de substance à la base de toutes ces démonstrations. Il existe un *principe universel* répandu dans tous les corps quelle que soit leur composition d'autre part. C'est la connaissance de ce *principe universel* et sa mise en action qui constituent le secret du grand œuvre et qui rend différentes *ab initio* les expériences alchimiques des travaux des chimistes ordinaires, que les philosophes hermétiques considèrent comme des garçons de laboratoire.

Cette force occulte a reçu une foule de noms dans les ouvrages alchimiques : c'est le *Telesme* d'Hermès[2], l'*Aour* des Kabbalistes[3], le *Rouah Elohim* de Moïse[4], le *Mercure universel* des alchimistes[5], la *Lumière astrale* de la Science Occulte[6], le *Mouvement* de Louis Lucas[7], etc., etc.

Du reste cette théorie, à laquelle sont amenés les philosophes contemporains, vient d'être remise au jour dans toute sa beauté par les travaux des Occultistes.

On trouvera aussi des détails sur ce sujet intéressant dans une très belle étude de M. de Rochas intitulée *les Doctrines chimiques au* XVIIe *siècle* et parue dans le *Cosmos* en 1888.

Existe-t-il à notre époque quelque trace de cette philosophie hermétique et de ses enseignements ? Cherchons-le.

1. Cyliani, *Hermès dévoilé*, 1832.
2. *La Table d'Emeraude.*
3. Voy. Eliphas Levi, *la Clef des grands mystères.*
4. Fabre d'Olivet, *la Langue hébraïque restituée.*
5. Crosset de la Haumerie, *les Secrets les plus cachés* (6e traité).
6. E. Levi, *Dogme et Rituel de Haute Magie.*
7. Louis Lucas, *Chimie Nouvelle.*

VI

VESTIGE DE L'ALCHIMIE A NOTRE ÉPOQUE

Les alchimistes travaillaient en général seuls jusqu'au XVIe siècle. Dès cette époque, l'initiation fut donnée par des sociétés secrètes plus ou moins puissantes. Ce sont elles qui ont laissé des traces assez durables pour que nous puissions les retrouver à notre époque.

Sans vouloir parler des *Templiers*, prématurément détruits, la plus importante et la plus connue des sociétés hermétiques est sans contredit la mystérieuse *Fraternité des Rose-Croix*. C'est sous leur impulsion que fut fondée par Asmhole la franc-maçonnerie anglaise d'où sont dérivées toutes les initiations modernes[1].

La *Franc-maçonnerie* nous présente encore aujourd'hui les traditions vivantes de l'Hermétisme dans plusieurs de ses hauts grades et c'est à ce point de vue que le F.·. Ragon l'a particulièrement étudiée dans sa *Maçonnerie occulte*.

Ainsi la parole perdue et retrouvée du 18e degré de l'Ecossisme INRI s'explique ésotériquement par un aphorisme alchimique :

Igne Natura Renovatur Integra[2].

La nature se renouvelle dans son intégrité par le feu.

Ce *feu* n'est pas le feu vulgaire ; c'est la *force universelle* dont nous avons parlé tout à l'heure, représentée aussi par le G du centre de l'Étoile flamboyante[3].

Le 22e grade (Royal Hache) et le 28e (Prince Adepte) sont aussi remplis de traditions réelles de la science hermétique[4].

Outre ces traditions, conservées à l'insu de ceux qui les possèdent, plusieurs monuments de Paris sont encore des preuves positives des enseignements de la philosophie hermétique.

Citons en première ligne à ce point de vue la *Tour Saint-Jacques*.

1. Ragon, *Orthodoxie maçonnique*.
2. V. Papus, *Francs-Maçons et Théosophes*.
3. V. Ragon, *la Messe et ses Mystères*.
4. Albert Pite, *Moralis and Dogma of Freemasonry*, Charleston, 1881, p. 340 et suiv.

puis les *Vitraux de la Sainte-Chapelle*; enfin le *Portail de Notre-Dame de Paris*[1].

Enfin le XIXe siècle a vu naître plusieurs alchimistes convaincus. Citons d'abord CYLIANI, auteur d'*Hermès dévoilé* (1832), dans lequel il affirme avoir découvert la Pierre Philosophale, et donne *en style alchimique* le moyen de la fabriquer. Il est curieux de voir ce style symbolique employé même de nos jours.

Après lui, nous devons citer THÉODORE TIFFEREAU, ancien préparateur de chimie à l'École de Nantes, auteur d'un mémoire adressé à l'Académie, intitulé : *Les métaux ne sont pas des corps simples* (1853, in-8°).

Puis vient le moins sérieux de tous, CAMBRIEL, auteur d'un mauvais traité portant le titre de *l'Alchimie en 19 leçons*[2].

Tels sont les représentants de l'alchimie à notre époque. En existe-t-il d'autres en Occident, existe-t-il des sociétés d'hermétisme? c'est ce que nous ne pouvons pas dire.

Cependant je puis parler d'une aventure entièrement personnelle qui m'est arrivée il y a deux ans à peu près.

Un alchimiste pratiquant.

A cette époque je poursuivais un travail qui n'est pas encore terminé. Il s'agissait de réduire tous les termes d'alchimie en leur équivalent en chimie contemporaine. La tâche était aisée pour certains d'entre eux ; malaisée pour d'autres. Quand je ne pouvais m'y reconnaître par la seule théorie, j'en appelais à l'expérience. C'est ainsi qu'en sublimant un mélange d'azotate de potasse et de mercure, par le procédé alchimique, je remarquai qu'il se produisait trois sels d'aspect physique différent quoique de composition chimique identique. Ces trois sels étaient nettement indiqués par les alchimistes et pas du tout par les chimistes. C'est même cela qui m'avait poussé à tenter l'expérience.

Tout travail d'occultisme réveille par écho la filière d'idées qui lui correspond exactement dans les trois mondes; aussi ne fus-je pas étonné quand je reçus inopinément la visite d'un homme d'environ quarante ans, bien mis et qui m'avoua s'occuper de la pierre philosophale depuis dix ans.

1. Voy. le dessin et l'explication de l'hiéroglyphe alchimique du portail de Notre-Dame dans le *Traité élémentaire de Science Occulte* de Papus, planche VI.

2. Dernièrement *M. Poisson* vient de mettre au jour une excellente édition comprenant CINQ TRAITÉS D'ALCHIMIE avec plusieurs gravures.

Il prétendait avoir trouvé la direction du feu astral et s'engageait à montrer son action à la personne qui pourrait, non pas lui avancer de l'argent, il n'en voulait pas ; mais lui louer une petite maison pour un an, maison dont la personne resterait propriétaire. Cela lui permettrait de finir son travail à son aise.

Comme « mes appartements » se composent d'une chambre située près du ciel et que je consacre tout ce que je puis gagner à la diffusion de l'occultisme, j'étais dans l'impossibilité d'avancer les 1200 francs nécessaires à la satisfaction du rêve de mon alchimiste. Je le conduisis donc chez divers occultistes riches qui ne voulurent pas risquer la somme. Je l'aurais fait moi-même peut-être rien que pour voir l'expérience promise, condition *sine qua non* du versement.

Pour me récompenser de mes efforts, l'alchimiste me fit cadeau d'une bouteille renfermant une substance blanche, d'odeur très pénétrante et douée de curieuses propriétés physiques.

Cette substance est tellement hygrométrique qu'une parcelle mise sur l'eau s'agite aussitôt violemment, rappelant un peu le sodium, mais sans jamais s'enflammer. Je n'ai pas encore eu le temps d'analyser cette matière d'origine organique, je pense.

Depuis mon alchimiste continue ses travaux. Il habite *Winterthur* dans la Suisse allemande et se nomme *H. Etter*. C'est un homme très sérieux et fort instruit en hermétisme. Si jamais l'un de mes lecteurs se promène de ce côté, il peut aller voir les expériences de ce « philosophe du feu ».

C'est là le seul alchimiste pratiquant que je connaisse, outre une association située aux environs de Goritz en Autriche.

J'ai fait la découverte vers la même époque d'un cordonnier, concierge dans une impasse de Ménilmontant, qui possédait la Bibliothèque d'alchimie la plus complète que j'aie jamais vue. Pris de goût pour ces études, mon cordonnier, socialiste de l'école de Fourier et de Tourreil, avait acheté pendant trente ans ces volumes un à un chez les brocanteurs. Il avait, entre autres raretés, des manuscrits hermétiques de grande valeur. Aujourd'hui il a été réduit à vendre presque tous ses trésors. Il avait tout lu et tout annoté et était assez fort en occultisme, pour avoir complètement interloqué le vén.·. le jour de son initiation. Il n'a cependant jamais essayé la pratique de l'alchimie.

Notre monographie ne serait pas complète si nous terminions sans indiquer tout au moins les livres les plus utiles à ceux qui voudraient pousser plus loin ces curieuses études. C'est ce que nous allons tenter de faire.

VII

COMMENT ON PEUT ÉTUDIER L'ALCHIMIE

Le premier livre que nous conseillons de lire en entier, c'est celui de LOUIS FIGUIER intitulé *l'Alchimie et les Alchimistes*. Quoique l'auteur se pose en adversaire décidé de la Philosophie hermétique, son livre est très bien fait en somme et, sauf quelques erreurs de détails, mérite la peine d'être pris en sérieuse considération. La partie historique est surtout remarquable et sa lecture conduit fatalement à démontrer avec évidence l'existence de la Pierre Philosophale. C'est donc surtout pour la partie historique que l'ouvrage de Louis Figuier doit être étudié.

C'est alors qu'on pourra lire l'œuvre d'un véritable alchimiste et prendre connaissance de ce style bizarre et figuré. Nous conseillons vivement de prendre à ce point de vue l'ouvrage de *Cyliani* cité dans le chapitre précédent. On verra que, même au XIXe siècle, la langue symbolique est encore en usage malgré la chimie contemporaine ; on pourra aussi se rendre compte, par le récit des quarante années de souffrances et de recherches de l'alchimiste, de la difficulté de l'œuvre entreprise.

On trouvera ce volume, devenu très rare, à la Bibliothèque Nationale (lettre R).

Enfin l'instruction élémentaire sera tout à fait complète si l'on veut lire *l'Histoire de la Philosophie hermétique* de LANGLET DU FRESNOY et les auteurs reproduits dans les deux volumes de la *Bibliothèque des Philosophes chimiques* de SALMON (1753).

Comme il existe plus de trois mille volumes sur l'Alchimie, nous croyons devoir nous borner à donner les plus importants. Ceux qui voudraient devenir des Alchimistes pratiquants, ce dont je les plains fort, devront prendre connaissance de tous les *maîtres*, surtout des œuvres de GEBER, RAYMOND LULLE, BASILE, VALENTIN, PARACELSE et VAN HELMONT.

CONCLUSION

Parvenu au bout de notre travail, nous espérons avoir atteint le but poursuivi : *Démontrer que la Pierre Philosophale n'est pas seulement possible ; mais qu'elle a existé et a donné de son existence des preuves irréfutables.*

Nous prions les gens sérieux, qui ne sont animés d'aucun parti pris ni d'aucune idée préconçue, de bien considérer nos assertions, de vérifier leur authenticité dans les livres originaux, ce qui est facile à la Bibliothèque Nationale, et de voir si ce sont là *des preuves irréfutables* ou bien de simples conjectures dénuées de tout fondement stable. L'amour de la vérité nous a seul conduit à défendre les alchimistes, ces modestes philosophes trop peu connus et trop calomniés. Puissions-nous inciter quelque chercheur plus instruit que nous-même à développer et à étendre ce genre tout particulier d'études.

Du reste, nous assistons à une véritable renaissance de l'antiquité. Les phénomènes si curieux de la suggestion viennent détruire bien des conclusions anticipées et peut-être le XXe siècle verra-t-il se constituer enfin LA SYNTHÈSE par l'alliance de la *physique positiviste* de l'Occident avec *la métaphysique idéaliste* de l'Orient. Puisse ce jour être proche où toutes les philosophies rentreront dans *l'Unité* d'une même SCIENCE, où tous les cultes rentreront dans *l'Unité* d'une même FOI, où la *la Science* et *la Foi* donneront, par leur alliance, naissance à une seule et synthétique VÉRITÉ !

CHAPITRE XIV

LA TRADITION AU TEMPS MODERNE

LA FRANC-MAÇONNERIE. — ORIGINE. — BUTS SECRETS. — CONSTITUTION. LA LIGUE D'HIRAM ET SA SIGNIFICATION.

---

§ 1. — LE COURANT ALCHIMIQUE. — LA ROSE-CROIX.

Le courant alchimique représente la voie centrale de transmission de la Science occulte. Les philosophes d'Hermès étudient les différentes parties de l'ésotérisme et quelques-uns d'entre eux s'appliquent particulièrement à l'étude du monde sensible; de là l'Alchimie.

Il ne faudrait pas croire cependant que l'Alchimie fût la seule occupation des hermétistes. Nous trouvons en effet toute une série de philosophes s'appliquant particulièrement à la Kabbale[1], tels sont *Zedechias* sous Pépin le Bref, le rabbin initié *Jechiel* sous saint Louis, *Albert le Grand* vers la fin du XIIe siècle, *Pic de la Mirandole*, *Reuchlin*, *Trithème*, *Agrippa*, aux XVe et XVIe siècles. Ces noms indiquent la voie suivie par la tradition kabbalistique qui se continue au XVIIe siècle avec *Robert Fludd* (1574-1637) et *Henry More* (1614-1687) pour aboutir aux sociétés secrètes du commencement du XVIIIe siècle parallèlement à l'alchimie proprement dite.

A côté de ces philosophes se transmettant de génération en géné-

1. Voy. Eliphas Levi, *Histoire de la Magie* et Stanislas de Guaita, *Essai de Sciences maudites*.

ration le dépôt sacré qui leur a été confié, il existe divers courants émanés d'hommes, qui ont été se faire initier aux sources mêmes de la Tradition et qui reviennent ensuite rajeunir de leur apport le courant central qui se continue en Occident.

Il en est pour la philosophie hermétique comme pour la Grèce dont les grands esprits allaient subir l'initiation en Égypte et revenaient ensuite infuser un sang intellectuel nouveau à leur patrie.

Il est donc de la plus grande importance, pour éviter toute confusion, de ne pas énumérer des noms à la file; mais de bien distinguer le courant central de ces courants accessoires, des plus importants du reste.

C'est ainsi que *Raymond Lulle* (1235-1315) initié par les Arabes aux secrets du livre d'Hermès-Tau (Le Tarot) enseigne son *Ars magna* ou l'art de remplacer le cerveau humain par une machine mathématique, art qui formera le fonds de l'enseignement universitaire pendant quatre siècles.

C'est ainsi que *Paracelse* (1493-1541) reviendra de ses voyages riche de nouvelles lumières. Mais deux hommes nous intéressent au-dessus de tout à ce point de vue, ce sont ceux qui ont été puiser la tradition gnostique pure à sa source même et qui ont créé de sérieux courants d'initiative sous cette influence. Ces deux hommes sont *Hugues de Payens*, le fondateur de l'ordre du Temple au XIIe siècle, et *Rosenkreuz*, le fondateur de l'ordre de la Rose-Croix au XIVe siècle.

Le courant hermétique possédait bien la tradition kabbalistique alliée à la Gnose, ainsi que le prouvent les œuvres de *Jean Dée*; mais l'occupation des philosophes est tout intellectuelle, aucun ne songe à une réalisation sociale quelconque permettant de lutter à armes égales contre l'usurpatrice ignorante du pouvoir spirituel : l'Église.

Les Templiers. — Les sept croisés fondateurs de l'Ordre du Temple initiés en Palestine même aux secrets de la Gnose jettent les bases en 1118 de la Puissance qui faillit réaliser dès le XIVe siècle les aspirations secrètes des initiés.

Les Templiers voulaient rétablir l'ancienne organisation universitaire de l'antiquité. Dans chaque centre important *une commanderie* était établie, plusieurs commanderies étaient régies par un *prieuré*, plusieurs prieurés se groupaient sous les ordres d'un

1. Surtout sa *Monas Hieroglyphica* dans laquelle il montre que la vie du Christ est basée sur le mythe solaire, image de la loi universelle.

grand prieuré gouvernant la Province. Les grands prieurés se groupaient à leur tour par nation parlant une *langue différente* et le tout était régi par le pouvoir central ayant à sa tête le Grand Maître.

Ainsi les peuples parlant des idiomes divers recevaient l'impulsion intellectuelle d'un centre unique et le but de cette impulsion n'était pas l'obscurcissement *a priori* des intelligences; mais bien leur émancipation par la charité et par la science, les deux pivots de l'ordre du Temple.

C'était une attaque directe à l'Église et à la Papauté; celle-ci sentit le danger et employa un moyen radical. Le 13 octobre 1307 Philippe le Bel arrêta les Templiers sur tout le territoire et les fit brûler après un jugement sommaire. En 1312 le pape Clément V détruisit l'ordre administrativement.

La Gnose n'avait pu réussir jusque-là socialement parce qu'elle n'avait pas *d'âme*, elle n'était pas constituée comme un être complet, elle n'existait pas comme puissance efficiente dans l'invisible. Le martyre volontaire de *Jacques Molay* donnait au courant gnostique cette âme directrice qui lui manquait, ce courant devenait tout-puissant subitement, de par son ennemie même et nous le retrouverons avec la Réforme et avec la Révolution française. Notons bien le caractère essentiellement réalisateur de l'ordre du Temple.

Après sa destruction plusieurs de ses initiés qui avaient échappé au supplice fondèrent les premières des grandes fraternités secrètes d'Europe, en exceptant toutefois la Sainte Wœhme qui datait de Charlemagne,

***

Chrétien Rosenkreuz, né en 1378, avait été élevé par un cercle d'initiés allemands qui savaient que de grands centres hermétiques subsistaient toujours en pays d'Orient.

A peine âgé de vingt ans, Rosenkreuz part, se dirigeant droit vers les sources de la Gnose. Il parcourt successivement la Turquie, la Palestine, l'Arabie, se faisant partout recevoir dans les centres d'initiation. A *Damcar* il découvre enfin le centre si cherché où il reçoit le complément définitif de la Tradition ésotérique.

Le jeune initié se rend encore à Fez où la Kabbale était enseignée puis revient par l'Espagne dans son pays natal, l'Allemagne.

Là il dévoila sa doctrine à un petit nombre d'initiés et s'enferma dans une grotte où il mourut en 1484 à l'âge de 106 ans.

En 1604 son sépulcre fut découvert orné d'inscriptions diverses dont une prophétique, si l'on en croit le Manifeste de la Confrérie de la Rose-Croix (*Fama fraternitatis Rosæ Crucis*) paru vers 1613.

M. Louis Figuier a fort bien résumé l'histoire de cette confrérie, aussi lui empruntons-nous les extraits suivants qui montreront que la Gnose est le but secret de la Rose-Croix luttant contre l'ignorance de l'Église :

La doctrine et les règles de conduite des frères de la Rose-Croix sont contenues dans le *Manifeste* dont nous avons parlé et dans un autre petit livre intitulé la *Confession de foi*, qui est annexé au précédent.

Bien qu'il n'ait jamais été possible de connaître exactement ce que renfermait le grand secret des Rose-Croix, on pense qu'il portait sur ces quatre points : la *Transmutation des métaux;* — l'*Art de prolonger la vie pendant plusieurs siècles;* — la *Connaissance de ce qui se passe dans les lieux éloignés;* — l'*Application de la cabale et de la science des nombres à la découverte des choses les plus cachées.*

Le nombre des frères de la Rose-Croix n'était que de quatre au début de la confrérie, Rosenkreuz n'ayant dévoilé son secret qu'à trois compagnons, ou, selon d'autres, à ses trois fils. Leur nombre s'accrut bientôt jusqu'à huit. Ils étaient tous vierges. Ces adeptes fondateurs se réunissaient dans une chapelle appelée du *Saint-Esprit*, et c'est là qu'ils distribuaient les enseignements et les avis aux nouveaux initiés.

Une fois entrés dans le sein de la confrérie, les frères se juraient une fidélité inviolable, et s'engageaient par serment à tenir leur secret impénétrable aux profanes. Ils ne se distinguaient les uns des autres que par des numéros d'ordre ; individuellement ou collectivement, ils devaient se contenter de prendre le nom de la confrérie, à l'exemple de leur premier fondateur, qui ne s'était jamais fait connaître que sous le titre de *frère illuminé de la R.-C.* Cette manière de s'absorber dans la personne de leur maître montre assez dans quelle union étroite ils entendaient vivre avec son esprit, et combien ils étaient résolus à suivre fidèlement la règle qu'il leur avait tracée, et dont voici les articles principaux :

« Exercer la médecine charitablement et sans recevoir de personne aucune récompense;

« Se vêtir suivant les usages du pays où l'on se trouve;

« Se rendre, une fois tous les ans, au lieu de leur assemblée générale, ou fournir par écrit une excuse légitime de son absence;

« Choisir chacun, quand il en sentira le besoin, c'est-à-dire quand il sera au moment de mourir, un successeur capable de tenir sa place et de le représenter;

« Avoir le caractère de la R.-C. pour signe de reconnaissance entre eux et pour symbole de leur congrégation.

« Prendre les précautions nécessaires pour que le lieu de leur sépulture soit inconnu, quand il arrivera à quelqu'un d'eux de mourir en pays étranger.

« Tenir leur société secrète et cachée pendant cent vingt ans, et croire fermement que, si elle venait à faillir, elle pourrait être réintégrée au sépulcre et monument de leur premier fondateur[1]. »

Avec la stricte observation de ces préceptes, dont l'application ne présente, comme on le voit, que peu de difficultés, les Rose-Croix se vantent d'obtenir des grâces et des facultés telles que Dieu n'en a jamais communiqué de semblables à aucune de ses créatures. Les Rose-Croix affirment, par exemple :

« Qu'ils sont destinés à accomplir le rétablissement de toutes choses en un état meilleur avant que la fin du monde arrive;

« Qu'ils ont au suprême degré la piété et la sagesse, et que, pour tout ce qui peut se désirer des grâces de la nature, ils en sont paisibles possesseurs, et peuvent les dispenser selon qu'ils le jugent à propos;

« Qu'en quelque lieu qu'ils se trouvent, ils connaissent mieux les choses qui se passent dans le reste du monde que si elles leur étaient présentes;

« Qu'ils ne sont sujets ni à la faim, ni à la soif, ni à la vieillesse, ni aux maladies, ni à aucune incommodité de la nature;

« Qu'ils connaissent par révélation ceux qui sont dignes d'être admis dans leur société;

« Qu'ils peuvent en tout temps vivre comme s'ils avaient existé dès le commencement du monde, ou s'ils devaient rester jusqu'à la fin des siècles;

« Qu'ils ont un livre dans lequel ils peuvent apprendre tout ce qui est dans les autres livres faits ou à faire;

« Qu'ils peuvent forcer les esprits et les démons les plus puissants de se mettre à leur service, et attirer à eux, par la vertu de leur chant, les perles et les pierres précieuses;

« Que Dieu les a couverts d'un nuage pour les dérober à leurs ennemis, et que personne ne peut les voir, à moins qu'il n'ait les yeux plus perçants que ceux de l'aigle;

1. G. Naudé, *Instructions à la France sur la vérité de l'histoire des frères de la Rose-Croix.*

« Que les huit premiers frères de la Rose-Croix avaient le don de guérir toutes les maladies, à ce point qu'ils étaient encombrés par la multitude des affligés qui leur arrivaient, et que l'un d'eux, fort versé dans la cabale, comme le témoigne son livre *H*, avait guéri de la lèpre le comte de Norfolk, en Angleterre;

« Que Dieu a délibéré de multiplier le nombre de leur compagnie;

« Qu'ils ont trouvé un nouvel idiome pour exprimer la nature de toutes les choses;

« Que par leur moyen le triple diadème du pape sera réduit en poudre;

« Qu'ils confessent librement, et publient, sans aucune crainte d'en être repris, que le pape est l'Antechrist;

« Qu'ils condamnent les blasphèmes de l'Orient et de l'Occident, c'est-à-dire de Mahomet et du pape, et ne reconnaissent que deux sacrements, avec les cérémonies de la première Église, renouvelée par leur congrégation;

« Qu'ils reconnaissent la quatrième monarchie, et l'empereur des Romains pour leur chef et celui de tous les chrétiens;

« Qu'ils lui fourniront plus d'or et d'argent que le roi d'Espagne n'en a tiré des Indes, tant orientales qu'occidentales, d'autant plus que leurs trésors sont inépuisables;

« Que leur collège, qu'ils nomment *Collège de Saint-Esprit*, ne peut souffrir aucune atteinte, quand même cent mille personnes l'auraient vu et remarqué;

« Qu'ils ont dans leurs bibliothèques plusieurs livres mystérieux, dont un, celui qui leur est le plus utile après la Bible, est le même que le révérend Père illuminé R. C. tenait en sa main droite après sa mort;

« Enfin, qu'ils sont certains et assurés que la vérité de leurs maximes doit durer jusqu'à la dernière période du monde[1]. »

LA RÉFORME

Voilà donc une nouvelle fraternité hermétique dont la doctrine est puisée directement aux sources primitives qui vient s'ajouter aux courants déjà existants :

1° Le courant central représenté par les alchimistes.

2° Les restes des Templiers.

1. G. Naudé, *Instructions à la France sur la vérité de l'histoire des frères de la Rose-Croix.*

Ces derniers, aidés des sociétés hermétiques, n'avaient pas cessé de préparer sourdement les esprits à la révolte contre le sectarisme romain. Cette révolte éclata soudainement en Allemagne avec Luther en 1517. La protection d'un prince puissant, l'électeur de Saxe, assure le succès de cette tentative qui, préparée de longue main par les sociétés secrètes, voit son succès croître d'une façon prodigieuse.

Tout le nord de l'Europe échappait à la Papauté; l'Allemagne, devenue libre, pouvait servir de centre d'action aux diverses associations hermétiques. Aussi verrons-nous toujours les succès du protestantisme en religion aller de pair avec les succès de la Franc-Maçonnerie qui protégera partout les descendants de l'électeur de Saxe en récompense du service rendu.

Dans l'initiation à l'un des plus hauts grades maçonniques, on apprend en effet au récipiendaire que le Protestantisme est une des victoires (coups de canon) remportées par la Franc-Maçonnerie sur la Papauté.

RÉSUMÉ

C'est d'Allemagne que sont sorties toutes les sectes dites *d'illuminés* qui répandront partout les doctrines du gnosticisme et prépareront la revanche des Templiers.

*
* *

Avant d'aller plus loin, voyons quels sont, au commencement du XVIIIe siècle, les divers courants qui possèdent tout ou partie de la Tradition ésotérique.

1° Le courant alchimiste comprenant plusieurs écoles (alchimistes, kabbalistes, astrologues, etc.) régénéré par Paracelse et Van Helmont. Ce courant est surtout intellectuel et a pour but la liberté d'études scientifiques.

2° Les restes des Templiers poursuivant avec opiniâtreté la vengeance de Jacques Molay sur les deux assassins du Temple : la Royauté et la Papauté.

3° La fraternité de la Rose-Croix possédant une grande partie de la tradition chrétienne primitive expliquée par la Gnose et la Kabbale.

Nous allons voir tous ces éléments se grouper pour fonder une société secrète plus puissante socialement que toutes les précédentes : la *Franc-Maçonnerie*.

§ 2. — ORIGINES DE LA FRANC-MAÇONNERIE.

La Franc-Maçonnerie nous présente en effet le groupement total de tous les courants que nous avions étudiés jusqu'ici. Nous y trouverons représentés les Templiers, les Alchimistes, les Rose-Croix alliés à des associations secrètes d'ouvriers constructeurs.

Si l'on veut étudier toutes ces traditions il est important de ne pas le faire dans ce qui reste de la Franc-Maçonnerie en France, nous en verrons bientôt la raison.

Pour l'instant développons de notre mieux les origines *historiques* de cette nouvelle association. Tous les auteurs sont d'accord sur ce point ; des représentants de sociétés gnostiques (entre autres Ashmole) alliés à des loges d'ouvriers constructeurs ont fondé la Franc-Maçonnerie.

Nous empruntons à un travail publié par les catholiques et fort bien fait, quoique rempli par instants d'insinuations venimeuses et de calomnies naïves, les renseignements suivants[1] :

1° *L'Ancienne Corporation des Maçons Constructeurs d'Allemagne.*

Depuis le IXe siècle jusques et y compris le XIIIe siècle, les Moines les Bénédictins surtout, monopolisèrent la science de la construction des grands édifices[2].

Ayant besoin d'un personnel nombreux, ils se virent forcés de faire des élèves parmi les laïques[3].

Les moines chargés de cet enseignement étaient appelés *Vénérables*, parce qu'ils étaient religieux, *Maîtres*, parce qu'ils enseignaient[4].

1. *Maçonnerie pratique*, 2 vol. in-8°, 1885. Baltenweck, éditeur, Paris.
2. *Mss. autographes du duc de Sussex*, grand maître de la Maçonnerie Anglaise, n° 57 de la collection privée.
Allgemeine Kulturgeschichte von der Urzeit bis auf der Gegenwart, par Otto Henne-Am-Rhyn, vol. III et IV. Leipzig, 1877-1882.
Historical Lecture on Freemasonry du *Rituel du Conseil*, par John Yarker, grand maître de la Maçonnerie Swedenborgienne en Grande-Bretagne. Londres, 1882.
3. *Ibid.*
4. *Ibid.*

Au XIIIe siècle les élèves constructeurs allemands secouèrent le joug de leurs chefs monastiques et se constituèrent en groupes, en corps d'état, pour construire pour leur propre compte, sans être subordonnés aux moines [1].

En se groupant pour construire suivant le style architectonique allemand, pour construire du gothique, ils s'organisèrent de façon à monopoliser la construction de ce style, s'assurant ainsi du travail, dont les voies et moyens étaient tenus absolument secrets [2].

Ces secrets de l'art des constructeurs, étant communiqués aux ouvriers par leurs maîtres, rendaient ces ouvriers égaux, *frères* en instruction, et capables de travailler ensemble, de coopérer en *compagnons*, aux travaux entrepris et à entreprendre [3].

Pendant les siècles XIIIe, XIVe et XVe, la construction de basiliques, d'églises, de monastères, de palais, prit un grand développement, et le personnel travaillant des constructeurs dut recevoir un accroissement considérable [4].

Les constructeurs admirent alors parmi eux des *Apprentis* qui n'étaient pas des constructeurs, qui n'étaient pas des *Compagnons*, mais qui travaillaient à le devenir [5].

Ce même développement des travaux exigea que certains *Compagnons*, pris parmi les plus intelligents et les plus habiles, fussent chargés de la direction de travaux déterminés, devinssent *Maîtres* pour enseigner aux autres les moyens à employer pour amener à bonne fin telle entreprise de construction [6].

Ces *Compagnons-maîtres* étaient choisis par le suffrage de tous les compagnons, et n'étaient autre chose que des contremaîtres chargés de la direction momentanée de travaux déterminés [7].

A la fin du XIIIe siècle, les constructeurs allemands formaient aussi un corps de métier, monopolisateur de la construction gothi-

1. *Mss. autographes du duc de Sussex*, grand maître de la Maçonnerie Anglaise, nº 57 de la collection privée.
Allgemeine Kulturgeschichte von der Urzeit bis auf den Gegenwart, par Otto Henne-Am-Rhyn, vol. III et IV. Leipzig, 1877-1882.
Historical Lecture on Freemasonry du *Rituel du Conseil*, par John Yarker, grand maître de la Maçonnerie Swedenborgienne en Grande-Bretagne. Londres, 1882.
2. *Ibid.*
3. *Ibid.*
4. *Ibid.*
5. *Ibid.*
6. *Ibid.*
7. *Ibid.*

que et composé d'*Apprentis*, de *Compagnons*, et de *Compagnons-Directeurs* ou *Maîtres*[1].

Comme il s'agissait de conserver au corps de métier le monopole des secrets de la construction gothique, l'acte d'admission des *Apprentis*, des *profanes*, aspirant à recevoir l'enseignement de la construction gothique, aspirant à être *initiés* à ses *secrets*, était revêtu d'une grande solennité[2].

Les aspirants à être admis comme *Apprentis* devaient être *libres*, pour que personne n'eût le droit d'exiger d'eux la révélation des secrets de la construction gothique, et *de bonnes mœurs*, pour qu'ils ne pussent jamais amener des perturbations dans l'union et l'harmonie de tous, qui constituait le plus grand succès du corps de métier[3].

On exigeait d'eux le *serment* sur *la Bible*, le livre sacré par excellence des couvents, d'où étaient sortis les premiers constructeurs, de ne jamais révéler aucun des secrets de la construction gothique à quiconque ne ferait preuve complète et irrécusable d'avoir droit à les posséder, en qualité de membre régulier du corps de métier[4].

Pour rendre possible cette preuve complète et irrécusable, les constructeurs convinrent entre eux de certains *signes*, certains *attouchements*, certains *mots*, certains *dialogues* avec des demandes et des réponses spécialement convenues, différentes pour les apprentis, pour les compagnons et pour les compagnons-maîtres. Ils se constituèrent ainsi, étant donné le serment de discrétion absolue prêté par tous au préalable, une garantie certaine de sécurité, et une défense contre l'immixtion des profanes anxieux de dérober les secrets de construction qui donnaient au corps de métier sa puissance et ses ressources[5].

Et en 1498, l'empereur Maximilien donna une existence légale au corps d'état des constructeurs, en approuvant leurs statuts et règlements[6].

1. *Mss. autographes du duc de Sussex*, grand maître de la Maçonnerie Anglaise. N° 57 de la collection privée.

Allgemeine Kulturgeschichte von der Urzeit bis auf der Gegenwart, par Otto Henne-Am-Rhyn. Leipzig, 1877-1882, vol. III et IV.

Historical Lecture on Freemasonry du *Rituel du Conseil*, par John Yarker, grand maître de la Maçonnerie Swedenborgienne en Grande-Bretagne, Londres, 1882.

2. *Ibid.*
3. *Ibid.*
4. *Ibid.*
5. *Ibid.*
6. *Ibid.*

Une fois par mois, les ouvriers, les *Compagnons* de chaque « coterie », de chaque *atelier*, se réunissaient pour traiter les affaires d'intérêt commun à tous, pour administrer entre eux la justice, le cas échéant[1].

La réunion était présidée par le compagnon-maître de l'*Atelier* qui conservait le titre de *Vénérable-Maître* porté autrefois par les moines instructeurs, mais seulement comme titre de courtoisie[2].

Il était aidé par les contremaîtres de la bande, pris parmi les compagnons les plus intelligents et les plus habiles, au nombre de deux. Ces contremaîtres, chargés de surveiller la bonne marche du travail, étaient nommés *surveillants*[3].

Parmi les deux *surveillants*, le plus habile était appelé *premier surveillant* et était affecté à la surveillance du travail des compagnons.

L'autre, le *second surveillant*, était affecté à la surveillance des apprentis[4].

Quand la réunion devait avoir lieu, on choisissait de préférence un endroit élevé, dont les abords étaient d'une surveillance facile contre toute curiosité indiscrète. Une chaîne maintenue par des piquets, et ne laissant qu'une étroite ouverture entre deux gros piquets, marquait l'emplacement[5].

Les deux *surveillants* se mettaient à côté de chacun des deux piquets formant le passage d'entrée et reconnaissaient les ouvriers à mesure qu'ils se présentaient, au moyen de *signes*, *attouchements* et *mots* convenus[6].

Près de cet emplacement se trouvait le hangar, la maisonnette où étaient *logés* les instruments de travail, les plans.

Comme la *Loge* renfermait les moyens de travail des constructeurs et que leur réunion avait pour but de rendre plus productif ce travail, on disait que l'*Atelier tenait Loge* quand les ouvriers se réunissaient tous ensemble[7].

1. *Mss. autographes du duc de Sussex*, grand maître de la Maçonnerie Anglaise. N° 57 de la collection privée.

Allgemeine Kulturgeschichte von der Urzeit bis auf der Gegenwart, par Otto Henne-Am-Rhyn, vol. III et IV. Leipzig, 1877-1882.

Historical Lecture on Freemasonry, du *Rituel du Conseil*, par John Yarker, grand maître de la Maçonnerie Swedenborgienne en Grande-Bretagne. Londres, 1882.

2. *Ibid.*
3. *Ibid.*
4. *Ibid.*
5. *Ibid.*
6. *Ibid.*
7. *Ibid.*

Ces réunions, ces *tenues de Loges* avaient toujours lieu au point du jour, avant de commencer le travail.

Le *Vénérable-Maître* qui la présidait tournait le dos au soleil levant pour mieux voir et mieux diriger les travaux.

Il se trouvait ainsi placé à *l'Orient*[1].

On prit l'habitude de placer les deux gros piquets, les deux *colonnes* qui formaient l'entrée, juste en face du *Vénérable-Maître*. L'entrée se trouva ainsi être placée à *l'Occident*[2].

Les deux *surveillants* placés à côté des colonnes d'entrée se plaçaient, le premier à droite, et le second à gauche[3].

En entrant, les compagnons prenaient place du côté où se trouvait le *premier surveillant* qui était spécialement affecté à leur surveillance. Les *Compagnons* se trouvaient ainsi placés au *Sud*[4].

Les *Apprentis* se plaçant de l'autre côté, se trouvaient placés au *Nord*[5].

Quand le soleil se levait, sa lumière venait du côté où était placé le *Vénérable-Maître*, et comme il était placé là pour enseigner, on appelait *lumière* l'enseignement des constructeurs, qui recevait *la lumière* dans *la Loge*[6].

Comme les constructeurs réunis là étaient au moins *Apprentis*, la *Loge* générale était toujours *tenue* au *grade* d'*apprenti*, c'est-à-dire que l'on ne discutait, en fait d'enseignement spécial et secret, que ce que les apprentis étaient autorisés à connaître[7].

Si la discussion venait à porter sur des questions du ressort exclusif des *Compagnons*, les *Apprentis* se retiraient, et ce qui se passait alors dans la loge était *couvert* d'obscurité pour eux. De là la désignation de *couvrir la loge*, pour signifier l'acte de quitter la réunion[8].

1. *Mss. autographes du duc de Sussex*, grand maître de la Maçonnerie Anglaise. N° 57 de la collection privée.

Allgemeine Kulturgeschichte von der Urzeit bis auf der Gegenwart, par Otto Henne-Am-Rhyn, vol. III et IV. Leipzig, 1877-1882.

Historical Lecture on Freemasonry, du *Rituel du Conseil*, par John Yarker, grand maître de la Maçonnerie Swedenborgienne en Grande-Bretagne, Londres, 1882.

2. *Ibid.*
3. *Ibid.*
4. *Ibid.*
5. *Ibid.*
6. *Ibid.*
7. *Ibid.*
8. *Ibid.*

Une fois par trimestre, les *Compagnons-Maîtres* chargés de la direction des différents *ateliers* de chaque contrée se réunissaient en séances, d'où étaient exclus les simples *Compagnons*[1].

Comme le *Vénérable-Maître* de chaque *atelier* était toujours placé au milieu des ouvriers quand ils se réunissaient, on appelle *chambre du milieu* l'emplacement où ne se réunissaient que les *Maîtres*, la *Loge des Maîtres*[2].

Le *Compagnon-Maître* qui présidait la réunion la *Loge des apprentis*, portait le titre de *Vénérable-Maître*, nous avons vu pourquoi[3].

Quand il présidait la réunion la *Loge des Compagnons*, il portait le titre de *très Vénérable-Maître*, les compagnons étant plus à même d'apprécier l'importance *très* grande de la bonne direction qu'il était appelé à imprimer aux travaux de l'atelier[4].

Le *Compagnon-Maître* qui présidait la réunion des *Maîtres*, l *Chambre du milieu*, était toujours le plus respectable et respecté par son âge et ses connaissances, et il était désigné sous le titre de *Respectable-Maître*[5].

Les *Compagnons-Maîtres* s'appelaient entre eux *Vénérables-Maîtres*, pour bien marquer qu'ils avaient la responsabilité de la présidence de leurs ateliers respectifs[6].

Les *Compagnons* et les *Apprentis* s'appelaient entre eux *Frères*, pour bien marquer que l'enseignement qu'ils recevaient, que les travaux qu'ils exécutaient, que les utilités qu'ils en retiraient étaient communes à tous, égales pour tous, et que tous étaient réellement des frères de la même famille[7].

Le *Second Surveillant* avait pour emblème ce qu'il faut commencer par donner à toute construction, le *fil-à-plomb*, représentation de la verticalité.

Le *Premier Surveillant* avait pour emblème ce qui complète et

1. *Mss. autographes du duc de Sussex*, grand maître de la Maçonnerie Anglaise. N° 57 de la collection privée.

Allgemeine Kulturgeschichte von der Urzeit bis auf der Gegenwart, par Otto Henne-Am-Rhyn, vol. III et IV. Leipzig, 1877-1882.

Historical Lecture on Freemasonry, du *Rituel du Conseil*, par John Yarker, grand maître de la Maçonnerie Swedenborgienne en Grande-Bretagne. Londres, 1882.

2. *Ibid.*
3. *Ibid.*
4. *Ibid.*
5. *Ibid.*
6. *Ibid.*
7. *Ibid.*

rend parfaite toute construction, le *niveau*, représentation de l'horizontalité.

Le *Vénérable-Maître*, qui résumait et embrassait les fonctions des deux *Surveillants*, avait pour emblème l'*équerre*, réunion des emblèmes de ses deux coadjuteurs [1].

L'*Équerre* était le symbole officiel des Constructeurs. Aussi le retrouve-t-on dans les signes spéciaux qui leur étaient particuliers et servaient à se faire reconnaître entre eux [2].

Le *Signe d'Apprenti* consistait à former une équerre avec la main droite, les doigts rapprochés et le pouce écarté, et à placer cette équerre sous la gorge, pour indiquer que toute la tête essayait, s'efforçait de comprendre et d'apprendre l'art de la construction emblématisé par l'équerre [3].

Le *Signe de Compagnon* consistait à former avec la main droite la même équerre et à la placer sur le cœur, considéré alors comme le siège de la volonté, pour indiquer qu'on voulait être constructeur, et en sous-entendant qu'on le voulait parce qu'on le pouvait [4].

L'*Attouchement d'Apprenti* consistait à se prendre mutuellement les mains droites, les mains de l'action et du travail, et avec le pouce, le doigt qui enlace, qui donne de la cohésion aux autres doigts, l'un frappait trois coups sur la base de l'index de l'autre, pour lui signifier d'avoir à lever son index et montrer le *Pourquoi*, le *Comment* et le *Quand* qu'il ignorait et dont la connaissance était le but de son apprentissage [5].

L'*Attouchement de Compagnon* était la reproduction de l'attouchement d'Apprenti, complété par deux autres coups frappés avec le pouce sur la base du médius, doigt qui emblématisait la verge humaine, la génération, la production humaine, et signifiait que le *Pourquoi*, le *Comment* et le *Quand*, dont la connaissance l'avait tiré du grade d'Apprenti, devaient être réalisés, mis en pratique avec *Laboriosité* et *Secret* [6].

1. *Mss. autographes du duc de Sussex*, grand maître de la Maçonnerie Anglaise. N° 57 de la collection privée.

Allgemeine Kulturgeschichte von der Urzeit bis auf der Gegenwart, par Otto Henne-Am-Rhyn, vol. III et IV. Leipzig, 1877-1882.

Historical Lecture on Freemasonry, du *Rituel du Conseil*, par John Yarker, grand maître de la Maçonnerie Swedenborgienne en Grande-Bretagne. Londres, 1882.

2. *Ibid.*
3. *Ibid.*
4. *Ibid.*
5. *Ibid.*
6. *Ibid.*

La *Parole* mystérieuse des Constructeurs, spéciale aux *Compagnons*, qui seuls étaient des agissants, était BOGAZ, mot hébreu (choisi dans cette langue connue du très petit nombre pour augmenter sa mystériosité), qui signifie *avec solidité*, et qui résume les conditions essentielles de toute construction[1].

Les Constructeurs, enfin, portaient un tablier en peau, pour préserver leurs habits du contact avec les matériaux de construction.

Les *Apprentis*, plus inhabiles, avaient besoin d'être aussi garantis que possible, et portaient relevée la bavette du tablier qui protégeait aussi leur poitrine. Les *Compagnons*, habitués au travail, n'avaient plus besoin de ce surcroît de protection pour leurs habits, et portaient rabattue la bavette de leur tablier[2].

Telle était l'organisation, la manière d'être des groupes d'ouvriers constructeurs d'édifices et monopolisateurs de la construction gothique, seul et unique but de leur institution, à la fin du XIIIe siècle.

IV

ORIGINES DE LA FRANC-MAÇONNERIE

2° La Fraternité des Maçons Constructeurs d'Angleterre.

Au commencement du XIVe siècle eut lieu l'arrivée en Angleterre d'un certain nombre de bandes, de coteries, d'Ateliers de Constructeurs Allemands, appelés pour y construire des basiliques[3].

L'admission d'Apprentis Anglais en fut la conséquence, et bientôt se formèrent en Angleterre des Ateliers de Constructeurs Anglais,

1. *Sephar H'Debarim*, par Albert Pique, souverain grand commandeur du Suprême Conseil de Charleston. E. U, Charleston, 1879.

2. *The Traditions of Freemasonry*, par A. T. C. Pierson, grand capitaine général du Grand Campement du Temple aux États-Unis. New-York, 1870.

3. *The History of the Lodge of Edinburgh*, par David Murray Lyon, souverain grand commandeur du Suprême Conseil d'Écosse. Edimbourg, 1873.

Lexicon of Freemasonry, par Albert-George Mackey, grand secrétaire au Saint-Empire du Suprême Conseil de la juridiction sud des États-Unis. Londres, 1873.

Historical Landmarks of Freemasonry, par Georges Olivier, souverain grand commandeur du Suprême Conseil d'Angleterre. Londres, 1846.

organisés sur les mêmes bases que les Ateliers de Constructeurs Allemands [1].

Des modifications dans la manière d'être de ces Ateliers ne tardèrent pas à se produire, réclamées qu'elles étaient par les conditions sociales de l'Angleterre [2].

D'abord, les magistrats ordinaires eurent la haute main sur la vigilance des agissements des Ateliers, aux réunions desquels ils eurent le droit d'assister, et de rendre justice suivant les règles du droit commun [3].

Ensuite l'enseignement donné aux Apprentis et aux Compagnons Anglais différa de celui que recevaient les Allemands, en ce qu'il affecta une tendance très marquée à ajouter, aux enseignements purement techniques du métier de Constructeur, des enseignements destinés à moraliser, à *intellectualiser* les ouvriers [4].

Au xve siècle, le premier Code des Constructeurs fut compilé et fit son apparition sous la forme d'un poème d'environ cinq cents vers [5].

On lui donna le nom, qu'il a conservé, de « Constitution d'York », malgré qu'aucune assemblée constituante ne se fût réunie à York pour le rédiger [6].

Les Constructeurs Anglais donnèrent depuis lors à leur groupement le titre de Fraternité de Libres Maçons, employant le mot « Fraternité » dans le sens de confrérie, de réunion de frères, et le mot « Maçons » dans le sens de constructeurs en maçonnerie [7].

Pendant les siècles xve et xvie, l'influence des tendances intellec-

1. *The History of the Lodge of Edinburgh*, par David Murray Lyon, souverain grand commandeur du Suprême Conseil d'Écosse. Edimbourg, 1873.

Lexicon of Freemasonry, par Albert-George Mackey, grand secrétaire au Saint-Empire du Suprême Conseil de la juridiction Sud des États-Unis. Londres, 1873.

Historical Landmarks of Freemasonry, par Georges Olivier, souverain grand commandeur du Suprême Conseil d'Angleterre. Londres, 1846.

2. *Ibid.*

3. *Ibid.*

4. *Ibid.*

5. *The Golden Remains of the Early Masonic Writers*, compilés par Georges Olivier, souverain grand commandeur du Suprême Conseil d'Angleterre. Londres, 1856.

6. *Ibid.*

7. *Great Doctrines of Freemasonry*, par Georges Paton. Londres, 1872.

Institutes of Masonic Jurisprudence, par Georges Olivier, souverain grand commandeur du Suprême Conseil d'Angleterre. Londres, 1874.

tualisantes de la « Fraternité » anglaise se développa notablement et prit un essor considérable [1].

En contact constant avec le clergé de l'époque, ils se rendirent bientôt possesseurs de tous les secrets de fonctionnement et de dogme de l'Église, et, appréciant à leur juste valeur leurs imperfections, leurs contradictions flagrantes, ils donnèrent une large part à la discussion des croyances religieuses de l'époque [2].

L'égalité de droits qui existait entre tous les membres de la Fraternité, la liberté d'action qui leur assurait le monopole de leurs secrets de construction, firent en même temps de la « Fraternité de Libres Maçons » un foyer d'idées et d'aspirations libérales [3].

Mais, jusqu'à la fin du XVIe siècle, la « Fraternité des Libres Maçons » s'occupa exclusivement d'élever des basiliques, des couvents, des édifices de style gothique, au moyen des secrets de construction qu'ils tenaient de Constructeurs Allemands [4].

V

ORIGINES DE LA FRANC-MAÇONNERIE

3° *Transformation de la Maçonnerie Anglaise.*

Une modification des plus transcendantes dans le fonctionnement et le caractère essentiel de la « Fraternité des Libres Maçons » anglais eut lieu au commencement du XVIIe siècle [5].

Le Compagnon Inigo Jones introduisit en Angleterre le style ita-

1. *Great Doctrines of Freemasonry*, par Georges Paton. Londres, 1872.
2. *The Golden Remains of the Early Masonic Writers* compilés par Georges Olivier, souverain grand commandeur du Suprême Conseil d'Angleterre. Londres, 1850.
Great Doctrines of Freemasonry, par Georges Paton. Londres, 1872.
3. *Ibid.*
4. *Ibid.*
5. *The History of the Lodge of Edinburgh*, par David Murray Lyon, souverain grand commandeur du Suprême Conseil d'Écosse. Édimbourg, 1873.
Historical Landmarks of Freemasonry, par Georges Olivier, souverain grand commandeur du Suprême Conseil d'Angleterre. Londres, 1846.
History of Freemasonry, par Jacques-Georges Gould. Londres, 1884.
Great Doctrines of Freemasonry, par Georges Paton. Londres, 1872.

lien du temps d'Auguste, style qui, par ses conditions esthétiques, enthousiasma la noblesse anglaise, heureuse de mêler une note architecturale pleine de vie et de lumière aux mornes et attristantes clartés de son ciel toujours brumeux [1].

Un véritable engouement s'ensuivit, et le style gothique se vit délaissé!

Le monopole de la « Fraternité des Libres Maçons » reçut le coup de mort [2].

Pour ne pas disparaître comme corporation, les « Libres Maçons » renchérirent sur les aspirations d'intellectualisation, qui avaient surgi dans le sens de la Fraternité Anglaise dans le siècle précédent, et décidèrent que, sous la dénomination de « Patrons », ils admettaient parmi eux des non-Constructeurs, des non-Ouvriers, qui, se trouvant en communauté d'idées libérales avec la « Fraternité », augmenteraient sa valeur et son importance de toute l'influence de leur position et de leur fortune [3].

Cette dénomination de « Patrons » fut bientôt échangée pour celle de *Maçons acceptés*, et la *Fraternité des Maçons libres et acceptés* eut un renouveau de puissance [4].

Cette puissance parvint à son apogée lors de la construction de l'église Saint-Paul, à Londres, construite par les *Maçons libres*, les ouvriers constructeurs, avec les deniers des *Maçons acceptés*, les Frères riches et influents [5].

L'église Saint-Paul une fois terminée, le dualisme ouvrier et non

1. *The History of the Lodge of Edinburgh*, par David Murray Lyon, souverain grand commandeur du Suprême Conseil d'Écosse. Édimbourg, 1873.

Historical Landmarks of Freemasonry, par Georges Olivier, souverain grand commandeur du Suprême Conseil d'Angleterre. Londres, 1846.

History of Freemasonry, par Jacques-Georges Gould. Londres, 1884.

Great Doctrines of Freemasonry, par Georges Paton. Londres, 1872.

2. *Ibid.*

3. *Lights and Shadows of Freemasonry*, par Robert Morris. New-York, 1866.

History of the Minden Lodge, par John Clarke. Kingston, 1849.

History of the Lodge of Edinburgh, par David Murray Lyon, souverain grand commandeur du Suprême Conseil d'Écosse. Édimbourg, 1873.

Speculative Freemasonry, par John Yarker, grand conservateur du Rite Ancien et Primitif. Londres, 1872, p. 106 et 113.

The History and articles of Freemasonry. Mss., n° 23, 198 de la collection des « Additional Manuscripts » du British Museum. Londres, 1871.

4. *Ibid.*

5. *Ibid.*

ouvrier fut fatal à la Fraternité, et au commencement du XVIIIe siècle, seules quatre *Loges de Maçons libres et acceptés* fonctionnaient régulièrement à Londres, se réunissant en *tenues* dans quatre auberges, endroits naturellement indiqués pour les réunions d'ouvriers[1].

***

A la suite de ces recherches qui nous semblent vraies (quoique nous n'ayons pas eu le loisir d'en vérifier les sources) parce qu'elles concordent avec celles de Ragon[2], l'auteur parle des *Rose-Croix gnostiques* et enseigne que le gnosticisme fut fondé en Perse (?) par Zoroastre (!) il y a 19 siècles, c'est-à-dire au commencement de l'ère chrétienne (!!!).

Aucune citation n'appuie cette série d'affirmations... et pour cause.

L'auteur reprend le fil historique quand il enseigne que les Templiers furent initiés au gnosticisme pur.

Il confond ensuite ces Templiers avec les Rose-Croix et les alchimistes. Nous avons vu précédemment ce qu'il faut penser de ces trois courants bien distincts.

Muni de ces données, le lecteur comprendra maintenant comment se fonda la Franc-Maçonnerie par la fusion de tous ces mouvements :

1. *Lights and Shadows of Freemasonry*, par Robert Morris. New-York, 1866.
History of the Minden Lodge, par John Clarke. Kingston, 1849.
History of the Lodge of Edinburgh, par David Murray Lyon, souverain grand commandeur du Suprême Conseil d'Écosse. Édimbourg, 1873.
Speculative Freemasonry, par John Yarker, grand conservateur du Rite Ancien et Primitif. Londres, 1872, p. 106 et 113.
The History and articles of Freemasonry. Mss. n°s 23,198 de la collection des « Additional Manuscripts » du British Museum. Londres, 1871.
2. Ragon, *Orthodoxie maçonnique*.

VII

ORIGINES DE LA FRANC-MAÇONNERIE

5° *Naissance de la Franc-Maçonnerie par la fusion des « Maçons Libres et Acceptés », et des « Rose-Croix Gnostiques ».*

Les *Rosicrucians* Jean-Théophile Desaguliers, naturaliste, et Jacques Anderson, ministre protestant, « assistés, dit la lettre de convocation, des frères Georges Payne, King, Calvert, Lumden, Madden, Elliot, et beaucoup d'autres », convoquèrent pour le 24 juin 1717 dans l'auberge du Pommier, sise dans Charles-Street, près du marché de Covent Garden, à Londres, tous les membres des quatre Loges qui seules se trouvaient en activité à Londres à cette époque [1].

Cette réunion avait pour but d'opérer la fusion de la « Fraternité de Maçons Libres et Acceptés » avec la « Société Alchimique des Rosicrucians » pour permettre aux Rosicrucians d'abriter leurs recherches alchimiques et leurs idées gnostiques et rationalistes sous le manteau respectable et respecté de la Fraternité, et pour procurer aux Maçons Libres et Acceptés les avantages de toutes sortes que seuls les adeptes riches, influents et ambitieux des Rosicrucians pouvaient leur procurer, étant donnée la décadence réelle qui accablait la primitive Fraternité [2].

L'Assemblée réunie à l'auberge du Pommier accepta à l'unanimité cette fusion [3]. La Franc-Maçonnerie naquit le 24 juin 1717 de cette acceptation.

La « Fraternité des Constructeurs », la Fraternité des Libres Maçons », et la « Fraternité des Maçons Libres et Acceptés », disparurent pour toujours, et la Franc-Maçonnerie, foyer du gnosti-

1. *History of Freemasonry*, par Jacques-Georges Gould. Londres, 1884.
Geshichte der Freimaurerei, par Georges-Frédéric Findel. Leipzig, 1867.
La Masoneria, par Viriato Alfonso de Castro. Paris, 1871.
The Freemason's Vademecum, par Étienne Jones, vénérable de la Loge d'Antiquité, date immémoriale. Londres, 1862.
The Rosicrucian and Masonic Record. Londres, 1877-78.
2. *Ibid.*
3. *Ibid.*

cisme pur, s'éleva en face de l'Église chrétienne, foyer du gnosticisme faussé et adultéré[1].

Le groupement de ces quatre loges de Londres assemblées à l'auberge du Pommier, prit le nom de « Grande Loge d'Angleterre »[2].

En 1723 Anderson rédigea, fit accepter et publia le « Livre des Constitutions des Maçons Libres et Acceptés »[3].

Cette dénomination de Maçons Libres et Acceptés, qui rappelait la construction de l'église Saint-Paul, fut conservée pour écarter la possibilité même d'un soupçon sur le véritable but de la Franc-Maçonnerie naissante[4].

Mais ce but resta toujours la propagande et le triomphe du gnosticisme pur et du libéralisme rationaliste dans tout l'univers[5].

Cette propagande fut conduite avec une énergie telle, qu'en sept années, de 1723 à 1730, les émissaires de la Grande Loge d'Angleterre avaient fondé des Loges Franc-Maçonniques dans tous les pays de l'Europe[6].

On conserva, pour écarter tout soupçon que la nouvelle Franc-Maçonnerie fût autre chose que la continuation de la « Fraternité des Maçons Libres et Acceptés », toutes les appellations et toutes les cérémonies et particularités que cette dernière avait reçues de la *Fraternité* des Constructeurs[7].

Une seule modification fut adoptée. Les *Maîtres* formèrent un

1. *History of Freemasonry*, par Jacques-Georges Gould. Londres, 1884.
Geschichte der Freimaurerei, par Georges-Frédéric Findel. Leipzig, 1867.
The Freemason's Vademecum, par Etienne Jones, vénérable de la Loge d'Antiquité, date immémoriale. Londres, 1862.
The Rosicrucian and Masonic Record. Londres, 1877-1878.

2. *The Old Constitutions of the Ancient and Worshipfull Society of Free and accepted Masons*, éditées par Jean Edmond Cox, grand aumônier de la Grande Loge Unie d'Angleterre. Londres, 1871.

3. *The Constitutions of the Ancient Fraternity of Free and Accepted Masons*, édition officielle publiée par la Grande Loge Unie d'Angleterre. Londres, 1884.
The History of Freemasonry, par Jacques-Georges Gould. Londres, 1884.
The Secret History of the United Grand Lodge of England and Wales, mss. de la collection privée du duc de Sussex, n° 117.
The Freemasons Monitor, par Thomas-Smith Webb, Salem, 1816.
Illustrations of Freemasonry, par Guillaume Preston, vénérable de la Loge d'Antiquité, date immémoriale. Londres, 1856.

4. *Ibid.*
5. *Ibid.*
6. *Ibid.*
7. *Ibid.*

degré séparé et distinct des *Compagnons*, et c'est sous le triple classement d'*Apprentis*, *Compagnons* et *Maîtres*, que l'armée du gnosticisme pur s'élança à la conquête du monde[1].

§ 3. — LES 33 DEGRÉS DE L'ÉCOSSISME

Nous n'avons pas l'intention d'écrire une histoire de la Franc-Maçonnerie, ni de détailler un à un tous ses grades dans ce chapitre : ce serait sortir entièrement du sujet de notre travail.

Nous tenons simplement à montrer :

1° Que tous les courants dont nous avons parlé sont bien respectivement représentés dans la Franc-Maçonnerie.

2° Que les Francs-Maçons actuels, surtout les français, ont perdu totalement la tradition qui leur avait été confiée primitivement.

3° Que les écoles d'occultisme fondées depuis le début du XIXe siècle possèdent maintenant seules la plus grande partie de cette science ésotérique.

Signalons en passant la victoire remportée par le gnosticisme sur la Papauté et la Royauté par la réussite de deux nouvelles tentatives maçonniques :

1° L'indépendance de l'Amérique;

2° La Révolution française,

arrivées à quelques années de distance, et résumons rapidement l'organisation maçonnique.

L'auteur anonyme du travail que nous avons déjà cité fait une division artificielle des grades maçonniques d'après leur origine, division fausse en beaucoup de points, à notre avis.

1° La partie théorique de la Franc-Maçonnerie est enseignée dans *les loges* qui comprennent trois grades, le 1er, le 2e et le 3e et dérivent directement *des loges de maçons anglais*.

2° La partie symbolique est enseignée dans *les chapitres* qui

1. *The Constitutions of the Ancient Fraternity of Free and Accepted Masons*, édition officielle publiée par la Grande Loge Unie d'Angleterre. Londres, 1884.

The History of Freemasonry, par Jacques-Georges Gould. Londres, 1884.

The Secret History of the United Grand Lodge of England and Wales, mss. de la collection privée du duc de Sussex, n° 117.

The Freemasons Monitor, par Thomas-Smith Webb. Salem, 1816.

Illustrations of Freemasonry, par Guillaume Preston, vénérable de la Loge d'Antiquité, date immémoriale. Londres 1856.

renferment tous les grades du 3e au 18e et ce dernier grade dérive directement *des Rose-Croix gnostiques*, ainsi que l'indique son sceau dont nous donnons ci-joint la reproduction tirée d'un livre fort rare, *le Thuileur des 33 degrés de l'Écossisme.*

3e La partie pratique et exécutive de la maçonnerie est enfermée dans *les aréopages* dérivant directement *des Templiers* et comprenant tous les grades du 18e au 30e exclusivement (chevalier Kadosh).

4° Au-dessus de ces trois divisions, et les synthétisant toutes se trouve la partie administrative et *hermétique* dérivée du courant alchimiste et comprenant trois grades, le 31°, le 32° et le 33°.

Le Rituel du 32e degré et le sceau de ses membres montrent clairement cette filiation.

Voici ce sceau du 32e qui contient l'enseignement total de l'Ordre :

Sceau des Sublimes Princes du Royal Secret.

32e Degré. — *Prince du Royal Secret.*

Ce grade, le dernier du Rite Écossais, Ancien et Accepté, avant le grade suprême, possède le pouvoir exécutif du Rite et en résume toute la doctrine, pour en assurer le fonctionnement [1].

L'assemblée des Maçons de ce grade se nomme Consistoire, et sa caractéristique est une construction centrale en bois, qui représente un campement disposé de la manière suivante : une croix de Saint-André enveloppée par un cercle, entouré par un triangle équilatéral, inscrit dans un pentagone, qui porte circonscrit un heptagone, qui lui-même est inscrit dans un nonagone. Les sommets de chacun de ces polygones, ainsi que le centre et les extrémités de la croix de Saint-André, sont supposés marquer l'emplacement des tentes où campent les Francs-Maçons des 5 + 3 + 5 + 7 + 9 = 29 degrés qui campent séparément d'après la légende du grade [2].

Cette légende est la formation d'une armée Franc-Maçonnique composée des Maçons de tous les degrés, qui entreprend une campagne pour aller s'emparer de Jérusalem, et posséder son Temple, et qui campe en attendant l'assaut définitif. Elle comprend *15 corps* d'armée qui se réuniront dans les ports de Naples, Malte,

1. *Rituel de Prince du Royal Secret.* Mss. portant le n° 867 de la collection du Grand Orient de France.

Ritual of Prince of the Royal Secret, par Albert Pike, grand commandeur du Suprême Conseil pour la Juridiction sud des États-Unis. Charleston, 1880, p. 67 à 141.

El Triple Triangulo, par Andréa Viriato de Castro, grand commandeur du Suprême Conseil de Colon. Madrid, 1884, p. 292.

Lexicon of Freemasonry, par Albert-Georges Mackey, grand secrétaire du Suprême Conseil pour la Juridiction sud des États-Unis. Londres 1873.

Bibliotheca Masonnica dos Masones Libres e Aceitos. Paris.

The Book of the Ancient and Accepted Scottish Rite, par Charles Thomas Mac Clenachan, grand maître des cérémonies du Suprême Conseil pour la Juridiction nord des États-Unis. New-York, 1873.

Histoire pittoresque de la Franc-Maçonnerie, par J.-B.-T. Clavel. Paris. 1844.

The Symbol of Glow, par Georges Olivier, grand commandeur du Suprême Conseil d'Angleterre. Londres, 1850.

Rituels des grades 31e et 32e, par J.-M. Ragon. Paris, 1860.

Rituale del grado trentadue della Massoneria, par Dominico Anghera, grand maître de la Maçonnerie italienne. Rome, 1874.

2. *Ibid.*

Rhodes, Chypre et Jaffa, pour opérer leur concentration et marcher sur Jérusalem [1].

Cette concentration de l'armée Franc-Maçonnique a lieu quand le signal, qui est un coup de canon, est donné par le chef qui en a le commandement suprême. Le 1er coup de canon et la 1re concentration eurent lieu quand Luther se mit à la tête de la révolte de l'intelligence contre la Forme.

Le 2e coup de canon et la 2e concentration eurent lieu quand l'affirmation que tout gouvernement humain tient son autorité du peuple et seulement du peuple, se produisit en Amérique.

Le 3e coup de canon et la 3e concentration eurent lieu quand la proclamation de la doctrine de Liberté, Égalité et Fraternité eut lieu en France.

Le 4e et le 5e coup de canon et la 4e et la 5e concentration n'ont pas encore eu lieu. A la 5e concentration, succédera le règne du Saint Empire, c'est-à-dire le règne de la Raison, de la Vérité et de la Justice [2].

Les enseignements du grade sont complètement formulés dans les cinq serments prêtés par le récipiendiaire. Voici leur texte :

1er Serment [3].

« Je jure que rien, absolument rien ne pourra jamais être un obstacle à ce que je me consacre à rendre les hommes meilleurs et plus éclairés, et m'efforce de devenir chaque jour plus instruit et plus avide de vérité et vertu [4].

« Je jure de me montrer toujours assidu à remplir mes devoirs franc-maçonniques et à étudier avec zèle les enseignements du

1. *Rituel de Prince du Royal Secret.* Mss. portant le n° 867 de la collection du Grand Orient de France.

Ritual of Prince of the Royal Secret, par Albert Pike, grand commandeur du Suprême Conseil pour la Juridiction sud des États-Unis. Charleston, 1880, p. 67 à 141.

El Triple Triangulo, par André Viriato de Castro, grand commandeur du Suprême Conseil de Colon. Madrid, 1884, p. 295.

Rituel des grades 31e et 32e, par J.-M. Ragon. Paris, 1860.

Rituale del grado trentadue della Massoneria, par Dominico Anghera, grand maître de la Maçonnerie italienne. Rome, 1874.

2. *Ibid.*

3. *Ibid.*

4. *Ibid.*

Monita des Souverains grands Inspecteurs généraux du Suprême Conseil pour la Juridiction nord des États-Unis. Boston, 1880.

Rite, pour parvenir à être en tout et pour tout un véritable soldat de la Lumière[1]. »

2e Serment [2].

« Je jure de m'opposer toujours et par tous les moyens aux arbitrariétés (*sic*) de l'homme sur l'homme[3].

« Je jure de m'efforcer de toutes mes forces de dominer et abattre quiconque tentera d'asservir les hommes libres, au moyen de leurs appétits, leurs besoins, leurs passions et leurs folies[4].

« Je jure de conquérir pour le peuple la liberté de son vote, en conservant la pleine et entière liberté du mien, et en ne tolérant pas que personne m'impose sa volonté pour des actes dont moi seul suis responsable, et pour lesquels je n'ai à suivre que les conseils de ma conscience et les opinions de mon raisonnement[5]. »

3e Serment [6].

« Je jure d'être toujours, et de me montrer toujours l'ennemi acharné et le plus implacable de toute tyrannie spirituelle qui essaie de s'imposer aux consciences des hommes[7].

1. *Rituel de Prince du Royal Secret*. Mss. portant le n° 867 de la collection du Grand Orient de France.

Ritual of Prince of the Royal Secret, par Albert Pike, grand commandeur du Suprême Conseil pour la Juridiction sud des États-Unis. Charleston, 1880, p. 67 à 141.

El Triple Triangulo, par Andréa Viriato de Castro, grand commandeur du Suprême Conseil de Colon. Madrid, 1884, p. 294.

Rituels des Grades 31e et 32e, par J.-M. Ragon. Paris, 1860, p. 10 et 43.

Rituale del Grado Trentadue della Massoneria, par Dominico Anghera, grand maître de la Franc-Maçonnerie italienne. Rome, 1874.

Monita des Souverains grands Inspecteurs généraux du Suprême Conseil pour la Juridiction nord des États-Unis. Boston, 1880.

2. *Ibid.*

3. *Ibid.*

4. *Ibid.*

El Triple Triangulo, par Andrea Viriato de Covadonja, grand commandeur du Suprême Conseil pour la Juridiction sud des États-Unis. Charleston, 1880, p. 67 à 141.

5. *Ibid.*

6. *Ibid.*

Legenda Magistralia à l'usage des Souverains Grands Inspecteurs Généraux, par Albert Pike, grand commandeur du Suprême Conseil pour la Juridiction sud des États-Unis. Charleston, 1881.

7. *Ibid.*

« Je jure d'empêcher par tous les moyens quels qu'ils soient, toute tentative de l'Église, du Temple, de la Synagogue ou de la Mosquée, de s'imposer à la liberté de conscience, de rendre la pensée et l'opinion ses esclaves, et de prétendre obliger les hommes à croire ce qu'elles veulent bien prescrire[1].

« Je jure de combattre, sur tous les terrains, la superstition par la Raison, et l'hypocrisie et le fanatisme par la Vérité, remplissant ainsi le plus sacré de mes devoirs maçonniques[2]. »

4e Serment[3].

« Je jure et promets, de mon plein et libre gré, de combattre par tous les moyens et de renverser sur tous les terrains, les projets de quiconque prétendra saisir le pouvoir par des moyens illicites ou indignes, ou qui sera lui-même indigne, incapable et incompétent pour l'exercer[4].

« Je jure de travailler sans trêve ni repos à rendre les hommes virils, indépendants et conscients d'eux-mêmes, sans me décourager si mes efforts paraissent infructueux ou si leur faiblesse semble incurable[5].

« Je jure d'être toujours le soldat fidèle et dévoué du peuple, dont l'exaltation au pouvoir et à la liberté doit être le but absorbant de mes efforts[6]. »

1. *Rituel de Prince du Royal Secret.* Mss. portant le n° 867 de la collection du Grand Orient de France.

Ritual of Prince of the Royal Secret, par Albert Pike, grand commandeur du Suprême Conseil pour la Juridiction sud des États-Unis. Charleston, 1880, p. 67 à 141.

El Triple Triangulo, par Andréa Viriato de Castro, grand commandeur du Suprême Conseil de Colon. Madrid, 1884, p. 294.

Rituels des Grades 31e et 32e, par J.-M. Ragon. Paris, 1860, p. 10 à 43.

Rituale del Grado Trentadue della Massoneria, par Dominico Anghera, grand maître de la Maçonnerie italienne. Rome, 1874.

Legenda Magistralia, à l'usage exclusif des Souverains Grands Inspecteurs Généraux, par Albert Pike, grand commandeur du Suprême Conseil pour la Juridiction sud des États-Unis. Charleston, 1881.

2. *Ibid.*

3. *Ibid.*

4. *Ibid.*

5. *Ibid.*

Instructions secrètes des Souverains Grands Inspecteurs Généraux pour la conduite des Loges, Chapitres et Conseils, par le vicomte de la Jonquière. Mss. portant le n° 43 de la collection des « La Jonquière Manuscripts », de la grande Loge d'Édimbourg.

6. *Ibid.*

5e Serment[1].

« Je jure de me montrer toujours fidèle et exact dans l'accomplissement de tous mes devoirs franc-maçonniques, pour encourager les tièdes, les apathiques et les indifférents à se renoncer pour la Franc-Maçonnerie[2].

« Je jure de maintenir, de soutenir et de défendre, toujours et sur tous les terrains, les droits sacrés et inaliénables de la Franc-Maçonnerie à la liberté d'action la plus étendue[3].

« Je jure de donner toujours des preuves irréfutables de mon dévouement au Rite, et de ma loyauté comme soldat enthousiaste de la Franc-Maçonnerie[4]. »

Par conséquent la synthèse du grade est que le Franc-Maçon, pour devenir un véritable prince du Royal Secret, doit apprendre à être bien réellement[5] :

Le véritable soldat de la Lumière,

Le véritable soldat de la Liberté,

Le véritable soldat de la Raison pure,

Le véritable soldat du Peuple,

Le véritable soldat de la Franc-Maçonnerie[6].

Cet enseignement du grade est quintuple, parce que le nombre cinq est en Maçonnerie l'emblème de la génération, de la réalité[7].

1. *Rituel de Prince du Royal Secret.* Mss. portant le n° 867 de la collection du Grand Orient de France.

Ritual of Prince of the Royal Secret, par Albert Pike, grand commandeur du Suprême Conseil pour la Juridiction sud des États-Unis. Charleston, 1880, p. 67 à 141.

El Triple Triangulo, par Andréa Viriato de Castro, grand commandeur du Suprême Conseil de Colon. Madrid, 1884, p. 298.

Rituels des Grades 31e et 32e, par J.-M. Ragon. Paris, 1860, p. 10 à 43.

Rituale del Grado Trentadue della Massonèria, par Dominico Anghera, grand maître de la Maçonnerie italienne. Rome, 1874.

Instructions secrètes des Souverains Grands Inspecteurs Généraux pour la conduite des Loges, Chapitres et Conseils, par le vicomte de La Jonquière. Mss. portant le n° 43 de la collection des « La Jonquière Manuscripts » de la grande Loge d'Édimbourg.

2. *Ibid.*

3. *Ibid.*

4. *Ibid.*

5. *Ibid.*

6. *Ibid.*

7. *Ibid.*

∴

Le 33e et dernier degré de l'Ordre est purement hermétique. Je vais, pour prouver ce fait, donner la description de la Chambre du suprême conseil en appelant l'attention du lecteur sur le réchaud et le vase *rempli de mercure* qui s'y trouvent. Les enseignements de la Magie et de l'Alchimie sont synthétisés dans ce grade, c'est-à-dire pour ceux qui savent comprendre et non pas pour les E∴ de la V∴.

CHAMBRE DU SUPRÊME CONSEIL

Les tentures sont couleur pourpre, emblématique de l'autorité, recouvertes de têtes de mort, squelettes et os en sautoir brodés en argent, symbole de la régénération de la Nature par la mort, rappelant la régénération de la société par la Maçonnerie.

A l'Orient se trouve le trône du Président, élevé de cinq degrés, emblématiques des cinq parties que comprend l'ensemble de l'Enseignement Maçonnique.

Il est couvert d'un dais pourpre et or, dont le fronton présente un aigle à deux têtes, les ailes déployées, symbole égyptien de la Sagesse exerçant partout son empire pour l'Ordre et le Progrès. Cet aigle est brodé en argent, et a les becs et les serres en or. Entre ses serres il soutient un glaive en or, emblème du Pouvoir, dont la poignée est du côté de la serre droite. Une banderole, où se lit la devise « Dieu et mon droit », de Richard Cœur de Lion, traduite en latin par : *Deus meumque Jus*, s'étend de l'une à l'autre des extrémités du glaive.

L'aigle porte une couronne royale, emblème du Pouvoir matériel, sur ses deux têtes; et cette couronne est surmontée d'un triangle rayonnant en or, portant au centre, en rouge, le YOD hébraïque, emblème du Pouvoir spirituel.

Au-dessus du trône, figure un transparent où l'on voit le nom hébreu de JEHOVAH, Cause Première, peint en or, émettant des rayons et entouré de trois triangles équilatéraux en or, enlacés en hexagone, et portant dans chacun de leurs angles une des neuf lettres, en rouge, du mot SAPIENTIA, Sagesse. Cela veut dire que la Sagesse suprême préside les travaux du Conseil en l'éclairant de ses rayons.

A droite et à gauche du trône sont groupés les 32 étendards.

chacun de la couleur du grade et portant son emblème, des 32 grades du Rite Écossais Ancien et Accepté.

A l'Occident se trouve le trône du Vice-Président, élevé de trois degrés, emblème des éléments de toute création : la Cause, le Moyen, la Fin. Il est surmonté d'un Phénix renaissant entre les flammes, emblème de l'Immortalité de la Lumière Maçonnique, dont l'enseignement a traversé intact les bûchers dressés par le Mensonge, l'Erreur, le Fanatisme et l'Hypocrisie.

Au centre du Conseil se trouve un autel quadrangulaire, recouvert en velours pourpre frangé d'or, portant sur le centre de la face dirigée vers l'Occident le chiffre 33 brodé en or.

Sur cet Autel se trouve le livre des Constitutions, sur lequel est croisée une épée.

Au nord de cet Autel, c'est-à-dire à sa droite, se trouve un squelette, dont le bras droit levé et portant un poignard dans la main semble s'apprêter à poignarder quelqu'un. La main gauche de ce squelette soutient le drapeau de l'Ordre. Sous le squelette, se trouve un fauteuil disposé de façon à ce que le coup de poignard paraisse destiné à celui qui l'occupe. Cette représentation symbolise que la mort des traîtres est nécessaire pour le maintien de l'Ordre.

Le drapeau de l'Ordre est de soie blanche, de 1 mètre de largeur sur 75 centimètres de hauteur; sa hampe a 2 mètres 1/2 de hauteur; il est frangé d'or, et porte, brodé en noir, un aigle à deux têtes, soutenant une épée nue entre ses serres, ayant les becs, les serres et la poignée de l'épée en or, et portant une couronne royale surmontée d'un triangle rayonnant dont le chiffre 33 occupe le centre. C'est le symbole du pouvoir matériel et du pouvoir spirituel dont dispose l'Ordre, grâce à la Sagesse de ses Souverains Grands Inspecteurs Généraux.

Au sud de l'Autel, c'est-à-dire à sa gauche, se trouve une table à parfums, portant un réchaud sur lequel est placé un vase métallique rempli à moitié de mercure. Sur le réchaud on projette un gros encens formé d'ambre, d'olibanum, de résine, de storax labdanum et de benjoin.

Le Conseil est éclairé par onze lumières, disposées comme il suit : un chandelier à cinq branches à l'Orient, symbolisant les cinq parties de l'Enseignement Maçonnique; un chandelier à trois branches à l'Occident, symbolisant la Création universelle; un chandelier à deux branches au Midi, symbolisant la Matière, le Principe passif; un chandelier à une branche au Nord, symbolisant le Feu Central, la Cause première, le Principe actif.

Les Officiers indispensables pour la constitution d'un Suprême

Conseil sont au nombre de sept, nombre emblématique de la Perfection absolue. Ce sont :

Le Très Puissant Souverain Grand Commandeur,
Le Puissant Souverain Lieutenant Grand Commandeur,
Le Grand Trésorier du Saint Empire,
Le Grand Chancelier du Saint Empire,
Le Grand Secrétaire du Saint Empire,
L'Illustre Grand Maître des Cérémonies,
L'Illustre Grand Capitaine des Gardes.

Le Très Puissant Souverain Grand Commandeur occupe le trône situé à l'Orient, ayant devant lui un autel triangulaire recouvert de velours cramoisi et or.

Le Puissant Souverain Lieutenant Grand Commandeur occupe le trône situé à l'Occident, et a devant lui un Autel triangulaire recouvert de velours cramoisi et or.

Le Grand Trésorier du Saint Empire est placé à l'extrême gauche de l'Orient.

Le Grand Chancelier du Saint Empire est placé à la gauche du Grand Commandeur, entre celui-ci et le Grand Trésorier.

Le Grand Secrétaire du Saint Empire est placé à la droite du Grand Commandeur.

L'Illustre Grand Maître des Cérémonies est placé à l'extrême droite de l'Orient, de l'autre côté du Grand Secrétaire.

L'Illustre Grand Capitaine des Gardes se place au sud-ouest, à la droite du Lieutenant Grand Commandeur et à proximité de la porte d'entrée.

Au-dessus de cette porte d'entrée est écrite la devise de l'ordre : *Deus meumque Jus.*

Le costume des Illustres Souverains Grands Inspecteurs Généraux est le costume noir de ville, avec le cordon, les bijoux et la croix teutonique.

Le cordon est un ruban blanc, de soie moirée, de 11 centimètres de largeur, destiné à être porté de gauche à droite, c'est-à-dire du côté du cœur et de la volonté au côté de l'action. Sur le devant il porte brodé en or un triangle équilatéral rayonnant, au centre duquel est le chiffre 33, et à la droite et à la gauche duquel triangle se trouvent deux glaives d'argent dont les pointes convergent vers le centre. Il symbolise la vigilance constante, et l'apprêt constant à la lutte, des Souverains Inspecteurs Généraux, vengeurs des innocentes victimes des ennemis de l'Ordre. Le cordon se termine par une pointe entourée de franges d'or et portant au milieu une rosette rouge et verte, couleurs de la Vie et de l'Espérance.

Les bijoux sont : l'Aigle, la triple croix et l'alliance.

L'Aigle à deux têtes est en argent, a les becs, les serres et l'épée qu'il tient entre ses serres en or. Les deux têtes sont surmontées d'un triangle rayonnant, ayant la pointe en bas et au centre le י ion hébreu, symbole de l'existence.

L'aigle est attaché à un ruban blanc de 11 centimètres, ayant de chaque côté un liséré d'or de 3 centimètres de largeur.

La triple croix est formée par la jonction de deux croix ordinaires par le sommet, d'où partent deux bras horizontaux, qui complètent, à ce point de jonction, la croix totale formée par la jonction des deux bras verticaux entiers. Elle est en émail rouge pour les dignitaires du Suprême Conseil.

Les anciens dignitaires la portent entourée d'une jarretière noire brodée d'or. Cette croix se porte suspendue à l'Aigle.

L'Alliance est un double anneau de deux lignes d'épaisseur, portant gravée à l'intérieur la devise : *Deus meumque Jus*, et le nom du propriétaire. Elle symbolise le mariage, l'union indissoluble du Souverain Grand Inspecteur Général avec l'Ordre.

La Croix teutonique est une croix puissant gueules, chargée sur une croix puissant or, surchargée d'un écusson aux lettres J.·. B.·. M.·. : la croix principale surmontée d'un principal bleu semé de France. Les Souverains Grands Inspecteurs Généraux la portent attachée sur le côté gauche, au-dessus du cœur.

Le Suprême Conseil a un tapis quadrillé rouge et noir, emblème de sa vitalité pour le châtiment.

∴

Pour être impartial nous allons indiquer l'attribution que l'auteur anonyme de la « Maçonnerie pratique » donne aux 33 degrés ainsi que leur sens.

Nous ferons suivre ces extraits de plusieurs planches éclairant toutes ces données.

Inutile de prévenir le lecteur que l'ouvrage que nous citons est fait par de bons catholiques qui y ont glissé toutes les calomnies possibles mais sans parvenir à dénaturer la pureté des enseignements maçonniques.

RITE ÉCOSSAIS ANCIEN ET ACCEPTÉ

RÉSUMÉ DES SEPT CATÉGORIES COMPRENANT LES 32 PREMIERS GRADES

Jetons un coup d'œil d'ensemble sur les enseignements pratiques du Rite Écossais Ancien et Accepté.

1re Série. — Grades Gnostiques Élémentaires.

1er Degré.

Génération et pas création ; sa cause, le *membrum virile* [1].

2e Degré.

Génération et pas création. Son moyen, les *genitalia mulieris* [2].

3e Degré.

Génération et pas création. Son produit, la vie et la mort, toutes deux principe et terme de tout ce qui existe [3].

2e Série. — Grades Gnostiques Supérieurs.

18e Degré.

Émancipation de l'humanité par l'amour et par la vérité gnostique [4].

1. *Instructions secrètes des Souverains Grands Inspecteurs Généraux pour la conduite des Loges, Chapitres et Conseils,* par le vicomte de la Jonquière. Mss. portant le n° 43 de la collection des « La Jonquière Manuscripts » de la Grande Loge d'Édimbourg.
Legenda Magistralia, à l'usage exclusif des Souverains Grands Inspecteurs Généraux, par Albert Pike, grand commandeur du Suprême Conseil pour la Juridiction sud des Etat-Unis. Charleston, 1881.
Monita des Souverains Grands Inspecteurs généraux du Suprême Conseil pour la Juridiction nord des États-Unis. Boston, 1880.
2. *Ibid.*
3. *Ibid.*
4. *Ibid.*

30e Degré.

Agir en aimant et en haïssant à outrance; en respectant et en méprisant sans bornes[1].

3e Série. — Grades d'Illuminés.

9e Degré.

Égalité devant la loi[2].

10e Degré.

Guerre à mort à l'immobilisation du capital humain[3] [a].

11e Degré.

Vengeance accomplie de tous les traîtres[4].

21e Degré.

La victime a droit de vengeance sur le criminel[5].

4e Série. — Grades Israélites et Bibliques.

4e Degré.

Conscience, pas révélation[6].

1. *Legenda Magistralia*, à l'usage exclusif des Souverains Grands Inspecteurs Généraux, par Albert Pike, grand commandeur du Suprême Conseil pour la Juridiction sud des États-Unis. Charleston, 1881.

Instructions secrètes des Souverains Grands Inspecteurs Généraux pour la conduite des Loges, Chapitres et Conseils, par le vicomte de la Jonquière. Mss. portant le n° 43 de la collection des « La Jonquière Manuscripts » de la Grande Loge d'Édimbourg.

Monita des Souverains Grands Inspecteurs Généraux du Suprême Conseil pour la Juridiction nord des États-Unis. Boston, 1880.

2. *Ibid.*
3. *Ibid.*
4. *Ibid.*
5. *Ibid.*
6. *Ibid.*

a. *Cela veut dire en style clair : guerre à mort au célibat religieux.* (Note de l'Éditeur.)

5e Degré.

Éternité, pas temporalité de l'existence de l'humanité[1].

6e Degré.

Posséder le secret du mal, c'est l'éviter et le vaincre[2].

7e Degré.

Pas d'autre droit que le droit naturel[3].

8e Degré.

La liberté est le seul trait d'union entre le travail et la propriété[4].

12e Degré.

Représentation du peuple[5].

13e Degré.

Déisme antimaçonnique[6].

14e Degré.

Surnaturalisme antimaçonnique[7].

15e Degré.

Lutte incessante pour le triomphe du progrès par la raison[8].

1. *Instructions secrètes des Souverains Grands Inspecteurs Généraux, pour la conduite des Loges, Chapitres et Conseils*, par le vicomte de la Jonquière. Mss. portant le n° 43 de la collection des « La Jonquière Manuscripts » de la Grande Loge d'Édimbourg.

Monita des Souverains Grands Inspecteurs Généraux, Suprême Conseil pour la Juridiction nord des États-Unis. Boston, 1880.

Legenda Magistralia, à l'usage exclusif des Souverains Grands Inspecteurs Généraux, par Albert Pike, grand commandeur du Suprême Conseil pour la Juridiction sud des États-Unis. Charleston, 1881.

2. *Ibid.*
3. *Ibid.*
4. *Ibid.*
5. *Ibid.*
6. *Ibid.*
7. *Ibid.*
8. *Ibid.*

16e Degré.

Le triomphe de la liberté exige courage et persévérance [1].

17e Degré.

Le triomphe de la fraternité exige la liberté de réunion [2].

5e Série. — Grades Templiers.

19e Degré.

Le triomphe de la vérité exige l'accord entre les intérêts matériels et moraux réalisé par les passions [3].

23e Degré.

L'action gouvernementale doit déraciner la superstition [4].

24e Degré.

La nécessité de la destruction du sectarianisme donne droit aux générations nouvelles de modifier les lois des anciennes [5].

25e Degré.

Pour conquérir la liberté, briser de force les chaînes du despotisme [6].

1. *Instructions secrètes des Souverains Grands Inspecteurs Généraux pour la conduite des Loges, Chapitres et Conseils*, par le vicomte de la Jonquière. Mss. portant le nº 43 de la collection des « La Jonquière Manuscripts » de la Grande Loge d'Édimbourg.
Monita des Souverains Grands Inspecteurs Généraux du Suprême Conseil pour la Juridiction nord des États-Unis. Boston, 1880.
Legenda Magistralia, à l'usage exclusif des Souverains Grands Inspecteurs Généraux, par Albert Pike, grand commandeur du Suprême Conseil de la Juridiction sud des États-Unis. Charleston, 1881.
2. *Ibid.*
3. *Ibid.*
4. *Ibid.*
5. *Ibid.*
6. *Ibid.*

26e Degré.

L'égalité sociale résulte de l'harmonisation des lois avec les principes, l'éducation et les usages sociaux [1].

27e Degré.

L'autorité gouvernementale doit être remplacée par la représentation directe des intérêts libres des associés [2].

29e Degré.

La souveraineté du peuple doit être défendue quand même.

6e Série. — Grades Hermétiques.

22e Degré.

L'apothéose du grand œuvre, le travail [3].

28e Degré.

Le vrai Dieu est la raison pure dans la nature [4].

7e Série. — Grades Administratifs.

31e Degré.

Le pouvoir judiciaire maçonnique est un moyen, non un but [5].

1. *Legenda Magistralia*, à l'usage exclusif des Souverains Grands Inspecteurs Généraux, par Albert Pike, grand commandeur du Suprême Conseil pour la Juridiction sud des États-Unis. Charleston, 1881.

Instructions secrètes des Souverains Grands Inspecteurs Généraux pour la conduite des Loges, Chapitres et Conseils, par le vicomte de la Jonquière. Mss. portant le nº 43 de la collection des « La Jonquière manuscripts » de la Grande Loge d'Édimbourg.

Monita des Souverains Grands Inspecteurs Généraux du Suprême Conseil pour la Juridiction nord des États-Unis. Boston, 1880.

2. *Ibid.*
3. *Ibid.*
4. *Ibid.*
5. *Ibid.*

32e Degré.

Soldats de la lumière, la liberté, la raison pure : le peuple et la franc-maçonnerie[1].

33e Degré.

Atteinte[a] du but réel de la Franc-Maçonnerie[2].

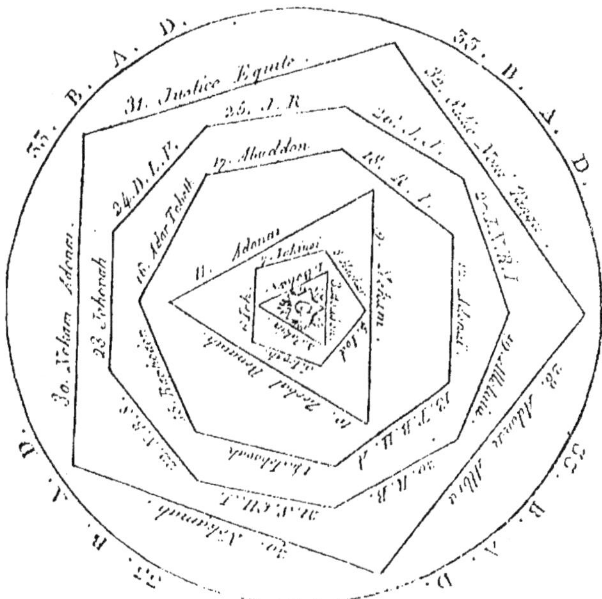

Thème des 33 degrés de l'Écossisme.

De ce coup d'œil d'ensemble, il résulte que les grades gnostiques sont seuls véritablement franc-maçonniques, puisqu'ils renferment

1. *Monita* des Souverains Grands Inspecteurs Généraux, Suprême Conseil pour la Juridiction nord des Etats-Unis. Boston, 1880.

Instructions Secrètes des Souverains Grands Inspecteurs Généraux pour la conduite des Loges, Chapitres et Conseils, par le vicomte de la Jonquière. Mss. portant le nº 13 de la collection des « La Jonquière Manuscripts » de la Grande Loge d'Edimbourg.

Legenda Magistralia, à l'usage exclusif des Souverains Grands Inspecteurs Généraux, par Albert Pike, grand commandeur du Suprême Conseil pour la Juridiction sud des Etats-Unis. Charleston, 1881.

2. *Ibid.*

a. *Obtention.* (Note de l'Editeur.)

l'enseignement de la théorie, et de plus la théorie et la pratique de la raison pure et de la nature; que les grades juifs et bibliques manquent de logique et de cohésion; que les grades templiers sont

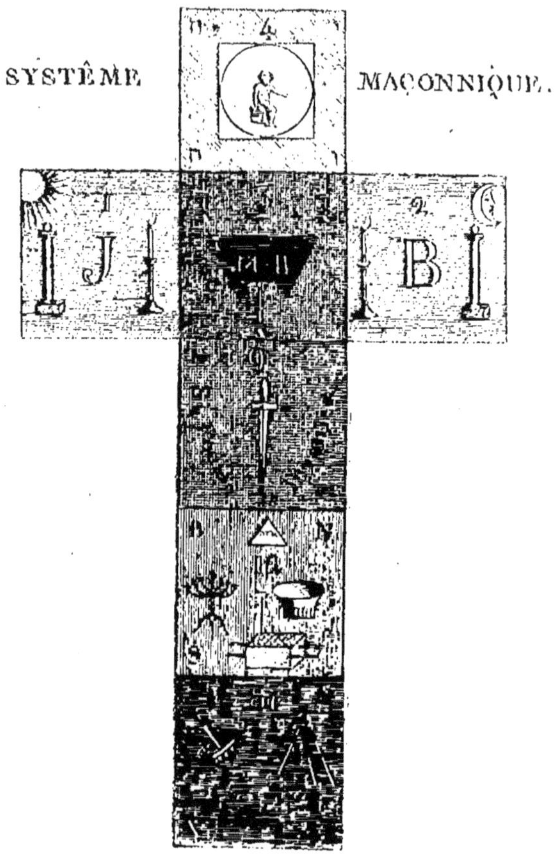

socialistes; que les grades hermétiques sont une réduplication de grades gnostiques; et enfin que les grades administratifs sont inutiles, puisque la pratique de la pratique gnostique est déjà l'objet d'un grade véritablement maçonnique[1].

1. *Legenda Magistralia*, à l'usage exclusif des Souverains Grands Inspecteurs Généraux, par Albert Pike, grand commandeur du Suprême Conseil pour la Juridiction sud des États-Unis. Charleston, 1881.

Instructions Secrètes des Souverains Grands Inspecteurs Généraux pour

En résumé, le Rite Écossais Ancien et Accepté est un corps d'enseignement politico-religioso-économique, composé de 28 membres ou grades, dont l'âme seule, composée de 5 graduations d'enseignement, est véritablement et réellement franc-maçonnique, parce qu'elle est gnostique pure ; car la société secrète qui a nom Franc-Maçonnerie n'a été dans son passé que le gnosticisme enveloppé dans le compagnonnage, et n'est dans le présent que le gnosticisme enveloppé dans des conventions et des formes emblématiques [1].

En consacrant toutes nos forces au triomphe du gnosticisme pur, nous écraserons le gnosticisme adultéré et faussé, la religion révélée ; et, en écrasant la religion, nous renverserons la monarchie, dont elle est la seule raison d'être [2].

C'est seulement en agissant ainsi que le but sublime de la Franc-Maçonnerie pourra être atteint [3].

§ 4. — PERTE DE LA TRADITION

Nous avons dit que la Maçonnerie avait totalement perdu le sens de la tradition ésotérique.

Aucun maçon, ou presque aucun, ne comprend aujourd'hui l'importance du symbolisme des Loges.

Cela provient de ce que la Maçonnerie s'est lancée entièrement dans la politique au lieu de rester indépendante.

Quelles sont les causes de cette erreur dans sa direction ?

Quelques mots d'histoire vont nous les montrer.

Voici d'abord l'état actuel des différents rites maçonniques avec la date de leurs fondations :

la conduite des Loges, Chapitres et Conseils, par le vicomte de la Jonquière. Mss. portant le nº 43 de la collection des « la Jonquière Manuscripts » de la Grande Loge d'Édimbourg.

Monita des Souverains Grands Inspecteurs Généraux, Suprême Conseil pour la Juridiction nord des États-Unis. Boston, 1880.

1. *Instructions secrètes des Souverains Grands Inspecteurs Généraux pour la conduite des Loges, Chapitres et Conseils,* par le vicomte de la Jonquière. Mss. portant le nº 43 de la collection des « La Jonquière Manuscripts » de la Grande Loge d'Édimbourg.

2. *Ibid.*

3. *Ibid.*

VIII

FONDATION DES DIFFÉRENTS RITES

Mais la Franc-Maçonnerie ne conserva pas longtemps l'unité extérieure que ses fondateurs, principalement Anderson et Desaguliers, avaient rêvée pour elle.

Dès 1728 les Rites firent leur apparition ; et ces incarnations variées du gnosticisme pur devinrent de plus en plus nombreuses, à mesure que le succès parut s'attacher à la variété des formes extérieures, dont ces Rites enveloppèrent l'Enseignement Franc-Maçonnique et le double but qu'il se proposait [1].

En 1717, il n'existait qu'une Franc-Maçonnerie unique [2].

En 1728, le premier Rite, celui de l'Écossais Ramsay, fit son apparition [3].

En 1743, le premier Rite français, celui du Temple, fut fondé à Lyon [4].

En 1750, un nouveau Rite fut créé en Angleterre et un autre en France [5].

En 1758, deux nouveaux Rites se produisirent en France [6].

En 1770, deux Rites firent leur apparition en Allemagne [7].

En 1776, deux nouveaux Rites apparurent en Allemagne et un en France [8].

En 1780, un fut fondé en Allemagne [9].

1. *Histoire philosophique de la Franc-Maçonnerie*, par Kauffmann et Cherpin, Lyon, 1850, p. 439 et suiv.

2. *History of Freemasonry*, par Jacques-Georges Gould. Londres, 1884.

3. *Ibid.*

4. *Histoire pittoresque de la Maçonnerie*, par J.-T.-B. Clavel. Paris, 1844, p. 166 et suiv.

5. *Ibid.*

6. *Ibid.*

7. *Geschichte der Freimaurerei*, par Georges-Frédéric Findel. Leipzig, 1874.

8. *Acta Latomorum*, par Thory. Paris, 1815.
Geschichte der Freimaurerei, par Georges-Frédéric Findel, Leipzig, 1874, p. 120, 122, 145.

9. *Ibid.*

En 1782, deux en France [1].

En 1783, un en Allemagne [2].

En 1785, un en Suède [3].

En 1796, un en Allemagne [4].

En 1801, un nouveau Rite fut fondé en France, et un dans l'Amérique du Nord [5].

En 1805, un nouveau Rite apparut en Italie [6].

En 1825, un au Mexique [7].

En 1839, un en France [8].

En 1865, un en Angleterre [9].

De sorte que, de 1717 à 1865, dans une période de cent quarante-huit années, la doctrine Franc-Maçonnique du gnosticisme pur fut présentée aux adeptes de vingt-quatre manières différentes au moyen de vingt-quatre procédés différents de mise en scène.

De ces vingt-quatre Rites, seuls douze sont encore en pleine activité.

Ce sont les suivants :

Deux anglais, le Rite de York et le Rite Ancien et Primitif.

Deux français, le Rite Écossais-Moderne et le Rite du Temple.

Quatre allemands, les Rites de Fessler, Gumemdorf, Schreider et Knigge.

Un italien, le Rite de Misraïm.

Un suédois, le Rite de Swedenborg.

Un mexicain, le Rite National Mexicain.

1. *Histoire générale de la Franc-Maçonnerie*, par Émile Rébold. Paris, 1861, p. 146 et 147.

Die drei Altesten Kulsturkunden der Freimaurerei, par J.-B. Kraüse, Dresde, 1810.

2. *Ibid.*

3. *History of Freemasonry in Sweden*, parue dans le numéro 3, page 23, du *Kneph*, journal officiel du Rite Ancien et Primitif.

4. *Sammtliche Schriffen über Freimaurerei*, par Georges Fessler, Freiberg, 1805-1807.

5. *History of the Ancient and Accepted Rite of Freemasonry*, par Robert Folger, grand secrétaire du Suprême Conseil de la Juridiction nord des États-Unis. New-York, 1881.

6. *De l'Ordre maçonnique de Misraïm depuis sa création*, par Marc Bédarride, Paris, 1845, p. 153, vol. II.

7. *Boletin oficial del supremo Consejo de Mexico.* Mexico, 1869.

8. *Notice sur le Rite de Memphis*, par Léon Jaybert, Bulletin du Grand Orient de France, numéro de mars 1858.

9. *History of the Ancient and Primitive Rite*, par Jean Yarker. Londres, 1881.

Un américain, le Rite Écossais Ancien et Accepté [1].

C'est ce dernier Rite qui compte actuellement des adhérents en nombre plus considérable.

Vingt-deux Suprêmes Conseils, ou Corps dirigeants d'État, du Rite Écossais Ancien et Accepté, sont actuellement en plein exercice. Ils se sont constitués en Confédération en septembre 1875, et c'est le Suprême Conseil de Suisse qui exerce le Pouvoir exécutif de la Confédération [2].

* * *

Tous ces rites ont conservé la doctrine gnostique et spiritualiste sauf un : *le rite français*. Aussi à l'heure présente les membres de ce rite sont-ils regardés comme des profanes quand ils voyagent dans les autres pays.

Voici d'après la « Maçonnerie pratique » l'histoire et l'esprit de ce rite :

RITE FRANÇAIS

I

SON HISTOIRE

La première Loge Maçonnique fut installée à Paris, rue des Boucheries, le 12 juin 1726, par le comte Derwentwater, délégué fondé de pouvoirs de la Grande Loge d'Angleterre [3].

D'autres Loges s'installèrent bientôt, et, en 1730, le premier Grand Maître français fut élu dans la personne du duc d'Antin, et

1. *The Cosmopolitan Masonic Pocket-Book and Calendar* pour l'année 1885. Londres, 1885.

2. Traité d'union, d'alliance et de confédération des Suprêmes Conseils du Rite Écossais Ancien et Accepté, du 22 septembre 1875. Lausanne, 1875.

3. *Acta Latomorum*, par Thory, Paris, 1815, vol. 1, p. 97, 98, 102.

Histoire des Trois Grandes Loges, par Émile Rebold, Paris, 1864, p. 51, 52, 57, 58.

Histoire Pittoresque de la Franc-Maçonnerie, par J.-B.-T. Clavel, Paris, 1844, p. 120.

Histoire Philosophique de la Franc-Maçonnerie, par Kauffmann et Cherpin, Lyon, 1850, p. 266.

présida la « Grande Loge Anglaise de France » non adoptée à cette époque [1].

Cette désignation fut changée en 1756, et la « Grande Loge du Royaume » dirigea désormais les travaux des Francs-Maçons français [2].

Le Grand Maître qui succéda au duc d'Antin, nomme Grand Maître adjoint un maître de danse peu estimable, Lacorne [3].

Cette nomination ne fut pas agréée par la Grande Loge régulière. Lacorne en créa une nouvelle, dont tous les membres furent déclarés exclus de la Maçonnerie par la Grande Loge régulière [4].

Cette exclusion donna naissance à des chocs violents, à des voies de fait, et les autorités civiles firent cesser en 1767 tous les travaux maçonniques [5].

La Grande Loge régulière rapporta en 1771 la décision excluant la fraction Lacorne, et reprit ses travaux [6].

La fraction Lacorne ayant prétendu que de graves abus avaient été commis de 1767 à 1771, pendant la suspension des travaux, la Grande Loge régulière nomma en janvier 1772 huit commissaires enquêteurs [7].

Ces commissaires donnèrent raison à la fraction Lacorne, en déclarant, le 24 décembre 1772, que la Grande Loge régulière avait cessé d'être l'autorité maçonnique en France [8].

La fraction Lacorne mit à bon profit cette décision, et s'érigea, *proprio motu*, en autorité maçonnique, sous la désigation du Grand Orient de France [9].

Le Grand Orient de France est donc né, le 24 décembre 1772, par suite de la victoire des dissidents de la fraction Lacorne sur les fidèles de la Grande Loge primitive et seule régulière [10].

1. *Acta Latomorum*, par Thory, Paris, 1815, vol. 1, p. 97, 98, 102.
Histoire des Trois Grandes Loges, par Emile Rébold, Paris, 1864, p. 51, 52, 57, 58.
Histoire Pittoresque de la Franc-Maçonnerie, par J.-B.-T. Clavel, Paris, 1844, p. 120.
Histoire Philosophique de la Franc-Maçonnerie, par Kauffmann et Cherpin, Lyon, 1850, p. 266.
2. *Ibid.*
3. *Ibid.*
4. *Ibid.*
5. *Ibid.*
6. *Ibid.*
7. *Ibid.*
8. *Ibid.*
9. *Ibid.*
10. *Ibid.*

Ce Grand Orient de France, devenu la seule puissance maçonnique française, institua dans son sein, en 1781, une Chambre spéciale chargée d'étudier les Hauts Grades et d'y initier des candidats[1].

Cette Chambre des Hauts Grades créa en 1786 le Rite Français des sept grades[2].

Ces sept grades sont désignés sous les noms suivants : Apprenti, Compagnon, Maître, Élu, Chevalier d'Orient, Écossais et Prince Rose-Croix[3].

Sauf de légères différences de mise en scène, voici les résultats de la comparaison entre le Rite Français et le Rite Écossais[4] :

Au point de vue de l'enseignement et de la doctrine :

Le 1er Grade français est le 1er Grade écossais.

Le 2e Grade français est le 2e Grade écossais.

Le 3e Grade français est le 3e Grade écossais.

Le 4e Grade français est le 9e Grade écossais.

Le 5e Grade français est le 14e Grade écossais.

Le 6e Grade français est le 15e Grade écossais.

Le 7e Grade français est la même chose que le Grade écossais de Rose-Croix.

Mais le gnosticisme pur n'est plus l'âme du Rite de 1786, et, à ces variantes sans valeur dans l'enveloppe extérieure des doctrines ritualistiques françaises, viennent s'ajouter des modifications de pratique franc-maçonnique qui ne manquent pas d'importance.

II

SON ESPRIT

Nous allons résumer, (non pas d'après la pratique réelle des Ateliers français, où la politique de clocher et les négociations anti-

1. *Acta Latomorum*, par Thory, Paris, 1815, vol. I, p. 108 à 170.
Histoire des Trois Grandes Loges, par Émile Rébold, Paris, 1864, p. 63, 77, 78.
Histoire Pittoresque de la Franc-Maçonnerie, par J.-B.-T. Clavel, Paris, 1844.
Histoire Philosophique de la Franc-Maçonnerie, par Kauffmann et Cherpin, Lyon, 1850, p. 485.
2. *Ibid.*
3. *Ibid.*
4. *Tuileur général de la Franc-Maçonnerie*, par J.-M. Ragon, Paris, 1860.

déistes tiennent tant de place, que la véritable doctrine maçonnique française est morte, depuis longtemps étouffée par le manque d'air, mais d'après les documents secrets les plus dignes de foi), les enseignements pratiques du Rite français[1].

Apprenti du Rite Français.

La Franc-Maçonnerie est la rédemption des masses populaires aveuglées par la superstition, rendues inertes par l'ignorance, enchaînées par le despotisme, hébétées par la hiérarchie cléricale[2].

Compagnon du Rite Français.

Le peuple a droit à la plus grande liberté politique et religieuse, mais pour la posséder il lui faut pratiquer la prudence, la justice, la fermeté et la modération, et ne jamais avoir recours ni à l'imprémeditation ni à la vengeance, ni au désespoir, ni aux excès[3].

Maître du Rite Français.

Le peuple, mis à mort par l'asservissement et l'ignorance, est rendu à la vie par la certitude de l'immortalité de l'humanité[4].

Élu Français.

L'ignorance, le principal assassin de la liberté rationnelle, physique, intellectuelle et spirituelle, est hors la loi. Partout où elle est rencontrée, l'ignorance doit être anéantie, décapitée sans autre forme de procès[5].

Chevalier d'Orient Français.

Le gouvernement véritablement libre et réellement constitutionnel est celui qui se constitue le rédempteur et l'illustrateur du

1. *Instructions secrètes des Souverains Grands Inspecteurs Généraux pour la conduite des Loges, Chapitres et Conseils*, par le vicomte de la Jonquière. Mss. portant le n° 43 de la collection des « La Jonquière Manuscripts » de la Grande Loge d'Édimbourg.
2. *Ibid.*
3. *Ibid.*
4. *Ibid.*
5. *Ibid.*

peuple, rendu libre dans sa soumission à la loi, égal dans ses droits devant la loi et fraternisant dans une communauté d'intérêts et de sympathies [1].

Écossais Français.

Les institutions véritablement libres et le régime réellement constitutionnel une fois établis, sont maintenus et rendus définitifs par la fidélité aux engagements contractés, et par la constance et la persévérance mises en jeu pour les tenir [2].

Rose-Croix Français.

L'homme apprend par la foi qu'il peut devenir libre, par l'espérance qu'il peut continuer à être toujours libre, et par la charité la nécessité de la tolérance civile et religieuse, condition indispensable du règne de la loi d'amour qui seule peut réaliser l'émancipation de l'humanité [3].

Cet ensemble d'enseignements nous montre qu'il y a dans le Rite français, une moelle d'idéalisme bien plus importante et surtout bien plus perceptible que dans le Rite écossais ancien et accepté, et c'est peut-être à cet inévitable idéalisme que ce Rite doit l'abandon presque absolu dont sa doctrine se voit l'objet [4].

En résumé, le Rite français poursuit comme but l'émancipation de l'humanité par les institutions libres et le régime constitutionnel, acquis et consolidés par les moyens pacifiques, et n'emploie les moyens violents que pour anéantir l'ignorance [5].

D'élimination en élimination, le Grand Orient de France en est arrivé, lors du convent de 1890, à voter la suppression du symbolisme dans ses loges. Il n'existe donc plus aucune trace de Science occulte dans cette société devenue pareille à toutes les associations de secours mutuels. Ce rite est, du reste, le dernier rempart du matérialisme expirant.

1. *Instructions Secrètes des Souverains Grands Inspecteurs Généraux pour la Conduite des Loges, Chapitres et Conseils*, par le vicomte de la Jonquière. Mss. portant le n° 43 de la collection des la « Jonquière Manuscripts » de la Grande Loge d'Édimbourg.
2. *Ibid.*
3. *Ibid.*
4. *Ibid.*
5. *Ibid.*

§ 5. — LA LÉGENDE D'HIRAM

THÉORIES PHILOSOPHIQUES DE LA FRANC-MAÇONNERIE

La légende d'Hiram.

Si les Francs-Maçons ont perdu la clef de la tradition qu'ils devaient conserver, les symboles incompris de cette tradition subsistent néanmoins intacts dans les loges qui ne se rattachent pas au Rite français. Nous passerons quelques-uns de ces symboles en revue dans les chapitres suivants. Pour l'instant nous allons résumer tout ce qui précède en publiant *la légende d'Hiram* et ses enseignements.

Cette étude faite en 1888 dans une revue d'occultisme nous valut les félicitations les plus chaleureuses de la part de la *Chaîne d'Union*, l'organe officieux de la Franc-Maçonnerie en France.

SYMBOLES DE LA FRANC-MAÇONNERIE

La légende d'Hiram.

L'acacia m'est connu!

Les symboles de la Science Occulte conservés jusqu'à nos jours par la Franc-Maçonnerie peuvent être divisés en deux classes.

Les uns, comme les tableaux des loges, les hiéroglyphes, les couleurs, les cérémonies, ne sont plus compris par la plupart des affiliés que dans leur sens le plus grossier, quand ils sont compris.

Les autres, renfermés dans quelques récits comme ceux de la mort d'Hiram ou de J.-B. Molay, sont encore entendus dans plusieurs de leurs significations.

C'est d'un de ces derniers symboles, la légende d'Hiram, que nous allons nous occuper.

L'origine de cette légende est assez intéressante, car elle marque l'origine réelle de la Franc-Maçonnerie moderne. La voici d'après Ragon :

« Cette même année (1646) une société de Rose-Croix, formée d'après les idées de la *nouvelle Atlantis de Bacon*, s'assemble dans la salle de réunion des *freemasons* à Londres. Asmhole et les autres frères de la Rose-Croix, ayant reconnu que le nombre des ouvriers de métier était surpassé par celui des ouvriers de l'intelligence, parce que le premier allait chaque jour en s'affaiblissant, tandis que les derniers augmentaient continuellement, pensèrent que le moment était venu de renoncer aux formules de réception de ces ouvriers, qui ne consistaient qu'en quelques cérémonies à peu près semblables à celles usitées parmi tous les gens de métier, lesquelles avaient, jusque-là, servi d'abri aux *initiés* pour s'adjoindre des *adeptes*.

Ils leur substituèrent, au moyen des traditions orales dont ils se servaient pour leurs aspirants aux sciences occultes, un mode écrit d'initiation calqué sur les anciens mystères et sur ceux de l'Égypte et de la Grèce, et le premier grade initiatique fut écrit tel, à peu près, que nous le connaissons. Ce premier degré ayant reçu l'approbation des initiés, le grade de compagnon fut rédigé en 1648 ; et celui de maître peu de temps après ; mais la décapitation de Charles Ier en 1649 et le parti que prit Asmhole en faveur des *Stuarts*, apportèrent de grandes modifications à ce troisième et dernier grade devenu biblique, tout en lui laissant pour base ce grand hiéroglyphe de la nature symbolisée vers la fin de décembre [1]. »

Ceci semble au premier abord contredire certaines de mes affirmations antérieures au sujet de l'origine de la doctrine maçonnique [2]; mais en réfléchissant un peu il est aisé d'y voir au contraire la confirmation de mon dire.

Quelle est en effet la filière par laquelle cette nouvelle société de 1648 se rattache à l'antique Science occulte d'une part, aux templiers de l'autre ?

Lisez la biographie d'Asmhole et vous allez retrouver dans cet homme admirable un égyptologue érudit et bien mieux un hermétiste remarquable, un descendant de Jean Dée, l'alchimiste de Londres auteur de la *Monas hieroglyphica*. Asmhole est un initié des alchimistes, et comme tel il maniera le symbole de main de maître.

Voyez, d'autre part, cette mention des Rose-Croix, les véritables, ceux-là, qui président à la naissance de la Franc-Maçonnerie, et vous reconnaîtrez sans peine en eux ces mystérieux *inconnus* que les « frères » devaient tant méconnaître plus tard.

Ne nous écartons cependant pas du sujet qui nous intéresse et

1. Ragon, *Orthodoxie maçonnique*, p. 29.
2. Théosophes et francs-maçons (nº 5 du *Lotus*).

revenons à la légende d'Hiram dont nous connaissons le principal auteur : *Elie Asmhole.*

Comment la légende d'Hiram se distingue-t-elle d'un conte de fée quelconque et pourquoi pouvons-nous la désigner sous le nom d'histoire symbolique ?

Une histoire symbolique est un récit combiné de telle sorte que l'évolution des personnages indique exactement l'évolution de la Nature.

Des mythologues modernes ont eu beau jeu à montrer que toutes les histoires se rapportant aux divinités Indoues, Égyptiennes, Grecques, Romaines et même au Christ des chrétiens n'étaient que des peintures plus ou moins parfaites de la marche du Soleil. De là le nom de *mythes solaires* donné à tous ces récits.

Ceci est vrai à condition de ne pas y voir exclusivement ce sens astronomique, et la méthode de la Science Occulte, l'Analogie, va nous éclairer complètement à ce sujet.

La légende d'Hiram étant une histoire symbolique, voyons la raison d'être de ce genre de symbole, et nous pourrons d'autant mieux comprendre les développements que nous en tirerons dans la suite.

S'il est vrai qu'une même loi gouverne tous les phénomènes de la Nature, exposer un de ces phénomènes, c'est exposer tous les autres. Voilà les bases de l'analogie.

Prenons trois exemples pour expliquer ceci : l'évolution d'un grain de blé, la marche du soleil, la fabrication de la pierre philosophale, et voyons si ces trois faits ne sont pas gouvernés par la même loi.

Le grain de blé est destiné à produire un épi tout entier. A peine est-il planté dans la terre qu'une lutte violente s'engage entre le germe qu'il contient et les éléments extérieurs. Un moment tout est pourri, le grain de blé semble mort pour toujours ; c'est précisément à ce moment qu'il est plus vivant que jamais. Du sein de cette pourriture, de cette noirceur, de ce chaos s'élève le nouvel être se dirigeant vers la lumière ; c'en est fait, le grain de blé vient de se rendre immortel dans les nombreux rejetons qu'il va produire.

Le soleil est destiné à donner la vie à tous les êtres planétaires qui gravitent autour de lui, ainsi qu'à ce qui les couvre.

A peine a-t-il commencé sa course fécondante qu'une lutte violente s'engage sur terre entre ses bonnes influences et les frimas. L'hiver triomphe bientôt. Plus de soleil bienfaisant, il est mort peut-être pour toujours !

C'est cependant quand la mort semble triompher davantage que la vie possède sa plus grande force. L'hiver, fier de sa cruauté, croit être à jamais le maître, quand l'enfant qui couvait sous son linceul triomphe enfin et l'hiver fuit étonné devant le printemps radieux qui se lève, immortalisant partout les germes par la procréation.

La pierre philosophale est destinée à produire le grand œuvre de l'homme. A peine les éléments qui la constitueront sont-ils en présence dans l'athanor qu'une lutte violente s'engage entre eux. Les belles couleurs disparaissent et la masse semble pourrie pour jamais, tout est noir comme la tête d'un corbeau. C'est alors que l'ignorant se désole et que le sage se réjouit. Du sein de ce chaos sort au bout de quelque temps la blancheur éclatante, indice de vie ; les couleurs apparaissent progressivement ; les éléments de la pierre viennent de se rendre immortels dans les transmutations qu'ils produiront.

Il n'est pas bien difficile de retrouver dans ces trois phénomènes une même loi, celle de la lutte de la vie contre la mort dont on peut énoncer ainsi les phases :

Première phase :

La lutte s'établit entre la vie et la mort. La vie est plus faible et cède à la mort.

Matérialisation progressive. — Le grain de blé pourrit. — L'automne apparaît avec les frimas. — Les couleurs de l'œuvre s'altèrent.

Deuxième phase :

La mort semble triomphante. C'est alors que la vie lutte avec plus de force.

Équilibre entre la Matérialisation et la Spiritualisation. — Le germe couve sous la pourriture. — L'hiver abrite les enfants du printemps. — Des couleurs éclatantes vont sortir de la noirceur.

Troisième phase :

La vie triomphe à son tour. La mort est de nouveau vaincue.

Spiritualisation progressive. — L'épi apparaît. — Le printemps se manifeste. — Les belles couleurs de la pierre se montrent.

Si donc nous voulons raconter cette merveilleuse loi dans une histoire, nous parlerons d'un homme sage, fort ou vertueux tué par une scélératesse quelconque ; de la résurrection triomphale du bon et de la punition des coupables.

Le savant n'y voudra voir que l'histoire d'un cycle du Soleil et rira des protestations de l'Alchimiste affirmant qu'il s'agit de la pierre philosophale. Il s'agit de tout cela et de beaucoup plus encore dans ces histoires symboliques, et le véritable Rose-Croix à qui l'on demande la clef du grand œuvre de la Nature se contente de montrer la douzième clef du livre universel en l'expliquant ainsi :

Il faut savoir mourir pour revivre immortel.

Dans les antiques initiations égyptiennes, quand le voile qui cachait le sanctuaire venait de s'abaisser devant les profanes, le récipiendaire assistait à une étrange scène. Le grand prêtre lui racontait de nouveau cette histoire du meurtre d'Osiris que tout Égyptien connaissait dès son enfance ; mais le futur initié devinait sous cette nouvelle manière d'exposer la légende un côté mystérieux inaperçu par lui jusque-là. Bientôt les épreuves de l'initiation psychique allaient l'éclairer davantage.

« En Égypte le 3e grade se nommait *Porte de la mort*. Le cercueil d'*Osiris* qui, à cause de son assassinat *supposé récent*, portait encore des traces de sang, s'élevait au milieu de la *salle des morts* où se faisait une partie de la réception. On demandait à l'aspirant s'il avait pris part au meurtre d'Osiris ; après d'autres épreuves et malgré ses dénégations, il était frappé ou on feignait de le frapper à la tête d'un coup de hache ; il était renversé, couvert de bandelettes comme les momies ; on gémissait autour de lui ; des éclairs brillaient ; le mort *supposé* était entouré de feu, puis rendu à la vie [1]. »

Dans la moderne initiation maçonnique, le récipiendaire, que ce soit un brave épicier ou un professeur du collège de France, n'est pas peu étonné de s'entendre raconter l'histoire du meurtre du forgeron biblique. Le sens du symbolisme est à tel point ignoré à notre époque que l'esprit est déconcerté devant ces rites qui bien qu'admirablement conçus passent pour ridicules. Sans vouloir cependant nous arrêter davantage sur ce point, abordons cette légende pour en chercher ensuite les divers sens les plus faciles à découvrir.

Salomon voulant élever un temple à l'Éternel demanda l'appui de son voisin le roi de Tyr. Celui-ci lui envoya les plus habiles de ses ouvriers, entre autres l'homme chargé de diriger les travaux du Temple, un architecte nommé Hiram.

C'était un homme aussi farouche qu'instruit. Élevé au milieu des

1. Ragon, *Orthodoxie maçonnique*, p. 101.

forêts sauvages, la Nature était sa seule directrice ; il en pénétrait les plus profonds mystères par la seule force de sa merveilleuse intuition.

Dès son arrivée, Hiram partagea les ouvriers en trois grandes classes ; à sa droite se rangèrent ceux qui travaillaient le bois, à sa gauche ceux qui s'occupaient des métaux ; enfin au milieu se trouvaient les travailleurs de la pierre.

Quand la division par classes, suivant la profession, fut accomplie, Hiram divisa chacune des classes en trois parties d'après le savoir de ceux qui les composaient.

Les moins instruits constituèrent dans chaque classe les *apprentis ;* ceux qui étaient habiles dans les travaux qu'ils exécutaient furent les *compagnons ;* enfin ceux qui dirigeaient les autres furent les *maîtres*.

Afin d'empêcher toute confusion entre ces ordres, chacun des membres reçut une parole mystérieuse indiquant sa place dans la hiérarchie ; les apprentis se reconnaissaient en prononçant la parole *Jakin*, les compagnons en disant *Bohaz ;* les maîtres en épelant la mystérieuse tétrade des initiés : יהוה.

Tel est l'ordre admirable suivant lequel le sage Hiram établit sa hiérarchie.

Le savoir seul permettait aux ouvriers de s'élever d'un rang et cette sage mesure fut cependant la cause du meurtre d'Hiram.

Trois méchants compagnons voulurent arracher de force au grand architecte du Temple la parole mystérieuse des maîtres et ourdirent à cet effet le plus infâme complot. Les maîtres se réunissaient chaque jour dans une chambre située au milieu du temple et la porte située à l'Orient leur était réservée. Le sage Hiram sortait le dernier de tous après s'être assuré par lui-même de la bonne exécution de ses ordres.

Connaissant cette particularité, les trois compagnons s'embusquèrent chacun à l'une des trois uniques portes et attendirent la sortie du grand architecte.

Hiram, les travaux de la journée accomplis, se dirige vers la porte du Sud où il trouve *Jubelas* qui lui demande la parole des maîtres. Avec sa douceur habituelle, Hiram fait remarquer au compagnon que le savoir seul permet la connaissance de la mystérieuse formule ; furieux, le compagnon veut frapper Hiram à la tête avec la pesante règle de fer de 24 pouces dont il s'est armé ; le maître détourne le coup et n'est atteint qu'à la gorge.

Hiram se rend alors à la porte de l'Occident qui servait d'entrée commune à tous les ouvriers. Là se trouvait *Jubelos* qui, sur le refus du maître de livrer son secret, le frappe au cœur avec sa pesante équerre.

Tout étourdi, Hiram se traine jusqu'à la porte de l'Orient où *Jubelum*, rendu plus furieux encore que ses complices par le refus de l'architecte, l'achève d'un coup de maillet sur le front.

Les trois scélérats s'interrogèrent mutuellement et, voyant que leur plan avait échoué, n'eurent plus qu'un désir : faire disparaître les traces de leur forfait.

Ils cachèrent le cadavre dans les décombres, et le lendemain au petit jour, le portèrent dans une forêt voisine où ils l'ensevelirent. Une branche d'acacia indiqua seule le tombeau du plus grand des hommes.

Cependant Salomon, ne voyant pas revenir son architecte et pressentant un malheur, envoya d'abord trois maîtres à sa recherche. Ceux-ci n'ayant rien trouvé, le roi envoya de nouveau neuf maîtres qui, au bout de sept jours de recherches, découvrirent, par la branche d'acacia, le tombeau d'Hiram qui ressuscite grâce à eux dans chaque vrai franc-maçon.

Les coupables, qui s'étaient échappés, ne tardèrent pas à être pris. Leur retraite fut trahie par un inconnu et l'un des quinze maîtres envoyés pour les punir tua le plus coupable d'entre eux, l'assassin d'Hiram, *Abibala*, dans une caverne auprès d'une source où il s'était réfugié. Un chien indiqua le lieu de retraite du scélérat. Les autres assassins se tuèrent en se précipitant du haut des carrières dans lesquelles ils s'étaient réfugiés. Les têtes des trois compagnons furent portées à Salomon.

Telle est, dans ses principales lignes, la légende d'Hiram. Avant d'entreprendre l'étude des divers sens dans lesquels on peut la considérer, je dois faire quelques remarques importantes.

Tout d'abord, il m'a semblé inutile de compliquer ce récit par l'introduction des enjolivements dont l'a décoré l'imagination des fabricants de rituels. Ainsi, quelques auteurs mêlent à cette légende le récit des amours d'Hiram avec Balkis, reine de Saba, et font entrer Salomon comme complice dans le meurtre d'Hiram.

Une autre remarque assez curieuse c'est le changement des noms des trois scélérats dans les divers grades ; ainsi le lecteur a sans doute vu avec étonnement *Jubelum* devenu *Abibala* un peu avant la mort.

Voici ce que dit le Thuileur général à ce sujet :

« Les noms des trois meurtriers d'Hiram varient beaucoup dans les différents grades, et suivant les diverses applications que l'on a faites de la Maçonnerie.

« Ce sont :

Abiram, *Romvel*, *Gravelot*,
ou *Hobbhen*, *Schterke*, *Austersfuth*,
ou *Giblon*, *Giblas*, *Giblos*
ou *Jubela*, *Jubelo*, *Jubelum*,

« Le *Templier* y voit *Squin de Florian*, *Noffodeï*, et l'*Inconnu* sur les dépositions desquels Philippe le Bel accusa l'ordre devant le Pape, ou bien encore les trois abominables, Philippe le Bel, Clément V et *Noffodeï*.

« Le *Maçon couronné*, le *Rose-Croix* de France leur substituent *Judas*, *Caïphe* et *Pilate*, les trois auteurs de la mort de *Jésus*.

« Dans le *Rose-Croix de Kulwining* les trois assassins de la *Beauté* sont : *Caïn*, *Hakan*, *Héni*. »

Disons enfin que la mort des trois scélérats est racontée différemment dans les divers rites. La forme, du reste, importe peu, le fond seul du récit doit nous intéresser dans les développements qui vont suivre.

Comme toutes les histoires symboliques, la légende d'Hiram renferme plusieurs sens qui peuvent être classés en trois groupes : sens naturel, sens moral, sens psychique.

1° *Sens naturel*. — Au sens naturel ou physique, la légende peut être considérée sous deux aspects principaux : comme sociale, s'appliquant aux lois de la société, et comme astronomique, développant un mythe solaire.

Considérons quelque peu la façon dont Hiram divise ses ouvriers, et nous verrons apparaître une des plus belles idées sociales qu'on puisse développer. Quelle protestation contre ces sociétés où l'intrigue seule mène à tout ! Il ne faut pas de paresseux dans l'œuvre entreprise par Hiram : tous sont ouvriers. Comprenant toutefois que la liberté de l'homme doit être respectée avant tout, Hiram laisse chacun prendre dans la Société le travail qu'il peut mener à bonne fin et proclame, dès la base de son organisation, le principe : *A chacun selon ses aptitudes*.

Les classes une fois établies, au nombre de trois, la hiérarchie sociale fait son apparition. Partout et toujours il se trouvera des dirigeants et des dirigés ; c'est une loi naturelle que des planètes gravitent autour d'un soleil, et cette loi s'observe analogiquement aussi bien dans la marche d'une famille que dans celle de l'Univers. Ici les satellites obéissent à l'impulsion solaire ; là les enfants doivent se courber sous l'impulsion paternelle.

Quel est donc le moyen établi par Hiram pour devenir membre de la classe dirigeante?

Est-ce l'hérédité des titres et des charges féodales ? Non.

Est-ce l'hérédité de la fortune soumettant les pauvres au despotisme d'un être immoral et abâtardi ? Non.

Est-ce l'intrigue donnant les places au plus protégé ? Non, mille fois non.

Rien n'empêche celui qui veut le faire d'arriver au premier rang, dans la Société d'Hiram. Il suffit d'en être digne.

Tout au mérite et non à l'hérédité, tout au savoir et non à la fortune, tout au concours et non à l'intrigue, telle est l'expression de la seconde formule sociale d'Hiram.

A tous ceux qui prétendent que la Franc-Maçonnerie ne se rattache à aucune filiation, montrez la légende du Maître. S'ils nient l'existence possible d'une société idéale dans laquelle ne dirigent que ceux qui savent, racontez-leur avec Fabre d'Olivet et Saint-Yves d'Alveydre l'histoire de Ram et de son empire universel ; si le passé ne les intéresse plus, transportez-les au cœur des institutions de la Chine vénérable et cherchez avec eux l'emploi qui n'est pas gagné au concours [1] !

Nous pourrions montrer encore d'autres développements sociaux dans cette légende ; mais la place nous manque. Qu'il nous suffise d'indiquer et de comprendre les deux premières formules sociales d'Hiram ;

A chacun selon ses aptitudes d'abord :

A chacun selon son mérite ensuite [2].

Le sens astronomique a été traité avec assez d'autorité par tous les auteurs maçonniques pour que je croie inutile d'y rien ajouter. C'est comme mythe solaire que les affiliés considèrent presque exclusivement la légende d'Hiram, témoin les extraits suivants :

« Le soleil, au solstice d'été, provoque, chez tout ce qui respire, les chants de la reconnaissance ; alors *Hiram* qui le représente, peut donner, à qui de droit, la *parole sacrée*, c'est-à-dire la vie. Quand le soleil descend dans les signes inférieurs, le *mutisme* de la nature commence ; Hiram ne peut donc plus donner la parole sacrée aux *compagnons* qui représentent les trois derniers mois inertes de l'année.

1. Voy. Fabre d'Olivet, *de l'Etat social de l'Homme ;* Saint-Yves d'Alveydre, *Mission des Juifs ;* Simon, *la Cité chinoise.*

2. Une belle dissertation sur la légende d'Hiram, au point de vue des trois assassins, se trouve dans Eliphas Levi, *Histoire de la Magie*, p. 399 et suivantes.

« Le premier compagnon est censé frapper faiblement Hiram d'une *règle de 24 pouces*, image des vingt-quatre heures que dure chaque révolution diurne : première distribution du temps qui, après l'exaltation du grand astre, attente faiblement à son existence, en lui portant le premier coup.

« Le second le frappe d'une *équerre de fer*, symbole de la dernière saison, figurée dans les intercessions de deux lignes droites qui diviseraient, en quatre parties égales, le cercle zodiacal, dont le centre symbolise le cœur d'Hiram, où aboutit la pointe des quatre équerres figurant les quatre saisons : deuxième distribution du temps qui, à cette époque, porte un plus grand coup à l'existence solaire.

« Le troisième compagnon le frappe mortellement au front d'un *fort coup de maillet*, dont la forme cylindrique symbolise l'année qui veut dire *cercle*, *anneau:* troisième distribution du temps, dont l'accomplissement porte le dernier coup à l'existence du soleil *expirant*.

« De cette interprétation, on a conclu qu'*Hiram*, fondeur de métaux, devenu le héros de la nouvelle légende avec le titre d'*architecte*, est l'*Osiris* (le Soleil) de l'initiation moderne ; qu'*Isis*, sa veuve, est la *Loge*, emblème de la terre (en sanscrit *loga*, le monde) et qu'*Horus*, fils d'Osiris (ou de la lumière) et fils de la veuve est le *franc-maçon*, c'est-à-dire l'*initié* qui habite la loge terrestre (*enfant de la veuve et de la lumière*) [1]. »

« Ainsi les trois compagnons perfides trahissent leur maître comme fit Typhon à l'égard d'Osiris, et l'on dit dans la narration : Hiram se présente à la porte de l'occident pour sortir du temple : c'est précisément ce que fait le soleil ; car, si je suppose cet astre prenant son domicile dans le signe du bélier, le premier jour du printemps, le dernier jour de son triomphe au solstice d'été, ou la veille de sa mort, qui a lieu dans la balance, il descend à l'horizon par la porte de l'occident ; et si alors j'examine la position que le bélier prend à l'orient, je verrai près de lui le grand Orion, le bras levé, tenant une massue, dans l'attitude de le frapper. Au nord, je verrai Persée, une arme à la main et dans l'attitude d'un homme prêt à faire un mauvais coup. Je le répète, l'assassinat d'Hiram, pris dans le style figuré ou allégorique, est comme la passion d'Osiris, comme celle d'Adonis, d'Atys et de Mythra, un fait de l'imagination de prêtres astronomes, qui avaient pour but la peinture de l'absence du soleil sur la terre.

1. Ragon, *loc. cit.*

« Le roman que l'on nous présente sur Hiram est complet, car le ciel nous fait voir aussi les *neuf maîtres* qui vont à la recherche de son corps ; et si on porte ses regards à l'occident de l'horizon, lorsque le soleil se couche dans le bélier, on verra, autour de cette constellation, Persée, Phaéton et Orion. En suivant ainsi les constellations qui décorent le ciel dans cette position, on remarquera, au nord, Céphée, Hercule et le Bootès, et à l'orient on verra paraître le Centaure, le Serpentaire et le Scorpion ; tous marchent avec lui, et le suivent pas à pas jusqu'à l'instant de sa nouvelle apparition à l'orient [1]. »

2° *Sens moral.* — Le sens moral et religieux de la Légende d'Hiram a été entrevu par tous les grands réformateurs de la franc-maçonnerie. Ainsi dans un essai d'unification des divers rites, intitulé *le Maître décoré en trois points*, le récipiendaire consulté sur le secret de l'ordre, le divise en cinq parties distinctes.

« La première partie a rapport à l'exposition de la *religion naturelle, universelle et immuable* par le moyen de symboles et de maximes. »

La légende d'Hiram, dans l'effort de tous ces ouvriers de classes et de nationalités étrangères, contribuant par leurs travaux à élever le Temple du Dieu unique, enseigne à tous ses adeptes la tradition des gnostiques et de tous les anciens initiés : l'existence de la Religion unique dont tous les cultes sont des manifestations. C'est pour cela que le vrai franc-maçon doit être ennemi du *sectarisme* quelque forme qu'il prenne.

La deuxième partie du secret maçonnique, d'après l'auteur que je viens de citer, se rapporte au secret des opérations de la nature. Ceci fait allusion au sens *hermétique* et *alchimique* de la légende d'Hiram dont je ne veux pas entreprendre ici le développement.

La troisième partie du secret c'est la perfection du cœur humain, dont le temple n'est qu'une allégorie.

On pourrait rattacher à ce point l'application, dans la légende d'Hiram, de la grande loi des compensations figurée par la résurrection d'Hiram, l'exil et la punition des coupables. Combien ne s'élève-t-on pas contre la maxime devenue populaire : *Le vice est toujours puni et la vertu récompensée ?* Cependant la connaissance de la loi de *Karma* n'est-elle pas venue donner un immense appui à cette maxime, en montrant que, dans l'invisible comme dans le visible, *une action sollicite une réaction égale*, et en proclamant la similitude des lois physiques et des lois morales ?

1. Lenoir, *la Franc-Maçonnerie*, p. 287.

La quatrième partie du secret se rapporte au mythe solaire dont nous avons déjà parlé.

Enfin la cinquième partie retrace la lutte des instincts et de la volonté :

« La victoire des erreurs et des passions sur la vérité ou la vertu, et celle de la vérité ou de la vertu sur les erreurs et les passions figurées également par la mort et la résurrection d'Hiram (qui est *vérité* ou la *vertu*), lequel Hiram est frappé par trois compagnons scélérats (qui sont l'*ambition*, le *mensonge* et l'*ignorance*), tiré de la tombe et vengé par les neuf maîtres vertueux (qui sont les *vertus* et les *devoirs* maçonniques). »

3° *Sens psychique.* — Le plus important des sens qu'on peut attribuer à la légende d'Hiram est sans contredit celui qui a trait aux épreuves mystérieuses pratiquées dans tous les sanctuaires en vue du développement de l'âme du récipiendaire.

Le but tout entier de la légende se trouve renfermé dans cette mort du juste tué en secret et dans son éclatante résurrection.

Le principe de l'Univers qui préside à la destruction et au changement des formes, ce principe connu dans toutes les théogonies et désigné sous les noms de Siva, d'Ahriman, de Typhon, de Nabash, de Satan, a été merveilleusement défini par Fabre d'Olivet : le Destin.

L'arme la plus terrible que le Destin puisse opposer à la Volonté Humaine divinement toute-puissante, c'est la Mort. L'initiation à toutes les époques n'a voulu atteindre qu'un but : instruire l'homme et par là rendre le Destin impuissant dans ses attaques.

A chaque pas, le récipiendaire des mystères d'Éleusis était menacé de la Mort et ce n'est qu'en montrant qu'il était toujours prêt à la subir qu'il atteignait aux dernières révélations. Une des épreuves les plus terribles qu'il eût à supporter était la suivante :

Deux verres étaient placés devant lui. Le grand prêtre lui disait :

« Fils de la Terre, un de ces deux verres contient un poison terrible. Si vraiment tu crois à l'au-delà, si tu n'as pas peur de mourir, choisis un de ces verres et bois. Puissent les Dieux te protéger ! »

En cas de refus, le récipiendaire était emprisonné jusqu'à sa mort.

Platon devint célèbre parmi les initiés pour le courage qu'il déploya dans cette épreuve.

La légende d'Hiram nous montre le développement de ce mystère dans ce sage qui meurt plutôt que de livrer son secret, et qui ressuscite immortel. A propos de l'histoire du grain de blé, nous avons assez insisté sur ce fait que la mort précède toujours la vie suivante, pour qu'on puisse ne voir dans la même loi appliquée à l'évolution de l'âme qu'une répétition analogique du même fait.

« En langage symbolique, on dit communément que *la Mort est la Porte de la Vie :* vérité peu connue de ceux qui possèdent le grade de *Maître*, quoique les emblèmes mis sous leurs yeux eussent dû les en instruire. On entend, par cette figure, que la fermentation, que la putréfaction précèdent la naissance et la donnent ; que, sans la première condition, la seconde ne peut avoir lieu ; qu'en un mot, pour que la génération s'accomplisse, il faut que les principes générateurs meurent, pour ainsi dire, qu'ils se dissolvent, se désunissent par la putréfaction. En effet, sans un mouvement interne et fermentatif, sans l'écartement. sans la désagrégation des parties environnantes, comment le germe pourrait-il se faire jour à travers les enveloppes qui le tiennent captif [1] ? »

« Dans tous les mystères anciens, comme dans l'initiation maçonnique, le cérémonial de la réception figurait les révolutions des corps célestes et leur action fécondante sur la terre. Ce cérémonial faisait également allusion aux diverses purifications de l'âme pendant son passage à travers les planètes, où elle revêtait des corps plus purs à mesure qu'elle se rapprochait de sa source, la Lumière incréée. Les prêtres, qui présidaient à l'initiation, lui attribuaient la vertu de dispenser l'âme de l'initié de diverses migrations planétaires ; cette âme, à la mort de l'adepte, passait directement dans le séjour de l'éternelle béatitude [2]. »

Tout ceci paraîtrait fabuleux à plus d'un franc-maçon si je n'avais pris soin de citer l'opinion d'un de leurs livres les plus sérieux : le Thuileur général.

Entrons cependant dans quelques détails au sujet de cette exposition de l'immortalité dans la légende d'Hiram.

Quand l'architecte du Temple est tué, les meurtriers l'enfouissent en terre et marquent la place de son tombeau par une branche d'Acacia. C'est elle qui guidera bientôt les maîtres dans leurs recherches. Que représente donc ce symbole ?

L'Acacia est l'analogue de l'Aubépine, de la Croix égyptienne et chrétienne et de la lettre hébraïque *Vau* qui veut dire Lien.

C'est le symbole du Lien qui unit le Visible à l'Invisible, notre vie à la suivante ; en un mot, c'est le gage de l'immortalité.

1. Thuileur des trente-trois degrés de l'Ecossisme du rite ancien, dit accepté, p. 244.
2. Clavel, *Histoire pittoresque de la Franc-Maçonnerie*, p. 54.

Le corps d'Hiram est en putréfaction ; mais sur lui s'élève la branche verte, couleur de l'Espérance, qui indique que tout n'est pas fini.

Admirons maintenant le génie des auteurs de la légende, qui mettent ce symbole parlant dans la bouche de tous les maîtres. Le franc-maçon a beau être athée, ne plus croire dans les transformations spirituelles de son être, il avoue lui-même, quoique à son insu, son ignorance et prouve qu'il ne comprend rien aux symboles quand il dit :

L'ACACIA M'EST CONNU [1] !

* * *

Vous connaissez l'immortalité, dites-vous ; alors pourquoi professer le matérialisme ?

Francs-Maçons qui vous moquez de la Science occulte, Francs-Maçons qui vous moquez des théories spiritualistes, revenez à la Légende du Grand Architecte du Temple mystique ; comprenez vos symboles et vous verrez combien paraissent ridicules vos formules positivistes proférées devant l'*Étoile flamboyante !*

Vous devez être les ennemis de tous les sectarismes ; craignez de devenir vous-mêmes sectaires.

Nous venons de passer en revue quelques-uns des sens que peut nous révéler l'étude de cette admirable légende d'Hiram.

Asmhole a changé en une branche d'Acacia l'antique palme dont Homère et Virgile ont doté les hommes deux fois nés : corporellement par la naissance terrestre, spirituellement par l'initiation psychique. Mais que ce soit une branche d'Acacia, d'Olivier, de Myrte ou une Croix qui se dresse devant l'investigateur, il doit voir partout le même symbole de la renaissance psychique et dire avec Asmhole et les Rose-Croix :

L'IMMORTALITÉ M'EST CONNUE !

1. Formule de reconnaissance du grade de maître.

GRAND CARRÉ UNIVERSEL,

contenant, dans ses 144 cases,
tous les mots sacrés des huit grades de france
(y compris le maître parfait),
et du Chevalier Kadosch.

ז	י	ק	צ	ב	ו	ח	ז	י	כ	י	A
א	נ	ב	כ	מ	ח	צ	ב	ש	ז	ע	ב
נ	ב	צ	ה	ו	ה	י	ם	י	צ	ב	ג
ש	ע	צ	ב	י	ב	א	ם	ק	נ	ז	ו
ז	נ	ח	צ	א	ש	ר	ו	פ	מ	ה	ם
ת	ו	מ	צ	ש	ר	ד	נ	ת	כ	ר	ב
י	ז	י	מ	י	נ	ב	ה	ד	ו	ה	י
י	ר	נ	י	ם	י	מ	ה	ו	ר	ב	ע
ב	ה	ע	ש	ו	ה	צ	א	ו	נ	מ	ע
נ	מ	ם	ח	נ	צ	א	י	צ	א	ה	מ
צ	כ	ש	ר	פ	צ	כ	צ	ע	פ	ם	ח
[illegible]	ש	ו	ד	ק	י	נ	ד	א	ם	ק	נ

LE MÊME CARRÉ UNIVERSEL,

en Caractères Vulgaires.

H	A	M	E	SCH	E	N	A	M	M	O	A	L	K	M
N	O	H	I	L	E	L	E	I	E	PH	L	S	N	E
S	E	U	A	N	P	A	I	K	N	N	A	PH	K	O
SCH	E	D	D	B	R	A	H	E	A	O	A	A	A	O
K	E	L	E	A	O	I	X	H	L	M	C	C	L	R
V	A	M	CH	R	H	R	H	V	A	K	A	H	H	K
I	A	M	H	A	SCH	B	O	I	O	B	Y	D	A	E
A	B	H	A	A	N	E	I	U	M	B	A	R	O	M
I	K	L	L	B	M	A	L	N	H	M	I	M	I	N
B	B	B	I	I	I	M	N	E	I	A	A	S	A	E
L	O	O	E	M	B	B	E	B	M	A	M	N	H	H
O	K	H	L	N	I	A	A	PH	E	O	M	M	O	O
I	U	A	A	E	A	E	N	L	O	R	TH	I	A	U
A	N	B	I	Z	TH	G	H	N	A	R	I	I	N	I
I	K	TH	A	N	SCH	M	H	O	E	H	A	TH	E	I

*
* *

Nous avons vu les voies suivies par la Tradition de la science des mystères égyptiens depuis Moïse jusqu'à nos jours.

Successivement nous avons suivi *la Bible* depuis sa création jusqu'à la perte de son sens mystérieux, *la Kabbale* depuis Moïse jusqu'aux Esséniens, *la Gnose* depuis les mystères égyptiens d'où elle est sortie jusqu'à nos jours après avoir été successivement transmise par les *philosophes hermétiques*, *les Templiers*, *les Rose-Croix* dont les envoyés ont donné naissance à *la Franc-Maçonnerie* qui possède encore *la forme*, mais a perdu *le fond* de ses enseignements.

Nous verrons à propos de l'occultisme contemporain que ce fond n'est pas perdu et qu'il reparaît au contraire plus vivant que jamais.

Il est temps de terminer l'exposition des phases diverses qu'a traversées *la Tradition occidentale* en citant pour mémoire l'influence de la Tradition orientale sur la Science occulte.

CHAPITRE XV

EXPOSÉ DES PRINCIPAUX POINTS DE LA TRADITION ORIENTALE

LA TRADITION ORIENTALE

Dans ces dernières années (1875), une société a pris naissance qui répandit le récit suivant :

La Science occulte ou Science ésotérique perdue par l'Occident s'est conservée intacte au Thibet en la possession de fraternités d'initiés désignés sous le nom de *Mahatmas*.

Les *Mahatmas* ont initié à leur science plusieurs Européens, entre autres une certaine Mme Blavatsky, Russe d'origine et naturalisée depuis Américaine.

* * *

Si le lecteur curieux parcourt les ouvrages de Mme Blavatsky, qu'y trouvera-t-il ? Voici le résultat de nos investigations personnelles :

1° *Point la moindre méthode.* — On parle de la Kabbale, puis une page plus loin de Darwin, puis dix lignes plus loin de l'Inde primitive, puis de l'Histoire de Jésus et ainsi de suite.

2° *Un amas étonnant d'affirmations* dont quelques-unes sont tirées de textes cités, dont d'autres ne sont appuyées sur rien.

3° *Des contradictions multiples et fondamentales* surtout dans son dernier ouvrage : *The secret doctrine.*

4° *Des injures violentes contre les savants et les chrétiens;* puis plus loin l'apologie de ces mêmes savants ; mais pas des chrétiens.

De tous ces livres se dégage une doctrine difficile à préciser, mélange de Gnosticisme, de Bouddhisme, de Spiritisme, de Kabbale dont certaines parties sont dues à Origène, d'autres à une encyclopédie thibétaine dont on commence à traduire des fragments en Europe. Cette doctrine est présentée sous le nom de Théosophie.

Au début de nos études nous avons été attiré vers cette société que nous croyions sérieuse, mais bientôt nous fûmes suffisamment éclairé et nous sommes parti, suivant l'exemple de tous les écrivains d'occultisme qui se sont retirés un à un du guêpier.

Ce qui attire malgré tout vers cette théosophie c'est l'élévation des doctrines professées. Il n'existe pas de meilleur résumé de cette doctrine que la lettre suivante publiée dans le *Bouddhisme ésotérique* de *A. P. Sinnett;* nous la donnons *in extenso* comme complément de ce que nous avons dit au sujet de la tradition occidentale *qui s'est conservée intacte*, quoi qu'en disent les membres de cette société.

Lettre d'un Indou initié à un Européen.

Je profite, cher monsieur, de mes premiers moments de loisir pour répondre formellement à votre lettre du 17 dernier en vous rendant compte des résultats de ma conférence avec nos chefs, au sujet de la proposition que vous me faites dans cette lettre, et en donnant en même temps satisfaction à toutes vos questions. J'ai d'abord à vous remercier de la part de toute la section de notre affiliation, qui, tout particulièrement intéressée à la prospérité de l'Inde, vous exprime sa gratitude pour votre offre de secours dont l'importance et la nécessité ne peuvent être mises en doute.

Poursuivant notre filiation ésotérique à travers les vicissitudes de la civilisation indienne depuis un passé bien éloigné, nous avons pour notre patrie un amour si profond, si passionné, qu'il a survécu même à l'influence généralisatrice, cosmopolisante (pardonnez-moi si le mot n'est pas anglais) de nos études des lois secrètes de la Nature.

Je ressens donc, comme tout autre Indien patriote, la plus profonde gratitude de chaque parole, de chaque action bienveillante pour l'Inde. Aussi, soyez sûr que, convaincus comme nous le sommes tous, que la décadence de l'Inde est due en grande partie à l'étouffement de son ancien esprit, et que le seul recours en grâce qui puisse la redresser dans son ancienne altitude intellectuelle et morale doit être cherché dans cette âme, dans cette force de régénération nationale, soyez sûr, dis-je, que chacun de nous serait disposé, tout naturellement et sans se faire prier, à développer une société comme celle dont nous discutons maintenant le programme.

Cette bonne disposition serait absolue, si cette société projetée ne devait être entachée d'aucun mobile égoïste et si son objet réel était de ressusciter la Science antique et de tendre à réhabiliter notre pays aux yeux du monde entier.

Croyez cela, cher monsieur, sans plus amples protestations.

Mais vous savez, comme tout homme qui a lu l'histoire,

que les patriotes ont beau sentir leur cœur éclater d'émotion, si les circonstances sont contre eux. Il est arrivé bien souvent qu'aucune puissance humaine, pas même la furie ni la force du patriotisme le plus passionné, n'a été capable de détourner une destinée de fer de sa course marquée ; et, comme des torches plongées dans l'eau, les nations se sont engouffrées dans les ténèbres de la ruine.

C'est pourquoi nous, qui avons le sentiment de la chute de notre pays, bien que nous n'ayons pas le pouvoir de la valeur d'un coup de bride, nous ne pourrons pas agir comme nous le voudrions, soit dans les affaires générales de ce monde, soit dans l'affaire particulière qui est le sujet de cette lettre.

Nous sommes prêts, mais nous ne sommes pas autorisés à répondre à vos avances autrement qu'en faisant la moitié du chemin, et force nous est de dire que l'idée caressée par M. Sinnett et par vous-même est en partie impraticable.

En un mot, pour moi comme pour n'importe quel frère de notre association, et même pour un néophyte avancé, il est impossible d'être désigné et délégué, comme intelligence dirigeante, comme chef de la branche anglo-indienne de ce genre d'études.

Nous savons que ce serait une bonne chose que vous et un nombre choisi de vos collègues reçussiez régulièrement une instruction et une démonstration expérimentale des phénomènes de cet ordre et de leurs lois.

Car, dût la conviction ne se faire qu'en vous et en quelques personnes, ce serait pourtant un profit assuré que d'enrôler, comme étudiants, dans nos facultés de psychologie asiatique, quelques Anglais peu nombreux, mais représentant une élite.

Nous savons tout cela et bien d'autres choses encore.

Aussi ne refusons-nous pas de correspondre avec vous et de vous aider autrement de différentes manières.

Mais ce que nous refusons, c'est de prendre sur nous aucune autre responsabilité que cette correspondance périodique, que cette assistance de nos conseils et, quand l'occasion s'en présentera, que de vous donner à distance des preuves assez tangibles, assez visibles parfois pour que vous soyez convaincus de notre présence et de notre intérêt.

Quant à vous guider, nous ne voulons pas y consentir, quelque capables que nous puissions être de vous diriger.

Nous ne pouvons nous permettre qu'une chose, c'est de vous donner la pleine mesure de vos lacunes.

Méritez beaucoup et nous saurons nous montrer d'honnêtes débiteurs, peu, et vous n'aurez à attendre qu'un retour proportionnel.

Ce que je vous dis n'est pas un simple texte pris du cahier d'un écolier, quoiqu'il en puisse sembler ainsi, mais l'arrêté même de la loi de notre ordre, et nous ne pouvons transgresser cette loi.

Entièrement dégagés des modes de pensée et d'action des Occidentaux et spécialement des Anglais, si nous nous fusionnions dans une organisation de ce genre, vous sentiriez toutes vos habitudes, toutes vos traditions s'écrouler à chaque instant, si ce n'est sous vos aspirations nouvelles, du moins sous les conditions de leur réalisation, telles què nous vous les aurions suggérées.

Vous n'obtiendriez pas parmi les vôtres de consentement unanime à aller aussi loin que vous pourriez le faire personnellement.

J'ai demandé à M. Sinnett de tracer un plan donnant un corps à vos idées, et qui pût être soumis à nos chefs : cette voie m'a semblé la plus courte pour arriver à un agrément mutuel.

Sous notre direction notre branche ne pourrait pas vivre, car vous n'êtes pas des hommes susceptibles d'être, en quoi que ce soit, guidés dans ce sens.

Aussi une telle société serait-elle une naissance prématurée vouée à la mort, et paraîtrait-elle aussi incongrue qu'un attelage à la Daumont traîné à Paris par des yacks indiens.

Vous nous demandez de vous enseigner la vraie science, l'endroit inconnu de l'envers connu de la nature, et vous croyez la réponse aussi facile que la demande.

Vous ne semblez pas vous faire une idée exacte des effrayantes difficultés qu'il y aurait à communiquer, même les plus simples éléments de notre science, à ceux qui ont été pétris cérébralement dans le moule des méthodes familières à vos sciences à vous, Occidentaux.

Vous ne voyez pas que, plus vous vous croyez instruits dans les unes, moins vous êtes capables de comprendre l'autre.

En effet, un homme ne peut penser que selon la réceptivité de ses catégories, et à moins qu'il n'ait le courage de les remplir et de s'en ouvrir de nouvelles, il doit forcément suivre ses vieux errements.

Permettez-m'en quelques exemples! En conformité avec vos sciences, vous ne reconnaîtrez qu'une seule énergie cosmique. Vous ne verriez aucune différence entre la force vitale, dépensée par un voyageur qui bat les buissons sur son chemin, et le même équivalent dynamique, employé par un savant à mettre une pendule en mouvement.

Nous savons faire cette différence ; nous savons qu'il y a un abîme entre ces deux hommes.

L'un dissipe et gaspille sa force, sans aucun profit ; l'autre la concentre et l'emmagasine, et ici, veuillez bien comprendre que je ne considère nullement l'utilité relative de nos deux hommes, comme on pourrait le supposer.

Je tiens seulement compte de ce fait, que, dans le premier cas, il y a simplement émission de force irréfléchie, sans que cette dernière soit volontairement transformée en une forme plus haute d'énergie mentale; et dans l'autre cas, c'est justement le contraire qui a lieu.

N'allez pas me prendre cependant pour un nébuleux métaphysicien, car voici l'idée que je désire formuler.

Quand un cerveau travaille d'une manière véritablement scientifique, la conséquence de sa plus haute activité intellectuelle est le développement, l'évocation d'une forme sublimée de l'énergie mentale, et cette dernière peut produire dans l'activité cosmique des résultats illimités.

D'autre part, le cerveau qui, sous l'influence d'une science purement mnémotechnique, ne sait pas créer, et n'agit que d'une manière automatique, ne détient ou n'accumule en lui-même qu'un certain équivalent d'énergie brute qui est improductive, soit pour l'individu soit pour l'humanité.

La cervelle humaine est un générateur inépuisable d'une force cosmique de la qualité la plus délicate, et supérieure à toutes les énergies brutales de la nature physique.

L'adepte complet est un centre de rayonnement d'où s'irradient des puissances, des potentialités qui, de corrélation en corrélation, plongent jusque dans les cycles des temps à venir.

Voilà la clef du mystère de la propriété qu'a le cerveau humain de projeter et de rendre sensibles, dans le monde visible, les formes que sa puissance créatrice a générées et fait surgir des éléments du monde invisible.

L'adepte ne crée rien de nouveau, mais il utilise, il met en œuvre les matériaux que la nature a amassés autour de lui et qui, pendant des éternités, ont revêtu toutes les formes possibles.

Il n'a qu'à choisir ce qu'il lui faut et qu'à donner à sa pensée l'existence objective.

Vos savants occidentaux prendraient certainement tout ce qui précède pour un rêve d'halluciné.

Vous dites qu'il y a peu de branches de la science qui ne vous soient plus ou moins familières, et que vous croyez faire un certain bien, grâce aux capacités qu'ont pu vous faire acquérir de longues années d'études.

Sans doute ; mais voulez-vous me permettre de vous esquisser encore plus clairement la différence entre les procédés de vos sciences appelées exactes, quoique bien souvent par pure politesse, et les méthodes des nôtres ?

Ces dernières, comme vous le savez, repoussent le vulgaire et toute vérification devant des assemblées mixtes : aussi M. Tyndall les range-t-il parmi les fictions de la poésie, ce qui indiquerait que la science des choses physiques est condamnée sans appel à une prose absolue.

Parmi nous, pauvres philanthropes inconnus, aucun phénomène d'aucune de ces sciences n'est intéressant que par rapport à sa capacité de produire des effets moraux, qu'en raison directe de son utilité humaine.

Or, qu'y a-t-il de plus entièrement indifférent à tous et à tout, de moins nécessaire à qui et à quoi que ce soit, si ce n'est à d'égoïstes recherches pour son propre avancement, que cette science matérialiste des faits, dans son isolement dédaigneux de tout ce qu'elle ignore ?

Je vous demande ce que les lois de Faraday, de Tyndall et de bien d'autres ont à faire avec la philanthropie, dans leur abstraction de toute relativité avec le genre humain considéré comme un tout intelligent ?

Quel souci ont-elles de l'homme, de l'atome isolé du grand tout et de la grande harmonie?

Quand parfois elles sont pour lui d'une utilité plus ou moins pratique n'est-ce pas par hasard?

Dans votre credo occidental, l'énergie cosmique est chose éternelle et incessante, la matière est indestructible; et vos faits scientifiques sont cloués sur cette borne.

En douter, c'est être traité d'ignorant; le nier c'est passer pour un bigot, pour un dangereux lunatique; prétendre perfectionner un pareil credo, c'est s'exposer à l'épithète d'impertinent, d'outrecuidant, si ce n'est de charlatan.

Pourtant, toute cette nomenclature de faits scientifiques n'a jamais pu fournir aux expérimentateurs une seule preuve que, dans sa mystérieuse conscience, la nature préfère que la matière soit plus destructible sous la forme organique que sous la forme inorganique.

Aucun fait matériel et matériellement observé n'a jamais pu infirmer que cette nature travaille lentement, mais incessamment, vers l'apparition de la vie consciente, dont la matière inerte n'est que le voile.

De là la profonde ignorance de vos hommes de science au sujet de la dispersion et de la concentration de l'énergie cosmique sous des aspects hyperphysiques; de là leurs divisions au sujet des théories de Darwin; de là leur incertitude relativement au degré de vie consciente, renfermée dans les éléments, dans les états distincts de la substance; de là nécessairement, le dédain suffisant de toute insuffisance pour tout phénomène qui se permet de ne pas appartenir à leur classification, et pour la seule idée que des mondes de forces semi-intellectuelles et, *à fortiori*, intelligentes, sont à l'œuvre dans les hauteurs et dans les profondeurs cachées de la nature.

Passons à un autre exemple. Nous, Orientaux, nous

voyons une grande différence entre les deux qualités de deux quantités égales d'équivalents vitaux dépensés par deux hommes, dont l'un, supposons, s'en va tranquillement à son travail quotidien et dont l'autre se dirige vers une station de police pour y dénoncer son semblable.

Pour vos hommes de science il n'y aura pas de différence.

Nous en voyons encore une très grande, très spécifique, dans l'énergie du vent et dans celle d'une turbine.

Pourquoi? Parce que dans son évolution invisible, toute pensée humaine passe dans l'endroit dont l'ordre physique est l'envers, et devient une entité active, en s'associant, en s'unifiant avec un élément particulier, c'est-à-dire avec une des forces semi-intellectuelles des royaumes de la vie.

Cette pensée survit comme une intelligence active, comme une créature engendrée de l'esprit, pendant une période plus ou moins longue, et proportionnelle à l'intensité de l'action cérébrale qui l'a générée.

Ainsi, une bonne pensée se perpétue comme une puissance active et bienfaisante, et une mauvaise comme un pouvoir démoniaque et maléfique.

De sorte que l'homme peuple continuellement sa course dans l'espace, d'un monde à son image, rempli des émanations de ses fantaisies, de ses désirs, de ses impulsions et de ses passions.

Mais, à son tour, ce milieu invisible de l'homme réagit, par son seul contact sur toute organisation sensitive ou nerveuse, proportionnellement à son intensité dynamique.

C'est ce que les bouddhistes appellent Shandba, les Indous Karma.

L'adepte crée sciemment ces formes, les autres les génèrent au basard.

L'adepte, pour réussir et conserver son pouvoir, doit

demeurer dans la solitude et plus ou moins dans l'intérieur de sa propre âme.

Il y a des choses que la science sensoriale perçoit encore moins.

L'industrieuse fourmi, l'active abeille, l'oiseau qui bâtit son nid, accumulent, chacun dans son humble degré, autant d'énergie cosmique dans une forme spécifique, que Hayden, Platon ou un laboureur poussant sa charrue, dans leurs actions spéciales.

Mais le chasseur qui tue le gibier pour son plaisir ou son profit, ou le positiviste qui dépense sa mentalité à prouver que $+ \times + = +$ gaspille et perd l'énergie cosmique ni plus ni moins que le tigre des jungles bondissant sur sa proie.

Ce sont tous des voleurs qui frustrent la nature au lieu de l'enrichir, et tous auront à lui rendre des comptes proportionnellement au degré de leur intellectualité.

Vos sciences expérimentales n'ont rien à faire avec la moralité, la vertu, l'humanité : c'est pourquoi elles ne peuvent pas compter sur notre secours, jusqu'à ce qu'elles rétablissent leur lien et leur alliance avec l'ordre hyperphysique.

Sèche classification de faits extérieurs à l'homme, de ténèbres extra-humaines, existant avant et devant exister après lui, le domaine de leur utilité cesse pour nous, à la frontière même de ces faits.

Cette science occidentale se soucie fort peu des suggestions et des résultats qui peuvent entraîner pour l'humanité les accumulations méthodiques ou non des matériaux qu'elle remue.

C'est pourquoi, comme notre sphère scientifique échappe entièrement à son domaine et l'enveloppe d'aussi loin que l'orbe d'Uranus entoure celui de la Terre, nous nous refusons à sortir de nos lignes distinctives et à nous laisser broyer sous aucune des roues de l'engrenage occidental.

Par ce genre de mentalité la chaleur n'est qu'un mode du mouvement et le mouvement génère la chaleur ; mais pourquoi le mouvement mécanique d'une roue qui tourne, a-t-il dans l'ordre hyperphysique une valeur plus haute que la chaleur dans laquelle il se transforme et s'absorbe graduellement ?

Vos sciences ont encore à la découvrir. La notion philosophique et transcendante, donc absurde, n'est-ce pas? des théosophes du moyen âge que le progrès final du travail de l'humanité aidé par les incessantes découvertes de l'homme aboutirait à imiter l'énergie solaire et sa faculté comme premier mobile et qu'il en résulterait un procédé tirant de la matière inorganique une transformation en aliments nutritifs, une telle idée est inadmissible pour la cervelle de vos hommes de science.

Mais si le soleil, si le père et le grand nourricier de notre système planétaire s'avisait de changer en granit les poulets d'une basse-cour, d'une manière accessible à l'observation et à l'expérience, ces mêmes hommes de science l'accepteraient sans doute comme un fait scientifique, sans exprimer un regret que ces poulets, n'étant plus vivants, ne puissent plus nourrir l'homme qui a faim.

Mais qu'un *Shaberon*, qu'un de nos frères traverse les monts Himalaya en temps de famine, qu'il multiplie des sacs de riz pour empêcher de périr des multitudes humaines, comme il pourrait positivement le faire, que diront vos magistrats et vos collecteurs d'impôts? Ils le jetteront probablement en prison pour lui faire avouer dans quel grenier il aura volé ce riz.

Voilà votre science occidentale, voilà votre société positive, pratique.

Vous avez beau dire que vous êtes frappés de l'immense étendue de l'ignorance générale sur toutes choses ; vous avez beau définir si pertinemment cette ignorance érigée en science et dire qu'elle ne représente qu'une nomenclature grossièrement généralisée de quelques faits palpables, qu'un jargon technique inventé par les hommes pour déguiser la réalité cachée derrière ces faits, vous avez beau parler de votre foi dans les puissances infinies de la nature, vous vous contentez cependant de dépenser votre vie dans un travail qui ne fait qu'aider cette même science occidentale à engendrer les mêmes résultats sociaux.

De toutes vos nombreuses questions nous discuterons tout d'abord, s'il vous plaît, celle qui est relative à l'impuissance supposée qu'aurait montrée la fraternité des initiés en ne laissant aucune trace dans l'histoire du monde.

Avec leur réserve d'arts extraordinaires, ils auraient dû, selon vous, réunir dans les écoles une partie considérable des esprits éclairés de toutes les races humaines.

Sur quelles bases vous appuieriez-vous pour croire qu'ils ne l'ont pas fait ?

Que savez-vous de leurs efforts, de leurs succès ou de leurs insuccès ?

Avez-vous des docks spéciaux pour emmagasiner des données positives sur de telles choses ?

Comment votre société occidentale serait-elle capable de rassembler des preuves, relativement aux faits et gestes d'hommes qui ont mis tous leurs soins à fermer hermétiquement toute porte possible par laquelle la curiosité pût les espionner ?

La première condition du succès de ces hommes a été de demeurer l'inconnu et l'imprévu.

Ce qu'ils ont fait, ils le savent, et ce que ceux du monde extérieur à leur cercle ont pu apercevoir, n'a jamais été qu'un résultat dont la cause est demeurée voilée aux yeux.

Nous n'avons jamais prétendu pouvoir conduire les nations prises en masse à tel ou tel apogée, en dépit du courant général des relations cosmiques du monde.

Les cycles doivent aller jusqu'au bout de leurs cercles.

Les périodes de lumière et de ténèbres se succèdent dans l'ordre intellectuel et dans l'ordre moral, aussi bien que dans l'ordre physique.

Les Yougs mineurs et majeurs doivent s'accomplir conformément à l'ordre de choses établi, et nous sur les bords de la puissante marée des temps, ne pouvons modifier et diriger que quelques-uns de ses moindres courants.

Si nous avions les passions imaginaires du Dieu personnel, tel que le vulgaire l'entend, si les lois universelles, immuables n'étaient que des hochets avec lesquels on pût jouer, alors, vraiment, nous aurions pu créer des conditions d'existence, qui eussent fait de cette terre une Arcadie d'âmes sublimes.

Mais nous avons affaire à une loi immuable, nous sommes nous-mêmes ses créatures, et nous devons nous contenter de ce qui nous est accessible, et en être encore reconnaissants.

Il y a eu des temps où une partie considérable des esprits éclairés, comme vous dites, a reçu l'enseignement, l'initiation de nos écoles.

Ces temps ont existé dans l'Inde, en Perse, en Égypte, en Grèce, à Rome pour l'Occident.

Mais, comme je l'ai indiqué dans une lettre à M. Sinnett, l'adepte est l'oiseau rare, l'efflorescence suprême de son époque et il y en a relativement peu dans un seul siècle.

La terre est un champ de bataille non seulement pour

les forces physiques, mais aussi pour les forces morales; et les brutalités des passions animales, aiguillonnées par les rudes énergies du dernier groupe des agents éthérés, tendent toujours à écraser les puissances intelligibles, les forces intelligentes.

Ne doit-on pas s'y attendre de la part d'hommes si étroitement liés encore à l'ordre physique d'où ils ont été évolués?

Il est également vrai que nos rangs se sont éclaircis, mais, comme je l'ai dit, la cause en est que nous appartenons à la race humaine et que, soumis au mouvement général de ses cycles, nous ne pouvons pas les faire rétrogresser.

Pouvez-vous dire au Gange ou au Bramapoutre de remonter vers leurs sources, pouvez-vous même les maîtriser de telle sorte que leurs ondes comprimées ne débordent pas et n'inondent pas leurs rives?

Non, mais vous pouvez soutirer de leur courant une partie de ces ondes, en remplir des canaux, et utiliser cette force hydraulique pour le bien de l'humanité.

Il en est de même de nous qui, impuissants à arrêter le monde dans sa course et dans sa direction, pouvons cependant utiliser quelque partie de son énergie en l'attirant dans des canaux bienfaisants.

Regardez-nous comme des demi-dieux et mon explication ne vous satisfera pas; considérez-nous comme de simples hommes, un peu plus sages que les autres, grâce à des connaissances et à des études spéciales, et votre objection aura trouvé une réponse.

Quel bien, dites-vous, mes compatriotes et moi pouvons-nous atteindre par cet ordre de connaissances cachées?

Quand les Indiens verront que les Anglais prennent

intérêt, jusque dans la personne de leurs hauts fonctionnaires, à la science et à la philosophie de leurs ancêtres, ils s'en occuperont au grand jour.

Quand il leur sera prouvé que les anciennes manifestations de l'ordre divin n'étaient pas des miracles, dans le sens vulgaire de ce mot, mais des résultats scientifiques d'un ordre transcendant, la superstition tombera d'elle-même.

Ainsi, le plus grand mal qui, actuellement, opprime et retarde la résurrection possible de la civilisation indienne, disparaîtra avec le temps.

La tendance actuelle de l'instruction publique est de faire des matérialistes et de déraciner tout spiritualisme, et cela dans les Indes comme partout.

Mais si l'on arrivait à comprendre ce que nos ancêtres ont vraiment voulu dire dans leurs écrits et dans leurs enseignements, l'instruction deviendrait une bénédiction, tandis qu'aujourd'hui, elle est souvent une malédiction.

A l'heure actuelle les Indiens, instruits ou non, considèrent les Anglais comme trop remplis de préjugés par le christianisme d'une part et d'un autre côté, par la science moderne, pour se donner la peine de les comprendre, eux Indiens ou leur tradition.

Ils se haïssent mutuellement, ils se défient les uns des autres.

Que cette attitude vis-à-vis de notre ancienne intellectualité vienne à changer, les princes de l'Inde et les hommes riches ne manqueront pas de fonder des écoles normales pour l'éducation des Pundits ; les vieux manuscrits jusqu'ici inaccessibles à la recherche des Européens apparaîtront de nouveau à la lumière et on y trouvera la clef de beaucoup de choses qui pendant des siècles ont été cachées à l'entendement populaire, choses dont vos philologues sceptiques ne se soucient pas et dont vos missionnaires religieux n'ont pas l'audace d'aborder la compréhension.

La science y gagnerait beaucoup, l'humanité tout.

Les mêmes causes qui tendent aujourd'hui à abaisser les Indous dans le matérialisme travaillent également toute la pensée occidentale.

L'instruction actuelle met le scepticisme sur le trône, mais elle condamne au cachot l'intelligence pure.

Vous pouvez faire un bien immense en aidant les nations occidentales à construire sur une base solide leur foi qui s'écroule.

Ce dont elles ont besoin, c'est de l'évidence que la psychologie asiatique peut seule donner.

Apportez-leur cela et des milliers d'esprits vous devront le bonheur.

L'ère de la foi aveugle est passée, et celle de l'examen est arrivée.

L'examen qui se contente de démasquer l'erreur sans découvrir aucun principe réel sur lequel l'âme puisse bâtir n'engendrera jamais que des iconoclastes.

L'iconoclastisme qui n'a pour principe que la destruction n'engendrera jamais rien, il ne pourra jamais que faire table rase.

Mais l'homme ne trouvera jamais de repos dans la négation.

L'agnosticisme n'est qu'un relais temporaire et le moment est venu de guider l'impulsion récurrente qui ne peut pas manquer d'advenir bientôt et qui poussera le siècle vers l'extrême athéisme, ou le rejettera dans un cléricalisme extrême, si on ne le ramène pas à l'intellectualité primitive et consolante des Aryas.

L'observateur qui suit attentivement le cours des choses actuelles voit d'un côté les catholiques produire des miracles, en moins de temps que les fourmis blanches ne pondent leurs œufs, et, de l'autre, les libres penseurs se convertir en masse à l'agnosticisme, c'est-à-dire à l'absence de tout souci intellectuel et vraiment scientifique, à la liberté de ne plus penser du tout.

La moyenne de ces deux extrêmes donne le cours moyen des choses.

Le siècle marche à une saturnale de phénomènes.

Les mêmes merveilles que les spirites opposent au dogme de la perdition éternelle, sont appelées en témoignage par les catholiques, comme une preuve actuelle du bien fondé de leur foi dans les miracles.

En dehors de ces deux camps, le scepticisme fait des gorges chaudes de tous deux à la fois.

Tous sont aveugles et il n'y a personne pour les guider.

Vous et vos collègues pouvez nourrir l'espoir de fournir de solides matériaux à un besoin général de philosophie religieuse, inexpugnable à tout assaut scientifique, parce qu'elle est elle-même la finalité de la science absolue, la religion dans le sens le plus élevé de ce mot, puisqu'elle renferme les rapports de l'homme physique et de l'homme psychique et des deux avec tout ce qui est au-dessus et au-dessous d'eux.

Cela ne vaut-il pas un léger sacrifice? Et si, après réflexion, vous vous décidez à fournir cette nouvelle carrière, que l'on sache bien que votre société n'est pas une boutique à miracles, ni un club gastronomique, ni un simple laboratoire de phénomènes.

Son principal but doit être d'extirper d'un côté la superstition, de l'autre le scepticisme et, du fond des anciennes sources longtemps cachées, de tirer la preuve que l'homme peut former lui-même sa destinée future, et savoir d'une manière certaine qu'il peut revivre après la mort, s'il sait le vouloir, et que tout phénomène n'est que la manifestation de la loi naturelle, dont l'étude et la compréhension sont le devoir de tout être intelligent.

Koot Hoomi Lal Sing.

(Sinnett, *Occult World*, p. 85-95, Lond. 1883.)

CHAPITRE XVI

IMPORTATION DE LA TRADITION ÉSOTÉRIQUE EN EUROPE

LES BOHÉMIENS

Un point d'Histoire fort peu connu et que nous nous sommes gardé d'aborder jusqu'ici, c'est l'influence *des Bohémiens* sur la tradition.

Un professeur à l'université de Bucharest, *M. J. A. Vaillant*, à la suite de longues années passées avec les Bohémiens, recueillit une série de traditions qu'il a publiées en divers ouvrages[1].

Ce qui est curieux c'est qu'en étudiant ces traditions de près, on y trouve, déguisé sous la théorie du mythe solaire, un résumé très net de tout ce que nous avons dit jusqu'ici concernant :

1° La valeur des noms propres ;

2° L'origine commune des diverses mythologies ;

3° L'ésotérisme de la Bible.

Nous ne pouvons donc mieux résumer tout ce qui précède qu'en publiant cette tradition des Bohémiens touchant les divers points dont nous nous sommes occupé jusqu'ici.

C'est ce que nous allons faire comme conclusion de notre étude générale sur la Tradition.

1. *Les Rômes*, histoire vraie des vrais Bohémiens; *la Bible des Bohémiens; Clef magique de la fiction et du fait.*

ORIGINE

Tout d'abord voici ce que rapportent les Bohémiens sur leur origine :

Il est, du Sind au Gange, un territoire appelé *Panc ' ab*, c'est-à-dire cinq eaux, parce qu'au sud cinq rivières : le Sutly, le Rair, le Schnab, le Jilu et le Sind, l'arrosent et le fertilisent et qu'au nord, cinq grands fleuves : l'Ira-vati, le Brahma-poutr, le Gange, le Sind et le Gilson qui y prennent leur source s'en échappent pour former la ceinture du monde alors civilisé.

Ce territoire est le Mul-tan, c'est-à-dire le pays de la racine.

Il est ainsi nommé parce qu'il est le berceau où l'homme naquit à la vie de l'esprit et où son esprit le fit naître à la vie du corps; où la science naquit de l'évidence, la fable de l'allégorie et l'image de l'idole, de l'imagination de l'idée.

Vers le XIe siècle avant notre ère, les Zaths étaient déjà retirés dans la Douab ou Mésopotamie, entre le Gemma et le Gange. Dans leur besoin d'un Dieu, et n'en trouvant pas, ils en firent un du soleil, qui, pour eux, est l'astre des besoins, et le nommèrent Isa-Kris ' ten parce que sa lumière est brillante comme l'or, pure comme l'air, et diaphane comme le cristal. Ils le font concevoir par Maha-Maria, la grande Marie, mer ou océan céleste qui contient la lumière du monde, et le font naître de la planète ou déesse lune Devaki, laquelle le mit au monde le 25 décembre, à minuit, dans la ville de Mythra, sur les bords de la rivière qui, pour ces raisons, fut nommée Iemma et Gemma de la Nuit et de la Naissance. Selon eux, quand il naquit, une gloire céleste illumina ses parents et son berceau, comme le soleil éclaire les astres à l'antipode, quand il va sous l'horizon; les chœurs des Devatas, astres ou anges, pasteurs des hommes, firent retentir autour de son berceau les divins concerts de leur sublime harmonie, comme chanteront les pâtres des troupeaux autour du berceau de Jésus; sa naissance inspira des larmes aux tyrans comme en inspirera à Hérode celle de Jésus; dans la crainte de le laisser échapper, Komsa, son oncle et roi de Zath, comme Hérode le sera des Juifs, ordonna de massacrer tous les nouveau-nés; le massacre eut lieu, mais il ne put atteindre celui qui devait être le Sauveur des hommes parce qu'il est l'astre Deva ou Dieu du monde. Pour le cacher à l'Hérode, roi du pays, ses parents le transportèrent à Gokal, ville des vaches, comme ceux de Jésus le transporteront dans les pâturages de Goscen, pour le soustraire au Komsa de la Judée; il vécut là, retiré chez les pâtres, comme Apollon chez Admète, et, comme lui, il leur enseigna à jouer de la flûte; rentré plus tard à Manthura, comme Jésus à Jérusalem, il y étonne comme lui, par sa science et ses miracles, et l'amour qu'il inspire lui fait, comme à Jésus, de nombreux partisans; mais sa royauté est contestée, comme doit l'être un jour celle de Jésus, et il meurt en croix, sur cette même croix, où, mille ans après, Jésus doit mourir. C'est alors qu'il laisse ses instructions à Ariun, son bien-aimé, comme Jésus-Christ a laissé les siennes à Jean, qu'il appuie sur son cœur.

Qu'ils soient venus en Phénicie par le golfe Persique et la Syrie, ou par le golfe Hébraïque et l'Arabie, toujours est-il qu'ils y arrivèrent avec leur arche ou vaisseau, avec leur argo ou leur science, l'une portant l'autre, car leur grande divinité *As-taroth* n'est autre chose que le *Tan-tara* indo-tartare, le *tarot* des Rômes, le zodiaque,

Le nom de *Sankoniathon*, leur historien et peut-être leur législateur, suffit seul à prouver leur origine indienne, car il nous semble n'être que *Sankon-iatha* ou *Sanko-niatha*, le Jatha ou le maître parfait[1].

D'ailleurs le *Tohu-Boüt* ou chaos d'où, selon sa cosmogonie, est sorti le monde, rappelle trop bien la matière limoneuse, déesse *Bouto* de l'Égypte, et le *bout* terrestre, matière boueuse du Multan, pour n'y pas reconnaître à la fois et le lieu d'où, Pali et Anak, ils en ont apporté l'idée en Palestine ou Kanaan et celui d'où, Kna ou Anakin, ils l'ont importée en Égypte.

RELIGION. — TRADITION

Ils n'ont d'autre *livre* que *le Ciel*, d'autres lettres que les *Étoiles*, d'autres anges que la *Lumière des astres*, d'autres prophètes que *les saisons et les mois*, d'autres sacerdotes et d'autres pontifes que *le Soleil et la Lune*, d'autre Dieu que *la Lumière*, d'autre maître que *Dieu*, d'autre temple que *le Monde*.

SUR LE SANSCRIT

En vain Grégoire dit le Grand a-t-il fait brûler dans toute la chrétienté les livres de *Cicéron*, de *Tite-Live* et de *Tacite*; en vain, enfin, l'Inquisition a-t-elle éclairé ses abominables folies d'auto-dafés sans nombre, et l'Église de Rome s'est-elle efforcée d'anéantir

1. En sanscrit *Sankia-natha*.

par sa propagande les livres indiens qui pouvaient trahir son origine et dévoiler toute imposture.

La Vérité n'était pas que dans les livres, et les missionnaires de la propagande eussent-ils réussi à faire disparaître les livres des doctrines indiennes que la Vérité n'en serait pas moins écrite dans l'univers par les grands caractères de l'éternel, par ses soleils et ses planètes, ses eaux et ses astres, ses monts et ses pics, ses roches et ses écueils, ses lacs et ses mers, ses glaciers et ses fleuves, et jusque par les monuments des hommes et par leur voix qui a tout nommé dans une langue dont le SAMSKRITA est la fille ou la mère et dont la mienne est le passe-partout.

Tu verras comment se forma, au pays de la Racine, la source de la lumière intellectuelle, EN-EK-KEK ou AN-AK-KUK *l'écriture*, et tu comprendras pourquoi les Syriens, les Hébreux et les Grecs l'ont appelée *al-pha-vita*, *al-eph-beth* ou *alphabet*, lumière de la vie.

Tu verras comment en sanscrit les antitypes se formant souvent par antiphrase, tels que : *siv* vie de *vis'* eau, *ap* eau de *pa* terre, il en a été de même en grec, où *sin* est l'antiphrase de *nis* et *sinop* l'antiphrase de *ponis*, comme *Théo-dore* est celle de *Doro-thée*, *Patro-clès* celle de *Cléo-pâtre*, *Ten-are* celle d'*Éridan* et *Ten-èbres* celle de *Bri-tania*.

Et quand tu te seras bien convaincu de cette loi de l'antiphrase qui de S × M et de M × S fait :

1° *Sam-sem-sim-som-sum* ;

2° *Mas-mes-mis-mos-mus*,

tous noms, toutes qualités lunaires, tous *l'être* et la *plénitude* de l'être, tous le *connu* et *l'inconnu*, tous le *patent* et le caché, le dessus et le dessous, la règle et l'usage, tu comprendras alors comment SAM la lune n'est *sem-élée* ou *sim-ilis*, semblable au soleil que lorsqu'elle est dans son plein, son niveau, son mois *mas* ou *mens* dans sa *table*, *masa* ou *mensa*.

Tu comprendras aussi ce qu'il faut entendre par TABLES de MOSA, dites de MOÏSE ; car, tu le reconnaîtras, *mas* est à *mens*, le mois, l'esprit de la lune, ce que *masa* est à *mensa* la table latine ; et la loi des douze tables de *Rome* n'est autre que les douze tables de la loi de *Moïse*.

ORGANISATION

Chaque tribu de *Selassi* élit son chef, *Baslaï* ou *bul-basha*, et son juge. Le chef et le juge vont presque toujours à cheval.

Les juges de chaque tribu forment la première instance, le *bul-*

basha la deuxième et le grand *armash* de la principauté la troisième.

APPLICATION DE L'ÉSOTÉRISME A LA TRADITION PAR LE SENS COMPARÉ DES DIFFÉRENTS NOMS PROPRES

Nous allons essayer de classer ce qui suit par religion ou par pays spécial; mais nous prévenons que, comme il s'agit d'une *étude générale et comparée*, ce classement est des plus difficiles, sinon même impossible. Ce qui domine tout c'est l'importance du nom propre, importance que nous ne saurions trop faire ressortir.

JUDAISME ET CHRISTIANISME

SUR ADAM

Tu auras compris comment tout *homme* est ADAM à l'orient de sa vie, à sa naissance, et ISA-AK à son couchant, à sa mort; car ADAM, soleil d'Orient, est l'emblème de la naissance de JÉSUS ou de la lumière et ISA-AK, *œil d'Isa* ou de la lune, soleil d'Occident, est l'emblème de son couchant et de sa mort; tu auras compris comment le PEUPLE, seul toujours debout, toujours au-dessus de l'horizon, est toujours à son midi comme le *dominateur* indien IS-WARA, comme le grand soleil IS-RA-EL et pourquoi, chef-d'œuvre de la nature et sa tablette la plus parlante, il est dit que sa voix est la voix de Dieu.

SUR JÉSUS ET MARIE

Tu comprendras alors comment OAN ou *iohan* OANNÈS ou *iohannès*, JEAN, l'esprit divin de toute la Syrie, devait être le précurseur de JÉSUS, *la lumière*, comme l'ESPRIT est la matrice de l'INTELLIGENCE, *la lune* celle du *soleil*, *la femme* celle de *l'homme*, *le cercle* celle du *triangle*.

Tu comprendras alors comment dans toutes les langues *m + r* sur tous les tons, *Mara* ou *Maria*, *Méru* ou *Meros*, *Miriem* ou *Marie* étant à la fois la *grande lymphe* de l'air et des eaux, le *ciel* ou la *mer* qui le reflète, tout JEAN, tout JÉSUS dut avoir MARIE pour MÈRE.

SUR LE MOT SATAN

Maintenant si je te dis : S-A-T (*sat*) est aux Indes l'un des trois noms de Dieu; il est l'*assez*, la *suffisance* de soi-même, le SAT latin et son emblème est le TRIANGLE; tu me croiras, car des trois lettres qui le composent : S représente l'*isa* ou *sitha* indienne, l'*iseth* ou *sethos* égyptienne, le *thésée* Pélage, l'*isis* grecque, le *seth* hébreu et tous : LA LUNE qui est SAM ou SEM, SÉMÉLIE ou SIMILÉS, *sem-blable* au soleil.

A représente l'*adé* ou *adou* indien, *hahad* syrien, *adonis* grec, *adonai* hébreu, et tous : ADAM, *soleil levant*, père d'ABEL, *le jour*, emblème de JÉSUS, *la lumière*, qui, à son midi, est HAM, car il est le grand *Mah;* et son *nom* n'est que l'antiphrase de sa *grandeur*.

T représente le *point*, *ta* ou *tau*, le plateau *tab* ou *tav*, la ligne, *tal* ou *tel*, le lit *tulé*, le point sombre *Dhama*, plaine (*Damas*) de l'humanité *Demos*, le haut point *thibet* ou *thobut*, la table, *tabor* ou *tabula* et tous : le jardin d'*Adon* ou d'*Eden*, la terre du soleil, surface ou plaine, table ou plateau, couche ou lit du genre humain.

Si maintenant je te dis encore : N, aspiré ou non sur toutes les voix (*Kan, han an*) ou (*ken, hen en*), est l'espace, le ciel, matrice de *l'Esprit*, l'ÊTRE, et le cercle est son emblème; tu me croiras, car il est *l'année* dont le fruit est *l'anneau*, le cercle; car il est pour les Latins HŒNUS-*Jupiter*, *ciel* du *jour;* HEMIOCHA-*Junon*, ciel de la nuit; car il est l'*Enoch* de Colchide, l'*Enoch* des Hébreux, *henochia* des Indes, *Ken-an* ou *Kain-archi* des Grecs, c'est-à-dire le *Principe*, le premier inventeur des choses; car il a donné son nom à tous les ENEK ou IANAKA, ANAK ou ANAX, INACHUS, ou ANAKIN des Indes, de Tartarie, de Cappadoce, de Grèce et du Kana-an; car il est grand *Mah* et il a fait le grand esprit *ani-mah* des Latins que vous appelez l'*âme*, l'ANANTA indien, l'ÉTERNEL.

Quand donc je te dirai : mets le Δ dans le O, unis le SAT au HAN, lis, et que tu auras prononcé SAT-AN, tu ne pourras plus croire que ce soit là le mauvais esprit puisqu'il est cet esprit qui seul se *suffit* à soi-même et que cet esprit seul est DIEU.

SUR L'ORIGINE DU CHRISTIANISME

Les *théosophes de l'Inde* propagent dans la Syrie, l'Égypte, la Judée, la Grèce, la sagesse, la science, la fable et la vérité de la doctrine indienne; d'un côté, le mépris des richesses et des puissances, l'alliance des pauvres et des faibles, la communion des opprimés et des déshérités, l'association des ignorants et des esclaves ; de l'autre, la réforme astronomique, la nouvelle ère qu'elle enfante, la nouvelle société qui doit en naître ; quelque temps encore, et César et Auguste ne seront plus Dieu, et l' *Apo-Stole* se sera substitué à l'*Apo-Théose*, car, voici : « Tibère a tué la religion, le prêtre a égorgé la vertu, le serment a poignardé la foi publique, le juge s'est fait bourreau de la justice, l'armée a tué la gloire et les pourceaux, vautrés dans la fange des orgies, ont éclaboussé le soleil de Pharsale et d'Actium. »

Voici sortir de leurs tombeaux les *Essení*, race éternelle, toujours morte et toujours vivante, et voici naître au milieu d'eux, faible comme un enfant et beau comme Jason, sincère comme Ésope et bon comme Socrate, naïf comme le peuple et pauvre comme un prolétaire, *cette divine lumière du soleil*, qui, chaque année, au 25 décembre, promet de sauver le monde, mais qui, depuis des siècles, n'a fait qu'en perpétuer la misère et l'esclavage.

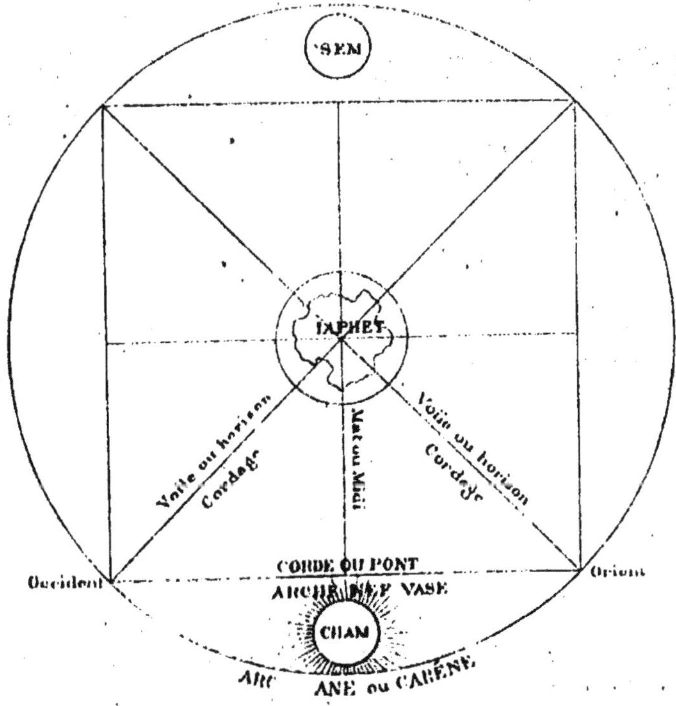

L'ARCHE DE NOÉ

Trace un cercle, emblème de la sphère du monde, divise-le en quatre parties par deux lignes à angles droits, unis les quatre points de ces deux lignes par une corde de manière à former un carré. Conduis par le centre du cercle deux lignes à angle droit qui aboutissent à chacune des quatre cordes, et tu auras ainsi les quatre arches des quatre temps et chacune de ces arches aura sa carène, sa nef, son pont, son mât, ses cordages.

Sa carène sera le contenant, l'arche; sa nef sera le contenu, *le temps;* son pont sera *le laps, l'espace, la distance;* son mât sera son *méridien*, son *solstice*, ses cordages seront son *horizon.*

Or, le temps est *Aon* et l'esprit est *Noa;* donc l'arche de Noé n'est autre chose que l'esprit *Éon* du temps.

Pour preuve qu'il n'est pas autre chose, mesure ses dimensions; et puisqu'il a 300 coudées de longueur, 50 de largeur et 30 de hauteur, dépouille la vérité de la sagesse qui le couvre en ôtant les zéros qui, ici en effet, ne sont que des nullités. Or, puisqu'il reste 353, dis-toi : l'année judaïque se composant alors de 7 mois de 29 jours et de 5 mois de 30, total 353, l'arche de Noé n'est effectivement comme l'*argo* de Colchide que le vaisseau de l'esprit du temps, mesuré par l'esprit de l'homme. Tu as donc compris comment ce vaisseau, contenant *Sem* la lune, *Cham* le Soleil et *Japhet* la terre, l'esprit de l'homme y a enfermé avec lui le Bodhas cultivateur ou semeur, le Zath pâtre ou chamite et le Meyde artisan ou iaphet.

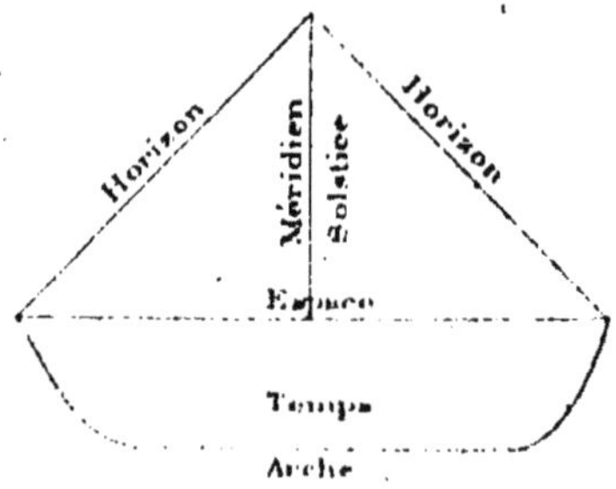

Extrait de Fabre d'Olivet sur le même sujet.

« תבה *une thebath.* Il paraît que c'est le traducteur samaritain qui, en rendant ce mot par *un vaisseau*, a, le premier, donné naissance à toutes les idées ridicules que cette erreur a fait naître. Jamais le mot hébreu תבה n'a signifié *un vaisseau*, dans le sens *d'un navire* comme on a bien voulu l'entendre depuis; mais bien *un vaisseau* dans le sens d'une chose destinée à en contenir, à en conserver une autre. Ce mot, que l'on trouve employé dans toutes les mythologies anciennes, mérite une attention particulière de la part du lecteur. Il est du genre de ceux auxquels le grand nombre de significations empêche toujours d'assigner une signification déterminée. C'est, d'un côté, le nom symbolique donné par les Égyptiens à leur ville sacrée : *Theba*, considérée comme l'asile, le refuge, la demeure des Dieux ; ville fameuse dont le nom transporté en Grèce, sur une bourgade de la Béotie, a suffi pour l'immortaliser. C'est, d'un autre côté, un circuit, un orbe, un globe, une terre, un coffre, une arche, un Monde, le système solaire, *l'Univers*, enfin, que l'on se figurait contenu dans une sorte de vaisseau que l'on appelait ארב.

« Car je dois rappeler ici que les Égyptiens ne donnaient pas au Soleil et à la Lune des chars comme les Grecs; mais une sorte de vaisseau rond. Le vaisseau d'Isis n'était autre que cette *Theba*, cette fameuse arche qui nous occupe en ce moment; et s'il faut le dire, le nom même de PARIS, de cette ville où se concentrent, en ce moment, les rayons de gloire échappés à cent villes célèbres, où refleurissent, après de longues ténèbres, les sciences des Égyptiens, des Assyriens et des Grecs; le nom de Paris, dis-je, n'est que le nom de la Thèbes d'Égypte et de Grèce, celui de la Syparis antique, de la Babel d'Assyrie, traduit dans la langue des Celtes. C'est le vaisseau d'Isis (*Bar-Isis*), cette arche mystérieuse qui, d'une manière ou d'autre, porte toujours les destinées du monde, dont elle est le symbole. »

∴

Tous ces peuples primitifs avaient leur *Argu* ou arche qu'ils attribuaient à *Xisuthrus* et dont le sanctuaire était à *Arguri* et c'est sur eux que les Grecs ont copié leur *Argo* qu'ils attribuent à Jason; c'est parce que cet *argo*, expression du dôme de la voûte du ciel, venait avec eux du *Thibet*, voûte et dôme de la terre, que les Hébreux qui l'attribuèrent à *Noé* et l'ont emporté avec eux des monts de l'Arménie, lui donnent le nom de *Thabeth-nah;* mais, nous le verrons, cette arche de Xisuthrus n'est autre chose que le symbole et l'emblème des mesures abstraites du temps, dont le monde est le vaisseau, calculées par l'esprit thibétain d'après les arcs zodiacaux de la triple lumière (Xisu-thrus) sidérale, lunaire et solaire de l'univers.

Quand, remontant au principe de l'Esprit, au vase de la science, et le rencontrant au Thibet, j'ose te dire : Tu connaîtras ce Thabet-Nah des Hébreux, cette *arche de Noé*, car je t'en montrerai la lumière et l'ombre, la franchise et le mensonge, la nudité et le voile, la vérité et la sagesse; quand, fort des charmes de ma parole, je te promets de délier à tes yeux ce nœud des siècles, fruit de l'intelligence et de l'imagination des hommes; quand je prends sur moi de te démontrer comment l'intelligence ayant *vu* la Vérité et fait la *science*, l'imagination trouva la Sagesse et inventa la *religion;* enfin je veux te convaincre que la religion est la *saie* de l'esprit, la *sagesse* de la science, c'est-à-dire le voile de la Vérité, le nuage du ciel, l'ombre de la lumière, l'abstraction du fait, l'allégorie de l'histoire, tu le vois, je n'en doute pas, je le sais, l'histoire m'en a prévenu d'avance, et depuis longtemps, tout fait nouveau, toute vérité nouvellement ré-éclose, toute lumière renaissante trouve les orgueilleux pour incrédules, les gens de routine pour persécuteurs et les sots pour plaisants.

(Narad *le Bohémien*).

SEM, CHAM ET JAPHET

Les Bodhas, sémites ou semeurs, et manassas ou médecins furent dits fils de *Sem,* parce que leur intelligence leur fit découvrir, par l'étude du cours de la Lune *Sem,* qui est la créatrice *Cérès* et la magicienne *Médée;* l'art de cultiver la terre, d'y semer toute semence et d'en utiliser les simples.

Les Zaths, chameliers et pâtres, et *magha,* mages ou guerriers, furent dits fils de *Cham* parce que leur intelligence leur fit découvrir, par l'étude du cours du Soleil, *Cham,* qui est le créateur *Phal* ou le guerrier *Pallas,* l'art de manier le pal ou l'épieu, et le trait ou la lance pour vaincre et apprivoiser, élever et civiliser, conduire et dominer les bêtes et les hommes.

Les Meydes, iébusiens ou terriens et mendaga ou marchands furent dits fils de *Japhet* parce que leur intelligence leur fit découvrir par l'étude d'Ebhu, terre, qui n'est pas moins celle de Japha ou Java que celle du Thibet, l'art de l'ouvrir et de la creuser pour y chercher le feu et le cuivre, l'argent et l'or, le diamant et les pierres précieuses.

MYTHOLOGIE ÉGYPTIENNE-SYMBOLISME

LES LÉGISLATEURS

Anaks,	Ménès.
Indiens,	Manou.
Phrygiens,	Is-Mun.
Romains,	Numa, Ma-nu.
Hébreux,	Mano-el.

LA NAISSANCE D'APRÈS LES ÉGYPTIENS

La nature entière étant censée pour eux assister à la naissance de l'homme, dès qu'un nouveau-né entre à la vie dans le vaisseau du monde *Sari*, l'astre-sœur d'Apollon, la lune ou Lucine donne l'impulsion à la proue; *Sevah*, l'astre de dessous, l'étoile, fait aller la rame; *Horus*, l'heure du jour, l'orient de la lumière, tient le gouvernail et *Nebva*, la destinée, préside à la navigation de cette *nabhi* ou nef de l'Inde sur laquelle s'est embarqué le nouveau-né.

LE SYMBOLISME

Tu le sais, tout culte antique était représentatif et fondé sur l'astronomie : des types visibles, matériels y représentaient les choses invisibles, spirituelles.

L'Éléphant au S. E. et le cheval au N.-O. représentaient l'intelligence et l'entendement, la parole et la science, le soleil et sa lumière; le taureau ou le bœuf, et la vache ou la génisse représentaient l'un la force fertilisatrice du jour, du soleil et de l'homme; l'autre, la force fécondatrice de la nuit, de la lune et de la femme. Celui-ci était le type du feu, des passions, l'Amour, celle-là le type de l'eau, de l'égalité, la Grace.

La Lune, la nuit, était l'esprit, la lymphe, la *matrice* de Dieu,

Le Soleil, le jour, était son intelligence, sa verge, son *burin*.

Le *Serpent*, type de la prudence, représentait le cercle, l'année, l'anneau des siècles, l'éternité, *l'esprit l'être*.

Le carré représentait la terre, les quatre vents, et les quatre points de son horizon.

Le triangle, formé par la Lune, le Soleil et la Terre représentait l'espace, l'air, le souffle divin, son nom et sa suffisance, *dalet* ou *delta*, puissance lunaire, puissance lymphatique, le Δ, la femelle.

La ligne ou règle verticale représentait le burin, le trait, le rayon, PALA ou BELOS, PALLAS ou PHALLUS, la lumière EL-IF ou ALEPH, ALPHA ou EPH, puissance solaire, puissance de l'homme, le Φ, le MALE.

La ligne horizontale représentait l'eau, son courant et sa *masse* et l'eau était le type de la vérité, de la blancheur, de la lumière, et celui aussi de la droiture, de la justice, de l'égalité, de l'équité et de l'équilibre.

C'est pourquoi le poisson qui y vit, considéré comme le plus parfait des êtres, servit de type à l'esprit de la lune et de la femme, à l'intelligence du soleil et de l'homme et de nourriture aux prêtres d'Égypte; c'est pourquoi aussi, lorsqu'elle s'y étale, s'y pose, *s'y expose* comme la *lune* sur le Nil, lorsqu'elle s'y plonge, s'y baigne, s'y *oint*, comme le SOLEIL dans l'Océan, la *lumière* Iésu s'est appelée MOSA ou *Moïse* et MASAH ou *Messi.*

Enfin le *cercle*, le *triangle* et le *carré* contenant tout, représentaient DIEU qui est tout.

MYTHOLOGIE GRECQUE

SUR LA MYTHOLOGIE GRECQUE

Analyse du mythe de Thésée.

Le dieu *Put*, dieu de la pensée, de la supputation et du calcul, l'intelligence suprême *Pit-Theus* ou *Bub-dha*, avait divisé le ciel en trois zones, comme le triangle divise le cercle en trois arcs. Les zones du ciel, devenues les *zènes* ou divinités de la terre, étaient celles des astres, de la lune et du soleil, auxquelles président, suivant les lieux et les langues, Brahma, Siva, Vis'nu; Jupiter, Pluton, Jovis, et c'est ainsi, qu'ayant fondé la trinité du monde, il avait fondé Tré-Zène et lui avait donné pour armoiries le trident igné qui fait la pile de ses monnaies.

Il y régnait comme la réalité dans le temps, comme la lumière dans l'espace, qu'Athènes était encore sans dieux comme sans rois, et que le bouc ou chevreau, Égée, constellation du mois d'août, y régnait seul.

Égée n'avait point d'enfant, et il était désireux d'en avoir. Sur les conseils de Pit-thens, il commerce avec sa fille Lusidice Ethra, la lune de l'Éther, comme avait fait Clytemnestre avec Égysthe; et neuf mois après Ethra met au monde un fils qu'elle appela Thésée, mais qui n'en porta le nom qu'à son arrivée à Athènes.

Celui-ci aspire, sinon à surpasser, du moins à égaler Hercule. Il y mit d'autant moins de présomption que tous deux de même nature, *Heros* ou *Sorch*, ils sont petits-cousins, comme peuvent l'être entre eux le soleil du lion et celui de la chèvre. Quoi qu'il en soit, un cousin vaut un cousin, et pour le prouver, Thésée prend l'épée de son père et, comme le Sun chinois, le Rama indien, le Samson hébraïque, court le monde, la terre, pour le purger des injustices et des iniquités des tyrans et établir la justice et l'égalité parmi les hommes, le ciel, pour le purger des iniquités et des injustices du solstice et établir la justice du temps, l'égalité des jours et l'équité des nuits, l'équinoxe.

En effet Thésée, antilogie de *Iseth* ou de *Sitha* et de *Thasi* ou de *Ithas*, lune d'Égypte, des Indes et de Thessalie, est le soleil du mois d'août, premier mois du tropique du capricorne, et qui, au 24 décembre, devient la thèse de Jason, comme ce jour-là Thasile est la thèse de Jésus qu'elle enfante et met au jour avec la lumière qui grandit ou renaît le lendemain 25. C'est parce que Thésée doit amener à Athènes la vierge de septembre qu'on ne l'y fait arriver, y prendre son nom et y reconnaître son père, qu'au 8e mois le 15 août, époque où il assume à lui cette Tri-gone, cette céleste vierge tenant en main la balance du temps.

L'époque étant venue de satisfaire au tribut de sept garçons et de sept filles imposé par Minos, Thésée, pour éviter ce sacrifice de sept jours et de sept nuits, qui font au temps une perte d'une semaine, se décide à accompagner les victimes, à périr avec elles ou à les sauver. Il sera enfermé dans le labyrinthe et la proie du Mino-taure, ou il s'emparera du labyrinthe et tuera le taureau de Minos. Plein de cette pensée, il s'embarque sur la *Théorie*, vaisseau à trente rames, comme le mois, vaisseau du temps à trente jours; il prend avec lui, Thoas, Soloon, Ennéos, comme Jésus prendra avec lui Pierre, Jacques et Jean, comme en tout temps l'astronome prend à témoin la lune, le soleil et le monde. Pour pilote à la proue, il choisit les sept étoiles du pôle, *Pharétos*, type à la fois du carquois de Diane et du char d'Apollon, et appelé aussi Nau-Silha, vaisseau de la Lune. Pour guide à la poupe, il a préféré la brillante étoile compagne de Méni, Phéax ou *Méné Sthée*, qui est Vénus; il lève l'ancre et, après une heureuse navigation, il arrive en Crète. Là, suivant le fil d'Ari-Adne, voie ou route que suit ordinairement la lune autour de la terre, il tue le taureau du solstice, s'empare du labyrinthe et délivre les victimes qui y étaient enfermées.

C'est ainsi que vainqueur du taureau de Minos, qui voudrait deux fois l'an dévorer en trois jours les sept jours et les sept nuits, que la vache lunaire, Io ou Isis, rumine alors en silence, Thésée retourne à Athènes, affirmant à qui veut l'entendre que ce Minotaure qu'il a vaincu à l'aide des sept jours et des sept nuits des trois quartiers de la lune, n'est autre que le Gôtama des Indes, l'Apis d'Égypte, dont le veau d'or qu'adoraient les Juifs est la copie, et dont *Numitor*, taureau de Numa, est la fable italique.

Aussi depuis ce temps ne croit-on plus que ce taureau de Minos soit né de ses amours avec *Pasiphaé*, mais chacun pense que, comme tout *Epaphus*, ou veau, il est naturellement né d'une Épaphisa ou génisse. Depuis ce temps, Minos, tant respecté des Épopéens ou auteurs de la parole, est devenu l'objet des sarcasmes des poètes.

Quoi qu'il en soit, arrivé à Athènes avec le chevreau d'août dont il est né, parti en Crète avec le premier croissant de la Lune, Thésée y arrive après trois fois sept temps de jour et sept temps de nuit, ne la quitte qu'après avoir dompté la puissance du solstice d'été, établi l'équinoxe d'automne et rentre à Athènes le 7 de posseidon, comme qui dirait le 7 décembre. C'est pourquoi le chevreau d'août ayant disparu dans les vapeurs du temps, Égée expire à la vue de la voile sombre et noire dont son fils a gréé son vaisseau.

De retour à Athènes et Égée étant mort, Thésée, à l'instar de Moïse en Judée, de Sethos en Égypte et de Sun en Chine, divise l'Attique en douze dêmes ou peuplades et la centralise comme il a centralisé l'année divisée en 12 mois; comme eux il établit un gouvernement, sans roi; laissant au peuple seul la souveraineté, il partage le peuple en trois classes, les nobles, les laboureurs et les artisans, et croit avoir ainsi établi leur égalité, parce qu'il a balancé l'une par l'autre, la force du soldat par la ruse du prêtre, la force et la ruse de ceux-ci par le nombre des laboureurs et des artisans; mais il ne tarde pas à s'apercevoir qu'il s'est abusé. Jusque-là, il fonde en l'honneur de *Soloön* qui, comme Ionas, s'est jeté à la mer, la ville de *Putho* ou de la science indienne de puter et de supputer le temps, dont la *Pythie* est l'oracle et le serpent *Python* le symbole.

MINERVE.

S'ils respectent tant ce signe (de la croix) c'est que pour eux, il est l'expression des quatre rayons lumineux de cette céleste zone, *rota* ou *taro* de ATHOR, autour de laquelle tournent les 12 mois de la lune et du soleil dont les manses zodiacales mesurent les années des siècles et les siècles de l'éternité; c'est qu'elle est restée pour eux ce que jadis, sous le nom de Xi (Khi), elle était pour la Grèce, le signe de la lumière des siècles *aiôn*, et de l'éternité de la lumière; ce qu'exprime assez clairement cette antique médaille d'Athènes :

En effet *Ménie* est la Lune, l'esprit, la muse, qui, sous le nom gréco-latin de MIN-ERVE (min-erga ou erga-mène) préside à la confection de la semaine, du mois, de l'an dont elle est l'ouvrière; qui, sous le nom hébraïco-grec d'*Athénée*, ourdit, trame et tisse le fil du temps à l'aide des nuits et des jours, des cycles et des siècles, et qui, au signe d'Eri-gone, c'est-à-dire de la céleste Vierge de septembre, devient à l'équinoxe d'automne, sous ses noms de THASI et de THEMIS, la *thèse* de l'égalité des jours et des nuits, et le *thème* de l'équité des astres et des hommes.

Et le lecteur a compris, je pense, pourquoi le X grec, étant le signe chrétien du salut (*selam*) que donne éternellement aux hommes le *No-el*, nouveau soleil ou nouveau dieu de chaque année (*sal*), ce signe de la lumière *hamulique* ou solaire des Guèbres leur est une *amulette* aussi sacrée que ce ☥ égyptien, signe des trois TOT éternels de Moïse, leur est un glorieux T de salut, T-selam ou talisman.

La révélation de la vérité de Dieu n'est autre chose que la révélation de la science des astres par la substitution de l'allégorie à l'autogorie, c'est-à-dire du sens figuré au sens propre, de la fiction au fait.

Polyphème, géant immense et monstrueux n'ayant qu'un œil au milieu du front, l'intelligence, œil du génie.

D'où l'on conçoit comment, pour les Grecs comme pour les Hébreux, la prudence et la ruse constituant la sagesse, le prudent et rusé Ulysse, type de la sagesse hellénique, dut crever cet œil du génie qui ne découvre la vérité, science de Dieu, que pour en faire l'évidence, science de l'homme.

C'est que *Pelopes* et Pelas-ges, c'est-à-dire maîtres de la terre, dont ils ont fait le *cycle* ou le tour, ce qui leur valut le nom de *cycl-opes*, ces Romes, anciens *Titans* indo-tartares, sont les restes des *zac-indi* de Sicile, issus de la *Sindi-Kie* du Pont et de ces *Sindi* de Pisidie, de Libye, de Carie, de Lemnos et de Thrace en si grande réputation dans l'antiquité pour leur habileté dans les arts que les Grecs la personnifièrent sous le nom de Polyphème et en firent un géant immense et monstrueux n'ayant qu'un œil au milieu du front, l'intelligence, œil du génie.

MYTHOLOGIE ROMAINE

SUR LES SEPT ROIS DE ROME

Numa est le ciel étoilé, le bois de Némée, où la lune Égérie, louve égarée de Brahma, erre comme erre dans le désert Agar, servante d'Abraham.

Ancus Martius est ce premier croissant de la lune de Mars qui, tombé de Colchide ou de la Troade en Italie, servit naturellement de modèle aux onze *anciles*, pleines lunes ou boucliers qui, mesurant l'année (*sal*), font le salut des hommes et ont donné lieu à l'institution des douze prêtres *saliens*.

Tullus Hostilius est l'hostilité terrestre des hommes entre eux, exprimée par la légende des Horaces et des Curiaces.

Servus Tullus est le servage terrestre des faibles sous les forts, des Albains sous les Romains.

Tarquin l'Ancien est l'ancien *tarah* ou *torah*, l'ancienne loi, la loi primitive venue d'Orient par les Pélasges, indo-tartares, la science modeste qui fait vœu d'élever un temple à Jovis sur le Capitole, comme David sur le Moria.

Tarquin le Superbe est le nouveau *tarah* ou *torah*, la nouvelle loi, la loi secondaire venue de Grèce et d'Égypte; la science magnifique qui accomplit le vœu de son père, comme Salomon celui de David.

Romulus, fils de Numi-tor, est le taureau de Numa, comme Rémus est le sanglier de Caly-dor, le Gabellius-sus de Némée, et comme Minotor est le taureau de Minos; il sait fort bien que le Capitole, qui doit faire de Rome la capitale de l'Italie, est fondé sous la tête de ce taureau, découverte au ciel par la science avant d'avoir été trouvée dans la terre par la fable; il le sait, mais il n'en dit rien; car s'il le disait, il ne serait plus oracle; et d'ailleurs il y va de sa vie; car l'astronomie fait les auspices, les auspices les mystères, les mystères la religion et la politique, et divulguer l'astronomie, c'est détruire la domination religieuse, c'est anéantir l'exploitation gouvernementale.

CHAPITRE XVII

HISTOIRE DU MYSTICISME D'APRÈS WRONSKI

Résumé.

Hoëne Wronski a fait une *Histoire du Mysticisme* d'après sa théorie qui résume fort bien tout ce que nous avons dit jusqu'ici.

Dans certains points les avis de cet auteur diffèrent des nôtres, mais ces différences sont trop légères pour que nous y attachions plus d'importance qu'il n'en est besoin. Notre avertissement suffit.

Histoire du Mysticisme.

A. -- Partie élémentaire du Philosophisme mystique.
ou Philosophisme mystique *primitif*. Mysticisme oriental.
ou Pôles opposés.

a^1 Émanations mystiques -- (Ici se trouve l'origine des esprits élémentaires (sylphes, gnomes, salamandres, ondins, etc.), et principalement les doctrines mystiques des Égyptiens).

b^1 Panthéisme mystique (Ici se trouve l'origine de la mysticité religieuse et principalement les doctrines mystiques des Chinois).

b^2 Neutralisation ou dualisme mystique (Origine de deux génies et principalement les doctrines mystiques des Parsis et des Indiens).

c

b Philosophisme mystique *dérivé*. Mysticisme occidental principalement européen).

a^3 *Distinction mystique.*

a^4 Synchrétisme mystique.

a^5 Du 1er ordre (Les Esséniens, les Thérapeutes, les Pythagorico-Platoniciens).

b^5 Du 2e ordre (Olympicodore, Martien Capilla, Cassiodore, etc).

b^4 Transcendantalisme mystique.

a^5 Pythagorisme nouveau (Apollonius de Tyane, Nicomachus, etc.).

b^5 Platonisme nouveau (Ammonius Saccas, Plotin, Origène, Amélius Porphyre, Jamblique, Proclus, Hypathie, etc.).

b^3 *Transition mystique.*

a^4 Transition du Synchrétisme ou Transcendantalisme. Cabale. Sepher, Jezira (Akibba). Sepher Sohar (Ben Johaï), Porte des cieux (Irira).

b^4 Transition du Transcendantalisme au Synchrétisme. Gnostique. Mysticisme dans les doctrines chrétiennes.

B. — Partie *systématique* du Philosophisme mystique. ou Diversité systématique.

a^3 Influence partielle.

a^4 Influence du Panthéisme dans les Émanations mystiques. Sciences occultes.

a^5 Siences occultes physiques.

a^6 Alchimie (Paracelse, etc.).

b^6 Médecine mystique (Gutman, Weigel, etc.).

b^5 Sciences occultes morales et spécialement théologie mystique (Oporin, Bodenstein, Kunraih, etc.).

b^4 Influence des Émanations dans le Panthéisme mystique. Philosophie mystique strictement dite (Pic de la Mirandole, Reuchlin, Giorgius, Agrippa de Nettesheim, Cardan, Knorr de Rosenroth, etc.).

b^3 Influence réciproque ou concours final entre le panthéisme et les émanations mystiques. Puissance du Verbe créateur. Astrologie.

b^2 Identité finale ou systématique entre le synchrétisme et le Transcendantalisme mystiques. Théosophie strictement dite (Boehme, Kuhlman, Drabitz, Comène, Poiret, Burnet, Taylor, Swedenborg, Saint-Martin, Eckartshausen, etc.).

Suivent les *faits* de la Technie mystique.

TROISIÈME PARTIE

LE MONDE DES INVISIBLES

ET LA

DIVINATION

CHAPITRE XVIII

LE VISIBLE ET L'INVISIBLE EN L'HOMME

Sur le point d'entreprendre la dernière partie de notre travail, il nous semble utile de jeter un coup d'œil rapide sur le chemin parcouru.

Après avoir déterminé par des citations nombreuses et faciles à contrôler l'existence d'une science réelle dans l'antiquité, après avoir dit quelques mots de la méthode employée et de ses applications, nous avons esquissé les doctrines les plus générales de cette science sur l'Univers, les Planètes, les Races et l'Homme lui-même.

L'Embryologie et la Physiologie nous ont fourni les éléments de déductions importantes sur la Naissance et sur la Mort, sur l'Ame et son origine, son état terrestre et son évolution.

C'est alors que, pénétrant davantage au fond de ces mystères d'Égypte, nous y avons trouvé une langue sacrée, commune à tous les initiés, langage dont l'hébreu de Moïse semble être un des plus purs dérivés, sinon la reproduction totale.

Nous avons suivi les phases diverses qu'a traversées la transmission de la tradition initiatique depuis Moïse d'une part pour aboutir, par les Esséniens, au Christianisme, depuis Orphée, d'autre part, pour aboutir par les mystères d'Égypte, à la Gnose.

La Philosophie hermétique, les Templiers, les Rose-Croix et la Franc-Maçonnerie nous ont permis de suivre la trace de cette tradition initiatique jusqu'à nos jours où elle semblait à jamais perdue quand les gigantesques travaux de Bailly, de Court de Gébelin, de Fabre d'Olivet et d'une foule d'autres sont venus donner un essor tout nouveau à la doctrine mystérieuse de l'ancienne Université Trismégiste.

Il nous reste à aborder le côté le plus caché de cette tradition, celui qui touche aux forces en action dans le monde invisible. Depuis trois ans déjà nous préparons un grand travail sur ce point particulier[1]. Nous allons donc aborder rapidement les principales questions qui touchent à ce sujet, renvoyant pour les détails techniques et les longs développements au traité susdit.

Nous allons résumer de notre mieux ce qu'on peut dire sur le Monde de l'Invisible; puis nous déterminerons la méthode employée en Occultisme pour figurer les lois de l'ésotérisme, par des tracés synthétiques ou *pantacles*, en donnant des moyens faciles et à la portée de tous pour expliquer ces signes en apparence incompréhensibles.

Afin d'être aussi clair que possible, nous partirons de l'homme, le microcosme, qui contient en lui, résumées analogiquement, toutes les lois de l'Univers, et c'est en nous élevant de la connaissance du visible et de l'invisible dans l'homme et de leurs rapports que nous parviendrons à mieux comprendre l'action des forces analogues dans le Monde.

1. *Traité méthodique de Magie pratique.*

Le corps humain avec ses mille détails, tel qu'il nous apparaît quand on le considère d'un coup d'œil rapide, peut être conçu comme un écran matériel sur lequel viennent se peindre les incitations venues du dedans, et d'où partent les impressions venant du dehors.

Ces formes harmonieusement groupées sont constituées par des millions de cellules changeant sans cesse et, ce qui permet à ces cellules de toujours figurer une forme presque toujours semblable, c'est la force invisible qui agit silencieusement de l'autre côté du rideau matériel.

Semblable à ce tapis des Gobelins sur lequel se peignent les figures les plus artistiques, sans qu'on puisse apercevoir les artistes travaillant de l'autre côté, le corps humain visible n'est que le voile du corps invisible, qui préside d'une manière incessante à l'élaboration des cellules organiques.

Flourens, voulant se rendre compte du temps que mettraient à disparaître les cellules les plus dures de l'organisme, les cellules osseuses, chez les mammifères, fit manger à certains des animaux de cette espèce de la garance pendant un nombre déterminé de jours, les fit reposer un temps égal et recommença plusieurs fois. La garance a la propriété de colorer en rouge les os des animaux tant qu'ils en mangent.

Au bout d'un certain temps le physiologiste examina les os de ces sujets d'expérience et put constater l'existence de cercles alternativement blancs et rouges correspondant à la période d'ingestion ou de privation de garance.

Il put ainsi se rendre compte que les cellules osseuses, les plus résistantes de l'organisme, mettent au maximum *un mois* à se renouveler entièrement chez les mammifères comme le cobaye ou le lapin.

En calculant qu'un homme vit douze fois moins vite

qu'un de ces animaux, on en arrive à voir qu'en dix mois ou un an au plus le corps humain est *intégralement renouvelé* quant à ses éléments constituants.

Quand je parle à un ami que je n'ai pas vu depuis un an, ce n'est plus le même homme, physiquement parlant, qui se présente à moi, c'est un homme entièrement nouveau et cependant *sa forme* est à peine changée[1].

Il y a donc dans l'homme quelque chose qui conserve la forme de cet homme pendant que la matière change incessamment, ce quelque chose n'est pas matériel, n'est pas visible, *c'est une force invisible* celle qu'on appelle vulgairement *la vie*, celle que nous appelons le *corps astral* en occultisme.

C'est cette force invisible qui fabrique le corps dans l'œuf matériel, c'est elle qui l'entretient pendant la vie, c'est elle qui le dissoudra après la mort.

Comme on ne saurait trop insister sur *l'action* de ce corps astral dont nous avons seulement indiqué l'existence et la constitution dans la seconde partie, nous allons détacher du *Traité de Magie pratique* un passage sur ce sujet.

UNE BLESSURE A LA PHALANGE

Défense de l'organisme.

L'homme est constitué, anatomiquement parlant, par un nombre incalculable de cellules possédant chacune son individualité, mais groupées par fonctions.

Nous savons qu'à l'origine ces cellules, maintenant si diverses, étaient toutes semblables et se nommaient *cellules*

1. Un ingénieur de mérite a basé sur ces faits sa réfutation du livre matérialiste de Büchner. Voyez : Maldan, *Matière et Force*. Paris, 1885, in-8° (Dentu).

embryonnaires. C'était leur état de plus grande vigueur, leur âge de croissance et de vitalité alors que, comparables à l'enfant par rapport à l'homme fait, elles possédaient une somme de force vitale qu'elles ont peu à peu perdue depuis.

Maintenant les unes, braves bourgeois, sont devenues des cellules osseuses, paresseusement fixées à leurs compagnes de même fonction et se reposant dans leur incrustation de sels calcaires.

Les autres, plus actives, ont formé des tissus contractiles, des membranes de revêtement; mais toutes elles possèdent cette langueur, ce calme qui prouve l'exercice continuel d'une même fonction. Elles naissent, croissent et meurent sous l'action de ce mystérieux *Inconscient* agissant par le Grand Sympathique et transmettent à leurs descendantes leur quiétude et leur régularité.

Telle est la marche générale de la vie organique à l'état normal; que se passe-t-il en cas d'accident subit[1]?

Un jour les diverses cellules de ce morceau de doigt qui menaient la vie paisible que nous venons d'essayer de décrire, peut-être un peu naïvement, ces cellules éprouvent un émoi absolument extraordinaire.

Le possesseur du doigt, par une imprudence coupable, a laissé une lame d'acier bien coupante pénétrer tout à coup au milieu de cette colonie si tranquille.

Les vaisseaux, subitement brisés, laissent échapper à flots les globules détournés de leur course; une foule de cellules de toutes fonctions: cellules de revêtement de la peau, cellules de plaques terminales nerveuses, cellules contractiles des muscles striés, viennent de trouver la mort dans cette aventure. Des corps étrangers ont auda-

1. Voyez la *Physiologie de l'Inconscient* d'Hartmann.

cieusement pris possession de la place occupée jadis par les défuntes ; *la phalange est en danger*, il faut organiser la défense[1].

Un phénomène absolument remarquable se produit alors. Les globules blancs, les leucocytes analogues aux cellules embryonnaires ; ceux qui possèdent encore le plus de force défensive et constructive, accourent en foule autour du point attaqué. Ce sont les véritables soldats toujours prêts. Ils entourent les corps étrangers, établissent autour d'eux une véritable barrière organique et s'opposent à leur progrès.

En même temps les globules rouges s'amassent aussi, apportant une somme considérable de vitalité à cet endroit. Le lieu du combat devient plus chaud que le reste de l'organisme, il y a une *fièvre locale* avec de la *rougeur*, et en un mot *une inflammation* prend naissance.

Cependant au moment où le couteau a pénétré les cellules de réception, des sensations, subitement détruites, sont mortes en transmettant la sensation de douleur la plus forte qu'elles pouvaient transmettre, les plexus du grand sympathique ont tout d'abord vibré à cette sensation et le cœur de l'imprudent lui a semblé *se serrer* en lui[2] sous l'influence du mal ; la conscience elle-même a ressenti vivement le choc ; mais elle ne peut rien faire. L'homme a beau vouloir, il ne peut qu'aider de son mieux l'Inconscient à tout réparer, c'est ce que celui-ci va faire.

Pensez-vous que ces cellules fixées en leurs places d'après les fonctions qu'elles accomplissent restent inactives? Pas du tout.

1. Tout ce que nous allons décrire pourra être contrôlé dans les livres classiques entre autres dans le *Manuel d'Histologie Pathologique* de Cornil et Ranvier. Voir aussi les leçons de A. Robin sur la *Pneumonie*.

2. Claude Bernard a démontré que les expressions *cœur serré*, *cœur gros*, etc., répondaient à des réalités physiologiques.

A l'instant de l'accident tous les travaux s'arrêtent; les cellules de revêtement, même les cellules tout obèses et remplies de graisse, se réveillent de leur torpeur. Une vie nouvelle les envahit, elles redeviennent subitement jeunes pour la défense de l'organe menacé, les cellules plates se gonflent, les noyaux se dédoublent et de nouveaux défenseurs prennent naissance, les cellules obèses transforment rapidement leur graisse, les cellules pétrifiées abandonnent les sels calcaires et toutes, devenues capables de se mouvoir, redevenues en un instant *cellules embryonnaires*, quittent leur place, et vont grossir le nombre des combattants déjà engagés dans la bataille.

Il n'y a plus là ni muscles, ni membranes, ni cartilages, ni vaisseaux, ni nerfs, il n'y a plus que des cellules embryonnaires libres, des soldats munis du maximum des moyens de défense et qui luttent jusqu'à la mort pour sauver les organes menacés.

Si la victoire vient couronner les efforts des défenseurs, si, à force de lutter, les corps étrangers sont enfin expulsés, tout le monde se met au travail et la réparation des endroits lésés se fait progressivement.

Alors les cellules, mobilisées pour le combat, reprennent leur place, elles se fixent à un endroit, s'aplatissent de nouveau pour former des membranes, se remplissent de sels calcaires pour former des os, l'organe se refait DANS SA FORME PRIMITIVE[1] si la blessure n'est pas trop profonde, et peu à peu la vie tranquille d'autrefois recommence comme si de rien n'était, et cela continuera jusqu'à la mort de l'individu, à moins de nouvel accident.

Qui donc a dirigé cette défense? Est-ce la conscience? Est-ce la volonté?

1. Fait inexpliqué et inexplicable pour la science actuelle.

Certes non.

C'est malgré la volonté, à l'insu de la conscience que cette admirable action s'est produite; à peine l'homme a-t-il ressenti par des douleurs vagues le travail qui s'est fait en son doigt, l'Inconscient a tout dirigé, l'Inconscient a vaincu, l'Inconscient a refait l'organe dans sa forme première; ce qui montre qu'il y a en lui la *mémoire des formes*. Qui donc après cela vient dire que l'Inconscient n'est pas *intelligent?* Qui donc vient nier l'existence indépendante et individuelle de cette force quasi divine qui a accompli tous ces miracles? Qui donc vient proclamer que le hasard des affinités chimiques a tout fait et qu'il n'y a pas lieu de faire intervenir là un élément intelligent, quoique métaphysique? Qui donc ne veut tirer aucun enseignement de cet admirable phénomène?

Celui qui l'a découvert, celui qui l'a étudié dans tous ses détails, celui qui le connaît mieux que personne : le savant matérialiste!

Cette force mystérieuse que nous venons de voir en action est celle qui produira la plupart des phénomènes magiques, celle dont les actions hors de l'être rempliront les savants d'étonnement à tel point qu'ils nieront jusqu'à l'évidence des faits alors que son action dans l'être humain, action toute miraculeuse et vraiment magique, est à peine considérée dans ses détails par eux.

* * *

Tout cela revient à dire que le visible n'est que la manifestation, la *matérialisation* de l'invisible.

Quand je parle, puis-je faire autre chose que de matérialiser le principe invisible, l'idée, qui est dans mon cerveau?

J'habille cette entité spirituelle d'un vêtement matériel, vêtement de couleur différente suivant le pays pour lequel j'écris ; vêtement qui sera l'anglais, l'allemand, l'italien ou le chinois, peu importe, l'habit peut varier de couleur, l'entité sera toujours identique à elle-même, voilà pourquoi on pourra *traduire* cette idée en diverses langues, c'est-à-dire lui faire changer à volonté la couleur de son vêtement, l'idée reste entière et toujours semblable à elle-même.

Mon verbe est donc l'habit que je donne à mon idée.

Or il est une maladie curieuse : l'*aphasie*, qui vient nous montrer l'indépendance des deux organes, celui qui conçoit l'idée et celui qui la matérialise.

L'aphasique conçoit bien l'idée qu'il veut exprimer, mais il ne peut parler, ou s'il parle, son organe d'expression le trahit, il dit un autre mot que celui qu'il veut prononcer ; mais, s'il ne peut parler, il peut écrire, le plus souvent, tant il est vrai que la Nature a mis en notre pouvoir plusieurs moyens de matérialiser nos idées.

Nous voyons dans tous ces faits trois choses :

1° *L'idée*, entité métaphysique, spirituelle ;

2° *L'organe d'expression* de matérialisation : le larynx dans le cas qui nous occupe ;

3° Entre les deux un *principe de communication*, principe qui peut être aussi altéré.

Pour bien comprendre cela, prenons l'exemple du télégraphe.

L'employé doit transmettre une dépêche A (l'idée) à un endroit éloigné.

A cet effet trois choses sont nécessaires :

1° Un organe transmetteur (cerveau) ; 1

2° Un organe récepteur (larynx) ; 2

3° Un conduit allant d'un organe à l'autre (nerf) ; 3

Si le transmetteur est dérangé, direz-vous que la dépêche n'existe pas?

C'est pourtant ce que disent les matérialistes quand ils objectent que l'âme n'existe pas, puisqu'elle n'apparaît plus quand le cerveau (transmetteur) s'affaiblit.

Notez bien que ce sont des forces *invisibles* qui circulent dans ces conduits.

Le transmetteur fait subir à une force invisible, l'électricité, diverses oscillations. L'électricité reproduit, *matérialise* ces oscillations sur le récepteur où chacun peut les lire.

Personne *ne voit* cette électricité et cependant elle agit exactement dans cette action, mais elle n'est pas la dépêche elle-même.

L'électricité représente *la vie*, la force invisible, qui relie les deux opposés dans l'homme et chaque fois que l'âme (l'employé transmetteur) imprime une oscillation à cette vie (électricité) cette oscillation vient se manifester sur un point du corps matériel (cadran récepteur).

Voilà pourquoi nous avons dit que le corps peut être conçu « comme un écran matériel sur lequel viennent *se peindre* les incitations venues du dedans ».

Il résulte de tout ce qui précède que toute forme visible n'est que le résultat de l'action d'une forme invisible (corps astral, vie) agissant sous l'impulsion d'une *idée*.

Un observateur pourra donc, en étudiant *les formes* du corps, retrouver *les idées* qui ont donné naissance à ces formes, comme le télégraphiste, en lisant son cadran, retrouve les mouvements qu'exécute sur le transmetteur celui qui envoie la dépêche.

Les formes de notre visage, de nos membres, les lignes de notre main *sont les dépêches* envoyées par l'employé invisible qui est en nous, *l'âme;* en lisant ces dépêches, nous pourrons découvrir les secrets mêmes de l'âme ; de là les sciences diverses de divination pour la lecture des lignes de la main (*Chiromancie*) ou des formes du visage ou de l'individu (*Physiognomonie*).

Nous allons dire quelques mots de ces sciences de divination nous réservant d'entrer dans de plus grands détails dans notre traité de *Magie pratique*. Mais auparavant nous allons développer par des exemples très nets cette idée des rapports qui relient toutes les parties du corps humain.

CORRESPONDANCES MAGIQUES DANS L'HOMME VISIBLE[1]

Le visible est la manifestation
de l'invisible.

Louis-Claude de Saint-Martin, le philosophe inconnu, l'un de nos plus profonds maîtres en occultisme, nous indique les bases de tout véritable enseignement par cette suggestive épigraphe :

« *Expliquer la Nature par l'Homme, et non l'Homme par la Nature.* »

C'est donc par l'étude de l'organisme humain que nous parviendrons à la connaissance des forces subtiles dont la magie prétend nous donner les lois ; mais cet organisme lui-même, comment devons-nous l'étudier ?

Vous connaissez, n'est-ce pas, cette singulière manie qui nous est chère ? Une question est à peine posée que nous vous entraînons loin du sujet considéré pour vous parler

1. Extrait du *Traité élémentaire de Magie Pratique* de Papus (en préparation).

de mille riens qui paraissent n'avoir aucun rapport avec ce qui vous intéresse. — Voilà pourquoi je vous prie de me suivre dès l'instant bien loin d'ici (oh! en esprit seulement), devant Notre-Dame de Paris par exemple.

Là — nous y voilà. — Veuillez maintenant me dire comment vous allez décrire ce monument.

Allez-vous courir chez l'architecte et lui demander les plans détaillés de cet édifice? Dans le cas présent, ce serait peut-être difficile et vous n'y pensez même pas.

Irez-vous du moins trouver le maçon pour savoir de quelle carrière ont été tirées les pierres, comment fut gâché le plâtre, quels ouvriers furent employés?

Je vois que mes questions vous impatientent et vous vous demandez comment serait faite la cervelle de la personne qui ferait toutes ces ridicules demandes avant de décrire Notre-Dame de Paris.

Cette cervelle fonctionnerait tout simplement comme celle d'un de nos savants physiologistes qui ne peuvent décrire l'homme (un monument intéressant, somme toute) sans vous ennuyer au préalable de détails multiples sur l'architecte et sur le plan (les causes premières) et surtout sur l'origine et la constitution des matériaux qui ont servi à faire ce monument (os, muscles, nerfs, etc., etc.).

Ce procédé, qui vous semblait tout à l'heure si bouffon, est donc journellement employé dans nos livres de physiologie contemporaine qui enseignent que l'embryologie, c'est-à-dire l'histoire de la construction du monument, est la seule base possible à donner à l'étude de l'organisme humain.

Comme nous ne sommes pas des savants, ou plutôt comme je ne suis pas un savant, nous allons faire comme tout le monde et nous commencerons par dire *ce que nous voyons* en l'étudiant aussi bien que possible, et plus tard, si nous y trouvons quelque plaisir, nous entrerons dans le monument pour considérer ce que nous ne voyons pas extérieurement, et même, si notre amour d'apprendre augmente toujours, nous irons humblement trouver monsieur le savant et nous lui demanderons de nous dire comment le maçon a construit l'édifice et comment l'architecte l'a conçu, si toutefois monsieur le savant croit à l'existence d'un plan de construction, car il y a beaucoup de physiologistes qui n'y croient pas. Peut-être alors comprendrons-nous ces belles explications qui eussent été pour nous brillants hiéroglyphes alors que nous ignorions l'état actuel de ce merveilleux monument.

Ce n'est donc pas en procédant du connu à l'inconnu, mais bien en procédant *du visible à l'invisible,* que nous allons aborder l'étude de l'homme, le monument le plus parfait de la création, si l'on en croit nos maîtres les kabbalistes, et même nos habituels détracteurs les darwinistes.

Nous tenons cependant à bien faire remarquer dès l'abord que nous n'entrerons pas en de minutieux détails, réservés pour un autre ouvrage tout physiologique, non plus que nous ne perdrons de temps à prouver une à une nos affirmations basées sur l'alliance de la Science actuelle et de la Magie, notre ouvrage n'étant pas écrit à l'usage des facultés ni des écoles primaires.

∴

LA PARTIE VISIBLE DE L'HOMME. — LE CORPS

Ce n'est plus Notre-Dame de Paris que vous avez maintenant devant les yeux, c'est un objet plus complexe au premier abord et peut-être aussi le plus difficile à décrire de toute la Nature, c'est le *corps humain*.

Nous remarquons de suite dans ce corps deux divisions primordiales :

1° Une partie centrale qui contient (nous le savons déjà, je pense) tous les organes importants de l'homme ; cette partie, c'est le tronc ;

2° Des parties accessoires : les *Membres*, moins importantes que la précédente puisqu'on peut les couper sans détruire l'être lui-même et qui servent de moyen d'action aux organes contenus dans le tronc.

Voilà donc notre première grande division : l'homme est composé d'une partie centrale et fondamentale : le tronc, et de parties adjacentes : les membres. Continuons notre étude en considérant chacune de ces parties. Voyons la plus importante :

LE TRONC

Ce qui nous frappe tout d'abord si nous considérons avec quelque attention ce centre de l'organisme, c'est qu'il présente également une division en plusieurs segments nettement séparés.

Ainsi, tout en haut, nous voyons la *tête*, séparée parfaitement du segment qui lui fait suite, la poitrine.

La *poitrine* est elle-même distincte d'un autre segment, le *ventre*.

Tête, poitrine et ventre, tels sont les trois centres distincts qui constituent par leur réunion le tronc. — Nous reviendrons tout à l'heure sur cette division ; voyons pour l'instant si nous n'avons rien à dire de l'autre partie de l'être humain, *les membres*.

9

LES MEMBRES

Prenez donc la peine de regarder au moins le bras. Ici encore nous trouvons des segments à tel point connus qu'ils ont reçu les noms distincts que vous savez bien : *bras*, *avant-bras*, *main*.

De même les membres inférieurs nous montrent trois segments : la *cuisse*, la *jambe* (le mollet), le *pied*.

Remarquez de suite cette curieuse répétition de *trois* dans ces divisions. Le tronc était divisé en trois parties, il en est de même de la jambe et du bras, et vous savez aussi, n'est-ce pas, que la main et le pied, les segments terminaux des membres, présentent encore *trois* divisions : *poignet* (carpe) et *cheville* (tarse) ; *paume* (métacarpe) et *plante* (métatarse) ; *doigts*[1] et *orteils*.

La Magie nous dit que toutes ces parties se correspondent rigoureusement ; nous aurons à le voir tout à l'heure en détail. Contentons-nous de signaler ce fait pour l'instant.

Cependant, me direz-vous, puisque vous insistez sur votre division par trois, comment se fait-il qu'il n'y ait que deux paires de membres : les bras et les jambes, et pas trois ?

Voilà précisément ce qui vous trompe. Les anciens anatomistes hindous savaient et les modernes viennent de découvrir que le *maxillaire inférieur* constitue une troisième paire de membres véritables : *la partie verticale* du maxillaire représente *le bras* ; *la partie horizontale*, *l'avant-bras*, *les gencives* représentent *les doigts*, et *les dents les ongles*. Toute une branche de l'anatomie, sous l'influence

1. Inutile, je pense, de faire remarquer que chaque doigt présente également trois segments : phalange, phalangine et phalangette.

des travaux de Vicq-d'Azir, de Gœthe, d'Oken, de G. de Saint-Hilaire, de Foltz, d'Adrien Péladan, etc., etc., s'édifie en ce moment sous le nom d'*anatomie philosophique*. Les quelques données que nous allons indiquer dans cette étude peuvent servir de base à cette réédification d'une science très ancienne que nous avons tout spécialement étudiée. Encore une fois, nous ne pouvons, dans cet ouvrage, entrer dans les détails que comportent de telles considérations, et nous allons rapidement passer en revue les rapports qui peuvent exister entre tous ces segments dont nous venons de parler.

RAPPORTS DES MEMBRES ENTRE EUX

Il faudrait écrire un véritable traité d'anatomie sur cette seule question si on voulait l'étudier comme elle le mérite. Nous renvoyons les curieux aux travaux de Foltz, nous bornant à signaler les rapports suivants :

Le *bras* correspond à la *cuisse* et à la *partie verticale du maxillaire.*

L'*avant-bras* correspond à la *jambe* et à la partie horizontale du maxillaire.

La main correspond au *pied* et aux *gencives.*

Il ne fallait pas grande attention, me direz-vous, pour établir ces rapports. C'est exact si vous considérez, comme je le fais en ce moment, tout cela d'une façon générale ; mais si vous voulez étudier en détail, que de difficultés ne rencontrez-vous pas !

Ainsi, pour prendre un exemple, le pouce de la main ne correspond pas du tout au gros orteil du pied, mais bien aux deux derniers doigts, ainsi que l'a victorieusement démontré Foltz. Ceci nous montre donc les erreurs dont il faut se garder dans l'établissement sans réflexion des rapports qui peuvent exister entre les différentes parties de l'homme.

RAPPORT DES MEMBRES AVEC LE TRONC

Un peu d'attention suffit pour nous faire découvrir que chacune des paires de membres que nous avons décrites est en rapport avec l'un des trois grands centres du tronc.

Ainsi les jambes sont spécialement rattachées au segment inférieur : le *ventre*.

Les bras, au segment moyen : la *poitrine*, et le maxillaire au segment supérieur : la *tête*.

Un auteur presque totalement inconnu, *Jean Malfatti de Montereggio*[1], fournit de curieux développements à ce sujet. Son livre est à peu près incompréhensible pour qui ne connaît pas les principes de la Science Occulte ; citons une phrase qui a rapport au sujet qui nous occupe :

« Les mains et les pieds sont simultanément les *instruments* correspondants du tact, comme placentas osseux, les premières à l'œuf thoracique (poitrine), les derniers à l'œuf abdominal (ventre)[2]. »

Pour résumer, retenons bien ce fait que chaque segment du tronc présente une paire de membres qui lui sont adjoints et qui peuvent indiquer ce qui se passe en son intérieur.

Des données très importantes au point de vue magique nous sont fournies par les rapports que nous avons maintenant à considérer :

1. Jean Malfatti de Montereggio, *la Mathèse*, Vienne, 1837, traduite par Ostrowski. (Nous devons la communication de cet ouvrage à Stanislas de Guaita.)

2. *Mathèse*, p. 40.

RAPPORT DU TRONC AVEC LES MEMBRES.

Le segment particulier du tronc d'où dépendent les membres imprime à ceux-ci un caractère spécial qui fournit des enseignements bien profonds au Mage, tout en échappant totalement aux investigations du médecin vulgaire.

Toutes les sciences de divination par l'inspection des traits et des lignes sont basées sur les rapports qui relient tous les segments entre eux. Il serait hasardeux en ce moment pour moi d'entreprendre la défense scientifique de la Métoposcopie (divination par les lignes du front) ou de la Chiromancie (divination par les lignes de la main); aussi renverrai-je cette discussion pour l'instant, tout en constatant que ceux qui traitent tout cela de *superstition ridicule* ignorent totalement les raisons pour lesquelles ils font cette affirmation. Cependant je dois montrer les rapports possibles qui relient entre eux tous ces segments, et je vais à ce propos donner quelques détails au sujet de la face et des rapports des organes qui s'y trouvent avec le reste de l'organisme ; mais, avant, nous allons terminer ce qui a rapport à notre étude présente.

Chacune des divisions principales des membres correspond à un segment du tronc ; bien plus, dans chaque membre, les divisions d'une partie correspondent à la division analogue des membres tout entiers.

Ainsi les divisions du doigt :

Phalange, *Phalangine*, *Phalangette*,

correspondent exactement aux divisions de la main :

Poignet, *Paume*, *Doigt*,

à tel point que la constitution anatomique d'une phalangette reproduira *analogiquement* celle du doigt tout entier. C'est là un point d'anatomie philosophique qui n'a pas été approfondi, que je sache. De même les divisions de la main correspondent en tous points à celles des bras :

Bras, Avant-Bras, Main,

et celles-ci correspondent de même aux divisions du tronc :

Ventre, Poitrine, Tête.

Si nous établissons d'après ces données très élémentaires un tableau de correspondance, nous obtiendrons ce qui suit :

TRONC	VENTRE	POITRINE	TÊTE
BRAS (Membre	Bras	Avant-bras	Main
MAIN	Poignet	Paume	Doigt
DOIGT	Phalange	Phalangine	Phalangette

Ainsi le Bras, le Poignet ou la Phalange nous indiqueront les rapports visibles ou occultes à établir avec le ventre ; de même que si nous voulons savoir ce qui se passe dans la tête, nous aurons recours à l'examen de la main tout entière ou seulement à un doigt, ou même à la phalangette qui représente spécialement cette tête.

De là toutes les indications des chiromanciens. La figure suivante fait encore mieux comprendre ces rapports :

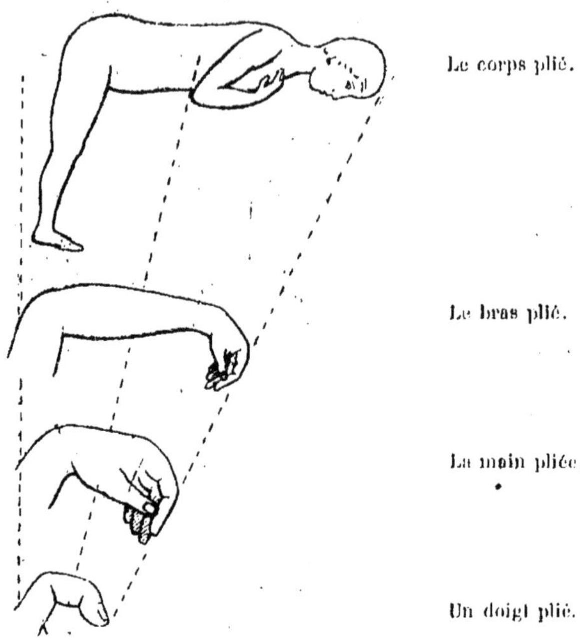

Rapport du Tronc avec les Membres (Chiromancie).

LA FACE HUMAINE

(*Quelques-unes de ses correspondances*)

De même que le tronc se divise en trois segments, de même que chacun des membres se divise en trois parties, de même aussi la face humaine présente trois grands domaines, ainsi que l'a déterminé Lavater :

Le domaine des *Yeux* ;
Le domaine du *Nez* ;
Le domaine de la *Bouche*.

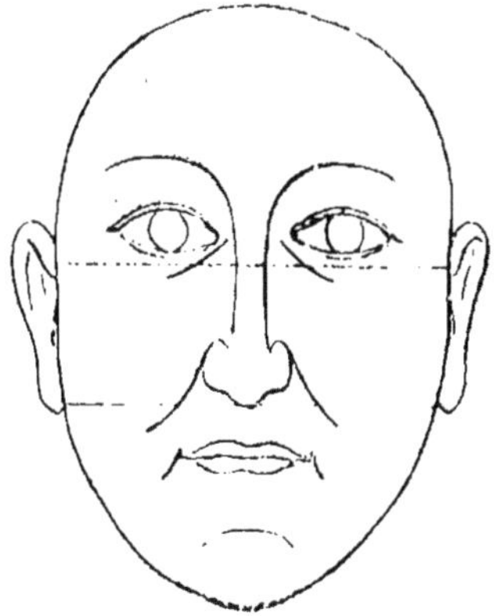

I. *Les Yeux.* — Anatomiquement, les yeux sont en rapport direct avec le cerveau. Ce sont, à proprement parler, les *fenêtres du cerveau*, et c'est en eux que nous voyons peintes ces émotions qui agitent l'être tout entier.

Les maladies mentales exercent presque toujours une action très caractéristique sur les yeux et spécialement sur la pupille. Les yeux correspondent donc en tout point à *la tête*.

II. *Le Nez.* — Le nez est en rapport direct avec le canal qui conduit l'air dans les poumons : la trachée. C'est l'organe essentiel de la Respiration. L'homme peut aussi respirer par la bouche ; mais les mammifères, et spécialement le cheval, en sont incapables, ce qui indique bien que *le nez est la fenêtre de la poitrine*, comme les yeux sont celles de la tête.

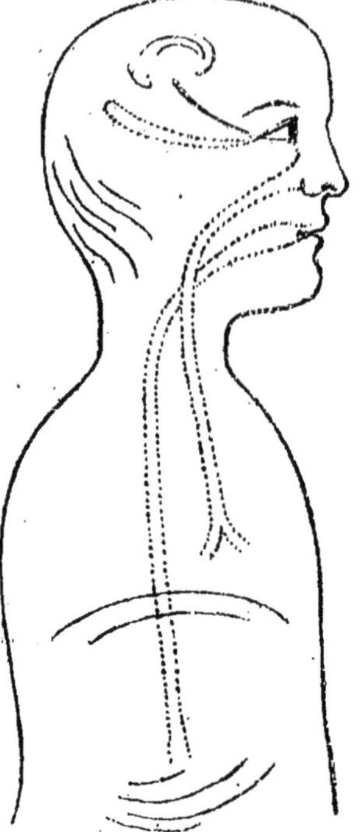

Citons à l'appui de ce fait ces colorations si particulières des pommettes dans les maladies du poumon ; ces dépressions caractéristiques au niveau des ailes du nez (facies cardiaque) dans les maladies de cœur, faits bien constatés par nos savants médecins contemporains, mais absolument *inexplicables* pour eux... et pour cause !

III. *La Bouche.* — La Bouche correspond directement au canal des aliments, à l'œsophage et par là au *Ventre;* c'est la *fenêtre du Ventre.*

Si ces idées paraissaient absurdes à quelque savant, je le prierais de me dire pourquoi il fait *tirer la langue* aux malades pour se rendre compte de l'état de leur estomac, et pourquoi la péritonite exerce une action si particulière sur les *lèvres* des gens qui sont atteints de cette affection. La Magie seule permet de donner une raison suffisante de tous ces faits.

En résumé, la Tête, la Poitrine et le Ventre ont leurs *fenêtres* sur la face elle-même, dans les Yeux, le Nez et la Bouche. Voilà pourquoi Paracelse, le grand initié, faisait des diagnostics médicaux sur la seule inspection des traits.

Cependant ces divisions sont très générales, et nous pouvons encore aller plus loin si cela vous intéresse.

Ainsi le domaine des yeux comprend trois parties : le front, qui est vraiment la *tête de la tête* comme correspondance ; l'œil, qui est la *tête de la poitrine*, c'est-à-dire l'endroit où se peindront les affections les plus élevées d'origine passionnelle (amour — haine — colère, etc., etc.) ; la paupière inférieure, qui est la *tête du ventre*, l'endroit où se peindront les traces des *plaisirs* ou des *douleurs* dont le ventre est l'origine (tous les excès vénériens se peignent par un cercle noir au-dessous des yeux, ainsi que beaucoup d'affections spéciales, métrite, prostatite, etc.).

Le domaine de la poitrine comprend également trois parties : la racine du nez ou *poitrine de la tête* ; les pommettes ou *poitrine de la poitrine*, et les ailes du nez avec les deux lignes qui en partent ou *poitrine du ventre*. Ces deux lignes sont la reproduction dans ce domaine des lignes qui soulignent les yeux dans le domaine précédent.

De même, le domaine de la bouche comprend la lèvre supérieure ou *ventre de la tête ;* la lèvre inférieure ou *ventre de la poitrine*, et le menton ou *ventre du ventre*. Nous donnons ces divisions sans les expliquer autrement ; elles servent de base à une foule de systèmes de divination et doivent être connues de tous ceux qui s'occupent de Science Occulte.

CHAPITRE XIX

EXEMPLE D'UNE SCIENCE DE DIVINATION
LA CHIROMANCIE

RÉSUMÉ SYNTHÉTIQUE DE CHIROMANCIE

Notre étude serait incomplète si nous ne donnions pas les fondements d'au moins une des sciences dites : de divination.

Je sais bien que les ignorants de la Science Occulte prétendent que ces sciences de divination sont entièrement fausses et ne peuvent donner aucun résultat sérieux. Les faits viennent chaque jour faire justice de ces belles paroles.

Un procédé, cher à la critique contemporaine, consiste à juger un travail uniquement sur les points touchant à ces sortes d'études. C'est ainsi que, pour le Larousse[1], mon ouvrage sur le Tarot se réduit uniquement au chapitre dédié aux dames et consacré à la cartomancie.

Quoi qu'il en soit, comme mon souci est, avant tout, d'être complet, je vais développer les données principales d'une des plus vieilles sciences de divination connues : la Chiromancie (lecture de la main).

Appliquant la Science Occulte à la théorie de la chiromancie, je vais présenter cet art sous un jour tout nouveau donnant des enseignements qu'on chercherait en vain dans les traités modernes sur la question. Ces traités, surtout celui de Desbarolles, seront utiles à consulter pour les analyses de détail, je me contenterai dans ce chapitre d'envisager la question sous le point de vue purement synthétique.

1. Encyclopédie du XIXe siècle, supplément, art. *Théosophie*.

Il me semble inutile de répondre à l'objection que les lignes de la main sont le résultat des occupations spéciales de l'individu ou des plis naturels de la peau. Un docteur en médecine peut seul se permettre de ces fautes d'observation.

La main gauche qui travaille moins a beaucoup plus de lignes que la main droite et les enfants nouveau-nés qui n'ont encore choisi, que je sache, aucune profession particulière, ont un grand nombre de lignes. Quant aux plis naturels de la peau, les observations faites d'après les données de la chiromancie montreront mieux leur rôle véritable que tous les traités possibles et impossibles d'anatomie.

Considérons la main (on prend généralement la gauche comme exemple) d'une façon synthétique ; qu'y verrons-nous?

Une série d'organes qui sont presque incapables de se mouvoir séparément : les quatre doigts ; un organe qui s'oppose à ceux-là : le Pouce.

L'ensemble des doigts représentera l'ensemble des impulsions venues de la fatalité, des suggestions données à l'individu ; le Pouce représente au contraire l'action possible de l'individu sur ces suggestions, l'acceptation ou le refus des impulsions données.

Chaque doigt représente particulièrement une suggestion ; nous aurons à voir ces divisions en détail bientôt.

Remarquez les hauteurs diverses occupées par les doigts. Que verrez-vous?

Le plus haut de tous, celui qui domine l'ensemble est *le médius*, le doigt du milieu.

De chaque côté de ce doigt vous en trouvez deux autres, un grand et un petit de chaque côté, à droite c'est l'Annulaire et le Petit doigt, à gauche c'est l'Index et le Pouce.

Vous pouvez donc comparer ce médius au support d'une balance dont les plateaux sont formés par les doigts situés de chaque côté.

Nous retrouvons donc là notre ternaire universel, les deux opposés (les deux plateaux) et le support qui les réunit tous deux (le médius).

Au milieu, ce qui domine tout c'est le Destin inéluctable, la Fatalité, le sombre Κρονος — SATURNE (nom astrologique du médius).

A droite de la Fatalité le Rêve, la Théorie, l'Idéal représenté par les deux doigts.

APOLLON (l'annulaire). — L'Art.

MERCURE (le petit doigt). — La Science.

A gauche de la Fatalité, la Raison, la Pratique, le Positif représenté par les deux doigts.

JUPITER (l'index). — Les honneurs.

VÉNUS (le pouce). — La Volonté. — L'HOMME. — L'Amour.

Résumons les noms attribués à chaque doigt :

LE MÉDIUS : *Saturne.* — L'ANNULAIRE : *Apollon.* — LE PETIT DOIGT : *Mercure.* — L'INDEX : *Jupiter.* — LE POUCE : *L'Homme et Vénus.*

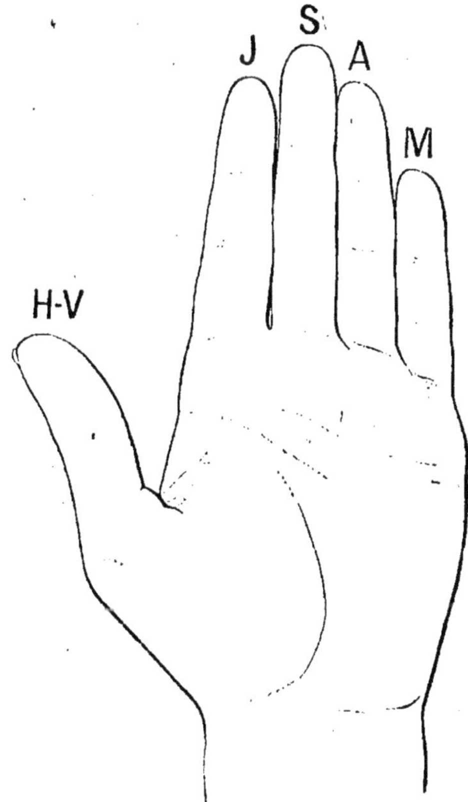

Les noms astrologiques des doigts.

Chaque doigt comprend :

1° *Une saillie* sur laquelle il prend racine. Cette saillie a reçu le nom de Mont. Chaque mont prend le nom du doigt correspondant (mont de Jupiter, mont de Saturne, etc.).

2° Une ligne qui part de ce doigt pour cheminer dans la main.

Cette ligne est très marquée ou bien absente suivant que la *suggestion* donnée par le doigt est forte ou n'existe pas chez l'individu.

Voyons le trajet suivi par chacune des lignes rattachée à un doigt et le nom de ces lignes.

SATURNE (LE MÉDIUS) ET LA LIGNE DE FATALITÉ

Du doigt de Saturne part une ligne qui traverse verticalement

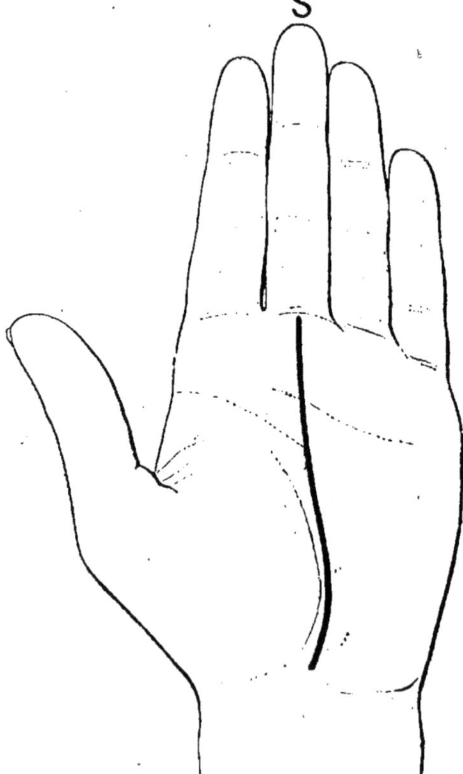

La ligne de fatalité (*Saturnienne*).

toute la main pour aboutir presque au poignet : *c'est la ligne de fatalité;* elle indiquera les événements

MERCURE ET SA LIGNE

Mercure représente le côté pratique de l'idéal, c'est *la Science* par rapport à l'art, c'est aussi *le Commerce* par rapport à l'invention.

Mercure était le messager des dieux, c'était le reporter de l'Olympe.

Dans la main la *ligne de Mercure* sera la ligne des *intuitifs*, des *médiums*, des personnes *nerveuses* à l'excès, sujettes aux rêves prophétiques (le petit doigt dit aux nourrices les secrets des enfants).

Cette ligne part du petit doigt et se dirige vers le poignet pour naître au même niveau presque que la ligne de Saturne.

Se garder de l'erreur qui consiste à croire que cette ligne représente les *maladies du foie*, c'est la ligne de l'*intuition*; elle manque très souvent.

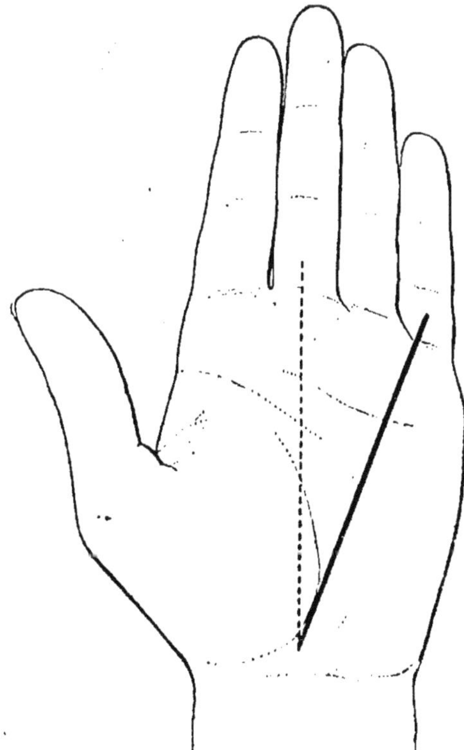

La ligne de l'intuition (*Mercurienne*).

APOLLON ET SA LIGNE

Apollon c'est l'idéal dans toute sa pureté. C'est l'art, c'est l'invention, c'est aussi la fortune noblement acquise.

Dans la main *la ligne d'Apollon* sera la ligne des artistes et des inventeurs. Elle part de l'annulaire et se dirige vers le bas en allant souvent vers le niveau de la rencontre du pouce et du poignet.

Elle est rarement complète. Très souvent elle est divisée en plusieurs tronçons.

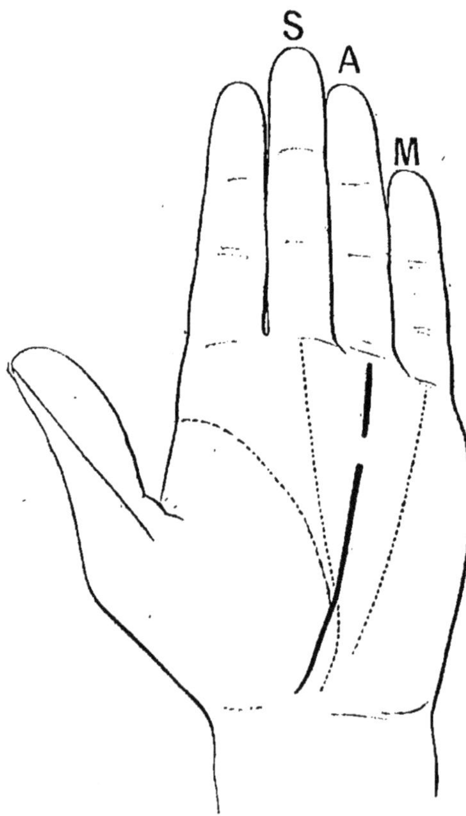

La ligne de l'idéal (*Apollonienne*).

JUPITER ET SA LIGNE

Jupiter ce sont les honneurs, c'est *l'idéal de la vie pratique*, c'est aussi le dévouement, la magnanimité, *le Cœur*.

La ligne de Cœur part de Jupiter ou de son mont et se dirige *horizontalement* (et non plus verticalement) vers le petit doigt au bas du mont duquel elle aboutit.

C'est la ligne de la passion, du dévouement, de la colère. C'est la ligne de l'ambition.

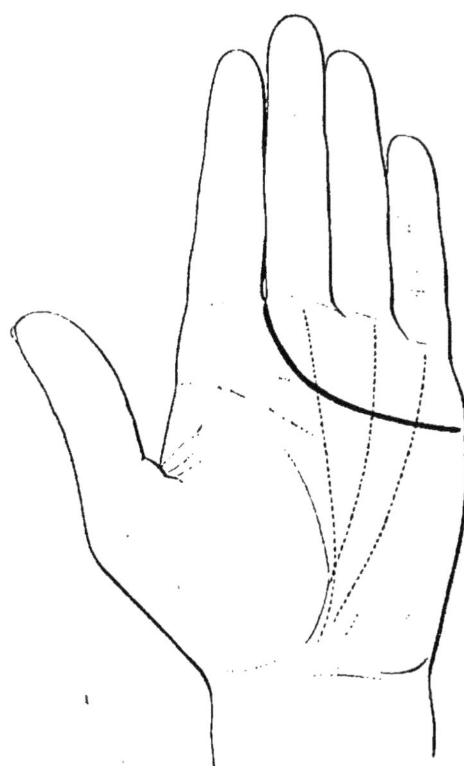

La ligne de cœur (*Jupitérienne*).

LE POUCE ET SA LIGNE

Le pouce c'est l'homme lui-même dans ses trois spécifications :

En haut la raison (1re phalange).

Au milieu le sentiment (2e phalange).

Au bas les sens (racine).

L'homme est entouré par la *vie physique* qui marque les étapes de son corps.

Aussi la ligne qui entoure le pouce est-elle *la ligne de vie.*

C'est sur elle qu'on verra, non pas les événements (ce qui serait une erreur), mais *les maladies*, c'est-à-dire tout ce qui touchera au physique, au côté le plus matériel, le plus pratique de l'homme.

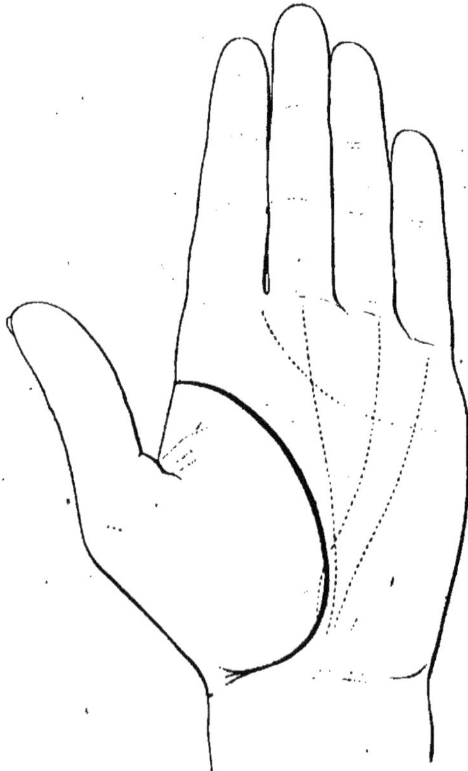

La ligne de vie (*Hominale*).

AUTRES CENTRES

Outre les doigts, deux centres doivent être considérés :

1° La partie centrale de la main, correspondant à *Mars ;*

2° La partie droite de la main, celle qui s'étend depuis le petit doigt jusqu'au poignet. Cette partie présente un renflement caractéristique attribué à *la Lune.*

MARS ET SA LIGNE

Tenant le milieu entre toutes les autres lignes, on en voit une placée entre la ligne de cœur et la ligne de vie et dirigée horizontalement.

C'est la ligne de tête, la ligne de l'action qui sillonne tout le domaine du dieu par excellence de l'Activité : Mars.

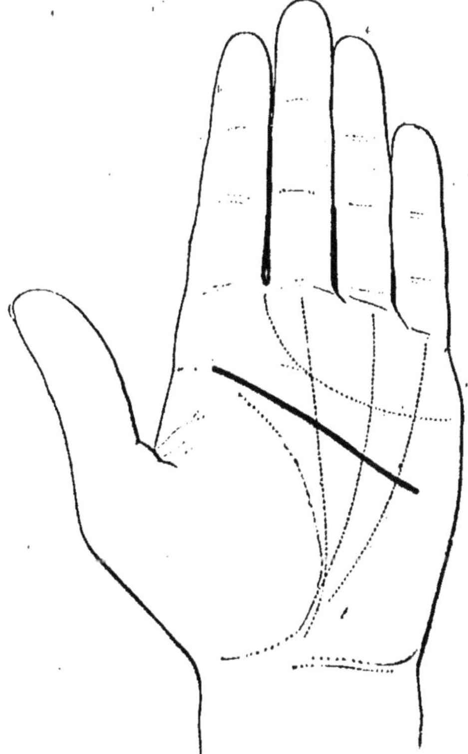

La ligne de tête (*Martiale*).

LA LUNE ET SES LIGNES

La Lune préside à l'imagination, et à la croissance de tout ce qui pousse, à la génération.

Elle n'a pas une ligne à proprement parler ; mais elle en possède un grand nombre échelonnées sur le côté tout à fait externe de la main, depuis le petit doigt jusqu'au poignet.

Pour voir ces lignes il faut mettre la main de profil.

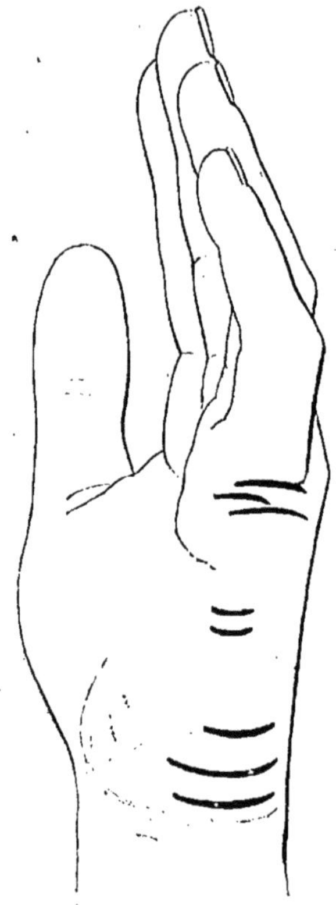

Les lignes d'imagination et de génération
(*Lignes lunaires*).

Nous venons d'exposer la construction de la main et de ses différentes lignes.

Résumons ce que nous avons dit dans une figure d'ensemble.

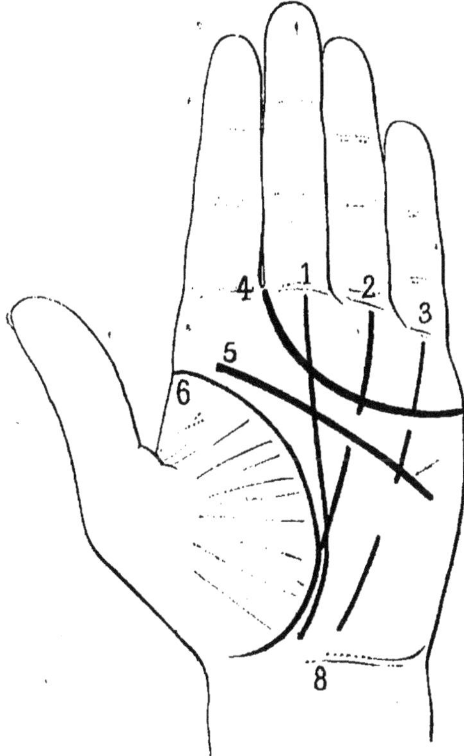

Ensemble.

Trois lignes verticales :

1° *La Saturnienne* (fatalité).
Partant du médius. Au milieu.

2° *L'Apollonienne* (idéal).
Partant de l'annulaire. A droite.

3° *La Mercurienne* (intuition.)
Partant du petit doigt. Extrême droite (manque très souvent).

Trois lignes horizontales :

4° *La ligne de cœur* (générosité).
Partant de l'index. Gauche.

5° *La ligne de tête* (volonté, activité).
Au milieu de la main (horizontalement).

6° *La ligne de vie.*

Partant du pouce et l'entourant. Extrême gauche.

Au bas du poignet une série de lignes horizontales : le *Rasulte.*

Munis de ces données, nous connaissons la constitution générale de la main.

Voyons comment on peut y lire les tendances de l'individu.

DEUXIÈME LEÇON

LECTURE DES SIGNES

Deux grands principes luttent dans l'homme ; la *Fatalité* et la *Volonté.*

La *Providence,* le troisième des principes universels, n'intervient qu'accidentellement et d'une façon qui ne peut être sûrement prévue.

La ligne de Saturne représentant la fatalité, la ligne de tête représentant la volonté, leur action réciproque nous donne la première division que nous devons considérer. Cette action produit une croix indiquée par la figure suivante.

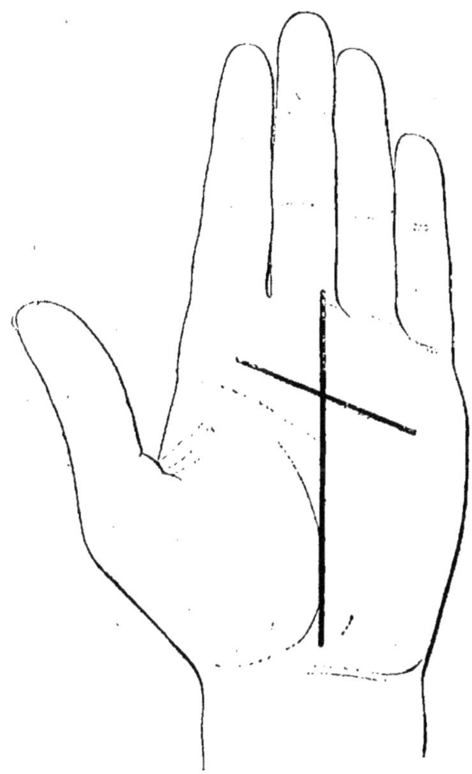

La Fatalité (*Saturnienne*). — La Volonté (*Ligne de tête*).

A droite de cette croix sera le *côté idéal, théorique.*

A gauche le *côté pratique.*

Toutes les lignes qui iront du milieu vers la droite indiqueront les tendances *idéales, intellectuelles,* de l'individu.

Toutes les lignes qui iront du milieu vers la gauche indiqueront, au contraire, les tendances pratiques, matérielles de cet individu.

Voulez-vous voir si quelqu'un est plus idéal que matériel?

Regardez la distance qui existe entre la ligne de tête et la racine des doigts, et voyez si elle est supérieure à la distance de cette ligne à la naissance du poignet.

Le haut de la ligne c'est l'intellectuel ; le bas le matériel.

Maintenant voyons comment on lit les différents présages.

DES ÉVÉNEMENTS

La ligne de la Fatalité saturnienne indique l'époque exacte des événements passés, présents et futurs.

Tout ce qui modifiera quelque peu l'existence est indiqué par un saut de la ligne, par une coupure ou par une autre ligne venant se mettre en travers.

La direction de ce saut à droite ou à gauche indique si l'événement a influé sur les occupations intellectuelles où sur la position.

Une ligne de Fatalité droite et sans coupures c'est une vie uniforme au point de vue des événements et des idées.

Voici comment on voit les âges (ceci est très important).

Suivez sur la ligne ci-jointe :

La ligne de Fatalité est coupée :

1° Tout en bas par la ligne de Mercure ou celle d'Apollon ;

2° Plus haut par la *Ligne de Tête ;*

3° Plus haut par la *Ligne de Cœur.*

Ces trois points, surtout les deux derniers, sont des points de repère infaillibles.

La rencontre de la *ligne de tête* et de la *ligne de fatalité* c'est 20 ans juste.

La rencontre de la *ligne de cœur* et de la *ligne de fatalité,* c'est 40 ans juste.

La rencontre de la ligne de *Mercure ou d'Apollon* et de la *ligne de fatalité* c'est 10 ou 12 ans.

En divisant par le milieu ces diverses lignes on obtient les âges intermédiaires :

30 ans au point du milieu de la ligne de cœur et de la ligne de tête (voy. la figure), et ainsi des autres.

On ne trouve ces données dans aucun des livres « classiques » sur la question. J'en garantis la vérité dans 90 cas sur 100.

On regarde donc si la ligne de fatalité se coupe et est traversée par une autre ligne au niveau de l'un quelconque de ces points et on en déduit l'âge d'un événement. Ainsi supposons une main qui ait le signe suivant :

Un peu après la vingtième année (rencontre de la saturnienne et de la ligne de tête) ; la saturnienne *fait un saut* à droite.

Vous dites :

A 20 ans vous avez changé vos occupations et vous avez eu idée de vous lancer dans une vie plus intellectuelle.

Mais voyez la figure. Une ligne traverse la saturnienne un peu après vingt ans et se dirige droit vers Apollon.

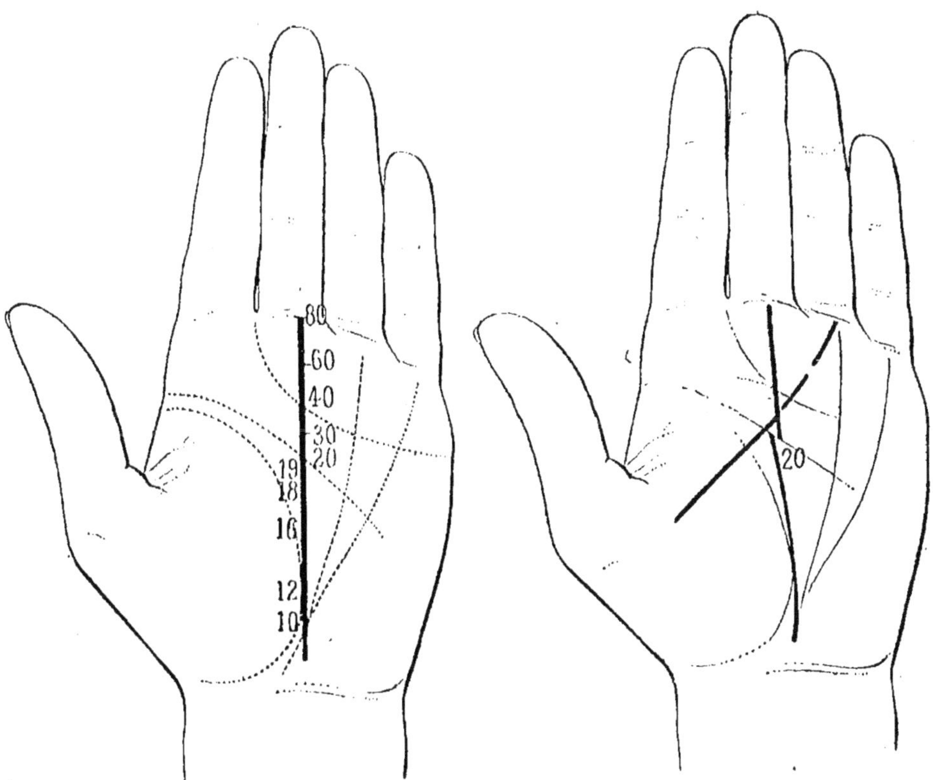

Les âges des événements (*données inconnues des auteurs des traités de Chiromancie moderne*).

Vous dites :

A 20 ans vous avez décidé tout à coup (la ligne *qui coupe* la fatalité indique une action de la *volonté)* de vous occuper d'art. De là un changement dans toutes vos occupations.

Cet exemple développé par la pratique arrive à tout expliquer.

DE LA CHANCE

La chance est indiquée par *le nombre de lignes qui doublent* la saturnienne.

Ainsi voilà une main qui a de la chance de 20 à 30 ans, qui la perd de 30 à 40 et qui la rattrape à 40; mais au point de vue de la *position matérielle*.

La *très grande chance* est indiquée par une ligne doublant la saturnienne dans presque toute sa longueur.

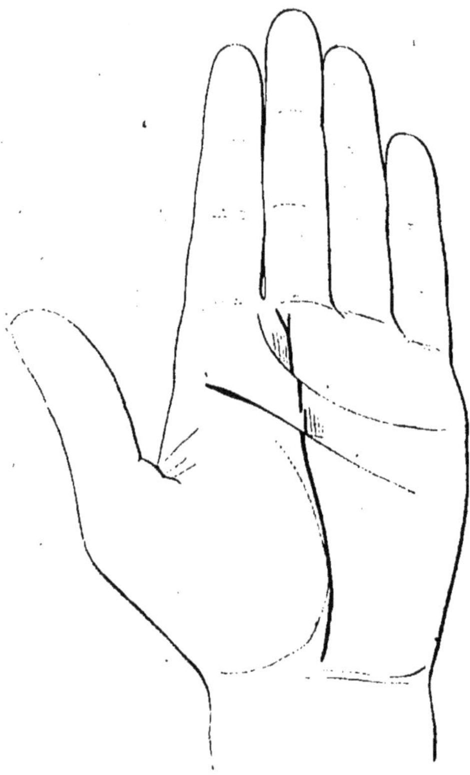

La Chance.

DE LA VIE PHYSIQUE ET DES MALADIES

Les maladies se voient dans la *ligne de vie*. Je ne puis garantir absolument les prédictions de la mort à tel ou tel âge d'après les considérations de cette ligne.

Ainsi j'ai examiné dans les amphithéâtres des hôpitaux environ 200 mains presque immédiatement après la mort et je n'ai observé la vérité des prédictions que dans 60 0/0 des cas environ.

Il faut donc corroborer les enseignements de la ligne de vie par ceux de la ligne de fatalité et surtout par l'examen des deux mains.

Les âges sont ainsi indiqués dans cette ligne (on trouvera dans le traité de Desbarolles la clef de cette division).

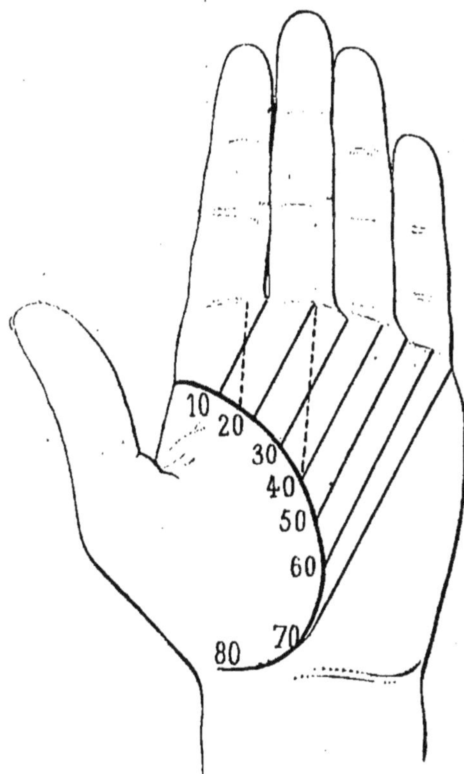

Une maladie grave dont on relève est marquée par une interruption de la ligne de vie, interruption suivie de la reprise de la ligne.

Le danger d'apoplexie est indiqué par l'arrêt subit de la ligne sans reprise.

Les maladies de langueur sont marquées par un affaiblissement continu de la ligne de vie qui devient à la fin tellement mince qu'on peut à peine la suivre.

Les paralysies sont en général indiquées par des îles.

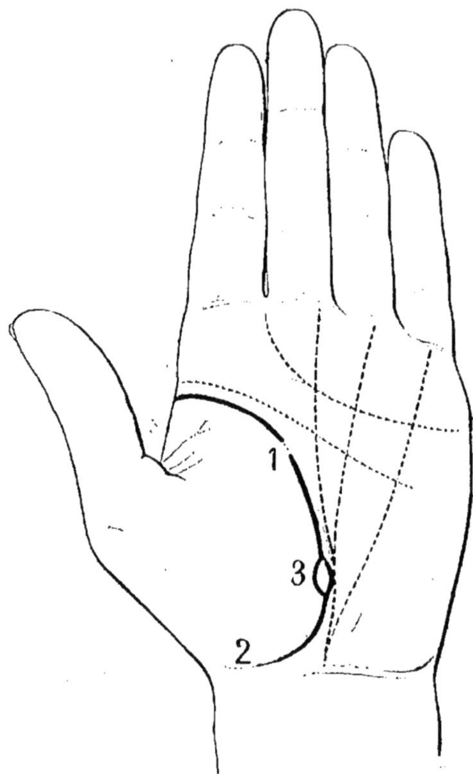

Quelques indications de la ligne de vie.

DU MOI

Le pouce indique l'homme lui-même et sa triple division : *Tête* ou phalange supérieure; *Poitrine* ou phalange médiane et *Ventre* ou Éminence Thénar (l'éminence charnue dans laquelle le pouce prend naissance).

Le caractère de l'individu se voit à la phalange supérieure. Un emporté a cette phalange presque carrée, un généreux a la phalange tournée en dehors.

La phalange supérieure du pouce très large et très grosse par rapport au reste du doigt indique un caractère épouvantable pouvant aller jusqu'à l'*assassinat*.

On raconte que Lacenaire fut suivi longtemps dans sa vie par Vidocq, qui croyait à la chiromancie et qui lui avait trouvé un pouce d'assassin.

Tous ces détails se trouvent très bien exposés dans les livres connus consacrés à cette question.

Rappelons que les anciens considéraient à tel point le pouce comme le symbole de l'homme lui-même qu'on coupait le pouce aux lâches ; de là le mot *poltron* (pouce coupé, *pollice trunco*).

DE L'AMOUR SENSUEL

L'amour idéal est indiqué dans la ligne de cœur.

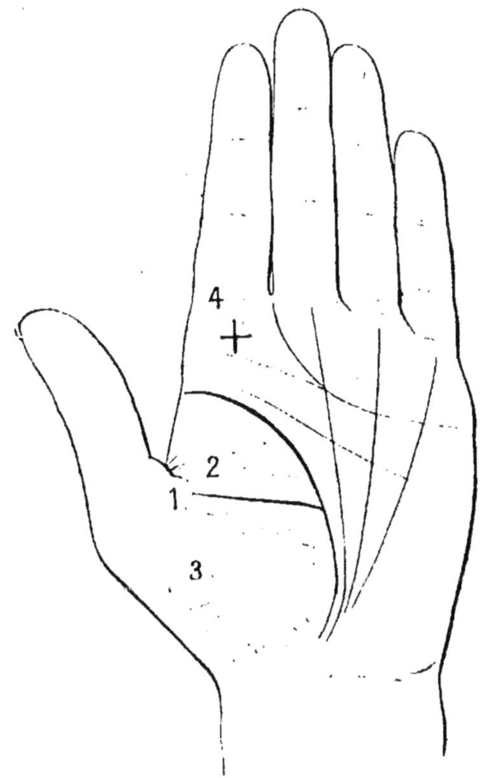

Un seul amour sérieux dans la vie, mariage d'amour.

L'amour sensuel dans le mont de Vénus.

Les amourettes sont marquées par de petites lignes peu profondes et nombreuses (2).

Les amours sérieuses par de grandes lignes profondes. Il peut n'y avoir qu'un seul amour dans la vie (1).

La figure précédente indique ce fait.

La tendance à la luxure est indiquée par des grilles au bas du mont de Vénus (3).

MARIAGE D'AMOUR.

Le mariage d'amour est indiqué par une croix sous Jupiter (4).

La croix mal formée indique que le mariage sur le point de se faire ne s'est pas conclu.

Quand une barre accessoire traverse la croix en bas, elle indique des empêchements très grands au mariage.

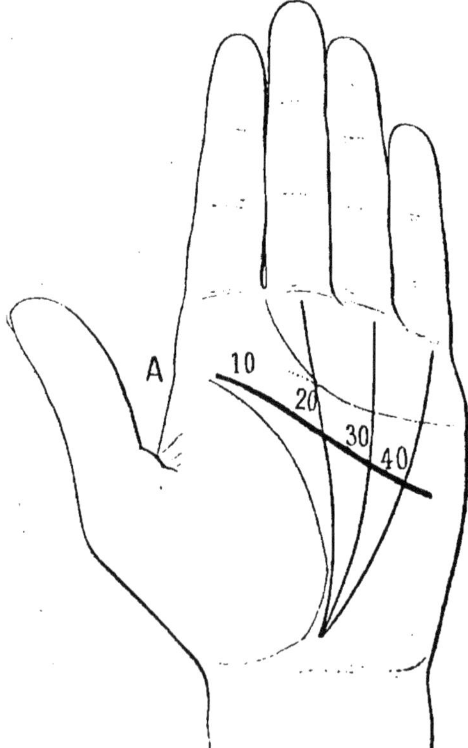

Les âges de la ligne de tête (Lignes de Mars inconnues des modernes).

DE LA VOLONTÉ.

La Volonté est marquée par la profondeur de la *Ligne de tête*, qui indique aussi le courage.

Les blessures physiques qui dépendent de *Mârs* sont aussi indiquées sur cette ligne par des points.

Les anciens traités de chiromancie du XVIe siècle divisent cette ligne en âges pour indiquer les événements.

La rencontre de la Saturnienne et de cette ligne, c'est 20 ans.

La rencontre de la Mercurielle avec elle, c'est 40 ans.

Voici cette division inconnue des modernes.

DE L'AUDACE ET DE LA RÉUSSITE.

Une remarque importante à faire et celle par laquelle on doit commencer l'observation de toutes les mains, c'est que :

Quand la ligne de tête et la ligne de vie sont séparées l'une de l'autre (comme dans la figure précédente en A), l'individu a une confiance inébranlable en son étoile et en lui et réussira presque tout ce qu'il entreprendra.

Quand ces lignes sont unies par de petites lignes intermédiaires, l'individu a confiance en son étoile, mais pas en lui.

Quand les deux lignes sont intimement unies, l'individu se désole toujours, n'a confiance en rien et manque la plupart de ses entreprises.

DE LA VIE SENTIMENTALE.

Les passions de source sentimentale, chagrins moraux et amours idéales, sont indiquées par la *Ligne de cœur* (ligne de Jupiter).

Plus cette ligne est marquée, plus l'individu est généreux et magnanime, plus il est susceptible de dévouement, plus il a de cœur.

On peut voir l'époque des grands chagrins moraux par des divisions de cette ligne ou des croix qu'elle renferme et en considérant les âges qui y sont marqués.

La rencontre de la Mercurielle et de la ligne de cœur, c'est 10 ou 12 ans.

La rencontre et de la ligne de cœur et de celle d'Apollon, c'est 20 ans.

La rencontre avec la Saturnienne c'est 40 ans.

On trouvera des détails sur cette ligne dans tous les traités de chiromancie.

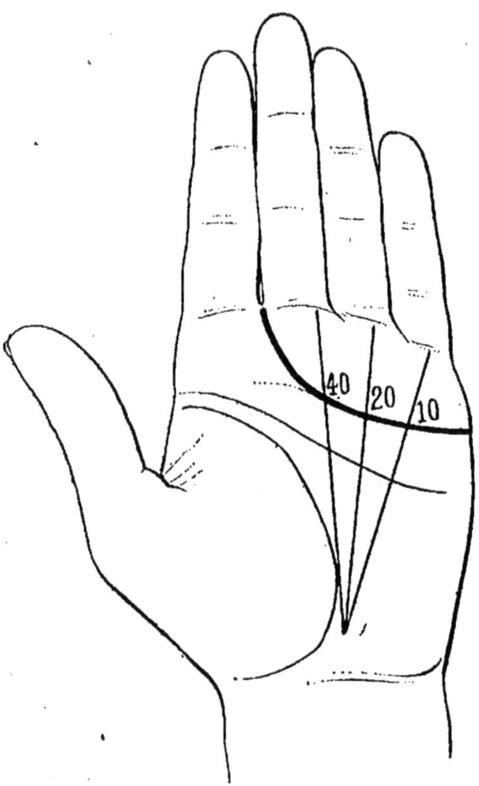

Les âges de la ligne de cœur (inconnus des modernes).

DE L'ART. — DE LA FORTUNE.

La longueur de la ligne d'Apollon indique la faculté d'inventer ou d'idéaliser.

Quand cette ligne est accompagnée d'une foule d'autres petites lignes sous le doigt d'Apollon, l'individu a des tendances artistiques très développées (A).

Les musiciens ont d'habitude une foule de petites lignes peu marquées, les poètes ou les peintres ont moins de lignes, mais plus profondes.

Une fourche en haut de cette ligne indique la fortune (B).

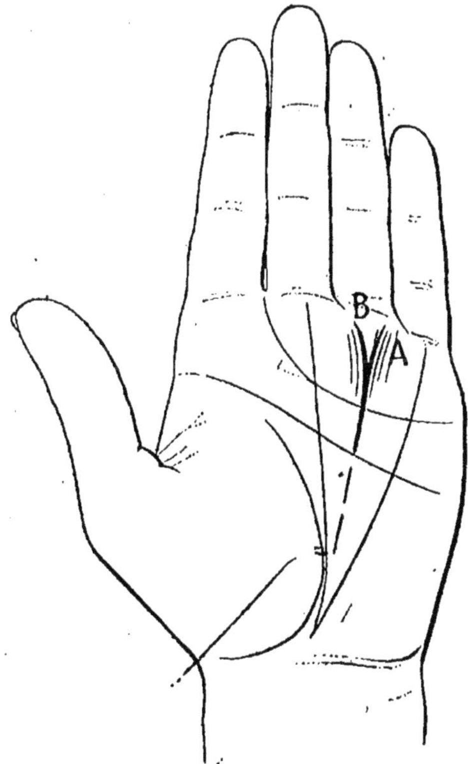

L'art et la fortune.

DE LA SCIENCE.

La ligne de Mercure accompagnée de petites lignes sous le petit doigt indique le goût *de la Science* (et non spécialement de la Médecine, comme dit Desbarolles).

On verra le genre de Science par l'existence ou la non-existence de la ligne d'intuition se continuant dans la main.

De même que le Pouce devenu pernicieux indiquait l'assassinat, le petit doigt spatulé, c'est-à-dire matérialisé et finissant *en massue* (voir les travaux de d'Arpentigny) indique la tendance *au Vol*, péché mignon du dieu Mercure qui reçoit en même temps les hommages des commerçants et des voleurs.

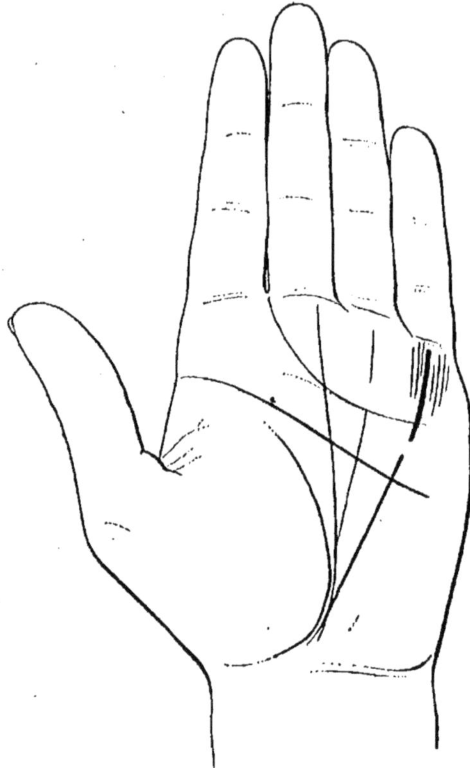

La science.

DU COMMERCE.

Une seule ligne profonde sous Mercure indique le goût du commerce.

GOUT DE LA GLOIRE OU DE L'ARGENT.

L'idéal du théoricien c'est la Gloire.

L'idéal de l'homme pratique c'est l'Argent.

Pour voir de suite quel est celui de ces goûts qui domine chez un individu, on regarde quel est celui des doigts, index ou annulaire, qui dépasse l'autre. Cette comparaison est très facile, grâce à Saturne.

Si l'annulaire (Apollon) dépasse, c'est que l'amour de la gloire l'emporte sur l'amour de l'argent, et qu'on préfère en général l'idéal à la vie pratique.

Le contraire a lieu si Jupiter dépasse Apollon.

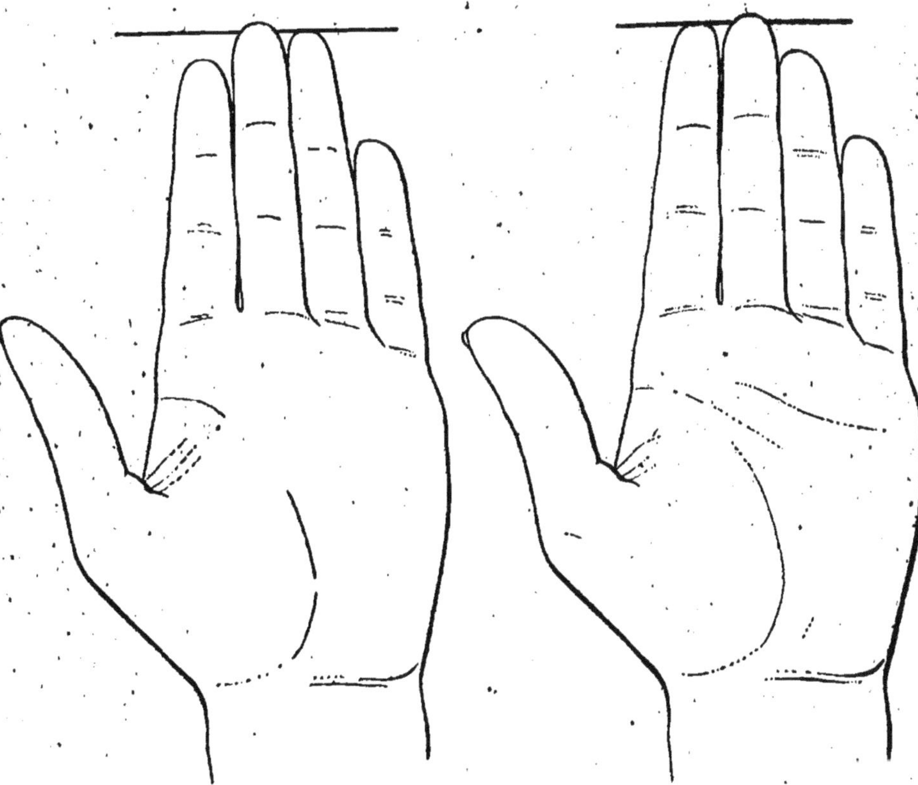

Amour de la gloire (intuitif).

Amour de l'argent (déductif).

CONCLUSION

On pourrait continuer ces déductions et entrer dans une foule de détails venus de la tradition.

Notre intention n'est pas de résumer les traités connus sur la question.

Nous avons voulu montrer comment les données fondamentales de la Science occulte s'appliquaient exactement à tout, même à la chiromancie.

La plupart des données que nous établissons ci-dessus sont originales. Elles seront un guide précieux pour ceux qui voudront approfondir ce genre d'études. Je leur conseille vivement de se procurer l'ouvrage d'un élève d'Eliphas Levi, *Desbarolles* [1], qui a beaucoup étudié cet art, mais en se perdant trop dans les détails.

1. Librairie du Merveilleux, 29, rue de Trévise.

CHAPITRE XX

LA NATURE INVISIBLE

LA MAGIE

§ 1. — L'IDÉE, — LA VIE ET LA MATIÈRE

LE MAGNÉTISME ET LE SPIRITISME

L'idée directrice dans le monde invisible, la matière manifestant cette idée par *la forme* dans le monde visible; un *courant fluidique* intermédiaire, tels sont les éléments d'action que nous avons déterminés chez l'homme.

Dans une étude précédente[1], nous avons vu qu'on pouvait comparer l'idée au cocher d'une voiture, le corps à la voiture elle-même et le principe intermédiaire au cheval.

Le Corps astral (nom dans la Science occulte de ce principe intermédiaire) fabrique le corps physique à l'insu de la volonté, nous l'avons vu dans le chapitre XVIII.

C'est dire que ce principe intermédiaire est plus fort physiquement que les deux autres principes. Il nous faut étudier en détail ses fonctions, car de leur connaissance dérive celle des éléments mêmes de la Magie.

1. Chap. IV

Quels sont les éléments qui entrent en action dans cette fabrication?

De petits êtres vivants obéissant passivement à toutes les impulsions que leur donne le corps astral agissant par les nerfs émanés du Grand Sympathique; ces petits êtres sont les globules sanguins qui apportent la force à tous les points de l'organisme.

Le Corps astral a donc à son service :

1° Des centres de condensation où la force est mise en réserve (les ganglions du grand sympathique);

2° Des conducteurs de cette force dans tous les organes indépendants de la volonté (filets allant aux organes à fibres lisses);

3° De petits êtres en très grand nombre portant des réserves de forces et obéissant passivement à toutes les impulsions bonnes ou mauvaises : les globules sanguins et les globules lymphatiques (renvoyer à la physiologie synthétique).

Tout ce domaine, encore une fois, échappe, à l'état ordinaire, à l'influence de la volonté, il agit d'après des lois fixes et déterminées; c'est le domaine de l'*Inconscient*.

Or, une idée enracinée dans l'esprit des savants contemporains, c'est que ces forces ne peuvent agir qu'en l'homme, ne sortent jamais hors de lui et, à plus forte raison, ne peuvent agir hors de son être sans conducteur intermédiaire.

La Science occulte enseigne, au contraire, que la réserve de forces condensée dans les ganglions du grand sympathique est susceptible, quand elle entre dans un état de tension suffisant, de s'échapper hors de l'homme et d'aller agir à distance.

Mais le corps astral n'est jamais qu'un intermédiaire. Semblable au fluide électrique dans le télégraphe (mais à un fluide électrique à qui les fils sont inutiles pour se transporter d'un point à un autre), il lui faut une incitation qui détermine son départ, *une idée*, et un cadran enregistreur qui manifeste son arrivée, *un corps matériel*.

Nous pourrons donc assister à ce phénomène d'une idée de l'homme agissant sur de la matière autre que celle de son propre corps, sans contact apparent, au moyen de la vie de cet homme.

Un muscle se contractera toujours, que l'incitation vienne d'un ordre du cerveau ou d'un courant électrique extérieur.

De même la matière organique peut obéir à toutes les incitations, qu'elles viennent de la vie de la personne qui agit ou de la vie d'une autre personne.

Trois ordres de phénomènes se rattachent à cette théorie :

Les phénomènes du Magnétisme.
Les phénomènes du Spiritisme.
Les phénomènes de la Magie.

Le Magnétisme et le Corps astral.

Dans les phénomènes du Magnétisme, une personne est plongée dans un sommeil spécial, caractérisé en ce que les relations entre l'idée et le reste de l'organisme sont coupées.

Le sujet magnétique est semblable à un appareil télégraphique qui ne serait composé que du fil conducteur (les nerfs prêts à agir) et de l'appareil récepteur (le corps). Que manque-t-il ?

1° La dépêche à transmettre ;

2° L'appareil de départ, l'appareil transmetteur (le cerveau) dont les relations avec le récepteur (le corps) sont coupées.

Le Magnétiseur agit en remplaçant, par son idée, l'idée

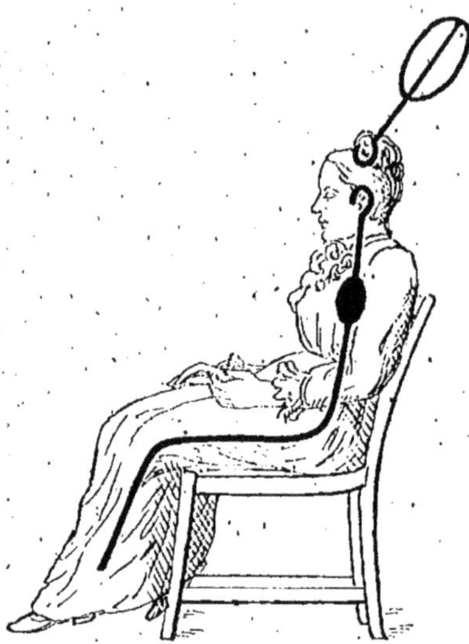

du sujet lui-même. Le corps astral du sujet obéit passivement à l'incitation venue de l'idée du magnétiseur, comme il obéirait à l'incitation venue de l'idée du sujet lui-même;

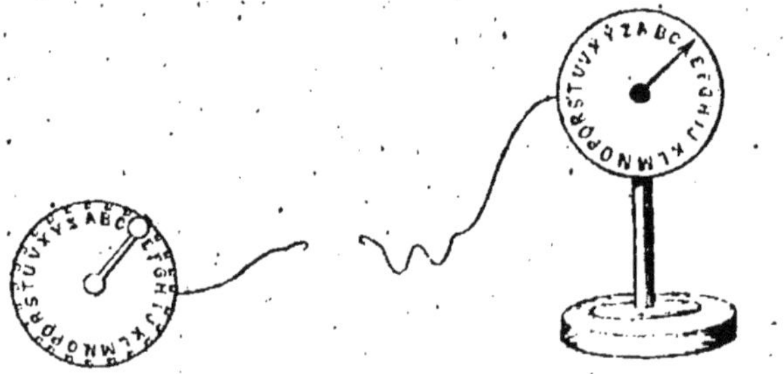

telle est la théorie de la *suggestion*, c'est-à-dire de l'ordre donné au corps astral par un autre cerveau que celui du sujet à qui appartient en propre ce corps astral.

Bien plus, certaines facultés dites psychiques, qui appartiennent autant au corps astral qu'à l'âme elle-même, comme *la mémoire*, peuvent conserver l'incitation venue d'un cerveau étranger aussi bien qu'elles auraient conservé l'incitation venue de la personne elle-même ; de là *la suggestion à échéance plus ou moins longue*.

La théorie ésotérique enseignant que les idées sont des puissances actives, des êtres réels, on voit comment une suggestion à échéance consiste à mettre dans le cerveau d'un sujet un *germe en puissance*, germe qui deviendra un être actif, qui naîtra à la vie, le jour fixé par l'opérateur (trois jours, un mois, un an après la suggestion) et qui enverra son impulsion au corps astral.

Mais, dans certains cas, les faits du Magnétisme touchent de très près à la Magie des temples anciens. C'est quand la volonté du Magnétiseur, agissant sur le corps astral du sujet, envoie ce corps astral *à distance*, ce qui permet de voir au loin indépendamment du temps et de l'espace.

Mais, pour que cette action se produise, il faut que la vie du sujet, que son corps astral, ait un *point de repère*, *un guide* sûr qui la mette en relation avec la personne ou l'endroit qu'on veut décrire.

Sans ce fil conducteur invisible pour les yeux matériels et *visible pour tous les sujets voyants*, on ne peut pas plus envoyer le corps astral du sujet que le télégraphiste ne peut envoyer des dépêches sans fil conducteur.

Voilà pourquoi les savants qui renferment une lettre dans un coffre-fort et qui mettent au défi les magnétiseurs de faire lire cette lettre, n'obtiendront jamais de réponse.

Le sujet, n'étant pas guidé, ira dans le cerveau de son magnétiseur et pas plus loin.

Les figures schématiques suivantes indiquent ces cas.

La différence du Magnétisme et de la Magie, c'est que dans cette dernière, le Mage envoie volontairement son

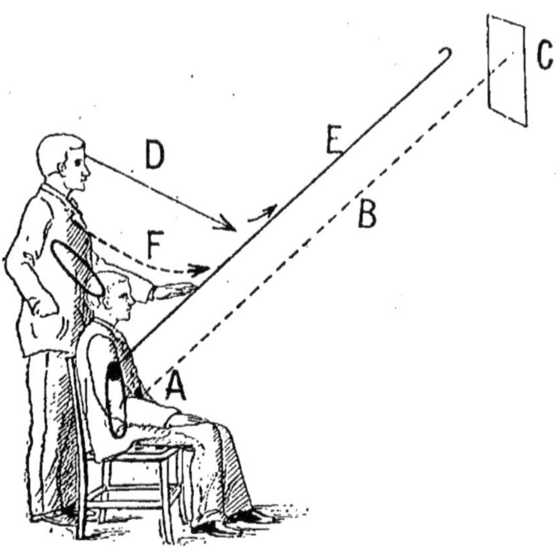

A, objet reliant la chose *C* par l'intermédiaire du lien fluidique *B* au sujet endormi. — *D*, volonté du magnétiseur dirigeant le corps astral *E* du sujet sur la chose *C* grâce au lien fluidique *B*. — *F*, corps du magnétiseur se mêlant inconsciemment au corps astral du sujet.

propre corps astral au point désiré, sans perdre conscience et sans avoir besoin d'intermédiaire.

Phénomènes du Spiritisme.

Dans les phénomènes spirites, la relation entre l'âme et le corps astral est aussi rompue. Mais cette fois, aucun magnétiseur ne vient mettre sa volonté à la place de celle du sujet.

Chez le sujet produisant des phénomènes spirites importants, sujet nommé *médium*, c'est-à-dire intermédiaire, le corps astral sort également ; mais il est dirigé par des actions la plupart du temps invisibles.

Tantôt c'est d'un assistant ou d'un groupe de ces assistants que part l'impulsion, l'idée, qui va diriger ce corps astral, tantôt c'est un *esprit*, comme disent les spirites, qui vient s'emparer du corps astral du médium pour se manifester.

Quand saint Jean, la Vierge Marie ou Jésus-Christ viennent se communiquer, cherchez dans l'assistance un croyant catholique, c'est de son cerveau et pas d'autre part qu'est issue l'idée directrice. De même quand, ainsi que je l'ai vu, *d'Artagnan* se présente, inutile de voir qu'il s'agit d'un fervent d'Alexandre Dumas.

Pour qu'un *esprit*, pour que l'être lui-même vienne se communiquer, il faut qu'une *relation fluidique* quelconque existe entre l'évocateur et l'évoqué, de même que pour qu'un sujet magnétique puisse réellement voir *à distance*, et non dans le cerveau de son magnétiseur, il faut qu'un *lien fluidique* existe.

Aussi quand une mère éplorée voit sa fille se manifester à elle, d'une manière évidente, quand une fille restée seule sur terre voit son père défunt lui apparaître et lui promettre son appui, il y a quatre-vingts chances sur cent pour que ces phénomènes soient bien produits par les « esprits », les « MOI » des défunts. Au contraire, quand Victor Hugo vient faire des vers de treize pieds ou donner des conseils culinaires, quand Mme de Girardin vient déclarer sa flamme posthume à un médium américain, il y a quatre-vingt-dix chances sur cent pour qu'il s'agisse là d'une erreur d'interprétation. Le point de départ de l'idée impulsive doit être cherché tout près.

Toutes ces données seront développées dans tous leurs détails et appuyées sur une foule de faits et d'expériences dans le *Traité élémentaire de Magie pratique*. Ici nous ne faisons que résumer rapidement quelques théories indispensables à connaître.

Cependant, comme cette question de spiritisme intéresse beaucoup de nos lecteurs, je vais reproduire une conférence dans laquelle j'abordai l'action du corps astral dans la production de ces phénomèmes encore peu connus.

LE ROLE DU PÉRISPRIT DANS LES PHÉNOMÈNES SPIRITES

Conférence faite à la Société spirite.

Mesdames, Messieurs, Leymarie m'a prié de prendre ce soir la parole devant vous. Je dois donc vous demander toute votre indulgence pour la faiblesse de l'auteur, eu égard au sujet traité.

Combien de fois ne vous est-il pas arrivé, après avoir raconté un phénomène quelconque, d'entendre une foule de gens vous dire : « Oh! je vous en prie, menez-moi dans votre groupe, faites apparaître mon père défunt et je serai un apôtre de vos doctrines! »

Ce qui constitue le caractère bien spécial du spiritisme, ce sont ses expériences pratiques, et cependant ces expériences mêmes sont un de ses plus grands dangers au point de vue de la vulgarisation.

Il semble tout naturel, au premier abord, de convaincre les incrédules par le fait. Toutefois l'expérience nous a bien souvent montré que certaines personnes étaient d'une influence telle sur ces phénomènes que leur seule présence suffisait à tout arrêter.

Ces remarques s'appliquent surtout aux cercles nouvellement formés dans lesquels des faits remarquables se produisent habituellement ; et là, les phénomènes diminuent d'intensité à mesure que les nouveaux venus sont plus nombreux.

A quoi cela tient-il?

Je vais essayer, Mesdames et Messieurs, de vous donner à ce sujet une théorie dont je vous serai reconnaissant de vérifier vous-mêmes la portée pratique dans vos expériences postérieures.

Cette théorie n'est certes pas nouvelle ; elle forme la base même de l'antique *magie* dont, vous le savez, le spiritisme est une résurrection partielle.

LE PÉRISPRIT

Allan Kardec insiste avec raison sur l'étude du *périsprit ;* c'est, en effet, par cette étude, qu'il faut commencer celle du spiritisme lui-même si l'on veut bien comprendre ses enseignements.

Le périsprit est ce principe chargé d'assurer les rapports entre le corps et l'âme. Que veulent dire ces mots pour les physiologistes contemporains?

Vous n'ignorez pas combien notre siècle a horreur, peut-être à tort, de la métaphysique. Nous devons suivre les goûts du siècle et définir, non plus pour vous, spirites, qui savez tout cela, mais pour les contemporains, ces mots : *corps* -- *périsprit* - *âme*.

Le corps n'a pas besoin d'être étudié longuement, son existence n'étant heureusement pas niée par nos savants.

L'âme demande au contraire de longs développements si l'on veut s'en faire une idée même générale. Nous n'avons pas le loisir de traiter cette question ; contentons-nous de dire que nous appelons âme ce principe qui se manifeste à nous par la conscience en un ternaire : Mémoire - Intelligence - Volonté.

Ce dernier terme surtout nous est fort utile, car il indique bien pour les physiologistes ce que nous entendons par l'âme. Les organes soumis à l'influence de notre volonté soit en effet bien nettement séparés dans le corps humain de ceux qui échappent totalement à cette influence, comme le cœur, le foie, les intestins, etc., etc.

Quelle est donc cette force qui gouverne notre cœur, qui répare, *à l'insu de notre conscience*, les pertes de l'organisme au fur et à mesure du travail produit? Cette force c'est celle que le sang charrie partout, c'est la vie.

Est-il vrai que la vie soit contenue dans le sang? Une expérience élémentaire le prouve : empêchez le sang d'arriver à un organe, vous savez tous que cet organe *mourra*. Qu'on ne vienne pas parler ici de l'action du système nerveux ; la paralysie nous montre qu'un membre continue à *vivre* alors que *la volonté* n'a plus d'influence sur lui. Le corps — la vie — la volonté constituent donc trois entités distinctes ayant chacune leur domaine bien spécial, scientifiquement parlant.

Mais comment la volonté peut-elle se manifester? Seulement quand le cerveau reçoit convenablement l'irrigation sanguine. Que le sang vienne en effet à quitter subitement le cerveau sous l'influence d'une saignée ou de toute autre cause et, de suite, l'évanouissement se produit, c'est-à-dire *la rupture des relations* entre *le corps* et *la volonté*. Inversement, si un vaisseau se brise et que le sang arrive en trop grande quantité, la rupture des rapports normaux se produit aussi, mais cette fois par *apoplexie*.

C'est donc bien le sang, c'est-à-dire *la vie*, qui établit les rapports entre *le corps* et *la volonté*.

Vous allez me demander à quoi bon toutes ces digressions et pourquoi je juge à propos de vous parler médecine au lieu de traiter mon sujet. N'ayez crainte, Mesdames et Messieurs, si j'ai tourné le dos à la question principale, c'est pour mieux la saisir tout à l'heure, et la preuve en est que maintenant nous sommes à même de prouver scientifiquement l'affirmation d'Allan Kardec, venant dire après Paracelse et Van Helmont : le périsprit est l'intermédiaire entre l'âme et le corps.

La vie ou le périsprit sont deux mots identiques désignant *une même chose*, et étudier le périsprit, c'est étudier la vie. Or étudier la vie, c'est faire de la magie, ainsi que le montrait tout dernièrement Barlet citant l'illustre Polonais Wronski. Vous voyez donc que nous sommes en plein dans notre sujet : la magie pratique dont le spiritisme est une traduction abrégée, ainsi que je vous le disais tout à l'heure.

La vie a donc des propriétés inconnues des savants contemporains ? Certainement, et c'est là justement la clef de cette théorie à laquelle nous arriverons bientôt.

PROPRIÉTÉ DU PÉRISPRIT. — LE MÉDIUM

Le périsprit ou *la vie*, c'est la même chose, nous venons de le voir. Je puis donc me servir également de l'un quelconque de ces termes, dans la suite.

Nous avons vu que la vie, charriée par le sang dans l'organisme, était l'intermédiaire entre le corps et la volonté, ou comme nous disons, nous, que le périsprit était l'intermédiaire entre le corps et l'âme. Mais la vie est-elle seulement contenue dans le sang ?

Pas le moins du monde. Ainsi que j'ai eu l'honneur de vous le dire en septembre dernier, dans une conférence au Congrès, une partie de la vie humaine est *en réserve*, toute prête à « donner » en cas de danger ou de grand effort physiologique. Cette réserve est placée dans une série de ganglions nerveux reliés entre eux et répandus dans tout l'organisme. L'ensemble de ces ganglions s'appelle en médecine le système nerveux ganglionnaire ou le *grand sympathique*. Les centres principaux de ce grand sympathique sont situés autour du cœur (plexus solaire) et dans le ventre.

Le périsprit nous apparaît maintenant dans sa totalité, doublant exactement chaque organe et, si intimement lié à l'organisme, que si on dessine l'ensemble de son royaume, on obtient le double exact de l'être humain. Ce périsprit n'a-t-il cependant d'autres fonctions que celles-là et ne nous intéresse-t-il que comme l'intermédiaire entre la volonté et le corps, c'est-à-dire entre l'esprit et la matière ?

Pas du tout, et c'est ici que se présente à nous la formule qui donne l'explication du rôle des médiums dans les phénomènes spirites. Cette formule peut se résumer ainsi :

La vie peut, dans certaines conditions, sortir de l'être humain et agir à distance.

C'est ce que je vais essayer de vous démontrer.

*
* *

Vous connaissez tous, Mesdames et Messieurs, cette expérience des fakirs de l'Inde qui se placent en catalepsie devant une graine contenue dans un petit tas de terre, au milieu d'une chambre. Vous savez qu'en moins de deux heures, la graine a poussé, une tige est née qui se couvre de feuilles, puis de fleurs et enfin se montre un fruit qui mûrit et qu'on peut manger.

Voilà des choses surnaturelles, dirions-nous, si nous ne savions mieux que personne que *le surnaturel n'existe pas* et que tout dans la nature est bien naturel, que c'est à nous d'en trouver les lois. Que s'est-il donc passé dans cette expérience des fakirs?

La Science occulte nous répond pertinemment à ce sujet. La vie du fakir est sortie hors de lui-même; dirigée par sa volonté, elle a été projetée sur la graine, et cette graine qui mettait un an à produire un fruit, sous l'influence de la *vie végétale*, n'a mis que deux heures sous l'influence de la *vie humaine*.

Dernièrement, vous avez pu lire dans la *Revue spirite* les expériences de M. Pelletier qui, endormant trois sujets et les plaçant autour d'une table, voit les objets matériels légers se mouvoir *sans contact* et au commandement. Que se passe-t-il ?

Sa volonté s'empare de la vie des trois sujets et dirige la force de ces trois périsprits sur les objets matériels qui se meuvent sous cette influence. Nous devons en effet nous souvenir qu'un esprit (volonté et âme) ne peut agir sur la matière (corps) qu'au moyen d'un périsprit (force vitale).

Une autre manière de vérifier ce fait consiste à prendre un sujet endormi, *isolé électriquement*, et à lui demander de décrire ses impressions. Le sujet voit parfaitement le périsprit, c'est-à-dire la vie sortie du médium par le côté gauche (au niveau de la rate), et elle agit sur les objets matériels suivant les impulsions que reçoit le périsprit.

Pouvons-nous, d'après ces données, voir ce qu'est un médium ?

Un médium n'est pas autre chose qu'une *machine à dégager du périsprit* et ce périsprit sert d'intermédiaire et de moyen d'action à toutes les volontés *visibles* ou *invisibles* qui savent s'en emparer. Ce point a été élucidé fort judicieusement par M. Donald Mac Nab dans ses études sur la force psychique. C'est aussi l'avis d'Allan Kardec dans son livre des *Médiums*.

Du reste, interrogez les médiums et tous vous diront qu'au moment où les phénomènes d'incarnation ou de matérialisation vont se produire, *ils sentent une douleur aiguë au niveau du cœur* et qu'aussitôt après, ils perdent conscience. Si vous avez eu soin de placer à quelque distance un sujet magnétique isolé, il vous décrira parfaitement ce qui se produit alors. Le périsprit sort du médium et, à ce moment, les forces invisibles qui sont là peuvent agir et se manifester.

Toutes les volontés peuvent avoir une action sur ce périsprit qui vient de sortir, aussi nous est-il indispensable de parler de l'influence réelle qu'exercent alors les assistants.

LES ASSISTANTS

Eugène Nus nous a montré, avec le talent qu'il possède, que les périsprits des assistants agissent *inconsciemment* sur le périsprit du médium et forment à eux tous une entité véritable que Nus appelle l'*être collectif*.

Quel est donc le rôle des assistants dans une séance?

Ce rôle est loin d'être indifférent, comme on pourrait le croire au premier abord. La volonté, bonne ou mauvaise, de chaque assistant, sa vie également viennent agir sur le périsprit du médium, pendant qu'il est sorti, et appuient ou arrêtent les influences qui ont agi sur ce périsprit.

Les assistants forment donc une véritable *enceinte fluidique* chargée d'empêcher, d'une part, le périsprit du médium de perdre sa force en s'éparpillant dans l'espace, et d'empêcher, d'autre part, les influences extérieures au cercle, s'il y en a, de s'emparer de ce périsprit.

Voilà pourquoi les médiums demandent souvent qu'on fasse autour d'eux *la chaîne* pendant les grandes expériences de *matérialisation ou d'apports*. Cette chaîne augmente de beaucoup la puissance du médium et ce qu'il y a de fort curieux, c'est que cette chaîne était employée dans les temples égyptiens antiques, ainsi que nous le montre Louis Ménard dans le *Polythéisme Hellénique*, et qu'elle est encore employée de nos jours par les francs-maçons qui comprennent si peu la haute importance de cette cérémonie qu'ils l'emploient... pour la transmission du *mot de semestre*.

Vous voyez déjà, Mesdames et Messieurs, quelle influence réelle les assistants exercent sur les phénomènes produits. La vie du médium est à un moment hors de lui et à la disposition de celui qui sait l'accaparer visiblement ou invisiblement. De là les dangers auxquels est exposé le malheureux médium s'il a l'imprudence de s'abandonner à des ignorants. Les exemples sont nombreux, en Amérique, d'accidents arrivés dans ces conditions. Cela nous a conduit à voir tous ces éléments, dont nous venons de parler, *en action* et pour cela, nous allons décrire une *séance obscure*, d'après la théorie que je viens d'avoir l'honneur de développer devant vous.

LES PHÉNOMÈNES. — UNE SÉANCE OBSCURE

Je pense inutile d'insister sur les phénomènes ordinaires que vous connaissez tous. Gabriel Delanne a fort bien dit au Congrès que le temps des tables tournantes était passé. Ceci doit s'entendre, bien entendu, pour ceux qui cherchent à définir les bases de la théorie des phénomènes et non pour les expérimentateurs qui doivent tous, bon gré mal gré, commencer par là.

J'aborderai de suite la description d'une *séance obscure*.

Tout d'abord, pourquoi l'obscurité est-elle nécessaire pour ces phénomènes? Pour une cause toute simple.

Il s'agit d'impressionner nos yeux matériels par cette force invincible à l'état normal que nous appelons, en occultisme, *lumière astrale* et que le mot de périsprit traduit assez bien en spiritisme.

Cette force vitale ne peut se dégager convenablement qu'à l'abri des rayons jaunes et surtout des rayons rouges du spectre solaire qui agissent sur elle comme l'eau agit sur le sucre. Voilà pourquoi il faudra toujours que le médium soit dans l'ombre ou, après une grande habitude, qu'il soit seulement éclairé par une lumière où les rayons *violets* dominent. Les phénomènes pourront bien se produire dans une salle légèrement éclairée au gaz, mais à la condition, je le répète, que le médium *lui-même* soit séparé de cette lumière. Des ignorants se figurent qu'on éteint les lumières pour mieux tromper; c'est tout comme s'ils disaient que le photographe s'enferme dans son laboratoire éclairé faiblement en jaune ou en rouge pour se moquer du client à son aise. L'ombre est nécessaire au spiritisme comme elle l'est à certaines opérations de la photographie. Nous devons toujours nous souvenir que, d'après les enseignements élémentaires de la magie, la lumière, l'électricité et cette force mystérieuse qui se manifeste dans les séances spirites, ont *les mêmes lois primordiales*.

C'est donc pour une raison toute physique que l'obscurité est nécessaire dans ce cas.

Les assistants forment *la chaîne*, la séance commence. Le médium prononce quelques paroles, souvent une prière, pour établir une *communion de volontés* entre tous les membres présents.

Souvent il demande de chanter, ce qui augmente encore les liens fluidiques entre tous les périsprits[1].

A ce moment, le médium, placé au centre des assistants et complètement entouré par eux, tombe en *catalepsie*.

Toutes les personnes présentes sentent fort bien alors une sorte de souffle frais qui parcourt toute la chaîne dans un certain sens. C'est le courant fluidique, formé par les périsprits, qui s'établit.

Ce courant fluidique, invisible pour les esprits matériels et visible pour les voyants (sujets somnambuliques), circule au-dessus du cercle et dans son intérieur. Les influences volontaires s'emparent alors de la *vie du médium* qui vient de s'échapper hors de son corps et les phénomènes commencent.

Le périsprit devient visible. De petites lumières bleuâtres apparaissent dans le cercle, des mains lumineuses se montrent, les objets matériels situés sur la table s'inclinent.

Des instruments de musique circulent au-dessus des têtes des assistants en jouant des airs variés. Ces instruments peuvent se poser en moins de trois secondes successivement sur la tête de douze personnes formant la chaîne, phénomène impossible à obtenir par tricherie.

Que se passe-t-il à ce moment?

Le courant fluidique qui circule au-dessus des assistants et qui est renforcé par leur union en chaîne, ce courant porte les objets comme un véritable fleuve pen-

1. Je vais décrire les principaux phénomènes obtenus avec un médium en tous points remarquable, Mme B. Hanneeart. J'ai pu constater, dans des conditions rigoureuses de contrôle, les phénomènes d'apports, de matérialisation, d'enlèvement sans contact d'objets matériels, etc. J'ai vu beaucoup de médiums, celui-là est un des meilleurs que j'aie rencontrés pour les phénomènes physiques. P.

dant que ces *influences* agissent de leur côté par l'intermédiaire du périsprit du médium.

Cette idée de l'existence d'un véritable *circulus fluidique* est assez importante pour mériter quelque attention. Quelques faits peuvent-ils venir l'appuyer en dehors de la vision des sujets lucides?

Eh bien! oui, et je vais vous citer à ce propos deux phénomènes cités sans explication dans le dernier livre de notre ami, le défenseur de nos doctrines dans le monde scientifique français : le Dr Paul Gibier.

Dans une séance à Auteuil, le médium Sch... étant en transes, on entend des instruments de musique divers se promener au-dessus des assistants. L'un d'eux ayant voulu saisir une guitare qui passait au-dessus de lui, rompit la chaîne. A l'instant, l'instrument tomba sur la tête de l'imprudent et lui fendit le front.

Remarquez que l'absence de chaîne expose aux mêmes dangers; ainsi trois jeunes gens ayant voulu faire une séance obscure, alors qu'ils ignoraient tous les principes du spiritisme, se placèrent seuls dans une chambre absolument nue, où il n'y avait qu'une petite table et trois chaises pour eux. Pendant la première demi-heure, rien ne se produisit; mais, tout à coup, un grand bruit se fait entendre; l'un des jeunes gens pousse un cri terrible, les autres effrayés s'empressent d'allumer et trouvent leur camarade évanoui sous la table, la tête brisée par le marbre de la cheminée qui s'était détaché, on ne sait sous quelle influence.

Dans ce dernier cas, les connaissances même élémentaires de la magie montrent que si ces jeunes gens avaient fait la chaîne, le danger eût certes été moins grand. Le circulus fluidique, absent en ce moment, l'eût en effet écarté.

C'est aussi pour cela que dans l'expérience précédente, la rupture de la chaîne a provoqué la rupture du *circulus* et la chute subite de l'objet, phénomène tout-physique.

De tout ceci, il ressort qu'avant de faire des séances obscures, *il faut connaître le spiritisme*, comme avant de combiner du chlorate de potasse et de l'acide sulfurique, il faut savoir ce qui va se produire, c'est-à-dire connaître la chimie.

Du reste, les médiums savent à quel danger les expose la brusque rupture de la chaîne, et vous savez tous combien ils exigent que les mains soient toujours toutes enlacées, quoi qu'il arrive, dans les séances.

Supposez maintenant, qu'alors que les émanations fluidiques des assistants sont bien harmonisées par cinq ou six séances successives, vous introduisiez une personne étrangère au groupe, que se passe-t-il?

Il faut un certain temps pour que l'harmonie s'établisse entre cette personne et le groupe. Pendant ce temps-là, tout reste dans le *statu quo*, le médium, loin de progresser, a plus de mal à se mettre en état de phénoménalité, et, pour peu que les étrangers deviennent plus nombreux, les phénomènes, loin de progresser, diminuent d'intensité et finalement cessent tout à fait.

Remarques. — Il ne faudrait pas croire cependant que la remarque précédente s'appliquât dogmatiquement à tous les cas. C'est principalement dans la *formation des médiums* qu'elle a toute sa portée et dans les phénomènes d'apports et de matérialisation.

Quand le médium est totalement formé, il peut sans crainte aborder tous les milieux ; il en résultera seulement plus ou moins de fatigue pour lui. Tel est le cas d'Eglinton, de Slade, de Home, de Mme Bablin, etc., etc.

Une autre remarque fort importante porte sur l'état spécial des médiums pendant la séance. Le médium est *inconscient*, ne l'oublions jamais, et s'il vient à tromper, c'est qu'il subit une influence de la part des assistants ou d'autre part qui le force à le faire. Si le médium vous trompe, ne vous découragez pas, redoublez de prudence, prenez des précautions infinies contre l'erreur, et bientôt vous vous apercevrez qu'à côté de ces phénomènes qui vous paraissent simulés, il en existe d'autres dont vous ne pouvez nier l'authenticité. C'est là où vous désiriez en arriver. Il est bien entendu que je parle des vrais médiums qui ont donné leurs preuves et non des charlatans qui se rencontrent dans le spiritisme comme partout ailleurs.

FORMATION DES GROUPES ET DES MÉDIUMS

De tout ce qui précède, il résulte qu'une fois qu'un groupe est constitué par la réunion d'un certain nombre de personnes, il faut poursuivre les travaux régulièrement et sans jamais admettre d'étrangers sous peine d'*arrêter net le développement des médiums*.

Les étrangers doivent simplement se grouper entre eux pour former un nouveau noyau d'études, et alors un des médiums développés dans le groupe précédent peut se donner entièrement à la formation de ce nouveau groupe.

Ces remarques, encore une fois, ne sauraient s'appliquer rigoureusement aux phénomènes élémentaires de typtologie et d'écritures médianimiques. C'est à chacun de vous d'en voir l'application.

De plus, je vous livre là, Mesdames et Messieurs, le résultat de mes recherches personnelles depuis quelques années. Il est bien possible que la suite de mes études modifie cette théorie sur beaucoup de points. Voilà pourquoi je vous la donne pour ce qu'elle vaut en vous priant de constater vous-mêmes quels sont les points qui méritent quelque attention et quels sont ceux qui reçoivent une infirmation de la part des faits.

Permettez-moi, en terminant, de vous remercier de la bienveillante attention que vous m'avez prêtée et pardonnez-moi d'avoir peut-être abusé de la permission que m'a donnée votre président, M. Leymarie.

§ 2. — LA MAGIE ET LE CORPS ASTRAL

Nous aurons à revenir tout à l'heure sur cette question de la Magie.

Pour l'instant répétons que le Magnétisme et le Spiritisme sont deux des arts mystiques dont l'ensemble constitue la Magie cérémonielle.

Dans la Magie la Volonté de l'Opérateur exaltée par la prière[1] et par les cérémonies vient agir sur son corps astral et le projetant fortement à distance produit *consciemment* les actions produites *inconsciemment* par les sujets et les médiums.

« L'âme purifiée par la prière, dit Paracelse, tombe sur les corps comme la foudre ; elle chasse les ténèbres qui les enveloppent et les pénètre intimement. »

Il est assez difficile de donner une idée de cette action « consciente » sur le corps astral. Jules Lermina dans sa nouvelle *A Brûler* développe littérairement cette donnée. Mais nous allons emprunter à un excellent livre

1. Un médium devenu grand prophète dans la Société Théosophique, Mme Blavatsky, nie toute action possible de la prière en Magie. La tradition occidentale et surtout Paracelse se gardent bien de commettre une telle erreur de doctrine.

du Dr Gibier, *l'Analyse des choses*, un récit qui expose clairement les sensations que peut éprouver le mage sortant consciemment du corps astral.

*
* *

UNE SORTIE EN CORPS ASTRAL

M. H... est un grand jeune homme blond, d'une trentaine d'années, dont le père était Écossais et la mère Russe. C'est un artiste graveur de talent. Son père était doué de facultés « médianimiques » très puissantes. Sa mère était également médium. Bien que né dans un milieu spiritualiste, il ne s'est pas occupé de spiritisme et n'a éprouvé rien d'anormal jusqu'au moment où il a subi ce qu'il appelle l'accident au sujet duquel il vint me consulter au commencement de 1887.

« Il y a peu de jours, me dit-il, je rentrais chez moi, le soir, vers dix heures, lorsque je fus saisi tout à coup d'un sentiment de lassitude étrange que je ne m'expliquais pas. Décidé, néanmoins, à ne pas me coucher de suite, j'allumai ma lampe et la laissai sur la table de nuit, près de mon lit. Je pris un cigare, le présentai à la flamme de mon carcel, et j'en aspirai quelques bouffées, puis je m'étendis sur une chaise longue.

« Au moment où je me laissais aller nonchalamment à la renverse pour appuyer ma tête sur le coussin du sofa, je sentis que les objets environnants tournaient, j'éprouvai comme un étourdissement, un vide : puis, brusquement, je me trouvai transporté au milieu de ma chambre. Surpris de ce déplacement dont je n'avais pas eu conscience, je regardai autour de moi, et mon étonnement s'accrut bien autrement.

« Tout d'abord, *je me vis étendu* sur le sofa, mollement, sans raideur, seulement ma main gauche se trouvait élevée au-dessus de moi, le coude étant appuyé, et tenait mon cigare allumé dont la lueur se voyait dans la pénombre produite par l'abat-jour de ma lampe. La première idée qui me vint fut que je m'étais, sans doute, endormi et que ce que j'éprouvais était le résultat d'un rêve. Néanmoins, je m'avouais que jamais je n'en avais eu de semblable et qui me parût si intensivement la réalité. Je dirai plus : j'avais l'impression que jamais je n'avais été autant dans la réalité. Aussi, me rendant compte qu'il ne pouvait être question d'un rêve, la deuxième pensée qui se présenta soudainement à mon imagination fut que j'étais mort. Et, en même temps, je me rappelai que j'avais entendu dire qu'il y a des esprits, et je pensai que j'étais devenu esprit moi-même. Tout ce que j'avais pu apprendre sur ce sujet se déroula longuement, mais en moins de temps qu'il n'en faut pour y songer, devant ma vue intérieure. Je me souviens très bien d'avoir été pris alors comme d'une sorte d'angoisse et de regret de choses inachevées ; ma vie m'apparut comme dans une formule...

« Je m'approchai de moi, ou plutôt de mon corps ou de ce que je croyais être déjà mon cadavre. Un spectacle que je ne compris pas tout de suite appela mon attention : je me vis respirant, mais, de plus, je vis l'intérieur de ma poitrine, et mon cœur y battait lentement, par faibles à-coups, mais avec régularité. Je voyais mon sang, rouge de feu, couler dans de gros vaisseaux. A ce moment, je compris que je devais avoir eu une syncope d'un genre particulier, à moins que les gens qui ont une syncope, pensai-je à part moi, ne se souviennent plus de ce qui leur est arrivé pendant leur évanouissement. Et, alors, je craignis de ne plus me souvenir quand je reviendrais à moi...

« Me sentant un peu rassuré, je jetai les yeux autour de moi en me demandant combien de temps cela allait durer, puis je ne m'occupai plus de mon corps, de l'*autre moi* qui reposait toujours sur sa couche. Je regardai ma lampe qui continuait à brûler silencieusement, et je me fis cette réflexion qu'elle était bien près de mon lit et pourrait communiquer le feu aux rideaux : je pris le bouton, la clef de la mèche pour l'éteindre, mais, là encore, nouveau sujet de surprise! Je sentais parfaitement le bouton avec sa molette, je percevais pour ainsi dire chacune de ses molécules, mais j'avais beau tourner avec mes doigts, ceux-ci seuls exécutaient le mouvement, et c'est en vain que je cherchais à agir sur le bouton.

« Je m'examinai alors moi-même et vis que, bien que ma main pût passer au travers de moi, je me sentais bien le corps qui me parut, si ma mémoire ne me fait pas défaut sur ce point, comme revêtu de blanc. Puis, je me plaçai devant mon miroir en face de la cheminée. Au lieu de voir mon image dans la glace, je m'aperçus que ma vue semblait s'étendre à volonté et le mur, d'abord, puis la partie postérieure des tableaux et des meubles qui étaient chez mon voisin et ensuite l'intérieur de son appartement m'apparurent. Je me rendis compte de l'absence de lumière dans ces pièces où ma vue s'exerçait pourtant, et je perçus très nettement comme un rayon de clarté qui partait de mon épigastre et éclairait les objets.

« L'idée me vint de pénétrer chez mon voisin que d'ailleurs je ne connaissais pas et qui se trouvait absent de Paris en ce moment. A peine avais-je eu le désir de visiter la première pièce que je m'y trouvai transporté.

Comment? Je n'en sais rien, mais il me semble que j'ai dû traverser la muraille aussi facilement que ma vue la pénétrait. Bref, j'étais chez mon voisin pour la première fois de ma vie. J'inspectai les chambres, me gravai leur aspect dans la mémoire et me dirigeai ensuite vers une bibliothèque où je remarquai tout particulièrement plusieurs titres d'ouvrages placés sur un rayon à hauteur de mes yeux.

« Pour changer de place, je n'avais qu'à vouloir et, sans effort, je me trouvais là où je devais aller.

« A partir de ce moment, mes souvenirs sont très confus; je sais que j'allai loin, très loin, en Italie, je crois, mais je ne saurais donner l'emploi de mon temps. C'est comme si, n'ayant plus le contrôle de moi-même, n'étant plus maître de mes pensées, je me trouvais transporté ici ou là, selon que ma pensée s'y dirigeait. Je n'étais pas encore sûr d'elle et elle me dispersait en quelque sorte avant que j'aie pu la saisir : la folle du logis, à présent, emmenait le logis avec elle.

« Ce que je puis ajouter, en terminant, c'est que je m'éveillai à cinq heures du matin, roide, froid sur mon sofa et tenant encore mon cigare inachevé entre les doigts. Ma lampe s'était éteinte; elle avait enfumé le verre. Je me mis au lit sans pouvoir dormir et fus agité par un frisson. Enfin le sommeil vint. Quand je m'éveillai, il était grand jour.

« Au moyen d'un innocent stratagème, le jour même, j'induisis mon concierge à aller voir dans l'appartement de mon voisin s'il n'y avait rien de dérangé et montant avec lui je pus retrouver les meubles, les tableaux vus par moi la nuit précédente ainsi que les titres des livres que j'avais attentivement remarqués.

« Je me suis bien gardé de parler de cela à personne

dans la crainte de passer pour *fou ou halluciné....* » Son récit terminé M. H. ajouta :

« Que pensez-vous de cela, docteur[1]? »

A cette question du corps astral se rattachent encore deux points : les rêves prophétiques et certaines formes de folie.

LES RÊVES

Quand vous racontez à votre médecin un rêve prophétique que vous avez eu dans votre vie, le docteur sourit et vous demande comment il se fait qu'on n'ait pas des rêves prophétiques tous les jours.

Cela tient à un fait bien peu connu. Les rêves doivent être divisés en deux classes[2] :

1° *Les songes* ou rêves véritablement prophétiques produits lorsque le corps astral entre dans le monde des causes secondes et revient tout chargé d'images.

2° *Les rêves* proprement dits, dans lesquels le sang et les principes inférieurs de l'homme entrent seuls en action sur le cerveau. Ce sont ces derniers que les psychologues (?) matérialistes prennent comme base de toute leur philosophie (?)

Paracelse, merveilleux révélateur de l'ésotérisme, enseigne ainsi cette vérité :

« Dans le rêve, l'homme vit comme les plantes, seulement de la vie, soit du corps élémentaire[3], soit du corps sidérique[4] (corps astral), sans l'action de son esprit particulier comme homme.

« Si le corps sidérique domine, alors insensible à la vie

1. P. Gibier, *Analyse des choses*, p. 142 à 147.
2. *Bourel* a fait dans l'Initiation une excellente étude sur les rêves.
3. 2e, 3e, 4e principes.
4. 3e, 4e, 5e principes.

élémentaire qui sommeille, il a commerce avec les étoiles; dans ce cas, les rêves se composent de manifestations venues des astres, remplies de science mystérieuse et d'inspirations.

« Si, au contraire, le corps élémentaire domine, alors repose le corps sidérique et les songes ont lieu, selon les convoitises de la chair. »

L'INCARNATION PERMANENTE

Dans le phénomène spirite de l'incarnation on voit une série de faits bien curieux à observer.

Le médium endormi change tout à coup de personnalité. *Un autre* a pris sa place et dirige ses organes.

Il se produit là ce qui se produit quand un magnétiseur dirige le corps astral d'un sujet ; mais ici le magnétiseur est invisible ; c'est une entité particulière, soit un « esprit », soit un être psychique à tendances mauvaises qui s'est emparé du corps astral et par suite du corps physique.

Dans certains cas, assez rares du reste, la science occulte enseigne que cette prise de possession peut persister. La victime présente alors une variété spéciale de folie.

Pour faire cesser cet état des cérémonies magiques sont nécessaires, de là les formules *d'exorcisme* employées par l'Église.

Pour bien montrer les rapports intimes qui existent entre l'hypnotisme et le spiritisme nous allons reproduire une étude toute nouvelle sur la question.

RAPPORTS DE L'HYPNOTISME ET DU SPIRITISME

S'il est une question palpitante dans l'étude du spiritisme, c'est sans contredit celle des médiums.

Comment peut-on former des médiums et les développer? Quelle est la raison qui les pousse dans certains cas à frauder? Sont-ils conscients de ce moment?

Autant de problèmes vitaux du spiritisme à résoudre.

Nous ne prétendons pas dans cette étude énoncer la seule solution possible de ces questions; nous ne venons pas donner *a priori* des règles aux groupes non plus qu'aux médiums eux-mêmes. L'expérience seule doit toujours guider les recherches quelles qu'elles soient; aussi ce sont les résultats de nos observations sur les expériences que nous avons poursuivies depuis quelques années que nous venons soumettre aux expérimentateurs consciencieux.

Une série d'observations rigoureuses nous a conduit à cette idée que le spiritisme et l'hypnotisme n'étaient pas deux champs d'études différents; mais bien les degrés divers d'un même ordre de phénomènes; que le *médium* présentait avec le *sujet* des points communs nombreux, points qu'on n'a pas, que je sache, fait suffisamment ressortir jusqu'ici. Mais le spiritisme conduit à des résultats expérimentaux bien plus complets que l'hypnotisme, le médium est bien un sujet, mais un sujet qui pousse les phénomènes au delà du domaine actuellement connu en hypnotisme.

Ceci a une très grande importance; car s'il est vrai que le *médium* présente une série d'états analogues, quoique plus complets, à ceux du *sujet*, on comprend comment nous sommes assurés d'obtenir des règles nouvelles pour le développement des médiums et comment nous pourrons nous rendre parfaitement compte d'une série de faits encore obscurs (tricherie inconsciente, susceptibilité des médiums, etc.) qui empêchent les groupes de se développer comme ils le voudraient, le médium venant souvent à manquer tout à coup.

De plus le savant qui méprise l'étude de ces phénomènes parce qu'il ne les connaît pas sera amené bien plus facilement à les considérer s'il s'agit d'étudier des faits analogues à ceux dont il a bien voulu... emprunter la connaissance aux magnétiseurs.

Plusieurs auteurs se sont déjà occupés des rapports de l'hypnotisme et du spiritisme. *Cahagnet*, un des premiers parmi les contemporains, se servit des extatiques pour étudier l'état de l'âme après la mort; *Paul Auguez* vers 1850 fait décrire par un sujet magnétisé *ce qui se passe* pendant qu'un médium agit sur une table[1], enfin tout dernièrement *MM. Rossi et Pagnoni*[2] ont poursuivi le même genre d'études.

Nous allons porter la question sur un autre terrain. Au lieu d'appliquer les facultés d'un sujet à la description des phénomènes spirites, nous allons résumer les diverses phases que présente le sujet hypnotisé et nous allons montrer qu'on peut retrouver ces phases dans le médium pourvu qu'on veuille bien prêter à cette étude quelque attention. Voyons donc ce qu'est un sujet; nous résumerons ensuite nos idées sur le médium et nous chercherons enfin les rapports possibles du sujet au médium.

LE SUJET

Certaines personnes sont plus aptes que d'autres à subir l'action hypnotique[3]. On reconnaît en général celles qui subissent très facilement cette action à leur impressionnabilité. Le système nerveux fonctionne d'une manière très

1. Paul Auguez, *les Manifestations des Esprits*, réponse à M. Viennet.
2. La médiumnité hypnotique (Librairie Spirite).
3. Nous employons le mot hypnotisme de préférence à celui de magnétisme car nous allons decrire dans cette étude les phases étudiées surtout par les hypnotiseurs.

active chez ces personnes, de là leur état particulier dans la vie courante. La moindre chose les irrite, le moindre ennui les accable; mais aussi le moindre bonheur les transporte de joie; on les désigne d'un seul mot la plupart du temps : ce sont des êtres *nerveux*.

A l'état de veille ces personnes ont des *pressentiments* que d'autres n'ont pas; elles sentent qu'un malheur va leur arriver plusieurs jours à l'avance sans connaître la cause de cette sensation, elles ont aussi des *intuitions* très vives, inexplicables quant à leur origine.

Si l'on agit sur ces personnes soit au moyen du fluide vital humain par les passes, soit au moyen du fluide vital solaire[1], par les objets brillants, les miroirs rotatifs du docteur Luys, etc., etc., divers phénomènes prennent naissance.

D'abord le sujet ferme les paupières; il sent une lourdeur dans la tête, un léger picotement dans les yeux, et enfin s'endort d'un sommeil bien particulier : le sommeil magnétique.

Il présente alors des *états* différents qu'on a désignés sous le nom de *phases* en hypnotisme.

Que ces phases soient le résultat d'une suggession mentale ou d'autres causes, qu'elles se produisent chez certains sujets et pas sur d'autres; peu nous importe, nous n'avons pas à entrer pour le moment dans ces questions. Ce qu'il faut bien savoir, c'est qu'elles existent d'une façon indéniable quelque nom qu'on leur donne. Il est important pour nous de bien les connaître.

Elles sont au nombre de *trois* principales :

1. Dans une conférence à une séance générale de la Société d'Etudes Psycho-Magnétiques, j'ai essayé de démontrer ce fait que la prétendue *fatigue du regard* des hypnotiseurs était produite par le fluide solaire, fluide vitalisant et origine réelle du fluide vital humain des magnétiseurs.

I

Dans la première de ces phases le sujet a tous les membres flasques; si on lui tient le bras et qu'on le lâche, le bras retombe sans résistance de la part du sujet qui est alors endormi profondément et peut être comparé à un être ivre-mort. La respiration à ce moment est profonde et régulière. C'est la phase de LÉTHARGIE.

II

Si, dans cet état, vous ouvrez de force les yeux du sujet ou si vous agissez d'une autre façon sur lui la seconde phase prend naissance.

Les membres roidissent et gardent les attitudes que vous leur donnerez quelles que soient ces attitudes. Le sujet a les yeux fixes (retenez bien ceci) et regarde droit devant lui ou à l'endoit où vous dirigez ses yeux. Il ne vous entend pas, aussi fort que vous parliez. Il est complètement *fermé* au monde extérieur. Il est en CATALEPSIE.

C'est dans cet état qu'on peut lui mettre la tête sur une chaise et les pieds sur l'autre, le vide existant entre ces deux points. C'est encore dans cet état que se produisent les *extases*.

Retenez bien deux points : la roideur des membres et la fixité des yeux, nous verrons tout à l'heure pourquoi.

III

Si maintenant vous soufflez sur les yeux du sujet ou si vous faites des passes, ou si vous lui frottez légèrement le front, l'état change complètement.

Le sujet parle et agit absolument comme une personne éveillée, il vous cause naturellement mais n'a pas conscience du milieu ambiant et ne se rend pas compte de l'endroit où il est.

Il est alors dans la troisième phase : LE SOMNAMBULISME LUCIDE.

Il présente dans cet état plusieurs particularités caractéristiques qu'il est de toute importance de bien connaître pour comprendre ce que nous dirons tout à l'heure au sujet des phénomènes spirites.

Tout d'abord il est *suggestible*. On peut lui ordonner de voir ou de faire telle ou telle chose, non seulement pendant son sommeil, mais encore une fois qu'il sera bien éveillé, et cette vision persistera, cette action sera exécutée non seulement des jours, mais des mois et même une année après l'ordre donné.

Au moment où le sujet accomplit sa suggestion, il devient *inconscient* et obéit à son impulsion sans discuter et, fait très important à noter, il perd subitement la sensibilité pour la retrouver après l'accomplissement de la suggestion. Le sujet verra donc tout ce qu'on lui commandera de voir, exécutera ce qu'on lui commandera d'exécuter, sauf des exceptions[1] que nous ne pouvons étudier ici.

A l'état somnambulique, un autre fait prend naissance ; c'est la possibilité du *changement de personnalité*.

Vous dites au sujet : tu n'es plus toi, tu es député et tu fais un discours à la Chambre. Vous voyez alors le sujet entrer subitement dans la peau du personnage que vous venez de lui imposer et prendre toutes les allures du rôle

1. Je suis convaincu que le libre arbitre du sujet persiste toujours et peut entrer en action à un moment donné pour combattre une suggestion criminelle.

que vous lui faites jouer. Vous pourrez ainsi changer à votre gré plusieurs fois de personnalité.

C'est encore dans cet état que se produit la *vision à distance* de certains sujets magnétisés.

Donc, pour résumer tout ce que nous avons dit, voici les caractéristiques des trois états :

1° *Léthargie.* — Sommeil profond.

2° *Catalepsie.* — Yeux fixes. Membres roides.

3° *Somnambulisme.* — Suggestibilité. Changement de personnalité. Vision à distance.

Nous avons décrit là les phases principales. Il existe sans doute un grand nombre d'états intermédiaires et de combinaisons de ces phases entre elles, mais il est inutile d'embrouiller la question.

Notons pour terminer que, d'après les hypnotiseurs, ces phases se succèdent dans l'ordre suivant :

1 *Réveil.* 2 Léthargie. 3 Catalepsie. 4 Somnambulisme. 5 *Réveil.* 6 Léthargie. 7 Catalepsie. 8 Somnambulisme. 9 *Réveil*, etc., etc.

Si bien qu'on peut les figurer par un cercle.

LE MÉDIUM

Connaissant maintenant les principaux phénomènes produits par le sujet, voyons ceux produits par le médium.

Les médiums sont classés généralement d'après les phénomènes qu'ils produisent (médiums à effets physiques, médiums à incarnation, à apports, écrivains, etc., etc.).

Tout en conservant cette classification, nous allons en présenter une nouvelle. Nous allons voir quels sont les phénomènes produits par les médiums qui agissent à l'état de veille et quels sont ceux dans lesquels le médium est endormi.

1° *Le médium à l'état de veille.*

Je pense inutile de rappeler la susceptibilité de presque tous les médiums, leur tendance à l'envie ou à la jalousie dont bien peu parviennent à vaincre les conséquences.

Les phénomènes produits par les médiums à l'état de veille sont ceux de typtologie (mouvements de la table et coups frappés), ceux d'écriture intuitive ou mécanique (médiums écrivains) et différents phénomènes de vision.

2° *Le médium endormi.*

A l'état de sommeil ils montrent des phénomènes plus importants pour l'étude.

A. *Incarnation.* — Le médium endormi change de voix, de geste, de style et de langage même. Un esprit, suivant la théorie spirite, s'empare de ses organes et se manifeste aux assistants par son intermédiaire.

B. *Apports.* — Dans des conditions scientifiques rigoureuses, des objets qui n'étaient pas dans la chambre y sont apportés à travers les murs (pendant que le phénomène se produit, le médium *dort profondément*).

C. *Matérialisations.* — En dehors de toute hallucination possible, des êtres ayant toute l'apparence d'êtres vivants se manifestent aux assistants, parlent, jouent, causent, enfin agissent en tous points comme des vivants, puis se fondent tout à coup après avoir laissé des traces indéniables de leur passage.

(Expériences de W. Crookes, d'Aksakoff, de Zollner, etc., etc.)

(Dans ce cas encore, le médium dort profondément.)

3° *États intermédiaires.* Les classifications ne sauraient avoir rien d'absolu. Ainsi parfois des apports sont faits le médium étant éveillé, des fragments de matérialisation apparaissent dans les mêmes conditions. Les phénomènes de lévitation des objets matériels s'accomplissent aussi dans les deux états. Nous fixons les cas les plus ordinaires, voilà tout. Qu'on retienne simplement ceci, c'est que le médium *cause et agit* dans la vision ou l'incarnation et *dort profondément* dans *l'apport de la matérialisation*. Nous verrons quelle est l'importance de ces remarques.

PARALLÈLE DU SUJET ET DU MÉDIUM

Il semble difficile, au premier abord, d'établir un parallèle strict entre les phénomènes produits par le sujet hypnotique et ceux produits par le médium. Cette difficulté est en effet insurmontable s'il s'agit de prouver que tout se passe absolument de même dans les deux cas; mais nous verrons qu'au contraire, chaque phénomène spirite répond à un phénomène d'hypnotisme, mais à la condition de bien se rappeler que le spiritisme étudie des faits bien plus transcendants que l'hypnotisme.

C'est en montrant comment je suis arrivé à constater l'existence *des phases* chez les médiums comme chez les sujets que je ferai, j'espère, bien comprendre ma pensée sur ce point.

Avant tout, qu'il soit bien entendu qu'il ne s'agit pas, dans cet article, de savoir quelle est l'action des « esprits » dans ces phénomènes. Le cadre dans lequel je me place me permet de ne pas entrer dans ces considérations, attendu que le médium agit toujours de même, qu'il soit guidé par des esprits ou qu'il exécute les suggestions mentales des assistants. Je prie tous les chefs de groupe de bien vérifier les faits que je vais exposer, et de donner leur avis à ce sujet à la *Revue spirite* qui les publiera, j'en suis convaincu. Il s'agit donc d'expériences et non de théories et, sur ce terrain, tout le monde est d'accord.

Voyons maintenant le résultat de mes observations.

Depuis deux ans environ, je poursuis une série d'expériences fort intéressantes avec un excellent médium à incarnations, Mme D...

Or, j'avais remarqué les phases suivantes dans la production des phénomènes :

Le médium s'endort seul sous l'influence des passés opérées par les « esprits guides ». Le sommeil ainsi obtenu est profond, les membres sont flasques et retombent si on les soulève.

Tout à coup une secousse brusque agite le médium, ses yeux s'ouvrent brusquement et son regard *devient fixe* en même temps que ses pupilles se dilatent. On peut approcher une lumière de l'œil sans faire baisser les paupières.

Puis les yeux se ferment naturellement, la révolution générale s'opère, la figure s'éclaire, l'expression habituelle change et le médium manifeste *une incarnation*, une personnalité autre que la sienne a pris possession de son être et agit comme le médium pourrait le faire éveillé.

Quand la personnalité qui se manifeste ainsi a fini de parler, une légère secousse se produit encore ; le sommeil profond s'établit, puis tout à coup, une autre secousse agite le médium et les yeux s'ouvrent de nouveau — fixes. — Enfin les yeux se ferment, la figure change de nouveau d'expression et une nouvelle incarnation a lieu.

Résumons ces phases diverses :

1° *Éveil.*

2° 1re secousse — sommeil profond.

3° 2e secousse — regard fixe.

4° Le médium s'incarne et parle.

5° Secousse — sommeil.

6° Secousse — regard fixe.

7° Nouvelle incarnation, etc., etc.

On voit qu'il s'agit là d'une succession d'états absolument semblables à ceux de l'hypnotisme. Les phases 2 et 5 sont celles de *léthargie*, les phases 3 et 6 manifestent la *catalepsie*, les phases 4 et 7 le *somnambulisme lucide*.

Le phénomène de l'incarnation nous montre donc :

1° Une série de phases identiques à celles de l'hypnotisme.

2° Dans la phase de somnambulisme lucide une succession de *personnalités diverses*, incarnations « d'esprits » soit élevés, soit ordinaires.

J'en étais là de mes observations et je pensais qu'il s'agissait tout simplement d'une particularité propre à ce médium, quand je fus amené à constater l'existence des phases chez *tous* les médiums à incarnations que j'eus l'occasion de voir et, tout dernièrement encore, je fis cette constatation d'une manière vraiment frappante.

Remarquons que l'état qui doit frapper le plus pour mettre sur la voie de ces phases, ce n'est pas *la léthargie* analogue pour un observateur superficiel à tous les sommeils possibles, ce n'est pas le *somnambulisme* analogue à l'état de veille pour celui qui n'y prend garde, mais bien *la catalepsie*.

La roideur des membres, la fixité du regard, sont des faits qui frappent vivement les observateurs et qui peuvent se constater très facilement. Ceci dit, revenons à mon récit.

On amena dernièrement dans une des séances spirites fermées du Groupe indépendant d'études ésotériques, un médium à incarnations fort intéressant. Le sujet est un homme intelligent et d'une taille peu élevée (M. Corcol).

Le médium fut placé dans un fauteuil et en quelques minutes fut plongé, sans l'intervention d'aucun assistant, dans un sommeil profond.

Tout à coup une légère secousse secoua tout son être, puis il se *roidit subitement*, à tel point qu'il était étendu horizontalement sur les bras du fauteuil assez large, les épaules sur un bras de ce meuble, les jambes sur l'autre bras, dans une situation tellement semblable à celle des sujets mis en catalepsie, qu'il aurait fallu être aveugle pour ne point voir cette similitude.

Le corps se détendit ensuite peu à peu et une incarnation se produisit. C'était un esprit souffrant, un homme fusillé pendant la Commune et qui ne savait pas qu'il était mort.

Après la séance ordinaire, les conseils fraternellement donnés par un des assistants, les yeux du médium se refermèrent tout à coup, il se roidit de nouveau subitement comme la première fois, puis la résolution s'opéra peu à peu et une seconde incarnation, toute différente de la première, se manifesta.

Résumons les phases par lesquelles passa le médium :

1° Éveil.

2° Sommeil profond.

3° *Roideur de tous les membres.*

4° Incarnation.

5° Sommeil (très court).

6° *Roideur de tous les membres.*

7° Incarnation, etc., etc.

Le réveil, quand il se produit, a lieu toujours *immédiatement après l'incarnation* (phases 4 et 7).

C'est toujours la même série circulaire qui se manifeste.

Dans ce dernier cas, l'état cataleptique qui n'était

qu'indiqué ailleurs, se développe d'une façon indiscutable avec tous ses caractères.

Or je ne crains pas d'affirmer que cette constatation a une importance très grande pour les spirites; car s'il est prouvé, ainsi que je le crois, que le médium représente un sujet hypnotique *transcendantalisé*, il devient on ne peut plus facile de former des médiums et, bien plus, de former à volonté des médiums pour l'incarnation, ou la matérialisation et les apports; nous le verrons tout à l'heure.

Pour l'instant, nous allons mettre en parallèle les états hypnotiques et les états du médium, ainsi que les phénomènes produits dans les deux cas.

TRANSITION DES PHÉNOMÈNES HYPNOTIQUES AUX PHÉNOMÈNES SPIRITES

Intuitions. — A l'état de veille, le sujet comme le médium sont impressionnables et intuitifs.

Cependant, alors que le sujet se contente de ressentir les intuitions sans aller plus loin, le médium cherche à les formuler aux assistants. Il développe le plus qu'il peut ce sens de *l'intuition* et progressivement il arrive à *écrire* ce qu'il entend soit consciemment (médium écrivain intuitif), soit, et cela est plus important, inconsciemment (médium écrivain mécanique).

Notons bien que *la cause* de cette intuition échappe à l'analyse des savants matérialistes et peut aussi bien être due à un « esprit » qu'à toute autre influence. Mais nous avons promis de ne pas aborder ce terrain où la conciliation entre toutes les écoles n'est pas encore faite.

Typtologie. — Les phénomènes de typtologie produits à l'état de veille sont particuliers au médium et ne répondent à aucun phénomène hypnotique, du moins d'après l'état présent de mes recherches.

Pressentiments. — Le médium, développant particulièrement la faculté des *pressentiments*, qui n'est qu'une variété de l'intuition, peut arriver à faire des prédictions qui pourront se réaliser.

ÉTAT DE SOMMEIL

Mais tous ces phénomènes se produisent à l'état de veille et nous ne pouvons avoir sur les sujets en cet état aucune action spécifiée. Aussi passerons-nous rapidement à l'étude des faits produits pendant le sommeil.

1° *Léthargie.* — Pendant la période de léthargie, caractérisée par le sommeil profond, aucun phénomène important n'est produit par le sujet hypnotique. Au point de vue des actions qui prennent naissance en lui, la perte de sensibilité et l'accroissement de la force musculaire peuvent nous faire supposer que la force nerveuse est condensée dans *les centres* et particulièrement dans les centres du mouvement (centres antérieurs du cerveau et de la moelle).

Or, les expériences de M. Pelletier en France[1], celles de Crookes en Angleterre, celle des Fakirs dans l'Inde montrent le passage de l'hypnotisme au spiritisme. M. Pelletier nous montre que plusieurs sujets étant placés autour d'une table et étendant les mains au-dessus d'objets légers, ces objets (plumes, bouchons, etc.) sont capables de *se mouvoir* sans contact et au commandement.

Le groupement de plusieurs organismes générateurs de force nerveuse produit des effets analogues à certains phénomènes spirites.

1. Voyez la *Revue spirite* et le n° 8 de *l'Initiation.*

Dans ce cas, la force nerveuse sort du sujet et vient agir à distance.

Or, la plupart des phénomènes de *Matérialisation* se produisent pendant que le médium est en léthargie et nous avons toutes les raisons de croire que ces phénomènes représentent un degré plus élevé des phénomènes hypnotiques correspondant au même état. Le médium fournit, dans ce cas, la force nécessaire à « l'esprit » qui se matérialise. Dans le numéro 9 de l'*Initiation*, nous avons montré que cette action d'un esprit semblait incontestable dans certains cas, mais elle ne saurait, à notre avis, être toujours invoquée.

Lors du congrès spirite et spiritualiste de 1889, *M. Donald Nac-Nab* nous montra un cliché photographique représentant une matérialisation de jeune fille qu'il avait pu toucher ainsi que six de ses amis et qu'il avait réussi à photographier. Le médium en léthargie était visible à côté de l'apparition.

Or, cette apparition matérialisée n'était que la reproduction *matérielle* d'un vieux dessin datant de plusieurs siècles et qui avait beaucoup frappé le médium alors qu'il était éveillé. Certaines matérialisations pourraient donc être produites par l'idée du médium qui *s'objectiverait* en s'alliant à certaines forces peu connues de la nature. Cette théorie soutenue, dès 1884, dans une lettre signée de l'Indou Koot-Houmi, ne peut rendre compte de tous les phénomènes, entre autres des cas où la matérialisation, le médium éveillé et l'opérateur causent ensemble ; ou encore, ainsi que l'a fait remarquer *Gabriel Delanne*, du cas où le double du médium apparaît derrière la matérialisation. (Expérience du peintre Tissot.)

La force nerveuse agissant dynamiquement hors de l'être plongé en léthargie est aussi un des éléments en action dans le phénomène, si difficile à bien analyser, *des apports*.

2° *Catalepsie.* — Aucun phénomène spirite ne se produit pendant que le médium est en catalepsie, c'est pour le médium un simple état transitoire.

Le sujet, dans cette phase, présente les phénomènes d'extase, phénomènes purement subjectifs et réalisés quelquefois aussi par des médiums.

3° *Somnambulisme.* — Cet état est celui où l'analogie entre le phénomène hypnotique et spirite présente la transition la plus facile à suivre.

Le caractère essentiel du sujet à l'état somnambulique est de pouvoir subir *la suggestion*. L'hypnotiseur peut lui commander de faire telle ou telle action dans un temps donné, de voir telle ou telle chose et l'effet demandé se produit presque inévitablement.

La distinction primordiale entre le sujet et le médium dans cet état, c'est que la suggestion est donnée *au sujet* par un être vivant, par une action volontaire bien déterminable, tandis que le *médium* subit l'influence d'actions ENTIÈREMENT INVISIBLES. Il décrit des visions, il accomplit des actions diverses, en un mot il manifeste certainement des suggestions, mais l'origine de ces suggestions n'est pas déterminable pour ceux qui ignorent l'existence du monde invisible. C'est ici que se place une question de la plus haute importance, c'est celle de la :

TRICHERIE POSSIBLE DU MÉDIUM

Les prétendus savants qui affirment avoir étudié les phénomènes spirites déclarent qu'il n'y a là-dedans que tromperie et prestidigitation.

Ils s'appuient pour soutenir cette affirmation sur ce fait

que les plus forts médiums connus, Home, Eglington, Slade, etc. etc., ont tous été pris en flagrant délit de tricherie.

Savez-vous ce que cela prouve?

Tout simplement que les savants prouvent de ce fait même leur entière ignorance de ces questions.

Demandez-leur, en effet, quel est le caractère bien particulier des sujets, alors qu'ils accomplissent une suggestion. C'est, nous répondront-ils, d'être ABSOLUMENT INCONSCIENTS de leurs actes.

Le sujet, dans cet état, agit comme une machine et ne *saurait en rien être rendu responsable des actes qu'il commet*. La faute de ces actes revient au suggesteur.

Il ne viendra à l'idée d'aucun savant de prétendre que le sujet trompe toujours alors qu'il est certain que quelquefois il est amené malgré lui à tromper. Il en est exactement de même du médium. Rappelez-vous l'étonnement profond des médiums surpris en flagrant délit de tromperie; il leur semble rêver; ils ne comprennent rien à ce qui se passe et sont consternés d'apprendre qu'on vient de les surprendre poussant la table ou la levant avec leurs pieds, les malheureux sont à l'état somnambulique, ils sont absolument irresponsables de leurs actions.

Si donc vous êtes trompés, prenez-vous-en *à vous* et jamais au sujet. C'est à vous de prendre les précautions nécessaires en vous plaçant dans les conditions les plus favorables au contrôle. Laissez faire ensuite et rendez-vous bien compte de l'état hypnotique dans lequel se trouve le médium au moment où il agit.

Nous avons tenu à faire cette digression, car elle est de toute importance. Passons maintenant à l'étude de l'incarnation.

Le sujet est susceptible de changer de personnalité sous l'influence de la suggestion.

De même dans le phénomène de l'*incarnation*, nous retrouvons des faits analogues quoique dus à d'autres causes.

Dans le changement de personnalité du sujet, le cerveau de l'hypnotiseur s'est, en quelque sorte, mis à la place du cerveau de l'hypnotisé qui ne fait que prêter ses organes à tous les actes que se plaît à leur faire exécuter la volonté toute-puissante de celui qui commande la suggestion.

De même les organes du médium deviennent, dans l'incarnation, les moyens passifs par lesquels se manifestent une série de volontés diverses tirant leur source du monde invisible. Le même phénomène se produit en somme : changement de personnalité, la cause seule en est différente, étant visible dans le premier cas, invisible dans le second.

*
* *

Tel est, en résumé, ce que nous voulions dire dans cette étude touchant les rapports possibles à établir entre le phénomène de l'hypnotisme et ceux du spiritisme.

Résumons tout cela dans un tableau.

TABLEAU

INDIQUANT LE PASSAGE DE L'HYPNOTISME AU SPIRITISME ET LE RAPPORT DES DIVERS PHÉNOMÈNES ENTRE EUX

PHASES HYPNOTIQUES	CARACTÈRES GÉNÉRAUX de ces phases (communes au sujet et médium)	PHÉNOMÈNES produits PAR LE SUJET	PHÉNOMÈNES produits PAR LE MÉDIUM	OBSERVATIONS
ÉTAT DE VEILLE	Impressionnabilité	*Intuition* *Pressentiment*	Développement de l'Intuition *Écriture intuitive* *Écriture mécanique*	Les bons sujets et les bons médiums sont d'ordinaire des êtres *nerveux*.
1° LÉTHARGIE	Sommeil profond — Insensibilité	Rien d'objectif (Centralisation de la force nerveuse)	Extériorisation de la force nerveuse Alliance du périsprit et des esprits *Matérialisation* Extériorisation et action dynamique de la force nerveuse *Apports*	
2° CATALEPSIE	Regard fixe Membres roides Conservation des attitudes	Extase	Extase (quelquefois)	État caractéristique à chercher chez les médiums.
3° SOMNAMBULISME LUCIDE	Suggestibilité Apparence complète de l'état de veille (Yeux ouverts)	Suggestion par un être vivant Inconscience Irresponsabilité Changement de personnalité Vision à distance	Suggestions opérées par des actions invisibles Inconscience *Tricherie possible* *Incarnations* *Prédictions* *Guérisons médianimiques*	Constater l'état somnambulique chez les médiums qui sont surpris à tricher

Applications pratiques à ces données.

FORMATION DES MÉDIUMS

Des données précédentes, nous pouvons tirer certaines règles pratiques qui pourront servir à la formation des médiums, si nos observations sont justes.

Les tentatives faites jusqu'ici pour créer des écoles de médiums ont toujours avorté, nous croyons qu'il est facile maintenant de voir pourquoi, ainsi que le prouve ce qui suit.

La première condition est le choix du futur médium.

Comment s'y prend-on aujourd'hui?

On forme un groupe tant bien que mal et on laisse la médiumnité se développer *seule* et un peu *au hasard*.

Au bout de quelque temps les rivalités ne tardent pas à naître entre les diverses personnes qui se croient douées de quelque médiumnité. La jalousie, l'envie et les petites rancunes sourdes s'en mêlent bientôt, les querelles éclatent et le groupe ne tarde pas à se dissoudre sans permettre aux divers médiums de se développer convenablement.

Comment pourrait-on faire?

Supposons que nous ayons à former un groupe de personnes instruites, désirant se rendre compte des phénomènes.

Deux procédés peuvent être mis en usage :

1° Prendre un sujet tout formé;

2° En former un.

Je pense que le point capital à obtenir avant tout est la possession d'un bon sujet, capable de produire les trois phases hypnotiques.

Pour posséder ce sujet on commencera par essayer parmi les personnes présentes, surtout parmi les dames dévouées à la cause et qui demandent à être médiums.

quelles sont celles qui sont capables de subir des actions hypnotiques.

Pour cela on emploiera le procédé Moutin (attraction de sujet par application des mains sur les omoplates) ou tout autre procédé usuel.

Le sujet une fois choisi, on procédera à son hypnotisation.

On usera à cet effet des miroirs rotatifs du Dr Luys, suivis de passes ou de l'action du regard; on pourra ne faire que les passes ou même s'en tenir à la simple suggestion, fortement donnée, de dormir. L'important est d'obtenir d'abord le sommeil.

Celui-ci est obtenu. Le sujet dort.

Que faut-il faire?

C'est ici que se place également la pratique à observer vis-à-vis des sujets déjà dressés.

Le premier sommeil obtenu ne laisse pas apparaître tout d'abord les *phases* ainsi que pourraient le croire ceux qui n'ont pas l'habitude des sujets.

Il se produit un état spécial, *mélange de léthargie et de somnambulisme*, état pendant lequel le sujet entend et parle, mais les yeux fermés, ce qui le différencie du somnambulisme vrai. Cet état est celui produit de prime abord par les magnétiseurs; il est important de ne pas s'arrêter là.

On priera donc le sujet d'ouvrir les yeux *sans se réveiller* et on donnera ainsi naissance à l'état cataleptique. Enfin, une légère insufflation sur le front fera passer le sujet à l'état somnambulique.

Pendant ce développement, comme pendant toutes les expériences, il est nécessaire que les membres présents gardent *un silence absolu*. Le président du groupe doit être à même d'expulser de suite tout membre qui empêcherait la production des phénomènes. Le succès de toutes les expériences futures dépend de l'observation rigoureuse de cette condition.

∴

ADAPTATION DU MÉDIUM AUX DIVERS PHÉNOMÈNES

Les phases classiques étant obtenues le reste ira sans encombre.

Pour cela, mettez d'abord le sujet en *somnambulisme lucide*. Ensuite faites la chaîne en le plaçant au milieu du cercle sans que personne touche le médium et laissez le monde invisible se manifester à vous.

Des influences agiront qui vous donneront la marche à suivre pour aller plus loin. Écoutez et obéissez tout en observant silencieusement les ordres donnés et les phénomènes produits.

Vous pouvez aussi mettre le sujet en *léthargie* et faire la chaîne autour de lui après avoir fait l'*obscurité complète*. Prenez bien garde que la chaîne ne soit pas brisée pendant ce genre d'expérience, car il y va de la santé et quelquefois même de la vie du médium. J'ai, du reste, discuté cette question dans une conférence faite à la Société spirite, conférence publiée par la *Revue*.

Développez autant que possible les sujets *un à un*. Ne les mettez en action commune que quand ils seront complètement formés. Sans cela la jalousie naîtra entre eux et vous verrez se reproduire les scènes regrettables qui causent la dissolution de tous les groupes spirites.

Telles sont les idées dont j'ai cru devoir donner connaissance à tous les expérimentateurs. Il est important de vérifier cette succession des états hypnotiques chez les médiums. Ces faits sont peu connus et cependant ils sont des plus utiles. C'est par eux, en effet, qu'on est amené à pouvoir poser des règles définies pour la formation des médiums et, qui plus est, pour la formation à volonté des médiums à incarnations, à apports ou à matérialisations.

En somme la différence capitale qui sépare les phénomènes magnétiques et spirites courants des faits de haute Magie, c'est, dans le premier cas, l'*inconscience* de la sortie du corps astral et de ses actions possibles, dans le second la sortie *consciente* de ce corps astral et sa direction vers un but déterminé.

Ce qui résulte de tout ce que nous avons dit jusqu'ici, c'est qu'il existe dans l'homme trois plans distincts correspondant à trois ordres de forces :

1° *Le plan matériel*, sorte d'écran sur lequel viennent s'enregistrer toutes les actions produites dans le plan psychique ;

2° *Le plan astral*, intermédiaire indifférent, obéissant passivement à toutes les impulsions, qu'elles viennent de la personne ou d'un étranger, qu'elles aient pour but une action sur le corps physique ou sur tout autre objet du plan matériel.

3° *Le plan psychique*, lieu de l'*idée*, origine de toute direction vers le physique par l'intermédiaire de l'astral.

*
* *

Tels sont ces principes dans l'homme ; voyons si nous n'en retrouverons pas d'analogues dans la Nature.

§ 3. — MICROCOSME ET MACROCOSME

La conception de l'homme est différente pour chaque école, nous l'avons déjà vu. Il en est de même de la conception de la Nature.

Les matérialistes ne voient dans la Nature que l'action plus ou moins vive des divers corps agissant les uns sur les autres d'après les lois « scientifiques » de l'attraction universelle ou moléculaire avec *le hasard* pour tout diriger. C'est l'histoire d'une voiture sans cheval ni cocher qui marcherait toute seule.

Les panthéistes admettent dans le Monde une résultante générale origine et fin de toutes les forces sans conscience personnelle et agissant d'après des lois fatales.

C'est l'histoire d'une voiture marchant sous la traction du cheval sans cocher pour tout guider. Cela marchera bien à condition que le cheval soit très, très intelligent ; mais gare aux emballements.

Enfin les occultistes admettent trois plans dans la Nature correspondant exactement et point pour point aux trois plans de l'homme :

Le plan matériel correspondant au corps physique ;
Le plan astral correspondant au corps astral ;
Le plan psychique correspondant à l'âme.

Nous avons vu qu'en l'homme chaque point du corps physique représentait un cadran enregistreur transmettant rigoureusement les incitations psychiques par l'intermédiaire du corps astral ; de même dans la Nature chaque objet matériel, chaque être physique représente la signature d'une idée.

De même qu'il ne peut y avoir de parole proférée par

l'homme sans une idée que cette parole matérialise, de même il ne peut y avoir dans le monde aucun objet matériel sans une idée *signifiée* par cet objet.

C'est grâce à cet argument que le théosophe Louis-Claude de Saint-Martin confondit, en dispute publique à l'École normale, le professeur de philosophie Garat.

Celui-ci prétendait que rien ne peut venir dans l'esprit de l'homme d'une autre source que les sensations physiques. Garat pensait empêcher par cet argument le théosophe d'introduire ses doctrines « mystiques ».

Vous avez raison, répondit Saint-Martin, rien ne vient dans l'esprit de l'homme par une autre voie que la sensation ; mais la sensation dérive d'un objet physique et tout objet physique est la matérialisation d'une idée. Si bien que *l'idée invisible* est l'origine réelle de tout ce qui naît en l'esprit de l'homme [1].

Garat ne put réfuter cet argument. La Nature de même que l'homme comprend donc trois divisions subdivisibles elles-mêmes à l'infini d'après la loi trinitaire.

Trois règnes renferment le domaine des actions de la Nature : *le Règne Minéral* correspondant analogiquement au plan physique, *le Règne Végétal* correspondant au plan astral et *le Règne Animal* correspondant au plan psychique de la Nature.

Chacun de ces règnes renferme aussi trois plans : *un plan matériel* (plus ou moins élevé suivant le règne, matière cristallisée, matière organique ou matière nerveuse suivant le cas) ; *un plan astral* (plus ou moins élevé suivant le règne, forces physiques, forces vitales, forces psychiques suivant le cas) ; *un plan intellectuel* (intelligence des éléments, intelligences organiques, intelligences psychiques). On

1. Voy. *le Crocodile*, poème épico-magique, par Saint-Martin.

peut aller loin dans ces divisions et l'on reconstituera ainsi la Philosophie hermétique professée par tous les alchimistes instruits et par Robert Fludd, Van Helmont, Jacob Boehm, Saint-Martin, etc., etc.

Qu'on ne pense pas cependant que ces idées n'aient pu être défendues depuis la science actuelle ; un homme de génie trop peu connu, *Oken*, a établi un système de classification complet s'appliquant aussi bien aux minéraux, aux végétaux et aux animaux et bien supérieur à nos systèmes actuels, en partant des données de l'Occultisme.

Voici quelques extraits très curieux de cet auteur du XIXe siècle à ce sujet :

« La Nature dans son ensemble doit être considérée comme un corps organique dont les parties seraient le développement ou plutôt la *répétition d'un seul principe*. Nous essaierons de le prouver par l'exposition de notre système.

« Les *animaux* étant postérieurs aux plantes, les *plantes* postérieures aux *minéraux*, les *minéraux* postérieurs aux éléments, il s'ensuit que les *éléments* sont, au moins pour les minéraux, les plantes et les animaux, le principe dont ces corps émanent, dont ils sont le développement dans des degrés divers de modification, ou mieux, dont ils sont la *répétition* dans l'acception que nous donnons à ce mot et dont ce qui suit fera saisir la force et la justesse. »

Ainsi *les éléments* des anciens sont repris par Oken comme base de son étude sur la Nature ; les éléments ne sont pas compris de nos jours à leur valeur réelle, ainsi que l'a fort bien vu, du reste, Hegel.

« L'ancienne doctrine de la formation de toutes choses par quatre éléments selon Pythagore, Empédocle, Platon et Aristote ou par trois principes selon Paracelse, dit Hegel, n'a pas prétendu par là désigner empiriquement la pure matière primitive ; mais bien plus essentiellement la détermination idéale de la force qui individualise la figure du corps ; et nous devons par là admirer avant tout l'effort par lequel ces hommes, dans les choses sensibles qu'ils choisissaient pour signes, ne connurent et ne retinrent que la détermination générale de l'idée. Au contraire les physiciens empiriques modernes ont, de préférence, fondé leur gloire sur une tout autre manière d'envisager la question, procédant toujours à la recherche du particulier, au lieu de s'efforcer d'élever le particulier au général et de reconnaître celui-ci dans celui-là[1]. »

Mais comment rattacher cette idée ancienne des éléments aux travaux de la Chimie contemporaine?

Ainsi nous savons que l'eau est composée d'hydrogène et d'oxygène, deux corps simples, l'air de trois de ces corps simples, l'oxygène, l'azote et l'acide carbonique, la terre des quatre corps simples originaux, Hydrogène, Oxygène, Azote et Carbone. Quant au feu, l'oxygène pur semble être son élément primordial allié à un principe encore inconnu.

Un fait curieux c'est que la progression atomique range tous les corps chimiques en *quatre* séries gouvernées chacune par un des corps simples principaux.

La série monoatomique est représentée par l'Hydrogène.

La série diatomique est représentée par l'Oxygène.

La série triatomique est représentée par l'Azote.

La série tétratomique est représentée par le Carbone.

C'est encore Oken qui va nous donner la clef de ce problème :

« Les corps *simples* tels que *l'hydrogène* (et l'azote ou l'hydrogène oxydé), *l'oxygène* et *le carbone* sont pour les

1. Hegel, *Philosophie de la Nature*, p. 245.

éléments CE QUE sont pour les corps organiques *les parties* OU SYSTÈMES ANATOMIQUES[1]. »

Considérer les éléments comme des êtres complets ayant les corps simples comme organes, c'est à mon avis une des idées les plus hardies et les plus neuves qu'on ait exprimées au XIXe siècle en philosophie chimique.

Il résulte de là que la Chimie analytique c'est l'Anatomie de la Matière tandis que la Chimie synthétique en est la Physiologie.

Poursuivant ces données, Oken fait de nombreuses applications de détail. Pour montrer jusqu'à quelle hauteur de synthèse il conduit ses études nous donnerons seulement les deux extraits suivants, l'un sur les nerfs, l'autre sur les rapports des éléments dans les trois règnes.

* * *

Les muscles étant la répétition des vaisseaux entourent les os, ainsi que ceux-ci l'intestin.

NERFS

La partie la plus élevée d'un organe principal, en se combinant avec les nerfs, se métamorphose en organe de *sens*.

1. Les vaisseaux combinés avec les nerfs sont l'organe du *toucher* ou le tact. Le toucher est un acte de *cohésion* dans la *peau*.
2. L'*intestin* devient l'organe du goût. La gustation est un acte *chimique* dans la langue.
3. Le *poumon* devient l'organe de l'*odorat*. *L'odorat* est un acte *électrique* dans le *nez*.
4. Les organes du *mouvement* deviennent l'organe de l'ouïe. L'audition est un acte magnétique dans l'oreille.

1. Oken, *Esquisse*, p. 3.

5. Le système *nerveux* se métamorphose enfin dans l'organe de la *vue*. La *vision* est un acte de *lumière* dans l'œil.

Les parties organiques des trois éléments terrestres sont :

1. Les *intestins* comme organe de la *terre*.
2. Les *veines* comme organe de l'*eau*.
3. La *trachée aux poumons* comme organe de l'*air*.

Les parties organiques de l'élément du feu sont :

1. Les os comme organes de la *pesanteur*.
2. Les muscles comme organes de la *chaleur*.
3. Les nerfs comme organes de la *lumière*.

1. Intestins correspondant au tissu cellulaire (terre de la plante).
2. Vaisseaux correspondant aux conduits intercellulaires (eau de la plante).
3. Poumons correspondant aux vaisseaux spiraux (air de la plante).

Toutes ces idées se rapportent à l'établissement des liens intimes qui reliaient la Nature entre elle d'abord, puis avec l'Homme. Cette opinion est celle de tous les occultistes, anciens ou modernes ; on trouve dans leurs œuvres des *tableaux d'analogie* qui indiquent quelques-uns de ces rapports ; nous en donnons deux exemples ci-dessous précédés d'un extrait de *Paracelse* sur cette question :

« Le macrocosme se compose donc d'un ciel et d'une terre mis en correspondance par le rapport des germes avec les astres, de manière que le ciel imprime et dirige le mouvement tandis que la terre le reçoit et y obéit.

« Quant au microcosme ou à l'homme, fait à l'image de Dieu et du macrocosme dont il résume en lui-même toutes les forces et toutes les propriétés, il a aussi son ciel et sa terre, ses astres et ses forces physiques correspondantes. C'est le cerveau qui est le siège de ce ciel, principe de ses pensées, de ses volontés, de ses mouvements, de ses sentiments.

« Par ce ciel, il est en rapport avec les astres de l'Univers, dont l'influence s'étend sur ses pensées et sur ses actes[1]. »

1. *Analyse du Système de Paracelse*, par H. Bouche.

ÉCHELLE DU 4 A LA CORRESPONDANCE DES ÉLÉMENTS

	FEU	AIR	EAU	TERRE	
Archétype	י	ה	ו	ה	Archétype
Anges des axes du Ciel	Michel	Raphaël	Gabriel	Uriel	
Chefs des éléments	Séraphins	Chérubins	Tharsis	Ariel	
Animaux de Sainteté	Lion	Aigle	Homme	Veau	
Triplicité des signes	Bélier Lion Sagittaire	Jumeaux Balance Verseau	Écrevisse Scorpion Poissons	Taureau Vierge Capricorne	Macrocosme Loi de Gravitation et de Corruption
Étoiles et Planètes	Mars et Soleil	Jupiter et Vénus	Saturne et Mercure	Étoiles fixes et Lune	
Qualité des éléments célestes	Lumière	Diaphane	Agilité	Communauté	
Éléments	Feu	Air	Eau	Terre	
Qualités de ces éléments	Chaud	Humide	Froid	Sec	
Temps	Été	Printemps	Hiver	Automne	
Axes du Monde	Orient	Occident	Septentrion	Midi	
Genres de mixtes parfaits	Animaux	Plantes	Métaux	Pierres	
Sortes d'Animaux	Marchant	Volant	Nageant	Reptiles	
Éléments des Plantes	Semences	Fleurs	Feuilles	Racines	
Métaux	Or et Fer	Cuivre et étain	Vif Argent	Plomb et Argent	
Pierres	Luisantes et ardentes	Légères-Transparentes	Claires-Congelées	Pesantes-Opaques	
Éléments de l'Homme	Entendement	Esprit	Ame	Corps	Microcosme Loi de Prudence
Puissances de l'âme	Entendement	Raison	Fantaisie	Sens	
Puissances judiciaires	Foi	Science	Opinion	Expérience	
Vertus morales	Justice	Tempérance	Prudence	Force	
Sens	Vue	Ouïe	Goût et Odorat	Toucher	
Éléments du corps humain	Esprit	Chair	Humeurs	Os	
Quadruple esprit	Animal	Vital	Engendratif	Naturel	
Humeurs	Colère	Sang	Pituite	Mélancolie	
Complexions	Impétuosité	Gaieté	Paresse	Lenteur	
Fleuves des Enfers	Phlégéthon	Cocyte	Styx	Achéron	
Démons nuisibles	Samael	Azazel	Azael	Mahazael	
Maîtres Démons	Orien	Paguus	Egyen	Amacus	

Si, laissant de côté tous les détails, nous considérons la Nature synthétiquement, nous y verrons :

1° Un plan matériel formé par la matière physique de tous les êtres ;

2° Un plan astral formé par la force unique qui renouvelle les formes au fur et à mesure de leur disparition, toujours d'après un plan identique ;

3° Un plan psychique formé par l'Intelligence qui dirige tous les mouvements en vue du but final.

Disons quelques mots de ces trois plans et des forces qui sont en action sur chacun d'eux.

§ 4. — L'ASTRAL

L'ÉLÉMENTAL ET L'ÉLÉMENTAIRE, ROLE OCCULTE DES SATELLITES

Pour ne pas faire de confusion dans la suite, rappelons-nous que la Nature n'est que le terme inférieur de la grande série trinitaire : Dieu — Homme — Nature.

Analogiquement la Nature est donc *le Corps de l'Univers*, l'Humanité en est la vie (ou le Corps astral), Dieu en est l'Esprit.

Le corps dans l'homme est composé de trois principes :

La Matière du Corps.
La Vie du Corps.
L'âme du corps, le corps astral.

La Matière du corps est constituée par une foule de cellules de formes et de fonctions très différentes.

La Matière de la Nature est constituée par une foule

d'êtres de formes et de fonctions très différentes (êtres minéraux, végétaux, animaux).

La Vie du corps est localisée dans chacune de ces cellules qu'elle anime. Elle se renouvelle sans cesse par la circulation de la force apportée par le sang de l'homme.

La Vie de la Nature est localisée dans chacun des êtres qu'elle anime. Elle se renouvelle sans cesse par la circulation de la lumière apportée par le fluide astral de l'Univers.

L'Ame du corps est localisée dans les ganglions du grand sympathique. Elle dirige la marche de la Vie d'après les lois fatales de la régénération et de la destruction.

L'Ame de la Nature est localisée dans certains centres constitués soit par des groupes d'êtres élevés (animaux), soit par de grands centres de condensation de fluide astral (satellites).

∴

De ces trois éléments deux surtout doivent nous occuper pour l'instant au point de vue de la Magie : la Vie de la Nature principalement et l'âme de la Nature subsidiairement.

Une particularité bien curieuse dans les cellules de l'homme c'est que les unes sont fixées à leur place où elles exercent leurs fonctions, tandis que les autres, véritables messagers, vont chercher la vie au centre du renouvellement (dans le poumon), l'apportent aux cellules immobiles et repartent accomplir de nouveau leurs fonctions : ce sont *les globules sanguins*.

Ces petits êtres obéissent passivement à l'action motrice du corps astral, ils iront régénérer les organes en y apportant de la vie ou les détruire en y apportant un excès de force et en donnant lieu aux inflammations. Ces êtres, générateurs de force, sont indifférents au bien comme au mal qu'ils produisent, leur rôle consiste uniquement à suivre passivement les impulsions.

Pour découvrir ces globules, il faut *déchirer* le voile matériel qui recouvre le monde invisible de l'homme, alors les globules s'échappent (hémorrhagie) ; on peut les examiner au moyen d'appareils spéciaux qui donnent à la vue une puissance qu'elle ne possède pas à l'état normal (microscopes).

Ces considérations sont importantes, car elles éclairent un point très peu connu de l'étude de la Nature.

Dans la Nature les êtres sont fixés sur les différentes planètes. Dans chaque système solaire la lumière vient baigner chacune des planètes et fournir les éléments de régénération nécessaires.

Chaque planète est pour le système ce que chaque organe est pour l'homme, la lumière est par suite pour les planètes ce que le sang est pour les organes.

Nous avons vu que dans le sang sont contenus des êtres particuliers, les globules.

De même dans les courants de lumière sont contenus des êtres particuliers :

Les esprits des éléments ou *élémentals*.

Ces petits êtres obéissent passivement à l'action motrice du fluide astral, ils iront régénérer les planètes en y apportant la vie, ou les détruire en y apportant un excès de force.

Ces élémentals, générateurs de force, sont indifférents au bien comme au mal qu'ils produisent : leur rôle consiste uniquement à suivre passivement les impulsions.

Pour découvrir ces élémentals, il faut déchirer le voile matériel qui recouvre le monde invisible de la Nature, alors les élémentals apparaissent ; on peut les examiner au moyen d'états spéciaux qui donnent à la vue une puissance qu'elle ne possède pas à l'état normal : état hypno-magnétique de vision lucide.

Différents instruments magiques peuvent aider à cette vision. Ces instruments fabriqués en cristal d'après certaines règles se nomment miroirs magiques[1].

Mais ces miroirs magiques ne peuvent que satisfaire la curiosité en prouvant l'existence réelle de ces êtres, inférieurs à l'homme.

Quand on veut agir sur ces êtres, il faut connaître les vertus des figures magiques ou pantacles, des paroles mystiques et des cérémonies du rituel kabbalistique.

Ce n'est pas le lieu d'en parler ici, d'autant plus que nous préparons un travail complet sur cette question.

Les globules sanguins dans l'homme, les élémentals dans la Nature charrient la force animatrice.

Dans l'homme il existe des centres de condensation de cette force, centres dans lesquels l'excédent non utilisé est soigneusement recueilli pour être déversé ensuite régulièrement dans les organes : ce sont les *ganglions du grand sympathique*[2].

Ces ganglions sont des organes particuliers annexés aux autres organes et constituant des centres locaux d'émission, image et reflet du centre général d'émission : le système nerveux central.

Si nous considérons un système solaire, nous y verrons :

1° Un centre d'émission : le Soleil ;

1. On trouvera les procédés de construction de ces miroirs dans la *Magie magnétique* de Cahagnet et dans la *Magie dévoilée* de du Potet.
Le peintre J. Tissot de Paris possède un miroir magique qui vient d'un temple de l'Inde. J'ai pu constater l'action de ce miroir sur des sujets lucides.

2. Voy. G. Encausse, *Essai de Physiologie synthétique*.

2° Des courants de force émise, les courants de lumière solaire ;

3° Des organes de réception ; les Planètes.

Y a-t-il autre chose dans un système solaire?

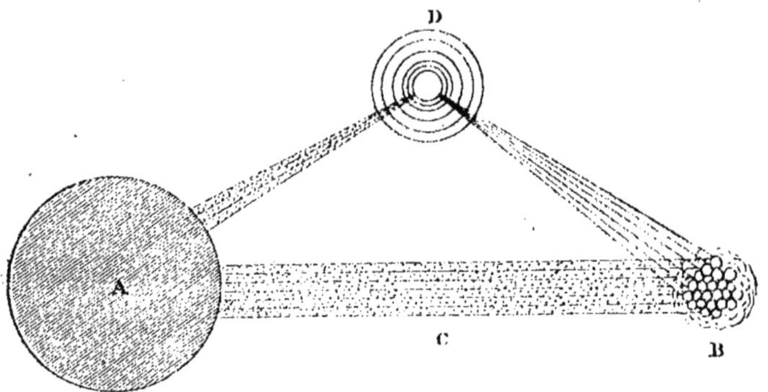

A, Système central de forces.
B, Organe. — C, Sang et globules.
D, Ganglion sympathique condensateur.

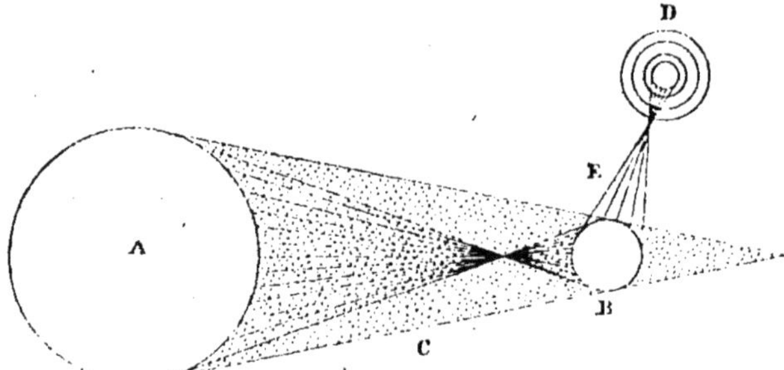

A, Soleil (système central de forces).
B, Terre (organe récepteur). — C, Lumière et élémentals.
D, Lune (satellite ganglion condensateur).
E, Courant de force continue réfléchie de la Lune à la Terre.

Nous touchons là à un des plus grands mystères de la Science ésotérique, mystère qui ne se trouve révélé ni dans les livres de l'école théosophique ni dans ceux des auteurs contemporains.

Oui, il y a dans chaque système solaire des *centres*

de réserve de force astrale, comme il y en a dans l'homme. Ces centres sont *les Satellites planétaires.*

Ces satellites sont des organes particuliers *annexés* aux autres organes (les planètes) et constituant des *centres locaux* d'émission, *image et reflet* du centre général ; le système de force central : le Soleil.

Voyez si ces données ne s'appliquent pas exactement à *la Lune* par rapport à la Terre.

On pourra donc juger de la puissance utile d'une planète d'après le nombre de ses satellites; nous ne saurions trop appeler l'attention de nos lecteurs sur cette considération.

La croissance des organes est dirigée par le grand sympathique dans l'homme, de même la croissance des êtres sur les planètes est dirigée par les satellites condensateurs ; de là l'idée attribuée à la Lune, par la Science occulte, de présider à la croissance de tout ce qui pousse sur terre, ainsi qu'à certains mystères de la génération des êtres et des âmes.

∴

De même que toutes les impressions perçues par l'homme sont condensées dans la mémoire où on peut toujours les retrouver, de même tous les actes et tous les faits de la Nature seraient condensés dans la Lumière astrale, origine et matrice des formes [1].

D'après ce que nous avons dit précédemment au sujet du Magnétisme [2], on sait que pour agir sur le corps physique il faut toujours se servir du corps astral, comme le cocher pour agir sur sa voiture est obligé d'employer le cheval.

1. Voir sur ce point l'étude du *Thélème* et de la *Force universelle* dans notre chapitre sur l'*Alchimie.*
2. Page 843.

Ainsi, si l'on veut avoir une action sur les globules sanguins, il faut agir d'abord sur la force du grand sympathique qui gouverne ces globules, et alors ceux-ci obéiront passivement.

Comme la vie de l'homme n'est en somme que de la lumière astrale fixée dans des ganglions, si l'on arrive à agir assez fortement sur cette vie on pourra, par contre-coup, agir sur la lumière astrale de la Nature.

Comme cette lumière astrale de la Nature est la force qui gouverne les élémentals, en agissant sur elle on pourra agir sur les élémentals, et jeter subitement en un point donné une somme de force astrale très grande. De là la production de certains phénomènes de la Magie cérémonielle.

Pour arriver à gouverner consciemment les esprits des éléments il faut donc :

1° Épurer sa volonté et l'habituer à commander en maîtresse absolue au corps astral et au corps physique (de là les pratiques ascétiques de la Magie et des religions ésotériques) ;

2° Condenser cette volonté épurée par la prière et l'entraînement en vue de produire une idée toute-puissante ;

3° Faire agir cette idée vivifiée par l'imagination[1] sur le corps astral, épuré lui-même par un régime alimentaire déterminé (de là le végétarisme et les jeûnes) ;

4° Lancer ce corps astral dans le fluide astral de la Nature en y imprimant l'idée directrice ;

5° Agglomérer autour de cette idée les élémentals qui obéissent facilement à l'impulsion reçue.

1. L'imagination est l'*organe* de l'homme psychique. (Paracelse.) La volonté est le sang de l'homme intellectuel. (Saint-Martin.)

Le point de départ de tout c'est donc la Volonté. Tous les occultistes sont d'accord à ce sujet. Voici quelques extraits qui prouvent notre dire :

L'important c'est donc la Volonté, et toutes les traditions sont unanimes à ce sujet, comme le dit Fabre d'Olivet :

« Hiéroclès, après avoir exposé cette première manière d'expliquer les vers dont il s'agit, touche légèrement la seconde en disant que la Volonté de l'homme peut influer sur la Providence, lorsque, agissant dans une âme forte, elle est assistée du secours du ciel et opère avec lui.

« Ceci était une partie de la doctrine enseignée dans les mystères et dont on défendait la divulgation aux profanes. Selon cette doctrine, dont on peut reconnaître d'assez fortes traces dans Platon, la Volonté, évertuée par la foi, pouvait subjuguer la Nécessité elle-même, commander à la Nature et opérer des miracles. Elle était le principe sur lequel reposait la magie des disciples de Zoroastre. Jésus, en disant paraboliquement qu'au moyen de la foi on pouvait ébranler les montagnes, ne faisait que suivre la tradition théosophique, connue de tous les sages. « La droiture du cœur et la foi triomphent de tous les obstacles, disait Kong-Tzée; tout homme peut se rendre égal aux sages et aux héros dont les nations révèrent la mémoire, disait Meng-Tzée; ce n'est jamais le pouvoir qui manque, c'est la volonté; pourvu qu'on veuille, on réussit[1]. »

Ces idées des théosophes chinois se retrouvent dans les écrits des Indiens, et même dans ceux de quelques Européens, qui, comme je l'ai déjà fait observer, n'avaient point assez d'érudition pour être imitateurs.

1. Fabre d'Olivet, *Vers dorés*, p. 254.

« Plus la volonté est grande, dit Bœhme, plus l'être est grand, plus il est puissamment inspiré. » La volonté et la liberté sont une même chose *.

« C'est la source de la lumière, la magie qui fait quelque chose de rien. La volonté qui va résolument devant soi, est la foi; elle modèle sa propre forme en esprit, et se soumet toutes choses; par elle une âme reçoit le pouvoir de porter son influence dans une autre âme, et de la pénétrer dans ses essences les plus intimes. Lorsqu'elle agit avec Dieu, elle peut renverser les montagnes, briser les rochers, confondre les complots des impies, souffler sur eux le désordre et l'effroi; elle peut opérer tous les prodiges, commander aux cieux, à la mer, enchaîner la mort même; tout lui est soumis. On ne peut rien nommer qu'elle ne puisse commander au nom de l'Éternel. L'âme qui exécute ces grandes choses ne fait qu'imiter les prophètes et les saints, Moïse, Jésus et les apôtres. Tous les élus ont une semblable puissance. Le mal disparaît devant eux. Rien ne saurait nuire à celui en qui Dieu demeure[1]. »

Les rapports du monde visible au monde invisible avaient été appliqués à tous ces êtres spirituels, et les mages leur avaient donné des noms au moyen desquels ils prétendaient les appeler.

Leur aide ne servait qu'à une chose : c'est à concentrer autour de l'adepte une plus grande quantité de Force universelle, de Mouvement, au moyen de laquelle il pouvait produire des résultats proportionnés à l'intensité de ses facultés psychiques.

« Le cerveau humain est un générateur inépuisable de force cosmique de la qualité la plus raffinée, qu'il tire de l'énergie inférieure de la nature brute : l'adepte com-

1. Jacob Bœhme, Question 6.

plet a fait de lui-même un centre rayonnant de virtualités d'où naîtront corrélations sur corrélations à travers les âges à venir. Telle est la clef du mystérieux pouvoir qu'il possède de projeter et de matérialiser dans le monde visible les formes que son imagination a construites dans l'invisible avec la matière cosmique inerte. L'adepte ne crée rien de nouveau; il ne fait qu'employer, en les manipulant, des matériaux que la nature a en magasin autour de lui, la matière première qui durant les éternités a passé à travers toutes les formes. Il n'a qu'à choisir celle dont il a besoin, et la rappeler à l'existence objective. Ceci ne semblerait-il pas à l'un de vos SAVANTS biologistes le rêve d'un fou[1]? »

Le secret de toute action magique réside donc dans l'alliance de *l'idée* avec un *élémental* au moyen de la lumière astrale servant de force générale.

On donne ainsi naissance à un nouvel être constitué :

De l'idée comme *âme;*

Du fluide astral comme *médiateur;*

De l'élémental comme *corps.*

Cet être, création humaine, agit dans la Nature comme l'homme, création divine, agit dans l'Univers.

La connaissance du pouvoir de générer des idées dans un but déterminé et de les allier aux forces inconscientes de la Nature est un des arcanes les plus profonds de la Magie pratique.

Cet arcane est basé sur ce fait que l'idée est une *force en puissance d'être* qui agira bien ou mal suivant le motif qui lui aura donné naissance. L'ésotérisme oriental définit fort bien cette question, déjà étudiée par Fabre d'Olivet :

« Chaque pensée de l'homme passe au moment où elle est développée dans le monde intérieur, où elle devient

1. Kout-Houmi (*loc. cit.*, p. 167).

une entité active par son association, ce que nous pourrions appeler sa fusion, avec un ÉLÉMENTAL, c'est-à-dire avec une des forces semi-intelligentes des règnes de la nature. Elle survit comme une intelligence active, créature engendrée par l'esprit, pendant un temps plus ou moins long suivant l'intensité originelle de l'action cérébrale qui lui a donné naissance.

« Ainsi une bonne pensée est perpétuée comme un pouvoir activement bienveillant; une mauvaise comme un démon malfaisant. Et de la sorte, l'homme peuple continuellement son courant dans l'espace d'un monde à lui où se pressent les enfants de ses fantaisies, de ses désirs, de ses impulsions et de ses passions; ce courant réagit en proportion de son intensité dynamique sur toute organisation sensitive ou nerveuse qui se trouve en contact avec lui. Le Bouddhiste l'appelle son SHANDRA, l'Hindou lui donne le nom de KARMA[1]. L'adepte involue consciemment ces formes; les autres hommes les laissent échapper sans en avoir conscience[2]. »

*
* *

L'agent au moyen duquel on agit sur ces forces intellectuelles, c'est la Volonté. On peut voir dans le chapitre 18[3] que les facultés humaines sont, par elles-mêmes, indifférentes au bien comme au mal, leur portée varie d'après l'impulsion qu'y attache la Volonté. Il en est absolument de même de ces êtres élémentaires.

Après la mort, la vie se répand dans la Nature. Après

1. Voy. chap. III, *le Système de Pythagore*.
2. Kout-Houmi (Sinnet, *Monde occulte*, p. 170).
3. *La Psychologie de Pythagore.*

la mort psychique le NON-MOI supérieur se répand dans la Divinité et se fond avec elle.

L'immortalité consciente au degré du Κριστος n'est atteinte, comme le montre Wronski, que quand l'être parvient, par la Sainteté absolue, à identifier son MOI avec le NON-MOI supérieur.

Disons que l'immortalité du corps physique ne pourrait être atteinte qu'en identifiant, par la Science absolue de la Vie, le NON-MOI inférieur (corps astral) avec le corps physique, personnalité terrestre [1].

*
* *

Ce sont là des exceptions rares. Ce qu'il est important de retenir, c'est que ce que le spirite appelle un « Esprit » correspond ABSOLUMENT à ce que l'occultiste appelle un « élémentaire » ; il n'y a dans tout cela que différence de mots, le spiritisme, philosophie primaire, n'ayant pas à aborder les questions transcendantales qui sont du domaine de la Science des Mystères sacrés.

Le Mage peut donc faire appel à deux sortes d'êtres :

1° Aux êtres inconscients : *les Élémentals* obéissant passivement à toute influence. Ceux-ci se retourneront contre le Mage et le dévoreront le jour où une Volonté plus forte que la sienne les commandera ;

2° Aux êtres conscients et volontaires : *les Élémentaires*. Ceux-ci obéiront s'ils le veulent bien. Ce sont eux qui apparaissent aux malheureuses victimes des hallucinations de la Sorcellerie sous la figure du diable, auquel on fait des pactes.

A la mort, l'entité psychique constituée par l'ensemble

1. On trouvera de curieux détails à ce sujet dans l'*Élixir de Vie* de Jules Lermina. Une broch. in-18, prix : 0 fr. 75.

de toutes les pensées de l'homme forme un MOI psychique.

Ce MOI sera bon ou mauvais suivant que le résultat de l'addition sera positif ou négatif. On donne à ce MOI en occultisme le nom d'*Élémentaire.*

L'Élémentaire est un être conscient, sachant ce qu'il fait, pouvant agir volontairement. On ne doit pas le confondre avec *l'élémental.*

L'Élémentaire correspond à la *cellule nerveuse* de l'homme, et *l'élémental* correspond au *globule sanguin*[1].

Cet élémentaire est ce que le spirite appelle un « Esprit », c'est le MOI Personnel de l'être décédé. L'occultiste ne doit pas oublier qu'au-dessus de ce MOI Personnel, il y a un NON-MOI *impersonnel* formé des 6e et 7e Principes. Ce NON-MOI est à la personnalité ce que la vie est au corps.

En résumé le monde invisible est composé :

CHEZ L'HOMME	DANS LA MATIÈRE
1° De globules sanguins porteurs de forces inconscientes.	1° D'Élémentals (*Inconscients*)
2° De cellules nerveuses génératrices de force volontaire.	2° D'Élémentaires générateurs de volonté. (*Conscients*)
3° Du fluide vital reliant l'idée à la Matière.	3° De fluide astral reliant le monde des causes au monde des faits.

Mais la Nature agissant d'après des lois *fatales* n'est qu'un des trois facteurs constituant l'Univers.

1. Et surtout à la *cellule embryonnaire.*

L'UNIVERS

Disons quelques mots maintenant de cet Univers lui-même et des forces en action dans sa sphère.

Trois forces sont en action dans l'Univers, nous dit Fabre d'Olivet :

1° La Fatalité, *le Destin*, force essentielle de *la Nature*. Principe créateur pour le Matérialisme et le Déterminisme ;
2° *La Volonté humaine*, le libre arbitre, force essentielle de *l'Homme*. *Principe créateur pour le Panthéisme ;*
3° *La Providence*, l'action Divine, force essentielle de Dieu. *Principe créateur pour le Théisme*.

Considérée séparément comme seule agissante dans l'Univers, chacune de ces trois forces n'explique qu'un tiers des causes, des lois et des faits.

De là l'insuffisance du système purement analytique, qu'il s'agisse du Matérialisme des Savants, du Panthéisme des Philosophes ou du Théisme pur des Théologiens.

L'Ésotérisme seul, établissant l'unité d'action de ces trois forces, donne naissance à un système vraiment *synthétique*.

Un exemple nous montre quels sont les moyens d'action de chacune de ces forces.

LES TROIS FORCES EN ACTION DANS LA NATURE

Supposons qu'une nuit vous êtes tout à coup très impressionné par un rêve. Vous voyez votre maison brûler, les flammes gagnent partout, détruisant tous les objets qui vous sont chers ; puis vous vous réveillez sur cette impression.

Le rêve que vous avez fait n'est pas semblable aux mille

rêvasseries des autres nuits. Il vous frappe par quelque chose de mystérieux, de plus il reste profondément gravé en votre esprit.

Le lendemain matin vous avez deux choses à faire : ou croire à l'avertissement du rêve, prendre vos papiers et vos objets précieux et partir, ou dire que ce sont là les résultats d'une imagination trop active et rester bien tranquillement chez vous.

La liberté de votre décision est entière à ce moment.

Bientôt le rêve se réalise plus fortement encore que vous ne pouvez penser. Si vous êtes parti, votre vie est sauve ; si vous êtes resté, vous êtes perdu.

Les trois forces sont entrées en action dans cet événement.

1° Votre maison doit brûler ce jour-là.

C'est là un fait *fatal*, inéluctable, rien ne peut l'empêcher, ni Dieu ni aucun être.

Voilà le caractère du Destin et de ses actes.

2° La Providence ne peut pas empêcher le Destin [1] de s'accomplir. Elle ne peut qu'une chose : susciter un avertissement. C'est pourquoi vous avez le rêve.

La Providence agit toujours par des moyens mystérieux et inattendus. L'histoire de Jeanne d'Arc en est une des plus belles preuves.

3° Averti par la Providence, votre libre arbitre, *votre volonté d'homme*, aussi puissante de son côté que le Destin ou la Providence elle-même, peut s'allier à l'une ou à l'autre de ces forces.

Si vous vous alliez à la Providence, si vous écoutez son avertissement, vous êtes *providentiellement* sauvé.

1. Voilà pourquoi le Destin est le plus ancien et le plus terrible des Dieux de l'ancienne mythologie.

Si vous vous alliez au Destin, si vous méprisez ses avis mystérieux, vous êtes *fatalement* perdu.

Cet exemple fera comprendre au mieux l'action de chacune des trois forces qui dirigent l'Univers. Dans une pièce d'un jeune auteur de grand talent, M. L. Hennique, intitulée *Amour* et jouée à l'Odéon, le dernier acte tout entier roule sur l'action de ces trois forces. Cette action est merveilleusement mise en scène.

Fabre d'Olivet, dans son *Histoire philosophique du genre humain*, montre l'évolution de ces forces dans l'histoire et tire de leur action de précieux enseignements. L'histoire de Jeanne d'Arc ne peut s'expliquer *en entier* que d'après la Doctrine de la Providence, du Destin et de la Volonté humaine.

Le point primordial à noter c'est que ces trois forces sont ÉGALES, et que l'Homme est aussi libre que la Fatalité et que la Providence et peut obéir ou désobéir à son gré. Cette doctrine permet d'expliquer un grand nombre de problèmes religieux.

L'alliance de la volonté humaine avec la Providence en vue d'une œuvre mystique, c'est la Magie blanche.

L'alliance de cette volonté avec le Destin, c'est la Sorcellerie. Voilà pourquoi les doctrines *exclusivement fatalistes* de l'Inde ne présentent qu'un seul des côtés de la question; voilà pourquoi les auteurs qui se rattachent à cette école dédaignent *la prière*, le plus puissant mode d'action de l'homme sur la Providence.

Voilà, d'après Fabre d'Olivet lui-même, l'application de cette théorie des trois forces aux lois sociales et au problème de l'origine du mal. George Montière a donné d'importants développements sur ce dernier point dans une étude comparative publiée dans l'*Initiation* (2e année).

« L'homme, créé libre pour être une des grandes puissances de l'univers, est précipité de son état glorieux, avant qu'il ait atteint son complément. Il est obligé de se diviser pour racheter sa faute et élaborer sa propre nature. Placé sur la terre, il a contre lui le Destin qu'il s'est fait et qu'il va se faire, et n'a pour aide, pour soutien immédiat dans ce grand travail, que la Providence divine. De là trois principes de politique générale toujours en contact :

« La Providence qui, par sa nature céleste, tend toujours à l'unité. Elle devient en politique le principe des théocraties, elle donne toutes les idées religieuses et préside à la fondation de tous les cultes : il n'est rien d'intellectuel qui ne vienne d'elle, elle est la vie de tout ; son but est l'empire universel :

« Le Destin, qui donne la forme et la conséquence de tous les principes mis en action. Il n'y a rien de légitime hors de lui. Il est le principe des monarchies et le triomphe de la nécessité :

« Enfin la Volonté de l'homme, qui possède un mouvement d'action et de progression : sans elle rien ne se perfectionnerait. Elle est le principe des républiques, le triomphe de la liberté, et la réalisation de tout ce qui peut être tant en bien qu'en mal.

« Ainsi chaque fois que les peuples sont trop opprimés par le Destin, ou trop corrompus par la Volonté de l'homme, il faut qu'il y ait réaction par la Providence, pour éviter la ruine totale des États, et l'interruption du travail de l'homme universel. »

Voyez maintenant l'application de cette sorte de prophétie par connaissance des principes sociaux, dont j'ai parlé tout à l'heure, dans le résumé suivant :

« Chaque fois que les hommes, emportés par une ambition et une cupidité sans bornes, sont parvenus à établir un point central d'où ils peuvent développer les combinaisons de ce funeste binaire, signalé comme la ruine de tous les États par les sages de l'antiquité, il faut que le monde entier soit bouleversé dans ses rapports sociaux.

« Ce binaire consiste à réunir dans une capitale les trois aristocraties centrales, sur des bases totalement fausses, en annulant tous les droits publics qui pourraient leur servir de balancement. L'aristocratie ecclésiastique, après avoir matérialisé les croyances religieuses, perd sa considération ; au premier bouleversement, on lui ravit ses biens, on la chasse, ensuite on la rappelle et on la solde pour la forcer d'agir dans une loi contraire à la loi religieuse qui la constituait.

« L'aristocratie militaire centrale, qui ne peut avoir de poids que par la destruction des droits civils des militaires provinciaux, est obligée de se lier avec des financiers pour atteindre à ce but ; et dès qu'elle y touche, la première révolution la ruine de fond en comble. On lui enlève ses richesses et ses droits usurpés, et elle ne peut les remplacer que par des honneurs éphémères, les faveurs des rois, les dilapidations du trésor public ou des associations sourdes dans des affaires d'un commerce détestable.

« L'aristocratie spéculante abîme alors le commerce naturel, renverse tous les balancements provinciaux, détruit tous les liens des peuples, accumule les richesses, crée de nouvelles valeurs, métamorphose jusqu'au sein de la terre, sème avec une rapidité incroyable une corruption impossible à décrire, et cherche des consommateurs et des victimes jusqu'aux confins de l'univers. »

*
* *

« *Nahash* caractérise proprement ce sentiment intérieur et profond qui attache l'être à sa propre existence individuelle et qui lui fait ardemment désirer de la conserver ou de l'étendre.

« *Nahash* est plutôt, si je puis m'exprimer ainsi, cet égoïsme radical qui porte l'être à se faire centre et à tout rapporter à lui.

« Moïse dit que ce sentiment était la passion entraînante de l'animalité élémentaire, le ressort secret ou le levain que Dieu avait donné à la nature.

« *Nahash harym* ne serait pas un être distinct, indépendant, tel que vous avez peint Lucifer d'après le système que Manès avait emprunté des Chaldéens et des Perses ; mais bien un mobile central donné à la matière, un ressort caché, un levain, agissant dans la profondité des choses, que Dieu aurait placé dans la nature corporelle pour en élaborer les éléments. »

Telle est la force qui va pousser Adam à envahir de son esprit la science créatrice. Pourquoi cette science cause-t-elle sa perte ? Fabre d'Olivet répond par une comparaison, puis par un discours d'Adam à Caïn.

« La vie et la science sont également bonnes ; mais elles demandent à être réunies convenablement et proportionnées l'une à l'autre.

« Quoiqu'un enfant jouisse de la vie dès le moment de sa naissance, sa vie encore faible, et pour ainsi dire à son aurore, n'a point assez de vigueur pour résister aux moindres ébranlements du corps et de l'âme, qu'elle supportera plus tard. Si l'on considère cet enfant du côté des aliments, on voit qu'il n'a besoin que d'un lait léger, et que, si on lui donnait autre chose, si on prétendait le nourrir de la même manière qu'un homme fait, on le tuerait inévitablement. Ce qui a lieu pour le corps a également lieu pour l'âme. Si de trop bonne heure elle éprouve les secousses des fortes passions, elle y succombe. L'esprit est dans le même cas. La science, qui est son partage, doit lui être donnée avec ménagement. Vouloir qu'un enfant sache dans sa tendre jeunesse ce qu'il ne doit savoir qu'étant homme, c'est le perdre.

« L'Éternel Dieu, mon fils, avait donné la vie et la science à l'homme ; mais la vie dans la fleur de l'adolescence et la science seulement en germe. Il voulait que l'une se développât avec l'autre, et qu'elles parvinssent ensemble à leur plus haut degré de plénitude et de perfection. L'homme savait que cela était ainsi et même ne pouvait être qu'ainsi. Il savait qu'une science précoce exposerait sa vie et même pourrait la lui ravir. Quant à ce qui est de cette absence de vie appelée *mort*, il n'en avait qu'une idée confuse. Tout ce qu'il en concevait, c'est que c'était un état redoutable. Un événement funeste dont il est inutile de te rendre compte, parce qu'il ne peut te regarder que dans ses résultats, et que tu ne le comprendrais pas dans son principe parce que tu n'es encore qu'un enfant, ayant mis toute la science à ma portée, je ne pus résister au désir de la posséder. Entraîné par une passion aveugle, et croyant échapper au danger dont j'étais menacé, je saisis le fruit qui m'était offert. Mon audace devança les temps. et mon esprit, en effet, envahit la science. Mais la prédiction de l'Éternel Dieu s'accomplit ; ma vie trop faible succomba sous le poids dont je l'avais accablée. Elle ne pouvait plus croître ; elle dut décliner. Un déclin éternel est la plus horrible des souffrances. L'Éternel Dieu me l'épargna en daignant changer le mode de ma vie. Alors tu naquis. Sans l'événement dont je t'ai parlé, tu ne serais pas né, Ève ne serait pas ta mère, ton frère n'aurait pas vu le jour, et l'humanité tout entière qui doit naître de vous n'eût pas existé. »

Ces prémisses établies, Fabre d'Olivet peut aborder

l'exposition de ses idées sur l'origine du mal et ses remèdes :

« Ainsi donc les maux dont l'humanité se trouve malheureusement affligée sont les suites d'un accident, et n'entraient point du tout en principe dans le plan du créateur du Monde (comme veut le faire entendre Lucifer pour se disculper de les avoir amenés). Ces maux ne sont point éternels puisqu'ils sont renfermés dans un temps limité ; ils diminuent progressivement d'intensité à mesure que l'humanité s'étend, et dans le temps et dans l'espace, et ils finiront par disparaître entièrement en se confondant avec ce que les géomètres appellent les infiniment petits ; de la même manière, pour me servir d'une comparaison sensible, qu'une livre de sel, qui salerait fortement un seau d'eau, salera très peu une citerne, presque point un étang et nullement un fleuve. »

Les Indous connaissent fort bien ces trois forces désignées :

La Providence sera le nom de Brahma (créateur).
La Volonté humaine sera le nom de Wischnou (conservateur).
Le Destin sera le nom de Siva (destructeur).

Les deux extraits suivants montreront l'application des idées à l'Astrologie qu'il faudrait un volume pour bien développer ; aussi ne ferons-nous que les mentionner ici.

La science divinatoire par excellence c'est l'Astrologie. Si l'on se rappelle les données de la doctrine de Pythagore concernant la Liberté et la Nécessité, il sera facile de voir les raisons théoriques qui guidaient les chercheurs dans ces études. Comme tout est analogique dans la Nature, les lois qui guident les Mondes dans leur course doivent également guider l'humanité, ce cerveau de la Terre, et les hommes ces cellules de l'humanité. Toutefois l'empire de la Volonté est si grand que, comme on l'a vu tout à l'heure, il peut aller jusqu'à dominer la Nécessité. De là cette formule qui forme la base de l'astrologie :

Astra inclinant, non necessitant.

(Les astres suggèrent, mais ne « nécessitent » pas.)

La Nécessité pour l'homme dérive de ses actions antérieures, de ce que les Indous appellent son Karma. Cette idée est aussi celle de Phythagore et par suite de tous les sanctuaires antiques ; voici la génération de ce KARMA :

« Nirvana, est-il dit dans *Isis*, signifie la certitude de l'immortalité individuelle en ESPRIT, non en AME ; celle-ci étant une émanation finie, ses particules, composées de sensations humaines, de passions et d'aspirations vers quelque forme objective d'existence, doivent nécessairement se désintégrer avant que l'esprit immortel renfermé dans le MOI soit tout à fait affranchi et, par conséquent, assuré contre toute transmigration nouvelle. Et comment l'homme pourrait-il atteindre cet état, aussi longtemps que l'UPADANA, ce désir de VIVRE et de vivre encore, n'aura pas disparu de l'Être sentant, de l'AHANCARA revêtu, pourtant, d'un corps éthéré?

« C'est *l'Upadana* ou désir intense qui produit la VOLONTÉ, qui développe la FORCE, et c'est cette dernière qui engendre la MATIÈRE, c'est-à-dire un objet ayant une forme. Ainsi le MOI désincarné, rien que parce qu'il a en lui ce désir qui ne meurt pas, fournit inconsciemment des conditions à ses propres générations successives, sous diverses formes ; ces dernières dépendent de son état mental et de son KARMA, c'est-à-dire des bonnes ou mauvaises actions de sa précédente existence, de ce qu'on appelle communément ses MÉRITES et ses DÉMÉRITES. »

C'est donc l'ensemble de ces mérites et de ces démérites qui constitue pour l'homme sa Nécessité. Il en est peu qui sachent mener leur volonté à un développement tel qu'elle influe sur cette destinée; aussi les inclinations des astres « nécessitent-elles » pour la plupart des hommes.

« L'avenir se compose du passé; c'est-à-dire que la route que l'homme parcourt dans le temps, et qu'il modifie au moyen de la puissance libre de sa volonté, il l'a déjà parcourue et modifiée; de la même manière, pour me servir d'une image sensible, que la terre décrivant son orbite annuelle autour du soleil, selon le système moderne, parcourt les mêmes espaces, et voit se déployer autour d'elle à peu près les mêmes aspects: en sorte que, suivant de nouveau une route qu'il s'est tracée, l'homme pourrait, non seulement y reconnaître l'empreinte de ses pas, mais prévoir d'avance les objets qu'il va y rencontrer, puisqu'il les a déjà vus, si sa mémoire en conservait l'image et si cette image n'était point effacée par une suite nécessaire de sa nature et des lois providentielles qui la régissent.

« Le principe par lequel on posait que l'avenir n'est qu'un retour du passé ne suffisait pas pour en connaître même le canevas: on avait besoin d'un second principe qui était celui par lequel on établissait que la Nature est semblable partout et, par conséquent, que son action étant uniforme dans la plus petite sphère comme dans la plus grande, dans la plus haute comme dans la plus basse, on peut inférer de l'une à l'autre et prononcer par analogie.

« Ce principe découlait des dogmes antiques sur l'animation de l'Univers tant en général qu'en particulier: dogme consacré chez toutes les nations et d'après lequel on enseignait que non seulement le Grand Tout, mais les mondes innombrables qui en sont comme les membres, les Cieux et le Ciel des Cieux, les Astres et tous les Êtres qui les peuplent, jusqu'aux plantes mêmes et aux métaux, sont pénétrés par la même âme et mus par le même esprit. Stanley attribue ce dogme aux Chaldéens, Kircher aux Égyptiens et le savant rabbin Maimonides le fait remonter jusqu'aux Sabéens[1].

Si nous voulons savoir quelle est l'origine de ces idées sur l'astrologie, nous verrons que, comme toutes les grandes sciences cultivées par l'antiquité, elle était répandue sur toute la surface de la Terre comme le prouve l'auteur que je ne puis me lasser d'invoquer :

« Laisse les fous agir et sans but et sans cause;
Tu dois, dans le présent, contempler l'avenir.

« C'est-à-dire, tu dois considérer quels seront les résultats de telle ou telle action, et songer que ces résultats dépendant de ta volonté, tandis qu'ils sont encore à naître, deviendront le domaine de la Nécessité à l'instant où l'action sera exécutée, et croissant dans le passé une fois qu'ils auront pris naissance, concourront à former le canevas d'un nouvel avenir.

« Je prie le lecteur, curieux de ces sortes de rapprochements, de réfléchir un moment sur l'idée de Pythagore. Il y trouvera la véritable source de la science astrologique des anciens. Il n'ignore pas, sans doute, quel empire étendu exerça jadis cette science sur la face de la terre. Les Égyptiens, les Chaldéens, les Phéniciens ne la séparaient pas de celle qui règle le culte des Dieux. Leurs temples n'étaient qu'une image abrégée de l'Univers, et la tour qui servait d'observatoire s'élevait à côté de l'autel des sacrifices. Les Péruviens suivaient à cet égard les mêmes usages que les Grecs et les Romains. Partout le

1. Fabre d'Olivet, *Vers dorés*, p. 273. *Karma*, Unité de l'Univers.

grand pontife unissait au sacerdoce la science généthliaque ou astrologique, et cachait avec soin, au fond du sanctuaire, les principes de cette science. Elle était un secret d'État chez les Étrusques et à Rome, comme elle l'est encore en Chine et au Japon. Les Brahmes n'en confiaient les éléments qu'à ceux qu'ils jugeaient dignes d'être initiés.

« Or, il ne faut qu'éloigner un moment le bandeau des préjugés, pour voir qu'une science universelle, liée partout à ce que les hommes reconnaissent de plus saint, ne peut être le produit de la folie et de la stupidité, comme l'a répété cent fois la foule des moralistes.

« L'antiquité tout entière n'était certainement ni folle ni stupide, et les sciences qu'elle cultivait s'appuyaient sur des principes qui, pour nous être aujourd'hui totalement inconnus, n'en existaient pas moins[1].

Les Chinois possèdent également ces donnés sur les trois forces et leur action. Ce point est du reste très peu connu. Aussi en dirons-nous quelques mots.

LE TRIANGLE RECTANGLE

Il existe un pantacle connu dès la plus haute antiquité en Chine, c'est le triangle rectangle dont les côtés ont une longueur spéciale.

Ils ont respectivement 3, 4, et 5, si bien que le carré de l'hypoténuse 5 × 5 = 25 est égal au carré des autres côtés 3 × 3 = 9 et 4 × 4 = 16 ; 16 + 9 = 25.

Mais là ne s'arrête pas le sens attribué à ce pantacle : les nombres ont en effet une signification mystérieuse qu'on peut interpréter ainsi.

3, l'idée, alliée à 4, la forme, fait équilibre à 5, le Pen-

1. Fabre d'Olivet, *Vers dorés de Pythagore*, p. 270. Astrologie.

tagramme ou l'Homme ; ou dans une autre interprétation : L'Essence absolue 2, plus l'Homme 4, fait équilibre au Mal 5. On voit que cette dernière interprétation ne diffère de la première que par l'application des mêmes principes à un monde inférieur, comme le montre la disposition suivante :

Idée-Essence
Forme-Homme
Homme-Mal.

L'étude du Pentagramme suffit du reste à expliquer ces apparentes contradictions.

Nous donnons à titre de curiosité le livre chinois *Tchen-pey*, basé sur les données ci-dessus. Il est extrait des *Lettres édifiantes* (t. 26, p. 146, Paris, 1783). Le missionnaire qui l'a traduit le déclare antérieur à l'incendie des livres, 213 av. J.-C. Claude de Saint-Martin en a publié un commentaire mystique dans son *Traité des Nombres* (Dentu, Paris, 1863).

Comme on peut le voir, ce livre est basé sur les 22 clefs du livre d'Hermès.

LES 22 TEXTES DU LIVRE CHINOIS TCHEN-PEY

1

« Anciennement Tcheou-Kong interrogea Chan-kao et dit : J'ai ouï dire que vous êtes habile dans les nombres ; on dit que Pao-hi donna des règles pour mesurer le ciel.

2

« On ne peut pas monter au ciel, on ne peut pas avec le pied et le pouce mesurer la terre ; je vous prie de me dire les fondements de ces nombres.

3

« Chang-kao dit :

4

« Le Yu-en (rond) vient du Fang (carré) 4 = 10.

5

« Le Fang vient du Ku.

6

« Le Ku vient de la multiplication de 9 par 9, cela fait 81.

7

« Si on sépare le Ku en deux, on fait le Keou large de trois et un kou long de quatre. Une ligne King joint les deux côtés Keou, Kou fait des angles, le King est de cinq.

8

« Voyez la moitié du Fang.

9

« Le Fang ou le Plat fait les nombres 3, 4, 5.

10

« Les deux Ku font un long Fang de 25, c'est le Tsi-ku total des Ku (5 × 5 = 25).

11

« C'est par la connaissance des fondements de ces calculs que Yu mit l'Empire en bon état.

12

« Tcheou-Kong dit : Voilà qui est grand, je souhaite savoir comment se servir du Ku. Chang-kao répondit : « Le Ku aplani et uni est pour niveler le niveau.

13

« Le Yen-ku est pour voir le haut ou la hauteur.

14

« Le Fou-ku est pour mesurer le profond.

15

« Le Go-ku est pour savoir l'éloigner.

16

« Le Ouan-ku est pour le rond.

17

« Le Ho-ku est pour le Fang.

18

« Le Fang est du ressort de la Terre. Le Yu-en est du ressort du ciel, le ciel est Yu-en, la terre est Fang.

19

« Le calcul du Fang est tien. Du Fang vient le Yu-en.

20

« La figure Ly est pour représenter, décrire, observer le ciel. On désigne la terre par une couleur brune et noire. On désigne le ciel par une couleur mêlée de jaune et d'incarnat.

« Les nombres et le calcul pour le ciel sont dans la figure Ly. Le ciel est comme une enveloppe, la terre se trouve au-dessous de cette enveloppe et cette figure ou instrument sert à connaître la vraie situation du ciel et de la terre.

21

« Celui qui connaît la terre s'appelle sage et habile. Celui qui connaît le ciel s'appelle fort sage, sans passions. La connaissance du Keou-Ku donne la sagesse, on connaît par là la terre; par cette connaissance de la terre on parvient à la connaissance du ciel et on est fort sage et sans passions, on est Ching. Les côtés Keou et Ku ont leurs nombres; la connaissance de ces nombres prouve celle de toutes choses.

22.

« Tcheou-Kong dit : Il n'est rien de mieux. »

RÉSUMÉ

En résumé, tout se réduit en Magie au développement de la volonté et à l'application de cette action à la Nature.

Quels sont les procédés de ce développement?

On peut voir dans *Hamlet* une scène dans laquelle un courtisan veut agir sur les âmes alors, comme le lui fait dédaigneusement remarquer le héros, qu'il ignore comment on tire des sons d'un instrument de bois.

Il arrive souvent que ceux qui s'occupent de ces questions reçoivent un mot ainsi conçu : « Monsieur, pourriez-vous me mettre à même, par retour du courrier, de dominer les éléments et d'être supérieur aux autres hommes?»

Que dirait un grand peintre que l'on prierait de rendre « artiste » le fils d'un paysan en quelques jours?

Tous les arts demandent des études préparatoires. Il en est ainsi pour la Magie. Nous fournirons du reste tous les procédés connus d'entraînement de la volonté dans notre *Traité élémentaire de Magie pratique*.

Pour l'instant nous allons résumer tout ce qui précède en citant les conclusions de trois auteurs : d'abord celles de *Wronski*, l'un des plus éminents penseurs du XIXe siècle; ensuite celles d'un écrivain théosophique, ancien médium qui, malgré son amour de la polémique violente, a su déroger pour une fois à ses peu louables habitudes : H. P. Blavatsky; enfin celles de Fabre d'Olivet, auteur occidental plus profond que tous les théosophes indous réunis et, du reste, parfaitement inconnu d'eux.

CRÉATION DE LA MAGIE (P.-C. de Thaumaturgie).

EN
Évocation de la Vie
(Ici appartient la résurrection des Morts)

EE Évocation du Néant	ES Évocation de l'Esprit
UE Évocation des Cacodémons	US Évocation des Agathodémons
TE Conjuration des Cacodémons	TS Conjuration des Agathodémons
SE Théurgie	*ES* Goétie

CF
Mysticisme (pratique)

PC
Théosophie
Mysticisme contemplatif ou soi-disant
Philosophie mystique

Note sur la Théosophie.

Identité finale dans la réunion systématique de l'évocation des Agathodémons et de celle des Cacodémons moyennant l'évocation de la vie qui leur est commune.

Technie mystique.

Organisation mystique de l'harmonie pour prendre part à la marche de la création. Association mystique.

A. — *Fins ou buts* de l'association mystique.
a[2] Fin principale, hyperphysique. Participation à la création.
b[2] Fin accessoire ou physique Direction des destinées de la terre.
b Moyens de l'association mystique.
a[2] Moyen principal. Sociétés secrètes.
b[2] Moyen accessoire. Usage des œuvres mystiques.

Note sur les Buts.

a[2] Le but principal de l'association mystique résulte immédiatement de la détermination théorique du mysticisme, telle que nous l'avons donnée plus haut, comme consistant dans la limitation mystique de la réalité absolue en observant que la limitation forme en général la neutralisation entre la *privation* et la *prestation* de la réalité! Et c'est en suivant ce but principal que les sociétés mystiques, pour prendre part à la création, cultivent les sentiments et les arts surnaturels tels que *l'autopsie, la poésie télétique, la philosophie hermétique, les guérisons magnétiques, la palingénésie*, etc., et certains mystères de génération physique, etc.

a[2] *Sociétés secrètes.*

Ne pouvant pratiquer ni discuter publiquement les efforts surnaturels que fait l'association mystique pour prendre part à la création, parce que, pour le moins, le public en rirait, et ne pouvant non plus diriger ouvertement les destinées terrestres parce que les gouvernements s'y opposeraient, cette association mystérieuse ne peut agir autrement que par le moyen des sociétés secrètes. Ainsi, comme on le conçoit actuellement, c'est dans la scène du mysticisme que naissent toutes les sociétés secrètes qui ont existé et qui existent encore sur notre globe, et qui toutes, mues par de tels ressorts mystérieux, ont dominé et continuent encore, malgré les gouvernements, à dominer le monde.

Ces sociétés secrètes, créées à mesure qu'on en a besoin, sont détachées par bandes distinctes et opposées en apparence, professant respectivement, et tour à tour, les opinions du jour les plus contraires, pour diriger séparément, et avec confiance, tous les partis, politiques, religieux, économiques et littéraires, et elles sont rattachées, pour y recevoir une direction commune, à un centre inconnu où est caché le ressort puissant qui cherche ainsi à mouvoir invisiblement tous les sceptres de la terre.

Par exemple les deux partis politiques, des libéraux, droit humain, et des royalistes, droit divin, qui partagent aujourd'hui le monde, ont respectivement leurs sociétés secrètes dont ils reçoivent l'impulsion et la direction; et, sans qu'elles puissent s'en douter, ces sociétés secrètes, les unes comme les autres, sont elles-mêmes, par l'habileté de quelques chefs, mues et dirigées suivant les vues d'un comité suprême et inconnu qui gouverne le monde.

b² Citation curieuse sur la Providence vivante.

Condition de possibilité des œuvres mystiques. Cette condition de possibilité consiste dans un ordre de vie élevé, que nous avons déjà mentionné plus haut, en annonçant que nous le désignerions du nom de *stase vitale*. Tout se réduit donc à savoir jusqu'à quel point la nature humaine, c'est-à-dire la nature de l'être raisonnable sur la terre, *sur notre globe*, est susceptible de rehausser sa stase vitale, pour s'élever aux régions des œuvres mystiques. Et cette question décisive ne peut être résolue qu'*à posteriori* ou par le fait.

Il en résulte, pour la philosophie, deux conséquences majeures. La première est que, par le pressentiment que l'homme a de cette vocation mystérieuse de sa nature, vocation qui vient enfin d'être légitimée par la raison, il ne peut refuser absolument toute foi aux œuvres mystiques; et que, par suite de cette disposition humaine, d'innombrables fourbes et imposteurs, abusant d'une si ineffaçable crédulité, ont sans cesse trompé les hommes par de prétendues œuvres mystiques.

La seconde conséquence philosophique est que nulle œuvre de mysticisme, fût-elle de la moindre valeur, par exemple un simple fait de magnétisme éleuthérique, ne doit être admise comme telle qu'avec la critique la plus sévère et que, pour obvier à de graves inconvénients, il est plus profitable à la raison humaine de méconnaître les véritables œuvres mystiques, s'il en existe sur notre globe, que de se livrer à une trop grande crédulité à leur égard.

Libéralisme ou droits de l'homme. Franc-maçonnerie.

Servilisme ou devoirs de l'homme. Mystiques.

Affiliations mystiques sous les pyramides d'Égypte.
Secte ésotérique de Pythagore.
Astrologues ou mathématiciens de Rome.
Maison de sagesse du Caire.
Assassins (Vieux de la Montagne).
Templiers.
Rose-Croix (Andrea fama fraternitatis).
Robert Fludd.

∴

Autre note CURIEUSE écrite vers *1823*.

b^6 Cercles dirigeants ou *Illuminés proprement dits*. On conçoit qu'à cet égard très peu de chose transpire dans le public. Peut-être pourrait-on ranger ici, du moins en partie, les FRÈRES INITIÉS DE L'ASIE, mais il est plus probable qu'ils appartiennent encore à la *Stricte observance* en considérant surtout leur penchant vers la mysticité qui les rend peu propres *à cette direction supérieure*.

b^4 *Identité finale* ou systématique entre les épreuves et les secrets ou entre le monde visible et le monde invisible ; réalisation mystique de l'absolu dans l'absolu ; affiliation potentielle : *les invisibles ou esprits terrestres*.

NOTA. — Une seule fois ces Invisibles se sont montrés aux hommes. Ce fut lors de l'effroyable tribunal secret (Heimlicher Act).

Ces esprits terrestres ne paraissent pas aujourd'hui, mais ce sont eux qui régissent toutes les sociétés secrètes; et dans ce comité, l'ancien livre de sang reste toujours ouvert.

Les rapports de l'invisible au visible avaient été étendus à leurs plus grandes limites, si bien qu'on savait la chaîne par laquelle un objet, quel qu'il fût, remontait à l'intelligence de qui il devait sa forme. De là l'emploi de certains objets, de certains caractères pour fixer la volonté dans les opérations magiques.

Ces objets ne servaient qu'à former un point d'appui sur lequel s'appuyait la volonté de l'adepte pour agir comme un puissant aimant sur la force universelle. Un adepte ne peut pas produire un effet contre nature, un miracle, pour la bonne raison que cela n'existe pas.

* * *

« **1**. Il n'y a pas de miracles ; tout ce qui arrive est le résultat de la LOI éternelle, immuable, toujours active. Le miracle apparent n'est que l'opération de forces antagonistes à ce que le Dr B. Carpenter (membre de la Société Royale), homme de grandes connaissances, mais de peu de savoir, appelle les lois bien démontrées de la nature. Comme beaucoup de ses confrères, le Dr Carpenter ignore un fait, c'est qu'il peut y avoir des Lois autrefois connues et maintenant inconnues à la science.

« **2**. La nature est *tri-une*[1] :

« 1° Nature visible, objective ;

« 2° Nature invisible, occulte, naturante, modèle exact et principe vital de l'autre ;

« 3° Au-dessus de ces deux est l'Esprit, source de toutes forces, éternel et indestructible.

« Les natures inférieures changent constamment ; la plus élevée jamais.

« **3**. L'homme est aussi tri-un :

« 1° Le corps physique, l'homme objectif ;

« 2° Le corps astral, vitalisant ou âme, c'est l'homme réel ;

« 3° Ces deux sont tonalisés et illuminés par le troisième, l'immortel Esprit.

« Quand l'homme réel réussit à se fondre dans ce dernier, il devient une intensité immortelle.

« **4**. La Magie considérée comme science est la connaissance de ces principes et de la voie par laquelle

1. La division ternaire est la base de tout ésotérisme. Toutefois ce ternaire atteint son plein développement dans le Septénaire (Papus).

l'omniscience et l'omnipotence de l'Esprit et son contrôle sur les forces de la Nature peuvent être acquis par l'individu tandis qu'il est encore dans le corps.

« Considérée comme art, la Magie est l'application de ces connaissances à la pratique.

« **5**. La connaissance des arcanes mésapprise constitue la sorcellerie ; mise en usage avec l'idée de BIEN, elle constitue la vraie Magie ou la Sagesse.

« **6**. Le médium est l'opposé de l'adepte. Le médium est l'instrument passif d'influences étrangères, l'adepte exerce *activement* sa puissance sur lui-même et sur toutes les puissances inférieures.

« **7**. Tout ce qui est, qui fut ou qui sera étant stéréotypé dans la lumière astrale, tablette de l'univers invisible, l'adepte initié, en usant de la vision de son propre esprit, peut savoir tout ce qui a été connu et tout ce qui le sera.

« **8**. Les Races d'hommes diffèrent en dons spirituels comme en dons corporels (couleur, stature, etc.). Chez certains peuples les voyants prévalent naturellement, chez d'autres ce sont les médiums.

« Quelques-unes sont adonnées à la sorcellerie et se transmettent les règles secrètes de la pratique de génération en génération. Ces règles embrassent des phénomènes psychiques plus ou moins grands.

« **9**. Une phase d'habileté magique c'est l'extraction volontaire et consciente de l'homme du dedans (forme astrale), hors de l'homme extérieur (corps physique).

« Dans le cas de quelques médiums cette sortie a lieu ; mais elle est inconsciente et involontaire ; avec eux le corps est plus ou moins catalepsié en ce moment ; mais chez les adeptes on ne peut s'apercevoir de l'absence de la forme astrale, car les sens physiques sont alertes et l'individu semble seulement être dans un état de recueillement, « être autre part », comme on dit.

« Ni le temps ni l'espace n'offrent d'obstacle à la pérégrination de la forme astrale. Le Thaumaturge tout à fait habile en science occulte peut faire en sorte que son corps physique semble disparaître ou prendre en apparence toute forme qu'il lui plaît. Il peut rendre sa forme astrale visible ou lui donner des apparences protéennes. Dans les deux cas le résultat provient d'une hallucination mesmérique collective des sens de tous les témoins. L'hallucination est si parfaite que celui qui en est le sujet jurerait sa vie qu'il a vu une réalité, alors que ce n'est qu'un tableau de son esprit imprimé sur sa conscience par la volonté irrésistible du Mesmériseur.

« Mais tandis que la forme astrale peut aller partout, pénétrer tout obstacle et être vue à toute distance hors du corps physique, ce dernier est sujet aux méthodes ordinaires de transport. Il peut être lévité dans des conditions magnétiques spéciales, mais il ne peut pas passer d'une place à une autre sauf de la manière ordinaire.

« La matière inerte peut, dans certains cas et sous certaines conditions, être désintégrée, passer à travers des murs, puis être reconstituée ; mais cela est impossible avec les organismes vivants.

« Les Swedenborgiens croient et la science des arcanes enseigne que fréquemment l'âme abandonne le corps vivant et que chaque jour, en chaque condition d'existence, nous rencontrons de ces cadavres vivants. Ceci peut être le résultat de causes variées, parmi lesquelles une frayeur, une douleur, un désespoir trop forts, une violente attaque de maladie.

« Dans la « carcasse » vacante peut entrer et habiter la forme astrale d'un adepte sorcier ou d'un élémentaire (âme humaine désincarnée attachée à la terre) ou encore, mais très rarement, d'un élémental. Un adepte en Magie blanche a naturellement le même pouvoir; mais, sauf quand il est dans l'obligation d'accomplir un but important et tout à fait exceptionnel, il ne se résoudra pas à se polluer en occupant le corps d'une personne impure.

Dans la folie, l'être astral du patient est, soit demi-paralysé, troublé et sujet à l'influence de toute sorte d'esprits qui passent, soit parti pour toujours, et le corps est la possession de quelque entité vampirique en voie de désintégration, qui s'accroche désespérément à la Terre dont elle veut goûter les plaisirs sensuels pendant une courte période allongée par cet expédient.

« **10.** La pierre angulaire de la Magie, c'est une connaissance pratique et approfondie du Magnétisme et de l'Électricité, de leurs qualités, de leur corrélation et de leur potentialité. Ce qui est surtout nécessaire, c'est d'être familiarisé avec leurs effets dans et sur le règne animal et l'homme.

« Il y a des propriétés occultes aussi étranges que celles de l'aimant dans beaucoup d'autres minéraux que les praticiens en Magie *doivent* connaître, propriétés dont la science dite exacte est complètement ignorante.

« Les plantes aussi ont, à un degré étonnant, des propriétés mystiques, et les secrets des herbes de songe et d'enchantement ne sont perdus que pour la science européenne et lui sont inconnus, sauf dans quelques cas bien marqués comme l'opium et le haschich. Et encore les effets psychiques même de ces quelques plantes sur l'organisme humain sont regardés comme des cas évidents de désordre mental temporaire. Les femmes de Thessalie et d'Épire, les femmes hiérophantes des rites de Sabasius n'ont pas emporté leurs secrets lors de la chute de leur sanctuaire. Ils sont toujours conservés, et ceux qui connaissent la nature du Soma savent aussi bien les propriétés des autres plantes.

« Pour résumer en peu de mots, la MAGIE est la SAGESSE SPIRITUELLE, la Nature est l'alliée matérielle, la pupille et le serviteur du Magicien. Un principe vital commun remplit toutes choses, et ce principe subit la domination de la volonté humaine poussée à perfection. L'adepte peut stimuler les mouvements des forces naturelles dans les plantes et les animaux à un degré supra-naturel. Ces actions, loin d'obstruer le cours de la Nature, agissent au contraire comme des adjuvants en fournissant les conditions d'une action vitale plus intense.

« L'adepte peut dominer les sensations et altérer les conditions des corps physiques et astraux des autres personnes non adeptes. Il peut aussi gouverner et employer comme il lui plaît les esprits des éléments[1], mais il ne peut exercer son action sur l'*Esprit immortel* d'aucun être humain vivant ou mort, car ces esprits sont à titre égal des étincelles de l'essence divine, et ne sont sujets à aucune domination étrangère. »

Ce passage remarquable jette un grand jour sur le secret des pratiques de la magie ainsi que sur les phénomènes obtenus de nos jours par les spirites. Il est toutefois curieux de rechercher l'origine de ces théories concernant les intermédiaires entre l'homme et l'invisible; aussi vais-je encore avoir recours à Fabre d'Olivet :

« Comme Pythagore désignait Dieu par 1 et la matière par 2, il exprimait l'Univers par le nombre 12 qui résulte de la réunion des deux autres. Ce nombre se

1. Élémentals.

formait par la multiplication de 3 par 4, c'est-à-dire que ce philosophe concevait le Monde universel comme composé de trois mondes particuliers, qui, s'enchaînant l'un à l'autre au moyen de quatre modifications élémentaires, se développaient en douze sphères concentriques.

L'Être ineffable qui remplissait ces douze sphères, sans être saisi par aucune, était DIEU. Pythagore lui donnait pour âme la vérité et pour corps la lumière. Les intelligences qui peuplaient les trois mondes étaient : premièrement les Dieux immortels proprement dits, secondement les héros glorifiés, troisièmement les Démons terrestres.

« Les Dieux immortels, émanations directes de l'Être incréé et manifestations de ses facultés infinies, étaient ainsi nommés parce qu'ils ne pouvaient jamais tomber dans l'oubli de leur Père, errer dans les ténèbres de l'ignorance et de l'impiété ; au lieu que les âmes des hommes qui produisaient, selon leur dégré de pureté, les héros glorifiés et les démons terrestres, pouvaient mourir quelquefois à la vie divine par leur éloignement volontaire de Dieu ; car la mort de l'essence intellectuelle n'était, selon Pythagore, imité en cela par Platon, que l'ignorance et l'impiété.

« D'après le système des émanations on concevait l'unité absolue en Dieu comme l'âme spirituelle de l'Univers, le principe de l'existence, la lumière des lumières ; on croyait que cette Unité créatrice, inaccessible à l'entendement même, produisait par émanation une diffusion de lumière qui, procédant du centre à la circonférence, allait en perdant insensiblement de son éclat et de sa pureté, à mesure qu'elle s'éloignait de sa source jusqu'aux confins des ténèbres dans lesquelles elle finissait par se confondre, en sorte que ses rayons divergents, devenant de moins en moins spirituels, et d'ailleurs repoussés par les ténèbres, se condensaient en se mêlant avec elles et, prenant une forme matérielle, formaient toutes les espèces d'êtres que le Monde renferme.

« Ainsi l'on admettait entre l'Être suprême et l'homme une chaîne incalculable d'êtres intermédiaires dont les perfections décroissaient en proportion de leur éloignement du Principe créateur.

« Tous les philosophes et tous les sectaires, qui admirent cette hiérarchie spirituelle, envisagèrent, sous des rapports qui leur étaient propres, les êtres différents dont elle était composée. Les mages des Perses, qui y voyaient des génies plus ou moins parfaits, leur donnaient des noms relatifs à leurs perfections et se servaient ensuite de ces noms mêmes pour les évoquer : de là vint la magie des Persans que les Juifs ayant reçue par traditions durant leur captivité à Babylone, appelèrent Kabbale. Cette magie se mêla à l'astrologie parmi les Chaldéens qui considéraient les astres comme des êtres animés appartenant à la chaîne universelle des émanations divines ; elle se lia en Égypte aux mystères de la Nature et se renferma dans les sanctuaires, où les prêtres l'enseignaient sous l'écorce des symboles et des hiéroglyphes: Pythagore, en concevant cette hiérarchie spirituelle comme une progression géométrique, envisagea les êtres qui la composent sous des rapports harmoniques, et fonda par analogie les lois de l'Univers sur celles de la musique. Il appela harmonie le mouvement des sphères célestes et se servit des nombres pour exprimer les facultés des êtres différents, leurs relations et leurs influences. Hiéroclès fait mention d'un livre sacré attribué à ce philosophe, dans lequel il appelait la Divinité le Nombre des Nombres.

« Platon, qui considéra, quelques siècles après, ces mêmes êtres comme des idées et des types, cherchait à pénétrer leur nature, à se les soumettre par la dialectique et la force de la pensée.

« Synésius, qui réunissait la doctrine de Pythagore à celle de Platon, appelait Dieu tantôt le Nombre des Nombres et tantôt l'Idée des Idées. Les gnostiques donnaient aux êtres intermédiaires le nom d'Éons. Ce nom, qui signifie en égyptien un Principe de Volonté, se développant par une faculté plastique, inhérente, s'est appliqué en grec à une durée infinie [1]. »

1. Fabre d'Olivet, *Vers dorés de Pythagore.*

1. La réduction photographique a fait perdre presque toute sa valeur à cette composition. En voici les éléments :

A gauche. — L'Occident et la Science dominés par la Lune ; en bas, usines et machines ; plus haut, un cours dans une école occidentale ; plus haut, les professeurs occidentaux, représentants des diverses branches de LA SCIENCE qui domine la figure et donne la main à la Foi.

A droite. — L'Orient et la Foi dominés par le Soleil ; en bas, le Sphinx et les Pyramides, puis la nature inviolée ; plus haut un « guru » oriental instruisant le « tschela » en plein air (opposé de l'école occidentale) ; plus haut les prêtres des divers cultes indou, égyptien, musulman, chrétien, représentants des diverses branches de LA FOI qui domine la figure et donne la main à la Science.

Divers pantacles ésotériques
composés et gravés par le F.·. Bertrand, ancien vénérable.

CHAPITRE XXI

LES TABLEAUX ANALOGIQUES ET LES FIGURES MAGIQUES

PROCÉDÉ D'EXPLICATION

§ 1. — DU SYMBOLISME

Quand, aujourd'hui, nous voulons dépeindre les divers enseignements de la Science occulte, nous sommes obligés, de par notre époque et ses coutumes, d'écrire les données de l'ésotérisme comme on écrit toutes les données possibles, qu'il s'agisse de statuts d'un syndicat ou d'un livre de haute philosophie. Une seule méthode d'écriture est à notre disposition, le style peut varier, être meilleur que le nôtre (ce qui n'est pas difficile), mais là se bornent nos moyens d'action.

Nous avons vu que les anciens avaient différentes méthodes d'expression. Aussi nous faut-il analyser ces méthodes, non pas pour les employer, mais bien pour comprendre les écrits des hermétistes et les figures magiques des vieux grimoires.

Nous allons passer en revue les différents procédés de construction et d'explication des tableaux et des pantacles; mais auparavant il nous semble utile de donner l'exposé du symbolisme ancien d'après de Brière.

Tous les traducteurs, sans distinction, ont considéré l'imitation comme la représentation de l'objet même, dans le sens direct. Ils n'ont pas fait attention que, quelque sens que l'on donne à une image, dès le moment qu'on la représente, bien ou mal, n'importe, il y a *imitation ;* et que dès lors l'explication serait niaise et pléonastique, si elle ne portait pas sur un genre particulier d'imitation, distinct de celui de la figure. Ils n'ont pas réfléchi que *l'imitation* appartient, selon saint Clément, *aux symboles;* et que la dénomination de *symbole* ne peut s'appliquer à un objet quelconque se désignant soi-même ; συμβολικος signifie *métaphorique*, et l'on ne peut pas dire qu'un objet se représente par métaphore ; ce serait tout le contraire : c'est justement le nom de *symboliques* que Porphyre donne aux grandes images qui représentent les idées théologiques. On ne saurait dire qu'un chien soit le symbole d'un chien, ni le soleil le symbole du soleil, ni la lune le symbole de la lune ; ce n'est point un symbole, c'est un portrait. L'idée de symbole entraîne toujours avec elle quelque chose de différent de l'objet représenté : « un symbole, dit saint Maxime sur saint Denis l'Aréopagite, est un objet sensible pris pour une chose intellectuelle » (Συμβολον, αισθητον τι αντι νοητου παραλαμβανομενον) ; et il ajoute : « tels que le pain et le vin pour la nourriture immatérielle et divine, et la joie, et ainsi des autres » (οιον αρτος και οινος, ἀντὶ τῆς αὔλου και θειας τροφῆς, και ευφροσυνῆς, και οσα τοιαυτα). Quand on représentait les choses par elles-mêmes, on disait qu'elles étaient exprimées φυσικῶς, naturellement ; tandis que, lorsqu'on les désignait par des figures allusives, δια τινων σημειων, on disait que c'était συμβολικῶς, symboliquement, métaphoriquement; ou bien ἀναγωγικως, anagogiquement, c'est-à-dire mystiquement, et dans un sens théologique. (Saint Maxime sur saint Denis, *De Eccl. hierarchia.*) Ainsi un objet n'est un symbole que par l'application qu'on en fait. En effet, le lion est le symbole du *courage*, il n'est pas le *courage* en personne. Dans les idées que je combats, le nom de symbole serait plutôt applicable à la forme alphabétique, si cette forme existait, qu'à la représentation même de l'objet. A toute force, on pourrait dire que l'*aigle* est le symbole de l'*a;* mais on ne dirait pas qu'il est le symbole de l'*aigle :* est-ce que, dans tous les cas, il n'y a pas imitation de la figure ? Ainsi les explicateurs de saint Clément font dépendre le rapport des signes aux idées, de l'interprétation qu'ils leur donnent : de sorte qu'un signe *imite* ou *n'imite pas*, selon qu'il est pris par eux pour un *objet* ou pour une *lettre;* c'est arbitraire et absurde.

Les savants du jour, ne connaissant pas les *idées antiques*, n'ont jamais songé qu'il pût y avoir une autre *imitation* que celle que pratique un dessinateur. Ils ont toujours ignoré la nature du grand et fécond principe de l'IMITATION, le plus important pour l'intelligence de l'antiquité religieuse. Ils ignorent que, dans les sciences antiques de l'Orient, et dans les nôtres, au moyen âge, l'IMITATION venait des *objets mêmes*, qu'ils fussent en nature ou représentés; et portait sur tous les genres de conformité qui pouvaient exister entre les *objets* et les *choses* : tels que le nom, la forme, la couleur, l'action, les mœurs, le nombre, le caractère, la dépendance, l'usage, etc., en vertu de l'association des idées. (C'est précisément de cette imitation que saint Clément a voulu parler.) Ils ne savent pas ce que c'est que la SIGNATURE; et ils ne connaissent pas l'EFFICACITÉ que, en raison de cette *signature*, les objets et leurs images possédaient; et, faute de sentir l'importance de cette connaissance, ils laissent passer, sans les remarquer, une foule de choses qui mériteraient d'être examinées. Aussi j'affirme, très sérieusement, qu'aucune découverte, en fait de religions anciennes, n'a eu lieu jusqu'à ce jour. L'étude approfondie des IDÉES ANTIQUES peut seule nous mettre au courant de la formation des religions anciennes, et d'une foule de choses que nous ne comprenons pas, faute de moyens de les expliquer. Mais il est impossible de raisonner avec des personnes qui ne possèdent aucun des éléments de la question; on ne peut pas s'entendre : et cependant ce sont là les juges dont il me faut subir les arrêts.

Je vais exposer quelques observations à l'égard du symbole oriental.

Chez nous, l'on considère généralement le symbole comme une image représentant allégoriquement une idée morale. Le symbole diffère de l'emblème, en ce que le symbole est seul et isolé, tandis que l'emblème est composé. Le symbole appartient originairement à l'écriture du langage; il désigne une idée : l'emblème se rattache à la représentation scénique; il montre une pensée en action. Ainsi un *chien* reproduit l'idée de la *fidélité*; une *colombe*, de l'*innocence*; mais une *femme* au teint livide, dont le sein est déchiré par des serpents, est l'emblème de l'*envie* : car il semble qu'on ait voulu imiter l'effet qu'un sentiment violent produit sur la physionomie. Le symbole provient souvent d'un rapport réel ou supposé entre l'objet et la chose signifiée : au lieu que l'emblème n'a quelquefois qu'un rapport très indirect, et plutôt senti que démontré, avec la pensée qu'on veut peindre; mais on le représente avec tous ses accessoires pour mieux caractériser la pensée.

Cette explication du symbole et de l'emblème suffit pour rendre compte des représentations figurées qu'on trouve sur les monuments de la Grèce et de Rome, et sur les monuments construits dans l'ancien monde, d'après le modèle des édifices romains ; tels que les basiliques et les palais des rois.

Mais cette explication est insuffisante lorsqu'il s'agit des symboles et des emblèmes appartenant aux édifices et aux religions de l'Orient; principalement à ceux qui se rapportent au culte du peuple égyptien.

Dans l'Orient, le symbole religieux n'était pas seulement l'expression d'une idée ; c'était encore une cause active, une puissance qui, suivant l'intention de celui qui la mettait en usage, effectuait ou détruisait la chose qu'elle représentait, dans le temps présent, ou dans un temps plus ou moins éloigné.

Figurer un emblème divin, c'était intéresser les divinités à sa propre cause, par un culte convenable et approprié : car rien ne plaisait tant aux dieux, à ce qu'on croyait, que d'imiter l'organisation du monde céleste : on supposait que le dieu était appelé par son image et venait s'y placer.

Ainsi dans l'Orient, figurer un symbole de *victoire*, c'était produire la *victoire*, rendre victorieux : un symbole de *puissance* donnait la puissance à celui qui le portait, et l'ôtait à celui contre lequel il était dirigé.

Tout cela avait lieu en vertu des grands principes du *lien universel* [1], de l'*imitation*, de l'*efficacité* et de la *fatalité*, principes immenses qui sont l'âme de toutes les religions et de tous les cultes.

Dans beaucoup de cas, l'imitation n'avait lieu que d'un peu loin, et ne portait que sur certains points.

J'ai déjà parlé de ces fontaines auxquelles on donnait la forme d'un lion, à cause du signe sous lequel avait lieu la crue du Nil; et j'ai dit que cette figure de lion était *une prière* pour avoir une abondance d'eau. Représenter le symbole de l'élévation des eaux, c'était produire cette élévation elle-même. Lorsque l'élévation n'était pas suffisante, c'est que le peuple avait péché ; mais le symbole n'était pas moins infaillible.

Lorsque Rachel, longtemps stérile, parvint à devenir féconde, ce ne fut qu'après avoir mangé des pommes de mandragore que Lia, sa sœur, lui donna. Or, la mandragore est narcotique et antiaphrodisiaque; mais la racine de la mandragore figure grossièrement un

1. Il existait, à ce qu'on croyait, un *lien* de correspondance entre le ciel et la terre : et les figures qu'on supposait dans le monde archétype, étaient obligées d'opérer sur le monde terrestre, par la force de l'imitation, et par la puissance des paroles. De là le mot *religio*, culte, qui *rattache*.

corps humain; et c'est la raison de l'efficacité de la pomme : car une partie de la plante allait pour l'autre [1].

Dieu ayant envoyé aux cinq villes des Philistins des hémorrhoïdes et des rats, pour les punir d'avoir capturé son arche, ces villes ne purent être délivrées de leurs fléaux qu'après avoir offert à Dieu cinq *anus* d'or et cinq *rats* d'or, suivant le nombre des villes qui avaient été affligées. Ici il y a imitation du nombre des villes, des parties passives, et des animaux agissants.

Lorsque les Hébreux, à cause de leur désobéissance, furent frappés de ces *serpents* dont la morsure était mortelle, Moïse fit faire un *serpent d'airain*, dont la vue guérissait les blessés[2]. Le serpent de Moïse imitait la figure des serpents meurtriers. S'il y avait eu la figure d'une autre espèce de serpent, il n'y aurait pas eu d'imitation, ni par conséquent de guérison.

Lorsque les Israélites, pendant le séjour de Moïse sur le mont Sinaï, demandèrent à Aaron de leur faire un dieu pour les conduire, et que celui-ci résolut de leur donner le *veau d'or*, il exigea qu'ils lui remissent tous les *pendants* d'oreilles de leurs femmes, de leurs fils et de leurs filles. Pourquoi cette préférence sur tout autre objet d'or? C'est que le veau se dit *hégel* en hébreu, et que sa racine *hagal* désigne tout ce qui est *rond;* les boucles d'oreilles, à cause de leur rondeur, s'appellent *hégil*. Elles ont aussi un autre nom, *nézém*, par lequel la Bible les désigne en cet endroit, et qui leur est commun avec le *collier*. Mais ce synonyme, en raison de la *circonstance*, rappelait l'autre nom *hégil*, et, par analogie,

1. Le mot *mandragore* (masculin) vient de l'arménien *manragor;* de *manr*, petit, et de *or*, ou *gor*, comme; comme un petit homme. En persan on lui donne le nom d'*istérenk*, qui signifie *stérile*, infécond, d'*estar*, mulet. Mais *isterenk* pourrait bien venir d'*ist*, fesse, et de *renk*, apparence, parce que la racine de cette plante a, dit-on, une grosseur qu'on pourrait prendre pour une fesse. En arabe, son nom est *leffah*, qui a de grosses cuisses. Les Allemands donnent à la plante le nom d'*alraun*, qui signifie le *tout à fait castrat*. Elle était employée dans la magie : de là le mot *run*, qui signifie *murmurer*, comme faisaient les magiciens; et les *runes*, sortes de caractères magiques. Les Hébreux nommaient les pommes *doduim*, les aimables, ou qui font aimer ; les Coptes, *bétuké*, pommes d'amour, ou *noutem*, qui produit du fruit.

On voit que la mandragore a pris son nom de l'imitation qu'elle opère.

Mandragoras est aussi un surnom de Jupiter.

2. En hébreu NaHaCHe signifie *serpent;* il signifie aussi *augure*. NeHoCHe qui est d'airain; THaN signifie aussi serpent, dragon; d'où NeHoCh-THaN, le serpent d'airain. Les Hébreux l'ont adoré dans la suite; c'est le serpent de Mercure.

réveillait l'idée de *rondeur*, et en même temps celle du *veau*. Je parlerai autre part de ce fameux veau d'or, qui, comme on sait, n'est que le veau Apis [1].

Les Hébreux étant arrivés au lieu nommé *Mara* ou amertume,

1. Un des grands inconvénients de la traduction, lorsqu'il s'agit des prophéties et des fables de l'antiquité orientale, passées dans les auteurs grecs et latins, c'est de préciser toujours le sens d'un mot oriental, et de masquer tous les autres sens qui lui appartiennent. Il y a souvent, dans l'Orient, *allusion* d'un sens à l'autre, tantôt par *imitation*, tantôt par *allégorie;* comme nous venons de le voir par les noms *hégil* et *nézém*, des pendants d'oreilles, à l'occasion du veau d'or. Le traducteur ne peut pas faire sentir l'allusion, parce que le mot dont il se sert n'a pas toutes les significations du mot oriental traduit, et que les termes qui expriment dans sa langue les idées représentées par ce mot oriental, diffèrent entre eux totalement; et enfin, que le génie des langues européennes se refuse aux jeux de mots, dans le discours sérieux. Il s'ensuit que, lorsqu'on veut se rendre compte des choses antiques, il faut toujours comparer les mots grecs et latins des traducteurs aux divers synonymes orientaux qui y correspondent. Cette observation est très importante pour l'explication des fables mythologiques : elle l'est souvent aussi pour comprendre la Bible. Je vais en donner la preuve.

En hébreu, *haroum* signifie *nu*, *éclairé*, *prudent ;* et dans un sens dépréciatif, *rusé*. La Genèse, en parlant du serpent, nous dit « qu'il était le plus *nu* (*haroum*) des animaux des champs. » Effectivement il n'a pas de poil, et il avait alors des pieds. Les Septante on traduit *haroum* par φρονιμώτατος, le plus éclairé, le plus sage, le plus prudent : la Vulgate, par *callidior*, le plus habile, le plus sagace ; Le Maistre de Sacy, par le *plus rusé* : ce dernier sens a prévalu. Voilà donc que le serpent, de *nu*, est devenu *rusé*. Or, il est certain que, dans l'antiquité, le serpent ne passait pas pour *rusé*, mais pour *prudent*, de cette prudence que donnent la connaissance et l'expérience du monde; car Notre-Seigneur dit à ses disciples : « Soyez prudents, φρόνιμοι, comme les serpents, et simples comme les colombes. » La simplicité exclut la ruse. Le serpent avait mangé du fruit des deux arbres; il était éclairé et immortel, et il voulait que l'homme participât aux mêmes avantages.

Le résultat que l'homme obtint du fruit défendu, fut d'être *éclairé*, car *ses yeux s'ouvrirent*; et de comprendre qu'il était *nu*. Il était donc nu et éclairé (*haroum*). L'endroit de la Genèse qui concerne la chute de l'homme roule donc sur les deux sens du mot hébreu.

Si nous passons à la fable grecque, nous verrons que Mercure était le *messager* de Jupiter et le *conseiller* de Saturne. Or, dans les langues orientales, *melak* signifie *messager*, *ange*, *annonciateur* et aussi *opérateur :* *melek* signifie *conseiller* et *roi*. Si vous considérez le rapport qui existe entre *melak* et *melek*, vous comprendrez pourquoi Mercure était un *messager* et un *conseiller ;* si vous restez dans les termes grecs et latins, vous ignorerez toujours le motif du cumul de ces deux fonctions. De *melak*, opérateur, nom donné aux divinités qui agissent sur le monde, vous ferez venir *Adra-melek* et *Anna-melek*, deux divinités chaldéennes : et vous aurez l'origine de tous ces rois, *melakim*, que la fable mentionne.

dans le désert de *Sur*, là où les eaux étaient naturellement amères; Moïse, pour leur procurer de l'eau douce, prit un morceau de bois extrait d'un arbre amer, nommé *ardifné*, écrivit dessus le nom mystique de Dieu, et le jeta au milieu des eaux : les eaux devinrent douces tout aussitôt. Il y avait *imitation* de l'amertume des eaux par celle de l'arbre ; et la propriété du bois ayant été changée par la puissance du nom ineffable écrit dessus, selon l'intention de Moïse, changea aussi, par communication, la propriété des eaux amères. C'est la même chose que du sucre dissous dans un verre d'eau, et mêlé ensuite à l'eau d'une carafe. Il est certain que l'eau de la carafe, après le mélange, participerait du goût sucré du verre d'eau. C'est ainsi que l'on comprenait l'influence des intermédiaires.

Moïse sur le mont *Horeb*, pendant le combat qui avait lieu entre les Hébreux et les Amalécites, tenait ses bras élevés horizontalement : il imitait alors la *croix*, qui, entre autres significations, désignait la victoire. Lorsqu'il baissait les bras, le peuple hébreu était vaincu ; et lorsqu'il les relevait, les Hébreux redevenaient vainqueurs : c'est pourquoi Aaron et son fils Hur le firent asseoir, et lui soutinrent les bras jusqu'à la fin de la journée, afin que la défaite des Amalécites fût complète. Il y avait *victoire*, parce qu'il y avait représentation du symbole qui désignait et produisait la victoire. Il faut observer que dans cette position, Moïse tenait à la main la baguette sur laquelle était écrit le nom ineffable (probablement en hiéroglyphes égyptiens, parce que de son temps l'écriture alphabétique n'était pas encore connue).

Sans sortir du sujet qui m'occupe en ce moment, je dirai que Notre-Seigneur apparut à Constantin avec sa croix, et lui dit : *Tu vaincras avec ce signe;* ce qui prouve que la croix était un symbole de victoire. Constantin, en faisant porter devant lui une croix, défit toujours Maxence qui n'avait pu qu'opérer des conjurations magiques, et évoquer les démons. Les Égyptiens affirmaient que, si les chrétiens produisaient un grand nombre de miracles, c'était uniquement par la grande vertu du signe de la croix. Si les Égyptiens parlaient ainsi, ce n'était point à cause du rapport du symbole avec l'instrument du supplice de Notre-Seigneur, mais à cause de la vertu qu'ils attribuaient eux-mêmes à la figure de la croix. Mais nous verrons plus tard ce que c'était que cette croix.

C'est que derrière le symbole il y avait le nom de l'objet ; que ce nom appartenait à la langue sacrée, et avait diverses significations : et que ce nom, écrit ou prononcé avec intention, était une prière, et même une injonction, aux puissances surnaturelles chargées de l'administration du monde, d'accomplir la volonté de celui qui l'avait figuré. Les bénédictions et les malédictions appartiennent à la même source, et participent à la même infaillibilité [1]. Dans l'antiquité, tout miracle supposait une parole effective. Chez les Hébreux, le nom secret de Dieu, écrit, ou prononcé tout bas par un prophète, avait un pouvoir universel, et remplaçait toutes les formules magiques : c'est ce qu'on appelait *invoquer par le nom du Seigneur*. La Bible nous apprend qu'Énos, fils de Seth et petit-fils d'Adam, fut le premier qui jouit d'un semblable privilège. Les patriarches, comme on sait, parlaient la langue sainte, qui fut

1. Je vais en donner quelques exemples :

Jacob, ayant une peau de chèvre sur les mains et sur le cou, trompe son père Isaac, et surprend sa bénédiction qui appartenait de droit à Ésaü, l'aîné des deux fils. Ésaü, dépouillé de son droit d'aînesse, réclame contre la tromperie. Chez nous, erreur ne fait pas compte; et l'on trouverait tout simple qu'Isaac, convaincu de la supercherie de son fils cadet, lui eût retiré son don, et eût restitué sa bénédiction à l'aîné. Mais Isaac déclare que c'est impossible, et accorde à Ésaü d'autres dons pour le consoler de la perte de celui-ci. Pourquoi ? C'est que l'effet de la bénédiction était irrévocable; et l'on sait la prospérité promise à Jacob. On ne pouvait multiplier la bénédiction, attendu qu'il ne pouvait y avoir deux aînés. C'est le droit d'aînesse lésé qui avait armé Caïn contre Abel, et qui, plus tard, arma les fils de Jacob contre Joseph. Ce même Jacob, grand amateur de bénédictions, rencontre un jour un ange, avec qui il lutte, et qu'il saisit fortement, lui annonçant qu'il ne le lâchera qu'après avoir reçu sa bénédiction : et l'ange, pour recouvrer sa liberté, se hâte de bénir Jacob. Cet ange ne pouvait plus retirer sa bénédiction; et une malédiction eût été sans effet; la place était déjà prise.

Il en était de même des malédictions; et ces actes, ainsi que les prières, les serments, les prédictions et les invocations, étaient sous l'influence de cette loi générale qui conduit le monde, et qu'on appelait le sort ou la *fatalité*. Nul ne pouvait éviter sa destinée.

C'est ainsi qu'il faut comprendre l'histoire fabuleuse; et cette impossibilité de revenir sur une promesse, ou de retirer un don heureux ou funeste, que l'on rencontre à chaque pas, tient à l'influence des paroles et des actes symboliques.

Neptune se voit obligé, par le serment qu'il a fait à Thésée, de faire périr Hippolyte, qu'il sait innocent. Jupiter, par le même motif, brûle Sémélé; et Phébus confie son char à Phaéton.

Dans nos contes de fées, on voit souvent une fée jeter par colère un mauvais sort sur une jeune princesse : et les autres fées, ne pouvant enlever le mauvais sort, cherchent à l'atténuer en donnant quelque heureuse qualité à la princesse. — Dans les *Mille et une Nuits*, on trouve que certains gestes, certaines paroles, produisent, sans intention, un grand effet qui étonne. La mère d'Aladin, en frottant sa lampe pour la nettoyer, voit apparaître un génie. Le hasard seul lui a appris le moyen de se servir miraculeusement de sa lampe.

l'unique jusqu'à la construction de la tour de Babel. Les chrétiens, en commandant aux démons, substituèrent le nom de Jésus-Christ à celui de Dieu le père : le nom divin de Jésus-Christ, inconnu des hommes, devait n'être connu que des anges et des démons [1].

Lors de la descente du Saint-Esprit sur les apôtres, il se fit un *grand vent (pneuma ou spiritus)*; et chaque apôtre vit descendre sur lui une *langue de feu :* aussitôt tous les apôtres se mirent à parler des *langues étrangères.* Le vent était la marque du Saint-Esprit, considéré comme igné; et les langues de feu, sa distribution. Celles-ci marquaient, en outre, les *langues* différentes inspirées subitement aux apôtres. Il y avait encore allusion à la chute des *langues* de feu, qui aura lieu lors de l'embrasement du monde, lequel était alors considéré comme prochain. Ceci se rapporte encore à la confusion ou chute des langues, lors de la construction de la tour de Babel.

La puissance attachée aux talismans n'avait pas d'autre fondement que l'influence des paroles magiques, que ces paroles fussent écrites en toutes lettres, ou qu'elles fussent représentées par des symboles.

L'art médical était fondé, en partie, sur les rapports extérieurs des choses : la rhubarbe chassait la bile, parce que la rhubarbe et la bile sont *jaunes :* le *loriot*, espèce d'oiseau, guérissait la jaunisse, parce que l'un et l'autre se nomment *ictéros* en grec. Chaque partie du corps, interne ou externe, trouvait parmi les plantes, des analogues qui, par *imitation* de la forme du membre, lui procuraient la guérison des maux dont il était particulièrement affecté.

Sous le rapport moral, la philosophie trouvait encore des ressemblances entre l'homme *petit monde* et le *grand monde* ou *cosmos.* Ainsi le monde avait une intelligence opératrice et une âme motrice : et l'homme avait aussi une intelligence et une âme.

La divination des songes était fondée sur l'*imitation*, produite par les images fantastiques des rêves, appelées *éléments.* On connaît le songe de Pharaon, expliqué par Joseph. Les *sept* vaches grasses et les *sept* vaches maigres correspondaient aux années de fécondité et de stérilité de la terre. En voici un autre exemple. Un Grec ayant rêvé qu'un de ses amis lui rendait de l'argent prêté, et

1. Saint Paul distingue positivement la langue des anges de celle des hommes; et il affirme que lorsqu'il fut transporté au troisième ciel, il y entendit des paroles qu'un homme ne pouvait pas comprendre. Selon le *Targum*, cette langue est celle au moyen de laquelle Dieu créa le monde.

qu'il remettait à celui-ci son obligation écrite, les devins de Memphis lui annoncèrent que ce songe signifiait *qu'il n'aurait pas d'enfant* : parce que, *la quittance* rendue, il ne pouvait toucher aucun *intérêt;* et que celui qui *s'abstient* des femmes, ne peut avoir d'*enfant*. En grec, ἀποχή signifie *abstinence*, et *obligation écrite;* et τόκος, *enfant*, et *intérêt de l'argent*. (Voyez Artémidore.)

L'histoire des animaux fournissait à la morale pratique des symboles de vertus à exercer et de vices à fuir. Le lion signifiait *courage;* le pélican, qui se sacrifie, dit-on, pour ses petits, signifiait *amour paternel;* la huppe, qui nourrit ses vieux parents, signifiait *piété filiale;* et ces exemples que donnait la nature étaient beaucoup plus persuasifs que les lourds préceptes d'un pédagogue, parce qu'ils faisaient rentrer la pratique des vertus dans l'ordre nécessaire des choses de ce monde. Ainsi l'on disait que les dieux sont toujours bienfaisants; mais que l'homme, en péchant, s'éloigne de leur action; comme, lorsque l'on se met à l'ombre, on se soustrait à la chaleur du soleil.

Ainsi, dans l'Occident, le symbole ne fut qu'un signe purement mémoratif; tandis que, dans l'Orient, c'était une parole, une puissance.

La distinction que je viens d'établir entre le symbolisme oriental et le symbolisme occidental, distinction qui n'a jamais été faite avant moi, disparut en partie lorsque les Romains conquirent l'Orient. Alors, les superstitions chaldéennes, égyptiennes et persanes s'introduisirent dans Rome. Le culte de Mithras, celui de Sérapis, et l'emploi général des amulettes et des anneaux constellés s'y établirent; et le symbolisme oriental prit place à côté du symbolisme occidental.

Le christianisme, venu d'Orient, apporta aussi sa part de symbolisme : et le signe de la croix, employé par les fidèles, dans les occasions de péril, servit à raffermir leur courage et à chasser les démons. Le souffle dans l'oreille, l'application de l'huile sainte, le sel, la salive et l'imposition des mains, conférant le Saint-Esprit, sont encore des symboles orientaux[1]. L'emploi de ces symboles,

1. Le Catéchisme du concile de Trente, donnant la définition des SACREMENTS en général, dit que « ce sont des SIGNES institués de Dieu et non des hommes, qui renferment en eux *la vertu de produire la chose sacrée qu'ils signifient*. » Par exemple, dans le baptême, l'ablution du corps *opère invisiblement dans l'âme* ce qu'elle désigne et marque extérieurement. Mais il faut y joindre les paroles *sacramentelles*, la foi et l'intention. (Chez les premiers chrétiens, l'ablution était complète, afin que tout le corps participât à la régénération.)

réservé autrefois en Orient au seul sacerdoce, ne put non plus avoir de vertu, en Occident, que par une personne consacrée. Un laïque n'a pas la puissance opérante : il n'a pas en soi l'efficacité apostolique. Ainsi, un laïque qui usurperait les fonctions ecclésiastiques, ne commettrait pas seulement un sacrilège; mais il ne produirait aucun effet : les péchés seraient toujours retenus; sa messe serait nulle; et les sacrements ne seraient point conférés par lui.

En Orient, tout acte ou tout événement important était accompagné d'un *signe*, c'est-à-dire d'un acte, d'un fait, qui l'annonçait ou le confirmait : d'où est venu le *présage*. Ce signe était souvent arbitraire, mais souvent extraordinaire, ce qui lui faisait donner aussi le nom de *miracle*. Il n'était point efficace par rapport à la chose prédite, parce qu'il ne tenait pas au symbolisme proprement dit : c'était l'éclair qui annonce le tonnerre; de là les *signes* du zodiaque, à cause de l'annonce des événements. Ainsi, nous voyons dans Isaïe, ch. XXXVIII, v. 5 à 8 : « Voici ce que dit le Seigneur... J'ajouterai encore quinze années à votre vie, et je vous délivrerai de la puissance du roi des Assyriens. Voici le *signe* que le Seigneur vous donnera pour vous assurer qu'il accomplira ce qu'il a dit : je ferai que l'ombre du soleil, qui est descendue de dix degrés sur le cadran d'*Achaz*, *retournera* de dix degrés en arrière. Et le soleil remonta des dix degrés par lesquels il était déjà descendu. »

Dans l'Évangile, les miracles de Jésus-Christ ne sont désignés que sous le nom de *signes*, comme annonçant sa mission divine, et l'événement prochain.

De là sont venues certaines coutumes, qui emploient des *signes* dont la vertu est d'annoncer la consommation d'un acte, d'une résolution.

Ainsi, chez les Hébreux, le propriétaire se *déchaussait* d'un pied, devant des témoins, lorsqu'il consentait à vendre sa maison ou sa terre. Autrefois, on nouait les *deux bouts d'une paille* pour montrer que l'affaire était conclue, et la paille était jointe à l'acte écrit. Quand une femme renonçait à la communauté, elle mettait les *clefs de la maison* sur la fosse de son mari. Encore aujourd'hui, lorsqu'on prête serment, *on lève la main droite* (la main de justice). Dans certaines provinces, tant que les contractants n'ont pas *frappé dans la main* l'un de l'autre, il n'y a rien de fait : après le *coup retentissant*, tout est fini; il n'y a pas moyen d'en revenir.

Il est facile de voir, par tout ce qui vient d'être rapporté, que le nom de *symbole* réveille toujours l'idée d'une signification métaphorique; et que l'*imitation*, dans l'antiquité, n'était pas seulement, comme les savants le pensent, le rapport du type à la copie (de celle-ci on n'en parlait pas, et elle était toujours sous-entendue) ; mais encore le rapport du symbole à la chose signifiée, portant le même nom. C'est donc toujours le nom du symbole, commun à toutes les idées qu'il désigne, que le symbole reproduit naturellement ; sauf ensuite à l'esprit à trouver le sens précis dans les circonstances de la phrase où le symbole est placé. Ainsi, en chinois, les mots et les caractères ont de nombreuses significations ; en sanscrit, les mots ont un grand nombre de sens différents ; Horapollon nous prouve que les symboles hiéroglyphiques avaient des significations très nombreuses ; enfin, l'exemple curieux que j'ai donné de l'application du symbolisme à la langue sacrée, fait voir que le même nom, représenté par le même signe, avait des valeurs très diverses. Ainsi, nous avons vu que le jonc, *amrès*, désignait l'hiérogrammate, la nourriture, la science, le pain, le boulanger, la fin, la maladie, la corde de jonc, le *port*, l'ancre, le contentement, etc. ; et nous avons reconnu qu'une partie de ces valeurs était restée dans le copte moderne.

§ 2. — DES TABLEAUX D'ANALOGIE ET DE LEUR CONSTRUCTION

Dans les méthodes employées par l'initié pour exprimer ses idées, nous n'avons jamais vu jusqu'ici la forme générale d'exposition subir le moindre changement. La valeur des signes employés varie ; mais là se borne toute la méthode.

Que faire pour développer dans un harmonieux ensemble les rapports qui existent entre les sujets traités ?

Nous verrons fréquemment, en parcourant un traité occulte, des phrases dans le genre de celle-ci :

L'aigle se rapporte à l'air,

phrase incompréhensible si l'on n'en trouve pas la clef.

Cette clef réside tout entière dans une méthode d'exposition établie d'après la méthode générale de la Science occulte : l'analogie.

Cette méthode consiste à exprimer les idées de telle façon que l'observateur puisse saisir d'un coup d'œil le rapport qui existe entre la Loi, le fait et le principe d'un phénomène observé.

Ainsi un fait étant donné, vous pouvez sur-le-champ découvrir la loi qui le régit et le rapport qui existe entre cette loi et une foule d'autres faits.

Comme deux choses (FAITS) analogues à une même troisième (LOI) sont analogues entre elles, vous déterminez le rapport qui existe entre le fait observé et l'un quelconque des autres phénomènes.

Cette méthode, on le voit, analyse, éclaire les histoires symboliques; aussi n'était-elle employée que dans les temples et entre élève et maître. Elle était basée sur la construction de tableaux disposés d'une certaine façon.

Pour découvrir la clef du système, essayons de le reconstituer de toutes pièces.

Après avoir lu une histoire symbolique j'ai découvert qu'elle renfermait trois sens.

D'abord un sens positif exprimé par la donnée même de l'histoire : un enfant résulte d'un père et d'une mère; puis un sens comparatif exprimé par les rapports des personnages : rapport de la Lumière, de l'Ombre et de la Pénombre; enfin un sens hermétique et par là même très général : Loi de production de la Nature, le Soleil et la Lune produisant le Mercure.

La loi qui domine tout cela, c'est la loi du Trois. Les principes sont l'actif, le passif et le neutre.

Pour découvrir les rapports qui existent entre ces trois faits : *production de l'Enfant, production de la pénombre, production du Mercure*, je les écris l'un au-dessous de l'autre en remarquant bien quel est le principe actif (+), le principe passif (—) et le principe neutre (∞) ainsi qu'il suit :

+	—	∞
Père	Mère	Enfant
Lumière	Ombre	Pénombre
Soleil	Lune	Mercure

Il suffit d'un coup d'œil jeté sur ce tableau pour voir que les rapports sont admirablement indiqués. Tous les principes actifs des faits observés sont rangés sous le même signe + qui les gouverne tous. Il en est de même des principes passifs et des principes neutres.

Tous les faits sont rangés dans la même disposition en suivant une ligne horizontale, de telle façon qu'en lisant ce tableau verticalement ↓ on voit le rapport des principes entre eux; en le lisant horizontalement → on voit le rapport des faits aux principes, et en parcourant son ensemble on voit s'en dégager la Loi générale.

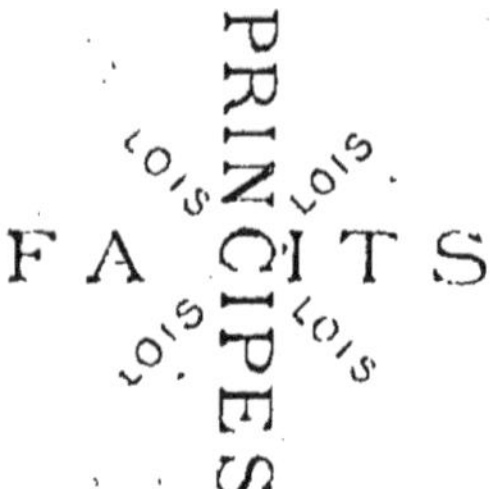

Une considération importante qui résulte de cette disposition c'est que, comme tous les faits sont gouvernés par la même loi, ces faits sont analogues entre eux et qu'on peut les remplacer les uns par les autres, en ayant soin de choisir, pour remplacer un mot, un autre mot gouverné par le même principe.

De là, une grande confusion dans l'esprit de ceux qui voient deux faits en apparence discordants accolés l'un à l'autre, comme dans la phrase suivante :

Notre mercure androgyne est l'enfant du Soleil barbu et de la Lune sa compagne.

Quel rapport peut-il y avoir entre ce métal, les planètes et la génération qu'on leur attribue ? C'est pourtant une application des tableaux analogiques, car

Mercure androgine (Enfant)	c'est le Neutre
Soleil barbu (Père)	c'est l'Actif
Lune compagne (Mère)	c'est le Passif

et voici leurs rapports :

+	—	∞
Soleil	Lune	Mercure
Père	Mère	Enfant
Or	Argent	Vif argent

Si bien que l'alchimiste voulait dire si l'on remplace le Soleil par son équivalent l'Or, et la Lune par son équivalent l'argent :

Notre mercure androgyne est l'enfant de l'Or et de l'Argent.

Reportons-nous aux quelques mots sur l'alchimie du chapitre XIII et nous comprendrons tout à fait.

D'autres phrases sont aussi faciles à réduire pour celui qui connaît les rapports, tout en restant incompréhensibles pour le profane.

Ainsi l'Alchimiste ne dira jamais : changer le Solide en Liquide, mais bien : *convertir la terre* (solide) *en eau* (liquide).

Il résulte de cela que beaucoup d'ignorants prenant les phrases alchimiques à la lettre et lisant :

Tu changeras l'eau en terre et tu sépareras la terre du feu,

se sont ruinés avant d'avoir trouvé le moyen de changer l'eau en humus ou de séparer la terre du feu. Ils n'ont pas peu contribué à jeter sur la Science occulte le discrédit dont elle jouit aujourd'hui. Il ne faut pas encore aller bien loin pour trouver des gens instruits qui professent gravement que la physique des anciens se réduisait à l'étude de leurs quatre éléments, terre-eau-air-feu. Ce sont ces gens qui trouvent si obscurs les livres hermétiques et pour cause.

Si l'on a bien compris l'emploi de la méthode analogique, on verra de suite l'importance des tableaux qui indiquent de suite les rapports entre les divers objets.

Ces rapports étaient d'une utilité extrême dans la pratique de certaines sciences antiques, entre autres la Magie et l'Astrologie.

Quand, par suite des persécutions du pouvoir arbitraire, les initiés furent obligés de sauver les principes de leur science, ils composèrent d'après les astres un livre mystérieux, résumé et clef de toute la science antique, et livrèrent ce livre aux profanes sans leur en donner la clef[1]. Les alchimistes comprirent le sens mystérieux de ce livre et plusieurs de leurs traités, entre autres les douze clefs de Basile Valentin, sont basés sur son interprétation. Guillaume Postel en retrouva le sens et l'appela *la Genèse d'Henoch*[2], les Rose-Croix le possédèrent également[3] et les initiations élevées n'en ont pas perdu le secret comme le prouvent les ouvrages du théosophe de Saint-Martin[4] établis d'après ces données. On trouvera

1. Fabre d'Olivet, *Vers dorés de Pythagore*, p. 270. Astrologie.

2. *Clef des choses cachées*, Amsterdam, 1646.

3. Les Rose-Croix affirment par exemple qu'ils ont un livre dans lequel ils peuvent apprendre tout ce qui est dans les autres livres faits ou à faire (Naudé, cité par Figuier, p. 299).

Il ne faut pas confondre ces Rose-Croix avec les titulaires du 18e degré maçonnique qui portent le même titre et ne savent rien. (Voy. *Francs-Maçons et Théosophes*, nº 5 du *Lotus*.)

4. Surtout l'ouvrage suivant : *Tableau naturel des Rapports qui existent entre Dieu, l'Homme et l'Univers.*

des développements à ce sujet dans les derniers chapitres du *Rituel de Haute Magie*, d'Eliphas Levi et dans mon volume sur le *Tarot des Bohémiens*.

Les histoires symboliques représentent le sens positif des vérités énoncées, les tableaux correspondent au sens comparatif et à l'analyse de ces vérités; nous allons étudier tout à l'heure les signes qui correspondent à la synthèse.

Auparavant deux questions restent à élucider : la construction et la lecture de ces tableaux.

Pour construire un tableau analogique on détermine d'abord le chiffre (1, 2, 3, 4, etc.) dont le tableau est le développement. Ainsi le tableau magique ci-dessous est construit d'après le chiffre 4. Il faudra donc tout d'abord autant de colonnes qu'il y a de principes étudiés, c'est-à-dire autant de colonnes que le chiffre représente d'unités. Prenons comme exemple quatre faits quelconques et déterminons leur position d'après le nombre Trois.

Osiris	Isis	Horus
Père	Mère	Enfant
Soleil	Lune	Mercure
Lumière	Ombre	Pénombre
Feu	Eau	Air

Nous voyons bien un exposé dans ce tableau, mais nous ne savons pas de quoi les faits sont le développement. Aussi est-il nécessaire d'ajouter une colonne supplémentaire aux colonnes précédentes, dans laquelle nous écrirons ce qui nous fait ici défaut.

1re COLONNE SUPPLÉMENTAIRE	COLONNE POSITIVE	COLONNE NÉGATIVE	COLONNE NEUTRE
Dieu d'après les Égyptiens	Osiris	Isis	Horus
La Famille	Père	Mère	Enfant
Les trois astres	Soleil	Lune	Mercure
La clarté	Lumière	Ombre	Pénombre
Les éléments	Feu	Eau	Air

Mais tous ces faits, pour aussi nombreux qu'ils soient, se rangent d'après la hiérarchie des Trois Mondes ; aussi faut-il encore ajouter une colonne, ce qui porte à deux le nombre des colonnes supplémentaires qu'il faut ajouter à tout tableau analogique. Voici le tableau définitif :

1re COLONNE SUPPLÉMENT.	+ COLONNE POSITIVE	— COLONNE NÉGATIVE	∞ COLONNE NEUTRE	2e COLONNE SUPPLÉMENT.
Dieu d'après les Égyptiens	Osiris	Isis	Horus	Monde archétype
La Famille	Père	Mère	Enfant	Monde moral
Les trois Astres	Soleil	Lune	Mercure	
La Clarté	Lumière	Ombre	Pénombre	Monde matériel
Les Éléments	Feu	Eau	Air	

Il suffit de se reporter au tableau d'Agrippa pour voir l'usage de cette colonne des Trois Mondes.

La lecture et la pratique des tableaux analogiques sont en grande partie basées sur la lecture des tables numériques antiques, entre autres de la table de Pythagore. Cette lecture se fait d'après le triangle rectangle ainsi qu'il suit :

1	2	3	4
2	4	6	8
3	6	9	12
4	8	12	16

Soit à chercher quel nombre donne la multiplication de 3 par 4. Le résultat cherché sera à l'angle droit d'un triangle rectangle dont les deux autres angles seront formés par les éléments de la multiplication ainsi qu'il suit :

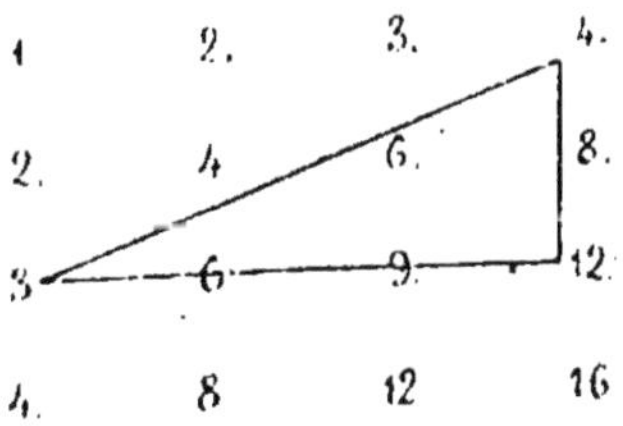

On voit que le résultat 12 se trouve à l'angle droit du triangle rectangle.

Il suffit d'appliquer ces données à un tableau analogique pour former des phrases étranges pour qui n'en a pas la clef, ainsi :

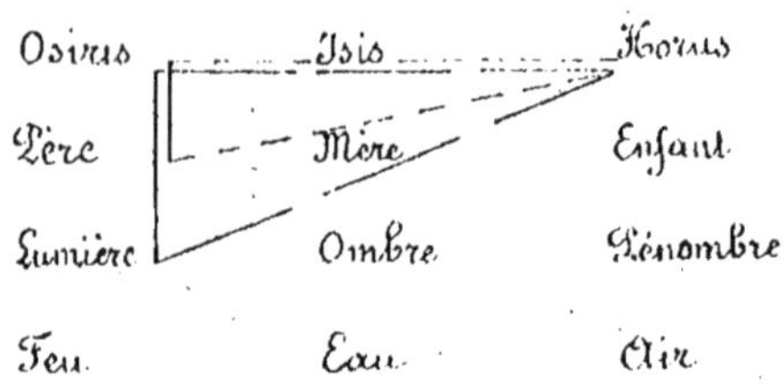

1re phrase : *Osiris est le* Père *d'Horus.*
2e phrase : *Osiris est la* Lumière *d'Horus.*
3e phrase : *Osiris est le* Feu *d'Horus* .

Il est inutile, je crois, d'insister sur les combinaisons multiples qui peuvent résulter de cette façon d'écrire. On peut retourner l'angle droit du triangle, le faire venir sur le mot Horus, par exemple, et lire la phrase suivante :

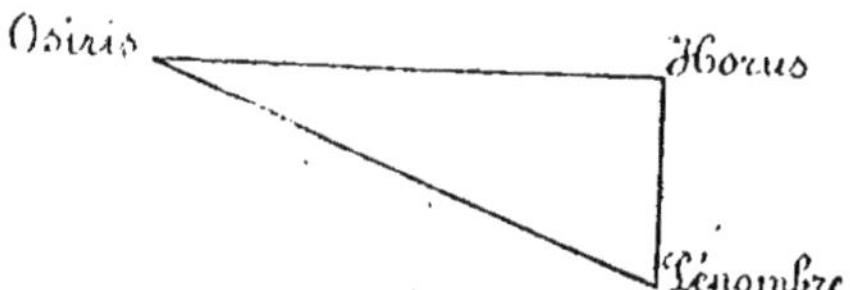

Horus est la Pénombre d'Osiris, phrase assez obscure pour qui n'en connaît pas la clef.

Nous avons donné au commencement du chapitre des applications diverses de cette méthode assez pour qu'il nous semble inutile d'y revenir.

Nous venons d'éclaircir encore un des mystérieux procédés employés par les initiés pour manifester leur idée. Nous avons aussi quelques données concernant deux des plus grandes sciences du Sanctuaire : la Magie et l'Astrologie. Poursuivons notre route et voyons si nous serons aussi heureux dans l'étude de la façon la plus secrète dont était entouré l'enseignement de la Science occulte : les Pantacles ou figures symboliques. Mais auparavant résumons dans un tableau du Trois quelques-unes des connaissances contemporaines. Ce tableau pourrait être beaucoup augmenté; mais nous pensons que les exemples donnés seront suffisants pour éclairer le lecteur.

QUELQUES ADAPTATIONS DU TERNAIRE AUX CONNAISSANCES CONTEMPORAINES

LES 3 MONDES	RAPPORTS. réduction à l'unité	POSITIF-ACTIF +	NÉGATIF-PASSIF —	NEUTRE PARTICIPANT des deux ∞
Monde Divin	Dieu d'après les Chrétiens Dieu d'après les Égyptiens Dieu d'après les Indous	Père Osiris Brahma	Fils Isis Siva	Saint-Esprit Horus Vichnou
Monde intellectuel	Syllogisme Causalité Personnes du verbe Multiplication Division Espace Temps Musique Division des Astres	Majeure Cause Celle qui parle Multiplicateur Diviseur Longueur Présent Tierce Soleil	Mineure Moyen À qui l'on parle Multiplicande Dividende Largeur Passé Quinte Planète	Conclusion Effet De qui l'on parle Produit Quotient Profondeur Avenir Médiane Satellite
Monde Physique ou mineur	Homme Famille Règnes de la Nature Règne végétal Couleurs simples Chimie Forces en général Magnétisme Électricité Chaleur Lumière Matière	Tête Volonté Père Règne animal Dicotylédonées Rouge Acide Mouvement Attraction Positif Chaud Lumière Gazeuse	Ventre Corps Mère Règne minéral Acotylédonées Bleu Base Repos Répulsion Négatif Froid Ombre Solide	Poitrine Vie Enfant Règne végétal Monocotylédonées Jaune Sel Équilibre Équilibre Neutre Tempéré Pénombre Liquide

LES FIGURES SYNTHÉTIQUES (pantacles) ET LEUR EXPLICATION

L'initié peut s'adresser à tous en exprimant ses idées au moyen des histoires symboliques correspondant aux FAITS et au sens positif.

Beaucoup comprennent encore, sinon le sens, du moins les mots qui composent les tableaux analogiques correspondant aux LOIS et au sens comparatif.

La compréhension *totale* de la dernière langue qu'emploie l'initié est réservée aux seuls adeptes.

Munis des éléments que nous possédons, nous pouvons cependant aborder l'explication partielle de cette méthode synthétique, la dernière et la plus élevée des Sciences occultes. Elle consiste à résumer exactement, dans un seul signe, les faits, les lois et les principes correspondant à l'idée qu'on veut transmettre.

Ce signe, véritable reflet des signes naturels, s'appelle un *pantacle*.

La compréhension et l'usage des pantacles correspondent aux PRINCIPES et au sens superlatif dans la hiérarchie ternaire.

Nous avons deux choses à savoir au sujet de ces figures mystérieuses, d'abord leur construction, ensuite et surtout leur explication.

Nous avons déjà donné la réduction de la Table d'Émeraude en signes géométriques. C'est un véritable pantacle que nous avons ainsi construit; cependant, pour plus de clarté, nous allons en construire un autre.

Le secret le plus caché, le plus occulte du sanctuaire, c'était, nous le savons, la démonstration de l'existence d'un agent universel désigné sous une foule de noms et la mise en pratique des pouvoirs acquis par son étude.

Comment faudrait-il s'y prendre pour désigner cette force par un signe?

Étudions pour cela ses propriétés.

Avant tout cette force unique est douée, comme son Créateur qu'elle aide à constituer, de deux qualités polarisables; elle est active et passive, attractive et répulsive, à la fois positive et négative.

Nous avons une foule de manières de représenter l'actif; nous pourrons le désigner par le chiffre 1 en marquant le passif du chiffre 2, ce qui nous donnerait 12 pour l'actif-passif. C'est là le procédé pythagoricien.

Nous pouvons encore le désigner par une barre verticale, désignant le passif par une barre horizontale; alors nous aurons la croix, autre image de l'actif-passif. C'est là le procédé des gnostiques et des Rose-Croix.

Mais ces deux désignations, signifiant bien *actif-passif*, ne font pas mention du positif et du négatif, de l'attractif et du répulsif.

Pour atteindre notre but, nous allons chercher notre représentation dans le domaine des formes, dans la Nature elle-même, où le positif sera représenté par un plein et le négatif par son contraire, c'est-à-dire par un vide. C'est de cette manière de concevoir l'actif que sont découlées toutes les images phalloïdes de l'antiquité.

Donc un *plein* et un *vide*, voilà les éléments grâce auxquels nous exprimons les premières qualités de la force universelle.

Mais cette force est encore douée d'un perpétuel mouvement, à tel point que c'est par ce nom que Louis Lucas l'a désignée. L'idée de mouvement cyclique répond en géométrie qualitative au cercle et au nombre dix.

Un plein, un vide et un cercle,

Voilà le point de départ de notre pantacle.

Le plein sera représenté par la queue d'un serpent, le vide par son corps. Tel est le sens de l'οὐροβόρος antique.

Le serpent est enroulé sur lui-même de telle façon que sa tête (vide, attractif, passif) cherche continuellement à dévorer sa queue (plein, répulsif, actif), qui fuit dans un éternel mouvement.

Voilà la représentation de la force. Comment exprimerons-nous ses lois?

Celles-ci, nous le savons, sont harmoniques et par suite équilibrées. Elles sont représentées dans le monde par l'Orient positif de la Lumière, équilibré par l'Occident négatif de la Lumière ou positif de l'Ombre; par le Midi positif de la Chaleur, équilibré par le Nord négatif de la Chaleur ou positif du Froid. Deux forces, Lumière et Chaleur, s'opposant l'une à l'autre en positif et négatif pour constituer un quaternaire, voilà l'image des Lois du Mouvement désignées par ses Forces Équilibrées. Leur représentation sera la Croix.

Nous ajouterons donc entre la bouche et la queue du serpent ou autour de lui l'image de la Loi qui régit le mouvement, le quaternaire.

Nous connaissons la force universelle et sa représentation ainsi que celle de ses lois. Comment exprimerons-nous sa marche?

Nous savons que cette force évolue et involue perpétuellement des courants vitaux qui se matérialisent, puis se spiritualisent, qui sortent et rentrent constamment dans l'unité. L'un de ces courants, celui qui va de l'Unité à la Multiplicité, est donc passif descendant: l'autre, qui va de la Multiplicité à l'Unité, est actif ascendant.

Plusieurs moyens nous seront donc fournis pour représenter la marche de la force universelle.

Nous pourrons la désigner par deux triangles, l'un noir et descendant, l'autre blanc et ascendant. C'est là le procédé suivi dans le pantacle de la Société théosophique.

Nous pourrons la désigner par deux colonnes, l'une blanche, l'autre noire (procédé suivi dans la Franc-Maçonnerie, colonnes

JAKIN et BOHAS) ou par les positions données aux bras d'un personnage, l'un levé en haut pour désigner le courant ascendant, l'autre baissé vers la terre pour désigner le courant descendant.

Réunissons tous ces éléments et nous verrons apparaître la figure qui constitue la 21e clef du Tarot, image de l'absolu.

Le serpent représente la force universelle, les quatre animaux symboliques, la loi des forces équilibrées, émanées de cette force, les deux colonnes au centre du serpent, la marche du Mouvement, et la jeune fille, la production qui en résulte, la Vie.

L'ουροβορος considéré seul, sans son développement, exprime donc un des principes les plus généraux qui existent. Ce sera l'image :

Dans le Monde Divin :	De l'action du Père sur le Fils.
Dans le Monde Intellectuel :	De l'action de la Liberté sur la Nécessité.
Dans le Monde Matériel ou Physique :	De l'action de la Force sur la Résistance.

Cette figure est encore susceptible d'une foule d'applications. En un mot, c'est un pantacle, une image de l'absolu.

LE PANTACLE DU MARTINISME.

Il existe un autre pantacle plus profond encore comme enseignement que celui de la société théosophique, aujourd'hui tombée comme elle le méritait par la conduite de ses fondateurs, c'est celui de Claude de Saint-Martin.

Dieu, le premier principe de l'Univers, est représenté par un cercle (symbole de l'éternité).

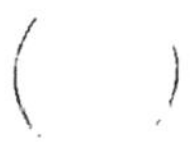

L'action de l'Éternité passant de la Puissance en acte est symbolisée par le rapport mystique du centre à la circonférence, par *le rayon* projeté six fois autour du cercle, d'où l'hexagone des six périodes de la création. Le point central forme la 7e période (repos).

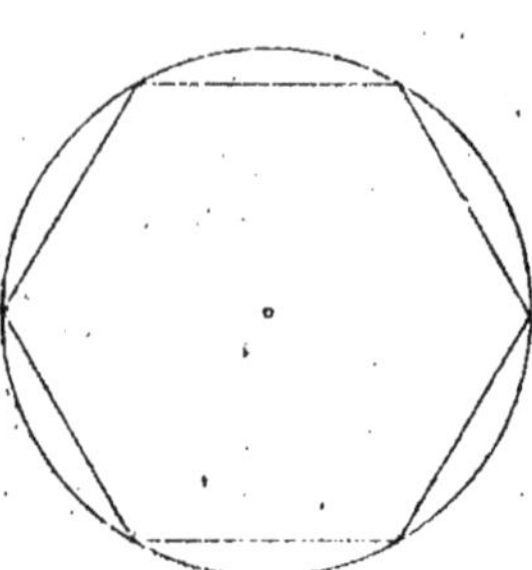

C'est dans ces émanations créatrices (éons) que va évoluer la Nature avec ses deux courants d'involution et d'évolution (triangle ascendant et triangle descendant).

Remarquons que *la Nature* n'atteint pas *Dieu*, elle n'atteint que les forces créatrices émanées de lui.

Aussi, du centre de l'Univers à Dieu lui-même, la puissance de l'homme prend naissance, alliant les effets de la Divinité au fatalisme de la Nature dans sa triple nature synthétisée par l'Unité du libre arbitre en un quaternaire (la croix).

Cette croix, image de l'homme, unit le centre de l'Univers (âme humaine) à Dieu lui-même.

Telle est l'explication du pantacle universel du Martinisme.

§ 3. — EXPLICATION DES PANTACLES.

Explication des Pantacles. — Ces figures qui semblent au premier abord si mystérieuses deviennent cependant, dans la plupart des cas, relativement faciles à expliquer. Voici quelles sont les règles les plus générales qu'on peut assigner à cette explication :

1. *Décomposer la figure en ses éléments ;*

II. *Voir la situation qu'occupent ces éléments dans la figure les uns par rapport aux autres;*

III. *Chercher la science à laquelle se rattache de plus près le pantacle.*

I

DÉCOMPOSITION DE LA FIGURE EN SES ÉLÉMENTS

Tout pantacle, pour aussi complexe qu'il paraisse, peut être décomposé en un certain nombre d'éléments se rapportant à la géométrie qualitative (voy. chap. IV).

Nous allons passer en revue un certain nombre d'éléments grâce auxquels le travail se trouvera de beaucoup abrégé.

Mais auparavant je tiens à donner un moyen qu'on doit toujours employer quand la détermination des éléments est difficile, c'est de les compter. On les trouve alors rangés par trois, par sept ou par douze.

S'ils sont rangés par trois, l'idée qu'ils renferment est celle d'Actif-Passif-Neutre et de ses conséquences.

S'ils sont rangés par sept, ils se rapportent soit aux sept planètes soit aux couleurs de l'œuvre hermétique, et la 3e considération (science à laquelle se rapporte la figure) éclaire alors la description.

Enfin s'ils sont rangés par douze, ils expriment tout mouvement zodiacal, et celui du Soleil en particulier.

Cette difficulté écartée, voyons quelques-uns des principaux éléments.

La *croix* exprime l'opposition des forces deux à deux pour donner naissance à la Quinte essence. C'est l'image de l'action de l'Actif sur le Passif, de l'Esprit sur la Matière.

Naturellement la tête domine le corps, l'Esprit domine la Matière; quand les sorciers veulent exprimer leurs idées dans un pantacle, ils formulent leurs imprécations en détruisant l'harmonie de la figure, ils mettent *la croix la tête en bas* et par là expriment les idées suivantes :

La Matière domine l'Esprit ;
Le Mal est supérieur au Bien ;
Les ténèbres sont préférables à la Lumière.
L'homme doit se laisser guider uniquement par ses plus bas instincts et tout faire pour détruire son intelligence, etc., etc.

Nous savons que la croix exprime ces idées parce qu'elle est formée d'une barre verticale (image de l'actif) et d'une barre horizontale (image du passif) avec toutes les analogies attachées à ces termes.

Le *carré* exprime l'opposition des forces actives et passives pour constituer un équilibre ; c'est pourquoi il est particulièrement l'image de la forme.

Le *triangle* exprime des idées différentes suivant les positions qu'affecte son sommet.

En lui-même le triangle est formé de deux lignes opposées, images du 2 et de l'antagonisme, qui iraient se perdre dans l'Infini sans se rencontrer jamais si une troisième ligne ne venait les unifier toutes deux et par là les ramener à l'Unité en constituant la première figure fermée.

Le *triangle la tête en haut* représente tout ce qui monte de bas en haut.

Il est particulièrement le symbole du Feu, du chaud[1].

« C'est le mystère hiérarchique de la Lumière et la Matière radicale du Feu Élémentaire, c'est le principe formel du Soleil, de la Lune, des étoiles et de toute la Vie naturelle.

« Cette lumière primitive porte en haut tous les phénomènes de sa vertu parce qu'étant purifiée par l'Unité de la Lumière incréée, elle s'élance toujours vers l'Unité d'où elle emprunte son ardeur[2]. »

Le *triangle la tête en bas* représente tout ce qui descend de haut en bas.

Il est particulièrement le symbole de l'Eau, de l'Humide.

« C'est l'Eau surcéleste ou la Matière métaphysique du Monde sortie de l'Esprit prototype; la Mère de toutes choses qui du Binaire produit le Quaternaire.

« Tous ses mouvements tendent en bas et de là vient qu'elle individualise les matières particulières et les corps de toutes choses en leur donnant l'existence[3]. »

L'*Union des deux triangles* représente la combinaison du Chaud et de l'Humide, du Soleil et de la Lune, le principe de toute création, la circulation de la VIE du Ciel à la Terre et de la Terre au Ciel, l'évolution des Indous.

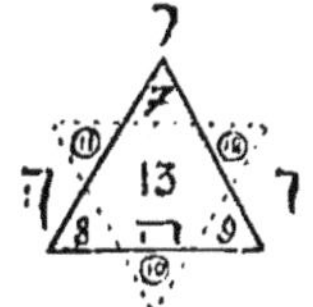

Cette figure, appelée SCEAU de SALOMON, représente l'Univers et ses deux Ternaires : DIEU et la NATURE; c'est l'image du Macrocosme.

Elle explique les paroles d'Hermès dans la Table d'Émeraude :

« Il monte de la Terre au Ciel et derechef il descend en terre et reçoit la force des choses supérieures et inférieures. »

Elle représente encore les vertus η βασιλεια, και η δοξα, και η

1. « Comme la flamme d'une torche tend toujours à s'élever, de quelque manière qu'on la tourne, ainsi l'homme dont le cœur est enflammé par la vertu, quelque accident qu'il lui arrive, se dirige toujours vers le but que la sagesse lui indique. » (*Proverbes* du Brahme Barthrovhari.)

2. *L'Ombre idéale de la Sagesse universelle.*

3. *L'Ombre idéale de la Sagesse universelle.*

δυναμις) répandues dans les cycles générateurs (εις τους αιωνας) du verset occulte du *Pater* de saint Jean que récitent encore les prêtres orthodoxes.

« C'est la perfection de l'Univers dans l'ouvrage mystique des six jours où l'on assigne au Monde le haut et le bas, l'Orient et l'Occident, le Midi et le Septentrion.

« Ainsi cet hiéroglyphe du Monde en découvre les sept lumières dans le mystère des sept jours de la Création, car le centre du Sénaire fait le Septénaire sur lequel roule et se repose la Nature et que Dieu a choisi pour sanctifier son Nom adorable. Je dis donc que LA LUMIÈRE du Monde sort du Septénaire parce que l'on monte de lui au Dénaire qui est l'Horizon de l'Éternité d'où partent toute la jouissance et la vertu des choses. » (*L'Ombre idéale.*)

Le lecteur doit être à même, d'après les indications précédentes, de comprendre ces passages d'un écrit du plus pur mysticisme.

II

SITUATION DES ÉLÉMENTS

Déterminer les éléments qui composent un pantacle, c'est un grand point, mais là ne doit pas se borner le travail de l'investigateur.

La position qu'occupent ces éléments jette une vive clarté sur les points les plus obscurs, et cette position est relativement facile à déterminer par la méthode des oppositions.

Cette méthode consiste à appliquer à l'intelligence d'un élément resté obscur la signification opposée de l'élément placé en opposition de celui-ci.

Soit l'exemple suivant :

P...

L.·. D.·.

{ *Liberté de passer.*
{ *Liberté. — Pouvoir. — Devoir.*
{ *Lilia. — Pedibus. — Distruc.*

Voici trois lettres formant la devise de Cagliostro. Je suis arrivé, supposons, à retrouver le sens de la première et à voir qu'elle signifiait *Liberté* ; j'ai vu ma supposition confirmée par le triangle à sommet supérieur représenté par les trois points et situé à sa suite, je cherche la signification de l'autre lettre, D.

D'après la méthode des oppositions, je sais que cette lettre opposée de la première, aura un sens réciproque du premier sens, Liberté; ce sens doit être enfermé dans l'idée de *Nécessité*. Mais le triangle à sommet inférieur ∵ m'indique bientôt que cette nécessité est passive dans ses manifestations et l'idée de Devoir vient prendre la place de la lettre D, la réaction de L sur D donne le *Pouvoir*.

Cet exemple très simple permet de saisir les données de la méthode des oppositions qui est d'une grande utilité dans l'explication des figures mystérieuses. Cette méthode est toujours employée soit en désignant les opposés par des couleurs différentes comme les deux colonnes J et B des francs-maçons, l'une rouge, l'autre bleue, soit en les désignant par des formes différentes comme la bouche et la queue du serpent images de l'actif et du passif, ou les symboles de génération placés sur les colonnes maçonniques, soit encore en leur donnant des directions différentes comme dans le *Sceau de Salomon* (les deux triangles à sommets opposés) ou dans la *croix* (opposition des Lignes).

Couleurs }
Formes } opposées.
Directions }

Telles sont les trois façons sous lesquelles sont désignés les antagonistes dans les pantacles.

Nous retrouvons l'application de ceci dans les diverses façons de représenter le quaternaire, image de l'absolu (Voy. *Cycle des nombres*, chap. II.)

Littéralement le quaternaire est désigné par quatre lettres hébraïques: יהוה.

La première י (iod) représente l'actif.

La seconde ה (hé) est l'image du passif.

La troisième ו (vau) représente le lien qui les lie toutes deux.

Enfin la quatrième ה (hé) est la seconde répétée et indique la perpétuité des productions d'Osiris-Isis.

Pour écrire ces lettres à la façon des initiés, il faut les disposer en croix comme ceci :

Dans ce cas, la direction indique la signification des éléments, car les éléments actifs (iod et vau) sont sur la même ligne verticale.

Les éléments passifs sur la même ligne horizontale.

On peut également désigner ce quaternaire par des formes différentes :

Le *Bâton*, image de l'actif, représentera le *iod* (י).

La *Coupe*, creuse, image du passif, représentera le premier *hé* (ה).

L'*Épée* ou image de l'alliance de l'actif et du passif,
La *Croix* représentera le *vau* (ו).

Le *Disque* représentera deux coupes superposées et par suite 2 fois 2 indiquant la répétition du *hé* (ה).

Bâton ou *Trèfle*
Coupe ou *Cœur*
Épée ou *Pique*
Disque ou *Carreau*
} Tels sont les éléments, images de l'absolu, qui constituent les cartes à jouer.

Ces éléments sont peints de deux façons opposées (*rouges* et *noirs*) pour montrer que le quaternaire est formé par l'opposition deux à deux de deux forces primordiales, une active : rouge, l'autre passive : noire.

Voici le résumé géométrique de cette manière de considérer le quaternaire :

Bâton
+
Coupe + — Noire — — Disque
—
Épée

Considérez la 21e clef du livre d'Hermès et vous allez retrouver tout ceci dans les quatre animaux symboliques.

En résumé, la seconde méthode d'explication consiste à opposer le haut de la figure avec le bas, la droite avec la gauche pour en tirer les éclaircissements nécessaires à l'explication.

Il est rare que le sens d'une figure, pour aussi mystérieuse qu'elle soit, n'apparaisse pas en alliant la première méthode (séparation des éléments) à celle-ci.

Toutes ces considérations sur l'explication des figures paraîtront peut-être bien futiles à quelques lecteurs : mais qu'ils songent que la science antique réside presque entièrement dans des pantacles et alors sans doute ils excuseront la monotonie de ces développements.

Ne retrouvons-nous pas l'application de ces données dans la façon d'écrire les trois langues primitives : le Chinois — l'Hébreu — le Sanscrit [1] ?

Le Chinois s'écrit de haut en bas, c'est-à-dire verticalement et de droite à gauche.

L'Hébreu horizontalement et de droite à gauche.

Le Sanscrit horizontalement et de gauche à droite.

D'après Saint-Yves d'Alveydre [2], la direction de l'écriture indiquerait l'origine de l'instruction des peuples. Si nous appliquons ceci aux écritures précédentes, nous trouverons que :

Tous les peuples qui écrivent comme les Chinois, c'est-à-dire du Ciel à la Terre [3], ont une origine touchant de très près à la source primitive. (Les Chinois sont les seuls qui possèdent encore une écriture idéographique.)

Tous les peuples qui écrivent comme les Hébreux, de l'Orient à l'Occident, ont reçu leur instruction d'une source orientale.

Enfin, tous les peuples qui écrivent comme le Sanscrit, d'Occident en Orient, tiennent leur savoir des primitifs sanctuaires métropolitains d'Occident et surtout des Druides.

D'après cela on pourrait considérer le Chinois comme une racine primitive qui, partie du ciel, donnerait comme rejeton l'Hébreu ou le Sanscrit suivant qu'on la prendrait comme active ou passive, comme orientale ou occidentale. Tout ceci se résume dans les dispositions suivantes :

1. Voy. les travaux de Fabre d'Olivet sur la langue hébraïque.
2. *Mission des Juifs.*
3. Moreau de Dammartin, dans son *Traité sur l'Origine des Caractères alphabétiques* (Paris, 1839), démontre que les caractères chinois sont tirés de la configuration des signes célestes.

III

SCIENCE A LAQUELLE SE RATTACHE LE PANTACLE

C'est un grand point d'avoir décomposé une figure en ses éléments, d'avoir trouvé le sens de ces éléments par la méthode des oppositions; mais là ne doit point se borner le travail du chercheur.

Supposons qu'il soit arrivé à rapporter aux sept planètes sept éléments d'une analyse difficile ; a-t-il lieu d'être satisfait ?

Le sens général du Pantacle peut seul l'éclairer à ce sujet. S'il s'agit d'Astrologie, le sens positif attribué aux planètes lui suffira ; s'il s'agit d'Alchimie, le sens comparatif seul sera utile et les planètes désigneront les couleurs de l'œuvre [1] ; enfin, s'il est question de Magie, les planètes se rapporteront aux noms des intelligences qui les gouvernent.

On voit de quelle importance est la détermination du sens d'un pantacle, et cette détermination ne peut être obtenue qu'en combinant les deux premières méthodes : *Décomposition en éléments. — Oppositions des éléments*.

Enfin, disons que cette spécification du sens des figures mystérieuses n'existe presque jamais dans les figures antiques et qu'elles désignent analogiquement les trois significations correspondant aux trois mondes.

Appliquons maintenant les données précédentes à l'explication des figures symboliques les plus faciles à rencontrer dans l'étude de la Science occulte.

Je m'abstiendrai souvent d'analyser les explications, que le lecteur pourra retrouver aussi facilement que moi par l'emploi des méthodes ci-dessus.

LE SPHINX

Les Religions se succèdent sur la Terre, les générations passent et les derniers venus croient pouvoir, dans leur orgueil, narguer

1. « Mais toutefois quand le roi est entré, premièrement il se dépouille de sa robe de drap de fin or, battu en feuilles très déliées, et la baille à son premier homme qui s'appelle Saturne. Adonc Saturne la prend et la garde quarante jours ou quarante-deux au plus, quand une fois il l'a eue; après, le roi revêt son pourpoint de fin velours et le donne au deuxième homme qui s'appelle Jupiter qui le garde vingt jours bons. Adonc Jupiter, par commandement du roi, le baille à la Lune qui est la tierce personne, etc., etc. » (Bernard le Trevisan.)

les connaissances de l'antiquité. Au-dessus de toutes les sectes, au-dessus de toutes les querelles, au-dessus de toutes les erreurs se

Le Sphinx (dessin de E. Gary de Lacroze).

dresse le Sphinx immobile qui répond par un troublant : Que suis-je ? aux ignorants qui blasphèment la Science.

Les temples peuvent être détruits, les livres peuvent disparaître sans que les hautes connaissances acquises par les anciens puissent être oubliées. Le sphinx reste et il suffit.

Symbole de l'Unité, il résume en lui les formes les plus étrangères l'une à l'autre.

Symbole de la Vérité, il montre la raison de toutes les erreurs dans ses contrastes mêmes.

Symbole de l'Absolu, il manifeste le Quaternaire mystérieux.

Ma religion seule est vraie, crie le fanatique chrétien.

La vôtre est l'œuvre d'un imposteur, la mienne seule vient de Dieu, répond le Juif.

Tous vos livres saints sont des copies de notre Révélation, s'écrie l'Indou.

Toutes les religions sont des mensonges, rien n'existe en dehors de la Matière, les principes de tous les cultes viennent de la contemplation des astres, la Science seule est vraie, soutient le Savant moderne.

Et le sphinx se dresse au-dessus de toutes les disputes, immobile, résumé de l'Unité de tous les cultes, de toutes les Sciences.

Il montre au chrétien l'Ange, l'Aigle, le Lion et le Taureau qui accompagnent les évangélistes ; le Juif y reconnaît le songe du Juif Ezéchiel ; l'Indou, les secrets d'Adda Nari, et le savant allait passer dédaigneux quand il retrouve sous tous ces symboles les lois des quatre forces élémentaires, Magnétisme, Electricité, Chaleur, Lumière.

Indécis sur sa marche dans la vie, le futur initié interroge le sphinx et le sphinx parle :

Regarde-moi, dit-il, j'ai une tête humaine dans laquelle siège la Science, comme te l'indiquent les ornements de l'initié qui la décorent.

La Science conduit ma marche dans la vie, mais, seule, elle est d'un faible secours. J'ai des griffes de Lion à mes quatre membres ; je suis armé pour l'action, je me fais place à droite et à gauche, en avant et en arrière, rien ne résiste à mes griffes guidées par ma tête, rien ne résiste à l'Audace conduite par la Science.

Mais ces pattes ne sont aussi solides que parce qu'elles sont greffées sur mes flancs de Taureau. Quand une fois j'ai entrepris une action, je poursuis mon but laborieusement, avec la patience du bœuf qui trace le sillon.

Dans les moments de défaillance, quand le découragement est près de m'envahir, quand ma tête ne se sent plus assez forte pour diriger mon être, j'agite mes ailes d'aigle. Je m'élève dans le domaine de l'intuition, je lis dans le Cœur du Monde les secrets de la Vie universelle, puis je reviens continuer mon œuvre en silence.

Ma *tête* te recommande de *Savoir*
Mes *griffes* — d' *Oser*
Mes *flancs* — de *Vouloir*
Mes *ailes* — de *Se Taire*

Suis mes conseils et la vie te paraîtra juste et belle.

Le front d'homme du Sphinx parle d'intelligence ;
Ses mamelles d'amour, ses ongles de combat ;
Ses ailes sont la Foi, le Rêve et l'Espérance,
Et ses flancs de Taureau le travail d'ici-bas.

Si tu sais travailler, croire, aimer, te défendre,
Si par de vils besoins tu n'es pas enchaîné,
Si ton cœur sait vouloir et ton esprit comprendre,
Roi de Thèbes, salut, te voilà couronné [1] !

TÊTE

AILES

FLANCS

PATTES PATTES

Dans ce symbole de sphinx deux grandes oppositions se montrent :

En avant : La *Tête* (la *Science*) s'oppose aux *Pattes* (l'*Audace*).

En arrière : Les *Flancs* (*Travail*) s'opposent également aux *Pattes* (*Audace*).

Entre les deux existe l'*intuition* (*ailes*) qui les règle.

L'audace dans son action agira d'une manière efficace
(pattes de devant)
si la Science la domine toujours assez pour la guider.
(TÊTE)

L'audace dans les études sera couronnée de succès
(pattes de derrière)
si elle se laisse conduire par le Travail et la Persévérance.
(flancs de Taureau)

Enfin les excès dans l'Action ou dans l'Étude doivent être tempérés par l'usage de l'imagination (ailes d'aigle).

1. Eliphas Levi, *Fables et Symboles*.

Une autre opposition apparaît, c'est celle du Haut et du Bas harmonisés par le Milieu.

HAUT —	TÊTE	AILES
MILIEU —	FLANCS DE TAUREAU	
BAS —	PATTES DE DEVANT	PATTES DE DERRIÈRE
	+	—

En haut siègent la Science et l'Imagination, en bas la pratique, pratique dans la Science (pattes de devant), pratique dans l'Imagination (pattes de derrière).

La théorie doit toujours dominer et conduire la Pratique ; celui qui veut découvrir les vérités de la Nature rien que par l'expérience matérielle est semblable à un homme qui voudrait se passer de tête pour mettre ses membres en action.

Pas de Théorie sans Pratique
Pas de Pratique sans Théorie
Pas de Théorie } *sans Travail*
Pas de Pratique }

Voilà ce que nous dit encore le sphinx.

Résumons tout ceci dans une figure d'après les indications que nous venons de découvrir.

Devant +	Tête humaine	=	Actif	+
	Pattes de devant	=	Passif	—
Derrière —	Ailes d'aigle	=	Actif	+
	Pattes de derrière	=	Passif	—
Milieu ∞	Entre les deux et les unissant on voit les flancs de taureau.		Neutre ∞	

Nous désignerons le devant du sphinx actif par une barre verticale.

Le derrière passif par une barre horizontale et nous obtiendrons la figure suivante :

Tête humaine
|
Ailes d'Aigle — FLANCS — Pattes de Derrière
|
Pattes de Devant

ou en résumé

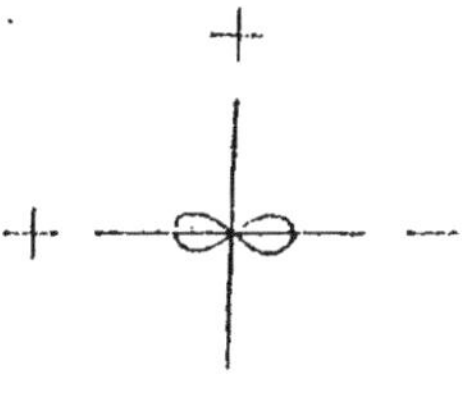

Cette dernière figure nous indique les lois des forces élémentaires émanées de la Force universelle :

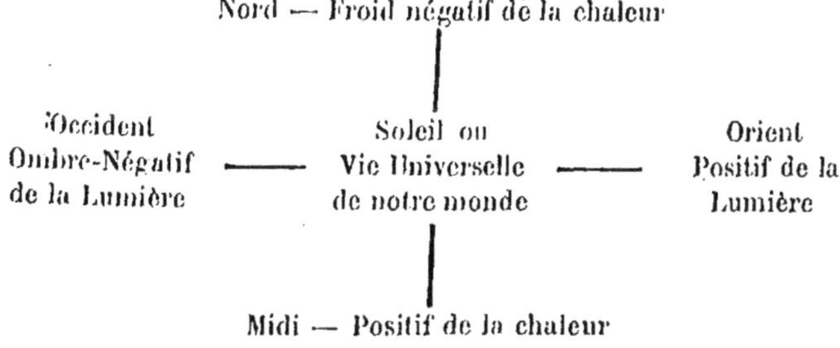

Autre signification du sphinx.

LES PYRAMIDES

Le sphinx n'est pas le seul monument symbolique que nous ait légué l'Égypte.

Les traces des anciens centres d'initiation subsistent encore dans les Pyramides.

« En face du Caire, le plateau de Gizeh, qui se détache en éperon de la chaîne libyque, porte encore sur la rive gauche du Nil trois monuments qui ont défié l'action du temps et des hommes : ce sont les Pyramides.

« Ces trois masses, à bases carrées, un peu inégales en grandeur, forment par leur situation respective un triangle dont une face regarde le Nord, une autre l'Occident et la troisième l'Orient. La plus grande, située à l'angle du Nord et vers le Delta, symbolise la force de la Nature ; la seconde, élevée au Sud-Ouest, à distance d'une portée de flèche de la première, est le symbole du Mouvement; et la dernière, bâtie au sud-est de celle-ci à distance d'un jet de pierre de la seconde, symbolise le Temps. Au midi de cette dernière, à une médiocre distance, sur une ligne qui se prolonge de l'Orient à l'Occident, se dressent trois autres pyramides formant des masses moins considérables et près desquelles s'entassent d'innombrables pierres colossales que l'on pourrait considérer comme les ruines d'une septième pyramide. Il est en effet permis de supposer que les Égyptiens avaient voulu représenter par sept aiguilles ou conoïdes flammiformes, les sept mondes planétaires dont les génies régissent notre univers et dont Hermès fut le révélateur. » (Christian, *Hist. de la Magie*, p. 99 et 100.)

Chaque pyramide est construite sur une base carrée, symbolisant par là la matière, la forme, le signe, l'adaptation.

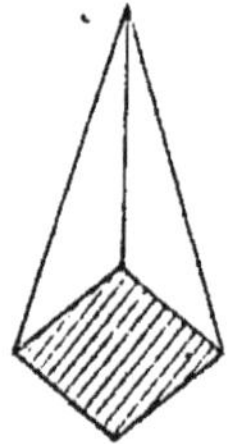

L'élévation de chacun des côtés est Ternaire et symbolise l'idée, la théorie.

Que veut dire cette suprématie du Ternaire sur le quaternaire?

Le Ternaire domine le Quaternaire, c'est-à-dire :

L'Idée	—	le Signe
L'Esprit	—	la Matière
La Théorie	—	la Pratique.

L'ensemble de la Pyramide est formé de 4 et de 3, c'est-à-dire de sept, symbole de l'alliance entre l'Idée et le Signe, entre l'Esprit et la Matière, entre la Théorie et la Pratique, c'est la Réalisation.

En haut la Pyramide nous montre un point mathématique (son sommet) d'où partent quatre idées (quatre triangles). Ces quatre idées viennent se baser sur une forme unique (la base) et par là montrent leur solidarité.

Nous retrouvons dans l'étude de ces pyramides le mystérieux tétragramme.

LE PENTAGRAMME

Le Pentagramme ou étoile à cinq pointes, l'Étoile flamboyante des francs-maçons, est encore un pantacle et un des plus complets qu'on puisse imaginer.

Ses sens sont multiples, mais ils se ramènent tous à l'idée primordiale de l'alliance du quaternaire et de l'Unité.

Cette figure désigne surtout l'homme, et c'est dans cette acception que nous allons l'étudier.

La pointe supérieure représente la tête, les quatre autres pointes les membres de l'homme. On peut aussi considérer ce pantacle comme image des cinq sens; mais cette signification trop positive ne doit pas nous arrêter.

Sans vouloir expliquer ici complètement les secrets de cette figure, nous pouvons montrer combien est facile l'interprétation qui peut guider dans sa mise en pratique. En effet, les magiciens se servent, pour agir sur les esprits, du Pentagramme la tête en haut, les sorciers du Pentagramme la tête en bas.

Le Pentagramme la tête en haut indique l'homme chez qui la volonté (la tête) conduit les passions (les membres).

L'idée étant représentée par 3 et la matière (dyade) par 2, on peut, en décomposant ainsi le Pentagramme, montrer cette domination de l'Esprit sur la Matière.

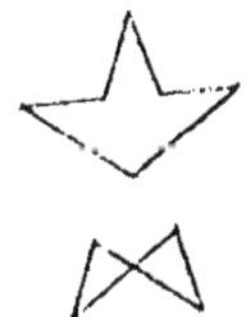

Le Pentagramme la tête en bas représente la même figure que la croix renversée, c'est l'homme chez qui, les passions entraînent la volonté, c'est l'homme passif, l'homme qui laisse subjuguer sa volonté par les mauvais esprits, c'est le Médium.

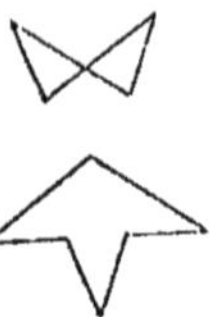

Dans cette situation le Pentagramme indique la matérialisation de l'Esprit, l'homme qui consent à mettre sa tête en bas et ses jambes en l'air.

Le Pentagramme peut donc représenter le Bien ou le Mal suivant la direction qu'il affecte et c'est pour cela qu'il est l'image de l'Homme, du Microcosme capable de faire le Bien ou le Mal suivant sa Volonté.

Dans le *Faust* de Goëthe, on peut voir l'usage magique du Pentagramme (Acte 1er).

LE TAROT

Il existe un ensemble merveilleux de 22 Pentacles, exprimant chacun une des forces de l'absolu : c'est le Tarot des Bohémiens.

Nous avons consacré un gros volume à l'étude de ces pantacles et à la découverte de leur loi de construction ; aussi renvoyons-nous les curieux à cette étude.

Nous allons reproduire les 22 pantacles mystiques du Tarot relevés par Oswald Worth[1].

1. On trouve cette collection chez notre éditeur et à la librairie du Merveilleux, 29, rue de Trévise.

22 FIGURES DU TAROT

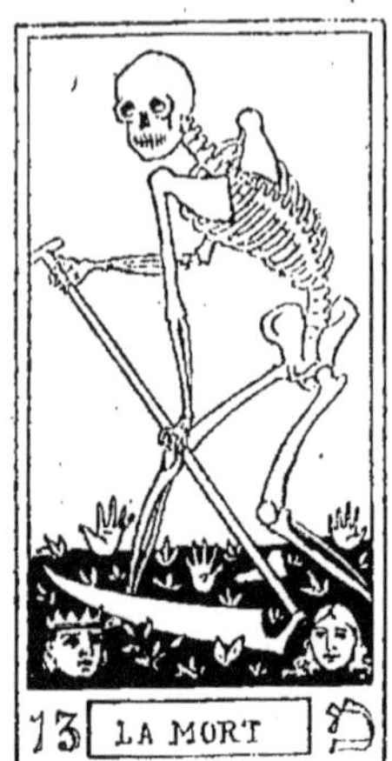
13
LA MORT

14
LA TEMPERANCE

15
LE DIABLE

16
LEFEU DU CIEL

17
LES ETOILES

18
LA LUNE

19
LE SOLEIL

20
LE JUGEMENT

21
LE MONDE

LE FOU

EXPLICATION DE L'HIÉROGLYPHE ALCHIMIQUE DE NOTRE-DAME DE PARIS

PAR CAMBRIEL.

« A l'une des trois grandes portes d'entrée de l'église Notre-Dame, cathédrale de Paris, et sur celle qui est du côté de l'Hôtel-Dieu, se trouve sculpté sur une grosse pierre, au milieu de ladite porte d'entrée, et en face du Parvis, l'hiéroglyphe reproduit en tête du chapitre VII de cet ouvrage, représentant le plus clairement possible tout le travail, et le produit ou le résultat de la pierre philosophale.

I

« Au bas de cet hiéroglyphe qui est sculpté sur un long et gros carré de pierre, se trouvent au côté gauche et du côté de l'Hôtel-Dieu deux petits ronds pleins et saillants représentant les *Natures métalliques* brutes ou sortant de la mine (qu'il faudra préparer par plusieurs fusions et des aidants salins).

II

« Du côté opposé sont aussi les deux mêmes ronds ou *natures* ; mais travaillées ou dégagées des crasses qu'elles apportent des mines lesquelles ont servi à leur création.

III

« Et en face, du côté du Parvis, sont aussi les deux mêmes ronds ou *natures* mais perfectionnées ou totalement dégagées de leurs crasses par le moyen des précédentes fusions.

« Les premières représentent les corps métalliques qu'il faut prendre pour commencer le travail hermétique.

« Les deuxièmes travaillées nous manifestent leur vertu intérieure et se rapportent à cet homme qui est dans une caisse, lequel, étant entouré et couvert de flammes de feu, prend naissance dans le feu.

« Et les troisièmes perfectionnées, ou totalement dégagées de leurs crasses, se rapportent au dragon babylonien [1], ou mercure

1. C'est là le Télesme d'Hermès et le mouvement de Louis Lucas (Papus).

philosophal, dans lequel se trouvent réunies toutes les vertus des natures métalliques.

« Ce dragon est en face du Parvis et au-dessus de cet homme qui est entouré et couvert de flammes de feu, et le bout de la queue de ce dragon tient à cet homme, pour désigner qu'il sort de lui et qu'il en est produit, et ses deux serres embrassent l'athanor pour désigner qu'il y est ou qu'il doit y être mis en digestion, et sa tête se termine et se trouve dessous les pieds de l'évêque.

. . . .

« Je dirai donc que de cet homme, qui a pris naissance dans le feu et par le travail des aigles volants[1] représentés par plusieurs fleurs formées de quatre feuilles jointes dont est entouré le bas de sa caisse, est produit le dragon babylonien dont parle Nicolas Flamel, ou le mercure philosophal.

« Ce mercure philosophal est mis dans un œuf de verre, et cet œuf est mis en digestion ou en longue coction dans l'athanor ou fourneau terminé en rond ou voûte, sur laquelle voûte sont placés les pieds de l'évêque au-dessous desquels se trouve la tête du dragon. De ce mercure il résulte la vie représentée par l'évêque qui est au-dessus dudit dragon.'

« Cet évêque porte un doigt à sa bouche pour dire à ceux qui le voient, et qui viennent prendre connaissance de ce qu'il représente: « Si vous reconnaissez et devinez ce que je représente par cet hiéroglyphe, taisez-vous!... [2]. »

1. Distillations (Papus).
2. Cambriel, *Cours de philosophie hermétique*, pp. 30 et suivantes.

CHAPITRE XXII

CONCLUSION

LA SCIENCE EXPÉRIMENTALE ET L'OCCULTISME CONTEMPORAIN. — L'INITIATION ET LE GROUPE INDÉPENDANT D'ÉTUDES ÉSOTÉRIQUES.

§ 1. — LA SCIENCE OCCULTE ET LA SCIENCE CONTEMPORAINE

Nous voici parvenus au but que nous nous étions désigné. Quelques textes bien authentiques d'auteurs anciens nous ont révélé une science presque aussi riche que la nôtre expérimentalement et surtout théoriquement ; curieux de pénétrer plus avant, nous avons suivi cette science jusque dans les sanctuaires de l'initiation égyptienne ; nous avons retrouvé le grand secret qu'on y renfermait : l'existence et la mise en œuvre d'un agent universel, unique dans son essence, triple dans ses manifestations.

Connaissant les éléments de la théorie, nous avons voulu savoir comment elle était mise en pratique.

C'est alors que la Science antique nous est apparue

complète, munie de ses méthodes spéciales, basées sur l'emploi de l'analogie, et de ses divers moyens de diffusion. Le prêtre égyptien nous a révélé avec quel art l'histoire symbolique transmettait aux générations les grands secrets de l'Hermétisme ; les tableaux des correspondances nous ont livré les clefs de la Magie théorique ; enfin les pantacles et leur explication ont fait tomber devant nous le troisième voile derrière lequel pouvaient se cacher les secrets du sanctuaire.

Les deux premières parties nous ont fait connaître la théorie ; la dernière nous livre l'adaptation ; enfin l'alliance totale nous montrera la Réalisation possible de la Science antique dans l'absolu.

Nous croyons avoir assez montré les raisons qui nous conduisaient à proclamer l'existence d'une science réelle hors du domaine des Sciences contemporaines ; là ne doit pas cependant se borner notre étude.

Voyons la situation que ces deux Sciences occupent l'une par rapport à l'autre.

Nous savons déjà que ces deux Sciences ne forment en réalité que les aspects opposés d'une seule et même Science ; l'une d'elles, la Science occulte, s'occupant surtout du général et de la synthèse, l'autre, la Science contemporaine, s'occupant principalement du particulier et de l'analyse. Ces considérations suffisent à elles seules pour montrer clairement la position respective de ces deux aspects de la Vérité.

Chaque fois que la Science expérimentale a voulu par ses méthodes établir une synthèse, elle n'a abouti qu'à des résultats vraiment dérisoires eu égard au travail employé. C'est alors qu'elle a abandonné l'étude du général aux rêveurs de toute école, se contentant de la connaissance du monde sensible. Toutefois l'absence de lien entre toutes les branches du savoir se fait chaque jour sentir davantage; la suggestion à distance, les manifestations d'une force encore inconnue chez les Spirites, étudiées par les savants les plus éminents de tous les pays, ont amené de force la science de la Matière dans le domaine de l'Esprit. Les derniers sceptiques, craignant d'être convaincus de force, ne veulent plus voir les phénomènes inexpliqués et croient par là empêcher la Vérité de se produire. Ils invoquent à tout propos l'opinion du fondateur officiel de la méthode expérimentale, de Bacon, qui leur a pourtant dit justement les illusions auxquelles les conduirait l'emploi trop irréfléchi des Mathématiques :

« Au lieu d'exposer les raisons des phénomènes célestes, on ne s'occupe que d'observations et de démonstrations mathématiques ; or, ces observations et ces démonstrations peuvent bien fournir quelque hypothèse ingénieuse pour arranger tout cela dans sa tête, et se faire une idée de cet assemblage, mais non pour savoir au juste comment et pourquoi tout cela est réellement dans la nature : elles indiquent tout au plus les mouvements apparents, l'assemblage artificiel, la combinaison arbitraire de tous ces phénomènes, mais non les causes véritables et la réalité des choses ; et quant à ce sujet, c'est avec fort peu de jugement que l'astronomie est rangée parmi les sciences mathématiques ; cette classification déroge à sa dignité. » (Bacon, *De Dign. et Increm. Scienc.*, l. III, c. IV.)

Tous les grands hommes disent que l'étude du visible ne suffit pas, que l'invisible seul renferme les vérités les plus utiles à connaître ; qu'importe. Tout cela n'avait pas échappé à la merveilleuse sagacité des initiateurs antiques qui savaient montrer avec tant d'art, à l'aspirant, la différence entre le monde sensible et le monde intelligible.

« Avant l'ouverture des Mystères d'Isis, on donnait au récipiendaire une petite boîte en pierre dure figurant, au dehors, un pauvre animal symbolique, un petit insecte, un scarabée.

« Pouah! aurait dit un sceptique moderne. Mais en ouvrant ce modeste hiéroglyphe, on trouvait en dedans un œuf d'or pur, renfermant, sculptés dans des pierres précieuses, les Cabires, les Dieux révélateurs et leurs douze Maisons sacrées.

« Telle était l'exquise méthode suivant laquelle l'antique Sagesse renfermait pieusement dans la Parole et dans le Cœur la connaissance de la Vérité; et cette symbolique voilée, cet hermétisme à triple sceau devenait de plus en plus savant, à mesure que le degré de la Science se rapprochait davantage du divin mystère de la Vie universelle[1]. »

De tous côtés les sciences se butent au monde des causes premières et, faute de vouloir l'étudier scientifiquement, paralysent les progrès.

Ceci apparaît surtout clairement dans une des sciences les plus utiles à l'humanité, science qu'on est contraint d'appeler encore un art : la Médecine.

La Médecine doit étudier de si près le monde invisible, les causes premières, que tôt ou tard elle atteint leur domaine.

Dans ces derniers temps elle s'est lancée tête baissée dans le Matérialisme, protestant avec juste raison contre les rêveries de la Métaphysique dans laquelle elle gravitait. L'anatomie pathologique a victorieusement répondu à l'appel des audacieux novateurs et, entassant découverte sur découverte, a fermé la bouche aux retardataires

1. Saint-Yves d'Alveydre, p. 67 (*Mission des Juifs*).

partisans d'un animisme incompris ou d'un vitalisme sans portée pratique.

La topographie des centres nerveux découverte, l'alliance étroite de la clinique et des démonstrations physiologiques enfin opérée, la Médecine matérialiste pouvait être fière de son œuvre et allait proclamer sa victoire quand ce monde de l'invisible qu'on avait relégué pour toujours fit de nouveau son apparition.

La suggestion à distance, indiscutable malgré l'opposition systématique des retardataires, l'existence de plus en plus probable du fluide niée d'abord avec tant d'acharnement, les phénomènes produits par les spirites, étudiés et reconnus réels par les savants officiels[1] de tous pays, forcent, comme je l'ai déjà dit, les investigateurs impartiaux à aborder le domaine de l'immatériel et à augmenter par là les éléments de la future synthèse qui réunira le phénomène au noumène.

Or, je ne crains pas d'affirmer que, quels que soient les efforts entrepris pour édifier de nouvelles investigations, quels que soient les noms dont on décore les découvertes, on rentrera forcément dans le domaine de l'antique Science occulte.

Que peut-il résulter de tout cela? Une réaction contre le matérialisme plus grande encore qu'on n'en a jamais vu et, comme il est difficile d'atteindre un juste milieu, une réaction vers le Mysticisme.

C'est pourquoi je voudrais montrer que la Vérité ne sortira pas plus d'un extrême que de l'autre et faire comprendre à tous l'idée élevée contenue dans la phrase de Louis Lucas qui sert d'épigraphe à ce traité :

« *Concilier la profondeur des vues théoriques anciennes*

1. En Angleterre, Crookes; en Allemagne, Zœlner; en France le Dr Gibier. (Voy. *l'Occult. contemp.*)

avec la rectitude et la puissance de l'expérimentation moderne. Tout est là.

Quand je pose ainsi les deux domaines dans lesquels doivent graviter la Médecine, l'Idéalisme et le Matérialisme, qu'on ne croie pas que ce sont là rêveries tirées de mon imagination. Tous les maîtres ont senti cette distinction, et ceux qui affirment que l'hypothèse n'a rien à voir en science méconnaissent cette belle remarque de Trousseau :

« Dès que vous avez un fait, un seul fait, appliquez-y tout ce que vous possédez d'intelligence, cherchez-y les côtés saillants, voyez ce qui est en lumière, laissez-vous aller aux hypothèses, courez au-devant s'il le faut[1]. »

Le professeur Trousseau avait bien compris l'inutilité des études médicales pour la plupart de ceux qui s'y livrent avec les méthodes contemporaines et ce sont des pages entières qu'il me faudrait citer, si je voulais montrer à quel point il s'en irrite :

« Comment se fait-il donc que l'intelligence devienne plus paresseuse à mesure que les notions scientifiques se multiplient, contente de recevoir et de jouir, peu soucieuse d'élaborer et d'enfanter[2] ? »

« Vous, autour de qui les moyens abondent, gâtés, énervés, rassasiés par ce qui vous est si abondamment offert, vous ne savez que recevoir et qu'engloutir et votre intelligence paresseuse étouffe d'obésité et meurt improductive.

« De grâce, un peu moins de science et un peu plus d'art, messieurs[3]. »

Voilà comment ce grand maître avait senti ces deux domaines dont je parlais tout à l'heure et il les avait dési-

1. *Introduction à la Clinique de l'Hôtel-Dieu*, p. 33.
2. *Loc. cit.*, p. 38.
3. *Loc. cit.*, p. 39.

gnés sous les noms d'Art de la Médecine, correspondant à l'Idéalisme, et de Science de la Médecine, correspondant au Réalisme.

Tous les penseurs, je le répète, ont compris cette distinction et la physiologie proclame encore l'unité de l'imagination et de la Science par la bouche de Claude Bernard quand il dit :

« La Science ne contredit pas les observations ni les données de l'Art, et je ne saurais admettre l'opinion de ceux qui prétendent que le positivisme scientifique doit tuer l'inspiration. Suivant moi, c'est le contraire qui arrivera nécessairement.

« J'ai la conviction que, quand la physiologie sera assez avancée, le poète, le philosophe et le physiologiste s'entendront tous[1]. »

De quelque manière qu'on juge Claude Bernard, il est impossible de ne pas lui reconnaître une merveilleuse sagacité dans la manière de conduire ses recherches. Il sentait admirablement la Vérité, et il est curieux de constater la justesse avec laquelle il a vu l'inutilité du matérialisme expérimentalement parlant :

« Si ce n'était m'écarter du but de ces recherches, je pourrais montrer facilement qu'en physiologie, le matérialisme ne conduit à rien et n'explique rien[2]. »

« Les propriétés matérielles des tissus constituent les moyens nécessaires à l'expression des phénomènes vitaux ; mais, nulle part, ces propriétés ne peuvent nous donner la raison première de l'arrangement fonctionnel des appareils. La fibre du muscle ne nous explique, par la propriété qu'elle possède de se raccourcir, que le phénomène de la contraction musculaire ; mais cette pro-

1. Claude Bernard (*Science expérimentale*, p. 366).
2. *Science expérimentale*, p. 361 (Physiologie du cœur).

priété de la contractilité, qui est toujours la même, ne nous apprend pas pourquoi il existe des appareils moteurs différents, construits les uns pour produire la voix, les autres pour effectuer la respiration, etc.; et, dès lors, ne trouverait-on pas absurde de dire que les fibres musculaires de la langue et celles du larynx ont la propriété de parler ou de chanter, et celles du diaphragme la propriété de respirer? Il en est de même pour les fibres et cellules cérébrales; elles ont des propriétés générales d'innervation et de conductibilité, mais on ne saurait leur attribuer pour cela la propriété de sentir, de penser, ou de vouloir.

« Il faut donc bien se garder de confondre les propriétés de la matière avec les fonctions qu'elles accomplissent. » (Claude Bernard, *la Science expérimentale*, p. 429. Discours de réception à l'Académie française.)

J'ai voulu faire ces quelques citations pour montrer qu'on peut allier, sans être un halluciné, la matière à l'idée et la Science à l'Art; bien plus, que les Sciences générales qui sont du domaine de l'Occultisme doivent entrer pour beaucoup dans l'étude des Sciences spéciales dépendant du monde sensible.

La Science occulte a donc de ce fait une utilité pratique. Au reste, les applications qu'en a faites Louis Lucas suffiront, je pense, pour convaincre les plus incrédules.

Ce point admis, il nous reste à savoir quelles sont les difficultés que présente l'étude de la Science occulte et comment on peut parvenir à sa connaissance.

On remarquera que, dans les applications pratiques de la Science occulte, je n'ai parlé ni des pouvoirs extraordinaires qu'on pouvait acquérir par son usage, ni de la fabrication de l'or par la pierre philosophale, et cela parce que je ne considère actuellement l'Occultisme que comme une de nos sciences contemporaines et que je tiens à me baser sur des données sinon admises, du moins très admissibles par la majorité des contemporains. C'est pour cette raison que je ne veux parler des difficultés de l'étude de cette Science que dans l'acquisition de la Théorie.

Voyez les barrières qui se dressent à l'entrée de toutes nos modernes sciences, essayez d'apprendre la physique ou l'astronomie si vous ignorez les mathématiques; essayez d'apprendre la médecine sans franchir les terribles obstacles de la nomenclature anatomique, partout vous trouverez le chemin d'autant plus fermé que ceux qui sont arrivés tiennent moins à avoir de concurrents futurs. Quand vous aurez sainement jugé ces difficultés, considérez la Science occulte et cherchez franchement s'il faut beaucoup d'études pour apprendre les grandes lois du Ternaire et de l'Unité universelle.

La vraie science doit être accessible à tous, la lumière du jour suffit pour apprendre la Vérité et les livres ne sont trop souvent utiles qu'à faire des vaniteux.

L'érudition est une belle chose, je suis le premier à le reconnaître; mais elle ne suffit pas, l'étude sur la Nature bien dirigée conduit plus vite au but que l'étude sur les livres.

Mais comment diriger cette étude? C'est ici qu'il faut parler des sociétés d'initiation.

Anciennement l'instructeur se bornait à lancer le récipiendaire dans la voie qu'il préférait après l'avoir muni des connaissances suffisantes pour éclairer sa route. Les petits mystères remplissaient ce but.

Aujourd'hui les méthodes d'instruction diffèrent. L'homme qui cherche à se développer seul est considéré comme un déclassé et mérite bientôt l'épithète, flatteuse pour qui sait l'apprécier, d'original.

L'éducation ancienne visait presque uniquement à « originaliser » les gens, l'éducation moderne tend, au contraire, à grouper les intelligences par grandes classes. Aussi malheur aux déclassés !

Ceci dit, quels sont les moyens qu'un curieux peut mettre en usage en la présente année pour apprendre la Science antique ou Science occulte?

Ces moyens sont de deux ordres différents :

1° Instruction personnelle ;

2° Instruction par les Sociétés.

L'instruction personnelle est la seule vraiment utile, et le travail des Sociétés doit se borner à guider le postulant. On acquiert cette instruction en étudiant soit dans la nature, soit dans les livres une fois en possession de certaines données.

Ces données forment le fond de toutes les initiations et ce traité n'a qu'un but, c'est de faciliter la tâche des récipiendaires et des initiateurs autant qu'il est en mon pouvoir. Je ne me fais aucune illusion sur les défauts inhérents à mon travail; mais le lecteur m'excusera, je pense, vu la difficulté de l'entreprise.

De toute manière, le chercheur consciencieux hésite toujours à suivre les conseils des livres, et un guide vivant lui semble de beaucoup préférable à toutes les bibliothèques du monde.

C'est alors qu'il s'adresse aux sociétés d'initiation.

La première qui se présente à lui, c'est la Franc-Maçonnerie.

Loin de moi la pensée de considérer cette vaste association comme dénuée de tout intérêt au point de vue de la Science occulte, comme le font quelques auteurs modernes. La Franc-Maçonnerie, ainsi que je l'ai développé, possède des symboles et des secrets très élevés ; mais à l'insu de ses membres. Ceux-ci ont perdu la clef qui ouvre le sens de la PAROLE mystérieuse INRI, et les Rose-Croix francs-maçons peuvent continuer à pleurer cette perte. Quelques vastes intelligences, entre autres Ragon, ont fait de courageux efforts pour relever l'intellectualité de l'association au point de vue occulte; mais comment apprendre la partie la plus élevée de la Science à des gens qui n'en possèdent pas les premières données?

La lumière que la Franc-Maçonnerie promet à ses adeptes sous le sceau du serment le plus rigoureux, elle ne peut la donner qu'à ceux qui sont assez instruits pour l'acquérir seuls et qui, par suite, n'ont aucun besoin d'engager leur liberté.

Le curieux qui veut être vraiment initié chez les E∴ de la V∴ perd donc son temps, théoriquement parlant, quoique ce soit peut-être la seule société au monde qui lui fournisse d'aussi abondantes ressources pour la pratique journalière de la vie.

Ceci dit, nous devons toute notre reconnaissance à la Franc-Maçonnerie pour les services qu'elle a rendus à la pensée en agissant contre les sectarismes et les despotismes de toute époque.

Saura-t-elle continuer sa route sans devenir elle-même sectaire?

Où faut-il donc s'adresser pour trouver des guides vivants dans les études en occultisme, à défaut de la Franc-Maçonnerie?

Lors des premières éditions de notre *Traité*, nous avions été trompé par les promesses d'une Société qui semblait devoir tenir ses engagements : *la Société Théosophique*. Détrompé depuis, ainsi que tous les Français, nous n'avons pas tardé à voir que cette Société avait pour but de détruire tout ce qui n'était pas humblement soumis à un ancien médium spirite voulant jouer au prophète inspiré, une certaine dame Blavatsky, Russe naturalisée Américaine, à qui les savants français, entre autres Richet, directeur de la *Revue Scientifique*, avaient dit son fait. Depuis cette époque tous les occultistes français, l'abbé Roca, les kabbalistes, les spirites et votre serviteur ont été pris à partie par cet apôtre de la « Fraternité Universelle ».

Comme il est absolument important de connaître les courants créés à l'heure actuelle sous l'influence de la *Tradition occidentale pure*, nous allons faire un historique rapide de l'occultisme contemporain. On y trouvera la réponse à la question posée ci-dessus, au sujet des moyens d'acquérir l'Initiation.

§ 2. — L'OCCULTISME CONTEMPORAIN

Si nous nous reportons à l'histoire de la transmission de la tradition, nous verrons que nous avons arrêté notre récit à l'avènement de la Franc-Maçonnerie, venant synthétiser en elle les efforts réunis des Hermétistes, des Rose-Croix et des Templiers.

Il ne faudrait pas croire cependant que ce courant particulier avait cessé d'exister subitement de ce fait. Chacun d'eux continua d'une certaine façon son évolution, et nous allons les retrouver presque tous de nos jours.

Les principaux des courants rattachés à la Science occulte sont :

1° Les Templiers. — Réalisateurs pratiques poursuivant l'avènement philosophique de la Gnose.

2° Les Rose-Croix. — Mélange de pratique et de théorie.
3° Les Hermétistes. — Théoriciens et philosophes appliquant l'ésotérisme à la science.

Ces derniers possèdent la tradition presque *in extenso.*

DE 1750 A 1850

Commençons notre récit dans les années proches de 1750. Nous allons déterminer la marche de chacun de ces courants de 1750 à 1890 et la naissance des nouvelles voies de transmission.

En 1740, le courant réalisateur Templier, centralisé en Allemagne, envoyait le mystérieux personnage connu sous le nom de *Comte de Saint-Germain*, préparer la France à la grande victoire de la Gnose sur la Royauté et la Papauté.

En 1754, l'initié *Martinez Pasqualis*, descendant des *Hermétistes purs*, fondait une initiation destinée à conserver les principes de la Tradition occulte. Ce rite, rattaché de loin à la Franc-Maçonnerie, fut celui des Martinésistes d'où sortira :

Vers 1775, *Louis-Claude de Saint-Martin*, le philosophe inconnu, fondateur du Martinisme qui le rattache aussi au début à la Franc-Maçonnerie. Saint-Martin devint la tête du mouvement Hermétique tout entier. Il écrivit de 1775 à 1802.

En 1766, un élève des illuminés allemands, *Mesmer*, retrouvait une partie de la Magie ancienne sous le nom de Magnétisme animal, et fondait ainsi une puissante école se rattachant à ces idées. *Le Marquis de Puységur* trouvait le somnambulisme en 1787.

En même temps, en 1773 et 1775, deux savants profonds, guidés par les théories de l'ésotérisme, *Court de Gébelin*

(1773-1783) et *Bailly* (1775-1787), fondaient le courant de ces études synthétiques de l'antiquité qui devait devenir si puissant par la suite.

Tel est l'état de la Science occulte dans ses diverses branches dans cette première période de 1750 à 1780.

En 1780 *Cagliostro*, envoyé des Templiers, jette les dernières bases de la Révolution française.

On trouvera des détails très intéressants, au sujet de l'action des Sociétés secrètes dans la Révolution, dans l'étude faite par *Stanislas de Guaita* sur ce point[1].

Les événements de la Révolution (1789-1792) arrêtent la manifestation des courants de l'occultisme. Les initiés luttent d'influence à ce moment. *Cazotte*, représentant de l'école hermétique pure qui comptait aussi *Saint-Martin*, est exécuté par ses « frères » de l'autre école toute démagogique.

Le « Philosophe inconnu » échappe avec peine à la guillotine et flétrit les faux initiés dans son poème épico-magique du *Crocodile*.

1820. — La Science ésotérique renaît partout.

Hœne Wronski, sur lequel nous reviendrons tout à l'heure, publie ses travaux de 1810 à 1861 — se rattachant comme affiliation au courant Hermétique et à l'illuminisme allemand.

Fabre d'Olivet, disciple de Court de Gébelin, publie ses magistrales études sur le Sepher de Moïse et sur l'Histoire du Monde, continuant dignement l'école synthétique.

Dutens continue de son côté les travaux de Bailly au point de vue de l'histoire dans la même école.

1. *Initiation* (3e année).

LE GRAND MOUVEMENT DE 1850.

Là s'arrête cette seconde période, période de transition. Un mouvement extraordinaire prend naissance vers 1850. Ce mouvement est fractionné dans les écoles spéciales ; c'est pourquoi, malgré sa puissance étonnante, il échouera. En effet à ce moment toutes les écoles, tous les courants se trouvent représentés par des hommes de grande valeur.

Eliphas Levi (1852), disciple oral de Wronski, synthétise en ses œuvres toute la tradition de l'école Hermétique remontant à toutes les origines[1] et développant tous les enseignements.

Louis Lucas (1853), disciple de Wronski et des alchimistes, ébauche la première synthèse scientifique en alliant la Science occulte à nos Sciences expérimentales.

Voilà pour le courant des Hermétistes.

Ragon (1853) fait des efforts inouïs pour ramener la Franc-Maçonnerie à ses symboles primitifs. Ses livres deviennent classiques dans l'Ordre ; mais ses efforts restent vains.

Comme les deux représentants de l'école occulto-scientifique sont presque inconnus, nous allons analyser leur œuvre. Nous ferons suivre cette analyse de quelques mots sur Eliphas Levi.

LOUIS LUCAS
(1816-1863)

Étudier tous les philosophes anciens, chercher le point commun entre leurs doctrines si différentes au premier abord, puis réunir en

1. Stanislas de Guaita, dans son *Essai des Sciences maudites*, analyse magistralement l'œuvre d'Eliphas.

une seule synthèse philosophique l'œuvre des Alexandrins, des Alchimistes et des Scolastiques pour en tirer les principes premiers. D'autre part, étudier expérimentalement les sciences modernes, surtout la physique, la chimie, la physiologie et la médecine, et baser ces travaux pratiques sur les théories philosophiques précédentes, telle est l'œuvre entreprise et menée à bonne fin par Louis Lucas.

Mourir ignoré, étouffé peut-être par certaines personnalités jalouses et officielles, être indignement pillé par les théoriciens de toute école, n'être mentionné ni par eux ni par aucun dictionnaire ou aucune biographie soi-disant universelle, telle est la récompense de tous ces travaux.

Du reste, Louis Lucas ne s'était fait aucune illusion sur ce qu'il attendait puisqu'il écrivait :

« L'auteur voué aux principes généraux doit, en commençant son travail, être complètement désillusionné sur l'importance du fruit qu'il en retirera, quand il n'a pas à s'armer encore d'un nouveau courage pour combattre les dangers qui naîtront de ses écrits. Il faut surtout, comme les anciens, se trouver *parvi contentus* et marcher en avant avec cette gaîté du pauvre qui s'abrite derrière la médiocrité de ses désirs[1]. »

Si j'avais affaire à un de ces mille théoriciens qui croient chacun bouleverser l'univers parce qu'ils ont eu une idée souvent vieille comme le monde et neuve uniquement pour eux, je ne protesterais pas comme je le fais contre l'oubli du nom d'un homme.

Mais c'est un savant que j'ai découvert et que je suis peut-être le premier à remettre au jour, c'est un praticien autant qu'un théoricien qui joint une expérience personnelle à chacune des hypothèses qu'il avance, c'est un homme qui a fait plusieurs découvertes, entre autres le Biomètre, dont une seule servirait à faire entrer un ambitieux dans les sociétés savantes officielles, c'est un homme dont le nom est soigneusement caché et les idées soigneusement pillées par ceux qui connaissent ses œuvres.

Pourquoi ses ouvrages tirés à de nombreux exemplaires sont-ils introuvables?

J'ai mis deux ans à me procurer la *Chimie nouvelle*. Pourquoi?

Quelques savants modernes profiteraient-ils de l'oubli qui s'est fait autour de lui pour le copier? Lisez avec conscience la *Chimie nouvelle*, puis parcourez les théories soi-disant nouvelles sur la

1. Louis Lucas, *Chimie nouvelle*, p. 18.

philosophie des sciences depuis la thermo-chimie jusqu'aux calculs récents sur l'éther, et vous pourrez vérifier la plupart des faits que je me permets d'avancer.

La critique scientifique qui fait de si belles choses devrait bien s'adresser aux œuvres de Louis Lucas. Elle verrait qu'il s'est trompé quelquefois, ce qui arrive à tout écrivain, *errare humanum est*, mais elle serait bien forcée d'avouer qu'il a eu raison le plus souvent.

Vous avez des laboratoires bien montés, vérifiez ses expériences chimiques et biologiques, montrez celles qui ne réussissent pas; mais montrez aussi celles qui sont vraies et tâchez de les expliquer autrement que lui.

D'ailleurs vous n'avez rien à craindre, Louis Lucas est mort en 1863 et il ne vous fera pas concurrence la première fois que vous vous présenterez à une place honorifique.

Du reste, si vous persistez à taire son nom et ses œuvres, l'étranger le fera, je l'espère. L'occultisme devient de plus en plus puissant, et Louis Lucas se vante avec orgueil d'être un disciple de ces alchimistes[1] à qui il a consacré une de ses plus belles œuvres[2].

Au point de vue des sciences occultes, Louis Lucas a retrouvé la force universelle désignée sous tant de noms (ignis, lumière astrale, magnès, azoth, etc., etc.).

Il a désigné cette force sous le nom de *mouvements*, et il étudie ses lois sous le nom de lois de la série dont la série trinitaire est la base. Une fois ses lois connues, il aborde l'expérience en les appliquant.

Après avoir fait ressortir les contradictions et les erreurs théoriques des savants modernes sur les questions générales, il applique ses découvertes dans les cas où la science balbutie et, quand il le faut, il appuie son dire d'une expérience inédite ou d'un appareil nouveau.

Il n'emploie aucun terme symbolique, ses ouvrages sont écrits dans la langue des savants de son époque.

Toutefois plusieurs choses rendent l'étude de ses œuvres désagréable à la critique. En premier lieu, le nombre énorme de faits cités dans ses livres et des connaissances qu'il possédait dans plusieurs branches très différentes du savoir humain (particulièrement en chimie et en musique) nécessitent une certaine instruction générale; enfin, les railleries et les critiques mordantes dont il accable

1. *Médecine nouvelle*, t. Ier, p. 15.
2. *Le Roman alchimique.*

certains savants le font traiter de dément par ceux à qui elles sont adressées.

Il avoue toutefois son admiration pour les vrais savants qu'il cite avec joie et ne réserve ses attaques que pour les pédantes médiocrités qui encombrent la science contemporaine.

Il a débuté en publiant, en 1849, *une Révolution dans la musique, essai d'application à la musique d'une théorie philosophique*, par Louis Lucas rédacteur en chef du journal le *Dix décembre*, précédée d'une préface par Théodore de Banville et suivie du traité d'Euclide et du dialogue de Plutarque sur la musique[1].

Cet ouvrage fut édité à Paris en 1849 chez Paulin et Lechevalier, rue Richelieu, 60.

C'est là que Lucas ébauche les théories qu'il développera plus tard dans ses autres volumes.

En 1854, paraissait son chef-d'œuvre, un véritable *De rerum natura* contemporain, qui contient une foule de faits et d'expériences encore inconnus en 1887. C'est *la Chimie nouvelle* appuyée sur des découvertes importantes qui modifient profondément l'étude de l'électricité, du magnétisme, de la lumière, de l'analyse et des affinités chimiques, avec une *Histoire dogmatique des Sciences physiques : Physique, Chimie, Physiologie, Médecine, Histoire naturelle*, par Louis Lucas, éditée par l'auteur.

Voici l'épigraphe de cet ouvrage :

« La plus grande difficulté que rencontre l'esprit humain dans l'étude des principes naturels est justement l'extrême simplicité de ces principes. Le savant ne veut pas y croire et il passe outre. »

Enfin voici son dernier ouvrage qui reste obscur si l'on n'a pas lu et travaillé *la Chimie nouvelle : La Médecine nouvelle* basée sur des principes de physique et de chimie transcendantales, et sur des expériences capitales qui font voir mécaniquement l'origine du principe de la vie, par Louis Lucas, auteur de la *Chimie de l'Acoustique nouvelle, etc.* Paris, 1862, Dentu et Savy, 2 vol. in-8°. C'est son ouvrage le moins rare.

Entre temps avait paru :

Le Roman alchimique, merveilleuse analyse occulte, sociale et philosophique sous forme de roman (1857).

Tous ces ouvrages se trouvent à la Bibliothèque nationale.

1. Ce livre se trouve à la Bibliothèque nationale, salle des Imprimés, lettre V.

HŒNE WRONSKI

Il est une partie de nos sciences modernes que Louis Lucas n'a pas cru devoir aborder autant que les autres[1] : je veux parler des mathématiques.

Ce travail a été entrepris par le Polonais Hœne Wronski.

Celui-ci est moins inconnu que Louis Lucas. L'Encyclopédie universelle de Larousse lui consacre quelques lignes. Erdan, dans la *France Mystique*, daigne s'en « moquer » pendant un chapitre, et les savants ses contemporains se sont conduits envers lui d'une façon que je laisse aux lecteurs impartiaux le soin de qualifier.

Toutefois Wronski criait à chaque nouvelle injustice[2] et protestait chaque fois qu'un membre de l'Institut daignait s'attribuer une de ses découvertes.

Cette conduite scandaleuse vis-à-vis de la science porta les fruits qu'elle devait porter[3].

Après avoir vu en l'année 1822 ses ouvrages presque entièrement détruits, Hœne Wronski mourut de misère et presque de faim le 9 août 1853.

Lisez le récit de sa mort dans l'œuvre que lui consacre un témoin oculaire[4].

Quant à la preuve de destruction de ses ouvrages, la voici :

« Nous prions le lecteur de remarquer qu'en 1822, lorsque l'auteur publia à Londres le troisième de ses opuscules, il venait de recevoir de Paris la nouvelle que ses ouvrages mathématiques allaient être vendus au poids du papier et que cette triste nouvelle lui arrivait ainsi au moment où il venait d'éprouver de la part des savants anglais la spoliation dont il est question. »

(Wronski, *Prolégomènes de Messianisme*, p. 306, note.)

Maintenant, si vous voulez savoir *pourquoi* ses ouvrages furent

1. Il aborde toutefois la Géométrie et donne quelques idées générales sur elle dans la *Chimie nouvelle*, p. 85.

2. Voir les *Prolégomènes de Messianisme*.

3. Voyez le jugement de Gœthe sur la conduite des savants vis-à-vis des novateurs et vérifiez-le en l'appliquant à Louis Lucas et à Wronski.

4. Voyez Lazare Augé, *Notice sur Hœne Wronski*, Paris, 1865, gr. in-8, librairie philosophique de Lagrange, rue St-André-des-Arts, 44 (se trouve à la Bibliothèque nationale à l'indication suivante : L. 27 n. 20.957).

détruits, reportez-vous à la page 243 de ce même volume et vous lirez ce qui suit :

« Après le décès de Lagrange, aucun géomètre en France, sans doute par suite de préoccupations différentes, n'a pu trouver le temps pour étudier ni, par conséquent, approfondir ces vérités NOUVELLES ET GÉNÉRALES que l'Institut avait qualifiées ainsi[1] ; au point que le propriétaire des ouvrages mathématiques qui venaient d'être publiés sur la demande de ces géomètres, ne pouvant les céder aux libraires français *chez lesquels* ON *les avait décriés* comme ne contenant que des rêveries, fut forcé de les vendre au poids du papier à la halle de Paris. »

N'est-ce pas toujours l'application de ce procédé si bien décrit par Gœthe?

Du reste, un second rapport fut présenté à l'Institut par Arago et Legendre. Ce rapport était entièrement le contraire du précédent dont les rapporteurs ignoraient sans doute l'existence ; Wronski pour se venger publia les deux rapports côte à côte[2].

Wronski prétend avoir découvert une méthode grâce à laquelle on parvient facilement à la connaissance de l'absolu.

Cette méthode, il l'applique dans ses ouvrages qui sont très obscurs et il faut les étudier patiemment pour voir la vérité apparaître magnifique de place en place.

Il tire ces données de *la Kabbale*, comme l'a bien vu Eliphas Levi :

« Cet admirable résumé magique de Paracelse peut servir de clef aux ouvrages obscurs du cabaliste Wronski, savant remarquable, qui s'est laissé entraîner plus d'une fois hors de son absolue raison par le mysticisme de sa nation et des spéculations pécuniaires indignes d'un penseur aussi illustre[3]. »

En effet, dans sa vie privée, Wronski a été mêlé à plusieurs affaires d'argent. Du reste, je ne comprends guère les arguments de ces gens qui, pour combattre les doctrines d'un auteur, sortent toutes les sales histoires qu'ils peuvent trouver sur son compte. Qu'importe tout cela à la science et à la vérité? De nos jours on emploie le même « truc » contre Saint-Yves d'Alveydre et Mme Blavatsky. Pour montrer la fausseté de leurs idées, on s'attaque à leurs personnes. Qu'est-ce que cela prouve?

1. Voir le rapport élogieux de Lagrange sur Wronski à l'Institut en 1810. *Prolégomènes de Messianisme*, p. 241.

2. Voir *Réforme du Savoir humain*, p. 131 (2e vol., et *Réfutation de la Théorie des fonctions analytiques* de Lagrange.

3. *Dogme de la Haute Magie* (VII), *Le Tribunal de Paracelse*.

D'après Landur[1], Wronski aurait puisé à trois sources principales : *Jacob Bœhme, Saint-Martin, la Kabbale.*

Dans ces derniers temps les *Décadents* ont publié dans leur revue *La Vogue* une étude sur Hœne Wronski et quelques-uns de ces écrits inédits.

Je conseille à ceux qui voudront étudier la philosophie de Wronski de lire d'abord l'ouvrage de Landur intitulé *Exposition abrégée de la Philosophie absolue d'Hœne Wronski*, paru en 1857.

Cet ouvrage se trouve à la Bibliothèque nationale aux indications : R 8886.

Voici une liste par année des ouvrages de Wronski ; je l'extrais de l'opuscule de Lazare Auger.

Les curieux trouveront un portrait de Wronski dans la *France Mystique* d'Erdan.

1800. *Le Bombardier polonais.*
1801. *Mémoires sur l'aberration des astres mobiles.*
1802. *Philosophie antique* découverte par Kant et fondée définitivement sur le principe absolu du savoir.
1810. *Premiers principes des méthodes algorithmiques comme base de la Technie des mathématiques* (Mémoire à l'Institut — Rapport favorable de Lagrange).
1811. *Philosophie des Mathématiques.*
1812. *Programme d'un cours de Philosophie transcendantale.*
1814. *Philosophie de l'Infini.*
1815-1817. *Philosophie algorithmique.*
1818. *Réponse au mémoire d'Arson.*
1819. *Critique de la théorie des fonctions génératrices de Laplace.*
Le Sphinx.
1820. *Solution du problème des réfractions astronomiques.*
1821. *Introduction à un cours de mathématiques* (en anglais).
1827. *Canons de Logarithmes.*
1829. *Problème fondamental de la politique moderne.*
Machines à vapeur.
1831. *Prodrome du Messianisme.*
1832. *Bulletins messianiques.*
1833. *Sort téléologique du hasard.*
1835. *Nouveaux systèmes de machines à vapeur. 10 opuscules sur la locomotion spontanée.*

1. Landur, *Recherche des Principes du Savoir et de l'Action*, Paris, 1865, in-8.

1839. *Question décisive sur Napoléon.*
1840. *La Métapolitique.*
1840. *Le faux napoléonisme.*
1842. *Le destin de la France, de l'Allemagne et de la Russie comme Prolégomènes du Messianisme*[1].
1848. *Réforme du savoir humain*[2]. *Adresse aux nations slaves sur les destinées du monde.*
Épître au prince Czartoryski sur les destinées de la Pologne.
1849. *Dernières épîtres aux hommes supérieurs.*
1850. *Les cent pages décisives.*
1851. *Épître à l'empereur de Russie.*
Épître à Louis Napoléon.
Documents historiques sur les nations slaves.
1852. *Historiosophie.*
Secret politique de Napoléon.
1852-1853. *Opuscules sur les Marées.*
1855. *Propédeutique Messianique.*
1861. *Développement progressif et but final de l'humanité.*

Ces deux derniers ouvrages sont posthumes, ils ont été publiés par Mme veuve Wronski qui a aussi fait paraître sous son nom : *Petit traité de métaphysique élémentaire*, Paris, 1854, in-8°.

1877. *Apodictique Messianique* (posthume).

ÉLIPHAS LEVI

Cet auteur ouvre la série de ceux qui traitent principalement de l'occultisme en lui-même sans s'appliquer à l'alliance de la science contemporaine avec lui.

Dans ce genre d'études, il faut bien noter qu'un auteur est rarement complet par lui-même. C'est pourquoi, quoique les œuvres d'Éliphas Levi doivent être le *vade-mecum* de tout étudiant en occultisme, il est nécessaire de les compléter par celles de Lacuria, de Cyliani, de Wronski et de Louis Lucas.

Éliphas Levi a d'abord écrit des ouvrages socialistes dont l'un d'eux, *le Testament de la Liberté*, lui a valu quelques mois de prison (1848).

Disciple de Fourier et de Wronski[3], il a surtout travaillé la *Kabbale* et la *Genèse* d'Henoch.

1. *Op. cit.* ci-dessus.
2. Le plus important de ses ouvrages.
3. Voir Lazare Auger, *ouv. cit.*, p. 10.

Desbarolles [1] l'appelait une bibliothèque vivante et de fait c'est le plus savant de tous les occultistes contemporains.

Ces principaux ouvrages sont en occultisme :

1861. *Dogme et Rituel de la Haute Magie* (Théorie).
1860. *Histoire de la Magie* (Réalisation).
1861. *Clef des grands mystères* (Adaptation).
1862. *Fables et Symboles.*
1861. *Le Sorcier de Meudon.*
1860. *La Science des Esprits* [a].

Le Magnétisme prend à cette époque une grande importance.

A la suite des divulgations de Mesmer, divers centres de magnétiseurs s'étaient formés qui luttaient à coup d'expérience contre les académies. Celles-ci niaient dans leurs rapports tous les phénomènes produits par leurs adversaires en tant que dépendant d'un fluide spécial. Elles les mettaient sur le compte de la naïveté et de l'imagination des adeptes.

Deleuze [2], Du Potet [3], Puységur, Cahagnet [4], Ricard [5], Chardel [6], luttaient dans le camp des magnétiseurs.

Il faut avouer que ces auteurs donnaient prise aux critiques des savants en publiant comme Cahagnet des livres sur l'état de l'âme dans l'autre monde d'après les révélations de plusieurs somnambules extatiques. C'était brusquer un peu les révélations.

Quoi qu'il en soit, la lutte devenait d'autant plus vive que les gens du monde y avaient pris part et les salons étaient

1. *Mystères de la main* (dernière édition), préface.
2. *Instruction pratique sur le magnétisme animal* (1883, gr. in-8).
3. *Magie dévoilée* (Saint-Germain, 1875).
4. *Magie magnétique.*
5. *Almanach du Magnétiseur* (1846).
6. *Esquisse de la nature humaine* (recommandé spécialement aux occultistes).

a. Lucien Mauchel livrera bientôt à l'impression un volume contenant, outre une étude biographique pleine de révélations, plusieurs œuvres inédites d'Éliphas Lévi et quatre de ses portraits.

partagés en deux camps : les savants retranchés dans leur scepticisme et leur dédain, et les révolutionnaires de la science endormant à tort et à travers, guérissant les incurables, proclamant partout l'existence du fluide mesmérien et mettant sur la couverture de leurs livres des épigraphes dans le genre de celle-ci :

Si les soi-disant savants refusent encore d'avaler la vérité que je proclame avec tant de persévérance, je finirai par la leur ingurgiter[1].

Comme on le voit, l'accord n'était pas facile et les académiciens, piqués dans leur amour-propre, faisaient la sourde oreille. L'infatigable magnétiseur Ricard alla même jusqu'à en endormir quelques-uns[2], les autres prétendirent que c'étaient des compères !!

Toutefois les savants, sous l'influence des écrits de leurs adversaires invoquant tous la haute antiquité de leurs phénomènes, s'étaient mis à étudier quelques branches de ces fameuses sciences occultes.

Louis Figuier publiait une belle étude : *l'Alchimie et les Alchimistes*[3] (1856), dans laquelle il nie l'existence de la pierre philosophale en fournissant lui-même à son insu la preuve irréfutable de trois transmutations[4].

A. Franck publiait un remarquable travail sur *la Kabbale*[5].

En même temps, on étudiait les mystiques d'où semblaient provenir les idées philosophiques des Adeptes.

La critique s'exerçait sur Claude de Saint-Martin[1], « le philosophe inconnu », dont les idées avaient nourri deux

1. J. J. A. Ricard, *Almanach du magnétiseur pratique* pour 1846.
2. *Id.*
3. L. Figuier, *l'Alchimie et les Alchimistes*, Paris, 1856, in-8°.
4. Voir la *Pierre philosophale prouvée par des faits* (Papus) n° 3 du *Lotus* (juin 1887).
5. A. Franck, *La Kabbale*, Paris, 1863, in-8°.

des plus grands hommes de l'époque : Balzac et Sainte-Beuve.

Successivement parurent la *Réflexion sur les idées de Louis-Claude de Saint-Martin* de Moreau (1850), l'*Étude sur la philosophie mystique en France et sur Saint-Martin et Martinez Pasqualis*, de A. Franck, membre de l'Institut, 1866, etc., etc.

De toutes ces études et de l'existence de plus en plus évidente de la réalité des faits produits par les magnétiseurs, les savants entraient peu à peu dans la voie de la conviction : mais leurs paroles antérieures ne leur permettaient pas de s'avouer publiquement convaincus.

Le Spiritisme.

Dès 1840 un magnétiseur spiritualiste, *Cahagnet*, avait découvert tout un nouvel ordre de recherches se rapportant à l'action de l'âme sur la matière et aux existences successives de cette âme.

A la suite des phénomènes produits en Amérique de nombreux chercheurs s'occupaient de ces questions : *Eugène Nus* publiait en 1851 les premières études philosophiques sur cette question de la communication des vivants et des morts.

Un instituteur, Rivail, connu sous le pseudonyme d'*Allan Kardec*, donne un essor tout nouveau à la Nécromancie des anciens temples par la publication du « Livre des Esprits » en 1857. *Le Spiritisme* venait de naître.

Les théories philosophiques d'Allan Kardec sont celles d'Origène alliées aux données générales du Catholicisme.

Le courant créé par Allan Kardec a pris une importance considérable aujourd'hui ainsi que nous le verrons plus loin.

De 1857 à 1868 Allan Kardec ne cessa de répandre sa doctrine.

*
* *

On voit donc qu'à ce moment un mouvement d'une activité prodigieuse se manifeste en faveur de la Science Occulte. Toutes les écoles sont en activité; mais elles ne songent pas à s'unir, chacune veut tirer de son côté: de là la perte totale des fruits possibles de cet effort.

Louis Lucas représente le courant Synthétique.
Eliphas Lévi — Hermétiste.
Ragon — Templier.
Ricard, Lafontaine — de Magnétisme.
Cahagnet
Eugène Nus
Allan Kardec — de Spiritisme.

Chacun de ces courants va évoluer séparément.

1850 à 1880

L'extension du Mouvement s'arrête presque partout après la mort de chacun des représentants.

Le Mouvement Templier cesse après Ragon et ce courant vient rejoindre le courant hermétiste général.

La Franc-Maçonnerie a perdu le sens des symboles qu'elle détruit. Les sociétés d'occultisme naissent à point pour continuer la transmission ésotérique que ne possèdent plus les Enfants de la Veuve.

Seules deux écoles, celles qui sont nées depuis quelques années seulement, suivent leur évolution; l'école magnétique et l'école spirite.

Dans l'école de Mesmer *Du Potet* vers 1869 découvre plusieurs principes des plus importants au sujet de l'analogie entre le Magnétisme et la Magie.

En même temps un savant convaincu par Lafontaine,

l'Anglais *Braid*, cherchait à expliquer tous les phénomènes sans l'intervention d'aucun fluide et créait un nouveau courant d'études sous le nom d'HYPNOTISME.

En 1877 le médecin français *Charcot* reprendra ces théories et donnera un grand essor à l'hypnotisme en établissant scientifiquement l'existence *des phases* dites classiques : léthargie, catalepsie, somnambulisme.

L'école spirite présente deux courants très nets : le courant dogmatique représenté par *Paul Auguez* (1857), *Esquiros* (1862), Pezzani (1875), et le courant philosophique et littéraire avec Camille Flammarion (1863), Delaage (1864) et quelques autres.

École Synthétique.

En 1877 paraît la première œuvre d'un auteur qui a joué un grand rôle dans la réédification de l'Occultisme ; cette œuvre c'est *les Clefs de l'Orient* par Alexandre Saint-Yves.

Saint-Yves d'Alveydre avait repris, en la développant, la méthode de *Fabre d'Olivet* et de son école. Il étudia encore quelque temps avant de produire son œuvre capitale : *la Mission des Juifs* (1884).

Comme il est important de bien connaître cet auteur, nous allons résumer le plus rapidement possible ses principales idées.

Dès la première lecture, Saint-Yves apparaît comme un réalisateur d'une originalité très marquée. Rien de nébuleux dans son exposition, à la fois très affirmative et très élevée. L'histoire est là comme le champ expérimental dans lequel il manœuvre. Il énonce une loi, l'accompagne de définitions très nettes, et raconte une série de faits. A mesure qu'on avance dans cette exposition, la conclusion sort d'elle-même, éclatante, prouvant partout la justesse de la loi sociale énoncée.

Chacun de ses livres est un satellite dont la loi sociale qu'il appelle la Synarchie est le soleil, et tous ses livres gravitent autour de l'un d'eux, la *Mission des Juifs*, qui marque le point de départ et le point d'arrivée de tous ses travaux.

Que faut-il entendre par ce mot de Synarchie?

La Synarchie indique un type de gouvernement scientifiquement exact.

Il y a donc des gouvernements basés sur des principes scientifiquement déterminables et d'autres qui ne le sont pas?

C'est à la réponse à cette question que Saint-Yves a consacré toutes ses œuvres. Nous allons les passer rapidement en revue pour en déduire autant que possible les conséquences.

La Mission des Souverains,

La Mission des Ouvriers,

La Mission des Juifs,

La Mission des Français,

Voilà le bagage littéraire de notre auteur.

La *Mission des Souverains* parut en 1882.

Dans cet ouvrage l'auteur établit tout d'abord sur des définitions nettes et claires les différents types de gouvernement qui peuvent s'appliquer à une collectivité quelconque.

La République, la Monarchie, la Théocratie sont définies dans leur principe, leur fin, leur moyen, leur condition radicale et leur garantie.

Ces points bien expliqués, l'auteur fait quelques distinctions indispensables à connaître, par exemple la différence entre la *Religion* et les *Cultes* et surtout celle entre l'*Autorité* et le *Pouvoir*. A ce propos, il s'appuie avec justesse sur la famille en montrant qu'en elle :

Le père exerce le pouvoir sur ses fils, la mère et le grand-père l'autorité.

C'est de ces définitions que découle la loi sociale dont l'histoire de l'Europe va montrer la vérification. La loi sociale éclate tout d'abord dans l'organisation de l'Église primitive où *tous les membres de l'épiscopat étaient égaux, élus par les fidèles, institués par leurs collègues de la même province, confirmés par le métropolitain.*

Il montre bientôt la violation de cette loi de relation des gouvernés aux gouvernants, du clergé et des fidèles, par l'évêque de Rome instrumentaire lui-même de l'impérialat païen, qui s'érige en Empereur du clergé. Dès que ce césarisme se répercute à travers la papauté dans ces conditions, la Synarchie Judéo Chrétienne n'existe plus et la loi païenne va seule diriger les actes des souverains d'Europe, le pape en tête.

L'histoire de notre continent se dresse tout entière pour montrer l'application fatale de cette loi, dans le cours de la *Mission des Souverains*.

En résumé dans ce livre l'histoire de l'Europe, gravitant autour de celle de la papauté, montre, preuves en main, la nécessité d'une réforme sociale synthétique. Nous reviendrons sur ce sujet.

La *Mission des Ouvriers* est une courte notice parue en 1883 et développée depuis dans la *France Vraie*. Aussi ne ferons-nous que la mentionner.

L'ouvrage capital de Saint-Yves d'Alveydre c'est sans contredit la *Mission des Juifs*, véritable synarchie de l'humanité, parue en 1884.

Nous ne pouvons, vu le manque de place, analyser même superficiellement cet énorme volume de près de 950 pages in-4°. Notons-en cependant les points saillants.

La *Mission des Juifs* est divisée en vingt-deux chapitres. Les quatre premiers forment un tout spécial traitant des principes généraux de l'univers et de la connaissance qu'en avaient tous les peuples anciens; les dix-huit derniers retracent l'histoire de l'humanité à travers plus de 8.600 ans montrant partout que la loi sociale définie synarchie est bien l'instrument capable de diagnostiquer sûrement la résistance vitale d'une race, d'une nation et même d'une société. Saint-Yves montre, preuves en mains, que le principe de la loi sociale a été connu dès la plus haute antiquité, dès la race rouge, et qu'il a été transmis dans les sanctuaires d'âge en âge jusqu'aux Égyptiens. De là Moïse a choisi un peuple pour en transmettre la formule à travers les siècles, et Jésus une race pour la réaliser. De là le nom de *Loi Sociale Judéo-Chrétienne*.

Enfin en 1887 paraissait la *France Vraie* ou *Mission des Français* dans laquelle l'Histoire de France depuis le XIVe siècle montre l'évolution de la Synarchie française, seul moyen de sauver la Patrie de la perte à laquelle elle court fatalement. La *Mission des Juifs* ou Synarchie de l'humanité est le cercle dont la *Mission des Souverains* ou Synarchie de l'Europe est le rayon, et la *France Vraie* ou Synarchie de la France est le centre.

En 1890 M. de Saint-Yves publia, après une série de petits poèmes adressés aux souverains d'Europe, une magistrale épopée intitulée *Jeanne d'Arc Victorieuse*. Les lois de la Synarchie y sont exposées dans leur réalisation absolue et providentielle.

. · .

Voilà l'analyse, malheureusement trop écourtée, des œuvres de Saint-Yves d'Alveydre ; essayons maintenant d'en exposer la conclusion.

Ce qui frappe en premier lieu le chercheur dans ces ouvrages, c'est la généralité de ces principes qui sont ici appliqués uniquement au social. Nous pouvons affirmer sans crainte d'être contredit que Saint-Yves d'Alveydre a trouvé la physiologie de l'Humanité, bien plus qu'il a déterminé la loi de relation des divers groupes de l'humanité entre eux.

Quoi qu'il en dise, c'est la méthode de la Science Occulte, l'Analogie, qui a guidé partout les investigations de cet auteur, et pour le prouver nous allons exposer son idée de la Synarchie uniquement par la physiologie humaine. Ayant poussé particulièrement nos recherches vers ce point, il nous sera d'autant plus facile de l'exposer au lecteur.

Tout est analogue dans l'Univers, la loi qui dirige une cellule de l'homme doit scientifiquement diriger cet homme ; la loi qui dirige un homme doit scientifiquement diriger une collectivité humaine, une nation, une race.

Étudions donc rapidement la constitution physiologique d'un homme. Point n'est besoin pour cela d'entrer dans de grands détails et nos déductions seront d'autant plus vraies qu'elles s'appuieront sur des données plus généralement admises.

L'homme mange, l'homme vit, l'homme pense.

Il mange et se nourrit grâce à son estomac, il vit grâce à son cœur, il pense grâce à son cerveau[1].

Ses organes digestifs sont chargés de diriger l'ÉCONOMIE de la machine, de remplacer les pertes par de la nourriture et de mettre en réserve les excédents à l'occasion.

Ses organes circulatoires sont chargés de porter partout la force nécessaire à la marche de la machine, de même que les organes digestifs fournissent la matière. Ce qui a la force, c'est un POUVOIR, les organes circulatoires exercent donc le Pouvoir dans la machine humaine.

Enfin les organes nerveux de l'homme dirigent tout cela. Par l'intermédiaire du grand sympathique inconscient marchent les or-

1. Il est entendu que nous parlons *physiologiquement ;* aussi ne faut-il pas s'étonner outre mesure de la tournure positiviste de cet exposé.

ganes digestifs et circulatoires; par l'intermédiaire du système nerveux conscient, les organes locomoteurs. Les organes nerveux représentent l'Autorité.

Économie, Pouvoir, Autorité : voilà le résumé des trois grandes fonctions renfermées dans l'homme physiologique.

Quelle est la relation de ces trois principes entre eux?

Tant que le ventre reçoit la nourriture nécessaire, l'économie fonctionne bien. Si le cerveau, de propos délibéré, veut restreindre la nourriture, l'estomac crie : « J'ai faim, ordonne aux membres de me donner la nourriture nécessaire. » Si le cerveau résiste, l'estomac cause la ruine de tout l'organisme et par lui-même celle du cerveau; l'homme meurt de faim.

Tant que les poumons respirent à l'aise, un sang vivificateur, c'est-à-dire *puissant*, circule dans l'organisme. Si le cerveau refuse de faire marcher les poumons ou les conduit dans un milieu malsain, ceux-ci préviennent le cerveau de leur besoin par l'angoisse qui peut se traduire : Donne-nous de l'air pur, si tu veux que nous fassions marcher la machine. Si le cerveau n'a plus assez d'autorité pour le faire, les jambes ne lui obéissent plus, elles sont trop faibles, tout s'écroule et l'homme meurt d'asphyxie.

Nous pourrions pousser cette étude plus loin, mais nous pensons qu'elle suffit à montrer au lecteur le jeu des trois grandes puissances : Économie, Pouvoir, Autorité, dans l'organisme humain.

Retrouvons maintenant ces grandes divisions dans la société.

Réunissez en un groupe toute la richesse d'un pays avec tous ses moyens d'action, agriculture, commerce, industrie, vous aurez le ventre de ce pays, constituant la source de son ÉCONOMIE.

Réunissez en un groupe toute l'armée, tous les magistrats d'un pays, vous aurez la poitrine de ce pays, constituant la source de son POUVOIR.

Réunissez en un groupe tous les professeurs, tous les savants, tous les membres de tous les cultes, tous les littérateurs d'un pays, vous aurez le cerveau de ce pays, constituant la source de son AUTORITÉ.

Voulez-vous maintenant découvrir le rapport scientifique de ces groupes entre eux, dites :

VENTRE	:	ÉCONOMIE	:	ÉCONOMIQUE
POITRINE	:	POUVOIR	:	JURIDIQUE
TÊTE	:	AUTORITÉ	:	ENSEIGNANT

et établissez les rapports physiologiques.

Qu'arrivera-t-il si dans un État l'Autorité refuse de donner satisfaction aux justes réclamations des gouvernés?

Établissez cela analogiquement et dites :

Qu'arrivera-t-il si dans un organisme le cerveau refuse de donner satisfaction aux justes réclamations de l'estomac?

La réponse est facile à prévoir. L'estomac fera souffrir le cerveau et finalement l'homme mourra.

Les gouvernés feront souffrir les gouvernants et finalement la nation périra.

La loi est fatale.

Ainsi dans la physiologie du social comme dans celle de l'homme individuel, il existe un double courant :

1° Courant des gouvernants aux gouvernés, analogue au courant du système nerveux ganglionnaire aux organes viscéraux;

2° Courant réactionnel des gouvernés aux gouvernants, analogue au courant des fonctions viscérales aux fonctions nerveuses.

Les pouvoirs *Enseignant*, *Juridique*, *Économique*, constituent le second courant.

Le premier est formé par les pouvoirs *Législatif*, *Judiciaire*, *Exécutif*.

Tels sont les deux pôles, les deux plateaux de la balance synarchique.

Nous avons choisi cette façon d'exposer le système de M. Saint-Yves d'Alveydre afin de mieux faire sentir à tous son caractère dominant : une analogie toujours strictement observée avec les manifestations de la vie dans la nature.

Tel est et sera toujours le cachet d'une création se rattachant au véritable ésotérisme; tout système social ne suivant pas analogiquement les évolutions naturelles est un rêve et rien de plus.

On voit que, somme toute, la découverte mise à jour dans les *Missions* est celle de la loi des gouvernés *Enseignant*, *Juridique*, *Économique;* car la loi des gouvernants *Législatif*, *Judiciaire*, *Exécutif* est connue depuis bien longtemps, transmise par le monde païen.

Déterminer scientifiquement l'existence et la loi de la vie organique d'un peuple; déterminer de même la vie de relation de peuple et de race à race : tels sont les problèmes étudiés dans les ouvrages de Saint-Yves d'Alveydre. Partout la vie doit suivre des lois analogues; aussi, pour ne parler qu'en passant de la vie de relation des peuples européens entre eux, il ne faut pas être grand clerc pour voir son organisation antinaturelle. Représentez-vous, en effet, des individus agissant entre eux comme le font les grandes puissances. Combien de temps resteraient-ils sans aller à Mazas? La loi qui règle aujourd'hui les relations de peuple à peuple c'est celle des brigands, toujours armés, toujours prêts à s'allier pour tomber sur le plus faible et se partager sa fortune. Quel exemple pour les citoyens!

C'est pourquoi l'ésotérisme peut scientifiquement parler à tous les peuples et leur dire :

« Changez vos rois, changez vos gouvernements, vous ne ferez rien qu'aggraver vos maux. Ceux-ci viennent non pas de la forme gouvernementale, mais bien de la Loi qui la constitue. Appliquez la loi de la nature et l'avenir s'ouvrira radieux pour vous et vos enfants ! »

∴

Je viens d'exposer le mieux qu'il m'a été possible le système social défendu par M. Saint-Yves d'Alveydre. Par quel moyen cet auteur a-t-il eu connaissance de cette loi sociale?

C'est ce que nous allons essayer de découvrir.

L'étude approfondie qu'il avait faite de Fabre d'Olivet[1], les efforts qu'il consacra à vérifier toutes les sources de cet auteur *dans les originaux* l'amenèrent fatalement à cette conclusion : il a existé, à une époque très éloignée de la nôtre, un Empire Universel sur la Terre.

Poursuivant l'étude de cet empire universel, il rechercha quelle en était la constitution et le fonctionnement. C'est là qu'il découvrit l'existence de la Loi Sociale Trinitaire.

En cherchant quelle fut l'époque et la cause de sa chute, il fut amené à constater la loi exclusivement politique qu'il appela *Loi de Nemrod*, opposée du tout au tout à la précédente.

Enfin en suivant à la piste la transmission de la Loi Sociale trinitaire de sanctuaire en sanctuaire depuis l'Inde, il y a 86 siècles, jusqu'à Jésus, il fut amené à constater l'existence d'une chaine ininterrompue qu'il trouva du reste mentionnée *dans le* XIe *chapitre* de la Cosmogonie de Moïse, traduite ésotériquement.

Cette chaine passait des sanctuaires indous aux Égyptiens avec Abraham comme chaînon, et des Égyptiens au peuple juif avec Moïse. Jésus marque le passage du mouvement des transmissions aux peuples chrétiens; de là le nom de *Loi Sociale Judéo-Chré-*

1. Comme il le déclare franchement dans la *Mission des Juifs* et dans la *France vraie*.

tienne donné par Saint-Yves à la loi trinitaire de l'Empire Universel.

Comme on peut le voir, c'est en alliant harmonieusement le Paganisme au Judaïsme et celui-ci au Christianisme qu'il a fait surgir du contact des deux pôles opposés la synthèse sociale.

Il nous reste à revenir sur quelques-unes de nos affirmations pour les prouver.

Nous avons dit que Saint-Yves avait vérifié les sources de Fabre d'Olivet dans les originaux. Nous ajouterons qu'il suffit de parcourir le chapitre IV de la *Mission des Juifs* ainsi que beaucoup de points divers de cet ouvrage pour avoir la certitude de la vérité de cette assertion. Il est inutile de montrer longuement l'avantage que retire un auteur de l'étude des maîtres dans leurs œuvres et non dans celles de leurs disciples. L'histoire de la philosophie tout entière est là pour le dire. C'est donc grâce à ce travail sur les originaux que Saint-Yves a pu découvrir l'alliance des deux contraires que Fabre d'Olivet n'a pas essayé de traiter.

Nous avons dit de plus que c'est en traduisant le XIe chapitre de la Cosmogonie de Moïse que Saint-Yves avait trouvé la relation de cette transmission séculaire de la loi sociale.

Cette traduction d'un chapitre que Fabre d'Olivet n'a pas abordé montre encore les connaissances personnelles en linguistique de l'auteur de la *Mission des Juifs*. Certains procédés qu'il emploie, entre autres celui de la lecture des mots hébreux de gauche à droite, lui sont également personnels.

Enfin quand nous aurons cité l'application de la Loi Sociale à l'histoire de la France, nous aurons terminé les principaux points par lesquels notre auteur affirme son indépendance vis-à-vis de Fabre d'Olivet.

Comment résumerons-nous maintenant l'œuvre de Saint-Yves d'après ses ouvrages parus jusqu'à ce jour?

A notre avis Saint-Yves d'Alveydre a fait pour le *Social* ce que Louis Lucas a fait pour la *Chimie* et la *Physique*, Wronski pour les *Mathématiques*, Fabre d'Olivet pour la *Linguistique* et la *Cosmogonie*.

1880 à 1889

Vers 1880 une résurrection de la Science Occulte dans toutes ses branches se manifeste de nouveau et, cette fois, l'Union de toutes les écoles importantes semble assurer le succès définitif.

Le *docteur Adrien Péladan* initie son frère, le littérateur *Joséphin Péladan,* à la connaissance de l'Hermétisme.

Le *Vice suprême* paraît en 1882 montrant l'application totale des enseignements d'*Eliphas Levi.*

Stanislas de Guaita[1] (1886), *Alber Jhouney*[2] (1887), *l'abbé Roca* (1887), *George Montière*[3] (1887) se révèlent comme les représentants de cette école hermétique. La Rose-Croix Kabbalistique est rénovée par de Guaita.

Initié par le Martinisme et disciple direct de Louis Lucas, nous commençons à cette époque (1887) à nous occuper activement de l'Occultisme. Peu après nous sommes amené à faire la connaissance du plus instruit et du plus modeste des occultistes français, *F. Ch. Barlet.*

Retiré en province, consacrant tout son temps à l'étude, Barlet est le plus savant de tous les auteurs contemporains en ces questions. Ses connaissances étendues en mathématiques, en physique et en chimie, aidées par une prodigieuse érudition et un travail incessant, lui ont permis d'être l'un des facteurs les plus puissants du mouvement de régénération de l'ésotérisme.

C'est à cette époque (1885) qu'une société représentant, disait-elle, l'ésotérisme bouddhique faisait son apparition en France.

Combattant toutes les écoles et jetant la division partout, cette société à laquelle nous avions adhéré tout d'abord a subi échec sur échec en voulant s'imposer malgré tout en France et aujourd'hui son action est entièrement détruite.

La Société Théosophique d'Adyar (Inde) a fondé une

1. *Essai des Sciences Maudites.* — *Au seuil des Mystères.*
2. Albert Jhouney, *Le Royaume de Dieu.*
3. G. Montière (Études diverses sur l'ésotérisme).

source de branches qui toutes se sont effondrées l'une après l'autre.

Mme H. P. Blavatsky, un ancien médium spirite qui voulait détruire en son nom toutes les écoles possédant la tradition occidentale, a vu ses procédés mis à jour et déjoués un à un.

Un essai d'accaparement par « ordre supérieur » des occultistes français lui valut une jolie série de déboires, couronnés par la disparition de la dernière branche sur laquelle elle comptait pour relever son crédit, l'*Hermès* (1890).

Attaqué violemment par cette école que nous avons crue sérieuse et loyale jadis, nous avons donné, pour toute réponse, son histoire trop peu connue[1].

En France les œuvres de madame la duchesse de Pomar ont contribué à répandre le bouddhisme ésotérique (1887-1890).

Madame la comtesse d'Adhémar (1888-1889) défendit aussi ces idées pendant l'existence de sa revue.

Les autres écoles continuent leur évolution pendant ce temps.

Le Spiritisme se développe d'une façon remarquable sans toutefois rien produire de bien original; on piétine toujours sur place. *Pezzani* en 1875, *Gabriel Delanne*, *Camille Chaigneau*, *Léon Denis*, *Lucie Grange* poursuivent ces études (1880-1889) plus ou moins heureusement.

Marius Georges fait en vain des efforts pour atténuer les divagations de certains adeptes (1887-1888). Sa revue, *la Vie Posthume*, ne tarde pas à succomber.

Cependant les expériences de *Crookes* sur la force psychique, contrôlées dans divers autres pays par des savants éminents et en France par le *docteur Paul Gibier*[2].

1. *L'Histoire de la S. T.*, par Papus (*Voile d'Isis*, année 1891).
2. Paul Gibier, *le Spiritisme ou Fakirisme occidental*, 1887, in-18.

viennent prouver irréfutablement la réalité des phénomènes quelle qu'en soit d'ailleurs l'explication.

Aussi le *Congrès Spirite et Spiritualiste international de* 1889, qui réunit les adhésions de toutes les écoles d'occultisme fraternellement unies aux groupes spirites, compta-t-il plus de 40.000 adhérents et environ 200 délégués spéciaux [1].

Le spiritisme rencontra de nombreux détracteurs niant, sans vouloir les constater, tous les phénomènes. Mais bientôt les savants américains se déclarèrent convaincus, puis quelques savants anglais, entre autres Crookes, et enfin, malgré le traitement prescrit par la médecine pour les spirites qui sont considérés comme des hallucinés [2], un ancien interne des hôpitaux de Paris, préparateur au Muséum, le docteur Paul Gibier, vient de publier un livre dans lequel il se déclare convaincu. Il révèle en même temps l'existence très ancienne de tous ces phénomènes dans l'Inde [3].

Il faut voir l'article de critique consacré à Paul Gibier et à son livre dans la *Revue scientifique* pour comprendre la rage sourde des corps savants devant ces phénomènes.

Ne pouvant mettre en doute la sincérité des expériences irréfutables du savant anglais Crookes, la critique s'attaque à celles de Gibier. Elle le blâme de vouloir former une société pour l'étude des phénomènes et avoue que des savants s'en occupent en secret.

« M. Gibier appelle de ses vœux la formation d'une société pour étudier cette nouvelle branche de la physiologie psychologique, et paraît croire qu'il est chez nous

1. Compte rendu du Congrès Spirite et Spiritualiste international de 1889. Un grand vol. in-8° de 500 pages, prix 5 fr.

2. Article spiritisme de *l'Encyclopédie des Sciences médicales* de Dechambre.

3. *Le Spiritisme*, par le docteur Paul Gibier, Paris, in-18.

le seul, sinon le premier, parmi les savants compétents, à s'intéresser à cette question. Que M. Gibier se rassure et soit satisfait. Un certain nombre de chercheurs très compétents, ceux mêmes qui ont commencé par le commencement et ont déjà mis un certain ordre dans le fouillis du surnaturel, s'occupent de cette question et continuent leur œuvre... SANS EN ENTRETENIR LE PUBLIC. »

(*Revue scientifique*, 13 nov. 1886, n° 20, pp. 631 et 632.)

Si jamais cette assertion était confirmée, cela jetterait un singulier jour sur les procédés de ceux qui pratiquent ces études expérimentales. Il me semblait pourtant que la divulgation était à l'ordre du jour?

Parmi les Magnétiseurs d'ardents champions soutenaient toujours la lutte. *Robert, Donato, L. Moutin*[1] publiaient des œuvres ou produisaient des phénomènes publics. *Reybaud* parlait magnétisme à la salle des Capucines (1888). *Durville* retrouvait les lois de la polarité humaine, un peu après le *docteur Chazarain* cependant, enfin parlait et luttait activement.

Mais l'*Hypnotisme* faisait aussi de sérieux progrès. Les travaux de l'école de la Salpêtrière sur les Phases, ceux de l'école de Nancy (*Liébault et Bernheim*) sur la Suggestion, ceux du *docteur Luys*[2] sur les miroirs et les transferts des maladies, rapprochaient de plus en plus l'hypnotisme de l'aïeul tant dédaigné : le Magnétisme.

* * *

On voit que cette époque est bien marquée par un réveil de ces études. Nous allons voir les positions respectives des diverses écoles en 1890.

1. L. Moutin, *Manuel d'hypnotisme*.
2. Luys.

1889-1890

Pour bien montrer la vitalité du mouvement, nous allons énumérer les forces en présence en cette année 1890, pour la France seulement.

1° Individualités et écoles

Stanislas de Guaita est le représentant de l'école hermétiste et le successeur direct d'Eliphas Levi. *Albert Jhouney*, *l'abbé Roca*, *René Caillié*, *George Montière* se rattachent de près ou de loin à ce même courant.

Joséphin Péladan a pris dans la littérature une place importante *unguibus et rostro;* catholique ultramontain, il défend la Magie, la plus transcendantale dans ses œuvres, au risque d'aveugler le cléricalisme par excès de lumière.

Le marquis de Saint-Yves d'Alveydre réalise la Synarchie dans le plan social éloigné de toute lutte active et travaillant en dehors de tous les partis. Il se rattache par ses œuvres au courant synthétique, illustré par Bailly, Dutens, Court de Gébelin et Fabre d'Olivet. *F.-Ch. Barlet* représente de nos jours ce courant.

La duchesse de Pomar et la comtesse d'Adhémar représentent la Théosophie bouddhiste, mais la première s'est rattachée au christianisme dont elle étudie l'ésotérisme.

Le courant Templier est représenté par un ardent défenseur de la Gnose, *Jules Stany Doinel.*

Enfin, le courant scientifique, dérivé du Martinisme et de l'Hermétisme par Wronski et Louis Lucas, compte parmi ses principaux représentants *Papus*, *Julien Lejay*, et des littérateurs occultistes comme *Jules Lermina*, des orientalistes sérieux et non membres de la Société théosophique comme *Augustin Chaboseau.*

Tels sont les représentants de l'antique Science occulte dans toutes ses branches. — Voyons rapidement ceux des courants nouveaux.

Le Magnétisme n'a guère fait de progrès sérieux depuis du Potet.

A peine peut-on citer la découverte de la polarité humaine faite presque en même temps par *M. Durville* et le docteur *Chazarain*, et les travaux du colonel *de Rochas*, qui du reste représente plus spécialement le courant des savants indépendants s'occupant de toutes ces questions [1].

Le Congrès Magnétique international de 1889 a montré les partisans du Magnétisme animal et de ses effets curatifs réunis en assises plénières. — *L'abbé de Meissas, le colonel de Rochas, le comte de Constantin, le docteur Chazarain, Rouxel,* représentent le côté théorique*; Donato, Moutin, Durville, Reybaud, Auffinger,* représentent le côté expérimental.

L'Hypnotisme continue, au contraire, ses découvertes.

Le docteur Luys tient aujourd'hui la tête par l'application du transfert des maladies au traitement d'individus jusqu'ici incurables. Là où le magnétisme est obligé d'agir pendant deux heures consécutives par les passes, là où les médicaments échouent piteusement, le transfert, qui demande trois minutes à peine, arrive à des résultats stupéfiants. L'avenir est dans cette école.

L'*École de la Salpêtrière* et l'*École de Nancy* poursuivent

1. M. de Rochas vient de démontrer, en publiant les œuvres de *Reichenbach*, que ce savant avait découvert et expérimenté les lois de la polarité dès 1853. Batbitt l'avait donné vers 1884 d'après Reichenbach aussi.

quelques travaux analytiques, mais sans résultats thérapeutiques sérieux.

Enfin, notre énumération serait incomplète si nous ne citions pas le *zouave Jacob*, qui opère des cures incontestables par l'exercice de la théurgie. — Il nomme ainsi un mélange de magnétisme et de spiritisme.

LE SPIRITISME piétine sur place depuis quarante ans. — Aucune découverte sérieuse n'a été faite par les successeurs d'Allan Kardec au point de vue expérimental. — Les seuls travaux poursuivis ont rapport à l'application aux théories spirites des découvertes faites dans d'autres domaines par les savants, surtout en Hypnotisme et en Physiologie psychologique.

M. Leymarie dirige la librairie et la *Revue* spirites; *Gabriel Delanne* travaille à l'application de nos sciences aux théories du Spiritisme; c'est un des rares écrivains scientifiques rattachés à ce mouvement. *Camille Chaigneau, Léon Denis, Marius Georges, Mme Lucie Grange* défendent ces doctrines à des points de vue divers.

Si le Spiritisme lui-même n'a guère progressé depuis Allan Kardec, il n'en est pas de même du courant des recherches scientifiques auquel il a donné naissance.

Le chimiste anglais *Crookes* a ouvert la voie par une série magnifique d'expériences; le *docteur Gibier* a poursuivi ces travaux en France, et maintenant c'est le *colonel A. de Rochas* qui reprend ces études au point de vue strictement scientifique. — Tous ces auteurs travaillent sans aucune idée préconçue, et aucun d'eux n'a formulé encore de conclusion détaillée.

Telle est en résumé la marche actuelle du mouvement considéré par écoles et par personnalités. — Mais le caractère spécial de notre époque c'est le *groupement* réalisé entre tous ces éléments qui, séparés, n'auraient pas plus abouti à un résultat que le mouvement de 1853.

2° Groupements.

Chacune des écoles comprend un ou plusieurs groupes possédant généralement chacun son organe spécial.

A Paris, le Spiritisme a trois revues principales :

La Revue spirite avec M. Leymarie ;

Le Spiritisme de Gabriel Delanne ;

La Lumière de Mme Lucie Grange.

Le Magnétisme, de son côté, publie :

Le Journal du Magnétisme de M. Durville ;

La Chaîne magnétique de M. Auffinger.

L'Hypnotisme compte :

La Revue d'Hypnologie du Dr Luys.

La Revue d'Hypnotisme de M. Bérillon.

Les divers courants de la Science occulte sont représentés :

Le courant socialiste chrétien kabbalistique par *l'Étoile* (René Caillié — Jhouney — abbé Roca).

Le courant théosophique chrétien ésotérique par *l'Aurore* (abbé Kalixt Mélinge — duchesse de Pomar).

Feu le courant indien néo-bouddhiste par le *Lotus bleu*, petite publication sans rédacteurs sérieux et vivotant de traductions faites Dieu sait comme.

Tous ces courants étaient destinés à se nuire mutuellement, comme en 1853, si un groupement général n'était essayé. — C'est à ce but que nous avons consacré tous nos efforts.

En 1888, nous fondâmes *l'Initiation*, revue synthétique qui comprenait des représentants de toutes les écoles. — Il suffit de parcourir la liste suivante des rédacteurs pour y reconnaître les noms des principaux chefs de chaque courant. — La fondation de la *partie initiatique*, dans la revue, empêchait de tomber dans les erreurs de l'éclectisme, le seul danger possible.

PRINCIPAUX RÉDACTEURS ET COLLABORATEURS DE *L'INITIATION*.

Directeur : Papus; directeur-adjoint : Lucien Mauchel; rédacteur en chef : George Montière; secrétaires de la rédaction : Ch. Barlet, J. Lejay.

1° Partie initiatique

F. Ch. Barlet. א — (S.·. I.·.) Memb. de L'H. B of. L. Stanislas de Guaita. S.·. I.·. א). — George Montière, S.·. I.·. א — Papus, S.·.I.·. א

2° Partie philosophique et scientifique.

Aleph. — Le F.·. Bertrand. Vén.·. — Bouvery. — René Caillié. — Augustin Chaboseau. — G. Delanne. — Delézinier. — Jules Doinel. — A. Dorado. — Ely Star. — Fabre des Essarts. — Jules Giraud. — E. Gary de Lacroze. — J. Lejay. — Donald Mac-Nab. — Marcus de Vèze. — Napoléon Ney. — Eugène Nus. — Horace Pelletier. — G. Poirel. — Jules Priou. — Le magnétiseur Raymond. — Le magnétiseur A. Robert. — Rouxel. — H. Sausse. — L. Stevenard — G. Vitoux. — F. Vurgey. — Henri Welsch. — Oswald Wirth.

3° PARTIE LITTÉRAIRE.

Maurice Beaubourg. — E. Goudeau. — Manoël de Grandford. — Jules Lermina. — L. Hennique. — R. de Maricourt. — Lucien Mauchel. — Catulle Mendès. — Émile Michelet. — George Montière. — Ch. de Sivry. — Ch. Torquet.

4° POÉSIE.

Ed. Bazire. — Ch. Dubourg. — Rodolphe Darzens. — P. Giraldon. — R. de Maricourt. — Paul Marrot. — Marnès. — A. Morin. — Robert de la Villehervé.

Le succès de *l'Initiation* s'affirmant de plus en plus, une tentative plus considérable encore fut essayée.

Il s'agissait de réunir en une vaste association tous les mouvements épars, de centraliser dans Paris même le foyer de la Science occulte rénovée, et cela sans nuire en quoi que ce soit à l'évolution personnelle de chaque individualité et de chaque mouvement.

En 1889 fut fondé le GROUPE INDÉPENDANT D'ÉTUDES ÉSOTÉRIQUES sous la direction de la revue *l'Initiation*. — La Fraternité de la Rose-Croix Kabbalistique, tous les groupes Martinistes, la Grande Fraternité occulte d'Occident, cachée sous les initiales d'H. B. of L., adhérèrent immédiatement à ce groupement qui, de ce fait, se trouvait devenir le possesseur de la tradition ésotérique dans toutes ses branches. — Voilà pour le côté occulte.

Des sociétés magnétiques, spirites, spiritualistes et théistes firent aussi leur adhésion, si bien que des *groupes d'expérimentation* hypnotiques, spirites, magiques purent être organisés très vite en même temps que des cours et des conférences nombreux, de telle sorte qu'en moins d'un an, le mouvement synthétique nouvellement créé possédait :

1° Un quartier général avec librairie, salle de cours, salle de conférences et bibliothèque (29, rue de Trévise, Paris) ;

2° Des locaux particuliers pour les études expérimentales ;

3° Des branches dans toute la France, dans les grandes villes de l'Europe, de l'Amérique du Nord et du Sud ;

4° Quatre cents membres adhérents, des correspondants partout et des relations ésotériques avec toutes les fraternités occidentales.

Voilà ce qui a été fait presque sans argent, rien que par le groupement des forces jusque-là disséminées. — Il reste encore beaucoup à faire ; mais tous les officiers du groupe sont prêts à tout pour la réussite de la Science occulte et l'avènement de ses doctrines.

Ce qui précède répond donc mieux que toutes les théories à la question posée au début de ce chapitre : Quelles sont les sociétés où l'on peut réunir les données de l'Initiation ?

Le tableau suivant résume tout ce que nous avons dit sur l'historique de la Science occulte depuis 1750 jusqu'à 1890.

L'OCCULTISME EN FRANCE DE 1750 A 1890

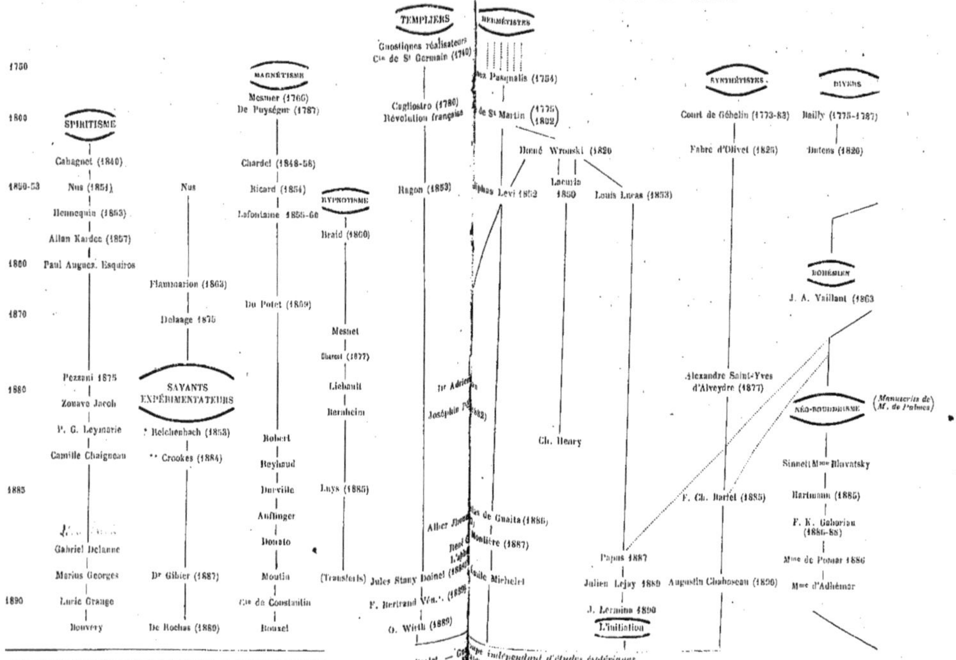
1750
1800
1850-53
1860
1870
1880
1885
1890
SPIRITISME
Cabagnet (1840)
Nus (1851)
Hennequin (1853)
Allan Kardec (1857)
Paul Auguez. Esquiros
Pezzani 1875
Zouave Jacob
P. G. Leymarie
Camille Chaigneau
Gabriel Delanne
Marius Georges
Lucie Grange
Bouvery
Nus
Flammarion (1863)
Delaage 1875
SAVANTS EXPÉRIMENTATEURS
* Reichenbach (1853)
** Crookes (1884)
Dr Gibier (1887)
De Rochas (1889)
MAGNÉTISME
Mesmer (1760)
De Puységur (1787)
Chardel (1848-58)
Ricard (1854)
Lafontaine 1855-60
Du Potet (1869)
Robert
Reyhaud
Durville
Auffinger
Donato
Moutin
Cte de Constantin
Rouxel
HYPNOTISME
Braid (1860)
Mesnet
Charcot (1877)
Liebault
Bernheim
Luys (1885)
(Transferts)
TEMPLIERS
Gnostiques réalisateurs
Cte de St Germain (1740)
Cagliostro (1780)
Révolution française
Ragon (1853)
Jules Stany Doinel (1888)
F. Bertrand Vén.·. (1889)
O. Wirth (1889)
HERMÉTISTES
Pasqualis (1754)
de St Martin (1775 / 1802)
Hoené Wronski (1820)
Eliphas Levi 1852
Lacuria 1850
Louis Lucas (1853)
Ch. Henry
de Guaita (1886)
Montière (1887)
Emile Michelet
Papus 1887
Julien Lejay 1889
J. Lermina 1890
L'initiation
Groupe indépendant d'études ésotériques
Barlet. — Papus. — Lejay. — Montière. — Chaboseau. — E. Michelet.
Moutin. — Doinel. — F.·. Bertrand, etc., etc.
SYNTHÉTISTES.
Court de Gébelin (1773-83)
Fabre d'Olivet (1825)
Alexandre Saint-Yves d'Alveydre (1877)
F. Ch. Barlet (1885)
Augustin Chaboseau (1890)
DIVERS
Bailly (1775-1787)
Dutens (1820)
BOHÉMIEN
J. A. Vaillant (1863
NÉO-BOUDDHISME
(Manuscrits de M. de Palmes)
Sinnett Mme Blavatsky
Hartmann (1885)
F. K. Gaborian (1886-88)
Mme de Pomar 1886
Mme d'Adhémar

* Nous mentionnons cet auteur qui, étant étranger, ne devrait pas figurer ici.
** Même remarque.

Voici l'état actuel du *Groupe indépendant d'Etudes ésotériques* (février 1891) :

QUARTIER GÉNÉRAL. — Salle de cours. — Salle de conférences. — Bibliothèque et Librairie.

29, rue de Trévise, Paris.

CHARTES DÉLIVRÉES (branches et groupes d'études) : quarante-cinq.

Paris. — Lille. — Tours. — Lyon. — Bordeaux. — Marseille. — Nancy. — Sens. — Clermont-Ferrand. — Reims. — Alger.

Londres. — Bruxelles. — Liège. — Berlin. — Munich. — Amsterdam. — Varsovie. — Saint-Pétersbourg. — Vienne. — Genève. — Rome. — Barcelone. — New-York. — Québec. — La Plata. — Port-Saïd. — Panama. — Cuba.

JOURNAUX. — Le journal hebdomadaire *Le Voile d'Isis*, paraissant le mercredi, est l'organe officiel du quartier général, ainsi que la revue l'*Initiation*.

Pour être membre du groupe, il n'y a aucune cotisation à payer, il suffit d'être abonné à l'*Initiation* ou au *Voile d'Isis* et de faire une demande.

OFFICIERS DU GROUPE POUR 1890-91

Président-fondateur :

Papus.

Directeurs des Commissions :

Enseignement : Stanislas de Guaita. — Propagande : Julien Lejay. — Finances : L. Mauchel.

Directeurs des groupes d'études :

Lemerle. — Julien Lejay. — Augustin Chaboseau. — Jules Lermina. — Emile Michelet. — A. de Wolska. —

G. Vitoux. — L. Manchel. — Gary de Lacroze. — G. Caminade. — Martin. — L. Stevenard. — Ch. Torquet. — A. François. — Papus.

Tel est l'état actuel du mouvement. — Qu'il me soit permis, avant de terminer, de témoigner toute ma reconnaissance à ceux qui ont aidé nos débuts, à ceux qui nous ont permis de mettre au jour nos premiers volumes ou les premiers numéros de nos revues.

Le *Traité élémentaire de Science occulte*, qui eut par la suite quatre éditions et est actuellement épuisé, fut publié grâce au concours dévoué du D[r] G***, un défenseur ardent et éminent des réformes humanitaires, végétarisme pour le corps et rénovation scientifique de la morale pour l'âme.

L'*Initiation*, la revue qui a pris une grande extension aujourd'hui, nous la devons à notre ami du premier moment, Julien Lejay (qui montrera sous peu à quelle hauteur de conception peut atteindre l'occultisme dans son *Essai de sociologie analogique*) ; nous devons son succès à nos collaborateurs F.-Ch. Barlet, Stanislas de Guaita, Joséphin Péladan, George Montière, etc., etc.

Le *Quartier général du groupe* fut fondé par la fusion de notre Société avec la Bibliothèque internationale des œuvres des Femmes, dirigée par Mlle A. de Wolska. Il doit sa bonne administration au dévouement incessant de notre ami Lucien Manchel, qui s'est consacré tout entier au succès de notre œuvre. Qu'ils reçoivent nos plus sincères remerciements !

Enfin il est un facteur de succès plus puissant que tous les dévouements, sans lequel tous les efforts restent vains, c'est le public intellectuel. C'est lui qui toujours assura la réussite de nos entreprises, c'est lui qui, par son assiduité à nous suivre dans nos efforts, nous a toujours vengés des accusations et des inimitiés qu'attire nécessairement toute œuvre qui vient détruire l'indolence et les préjugés d'une époque sans croyances et corrompue. Nous serions injuste en ne témoignant pas toute notre gratitude à ce public aussi élevé par les sentiments que par la naissance.

RÉSUMÉ GÉNÉRAL

Le siècle des siècles est près de finir. Le progrès est près d'atteindre son apogée, si l'on en croit du moins ses partisans, et cependant il se trouve des hommes pour parler de grandes lois inconnues et de grands principes vivants étouffés.

L'Europe en armes attend le signal de l'égorgement. Les trains circulent rapides à travers le centre de toutes les civilisations, mais ces trains ne porteront-ils pas demain des soldats et des munitions de guerre? Les fils télégraphiques s'entre-croisent dans les airs annonçant les mille nouvelles courantes aux peuples affairés; mais le penseur qui les contemple sait-il si les ordres de mobilisation ne passent pas en ce moment invisibles devant lui? Chemins de fer, télégraphes, belles conquêtes, en vérité, du XIXe siècle, qui sait si les mères et les épouses de l'an 1900 ne vous maudiront pas à jamais?

Toute conquête du cerveau humain tourne à la destruction rapide de l'espèce, et dans l'éclosion magnifique de notre renaissance intellectuelle la haine internationale est notre seule directrice. La *Vapeur* c'est le transport rapide de la destruction en masse dans une contrée; l'*Electricité* c'est le moyen de faire sauter à distance les villes entières; la *Chimie* c'est la dynamite, la roburite, les obus asphyxiants et la poudre sans fumée; la *Physique* c'est le massacre mécanique de corps d'armée remplaçant le massacre individuel d'autrefois. Le Progrès, le Progrès partout! Le Téléphone transmet les ordres du chef, le Phonographe perfectionné conserve le bruit d'une bataille dans tous ses détails; on entend tous les instruments du concert majestueux : mugissements des canons, crépitement rapide de la fusillade, sifflement des balles, rien ne manque, pas même les cris rauques des blessés, et le progrès va si vite que grâce au *Téléphote* une mère pourra désormais voir de loin son fils éventré par une baïonnette et l'entendre prononcer son nom pour la dernière fois.

C'est la civilisation !

Que viennent donc faire tous ces rêveurs, tous ces philosophes, tous ces utopistes parlant d'altruisme dans une telle époque et s'autorisant de la Science occulte pour rappeler l'existence d'un vieux mot dès longtemps oublié, la Charité?

La Science occulte! est-elle donc autre chose qu'une source de rêveries pour cerveaux faibles ou de consolations pour âmes brisées? C'est ce qu'il nous faut voir.

*
* *

Si nous jetons un coup d'œil d'ensemble sur cette Science occulte telle que nous l'avons exposée, que verrons-nous?

Les prolégomènes de notre ouvrage nous montrent *l'existence effective* d'un corps de doctrine scientifique dans l'antiquité, et nous pouvons rendre justice à ces anciens si calomniés encore.

Dans la première partie la *doctrine ésotérique* nous apparaît avec son cortège d'hypothèses hardies qui peuvent trouver dans nos Sciences expérimentales un précieux secours, loin d'être en opposition avec les données de ces sciences.

Nous suivons la *transmission de ce corps de doctrine* dans la seconde partie ; partant de l'Égypte avec Moïse nous voyons la Kabbale passer intacte à travers les peuples et les révolutions, nous retrouvons l'enseignement hermétique chez les Gnostiques, à l'école d'Alexandrie, chez les alchimistes, dans l'ordre du Temple, dans la Rose-Croix et enfin, combien déformé! dans la franc-maçonnerie actuelle. Des sociétés vraiment occultes existent pourtant qui possèdent encore la tradition intégrale, j'en appelle à l'un des plus savants parmi les adeptes occidentaux, à mon maître en pratique, Peter Davidson.

Le but de cette Science occulte c'est l'alliance de la Science et de la Foi vers une aspiration unique : la Vérité synthétique. La troisième partie aborde le domaine de l'*Invisible*, où les données scientifiques viennent appuyer les affirmations étranges de la Magie sur l'évocation des morts, sur les mystères de la naissance, sur les causes des inégalités sociales que la volonté humaine peut toujours détruire. — Enfin une série de faits et de chiffres vient montrer combien l'esprit humain s'intéresse de nos jours à cette Science occulte et aux Sociétés qui en poursuivent l'étude et l'application.

On nous a accusé de désocculter l'occulte. L'expérience nous a montré que ceux qui ne doivent pas comprendre ne comprennent pas. — En 1853, la désoccultation de l'occulte fut entreprise bien mieux que nous ne pouvons le faire aujourd'hui ; l'entreprise échoua parce que les esprits n'étaient pas prêts à la comprendre. Aujourd'hui les temps sont changés et nous ne sommes encore que les libres instruments d'une force invisible et puissante autant que bienfaisante qui pousse toutes les écoles à révéler les principes de leur savoir et à lutter d'émulation pour l'avènement du règne de Dieu sur la terre comme au ciel.

∴

Des courants d'idées nombreux, opposés en apparence, poursuivent parallèlement un but identique. Ces oppositions même sont un gage de succès, une garantie contre la somnolence. Aucune école restant enfermée dans son sectarisme ne peut aider efficacement le mouvement général. Le groupement partiel s'impose, cet effort a été tenté.

Quel que soit l'avenir de notre œuvre, nous avons la conscience d'avoir fait notre devoir jusqu'au bout. La Science infusée partout saura faire justice de tous les sectarismes, et la Morale, assise enfin sur des bases positives, conduira peut-être les peuples à d'autres buts que l'extermination raffinée des pauvres par les riches, des intellectuels par les armées et des armées par les engins perfectionnés.

Groupons nos efforts, cherchons hardiment d'autres méthodes que celles qui conduisent à faire des perroquets diplômés inutiles ou nuisibles à la collectivité, et sans doute nous pourrons un jour inscrire au fronton du nouvel édifice :

A CEUX QUI, FATIGUÉS D'APPRENDRE,
DÉSIRENT ENFIN SAVOIR.

FIN

GLOSSAIRE

DES PRINCIPAUX TERMES DE LA SCIENCE OCCULTE

PAR

PAPUS
(*Pour la tradition occidentale*)

Augustin CHABOSEAU
(*Pour la tradition orientale*)

A

Abhiñâna. Mot sk., signifie « discernement », désigne dans l'Ésotérisme Buddhique un des cinq attributs psychiques de l'Arhat accompli : acuité extrême des six sens, entendement suprême, pouvoir de réaliser toutes volitions, discernement des pensées d'autrui, et connaissance de toutes les existences antérieures. V. p. 200 de l'*Essai sur la Philosophie Buddhique*.

Abraxas. Mot persan signifiant Dieu.

Désigne les pierres précieuses sur lesquelles étaient gravés des mots magiques, puis, par extension, ces mots magiques eux-mêmes.

Ésotériquement Abraxas réduit en nombres et additionné donne 365, le nombre de jours de l'année (Voy. Kircher, *Études sur la Gnose.*)

Adamah. La Terre, le monde des effigies (Voy. p. 265).

Adepte (*Adeptus*, qui a acquis, de *adipisci* atteindre. — Littré). Celui qui a acquis les connaissances les plus élevées dans l'une des parties de la science ésotérique. — Adepte en alchimie, en kabbale, en astrologie, etc., etc.

Grade qui forme le couronnement de la carrière d'un *initié* (Voy. ce mot).

Adi-Buddha. Mot sk., désigne exotériquement, dans le Buddhisme-Religion, le Vide en le feignant conscient.

Adjiva. Mot sk., signifie « état de non-moi », désigne dans l'Ésotérisme Buddhique l'état d'inconscience, la conception de l'Absolu considéré comme *être* ou non existence. V. p. 115 de *l'Essai sur la Philosophie Buddhique*.

Ages. Le quaternaire ésotérique appliqué à l'évolution des êtres pendant une de leurs vies a donné naissance à quatre périodes appelées *âges*.

Les âges de l'homme sont l'enfance (iod), la jeunesse (hé), l'âge mûr (vâo) et la vieillesse (hé).

Non seulement l'homme, mais les astres, les soleils et les univers ont été considérés aussi comme accomplissant une évolution vitale. De là les *périodes* de l'ésotérisme conçues par les théologiens comme des *jours*. Les Indous ont conservé intactes ces divisions (V. Yuga). Les âges sont calculés : 1° par respiration, 2° par jour et par nuit.

La Terre fait une aspiration (jour) et une expiration (nuit) en 24 heures (révolution sur elle-même).

Le Soleil met 25 jours à accomplir la même opération.

Le jour d'une planète est le temps qu'elle met pour aller d'une nuit (hiver) à une nuit (hiver). — Un jour de la Terre représente donc *une année* de l'homme. Ces exemples serviront à faire comprendre la question.

Aïsha. Faculté volitive de l'homme. Universel : Adam. — Aïscha matérialisée d'un degré devient *Heva* (Eve), l'existence élémentaire.

Akasa. Mot sk., désigne dans l'Èsotérisme Buddhique l'électricité organique des astres et des êtres qui évoluent à leur surface.

Alchimie. Branche de la Science occulte qui s'occupe particulièrement de l'application de la Magie aux êtres inférieurs de la Nature (minéraux et végétaux).

Pendant tout le moyen âge les adeptes de la philosophie hermétique possédaient la Tradition dans toutes ses branches. — On commence aujourd'hui, sous l'influence des travaux de M. Berthelot, à rendre justice aux alchimistes.

On trouvera un bon glossaire des *symboles alchimiques* dans *Théories et symboles des alchimistes* d'Albert Poisson (voy. aussi *Couleurs*).

Ame. Principe supérieur de l'être humain, agissant sur le corps physique au moyen de la vie ou corps astral.

D'après la doctrine des trois principes, un seul d'entre eux représente l'âme. Mais si l'on analyse ces principes pour former le septénaire, l'âme se subdivise en plusieurs autres éléments.

Amulette. Objet chargé d'influences magiques et qu'on croit capable de transmettre ces influences à la personne qui le porte sur elle.

Analogie. Méthode principale de la Science occulte permettant de déterminer l'invisible d'après l'examen du visible, l'occulte d'après le patent, l'idée d'après la forme.

Antiquité. — *La Science*. La science expérimentale et appliquée existait dans l'antiquité; mais le mode d'enseignement différait. La science n'était communiquée qu'après certaines épreuves physiques, morales et psychiques; de là son nom de *Science cachée* ou Science occulte.

Aour. Nom hébreu de la lumière astrale équilibrée. — Les deux polarisations positive et négative prennent le nom d'OD et d'OB.

Apavarga. Mot sk., désigne dans le Buddhisme « la délivrance » de Punarbhava (V. ce mot).

Apports. Terme de spiritisme. Apports d'objets qui ne se trouvaient pas dans le local où a lieu l'expérience.

Des fleurs, des fruits, des objets de toutes sortes peuvent être apportés dans ces conditions.

Pour ces phénomènes, voir les expériences de *Donald Mac Nab* relatées dans le *Lotus rouge* (chez Carré éditeur); voir les procès-verbaux des expériences médianimiques de H. P. Blavatsky dans *Le Monde occulte* de Sinnett (Carré éditeur).

Apprenti. 1er degré de la Franc-Maçonnerie écossaise et française.

Arcane. (De *arca*, coffre) Terme symbolique cachant aux yeux des profanes un secret de l'ésotérisme.

Aréopage. Terme de Franc-Maçonnerie. Les aréopages, constituant la partie pratique et exécutive de la Franc-Maçonnerie, renferment les membres pourvus des grades de 18e à 30e exclusivement dans le rite écossais ancien et accepté (V. p. 705).

Arhat. Mot sk., désigne un « saint ». Spécialement, désigne dans le Buddhisme l'être qui n'est plus susceptible que de moins de sept renaissances avant de devenir Bodhisattva (V. ce mot), V. p. 198 de l'*Essai sur la Philosophie Buddhique.*

Asiah (*Kab*). Un des trois mondes de l'Univers. C'est la partie inférieure du monde astral et l'ensemble du monde matériel. C'est pour l'univers ce que *Nephesch* (V. ce mot) est pour l'homme.

Astral. L'astral est essentiellement le plan de formation de tout ce qui est matériel. — Chaque être ou chaque objet matériel a donc un correspondant en astral, il y a un corps astral, un plan astral, une lumière astrale, un monde astral, etc., etc. (V. ces mots à la table alphabétique).

L'idée que les astres président à la formation de tout dans l'univers a donné naissance à ces divers termes. (V. Médiateur plastique, Ruach.)

Astrologie. Branche de la Science occulte s'occupant de l'étude physique, physiologique et psychique des astres considérés comme des êtres complets. — L'astrologie est une des anciennes sciences de divination dont les données sont aujourd'hui totalement perdues. Le dernier astrologue véritable fut un adepte de la science hermétique, *Nostradamus*, qui avait annoncé la date exacte de la Révolution française dans ses discours à Henry Second. Voy. *Prophéties de Nostradamus*, Lyon, 1698, p. 112.

Atlantide. Continent habité par la Race Rouge et qui s'étendait à la place occupée aujourd'hui par l'océan Atlantique. Ce continent avait succédé géologiquement à la Lémurie et précédait l'Europe actuelle.

Atma. Mot sk., signifie « souffle, esprit ». Spécialement, désigne dans l'Ésotérisme Buddhique le dernier des sept principes constitutifs de la personnalité humaine, soit l'universalisation de l'individualité, la transmutation de l'existence en être, soit la notion synthétique abstraite de l'individualité l'entité. V. p. 160 de l'*Essai sur la Philosophie Buddhique.*

Aum. Mot sk., sacré pour les Buddhistes, et dont l'émission inaudible, réitérée sans limite, facilite les œuvres psychiques et hâte la maturation du sixième sens. V. p. 218 de l'*Essai sur la Philosophie Buddhique.*

Avasarpani. Mot sk., désigne dans la métaphysique indoue la période du Kalpa où Brahma (V. ce mot) passe du réveil parfait au sommeil parfait, l'Évolution.

Aziluth (Kabb). L'univers (V. p. 566).

B

Bakir. Livre Kabbalistique.

Baris. Vase d'or en forme de vaisseau que tenait un des prêtres aux mystères égyptiens.

Bar Isis — Par-is. *Vaisseau d'Isis.*

Bereschit (hébr.). En principe, en puissance d'être. — *Sepher Bereschit, Livre des Principes* (la Genèse) (V. Mercavah).

Bhuta. Mot sk., signifie « coquille », désigne dans l'Ésotérisme Buddhique l'union du Linga-Sharira et du Kama-Rupa (V. ces mots) en Élémentaire, Inconscient ou Monade astrale. V. p. 158 de l'*Essai sur la Philosophie Buddhique.*

Bodhi. Mot sk., signifie « connaissance ». Spécialement, désigne dans l'Ésotérisme Buddhique le sixième des sept principes constitutifs de la personnalité humaine, l'homme à l'état radiant : spiritualité, personnalité inconsciente ou individualité, âme divine, existence transcendante. V. p. 159 et 193 de l'*Essai sur la Philosophie Buddhique.*

Bodhisattva. Mot sk., désigne dans le Buddhisme l'être qui vit sa dernière existence avant de devenir Buddha (V. ce mot).

Bohémiens. Les Rômes ou Bohémiens sont des Indous de caste moyenne (artisans) qui ont émigré en masse en Europe. — Ils possèdent une grande partie de la tradition ésotérique (V. p. 769).

Boussole astrologique. Les Chinois possèdent depuis fort longtemps une boussole astrologique très curieuse.

Brahma. Mot sk., désigne dans l'Ésotérisme Buddhique l'état relatif, dualiste, fini, conditionné, déterminé où tout existe, parce que toutes virtualités sont entrées en effectuation. V. p. 115 de l'*Essai sur la Philosophie Buddhique.*

Briah (hébr., kabb.). Partie psychique de l'Univers.

Brominos. 5e grade des mystères de Mithras.

Buddha. Mot sk., signifie « illuminé », désigne l'être qui en s'élevant à la Bodhi V. ce mot) a conquis le Nirvâna (V. ce mot). Pour le Buddha parfait le Nirvâna est un Néant relatif, car, après la réintégration du Vide, la volonté, étendue à la salvation universelle, continue à agir. (V. p. 206 de l'*Essai sur la Philosophie Buddhique.*)

C

Canon (*Coup de*). Terme de franc-maçonnerie pour désigner une des cinq actions d'éclat qui constituent les buts secrets de l'ordre.

Chaîne planétaire. Ensemble des planètes d'un système sur lesquelles évolue, d'après des lois précises, la vague de vie. (V. p. 147 et 255.)

Chance. La chance d'un individu dépend de son *Karma* (V. ce mot).

Chapitre. Terme de franc-maçonnerie désignant l'assemblée formée généralement par les 18° (Rose-Croix).

Chiromancie. Divination par les signatures astrales de la main.

Continent. Masse terrestre émergeant périodiquement de l'Océan. Les continents se sont succédé sur la Terre dans l'ordre suivant :
1. La Lémurie (Océan Pacifique actuel, Océanie).
2. L'Atlantide (Océan Atlantique).
3. Continents actuellement existants.

Cosmogonie. Histoire de la formation du Monde.

Couleurs alchimiques. Les alchimistes racontent que pendant la préparation de la Pierre Philosophale la matière de l'œuvre passe par diverses couleurs qui semblent suivre un ordre analogue à celui du spectre solaire.

La Matière est d'abord noire (*tête de corbeau*), puis elle devient blanche, puis elle passe par une série de couleurs spéciales (bleu-vert-jaune-orangé) *queue de paon* et enfin elle devient d'un beau rouge.

D

Déluge. Cataclysme cosmique survenant chaque fois qu'un des continents terrestres s'effondre et qu'un autre, jusque-là englouti sous les eaux, émerge de l'Océan.

Le cataclysme périodique revient tous les 12.924 ans sur la Terre. V. *Essai sur la Philosophie Buddhique*, p. 143 pour les preuves astronomiques.

Démiurge. D'après la Gnose, Dieu n'aurait pas lui-même pris la direction du monde. Cette direction est confiée à un ouvrier divin ou Démiurge. L'École d'Alexandrie a eu aussi des idées très curieuses à ce sujet.

Deva-Loka. Mot sk., signifie « lieu de divinité », désigne dans l'Ésotérisme Buddhique l'état qui suit immédiatement le Kama-Loka (V. ce mot); c'est alors que s'accomplit la dissolution des parties supérieures du Kama-Rupa (V. ce mot) et des parties inférieures du Manas (V. ce mot. V. p. 171 de l'*Essai sur la Philosophie Buddhique*.

Dhyani-Buddha. Mot sk., désigne dans l'Ésotérisme Buddhique le Buddha (V. ce mot) *de contemplation*, immuable : symbole d'une modalité de la polarisation du Vide.

Diksha. Mot sk., signifie « initiation »; désigne dans l'Ésotérisme Buddhique le premier stade de la Voie de Bodhi (V. ce mot), lequel consiste simplement en un petit nombre d'instructions concises et précises, et toutes orales. V. p. 195 de l'*Essai sur la Philosophie Buddhique*.

Divination. On croit vulgairement que la Science occulte se réduit à l'étude des lignes de la main ou à la lecture de l'Avenir dans les cartes ou le marc de café.

La Divination et ses divers procédés constituaient en effet une partie très sérieuse de la Science dans l'antiquité; mais les livres modernes sur la question ne contiennent, pour la plupart, que des erreurs grossières ou des enseignements capables de mettre les premiers venus à même d'escroquer facilement les naïfs. On ne saurait trop se méfier par suite de toute cette littérature soi-disant magique.

Plusieurs auteurs font des efforts pour retrouver dans son intégrité cette partie si curieuse et si peu connue de la Science occulte.

Djiva. Mot sk., signifie « état de moi », désigne dans l'Ésotérisme Buddhique l'état de conscience, l'Absolu transmuté en Relatif, l'*être en existence*. V. p. 115 de l'*Essai sur la Philosophie Buddhique*.

Djivatma. Mot sk., signifie « Esprit individuel », désigne dans l'Ésotérisme Buddhique la vie manifestée hors de l'Absolu dans le Relatif. V. p. 115 de l'*Essai sur la Philosophie Buddhique*.

Doigt. En chiromancie les doigts ont chacun le nom d'une planète.

L'auriculaire c'est MERCURE.
L'annulaire — APOLLON.
Le médius — SATURNE.
L'Index — JUPITER.

De plus le Pouce se rapporte à l'Homme et à Vénus.

Doubles. (Lettres) Les sept lettres hébraïques correspondant aux 7 planètes.

Dvapara-Yuga. Mot sk., désigne dans la métaphysique hindoue le troisième des quatre Yugas du Marvantara (V. ces mots) ou le deuxième des quatre Yugas du Pralaya (V. ce mot). Sa durée est double de celle du Kali-Yuga (V. ce mot).

E

Elémentaire. Etre spirituel, conscient et personnel formé de tous le éléments qui constituent le MOI humain.

Le MOI évolue dans le Plan Astral.

L'Inconscient supérieur le SOI évolue dans le Plan Psychique.

L'Elémentaire correspond à ce qu'on appelle « un esprit » dans la doctrine spirite.

(Voy. ce mot au Dictionnaire Alphabétique).

Elémentals. Etres instinctifs et mortels intermédiaires entre le monde psychique et le monde matériel.

Chez l'homme le monde psychique est constitué par l'âme dont l'essence est la conscience. Le monde matériel est constitué par le corps physique.

Les élémentals de l'homme sont donc ces êtres instinctifs désignés sous le nom de globules, globules rouges ou *hématies* et globules blancs ou *leucocytes*.

L'embryologie nous montre que les cellules embryonnaires, véritables leucocytes, président à la construction du corps de l'homme.

D'après l'occultisme il y a dans l'Univers des êtres analogues à ceux qui existent chez l'homme. Ces êtres purement instinctifs qui président indifféremment à la construction ou à la destruction sont les « esprits des éléments » ou élémentals qu'il ne faut pas confondre avec les « esprits des hommes » ou élémentaires.

Elios. 6e grade des mystères de Mithras.

Eon. Ce nom, qui signifiait en égyptien un principe de volonté se développant par une faculté plastique, inhérente, s'est appliqué en grec à une durée infinie.

Le mot *Eon*, en grec Αἰων, dérive de l'égyptien et du phénicien אי (Aï) un principe de volonté, un point central de développement et יון (iôn) la faculté générative. Ce dernier mot a signifié, dans un sens restreint, une colombe et a été le symbole de Vénus. C'est le fameux *Yoni* des Indiens, et même le *Yn* des Chinois, c'est-à-dire la nature plastique de l'Univers. De là le nom *d'Ionie* donné à la Grèce.

(Fabre d'Olivet.)

Ésotérisme. (Εσωτερικος, intérieur, de Εσω, en dedans.)

Ainsi que l'étymologie le montre, l'ésotérisme étudie le dedans, l'invisible caché sous l'apparence, sous le visible.

Dans l'initiation le maître divisait sa doctrine en deux parties, l'une symbolique et imagée (paraboles) à l'usage de la foule (*exotérisme*), l'autre philosophique et abstraite à l'usage de ses disciples (*ésotérisme*).

La doctrine ésotérique est donc la doctrine cachée, celle qui était communiquée oralement. On a donné le nom d'*Ésotérisme* à la tradition occulte, quelle qu'en soit la source.

Esprits. Dans la doctrine spirite ce mot désigne les âmes des morts qui peuvent se communiquer aux vivants dans certaines conditions. Au singulier il désigne le principe le plus élevé incarné dans l'homme de chair.

D'après la Science occulte on désigne sous ce nom les êtres qui animent les différentes portions de l'Univers. Il y a donc une véritable hiérarchie dans les « Espris », hiérarchie qu'on trouve indiquée dans les ouvrages de l'École d'Alexandrie et, plus récemment, dans les œuvres d'Albert le Grand, de H. C. Agrippa et de Paracelse.

La première division établie est celle des esprits doués de conscience et immortels (élémentaires) et des esprits inconscients et mortels (élémentals). Ces deux divisions ont été connues de tous les occultistes, mais les mots employés pour les désigner ont souvent varié. Ainsi Paracelse se sert indifféremment du mot élémentaire ou démon pour désigner les êtres inconscients, esprits des éléments, employant le mot « Esprits » ou Ames pour désigner les êtres conscients. La faute de cette distinction a fait commettre bien des erreurs à certains écrivains spirites au sujet de l'occultisme.

Évocation. Terme de Magie. Action de la volonté humaine, spiritualisée par les rites, sur les êtres qui peuplent l'invisible.

L'évocation par les procédés de la Magie demande une préparation assez longue et des précautions minutieuses pour éviter les mauvaises influences.

L'évocation par le procédé spirite est beaucoup plus simple. Toute la pratique du spiritisme roule sur ce fait de l'évocation mentale, suivie de la communication de « l'esprit évoqué ». Mais dans ce cas les garanties manquent le plus souvent.

Evolution. Montée progressive de l'inconscient vers le conscient, de la matière vers l'esprit, de la multiplicité vers l'unité originelle. La réciproque de cet acte constitue l'*Involution*.

Symboliquement l'évolution a été figurée dans le catholicisme par le mystère de la Rédemption.

Exorcisme. (E hors et *ορ κος* serment), action de chasser par des serments, par des prières magiques ou conjurations.

On exorcise les divers instruments qui servent aux opérations magiques.

Exotérisme (Voy. ésotérisme).

F

Fatalité. Une des trois grandes forces en action dans l'Univers.

La fatalité est égale à la Volonté humaine et à la Providence; mais elle ne surpasse aucune de ces deux forces.

Fabre d'Olivet est celui qui a le mieux étudié cette force et ses lois.

Feu de Bharawa. Feu grégeois. Mélange de soufre, de salpêtre et de pétrole.

Fils de Dieu. Grade d'initiation dans l'antiquité. Initié à tous les enseignements des grands mystères.

Alexandre était *fils de Dieu*, ce qui lui donna le droit d'aller sacrifier dans tous les temples, y compris à Jérusalem. Il fut conduit dans le « Saint des Saints » par le Grand Prêtre lui-même.

Fils des Dieux. Grade d'initiation dans l'antiquité. Initié aux premiers enseignements des grands mystères.

Folie. Dérangement de l'esprit.

L'ésotérisme prétend que certains cas de folie sont produits par l'incarnation permanente d'élémentaires dans le corps de l'être atteint de cette triste affection.

Franc-Maçonnerie. La Franc-Maçonnerie renferme, cachés sous les symboles de ses rites initiatiques, une grande partie des traditions anciennes. Ces symboles sont incompris de ses membres eux-mêmes. Les initiations primitives, l'ordre du Temple, la Rose-Croix dans toutes leurs branches, se sont fondues dans ce qui constitue aujourd'hui la Franc-Maçonnerie, surtout dans les 33 degrés du Rite écossais ancien et accepté. Dans ces dernières années les Catholiques et surtout les Jésuites se sont beaucoup occupés de cet ordre, et leurs livres fournissent aux chercheurs de bonnes indications à côté d'erreurs monstrueuses, mais du reste profondément ridicules.

G

Gématrie. Terme de Kabbale. Étude des transpositions.

Guru. Mot sk., désigne le Maître, l'Initiateur.

Hermès trismégiste. Nom ésotérique de l'Université d'Égypte. De là le nombre considérable d'ouvrages attribués à cet auteur collectif. *Les œuvres d'Hermès*, c'est comme si nous disions *les œuvres de l'Institut*.

H

Higher-Self. Terme par lequel on désigne l'inconscient supérieur de l'être humain (6e et 7e principes), ce qui constitue l'idéal de cet être, ce que la religion appelle l'ange gardien, ce que l'ésotérisme appelle le SOI. (Voy. élémentaire.)

Histoire. Plusieurs critiques se sont occupés de la Science occulte et en ont écrit des histoires partielles.

D'autre part la connaissance des auteurs principaux d'occultisme est indispensable aux chercheurs.

Homme. L'homme est un être intelligent et corporel fait à l'image de Dieu et du Monde, un en essence, triple en substance, immortel et mortel (E. Levi). Il y a en lui trois principes : l'âme ou esprit, la vie ou médiateur plastique, le corps.

Horoscope (ωρα, heure, σκοπειν, examiner). État du ciel au moment de la naissance.

Humanité. Cerveau de la Terre.

Hypnotisme. L'hypnotisme étudie les phénomènes produits chez certaines personnes par les actions physiques ou psychiques susceptibles de fatiguer et de surprendre l'un des sens.

Les hypnotiseurs diffèrent des magnétiseurs en ce qu'ils nient l'existence d'un *fluide* quelconque.

I

Iddividhanâna. Mot sk., désigne dans l'Ésotérisme Buddhique le second stade de la Voie de Bodhi (V. ce mot), l'initiation à la théorie et à la pratique des œuvres hyperphysiques. V. p. 196 de l'*Essai sur la Philosophie Buddhique*.

Incarnation. Terme de spiritisme, changement de la Personnalité du Médium sous l'influence d'un esprit qui s'incarne en lui et qui se sert de ses organes pour parler ou pour agir.

Inconscient. Principe dirigeant les organes ou les êtres en dehors de la Conscience.

L'homme, d'après l'ésotérisme, a deux inconscients, un organique ou inconscient inférieur qui préside à la marche des organes et un psychique, l'inconscient supérieur (6e et 7e principes). V. Higher Self.

Incube-Succube. (Voy. *élémentaire*).

Initié (de *initium*, commencement, Littré). Qui a été admis aux mystères. L'*initié* connaît les rudiments de la doctrine ésotérique. Il a généralement subi certaines épreuves. Les francs-maçons actuels peuvent se donner le titre *d'initiés aux mystères de la Franc-Maçonnerie*.

L'initié est le grade conféré avant celui d'adepte (V. ce mot).

Intuition. Sixième sens, en voie de développement dans l'humanité actuelle.

L'alliance de l'intuition et de la raison forme le fond des enseignements de la Théosophie (Fludd, Paracelse, Bœhm, etc.)

Involution. Descente de la Force dans la Matière, multiplication de l'unité originelle. Symboliquement l'involution a été figurée par l'*histoire de la chute d'Adam*.

Les deux courants de l'évolution et de l'involution existent concurremment dans l'Univers. La Mort prépare son futur champ d'action grâce à l'Amour.

De cette idée découle la philosophie pessimiste allemande.

J

Jours de la Création. V. Ages.

K

Kabbale. Le mot *Kabbale* signifie *tradition*.

D'après certains auteurs, la Bible est incompréhensible sans une explication secrète. Cette explication aurait été donnée oralement par Moïse à certains hommes choisis et transmise ainsi de génération en génération. Cependant à une certaine époque la peur de perdre la tradition aurait déterminé ses possesseurs à l'écrire, le plus symboliquement possible, du reste. De là l'origine des deux livres fondamentaux de la Kabbale : le Sepher Jesirah et le Zohar.

Kala. Mot sk., signifie « temps ». Spécialement, désigne dans la métaphysique hindoue la conception de l'Absolu considéré comme absence de durée. V. p. 115 de l'*Essai sur la Philosophie Buddhique*.

Kali-Yuga. Mot sk., désigne dans la métaphysique hindoue le dernier des quatre Yugas du Manvantara (V. ces mots) ou le premier des quatre Yugas du Pralaya (V. ce mot).

Kalpa. Mot sk., désigne dans la métaphysique hindoue une division du temps, somme de deux phases cosmiques : le Pralaya et le Manvantara (V. ces mots) ou, selon un autre point de vue, l'Utsarpini et l'Avasarpini (V. ces mots).

Kama-Loka. Mot sk., signifie « lieu d'avidité », désigne dans l'Ésotérisme Buddhique l'état qui suit immédiatement la mort; c'est alors que s'accomplit la dissolution des parties supérieures du Linga Sharira (V. ce mot). V. p. 165 de l'*Essai sur la Philosophie Buddhique.*

Kama-Rupa. Mot sk., signifie « véhicule de l'avidité ». Désigne dans l'Ésotérisme Buddhique le quatrième des sept principes constitutifs de la personnalité humaine, tout ce qui dans l'homme participe du gazeux autant que du solide et du liquide (localisation physiologique: grand sympathique, surtout plexus solaire), cervelet, moelle allongée, systèmes sensoriels : personnalité passive ou instinctive, âme animale. V. p. 158 de l'*Essai sur la Philosophie Buddhique.*

Karma. Mot sk., désigne dans l'Ésotérisme Buddhique la mesure selon laquelle l'être, au cours de ses existences antérieures, a réalisé ses virtualités, le rapport dans lequel se sont combinées en cet être l'activité et la passivité intellectuelles, l'expansion et la contraction morales, l'acquit mental, éthique et même physique, la Destinée de cet être. V. p. 179 de l'*Essai sur la Philosophie Buddhique.*

King. Livres sacrés des Chinois.

Kosa. Mot sk., signifie « enveloppe », désigne dans la métaphysique hindoue un des cinq véhicules concentriques de l'individualité : corps, vitalité, mentalité, spiritualité, entité. V. p. 155 de l'*Essai sur la Philosophie Buddhique.*

Krita-Yuga. Mot sk., désigne dans la métaphysique hindoue le premier des quatre Yugas du Manvantara (V. ces mots) ou le dernier des quatre Yugas du Pralaya (V. ce mot). Sa durée est double de celle du Dvapara-Yuga (V. ce mot).

Kshattriyas. Membres de la caste des guerriers, dans l'Inde.

L

Lankika. Mot sk., désigne l'une des deux branches de l'Iddhividhanana (V. ce mot), celle où sont employées les drogues soporifiques et hallucinatoires, les talismans, les signes comminatoires, les formules sacramentelles : la sorcellerie, goëtie ou magie noire. V. p. 197 de l'*Essai sur la Philosophie Buddhique.*

Lémurie (V. continent).

Linga-Sharira. Mot sk., signifie « essence active ». Désigne dans l'Ésotérisme Buddhique le troisième des sept principes constitutifs de la personnalité humaine, tout ce qui dans l'homme est à l'état liquide (localisation physiologique; globules sanguins et ganglions lymphatiques). V. p. 158 de l'*Essai sur la Philosophie Buddhique.*

Lion (2e grade des mystères de Mithras).

Loge. Terme de franc-maçonnerie. Réunion des membres appartenant à tous les grades.

Les loges sont principalement les réunions dans lesquelles figurent les membres des trois premiers degrés (apprenti, compagnon, maître).

Lokottara. Mot sk., désigne l'une des deux branches de l'Iddhividhanana (V. ce mot), celle où est prohibé tout adjuvant extérieur et où il est procédé exclusivement par entraînement méthodique des facultés en croissance ou en germe. V. page 198 de l'*Essai sur la Philosophie Buddhique*.

M

Macrocosme. L'univers conçu comme un tout animé pourvu d'esprit, de vie et de corps.

Mage. 7e grade des mystères de Mithras. Adepte de Magie (V. ces mots).

Magie. La magie étudie la mise en pratique des forces occultes de la Nature et de l'Homme. Si ces forces sont actionnées en vue du mal ou dans un intérêt égoïste, on donne naissance à la *Magie noire;* si, au contraire, elles sont mises en action pour le bien et dans l'intérêt de tous, c'est la *Magie blanche* qui se révèle.

A la suite de phénomènes produits par les vrais thaumaturges, certains charlatans essayèrent de reproduire une partie de ces faits au moyen d'appareils divers ou de mouvements illusionnant les spectateurs; de là la *prestidigitation* qui est élevée dans l'Inde à la hauteur d'une véritable science.

Magnétisme. Le magnétisme étudie les relations existant entre tous les êtres et entre tous les corps de la Nature. Ces relations sont dues à une force particulière, invisible, impondérable, redécouverte au XVIIe siècle par Mesmer et connue depuis longtemps des Egyptiens et des Orientaux; cette force a été nommée par Mesmer *Fluide Magnétique.*

Mahatma. M. de Saint-Yves montre dans « Jeanne d'Arc victorieuse » que l'Église Bramanique compte trois grades supérieurs: le Brahatma, l'Aatma, le Mahatma.

Wronski affirme d'autre part dès 1820 l'existence des *Frères initiés de l'Asie.*

Une secte aujourd'hui tombée, moralement au plus bas, la Société théosophique, a été attribuée aux Mahatmas.

Maison cosmique. En astrologie, les signes du zodiaque qui s'appliquent aux mois sont ce qu'on appelle des *Maisons de Planètes* (V. p. 401).

Maître. Terme de Franc-Maçonnerie. — 3e grade du Rite écossais ancien et accepté, ainsi que du Rite français.

Manas. Mot sk., signifie « intellectualité ». Spécialement, désigne dans l'Esotérisme Buddhique le cinquième des sept principes constitutifs de la personnalité humaine, tout ce qui dans l'homme participe de l'état radiant autant que de l'état gazeux (localisation physiologique: hémisphères cérébraux) : personnalité active ou consciente, âme humaine, V. p. 159 de l'*Essai sur la Philosophie Buddhique.*

Mandragore. Ce mot vient de l'arménien *manragor*; de *manr* petit et de *or* ou *gor* comme; comme un petit homme.

Lorsque Rachel, longtemps stérile, parvint à devenir féconde, ce fut après avoir mangé des pommes de mandragore que Lia, sa sœur, lui donna. Or, la mandragore est antiaphrodisiaque; mais la racine de la mandragore figure grossièrement un corps humain; et c'est la raison de l'efficacité de la pomme : car une partie de la plante allait pour l'autre.

(De Brière p. 945.)

Manushi-Buddha. Mot sk., désigne dans l'Esotérisme Buddhique, le Buddha (V. ce mot) *humain*, muable, puisqu'il a existé.

Manvantara. Mot sk., désigne dans la métaphysique hindoue l'une des deux phases du Kalpa (V. ce mot), la période où l'Absolu étant polarisé en Relatif, Brahma (V. ce mot) veille et conçoit Maya (V. ce mot).

Mao. Nom de l'Est en chinois.

Martinisme. Ordre initiatique fondé par Louis-Claude de Saint-Martin. Il comprenait à l'origine (1780) sept grades :

1° Apprenti. 2° Compagnon. 3° Maître. 4° Maître parfait. 5° Elu. 6° Ecossais. 7° Sage.

Après la mort de Saint-Martin, ce rite fut réduit à trois grades : 1° Associé. 2° Initié. 3° Adepte.

Les adeptes ou initiateurs prirent le titre de S∴ I∴ (Supérieur Inconnu).

Matérialisation. Terme de spiritisme. Désigne le phénomène qui se produit lorsque l'Esprit apparaît revêtu de matière comme un être vivant.

Pour la réalité de ces expériences, voir les expériences de *William Crookes*, de la Société Royale de Londres.

Pour les procédés de tromperie, voir le livre de Philip Davis, *la Fin du monde des Esprits*, et le procès du photographe Bugué.

Maya. Mot sk., signifie « illusion ». Spécialement, désigne dans la métaphysique hindoue la Nature, ce qui paraît, le fruit de la fécondation de Prakriti par Purusha (V. ces mots) V. p. 123 de l'*Essai sur la Philosophie Buddhique*.

Médiateur plastique. Terme employé par l'école de Paracelse pour désigner le corps astral; c'est le terme correspondant à ce qu'on nomme aujourd'hui *la Vie organique*.

Medium. Être capable d'établir des rapports entre le monde visible et le monde invisible. (Terme de spiritisme.)

Medrashim. Recueils kabbalistiques.

Mercavah (kab). Une des deux divisions de la Kabbale.

La Kabbale *Mercava* faisait pénétrer le Juif illuminé dans les mystères les plus profonds de l'essence et des qualités de Dieu et des anges. (**Zohar**).

La Kabbale *Bereschit* lui montrait dans le choix, l'arrangement et le rapport numérique des lettres exprimant les mots de sa langue, les grands desseins de Dieu et le haut enseignement religieux que Dieu y avait placé (**Sepher Jesirah**).

Mercure. Terme d'alchimie. Désignant tantôt le mercure vulgaire (Hg), tantôt la lumière astrale.

Mères (Lettres). L'alphabet hébraïque est formé de 22 lettres: 3 mères. — 7 doubles. — 12 simples.

Les trois mères sont :

L'Aleph	א	1
Le Mem	מ	13
Le Schin	ש	21

Leur réunion forme le mot EMES, analogue du mot indou AUM (V. ce mot).

Métaux. Chaque métal a un nom astrologique en ésotérisme et correspond à une planète.

L'Or.	Soleil.
L'Argent.	Lune.
Le Fer.	Mars.
L'Étain.	Jupiter.
Le Plomb.	Saturne.
Le Cuivre.	Vénus.
Le Mercure.	Mercure.

Microcosme. L'homme conçu comme renfermant en lui analogiquement les lois de l'Univers.

Miroirs magiques. Instruments destinés à fixer la pensée humaine objectivée.

Les miroirs magiques sont en général formés de substances mauvaises conductrices de l'électricité (charbon, verre, etc.) Ils sont construits sous un aspect planétaire favorable et sont ornés de mots kabbalistiques.

Mondes. On désigne sous ce nom les divers plans sous lesquels on considère l'Univers.

L'ésotérisme admet trois mondes :

Le Monde Matériel.	Visible.
Le Monde Astral.	Invisibles.
Le Monde Divin.	

On peut encore les appeler :
Le Monde des faits.
Le Monde des lois ou causes secondes.
Le Monde des principes ou causes premières.
Chaque être contient en lui *les trois mondes.*

Mot sacré. Le mot sacré qui, d'après le *Sepher Toldos Jeschu*, permet à celui qui en connaît la prononciation véritable de faire des miracles est le 3e nom divin (IEVÉ) le tétragramme. Connaître la signification du mot sacré, c'est connaître la loi de l'absolu; aussi les adeptes ne parviennent-ils à cette connaissance que quand ils comprennent toute la portée de la parole chrétienne : *Que ton nom soit sanctifié.*

Muni. Mot sk., signifie « Sage »; Sakya-Muni, le Sage des Sakyas.

Mystères. Centres d'instruction et d'éducation dans l'antiquité. *Les Petits Mystères* (instruction primaire, secondaire et professionnelle) étaient pratiqués dans les Temples régionaux. *Les Grands Mystères* (instruction supérieure, école normale de théologie, de philosophie et de sociologie), étaient pratiqués en Égypte.

Mythe solaire. Théorie attribuant les récits religieux des divers peuples à la description de la marche du Soleil. Cette théorie n'est que partiellement vraie. L'alchimiste *Jean Dée* est le premier qui ait écrit que la vie de Jésus était un mythe solaire appliqué à une série de faits véritables.

N

Nahash (kab.). L'attract originel. — Principe des passions.

Nature naturante. Terme employé par Spinoza pour désigner le *monde des causes,* ce qu'on appelle en Kabbale le monde astral et le monde divin.

Nature naturée. Terme employé par Spinoza pour désigner le *monde des effets,* ce qu'on appelle en Kabbale le monde matériel.

Né (deux fois). Terme d'initiation désignant l'adepte qui a réalisé la sortie du corps astral, qui a pris connaissance du monde invisible et est revenu à la vie. Il correspond au terme *Fils de Dieu* (V. ce mot).

Nephesch (kab.).Principe de la vie ou forme d'existence concrète, constitue la partie externe de l'homme vivant; ce qui y domine principalement c'est la sensibilité passive pour le monde extérieur; par contre l'activité idéale s'y trouve le moins.

(Carl de Leiningen.)

Neschamah (Kab.). L'esprit, le principe supérieur de l'être humain.

Nezah. Sephiroth kabbalistique, signifie Victoire.

Nidana. Mot sk., signifie « connexion ». Spécialement, désigne dans l'Ésotérisme Buddhique un des douze stades de la causalité. V. p. 191 de l'*Essai sur la Philosophie Buddhique.*

Nirvana. Mot sk., désigne dans l'Ésotérisme Buddhique l'état où Bodhi (V. ce mot) achevant de se subjectiver, l'individualité s'abîme dans le néant (V. les mots Pratyeka-Buddha et Buddha). V. p. 205 de l'*Essai sur la Philosophie Buddhique.*

Notaria. (Terme de Kabbale). Étude de l'art des signes.

O

Occultisme. La Science occulte, pour ses adeptes, est une science complète, quoique non distincte par essence à la Science ordinaire, appliquant à toutes les connaissances des méthodes peu connues jusqu'ici, principalement l'analogie.

L'étude de la Science occulte permet de ramener à un même principe toutes les sciences, toutes les philosophies et toutes les religions, et permet de plus de trouver le lien qui réunit la Science à la Foi, la Métaphysique à la Physique.

Au point de vue pratique, la Science occulte étudie une série de forces encore peu connues en partant de ces deux principes fondamentaux : *le hasard n'existe pas, le surnaturel n'existe pas.*

Dans ces dernières années, l'Occultisme a conquis en Europe une place des plus importantes.

Ou. Nom du Sud en chinois.

P

Pan ou Phanès. Nom de l'Univers conçu comme un tout animé, par les Pythagoriciens.

Pandit. Mot sk., désigne le Brahmane que son érudition en matière de théologie, de jurisprudence et de philologie, met hors de pair.

Pantacle. Tracé synthétique résumant schématiquement les principaux enseignements de l'ésotérisme.

Parabrahm. Mot sk., désigne dans l'Ésotérisme Buddhique l'état absolu, un, infini, inconditionné, indéterminé, où tout a cessé d'exister et où rien n'existe encore, mais qui contient en soi toutes virtualités. V. p. 115 de l'*Essai sur la Philosophie Buddhique.*

Paramatma. Mot sk., signifie « Esprit total », désigne dans l'Ésotérisme Buddhique l'état latent de la vie dans l'Absolu. V. p. 115 de l'*Essai sur la Philosophie Buddhique.*

Pentagramme. Représentation magique de l'homme conçu comme *microcosme* (voy. ce mot). C'est une étoile à cinq branches qui indique, pour qui sait la construire, les lois les plus occultes de la polarité humaine. C'est de plus un instrument puissant d'action magique.

Périsprit. Terme de spiritisme. Intermédiaire entre le Corps et l'Esprit, analogues du *médiateur plastique.* (Voy. Roach.)

Philosophie. Plusieurs philosophes ont utilisé les doctrines de l'occultisme, soit qu'ils aient été initiés aux sociétés occultes (comme Leibniz), soit qu'ils aient directement puisé dans la Kabbale (comme Spinoza). De toutes façons il est intéressant de les comparer à ce point de vue.

Pierre philosophale. Réalisation magique de l'absolu appliqué au monde minéral. — Résultat de l'action de la vie humaine sur le transformisme minéral.

Plérôme. L'Univers animé conçu par la Gnose.

Porisme. Terme employé par Wronski pour désigner les dogmes. En mathématiques, ce mot indique les *problèmes à démontrer.*

Portes (*Kabbalistiques*). Voies mystiques pour parvenir à la connaissance intuitive des diverses parties de la Science.

Prakriti. Mot sk., signifie « femelle », désigne dans la métaphysique hindoue le pôle passif, négatif, féminin, de Brahma (voy. ce mot), l'Étendue, la Répulsion, la Force centrifuge, la Substance. V. p. 116 de l'*Essai sur la Philosophie Buddhique.*

Pralaya. Mot sk., désigne dans la métaphysique hindoue l'une des deux phases du Kalpa (V. ce mot), la période où, l'Absolu se possédant, Brahma (V. ce mot) dort en son sein.

Praña. Mot sk., signifie « vitalité ». Spécialement, désigne dans l'Ésotérisme Buddhique le second des sept principes constitutifs de la personnalité humaine, tout ce qui dans l'homme participe du liquide autant que du solide (vie propre des cellules organiques). V. p. 155 de l'*Essai sur la Philosophie Buddhique*.

Pratyeka-Buddha. Mot sk., désigne dans l'Ésotérisme Buddhique le Buddha qui, en recherchant l'Apavarga (V. ce mot), n'a aspiré à délivrer que soi-même; le Nirvâna (V. ce mot) pour lui est le Néant absolu, car, après la réintégration du Vide, la volonté, limitée à la salvation individuelle, cesse d'agir. V. p. 206 de l'*Essai sur la Philosophie Buddhique*.

Prêtre. 3e grade des mystères de Mithras.

Prière. Fusion momentanée du Moi et de l'Inconscient supérieur, le Soi, par l'action du Sentiment idéalisé sur la Volonté magiquement développée. Les paroles prononcées importent fort peu pour cette action, qu'on parvient très difficilement à réaliser dans sa complète expansion. (Voy. la table alphabétique à ce mot.)

Principes (Sept). La théorie de la constitution de l'homme par sept principes analyse ainsi le Corps, la Vie et l'Ame :

Ame	Atma	7
	Buddhi	6
Vie	Manas	5
	Kama-Rupa	4
	Linga Sharira	3
Corps	Jiva	2
	Rupa	1

Voy. ces mots.

Principiation. État d'un être ou d'une chose qui est en germe sans être encore développé. Le chêne est en *principiation* (en puissance d'être) dans le gland. D'après la traduction correcte de la Genèse, Élohim créa les êtres en *principiation* et non en existence effective. Ce sont les autres forces de la Nature créées aussi par Dieu, la Volonté humaine et le Destin qui se chargèrent de développer ces germes ou de détruire les êtres arrivés au période d'ultime développement. (Voy. *Volonté*, *Fatalité*, *Bereschit*.)

Progrès. La loi du Progrès se manifeste sous la forme d'une évolution *cyclique* avec périodes d'ascension et périodes de descente et non sous la forme d'une évolution ascendante en ligne droite. La spirale est l'exacte représentation de la loi du Progrès.

Providence. Une des trois forces en action dans l'Univers.

Psychique (Corps). Terme désignant par analogie avec le corps physique et le corps astral, les principes supérieurs de l'être humain (5e, 6e, 7e principes).

Psychurgie. Science des principes ésotériques qui président à la naissance et à la mort, c'est-à-dire aux diverses transformations de l'âme.

Punarbhava. Mot sk., désigne dans le Buddhisme la « renaissance », la repersonnalisation de l'individualité.

Purusha. Mot , signifie « mâle », désigne dans la métaphysique hindoue le pôle actif, positif, masculin, de Brahma (V. ce mot), la Durée, l'Impulsion, la Force centripète, l'Énergie. Voy. p. 116 de l'*Essai sur la Philosophie Buddhique*.

Pythagore. Surnom d'un grand initié de l'Antiquité (environ 500 ans avant Jésus-Christ). Pythagore a révélé à l'Occident la Science ésotérique dans toutes ses parties. Il avait parcouru tous les degrés de l'initiation pendant les 14 ans qu'il étudia en Égypte.

R

Réincarnation. Retour de l'âme dans un corps humain, soit sur cette planète soit sur une autre. (Ne pas confondre avec Métempsycose.)

Religions. Toutes les religions représentent également l'ésotérisme primitif. Leur étude pour être fructueuse doit donc être absolument impartiale.

Ronde. Passage sur une planète de la « Vague de Vie » qui a déjà passé sur les planètes du système dans un âge précédent et qui revient, produisant des êtres supérieurs à ceux qu'elle produisait lors de son dernier passage.

Nous sommes à la 4e ronde de la 5e race humaine.

Un officier qui revient au bout de quelques années dans une ville qu'il a quittée simple soldat n'a plus le même milieu social tout en étant *dans la même ville*.

Ainsi à chaque « ronde » la vague de vie produit de nouveaux résultats plus élevés quoiqu'ils soient générés dans le même lieu.

Rose-Croix. Ordre mystique et Kabbalistique fondé par Chrétien Rosenkreutz, quelque temps après la disparition apparente de l'ordre du Temple. Terme de franc-maçonnerie. 18e degré du rite écossais.

Ruach (Kab.). Le médiateur plastique, le second élément de l'être humain, n'est pas aussi sensible que Nephesch (voy. ce mot) aux influences du monde extérieur; la passivité et l'activité s'y trouvent en proportions égales; il consiste plutôt en un être interne, idéal, dans lequel tout ce que la vie corporelle concrète manifeste extérieurement comme quantitatif et matériel, se retrouve intérieurement à l'état virtuel (Carl de Leiningen).

Rupa. Mot sk., signifie : « forme ». Spécialement, désigne dans l'Ésotérisme Buddhique le premier des sept principes constitutifs de la personnalité humaine, l'ensemble de tout ce qui dans l'homme est à l'état solide (os, muscles, etc.). V. p. 155 de l'*Essai sur la Philosophie Buddhique*.

S

Samâdhi. Mot sk., désigne dans la métaphysique hindoue le recueillement, la méditation, la contemplation des causes abstraites, l'extase subjective.

Samsâra. Mot sk., désigne dans le Buddhisme le « tourbillon », la succession des existences de l'être, des personnalisations de l'individualité.

Sceau de Salomon. Étoile à six pointes formée de deux triangles à sommets opposés et symbolisant la marche de l'Univers (Involution et Évolution).

Sepher Jesirah. L'un des deux livres classiques de la Kabale. Se rapporte à la division *Bereschit* (voy. ce mot).

Sephiroth. Numérations mystiques de la Kabbale. Elles sont au nombre de dix, savoir :

KETHER	*Couronne*	TIPHERETH	*Beauté*
CHOCMAH	*Sagesse*	NETSAH	*Victoire*
BINAH	*Intelligence*	HOD	*Louanges*
HESED	*Libéralité*	JESOD	*Établissement*
GEBURAH	*Force*	MALCHUT	*Royaume*

Sharira. Mot sk., signifie « essence », désigne dans la métaphysique hindoue une des trois potentialités de l'individualité : physique, hyperphysique, métaphysique. V. p. 160 de l'*Essai sur la Philosophie Buddhique*.

Signature. Marque astrale imprimée par les influences occultes sur les êtres ou sur les choses et lisible pour l'initié aux diverses sciences de Divination.

Simples (Lettres) (Kab.). Les 12 lettres de l'alphabet hébreu qui se rapportent aux 12 signes du zodiaque, d'après le Sepher Jesirah.

Skandha. Mot sk., signifie « agrégat », désigne dans l'Ésotérisme Buddhique une division abstraite des modes de relation qui constituent la personnalité humaine. V. p. 175 de l'*Essai sur la Philosophie Buddhique*.

Soi. Inconscient supérieur. Voy. *Higher-Self*.

Sophia. Terme gnostique. Voy. p. 631 du volume.

Sorcellerie. Mise en œuvre des forces invisibles de la Nature en vue d'un principe égoïste et, par suite, du triomphe du Mal. Stanislas de Guaita dévoile dans son admirable ouvrage *le Serpent de la Genèse*, l'existence et les moyens d'action des adeptes contemporains de la Sorcellerie, entre autres le fameux docteur Johannès qui faillit payer de sa vie un attentat criminel sur les frères de la Rose-Croix.

Soldat de Mithras. Grade initiatique.

Sphères (*Harmonie des*). Théorie faite par Pythagore, d'après laquelle les astres ayant entre eux des intervalles strictement identiques à ceux de la gamme forment une sorte d'harmonie céleste.

Spiritisme. Le spiritisme est l'ensemble des doctrines et des pratiques dérivées de la communication entre les vivants et les morts. D'après la doctrine spirite la partie immortelle : l'*esprit* de l'homme persiste après la mort et peut se communiquer aux vivants par différents moyens. Les livres traitant de spiritisme sont fort nombreux.

Sudras. Membres de la classe des artisans et des agriculteurs dans l'Inde.

Sujet. Terme de magnétisme. La personne qui subit l'influence magnétique. Moutin dans son *Nouvel Hypnotisme* donne le moyen de reconnaître les sujets.

Suggestion. Ordre donné à un sujet hypnotique pendant l'état de passivité. Le sujet à son réveil est obligé d'exécuter l'ordre. Mais souvent il y a lutte entre le libre arbitre du sujet et la suggestion (véritable incarnation vampirique) imposée et le sujet tombe en « crise » plutôt que d'exécuter un ordre qui lui répugne.

Svabhavat. Mot sk., signifie « substance ». Spécialement, désigne dans la métaphysique hindoue l'Espace plein, la conception matérialiste de l'Absolu considéré comme absence d'étendue. V. p. 115 de l'*Essai sur la Philosophie Buddhique.*

Svastika. Mot sk., désigne la croix gammée, symbole Buddhique du Soleil, de la Lumière, de l'Akasa (V. ce mot), de la Vie, de l'Ame; primitivement, schéma des deux bâtons du frottement desquels l'Arya obtenait le feu.

Sunyata. Mot sk., signifie « vide ». Spécialement, désigne dans l'Ésotérisme Buddhique l'Espace vide, la conception nihiliste de l'Absolu considéré comme absence d'étendue. V. p. 115 de l'*Essai sur la Philosophie Buddhique.*

Sympneumata. Terme mystique désignant la réintégration des âmes dans l'unité originelle par la fusion progressive des couples psychiques les uns dans les autres.

Synarchie. Type scientifique du gouvernement proposé et défini dans les *Missions* du marquis de Saint-Yves.

Synthèse. Alliance de la Physique et de la Métaphysique par la découverte du Principe qui les unit définitivement. — *Thèse*, *Antithèse*, *Synthèse* indiquent ces divers aspects de la Vérité.

T

Table d'émeraude. On rapporte que la synthèse de la Sagesse égyptienne fut gravée en quelques propositions par Hermès Trismégiste (voy. ce mot) sur *une table d'émeraude.*

Depuis on a donné, par extension, le nom de Table d'émeraude aux propositions elles-mêmes, propositions qu'on trouvera en tête de tous les traités d'alchimie.

La Table d'émeraude débute par le fameux axiome ésotérique : Ce qui est en haut est comme ce qui est en bas, pour accomplir les miracles d'une seule chose.

Talmud (hébr. *talmud*, du verbe *lamad*, apprendre). Recueil de textes kabbalistiques.

Tanha. Mot sk., désigne dans l'Ésotérisme Buddhique la « soif » d'existence qui assure par les renaissances successives la pleine effectuation du Karma (V. ce mot). V. p. 180 de l'*Essai sur la Philosophie Buddhique.*

Targums. Rédaction des diverses périphrases faites sur le texte de la Genèse de Moïse dans les Synagogues (p. 436).

Tarot. Livre hiéroglyphique et numéral construit sur les clefs de la Kabbale et que possèdent encore aujourd'hui les Bohémiens nomades. Le Tarot est le père de tous nos jeux de cartes.

Télégraphie psychique ou **télépsychie** des Orientaux et des initiés. Communication à distance au moyen d'un sujet, récepteur, et d'un opérateur exerçant sa volonté.

Télesme. Terme employé par Hermès Trismégiste pour désigner la Force Universelle (V. p. 146).

Ternaire. Terme sous lequel on désigne la loi qui régit les oppositions et les concilie (Loi de Ternaire). Thèse, Antithèse, Synthèse.

Thébah. Une arche. De là est venu Thèbes.

Thémurie. Terme de Kabbale. Étude des commutations et des combinaisons.

Théosophie. La théosophie est essentiellement un ensemble de connaissances particulières acquises par des voies toutes différentes des voies scientifiques connues. La théosophie est à l'origine de toute science comme de toute révélation; elle est aussi ancienne que le monde. Les théosophes modernes les plus connus ont été Paracelse, Van Helmont, Swedenborg, Louis-Claude de Saint-Martin, etc.

Dans ces dernières années (1875) une société s'est fondée sous le nom de *Société Théosophique* et a publié plusieurs livres surtout en anglais. L'abus des procédés de polémique violente, des séparations nombreuses des membres éminents d'avec les fondateurs caractérisent malheureusement trop ce mouvement. Il est important de ne pas confondre par suite le mot de *Théosophie* avec celui de *Société Théosophique*.

Théosophiques (Opérations). Procédé particulier de calcul appliqué par les Kabbalistes. Ce nom a été donné à ce genre de calculs par Saint-Martin (*Les Nombres*).

Treta-Yuga. Mot sk., désigne dans la métaphysique hindoue le second des quatre Yugas du Manvantara (V. ces mots) ou le troisième des quatre Yugas du Pralaya (V. ce mot). Sa durée est triple de celle du Kali-Yuga (V. ce mot).

Tshandalas. Membres de la caste la plus inférieure dans l'Inde.

Tshela. Mot sk., désigne le Disciple, l'Initié.

Tsu. Nom en chinois du Nord.

Tushita. Mot sk., désigne dans l'Ésotérisme Buddhique l'état qui précède immédiatement le Nirvâna (V. ce mot); c'est alors que s'accomplit la dissolution des parties supérieures de Mañas (V. ce mot,) et des parties inférieures de Bodhi (V. ce mot). V. p. 202 de l'*Essai sur la Philosophie Buddhique*.

Typtologie. Terme de spiritisme. Procédé d'évocation et de communication par la table. C'est le procédé le plus généralement connu quoique souvent le moins scientifique.

U

Upadhi. Mot sk., signifie « base », désigne dans la métaphysique hindoue une des trois sources où vibrent les potentialités des Shariras (V. ce mot). V. p. 160 de l'*Essai sur la Philosophie Buddhique*.

Utsarpini. Mot sk., désigne dans la métaphysique hindoue la période du Kalpa où Brahma (V. ce mot) passe du sommeil parfait au réveil parfait, l'Involution.

V

Vaïsyas. Membres de la caste des marchands dans l'Inde.

Verbe. Matérialisation de l'Idée.

Vie. Principe intermédiaire entre le corps physique et la volonté (V. *Ruach*).

Voies de la Sagesse (Kab.). Traité kabbalistique des influences psychiques sur lesquelles peut agir la volonté humaine, et du rôle de chacune de ces influences.

Vague de vie. Somme de force astrale destinée à évoluer soit les minéraux, soit les végétaux, soit les animaux, soit les hommes ou les civilisations et arrivant périodiquement saturer les nations, les continents, les planètes ou les univers (V. *Ronde*).

Vers dorés. Code de morale des Pythagoriciens. C'était le *Pater* de tous les philosophes anciens, qu'ils disaient deux fois par jour. Voici la traduction de Fabre d'Olivet. On trouvera tous les commentaires auxquels renvoient les chiffres dans le journal *le Voile d'Isis* (29, rue de Trévise, Paris).

LES VERS DORÉS DE PYTHAGORE

par Fabre d'Olivet.

PRÉPARATION

Rends aux Dieux immortels le culte consacré;
Garde ensuite ta foi (2): révère la mémoire
Des Héros bienfaiteurs, des Esprits demi-Dieux (3).

PURIFICATION

Sois bon fils, frère juste, époux tendre et bon père (4).
Choisis pour ton ami l'ami de la vertu;
Cède à ses doux conseils, instruis-toi par sa vie,
Et pour un tort léger ne le quitte jamais (5),
Si tu le peux du moins : car une loi sévère
Attache la Puissance à la Nécessité (6).
Il t'est donné pourtant de combattre et de vaincre
Tes folles passions : apprends à les dompter (7).
Sois sobre, actif et chaste; évite la colère.
En public, en secret, ne te permets jamais

Rien de mal; et surtout respecte-toi toi-même (8).
Ne parle et n'agis point sans avoir réfléchi.
Sois juste (9). Souviens-toi qu'un pouvoir invincible
Ordonne de mourir (10); que les biens, les honneurs
Facilement acquis, sont faciles à perdre (11).
Et quant aux maux qu'entraîne avec soi le Destin,
Juge-les ce qu'ils sont : supporte-les, et tâche,
Autant que tu pourras, d'en adoucir les traits :
Les Dieux, aux plus cruels, n'ont pas livré les sages (12).
Comme la Vérité, l'Erreur a ses amants :
Le philosophe approuve, ou blâme avec prudence;
Et, si l'Erreur triomphe, il s'éloigne; il attend (13).
Écoute, et grave bien en ton cœur mes paroles :
Ferme l'oeil et l'oreille à la prévention;
Crains l'exemple d'autrui; pense d'après toi-même (14) :
Consulte, délibère, et choisis librement (15).
Laisse les fous agir et sans but et sans cause
Tu dois, dans le présent, contempler l'avenir (16).
Ce que tu ne sais pas, ne prétends point le faire.
Instruis-toi : tout s'accorde à la constance, au temps (17).
Veille sur ta santé (18); dispense avec mesure
Au corps les aliments, à l'esprit le repos (19).
Trop ou trop peu de soins sont à fuir; car l'envie
A l'un et l'autre excès s'attache également (20).
Le luxe et l'avarice ont des suites semblables.
Il faut choisir, en tout, un milieu juste et bon (21).

PERFECTION

Que jamais le soleil ne ferme ta paupière,
Sans t'être demandé : Qu'ai-je omis? qu'ai-je fait (22)?
Si c'est mal, abstiens-toi : si c'est bien, persévère (23).
Médite mes conseils; aime-les; suis-les tous :
Aux divines vertus ils sauront te conduire (24).
J'en jure par celui qui grava dans nos cœurs
La Tétrade sacrée, immense et pur symbole,
Source de la Nature, et modèle des Dieux (25).
Mais qu'avant tout ton âme, à son devoir fidèle,
Invoque avec ferveur ces Dieux dont les secours
Peuvent seuls achever tes œuvres commencées (26).
Instruit par eux, alors rien ne t'abusera :
Des êtres différents tu sonderas l'essence;
Tu connaîtras de Tout le principe et la fin (27).
Tu sauras, si le Ciel le veut, que la Nature,
Semblable en toute chose, est la même en tout lieu (28);
En sorte qu'éclairé sur tes droits véritables,
Ton cœur de vains désirs ne se repaîtra plus (29).
Tu verras que les maux qui dévorent les hommes
Sont le fruit de leur choix (30); et que ces malheureux
Cherchent loin d'eux les biens dont ils portent la source (31).
Peu savent être heureux : jouets des passions,
Tour à tour ballottés par des vagues contraires,
Sur une mer sans rive, ils roulent aveuglés,
Sans pouvoir résister ni céder à l'orage (32).
Dieu! vous les sauveriez en dessillant leurs yeux... (33).
Mais non : c'est aux humains, dont la race est divine,
A discerner l'Erreur, à voir la Vérité (34).

La nature les sert (35). Toi qui l'as pénétrée,
Homme sage, homme heureux, respire dans le port.
Mais observe mes lois, en t'abstenant des choses
Que ton âme doit craindre, en les distinguant bien;
En laissant sur le corps régner l'intelligence (36):
Afin que, t'élevant dans l'Éther radieux,
Au sein des Immortels tu sois un Dieu toi-même (37).

Volonté. L'un des trois Principes en action dans l'Univers (V. *Fatalité*).

Voyants. Êtres chez lesquels le sixième sens est développé pendant certains états psychiques (V. *Intuition*).

Yeou. Nom en chinois de l'Ouest.

Yuga. Mot sk., désigne dans la métaphysique hindoue une division du Pralaya ou du Manvantara (V. ces mots).

Il y a quatre Yugas.

Le Krita	Yuga	=	1.728.000 ans
Le Tetra	Yuga	=	1.296.000 ans.
Le Dvâpara	Yuga	=	864.000 ans.
Le Kali	Yuga	=	432.000 ans.
Le Manvantara donc		=	4.320.000 ans.

V. ces mots.

Zohar. Un des deux livres fondamentaux de la Kabbale.

Le livre de lumière correspondant à la *Mercavah* ou char céleste (V. ce mot).

TABLE MÉTHODIQUE

DES

MATIÈRES

I

LETTRE-PRÉFACE DE M. AD. FRANCK.

II

INTRODUCTION A L'ÉTUDE DE L'OCCULTISME

Prolégomènes

LA SCIENCE OCCULTE. — SON EXISTENCE. — SES FONDEMENTS. — SA MÉTHODE

CHAPITRE PREMIER. — *La Science et l'Instruction dans l'antiquité. — Définition de la Science occulte.*

§ 1. — La Science de l'antiquité.......................... 1

§ 2. — Les découvertes des modernes connues des anciens. — Science des Chinois.......................... 10

§ 3. — L'Instruction dans l'antiquité. — Initiation aux mystères sacrés.......................... 43

CHAPITRE II. — *La Méthode de la Science occulte et ses applications.*

§ 1. — L'Analogie.......................... 69

§ 2. — Le Ternaire. — Opérations inconnues sur les nombres. — Sens mystique des nombres. — Travaux de Wronski et de Charles Henry.......................... 79

§ 3. — Résumé.......................... 116

Première partie

LA DOCTRINE

CHAPITRE III. — *La Vie universelle* (Cosmogonie).

§ 1. — La Vie universelle.......................... 121

§ 2. — Marche de la vie. — L'Involution et l'Évolution.... 134

§ 3. — Le Transformisme. — La Chaîne planétaire. — La « Vague de vie » dans un monde........................ 147
§ 4. — La « Vague de vie » dans une planète. — Quelques mots de l'histoire de la terre. — Les Races humaines.... 160
§ 5. — La « Vague de vie » dans une race. — Quelques mots de l'histoire de la race blanche.................. 165
§ 6. — La « Vague de vie » dans l'homme. — La Sainteté. — Le Nirvâna 170
§ 7. — Résumé.. 174
CHAPITRE IV. — *L'Homme* (Androgonie).
§ 1. — Constitution de l'homme. — Les trois principes.... 179
§ 2. — Constitution de l'homme. — Les sept principes.... 205
CHAPITRE V. — *La Naissance* (Psychurgie), 1re partie.
§ 1. — La Naissance. — Développement d'un végétal 263
§ 2. — Embryon végétal et embryon humain............. 270
§ 3. — Développement de l'embryon humain............ 273
§ 4. — Incarnation de l'âme dans le corps. — Époque de cette incarnation.................................. 285
CHAPITRE VI. — *La Mort* (Psychurgie), 2e partie.......... 299
L'AME APRÈS LA MORT. — SON ÉTAT. — SES TRANSFORMATIONS
CHAPITRE VII. — *Communication avec les morts. — Le Spiritisme et ses théories*...................................... 323

Deuxième partie

LA TRADITION

A. — Des Origines au Christianisme.

CHAPITRE VIII. — *La Science des Égyptiens et la Genèse de Moïse.*
§ 1. — La Tradition. — Moïse et la Science de l'Égypte. — Le Système de Champollion et l'Occultisme.............. 379
§ 2. — L'Origine du langage et les trois langues mères. — L'hébreu est la langue des mystères égyptiens.......... 385
CHAPITRE IX. — *Histoire du Sepher de Moïse (la Genèse) depuis sa rédaction jusqu'à nos jours*.............................. 425
CHAPITRE X. — *La Genèse. — Les trois Sens dévoilés (Traduction* in extenso *des dix premiers chapitres*, par Fabre d'Olivet).... 443
CHAPITRE XI. — *Résumé méthodique de la Kabbale.*
A. *Partie systématique.* § 1. — Exposé préliminaire. — Division du sujet.. 479
§ 2. — L'Alphabet hébraïque. — Les vingt-deux lettres et leur signification.................................. 483
§ 3. — Les noms divins.. 493
§ 4. — Les Séphiroth (par Stanislas de Guaita). — Les tableaux de correspondance................................. 510
B. *Partie philosophique.* § 5. — La philosophie de la Kabbale. — L'Ame d'après la Kabbale........................ 533
§ 6. — Les Textes. — Le Sepher Jesirah, les trente-deux voies de la sagesse. — Les cinquante portes de l'intelligence 569

LA TRADITION

B. — *Du Christianisme aux temps modernes.*

CHAPITRE XII. — *Les Origines du Christianisme (le Polythéisme et la Gnose). — La Méthode de transmission de la tradition.*
§ 1. — L'Ésotérisme. — L'Exotérisme. — Le Culte....... 593
§ 2. — La Tradition exotérique de Moïse au Christianisme. — Les Mythologies.......... 606
§ 3. — Les Origines du Christianisme.......... 614
§ 4. — La Gnose.......... 623

CHAPITRE XIII. — *La Tradition au moyen âge. — L'Alchimie* (Traité méthodique et complet d'alchimie).......... 643

CHAPITRE XIV. — *La Tradition aux temps modernes. — La Franc-Maçonnerie.*
§ 1. — Le courant alchimique. — La Rose-Croix.......... 683
§ 2. — Origines de la Franc-Maçonnerie.......... 690
§ 3. — Les trente-trois degrés de l'écossisme et leurs secrets.......... 704
§ 4. — Perte de la tradition.......... 723
§ 5. — Les Textes. — La Légende d'Hiram et son ésotérisme.......... 731

CHAPITRE XV. — *La Tradition orientale. — Résumé*.......... 749

CHAPITRE XVI. — *Importation de la tradition ésotérique d'Orient en Europe. — Les Bohémiens*.......... 769

CHAPITRE XVII. — *Histoire résumée du mysticisme par Wronski*.. 787

Troisième partie

LE MONDE DES INVISIBLES ET LA DIVINATION

CHAPITRE XVIII. — *Le Visible et l'Invisible en l'homme*.......... 791

CHAPITRE XIX. — *Exemple d'une science de divination. — La chiromancie* (Traité méthodique et complet).......... 815

CHAPITRE XX. — *Le Visible et l'Invisible dans la Nature. — La Magie.*
§ 1. — L'Idée. — La Vie et la Matière. — Le Magnétisme et le Spiritisme.......... 841
§ 2. — La Magie et le Corps astral.......... 861
§ 3. — Microcosme et Macrocosme.......... 890
§ 4. — L'Astral. — L'Élémental et l'Élémentaire. — Rôle occulte des satellites.......... 890

CHAPITRE XXI. — *Les tableaux analogiques et les figures magiques. — Procédés de construction et d'explication*.......... 911

Conclusion

Chapitre XXII. — *La Science expérimentale et l'Occultisme contemporain. — L'Initiation et le Groupe indépendant d'études ésotériques*.......... 987

Histoire de la Tradition de 1750 à 1890 dans toutes ses branches. — Tableau résumé.......... 1032

Appendice

Glossaire de la Science Occulte, par Papus et A. Chaboseau.... 1041

Table alphabétique des matières.......... 1069

Table alphabétique des auteurs cités.......... 1081

TABLE ALPHABÉTIQUE

DES

MATIÈRES

Abel 448
Abraxas 626
Acides 24
Actif. Passif. Neutre 91
Adam 466, 454, 773
Adamah 265
Adam-Ève 373
Adepte 735, 758
Adonai Melech 510
Ænosh 463
Ages (d'après la Chiromancie) 829
Age mûr 171, 173
Agneau pascal 609
Air 125
Aisha 457
Aladin et la lampe merveilleuse .... (note) 603
Alchimie 643
Alchimistes (formules) 86
Aleph 486
Alexandrie (École d') 623
Alkali 24
Alphabet 772
Alphabet hébraïque 483
Alphabet primitif 422
Alun calciné 25
Ame (son incarnation dans le corps) 245
Ame (après la mort). 318, 327, 350, 405 (note) et 583
Ame animale 215
Ame divine 217
Ame humaine... 215, 246, 556
Ame d'une idée 623
Amenthès 405
Amérique 168
Amérique (son indépendance) 704
Amour 196, 246, 312
Amour (Mariage d') 834
Amour sensuel 833
Amulette .... (note) 404
Atma 217
Aum 531
Ammon-re 405
Analogie 69, 70
Analogie (Tableaux d') 952
Ancus Martius 784
Anges 160
Animaux de sainteté. 486, 498
Anubis 413
Aour 546, 677
Aphasie 799
Apollon 613
Appareil 122
Apprentis 694

Arc-en-ciel 473
Arcanes majeurs (tableau) .. 495
Arche de Noé (Thebah) 467
Arche de Noé 775, 776
Aréopages F.·. M.·. 704
Aristocraties 915
Art (Chiromancie) 836
Asiah 565
Assentiment 196, 200
Assistants (séances spirites). 854
Association des peuples 462
L'Astral (Étude détaillée) .. 898
Astral (Corps). 187, 191, 209, 212, 370, 794
Astral (Corps). Sortie. 319, 932
Astrale (Forme) 245
Astrale (Lumière). 147, 319, 353, 659
Astral (Plan) 82
Astrologie .... (note) 404
Astrologie 918
Astronomie des anciens 40
Athyri 401
Atlantide 162, 536
Atma 216, 306, 370
Audace et réussite (Chiromancie) 835
Avare (Punition) 341
Avenir 200, 920
Avitchi 242
Azote 146
Azoth 147
Bacchus 414
Bachour 486
Bahir 481
Ballon (Analogie) 303, 305
Bedolla 456
Bereschit 429, 482
Beth 486
Bible (La) 427, 430 439
Bien 106
Bile 124
Bohémiens 537, 769
Bois (Analogie) 139
Boussoles astrologiques et astronomiques 31, 33
Brominos (Mithras) 60
Briah 566
Buddhi 216, 306
Caïn 448, 460, 632
Camael 509
Canaux séphirothiques 527
Cancer 416
Canons 29
Canon (Coups de) 708
Caph 488
Capricorne 405
Caire 966
Cartes 970
Causes premières et secondes 80
Cellules 122
Cellules embryonnaires 795
Cerbère 51
Cérès 414
Cerirel 509
Cerveau .... 564 (note) 799
Cerveau (Productions occultes) 755
Cerveau de la Terre 127
Cerveau mâle 230
Césars 449
Chaijah 561
Chaîne planétaire ... 147, 255
Chaîne (Spirite) 856
Chaleur 760
Chaleur, ... 140, 145
Cham 450
Chanaan 450, 474
Chance 830
Chance (Son origine) 357
Chapitres F.·. M.·. 704
Chérubins 460
Chiffre de la Bête 622
Chimie des Anciens .. 23 à 28
Chinois 423
Chinois (Science des) 31
Chinois, sanscrit, hébreu ... 971
Chiromancie 845
Chonsh 456
Chrétiens (leur paganisme). 609
Christianisme 439, 614
Christianisme (Origines) 595, 614

Chronologies.............. 62
Chute adamique.......... 542
Chute (Histoire ésotérique).. 917
Chylifères................ 221
Ciel..................... 299
Cinq............... 109, 599
Circonvolutions cérébrales.. 216
Cocher, voiture, cheval (Analogie)................. 187
Cœur.............. (note) 564
Cœur (Ligne du).......... 821
Colorisation.............. 103
Commencement (Au), Genèse.................. 451
Commerce (Chiromancie)... 838
Communications spirites. 331, 333
Compagnons............... 694
Compréhension facultative.. 463
Conclusion du volume...... 987
Cône de lumière.......... 319
Congrès de 1889 (Occultisme). 369
Cône d'ombre............. 319
Consommation des choses.. 468
Constantin (Croix de)...... 947
Construction de tableaux analogiques............. 952
Construction d'un édifice (Analogie)......... 121, 150
Contemporains (Occultistes). 998
Continent (Son évolution), 161, 536
Contraste (Fonction de).... 112
Conx, Om, Pax (mots sacrés). 392
Coph..................... 490
Cordon astral atmosphérique.............. 290, 309
Cordon céphaliqué......... 310
Cordon ombilical.......... 289
Corps astral (Voy. *Astral*).
Corps astral (Sortie)....... 862
Corps (Correspondance).... 803
Corps humain renouvelé... 794
Corps (Physique).......... 207
Cosmogonie de Moïse...... 431
Cotylédons................ 268
Coucou (Analogie)......... 76
Couleurs alchimiques...... 648
Coups de canon........... 708
Couveuses artificielles...... 26
Cristal taillé............. 26
Croix (La)................ 965
Croix (Signe de la)........ 228
Culte.............. 593, 605
Cybèle.................... 414
Cycle dans les Nombres.... 93
Daleth.................... 487
Dame de Paris (Notre-), (Description)............ 802
Dame de Paris (Notre-), (Hiéroglyphe hermétique). 985
Découvertes scientifiques de l'antiquité............. 9
Degrés maçonniques....... 716
Déluge......... 162, 165, 470
Démiurge................. 632
Démotique (Écriture)....... 393
Denaire kabbalistique...... 529
Deux............... 107, 598
Devachan................. 237
Diane.................... 414
Dieu..................... 374
Dionysos................. 613
Distillation............... 26
Distinction (La)........... 455
Dix................ 110, 600
Dogmes............ 106, 536
Doigts (Noms astrologiques). 817
Doubles (Lettres)..... 484, 575
Douleur................... 196
Éclipses. La période de 6.585 jours 1/3 était connue des Égyptiens............. 14
Écliptique chinois......... 37
Économie sociale.......... 450
Écossisme................. 704
Écritures égyptiennes...... 393
Écritures hiéroglyphiques.. 410
Écriture sacrée...... (note) 383
Éden..................... 447
Égypte................... 168
Égyptiens (Écriture). (note) 85
Éhieh.................... 496

Èheich 486
El 487
El (4e nom) 508
Électricité. 20, 140, 141, 145, 475
Élémentaire. 346, 351, 373, 909
Élémentals. 318, 373, 787, 909, 935
Éléments (Tableau de correspondance)........... 897
Éléments chinois.......... 36
Éléments des lettres....... 408
Élios.................... 60
Élohim 452
Élohim Gibor (5e nom)..... 509
Élohim Sabaoth (8e nom)... 509
Éloha (6e nom)........... 509
Élysée................... 57
Emblème................. 943
Embryon humain (Développement)............... 273
Embryon végétal et Embryon humain........... 270
Énergie cosmique (Sa qualité) 754
Enfance.................. 172
Enfer.................... 299
Enfers................... 53
Enfer (des Égyptiens) (note) 405
Éons 628
Épistolographiques (Caractères) 397
Épreuves de l'Initiation 49
Équivalents vitaux......... 758
Entassement des espèces ... 470
Érèbe 471
Ésotérisme.......... 593, 605
Ésotérique (Enseignement). 480, 538
Esdras................... 433
Espace éthéré 450
Espace sidéral............ 449
Esprits (Constitution) 349
Esprits (Leur influence) 370
Esprit (Hiérarchie)......... 937
Esprits des éléments (Action sur les)................ 904
Esséniens.. 437, 438, 616, 788
Esthétique rapporteur...... 115
Éthiopiens................ 428
Étienne (Martyr gnostique). 638
Euménides 56
Euridice 611
Ève...................... 460
Évocation................ 343
Évolution....... 134, 139, 320
Exorcisme 867
Exotérisme.......... 595, 605
Exotérique (Enseignement). 480
Extraction (L') 458
Face humaine (Correspondance)............... 810
Faits, Lois, Principes. 80, 87
Fang.................... 924
Fakirs................... 370
Famille............. 95, 132
Fatalité (Ligne de)......... 818
Fatalité et volonté......... 827
Feliel 509
Feuilles.................. 266
Feuillets blastodermiques. 272, 283
Figures emblématiques..... 382
Flagellation.............. 56
Fleuves du Paradis 467
Foie............... (note) 564
Folie 867
Fonction................. 123
Force centrifuge et centripète.................... 448
Fortune (Chiromancie)..... 837
Francs-Maçons 480
Franc-Maçonnerie.......... 690
Fraternité des initiés....... 761
Gei-Hinam................ 569
Gemmule 268
Genèse............. 445, 452
Géométrie qualitative 397
Gabriel.................. 510
Geburah................. 509
Gemares (Les deux)........ 481
Gématrie 483
Germe................... 268
Ghiboréens............... 466

Ghimel 486
Ghôlim 447
Gihon 456
Globules 209
Gloire (Chiromancie) 838
Glycogène (Matière) 124
Gnose (La) 623, 625
Gnostiques 480
Gobelins 793
Grain de blé 504
Graine 269
Grèce 168
Grégeois (Feu) 29
Groupe indépendant d'étude ésotériques .... 317 *bis*
Habal de Garmin (Corps astral lumineux) 565
Habel 461
Hadom 487
Haïn 489
Hamlet 986
Haniel 569
Hariman 446
Hasmalim 508
Hé 487, 501
Hé 224
2e hé 224
Hébraïque (Alphabet) 483
Hébraïque (Langue) 385, 421 425
Hélène 612
Henoch 464
Hercule 114, 613
Hérésies 624
Hermès dévoilé 664
Hermès trismégiste 616
Hermétiques (Textes) 658
Hermétistes 998
Heth 487
Hiddekel (Genese) 456
Hiératique (Ecriture) 393
Hiéroglyphique (Ecriture) ... 393
Hiéroglyphes. 380, 382, 397, 409
Higher-Self 371
Hiram (Légende d') 731
Histoire (Méthode ancienne) 66
L'homme (Constitution, définition) 179, 180, 197, 252, 370
Horoscope (Théorie de l') ... 296
Horus 146, 402
Houris 369
Huit 110, 600
Humanité 372
Hydrogène 146
Hypnotisme et spiritisme (Rapport) 867, 885
Hypnotiques (Phases) 871
Iah 498
Iao 413
Idéal (Ligne de l') 820
Idée 799
Idées antiques 384, 586
Idée bonne ou mauvaise 158, 352
Ieve 498, 579
Imagination (Ligne d') 824
Imitation (Méthode d') 942
Imprimerie 40
Inconscient 795, 798
Inconscient (Domaine de l'). 842
Inde (Sa décadence) 751
Index 439
Inflammation 797
Inquisiteurs 380
Inquisition 771
Insectes 213
Inspiration 196
Instruction dans l'antiquité. 43
— primaire 45
— professionnelle .. 46
— secondaire 46
— supérieure .. 47, 48
Intuition 879
Intuition (Ligne de l') 819
Invisible (Monde). Composition 910
Invisible (Nature) 841
Involution 134, 139, 320
Iod 224, 488, 500
Iôna 471
Ired 464
Isis 146, 402, 413

Isochronisme des vibrations du pendule 17
Israël 376
Iswara 376
Jabal 462
Japheth 450
Jason (Navigation de) 603
Jechidad 561
Jehova 443
Jesod 509
Jesirah 566
Jésus 480, 646
Jésus et Marie 773
Jeunesse 172
Jiva 208, 306
Jophiel 508
Jour 452
Jour (Son évolution)... 73, 87
Jubal 462
Junon 444
Jupiter (Planète). 444, 489, 601
Jupiter (Le dieu) 640
Jupiter Elicius 21
Kabbale... 445, 432, *479, 788
Kabbale (Sa philosophie)... 533
Kabbale pratique.... 507, 545
Kaïnan 464
Kama Rupa 213, 306
Karaïtes 437
Karma (Loi du).. 238, 758, 919
Kristhna 770
Ku 924
Lakai 487
Lamed 488
Lamech 462
Langues mères 421
Langue sacrée (Preuve de son existence). 388, 402, 445, 425
Larynx 799
Lévi (Tribu de) 480
Lémurie 162
Léthé 55
Lettre d'un initié oriental .. 750
Lettres hébraïques 574
Libre arbitre 913
Linga sharira (Corps astral). 209, 306, 370
Lion (Mithra) 59
Litharge d'argent 24
Livre de génération d'Adam. 427
Loges Franc-Maçonniques .. 704
Loi générale 75
Louis Lucas (Découvertes) .. 1004
Lumière 140, 144, 145
Lumière, ombre, pénombre. 89
Lumière solaire 128
Lune ... 39, 489, 510, 601, 902
Macrocosme 81, 83
Mage 60
Magie 844
Magie blanche 913
Magie (Définition) 931
Magie (par Wronski) 927
Magie et Corps astral 864
Magique (Action) 907
Magiques (Correspondances) 804
Magnétisme..... 147, 844, 843
Magnétisme (Analogie) 190
Magnétique (Vision) 845
Mahatma 256, 749
Main (Ensemble) 825
Maison cosmique 401
Maison qui brûle (Analogie) 912
Maîtres 694
Makifim 568
Manou 214, 306
Mandragore .... (note) 945
Monde 779
Manuscrits indous 764
Marées 39
Mars 444, 489, 601
Martinisme (Pantacle) 963
Martinistes 480
Matérialisation 881
Matérialiste (École) 180, 244, 376 (10°), 374
Médiateur plastique. Voy. *Astral* (*Corps*) 373
Médium 872
Médiums 371
Médiums (Formation des) .. 880

Médiums (Tricherie) 882
Medrashim 481
Mehoryâel 462
Melchisedech 80
Mem 489
Membres de l'homme (Correspondances) 805
Ménélas 612
Ménès 779
Mercavah 482, 564
Mercure 414, 489
Mercure des philosophes ... 665
Mercure 497
Mercure (Messager). (note) 946
Mères (Lettres) 483, 575
Mesure 112
Mesure proportionnelle (La). 466
Métaphysique 79
Metalhin 510
Métaux (Noms planétaires).. 243
Méthodes de transmission .. 595
Methoushaël ....
Michael 509
Microcosme 81, 83
Microcosme et Macrocosme . 890
Microscopes 16
Minerve 414, 783
Minos, Eaque, Rhadamante. 54
Minotor et Numitor 785*
Miroirs magiques 901
Missions (de Saint-Yves) ... 1013
Mithra 59
Moi (Chiromancie) 832
Mois (Son évolution) 73
Moïse 383, 427, 602, 615
Moïse (Symbolisme) 947
Molay (Jacques) 685
Monde angélique 485, 490
Monde visible 485
Mondes 81, 82, 117
Monde des Orbes 492
Morales (Lois) 406
Mort ... 193, 297, 310, 313, 374
Morts (Communication avec les) 327
Mot sacré 412
Mouvement 183
Multiplication divisionnelle . 400
Multiplication divisionnelle (La) 458
Multiplication hermétique .. 674
Mystères de Mithra 59
Mystères 45, 49, 62, 616
Mysticisme (Histoire) 787
Mythe 606
Mythe solaire 607
Mythologie 606
Nahash 458, 905
Naissance .. 262, 289, 292, 374
Naissance 779
Nature naturante 376
Nature naturée 376
Nawhoma 462
Né (deux fois) 320
Nègres 163, 450
Nephesch 370, 541, *557
Néphiléens 466
Nerfs 183
Neschamah. 370, 541, 557, *560
Neuf 110, 600
Newton étaient connues des anciens (Les lois de) 13
Nezah 509
Nirvâna ... 172, 174, 237, 544
Noé 465
Nom du Seigneur (Invoquer le nom) 948
Nom propre 604
Nom de 72 lettres 506
Noms divins 493, 530
Nombres 86, 93, 206
Nombres (Signification) 407
Notaria 483
Notre-Dame-de-Paris 679
Noun 489
Nuit 452
Numa 779, 784
Occultisme 370
Occultisme contemporain ... 998
Océaniens 162
Œuf humain 274
Oiseaux (Écriture des) 394

Ophanim................ 486
Opium.................. 25
Opposition (La loi)........ 88
Organes................ 122
Organisme (Figure synthétique)................ 220
Organisme (Défense)....... 794
Orientale (Philosophie)..... 750
Origine des Bohémiens..... 770
Origine du Christianisme... 774
Orphée................. 613
Osiris......... 146, 413, 608
Oxygène................ 146
Pantacles............... 792
Pantacles (Explication). 960, 965
Panthéisme.............. 374
Papauté................ 168
Paraboles.............. 621
Parabrahm.............. 175
Paradis égyptien... (note) 405
Paris.................. 612
Paris (Origine du nom)..... 777
Parole (Origine).......... 446
Passé.................. 200
Passions................ 188
Patroclès et Cléopâtre...... 772
Peaux-Rouges............ 162
Peinture des Égyptiens.... 28
Pensée (Action occulte).... 758
Pensées (Mauvaises ou bonnes 309
Pentagramme............ 600
Pentagramme (Loi)........ 979
Périsprit........... 349, 371
Périsprit (Son rôle)........ 848
Personnalité (Sa conservation après la mort)...... 357
Pesanteur universelle...... 42
Phalange............... 182
Phaleg................. 476
Pharisiens.............. 436
Philologie.............. 387
Phrath (Genèse).......... 456
Phlogistique............. 3
Phé................... 489
Photographie............. 22
Pierre philosophale........ 646
Pigeon (Adoré par les chrétiens)................ 609
Plaisir................. 496
Planètes......... 157, 373
Plérôme................ 630
Pluralité des mondes connus des anciens............ 11
Poésie................. 613
Poids.................. 497
Poitrine................ 185
Polythéisme grec.......... 646
Porismes............... 536
Portes kabbalistiques. 574, 583
Poudre (La)............. 30
Prakriti........... 227, 376
Pralaya........... 157, 158
Présage................ 954
Présent................ 200
Prière................. 864
Principiation............ 452
Priape................. 444
Prière d'Isis......... 53, 54
Principe (Définition)....... 447
Principes de l'homme (Trois) 181, 344
Principes (Constitution en 7) 206 et suiv. 219
Prisme (Analogie)......... 135
Prêtre (Mithra)........... 60
Progrès (La loi)........... 1
Providence-Destin-Volonté. 944
Providence vivante........ 929
Psyché................. 625
Psychique (Corps)... 245, 248
Psychurgie.............. 262
Puissance aggrégative et formatrice............... 475
Purgatoire...... 237, 307, 320
Pyramides.............. 49
Pyramides.............. 977
Pythagore.............. 384
Quatre............ 108, 599
Raphaël................ 509
Radicelle............... 268
Race blanche (Son histoire). 165, 252

Race Jaune.................. 163
Races humaines............ 160
Racine.................... 266
Rapports du tronc avec les membres.............. 808
Réalité (Sa création)....... 105
Rébus..................... 404
Rédemption................ 633
Réforme (La).............. 688
Réfraction................ 17
Règne animal.............. 127
Règne minéral............. 127
Règne végétal............. 127
Réincarnation (Sa cause)... 919
Réincarnations. 167, 265, 297, 371
Religion............ 381, 415
Religion (Étymologie) (note) 944
Religieuses (Écoles)........ 179
Resch..................... 490
Restauration cimentée..... 472
Rêves..................... 866
Révolutions civiles........ 476
Rites maçonniques......... 724
Rois de Rome.............. 784
Rome...................... 168
Romulus................... 449
Ronde..................... 252
Rose-Croix .... (note) 955
Rose-Croix................ 998
Rose-Croix................ 480
Rose-Croix (Fraternité de la). 686
Rose-Croix de Khunrath.... 514
Rosette (Inscription de).... 390
Rota (de Guillaume Postel). 91
Rouille de fer (usages thérapeutiques)............. 25
Ruah.......... 542, 557, *558
Ruah...................... 370
Rubis..................... 26
Rupa.......... 210, 306, 370
Rythme.................... 112
Sacerdoce ancien.......... 414
Sadai (9e nom)............ 509
Sadducéens................ 436
Sainte-Chapelle........... 679
Sainteté............ 172, 173
Saint-Yves d'Alveydre (Analyse).................. 1013
Saisons................... 72
Salive.................... 124
Salomon................... 509
Samaritaine (Version)...... 436
Sang (Circulation du). 76, 124, 221
Samech.................... 489
Sanscrit.................. 424
Satan..................... 774
Satellites (Actions occultes). 902
Saturne (Sphère de). 488, 601
Scarabée.................. 400
Scarabée mystique......... 990
Sceau de Salomon.......... 967
Scènes (Hiéroglyphiques).. 409
Schemoth..................
Schin..................... 490
Science (Divisions)........ 376
Science (Chiromancie)...... 837
Science expérimentale..... 759
Science expérimentale (Sa méthode).............. 65
Science occulte (Méthode).. 69
Science occulte (Définition). 68
Science et les sciences (La). 3
Sciences opposées......... 754
Sciences sacerdotales...... 381
Science occulte et science contemporaine.......... 987
Séance obscure............ 855
Sem....................... 450
Sem-Cham-Japhet........... 778
Sens...................... 170
Sens de la Bible (Trois)..... 447
Sensation................. 200
Sentiment................. 200
Sentimentale (Vie)......... 835
Sepher Jesirah.. 482, 538, *572
Sepher (Le) de Moïse..... 427
Sephiroth. 483, 510, *521, 547, 548, 573, 579
Sephiroth indous.......... 531
Sept............... 110, 599

Septante (Version des). 439, 443
Serpent d'Airain.......... 945
Serpent de Mercure. (2e note) 945
Servus Tullus............. 786
Seth...................... 448
Shandba................... 758
Sheth..................... 461
Shoâm..................... 456
Signature................. 945
Similitude................ 77
Simples (Lettres).... 484, 576
Simples (Corps)........... 893
Six............... 109, 599
Sociétés d'Initiation....... 996
Sociétés secrètes.......... 928
Soleil. Voy. *Voie lactée, Terre,* etc.................. 489
Soleil............... 141, 601
Soleil (Sa marche, mythe solaire)................ 71
Somnambulisme lucide.... 340
Sophia.................... 631
Sorcellerie.......... 909, 913
Spermatozoïde............. 276
Sphinx (Le)............... 973
Spiritisme. 297, 323, 370, 841, 846, 867
Spiritisme (Histoire résumée) 1011
Stromates de saint Clément.................. 397
Sacre..................... 27
Sujet hypnotique.......... 869
Suggestion................ 844
Suggestion à distance..... 991
Suprême conseil........... 712
Sympneumata............... 236
Symbole oriental.......... 943
Symbolisme......... 779, 941
Symbolique (Écriture)...... 393
Synarchie................. 1017
Synthèse des connaissances actuelles................ 4
Table d'Émeraude d'Hermès. 658
Talmud.................... 481
Targums................... 436
Tarot..................... 485
Tarot..................... 771
Tarot (Le) (Figures)........ 981
Tarquin l'Ancien.......... 784
Tarquin le Superbe........ 785
Tchen-Pey (Le livre chinois). 923
Tchor..................... 487
Télégraphe................ 800
Télégraphie psychique..... 21
Télescopes................ 15
Telesma................... 146
Templiers................. 480
Templiers................. 684
Templiers................. 998
Ténèbres et Britannia...... 772
Ternaire (Le). La réduction à l'unité (93)......... 79. 90
Ternaire (Échelle du)...... 959
Terrassiers (Analogie)..... 150
Terre..................... 11
Terre............... 160, 265
Tête...................... 185
Tête (Ligne de)............ 823
Teth...................... 487
Tetragrammaton sabaoth (7e nom)............... 509
Tetragrammaton elohim (3e nom)............... 508
Textes alchimiques (Explication).................. 648
Thau...................... 490
Thebah.................... 777
Thémurie.................. 483
Thebah.................... 467
Théisme................... 374
Théodore et Dorothée...... 772
Théosophie.......... 750. 788
Théosophiques (Opérations). 93, 96
Théosophique (Société). 997. 1021
Théosophique (Pantacle)... 962
Thésée (Mythe de)......... 780
Thibet.................... 777
Thubal-Kaïn............... 462
Tige...................... 266
Titans.................... 611
Tohu-Boüt................. 771

Tonnerre.................. 475
Toujours.................. 497
Tour Saint-Jacques........ 678
Tphé............. (note), 405
Tradition.................. 379
Tradition (Application de l'Ésotérisme 773
Tradition au temps moderne. 683
Transformisme.............. 147
Triangle............ 966, 967
Triangle rectangle 922
Troie (Guerre de).......... 166
Trois............... 107, 598
Tribu 132
Trônes..................... 508
Tsade...................... 490
Tullus Hostilius........... 784
Typtologie................. 879
Tzilla..................... 462
Un......................... 107
Unité 132
Univers........ 358, 372, 546
Upadana 919
Uranu...................... 610
Vaches grasses et vaches maigres 950
Vague de vie de l'homme. 170
Vague de vie dans un Monde.................... 154
Van mystique............... 53
Vapeur (La)................ 19
Vau.................. 487, 500
Vau........................ 224
Veau d'Or dissous par Moïse...................... 23
Végétal (Développement).... 266
Ventre..................... 485
Vénus.......... 414, 489, 604
Verbe...................... 293
Verre flexible 28
Verres grossissants........
Vezio...................... 487
Vices...................... 84
Vie. 81, 121, 124, 144, 183, 370
Vie (Sa marche) 134
Vie (Ligne de) 822, 831
Vie posthume (Extrait de la Revue) 333
Vieillesse............ 171, 173
Visible et Invisible.... 67, 791
Vitalité................... 208
Voie lactée connue des anciens dans sa constitution réelle................ 11
Voies de la sagesse........ 585
Volonté (Chiromancie)...... 835
Volonté..... 81, 200, 418, 905
Voyants.................... 407
Vrai (Le).................. 106
Vulgate de saint Jérôme. 439, 443
Whada...................... 462
Whirad..................... 462
Wronski (Biographie)....... 1005
Xisuthrus.................. 777
Zaphohiel.................. 508
Zadkiel.................... 508
Zaïn....................... 487
Zelem...................... 568
Zodiaque............ 413, 488
Zohar............... 481, 482

TABLE ALPHABÉTIQUE

DES

AUTEURS CITÉS

AVEC RENVOI AUX PAGES OU CHACUN DES AUTEURS EST CITÉ

Abendana. — Cuyari 572, 588
Abénéfi. — Œuvres citées par Kircher 394
Actes des apotres 49, 245, 412
Adam (Paul) XXII
Adhémar (Comtesse d') 1025
Ælien .... (note), 400
Agathias. — *De Rebus Justinis*, an 1660, in-fol. 19
Agrippa (H.-C.). — *La Philosophie occulte* 109, 497, 683, 788
Aksakoff 874, 891
Albert le Grand 683
Alis (Harry) XXV
Allan Kardec 324, 338, 1011
Alliance scientifique 437
Amaravella. — *La Constitution du Microcosme* 205
Ammien Marcellin 410
Ammonius Saccas 625
Anphera (Dominico). — *Rituale del trentadue* 707
Apollonius de Thyane 412, 788
Apulée. — *L'Ane d'or* 63, 410, 617, 625
Aristarque 11
Aristophane. — *Les Nuées* 17
Aristote. — *Œuvres*. — Édition Duval, Paris, 1629, 2 vol. in-fol. 11, 15, 24, 391
Arnold (Sir Edwin). — *Light of Asia* 225
Arpelles 440
Asmhold 732
Auffinger. — *La Chaine magnetique* 1026

Augé (Lazare). — *Notice sur Hœne Wronski*.................... 1005
Auguez (Paul).. 869, 1013
Aulu Gelle. — *Noct. Attic*...................... 16, (note), 413

Bacon. — *De Dign. et Increm. Scienc*.......................... 989
Bacon (Roger). — *Opus Majus*, édition de Venise, 1750.......... 17
Baillon, botaniste professeur à la Faculté de médecine de Paris... 157
Bailly.. 1000
Balzac (Honoré de). — *Louis Lambert*............ xi, 86, 108, 1010
Bardesane (d'Édesse)................................. 440, 626
Barlet (F.-Ch.). — *Études philosophiques diverses*. xxiii, 543, 546, 554, 569, 85, 1024
Barrès (Maurice).. xxv
Barrois. — *Principes de Dactylologie*. — *Éléments carlovingiens*. — *Lecture littérale des hiéroglyphes et des cunéiformes*....... 392, 409
Barthelemy (Abbé). — *Voyage d'Anacharsis en Grèce*......... 91, 109
Barthrovhari (Brahme)................................. (note), 967
Basile Valentin... 681
Basilide.. 440, 626
Beausobre. — *Histoire des Manichéens*......................... 429
Bédarride (Marc). — *Rite de Misraïm*........................... 725
Bérigard de Pise.. 656
Bernheim.. 1024
Berthelot. — *Les Origines de l'Alchimie*, Paris, 1886, in-8°... xv 23, 647, 651
Bertrand. — *Anatomie Philosophique*.............................. 77
Blavatsky (H.-P.).............................. 749, 860, 930, 1024
Bodenstein.. 788
Boehm (Jacob). — *Œuvres*............ 233, 313, 788, 892, 905, 907
Bosc (*Marcus de Vèze*). — *L'Égyptologie sacrée*................ 369
Bouchet... 896
Bouillet. — *Dictionnaire d'histoire et de géographie*........... 411
Bovet (Mlle de).. xxv
Braid... 1013
Brière (De). — *Essai sur le symbolisme antique d'Orient*... xviii, 379, 385, 395, 414, 482, 594, 941
Bure (G.-F. de)... 513
Burnet.. 788

Cagliostro.. 1000
Cahagnet. — *Magie magnétique*..................... 869, 1009, 1011
Caillié (René). — *L'Anti-Matérialiste*. — *La Revue des hautes études*. — *L'Étoile*... 1025
Callot... 513
Cambriel.. 650, 983
Cardan (Jérôme). — *De la subtilité*............................. 788
Carpenter (Dr B.).. 931

CASSIODORE 391, 788
CAZOTTE 1000
CENSORINUS. — *De Die Natali* 13
CERDON 627
CERINTHE 626
CHABOSEAU (Augustin). — *Essai sur la Philosophie bouddhique*. XXIV, 14, 350, 1026
CHAIGNEAU (Camille). — *Les Chrysanthèmes de Marie* 1022
CHAMPOLLION. — *Œuvres* 379, 392, 394, 402
CHARCOT 1013
CHARDEL. — *Esquisse de la nature humaine* 1009
CHAZARAIN (Dr) 369, 1024, 1026
CHERPIN. — *Histoire de la F.·.-M.·.* 724
CHRISTIAN. — *L'Homme rouge des Tuileries*. — *Histoire de la Magie* 63, 91, 174, 663, 978
CICÉRON 771
CLAUDE-BERNARD. — *Science expérimentale*... 138, 148, 195, 796, 993
CLAVEL (J.-B.-T.). — *Histoire pittoresque de la Franc-Maçonnerie*. 707
COMÈNE 788
CONGRÈS SPIRITE DE 1889. — Vol. in-8° 345
CORNIL ET RANVIER. — *Manuel d'histologie pathologique* 796
COURT DE GÉBELIN 416, 421, 999
COX (John-Edmond). — *The old constitutions of Free Masons* 703
CROOKES 874, 991
CROSSET DE LA HAUMERIE. — *Secrets les plus cachés de la philosophie des anciens* 677
CTESIAS 29
CYLIANI. — *Hermès dévoilé* 650, 664

DAVIDSON (Peter) 1039
DANIEL 391, 566
DANTE (Le) XI
DARIEX (Dr) 369
DARWIN. — *Œuvres* 157
DEBIERRE (A.). — *Manuel d'Embryologie* 283
DÉDALE 412
DÉE (Jean) 501, 684, 752
DELAAGE. — *La Science du Vrai*, Paris, 1884, in-8° 48, 63
DELANNE (Gabriel). — *Le Spiritisme devant la Science*. 369, 855, 1022, 1027
DELEUZE. — *Instruction pratique sur le Magnétisme animal* (1883). 1009
DELÉZINIER (Dr) XXIV
DÉMOCRITE 412
DENIS (Léon) 1022, 1027
DESBAROLLES. — CHIROMANCIE (Préface) 108, 1009
DIODORE DE SICILE. — *Œuvres*. Hannovix, 2 vol. in-fol., 1604, édit. Wechel 25, 26, 62, 389

DIOSCORIDES 25
DOINEL (Jules Stany). — *Études gnostiques* .... XXIV, 627, 1025
DONATO 1024
DOSITHÉE 626
DRABITZ 788
DRAMARD (Louis). — *La Science occulte* 149
DUBOURG XXII
DUC (R. Le) XXV
DURVILLE 1024, 1026
DUTENS. 1730-1812. Auteur de savantes recherches sur la science de l'antiquité. — *Origines des découvertes attribuées aux modernes* (Londres, 1796, in-4°) .... 5 et tout le 1er chapitre 1000
ECKARTSHAUSEN 788
ELIPHAS LEVI. — *Dogme et rituel de haute magie.* — *La clef des grands mystères.* — *Histoire de la magie.* — *La Science des esprits.* — *Le Sorcier de Meudon.* — *Fables et symboles.* XXI, 85, 181, 190, 192, 295, 342, 502, 579, 588, 661, 662, 677, 975, 1001, 1008
ENCAUSSE (Gérard). — *Essai de Physiologie synthétique.* XXIII, 76, 207, 302
ESDRAS 433
ESQUIROS 1013
ETTER (H.) 680
EUSÈBE .... (note), 400
EUSTATHE 392

FABRE D'OLIVET. — *La Langue hébraïque restituée*, 2 vol. in-4°, 1815-1816. — *Histoire philosophique du genre humain* (1822). — *Les Vers dorés de Pythagore*, 1813, in-8°. — *Caïn*, 1823, in-8°. XXI, 7, 47, 66, 83, 85, 86, 94, 98, 161, 195, 199, 416, 431, 437, 440, 442, 445, 499, 535, 542, 578, 613, 661, 677, 906, 913, 921, 937, 955, 974, 1000
FARADAY 756
FAUCHEUX (Albert) XXIII
FESSIER (Georges). — *F.·.-M.·.* 725
FIGUIER (Louis). — *Les Origines de l'Alchimie* 301, 649, 686, 1010
FINDEL (Georges-Frédéric). — *Geshichte der Freimaurerei* 702
FLAMMARION (Camille) 301, 1013
FLOURENS 148, 793
FLUDD (Robert) 683, 892
FOLGER (Robert). — *F.·.-M.·.* 725
FOLTZ. — *Anatomie homologique* 77, 207
FRANCE (Anatole) XXIII
FRANCK (Adolphe). — *La Kabbale.* — *Études diverses.* — *La philosophie mystique en France. Saint Martin et Martinez Pasqualis.* XXII, 94, 313, 437, 480, 481, 533, 538, 555, 580, 588, 606, 1010, 1011

GABORIAU (F.-K.). — Fondateur du *Lotus*. Traducteur du livre de Sinnet (Voy. ce nom) 1033

GARAT........ 894
GARY DE LACROZE (C.) .... XXIV, 684
GAUTIER (Émile)........ XXV
GEBER........
GEOFFROY (l'aîné). — Rapport à l'Académie sur l'Alchimie, (1722). 652
GIBIER (Dr). — *Le Spiritisme. — Analyse des choses*... XXV, 858, 1022
GINISTY (Paul)........ XXV
GIORGIUS........ 788
GOETHE........ XI, 207
GOUDEAU (E.)........ XXII
GOULD (Georges). — *History of Freemasonry*........ 699
GRANGE (Lucie)........ 1022, 1027
GRÉGOIRE LE GRAND........ 774
GREGORIUS. — *Astronomiæ elementa*........ 13
GROUPE D'ÉTUDES ÉSOTÉRIQUES........ 1030
GUAITA (Stanislas de). — *Au seuil du mystère. — Le Serpent de la Genèse*........ XXIV, 510, 552, 554, 588, 1000, 1021, 1025
GUTMAN........ 788

HAHN (L.) et THOMAS (L.). Article *Spiritisme* du dictionnaire Dechambre........ 330
HANNECART (Me)........ 857
HAYDEN........ 759
HÉLIODORE........ 388
HELMHOLTZ (H. de)........ 113
HELVETIUS........ 653
HENNIQUE (Léon). — *Amour*........ XXII, 913
HENRY (Charles). — Travaux divers........ XXIII, 111
HERMÈS........ 401
HÉRODOTE........ 62
HÉSIODE........ 400
HIÉROCLÈS........ 905
HOLMÈS (Augusta)........ XXIII
HOMÈRE. — *Odyssée*........ 25, 392, 400, 418
HORAPOLLON........ 400 (note), 402, 410
HOUX (Des)........ XXV
HUGO (Victor). — *William Shakespeare*........
HURET (Jules)........ XXV
HUYSMANS........ XXIII
HYGIN........ 391
HYPATHIE........ 788

ISAÏE........ 391, 412, 566

JACOB (Zouave)........ 1027
JAMBLIQUE. — *De Vita Pythagori. — De Mysteriis Ægyptiorum*, 1652, in-12 (édition de Lyon). 16, 48, 63, 384, 389, 397, *406, 625, 788

JAYBERT (Léon). — *Rite de Memphis*................................ 726
JÉCHIEL.. 683
JETHRO.. 427
JHOUNEY (Alber)........................... XXII, 554, 588, 1021, 1025
JONATHAS.. 391
JONQUIÈRE (Vicomte de la)................................ 710
JOSÈPHE.. 391, 438
JOURNAL DES SAVANTS..................................... 14

KABBALA DENUDATA.. 500
KAUFFMANN. — *Histoire de la F.·.M.·.*.......................... 724
KEPLER.. XII, 603
KHUNRATH. — *Amphitheatrum sapientiæ æternæ*............. 542, 788
KINGSFORD (Dr A.)... 244
KIRCHER (R.-P.).— *Œdipus Ægytiacus*, 3 vol. in-fol., 1623, Rome, 394, 483, 489, 501, 529, 532, 580, 585
KLAPROTH (J.). — *Lettre à M. de Humboldt sur l'invention de la boussole*, Paris, 1834, in-8°.................................. 31
KNORR DE ROSENROTH.. 788
KONG-TZÉE.. 905
KRAUSE (J.B.)... 725
KUHLMAN.. 788

LACOUR. — *Les Æloim ou dieux de Moise*.................... 409, 496
LACROIX (Henry). — *Mes expériences avec les esprits*............. 341
LACURIA. — *Harmonies de l'être exprimées par les nombres*. 110, 174, 501
LANDUR. — *Recherches des principes du Savoir et de l'Action*...... 1007
LANGLET DU FRESNOY. — *Histoire de la Philosophie hermétique*..... 681
LARMANDIE (Léonce de)...................................... XXII
LEFORT (Horace).. XXIII
LEIBNITZ. — *Monadologie*................................. 480, 553
LEININGEN (Carl de)...................................... 533, 556
LEJAY (Julien). — *La Science occulte appliquée à l'économie politique*. — *Sociologie analogique*....................... XXIII, 1025
LEMERLE.. XXV, 369
LENAIN. — *La Science cabalistique*, Amiens, 1823, in-8°. 483, 501, 532
LENOIR. — *Franc-Maçonnerie*............................. 63, 741
LERMINA (Jules). — *A brûler*.— *L'élixir de vie*. XXII, 369, 861, 909, 1025
LESSEPS (Ferdinand de)...................................... 21
LETRONNE. — *Œuvres sur l'Egyptologie*........................ 394
LEYMARIE (G.-P.)................................ 848, 861, 1027
LIÉBAULT... 1024
LINUS... 400
LUCAIN.. 410
LUCAS (Louis). — *Médecine nouvelle*.— *Roman alchimique*. 76, 77, 79, 89, 98, 145, 174, 198, 204, 502, 552, 603, 662, 677, 981, 1001
LUCIEN.. 390, 410

LETHER 689
LUYS (Dr) 210, 1024, 1026
LYDUS (J.) 392
LYTTON (Bulwer). — *Zanoni* 320

MACÉ (J.) — *Histoire de la Bouchée de Pain* 209
MAC CLENACHAN (Ch.-Thomas). — *The book of the ancient and accepted Scottish Rite* 707
MACKEY (Alb.-Georges). — *Lexicon of Freemasonry* 697
MAC-NAB (Donald). — *Etude sur la Force psychique* 369, 881
MACROBE. — *De Somnio Scipionis* 13
MAHOMET 392
MAIMONIDES 481
MALDAN. — *Matière et Force*, 1885, in-8° 148, 794
MALFATTI DE MONTEREGGIO (Jean). — *La Mathèse traduit par Ostrowski* 502
MANÈS 440
MANÉTHON 62, 389
MARCION 440, 627
MARCUS GRAECUS. — *Liber ignium* (Bibliothèque Nationale V. 11.036) 30
MARCUS DE VEZE XXIV
MARICOURT (R. de). — *L'Œil du Dragon.* — *Batracien Mélomane...* XXIII
MARIUS (Georges) 1022, 1027
MARROT (Paul) XXII
MARTELIN (A.). — Article de spiritisme 339
MARCEN CAPELLO 788
MARTINEZ PASQUALIS 999
MATTER. — *Etude sur le Gnosticisme* 626
MATHERS. — *Kabbala Denudata* 556, 569
MAUCHEL (L.) .... XXII, 1009, 1035
MAUPASSANT (Guy de) XXIII
MEISSAS (Abbé de) 1026
MÉLAMPE ....
MÉNANDRE 626
MÉNARD (Louis). — *Hermes Trismégiste.* — *Le Polythéisme hellénique* 645
MENG-TZÉE 905
MESMER 999
MEURS (J. de) 392
MEURVILLE (L. de) XXV
MICHELET (Émile). — *De l'Esotérisme dans l'art* .... XXII, XXV, 480, 483, 683, 788
MIRANDOLE (Pic de la) 383, 427, 602
MOÏSE 481
MOISE DE LEON ....
MONTIÈRE (George). — *Le Dr Selectin.* — Études diverses dans *l'Initiation* .... XXII, 913, 1024
MONTORGUEIL (Georges) XXV

MOREAU. — *Réflexion sur les idées de Louis-Claude de Saint-Martin*. 1011
MOREAU DE DAMMARTIN. — *Traité sur l'origine des caractères alphabétiques* 971
MORRES (Robert). — *Lights and Shadows of Freemasonry* 700
MORUS (Henri) 480, 683
MARTIN 1024
MUSÉE 412
MURRAY LYON (David). — *The History of the Lodge of Edinburgh*. 697

NARAD le Bohémien 778
NAUDÉ (G.). — *Instructions à la France sur la vérité des frères de la Rose-Croix* 687
NEY (Napoléon). — *Les Sociétés secrètes musulmanes*, 1890, in-18. XXIV, 22
NEWTON XII
NICOMACHUS 788
NUS (Eugène). — *Nos Bêtises*, satire philosophique. 218, 361, 854, 1011

OKEN 892
OLIVIER (Georges). — *Historical Landsmarks of Freemasonery* 697
OPORIN 788
ORIGÈNE 225, 788
ORIGÈNES 390
ORPHÉE 400, 604
OTTO-HENNE-AM-RHYN. — *Allgemeine Kulturgeschichte vonder Urzeit bis anf der gegenwart* (1877-1882) 690

PALMES (De). Auteur véritable des documents publiés par la Société Théosophique 264
PANSELENUS. — Manuscrit sur la photographie 22
PAPUS. — *Le Tarot des Bohémiens* 91, 421, 538, 678, 792, 1025
PARACELSE 373, 681, 684, 813, 860, 861, 895, 904
PARISIEN (Le) XXV
PATON (Georges). — *Great doctrines of Freemasonry* 698
PAUSANIAS. — *Arcad* 27
PAYENS (Hugues de) 684
PÉLADAN (Dr Adrien). — *Anatomie homologique* 77, 207, 1021
PÉLADAN (Joséphin) .... XXII, 534, 588, 1021
PELLETIER (H.) 853, 880
PÉTRONE 28
PEZZANI 1022
PFISTER. — *Etudes sur le règne de Robert le Pieux* 634
PFOUNDES (Capitaine) 225
PHILOLAUS 11
PHILON DE BIBLOS 391
PHILON LE JUIF 391, 438, 553
PHILOSTRATE. — *Vie d'Apollonius* 63

PIERSON (A.-T.-C.) — *The tradition of Freemasonry*............ 697
PINDARE.. 396
PISTORIUS. — *Bibliothèque kabbalistique*...................... 588
PITE ou PIQUE (Albert). — *Moralis and dogma of Freemasonry*. 678, 697
PLATON. — *Le Timée*........... 25, 62, 162, 180, 392, 393, 759, 938
PLINE. — *Œuvres*........................ 13, 20, 25, 27, 29
PLOTIN. — *Œuvres*............................ 394, 410, 625, 788
PLUTARQUE. — *Œuvres*, Édition grecque et latine, Paris, 1624, in-fol.............................. 11, 27, 389, 401, 410
PLYTOFF.. XXIV
POÉ (Edgar). — *Eureka*.................... XI, 70, 78, 174, 544
POIREL (G.). — *Étude sur le Transformisme d'après la Science occulte* (1889)................................ 31, 149
POIRET.. 788
POISSON. — Cinq traités d'Alchimie.............................. 679
POMAR (Duchesse de). — *Bouddhisme ésotérique*............ 225, 1025
PORPHYRE. — *L'Administration et l'Empire*. — *De Antro nympharum*............. 29, 63, 384, 389, 394, 405 (note), 410, 625, 788
POSTEL (Guillaume). — *Clavis*.......... 91, 180, 480, 581, 588, 955
POTET (Du).. 1009, 1012
PREL (Carl du).. 5
PRESTON (Guillaume). — *Illustrations of Freemasonry*............ 705
PROCLUS.. 49, 625, 788
PUYSÉGUR.. 999
PYTHAGORE.. 384, 412

QUINTE-CURCE. — *Œuvres*.................................. 27

RABELAIS. — *Œuvres*...................................... 595
RACHID-EDDIN (1310). — *Djema'a et-tewarikh*...................... 42
RAGON. — *Orthodoxie maçonnique*. 538, 678, 700, 732, 1001, 1011, 1012
RAMEAU (Jean).. XXII
RAYMOND LULLE.................................. 480, 553, 681, 684
REBOLD (Émile). — *Histoire générale de la F.·.M.·.*.................. 725
REICHENBACH. — *Études diverses sur l'Od*...................... 1026
RENAND (Paul). — *Christianisme et Paganisme; Identité de leurs origines*.. 607
REUCHLIN.. 480, 683, 788
REYBAUD.. 369, 1024
REYNAUD (Jean). — *Œuvres*................................ 301
RICARD. — *Almanach du Magnétiseur*............................ 1009
RICHARD SIMON. — *Hist. crit*................................ 436
RIPLÉE.. 649
ROBERT.. 1024
ROCA (l'abbé). — *Nouveaux cieux, nouvelle terre*.......... 1021, 1025
ROCHAS (A. de).................................... XXV, 1026

ROCHAS (Colonel de). — *Les Forces non définies* (1887). — *Doctrines chimiques au XVIIe siècle* (1888). — *Le Fluide des Magnétiseurs* (1891)........ 677
ROOD........ 113
RÓSENKREUZ (Kristian)........ 684, 685
ROSSI ET PAGNONI........ 869
RUFFIN........ 408, 410

SABATHIER (Esprit). — *Ombre idéale de la Sagesse universelle.* 93, 530, 967
SAINT AUGUSTIN........ 451
SAINT CLÉMENT D'ALÉXANDRIE. — *Stromat*........ 11, 395, 396, 943
SAINT-GERMAIN (Comte de)........ 999
SAINT JEAN. — *Évangile et Apocalypse*........ 293, 451, 621, 624
SAINT JÉRÔME........ 404, 439
SAINT-MARTIN (Louis-Claude de). 233, 417, 501, 801, 891, 892, 904, 923, 955, 999, 1000
SAINT PAUL. — *Cor*........ 241, 391, 624
SAINT PIERRE........ 624
SAINT-YVES D'ALVEYDRE. — *Mission des Juifs.* — *Mission des Français (la France vraie).* — *Mission des souverains.* — *Mission des ouvriers.* — *Jeanne d'Arc Victorieuse.* — *Les Clefs de l'Orient.* — *Le Testament Lyrique.* 2, 27, 46, 62, 80, 166 à 168, 178, 265, 313, 376, 446, 447, 451, 538, 553, 990, 1013, 1025
SAINTE-BEUVE........ 1010
SALLUSTE........ 45
SALVERTE. — *Sciences Occultes*........ 538
SALMON *Biblio.* — *thèque des philosophes chimiques*........ 681
SANCHONIATON........ 408
SARTER RESARTUS........ 240
SATURNIN........ 626
SAUMAISE. — *Exercitationes super Salin*........ 27
SCHOLL (Aurélien)........ XXV
SCHURÉ (Edouard). — *Les Grands Initiés*........ 621
SCOTT (Dr Henry)........ 231
SÉGOFFIN (Louis)........ 939
SÉNÈQUE. — *Quest. Nat*........ 16, 27
SÉLEUCUS........ 11
SHAKESPEARE. — *Macbeth.* — *Hamlet.* — *La Tempête*........ XI
SIMON LE MAGE........ 626
SINNET........ 226, 250, 750
SIVRY (Ch. de)........ XXIII
SOLON........ 412
SOZOMÈNE. — *Histoire ecclésiastique*........ 20
SPHYNX (Le). — (Revue ésotérique allemande)........ 569
SPINOSA. — *Œuvres*........ 480, 553, 658

STEPHEN PEARL ANDREWS. — *Universologie* 250
STEVENARD (L.) 1029, 1035
STRABON. — *Œuvres* 15, 25
SUSSEX (Duc de). — *Manuscrit autographe* 690
SWEDENBORG. — *Œuvres* 313, 788
SYNCELLE (Georges le) 388
SYNÉSIUS 391, 938

TACITE 410, 771
TAYLOR 788
TCHEOU-CHOUANG. — *Ling-ngan-tchi* (1165) 40
THIERRY (Gilbert-Augustin). — *La Tresse blonde* XXIII
THORRY. — *Acta Latomorum* 724
TIFFEREAU (Théodore) 679
TIMÉE DE LOCRES 11
TISSOT (J.) 881, 901
TITE-LIVE. — *Œuvres* 20, 771
TRITHÈME 683
TROUSSEAU. — *Clinique de l'Hôtel-Dieu* 992
TYNDALL 756

VAILLANT (J. A.). — *Histoire vraie des vrais bohémiens. — La Bible des bohémiens. — Clef magique de la fiction et du fait* 769
VALENTIN 440, 626
VALERIANUS. — *Vie d'Alexandre* 29
VAN HELMONT (F.) 373, 656, 681, 892
VAN HELMONT (Mercure) 553
VILLEHERVÉ (R. de la) XXII
VINCI (Léonard de). — Manuscrits XI
VIRIATO ALFONSO DE CASTRO. — *La Masoneria* 702
VIRCHOW. — *Théorie cellulaire* 77
VITOUX (G.) XXIV
VITRUVE 25
VOLTAIRE. — *Œuvres* 265
VURGEY. — *Études sur l'Art* XXIII

WAGNER (Richard) XI
WEBB (Thomas Smith). — *The Freemasons Monitor* 703
WEGEL 788
WELSCH (H.) XXIII
WOLSKA (A. de) 1034, 1035
WOLSKI (Kalixt de) ....
WRONSKI (Hoëne). — *Œuvres*. 98, 99, 199, 294, 536, 547, 787, 851, 909, *1005

YARKER (John). — *Historical lecture on Freemasonry* 690
YU-NGAN-KI. — *Tchang-loui* (Encyclopédie chinoise) 39

YOUNG (Capitaine). — *Le Magnétisme terrestre* 168
YU-TAO-NGAN, auteur chinois du XIIe siècle. — *Tableau des marées*. 39

ZEDECHIAS 683
ZOLA (Émile). — *Thérèse Raquin* 314
ZOROASTRE 49, 84
POTET (Du). — *Magie dévoilée* 904
ZOELLNER 874, 994

PARIS. — IMP. P. MOUILLOT, 13, QUAI VOLTAIRE. — 41332.

www.ingramcontent.com/pod-product-compliance
Ingram Content Group UK Ltd.
Pitfield, Milton Keynes, MK11 3LW, UK
UKHW020646120726
13658UKWH00006B/1

9 782019 951030